煤炭行业标准汇编

（第二辑）

国家煤矿安全监察局　编

应 急 管 理 出 版 社

·北　　京·

图书在版编目（CIP）数据

煤炭行业标准汇编．第二辑/国家煤矿安全监察局编．
--北京：应急管理出版社，2020(2023.2重印)
ISBN 978－7－5020－7792－1

Ⅰ.①煤…　Ⅱ.①国…　Ⅲ.①煤炭工业—行业标准—
汇编—中国　Ⅳ.①TD82－65

中国版本图书馆 CIP 数据核字（2019）第 254954 号

煤炭行业标准汇编（第二辑）

编　　者　国家煤矿安全监察局
责任编辑　赵金园
责任校对　陈　慧
封面设计　楚红兵

出版发行　应急管理出版社（北京市朝阳区芍药居 35 号　100029）
电　　话　010－84657898（总编室）　010－84657880（读者服务部）
网　　址　www.cciph.com.cn
印　　刷　北京建宏印刷有限公司
经　　销　全国新华书店

开　　本　880mm×1230mm 1/16　**印张**　49 1/2　**字数**　1512 千字
版　　次　2020 年 3 月第 1 版　2023 年 2 月第 2 次印刷
社内编号　20193081　　**定价**　298.00 元

前　言

党的十八大以来，我国进入到新时代中国特色社会主义建设时期，也是标准化事业的全面提升期。习近平总书记指出，“标准助推创新发展，标准引领时代进步”“中国将积极实施标准化战略，以标准助力创新发展、协调发展、绿色发展、开放发展、共享发展”。中央深改办将标准化工作改革纳入到重点工作，国务院相继出台了《深化标准化工作改革方案》和国家标准化体系建设的发展规划。第十二届全国人大常委会审议通过新修订的标准化法，确立了新型标准体系的法律地位，形成了政府主导制定标准与市场自主制定标准协同发展、协调配套的机制。

国家煤矿安全监察局为进一步贯彻落实习近平总书记、党中央、国务院以及国家标准化管理委员会关于标准化工作的相关要求，针对归口管理的煤炭行业标准进行了汇总梳理。

应急管理出版社以国家煤矿安全监察局“强制性标准整合精简”工作结论为依据，按标准号从小到大的顺序，形成《煤炭行业标准汇编》（第一至第十辑）系列丛书，共计收录煤炭行业标准 928 个，其中，MT 标准 52 个，MT/T 标准 876 个，供煤矿安全监管监察和煤矿企业从业人员查询使用，以求不断规范煤矿安全生产工作，增强保护人民群众生命财产安全的能力，以新时代标准体系推动煤炭行业高质量发展。本书在编录过程中可能有遗漏和欠妥之处，恳请读者批评指正。

编　者

2020 年 1 月

目　录

目　录

目　录

ICS 73.100.10
D 97
备案号：18431—2006

中华人民共和国煤炭行业标准

MT/T 112.1—2006
代替 MT 112—1993

矿用单体液压支柱
第1部分：通用要求

Hydraulic single prop for coal mine—
Part 1：General requirements

2006-08-19 发布　　2006-12-01 实施

中华人民共和国国家发展和改革委员会　发布

前　言

本部分的第5.5条为强制性的，其余为推荐性的。

MT 112《矿用单体液压支柱》分为两个部分：

——第1部分：通用要求；

——第2部分：阀。

本部分为MT 112的第1部分。

本部分是对MT 112—1993《矿用单体液压支柱》的修订，本部分自实施之日起代替MT 112—1993（除支柱用阀的内容）。

本部分与MT 112—1993相比主要变化如下：

——对支柱的术语作了必要的增加和修改（见第3章）；

——将1993年版中有关支柱用阀的内容归入MT 112的第2部分；

——对支柱的要求和试验方法作了必要的修改（1993年版的6.2，本版的第5章、第6章）；

——检验规则中采用了现行国家标准规定的抽样方案（见第7章）。

本部分由中国煤炭工业协会科技发展部提出。

本部分由煤炭行业煤矿专用设备标准化技术委员会归口。

本部分由煤炭科学研究总院北京开采研究所负责起草，煤炭科学研究总院测试中心、山东矿机集团有限公司、浙江衢州煤矿机械总厂有限公司、中煤邯郸煤矿机械有限公司参加起草。

本部分主要起草人：冯立友、孟传明、王国法、吕东林、王晓东、李玉岭、郑相辅。

本部分所代替标准的历次版本发布情况为：

——MT 112—1985、MT 112—1993。

矿用单体液压支柱
第1部分:通用要求

1 范围

MT 112的本部分规定了矿用单体液压支柱(含注液枪)的术语和定义、分类、要求、试验方法、检验规则、标志、包装、运输和贮存。

本部分适用于矿用单体液压支柱(以下简称支柱)的制造、检验和评定。

2 规范性引用文件

下列文件中的条款通过MT 112的本部分的引用而成为本部分的条款。凡是注日期的引用文件,其随后所有的修改单(不包括勘误的内容)或修订版均不适用于本部分,然而,鼓励根据本部分达成协议的各方研究是否可使用这些文件的最新版本。凡是不注日期的引用文件,其最新版本适用于本部分。

GB/T 1184—1996　形状和位置公差　未注公差值(eqv ISO 2768-2:1989)

GB 1239.1—1989　冷卷圆柱螺旋拉伸弹簧技术条件

GB/T 1804—2000　一般公差　未注公差的线性和角度尺寸的公差(eqv ISO 2768-1:1989)

GB 2649　焊接接头力学性能试验取样方法

GB/T 2828.1—2003　计数抽样检验程序　第1部分:按接收质量限(AQL)检索的逐批检验抽样计划(ISO 2859-1:1999,IDT)

GB/T 2829—2002　周期检验计数抽样程序及表(适用于对过程稳定性的检验)

GB/T 3452.1　液压气动用O形橡胶密封圈　尺寸系列及公差(GB/T 3452.1—2005,neq ISO 3601.1:2002,MOD)

GB/T 12361　钢质模锻件通用技术条件

GB/T 12362　钢质模锻件公差及机械加工余量

GB 13813　煤矿用金属材料摩擦火花安全性试验方法和判定规则

JB 4078　钢质压力容器焊接工艺评定

JB 4730—1994　压力容器无损检测

MT 76　液压支架(柱)用乳化油、浓缩物及其高含水液压液

MT/T 154.1　煤矿机电型号的编制导则和管理办法

MT/T 335　单体液压支柱　表面防腐蚀处理技术条件

3 术语和定义

下列术语和定义适用于MT 112的本部分。

3.1

单体液压支柱　hydraulic single prop

由缸、活柱、阀等零件组成,以专用油或高含水液压液(含乳化液)等为工作液,供矿山支护用的单根支柱。

3.2

支柱用阀　the valve used by hydraulic single prop

支柱所使用的各类阀。

3.3

注液枪　fluid gun

专用于向外注式支柱注液的液压元件。

3.4

额定工作阻力　rated yielding load

使支柱可以产生下缩的临界载荷的设计值。

3.5

额定工作压力　rated working pressure

与支柱额定工作阻力对应的支柱内腔液体的压强。

3.6

工作行程　stroke

支柱由最小高度升至最大高度的设计距离。

3.7

初撑力　initial supporting resistance

外注式支柱按规定的泵站压力注液所获得的支撑力，内注式支柱用手摇把升柱所获得的支撑力。

3.8

渗漏　leakage

渗漏处平均 5 min 内渗出工作液多于一滴的渗漏。

4　分类

4.1　产品分类

4.1.1　按供液方式和工作液不同，支柱分为外供液式（简称外注式）支柱和内供液式（简称内注式）支柱。

4.1.2　按工作行程不同，支柱分为单伸缩（单行程）支柱和双伸缩（双行程）支柱；在不注明行程特征时，为单伸缩支柱。

4.1.3　按使用材质不同，支柱分为钢质支柱和轻合金支柱等；在不注明材质特征时，为钢质支柱。

4.2　产品型号

4.2.1　支柱型号的编制应符合 MT/T 154.1 的规定。

4.2.2　支柱型号主要由"产品类型代号"、"第一特征代号"、"第二特征代号"和"主参数代号"表示，如按此划分仍不能区分不同产品时，允许增加"补充特征代号"和"修改序号"以示区别。

4.2.3　支柱型号组成和排列方式如下：

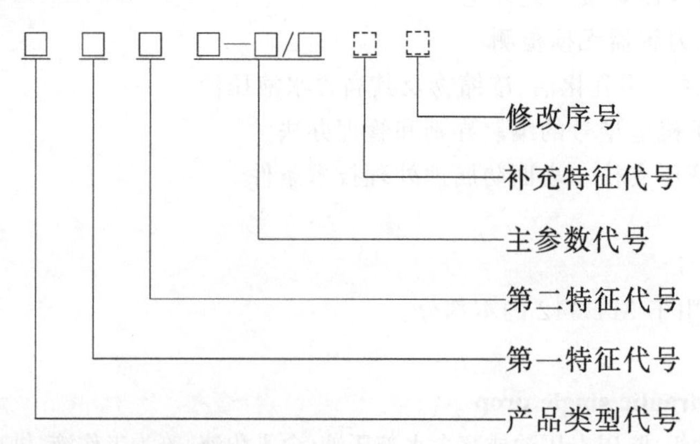

4.2.4　支柱的型号组成和排列方式说明：

a）"产品类型代号"表明产品类别，支柱用汉语拼音大写字母 D 表示；

b）"第一特征代号"表明支柱按供液方式和工作液不同的分类，内注式支柱用汉语拼音大写字母 N 表示，外注式支柱用汉语拼音大写字母 W 表示；"第二特征代号"表明支柱按行程不同的分类，双伸缩支柱用汉语拼音大写字母 S 表示，无字母代表单伸缩支柱；

c) “主参数代号”依次用支柱的最大高度、额定工作阻力和油缸内径三个参数表明，三个参数均用阿拉伯数字表示，参数之间分别用“—”和“/”符号隔开，最大高度的单位为分米(dm)，额定工作阻力的单位为千牛(kN)，油缸内径的单位为毫米(mm)；

d) “补充特征代号”用于区分材质、结构等不同的产品，用汉语拼音大写字母表示，如Q代表轻合金；

e) “修改序号”表明产品结构有重大修改时作识别之用，用带括号的大写英文字母(A)、(B)、(C)……依次表示。

4.2.5 型号编制示例：

示例1：DN18—250/80型支柱，表示最大高度为1.8 m、额定工作阻力为250 kN、油缸内径为80 mm的内注式单体液压支柱。

示例2：DW20—300/100型支柱，表示最大高度为2.0 m、额定工作阻力为300 kN、油缸内径为100 mm的外注式单体液压支柱。

示例3：DW28—300/110Q型支柱，表示最大高度为2.8 m、额定工作阻力为300 kN、油缸内径为110 mm的轻合金外注式单体液压支柱。

4.3 支柱的主参数系列

4.3.1 支柱设计最大高度应符合表1的规定。

表1 支柱最大高度 单位为毫米

630	800	1 000	1 200	1 400	1 600
1 800	2 000	2 240	2 500	2 800	3 150
3 500	3 800[a]	4 000[a]	4 200[a]	4 500[a]	

[a] 不宜用于工作面支护。

4.3.2 支柱设计额定工作阻力应符合表2的规定。

表2 支柱额定工作阻力 单位为千牛

130	140	150	160	180	200
220	250	300	350	400	500

4.3.3 支柱设计油缸内径应符合表3的规定。

表3 支柱油缸内径 单位为毫米

63	70	80	90	100	110	125

注：63、70、125作为特殊用途支柱缸径。

4.3.4 支柱与金属铰接顶梁配合使用时，配合尺寸为86 mm×86 mm。

5 要求

5.1 一般要求

5.1.1 支柱应符合本部分要求，并按照经规定程序审批的图样及技术文件制造。

5.1.2 原材料、标准件、密封件、外购件由制造厂质检部门验收合格方可使用。

5.1.3 金属切削加工零件未注公差尺寸的极限偏差按GB/T 1804—2000的规定。凡属包容和被包容者应符合m级的规定，无装配关系的可符合C级的规定。

5.1.4 图样中机械加工未注形位公差应符合GB/T 1184—1996中K级的规定。

5.1.5 零件材料应有质保书，并与设计规定的材料相符。在不降低产品质量的前提下，经设计单位同意允许代用。

5.1.6 支柱用轻合金制造时，应符合GB 13813的规定。

5.1.7 零件焊缝应做工艺评定试验，试验按JB 4078的规定进行。

5.1.8 焊缝的力学性能和承受液体压力的焊缝的耐压性能应满足下列要求：

a) 力学性能：抗拉强度$\sigma_b \geqslant 500$ MPa；延伸率$\delta_5 \geqslant 10\%$；

b) 耐压性能:在1.5倍额定工作压力下,稳压2 min,无渗漏。

5.1.9 焊缝外表应平整,不应有未焊透、夹渣、裂纹等缺陷。焊缝质量按JB 4730—1994中钢管环缝射线透照缺陷等级评定,综合评定等级不低于Ⅲ级。

5.1.10 锻件应符合GB/T 12361和GB/T 12362的规定。锻件不应有夹层、裂纹、褶叠、结疤、咬肉等缺陷,锻件非加工表面可有因清除氧化皮等原因造成的局部缺陷,并可在尺寸偏差范围内倾斜地铲除或修整缺陷。

5.1.11 支柱用弹簧应符合GB 1239.1—1989的规定,未注明技术要求按GB 1239.1—1989中一级精度检查。

5.1.12 表面防腐层应符合MT/T 335的规定。

5.1.13 O形密封圈的尺寸与公差应符合GB/T 3452.1的规定,其余橡胶制品应符合图样及技术文件的要求。

5.1.14 塑料制品一般采用聚甲醛。

5.1.15 注塑成形的制品非配合表面可有冷却造成的轻微收缩,但不应有缺料现象。

5.1.16 外注式支柱工作液采用MT 76中所规定的乳化油或浓缩物与中性软水按质量比为2:98或5:95配制的高含水液压液。外注式支柱在工作面使用时,质量比为2:98;在工厂或实验室试验时,质量比为5:95。

5.1.17 内注式支柱工作液为专用防锈低凝N7液压油。

5.1.18 支柱用阀应符合相关标准的规定。

5.2 外观质量

5.2.1 支柱外表面应无剥落氧化皮,油缸表面无凹坑。焊接处焊缝应成形美观,不应有裂缝、弧坑、焊缝间断等缺陷;应除尽焊渣和飞溅物。

5.2.2 手把、底座连接钢丝应全部打入槽中,钢丝弯头可外露4 mm;槽口应用腻子封严。

5.2.3 内注式支柱各密封处不应有油渗出,通气装置应密封良好。

5.3 装配质量

5.3.1 零件经检验合格后方可装配,对于因保管或运输不当而造成的变形、摔伤、擦伤、锈蚀等影响产品质量的零件不应用于装配。

5.3.2 所有零件装配前应仔细清洗,并按图样及技术文件的规定进行装配。

5.3.3 支柱所有零部件应齐全,顶盖、弹性圆柱销装配位置正确。

5.3.4 装配后支柱的最大高度和工作行程极限偏差为±20 mm。

5.4 清洁度

每根支柱内腔清洗残留物平均不大于60 mg;其中最高一根不大于70 mg。

5.5 支柱性能

支柱性能要求见表5。

5.6 注液枪性能

注液枪性能要求见表6。

6 试验方法

6.1 一般要求

6.1.1 试验用工作液应符合5.1.16和5.1.17的规定。

6.1.2 试验全过程中,工作液的温度应保持在10℃～50℃。

6.1.3 工作液采用0.125 mm精度的过滤器过滤,并设有磁性过滤装置。

6.1.4 试验所用的供液系统及试验设备应符合被试件的设计要求。

6.1.5 测量精度采用表4中C级精度。

表 4 测量精度

测量等级	A	B	C
流量,%	±0.5	±1.5	±2.5
压力,≥2×10^5 Pa,表压,%	±0.5	±1.5	±2.5
温度,K	±0.5	±1.0	±2.0

6.1.6 未规定支柱伸出状态要求的,均按支柱伸出高度为距最大高度 100 mm 处进行检测。

6.1.7 试验后,放尽残存工作液,必要时做防冻处理。

6.2 外观质量

外观用目测。

6.3 装配质量

零件尺寸用专用工具测量,支柱的最大高度和工作行程用钢卷尺或直尺测量,其他用目测。

6.4 清洁度

将工作液倒入带有底座的油缸和带有活塞的活柱体中,涮洗两次后再用 0.125 mm 精度的滤网过滤残留物,然后烘干,称重。

6.5 焊缝质量

除做工艺评定试验外,力学性能试验按 GB 2649 所规定的有关条文进行取样;耐压性能试验在专用试验装置上对出厂支柱逐一检查。

6.6 支柱试验方法

支柱试验方法见表 5。

表 5 支柱性能要求及试验方法

<table>
<tr><th>序号</th><th colspan="2">检验项目</th><th>性 能 要 求</th><th>试 验 方 法</th><th>说 明</th></tr>
<tr><td rowspan="4">1</td><td rowspan="4">操作性能</td><td rowspan="2">升柱</td><td>外注式支柱:
升柱灵活无卡阻,限位装置可靠</td><td>用注液枪升柱,泵压为 15 MPa</td><td rowspan="2">全行程升降三次后再测定</td></tr>
<tr><td>内注式支柱:
1. 1.4 m 以上支柱不小于 20 mm,初撑力大于 70 kN;
2. 1.2 m 以下支柱不小于 12 mm,初撑力大于 50 kN;
3. 初撑时,手柄操作力矩小于 200 N·m</td><td>用内注式支柱专用手摇把升柱时,手摇把全行程摇动一次后测量活柱升高量。也可计算数次升高量的平均值</td></tr>
<tr><td rowspan="2">降柱</td><td>外注式支柱降柱速度:
1. 125 mm 缸径支柱大于 25 mm/s;
2. 110 mm 缸径支柱大于 35 mm/s;
3. 90 mm、100 mm 缸径支柱大于40 mm/s;
4. 80 mm 缸径支柱(含 70 mm、63 mm缸径)大于 60 mm/s</td><td>用卸载手把将卸载阀全部打开,用秒表测量支柱从最大高度降至最小高度所用时间,计算出速度</td><td rowspan="2">1. 全行程升降三次后再测定;
2. 双伸缩支柱以大缸的缸径计算</td></tr>
<tr><td>内注式支柱降柱速度:
1. 1.4 m 以上支柱大于 30 mm/s;
2. 1.2 m 以下支柱大于 20 mm/s</td><td>用卸载装置将卸载阀全部打开,用秒表测量支柱从最大高度降至最小高度所用时间,计算出速度</td></tr>
</table>

表 5（续）

序号	检验项目		性 能 要 求	试 验 方 法	说 明
2	让压性能		所测得的载荷应在支柱额定工作阻力的 90%～110%以内，载荷波动值不应大于支柱额定工作阻力的 10%	1. 支柱用约 10%额定工作阻力撑紧，将安全阀压力调定到支柱额定工作压力，从最大高度开始以 90 mL/min～110 mL/min 的溢流速度进行压缩让压检验； 2. 压缩行程：100 mm； 3. 全程记录所测得的载荷及对应的行程和时间值	使用公称流量小于 4 L/min 的安全阀
3	密封性能		1. 做耐久性能试验的支柱试验前密封 2 min，试验后密封 4 h；不做耐久性能试验的支柱密封 2 min 和 1 h； 2. 低压密封：2 min 无压降；1 h 和 4 h 压降均不超过 10%，无渗漏； 3. 高压密封：2 min 无压降；1 h 和 4 h 压降均不超过 2%，无渗漏	1. 在刚性架上进行； 2. 高压密封压力为 90%～100%支柱额定工作压力； 3. 出厂检验低压密封压力为 2 MPa；型式检验低压密封压力 1 MPa； 4. 先做低压密封，后做高压密封； 5. 短时密封在压力达到 1 min 后再记录；长时密封在压力达到 10 min～15 min 以后再开始记录	长时密封注意气体温度对压力的影响
4	耐久性能		在试验过程中应无渗漏，经 2 000 次耐久性能试验后，应能满足表 5 序号 3 的密封要求	中心加载为支柱额定工作阻力的 110%；加载速度为 20 mm/min～25 mm/min，每次溢流行程为 30 mm～40 mm，之后突然卸载、注液，重复 2 000 次，累积行程不小于 70 m	密封应在耐久性能试验的行程高度内进行
5	手摇泵耐久性能（内注式支柱）		试验后支柱应能正常工作	1. 用内注式支柱专用手摇把在刚性架上进行； 2. 支柱由最低高度升至最大高度，载荷由零升至额定初撑力，然后卸载为一个循环。循环次数为 400 次	做试验时可多装 0.5 L～1 L 液压油
6	强度	轴向中心加载	试验过程中应无渗漏；试验后，支柱不应产生永久性变形和损坏，活柱应升降自如	1. 使支柱处于最大高度，在支柱的轴向中心加载至额定工作阻力的 1.5 倍，稳压 5 min； 2. 在上述条件下加载至额定工作阻力的 2 倍，稳压 5 min； 3. 支柱缩至最小高度，轴向中心加载为支柱额定工作阻力的 2 倍，稳压 5 min	油缸液压可保持至支柱额定工作压力

表 5（续）

序号	检验项目		性 能 要 求	试 验 方 法	说 明
6	强度	轴向同侧偏心加载	试验过程中应无渗漏；试验后，支柱不应产生永久性变形和损坏，活柱应升降自如	使支柱处于最大高度，在顶盖和底座中心同一侧，偏心距各为 20 mm 处加载至支柱额定工作阻力，稳压 5 min	底座直径大于 160 mm 时，底座偏心距应为底座直径的 1/8
7	受冲击性能		支柱不应产生永久性变形和破坏，试验后活柱应升降自如	使支柱处于最大高度，轴向中心预加载至支柱额定工作阻力的 60%，以 15 kN·m 落锤能量冲击支柱两次	80 mm 缸径以下支柱不做此项试验
8	油缸爆破性能		1. 爆破压力应大于支柱额定工作压力的 2 倍； 2. 破口呈塑性变形，不应脆裂或飞出碎片	对承受液压的油缸、活柱进行爆破。在专用装置上进行，并记录爆破时的压力值	新设计支柱或改变油缸、活柱材质时
9	破坏性能		支柱破坏时不应有脆断现象	1. 使支柱处于最大高度，轴向中心加载直至支柱破坏为止； 2. 使支柱处于最大高度，在顶盖和底座中心同一侧偏心距各为 20 mm 处加载直至支柱破坏为止，并记录破坏时的载荷	1. 各做一根； 2. 只适用于新设计支柱

6.7 注液枪（支柱附件）试验方法

注液枪试验方法见表 6。

表 6 注液枪性能要求和试验方法

序号	检验项目	性 能 要 求	试 验 方 法	说 明
1	操作性能	1. 注液枪可顺利插入； 2. 注液时应无漏液； 3. 支柱达到初撑力后可顺利摘下	在刚性架上对支柱进行实地操作。对每个试件进行 5 次支柱全行程测试	1. 全行程升降三次后再测试； 2. 用 1.8 m 以上支柱
2	操作力矩	操作力矩应不大于 20 N·m	1. 使注液枪进油管达到设计最大许用压力； 2. 测定注液枪手把操作力矩	—
3	密封性能	1. 做耐久性能试验的试件试验前和试验后各密封 5 min，不做耐久性能试验的试件密封 5 min； 2. 高、低压密封应无压降	1. 注液枪不操作，对进液腔加载； 2. 低压密封压力为 2 MPa，高压密封压力为设计最大许用压力	—
4	耐久性能	试验后应满足表 6 序号 3 的密封要求	1. 用流量大于 75 L/min 的泵向注液枪供液，并使注液枪内腔压力增至设计最大许用压力； 2. 操作注液枪，使之流出 2 L 液体后，关闭注液枪为 1 个循环。共试验 5 000 个循环	—
5	强度	试验过程中不应有渗漏	以 45 MPa 的压力对试件内腔进行加载，稳压 5 min	—

7 检验规则

7.1 检验分类

7.1.1 支柱检验分为出厂检验和型式检验。

7.1.2 支柱出厂应进行出厂检验，检验由制造厂的质量检验部门进行，检验结果应记录归档备查；用户验收按出厂检验项目进行。

7.1.3 型式检验由国家授权的监督检验部门进行。

7.1.4 凡属下列情况之一，应进行型式检验：

a) 新产品鉴定定型或老产品转厂试制时；

b) 正式生产后，如产品的结构、材料、工艺有较大改变，可能影响产品性能时；

c) 产品停产 3 年以上再次生产时；

d) 连续生产的产品至少每 5 年进行一次；

e) 国家质量监督部门和国家煤矿安全监察部门提出要求时。

7.2 检验项目

出厂检验和型式检验项目和要求见表 7。

表 7 检验项目和要求

序号		检验项目	要求	试验方法	出厂检验	型式检验
支柱	1	外观质量	5.2	6.2	√	√
	2	装配质量	5.3	6.3	√	√
	3	清洁度	5.4	6.4	√	×
	4	操作性能	5.5	6.6	√	√
	5	让压性能			W	√
	6	密封性能			√	√
	7	耐久性能			×	√
	8	手摇泵耐久性能			×	√
	9	强度			×	√
	10	受冲击性能			×	√
	11	油缸爆破性能			×	√
	12	破坏性能			×	√
注液枪	1	操作性能	5.6	6.7	√	√
	2	操作力矩			×	√
	3	密封性能			√	√
	4	耐久性能			×	√
	5	强度			√	√
注：√—表示检验；×—表示不检验；W—表示用户要求时检验。						

7.3 组批规则和抽样方案

7.3.1 组批规则

出厂检验的支柱和注液枪应成批提交检验。交验的支柱每 500 根划为一批，不足 500 根时单独划为一批；交验的注液枪每 50 件划为一批，不足 50 件时单独划为一批。

7.3.2 抽样方案

7.3.2.1 出厂检验抽样方案

出厂检验抽样方案采用 GB/T 2828.1—2003 中正常检验的一次抽样方案，见表 8。

表 8 出厂检验抽样方案

序号		检验项目	检验水平	接收质量限 AQL	抽样方案类型	样本量 n	判定数组 Ac,Re
支柱	1	外观质量	Ⅰ	6.5	一次抽样	20	3,4
	2	装配质量	Ⅰ	4	一次抽样	20	2,3
	3	清洁度	S—2	10	一次抽样	5	1,2
	4	操作性能	Ⅰ	4	一次抽样	20	2,3
	5	让压性能	Ⅰ	4	一次抽样	20	2,3
	6	密封性能	Ⅰ	4	一次抽样	20	2,3
注液枪	1	操作性能	S—2	10	一次抽样	5	1,2
	2	密封性能	S—2	10	一次抽样	5	1,2
	3	强度	S—2	4	一次抽样	3	0,1

7.3.2.2 **型式检验抽样方案**

系列支柱在抽样时,以同缸径、同额定工作阻力支柱中最高的支柱作为该系列的代表。

型式检验抽样方案采用 GB/T 2829—2002 中的一次抽样方案,见表 9。

表 9 型式检验抽样方案

序号		检验项目	不合格分类	不合格质量水平 RQL	判别水平 DL	抽样方案类型	样本量 n	判定数组 Ac,Re
支柱	1	外观质量	B	50	Ⅰ	一次抽样	4	1,2
	2	装配质量	B	50	Ⅰ	一次抽样	4	1,2
	3	操作性能	B	50	Ⅰ	一次抽样	4	1,2
	4	让压性能	A	30	Ⅰ	一次抽样	3	0,1
	5	密封性能	A	30	Ⅰ	一次抽样	3	0,1
	6	耐久性能	A	50	Ⅰ	一次抽样	1	0,1
	7	手摇泵耐久性能	A	50	Ⅰ	一次抽样	1	0,1
	8	强度	A	30	Ⅰ	一次抽样	3	0,1
	9	受冲击性能	A	50	Ⅰ	一次抽样	1	0,1
	10	油缸爆破性能	A	40	Ⅰ	一次抽样	2	0,1
	11	破坏性能	A	40	Ⅰ	一次抽样	2	0,1
注液枪	1	操作性能	B	50	Ⅰ	一次抽样	4	1,2
	2	操作力矩	B	50	Ⅰ	一次抽样	4	1,2
	3	密封性能	A	30	Ⅰ	一次抽样	3	1,2
	4	耐久性能	A	50	Ⅰ	一次抽样	1	0,1
	5	强度	A	30	Ⅰ	一次抽样	3	0,1

7.4 **抽样方式**

出厂检验和型式检验均采用简单随机抽样方式。

7.5 **判定规则**

7.5.1 出厂检验项目全部检验合格,判出厂检验合格,否则判出厂检验不合格。

7.5.2 型式检验项目全部检验合格,判型式检验合格,否则判型式检验不合格。

8 标志、包装、运输和贮存

8.1 支柱出厂时用字高 5 mm 或 7 mm 的钢字码打出清晰的厂标、制造日期及编号。

8.2 标志部位及规定按支柱技术条件中的规定执行。

8.3 支柱出厂集中发运时,应带下列文件:

a) 支柱及附件的合格证;

b) 支柱使用维护说明书及备件明细表各两份。

8.4 包装材料应具有防湿能力,包装应结实可靠。

8.5 支柱运输前应排尽内腔的工作液。

8.6 支柱应存放在室内干燥地点,存放温度应在零摄氏度以上。

ICS 73.100.10
D 97
备案号：26893—2010

中华人民共和国煤炭行业标准

MT/T 112.2—2008
代替 MT 112—1993

矿用单体液压支柱 第2部分：阀

Hydraulic single prop for coal mine—
Part 2：The valve

2009-12-11 发布　　2010-07-01 实施

国家安全生产监督管理总局　发布

前　言

本部分的第5.6条为强制性的，其余为推荐性的。

MT 112《矿用单体液压支柱》分为两个部分：

——第1部分：通用要求；

——第2部分：阀。

本部分为MT 112的第2部分。

本部分是对MT 112—1993《矿用单体液压支柱》的修订，本部分自实施之日起代替MT 112—1993（有关阀的内容）。

本部分与MT 112—1993相比，主要变化如下：

——对支柱用阀的术语作了必要的增加和修改（见第3章）；

——对支柱用阀的要求和试验方法作了必要的增加和修改（见1993年版的6.3，6.4及本版的第5章、第6章）；

——检验规则中采用了现行国家标准规定的抽样方案（见第7章）。

本部分由中国煤炭工业协会科技发展部提出。

本部分由煤炭行业煤矿专用设备标准化技术委员会归口。

本部分由煤炭科学研究总院开采设计研究分院负责起草，煤炭科学研究总院检测研究分院、扬州万全机械有限公司、浙江衢州煤矿机械总厂有限公司、中煤邯郸煤矿机械有限公司参加起草。

本部分主要起草人：孟传明、冯立友、王国法、吕东林、翟京、万永杰、郑相辅、李玉岭。

本部分所代替标准的历次版本发布情况为：

——MT 112—1985、MT 112—1993。

矿用单体液压支柱
第2部分：阀

1 范围

MT 112的本部分规定了矿用单体液压支柱用阀的术语和定义、分类、要求、试验方法、检验规则、标志、包装和贮存。

本部分适用于矿用单体液压支柱用阀(以下简称阀)的制造、检验和评定。

2 规范性引用文件

下列文件中的条款通过MT 112的本部分的引用而成为本部分的条款。凡是注日期的引用文件，其随后所有的修改单(不包括勘误的内容)或修订版均不适用于本部分，然而，鼓励根据本部分达成协议的各方研究是否可使用这些文件的最新版本。凡是不注日期的引用文件，其最新版本适用于本标准。

GB/T 197—2003 普通螺纹 公差(ISO 965-1:1998,MOD)

GB/T 321—2005 优先数和优先数系(ISO 3:1973,IDT)

GB/T 699 优质碳素结构钢

GB/T 1184—1996 形状和位置公差 未注公差值(eqv ISO 2768-2:1989)

GB/T 1220 不锈钢棒

GB /T 1239.2—1989 冷卷圆柱螺旋压缩弹簧 技术条件

GB/T 1800.3—1998 极限与配合 基础 第3部分:标准公差和基本偏差数值表(eqv ISO 286-1:1988)

GB/T 1804—2000 一般公差 未注公差的线性和角度尺寸的公差(eqv ISO 2768-1:1989)

GB/T 2828.1—2003 计数抽样检验程序 第1部分:按接收质量限(AQL)检索的逐批检验抽样计划(ISO 2859-1:1999,IDT)

GB/T 2829—2002 周期检验计数抽样程序及表(适应于对过程稳定性的检验)

GB/T 3077 合金结构钢技术条件

GB/T 3452.1 液压气动用O形橡胶密封圈 第1部分:尺寸系列及公差(GB/T 3452.1—2005,ISO 3601-1:2002,MOD)

GB/T 3452.2 液压气动用O形橡胶密封圈 第2部分:外观质量检验规范

GB/T 3452.3 液压气动用O形橡胶密封圈 沟槽尺寸

GB/T 4423 铜及铜合金拉制棒

JB /T 3338.1 液压件圆柱螺旋压缩弹簧 技术条件

MT 76 液压支架(柱)用乳化油、浓缩物及其高含水液压液

MT/T 154.1 煤矿机电产品型号的编制导则和管理办法

MT/T 335 单体液压支柱 表面防腐蚀处理技术条件

3 术语和定义

下列术语和定义适用于MT 112的本部分。

3.1

单向阀 check valve

液体只能沿一个方向流动,另一方向不能通过的装置。

3.2

安全阀 safety valve

限制支柱内部液体压力,实现支柱工作阻力恒定的装置。

3.3

卸载阀 unloading valve

控制支柱卸载回收和排除工作腔气体的装置。

3.4

三用阀 three-use valves

由单向阀、安全阀、卸载阀三种功能组合的阀。

注:用来控制(外注式)单体液压支柱液压功能的装置。

3.5

公称压力 nominal pressure

设计确定的阀的最大理论计算压力。

3.6

安全阀调定压力 safety valve yield pressure

支柱额定工作阻力规定的液体压力。

注:该压力由安全阀来调定,在此压力下,安全阀应该工作。

3.7

开启压力 cracking pressure

系统增压,当压力上升到阀开始打开,达一定流量时的压力。

3.8

关闭压力 closing pressure

阀的进口压力下降到阀关闭所能保持的压力。

3.9

卸载力矩 unloading torque

卸载阀卸载时,所需要的最小操作力矩。

3.10

公称流量 nominal flow rate

阀设计时允许的最大理论流量。

4 分类

4.1 产品分类

阀按供液方式和工作液不同分为外供液式(简称外注式)阀和内供液式(简称内注式)阀。

4.2 产品型号

4.2.1 产品型号的编制应符合 MT/T 154.1 的规定。

4.2.2 产品型号主要由"产品类型代号"、"第一特征代号"、"第二特征代号"和"主参数代号"表示,如按此划分仍不能区分不同产品时,允许增加"补充特征代号"和"修改序号"以示区别。

4.2.3 产品型号的组成和排列方式如下:

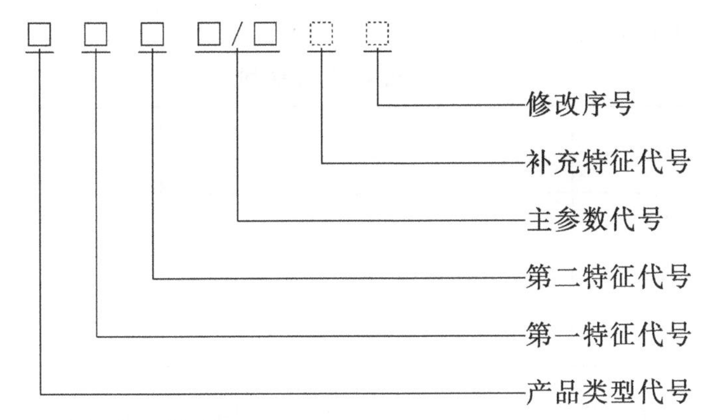

4.2.4 产品型号组成和排列方式的说明：

a) “产品类型代号”表明产品类别，阀用汉语拼音大写字母F表示；

b) “第一特征代号”表明阀按用途和功能不同的分类，“第二特征代号”表明阀按供液方式和工作液不同的分类；

c) “主参数代号”依次用阀的公称流量和公称压力两个参数表明，两个参数均用阿拉伯数字表示，参数之间用“/”符号隔开，公称流量的单位为升每分(L/min)，公称压力的单位为兆帕(MPa)；

d) “补充特征代号”表明阀按性能特征、结构特征不同的分类；

e) “修改序号”表明产品结构有重大修改时作为识别之用，用带括号的大写英文字母(A)、(B)、(C)…依次表示；

f) 当几个单位同时设计出基本相同的产品需要区别时，应由负责具体产品的标准化技术归口单位决定以示区别。

4.2.5 常用阀的特征代号及说明见表1。

表1 特征代号及说明

产品类型代号	第一特征代号	第二特征代号	阀类型号
F(阀)	A(安全阀)	N(内注式)	FAN □/□内注式安全阀
	S(三用阀)	W(外注式)	FSW □/□外注式三用阀

4.2.6 对于其他组合阀和表1中没有给定代号新设计的阀，可按照4.2.3规定的方法编制，字母不应与表1重复。

4.2.7 型号编制示例：

示例：

a) FAN 1.6/50 表示公称流量为1.6 L/min、公称压力为50 MPa的内注式单体液压支柱用安全阀；

b) FSW 1.6/50 表示公称流量为1.6 L/min、公称压力为50 MPa的外注式单体液压支柱用三用阀；

c) FSW 16/40 表示公称流量为16 L/min、公称压力为40 MPa的外注式单体液压柱用三用阀。

4.2.8 公称流量应符合表2的规定。

表2 公称流量系列

单位为升每分

1	4	—
1.6	10	31.5
—	—	40
2.5	16	—
3.15	—	80
注：公称流量超出本系列80 L/min时，应按GB/T 321—2005中R10系列选用。		

4.2.9 公称压力应符合表 3 的规定。

表 3 公称压力系列

单位为兆帕

—	25	50
16	31.5	63
20	40	—
注：公称压力超出本系列 63 MPa 时，应按 GB/T 321—2005 中的 R10 系列选用。		

5 要求

5.1 一般要求

5.1.1 产品应符合本部分的要求，并按照规定程序审批的图样和技术文件制造。

5.1.2 零件材料应符合 GB/T 699、GB/T 1220、GB/T 3077、GB/T 4423 的规定，且需经制造厂质检部门验收证明合格，才能用做阀的材料。在不降低产品质量的前提下，经设计单位同意允许代用。

5.1.3 标准件、外购件应符合阀的配套要求，应有合格证，制造厂对入厂的标准件、外购件应进行质量全检或抽检，并作记录，只有验收合格方可使用。

5.1.4 O 形密封圈应符合 GB/T 3452.1、GB/T 3452.2 的规定，其余橡胶制品应符合图样及技术文件的要求。

5.1.5 O 形密封圈沟槽尺寸应符合 GB/T 3452.3 的规定。

5.1.6 阀零件动密封副的表面粗糙度 Ra 值应不大于 1.6 μm。

5.1.7 阀零件静密封副的表面粗糙度 Ra 值应不大于 3.2 μm。

5.1.8 阀零件动密封副的尺寸精度等级应不低于 GB/T 1800.3—1998 中 IT9 级的规定。

5.1.9 阀零件静密封副的尺寸精度等级应不低于 GB/T 1800.3—1998 中 IT9 级的规定。

5.1.10 图样中未注公差的线性和角度尺寸的公差应符合 GB/T 1804—2000 的规定，凡属包容和被包容者应符合 m 级的规定，无装配关系的可采用 c 级。

5.1.11 图样中形状和位置公差未注明公差值的机加工尺寸应符合 GB/T 1184—1996 中 K 级的规定。

5.1.12 普通螺纹配合采用 GB/T 197—2003 中 6H/6g，电镀螺纹配合应符合 GB/T 197—2003 中电镀螺纹的规定。

5.1.13 弹簧应符合 GB/T 1239.2—1989 的规定，未注明技术要求的按 GB/T 1239.2—1989 中一级精度检查。压力阀中定值弹簧应符合 JB/T 3338.1 的规定。

5.1.14 表面防腐层应符合 MT/T 335 的规定。

5.1.15 外注式支柱用阀工作液采用 MT 76 中所规定的乳化油或浓缩物与中性软水按质量比为2∶98 或 5∶95 配制的高含水液压液。在工厂或实验室试验时，质量比为 5∶95。出厂检验时，允许用防锈低凝 N7 液压油。

5.1.16 内注式支柱用阀工作液为专用防锈低凝 N7 液压油。

5.2 外观质量

阀的各连接部位应光滑、无毛刺，外部表面清洁，无污物、无磕碰、无锈斑。

5.3 装配质量

5.3.1 零件经检验合格后方可装配，对于因保管或运输不当而造成的变形、摔伤、擦伤、锈蚀等影响产品质量的零件不应用于装配。

5.3.2 零件装配前应进行仔细清洗，并按图样及技术文件的规定进行装配。运动件、螺纹连接件应动作灵活，不应有别卡现象。

5.4 清洁度

每件阀内腔清洗残留物不应超过 10 mg(内注式支柱用阀为安全阀、卸载阀和活塞组件)。

5.5 零件硬度

阀零件的硬度应符合设计要求。

5.6 阀的性能

5.6.1 安全阀性能要求见表 5。

5.6.2 单向阀、卸载阀性能要求见表 6。

6 试验方法

6.1 一般要求

6.1.1 试验所用的供液系统及试验设备应符合被试件的试验要求。

6.1.2 试验用工作液，根据阀的类型和要求，采用 5.1.15,5.1.16 规定的工作液。

6.1.3 试验全过程中，工作液的温度应保持在 10 ℃～50 ℃。

6.1.4 工作液采用 0.125 mm 精度的过滤器及磁性过滤装置过滤。

6.1.5 测压点应靠近被试阀的进(出)液口，距离不大于 10d (d 为进液口直径)。

6.1.6 测压点与测量仪表连接时应排除连接管道中的空气，在检验之前，工作液至少在阀内通过一次。

6.1.7 用于测试的仪器、仪表、测量工具应符合相关器具的计量规程，并要溯源到国家级的计量基准，测试器具应定期检验，误差应满足相关器具精度等级的要求。

6.1.8 测量精度采用 C 级，测量系统的允许误差应符合表 4 的规定。

表 4 测量系统的允许系统误差

测量参量	A	B	C
流量,%	±0.5	±1.5	±2.5
压力(表压力≥0.2 MPa),%	±0.5	±1.5	±2.5
温度,℃	±0.5	±1.0	±2.0

6.2 外观质量

外观用目测。

6.3 装配质量

主要连接螺纹采用专用止、通螺纹环规等常规方法测量，其他用目测。

6.4 清洁度

在洁净的环境下，将阀解体清洗各个零件，清洗后的溶液以 0.125 mm 精度的网过滤残留物，然后烘干称重。

6.5 安全阀试验方法

安全阀试验方法见表 5。

表 5 安全阀性能要求及试验方法

序号	试验项目	性能要求	试验方法	说明
1	开启压力调定	开启压力值应为公称压力的±1 MPa	在 0.04 L/min 的流量下，调定安全阀的开启压力	1. 稳压罐容积为 2 L～5 L 2. 确定作耐久性能试验的被试阀，此处压力流量特性试验项目不作 3. 液压试验回路在满足要求流量的条件下，允许以压力(MPa)-时间(min)曲线代替压力-流量曲线 4. 被试阀(出厂检验合格的产品，自发货之日起)存放三个月内，其性能应能满足表 5 序号 2、3 的性能要求 5. 出厂检验合格的阀，出厂时应按用户要求调定开启压力
2	小流量启溢闭特性	1. 开启压力应不大于公称压力的 110%，最小值应不小于公称压力的 90% 2. 曲线全长压力波动值应不大于公称压力的 10% 3. 关闭压力应不小于公称压力的 90%	调节油源，使系统压力高于被试阀公称压力的 1.2 倍以上，在 0.04 L/min 的流量速率下，对阀加载直至开启溢流，当连续溢流总量大于 0.3 L 时，迅速切断供液，至压力计值稳定为止为试验全过程。记录全过程的压力-流量特性曲线，每个阀进行三次测试	
3	公称流量启溢闭特性	1. 公称流量小于或等于 4 L/min 的阀，启溢压力及曲线全长最大压力值不超过公称压力的 120%，最小压力值应不小于公称压力的 90% 2. 公称流量大于或等于 10 L/min 且小于或等于 16 L/min 的阀，启溢压力及曲线全长最大压力值不超过公称压力的 125%，最小压力值应不小于公称压力的 90% 3. 公称流量大于 16 L/min 的阀，启溢压力及曲线全长最大压力值不应超过公称压力的 125%，最小压力值应不小于公称压力的 90% 4. 关闭压力应不小于公称压力的 90%	调节油源，使系统压力高于被试阀公称压力的 1.2 倍以上，系统流量为被试阀公称流量，试验时系统压力上升梯度为 120 MPa/s～160 MPa/s，使阀开启，溢流时间至少 5 s，然后切断供液，至压力计稳定为止，为试验全过程。将全过程的压力变化用曲线记录，每个阀进行三次测试	
4	密封性能	1. 不作耐久性能试验的被试阀，密封 2 min 和 2 h；作耐久性能试验的被试阀，试验前密封 2 min，试验后密封 4 h 2. 低压密封：2 min 无压降；2 h 和 4 h 压降均不超过 10%，无渗漏 3. 高压密封：2 min 无压降；2 h 和 4 h 压降均不超过 2 %，无渗漏	1. 高压密封：向被试阀供液至公称压力的 90%，切断供液 2. 低压密封：向被试阀供液至 1 MPa，切断供液 3. 短时密封：在切断供液 1 min 后读数、计时 4. 长时密封：在切断供液 10 min～15 min 后读数、计时	1. 稳压罐容积为 2 L～5 L 2. 排除温度变化对压力的影响 3. 型式检验低压密封压力为 1 MPa，出厂检验低压密封压力为 2 MPa

表 5（续）

<table>
<tr><th>序号</th><th colspan="2">试验项目</th><th>性能要求</th><th>试验方法</th><th>说明</th></tr>
<tr><td rowspan="3">5</td><td rowspan="3">耐久性能</td><td>应力循环</td><td>试验后应满足表 5 序号 2 中的要求 3 和序号 4 的要求</td><td>以 0.04 L/min 的流量对被试阀加载，压力由零增压到阀的公称压力使阀溢流，然后卸载，使压力为零，为一次应力循环，共试验 3 000 次</td><td rowspan="3">1. 应力循环和小流量溢流耐久性能试验可分开进行，也可同时进行
2. 如果两项试验同时进行，溢流曲线必须记录 1 L 以上的变化过程
3. 流量小于或等于 1 L/min 的安全阀，不作公称流量溢流试验</td></tr>
<tr><td>小流量溢流</td><td>试验后应满足表 5 序号 2、4 的要求</td><td>以 0.1 L/min 流量对被试阀加载至溢流，每次溢流 1 L，然后卸载。使累计总流量达 300 L。每溢流 10 L 应绘制一条曲线，其他各次用监测仪表记录</td></tr>
<tr><td>公称流量溢流</td><td>试验后应满足表 5 序号 3、4 的要求</td><td>以公称流量对被试阀加载至溢流，每次通流时间不少于 5 s，共试验 100 次，曲线数量不少于 10 条，其他各次用监测仪表记录</td></tr>
<tr><td>6</td><td colspan="2">强度</td><td>无泄液及零件损坏</td><td>1. 型式检验：先将被试阀调死，使之不能溢流，再以 2 倍安全阀公称压力对阀加载，稳压 5 min
2. 出厂检验：先将被试阀调死，使之不能溢流，再以 1.5 倍安全阀公称压力对阀加载，稳压 5 min</td><td>—</td></tr>
<tr><td>7</td><td colspan="2">防飞性能</td><td>零件不得飞出</td><td>1. 先将被试阀调死，使之不能溢流，再以大于 2 倍公称压力对阀进行加载，直至阀破坏或加载至 2.5 倍公称压力
2. 外注式支柱阀应组装后整体进行防飞性能试验</td><td>—</td></tr>
</table>

6.6 单向阀、卸载阀试验方法

单向阀、卸载阀的试验方法见表 6。

表 6　单向阀、卸载阀性能要求及试验方法

序号	试验项目	性能要求	试验方法	说　明
1	单向阀开启、关闭性能	1. 单向阀开启压力值应不大于 1 MPa 2. 单向阀关闭压力应不小于进液压力的 95%	1. 被试阀进液口压力缓慢上升至单向阀开启，记录开启瞬时的最高压力读数。每个阀进行三次测试 2. 向被试阀进液口连续供液，待压力为泵源公称压力且稳定后，切断供液，使进液口压力为零，记录压力计稳定后的压力值。每个阀进行三次测试	稳压罐容积为 2 L～5 L
2	卸载阀卸载性能	卸载力矩应小于 200 N·m	使安全阀处于公称压力，对卸载手把上的卸载力矩进行测定	—
3	卸载阀操作性能	卸载、复位可靠，操作灵活无卡阻	使用卸载装置(扳手)卸载	—
4	密封性能	1. 不作耐久性能试验的被试阀，密封 2 min 和 2 h；作耐久性能试验的被试阀，试验前密封 2 min，试验后密封 4 h 2. 低压密封：2 min 无压降；2 h 和 4 h 压降均不超过 10%，无渗漏 3. 高压密封：2 min 无压降；2 h 和 4 h 压降均不超过 2%，无渗漏	1. 高压密封：向被试阀供液至公称压力的 90%，切断供液 2. 低压密封：向被试阀供液至 1 MPa，切断供液 3. 短时密封：在切断供液 1 min 后再记录 4. 长时密封：在切断供液 10 min～15 min 后读数、记时	1. 稳压罐容积为 2 L～5 L 2. 排除温度变化对压力的影响 3. 型式检验低压密封压力为 1 MPa，出厂检验低压密封压力为 2 MPa
5	耐久性能	试验后应满足表 6 序号 4 的性能要求	先将安全阀压力调至公称压力的 110%，再对被试阀以不大于 10 MPa 的压力进行注液，当通过流量达 3 L 后，切断供液。用增压器增压到安全阀公称压力的 110% 后停止增压，打开卸载阀卸液为一循环，共试验 1 500 次	—
6	强度	无泄液及零件损坏	1. 型式检验：被试阀以安全阀公称压力的 2 倍加载，稳压 5 min 2. 出厂检验：被试阀以安全阀公称压力的 1.5 倍加载，稳压 5 min	—

7　检验规则

7.1　检验分类

7.1.1　产品检验分为出厂检验和型式检验。

7.1.2 产品出厂应进行出厂检验，检验由制造厂的质量检验部门进行，检验结果应记录归档备查，用户验收按出厂检验项目进行。

7.1.3 型式检验由国家授权的监督检验部门进行。

7.1.4 凡属下列情况之一，应进行型式检验：

a） 新产品鉴定定型或老产品转厂试制时；

b） 正式生产后，如产品结构、材料、工艺有较大改变，可能影响产品性能时；

c） 产品停产三年以上再次生产时；

d） 产品正常生产每四年定期进行检验；

e） 用户对产品质量有重大异议时；

f） 国家质量监督部门和国家煤矿安全监察部门提出要求时。

7.2 检验项目

出厂检验和型式检验项目和要求见表 7。

表 7 检验项目和要求

序号		检验项目	要求	试验方法	出厂检验	型式检验
产品制造质量	1	外观质量	5.2	6.2	√	√
	2	装配质量	5.3	6.3	√	√
	3	清洁度	5.4	6.4	√	×
	4	粗糙度	5.1.6，5.1.7	按审批图样	√	×
	5	精度	5.1.8，5.1.9	按审批图样	√	×
	6	零件硬度	5.5	按审批图样	√	W
	7	零件材质	5.1.2	按审批图样	W	W
安全阀	8	开启压力调定	5.6.1	6.5	√	√
	9	小流量启溢闭特性			√	√
	10	公称流量启溢闭特性			×	√
	11	密封性能			√	√
	12	应力循环			×	√
	13	小流量溢流 耐久性能			×	√
	14	公称流量溢流 耐久性能			×	√
	15	强度			√	√
	16	防飞性能			×	√
单向阀、卸载阀	17	单向阀开启、关闭性能	5.6.2	6.6	×	√
	18	卸载阀卸载性能			×	√
	19	卸载阀操作性能			√	√
	20	密封性能			√	√
	21	耐久性能			×	√
	22	强度			√	√
注："√"表示检验，"×"表示不检验，"W"表示用户要求时检验。						

7.3 组批规则和抽样方案

7.3.1 组批规则

出厂检验的阀应从每批交检的成品中抽取，交检的阀每500套划为一批，不足500套时单独划为一批。每批可平均分为5垛。

7.3.2 抽样方案

7.3.2.1 出厂检验抽样方案

出厂检验抽样方案采用GB/T 2828.1—2003中正常检验的二次抽样方案，见表8。

表8 出厂检验抽样方案

序号		检验项目	检验水平	接受质量限 ALQ	抽样方案 n_1；A_{c1}，R_{e1} n_2；A_{c2}，R_{e2}
产品制造质量	1	外观质量	I	6.5	13；1，3 13；4，5
	2	装配质量	I	6.5	13；1，3 13；4，5
	3	清洁度	S-3	4.0	8；0，2 8；1，2
	4	粗糙度	I	6.5	13；1，3 13；4，5
	5	精度	I	6.5	13；1，3 13；4，5
	6	零件硬度	S-3	4.0	8；0，2 8；1，2
	7	零件材质	S-3	6.5	5；0，2 5；1，2
安全阀	8	开启压力调定	I	2.5	13；0，2 13；1，2
	9	小流量启溢闭特性	I	2.5	13；0，2 13；1，2
	10	密封性能	I	2.5	13；0，2 13；1，2
	11	强度	I	2.5	13；0，2 13；1，2
单向阀、卸载阀	12	卸载阀操作性能	I	2.5	13；0，2 13；1，2
	13	密封性能	I	2.5	13；0，2 13；1，2
	14	强度	I	2.5	13；0，2 13；1，2

7.3.2.2 **型式检验抽样方案**

型式检验抽样方案采用 GB/T 2829—2002 中判别水平为Ⅰ的一次抽样方案，见表 9。

表 9 型式检验抽样方案

序号		检验项目	不合格分类	不合格质量水平 RQL	判别水平 DL	抽样方案类型	样本量 n	判定数组 A_c，R_e
产品制造质量	1	外观质量	B	50	Ⅰ	一次抽样	4	1，2
	2	装配质量	B	50	Ⅰ	一次抽样	4	1，2
	3	零件硬度	B	50	Ⅰ	一次抽样	4	1，2
	4	零件材质	A	30	Ⅰ	一次抽样	3	0，1
安全阀	5	开启压力调定	A	40	Ⅰ	一次抽样	5	1，2
	6	小流量启溢闭特性	A	40	Ⅰ	一次抽样	5	1，2
	7	公称流量启溢闭特性	A	40	Ⅰ	一次抽样	5	1，2
	8	密封性能	A	30	Ⅰ	一次抽样	3	0，1
	9	应力循环	A	50	Ⅰ	一次抽样	1	0，1
	10	小流量溢流 耐久性能	A	50	Ⅰ	一次抽样	1	0，1
	11	公称流量溢流 耐久性能	A	50	Ⅰ	一次抽样	1	0，1
	12	强度	A	30	Ⅰ	一次抽样	3	0，1
	13	防飞性能	A	30	Ⅰ	一次抽样	3	0，1
单向阀、卸载阀	14	单向阀开启、关闭性能	A	40	Ⅰ	一次抽样	5	1，2
	15	卸载阀卸载性能	B	50	Ⅰ	一次抽样	4	1，2
	16	卸载阀操作性能	B	50	Ⅰ	一次抽样	4	1，2
	17	密封性能	A	30	Ⅰ	一次抽样	3	0，1
	18	耐久性能	A	50	Ⅰ	一次抽样	1	0，1
	19	强度	A	30	Ⅰ	一次抽样	3	0，1

7.4 **抽样方式**

出厂检验和型式检验均采用简单随机抽样方式。

7.5 **判定规则**

7.5.1 出厂检验项目全部检验合格，判出厂检验合格，否则判出厂检验不合格。

7.5.2 型式检验项目全部检验合格，判型式检验合格，否则判型式检验不合格。

8 标志、包装和贮存

8.1 外注式用组合阀在左阀筒和右阀筒外端面(非组合式阀视位置而定)，用字高 5 mm 或 7 mm 的钢字码等方式，牢固可靠地打出清晰的厂标、制造日期及编号。

8.2 产品检验合格后，应排尽油液，所有外露通孔应严格采取防尘措施封好，包装材料应采取防锈、防潮措施，外部应采用木箱包装。

8.3 产品出厂时，应带下列文件：

a） 产品合格证；

b） 使用说明书；

c） 安全标志证书复印件；

d） 装箱单。

8.4 产品应存放在干燥、整洁、空气流通的室内，存放温度应在 0 ℃以上。

中华人民共和国煤炭工业部部标准

MT/T 113—1995

代替 MT 113—85

煤矿井下用聚合物制品阻燃抗静电性通用试验方法和判定规则

1 主题内容与适用范围

本标准规定了聚合物制品阻燃性、表面电阻试验方法、判定规则和送、抽检要求。

本标准适用于煤矿井下用能引起延燃和静电火花的聚合物制品。

2 引用标准

MT 182 酒精喷灯燃烧器的结构与技术要求

3 术语

3.1 阻燃性 fire-resistant properties

指聚合物制品具有通过下述试验的能力：

a. 经酒精喷灯燃烧试验，试件应完全不可燃的或是能自行熄灭的；

b. 经酒精灯燃烧试验，试件应完全不可燃的或是能自行熄灭的。

3.2 火焰扩展长度 the length flame spread

试件的有焰燃烧和无焰燃烧熄灭后，试件被炭化部分的长度。

4 阻燃性试验方法

4.1 酒精喷灯燃烧试验方法

4.1.1 试件

从样品上截取 6 块试件，每块试件长 360 mm，宽 50 mm，厚度 5～10 mm。

4.1.2 仪器、设备

a. 喷灯：喷灯应符合 MT 182 的要求，燃料从带有刻度管的容器供给。所用燃料为 95%乙醇(GB 394)和 5%甲醇(GB 338)的混合物(V/V)。

b. 燃烧试验箱：应有加工好的密封配合孔，作为喷灯遥控装置和燃料导管的入口，箱体内表面应涂成黑色(见图 1)，箱子应设有可调节装置，确保试件处在适当位置，在箱子上部装有带抽风机的烟罩，但必须以不引起火焰燃烧变化为前提，否则试验时应关掉风机。

c. 秒表：秒表的最小分度值为 0.01 s。

中华人民共和国煤炭工业部 1996-02-06 批准　　　　1996-03-01 实施

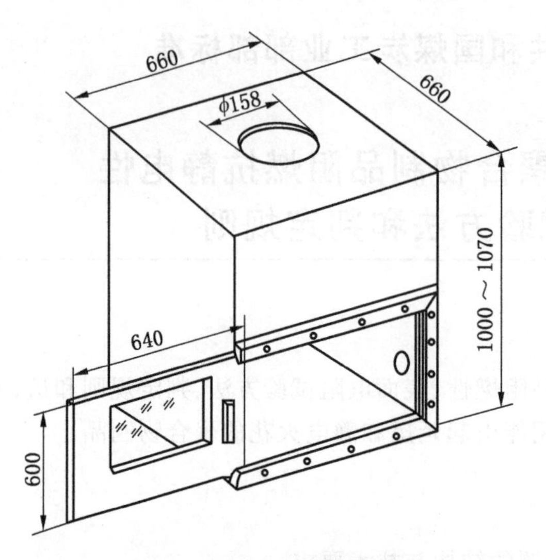

图 1 燃烧试验箱示意图

4.1.3 试验步骤

4.1.3.1 酒精喷灯的操作和维修按 MT 182 的规定进行。

4.1.3.2 在试件宽面上距点火端 280 mm 处，划一条标记线。

4.1.3.3 将试件插入夹持器，试验时酒精喷灯与试件的相对位置应符合图 2 的规定，即试件应垂直吊挂，其低端离酒精喷灯喷火口中心的距离为 50 mm，酒精喷灯倾斜 45°。

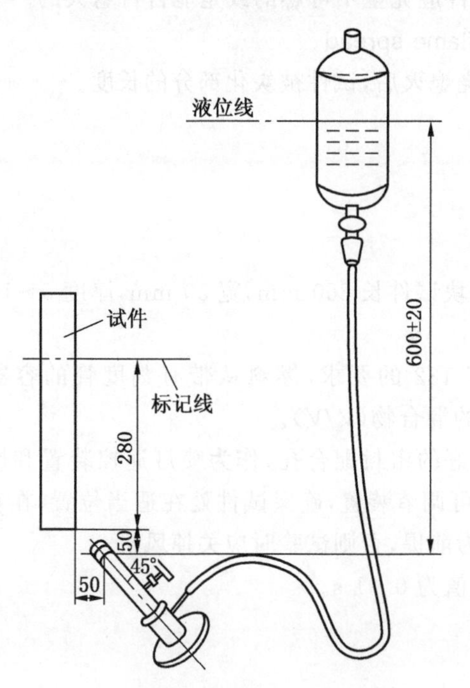

图 2 试件燃烧位置示意图

4.1.3.4 试验在弱光下的燃烧箱内进行，点燃酒精喷灯，调整其火焰高度为 150～180 mm，燃料消耗为 2.55±0.15 mL/min。

4.1.3.5 试验时试件周围的空气流动应尽量小，以不影响燃着试件的火焰为准。

4.1.3.6 试验时容器内的燃料液面高度应保持在距离酒精喷灯口 600±20 mm 的范围内，见图 2。

4.1.3.7 试件位于火焰中央，其前缘与火焰外缘一致。

4.1.3.8 试件垂直于燃烧箱的门，以便观察到试件的两面。

4.1.3.9　试验时把试件放在火焰中燃烧，燃烧试件的时间与试件的厚薄、软硬程度有关，以燃着试件为准，最短不少于 5 s，最长不超过 60 s，试件燃着后，移走未熄灭的酒精喷灯，并从此时起用秒表测量试件及滴落物的有焰燃烧时间和无焰燃烧时间。

4.1.4　结果表述

应记录和计算下列试验结果：

4.1.4.1　各试件及滴落物的有焰燃烧时间和无焰燃烧时间单值；

4.1.4.2　各试件的火焰扩展长度；

4.1.4.3　6 块试件及滴落物的有焰燃烧时间的算术平均值；

4.1.4.4　6 块试件及滴落物的无焰燃烧时间的算术平均值。

4.2　酒精灯燃烧试验方法

4.2.1　试件

从样品上截取 6 块试件，每块试件长 360 mm，宽 50 mm，厚度 5～10 mm。

4.2.2　仪器、设备

a.　酒精灯：容量为 250 mL，试验时灯内酒精容量应为规定容量的一半。所用燃料为 95％乙醇（GB 394）和 5％甲醇（GB 338）的混合物（V/V）。

b.　燃烧试验箱：见 4.1.2.b 的规定。

c.　试验装置：见图 3。

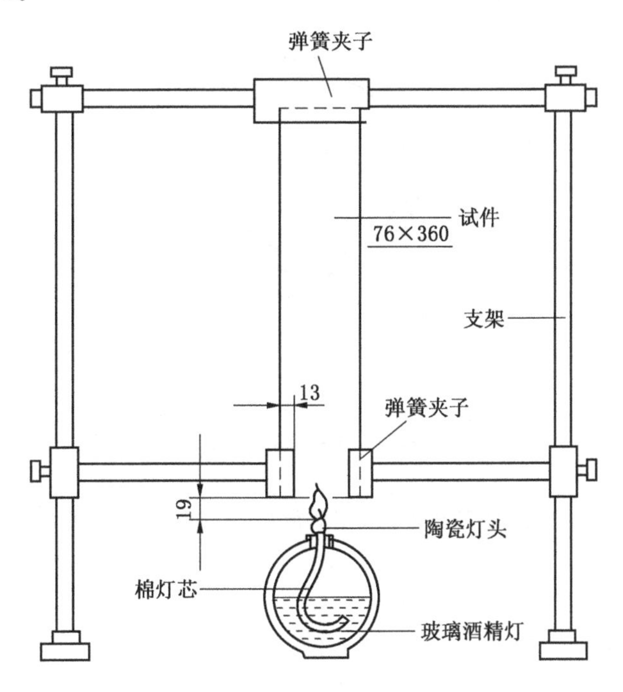

图 3　酒精灯试验装置示意图

d.　秒表：最小分度值为 0.01 s。

4.2.3　试验步骤

4.2.3.1　在试件宽面上距点火端 280 mm 处，划一条标记线。

4.2.3.2　将试件插入夹持器，试验时酒精灯与试件的相对位置应符合图 3 的规定。当试件产生滴落物影响到试验结果时，酒精灯应倾斜 20°，试件低端到酒精灯头中心的垂直距离为 19 mm。

4.2.3.3　试验在弱光下的燃烧箱内进行，点燃酒精灯，调整其火焰高度为 32 mm。

4.2.3.4　试验时试件周围的空气流动应尽量小，以不影响燃着试件的火焰为准。

4.2.3.5　试件位于火焰中央，其前缘与火焰外缘一致，见图 3。

4.2.3.6　试件垂直于燃烧箱的门，以便观察到试件的两面。

4.2.3.7　试验时把试件放在火焰中点燃，点燃试件的时间与试件的厚薄、软硬程度有关，点燃时间为5～90 s（以燃着试件为准）。移走未熄灭的酒精灯，并从该时起用秒表测量试件及滴落物的有焰燃烧时间和无焰燃烧时间。

4.2.4　结果表述

应记录和计算下列试验结果：

a.　各试件及滴落物的有焰燃烧时间和无焰燃烧时间单值；

b.　各试件的火焰扩展长度；

c.　6块试件及滴落物的有焰燃烧时间的算术平均值；

d.　6块试件及滴落物的无焰燃烧时间的算术平均值。

5　表面电阻试验方法

5.1　试件

5.1.1　从样品上截取3块试件，尺寸不小于300 mm×300 mm，厚度为5～10 mm。

5.1.2　试件应平滑，无裂纹、气泡和机械杂质等缺陷。

5.1.3　用蘸有蒸馏水的干净棉布清洗试件以后，用洁净的干布将试件擦干，放置在干燥处24 h以上。

5.1.4　在干净的试件表面上，用导电胶（液）涂出如图4所示的区域，大小相当于电极基面的尺寸。

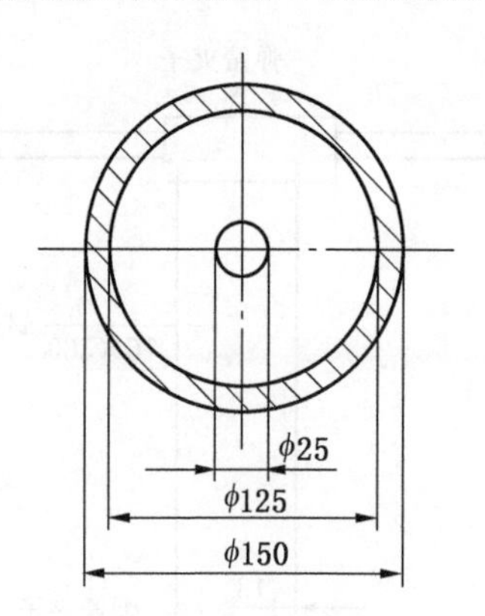

图4　涂胶示意图

5.1.5　试验前，将试件放置在温度为23±2 ℃，相对湿度为(65±5)%的环境中至少2 h。

5.2　导电液

导电液的成分为：(*m*/*m*)

分子量为600的无水聚乙二醇	4份
软皂	1/200份
水	1份

5.3　仪器

5.3.1　表面电阻测试仪：

表面电阻测试仪的测量范围为10^3～10^{10} Ω，准确度为1.5级，直流电源电压50～500 V，电压的选择以在试件中的电能消耗不大于1 W为前提。

5.3.2　电极：

用黄铜圆柱及同心圆环各一个作电极，尺寸如图5所示，其中内电极的基面为圆形，最小质量为115 g，外电极的基面为环形，最小质量为900 g，两电极的基面应磨平抛光，用2根外包绝缘导线分别连接到每个电极上。

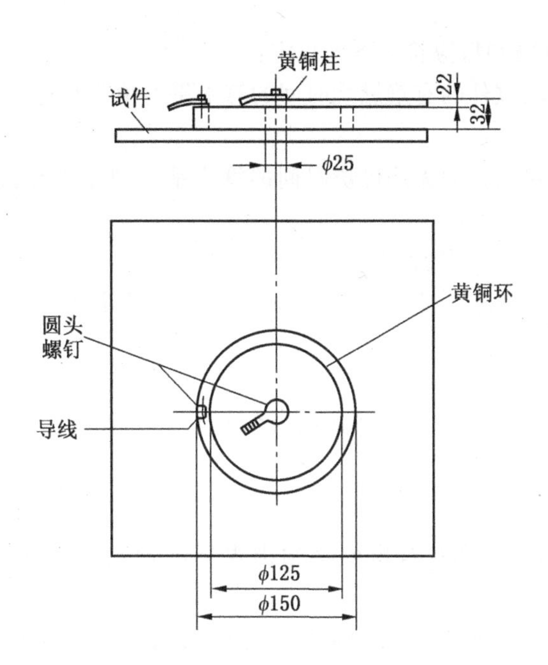

图 5 电极尺寸示意图

5.4 **测定步骤**

5.4.1 测定条件

试验电压：500±20 V，100±10 V，50±10 V；

试验环境：温度为 23±2 ℃，相对湿度为(65±5)%。

5.4.2 将试件放在一块稍大于试件的绝缘平板上，带导电胶(液)的一面朝上，擦净电极基面，将其放在试件的涂胶面上，外电极连接到测试仪的接地端或低压端上，内电极接到高压端上，充电 1 min 后，测量表面电阻，然后在试件的另一面上再重复上述试验。

注：注意不要因呼吸作用使试件表面受潮。

5.5 **结果表述**

应记录和计算下列测定结果：

a. 每块试件上、下两个表面的表面电阻单值；

b. 上表面 3 个表面电阻的算术平均值；

c. 下表面 3 个表面电阻的算术平均值。

6 判定规则

6.1 **阻燃性**

6.1.1 酒精喷灯燃烧试验

按本标准所述方法进行试验时，应符合下列规定：

a. 在移去喷灯后，6 块试件的有焰燃烧时间的算术平均值不得超过 3 s，每块试件的有焰燃烧时间单值不得超过 10 s。

b. 在移去喷灯后，6 块试件的无焰燃烧时间的算术平均值不得超过 10 s，每块试件的无焰燃烧时间单值不得超过 30 s。

c. 经燃烧后的试件，火焰扩展长度不得大于 280 mm。

如果 6 块试件中有 1 块不符合上述规定，则另取双倍量的试件复试，如仍不符合上述规定，则判定此项试验不合格。

6.1.2 酒精灯燃烧试验

按本标准所述方法进行试验时，应符合下列规定：

a. 在移去酒精灯后，6 块试件的有焰燃烧时间的算术平均值不得超过 6 s，每块试件的有焰燃烧时间单值不得超过 12 s。

b. 在移去酒精灯后，6 块试件的无焰燃烧时间的算术平均值不得超过 20 s，每块试件的无焰燃烧时间单值不得超过 60 s。

c. 经燃烧后的试件，火焰扩展长度不得大于 250 mm。

如果 6 块试件中有 1 块不符合上述规定，则另取双倍量的试件复试，如仍不符合上述规定，则判定此项试验不合格。

6.2 表面电阻值

试件上、下两个表面的表面电阻算术平均值均不得大于 3×10^{8} Ω。

7 送、抽检要求

7.1 煤矿井下用聚合物制品的阻燃抗静电性必须由煤炭部指定的质量监督检验中心(以下简称“中心”)进行检验。

7.2 送检时，对不能直接制备试样的产品，应提供与产品同样材质的样品，样品尺寸为 360 mm×300 mm，厚度为 5～10 mm。样品数量为 6 块。

7.3 送检时，应附有产品型式检验报告。

7.4 定型产品阻燃抗静电性经抽检合格后，发给“产品检验合格证”；新产品经检验合格后，发给“井下工业性试验许可证”。取得“井下工业性试验许可证”的产品可下井试验，经工业性试验鉴定合格后，批量试生产后(批量单位应达 1 000 以上)，经“中心”抽检，检验合格并发给“产品检验合格证”后，方可正式投产，“产品检验合格证”有效期为 2 年。

7.5 “产品检验合格证”有效期满后，由“中心”进行抽检，检验合格后换发新证。

7.6 针对产品质量存在的问题，受上级主管部门授权，“中心”有权对已发“产品检验合格证”的产品进行抽样复检，发现产品质量存在问题时，应提出整改建议，吊销原发的“产品检验合格证”。

附加说明：

本标准由煤炭工业部煤矿安全标准化技术委员会提出。

本标准由煤炭工业部煤矿安全标准化技术委员会防静电及阻燃材料分会归口。

本标准由煤炭科学研究总院上海分院和中山大学共同负责起草。

本标准主要起草人曹兴华、陶洁、黄凤来、郑琪、顾亚民。

本标准委托煤炭科学研究总院上海分院负责解释。

ICS 73.100.99
D 98
备案号：17352—2006

中华人民共和国煤炭行业标准

MT/T 114—2005
代替 MT 114—1985

煤矿用多级离心泵

Multi-stage centrifugal pumps for coal mines

2006-01-17 发布 2006-07-01 实施

中华人民共和国国家发展和改革委员会 发布

前　言

本标准是对 MT 114—1985《煤矿用耐磨离心水泵　技术条件》的修订。本标准代替MT 114—1985。

本标准与 MT 114—1985 相比主要变化如下：

——扩大了标准适用范围(1985 年版的第 1 章;本版的第 4 章)；

——增加了煤矿用多级离心泵的振动和噪声的控制要求(见 5.2.3、5.2.4)；

——修改了运行条件和寿命的要求(1985 年版的 2.2;本版的 5.3)；

——增加了对配套原动机功率的要求(见 5.4.1)；

——增加了轴封、底座的要求(见 5.9、5.10)；

——增加了大件起吊、防护罩内容(见 5.11、5.12)；

——增加了对标牌材质的要求(见 5.13.1)；

——修改了煤矿用多级离心泵的判定规则(1985 年版的 3.3;本版的 7.2.2、7.3.2)。

本标准由中国煤炭工业协会科技发展部提出。

本标准由煤炭行业煤矿专用设备标准化技术委员会归口。

本标准由煤炭科学研究总院唐山分院负责起草，辽源煤矿水泵厂、山东博泵科技股份有限公司、阳泉水泵厂、上海通用机泵设备有限公司第一水泵厂、安徽三联泵业股份有限公司、上海连成(集团)有限公司参加起草。

本标准主要起草人:王忠文、安连红、卢志明、陈玉先、王红生、张健。

本标准 1985 年 6 月首次发布。

煤矿用多级离心泵

1 范围

本标准规定了煤矿用多级离心泵(以下简称泵)的型式与基本参数、技术条件、试验方法、检验规则以及标志、包装、运输和贮存。

本标准适用于煤矿输送清水及固体颗粒含量不大于 1.5%(体积浓度)的中性矿井水(粒度小于 0.5 mm),以及类似的其他污水中,被输送介质温度不高于 80℃的泵。

2 规范性引用文件

下列文件中的条款通过本标准的引用而成为本标准的条款。凡是注日期的引用文件,其随后所有的修改单(不包括勘误的内容)或修订版均不适用于本标准,然而,鼓励根据本标准达成协议的各方研究是否可使用这些文件的最新版本。凡是不注日期的引用文件,其最新版本适用于本标准。

GB/T 699 优质碳素结构钢
GB/T 1348 球墨铸铁件
GB/T 3216—1989 离心泵、混流泵、轴流泵和旋涡泵试验方法(eqv ISO 2548:1973)
GB/T 5657—1995 离心泵技术条件(Ⅲ类)(eqv ISO 9908:1993)
GB/T 7021 离心泵名词术语
GB/T 9239—1988 刚性转子平衡品质 许用不平衡的确定(eqv ISO 1940-1:1986)
GB/T 13006 离心泵、混流泵、轴流泵 汽蚀余量
GB/T 13007 离心泵效率
GB/T 13384 机电产品包装通用技术条件
JB/T 1051 多级清水离心泵 型式与基本参数
JB/T 4297 泵产品涂漆 技术条件
JB/T 6880.1 泵用灰铁铸件
JB/T 6880.2 泵用铸钢件
JB/T 8097—1999 泵的振动测量与评价方法
JB/T 8098—1999 泵的噪声测量与评价方法
JB/T 8687—1998 泵类产品抽样检查

3 术语和定义

GB/T 7021 中确立的以及下列术语和定义适用于本标准。

3.1

易损件 wear-and-tear parts

由于介质的磨损或冲蚀而易于失效的零件,如叶轮、轴套、导叶、导叶套、密封环、平衡盘、平衡套等。

3.2

第一临界转速 first critical speed

旋转部件的最低横向自然振动频率与旋转频率相一致时的转速。

4 型式与基本参数

4.1 型式

泵为单吸、多级、节段式离心泵。

4.2　分类

根据泵的用途,泵分为D型煤矿用多级离心泵和MD型煤矿用耐磨多级离心泵两种类型。

4.3　型号表示方法

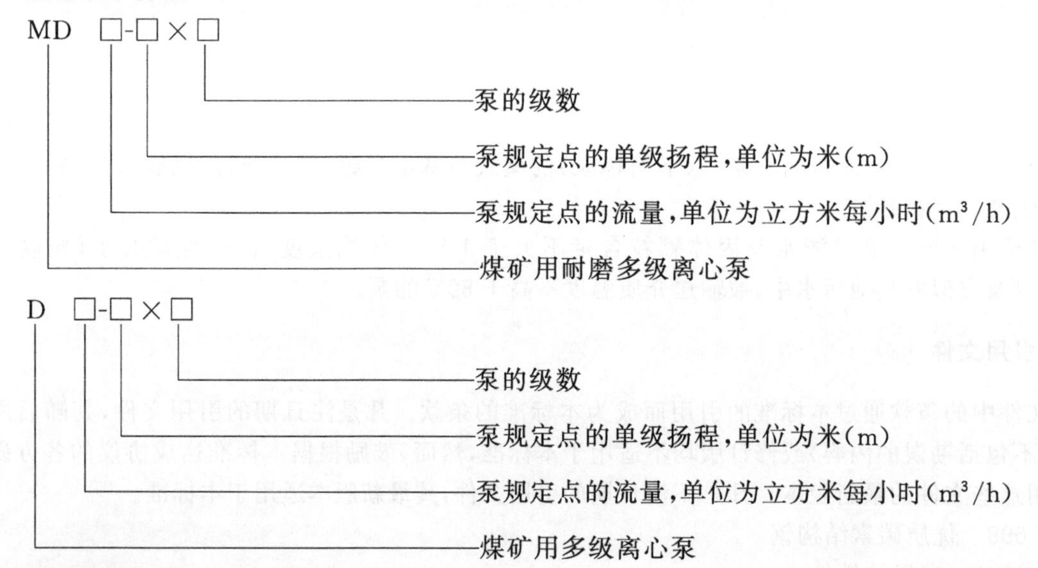

4.4　基本参数

4.4.1　泵的基本参数流量、扬程、转速推荐按JB/T 1051的规定,或根据合同。

4.4.2　效率应符合GB/T 13007的规定。

4.4.3　汽蚀余量应符合GB/T 13006的规定。

5　要求

5.1　基本要求

泵应符合本标准的规定,并按经规定程序批准的图样和技术文件制造。

5.2　性能

5.2.1　泵的性能参数应符合4.4的规定。

5.2.2　制造厂应确定泵的允许工作范围,并绘制出性能曲线(扬程、轴功率、效率、必需汽蚀余量与流量的关系曲线)。

5.2.3　泵的振动烈度应符合JB/T 8097—1999中C级的规定。当泵转速小于600 r/min时,按600 r/min考核。

5.2.4　泵的噪声应符合JB/T 8098—1999中C级的规定。

5.3　运行条件及寿命

5.3.1　在清水条件下(固体颗粒含量低于0.1%),MD型泵运行6 000 h无大修,D型泵运行3 000 h无大修,效率下降不超过6%。

5.3.2　在固体颗粒含量0.1%～1%污水条件下,使用MD型泵。运行5 000 h无大修,效率下降不超过6%。

5.3.3　在固体颗粒含量1%～1.5%污水条件下,使用MD型泵。运行3 000 h无大修,效率下降不超过6%。

5.4　结构设计

5.4.1　原动机

原动机额定输出功率应符合GB/T 5657—1995中4.2的规定。井下用泵需配防爆型电机。

5.4.2　临界转速

泵实际第一临界转速至少应高出泵使用范围内的最大允许运行转速的10%。

5.4.3 **叶轮静平衡**

叶轮做静平衡试验,精度不低于GB/T 9239—1988中G6.3级规定。叶轮做静平衡试验时,若在叶轮盖板上去重,去重处与盖板应平滑过渡,切削量不得超过盖板壁厚的三分之一。

5.5 **壳体**

壳体应能承受泵允许范围内的最大工作压力和水压试验的压力,并能限制变形。水压试验时,进水段试验压力不得低于0.6 MPa;其余承压件试验压力应为泵最大工作压力的1.5倍。在保压时间内不得有渗漏、冒汗等缺陷。

5.6 **轴和轴套**

5.6.1 轴上的螺纹旋向,在轴旋转时应使其连接件处于拧紧状态。

5.6.2 轴套应可靠地固定在轴上,并应防止轴和轴套间液体的泄漏。

5.6.3 轴应保留两端中心孔。

5.7 **轴承**

5.7.1 一般采用滚动轴承,稀油润滑或脂润滑。也可采用滑动轴承。

5.7.2 在运行过程中,滚动轴承的工作温度不应超过环境温度35℃,最高直接温度不应超过75℃。滑动轴承的工作温度不应超过环境温度30℃,最高直接温度不应超过70℃。

5.8 **轴承体**

5.8.1 轴承体上与外界相通的缝隙应能防止污物侵入和正常工作条件下润滑油(脂)的漏失。

5.8.2 轴承采用稀油润滑时,轴承体应开设放油孔和设置油位器。

5.9 **轴封**

轴封可采用填料密封或机械密封。轴封体应设置加注轴封水的孔,并明确其水压值。

5.10 **底座**

配套电机功率≤110 kW的泵,与电动机应配置共同底座;其余一般配置单独底座。

5.11 **传动装置**

泵的传动应采用弹性联轴器,应能传递原动机的最大扭矩。传动装置裸露的传动部分应加装牢固可靠、便于维修的防护罩。

5.12 **起吊**

对于整台泵或较重的零、部件,应设置起吊装置。

5.13 **主要零件的材料**

5.13.1 主要零件的材料应符合下列规定:

a) D型泵材料应符合GB/T 5657—1995中第5章的规定。泵标牌、标识材料应采用不锈钢或黄铜。

b) MD型泵:

 1) 进水段材料不低于HT200或ZG270-500;

 2) 出水段、导叶材料不低于QT500-7或ZG270-500;

 3) 中段材料不低于HT200;

 4) 轴材料不低于45号优质碳素钢;

 5) 泵标牌、标识材料应采用不锈钢或黄铜。

5.13.2 泵材料的技术要求和试验方法应符合下列规定:

a) 钢材应符合GB/T 699的规定;

b) 铸铁件和铸钢件应分别符合GB/T 1348、JB/T 6880.1、JB/T 6880.2的规定。

5.14 **装配**

5.14.1 泵装配前,与液体接触的零件非加工面均应涂防锈漆。

5.14.2 所有零部件均应经检验合格后方可进行装配。

5.14.3 装配好的转子部件，主要部位的跳动不得超过表1的规定。

表1 转子部件主要部位跳动

单位为毫米

名义直径	≤50	＞50～120	＞120～260	＞260～500
叶轮密封环处跳动	0.08	0.1	0.12	0.16
轴承外圆跳动	0.08	0.1	0.12	0.16
平衡盘端面跳动	—	0.05	0.07	—

5.14.4 泵在装配过程中，应检查和测量转子部件的总串动和单面串动。泵装配完成后，转动转子应匀调，无紧涩现象。装有填料的泵，应在填料未压紧前检查。

5.14.5 泵的安装尺寸应符合图样，配合部位的零件应能互换。

5.15 涂漆和防锈

5.15.1 泵的涂漆应符合 JB/T 4297 的规定。

5.15.2 对装配后的外露加工面应涂防锈油。

5.15.3 试验完成后应除净泵内积水，重新做防锈处理。

5.16 防进杂物

检验合格后，将泵的进、出口用盖板盖牢。

5.17 转向

泵轴的旋转方向应用转向指示箭头或转向牌标明。

6 试验方法

6.1 材料的化学成分分析方法、力学性能试验方法应符合5.13.2规定的有关标准要求。

6.2 水压试验采用常温清水，保压时间不少于10 min。

6.3 叶轮按 GB/T 9239—1988 中 G6.3 级做静平衡。

6.4 泵的性能试验方法应符合 GB/T 3216—1989 的规定。

6.5 泵的振动测量方法应符合 JB/T 8097—1999 中的规定。

6.6 泵的噪声测量方法应符合 JB/T 8098—1999 中的规定。

7 检验规则

7.1 检验分类

泵的检验分为型式检验和出厂检验。

7.2 型式检验

7.2.1 有下列情况之一者做型式检验：

a) 新产品或老产品转厂生产的试制定型鉴定；

b) 正式生产后，如结构、材料、工艺有较大改变，可能影响产品性能时；

c) 批量生产的产品应周期性检查，周期不超过2年；

d) 产品长期停产再次恢复生产时；

e) 出厂检验结果与上次型式检验结果有较大差异时；

f) 产品质量监督机构提出要求时。

7.2.2 试验项目及其判定规则应符合 GB/T 3216—1989 中C级的规定。

7.2.3 型式检验的抽样方法、检验台数应符合 JB/T 8687—1998 的规定。

7.3 出厂检验

7.3.1 批量生产的产品应做出厂检验。试验项目应符合 GB/T 3216—1989 的规定。

7.3.2 抽样方法、判定规则和检验台数应符合 JB/T 8687—1998 的规定。

7.3.3　产品出厂前，制造厂质量检验部门应按定货单和装箱单的规定，检查每台产品供货范围的完整性和正确性，包括对产品涂漆、外观质量和包装的检验。合格后发给产品合格证，然后才能出厂。

8　标志、包装、运输与贮存

8.1　每台泵应在适当的位置钉上产品标牌，在明显的位置钉上转向指示箭头。

8.2　产品标牌应标明下列标志：

a）制造厂名称；

b）泵的名称及型号；

c）泵的出厂编号和制造日期；

d）泵的基本参数：流量、扬程、效率、转速、配带功率、必需汽蚀余量、质量；

e）安全标志编号；

f）商标。

8.3　包装应符合 GB/T 13384 的规定。每台泵出厂时应附带下列文件，并封在防水的袋内：

a）总装配图、安装图（与用户商定）；

b）产品说明书；

c）装箱单；

d）产品合格证。

8.4　运输和贮存应能防止泵的损坏、锈蚀和配件、文件散失等。

9　成套范围

用户可以根据需要，订购下列成套供应范围的全部或一部分，并在定货合同中标明：

a）泵；

b）电动机；

c）底座、地脚螺栓、防护罩；

d）必备的专用工具；

e）易损件；

f）备件。

ICS 73.100.99
D 98
备案号：22177—2007

中华人民共和国煤炭行业标准

MT/T 117—2007
代替 MT/T 117—2005,MT/T 775—1998

采煤机用电缆夹板

Cable protected clamp for shearer

2007-10-22 发布　　2008-01-01 实施

国家安全生产监督管理总局　发布

前　言

本标准是对MT/T 117—2005《采煤机用电缆夹板　型式和基本尺寸》和MT/T 775—1998《采煤机用拖曳式电缆夹技术条件》的整合修订。本标准代替MT/T 117—2005和MT/T 775—1998。

本标准与MT/T 117—2005和MT/T 775—1998相比主要技术变化如下：

——增加了有关型号编制方法(见5.1)；

——增加了相邻两件电缆夹板的最大折弯角及其极限偏差的要求(见6.5)；

——增加了折弯角检查(见7.3)；

——修改了抗拉强度试验的试样及其制备(1998年版的4.2.1;本版的7.4.1)；

——修改了抗冲击试验的试样及其制备(1998年版的4.3.1;本版的7.6.1)；

——修改了出厂检验内容(1998年版的5.2;本版的8.2.5)；

——增加了出厂检验的抽样方案(见8.2.6)；

——增加了出厂检验判定准则(见8.2.7)；

——修改了型式检验内容(1998年版的5.3.2;本版的8.3.4)；

——增加了型式检验的抽样方案(见8.3.7)；

——增加了型式检验判定准则(见8.3.8)。

本标准由中国煤炭工业协会科技发展部提出。

本标准由煤炭行业煤矿专用设备标准化技术委员会归口。

本标准起草单位:煤炭科学研究总院上海分院、国家采煤机械质量监督检验中心。

本标准主要起草人:陶嵘、杨顺芳、奚宏、金鑫、金丽莉。

本标准所代替标准的历次版本发布情况为：

——MT/T 117—1995,MT/T 117—2005；

——MT/T 775—1998。

采煤机用电缆夹板

1 范围

本标准规定了采煤机用电缆夹板(以下简称"电缆夹板")的型式、基本尺寸、型号编制、要求、试验方法、检验规则和标志、包装、贮存。

本标准适用于组成滚筒采煤机拖曳和保护供电电缆和进水管的拖缆装置的以聚合塑料和碳素钢板为原料的电缆夹板。

2 规范性引用文件

下列文件中的条款通过本标准的引用而成为本标准的条款。凡是注日期的引用文件,其随后所有的修改单(不包括勘误的内容)或修订版均不适用于本标准,然而,鼓励根据本标准达成协议的各方研究是否可使用这些文件的最新版本。凡是不注日期的引用文件,其最新版本适用于本标准。

GB/T 710—1991 优质碳素结构钢热轧薄钢板和钢带(neq ГОСТ 16523:1970)

GB/T 1800.4—1999 极限与配合 标准公差等级和孔、轴的极限偏差表(eqv ISO 286-2:1989)

GB/T 1804—2000 一般公差 未注公差的线性和角度尺寸的公差(eqv ISO 2768-1:1989)

GB/T 2828.1—2003 计数抽样检验程序 第1部分:按接收质量限(AQL)检索的逐批检验抽样计划(ISO 2859-1:1999,IDT)

GB/T 2829—2002 周期检验计数抽样程序及表(适用于对过程稳定性的检验)

GB/T 3177—1997 光滑工件尺寸的检验

GB/T 13237—1991 优质碳素结构钢冷轧薄钢板和钢带(neq ГОСТ 16523:1970)

GB/T 14486—1993 工程塑料模塑塑料件尺寸公差(neq DIN 16901)

MT 113—1995 煤矿井下用聚合物制品阻燃抗静电性通用试验方法和判定规则

MT 818.2 煤矿用阻燃电缆 第1单元:煤矿用移动类阻燃软电缆 第2部分:额定电压1.9/3.3 kV及以下采煤机软电缆

3 型式

按电缆夹板的形状可分为:

a) U型(见图1);

b) H型(见图2);

c) O型(见图3);

d) C型(见图4)。

4 基本尺寸

4.1 总宽度 *B*

电缆夹板的总宽度应和电缆槽宽度相匹配,4种型式电缆夹板的总宽度 B 应符合表1的规定。

4.2 高度 *H*

电缆夹板的高度应和电缆槽深度相匹配,高度 H 应符合表1的规定。

4.3 内腔高度 *C*

电缆夹板的内腔高度应和 MT 818.2 所规定的电缆外径相匹配,内腔高度 C 可参考表1的推荐值。

4.4　内腔宽度 *A*

4种电缆夹板的内腔宽度 A 可参考表1的推荐值。

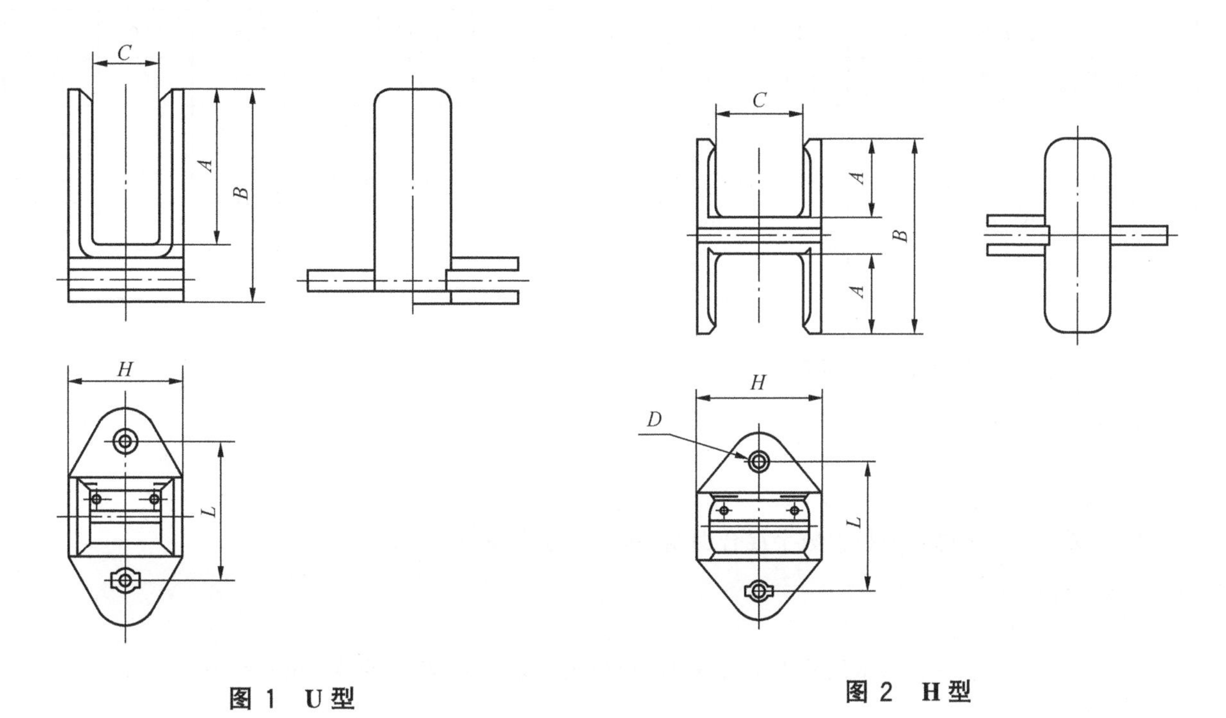

图1　U型

图2　H型

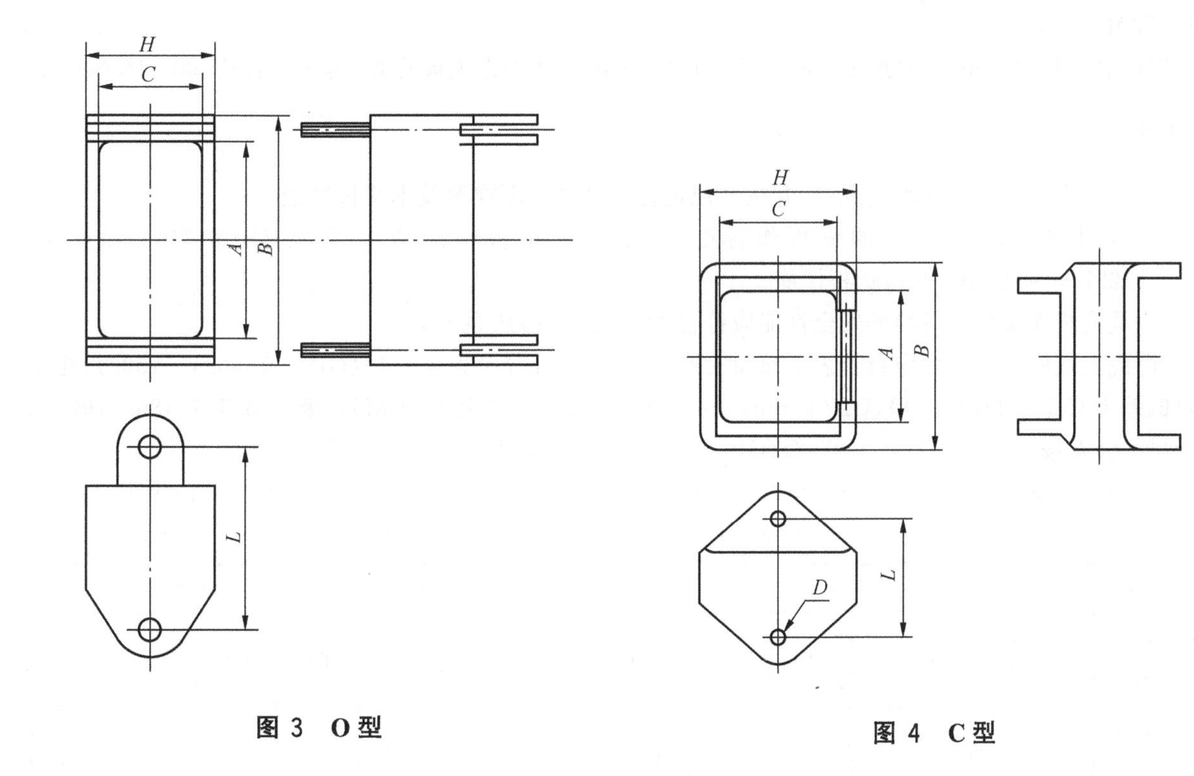

图3　O型

图4　C型

4.5　销孔中心距 *L*

销孔中心距和电缆夹板链的弯曲半径有关，销孔中心距 L 应符合表1的规定。

表 1　电缆夹板基本尺寸

单位为毫米

<table>
<tr><td>型　式</td><td colspan="12">U 型</td><td colspan="6">H 型</td><td colspan="2">O 型</td><td>C 型</td></tr>
<tr><td>总宽度 B</td><td colspan="4">135</td><td colspan="4">145</td><td colspan="4">155</td><td colspan="2">155</td><td colspan="2">180</td><td colspan="2">200</td><td>180</td><td>200</td><td>185</td></tr>
<tr><td>内腔宽度 A(推荐值)</td><td colspan="4">100</td><td colspan="4">110</td><td colspan="4">120</td><td colspan="2">60</td><td colspan="2">72</td><td colspan="2">82</td><td>135</td><td>155</td><td>130</td></tr>
<tr><td>高度 H</td><td colspan="3">80</td><td colspan="3">100</td><td colspan="3">120</td><td colspan="3">150</td><td colspan="3">100</td><td colspan="3">150</td><td>120</td><td>150</td><td>160</td></tr>
<tr><td>内腔高度 C(推荐值)</td><td colspan="3">50</td><td colspan="3">70</td><td colspan="3">90</td><td colspan="3">115</td><td colspan="3">70</td><td colspan="3">115</td><td>75</td><td>105</td><td>120</td></tr>
<tr><td>销孔中心距 L</td><td colspan="12">100</td><td colspan="6">100</td><td colspan="2">125</td><td>125</td></tr>
<tr><td>销孔直径 D(推荐值)</td><td colspan="21">15～17</td></tr>
</table>

4.6　**销孔直径 *D***

销孔直径 D 可参考表 1 的推荐值。

5　型号编制

5.1　型号编制方法

采用汉语拼音字母和阿拉伯数字混合编制,其排列方式如下:

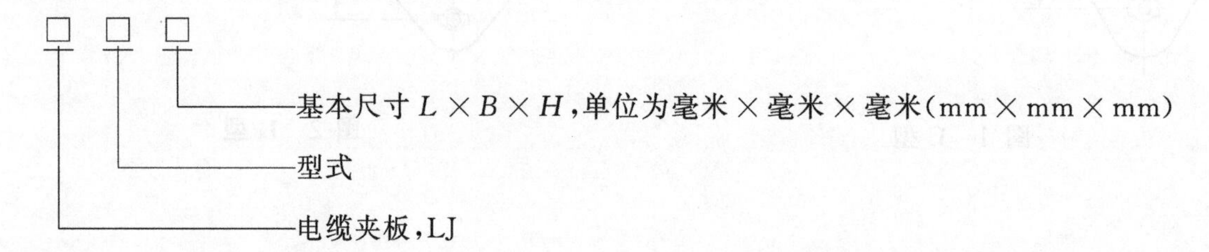

5.2　示例

销孔中心距 100 mm,总宽度 145 mm,高度 100 mm 的 U 型电缆夹板的型号编制为:LJU100×145×100。

6　要求

6.1　电缆夹板应符合本标准的规定,并按经规定程序批准的图样及技术文件制造。

6.2　电缆夹板应采用冲压的钢板作骨架,所采用的钢板性能应不低于 GB/T 710—1991 和 GB/T 13237—1991中的 20 薄钢板性能。

6.3　电缆夹板非金属原材料的安全性能应符合 MT 113—1995 的规定。

6.4　电缆夹板的几何尺寸应符合表 1 和加工图纸的规定,孔径公差为 H13(GB/T 1800.4—1999),孔距极限偏差为 GB/T 1804—f 级(GB/T 1804—2000),H、A 的尺寸公差为 MT4 级(GB/T 14486—1993),其余尺寸公差按未注尺寸公差 MT5 级(GB/T 14486—1993)制造(见图 1～图 4)。

6.5　相邻两件电缆夹板的最大折弯角及其极限偏差应符合表 2 的规定,或按供需双方的协议规定。

表 2　相邻电缆夹板的折弯角及其极限偏差

型　式	U 型						H 型				O 型		C 型
内腔宽度 A/mm	100	100	110	110	120	120	60	72	72	82	135	155	130
内腔高度 C/mm	50	70	70	90	90	115	70	70	115	115	75	105	120
折弯角及其极限偏差/(°)	40±1	36±1	32±1	30±1	28±1	26±1	36±1	30±1	30±1	30±1	32±1	26±1	28±1

6.6 电缆夹板按7.4规定试验时，其抗拉强度应达到表3规定的工作载荷，保持2 min，卸载检查应无残余变形、开裂、脱落。

6.7 电缆夹板按7.5规定试验时，其最大拉断力应不小于表3的规定。

6.8 电缆夹板应能承受符合表3规定的抗冲击能量，承受冲击后的电缆夹板不应破裂。

表3 采煤机用电缆夹板拉伸试验力及抗冲击能量的规定

U型、H型			O型、C型		
工作载荷，kN	最大拉断力，kN	抗冲击能量，J	工作载荷，kN	最大拉断力，kN	抗冲击能量，J
24	40	235	42	70	294

6.9 电缆夹板表面应光滑、平整，用非金属材料覆盖的表面不得暴露钢板。电缆夹板串联后应转动灵活、折弯自如。

7 试验方法

7.1 基本尺寸检查

用游标卡尺按GB/T 14486—1993和GB/T 3177—1997的要求进行检查。

7.2 外观质量检查

外观用人工目检，转动和折弯性能用手动弯曲检查。

7.3 折弯角检查

取一件尺寸检验完全合格的电缆夹板作为标准件，与被试件之间用原配销轴连接，见图5。将被试电缆夹板向上弯曲到极限，测量两件间的折弯角。再将被试电缆夹板向下弯曲到极限，测量两件间的折弯角。再将被试件与标准件的另一端连接，用同样方法测量向上和向下的折弯角。4个测量值全部合格，被试电缆夹板合格。

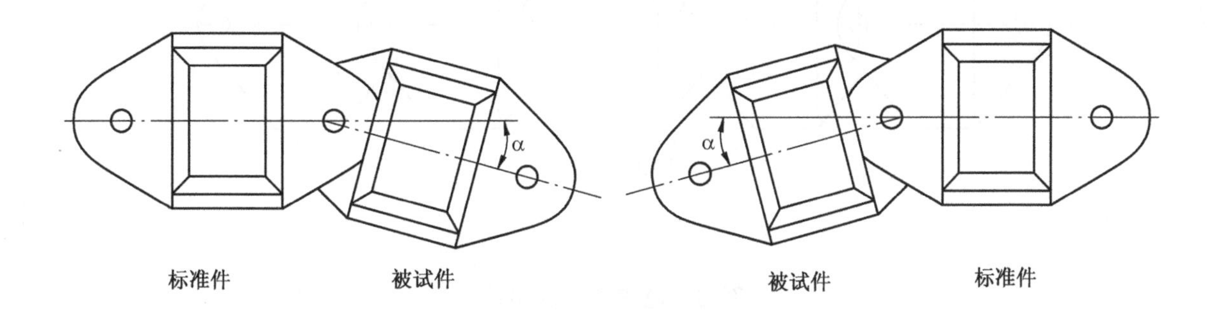

图5 折弯角检查

7.4 抗拉强度试验

7.4.1 试样及其制备

5件电缆夹板串联为一链，各件之间用原配销轴连接，见图6。

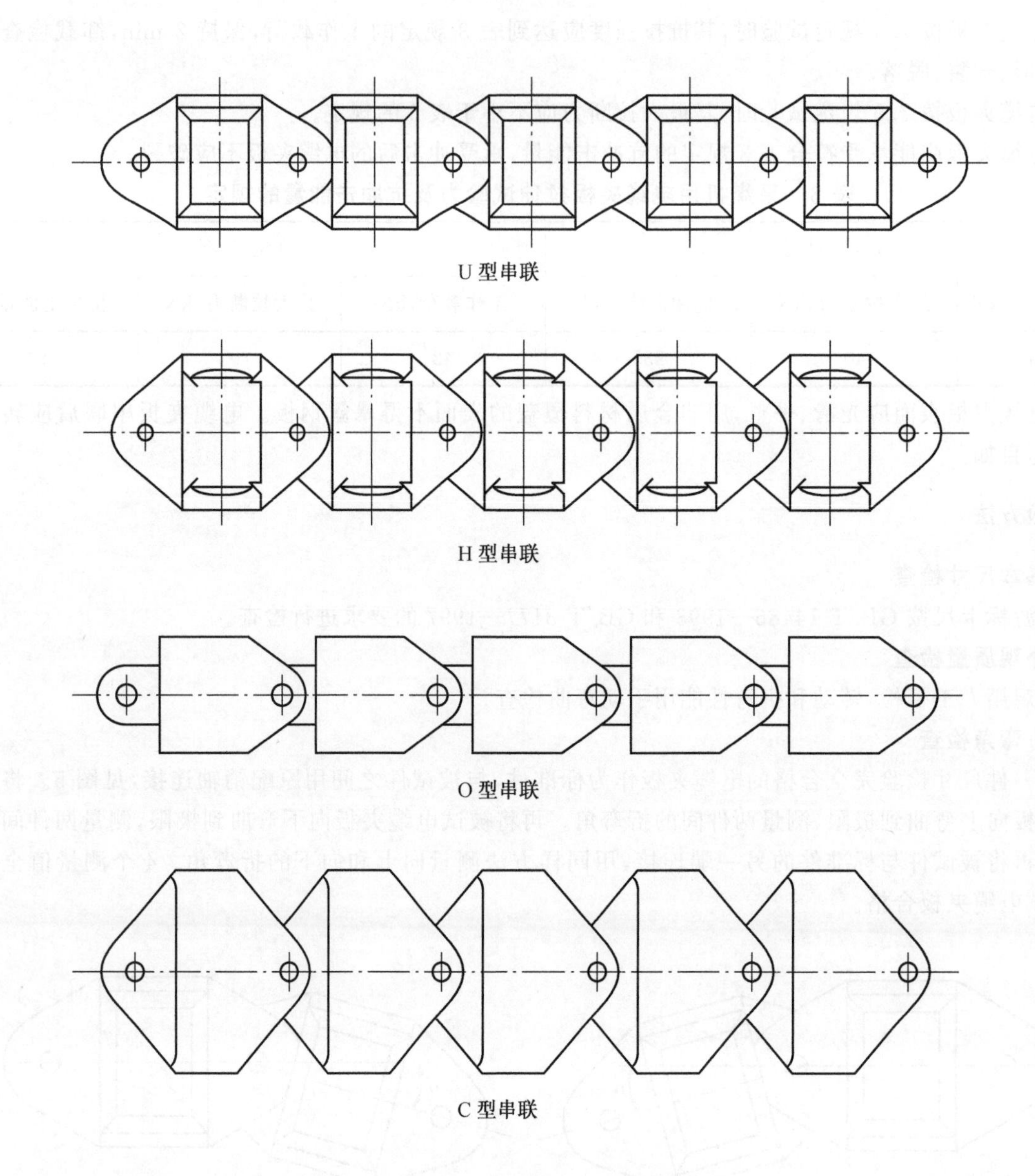

图6 电缆夹板的串联

7.4.2 试验装置

使用精度为±1%的材料试验机或具有相同精度的专用电缆夹板检测装置。

7.4.3 试验方法

试样按图7的方式(以U型为例,其余型式相同)安装在精度为±1%的材料试验机上或专用电缆夹板检测装置上,以1 140 N/s的速率均匀加载,一直加载到表3规定的工作载荷,保持2 min后卸载检查。

7.5 最大拉断力试验

试样及其制备、试验装置和试验方法与7.4相同,加载直至拉断为止。观察拉断力是否符合6.7的规定。如果拉断时的拉断力没有达到6.7的规定,则拆除已拉断件后,其余件继续试验。

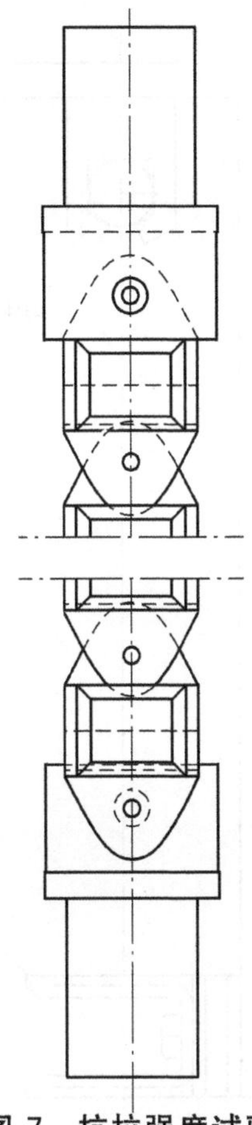

图 7　抗拉强度试验

7.6　抗冲击试验

7.6.1　试样及其制备

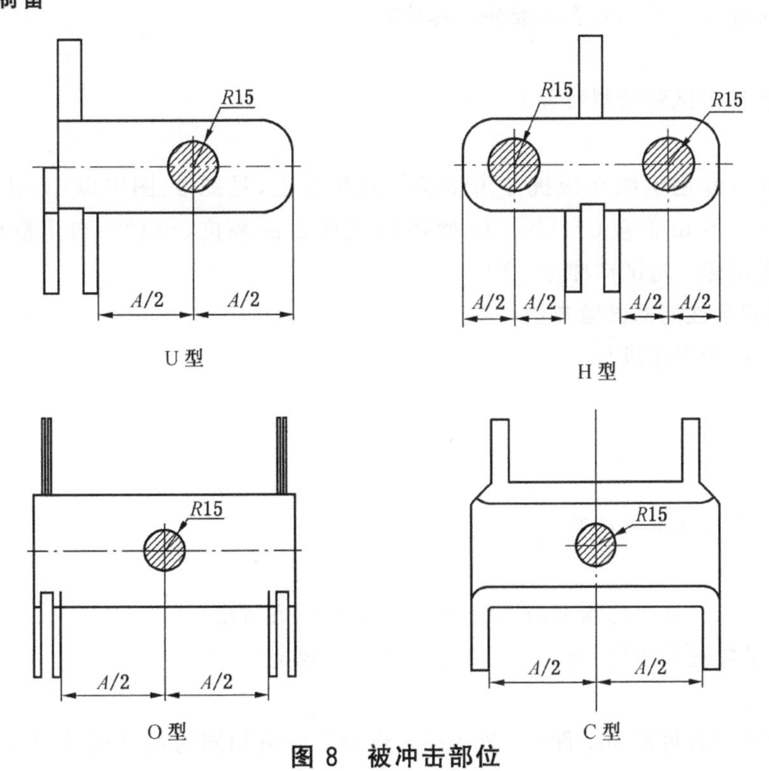

图 8　被冲击部位

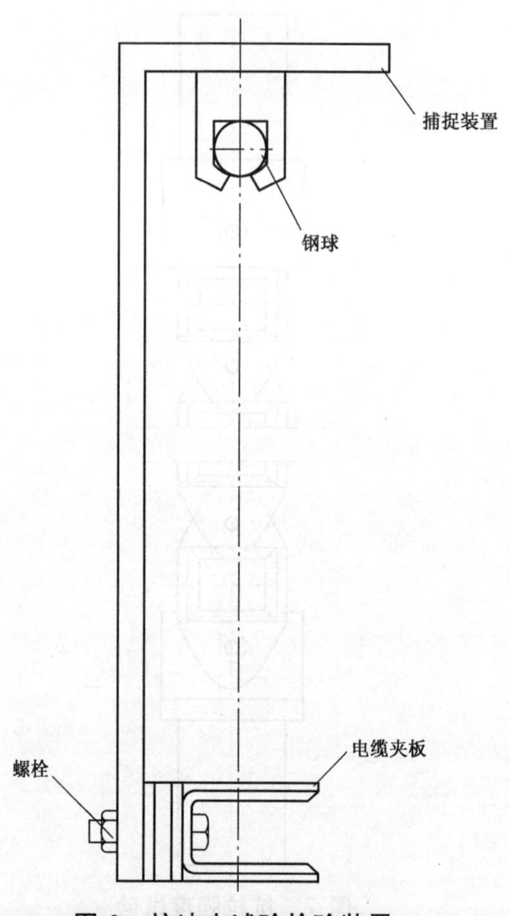

图 9　抗冲击试验检验装置

每节电缆夹板为一个冲击试样，被冲击部位以夹板宽度方向中线与长度方向中线交点为圆心，半径 15 mm 的区域内，见图 8(阴影部分表示被冲击部位)。

7.6.2　试验装置

专用电缆夹板抗冲击试验检测装置。

7.6.3　试验方法

试样用螺栓固定在专用电缆夹板抗冲击试验检测装置上，见图 9(图中以 U 型为例，其余型式相同)。U 型和 H 型在 1.6 m 高度(±1%)、O 型和 C 型在 2 m 高度(±1%)自由落体释放钢球[质量(15±0.01) kg]冲击试样。每试样冲击一次。

7.7　非金属原材料安全性能的试验方法

按 MT 113—1995 的规定进行。

8　检验规则

8.1　检验分类

检验类型分出厂检验和型式检验。

8.2　出厂检验

8.2.1　出厂检验由生产厂质量检验部门进行，经检验合格后方可出厂。

8.2.2　出厂检验的抽样程序执行 GB/T 2828.1—2003 的规定。

8.2.3　检验项目见表 4。

8.2.4　检验批的批量定为每批 501 件～1 200 件。检验批应由相同的规格尺寸、材料、工艺、设备等条件下连续制造出来的产品构成。

8.2.5 各检验项目规定的检验水平和接收质量限(AQL)见表4。

8.2.6 确定采用二次抽样方案。各检验项目规定的二次抽样样本量和接收数Ac、拒收数Re见表4。应按随机抽样从检验批中抽取作为样本的产品,二次抽样的样本同时抽取,分别做好标记。

表4 电缆夹板的出厂检验

序号	检验项目	检验水平	接收质量限AQL	检验数量				要求	试验方法	接收数Ac	拒收数Re
				样本量字码	样本	样本量	累计样本量				
1	基本尺寸	Ⅱ	1.0	J	第一	50	50	按6.4的规定	按7.1的规定	0	3
					第二	50	100			3	4
2	折弯角	Ⅰ	2.5	G	第一	20	20	按6.5的规定	按7.3的规定	0	3
					第二	20	40			3	4
3	外观质量	Ⅱ	1.0	J	第一	50	50	按6.9的规定	按7.2的规定	0	3
					第二	50	100			3	4
4	抗拉强度	Ⅱ	0.65	J	第一	50	50	按6.6的规定	按7.4的规定	0	2
					第二	50	100			1	2
5	抗冲击	S-3	4.0	E	第一	8	8	按6.8的规定	按7.6的规定	0	2
					第二	8	16			1	2

8.2.7 检验判定准则是按检验项目对第一样本逐个样品进行检验,根据检验结果,确定不合格品数,如果第一样本发现的不合格品数小于或等于第一接收数Ac,则该检验项目可以判定为接收(合格),如果第一样本发现的不合格品数大于或等于第一拒收数Re,则该检验项目可以判定为拒收(不合格),如果第一样本中发现的不合格品数介于第一接收数Ac和第一拒收数Re之间,则应对第二样本逐个样品进行检验,并累计在第一样本和第二样本中发现的不合格品数,如果不合格品累计数小于或等于第二接收数Ac,则判定该检验项目接收(合格),如果不合格品累计数大于或等于第二拒收数Re,则判定该检验项目拒收(不合格)。用同样的程序依次对所有检验项目进行检验和判定。全部检验结束后,所有检验项目都判定为接收(合格)的,可判定该检验批接收(合格);其中若有一项检验项目判定为拒收(不合格),则判定该检验批拒收(不合格)。合格批由检验部门签发产品质量合格证。

8.2.8 已经被拒收的批,经过100%检验,剔除了所有不合格品,并经过修理或调换合格品以后,允许再次提交检验。在抽样检验过程中,或者对拒收批筛选过程中发现的不合格品,不许混入产品批。

8.3 型式检验

8.3.1 型式检验由国家授权的检测单位进行。

8.3.2 有下列情况之一时,应进行型式检验:

a) 新产品或老产品转厂生产的试制定型鉴定;

b) 当改变产品的材料、工艺、设计等从而可能影响产品性能时;

c) 停产两年后,再次恢复生产时;

d) 成批大量生产的产品,每年进行一次型式检验;

e) 国家质量监督机构或认证机构提出要求时。

8.3.3 型式检验的抽样执行GB/T 2829—2002的规定。

8.3.4 检验项目见表5。

8.3.5 各检验项目规定的不合格质量水平RQL见表5。

8.3.6 各检验项目规定的判别水平见表5。

8.3.7 确定采用二次抽样方案。各检验项目规定的二次抽样样本量和合格判定数Ac、不合格判定数Re见表5。凡属于8.3.2中情况a)、b)、c)进行型式检验的,样本由生产厂在试制样品中提供。凡属于8.3.2中情况d)、e)进行型式检验的,应由检验单位从生产厂已通过出厂检验的所有规格尺寸、材料、工艺、设备相同的产品中按随机抽样抽取作为样本的产品，二次抽样的样本同时抽取(检验折弯角、抗拉强度、最大拉断力和抗冲击检查项目的样本从中随机抽取)，分别做好标记。

表 5 电缆夹板的型式检验

序号	检验项目	不合格质量水平RQL	判别水平	检验数量			要　求	试验方法	判定数组	
				样本	样本量	累计样本量			Ac	Re
1	基本尺寸	8.0	Ⅱ	第一	32	32	按 6.4 的规定	按 7.1 的规定	0	3
				第二	32	64			3	4
2	折弯角	10	Ⅰ	第一	20	20	按 6.5 的规定	按 7.3 的规定	0	3
				第二	20	40			3	4
3	外观质量	8.0	Ⅱ	第一	32	32	按 6.9 的规定	按 7.2 的规定	0	3
				第二	32	64			3	4
4	抗拉强度	10	Ⅱ	第一	20	20	按 6.6 的规定	按 7.4 的规定	0	2
				第二	20	40			1	2
5	最大拉断力	10	Ⅱ	第一	20	20	按 6.7 的规定	按 7.5 的规定	0	2
				第二	20	40			1	2
6	抗冲击	10	Ⅱ	第一	20	20	按 6.8 的规定	按 7.6 的规定	0	2
				第二	20	40			1	2
7	原材料安全性能	按 MT 113—1995 的规定								

8.3.8　检验判定准则是按检验项目对第一样本逐个样品进行检验，根据检验结果，确定不合格品数，若在第一样本中发现的不合格品数小于或等于第一合格判定数 Ac，则该检验项目可以判定为合格，若在第一样本中发现的不合格品数大于或等于第一不合格判定数 Re，则该检验项目可以判定为不合格，若在第一样本中发现的不合格品数大于第一合格判定数 Ac 同时又小于第一不合格判定数 Re，则应对第二样本逐个样品进行检验，若在第一和第二样本中发现的不合格品数总和小于或等于第二合格判定数，Ac，则判定该检验项目合格；若在第一和第二样本中发现的不合格品数总和大于或等于第二不合格判定数 Re，则判定该检验项目不合格。用同样的程序依次对所有检验项目进行检验和判定。全部检验结束后，所有检验项目都判定为合格的，可判定型式检验通过；其中若有一项检验项目判定为不合格，则判定型式检验不通过。

9　标志、包装、贮存

9.1　每件电缆夹板在不易磨损部位都应有明显标记，标记内容为制造厂代号或商标。打上标记后，应不影响电缆夹板的使用寿命。

9.2　电缆夹板用纸箱或木箱包装，箱外用塑料带捆扎。箱内应附有产品合格证。

9.3　包装箱的外壁应清晰标出：制造厂名称、厂址、商标、型号、总质量以及装箱日期和包装箱的外形尺寸：长度(mm)×宽度(mm)×高度(mm)。

9.4　电缆夹板应放置在室内库房中，温度在－15 ℃～＋40 ℃，避免与明火和有害气体接近。制造厂应在说明书中规定产品的贮存期。

中华人民共和国煤炭工业部部标准　MT/T 131—1996

耙　斗　装　岩　机

代替 MT 131—89

1　主题内容与适用范围

本标准规定了耙斗装岩机的产品分类、技术要求、试验方法、检验规则、标志、包装、运输和贮存。

本标准适用于电动、气动和电-液驱动的耙斗装岩机(以下简称装岩机),也适用于耙斗装载形式的派生产品。

2　引用标准

GB 3766　液压系统通用技术条件

GB 3768　噪声源声功率级的测定　简易法

GB 3836.1　爆炸性环境用防爆电气设备　通用要求

GB 3836.2　爆炸性环境用防爆电气设备　隔爆型电气设备"d"

GB 7935　液压元件通用技术条件

GB 10111　利用随机数骰子进行随机抽样的方法

GB 11352　一般工程用铸造碳钢件

GB/T 13384　机电产品包装通用技术条件

JB 2299　矿山、工程、起重运输机械产品涂漆颜色和安全标志

3　分类

3.1　装岩机品种、型式和规格

3.1.1　品种

有行星式、内胀式两种。

3.1.2　型式

按结构型式分为带调车盘、不带调车盘和带转载机;

按驱动方式分为电动、气动和电一液驱动;

按行走方式分为轨轮式、雪橇式、履带式和胶轮式。

3.1.3　规格

以耙斗容积划分,有 0.15,0.30,0.60,0.90,1.20,1.50m^3 六种规格。

3.2　型号的表示方法

中华人民共和国煤炭工业部 1996-04-18 批准　　1996-10-01 实施

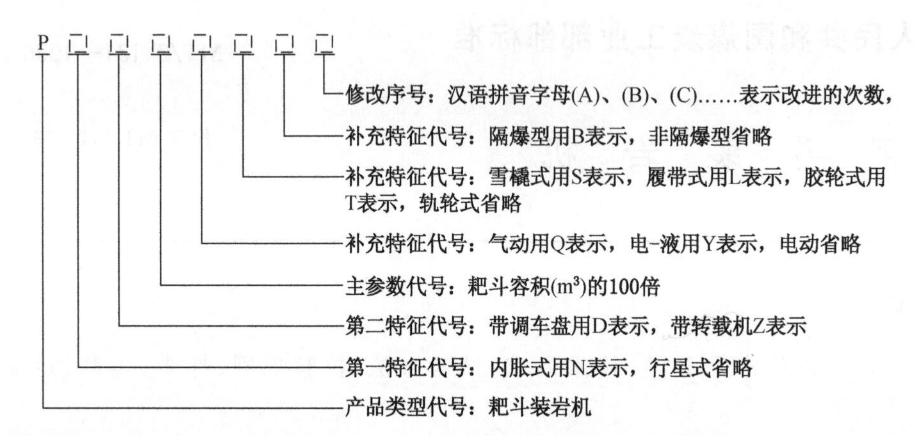

3.3 型号示例

例1:第二次改进的耙斗容积为0.15m³电动隔爆型行星式耙斗装岩机

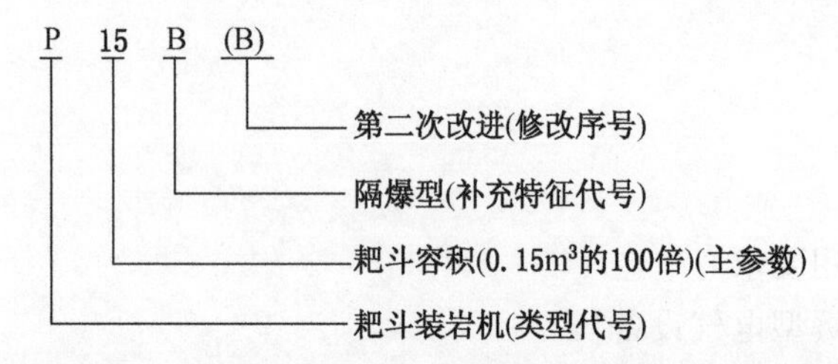

例2:第一次改进的耙斗容积为0.60m³电动隔爆型行星式带调车盘耙斗装岩机

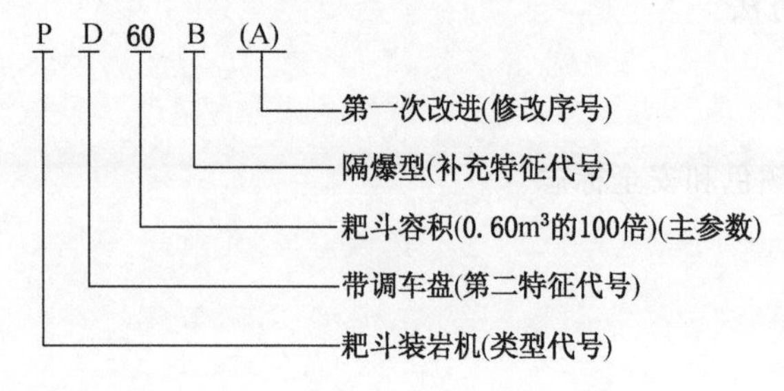

例3:耙斗容积为0.30m³的电动隔爆型内胀式耙斗装岩机

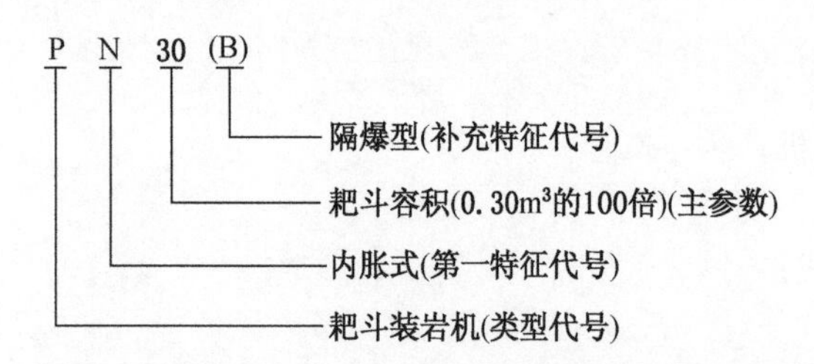

例4:耙斗容积为0.60m³的电-液驱动隔爆型行星式耙斗装岩机

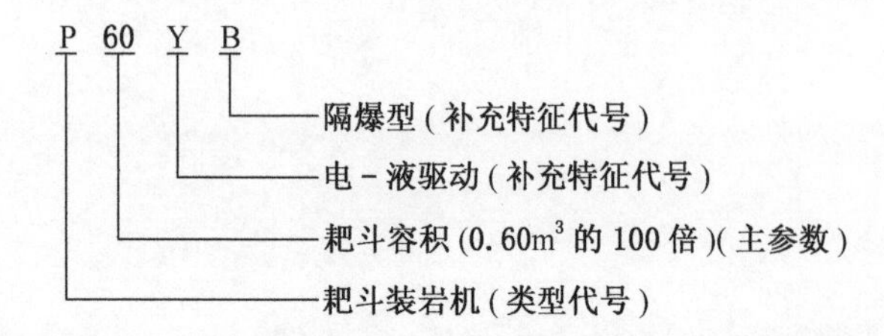

P型和PN型耙斗装岩机的基本参数与尺寸见表1。

表 1

项　　目			P15B(B)	P30B(A)		P60B(A)		P90B		P120B(A)			P150B
耙斗容积,m^3			0.15	0.30		0.60		0.90		1.20			1.50
技术生产率,m^3/h			15～25	35～50		70～110		95～140		120～180			150～220
轨距,mm			600	600	900	600	900	600	900	600	900	1500	1500
主绳牵引力,kN			7.2～10.4	12.3～18.5		20.0～28.0		31.0～50.0		37.0～55.0			52.0～72.0
钢丝绳直径,mm			12.5	12.5～15.5		15.5		17.0		18.5			20.0
电动机	功率,kW		11	17		30		45		55			75
	工作电压,V		380/660	380/660		380/660		380/660		380/660			380/660
外形尺寸 (不包括挡板)	长	mm	5500	6110		6800		8610		10550			11000
	宽		1170	1305		1850		2050		2250			2400
	高		1800	2000		2350		2745		2870			3000
总重×10^3kg			2.50	4.75		6.50		9.80		12.50			15.00

PD 型和 PND 型耙斗装岩机的基本参数与尺寸见表 2。

表 2

项　　目			PD30B(A)		PD60B(A)		PD90B		PD120B(A)		PD150B
耙斗容积,m^3			0.30		0.60		0.90		1.20		1.50
技术生产率		m^3/h	35～50		70～110		95～140		120～180		150～220
装运能力			25～35		40～50		50～70		60～90		80～110
主绳牵引力,kN			12.3～18.5		20.0～28.0		31.0～50.0		37.0～55.0		52.0～72.0
钢丝绳直径,mm			12.5～15.5		15.5		17.0		18.5		20.0
电动机	功率,kW		17		30		45		55		75
	工作电压,V		380/660		380/660		380/660		380/660		380/660
主机外形尺寸 (不包括挡板)	长	mm	6850		7100		8500		9000		10000
	宽		1305		1850		2050		2250		2400
	高		2150		2370		2650		2700		3000
轨距,mm			600	900	600	900	600	900	600	900	900
调车盘外形尺寸	长	mm	5250	6600	5250	6600	5250	6600	5250	6600	6600
	宽		2245	3000	2245	3000	2245	3000	2245	3000	3000
总重×10^3kg			6.80	7.20	6.35	8.70	11.50		14.00		17.00

4　技术要求

4.1　基本要求和材料要求

4.1.1　装岩机应符合本标准的要求,并按照经规定程序批准的图样和技术文件制造。

4.1.2　标准件和外购件等均须有合格证书,方可使用。

4.1.3　碳素钢铸件应符合 GB 11352 的有关规定。

4.1.4　装岩机如属隔爆型,其所用电气设备应符合 GB 3836.1 和 GB 3836.2 的有关规定。

4.2　主要部件

4.2.1 绞车减速装置

4.2.1.1 空运转试验应满足下列要求：

a. 运转应平稳，无异常声响；

b. 各结合面及密封处不得有渗漏现象；

c. 各连接部位的紧固件无松动现象；

d. 凡电-液驱动的，其液压件动作必须平稳，空载运转压力应不大于 3 MPa；

e. 其噪声值不得超过表 3 规定。

表 3

耙斗容积，m^3	噪声值，dB(A)
0.15，0.30	≤85
0.60，0.90	≤88
1.20，1.50	≤90

4.2.1.2 经寿命试验和超负荷试验后，各机件不允许有破损现象；轮齿不允许失效。失效判定见附录 A(参考件)。

4.2.1.3 在连续工作时其减速器油池的油温最高不得高于 85 ℃。如系电-液驱动。以矿物油为工作液时，在达到热平衡后油温不得高于 70 ℃。

4.2.2 推车器

4.2.2.1 活塞杆运行应平稳，无爬行现象。

4.2.2.2 气缸应能承受 1.0 MPa 耐压试验。活塞的泄漏量应小于 1 cm^3/min，活塞杆的泄漏量应小于 4 cm^3/min。

4.2.3 耙斗

耙齿与尾帮铆接结合面应紧密。

4.3 整机

4.3.1 连接槽、中间槽、中间接槽和卸载槽之间的法兰连接和连接器应装拆方便。各槽之间连接处的底板错位及侧板错位均不得大于 3 mm，且卸载槽、中间接槽、间槽和连接槽之间底板错位前者均不得高于后者。各槽底板的间隙不得大于 3 mm。

4.3.2 簸箕口和连接槽之间的铰接应转动灵活。

4.3.3 操纵机构应灵活可靠，各操作手把的操作力不得大于 150 N。

4.3.4 采用电-液驱动的装岩机应满足下列要求：

a. 液压系统应符合 GB 3766 的规定，配套液压元件应符合 GB 7935 的规定；

b. 液压管路应排列整齐，外露液压部件应采取保护措施；

c. 液压系统中各种液压元件及软、硬管和液压接头等，装配前均应清洗干净。装配后应进行耐压试验。在试验压力下，承压壳体、液压元件的结合面、管路连接处不得有渗漏、破损等不正常现象。

4.3.5 除电—液驱动外，绞车配用的电动机功率小于 55 kW 时，其最大转矩必须大于额定转距的 2.8 倍；电动机功率不小于 55 kW 时，其最大转矩必须大于额定转矩的 2.5 倍。

4.3.6 如属带调车盘装岩机，必须用矿车进行调车试验。调车应灵活，无卡阻现象。

4.4 涂漆

涂漆前金属表面应清除油污，铲除锈蚀及氧化皮异物。槽子内侧及车轮踏面涂黑色沥青漆，其余各部件(除装配结合面、高压软管外)均需油漆。产品外表面涂漆应均匀。色泽一致。不许有脱落、流痕、气泡等现象。涂漆颜色和安全标志应符合 JB 2299 的有关规定。

4.5 可靠性

4.5.1 绞车的累计运转使用期限应不少于 15×10^3 h。

4.5.2 第一次上井大修前的装岩量应不小于表 4 的规定。

表 4

m^3

耙斗容积	0.15	0.30	0.60	0.90	1.20	1.50
装岩量	8.0×10^3	11.2×10^3	16.0×10^3	19.2×10^3	24.0×10^3	28.8×10^3

5 试验方法

5.1 检验项目

本标准中 4.1 和 4.3.5 条要求由制造厂予以保证并应有检验记录、检验报告或合格证。

5.2 外观检查

5.2.1 油漆涂覆质量、液压管路排列、元件保护等用目测检验。

5.2.2 用手锤敲击检测耙齿与尾帮的铆接结合面质量。

5.2.3 用钢尺、卷尺测量各槽间的错位。

5.2.4 用钢钎调节升降螺杆，观测簸箕口和连接槽铰接的灵活性。

5.3 绞车减速装置空运转试验

在额定电压下正反转各 30 min。

5.4 噪声测定

噪声值在空运转条件下按 GB 3768 规定的方法进行。

5.5 绞车减速装置温升试验

在试验前先用精度为±1 ℃的温度计测定油温，再进行连续加载，其负荷分配如下：以 50%电机额定功率运转 2 h；以 75%的电机额定功率运转 1 h；以电机额定功率运转 0.5 h，停止运转后，拆去透气塞将温度计插入油池内测量。

5.6 绞车减速装置超负荷试验

以电机额定功率的 120%加载 10 min，机件不允许损坏，轮齿不允许失效。

5.7 绞车减速装置寿命试验

减速器内油液温度低于 85 ℃，在额定牵引速度及额定牵引力的条件下，连续运转 600 h，机件不允许损坏，轮齿不允许失效。

5.8 气缸性能试验

5.8.1 空载性能试验

气缸水平放置，用单向节流阀调速。向气缸的无杆腔和有杆腔交替输入压力为 0.1 MPa 的压缩空气，目测运行的平稳性。

5.8.2 耐压试验

气缸在空载条件下，以 1.0 MPa 的压力向缸的无杆腔和有杆腔交替加压，并保压 1 min。

5.8.3 泄漏试验

气缸在空载状态下静止放于水槽中，向无杆腔和有杆腔交替输入 0.63 MPa 的压缩空气，用量杯和秒表检测各部分的泄漏量。

5.9 液压系统耐压试验

当额定压力不大于 16 MPa 时，试验压力为额定压力的 1.5 倍；额定压力大于 16 MPa 时，试验压力为额定压力的 1.25 倍。在试验压力下保压 5 min。

5.10 整机负荷试验

5.10.1 试验条件：

试验场岩堆平均高度不低于 0.8 m，岩石块度的单向最大尺寸小于 450 mm。

5.10.2 装岩机连续装岩，装岩量不少于 20 斗。

5.10.3　用精度为 1 kg 的测力计测量操作手把的操作力。

5.10.4　在 0.5～0.8 MPa 压力下，操纵气阀使推车器往复运动 10～20 次。

5.10.5　如属带调车盘装岩机，必须用调车盘上的气动绞车将矿车牵引入调车盘，并用空车推车器推到受料位置，待矿车装满后，再用重车推车器推出调车盘。作调车试验 3～5 次。

5.11　装岩机可靠性考核

可在装岩作业现场进行。现场考核时必须每班认真记录。

6　检验规则

6.1　装岩机检验分出厂检验和型式检验。出厂检验由制造厂质量检验部门进行，型式检验由主管部门指定的质量检验机构进行。

6.2　检验项目：

各类检验应按表 5 规定的项目进行。

表 5

序号	检验项目	技术要求	试验方法	检验类别	
				出厂	型式
1	外观检查	4.2.3,4.3.1,4.3.2,4.3.4～4.3.6,4.4	5.2	✓	✓
2	绞车减速装置空运转试验	4.2.1.1	5.3	✓	✓
3	噪声试验	4.2.1.1e	5.4	✓	✓
4	绞车减速装置温升试验	4.2.1.3	5.5	—	✓
5	绞车减速装置超负荷试验	4.2.1.2	5.6	—	✓
6	绞车减速装置寿命试验	4.2.1.2	5.7	—	✓
7	气缸性能试验	4.2.2	5.8	✓	✓
8	液压系统耐压试验	4.3.4c	5.9	✓	✓
9	整机负荷试验	4.3.3,4.3.6	5.10	✓	✓
10	可靠性考核	4.5	5.11	—	必要时

6.3　出厂检验：

每台装岩机都应进行出厂检验，经检验合格后方可出厂，并附产品合格证。

6.4　型式检验：

6.4.1　凡属下列情况之一者，应进行型式检验：

a.　新产品或老产品转厂生产的试制定型鉴定；

b.　正式生产后，如结构、材料、工艺有较大改变，可能影响产品的性能时；

c.　停产 3 年以上恢复生产时；

d.　批量生产时，每隔 5 年须进行一次型式检验；

e.　出厂检验结果与上次型式检验有较大差异时；

f.　国家质量监督机构提出型式检验要求时。

6.4.2　型式检验的样品应从出厂检验合格的产品中按 GB 10111 的规定随机抽取 1 台，检验时如表 5 中的第 6 项不合格，则判定该批产品不合格；其他项目中有一项不合格时，应加倍复检，如仍有一项不合格，则判定该批产品为不合格。

7　标志、包装、运输与贮存

7.1　每台产品应在中间槽明显位置固定产品标牌，标牌的字样应清晰美观，内容包括：

a. 制造厂名；

b. 产品名称及型号；

c. 主要技术参数(耙斗容量、电动机功率、轨距、总重量)；

d. 安全标志编号；

e. 产品出厂编号；

f. 制造日期。

7.2 装岩机允许分解包装，包装要求应符合 GB/T 13384 的规定。

7.3 易损备件的加工面需涂防锈油(脂)或用防锈纸包装后与装袋的随机文件一起装在木箱内。

随机文件应有：

a. 产品使用说明书(包括易损件图样)；

b. 产品合格证；

c. 产品装箱单。

7.4 装岩机在运输过程中，不允许受到强烈冲撞。电动机不得受雨水浸蚀。

7.5 装岩机应贮存通风干燥处，避免雨淋、碰砸。

附 录 A
绞车齿轮轮齿失效判别标准
（参考件）

序号	项目名称	判别标准	备注
1	磨损	轮齿允许出现轻微磨损或中等磨损现象，其磨损量不得超过以下规定： (1)轮齿齿面磨损量不得大于0.20mm； (2)磨损不均匀的轮齿齿面，齿面两端相差不得大于0.08mm	
2	胶合	齿面允许发生轻微胶合或中等胶合，胶合区域不得大于齿高的1/3或齿宽的1/2	
3	点蚀	轮齿齿面允许出现早期点蚀，但麻点的大小及点蚀坑面积不得超过以下规定： (1)麻点的平均直径不得大于1mm； (2)点蚀坑面积达到下述情况时为失效： a. 点蚀区宽度占齿高的100%； b. 点蚀区宽度占齿高的30%，点蚀区长度占齿长的40%； c. 点蚀区宽度占齿高的70%；点蚀区长度占齿长的10%	平均直径＝(最大直径＋最小直径)/2
4	剥落	轮齿齿面不得产生剥落	
5	折断	轮齿不得出现折断现象	
6	裂纹	轮齿不得出现裂纹	
7	塑性变形	内齿轮的塑性变形量不得大于齿厚1/20，其它齿轮轮齿不得出现塑性变形	
8	干涉损伤	轮齿齿面不得出现干涉损伤。	

附加说明：

本标准由煤炭工业部煤矿专用设备标准化技术委员会提出。

本标准由煤炭工业部煤矿专用设备标准化技术委员会井巷设备分会归口。

本标准由煤炭科学研究总院上海分院起草。

本标准起草人张芳庭。

本标准委托煤炭科学研究总院上海分院负责解释。

ICS 29.260.20
K 35
备案号：15480—2005

中华人民共和国煤炭行业标准

MT/T 136—2004
代替 MT 136—1992

隔爆型手持式煤电钻

Flameproof hand-held electric coal drill

2004-12-14 发布　　2005-06-01 实施

国家发展和改革委员会　发布

前　　言

本标准的4.3为强制性，其余为推荐性。

本标准是对MT 136—1992《隔爆型手持式煤电钻》的修订，本标准代替MT 136—1992。

本标准与MT 136—1992相比，主要变化如下：

——删除原标准中规定的水冷电机结构，明确煤电钻的命名方式(1992版的第3章，本版的第3章)；

——增加了煤电钻外壳摩擦火花试验(见4.3.2)；

——煤电钻外壳水压试验时间由原来的1 min减少为10^{+2}_{0} s(1992版的4.14，本版的4.3.12)；

——煤电钻交变湿热试验后绝缘电阻由原来的0.38 MΩ提升为2.0 MΩ(1992版的4.6，本版的4.3.10)；

——外壳温升指标由原来的40 K降为30 K，手柄温升由原来的20 K降为10 K(1992版的4.17.6，本版的4.4.6)；

——煤电钻温升试验后，热态绝缘电阻由原来的0.13 MΩ提升为2.0 MΩ(1992版的4.17.7，本版的4.4.7)；

——增加了涉及防爆性能的更改需重新送检的规定(见6.3.2)；

——增加了型式检验项目中的质量特征判别(见表6)。

本标准由中国煤炭工业协会科技发展部提出。

本标准由煤炭工业煤矿专用设备标准化技术委员会归口。

本标准起草单位：煤炭科学研究总院上海分院、天津市煤矿专用设备厂。

本标准主要起草人：张建、高小桦、李云罡、祖金德、王树桐。

本标准所代替标准的历次版本发布情况为：

——MT 136—1986、MT 136—1992。

隔爆型手持式煤电钻

1 范围

本标准规定了隔爆型手持式煤电钻(以下简称煤电钻)的产品分类、技术要求、试验方法、检验规则、标志、包装、运输与贮存。

本标准适用于煤层或半煤岩层的旋转钻孔的煤电钻。

2 规范性引用文件

下列文件中的条款通过本标准的引用而成为本标准的条款。凡是注日期的引用文件,其随后所有的修改单(不包括勘误的内容)或修订版均不适用于本标准,然而,鼓励根据本标准达成协议的各方研究是否可使用这些文件的最新版本。凡是不注日期的引用文件,其最新版本适用于本标准。

GB 755—2000 旋转电机 定额和性能

GB/T 1032—1985 三相异步电动机试验方法

GB/T 2423.4—1993 电工电子产品基本环境试验规程 试验 Db:交变湿热试验方法

GB 3836.1—2000 爆炸性气体环境用电气设备 第1部分:通用要求(eqvIEC60079-0:1998)

GB 3836.2—2000 爆炸性气体环境用电气设备 第2部分:隔爆型"d"(eqvIEC60079-1:1990)

GB 3836.3—2000 爆炸性气体环境用电气设备 第3部分:增安型"e"(eqvIEC60079-7:1990)

GB/T 4942.1—2001 旋转电机外壳防护分级(IP代码)

MT 31—1996 煤电钻开关

MT/T 154.2—1996 煤矿用电器设备产品型号编制方法和管理办法

MT 818.8—1999 煤矿用阻燃电缆 第1单元:煤矿用移动类阻燃软电缆 第8部分:额定电压0.3/0.5 kV煤矿用电钻电缆

3 产品分类

3.1 产品隔爆型式

产品为dI类隔爆型电气设备。

3.2 产品品种和基本参数

3.2.1 产品品种

煤电钻按结构上能否直接通水降尘分为两种(见表1)。

表1 产品品种

序号	名称	整机进水装置	配用钻干尾部结构
1	煤电钻(干式)	无	实心或侧式供水钻干
2	湿式煤电钻	有	空心

3.2.2 基本参数

煤电钻的基本参数见表2。

表 2 基本参数

序 号	项 目		基 本 参 数	
1	电动机额定电压,V		127	
2	电动机额定频率,Hz		50	
3	电动机额定功率,kW		1.2	1.5
4	钻孔直径,mm		ϕ38～ϕ45	
5	主轴转速,r/min		420～650	470～650
6	重量,kg(不包括电缆及水管)	干式	＜15.5	＜16
		湿式	＜16.5	

3.3 产品型号

3.3.1 型号字母表示意义

产品型号按 MT/T 154.2—1996 的规定编制,其表示意义见表 3。

表 3 型号字母表示意义

特征代号	表示符号	表 示 意 义
产品类型代号	Z	表示产品为电钻类
第一特征代号	M	表示用于钻煤
第二特征代号	S	湿式煤电钻使用代号,干式煤电钻则无此代号
主参数	12 或 15	12 表示主电机功率为 1.2 kW 的煤电钻,15 表示主电机功率为 1.5 kW 的煤电钻
补充特征代号	用大写的汉语拼音表示。常用的符号有 D,J,Q,S,T	D 表示大钻;J 表示机械密封式;Q 表示强力钻;S 表示深孔钻;T 表示全国统一图纸电钻
修改序号	用(A)、(B)、(C)、(D)——依次表示第一、第二——修改	

3.3.2 型号编制方法

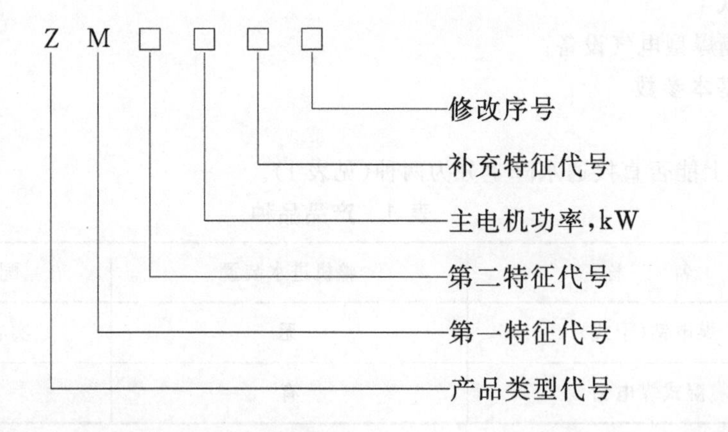

3.3.3 产品型号示例

示例 1:ZM12D(A)表示 1.2 kW 第一次修改的干式大钻。

示例 2:ZMS12T 表示 1.2 kW 全国统一图纸湿式煤电钻。

示例 3:ZM12X 表示 1.2 kW 干式小钻。

示例 4:ZM15 表示 1.5 kW 干式煤电钻。

4 技术要求

4.1 环境条件

4.1.1 海拔高度不超过 1 000 m(超过时电动机温升值按 GB 755—2000 的规定修正)。

4.1.2 周围空气温度不超过 40 ℃。

4.1.3 周围空气相对湿度(95±3)%RH(25 ℃时)。

4.1.4 周围空气中含有甲烷、煤尘等爆炸性气体。

4.1.5 湿式煤电钻作业时应有清洁的降尘水源,进水温度不超过 30 ℃。

4.2 联接要求

煤电钻与钻杆联接的主轴应能卡住尾部直径 $\phi19_{-0.33}^{0}$ mm、长度(70±0.95)mm 的麻花钻杆,卡住部分的材质硬度不低于 40 HRC。

4.3 煤电钻的隔爆性能

4.3.1 煤电钻应按照规定的程序及国家指定的检验单位审批合格的图样和文件制造,取得检验单位发放的"防爆合格证"。

4.3.2 煤电钻的铝合金外壳材料的钛、镁含量和抗拉强度应符合 GB 3836.1—2000 中第 8 章的规定,并应通过摩擦火花试验。

4.3.3 煤电钻塑料外壳与风扇应符合 GB 3836.1—2000 中第 7 章、第 17 章和 23.4.3 的规定,其塑料表面绝缘电阻不大于 1×10^{9} Ω。

4.3.4 煤电钻整机应能承受 GB 3836.1—2000 中 23.4.3.1、23.4.3.2 规定的机械试验和整机跌落试验。

4.3.5 煤电钻紧固用的螺栓、螺母应有防松措施。

4.3.6 煤电钻开关盒内壁应均匀地涂耐弧漆。

4.3.7 电缆采用密封圈引入装置,具有防松与防止电缆拔脱措施,应能承受按 GB 3836.1—2000 附录 D 中规定的夹紧试验和 GB 3836.2—2000 附录 D 中规定的密封性能试验。

4.3.8 密封圈用橡胶制造,应能承受 GB 3836.1—2000 附录 D 中 D3.3 规定的老化试验。

4.3.9 绝缘座与接线柱应能承受 GB 3836.1—2000 中 23.4.5 规定的连接件扭转试验,试验时绝缘座与接线柱间不得转动与损坏。

4.3.10 煤电钻应能承受严酷等级为+40 ℃、12 周期的交变湿热试验,试验后电机绕组对外壳应能承受 1 275 V、历时 1 min 的工频耐压试验,无闪络击穿现象,绕组绝缘电阻不低于 2.0 MΩ。

4.3.11 煤电钻外壳应能承受 GB 3836.2—2000 中规定的动压试验和内部点燃不传爆性能试验。

4.3.12 隔爆外壳应能承受 GB 3836.2—2000 规定的静态强度试验,试验达到规定的压力后应维持 10_{0}^{+2} s,试验只进行一次。

4.3.13 隔爆接合面参数应符合 GB 3836.2—2000 中 5.1 的规定。

4.3.14 绝缘座带电体之间和带电体与外壳间的电气间隙、爬电距离应符合 GB 3836.3—2000 中 4.3、4.4 的规定。

4.4 电动机

4.4.1 电动机为隔爆型三相鼠笼式异步电动机,其防护等级本体部分为 IP44,外接部分为 IP54。

4.4.2 电动机的工作制式为 S_2—30 min。

4.4.3 当电源电压、频率与额定值的偏差不超过 GB 755—2000 中的规定时,电动机的输出功率应能维持额定值。

4.4.4 当三相电源平衡时,电动机三相空载电流中任何一相与三相平均值的偏差不超过三相平均值的 10%。

4.4.5 电动机在额定功率、电压及频率下,各项性能的保证值及容差应能满足表 4 的规定。

表 4 保证值及容差

序号	项目	主参数		容差
		12 保证值	15 保证值	
1	堵转转矩倍数	3.8	3.8	保证值的 $^{+25\%}_{-15\%}$
2	最大转矩倍数	3.8	3.6	保证值的－10％
3	堵转电流倍数	6.0	6.5	保证值的＋20％
4	效率	74.0％		－3.9％
5	功率因数	0.780		－0.037

4.4.6 电动机在额定工况下工作时，各部温升限值见表 5。

表 5 温升限值

序号	部位		温升限值，K	测量方法
1	绕组	B 级绝缘	75	电阻法
		F 级绝缘	80	电阻法
2	外壳		30	温度计法
3	手柄		10	温度计法

4.4.7 电动机的热态绝缘电阻值不低于 2.0 MΩ。

4.4.8 电动机绕组对外壳应能承受 1 500 V、历时 1 min 的工频耐压试验，无闪络击穿现象。试验时电压波形尽可能接近正弦波。

4.4.9 电动机应能承受 1.3 倍额定电压、历时 1 min 的短时升高电压试验而不发生故障，试验时允许同时提高频率，但不超过额定频率的 115％。

4.4.10 减速器运转时，齿轮和轴承应转动灵活、平稳，无不正常音响。

4.4.11 煤电钻应能承受历时 18 s 的整机卡钻试验，减速器齿轮不得损坏，电动机绝缘无击穿现象。

4.4.12 湿式煤电钻的水路系统应能通过 0.6 MPa、历时 1 min 的检漏试验。

4.5 开关

4.5.1 电源开关为直接启动开关，其各项性能应符合 MT 31—1996 的要求，具有三相快速通断和自动复位特性。

4.5.2 开关的操作系统应动作灵活，使用可靠，松手后能立即断电。

4.6 进水装置

4.6.1 湿式煤电钻应有进水装置，应拆卸方便、密封可靠、使用寿命长，水路系统（不包括外管路）的工作压力为 0.4 MPa，但应能通过 4.4.12 的检漏试验。

4.6.2 湿式煤电钻的进水口联接为外螺纹 M14×1.5－7 h，螺纹长度不小于 10 mm。

4.7 电缆进线装置

4.7.1 煤电钻的进线电缆按 MT 818.8—1999 的规定，为 MZ-0.3/0.5 型煤矿用电钻橡套电缆。

4.7.2 电缆进线的压紧螺母应有足够的螺扣，保证在压紧电缆及密封圈后仍有一定的余量。

4.8 外观要求

煤电钻应装配正确，表面无污损、碰伤及裂痕，各种标志清晰齐全，重量符合图样规定。

4.9 外购件、外协件要求

煤电钻的外购件、外协件应有证明质量合格的文件，所有零件必须检验合格后方可进行装配。

5 试验方法

5.1 隔爆性能试验方法按 GB 3836.1—2000、GB 3836.2—2000、GB 3836.3—2000 中相应条文进行，交变湿热试验按 GB/T 2423.4—1993 的规定进行。

5.2 防护等级试验按 GB/T 4942.1—2001 中的规定进行。

5.3 电动机的电气性能试验方法按 GB/T 1032—1985 中的规定进行。

5.4 卡钻试验是在实际冷态下卡住煤电钻与钻杆联接的主轴，使主轴不能转动，试验时电动机试验电压不得低于 85%额定电压，历时 18 s。

5.5 煤电钻开关试验按 MT 31—1996 中的规定进行。

5.6 湿式煤电钻水路系统的检漏试验是在空载运转条件下，堵住出水口，通过水压为 0.6 MPa，历时 1 min，滴水少于 3 滴视为合格。对不涉及整机性能的水路结构，允许部件作试验。

6 检验规则

6.1 检验分类

煤电钻检验分出厂检验与型式检验，检验项目按表 6 的规定进行。

表 6 型式检验和出厂检验项目

序号	检验项目	质量特征判别	技术要求	试验方法	出厂检验	型式检验
1	摩擦火花试验	A	4.3.2	5.1	—	√
2	塑料表面绝缘电阻测定	A	4.3.3	5.1	—	√
3	外壳机械试验和跌落试验	A	4.3.4	5.1	—	√
4	电缆引入装置的夹紧试验和密封性能试验	A	4.3.7	5.1	—	√
5	密封圈的老化试验	A	4.3.8	5.1	—	√
6	扭转试验	A	4.3.9	5.1	—	√
7	交变湿热试验	A	4.3.10	5.1	—	√
8	动压试验和内部点燃不传爆性能试验	A	4.3.11	5.1	—	√
9	外壳静态强度试验	A	4.3.12	5.1	√	√
10	隔爆接合面参数检查	A	4.3.13	5.1	√	√
11	电气间隙、爬电距离检查	A	4.3.14	按审批合格的图纸	√	√
12	防护等级试验	A	4.4.1	5.2	—	√
13	电动机绝缘电阻测定	A	4.4.7	5.3	√	√
14	工频耐压试验	A	4.4.8	5.3	√	√
15	冷态绕组直流电阻测定	—	4.4.6	5.3	√	√
16	空载试验	B	4.4.4	5.3	√	√
17	效率、功率因数测定	B	4.4.5	5.3	—	√
18	堵转试验	B	4.4.5	5.3	√	√
19	温升试验	A	4.4.6	5.3	—	√
20	最大转矩测定	B	4.4.5	5.3	—	√

表 6（续）

序号	检验项目	质量特征判别	技术要求	试验方法	出厂检验	型式检验
21	短时升高电压试验	A	4.4.9	5.3	√	√
22	减速器运转检查	C	4.4.10	5.3	√	√
23	卡钻试验	B	4.4.11	5.4	√	√
24	检漏试验(湿式煤电钻)	B	4.4.12	5.6	√	√
25	开关检查	B	4.5	5.5	√	√
26	外观检查	C	4.8	按审批合格的图纸	√	√
注 1：标√为应进行检验，—为无需检验； 注 2：检验时需测取相应的特性曲线。						

6.2 出厂检验

6.2.1 煤电钻应通过出厂检验合格后方能出厂，并应附产品合格证。

6.2.2 出厂检验项目中电机各项指标应能保证煤电钻电机型式检验符合本标准的要求。

6.2.3 出厂检验项目均符合要求才能判定为合格品，否则需返修，直至检验符合要求。

6.3 型式检验

6.3.1 凡遇下列情况之一，应进行型式检验：

a) 新产品试制或老产品转产时；

b) 当产品结构、材料、工艺有较大改变而可能影响产品性能时；

c) 产品长期停产后恢复生产时；

d) 出厂检验结果与以前所进行的型式检验结果发生不允许的偏差时；

e) 成批大量生产的煤电钻，至少每半年检验一次；

f) 国家质量监督机构提出进行型式检验的要求时。

6.3.2 凡遇下列情况之一者，应按 GB 3836.2—2000 的规定，进行图样和文件审查及样品隔爆试验：

a) 当产品的局部更改涉及防爆性能的有关规定时，则更改部分的图样和有关说明应送原检验单位重新检验；

b) 产品由原生产厂转让来重新生产时；

c) 检验单位需要对产品进行复查时。

6.3.3 用作型式检验的样品应从出厂合格的产品中抽取，每次抽取 2 台，如 2 台样品检验中均有 A 类检验项目不合格，则判该产品不合格；如 2 台样品中有 1 台的 A 类检验项目不合格或 2 台均有 B 类检验项目不合格，则可加倍抽取样品，对不合格的项目复试，仍有不合格者，则判该产品不合格。

7 标志、包装、运输和贮存

7.1 标志

7.1.1 产品外壳上应铸有清晰的表示旋转方向的箭头及表示防爆电气设备的凸纹标志“ExdI”，并涂以红漆。

7.1.2 产品应固定设置铭牌，铭牌采用黄铜、青铜或不锈钢制成，铭牌上应表明：

a) 防爆型式和类别标志“ExdI”；

b) 产品名称及型号；

c) 防爆合格证号；

d) 安全标志准用证号；

e） 出厂日期或产品编号；
f） 制造厂名；
g） 商标；
h） 额定电压；
i） 额定功率；
j） 额定电流；
k） 额定频率；
l） 相数；
m） 电动机额定转速；
n） 绝缘等级；
o） 主轴转速。

注：其中j、k、l、m、n可在产品说明书中标出，o也可在减速器壳上铸出。

7.2 包装

7.2.1 煤电钻应装箱运输，包装要牢靠并采取防潮措施。

7.2.2 包装箱外应标明下列内容：

a） 煤电钻的型号和名称；
b） 制造厂名；
c） 制造日期；
d） 注明“小心轻放”、“小心防潮”等字样或标志；
e） 执行标准号。

7.2.3 煤电钻随带文件：

a） 装箱单；
b） 产品合格证明书；
c） 产品使用维护说明书。

7.3 运输、贮存

7.3.1 煤电钻运输时不得受水浸蚀。

7.3.2 贮存时应放置在干燥的地方，防止受潮、腐蚀及其他损坏。

中华人民共和国煤炭工业部部标准

MT/T 137.1—1986

矿井空气中有害气体
一氧化碳测定方法

本标准适用于煤矿井下空气(或气体)中一氧化碳浓度的测定。

1 一般规定

1.1 一氧化碳浓度用 ppm(体积/体积)表示。

1 ppm=0.0001%。

1.2 校正用气体

1.2.1 用静态配气法配制。配制方法按 MT 67—82《比长式一氧化碳检定管》附录 A 进行。

1.2.2 根据测定范围订购一氧化碳标准气样。

1.3 当测定结果发生争议时,用一氧化碳标准气样进行仲裁。

1.4 用球胆采集气样时,自采样到测定完毕不得超过 12 小时。采样量 3 000～6 000 毫升。

1.5 用检定管法测定,当一氧化碳浓度超过《煤矿安全规程》有关规定或用检定管法测不出一氧化碳时,须采取气样带至地面化验室用本标准 2.2 条或 2.3 条规定的方法测定。

1.6 用汞置换法(氧化汞一硒试纸法)时,当硒试纸放置时间较长或使用的仪器与硒试纸标定时所用仪器的型式不同,硒试纸需重新用校正气体标定后再用。

1.7 使用气相色谱法,为了保证测定结果的精确度,不准重复进样(即前一气样色谱峰未出完前,不能进下一个气样)。采用校正曲线定量时,应经常用校正气体校验校正曲线的准确性。

2 测定方法

2.1 比长式检定管法

2.1.1 方法原理:气样通过装有吸附五氧化二碘指示胶的玻璃管,一氧化碳即与五氧化二碘反应生成游离碘的棕褐色(或绿褐色)变色层,其变色层的高度即表示一氧化碳的浓度。

2.1.2 器具

2.1.2.1 检定管:检定管应符合 MT 67—82 的有关规定。按测定一氧化碳浓度的范围,检定管一般分三种型号(见表 1)。

表 1 检定管的型号

型　号	测定范围 ppm	分度值 ppm
1	5～100	10
2	10～500	20
3	100～5 000	200

检定管在环境温度 15～35 ℃、大气压 700～800 毫米汞柱、并能除掉所含干扰气体的情况下使用。

检定管使用前用校正气体对其质量进行抽查,发现不符合 MT 67—82 的有关规定时,不得使用。

2.1.2.2 检定器:与检定管配套使用的检定器有四种(见图 1),可根据具体情况选用。检定器容积的相

中华人民共和国煤炭工业部 1986-03-05 发布　　1986-04-01 实施

对偏差不得超过标称容积的±5%。

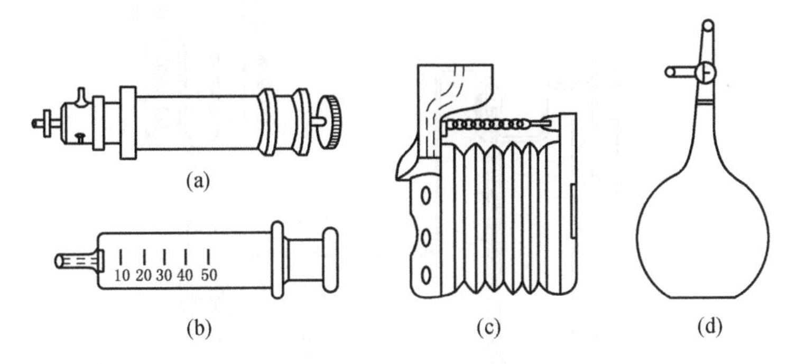

图 1 检定器示意图

2.1.3 测定前的准备工作

2.1.3.1 检定器的气密性检查：按照使用说明书规定的方法，把未打开的检定管插入检定器的排气(或进气)口进行检定器的气密性检查，如发现漏气不得使用。

2.1.3.2 检定管的外观检查：使用时要检查检定管的管尖是否折断；药剂是否松动、掺混、变色；刻度是否清晰，零点标线是否同指示胶与隔离层界面重合。

2.1.4 测定步骤：测定步骤要严格按照使用说明书进行，每次测定要用两支检定管。

2.1.5 测定结果处理

2.1.5.1 两支检定管测定值的允许差符合本标准表 2 规定时，取其算术平均值作为测定结果。如不符合表 2 规定时应进行第三支测定，取其在允差内的两个测定值的算术平均值。

表 2 检定管测值允许差

检 定 管 型 号	测 定 浓 度 ppm	允 许 差 ppm
1	<25 25～50 >50	5 10 15
2	<50 50～250 >250	10 20 40
3	<1 000 >1 000	100 200

2.1.5.2 平均值的取舍

1 型检定管计算到小数后一位，按数字修约规则修约后取整数报出。

2 型检定管计算到个位数，按数字修约规则修约后取十位数报出。

3 型检定管计算到十位数，按数字修约规则修约后取百位数报出。

2.2 汞置换法(氧化汞-硒试纸法)

2.2.1 方法原理：在一定温度下，一氧化碳与氧化汞反应生成汞蒸气，汞蒸气再与硒试纸条上的硒反应，生成硒化汞黑痕，测量黑痕长度，计算出气样中一氧化碳浓度。本法测定范围 0～100 ppm，灵敏度 2 ppm。

2.2.2 仪器装置

2.2.2.1 固定式测定装置(图 2)。

气样量管 1 为带水套的八球量管，每球容积 50±1 毫升，量管上端有一 90°通路的四通活塞 A，量管的下端

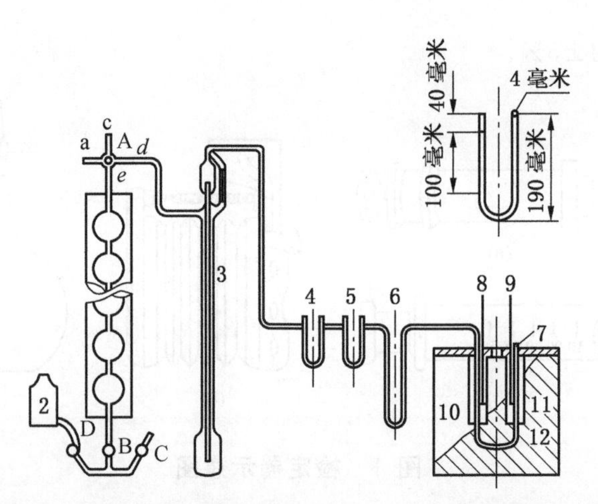

1—气样量管；2—水准瓶；3—毛细管流量计；4、5—气体干燥管；6—活性炭管；

7—U 形反应管；8、9—水银温度计；10、11—管状加热炉；12—保温箱

图 2 固定式测定装置

有一三通管，管的向上支管有一两通活塞 B，上接量管，右支管有一两通活塞 C，接通水源用以输送气样。

水准瓶 2 容积 450～500 毫升。

气体干燥管 4 内装无水氯化钙。

气体干燥管 5 内装过氯酸镁。

活性炭管 6 内装粒状经活化的活性炭。

U 形反应管尺寸见图 2，左侧管放氧化汞，右侧管放硒试纸。

水银温度计 8、9 量程为 0～360 ℃。

管状加热炉 10、11 的内径 30 毫米、高 130 毫米，二炉中心距为 60 毫米，炉外包一层云母纸，外绕电热丝，二炉各有一变压器控制炉温。

保温箱 12 容积 250×180×180 毫米，内放石棉灰（或陶瓷棉）保温材料。

2.2.2.2 便携式测定装置（图 3）。

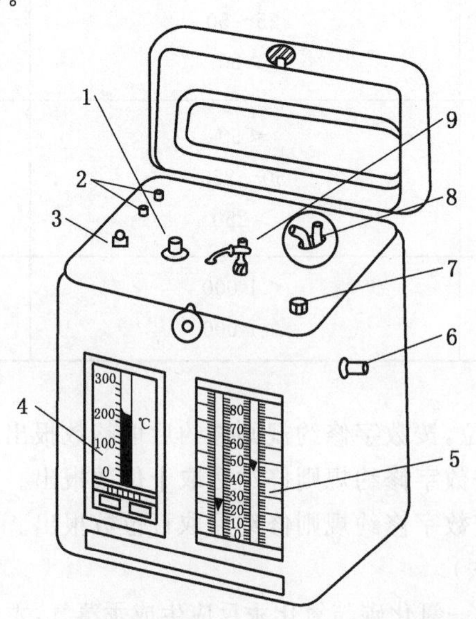

1—电源开关；2—接线柱；3—保险丝；4—温度调节仪；5—浮子流量计；

6—进气口；7—针形流量调节阀；8—U 形反应管；9—金属三通阀

图 3 便携式测定装置

温度调节仪 4 的调节范围为 0～300 ℃，精度为 2.5 级。浮子流量计 5 的量程为 0～50 毫升/分、0～500 毫升/分。

2.2.3 试剂与材料

2.2.3.1 试剂

a. 无水氯化钙：化学纯，粒状；

b. 过氯酸镁：化学纯，粒状；

c. 活性炭：工业用，粒状；

d. 氧化汞：化学纯，粒状，色呈桔红色，富疏孔，无金属汞光泽；

e. 变色硅胶：工业用，粒状。

2.2.3.2 材料

a. 硒试纸：硒试纸分活化用与测定用两种，纸条长 140 毫米、宽 3 毫米；

b. 乳胶管：内径 5～7 毫米。

2.2.4 气密性检查：测定装置装配完后，堵塞系统的气体出口，若流量计回零即说明气密性好。否则应分段检查进行处理。

2.2.5 测定操作

2.2.5.1 固定式测定装置的操作

a. 氧化汞的活化与空白测定：将图 2 中的保温箱升温，在纸管内插入一活化用浓硒试纸，插入深度为自管端起 180 毫米，随即开始通入净空气，经由管 c、d 进入 U 形反应管，控制气流速度约为 250 毫升/分。用变压器维持氧化汞管温度在 250±1 ℃，试纸管温度在 140±2 ℃。继续通净空气，硒试纸条的黑痕将达顶端时，更换新纸条。当黑痕生成极慢时是活化即将完成之征兆。然后使氧化汞管炉降温，维持氧化汞管温度在 180±1 ℃，此时改变净空气的流速为 10±0.5 毫升/分，取出活化用的浓硒试纸条，再插入测定用的硒试纸条(插入深度为自管端起 180 毫米)，继续通气 5 分钟，如此连续测定三次，纸条均无黑痕，表示活化已经完成。

新装氧化汞一般 4～6 小时即可活化好，以后在每天测定开始之前按上述方法活化 1 小时，检查空白合格后，即可进行测定工作。

不作测定时，氧化汞每周应活化一次。在久停而重新使用时，必须在前一天进行活化。

b. 气样测定：氧化汞经活化后，维持氧化汞管温度在 180±1 ℃，纸管温度在 140±2 ℃。在测定气样时，先要用该气样冲洗仪器，从活塞 A 的支管 a 处，吸入气样于量管 1 中，用 350～400 毫升气样，经由管 d 通过仪器，排除残留的前一气样，再吸入气样做正式测定。测定时，先在试纸管插入一测定用硒试纸条，以 10±0.5 毫升/分的流速使 50 毫升气样通过氧化汞反应管后，关闭 C，停止气流，取出反应完成的纸条，插入另一硒试纸条，如此继续再做测定。一般气样测定 3 条，重要的气样测定 6 条。测量每条纸条的黑痕长度，取其算术平均值。

每天最后一次测定完毕后，停电降温，以 40～50 毫升/分的净空气通过仪器，排除管中的汞蒸气，至氧化汞管温度降至 100 ℃后，停止气流，并封闭试纸管。

2.2.5.2 便携式测定装置的操作

a. 氧化汞的活化与空白测定：把装有氧化汞的 U 形反应管插入加热装置内，然后将加热装置放入保温容器中。U 形反应管进气一端通过金属三通阀与流量计、针形阀相连，从进气口以 250～270 毫升/分的流速通入净空气或纯氧。在 U 形管出口端插入一浓硒试纸条，调节温度调节仪，使温度指示 250 ℃，接通电源，开始加热。经 2～3 分钟达到给定温度后，停止加热，并维持在给定温度。开始每隔几分钟更换一次试纸条，以后更换纸条时间的间隔逐次加长。经过一定时间，放入的试纸条呈淡灰色且稳定时，即说明氧化汞活化已经完成。然后调节温度至 180 ℃，经 15～20 分钟，温度恒定后即可进行空白测定。测定时先转动三通阀，使 U 形反应管进气一端与测定用流量计相通，调节针形阀，使净空气以 20±1.0 毫升/分的流速进入氧化汞管。流速调好后关闭三通阀，取出浓硒试纸条，插入一条测定用的硒试纸条(纸条下端距氧化汞10毫米),转动三通阀,并立即启动秒表,待2.5分钟通气50±2.5毫升后,关闭三通阀,取出纸条,再插入另一硒试纸条继续测定。连续测定3条,当试纸条无黑痕时,即为空白合格,否则,需重新活化。

b. 气样测定:气样测定与空白测定相同。使进气口与待测气样相连,在U形管出口处插入一浓硒试纸条,调节针形阀,使气样以80～100毫米/分流速通入气样5～8分钟,排除残留在气路中的前一气体。然后,按空白测定方法测定3(或6)条,测量黑痕长度,取其算术平均值。

气样测定完毕即切断电源,用约100毫升/分流速通入净空气15～20分钟,关闭气路,放好仪器。

2.2.5.3 黑痕长度的测量

一氧化碳与氧化汞反应后,试纸条上显示黑痕的形状大致有以下几种(图4)。

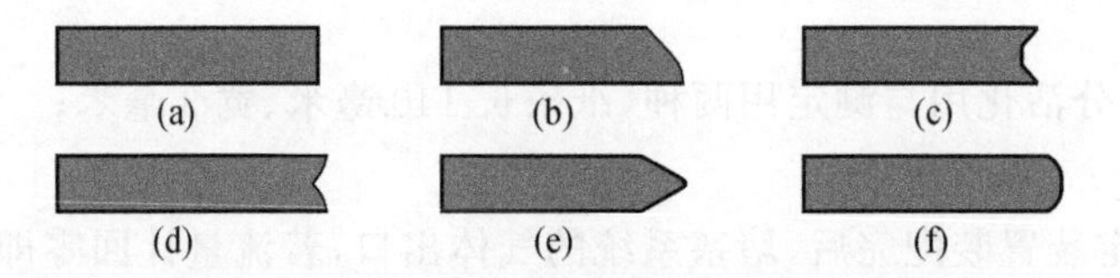

图4 黑痕形状示意图

测量痕长时,将试纸条放在量尺上,仔细观察试纸条上黑痕的黑色与淡色处的正交区分线,除a形外,其他形状可估计使凸出黑痕面积足以补偿凹缺面积,折合为正交,以确定正交区分线。正交区分线的淡色尾线长度,测量时可折半加入黑痕长度。硒纸条正反面黑痕均需测量。

2.2.6 结果处理

2.2.6.1 黑痕测量读取到0.5毫米。平均值取至小数后一位。

2.2.6.2 将测得的平均黑痕长度代入试纸标定式中,即可计算出气样中一氧化碳的浓度。计算值取小数后一位,按数字修约规则修约后,取整数报出。

注:试纸标定式由生产厂家给出。

2.3 气相色谱法

2.3.1 方法原理:气样在氢气流中由色谱柱分离后,进入充填有镍催化剂的转化炉中,一氧化碳与氢反应转化成甲烷,用氢火焰电离检测器测定。本法测定范围0～100 ppm和0～1 000 ppm,灵敏度分别为0.5 ppm和5 ppm。

2.3.2 装置:具有氢火焰电离检测器和附有一氧化碳转化炉的气相色谱仪。其测定流程如图5所示。

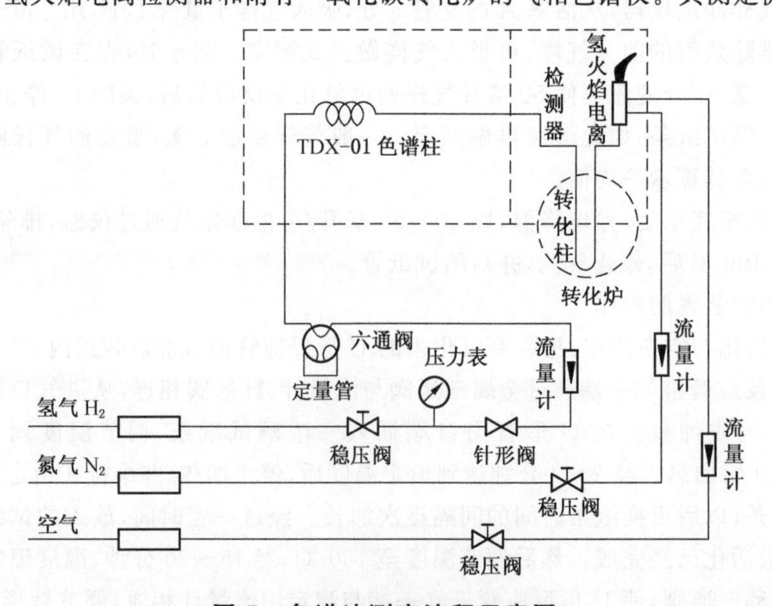

图5 色谱法测定流程示意图

2.3.3　测定参考条件

色谱柱：内径3毫米、长1.0米不锈钢管，内装60～80目TDX-01（碳分子筛），柱温为50 ℃；

检测室温度：120 ℃；

转化柱：内径3毫米、长250毫米U形不锈钢管，内装镍催化剂，柱温360 ℃；

柱前压：1.9千克/厘米^2；

载气氢流量：42毫升/分；

助燃气空气流量：600毫升/分；

辅助气氮流量：34毫升/分；

进样量：1毫升；

记录纸速度：300毫米/时。

2.3.4　测定操作

a.　当仪器稳定后，将校正气样与流程系统（图5）的六通阀相连，使用1毫升定量管，用校正气样冲洗进样气路后，转动六通阀，使校正气样进入色谱柱和转化柱，测量色谱峰高（连续测定3次，取算术平均值），用一氧化碳浓度除以峰高，得定量校正值。

b.　按上述步骤，在同样测定条件下使欲测气样进入色谱柱和转化柱，测量色谱峰高。

2.3.5　结果计算

$$C=h\cdot k$$

式中：C——气样中一氧化碳浓度，ppm；

h——气样色谱峰高，毫米；

k——定量校正值。

2.3.6　测定结果处理

2.3.6.1　每个气样测定两次，测值允许差符合表3规定时取算术平均值作为测定结果。否则，须进行第三次测定，取其在允许差内的两个测定值的算术平均值。

表3　色谱法测定允许差

测定范围，ppm	测定值，ppm	允许差，ppm
0～100	<10	1.0
	10～50	2.5
	>50	5.0
0～1 000	<100	10
	100～500	25
	>500	50

2.3.6.2　平均值的取舍

测定范围在0～100 ppm时，平均值计算到小数后两位，按数字修约规则修约后取小数后一位报出。

测定范围在0～1 000 ppm时，平均值计算到小数后一位，按数字修约规则修约后取整数报出。

附加说明：

本标准由煤炭科学研究院抚顺研究所提出。

本标准由煤炭科学研究院抚顺研究所和鹤壁矿务局负责起草。

本标准主要起草人杨文正、陈兴业、叶占英、周纪聪、常淑华。

ICS 73.100.99
D 98
备案号：15477—2005

中华人民共和国煤炭行业标准

MT/T 140—2004
代替 MT/T 140—1986

采煤机滚筒连接方式及其参数

The mounting type and its parameter for shearer drums

2004-12-14 发布　　2005-06-01 实施

国家发展和改革委员会　发布

前　　言

本标准代替 MT/T 140—1986《采煤机滚筒基本参数及连接方式》。

本标准在以下诸方面作了更改：

——明确了适用范围(1986 年版的引言，本版的第 1 章)；

——删除了与 MT/T 321—1993 标准内容重复的滚筒代号(1986 年版的第 3 章)；

——根据国标及习惯修正了连接方式中的部分参数(本版的第 4 章)。

本标准由中国煤炭工业协会科技发展部提出。

本标准由煤炭工业煤矿专用设备标准化技术委员会归口。

本标准由煤炭科学研究总院上海分院和鸡西煤矿机械厂负责起草。

本标准主要起草人：王英山、王长富、张守柱、吕剑梅。

采煤机滚筒连接方式及其参数

1 范围

本标准规定了采煤机螺旋滚筒的连接方式及其相关参数。

本标准适用于煤矿采煤机螺旋滚筒的设计、生产及用户对产品的验收。

2 规范性引用文件

下列文件中的条款通过本标准的引用而成为本标准的条款。凡是注日期的引用文件，其随后所有的修改单(不包括勘误的内容)或修订版均不适用于本标准，然而，鼓励根据本标准达成协议的各方研究是否可使用这些文件的最新版本。凡是不注日期的引用文件，其最新版本适用于本标准。

GB/T 1095—1979　平键　键和键槽的剖面尺寸

3 滚筒连接方式

3.1 锥轴连接(见图 1)

主要适用于薄煤层采煤机。

3.2 方轴连接(见图 2)

主要适用于中厚煤层采煤机。

3.3 锥盘连接(见图 3)

主要适用于中厚煤层采煤机。

4 滚筒的连接参数

4.1　锥轴连接的参数，见表 1。

4.2　方轴连接的参数，见表 2。

4.3　锥盘连接的参数，见表 3。

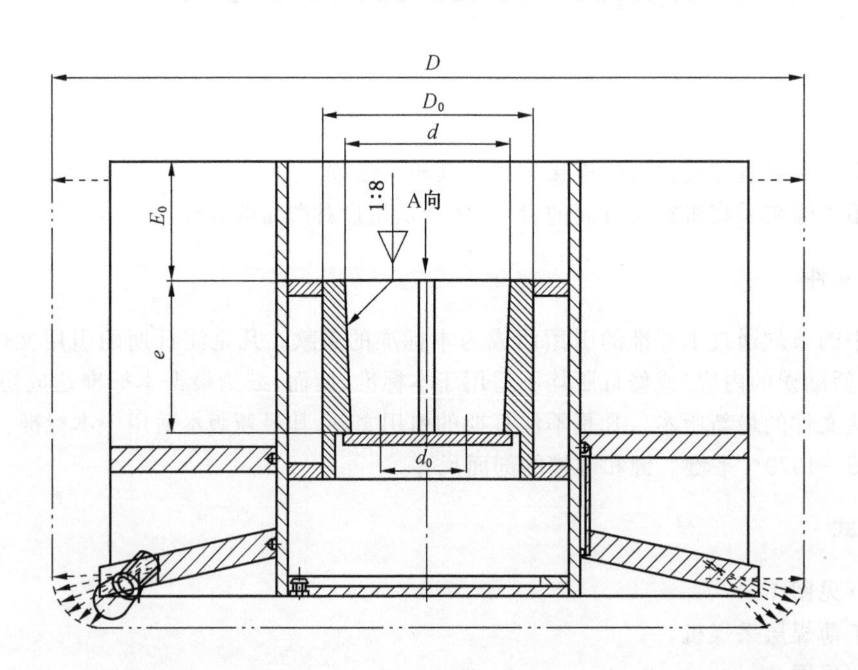

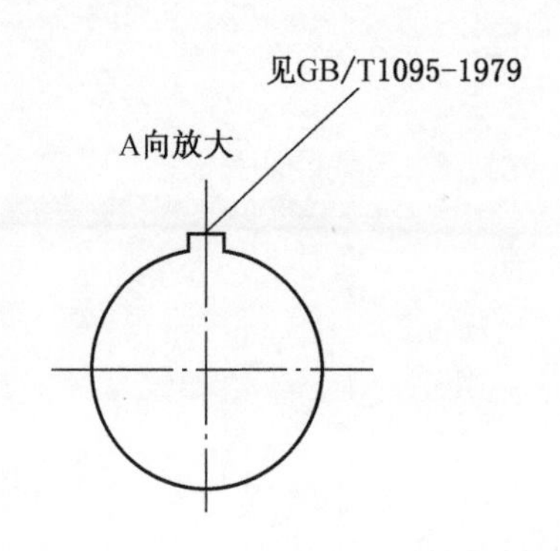

图 1 锥轴连接示意图

表 1 锥轴连接的参数

截割(主)电动机功率 P kW	滚筒直径 D mm	锥孔大端直径 d mm	锥孔长度 e mm	固定螺栓			轴套外径 D_0 mm	锥孔大端至滚筒圈一侧的距离 E_0 mm
				直径 M mm	数量 n 个	分布圆直径 d_0 mm		
50～150	600～1 250	160	280	20	4	80	220	60～120
150～200	800～1 600	190	300	27	4	120	280	
注：当滚筒由两台电动机驱动时，截割(主)电动机功率是指两台截割电动机功率的和。								

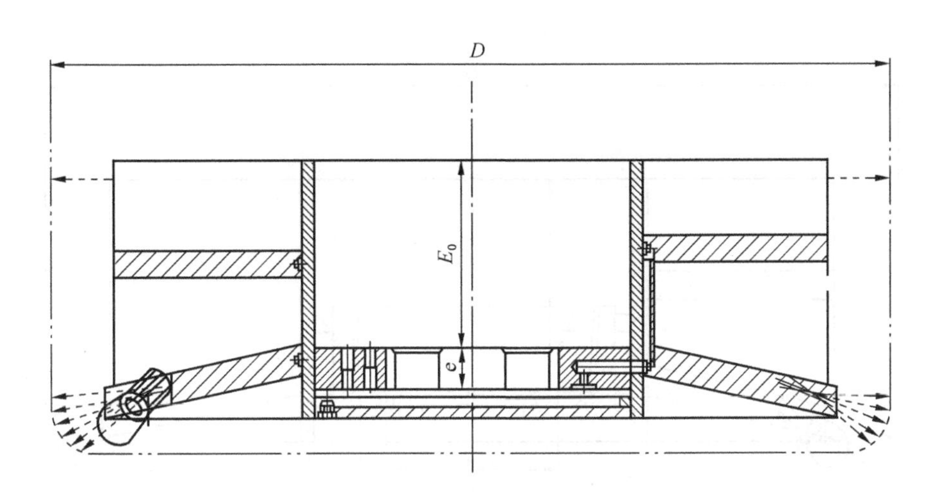

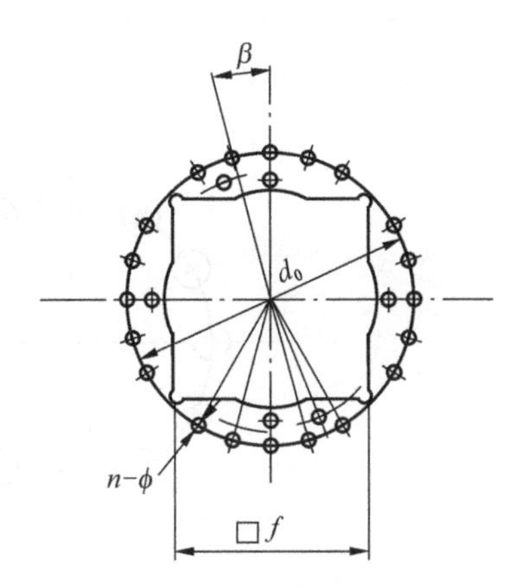

图 2　方轴连接示意图

表 2　方轴连接的参数

截割(主)电动机功率 P kW	滚筒直径 D mm	方孔边长 f mm	方孔长度 e mm	固定螺栓				方孔定位面至滚筒圈一侧的距离 E_0 mm
				直径 M mm	数量 n 个	分布圆直径 d_0 mm	夹角 β deg	
100～200	850～ 1 400	(200) 260	65	24	12 (16)	400	22.5 (20)	360～480
	1 000～ 1 400	300 (270)	85 (90)	24	16 (20)	440	18 (15)	
	1 100～ 1 600	340	(85) 90	24	(16) 20	500	(18) 15	
150～400	1 100～ 2 240	410	95 110	24	20	590 (595) 630	15	
400～500	1 600～ 2 500	500	110	30	20	(630) 710	15	430～470
500～750	1 600～ 2 700	560	110	30	20	710	15	

注 1：当滚筒由两台电动机驱动时，截割(主)电动机功率是指两台截割电动机功率的和；

注 2：带括号的参数允许采用。

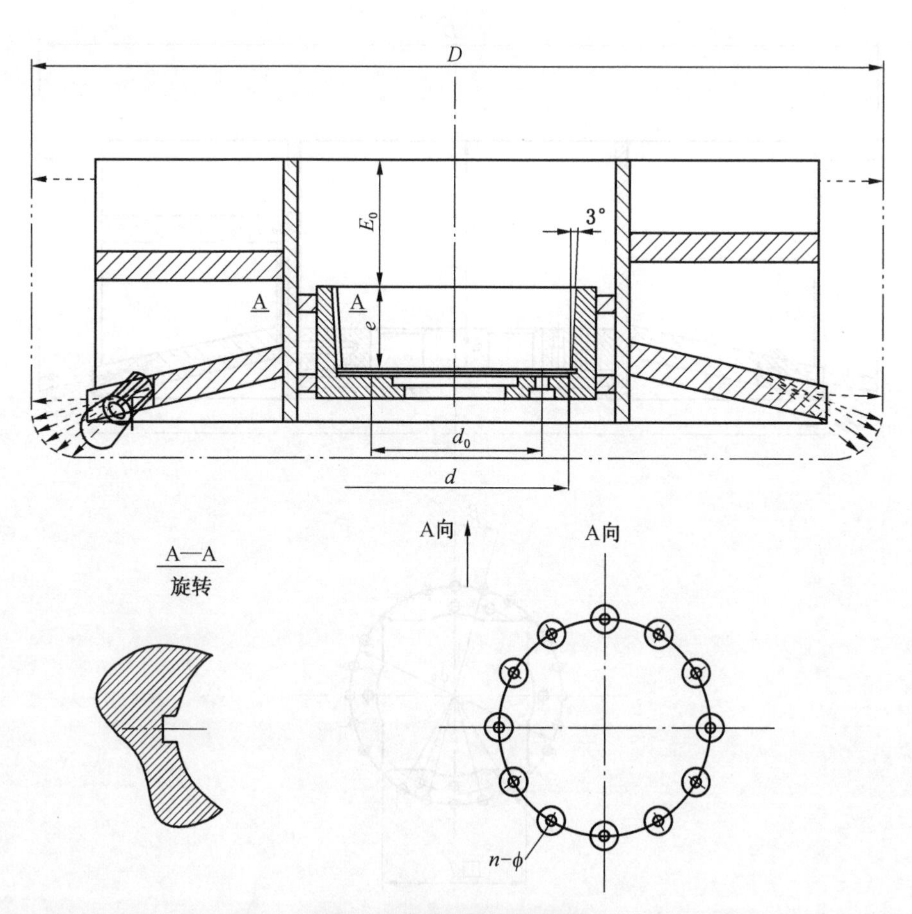

图3 锥盘连接示意图

表3 锥盘连接的参数

<table>
<tr><th rowspan="2">截割(主)电动机功率 P
kW</th><th rowspan="2">滚筒直径 D
mm</th><th rowspan="2">锥孔小端直径 d
mm</th><th rowspan="2">锥孔长度 e
mm</th><th colspan="3">固定螺栓</th><th rowspan="2">锥孔大端至滚筒圈一侧的距离 E_0
mm</th></tr>
<tr><th>直径 M
mm</th><th>数量 n
个</th><th>分布圆直径 d_0
mm</th></tr>
<tr><td rowspan="2">100～200</td><td>1 100～1 400</td><td rowspan="2">300</td><td rowspan="2">150
(260)</td><td rowspan="2">30</td><td>8</td><td>380</td><td rowspan="3">250～450</td></tr>
<tr><td>1 600～1 800</td><td>9</td><td>500</td></tr>
<tr><td>200～750</td><td>1 400～2 700</td><td>600</td><td>150</td><td>30</td><td>9</td><td>530</td></tr>
<tr><td colspan="8">注1：当滚筒由两台电动机驱动时，截割(主)电动机功率是指两台截割电动机功率的和；
注2：带括号的参数允许采用。</td></tr>
</table>

ICS 23.040.20;83.140.30
G 33
备案号:16782—2005

中华人民共和国煤炭行业标准

MT/T 141—2005
代替 MT 141—1986

煤矿井下用塑料网假顶带

Plastic net protecting top-plane in coal mining

2005-09-23 发布 2006-02-01 实施

国家发展和改革委员会 发布

前　言

本标准的4.4、4.5、4.6、4.7、4.8、4.9为强制性的，其余为推荐性的。

本标准是对MT 141—1986《煤矿井下塑料网假顶检验规范》的修订，本标准自实施之日起代替MT 141—1986。

本标准与MT 141—1986相比较，主要变化如下：

——增加了拉伸强度要求(见4.7)；

——增加了对酒精喷灯火焰温度的测定(见5.7.3.3)；

——增加了附录A；

——修改了型号编制方法(1986年版的1.1；本版的3)；

——修改了表面涂有导电层的试样制备(1986年版的9.2；本版的5，6.1.1)；

——删除了对燃料消耗量的内容(1986年版的5.2.5)；

——取消了对塑料网带宽度和厚度的尺寸规定(1986年版的2.2.1、2.2.2)。

本标准的附录A为规范性附录。

本标准由中国煤炭工业协会科技发展部提出。

本标准由煤炭工业煤矿安全标准化技术委员会归口。

本标准起草单位：煤炭科学研究总院上海分院。

本标准主要起草人：鞠庆华、郑琪、姜乃强、袁开良。

本标准于1986年7月首次发布。

煤矿井下用塑料网假顶带

1 范围

本标准规定了煤矿井下用塑料网假顶带(简称假顶带)的产品型号、要求、试验方法、检验规则、标志、包装、运输和贮存。

本标准适用于煤矿井下用塑料网假顶带。

2 规范性引用文件

下列文件中的条款通过本标准的引用而成为本标准的条款。凡是注日期的引用文件,其随后所有的修改单(不包括勘误的内容)或修订版均不适用于本标准,然而,鼓励根据本标准达成协议的各方研究是否可使用这些文件的最新版本。凡是不注日期的引用文件,其最新版本适用于本标准。

MT 182—1988 酒精喷灯燃烧器的结构与技术要求

MT 113—1995 煤矿井下用聚合物制品阻燃抗静电性通用试验方法和判定规则

3 假顶带型号

假顶带型号按单根断面拉伸强度划分为160MS、180MS、200MS、220MS、240MS、260MS、280MS七种类型。型号示例如下:

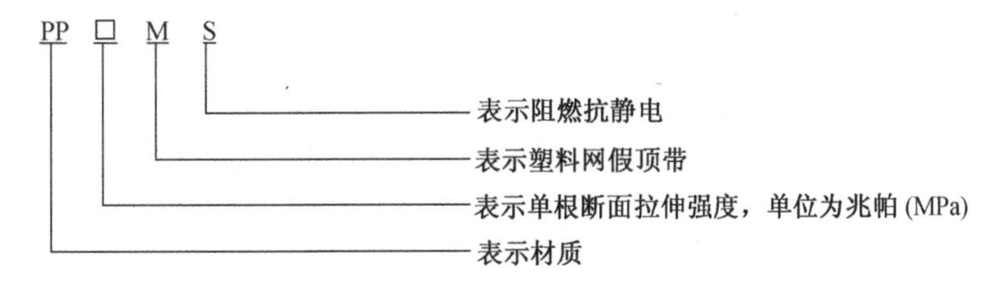

4 要求

4.1 外观质量

假顶带的外观应色泽均匀、花纹整齐、清晰,无明显杂质,不准有开裂损伤、穿孔等缺陷。

4.2 宽度公差

假顶带宽度的公差为±0.5 mm。

4.3 厚度公差

假顶带厚度的公差为±0.1 mm。

4.4 偏斜度

假顶带的偏斜度应小于20 mm/m。

4.5 单根拉断力

假顶带的单根拉断力应不小于2400 N。

4.6 拉断伸长率

假顶带的单根拉断伸长率应小于25%。

4.7 拉伸强度

假顶带的单根断面拉伸强度应符合表1的规定。

表 1 单根断面拉伸强度

类型	160MS	180MS	200MS	220MS	240MS	260MS	280MS
拉伸强度 MPa	≥160	≥180	≥200	≥220	≥240	≥260	≥280

4.8 表面电阻值

假顶带上、下两个表面的表面电阻算术平均值均应小于 $1.0\times10^9\ \Omega$。

4.9 阻燃性

4.9.1 酒精喷灯燃烧性能

假顶带经酒精喷灯燃烧试验应符合下列规定：

a） 在移去喷灯后，6 条试样的有焰燃烧时间的算术平均值应小于 3 s，其中任何一条试样的有焰燃烧时间单值应小于 10 s。

b） 从试样有焰熄灭开始计时，6 条试样上的无焰燃烧时间的算术平均值应小于 10 s，其中任何一条试样的无焰燃烧时间单值应小于 30 s。

4.9.2 酒精灯燃烧性能

假顶带经酒精灯燃烧试验应符合下列规定：

a） 在移去酒精灯后，6 条试样上的有焰燃烧时间的算术平均值应小于 6 s，其中任何一条试样的有焰燃烧时间单值应小于 12 s。

b） 从试样有焰熄灭开始计时，6 条试样的无焰燃烧时间的算术平均值应小于 10 s，其中任何一条试样的无焰燃烧时间单值应小于 30 s。

4.10 塑料网假顶规格

塑料网假顶的一般规格见附录 A。

5 试验方法

5.1 试样制备

在产品制成 24 h 后，采取样品。

5.2 外观质量

裁取长度不小于 10 m 的试样 1 条，目测检查。

5.3 规格尺寸检测

裁取 1 m 长的试样 1 条，用精度为 0.02 mm 的游标卡尺在平行方向上任测 5 个点的宽度，然后取算术平均值，取小数点后 2 位，修约至小数点后 1 位，用精度为 0.02 mm 的游标卡尺任测 5 个点的厚度，然后取它们的算术平均值，取小数点后 2 位，修约至小数点后 1 位。

5.4 偏斜度试验

5.4.1 试样制备

裁取 1 m 长试样 5 条。

5.4.2 试验步骤

把试样一端固定，自由平放，并用透明有机玻璃平板（或其他透明材质的平板）压平，用直尺测量 1 m 长试样偏斜水平方向的最大差距，如图 1 所示，计算 5 个试样的偏斜度的算术平均值，取整数。

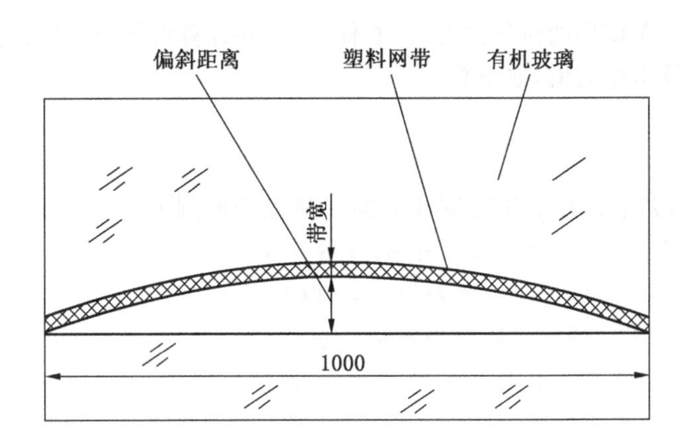

图 1 偏斜度测定方法示意图

5.5 **拉伸试验**

5.5.1 **试群制备及处理**

裁取 5 条 300 mm 长的假顶带作为试样，将试样在(25±5)℃的测试温度下放置 4 h。

5.5.2 **仪器设备**

5.5.2.1 拉力试验机的准确度为 1%，其测量范围应满足所测试样极限值的要求。

5.5.2.2 夹持器：工作速度为(10±5)mm/min，在拉伸过程中，试样夹持良好，既无打滑，又无剪断现象。

5.5.3 **试验步骤**

5.5.3.1 试验时室温为(25±5)℃，相对湿度为 45%～75%。

5.5.3.2 将试样两端分别夹于拉力机的两个夹持器上，试样纵向中心线应与施力线方向一致。

5.5.3.3 初始标距 L_0 为 100 mm，拉伸速度为(10±5) mm/min，读出试样断裂时最大的拉力值即为单根拉断力，计算 5 条试样的单根拉断力的算术平均值即为假顶带的拉断力(F)。

5.5.3.4 当拉力增至试样断裂时，记录两标线间的距离 L_1。

5.5.3.5 试样若发生打滑或剪断，则该试样作废，另取试样重做试验。

5.5.4 结果表述

假顶带的拉断伸长率和拉伸强度测试结果表述如下：

a） 拉断伸长率按式(1)计算：

$$\varepsilon=\frac{L_1-L_0}{L_0}\times 100 \qquad \cdots\cdots(1)$$

式中：

ε——拉断伸长率，单位为百分率(%)；

L_0——试样初始标距，其值为 100 mm；

L_1——试样拉断时的标距，单位为毫米(mm)。

b） 拉伸强度按式(2)计算：

$$\sigma=\frac{F}{b\cdot d} \qquad \cdots\cdots(2)$$

式中：

σ——拉伸强度，单位为兆帕(MPa)；

F——拉断力，单位为牛顿(N)；

b——试样宽度，单位为毫米(mm)；

d——试样厚度，单位为毫米(mm)。

c） 分别计算每组 5 条试样的拉伸强度，拉断伸长率，并计算出每组试样拉伸强度的算术平均值和拉断伸长率的算术平均值，取整数。

5.6 表面电阻试验

5.6.1 试样的制备

5.6.1.1 取一定数量的假顶带，用热压法制成表面平整光滑的圆形或正方形片状试样，该试样厚度为(1±0.2)mm，试样的直径或边长不小于 100 mm，数量为 3 件，如果试样表面涂有导电层，应将假顶带并列排列成正方形状试样，压平后即可作为测表面电阻试样。

5.6.1.2 用蘸有蒸馏水的干净绸布或消毒棉布清洗试样，然后用洁净的干布将试样擦干，置于干燥处 24 h 以上，仲裁试验时，试样置于干燥处 7 天后，再作试验。

5.6.1.3 试验前，将试样放置在温度为(25±5)℃和相对湿度为 60%～70%的环境中至少 2 h。

5.6.2 导电液

导电液的成分(质量百分比)为：

分子量为 600 的无水聚乙二醇： 79.9%

软皂： 0.1%

水： 20.0%

5.6.3 仪器

5.6.3.1 表面电阻测试仪：

测量范围为 10^3～10^{10} Ω，准确度为 10%，直流电源电压范围为 50～500 V，电压的选择以在试样中的电能消耗不大于 1 W 为前提。

5.6.3.2 电极：

用圆柱形同轴铜柱及铜环各一个作电板，尺寸见图 2，其中内电极的基面为圆形，外电极的基面为环形，两电极的基面应磨平抛光，用两根外包绝缘屏蔽导线分别连接到每个电极上。

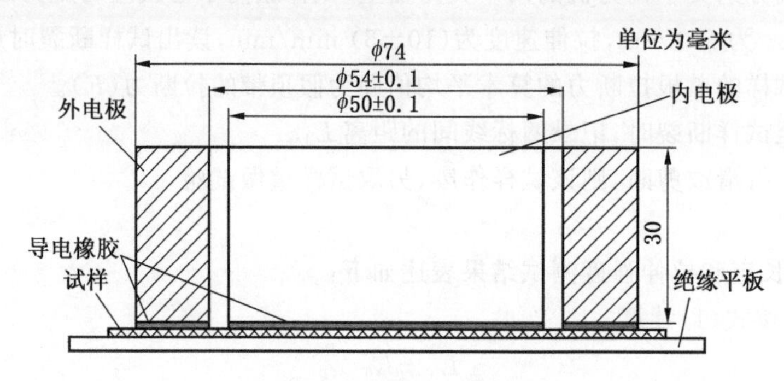

图 2 电极测试示意图

5.6.4 试验条件

5.6.4.1 试验电压：(500±20)V，(100±10)V，(50±10)V。

5.6.4.2 试验环境：温度为(25±5)℃，相对湿度为 60%～70%。

5.6.5 试验步骤

将试样放在一块稍大于试样的绝缘平板上，擦净电极基面，将其放在试样上，在电极与试样之间涂导电液或可放置一层与电极同样尺寸、平整光滑、较薄、邵尔氏硬度(A)40～50、体积电阻系数不大于 300 Ω·cm 的导电橡皮，内电极连接到测试仪器的接地端或低压端上，外电极接到高压端上，测量电阻，然后在试样的另一面上再重复上述试验。

注：注意不要因呼吸作用使试样表面受潮。

5.6.6 结果表述

应记录和计算下列测定结果：

a） 每条试样上、下两个表面的表面电阻单值；

b） 上表面电阻的算术平均值；

c） 下表面电阻的算术平均值。

5.7 酒精喷灯燃烧试验

5.7.1 试样制备

裁取6条平直的假顶带作为一组试样，每条试样长度为250 mm，吊挂在室温下，使其自由地暴露在空气中至少6 h。

5.7.2 仪器、设备

5.7.2.1 喷灯：应符合MT 182—1988的规定，燃料为95%分析纯无水乙醇和5%分析纯甲醇的混合物或使用分析纯无水乙醇。

5.7.2.2 燃烧试验箱应符合MT 113—1995中4.1.2b的规定。

5.7.2.3 秒表：最小分度值为0.01 s。

5.7.3 试验步骤

5.7.3.1 酒精喷灯的操作和维修按MT 182—1988的规定进行。

5.7.3.2 试验时酒精喷灯与试样检测位置应符合图3要求，即试样应垂直放置，其下端离酒精喷灯火口中心的水平距离和垂直距离都应为50 mm，酒精喷灯应倾斜45°放置。

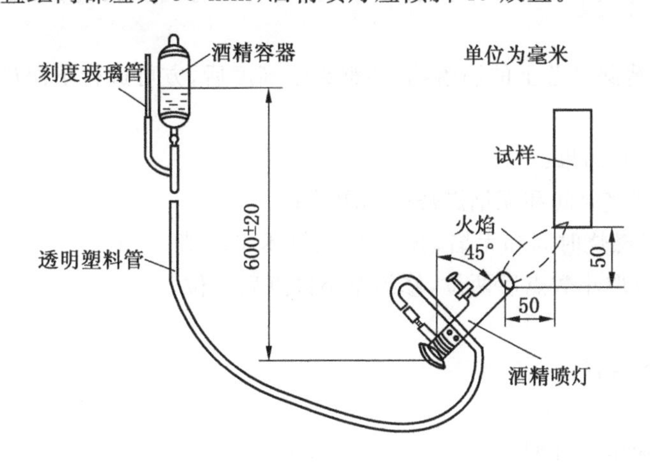

图3 试样酒精喷灯燃烧位置示意图

5.7.3.3 试验在弱光下的燃烧箱内进行，点燃酒精喷灯调整其火焰高度为150～180 mm，在酒精喷灯火口中心50 mm处的火焰温度为(960±60)℃，火焰温度是通过一根直径为0.71 mm，长约100 mm的裸铜丝来测定或能满足测温要求的测温仪来测定火焰稳定，测定温度时将裸铜丝保持在离酒精喷火口的高度为50 mm处，若在6 s内能熔断裸铜丝，则为达到火焰温度。

5.7.3.4 试验时试样周围的空气流动应尽量小，以不影响燃烧试样的火焰为准。

5.7.3.5 试验时容器内的燃料液面高度应保持在距离酒精喷灯口(600±20) mm范围内，见图3。

5.7.3.6 试验时将试样置于火焰中燃烧，并适当移动试样，以保证试样与喷灯的相对位置始终保持图3所示的检测位置。

5.7.3.7 火焰燃烧试样的时间最短为5 s，最长不超过10 s，但同一组6条试样的火焰燃烧时间应一致。

5.7.3.8 在试验过程中，落在平板上的滴落物有焰与无焰燃烧时间，均计入该试样的燃烧试验时间之内。

5.7.4 结果表述

应记录和计算下列试验结果：

a） 各试样的有焰燃烧时间和无焰燃烧时间单值；

b） 6条试样的有焰燃烧时间的算术平均值和无焰燃烧时间的算术平均值；

c） 燃烧时间平均值取小数点后两位,修约至小数点后一位。

5.8 酒精灯燃烧试验

5.8.1 试样制备

剪取6条平直假顶带作为一组试样,每条长250 mm,吊在室温下,使其自由地暴露在空气中至少6 h。

5.8.2 试验条件

5.8.2.1 试验设备由一盏容量为250 mL的医用酒精灯和分辨率为0.01 s的计时器组成。试验时酒精灯内酒精数量应是酒精灯容量的一半,酒精灯的火焰高度为30～50 mm。

5.8.2.2 测试应在无风的试验箱内弱光下进行。

5.8.2.3 燃料为95%的分析纯无水乙醇和5%的分析纯甲醇的混合物或使用分析纯无水乙醇。

5.8.2.4 酒精灯的火焰温度应在(760±60)℃范围内。

5.8.3 试验步骤

5.8.3.1 试样垂直吊挂,此时灯头顶端中心与试样下端中心的垂直距离为19 mm。

5.8.3.2 试验时每条试样在火焰中燃烧,火焰燃烧试样时间最短为5 s,最长为10 s,但同一组6条试样的火焰燃烧试样时间应一致,然后移走不熄灭的酒精灯,从这时起用计时器测定试样和滴落物的有焰和无焰燃烧时间,落在酒精灯玻璃表面和平板上等处的滴落物的有焰和无焰燃烧时间,均计入该试样的燃烧试验时间值之内。

5.8.3.3 测试中应及时清除灯芯上的滴落物,调整火焰高度后,方可进行下次试验。

5.8.4 结果表述

应记录和计算下列试验结果:

a） 各试样的有焰燃烧时间和无焰燃烧时间单值;

b） 6条试样的有焰燃烧时间和无焰燃烧时间的算术平均值;

c） 燃烧时间平均值取小数点后两位,修约至小数点后一位。

5.9 试验报告

试验报告应具有以下内容:

a） 制造厂名称;

b） 产品型号规格和生产日期;

c） 试验日期;

d） 试验室温度和相对湿度;

e） 试验结果;

f） 试验结论;

g） 试验者。

6 检验规则

6.1 出厂检验

6.1.1 假顶带应经质量检验部门检验合格,并附有合格证,方可出厂,出厂检验项目见表2。

6.1.2 组批和抽样:

同一配方和工艺连续生产的假顶带,以1 000 kg作为一批,不足1 000 kg视为一批;抽样方式为随机抽样。

表 2 检验项目

序号	检验项目	出厂检验	型式检验
1	外观质量	√	—
2	宽度公差	√	√
3	厚度公差	√	√
4	偏斜度	√	√
5	拉断力	√	√
6	拉断伸长率	√	√
7	抗拉强度	√	√
8	表面电阻	√	√
9	酒精喷灯燃烧试验	√	√
10	酒精灯燃烧试验	√	√
注：“√”表示进行检验；“—”表示不进行检验。			

6.2 **型式检验**

6.2.1 有下列情况之一，应进行型式检验：

a） 新产品或老产品转厂生产时的试制定型鉴定；

b） 正式生产后，如结构、材料、工艺有较大改变，可能影响产品性能时；

c） 正常生产时，应每 2 年进行 1 次检验；

d） 产品停产 2 年后，恢复生产时；

e） 出厂检验结果与上次型式检验结果 4 不符合时；

f） 国家质量监督机构等提出型式检验要求时。

6.2.2 型式检验样品应从出厂检验合格品中抽取；型式检验项目见表 2。

6.2.3 产品抽样方式为随机抽样，产品抽样基数为 200 kg，抽样数量为 2 kg。

6.3 **判定规则**

6.3.1 **合格判定条件**

符合以下任一条件的判定为合格：

a） 检验项目全部合格；

b） 检验项目一项不合格，取双倍试样对该项目进行复验后合格。

6.3.2 **不合格判定条件**

符合以下任一条件的，判定为不合格：

a） 检验项目一项不合格，取双倍试样对该项目进行复验后仍不合格；

b） 检验项目两项及以上不合格。

7 标志、包装、运输和贮存

7.1 **标志**

7.1.1 每卷塑料网假顶带上均要有清晰的标志，标志应包括以下内容：

a） “安全标志”标识及其编号；

b） 生产厂名称；

c） 生产日期；

d） 型号；

e） 宽度；

f） 厚度。

示例：

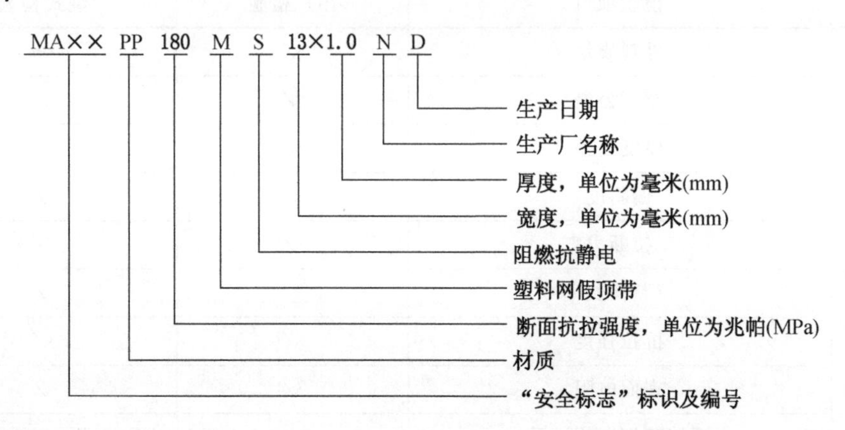

7.2 包装

假顶带外包装用编织布包装，每个包装件上应清晰标明以下内容：

a） 生产厂名称；

b） 产品名称、规格、用途；

c） 生产日期、批号；

d） 产品数量(以千克计)；

e） 出厂检验合格证。

7.3 运输

在运输及装卸过程中，应避免划伤、挤压。

7.4 贮存

假顶带应贮存于通风阴凉仓库内，防止太阳直接曝晒，成品距离热源 2 m 以上，自出厂日期起保管期为一年半。

附　录　A
（规范性附录）
塑料网假顶的一般规格

A.1　塑料网假顶的长度范围

长度：5～25 m。

A.2　塑料网假顶的宽度范周

宽度：0.7～1.2 m。

A.3　塑料网假顶的网孔及尺寸

塑料网假顶的网孔为六方孔或井字孔，网孔尺寸为 25～40 mm，网边应编扎紧密牢固，单根假顶带抽出长度不得超过其长度 2%。

中华人民共和国煤炭工业部部标准

MT/T 142—86

煤矿井下空气采样方法

本标准适用于煤矿井下气体试样的采集。

1 采样方法的适用范围

1.1 气袋(球胆和聚氯乙烯袋)采样法

适用于采集二氧化碳、氧气、甲烷、一氧化碳和氮气等不溶于水的气体试样。

1.2 化学吸收采样法

适用于采集氮氧化物、硫化氢、二氧化硫和氨等易溶于水的气体试样。

1.3 真空采样法

适用于采集矿井空气中高含量的硫化氢和二氧化硫及爆破后产物中的氮氧化物等气体试样。

2 设备、工具

2.1 采样袋

球胆或聚氯乙烯袋:容积 2000 mL 以上,气密性好。

2.2 波氏吸收瓶(见图 1)

容积 150 ml,气密性好。

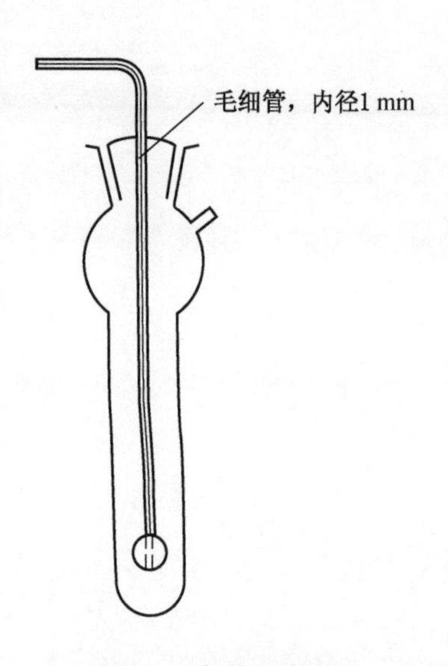

图 1 波氏吸收瓶

2.3 真空泵

真空度不小于 13.3 Pa(0.1 mmHg)。

2.4 真空采样瓶(见图 2)

容积 200 mL 以上,两端真空活塞要严密。

中华人民共和国煤炭工业部 1986-11-04 发布　　1987-01-01 实施

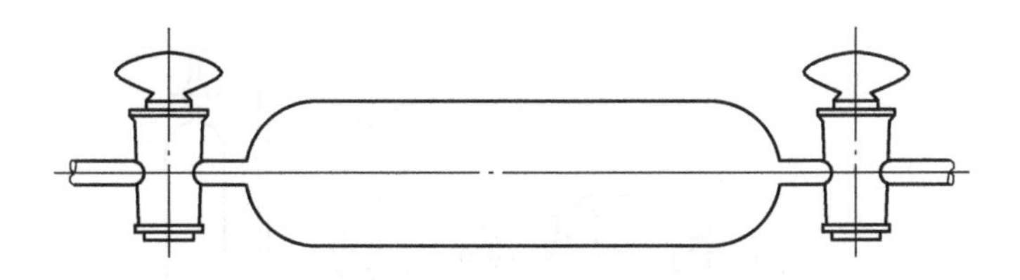

图 2　真空采样瓶

2.5　采样杆

采样杆用紫铜管做成，每根长 800 mm，外径 12 mm，内径 8 mm，厚 2 mm(见图 3)。

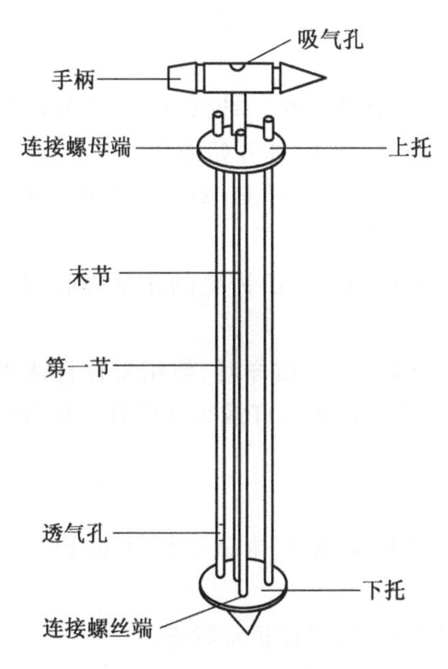

图 3　采样杆

3　采样前的准备工作

3.1　采样袋气密性检查

新买的球胆或聚氯乙烯袋，要进行气密性检查。检查时，先将球胆或聚氯乙烯袋充满空气，用弹簧夹将气嘴夹紧，然后将整个球胆或聚氯乙烯袋全部浸入水中，检查是否有小气泡渗出。当确认不漏气时，才可采用。对于旧的球胆或聚氯乙烯袋，也需要用上述方法检查气密性。在使用过程中，每月检查一次。

3.2　真空采样瓶的气密性检查

将预先洗净、烘干的真空采样瓶连接在抽真空装置上(见图 4)抽真空。当其真空度达到 13.3 Pa (0.1 mmHg)时，关闭采样瓶活塞和弹簧夹 3，放置 8 h 后，再打开采样瓶活塞，当其真空度仍维持在 13.3 Pa(0.1 mmHg)时，证明真空采样瓶气密性良好。

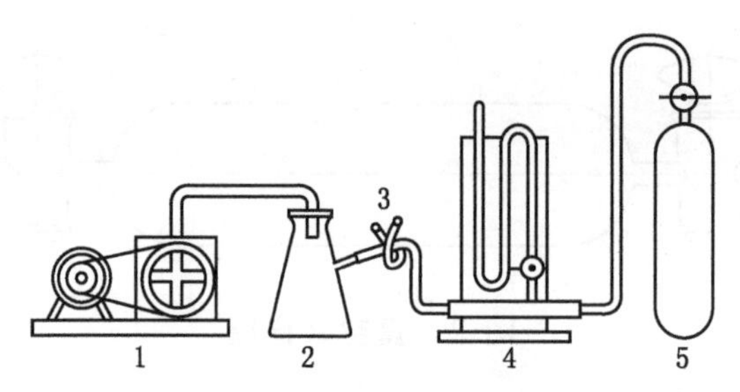

1—真空泵；2—安全瓶；3—弹簧夹；
4—真空压力计；5—真空采样瓶

图 4　抽真空装置

3.3　气样的采集

经过气密性检查合格的采样袋，要进行冲洗。冲洗时，先将采样袋原有气体全部挤出，然后用被采样的气体充满采样袋，再压挤、排尽，反复三次，才开始采样。

3.4　经过气密性检查合格的真空采样瓶，在采样前，要检查活塞是否关好，有无漏气现象，符合要求时，再开始取样。

3.5　采用化学吸收法时，要根据被分析的气体所需要的化学吸收剂进行配制。配制好后，按所需吸收剂数量装入波氏吸收瓶中备用。

3.6　当采集处于负压的密闭墙钻孔内的气体试样时，使用采样杆或采样管时，需先用气筒抽吸被采取的气体，并将它排出，排出的气体量，应超过采样杆或采样管及气体管总容积的 10 倍。

4　采样的一般要求

4.1　采样期间，应避免炮烟或其他因素对气体试样浓度的影响。爆破后，要经过 3 min 再进行采样。

4.2　采样时，采样区内的所有通风设施，要保证正常状态。

4.3　巷道采样时，要记录通过采样点的风量。

4.4　从井下采集的气体试样，必须立即送到化验室进行分析。

4.5　采样后需在采样袋、真空采样瓶和波氏吸收瓶上注明下列内容：

a.　气体试样的编号；

b.　采集气体试样的地点；

c.　采集气体试样的日期和具体时间；

d.　采样点的温度、压力(从密闭墙内采样时，要注明密闭墙内的压力)；

e.　采样员姓名。

5　采样步骤

5.1　密闭墙内气体试样的采集

5.1.1　首先必须封闭墙上的其他管子的管口。采样时先将一个带孔的木塞塞入密闭墙上观察用的金属管中，然后将采样管通过木塞孔插入金属管，最好伸出金属管外一段。采样管外端，通过吸气球，直接与球胆或聚氯乙烯袋连接，以待采样(见图 5)。

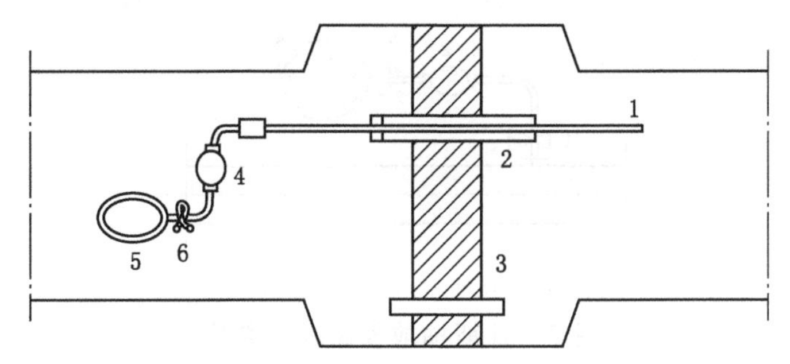

1—采样管;2—金属管;3—密闭墙;4—吸气球;5—采样袋;6—弹簧夹

图5 密闭墙内采样

5.1.2 采集密闭墙内气体试样,要在墙内处于正压时采集。墙内为负压,又必须采样时,应按本标准3.6的规定处理后再采样。

5.2 井下钻孔内气体试样的采集

5.2.1 采样前,在钻孔内安置一根采样杆(也可利用原有套管),铜管用中间带有小孔的木塞封严管口,木塞中间的小孔,再用小木塞堵严。采样时,应先拔出小木塞。

5.2.2 钻孔内为正压时,直接用采样袋采样。钻孔内为负压时,应按本标准3.6的规定采样。

5.3 裂缝空洞内气体试样的采集

5.3.1 采集裂缝内的气体试样时,先将胶管或塑料管的一端尽可能地伸入裂缝内,管的另一端直接与吸气球和采样袋连接好(见图6),然后开始采样。

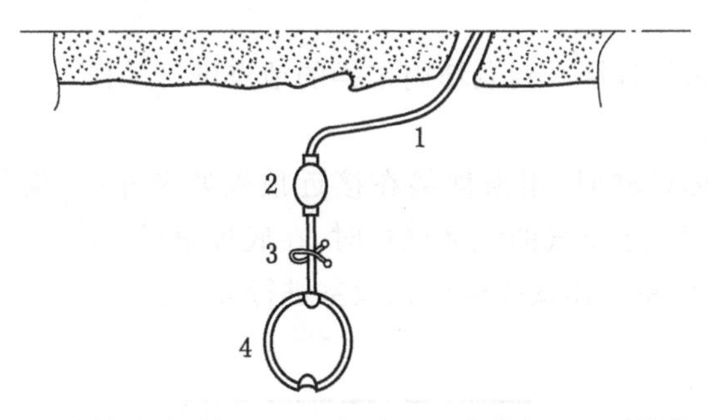

1—胶管或采样杆;2—吸气球;3—弹簧夹;4—采样袋

图6 裂缝内采样

5.3.2 采集空洞内气体试样时,先将采样杆的一端伸到采样的地点,杆的另一端直接与吸气球和采样袋连接好,然后开始采样。

5.4 井下沉淀池水中涌出的气体试样的采集

将采样漏斗(见图7)放在往外涌出气泡的水面上,等一段时间,待涌出气泡将采样漏斗内的气体全部排尽后,接上采样袋开始采样。

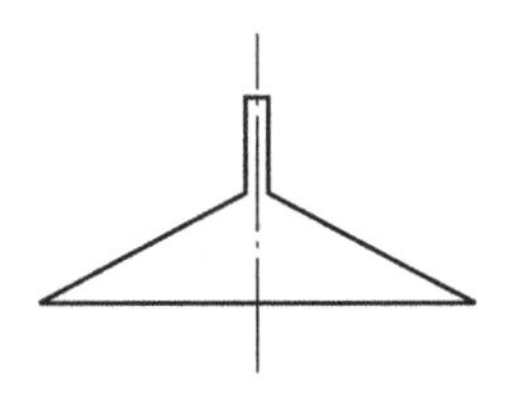

图7 采样漏斗

5.5 瓦斯抽放管路内的气体试样的采集

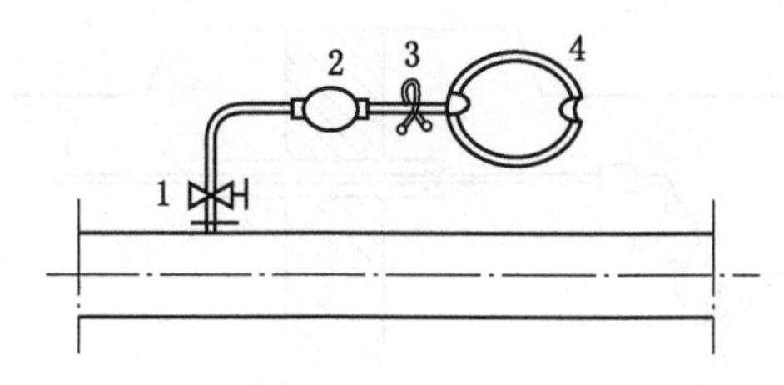

1—阀门；2—吸气球；3—弹簧夹；4—采样袋

图 8　瓦斯抽放管路采样装置

按图 8 连接好后，打开阀门和弹簧夹，用吸气球抽气。其抽气量是采样管和气体管总容积的 10 倍。然后用弹簧夹夹紧。如压力太大，可将气体管折叠，然后用绳系紧，与采样管连接好，打开阀门和弹簧夹进行采样。

5.6　巷道内的气体试样的采集

用采样袋按图 9 所示的采样路线进行采样。

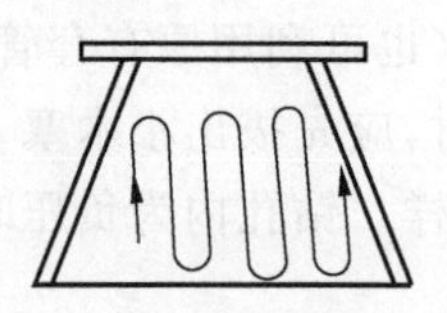

图 9　巷道内气体采样

5.7　采集老塘内气体试样

将已与采样袋连接好的采样杆深入到老塘内采样的地点进行采样。

5.8　硐室内的气体试样的采集

采集密度小于空气的气体试样时，用采样袋在接近顶板处采样；采集与空气密度接近的气体试样时，在巷道中部采取；采集密度大于空气的气体试样时，在底板附近采取。

5.9　采样员应在采样后 2 h 内将气体试样送到化验室进行分析。

附加说明：

本标准由煤炭科学研究院抚顺煤炭研究所提出并归口。

本标准由煤炭科学研究院抚顺煤炭研究所检测中心仪表站负责起草。

本标准主要起草人刘永华。

中华人民共和国煤炭工业部部标准

MT/T 143—86

巷道金属支架系列

本标准规定了目前我国煤矿普遍使用的9种架型、131种规格的巷道金属支架，其内容包括梯形刚性支架，梯形、半圆拱形、三心拱直腿、三心拱曲腿、马蹄形、圆形、方环形和长环形的可缩性支架，并给出了支架的结构图及有关参数。附录A中给出了25U、29U和36U型钢可缩性支架的连接件——卡缆图及主要尺寸。附录B中列出了巷道金属支架的适用条件。

本标准可供煤炭生产、设计、制造及科研部门使用。

巷道金属支架型号编制方法：

巷道金属支架型号由汉语拼音字母和阿拉伯数字组成，组成内容顺序如下：

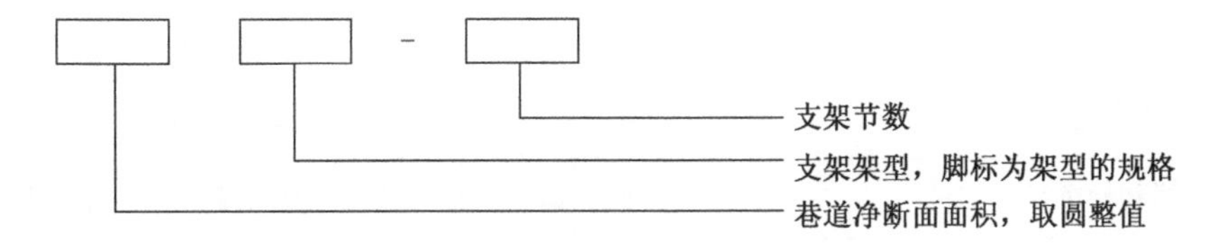

型号编制示例

例1：

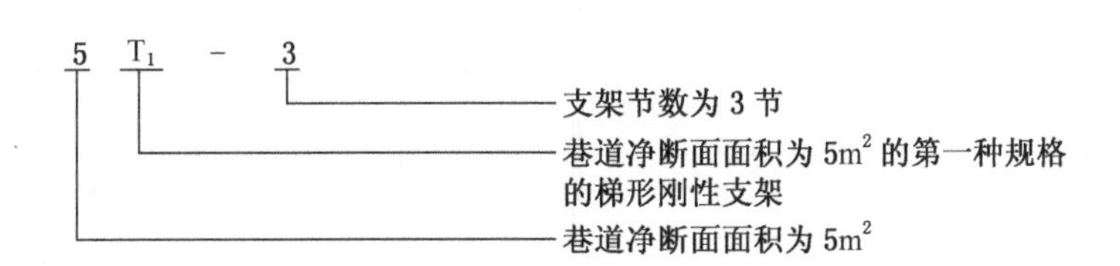

例2：

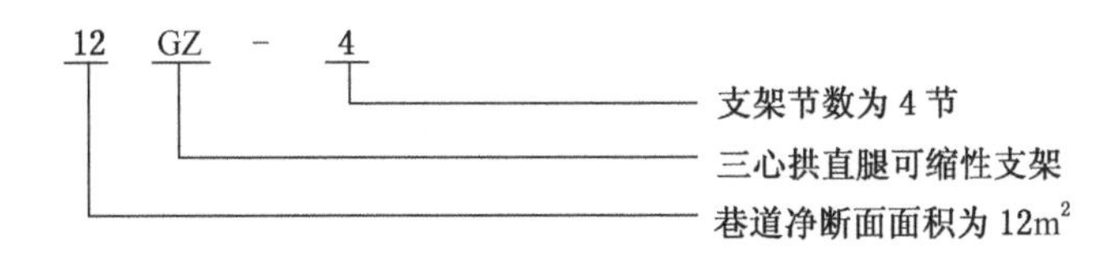

中华人民共和国煤炭工业部 1986-10-29 发布　　1986-12-01 实施

1 巷道金属支架系列符号说明(见表1)

表1

序号	符号	单位	名称	备注	序号	符号	单位	名称	备注
1	L_1	mm	支架顶梁展开长度	马蹄形、方环、长环形	16	H_3	mm	拱形支架柱腿直线段高度	
2	L_2	mm	支架柱腿展开长度		17	H_4	mm	支架柱窝深度	
3	L_3	mm	支架底梁展开长度		18	c	mm	支架接头搭接长度	
4	R_1	mm	支架顶梁曲率半径		19	a	度	梯形支架柱腿与底板夹角	
5	R_2	mm	支架柱腿曲率半径		20	a_1	度	支架顶梁圆心角	
6	R_3	mm	支架底梁曲率半径		21	a_2	度	支架柱腿圆心角	
7	R_4	mm	支架小曲率半径	方环、长环形支架	22	a_3	度	支架底梁圆心角	
8	B	mm	支架总宽度		23	a_4	度	曲腿支架内曲角	
9	B_1	mm	巷道初始净宽		24	a_5	度	支架过渡弧圆心角	方环、长环形支架
10	B_2	mm	封闭式支架垫底宽度		25	S_i	m^2	巷道净断面面积	
11	B_3	mm	梯形支架顶梁初始宽度		26	S_m	m^2	巷道掘进断面面积	
12	B_4	mm	梯形支架底部初始宽度		27	S_d	m^2	巷道垫底断面面积	
13	H	mm	支架总高度		28	l_1	mm	支架顶梁运输长度	
14	H_1	mm	巷道初始高度		29	l_2	mm	支架柱腿运输长度	
15	H_2	mm	封闭式支架垫底高度		30	l_3	mm	支架底梁运输长度	

2 梯形刚性支架(见图 1、表 2)

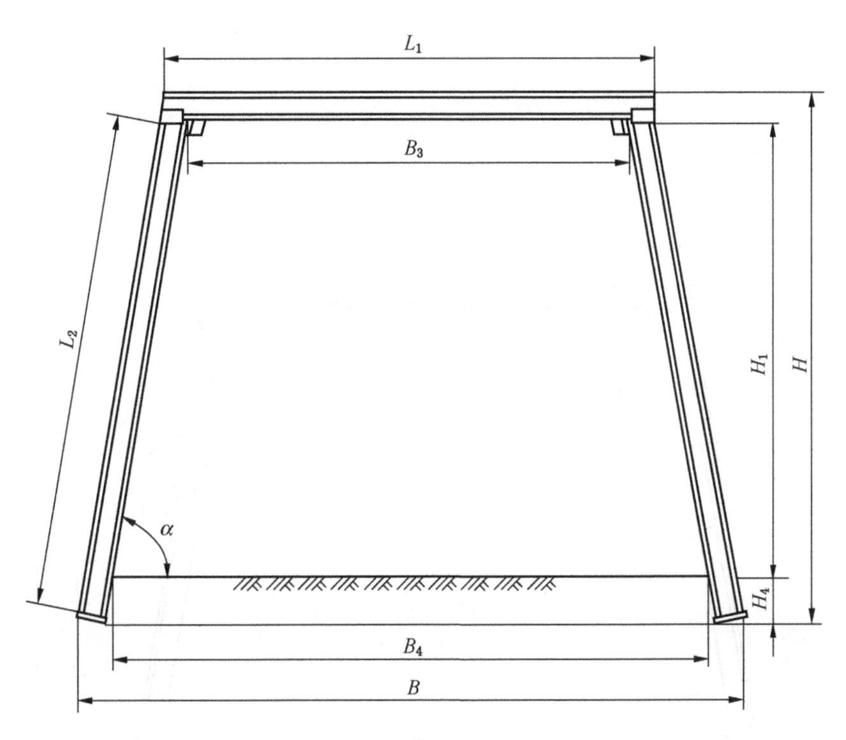

图 1

表 2 梯形刚性支架系列

序号	支架型号	型钢号	巷道断面参数					支架结构参数						支架质量			
			净高 H_1	上顶宽 B_3	下底宽 B_4	净断面面积 S_j	掘进面积 S_m	H	B	H_1+H_4	L_1	L_2	α	型钢	底座	接榫	总质量
			mm			m²		mm					度	kg			
1	$5T_1$-3	11Ⅰ	2000	2000	2700	4.7	5.7	2310	2920	2200	2300	2230	80	176	3	8	187
2	$5T_2$-3	11Ⅰ	2200	2000	2760	5.2	6.3	2510	2980	2400	2300	2430	80	186	3	8	197
3	$6T_1$-3	11Ⅰ	2200	2200	2960	5.7	6.8	2510	3180	2400	2500	2430	80	191	3	8	202
4	$6T_2$-3	11Ⅰ	2400	2200	3040	6.3	7.5	2710	3260	2600	2500	2630	80	202	3	8	213
5	$7T_1$-3	11Ⅰ	2400	2400	3240	6.8	8.0	2710	3460	2600	2700	2630	80	207	3	8	218
6	$7T_2$-3	11Ⅰ	2400	2600	3440	7.2	8.4	2710	3660	2600	2900	2630	80	212	3	8	223
7	$8T_1$-3	11Ⅰ	2400	2800	3640	7.7	9.0	2710	3860	2600	3100	2630	80	217	3	8	228
8	$8T_2$-3	11Ⅰ	2400	3000	3840	8.2	9.5	2710	4060	2600	3300	2630	80	223	3	8	234
9	$8T_3$-3	11Ⅰ	2500	2600	3480	7.6	8.9	2810	3700	2700	2900	2730	80	217	3	8	228
10	$8T_4$-3	11Ⅰ	2500	2800	3680	8.1	9.4	2810	3900	2700	3100	2730	80	223	3	8	234
11	$9T_1$-3	11Ⅰ	2500	3000	3880	8.6	9.9	2810	4100	2700	3300	2730	80	228	3	8	239
12	$8T_5$-3	12I	2400	2800	3640	7.7	9.1	2720	3880	2600	3100	2630	80	261	3	8	272
13	$8T_6$-3	12I	2400	3000	3840	8.2	9.6	2720	4080	2600	3300	2630	80	267	3	8	278
14	$8T_7$-3	12I	2500	2800	3680	8.1	9.5	2820	3900	2700	3100	2730	80	267	3	8	278
15	$9T_2$-3	12I	2500	3000	3880	8.6	10.0	2820	4100	2700	3300	2730	80	273	3	8	284
支架型号说明:T——梯形刚性支架。																	

3 梯形可缩性支架(见图 2、表 3)

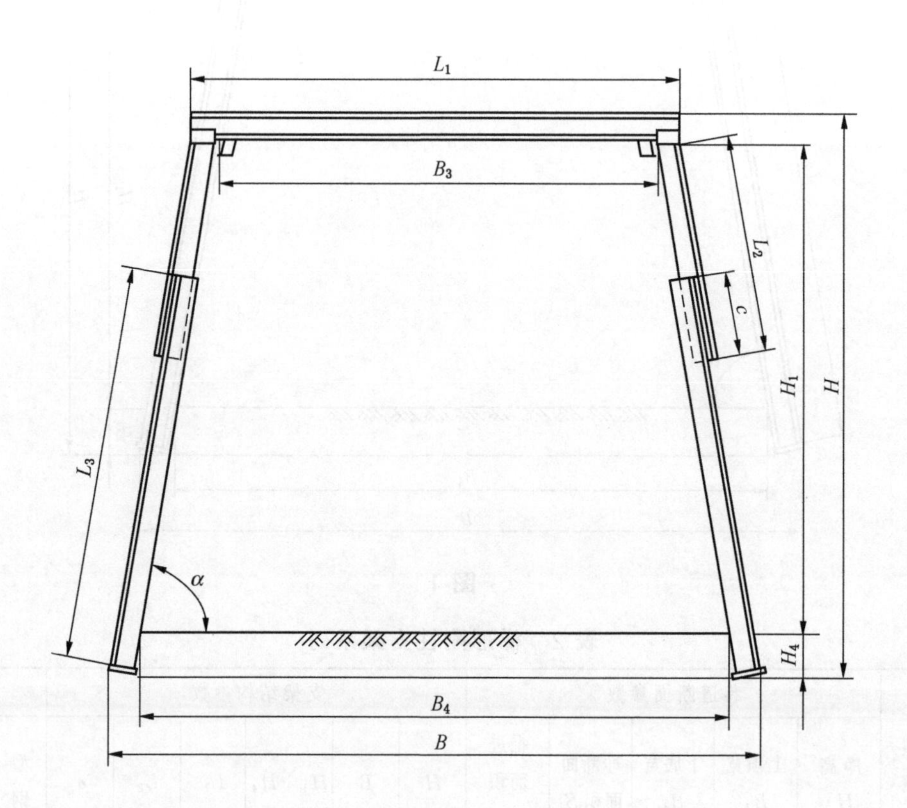

图 2

表 3　梯形可缩性支架系列

序号	支架型号	型钢号	巷道断面参数					支架结构参数								支架质量				
			净高 H_1	顶净宽 B_3	底净宽 B_4	净断面面积 S_i	掘进断面面积 S_m	H	B	H_1+H_4	L_1	L_2	L_3	c	α	型钢	卡缆	底座	接榫	总质量
			mm			m^2		mm							度	kg				
1	5TK-5	11Ⅰ 25U	2200	2000	2800	5.3	6.4	2510	3020	2400	2300	1000	1840	400	80	200	35	3	8	246
2	6TK_1-5	11Ⅰ 25U	2400	2000	2800	5.8	7.0	2710	3020	2600	2300	1000	2040	400	80	210	35	3	8	256
3	6TK_2-5	11Ⅰ 25U	2400	2200	3000	6.3	7.5	2710	3220	2600	2500	1000	2040	400	80	216	35	3	8	262
4	7TK_1-5	11Ⅰ 25U	2400	2400	3200	6.7	8.0	2710	3420	2600	2700	1000	2040	400	80	221	35	3	8	267
5	7TK_2-5	11Ⅰ 25U	2400	2600	3400	7.2	8.5	2710	3620	2600	2900	1000	2040	400	80	226	35	3	8	272
6	8TK_1-5	11Ⅰ 25U	2400	2800	3600	7.7	9.0	2710	3820	2600	3100	1000	2040	400	80	231	35	3	8	277
7	8TK_2-5	11Ⅰ 25U	2400	3000	3800	8.2	9.5	2710	4020	2600	3300	1000	2040	400	80	237	35	3	8	283
8	8TK_3-5	11Ⅰ 25U	2600	2800	3700	8.5	9.9	2910	3920	2800	3100	1200	2040	400	80	242	35	3	8	288
9	9TK_1-5	11Ⅰ 25U	2600	3000	3900	9.0	10.4	2910	4120	2800	3300	1200	2040	400	80	246	35	3	8	292
10	9TK_2-5	11Ⅰ 25U	2600	3200	4000	9.4	10.8	2910	4220	2800	3500	1200	2040	400	80	252	35	3	8	298
11	10TK_1-5	11Ⅰ 25U	2700	3200	4100	9.9	11.4	3010	4320	2900	3500	1300	2090	450	80	259	35	3	8	305
12	8KT_4-5	12I 29U	2400	3000	3800	8.2	9.6	2720	4050	2600	3300	1000	2040	400	80	279	38	3	8	328
13	9TK_3-5	12I 29U	2600	3000	3900	8.9	10.5	2920	4150	2800	3300	1200	2040	400	80	291	38	3	8	340
14	9TK_4-5	12I 29U	2600	3200	4000	9.3	10.9	2920	4250	2800	3500	1200	2040	400	80	297	38	3	8	346
15	10TK_2-5	12I 29U	2700	3200	4100	9.9	11.5	3020	4350	2900	3500	1300	2090	450	80	306	38	3	8	355
支架型号说明：TK——梯形可缩性支架。																				

4 半圆拱可缩性支架(见图 3、图 4、图 5、表 4)

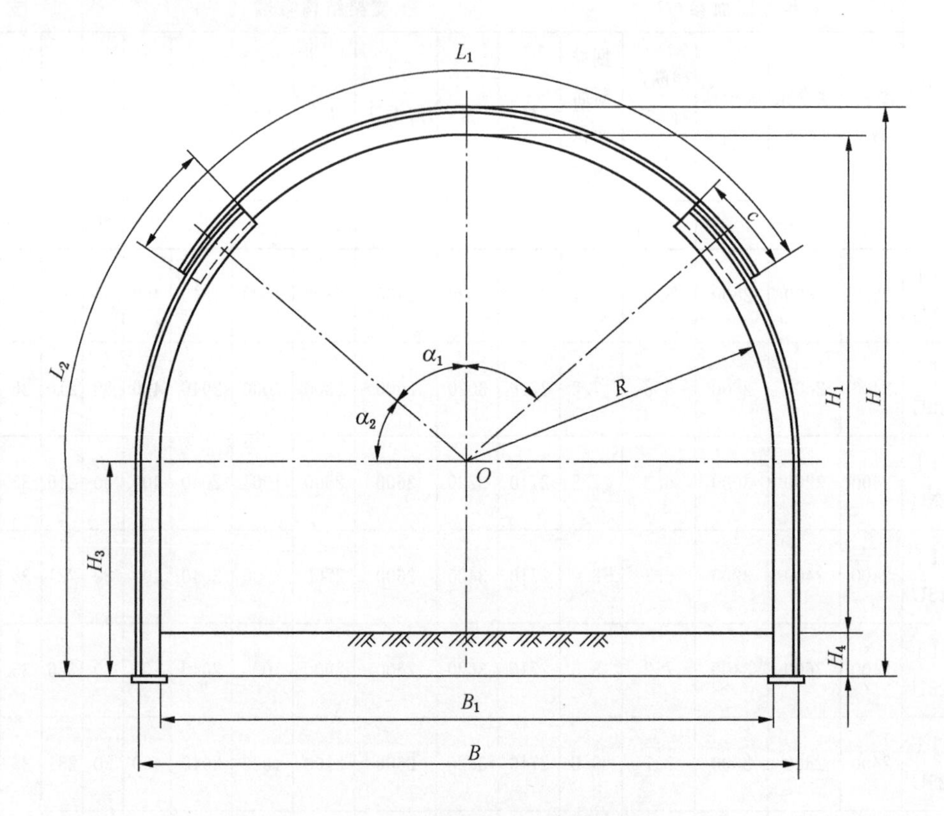

图 3 三节半圆拱直腿可缩性支架

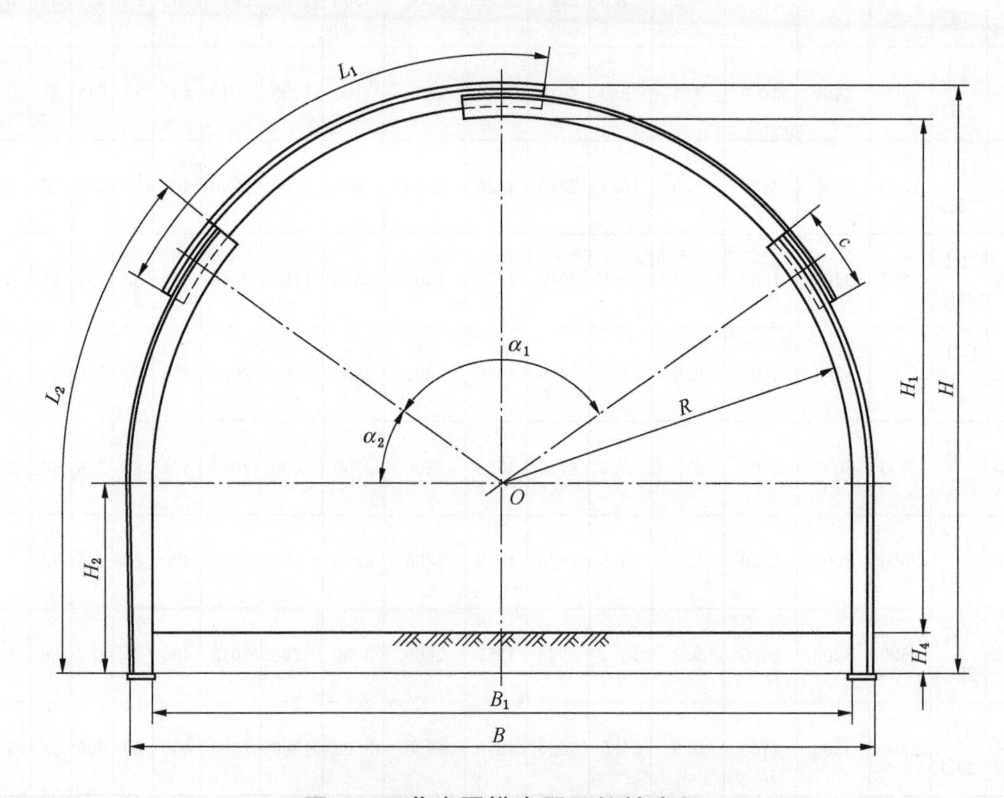

图 4 四节半圆拱直腿可缩性支架

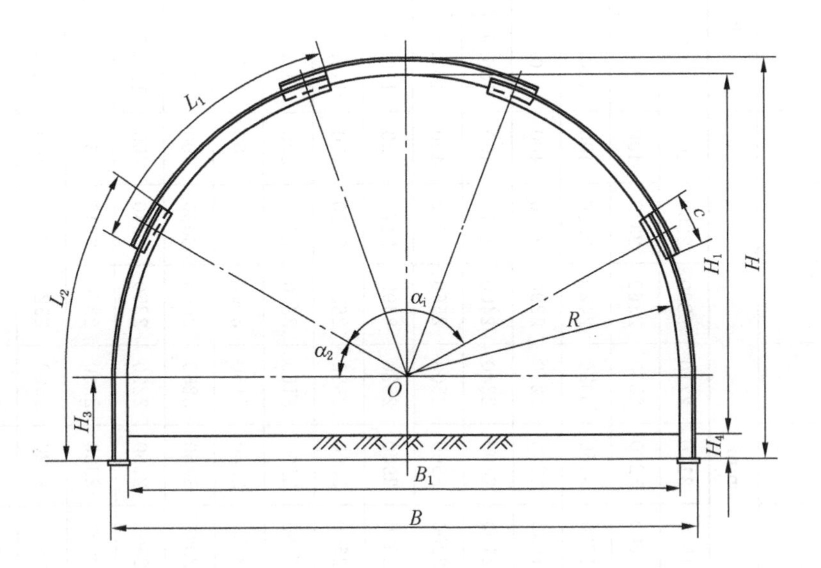

图 5　五节半圆拱直腿可缩性支架

表 4 半圆拱直腿可缩性支架系列

序号	支架型号	型钢号	巷道断面参数				支架结构参数											支架质量			
			净高 H_1	净宽 B_1	净断面面积 S_i	掘进断面面积 S_m	H	B	H_3	R	L_1	l_1	L_2	l_2	c	α_1	α_2	型钢	卡缆	底座	总质量
			mm		m^2		mm									度		kg			
1	6YG-3	25U	2300	3000	5.9	7.1	2610	3220	1000	1500	3110	2710	2290	2250	400	100.0	40.0	190	35	5	230
2	$7YG_1$-3	25U	2400	3200	6.6	7.9	2710	3420	1000	1600	3290	2870	2360	2310	400	100.0	40.0	198	35	5	238
3	$7YG_2$-3	25U	2500	3400	7.3	8.7	2810	3620	1000	1700	3460	3020	2420	2380	400	100.0	40.0	205	35	5	245
4	8YG-4	25U	2600	3800	8.3	9.5	2910	4020	900	1900	2290	2220	2290	2260	400	110.5	34.7	226	53	5	284
5	10YG-4	29U	2700	4200	9.4	10.9	3020	4450	800	2100	2400	2340	2400	2370	400	105.9	37.1	278	57	5	340
6	11YG-4	29U	2900	4400	10.7	12.2	3220	4650	900	2200	2560	2500	2560	2530	450	107.1	36.5	297	57	5	359
7	12YG-4	29U	3000	5000	12.3	14.0	3320	5250	700	2500	2900	2820	2490	2470	450	110.0	35.0	313	57	5	375
8	14YG-4	29U	3200	5200	13.7	15.5	3520	5450	800	2600	3000	3920	2650	2620	450	110.0	35.0	328	57	5	390
9	16YG-4	36U	3400	5600	15.7	17.8	3740	5880	800	2800	3250	3160	2800	2770	500	110.0	35.0	436	62	5	503
10	17YG-4	36U	3600	5600	16.8	18.9	3940	5880	1000	2800	3250	3160	3000	2970	500	110.0	35.0	450	62	5	517
11	18YG-4	36U	3700	5800	17.9	20.0	4040	6080	1000	2900	3350	3250	3060	3030	500	110.0	35.0	461	62	5	528
12	12YG-5	29U	3000	5000	12.3	14.1	3320	5250	700	2500	2250	2230	2250	2240	450	120.7	29.6	326	76	5	407
13	14YG-5	29U	3200	5200	13.7	15.5	3520	5450	800	2600	2350	2330	2350	2340	450	122.9	28.6	341	76	5	422
14	16YG-5	36U	3400	5600	15.7	17.6	3740	5880	800	2800	2520	2500	2520	2510	500	121.2	29.4	454	82	5	541
15	17YG-5	36U	3600	5600	16.8	18.8	3940	5880	1000	2800	2600	2570	2600	2590	500	126.0	27.0	468	82	5	555
16	18YG-5	36U	3700	5800	17.9	20.0	4040	6080	1000	2900	2670	2640	2670	2650	500	125.4	27.3	480	82	5	567
17	20YG-5	36U	3900	6200	20.1	22.2	4240	6480	1000	3100	2790	2760	2790	2780	500	124.3	27.9	502	82	5	589

支架型号说明:YG——半圆拱直腿可缩性支架。

5　三心拱直腿可缩性支架(见图6、图7、图8、表5)

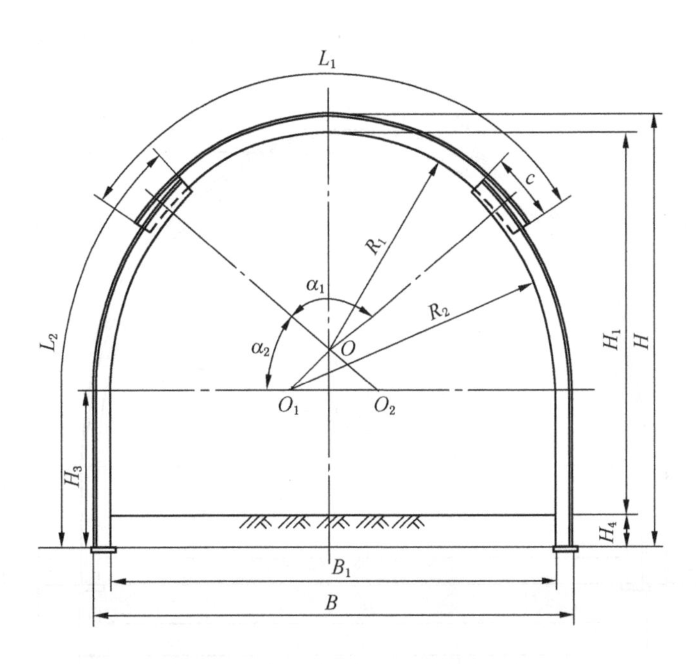

图6　三节三心拱直腿可缩性支架

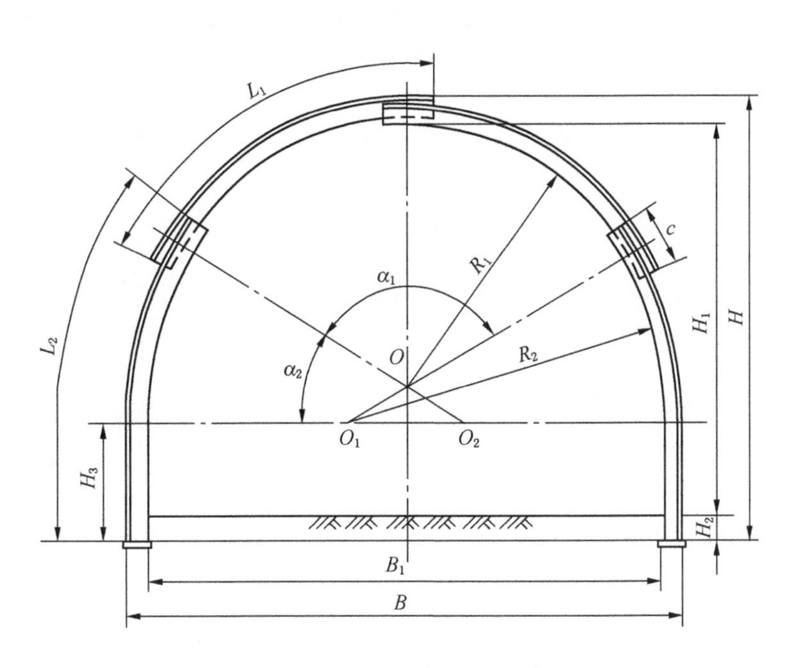

图7　四节三心拱直腿可缩性支架

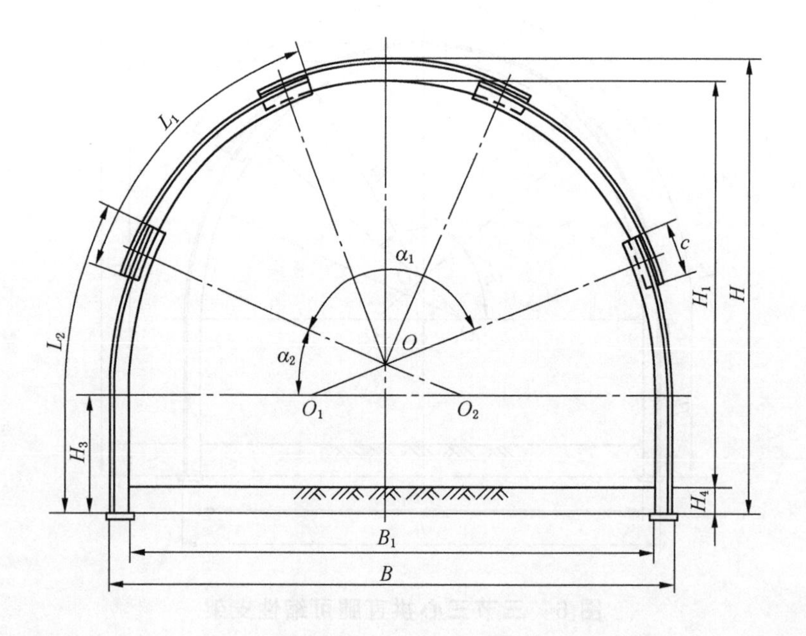

图 8　五节三心拱直腿可缩性支架

表 5　三心拱直腿可缩性支架系列

序号	支架型号	型钢号	巷道断面参数				支架结构参数												支架质量			
			净高 H_1	净宽 B_1	净断面面积 S_i	掘进断面面积 S_m	H	B	H_3	R_1	R_2	L_1	l_1	L_2	l_2	c	α_1	α_2	型钢	卡缆	底座	总质量
			mm		m^2		mm										度		kg			
1	6GZ-3	25U	2300	2990	5.8	6.9	2610	3210	840	1400	1800	2940	2560	2330	2290	400	100.0	40.0	187	35	5	232
2	7GZ-3	25U	2400	3190	6.5	7.6	2710	3410	840	1500	1900	3110	2710	2400	2360	400	100.0	40.0	195	35	5	235
3	8GZ-3	25U	2500	3590	7.5	8.7	2810	3810	740	1700	2100	3460	3020	2440	2400	400	100.0	40.0	206	35	5	246
4	7GZ-4	25U	2600	3310	7.4	8.5	2910	3530	970	1600	2100	2200	2110	2200	2190	400	125.0	27.5	218	53	5	276
5	8GZ-4	25U	2700	3740	8.5	9.8	3020	3960	850	1800	2300	2320	2230	2320	2300	400	118.4	30.8	229	53	5	287
6	9GZ-4	25U	2800	3920	9.2	10.5	3110	4140	890	1900	2300	2390	2310	2390	2370	400	116.7	31.7	236	53	5	294
7	10GZ-4	29U	2900	4130	10.0	11.5	3230	4370	890	2000	2400	2520	2430	2520	2490	450	114.8	32.6	292	57	5	354
8	11GZ-4	29U	3000	4330	10.9	12.4	3320	4580	880	2100	2500	2590	2510	2590	2560	450	113.5	33.2	301	57	5	363
9	12GZ-4	29U	3100	4750	12.1	13.7	3420	5000	760	2300	2700	2700	2620	2700	2660	450	109.0	35.5	313	57	5	375
10	13GZ-4	29U	3200	5030	13.2	14.8	3520	5270	650	2400	3000	2780	2700	2780	2750	450	108.6	35.7	323	57	5	385
11	14GZ-4	29U	3300	5010	13.6	15.3	3620	5260	760	2400	3000	2830	2750	2830	2800	450	110.9	34.6	329	57	5	391
12	15GZ-4	36U	3400	5480	15.2	17.1	3740	5750	590	2600	3300	2990	2910	2990	2950	500	106.9	36.6	430	62	5	497
13	16GZ-4	36U	3500	5460	15.6	17.6	3840	5740	690	2600	3300	3030	2950	3030	3000	500	108.8	35.6	437	62	5	504
14	17GZ-4	36U	3700	5650	17.2	19.2	4040	5930	800	2700	3400	3160	3070	3160	3120	500	110.2	34.9	455	62	5	522
15	11GZ-5	29U	3000	4290	10.8	12.3	3330	4530	880	2100	2700	2160	2130	2160	2160	450	136.1	21.9	313	76	5	394
16	12GZ-5	29U	3100	4490	11.7	13.2	3420	4740	870	2200	2800	2220	2190	2220	2220	450	134.8	22.6	322	76	5	403
17	14GZ-5	29U	3300	4900	13.5	15.2	3630	5150	870	2400	3000	2350	2320	2350	235	450	132.9	23.6	341	76	5	422
18	15GZ-5	36U	3400	5120	14.5	16.4	3740	5400	820	2500	3200	2420	2390	2420	2420	450	131.8	24.1	436	82	5	523
19	16GZ-5	36U	3600	5320	16.0	18.0	3950	5590	930	2600	3300	2560	2530	2560	2560	500	132.9	23.5	462	82	5	544
20	17GZ-5	36U	3700	5540	17.0	19.0	4030	5820	870	2700	3500	2620	2590	2620	2620	500	131.8	24.1	472	82	5	559
21	19GZ-5	36U	3900	5950	19.2	21.4	4240	6220	870	2900	3700	2750	2720	2750	2750	500	130.4	24.8	495	82	5	582

支架型号说明：GZ——三心拱直腿可缩性支架。

6　三心拱曲腿可缩性支架(见图 9、图 10、表 6)

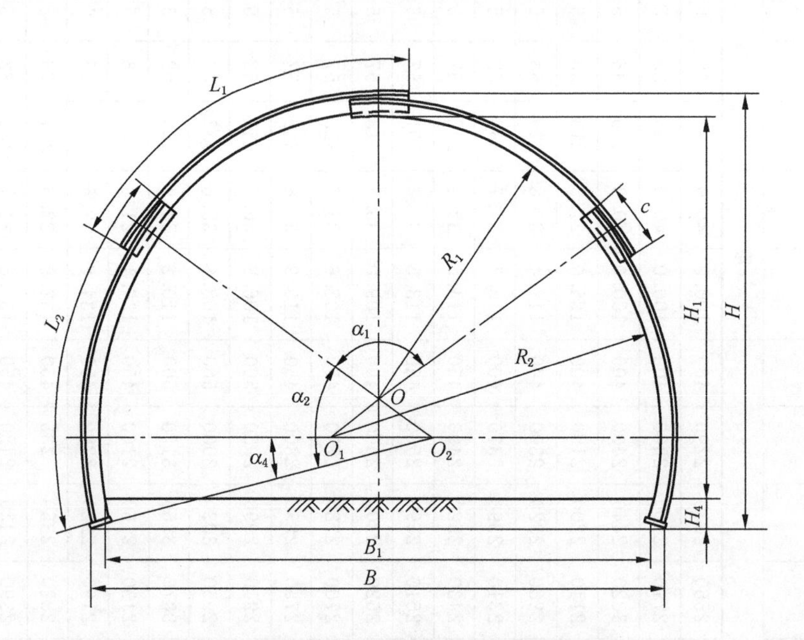

图 9　四节三心拱曲腿可缩性支架

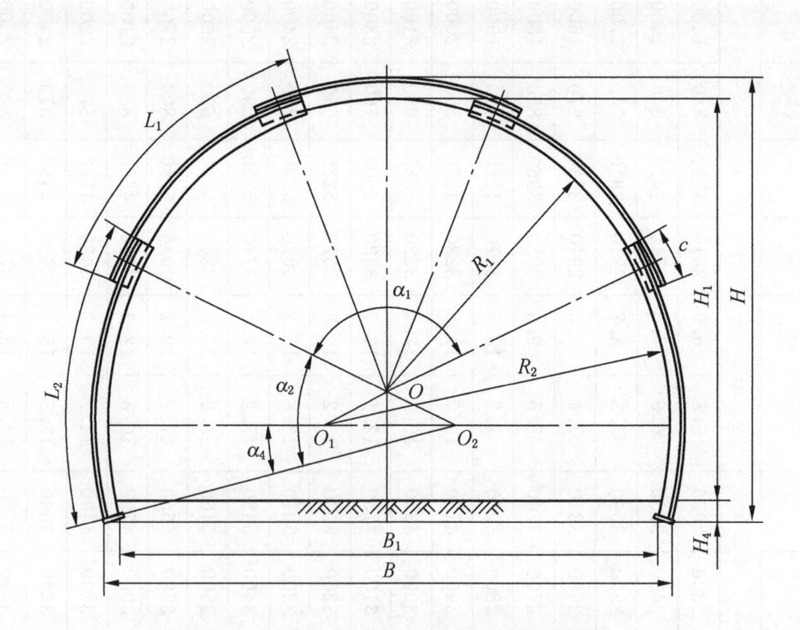

图 10　五节三心拱曲腿可缩性支架

表 6 三心拱曲腿可缩性支架系列

序号	支架型号	型钢号	巷道断面参数				支架结构参数												支架质量			
			净高 H_1	净宽 B_1	净断面面积 S_i	掘进断面面积 S_m	H	B	R_1	R_2	L_1	l_1	L_2	l_2	c	α_1	α_2	α_4	型钢	卡缆	底座	总质量
			mm		m^2		mm									度			kg			
1	7GQ-4	25U	2400	3680	7.3	8.5	2710	2820	1800	2200	2180	2120	2180	2150	400	109.8	50.1	15.0	215	53	5	273
2	8GQ-4	25U	2500	3740	7.8	9.0	2810	3880	1800	2400	2230	2160	2230	2210	400	113.2	47.1	13.8	220	53	5	278
3	9GQ-4	25U	2600	3900	8.5	9.6	2910	4030	1900	2400	2310	2240	2310	2280	400	111.8	49.0	14.9	228	53	5	286
4	10GQ-4	29U	2800	4110	9.7	11.2	3120	4270	2000	2600	2440	2370	2440	2420	400	113.6	48.1	14.9	283	57	5	345
5	11GQ-4	29U	2900	4530	10.9	12.4	3220	4700	2200	2700	2580	2520	2580	2550	450	108.2	48.9	13.0	299	57	5	361
6	12GQ-4	29U	3100	4690	12.2	13.8	3420	4850	2300	2800	2710	2640	2710	2670	450	110.0	49.8	14.8	314	57	5	376
7	14GQ-4	29U	3200	5150	13.5	15.1	3520	5330	2500	3000	2820	2750	2820	2780	450	106.0	48.5	11.5	326	57	5	388
8	15GQ-4	36U	3400	5370	15.1	17.0	3740	5580	2600	3200	2960	2880	2960	2920	450	107.8	47.8	11.7	425	62	5	492
9	16GQ-4	36U	3600	5270	16.0	17.8	3940	5450	2600	3200	3100	3000	3100	3050	500	111.6	49.8	15.6	445	62	5	512
10	17GQ-4	36U	3700	5540	17.1	19.2	4040	5730	2700	3400	3180	3090	3180	3130	500	111.0	48.3	13.8	457	62	5	524
11	12GQ-5	29U	3000	4610	11.6	13.2	3320	4730	2300	2800	2210	2190	2210	2200	450	128.6	39.9	14.2	321	76	5	402
12	13GQ-5	29U	3200	4810	13.0	14.6	3520	4970	2400	3000	2320	2290	2320	2310	450	130.6	39.2	14.5	336	76	5	417
13	14GQ-5	29U	3300	4980	13.9	15.6	3620	5140	2500	3000	2380	2360	2380	2370	450	129.8	40.3	15.2	345	76	5	426
14	15GQ-5	36U	3400	5260	14.9	16.9	3740	5470	2600	3300	2450	2430	2450	2440	450	129.0	37.8	12.3	441	82	5	528
15	16GQ-5	36U	3500	5470	16.0	18.0	3840	5680	2700	3400	2550	2530	2550	2540	500	127.6	38.0	11.8	459	82	5	546
16	17GQ-5	36U	3700	5600	17.4	19.5	4040	5790	2800	3400	2650	2620	2650	2640	500	129.0	39.8	14.3	478	82	5	565
17	19GQ-5	36U	3900	5820	19.2	21.4	4240	6020	2900	3700	2750	2720	2750	2740	500	131.0	38.1	13.6	496	82	5	583

支架型号说明:GQ——三心拱曲腿可缩性支架。

7　马蹄形可缩性支架(见图 11、图 12、表 7)

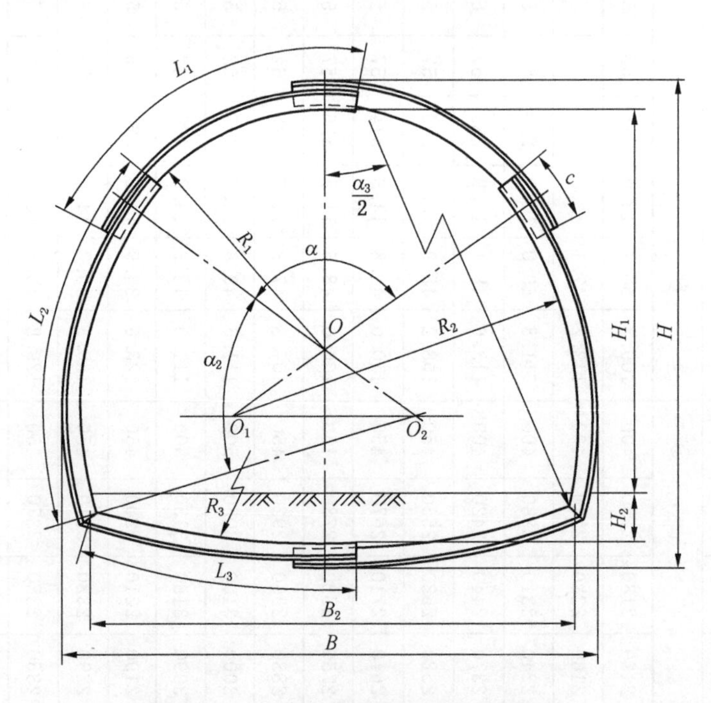

图 11　六节马蹄形可缩性支架断面

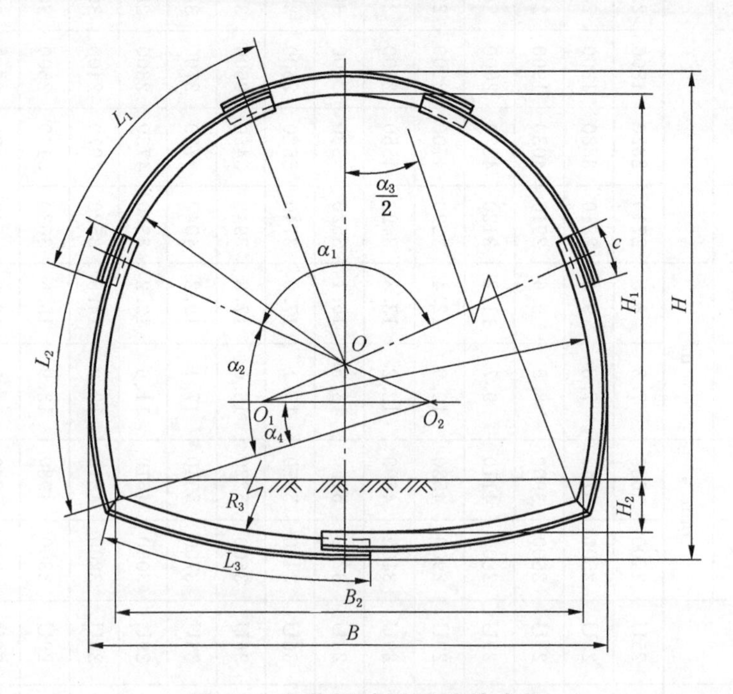

图 12　七节马蹄形可缩性支架

表 7 马蹄形可缩性支架系列

序号	支架型号	型钢号	巷道断面参数						支架结构参数																支架质量		
			净高 H_1	净宽 B_2	垫底高 H_2	净断面面积 S_i	掘进断面面积 S_m	垫底面积 S_d	H	B	R_1	R_2	R_3	L_1	l_1	L_2	l_2	L_3	l_3	c	α_1	α_2	α_3	α_4	型钢	卡缆	总质量
			mm			m^2			mm												度				kg		
1	$7M_1$-6	29U	2400	3250	300	6.7	9.1	0.7	2950	3500	1600	2100	4500	2030	1980	2030	2020	1880	1960	400	111.2	48.6	42.3	14.2	343	76	419
2	$7M_2$-6	29U	2500	3460	350	7.4	10.0	0.8	3100	3710	1700	2200	4500	2100	2050	2100	2080	2000	2010	400	110.8	48.1	45.2	13.5	359	76	435
3	8M-6	29U	2700	3660	350	8.4	11.4	0.9	3300	3910	1800	2400	5000	2240	2180	2240	2230	2090	2110	400	113.2	47.2	42.9	13.8	380	76	456
4	10M-6	29U	2800	4110	400	9.7	12.9	1.1	3450	4360	2000	2600	5500	2440	2370	2220	2210	2330	2340	400	113.6	43.6	43.9	10.4	406	76	482
5	11M-6	29U	2900	4530	440	10.9	14.6	1.3	3590	4780	2200	2700	6000	2580	2510	2380	2360	2570	2580	450	108.0	44.7	44.3	8.7	436	76	512
6	12M-6	29U	3100	4690	480	12.2	16.0	1.5	3830	4940	2300	2800	6000	2710	2640	2500	2480	2660	2660	450	110.0	45.6	46.0	10.6	456	76	532
7	14M-6	29U	3200	5150	530	13.5	17.9	1.9	3980	5400	2500	3000	6500	2820	2750	2610	2580	2900	2900	450	106.0	44.6	46.7	7.6	482	76	558
8	15M-6	36U	3400	5080	520	14.6	19.2	1.8	4200	5360	2500	3000	6500	2820	2760	2820	2790	2860	2870	450	106.0	48.5	46.0	11.5	612	82	694
9	16M-6	36U	3600	5300	520	16.1	20.9	1.9	4410	5580	2600	3200	7000	2960	2880	2960	2920	2970	2980	450	107.8	47.8	44.5	11.7	639	82	721
10	17M-6	36U	3700	5310	520	16.7	21.5	1.9	4510	5590	2600	3300	7000	3050	2960	3050	3010	2990	3000	500	109.6	47.6	44.5	12.4	654	82	736
11	10M-7	29U	3000	3900	400	10.3	13.5	1.0	3650	4150	2000	2700	5000	2030	2010	2030	2030	2230	2240	400	135.8	37.8	45.9	15.7	422	95	517
12	11M-7	29U	3100	4120	400	11.2	14.5	1.1	3750	4370	2100	2800	5500	2130	2110	2130	2120	2360	2370	450	133.8	38.1	44.0	15.0	445	95	540
13	13M-7	29U	3200	4530	440	12.6	16.3	1.3	3890	4780	2300	2800	6000	2210	2190	2210	2200	2570	2580	450	128.6	39.9	44.3	14.2	470	95	565
14	14M-7	29U	3400	4720	480	14.0	18.0	1.5	4130	4970	2400	3000	6000	2320	2290	2320	2310	2670	2680	450	130.6	39.2	46.3	14.5	491	95	586
15	15M-7	36U	3500	4890	480	14.9	19.3	1.6	4260	5170	2500	3000	6500	2390	2370	2390	2390	2760	2770	450	129.8	40.3	44.2	15.2	628	103	731
16	16M-7	36U	3600	5190	540	16.0	20.8	1.9	4420	5470	2600	3300	6500	2450	2430	2450	2440	2920	2930	450	129.0	37.8	47.1	12.3	651	103	754
17	17M-7	36U	3700	5400	540	17.0	22.0	2.0	4520	5680	2700	3400	7000	2550	2530	2550	2540	3050	3060	500	127.6	38.0	45.1	11.8	679	103	782
18	19M-7	36U	3900	5510	560	18.5	23.7	2.1	4740	5790	2800	3400	7000	2650	2620	2650	2640	3110	3120	500	129.0	39.7	46.4	14.2	701	103	804

支架型号说明:M——马蹄形可缩性支架。

8 圆形可缩性支架(见图 13、图 14、图 15、表 8)

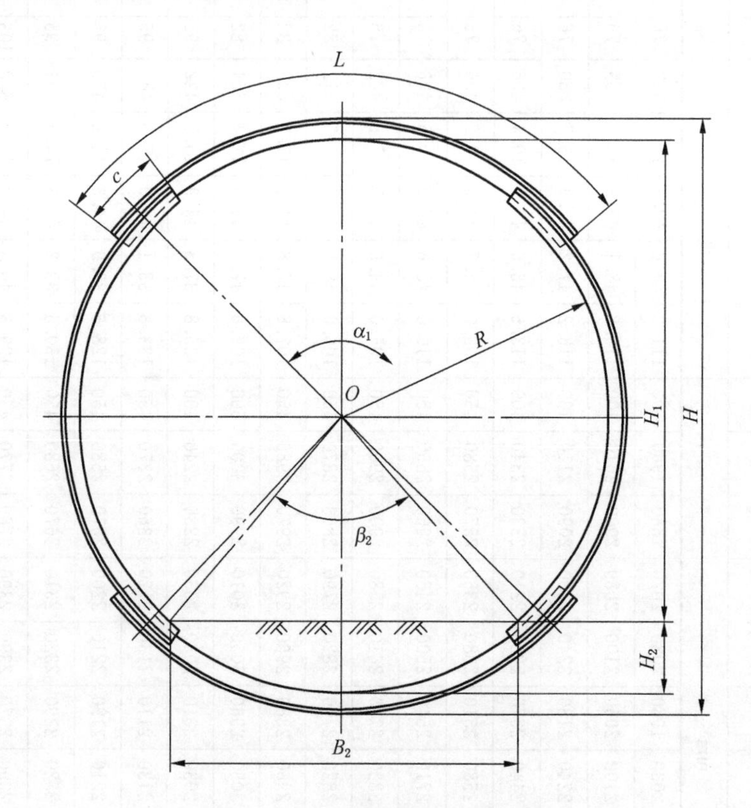

图 13 四节圆形可缩性支架

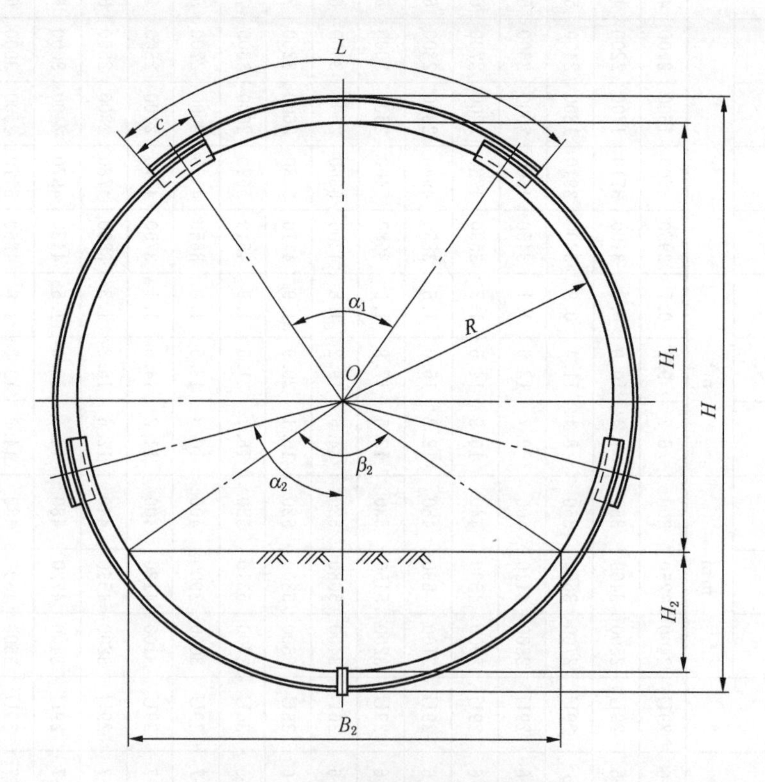

图 14 五节圆形可缩性支架

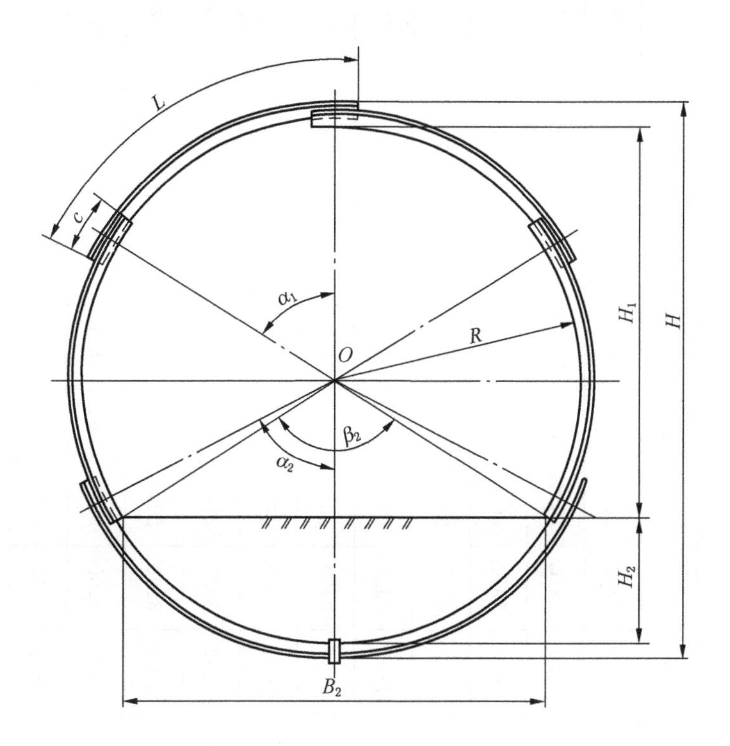

图 15　六节圆形可缩性支架

表 8 圆形可缩性支架系列

序号	支架型号	型钢号	巷道断面参数						支架结构参数									支架质量			
			净高 H_1	净宽 B_2	垫底高 H_2	净断面面积 S_i	掘进断面面积 S_m	垫底面积 S_d	H	H_1+H_2	R	L	l	c	α_1	α_2	β_2	型钢	卡缆	连接板	总质量
			mm			m^2			mm						度			kg			
1	6Y-4	29U	2500	2000	400	6.0	8.0	0.6	3150	2900	1450	2780	2400	400	90		87	322	76		398
2	$7Y_1$-4	29U	2600	2040	400	7.0	9.0	0.6	3250	3000	1500	2850	2470	400	90		85.7	331	76		407
3	$7Y_2$-4	29U	2700	2320	500	7.0	10.0	0.8	3450	3200	1600	3010	2620	400	90		93	349	76		425
4	8Y-4	29U	2800	2590	600	8.0	11.0	1.0	3650	3400	1700	3170	2760	400	90		99.3	368	76		444
5	9Y-4	29U	2900	2850	700	9.0	12.0	1.0	3850	3600	1800	3320	2900	400	90		104.6	385	76		461
6	$10Y_1$-4	29U	3000	3090	800	10.0	14.0	2.0	4050	3800	1900	3480	3040	400	90		109.2	404	76		480
7	$10Y_2$-5	29U	3100	3340	900	10.0	15.0	2.0	4250	4000	2000	2950	2710	450	69.5	75.7	113.4	428	76	5	509
8	12Y-5	29U	3300	3440	900	12.0	16.0	2.0	4450	4200	2100	3080	2820	450	69.6	75.6	110.2	446	76	5	527
9	13Y-5	29U	3500	3540	900	13.0	18.0	2.0	4650	4400	2200	3200	2940	450	69.6	75.3	107.5	464	76	5	545
10	16Y-5	36U	3800	4270	1200	16.0	23.0	4.0	5280	5000	2500	3100	2920	500	58.1	63.7	117.3	668	103	5	776
11	17Y-6	36U	3900	4500	1300	17.0	24.0	4.0	5480	5200	2600	3210	3020	500	58.2	63.5	119.9	690	103	5	798
12	19Y-6	36U	4100	4610	1300	19.0	26.0	4.0	5680	5400	2700	3320	3120	500	58.2	63.4	117.5	713	103	5	821
13	20Y-6	36U	4200	4850	1400	20.0	28.0	5.0	5880	5600	2800	3420	3220	500	58.3	63.3	120	736	103	5	844
14	21Y-6	36U	4300	4900	1400	21.0	29.0	5.0	5980	5700	2850	3470	3190	500	58.3	63.2	118.8	747	103	5	855

支架型号说明：Y——圆形可缩性支架。

9 方环形可缩性支架(见图 16、表 9)

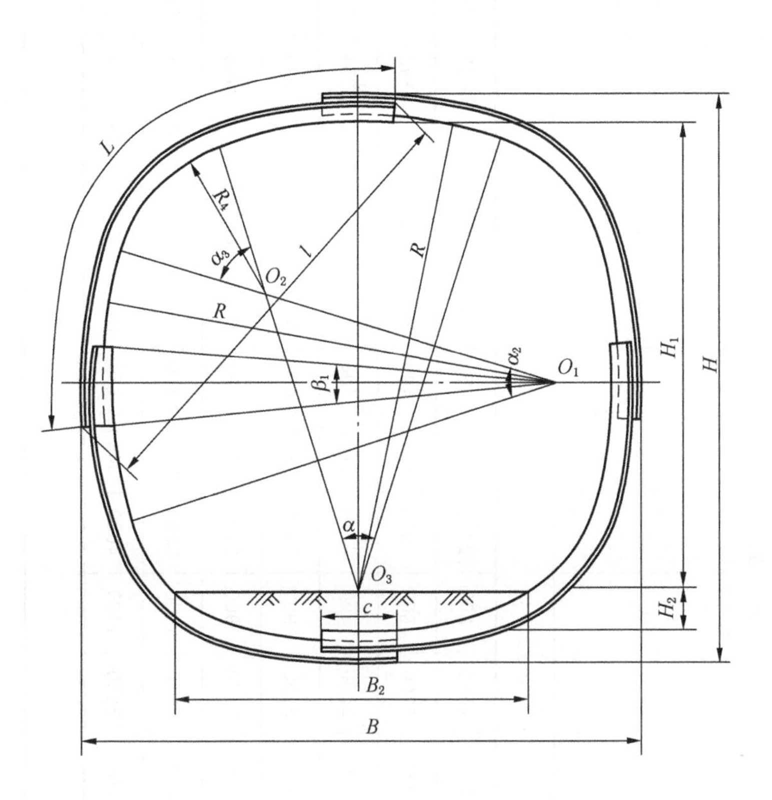

图 16 方环形可缩性支架断面参数图

表 9 方环形可缩性支架系列

序号	支架型号	型钢号	巷道断面参数						支架结构参数											支架质量		
			净高 H_1	净宽 B_2	垫底高 H_2	净断面面积 S_i	掘进断面面积 S_m	垫底面积 S_d	B	H	H_1+H_2	R_1	R_4	L	l	c	α_1	α_2	α_3	型钢	卡缆	总质量
			mm			m^2			mm								度			kg		
1	6H-4	29U	2500	2180	250	6.2	8.0	0.4	3000	3000	2750	2500	800	2770	2390	400	34.6	34.6	55.4	322	76	398
2	7H-4	29U	2700	2360	300	7.2	9.2	0.5	3250	3250	3000	2700	800	2960	2550	400	36.6	36.6	53.4	343	76	419
3	8H-4	29U	2900	2530	300	8.4	10.5	0.5	3450	3450	3200	2900	900	3140	2700	400	35.4	35.4	54.6	364	76	440
4	10H-4	29U	3100	2710	350	9.5	11.9	0.6	3700	3700	3450	3100	900	3330	2860	400	37.0	37.0	53.0	386	76	462
5	12H-4	29U	3400	2980	350	11.5	14.1	0.7	4000	4000	3750	3400	900	3660	3130	450	39.0	39.0	51.0	424	76	500
6	13H-4	29U	3600	3150	400	12.9	15.7	0.8	4250	4250	4000	3600	1000	3840	3280	450	38.0	38.0	52.0	445	76	521
7	14H-4	29U	3800	3320	400	14.3	17.4	0.9	4450	4450	4200	3800	1100	4020	3440	450	37.2	37.2	52.8	466	76	542

支架型号说明:H——方环形可缩性支架。

10　长环形可缩性支架(见图 17、表 10)

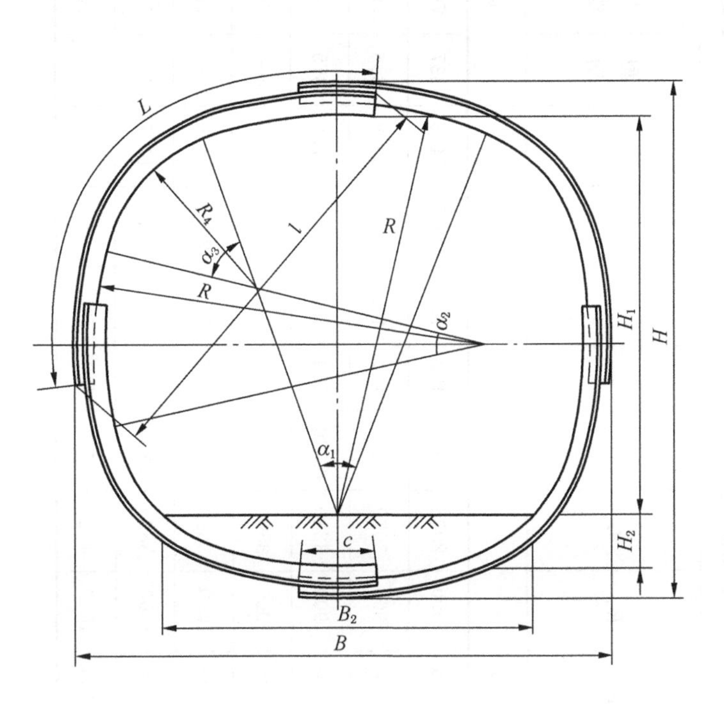

图 17　长环形可缩性支架

表 10　长环形可缩性支架系列

序号	支架型号	型钢号	巷道断面参数						支架结构参数											支架质量		
			净高 H_1	净宽 B_2	垫底高 H_2	净断面面积 S_i	掘进断面面积 S_m	垫底面积 S_d	B	H	H_1+H_2	R_1	R_4	L	l	c	α_1	α_2	α_3	型钢	卡缆	总质量
			mm			m^2			mm								度			kg		
1	7CH-4	29U	2500	2480	350	6.8	8.9	0.6	3280	3100	2850	2500	900	2900	2510	400	40.7	30.7	54.3	337	76	413
2	8CH-4	29U	2600	2730	400	7.6	10.0	0.8	3530	3250	3000	2600	900	3070	2660	400	46.6	31.6	50.9	356	76	432
3	9CH-4	29U	2700	2980	450	8.5	11.1	1.0	3770	3400	3150	2700	900	3230	2800	400	52.0	32.4	47.8	375	76	451
4	10CH-4	29U	2800	3360	600	9.6	12.8	1.4	4130	3650	3400	2800	1000	3500	3040	450	58.7	29.8	45.8	406	76	482
5	11CH-4	29U	2900	3510	600	10.4	13.8	1.5	4280	3750	3500	2900	1000	3620	3150	450	60.5	30.6	44.5	420	76	496
6	12CH-4	29U	3000	3880	750	11.6	15.6	2.0	4630	4000	3750	3000	1000	3830	3350	450	68.2	30.4	40.7	445	76	521
7	13CH-4	29U	3100	4180	850	12.7	17.2	2.4	4910	4200	3950	3100	1000	4020	3520	450	73.6	30.4	38.0	466	76	542

支架型号说明:CH——长环形可缩性支架。

附 录 A
可缩性金属支架卡缆、背板、拉杆
(补充件)

可缩性金属支架的卡缆,外形为双槽形夹板式,并带有限位块,使用时应根据 U 型钢的型号分别选用 25U、29U 或 36U 型钢支架卡缆。卡缆型式应优先选用图 A1、图 A2 和图 A3 的耳定位式卡缆,其他几种卡缆(图 A4～图 A9)作为过渡型卡缆。

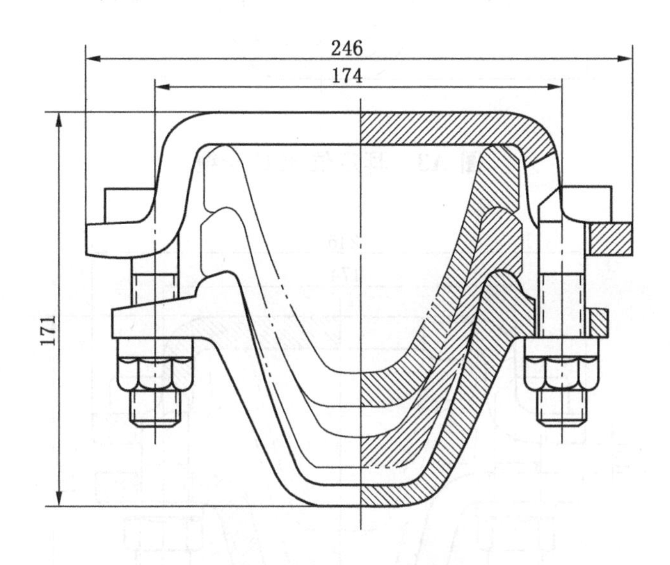

图 A1　耳定位 25U 卡缆

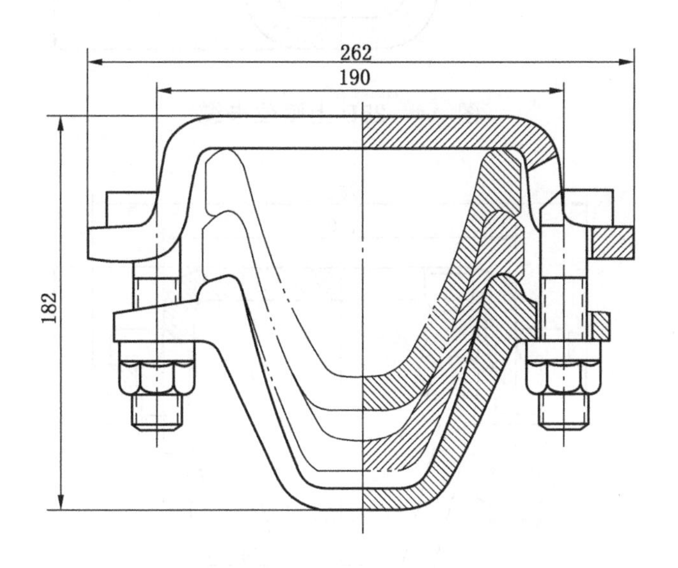

图 A2　耳定位 29U 卡缆

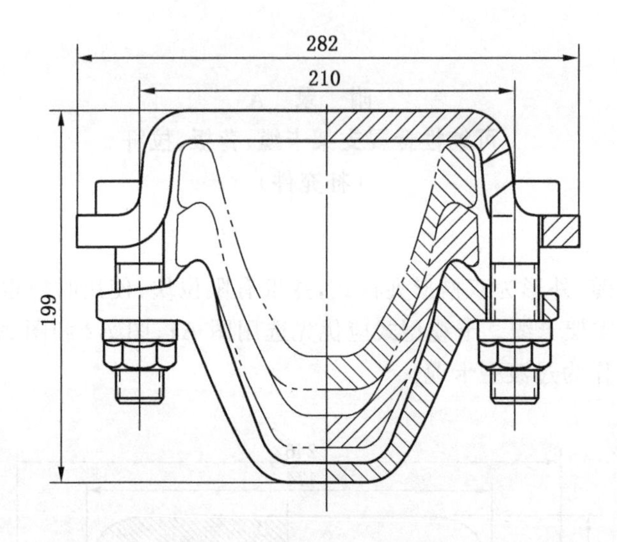

图 A3 耳定位 36U 卡缆

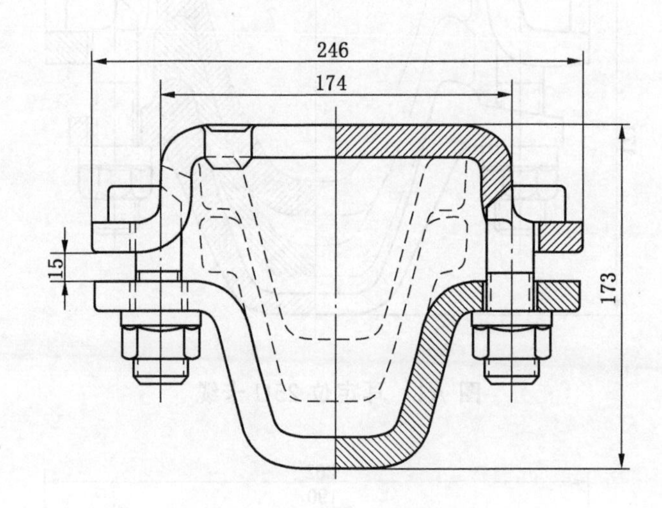

图 A4 25U 上限位卡缆

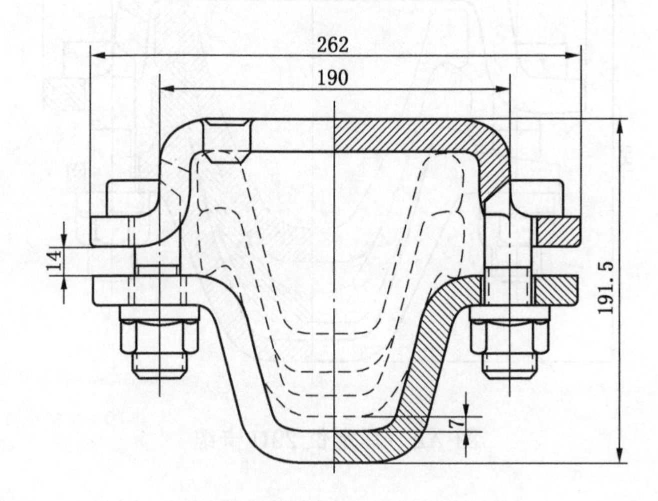

图 A5 29U 上限位卡缆

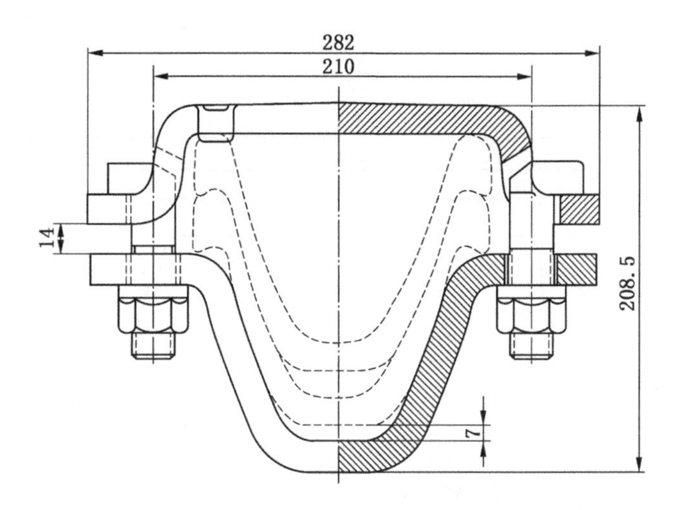

图 A6 36U 上限位卡缆

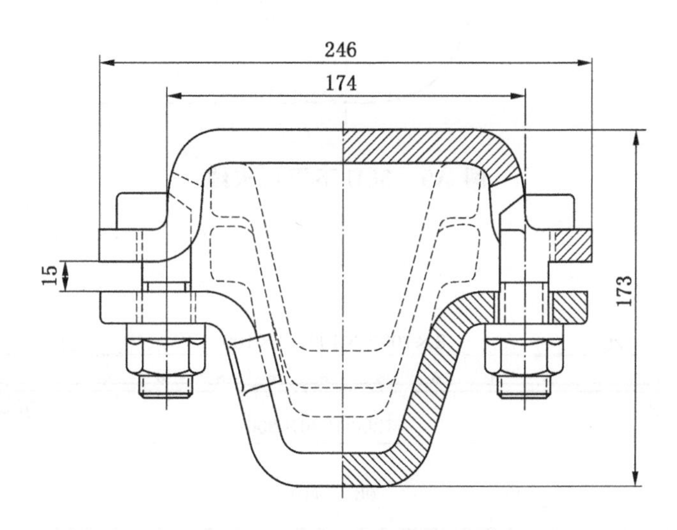

图 A7 25U 下限位卡缆

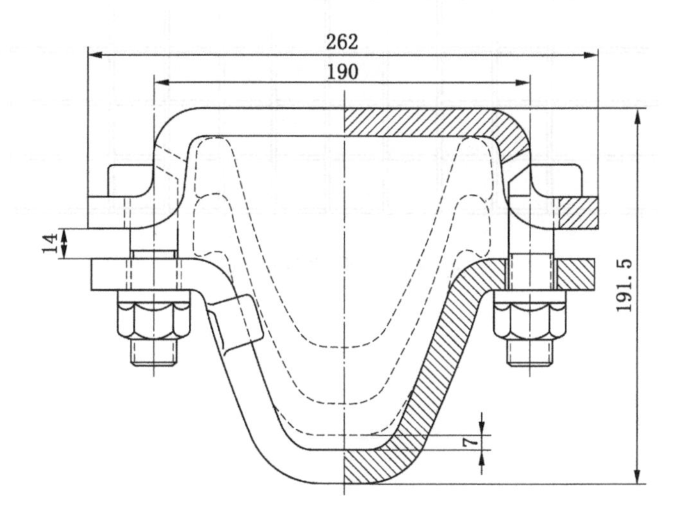

图 A8 29U 下限位卡缆

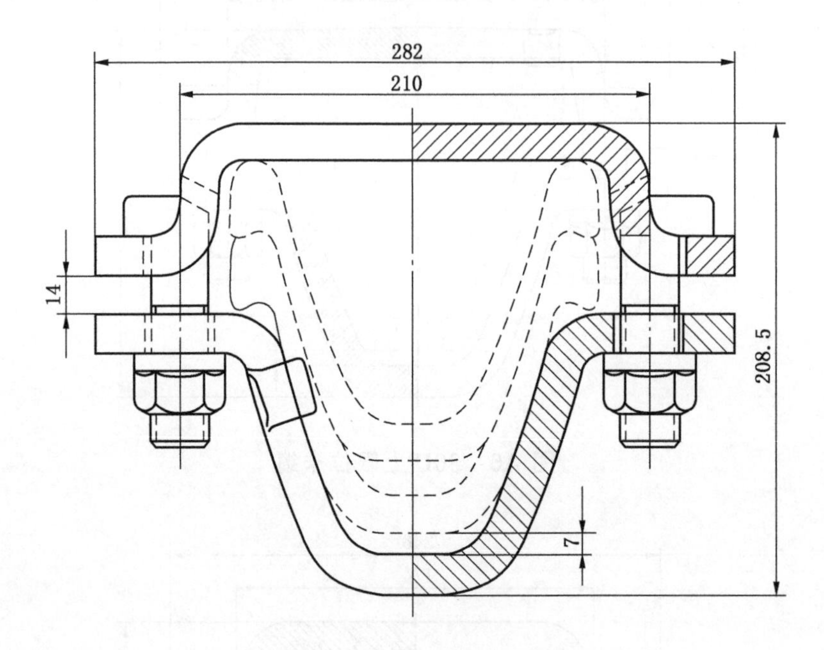

图 A9　36U 下限位卡缆

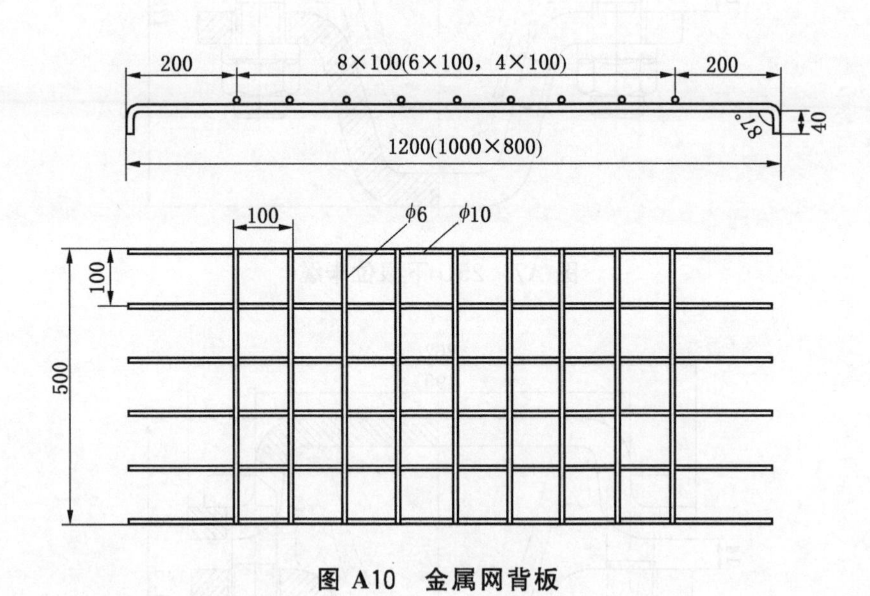

图 A10　金属网背板

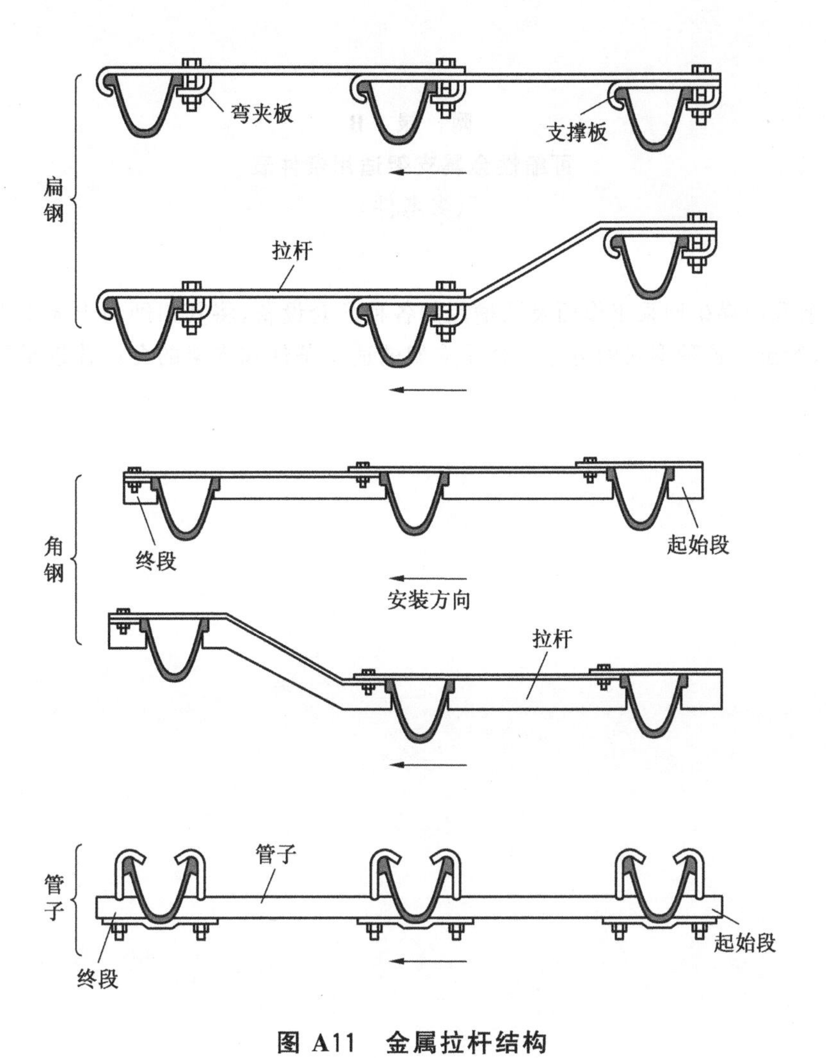

图 A11　金属拉杆结构

附 录 B
可缩性金属支架适用条件表
（参考件）

该表根据目前我国煤矿回采工作面及顺槽用的各种配套设备，将其归纳为十大类别，并结合可缩性金属支架的架型，给出了各种形式的可缩性金属支架的适用条件和支架的允许移近量及最终断面，可供使用单位选用支架时参考。

表 B1 梯形可缩性支架适用条件表

序号	适用条件 / 支架型号	设备类型																			
		Ⅰ		Ⅱ		Ⅲ		Ⅳ		Ⅴ		Ⅵ		Ⅶ		Ⅷ		Ⅸ		Ⅹ	
		允许移近量	最终断面	允许移近量	最终断面	允许移近量	最终断面	允许移近量	最终断面	允许移近量	最终断面	允许移近量	最终断面	允许移近量	最终断面	允许移近量	最终断面	允许移近量	最终断面	允许移近量	最终断面
1	$5TK_1$-5	300	4.6																		
2	$6TK_1$-5	500	4.6																		
3	$6TK_2$-5			400	5.2																
4	$7TK_1$-5			400	5.6	500	5.3														
5	$7TK_2$-5					500	5.7														
6	$8TK_1$-5					500	6.1														
7	$8TK_2$-5							500	6.5												
8	$8TK_3$-5					700	6.2	700	6.2												
9	$9TK_1$-5							700	6.6	700	6.6										
10	$9TK_2$-5									700	6.8										
11	$10TK_1$-5									700	7.3										
12	$8TK_4$-5							500	6.5												
13	$9TK_3$-5							700	6.6	700	6.6										
14	$9TK_4$-5									700	6.9										
15	$10TK_2$-5									700	7.3										

注：允许移近量是围岩垂直移近量，单位为 mm。最终断面是指支架可缩后允许的最小断面，单位为 m^2。

表 B2 半圆拱直腿可缩性支架适用条件表

序号	适用条件 / 支架型号	设备类型 Ⅰ 允许移近量	Ⅰ 最终断面	Ⅱ 允许移近量	Ⅱ 最终断面	Ⅲ 允许移近量	Ⅲ 最终断面	Ⅳ 允许移近量	Ⅳ 最终断面	Ⅴ 允许移近量	Ⅴ 最终断面	Ⅵ 允许移近量	Ⅵ 最终断面	Ⅶ 允许移近量	Ⅶ 最终断面	Ⅷ 允许移近量	Ⅷ 最终断面	Ⅸ 允许移近量	Ⅸ 最终断面	Ⅹ 允许移近量	Ⅹ 最终断面
1	6YG-3	470/490	4.3																		
2	$7YG_1$-3	570/600	4.4																		
3	$7YG_2$-3			460/380	5.6																
4	8YG-4	770/900	4.8	560/490	6.0																
5	10YG-4	870/900	5.3	660/900	6.0	590/730	6.5	470/390	7.5												
6	11YG-4			860/900	6.3	790/900	6.6	670/720	7.3	550/420	8.2										
7	12YG-4					880/900	7.4	770/900	7.9	650/890	8.4	520/540	9.5								
8	14YG-4									850/900	8.7	720/850	9.4	540/490	10.8	600/560	10.4				
9	16YG-4											900/900	10.1	740/900	10.8	800/900	10.5	650/760	11.5	570/570	12.2
10	17YG-4													900/900	11.0			850/900	11.2	770/750	11.9
11	18YG-4																	900/900	11.8	870/900	12.0
12	12YG-5	1100/1100	6.3	960/1100	6.8	890/1100	7.1	770/1100	7.6	650/890	8.4										
13	14YG-5			1100/1100	7.4	1090/1100	7.4	970/1100	7.9	850/1100	8.4	720/850	9.4			600/560	10.4				
14	16YG-5							1100/1100	8.8	1050/1100	9.0	920/1100	9.6	740/930	10.7	800/990	10.3	650/760	11.5		
15	17YG-5											1100/1100	9.7	940/1090	10.4	1000/1100	10.2	850/940	11.1	770/750	11.9
16	18YG-5													1040/1100	10.8	1100/1100	10.5	950/1100	11.2	870/970	11.8
17	20YG-5																	1100/1100	12.2	1070/1100	12.3

注：允许移近量＝$\frac{围岩垂直移近量}{围岩水平移近量}$

表 B3 三心拱直腿可缩性支架适用条件表

序号	适用条件 / 支架型号	设备类型																			
		Ⅰ		Ⅱ		Ⅲ		Ⅳ		Ⅴ		Ⅵ		Ⅶ		Ⅷ		Ⅸ		Ⅹ	
		允许移近量	最终断面	允许移近量	最终断面	允许移近量	最终断面	允许移近量	最终断面	允许移近量	最终断面	允许移近量	最终断面	允许移近量	最终断面	允许移近量	最终断面	允许移近量	最终断面	允许移近量	最终断面
1	6GZ-3	470/380	4.3																		
2	7GZ-3	570/600	4.3																		
3	8GZ-3					460/390	5.8														
4	7GZ-4	770/900	4.1	560/380	5.4																
5	8GZ-4	870/900	4.7	660/730	5.5	590/370	6.3														
6	9GZ-4			760/900	5.5	660/580	6.3														
7	10GZ-4			860/900	5.8	790/870	6.1	670/460	7.1												
8	11GZ-4					890/900	6.4	770/680	7.1	650/380	8.1										
9	12GZ-4							870/900	7.4	750/730	8.1	600/380	9.3								
10	13GZ-4									850/900	8.2	700/620	9.3	540/380	10.5	600/320	10.2				
11	14GZ-4									900/900	8.4	820/690	9.1	640/350	10.5	700/400	10.1				
12	15GZ-4											900/820	9.7	740/710	10.6	800/760	10.3	650/550	11.4	570/350	12.1
13	16GZ-4													840/790	10.5	900/830	10.1	750/620	11.2	670/430	11.9
14	17GZ-4																	900/900	11.3	820/730	12.0
15	11GZ-5	1100/1100	5.4	960/1100	5.8	890/1000	6.2	770/660	7.1	650/360	8.1										
16	12GZ-5			1060/1100	6.1	990/1100	6.3	870/870	7.1	750/570	8.0										
17	14GZ-5					1100/1100	7.3	1070/1100	7.4	950/1000	8.0	820/650	9.1								
18	15GZ-5							1100/1100	8.0	1050/1100	8.2	920/860	9.1	740/530	10.5	800/570	10.1	650/380	11.2		
19	16GZ-5											1100/1100	9.1	940/810	10.3	1000/8	10.0	850/670	11.0	770/480	11.8
20	17GZ-5													1040/1020	10.3	1100/1040	10.0	950/880	11.0	870/690	11.7
21	19GZ-5																	1100/1100	11.6	1070/1100	11.7

表 B4　三心拱内曲腿可缩性支架适用条件表

序号	适用条件 / 支架型号	设备类型																			
		Ⅰ		Ⅱ		Ⅲ		Ⅳ		Ⅴ		Ⅵ		Ⅶ		Ⅷ		Ⅸ		Ⅹ	
		允许移近量	最终断面	允许移近量	最终断面	允许移近量	最终断面	允许移近量	最终断面	允许移近量	最终断面	允许移近量	最终断面	允许移近量	最终断面	允许移近量	最终断面	允许移近量	最终断面	允许移近量	最终断面
1	7GQ-4	570/900	5.2																		
2	8GQ-4	670/900	5.1	460/500	6.4																
3	9GQ-4	770/900	5.2	560/730	6.4	490/390	6.9														
4	10GQ-4			760/900	6.3	690/720	6.8	570/380	7.7												
5	11GQ-4			860/900	6.5	780/900	7.0	670/740	7.7	550/440	8.7										
6	12GQ-4							870/900	7.8	750/740	8.6	620/390	9.7								
7	14GQ-4									850/900	8.7	720/750	9.6	540/390	11.1	600/460	10.6				
8	15GQ-4											900/900	9.7	740/710	11.0	800/760	10.5	650/540	11.7	570/350	12.4
9	16GQ-4													900/850	11.2			850/700	11.6	770/510	12.3
10	17GQ-4																	900/900	12.0	880/720	12.2
11	12GQ-5	1100/1100	5.8	960/1100	6.7	890/1100	7.1	770/940	7.9	650/640	8.8										
12	13GQ-5			1100/1100	7.0	1090/1100	7.1	970/1100	7.8	850/930	8.7	720/580	9.7								
13	14GQ-5					1100/1100	7.8	1070/1100	7.9	980/1100	8.5	820/790	9.8	640/450	11.2	700/500	10.7				
14	15GQ-5							1100/1100	8.3	1050/1100	8.6	920/1010	9.6	740/670	11.0	800/720	10.6	650/510	11.8		
15	16GQ-5									1100/1100	9.0	1020/1100	9.6	840/890	11.0	900/930	10.5	750/730	11.8	670/540	12.5
16	17GQ-5													1040/1100	11.1	1100/1100	10.6	950/1020	11.8	870/830	12.5
17	19GQ-5																	1100/1100	12.1	1070/1100	12.4

表 B5　马蹄形可缩性支架适用条件表

序号	支架型号＼适用条件	设备类型																			
		Ⅰ		Ⅱ		Ⅲ		Ⅳ		Ⅴ		Ⅵ		Ⅶ		Ⅷ		Ⅸ		Ⅹ	
		允许移近量	最终断面	允许移近量	最终断面	允许移近量	最终断面	允许移近量	最终断面	允许移近量	最终断面	允许移近量	最终断面	允许移近量	最终断面	允许移近量	最终断面	允许移近量	最终断面	允许移近量	最终断面
1	$7M_1$-6	570/480	5.2																		
2	$7M_2$-6	670/900	5.0	460/380	6.4																
3	8M-6	870/900	5.1	660/740	6.3	590/380	6.8														
4	10M-6			760/900	6.4	690/720	6.8	570/380	7.7												
5	11M-6			860/900	7.1	780/900	7.6	670/740	8.3	550/440	9.2										
6	12M-6							870/900	7.2	750/740	8.1	620/390	9.0								
7	14M-6									850/900	9.9	720/750	10.8	540/390	12.4	600/460	11.9				
8	15M-6											900/900	9.7	740/570	11.1	800/620	10.5	650/400	11.8		
9	16M-6													900/870	11.2			850/710	11.6	770/520	12.4
10	17M-6																	900/800	12.0	870/610	12.3
11	10M-7	1100/1100	5.6	960/1100	6.3	890/860	6.8	770/520	7.7												
12	11M-7			1060/1100	6.4	990/1070	6.8	870/730	7.7	750/430	8.6										
13	13M-7			1100/1100	7.0	1090/1100	7.1	970/1090	7.8	850/790	8.7	720/440	9.8								
14	14M-7							1100/1100	8.3	1050/1060	8.6	920/710	9.7	740/390	11.1	800/420	10.6				
15	15M-7									1100/1100	9.1	1020/920	9.7	840/600	11.1	900/630	10.7	750/460	11.9		
16	16M-7											1100/1100	9.7	940/820	11.0	1000/850	10.5	850/680	11.7	770/490	12.5
17	17M-7													1040/1030	11.0	1100/1060	10.5	950/890	11.7	870/700	12.4
18	19M-7																	1100/1100	12.1	970/970	13.2

表 B6 圆形可缩性支架适用条件表

序号	适用条件 / 支架型号	设备类型																			
		Ⅰ		Ⅱ		Ⅲ		Ⅳ		Ⅴ		Ⅵ		Ⅶ		Ⅷ		Ⅸ		Ⅹ	
		允许移近量	最终断面	允许移近量	最终断面	允许移近量	最终断面	允许移近量	最终断面	允许移近量	最终断面	允许移近量	最终断面	允许移近量	最终断面	允许移近量	最终断面	允许移近量	最终断面	允许移近量	最终断面
1	$6Y_1$-4																				
2	$7Y_1$-4																				
3	$7Y_2$-4	$\frac{330}{240}$	5.4																		
4	8Y-4	$\frac{430}{340}$	5.4																		
5	9Y-4	$\frac{530}{440}$	5.4	$\frac{280}{230}$	7.5																
6	$10Y_1$-4	$\frac{630}{540}$	5.4	$\frac{380}{330}$	7.5	$\frac{270}{270}$	8.9														
7	$10Y_2$-4	$\frac{730}{640}$	5.4	$\frac{480}{430}$	7.5	$\frac{370}{270}$	8.9														
8	12Y-5			$\frac{680}{530}$	7.0	$\frac{570}{380}$	8.3	$\frac{430}{240}$	9.8												
9	13Y-5			$\frac{880}{650}$	6.5	$\frac{770}{500}$	7.7	$\frac{630}{350}$	9.2												
10	16Y-6			$\frac{1180}{950}$	6.5	$\frac{1070}{800}$	7.7	$\frac{930}{650}$	9.2	$\frac{800}{520}$	10.6	$\frac{530}{320}$	13.5								
11	17Y-6					$\frac{1070}{900}$	7.7	$\frac{1030}{750}$	9.2	$\frac{900}{620}$	10.6	$\frac{630}{420}$	13.5	$\frac{390}{260}$	16.3	$\frac{610}{330}$	14.3	$\frac{280}{210}$	17.4		
12	19Y-6									$\frac{1100}{740}$	10.0	$\frac{830}{530}$	12.8	$\frac{590}{370}$	15.5	$\frac{810}{440}$	13.5	$\frac{480}{310}$	16.7	$\frac{400}{230}$	17.9
13	20Y-6									$\frac{1200}{840}$	10.0	$\frac{930}{630}$	12.8	$\frac{690}{470}$	15.5	$\frac{910}{540}$	13.5	$\frac{580}{410}$	16.7	$\frac{500}{330}$	17.9
14	21Y-6											$\frac{1030}{690}$	12.4	$\frac{790}{530}$	15.0	$\frac{1010}{600}$	13.1	$\frac{680}{460}$	16.3	$\frac{600}{380}$	17.5

表 B7　方环形可缩性支架适用条件表

序号	适用条件 / 支架型号	设备类型																			
		Ⅰ		Ⅱ		Ⅲ		Ⅳ		Ⅴ		Ⅵ		Ⅶ		Ⅷ		Ⅸ		Ⅹ	
		允许移近量	最终断面	允许移近量	最终断面	允许移近量	最终断面	允许移近量	最终断面	允许移近量	最终断面	允许移近量	最终断面	允许移近量	最终断面	允许移近量	最终断面	允许移近量	最终断面	允许移近量	最终断面
1	6H-4	$\frac{580}{130}$	4.5																		
2	7H-4	$\frac{700}{310}$	4.7																		
3	8H-4	$\frac{750}{480}$	5.0																		
4	10H-4	$\frac{850}{660}$	5.2	$\frac{850}{210}$	6.4																
5	12H-4	$\frac{900}{900}$	5.9	$\frac{900}{480}$	7.0																
6	13H-4			$\frac{950}{650}$	7.4	$\frac{950}{150}$	8.8														
7	14H-4			$\frac{1050}{820}$	7.6	$\frac{1050}{360}$	9.0														

表 B8 长环形可缩性支架适用条件表

序号	适用条件 / 支架型号	设备类型																			
		Ⅰ		Ⅱ		Ⅲ		Ⅳ		Ⅴ		Ⅵ		Ⅶ		Ⅷ		Ⅸ		Ⅹ	
		允许移近量	最终断面	允许移近量	最终断面	允许移近量	最终断面	允许移近量	最终断面	允许移近量	最终断面	允许移近量	最终断面	允许移近量	最终断面	允许移近量	最终断面	允许移近量	最终断面	允许移近量	最终断面
1	7CH-4	$\frac{500}{430}$	4.5																		
2	8CH-4	$\frac{540}{680}$	4.5	$\frac{540}{230}$	5.6																
3	9CH-4	$\frac{590}{930}$	4.5	$\frac{590}{480}$	5.6																
4	10CH-4			$\frac{580}{860}$	5.6	$\frac{580}{400}$	6.8														
5	11CH-4			$\frac{640}{1010}$	5.6	$\frac{640}{550}$	6.8	$\frac{640}{210}$	7.8												
6	12CH-4			$\frac{640}{1380}$	5.6	$\frac{640}{920}$	6.8	$\frac{640}{580}$	7.8	$\frac{640}{280}$	8.7										
7	13CH-4					$\frac{640}{1220}$	6.8	$\frac{640}{880}$	7.8	$\frac{640}{580}$	8.7	$\frac{640}{230}$	9.9								

表 B9 巷道内布置的设备类型

类别	巷道内设备(列车)布置	设备外形尺寸 (宽×高) mm	人行道及 安全间隙 mm	基本矩形断面 (宽×高) mm
Ⅰ	1.5 t(1 t)矿车单轨或炮采运输巷	1050×1200	1100	2150×1600
Ⅱ	单轨吊			2600×1700
Ⅲ	1 t矿车双轨 SGW-40T+SPJ-800	1780×1160 1961×1366	1300 1100	3060×1600
Ⅳ	1.5 t矿车双轨	2100×1200	1300	3400×1600
Ⅴ	3 t底卸式双轨	2400×1400	1300	3700×1600
Ⅵ	SZQ-40+DSP1040/800+设备列车 SZQ-40+SJ-800+设备列车	2753×1553	1300	4050×1600
Ⅶ	ZGD-630/75PB+SJ/80+设备列车	2985×1730	1300	4290×1730
Ⅷ	SZQ-75+DSP1063/1000+设备列车 5 t底卸式矿车双轨	3046×1553	1300	4340×1600
Ⅸ	SZQ-75+SDJ-150+设备列车 ZGD-730/90+SDJ-150+设备列车 ZGD-730/90+DSP1063/1000+设备列车	3046×1850	1300	4350×1850
Ⅹ	ZGZ-730/110+DSP1080/1000+设备列车	3240×1850	1300	4540×1850

附加说明：

本标准由煤炭工业部生产司和技术发展司提出。

本标准由煤炭科学研究院北京开采研究所负责起草。

本标准主要起草人刘崇悦、姚社军。

本标准委托煤炭科学研究院北京开采所负责解释。

ICS 73.100
D 96
备案号：1069—1998

中华人民共和国煤炭行业标准

MT/T 145—1997

评定煤用重选设备工艺性能的计算机算法

Gravity separating equipment for coal—Performance evaluation—Computer algorithm

1997-12-12 发布　　1998-07-01 实施

中华人民共和国煤炭工业部　发布

前　言

本标准是配合国家标准 GB/T 15715—1996《煤用重选设备工艺性能评定方法》使用的一项行业标准，主要供算法编程人员使用。使用本标准时务必仔细阅读 GB/T 15715—1995。

本标准于 1986 年首次发布，本次为第一次修订。

本次修订除在格式方面按 GB/T 1.1—1993 做了修改以外，主要在技术内容方面依据 GB/T 15715—1995 做了相应的修改，同时在算法规定方面注意到与计算机技术的进步相适应。

本标准从实施之时起代替 MT 145—86。

本标准的附录 A、附录 B 和附录 C 都是提示的附录。

本标准由煤炭工业部科技教育司提出。

本标准由全国煤炭标准化技术委员会归口。

本标准由煤炭科学研究总院唐山分院起草并负责解释。

本标准主要起草人：李学琨。

中华人民共和国煤炭行业标准

评定煤用重选设备工艺性能的计算机算法

MT/T 145—1997

代替 MT 145—86

Gravity separating equipment for coal—Performance evaluation—Computer algorithm

1 范围

本标准规定了计算煤用重选设备各项工艺性能指标的计算机算法。这些指标包括可能偏差、不完善度、数量效率和错配物总量等。

本标准适用于煤炭的重介质和水介质分选作业中各种重选设备工艺性能的评定。

本标准不适用于选煤厂月综合资料的处理。

2 引用标准

下列标准所包含的条文,通过在本标准中引用而构成为本标准的条文。本标准出版时,所示版本均为有效。所有标准都会被修订,使用本标准的各方应探讨使用下列标准最新版本的可能性。

GB/T 6949—86 煤炭视比重测定方法

GB/T 15715 — 1995 煤用重选设备工艺性能评定方法

3 分选产品产率的计算及数据检验

3.1 在无实测数据的情况下,分选产品的产率可按 GB/T 15715 附录 A 提供的方法计算。

3.2 在完成产品产率、"计算原煤"的可选性数据和重产品分配率的计算以后,应按 GB/T 15715 中 4.2 至 4.4 的规定对计算所得的数据进行检验。对于判定为不合格的数据,非经必要的处理不能继续进行计算。

4 各密度级平均密度的确定

4.1 中间密度级

4.1.1 原煤和分选产品浮沉组成中第二个密度级至倒数第二个密度级的平均密度,根据质量守恒关系,按式(1)确定:

$$\bar{\rho}_i=\frac{Y_i-Y_{i-1}}{\int_{r_{i-1}}^{r_i}\frac{1}{\rho}\mathrm{d}Y} \quad \cdots\cdots(1)$$

式中 $\bar{\rho}_i$——第 i 个密度级的平均密度,kg/L;

Y_i——第 i 个密度级的浮物累计产率,%;

Y_{i-1}——第$(i-1)$个密度级的浮物累计产率,%;

$\frac{1}{\rho}$——密度的倒数,可视为浮物累计产率的函数。

4.1.2 函数关系

$$\frac{1}{\rho}=f(Y) \qquad \cdots\cdots(2)$$

可用分段插值或分段拟合的方法确定。

4.2 端部密度级

4.2.1 原煤和分选产品浮沉组成中第一个密度级和倒数第一个密度级的平均密度可按 GB 6949 测定。

4.2.2 在不具备测定值的情况下,上述两个密度值可利用“计算原煤”的可选性数据,通过中间各密度级的平均密度对平均灰分的线性回归方程外推获得。

4.2.3 如果第一个密度级平均密度的外推值高于浮沉试验的第一个密度时,第一个密度级平均密度可按下述原则取值:

$$当\ \rho_1\geqslant 1.3\ 时,取\ \overline{\rho}_1=\rho_1-0.02 \qquad \cdots\cdots(3)$$

$$当\ \rho_1<1.3\ 时,取\ \overline{\rho}_1=\rho_1-0.01 \qquad \cdots\cdots(4)$$

上两式中:ρ_1——浮沉试验的第一个密度,kg/L;

$\overline{\rho}_1$——第一个密度级的平均密度,kg/L。

4.2.4 对于按上述方法推算获得的端部密度级平均密度,如果发生歧义,可按 GB/T 6949 补充测定;或由合同双方依据经验协商取值。

5 曲线绘制的一般原则

5.1 用以评定工艺性能的分配曲线、可选性曲线和错配物曲线的绘制应符合 GB/T 15715 第 5 章之规定。

5.2 上述曲线的绘制,可采用插值方法处理,也可采用拟合方法处理。附录 A 和附录 B 分别介绍了一种使用效果较好的插值方法和非线性拟合方法,可供选用。

5.3 无论是采用插值方法还是采用拟合方法处理曲线,都要求所选用的数学模型能保证获得的曲线连续、光滑、没有不适当的拐点,具有合理的性态。

5.4 在采用拟合方法处理曲线时,允许对于同一组型值点更换若干不同的数学模型进行拟合运算,并以拟合误差比较拟合效果的优劣。在曲线性态符合要求的前提下,应按拟合误差最小的原则选定模型。拟合误差按下式计算:

$$F_e=\sqrt{\frac{1}{N}\sum_{i=1}^{N}(E_i-y_i)^2} \qquad \cdots\cdots(5)$$

式中:F_e——拟合误差;

N——密度级数;

E_i——第 i 个型值点的纵坐标;

y_i——第 i 个型值点的拟合值。

5.5 在采用拟合方法处理曲线时,选定模型的拟合误差应小于曲线纵坐标全尺度的 5%,否则可认为原始数据不合格或模型选用不当。

6 曲线绘制的具体规定

6.1 分配曲线

6.1.1 分配曲线的型值点分为基本型值点和虚拟型值点。

6.1.2 基本型值点的横坐标为按本标准第 4 章所述方法确定的各密度级的平均密度;纵坐标为相应各密度级的入料在重产品中的分配率。基本型值点应通过 GB/T 15715—1995 中 4.3 的规定检验。

6.1.3 当基本型值点中分配率为 0 的型值点或分配率为 100% 的型值点多于两个时,为了保持拟合曲线的性态,可以在拟合时舍去外侧的型值点。

6.1.4 如基本型值点中缺少分配率小于2%或大于90%的型值点，为了保持拟合曲线的性态，可考虑增设相应的虚拟型值点，虚拟型值点的横坐标分别设置于最低密度物的虚拟密度($\rho_{\min}$)处或最高密度物的虚拟密度($\rho_{\max}$)处；其分配率分别取为0或1(100%)。

6.1.5 最低密度物的虚拟密度($\rho_{\min}$)和最高密度物的虚拟密度($\rho_{\max}$)的取值，可依据经验，也可按第一个密度级中和最后一个密度级中物料对密度呈线性分布的假定，分别用以下两个公式推算：

$$\rho_{\min}=2\bar{\rho}_1-\rho_1 \qquad \cdots\cdots(6)$$

$$\rho_{\max}=2\bar{\rho}_n-\rho_{n-1} \qquad \cdots\cdots(7)$$

上两式中：$\bar{\rho}_n$——最后一个密度级的平均密度，kg/L；

ρ_{n-1}——浮沉试验的最后一个密度，kg/L。

6.1.6 附录C中给出了两个经验模型，可供拟合分配曲线时参考。

6.2 可选性曲线

当采用β曲线时，对应于浮物累计产率为零的型值点的横坐标(即最低密度物的灰分)应谨慎推算。在不影响评定指标计算的情况下，曲线端部可略去不画。

注：如采用M曲线，则端部型值点可以准确地获得。

6.3 损失曲线和污染曲线

根据损失曲线和污染曲线的交点，确定等误密度和等误密度下的错配物总量。如果曲线的型值点分布过于离散，可以仅做数学处理，而不绘制曲线图形。

附　录　A
（提示的附录）
分段连续的三次多项式插值方法

本方法的基本原则是：

a）在相邻的两个型值点之间建立一个三次多项式。

b）每个型值点左右两侧的三次多项式在该型值点处具有相同的函数值和一阶导数值。

c）三次多项式在型值点处的导数，指定取为过该型值点及左右相邻型值点所做二次抛物线在该型值点处的导数值。

实际计算可分为两步进行：

a）确定插值曲线在各个型值点处的斜率

设有$(N+1)$个型值点$(x_j,y_j)(j=0,1,\cdots,N)$，则对于$1\leqslant j\leqslant(N-1)$诸型值点可以做出通过该型值点及其左右相邻型值点的二次抛物线。抛物线方程的系数p,q,r可由下述方程组中解出：

$$\begin{cases}px_{j-1}^2+qx_{j-1}+r=y_{j-1}\\px_j^2+qx_j+r=y_j\\px_{j+1}^2+qx_{j+1}+r=y_{j+1}\end{cases}\quad\cdots\cdots\text{(A1)}$$

根据所得到的抛物线方程的系数，就可以定出插值曲线在第j个型值点处的斜率M_j，即：

$$M_j=2px_j+q\quad\cdots\cdots\text{(A2)}$$

b）确定每两个相邻型值点之间的插值多项式

根据上文所给出的基本原则，可以对$1\leqslant j\leqslant(N-2)$诸型值点为起点的插值区间建立三次插值多项式：

$$y=ax^3+bx^2+cx+d\quad\cdots\cdots\text{(A3)}$$

这个多项式的系数可以根据第j个型值点和第$(j+1)$个型值点的函数值及导数值来确定。多项式的系数a、b、c、d可由下述方程组解出：

$$\begin{cases}ax_j^3+bx_j^2+cx_j+d=y_j\\ax_{j+1}^3+bx_{j+1}^2+cx_{j+1}+d=y_{j+1}\\3ax_j^2+2bx_j+c=M_j\\3ax_{j+1}^2+2bx_{j+1}+c=M_{j+1}\end{cases}\quad\cdots\cdots\text{(A4)}$$

附　录　B
（提示的附录）
估计模型参数的阻尼最小二乘法

设有N个型值点$(x_k,y_k)(k=1,2,\cdots,N)$，并准备用数学模型

$$y=f(x,b_0,b_1,\cdots,b_m)\quad\cdots\cdots\text{(B1)}$$

去进行拟合。

式(B1)中，$b_0,b_1,\cdots,b_m$可以用$b_i(i=0,1,\cdots,m)$表示，它们是非线性模型f的待定参数。这些参数需要用逐步逼近的方法去估计，现介绍如下：

先给b_i一个初始值，记为b_i^0，并记初始值与真值（这是未知的）之差为Δ_i，于是可以写出：

$$b_i=b_i^0+\Delta_i(i=0,1,\cdots,m)\quad\cdots\cdots\text{(B2)}$$

这样，就可以把确定b_i的问题化为确定修正量Δ_i的问题，为确定Δ_i，可将函数(B1)在b_i^0附近做台劳级数展开，并略去Δ_i的二次及二次以上的项，得：

$$f(x_k,b_0,b_1\cdots b_m)$$
$$\approx f_k^0+\frac{\partial f_k^0}{\partial b_0}\Delta_0+\frac{\partial f_k^0}{\partial b_1}\Delta_1+\cdots+\frac{\partial f_k^0}{\partial b_m}\Delta_m \qquad\cdots\cdots(B3)$$

式中：$f_k^0=f(x_k,b_0^0,b_1^0,\cdots b_m^0)$

$$\frac{\partial f_k^0}{\partial b_i}=\left.\frac{\partial f(x,b_0,b_1,\cdots b_m)}{\partial b_i}\right|_{\substack{x=x_k\\ b_0=b_0^0\\ \cdots\\ b_m=b_m^0}} \qquad\cdots\cdots(B4)$$

当 b_i^0 给定后，f_k^0 和 $\frac{\partial f_k^0}{\partial b_i}$ 都可以直接算出，利用(B3)式，可以计算残差平方和 Q^*，即：

$$Q=\sum_{k=1}^{N}[y_k-f(x_k,b_0,b_1,\cdots,b_m)]^2$$
$$\approx\sum_{k=1}^{N}\left[y_k-\left(f_k^0+\frac{\partial f_k^0}{\partial b_0}\Delta_0+\cdots\cdots+\frac{\partial f_k^0}{\partial b_m}\Delta_m\right)\right]^2 \qquad\cdots\cdots(B5)$$

为了找出能使 Q 达到最小的一组参数 $b_i(i=0,1,\cdots\cdots,m)$，各 b_i 应满足如下的方程组：

$$\begin{cases}\frac{\partial Q}{\partial b_0}=0\\ \frac{\partial Q}{\partial b_1}=0\\ \cdots\cdots\\ \frac{\partial Q}{\partial b_m}=0\end{cases} \qquad\cdots\cdots(B6)$$

即残差平方和对各参数 b_i 的偏导数皆为零。

但

$$\frac{\partial Q}{\partial b_i}=\frac{\partial Q}{\partial \Delta_i}$$

所以

$$\frac{\partial Q}{\partial b_i}\approx 2\sum_{k=1}^{N}\left[y_k-\left(f_k^0+\frac{\partial f_k^0}{\partial b_0}\Delta_0+\cdots+\frac{\partial f_k^0}{\partial b_m}\Delta_m\right)\right]\left(-\frac{\partial f_k^0}{\partial b_i}\right)$$
$$=2\left[\Delta_0\sum_{k=1}^{N}\frac{\partial f_k^0}{\partial b_0}\frac{\partial f_k^0}{\partial b_i}+\cdots\right.$$
$$\left.+\Delta_m\sum_{k=1}^{N}\frac{\partial f_k^0}{\partial b_m}\frac{\partial f_k^0}{\partial b_i}-\sum_{k=1}^{N}\frac{\partial f_k^0}{\partial b_i}(y_k-f_k^0)\right]=0 \qquad\cdots\cdots(B7)$$

设

$$\Delta=[\Delta_0,\Delta_1,\cdots,\Delta_m]^T \qquad\cdots\cdots(B8)$$

* 残差平方和 Q 与拟合误差 F_k 的关系是：$F_k=\sqrt{Q/N}$。

$$T=\begin{bmatrix} t_{00}t_{01}\cdots\cdots t_{0m} \\ t_{10}t_{11}\cdots\cdots t_{1m} \\ \cdots\cdots \\ \cdots\cdots \\ t_{m0}t_{m1}\cdots\cdots t_{mm} \end{bmatrix} \qquad \cdots\cdots(B9)$$

其中：$t_{ij}=\sum_{k=1}^{N}\frac{\partial f_k^0}{\partial b_i}\frac{\partial f_k^0}{\partial b_j}(i,j=0,1,\cdots,m)$

$$G=[g_0,g_1,\cdots,g_m]^T \qquad \cdots\cdots(B10)$$

其中：$g_i=\sum_{k=1}^{N}\frac{\partial f_k^0}{\partial b_i}(y_k-f_k^0)(i=0,1,\cdots,m)$

则得用矩阵形式表达的线性方程组

$$T\Delta=G \qquad \cdots\cdots(B11)$$

当型值点给定，并给出近似值 b_i^0 之后，矩阵 T 和向量 G 可分别按(B9)式和(B10)式算出。因此，可以从(B11)中解出向量 Δ。

根据关系式(B2)

$$b_i=b_i^0+\Delta_i(i=0,1,\cdots,m)$$

可以得到一组 b_i 的新的近似值。如果 Δ_i 的绝对值不是小得可以忽略不计，则可令当前的 b_i 代替原来的 b_i^0，重复计算 T 和 G，并解出新的 Δ。如此反复迭代，直至各 Δ_i 的绝对值小于某个指定值或相邻两次迭代的 Q 值差小于某个指定值时，最后所得到的 b_i 即为所求的近似估计值。

在实际计算中，若初始值 b_i^0 取得不好，或模型函数的性态不好，则可能使一阶台劳展开式失真，造成迭代过程不能收敛。因此，在求解方程(B11)之前，应在矩阵 T 的主对角线诸元素上加上阻尼因子 H，也就是用 $(1+H)t_{ij}|i=j$ 去代替 $t_{ij}|i=j$。

H 在迭代过程中应是变化的，在收敛的情况下，H 可逐渐缩小，仅当不能保证相应的 Q 值比前次小的情况下，才加大 H 值。但 H 值也不能过大，当 $H>100$ 时，可以改用 $b_i^0+W\Delta_i$ 求 b_i，其中 $0<W<1$。W 最初取为 1，若不能收敛，可逐次减小。

附 录 C
（提示的附录）
拟合分配曲线的参考模型

在拟合分配曲线时以下两个数学模型可供参考采用：

a) 反正切模型：

$$y=b_0+b_1\mathrm{arctg}[b_2(x-b_3)] \qquad \cdots\cdots(C1)$$

b) 指数模型：

$$y=b_0+b_1\exp[-(b_2/x)^{b_3}] \qquad (C2)$$

式中： x ——密度级的平均密度；

y ——对应于平均密度的分配率；

b_0、b_1、b_2、b_3——模型参数。

ICS 73.100.10
D 97
备案号:31842—2011

中华人民共和国煤炭行业标准

MT/T 146.1—2011
代替 MT 146.1—2002

树脂锚杆
第1部分:锚固剂

Resin anchor bolts—
Part 1:Capsules

2011-04-12 发布　　2011-09-01 实施

国家安全生产监督管理总局　发布

前　言

MT 146 的本部分的第 5 章为强制性的，其余为推荐性的。

本部分按照 GB/T 1.1—2009 给出的规则起草。

MT 146《树脂锚杆》分为 2 个部分：

——第 1 部分：锚固剂；

——第 2 部分：金属杆体及其附件。

本部分为 MT 146 的第 1 部分。本部分代替 MT 146.1—2002《树脂锚杆　锚固剂》。

本部分与 MT 146.1—2002 相比主要变化如下：

——增加了固胶比的要求和试验方法(见 5.5 和 6.4)；

——树脂胶泥稠度要求由 16 mm 提高到 30 mm(见 5.4，2002 年版的 5.4)；

——增加了抗拔力的术语、要求和试验方法(见 3.8、5.8 和 6.7)；

——80 ℃热稳定性能由 16 h 提高到 20 h(见 5.10，2002 年版的 5.8.2)。

本部分由中国煤炭工业协会提出。

本部分由煤炭行业煤矿专用设备标准化技术委员会归口。

本部分起草单位：煤炭工业北京锚杆产品质量监督检验中心、煤炭科学研究总院建井研究分院、安徽淮河化工股份有限公司。

本部分主要起草人：丁全录、郭建明、张宇、王雪礼。

本部分的历次版本发布情况为：

——MT 146.1—1986、MT 146.1—1995、MT 146.1—2002。

树脂锚杆
第1部分:锚固剂

1 范围

MT 146的本部分规定了树脂锚杆锚固剂(以下简称锚固剂)的产品分类、技术要求、试验方法、检验规则、标志、包装、运输与贮存。

本部分适用于矿山井巷支护用的锚固剂。

井筒装备的安装、基础锚固等工程所需的锚固剂也可参照执行。

2 规范性引用文件

下列文件对于本文件的应用是必不可少的。凡是注日期的引用文件,仅注日期的版本适用于本文件。凡是不注日期的引用文件,其最新版本(包括所有的修改单)适用于本文件。

GB/T 1346—2001 水泥标准稠度用水量、凝结时间、安定性检验方法

GB/T 2828.2—2008 计数抽样检验程序 第2部分:按极限质量LQ检索的孤立批检验抽样方案

GB/T 2829—2002 周期检验计数抽样程序及表(适用于对过程稳定性的检验)

GB/T 10111 随机数的产生及其在产品质量抽样检验中的应用程序

MT/T 154.1 煤矿机电产品型号编制方法 第1部分:导则

3 术语和定义

下列术语和定义适用于MT 146的本部分。

3.1

树脂锚杆 resin anchor bolts

以树脂锚固剂配以各种材质杆体及托盘、螺母等构件组成的锚杆。

3.2

树脂锚固剂 resins and capsules

起粘结锚固作用的材料称锚固剂。树脂锚固剂由树脂胶泥与固化剂两部分分隔包装成卷形,混合后能使杆体与被锚固体煤、岩粘结在一起。

3.3

树脂胶泥 resin putty,resin mastic

由树脂、填料和化学助剂组成的胶泥状材料。

3.4

固化剂 catalyst

与树脂胶泥混合后,能立即引起化学反应,使树脂胶泥凝结成固体的材料。

3.5

凝胶时间 gel time

从树脂胶泥与固化剂混合起,到胶泥开始变稠、温度开始上升时的时间。

3.6

等待安装时间 setting time

安装锚杆时,搅拌停止后到可以上托盘的时间。

3.7

树脂胶泥稠度 viscosity of resin mastic

表示树脂胶泥的软硬程度，以试锥 1 min 沉入树脂胶泥的深度(mm)来表示。

3.8

抗拔力 anti-pulling capacity

在规定锚固长度条件下，锚固剂与杆体锚固后，拉拔试验时锚固剂所能承受的极限载荷。

3.9

锚固力 anchor capacity

整根锚固剂与配套杆体锚固后，拉拔试验时锚固剂所能承受的极限载荷。

4 产品分类

4.1 分类

产品按凝胶时间不同进行分类，见表 1。

表 1 产品分类

类型	特性	凝胶时间 s	等待安装时间 s	颜色标识
CKa	超快速	8～25	10～30	黄
CKb		26～40	30～60	红
K	快速	41～90	90～180	蓝
Z	中速	91～180	480	白
M	慢速	>180	—	—

注 1：在(22±1)℃环境温度条件下测定。
注 2：搅拌应在锚固剂凝胶之前完成。

4.2 规格

产品应符合表 2 的规定。

表 2 产品规格

锚固剂直径 mm	35	28	23
锚固剂长度 cm	30～50	30～100	30～100
推荐适用钻孔直径 mm	40～44	32～36	27～30

注：用户特殊需要时，可生产其他规格的锚固剂；锚固剂长度由供需双方商定。

4.3 型号

锚固剂型号编制依据 MT/T 154.1

锚固剂型号表示方法如下：

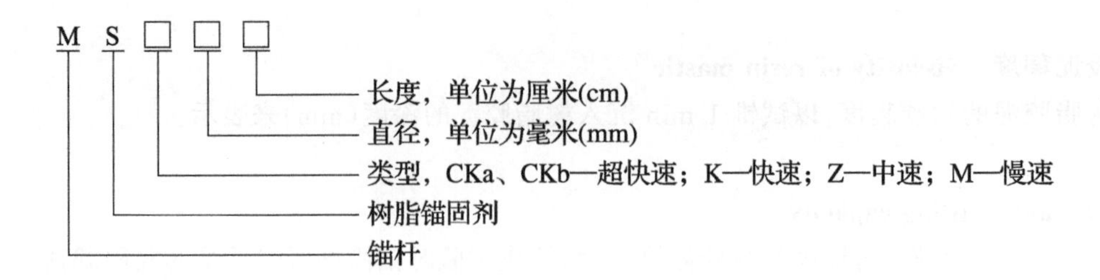

示例：直径为 23 mm、长度为 35 cm 的快速树脂锚杆锚固剂，可表示为 MSK2335。

5 技术要求

5.1 原材料

产品所使用材料应符合有关国家标准、行业标准和设计要求，并有合格证明书、质量保证书。材料进厂后应进行验收试验。

5.2 外观

锚固剂应装填饱满，质地柔软，颜色均匀，树脂胶泥不分层、不沉淀，固化剂分布均匀，封口严密，无渗漏，各型号锚固剂的标识应符合表 1 的规定。

5.3 直径、长度偏差

锚固剂直径偏差为±0.5 mm，长度偏差为±5 mm。

5.4 树脂胶泥稠度

环境温度为(22±1)℃时，树脂胶泥稠度应不小于 30 mm。

5.5 固胶比

固化剂与树脂胶泥的质量比应不小于 4%。

5.6 凝胶时间

锚固剂凝胶时间应符合表 1 的规定。

5.7 抗压强度

环境温度为(22±1)℃、龄期 24 h 条件下，锚固剂抗压强度应不小于 60 MPa。

5.8 抗拔力

锚固长度 125 mm，模拟孔直径 28 mm，配套杆体为直径 20 mm、屈服强度 500 MPa 的无纵肋螺纹钢杆体，龄期 2 h 条件下，抗拔力应不小于 100 kN。

5.9 锚固力

在表 3 规定的龄期，锚固力应不小于与之配套杆体规定屈服力的 1.2 倍。

表 3 规定龄期

单位为分钟

类型	CKa	CKb	K	Z	M
规定龄期	5	10	15	30	—

5.10 热稳定性能

树脂胶泥在(80±2)℃条件下放置 20 h，取出后在(22±1)℃环境温度下放置 4 h，树脂胶泥不应变硬，且其稠度不小于 16 mm。

6 试验方法

6.1 外观

目测，手捏。

6.2 直径、长度

直径：用分度值为 0.02 mm 的游标卡尺测量。

长度:用分度值为 1 mm 的钢板尺或钢卷尺,测量锚固剂两端卡口之间距离,即为锚固剂长度。

6.3　树脂胶泥稠度

6.3.1　仪器

采用 GB/T 1346—2001 中 4.2 规定的标准稠度测定用试杆和盛装水泥净浆的试模。

6.3.2　环境温度

试验环境温度为(22±1)℃。

6.3.3　测定

6.3.3.1　将锚固剂剖开,取出树脂胶泥,搅拌均匀后装入圆模内,经人工振动捣实后刮平。

6.3.3.2　将圆模放在试杆下,使试杆与胶泥面接触,拧紧螺丝,然后突然放松,并开始记录时间,试杆自由沉入圆模内胶泥中,记录 1 min 试杆下沉深度即为树脂胶泥稠度。

6.4　固胶比

6.4.1　称量锚固剂总质量 W。

6.4.2　剖开固化剂部分,将固化剂全部取出,然后称量去掉固化剂的锚固剂质量 W_1。

6.4.3　按式(1)计算固胶比

$$\frac{W-W_1}{W_1}\times 100\% \qquad \cdots\cdots(1)$$

式中:

W ——锚固剂总质重,单位为克(g);

W_1——去掉固化剂的锚固剂质量,单位为克(g)。

6.5　凝胶时间

6.5.1　仪器、设备

热电偶及长图温度自动平衡记录仪或其他可记录时间、温度的仪器。温度计分度值小于等于 1 ℃,时间分度值小于等于 1 s。

6.5.2　环境温度

试验环境温度为(22±1)℃。

6.5.3　测定

6.5.3.1　将锚固剂剖开,把树脂胶泥与固化剂分开,分别搅拌均匀。

6.5.3.2　取 100 g 胶泥,放入聚酯薄膜中央或其他容器中,按 6.4 测出的实际固胶比加入固化剂,将固化剂与树脂胶泥迅速搅拌均匀,搅拌时间为:超快速型锚固剂为 10 s～15 s,其他类型锚固剂为 20 s～25 s。搅拌同时开始计时,从搅拌树脂胶泥开始,至胶泥变稠、温度开始上升的时间为锚固剂的凝胶时间。

6.6　抗压强度

6.6.1　试验设备:万能材料试验机,试件为边长 40 mm 的立方体;出厂检验时可采用不小于 200 kN 的锚杆拉力计配之简易的承压试验架。

6.6.2　试验环境温度为(22±1)℃。

6.6.3　将锚固剂剖开,迅速把树脂胶泥与固化剂搅拌均匀(如果凝胶时间太快,可适当调减固化剂用量),将胶泥注入试模内并捣实,胶泥固化并有一定强度后脱模。

6.6.4　放置 24 h,进行抗压试验,记录抗压载荷值。

6.6.5　抗压载荷值除以试件承压面积所得之值即为锚固剂的抗压强度。

6.7　抗拔力

6.7.1　仪器、设备

万能材料试验机。

6.7.2　试件

用内径 28 mm、壁厚大于 3 mm 的钢管模拟锚杆孔,管内表面做打毛处理,以防锚固剂和钢管内表面黏结失效;配套杆体采用直径 20 mm,屈服强度为 500 MPa 的无纵肋螺纹钢杆体,锚固长度 125 mm。

6.7.3 **环境条件**

测试环境温度为(22±1)℃。

6.7.4 **测定**

放置 2 h,进行锚固剂抗拔力测试。

6.8 锚固力

6.8.1 试验仪器同 6.7.1。

6.8.2 试件:整根树脂锚固剂和与之配套的金属杆体,与锚固剂直径相匹配的模拟钢管。

6.8.3 安装:安装搅拌采用煤电钻或其他搅拌装置,其转速不低于 300 r/min,扭矩不小于 40 N·m,边旋转搅拌边推进,搅拌时间为:超快型锚固剂为 6 s～15 s;其他型号锚固剂为 20 s～25 s。搅拌停止后,应等到锚固剂凝胶后才能松开搅拌连接装置。

6.8.4 在表 3 规定试验龄期,进行锚固力测试。

6.9 热稳定性能

6.9.1 **设备、仪器**

恒温干燥箱,温度精度为±1 ℃。

6.9.2 **测定**

6.9.2.1 把去掉固化剂的锚固剂保持原封口状态放入(80±2)℃恒温干燥箱中,放置 20 h。

6.9.2.2 取出锚固剂,在(22±1)℃环境条件下放置 4 h。

6.9.2.3 按 6.3 方法测定树脂胶泥稠度。

7 检验规则

7.1 检验分类

锚固剂检验分出厂检验和型式检验。

7.2 检验项目

锚固剂出厂检验和型式检验项目见表 4。

表 4 检验项目

序号	检验项目	不合格分类	技术要求	检验方法	检验类型	
					出厂	型式
1	外观	C	5.2	6.1	√	√
2	直径、长度	C	5.3	6.2	√	√
3	树脂胶泥稠度	C	5.4	6.3	√	√
4	固胶比	B	5.5	6.4	√	√
5	凝胶时间	A	5.6	6.5	√	√
6	抗压强度	A	5.7	6.6	△	√
7	抗拔力	A	5.8	6.7	—	√
8	锚固力	A	5.9	6.8	△	√
9	热稳定性能	A	5.10	6.9	√	√

注 1:“√”表示检验项目;“—”表示不检验项目。

注 2:“△”表示出厂检验时,抗压强度与锚固力选一项。

7.3 出厂检验

7.3.1 出厂检验的样品应按 GB/T 10111 的规定,从提交的检验批中随机抽样,抽样检验采用 GB/T

2828.2—2008抽样方案，类型选用一次抽样，批量 N 为2 000，极限质量 LQ 选用31.5，采用模式B，检验水平为S-3，抽样方案见表5。

表5 抽样方案

样本大小 n	极限质量 LQ	接收数 A_c	接收质量限 AQL
13	31.5	1	4.00

7.3.2 判定规则执行GB/T 2828.2—2008中5.2的规定。

7.4 型式检验

7.4.1 有下列情况之一时，产品应进行型式检验：

a) 新产品或老产品转厂生产时；

b) 正式生产的产品在材料、工艺有较大改变，可能影响产品性能时；

c) 正常生产的产品，每年应进行1次型式检验；

d) 产品停产1年以上，重新恢复生产时；

e) 出厂检验结果与上次型式检验有较大差异时；

f) 国家有关部门提出进行型式检验的要求时。

7.4.2 型式检验的样品应从出厂检验合格的产品中，按GB/T 10111的规定进行随机抽样。抽样检验采用GB/T 2829—2002，抽样方案及有关数据见表6。

表6 型式检验抽样方案及有关数据

试验组别	不合格分类	不合格质量水平 RQL	判别水平 DL	抽样方案类型	判定组数 $[A_c,R_e]$	样本量 n
1	A	30	Ⅰ	一次	[0,1]	3
2	B	40	Ⅱ	一次	[0,1]	4
3	C	50	Ⅲ	一次	[0,1]	4

7.4.3 判定规则执行GB/T 2829—2002中5.11的规定。

8 标志、包装、运输与贮存

8.1 标志

出厂时应随产品附产品使用说明书、质量检验合格证、安全标志标识，并注明产品名称、规格型号、执行标准、生产日期、质检员、厂名、厂址。

8.2 包装

箱体用钙塑板或硬纸板，也可根据供货合同要求包装。每箱总重量一般不超过20 kg。

8.3 运输

在运输过程中，要轻搬轻放，防止摔撞。不得在日光下曝晒和雨淋。

8.4 贮存

锚固剂应在温度为4 ℃～25 ℃的避光防火仓库中贮存。有效期应不小于3个月。

ICS 73.100.10
D 97
备案号：31843—2011

中华人民共和国煤炭行业标准

MT/T 146.2—2011
代替 MT 146.2—2002

树脂锚杆
第2部分：金属杆体及其附件

Resin anchor bolts—
Part 2：Steel bars and accessories

2011-04-12 发布　　2011-09-01 实施

国家安全生产监督管理总局　发布

前　言

MT 146 的本部分的第 5 章为强制性的，其余为推荐性的。

本部分按照 GB/T 1.1—2009 给出的规则起草。

MT 146《树脂锚杆》分为 2 个部分：

——第 1 部分：锚固剂；

——第 2 部分：金属杆体及其附件。

本部分为 MT 146 的第 2 部分。本部分代替 MT 146.2—2002《树脂锚杆　金属杆体及其附件》。

本部分与 MT 146.2—2002 相比主要变化如下：

——增加了螺纹钢式树脂锚杆金属杆体的相关内容(见 3.2、3.3、4.1.3 和 4.3)；

——增加了螺母组装件承载效率系数(见 3.4、5.1.5 和 6.5)；

——提高了锚固力、托盘承载力技术要求(见 5.3 和 5.4)；

——增加了金属杆体的型号编制(见 4.3)；

——出厂检验增加了螺母组装件承载效率系数和托盘承载力检验项目(见 7.2)。

本部分由中国煤炭工业协会提出。

本部分由煤炭行业煤矿专用设备标准化技术委员会归口。

本部分起草单位：煤炭工业北京锚杆产品质量监督检验中心、煤炭科学研究总院建井研究分院、安徽淮河化工股份有限公司。

本部分主要起草人：丁全录、郭建明、张宇、王雪礼。

本部分的历次版本发布情况为：

——MT 146.2—1986、MT 146.2—1995、MT 146.2—2002。

树脂锚杆
第2部分:金属杆体及其附件

1 范围

MT 146的本部分规定了树脂锚杆金属杆体及其附件的产品分类、技术要求、试验方法、检验规则、标志、包装、运输和贮存。

本部分适用于矿山井巷支护用的树脂锚杆金属杆体及其附件。

2 规范性引用文件

下列文件对于本文件的应用是必不可少的。凡是注日期的引用文件,仅注日期的版本适用于本文件。凡是不注日期的引用文件,其最新版本(包括所有的修改单)适用于本文件。

GB/T 228 金属材料 室温拉伸试验方法

GB 1499.1 钢筋混凝土用钢 第1部分:热轧光圆钢筋

GB 1499.2 钢筋混凝土用钢 第2部分:热轧带肋钢筋

GB/T 2828.2—2008 计数抽样检验程序 第2部分:按极限质量LQ检索的孤立批检验抽样方案

GB/T 2829—2002 周期检验计数抽样程序及表(适用于对过程稳定性的检验)

GB/T 3098.2 紧固件机械性能 螺母 粗牙螺纹

GB/T 6170 1型六角螺母

GB/T 10111 随机数的产生及其在产品质量抽样检验中的应用程序

MT 146.1 树脂锚杆 第1部分:锚固剂

MT/T 154.1 煤矿机电产品型号编制方法 第1部分:导则

3 术语和定义

MT 146.1中确立的以及下列术语和定义适用于MT 146的本部分。

3.1

麻花式树脂锚杆金属杆体 headed twist bar

在金属杆体端部加工成一定规格的左旋麻花形锚头,尾部加工成可上螺母的螺纹。

3.2

无纵肋螺纹钢式树脂锚杆金属杆体 ribbed bars with non-longitudinal ribs

杆体由无纵肋左旋螺纹钢制成,尾部加工成可上螺母的螺纹。

3.3

等强螺纹钢式树脂锚杆金属杆体 fully ribbed bars

由右(或左)旋精轧螺纹钢制成,螺纹连续,全长可上螺母。

3.4

螺母组装件承载效率系数 efficiency tactor of bar threaded or ribbed end

尾部螺纹、螺母组装件承载力与杆体母材最大力实测平均值之比。

4 产品分类

4.1 分类

4.1.1 总则

产品按杆体材料和结构形式进行分类。

4.1.2 **麻花式树脂锚杆金属杆体**

麻花式树脂锚杆金属杆体及附件,如图1所示。

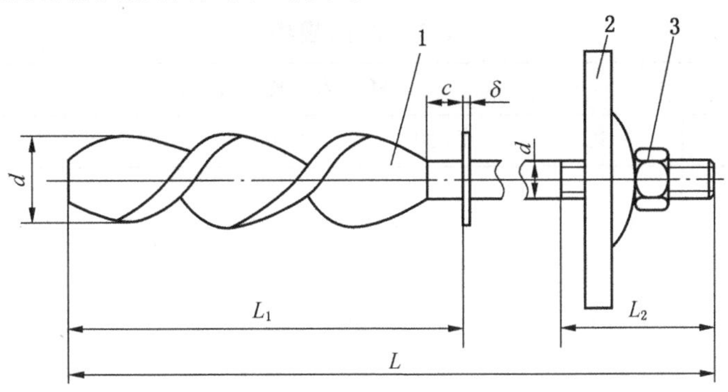

说明:

1——杆体;

2——托盘;

3——螺母。

图1 麻花式树脂锚杆金属杆体及附件

4.1.3 **螺纹钢式树脂锚杆金属杆体**

4.1.3.1 无纵肋螺纹钢式树脂锚杆金属杆体及附件,如图2所示。

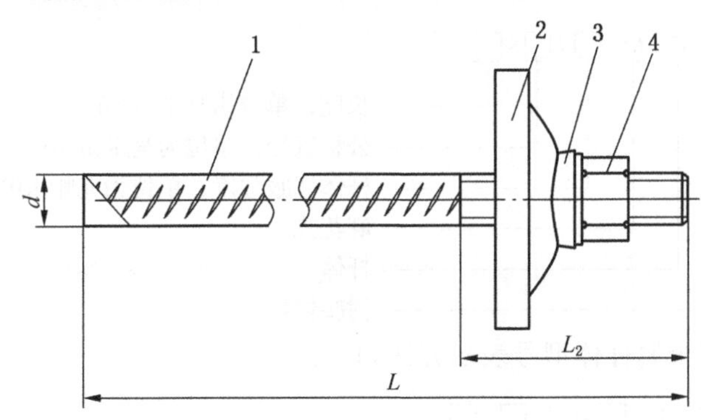

说明:

1——杆体;

2——托盘;

3——球垫;

4——螺母。

图2 无纵肋螺纹钢式树脂锚杆金属杆体及附件

4.1.3.2 等强螺纹钢式树脂锚杆金属杆体及附件,如图3所示。

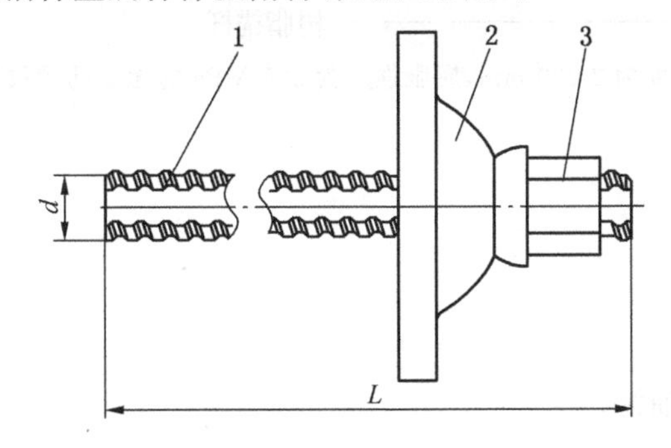

说明:

1——杆体;

2——托盘;

3——螺母。

图3 等强螺纹钢式树脂锚杆金属杆体及附件

4.2 规格

产品规格应符合表1规定。

表1 产品规格

单位为毫米

杆体公称直径 d	杆体长度 L						
	1 400	1 600	1 800	2 000	2 200	2 400	2 600
16	—	+	+	+	—	—	—
18	—	+	+	+	+	—	—
20	—	—	+	+	+	+	—
22	—	—	—	+	+	+	+
25	—	—	—	—	+	+	+

注1：+号表示优先选用长度。

注2：用户特殊需要时，可生产其他规格的树脂锚杆金属杆体。

4.3 型号

金属杆体的型号编制依据MT/T 154.1

4.3.1 麻花式树脂锚杆金属杆体型号表示方法如下：

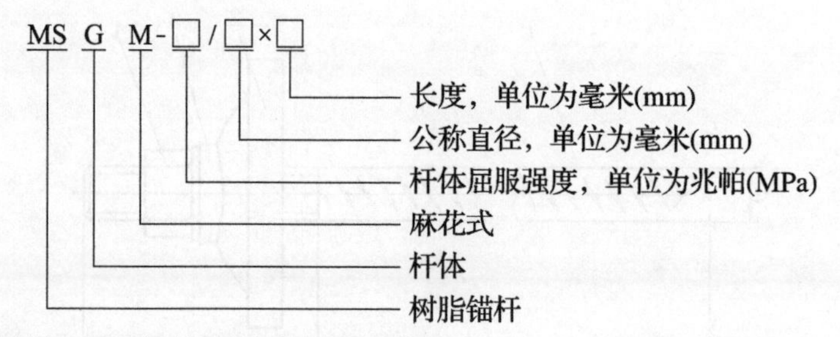

4.3.2 螺纹钢式树脂锚杆金属杆体型号表示方法如下：

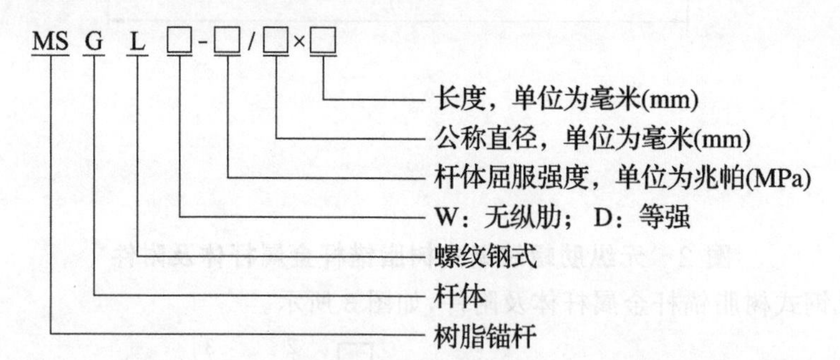

示例：公称直径为20 mm，长度为2 000 mm，屈服强度为335 MPa的无纵肋螺纹钢式树脂锚杆金属杆体，可表示为MSGLW-335/20×2000。

5 技术要求

5.1 杆体

5.1.1 外观

应无严重锈蚀，锚固段无油污。

5.1.2 杆体材料力学性能

螺纹钢式杆体优先选用屈服强度不小于335 MPa的左旋无纵肋螺纹钢筋，根据需要也可选用精轧右旋(或左旋)全螺纹钢筋；麻花式树脂锚杆金属杆体选用屈服强度不小于235 MPa的普通热轧圆钢，也可选用屈服强度不小于335 MPa的螺纹钢筋。

钢筋混凝土用热轧光圆钢筋尺寸、屈服强度、抗拉强度应符合 GB 1499.1 的规定；左旋无纵肋钢筋和精轧右旋(或左旋)全螺纹钢筋屈服强度、抗拉强度应符合 GB 1499.2 的规定，但企业应对外观尺寸做出要求。

杆体材料断后伸长率应不小于 15%。

5.1.3 杆体加工

5.1.3.1 杆体直线度小于等于 2 mm/m。

5.1.3.2 杆体长度 L，偏差：±10 mm。

5.1.3.3 杆体尾部螺纹长度 L_2 为 80 mm～150 mm，偏差：±5mm。

5.1.3.4 麻花式杆体锚头尺寸要求应符合表 2 规定。

表 2 麻花式杆体锚头尺寸要求

名 称	尺 寸
锚头顶宽 b	$b=D$(钻孔直径)－(4～6)mm
锚头长度 L_1	$L_1\geqslant 15d$，但不小于 240 mm
挡圈距锚头变形起点距离 c	$c=(10\sim 50)$mm
挡圈直径 D_1	$D_1=D$(钻孔直径)－(4～6)mm
挡圈厚度 δ	$\delta\geqslant 2$ mm
左旋麻花扭转角度 α	$\alpha\geqslant 270°$

5.1.4 其他锚头

根据用户需要，锚头也可采用其他结构形式，如端部螺纹式锚头等，但应给出锚头的有关尺寸。

5.1.5 螺母组装件承载效率系数

螺母组装件承载效率系数(η)应符合表 3 规定。

表 3 螺母组装件承载效率系数

杆体形式	螺母组装件承载效率系数 η
麻花式	≥0.85
无纵肋螺纹钢式	≥0.90
等强螺纹钢式	≥0.95

5.2 螺母

应优先选用快速安装螺母。采用六角螺母时，其技术条件应符合 GB/T 6170、GB/T 3098.2 的规定。

5.3 托盘

优先选用蝶形托盘。托盘尺寸不小于 100 mm×100 mm 或 Φ100 mm。

托盘承载力应不小于与之配套杆体屈服力标准值的 1.3 倍。

5.4 锚固力

应不小于与之配套杆体屈服力标准值的 1.2 倍。

6 试验方法

6.1 外观

目测。

6.2 杆体及托盘尺寸测量

用分度值为 0.02 mm 的游标卡尺和分度值为 1 mm 的钢板尺或钢卷尺，测量杆体和托盘几何尺寸。

6.3 **杆体直线度检查**

用平台与塞尺检查杆体直线度。

6.4 **杆体材料力学性能试验**

杆体材料屈服强度、抗拉强度、伸长率按 GB/T 228 的有关规定进行试验。

6.5 **螺母组装件承载效率系数测试**

将配套螺母完全拧进杆体尾部螺纹段,外露部分大于 25 mm,用万能材料试验机或锚杆拉力计测试杆体尾部螺纹、螺母组装件承载力。螺母组装件承载效率系数(η)按式(1)计算。

$$\eta=\frac{F_1}{F} \quad \cdots\cdots(1)$$

式中:

F_1——尾部螺纹、螺母组装件承载力,单位为千牛(kN);

F ——杆体母材最大力实测平均值,单位为千牛(kN)。

6.6 **托盘承载力试验**

6.6.1 **试件安装方法**

试件安装方法如图 4 所示。

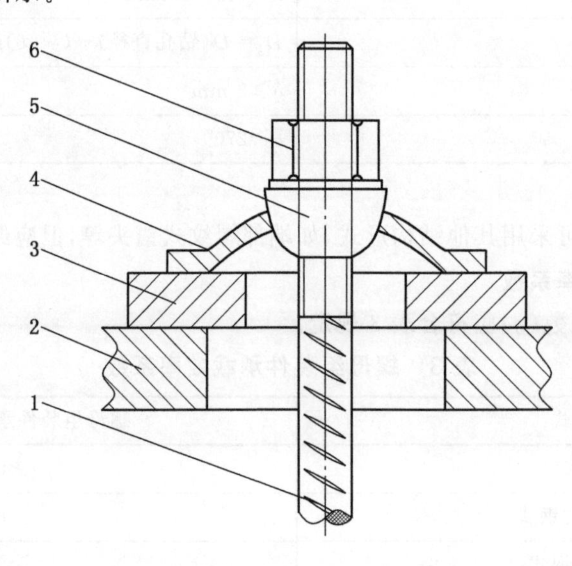

说明:

1——杆体;

2——拉力架底垫;

3——调节板(孔径:60 mm);

4——托盘;

5——球垫;

6——螺母。

图 4 托盘承载力试验方法示意图

6.6.2 **测试**

测试时,加载时速度控制在 10 kN/min～20 kN/min 范围内,托盘被拉穿前的最大力即为托盘承载力。

6.7 **锚固力试验**

按 MT 146.1 中 6.8 的规定试验。

7 检验规则

7.1 **检验分类**

产品检验分出厂检验和型式检验。

7.2 检验项目

产品出厂检验和型式检验项目见表4。

表4 检验项目

序号	检验项目	不合格分类	技术要求	检验方法	检验类型	
					出厂	型式
1	外观	C	5.1.1	6.1	√	√
2	几何尺寸	C	5.1.2、5.1.3	6.2	√	√
3	杆体直线度	C	5.1.3	6.3	√	√
4	杆体材料力学性能	A	5.1.2	6.4	—	√
5	螺母组装件承载效率系数	A	5.1.5	6.5	√	√
6	托盘承载力	A	5.3	6.6	√	√
7	锚固力	A	5.4	6.7	—	√
注:"√"表示检验项目;"—"表示不检验项目。						

7.3 出厂检验

7.3.1 出厂检验的样品应按GB/T 10111的规定,从提交的检验批中随机抽样,抽样检验采用GB/T 2828.2—2008抽样方案,类型选用一次抽样,批量N为2 000,极限质量LQ选用31.5,采用模式B,检验水平为S-3,抽样方案见表5。

表5 抽样方案

样本大小 n	极限质量 LQ	接收数 A_c	接收质量限 AQL
13	31.5	1	4.00

7.3.2 判定规则执行GB/T 2828.2—2008中5.2的规定。

7.4 型式检验

7.4.1 有下列情况之一时,产品应进行型式检验:

a) 新产品或老产品转厂生产时;

b) 正式生产的产品在结构、材料、工艺有较大改变,可能影响产品性能时;

c) 正常生产的产品,每年应进行1次型式检验;

d) 产品停产1年以上,重新恢复生产时;

e) 出厂检验结果与上次型式检验有较大差异时;

f) 国家有关部门提出进行型式检验的要求时。

7.4.2 型式检验的样品应从出厂检验合格的产品中,按GB/T 10111的规定进行随机抽样。抽样检验采用GB/T 2829—2002,抽样方案及有关数据见表6。

表6 型式检验抽样方案及有关数据

试验组别	不合格分类	不合格质量水平 RQL	判别水平 DL	抽样方案类型	判定组数 $[A_c,R_e]$	样本量 n
1	A	30	Ⅰ	一次	[0,1]	3
2	B	40	Ⅱ	一次	[0,1]	4
3	C	50	Ⅲ	一次	[0,1]	4

7.4.3 判定规则执行GB/T 2829—2002中5.11的规定。

8 标志、包装、运输与贮存

8.1 标志

出厂时应随产品附产品说明书、质量检验合格证、安全标志标识，并注明产品名称、规格型号、执行标准、生产日期、质检员代号、厂名、厂址。

8.2 包装

杆体每5根为一组，托盘每10个为一组，捆扎牢固。也可根据供货合同要求包装。

8.3 运输

在运输过程中，应注意杆体不受损伤。

8.4 贮存

杆体应贮存在干燥处，锚固段不应沾染油污，螺纹段应采取保护和防锈措施。

前　言

本标准是根据 MT 148—88《刮板输送机减速器》,参照 ZB J19 026—90《运输机械用减速器》有关内容进行修订的。

本标准对 MT 148—88 的重要技术内容作了部分改变,在产品型式、尺寸和基本参数方面,增加了110,132,160,200,250,315,400 kW 减速器的功率挡次;在传动型式方面,增加了垂直布置型式的行星齿轮减速器;在技术要求方面,提高了齿轮精度等级;在试验方法方面,改变了减速器空载试验、效率试验的运转时间;在出厂检验项目和型式试验项目方面,增加了减速器连接尺寸检验。减速器连接尺寸的检验和判定,在标准发布 2 年后实施。减速器括号内花键标准,给予 3 年过渡期,在标准发布 3 年后全部采用现行国家标准。

本标准从生效之日起,同时代替 MT 148—88 标准。

本标准由煤炭工业部科技教育司提出。

本标准由煤炭工业部煤矿专用设备标准化技术委员会归口。

本标准负责起草单位:煤炭科学研究总院太原分院、太原重型减速机厂。

本标准主要起草人:钱观生、常雅莉、阴孝玉、张进华。

本标准委托煤炭工业部煤矿专用设备标准化技术委员会刮板输送机分会负责解释。

中华人民共和国煤炭行业标准

MT/T 148—1997

刮板输送机用减速器

代替 MT 148—88

Gearbox for chain conveyors

1 范围

本标准规定了刮板输送机用减速器(以下简称减速器)的型式、尺寸、基本参数、技术要求、试验方法、检验规则、标志、标签、包装。

本标准适用于平行布置型式圆锥、圆柱齿轮减速器及行星齿轮减速器和垂直布置型式行星齿轮减速器。该减速器适用于煤矿井下工作面用刮板输送机和顺槽刮板转载机,也适用于带式输送机。

2 引用标准

下列标准所包含的条文,通过在本标准中引用而构成为本标准的条文。本标准出版时,所示版本均为有效。所有标准都会被修订,使用本标准的各方应探讨使用下列标准最新版本的可能性。

GB 1356—88 渐开线圆柱齿轮 基本齿廓

GB 3098.1—82 紧固件机械性能 螺栓、螺钉和螺柱

GB/T 3478.1—1995 圆柱直齿渐开线花键模数 基准齿廓 公差

GB 5903—1995 工业闭式齿轮油

GB/T 9439—88 灰铸铁件

GB/T 10095—88 渐开线圆柱齿轮精度

GB/T 11365—89 锥齿轮和准双曲面齿轮精度

GB/T 13264—91 不合格品率的小批计数抽样检查程序及抽样表

GB/T 13306—91 标牌

MT/T 101—93 刮板输送机用减速器检验规范

MT/T 105—93 刮板输送机通用技术条件

JB/T 6502—93 NGW 型行星齿轮减速器

《煤矿安全规程》(1992 年版)中华人民共和国能源部

3 型式和尺寸

3.1 型式

3.1.1 减速器布置型式

a) 平行布置型式,见图 1、图 2。

中华人民共和国煤炭工业部 1997-12-30 批准　　　　1998-06-01 实施

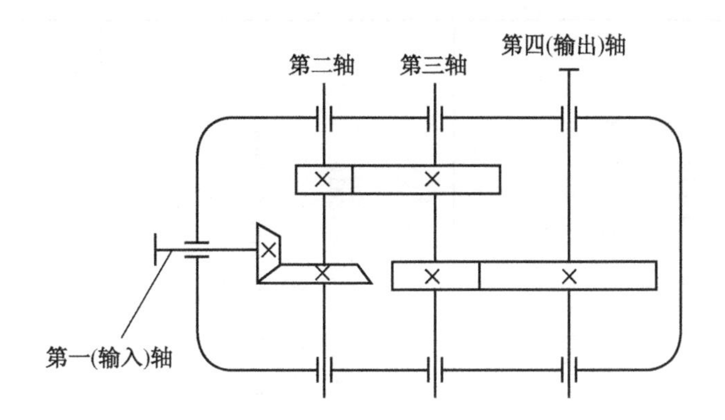

图 1　平行布置型式

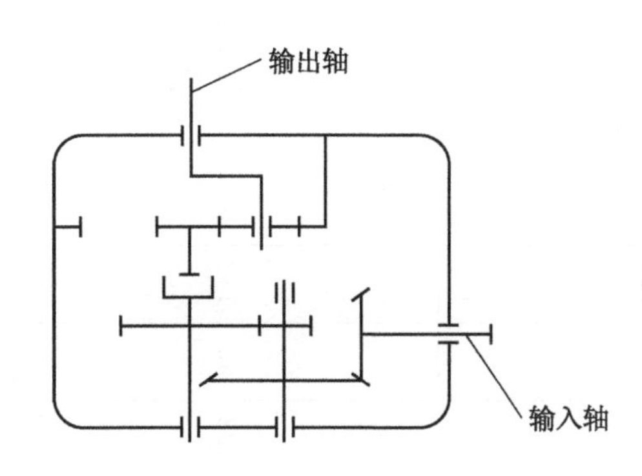

图 2　平行布置型式

b) 垂直布置型式,见图 3。

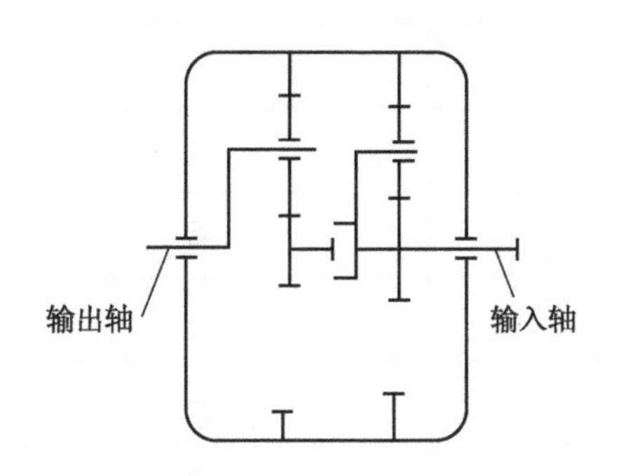

图 3　垂直布置型式

3.1.2　轴伸形式

a) 输入轴为渐开线外花键、圆头平键。

b) 输出轴为渐开线内花键、渐开线外花键、矩形花键。

3.2　外形连接尺寸

3.2.1　JS 7.5～JS 30 Ⅰ型减速器的外形连接尺寸应符合表 1 和图 4 的规定,JS 7.5、JS 11 型减速器输出轴端结构见图 G,其余减速器输出轴端结构见图 F。

表 1 减速器连接尺寸

mm

代号 \ 尺寸	H	A	A_1	Φ	定位键槽		L	L_1	L_2	a	a_1	a_2	D	D_1	D_2	D_3	l	输入轴				输出轴
					b_1	t_1												l_0	d	b	t	花键代号
JS7.5 JS11	210	388	127	20	22	7.5	124	74	68	32	12	4	120	98	84	75	115	60	30	8N9	34	8×56f7×62a11×10d10 GB 1144—87 (8D－60dc4×52dc7×10de4 GB 1144—74)
JS15 JS18.5	230	444	156	26	32	9.2	191	126	118	26	12	8	150	140	122	90	142	80	40	12N9	43	8×62f7×72a11×12d10 GB 1144—87 (8D－72dd×62dc7×12dc6 GB 1144—74)
JS22 JS30 I	260	510	170	26	32	13	183	113	95	25	9	11	200	171	155	100	117	65	45	14N9	48.5	EXT21Z×4m×30P×6h GB/T 3478.1—1995 (EXT24Z×3.5m×30P×6h GB 3478.1—83)

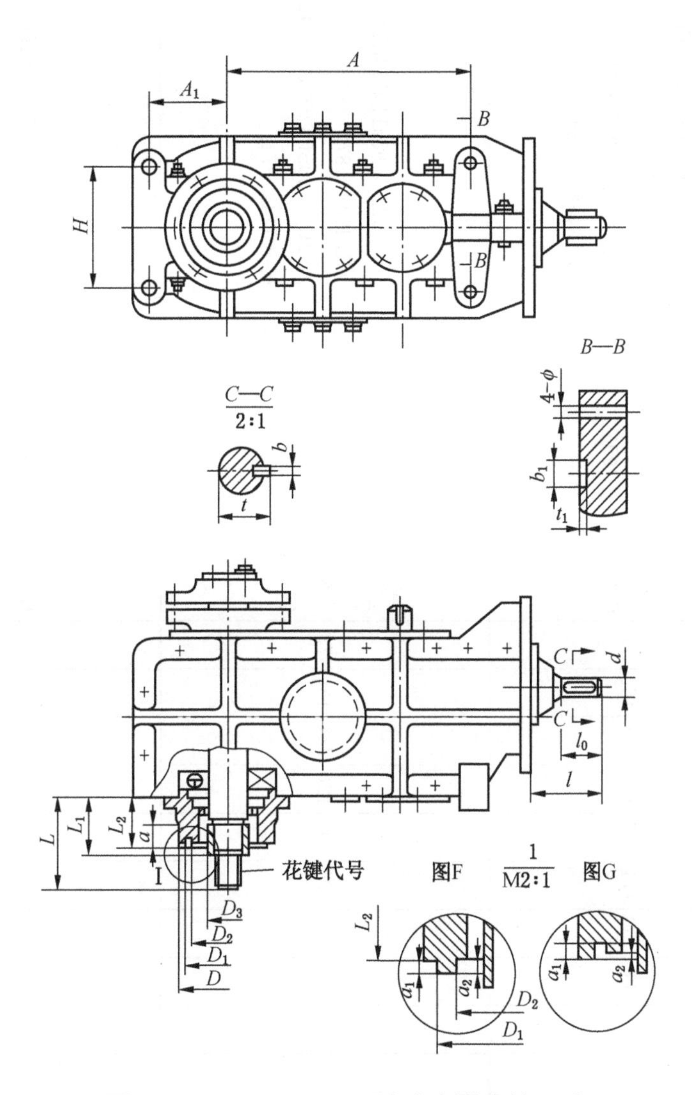

图 4　JS 7.5～JS 30 I 型减速器连接尺寸

3.2.2　JS 30Ⅱ～JS 75 型减速器的外形连接尺寸应符合表 2 和图 5 的规定。

表 2 减速器连接尺寸

mm

代号 \ 尺寸	H	A	A_1	Φ	定位键槽		L	L_1	L_2	L_3	a	a_1	a_2	D	D_1	D_2	D_3	l	l_1	输入轴		输出轴	
					b_1	t_1														l_0	花键代号	D_4	花键代号
JS30Ⅱ	260	510	170	26	32	13	267	182	103	85	25	9	11	190	171	155	100	197	165	72	EXT 16Z×2.5m×30P×6h GB 3478.1—1995	75	EXT21Z×4m×30P×6h GB/T 3478.1—1995 (EXT 24Z×3.5m×30P×6h GB 3478.1—83)
JS40 JS55	280	555	185	26	32	13	300	197.6	104	86	25	0	0	190	0	0	120	221	165	73	EXT 16Z × 2.5m × 30P ×6h GB 3478.1—1995	90	10×92f7×98a11×14d10 GB 1144—87 (10D—98dc4×92dc7×14dc6 GB 1144—74)
JS75	330	735	245	33	32	9	348.6	216.6	118.6	105.6	33	12	14	220	187	170	130	298	223	110	EXT14Z×4m×30P×6h GB/T 3478.1—1995(EXT 16Z×3.5m×30P×6h GB 3478.1—83)	103	10×112f7×125a11×18d10 GB 1144—87 (10D—120dc4×110d7×20de4 GB 1144—74)

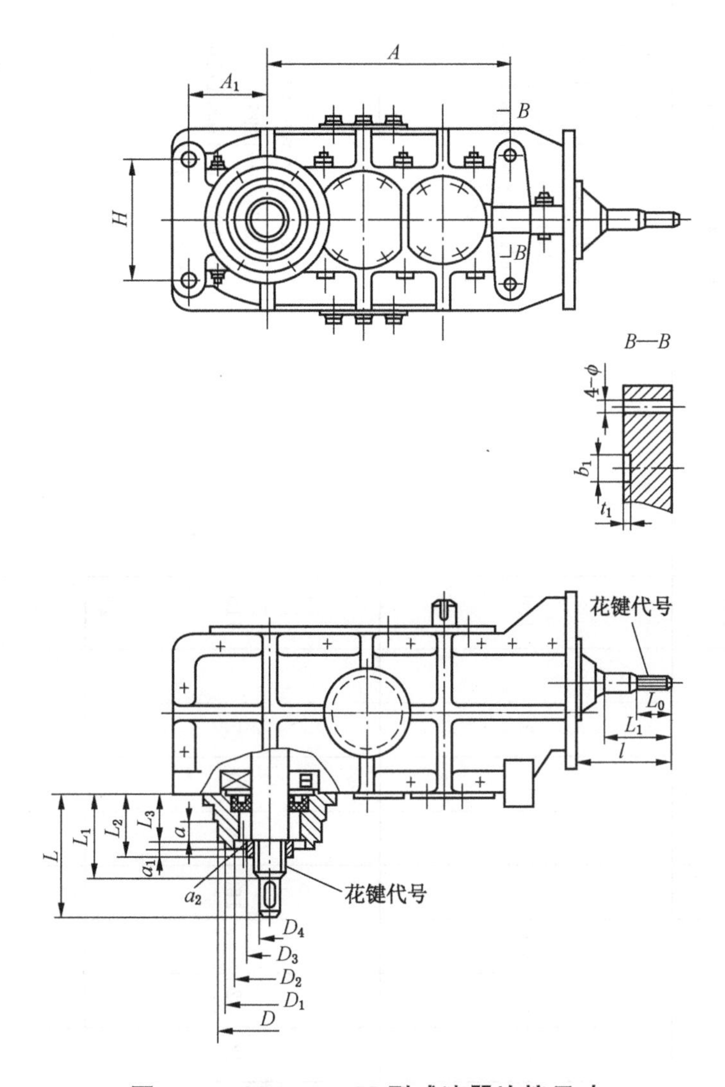

图 5　JS 30II～JS 75 型减速器连接尺寸

3.2.3　JS 90～JS 200 型减速器的外形连接尺寸应符合表 3 和图 6、图 7、图 8、图 9、图 10、图 11、图 12 的规定。

表 3　减速器连接尺寸

mm

尺寸 代号	H	A	A_1	A_2	Φ	Φ_1	定位接键槽		L	L_1	L_2	L_3	D	D_1	d_1	d_2	l	l_1	输入轴				输出轴	
							b_1	t_1											l_0	d	b	t	L_0	花键代号
JS90	280	555	210	83	33		32	10	204	106	100		205	148			179		126	65	18	69		EXT 24Z×5m×30P×6h GB 3478.1—1995
JS110	440	895	250		39		45	13	140	72			356				198		160	80	22	85	70	EXT 25Z×6m×30P×6e GB 3478.1—1995 (EXT24×6.35/3.175m BS 3550—1963)
JS132 Ⅰ	460	895	275		39		45	13	140	72	22	42		180	65	70			110	EXT 19Z×3m× 30P×6h GB 3478.1—1995				EXT 25Z×6m×30P×6e GB 3478.1—1995 (EXT24×6.35/3.175m BS 3550—1963)
JS132 Ⅱ	440	780	250	250	33	M30	32	10	264	199	48		450				208		166	90	25	95		EXT 21Z×10m×30P×6e GB 3478.1—1995 (W220×10×20×11f DIN 5480)

表 3（续）

mm

<table>
<tr><th rowspan="2">尺寸
代号</th><th rowspan="2">H</th><th rowspan="2">A</th><th rowspan="2">A_1</th><th rowspan="2">A_2</th><th rowspan="2">Φ</th><th rowspan="2">Φ_1</th><th colspan="2">定位接键槽</th><th rowspan="2">L</th><th rowspan="2">L_1</th><th rowspan="2">L_2</th><th rowspan="2">L_3</th><th rowspan="2">D</th><th rowspan="2">D_1</th><th rowspan="2">d_1</th><th rowspan="2">d_2</th><th rowspan="2">l</th><th rowspan="2">l_1</th><th colspan="4">输入轴</th><th colspan="2">输出轴</th></tr>
<tr><th>b_1</th><th>t_1</th><th>l_0</th><th>d</th><th>b</th><th>t</th><th>L_0</th><th>花键代号</th></tr>
<tr><td>JS160I</td><td>440</td><td>780</td><td>250</td><td>250</td><td>33</td><td>M30</td><td>32</td><td>10</td><td>264</td><td>199</td><td>48</td><td></td><td>450</td><td></td><td></td><td></td><td>208</td><td></td><td>166</td><td>90</td><td>25</td><td>95</td><td></td><td>EXT 21Z×10m×30P×6e
GB 3478.1—1995
（W220×10×20×11f
DIN 5480）</td></tr>
<tr><td>JS160Ⅱ</td><td>440</td><td>555</td><td>200</td><td>210</td><td>33</td><td></td><td>32</td><td>10</td><td>63</td><td>20</td><td></td><td></td><td>410</td><td></td><td></td><td></td><td>177</td><td></td><td>140</td><td>75</td><td>20</td><td>79.5</td><td>120</td><td>INT 18Z×10m×30P×6H
GB 3478.1—1995</td></tr>
<tr><td>JS200Ⅰ</td><td rowspan="2">440</td><td rowspan="2">780</td><td rowspan="2">250</td><td rowspan="2">250</td><td rowspan="2">33</td><td rowspan="2">M30</td><td rowspan="2">32</td><td rowspan="2">10</td><td rowspan="2">264</td><td rowspan="2">199</td><td rowspan="2">48</td><td rowspan="2"></td><td rowspan="2">450</td><td rowspan="2"></td><td rowspan="2"></td><td rowspan="2"></td><td>208</td><td></td><td>166</td><td>90</td><td>25</td><td>95</td><td rowspan="2"></td><td rowspan="2">EXT 21Z×10m×30P×6e
GB 3478.1—1995
（W220×10×20×11f
DIN 5480）</td></tr>
<tr><td>JS200Ⅱ</td><td>198</td><td>156</td><td>90</td><td colspan="3">EXT 32Z×3m×
30P×5f
GB 3478.1—1995</td></tr>
<tr><td>JS200Ⅲ</td><td rowspan="2">440</td><td rowspan="2">780</td><td rowspan="2">250</td><td rowspan="2">250</td><td rowspan="2">33</td><td rowspan="2">M30</td><td rowspan="2">32</td><td rowspan="2">10</td><td>317</td><td></td><td></td><td></td><td>450</td><td></td><td></td><td></td><td>198</td><td>156</td><td>90</td><td colspan="3">EXT 32Z×3m×
30P×5f
GB 3478.1—1995</td><td rowspan="2"></td><td rowspan="2">EXT 21Z×10m×30P×6e
GB 3478.1—1995
（W220×10×20×11f
DIN 5480）</td></tr>
<tr><td>JS200Ⅳ</td><td>264</td><td>98</td><td></td><td></td><td>450</td><td></td><td></td><td></td><td>208</td><td></td><td>166</td><td>90</td><td>25</td><td>92</td></tr>
</table>

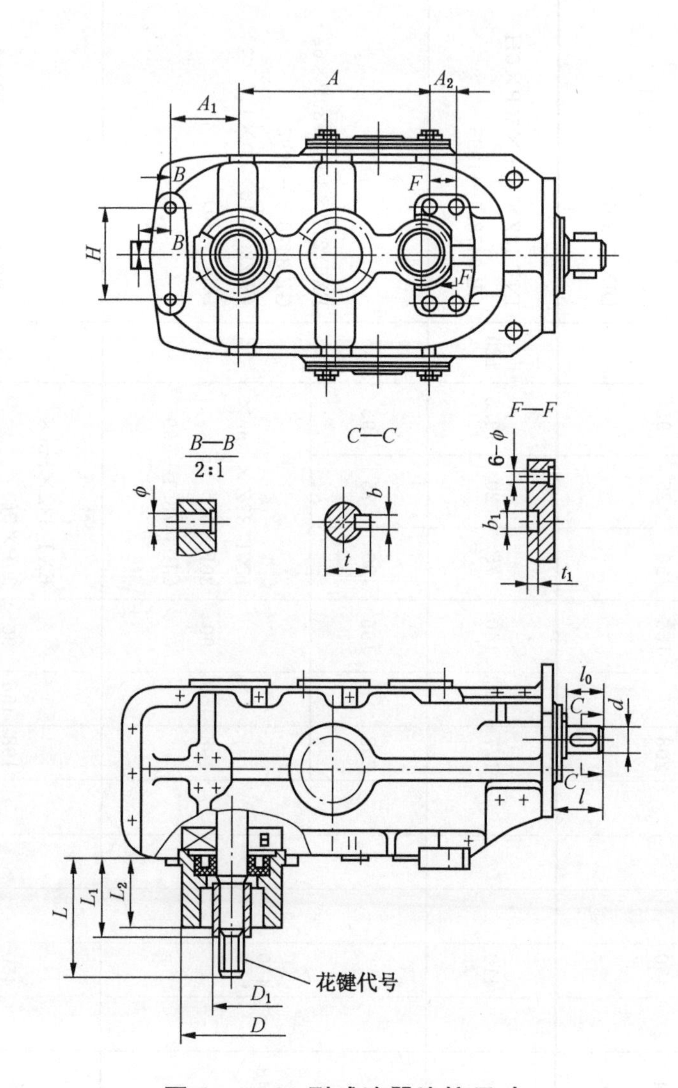

图 6 JS 90 型减速器连接尺寸

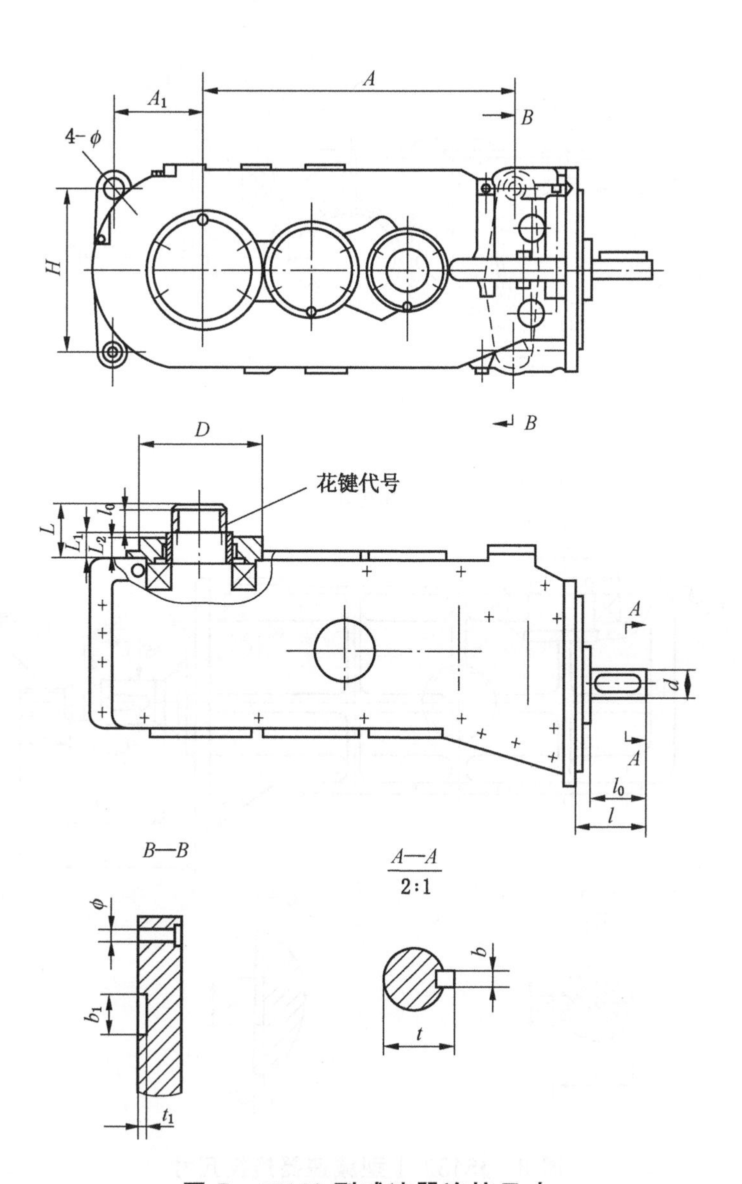

图 7　JS110 型减速器连接尺寸

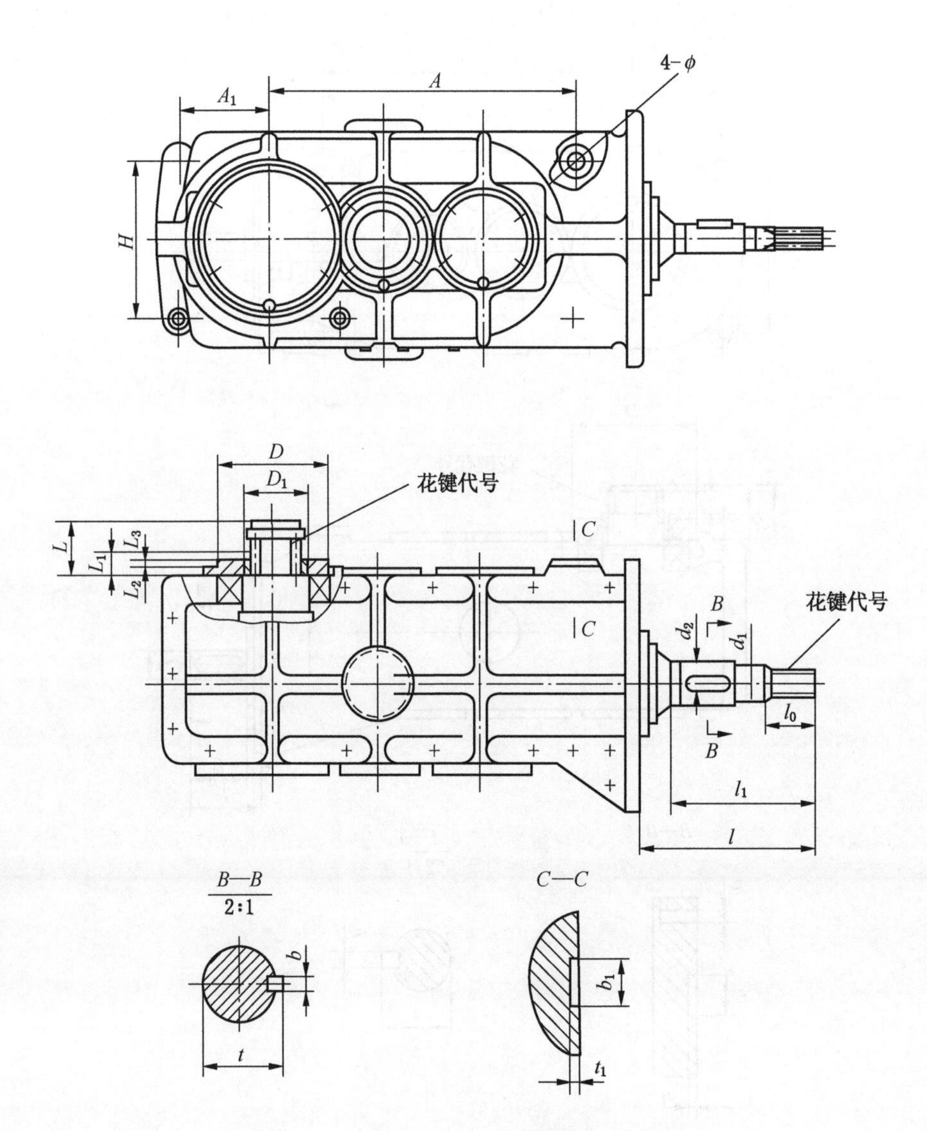

图 8 JS132 Ⅰ型减速器连接尺寸

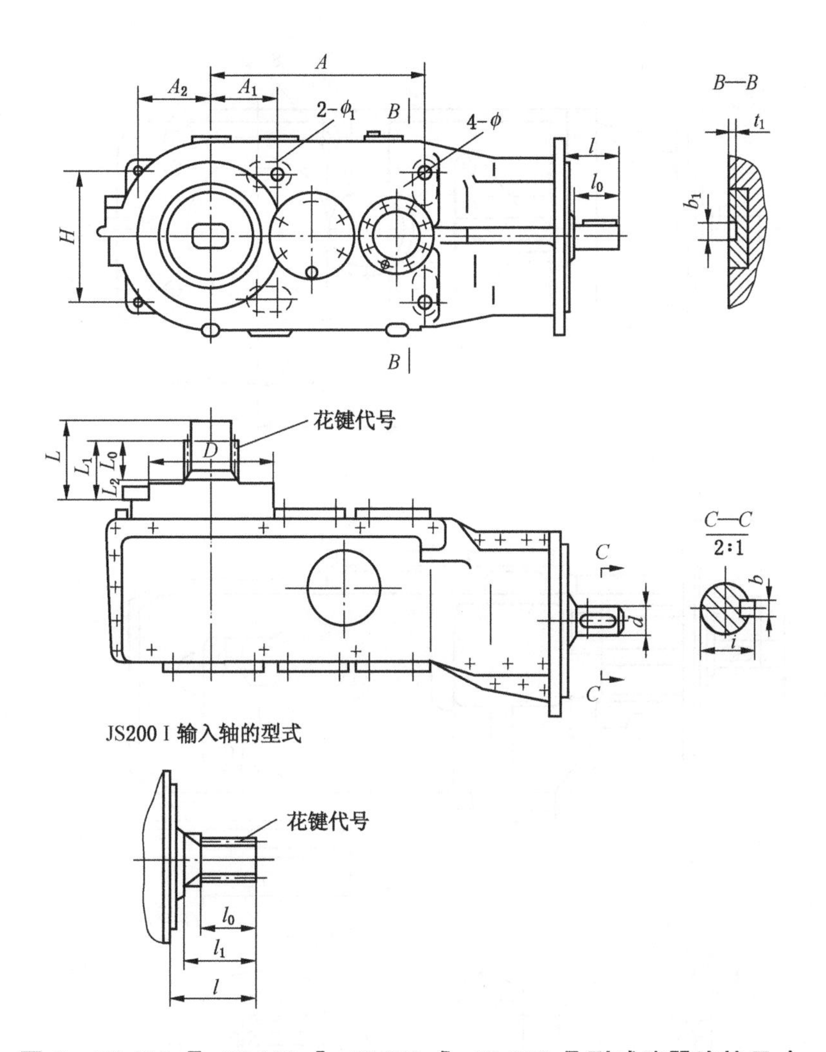

图 9 JS 132 Ⅱ、JS 160 Ⅰ、JS 200 Ⅰ、JS 200 Ⅱ型减速器连接尺寸

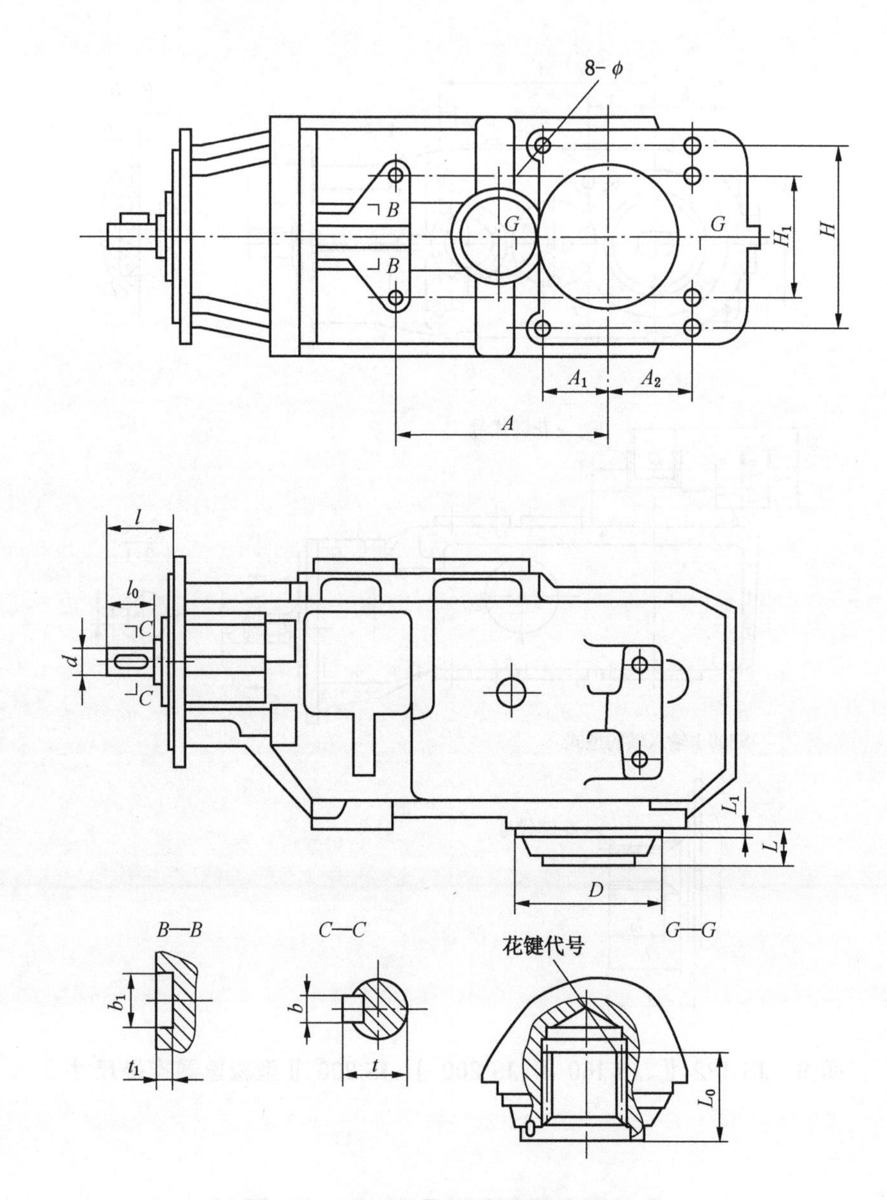

图 10 JS 160 Ⅱ型减速器连接尺寸

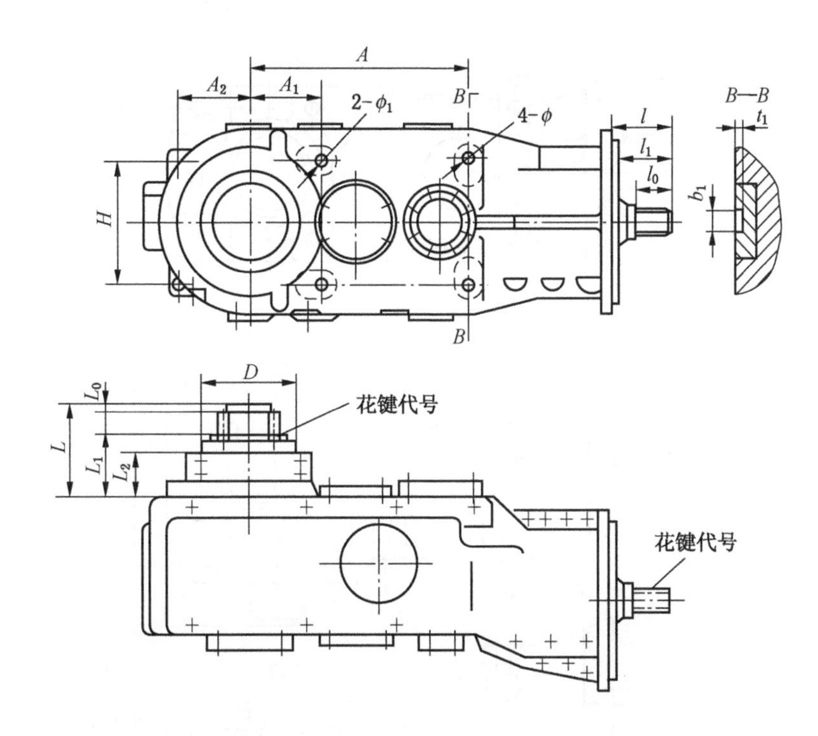

JS200 Ⅳ输出轴的型式　　　　JS200 Ⅳ输入轴的型式

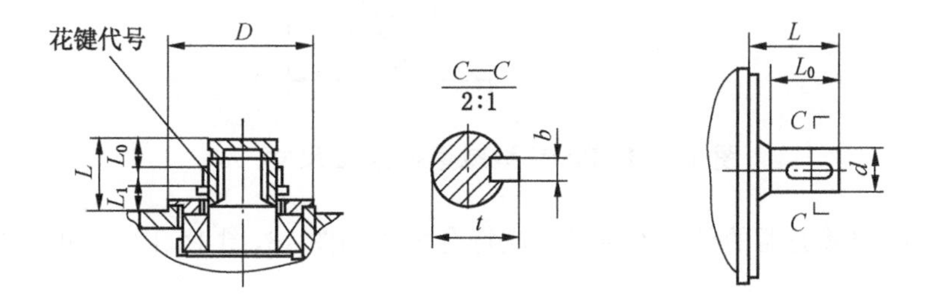

图 11　JS 200 Ⅲ、JS 200 Ⅳ型减速器连接尺寸

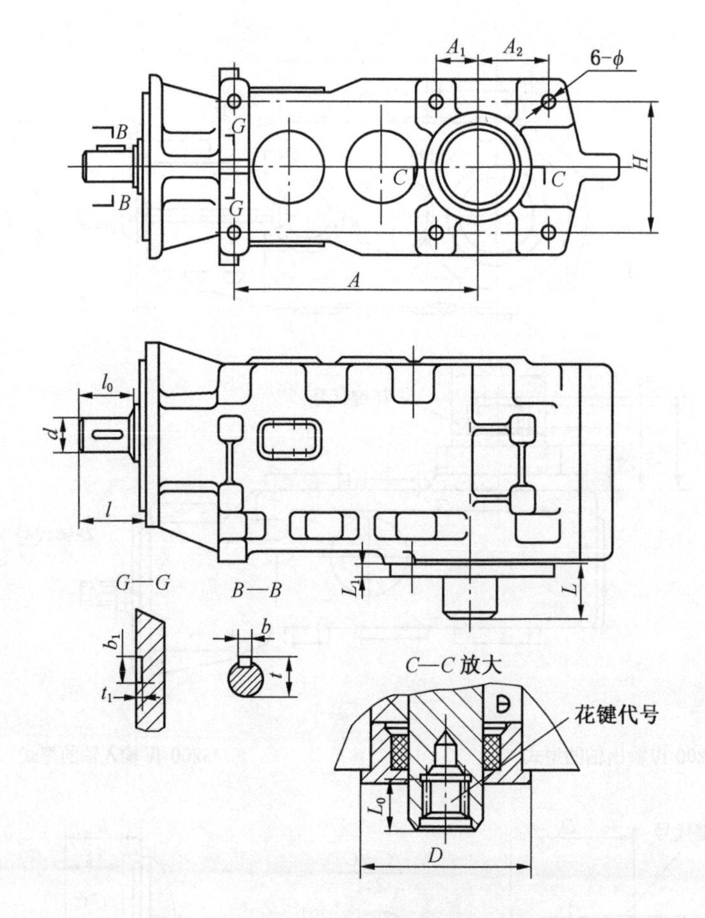

图 12　JS 200V 型减速器连接尺寸

3.2.4　JS 250～JS 400 型减速器的外形连接尺寸应符合表 4 和图 13、图 14、图 15 和图 16 的规定。

表 4 减速器连接尺寸

mm

尺寸 / 代号	H	H_1	H_2	A	A_1	A_2	A_3	Φ	定位键槽或销			L	L_1	L_2	D	D_1	D_2	l	l_1	输入轴				输出轴	
									b_1	t_1	A_0									l_0	d	b	t	L_0	花键代号
JS200V	530			902	207	235		33	40	13		148	22		440			184		150	90	25	95	120	INT 18Z×10m×30P×6H GB 3478.1—1995
JS250	640			1 030	450	350		40	50	17		21			540			228		170	100	28	106	160	INT 20Z×10m×30P×6H GB 3478.1—1995
JS315 Ⅰ	710	590		1 220	480	400		45	120	40	890	533	375	306	568	565	300	322		240	100	28	106	93	EXT 29Z×8m×30P×6e GB 3478.1—1995 EXT 26Z×8m×30P×5f GB 3478.1—1995
JS315 Ⅱ	710	590		1 220	480	400		45	120	40	890	187	40		536	240		230	82	100	EXT 32Z×3m×30P×5f GB 3478.1—1995			135	EXT 29Z×8m×30P×5f GB 3478.1—1995 EXT 26Z×8m×30P×5f GB 3478.1—1995
JS400	870	800	850	425	575	100	80	39	50	11.4		240	121		730			295		180	110	28	116	130	NIT 22Z×10m×30R×6H GB 3478.1—1995
JS525	待定																								

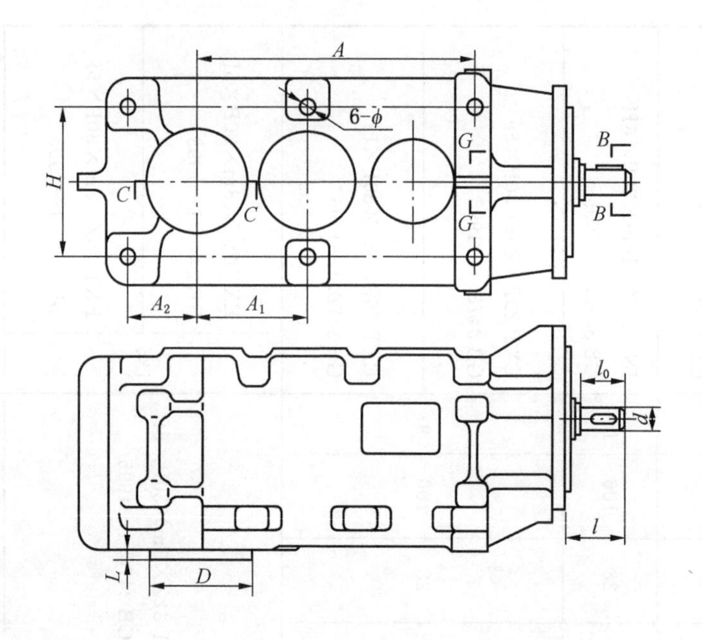

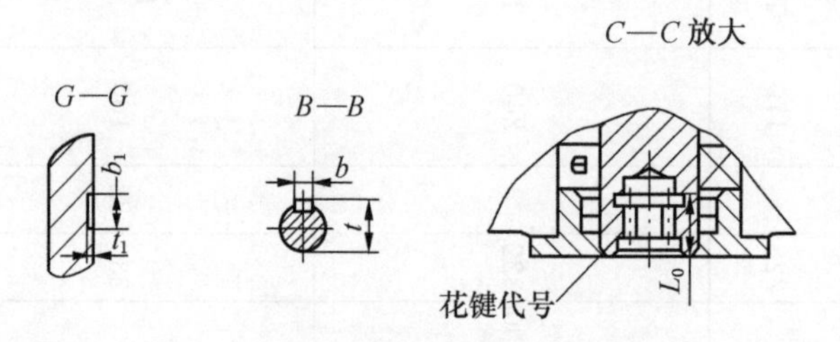

图 13　JS 250 型减速器连接尺寸

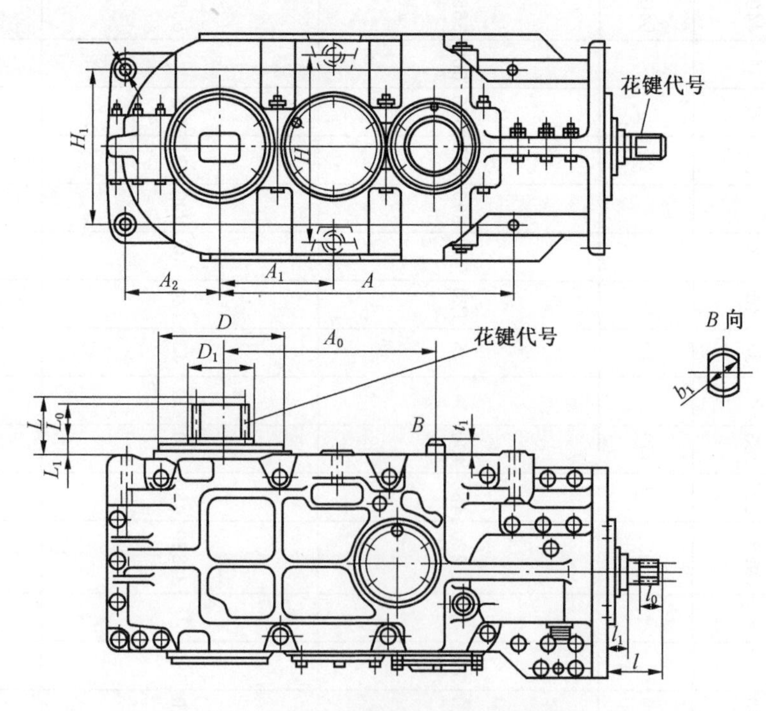

图 14　JS 315 Ⅰ型减速器连接尺寸

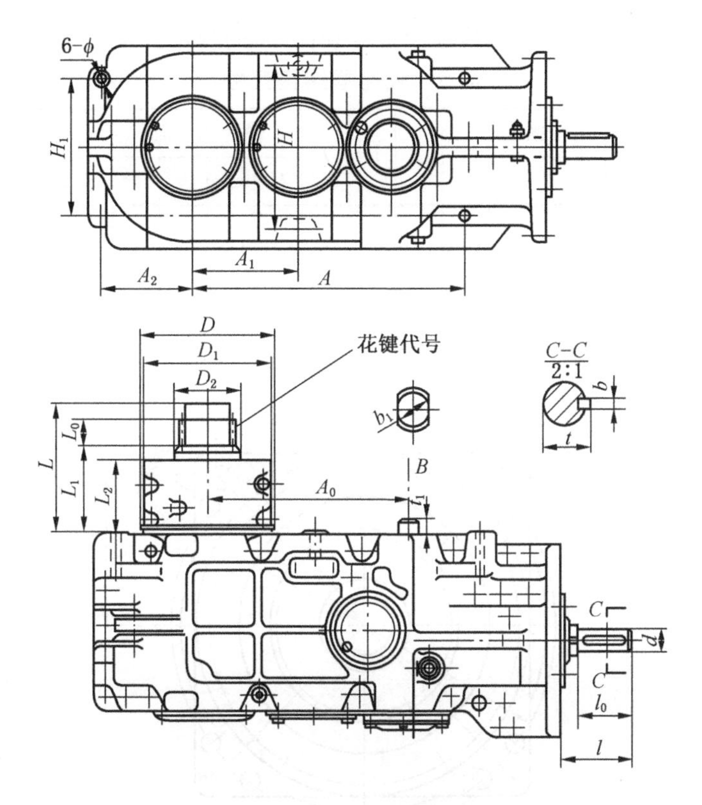

图 15　JS 315 Ⅱ型减速器连接尺寸

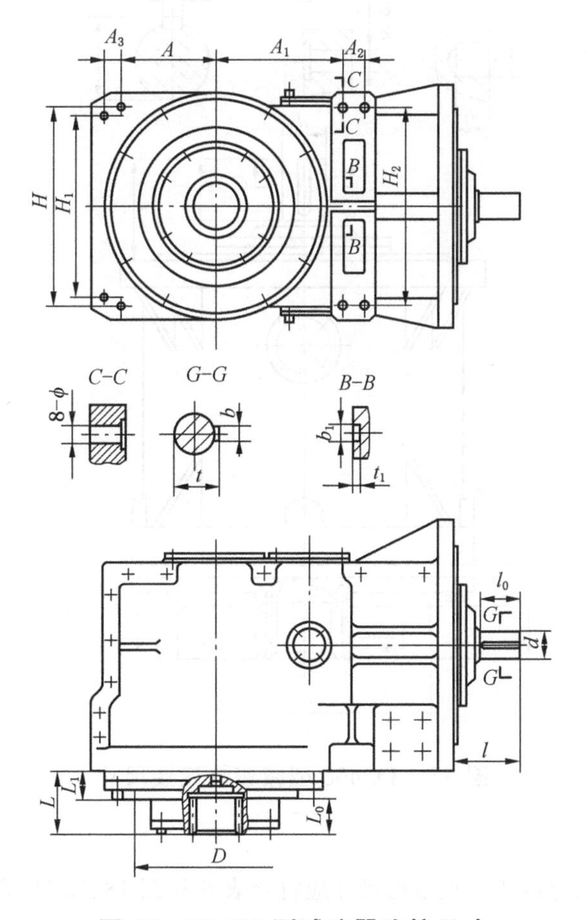

图 16　JS 400 型减速器连接尺寸

3.2.5 行星齿轮减速器的外形连接尺寸应符合表5和图17的规定。

表5 减速器连接尺寸

mm

尺寸 代号	A	h	F	θ	Φ	定位销孔		L	L_1	D	l	输入轴				输出轴	
						b_1	t_1					l_0	d	b	t	L	花键代号
JX 400	410	410	1100	15°	39	68	30	240	121	730	295	178	110	28	116	130	INT 22Z×10m×30R×6H GB 3478.1—1995
JX 525	待定																

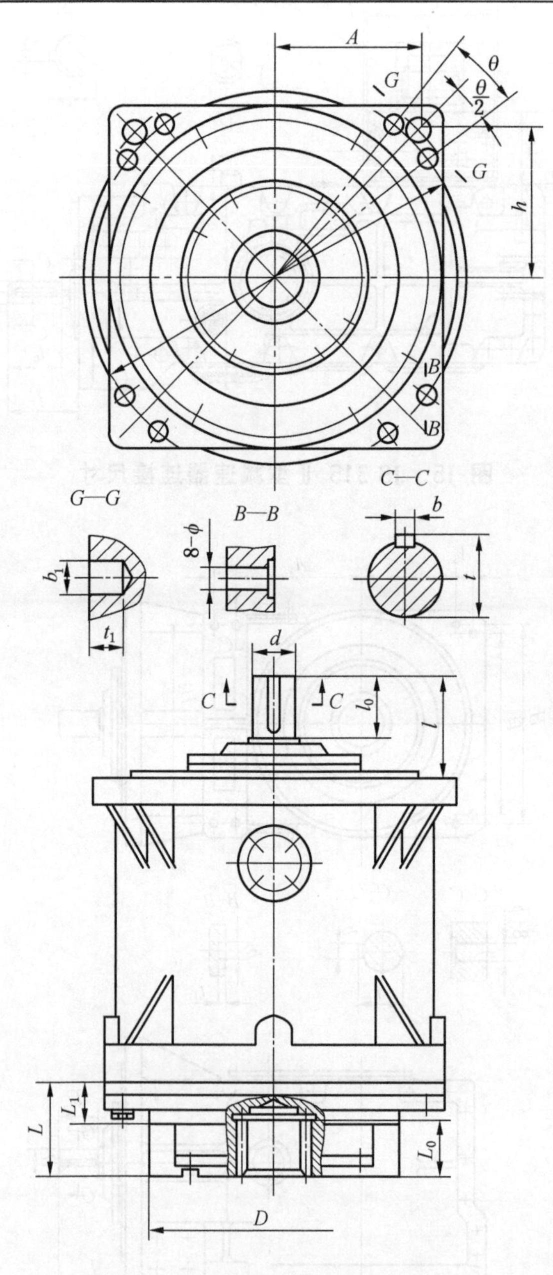

图17 JX 400型减速器连接尺寸

3.3 法兰盘结构尺寸

3.3.1 JS 7.5～JS 90型减速器法兰盘结构尺寸应符合表6和图18、图19、图20、图21、图22、图23和图24的规定。

表 6　减速器法兰盘结构尺寸

mm

尺寸 代号	D	D_1	D_2	D_3	E	d	h	连接孔分布形式
JS 7.5 JS 11	350	250	300		9	19		见图 18
JS 18.5	400	300	350		7	18		见图 19
JS 22 JS 30 Ⅰ	390	310	340		7	18		见图 20
JS 30 Ⅱ	570	500	540	470	7	18	540	见图 21
JS 40	590	500	545		7	18		见图 22
JS 55	590	500	545		7	18		见图 22
JS 75	630	550	590		10	22		见图 23
JS 90	483		438		15	27		见图 24

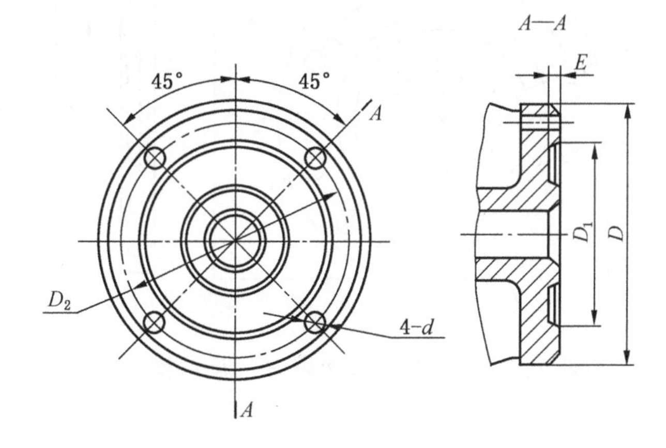

图 18　JS 7.5、JS11 型减速器法兰盘结构尺寸

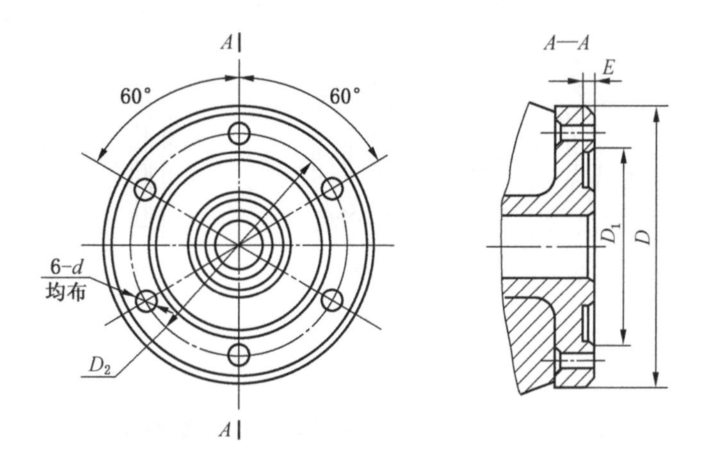

图 19　JS18.5 型减速器法兰盘结构尺寸

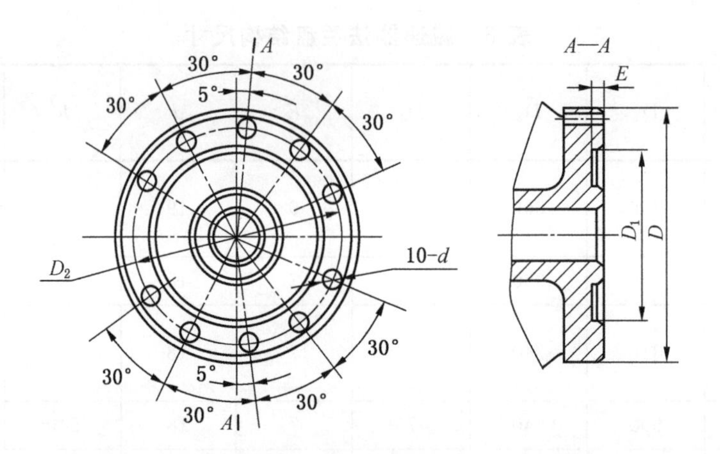

图 20　JS 22、JS 30 Ⅰ 型减速器法兰盘结构尺寸

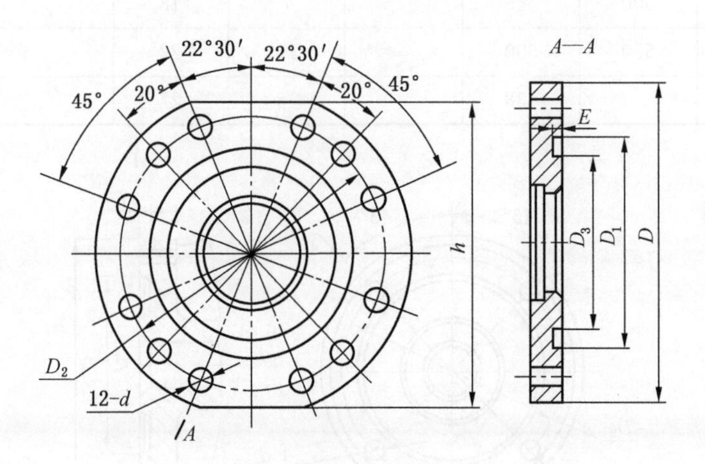

图 21　JS 30 Ⅱ 型减速器法兰盘结构尺寸

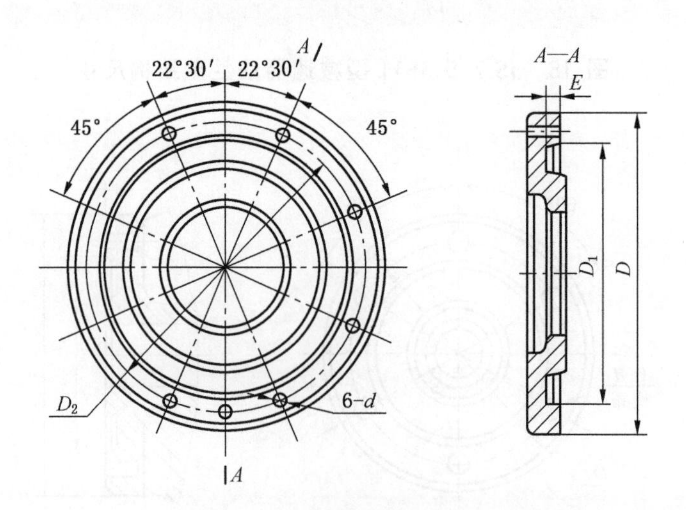

图 22　JS 40、JS 55 型减速器法兰盘结构尺寸

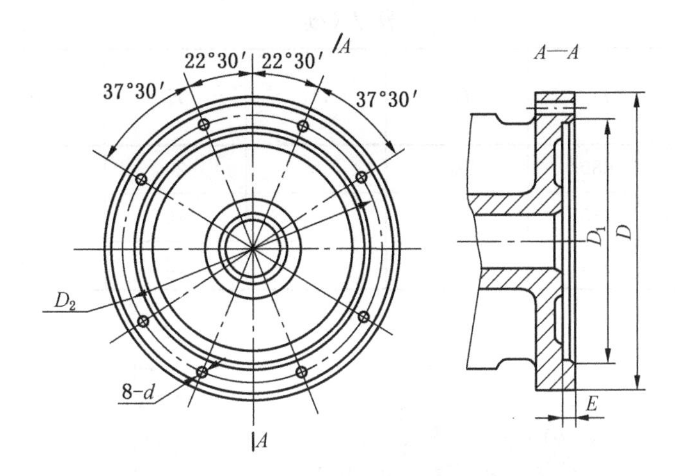

图 23　JS 75 型减速器法兰盘结构尺寸

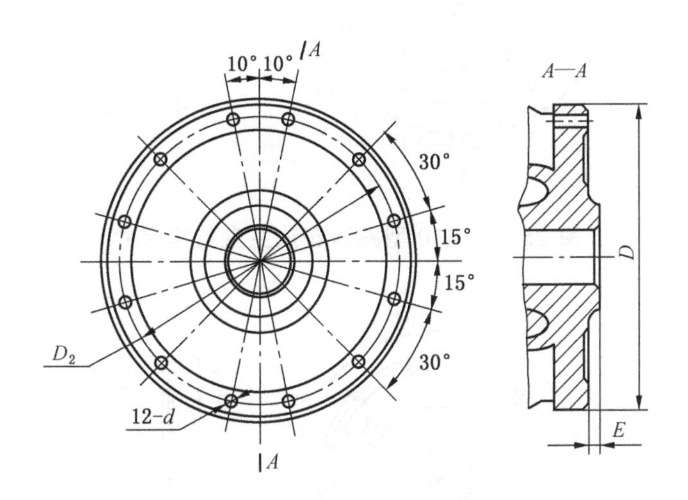

图 24　JS 90 型减速器法兰盘结构尺寸

3.3.2　JS110～JS 400、JX 400 型减速器法兰盘结构尺寸应符合表 7、图 25、图 26、图 27、图 28、图 29、图 30、图 31、图 32 和图 33 的规定。

表 7　减速器法兰盘结构尺寸

mm

代号 \ 尺寸	D	D_1	D_2	D_3	E	d	连接孔分布形式
JS 110	556	450	506	424	10	22	见图 25
JS 132 Ⅰ	710	610	660		10	22	见图 26
JS 132 Ⅱ	660	550	600	520	10	22	见图 27
JS 160 Ⅰ	660	550	600	520	10	22	见图 27
JS 160 Ⅱ	550	450	500	286			见图 28
JS 200 Ⅰ～JS 200 Ⅳ	660	550	600	520	10	22	见图 27
JS 200 Ⅴ	550	450	500	340	10	22	见图 29
JS 250	700	540	620	260	8	26	见图 30

表 7（续）

mm

尺寸 代号	D	D_1	D_2	D_3	E	d	连接孔分布形式
JS 315	800	680	740		20	26	见图 31
JS 400	1 050	935	985		15	30	见图 32
JX 400	1 050	935	985		12	30	见图 33

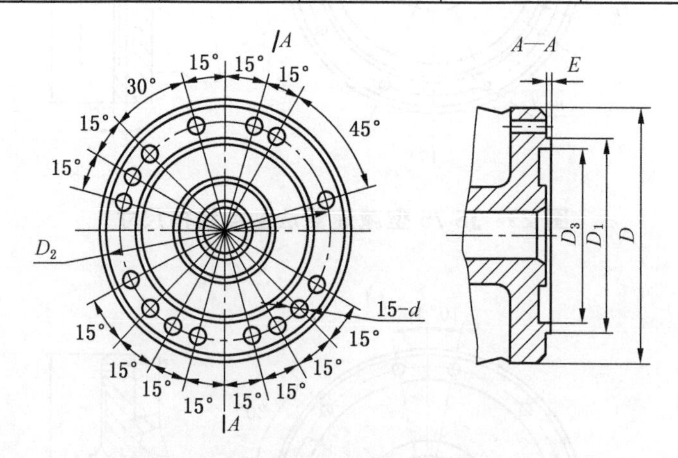

图 25　JS 110 型减速器法兰盘结构尺寸

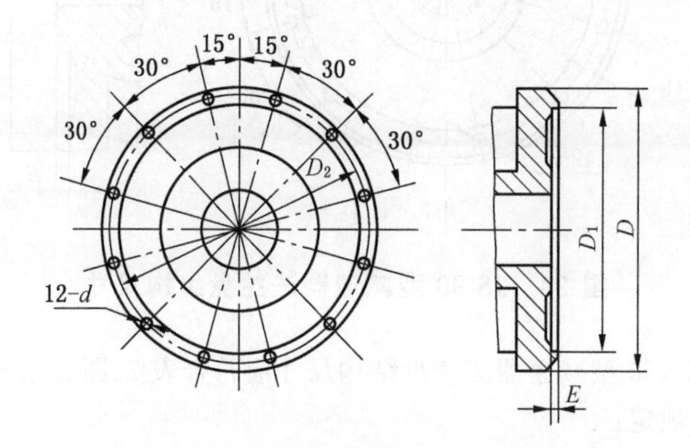

图 26　JS 132 Ⅰ型减速器法兰盘结构尺寸

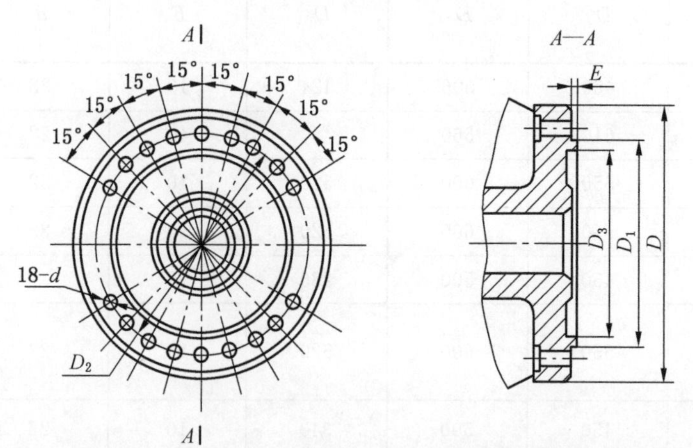

图 27　JS 132Ⅱ、JS 160 Ⅰ、JS 200Ⅰ～JS 200Ⅳ型减速器法兰盘结构尺寸

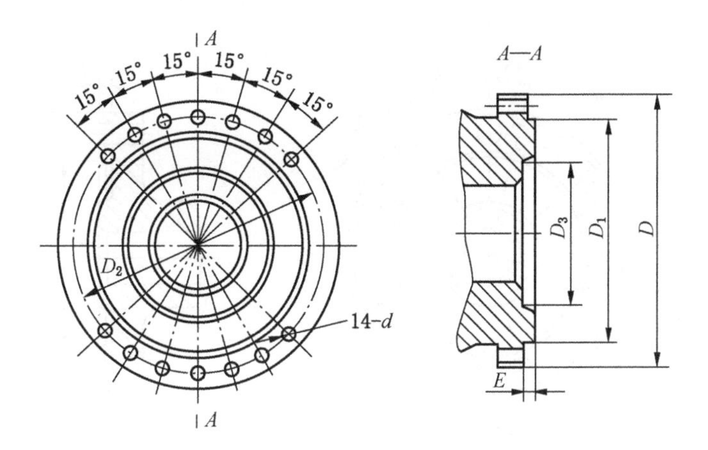

图 28　JS 160Ⅱ型减速器法兰盘结构尺寸

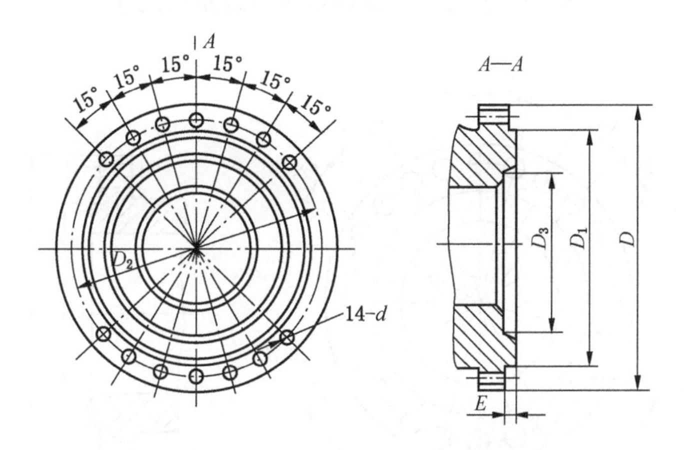

图 29　JS 200 Ⅴ型减速器法兰盘结构尺寸

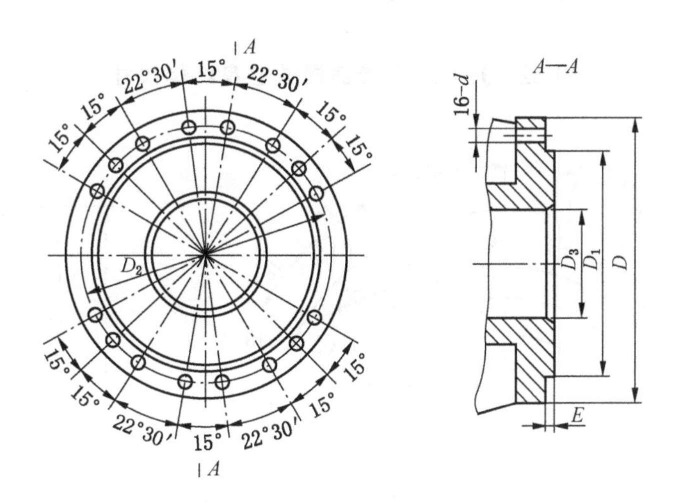

图 30　JS 250 型减速器法兰盘结构尺寸

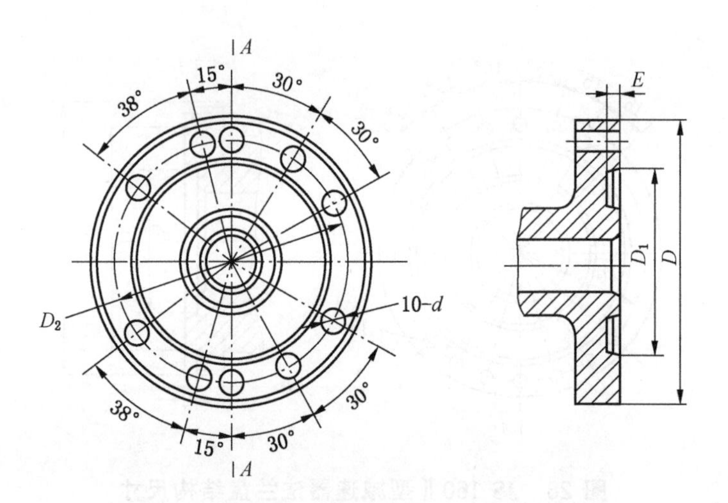

图 31　JS 315 型减速器法兰盘结构尺寸

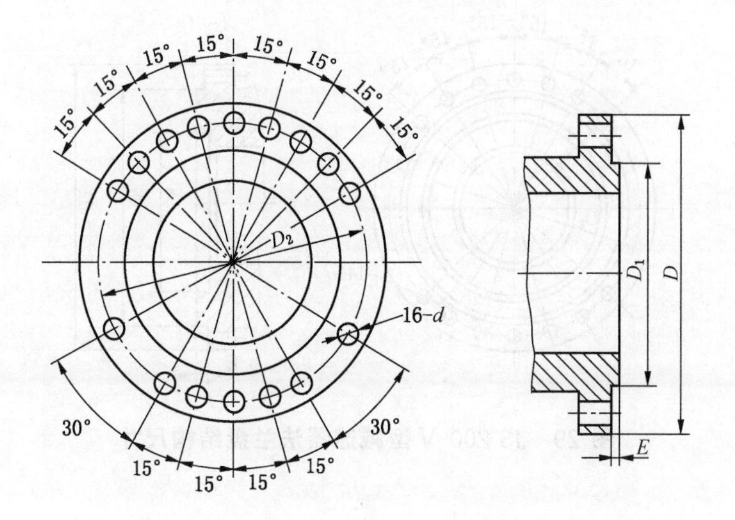

图 32　JS 400 型减速器法兰盘结构尺寸

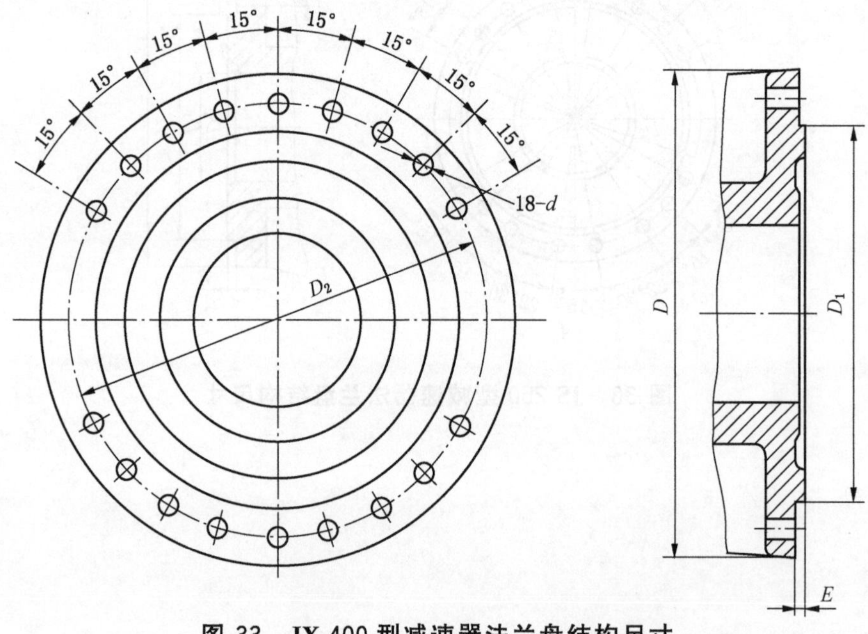

图 33　JX 400 型减速器法兰盘结构尺寸

3.4 **型号编制方法**

3.4.1 型号的组成和排列方式

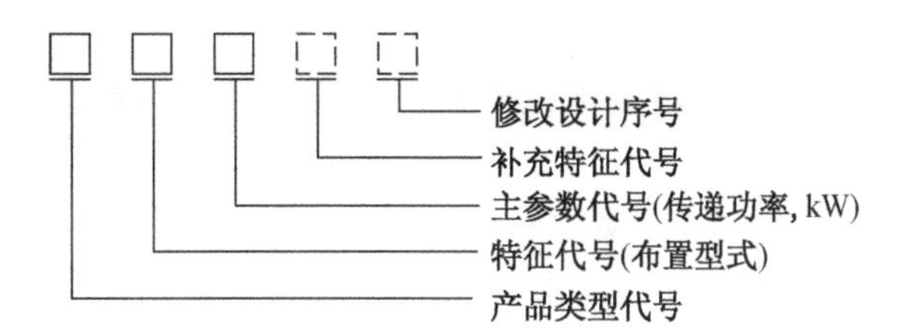

3.4.2 型号中的代号规定

a) 产品类型代号:J——减速器;

b) 特征代号:S——平行布置型式;

X——垂直布置型式;

c) 主参数代号:用阿拉伯数字表明传递功率,kW;

d) 补充特征代号:同一功率档次,输入轴或输出轴的结构和连接尺寸不同时用Ⅰ、Ⅱ、Ⅲ……依次表示;

e) 修改设计序号:用(A)、(B)……依次表示。

3.4.3 型号编制示例

例 1:JX 400(A)

表示传递功率为 400 kW,垂直布置,第一次修改设计的减速器。

例 2:JS 200Ⅰ(A)

表示传递功率为 200 kW,平行布置型式,第一种输入轴结构和连接尺寸,第一次修改设计的减速器。

4 基本参数

4.1 公称传动比

4.1.1 减速器的公称传动比范围为 18~45。

4.1.2 减速器的实际传动比与公称传动比的相对误差应为-5%~+5%。

4.2 齿轮模数

4.2.1 圆锥齿轮大端模数 m 为 3~18 mm。

4.2.2 圆柱齿轮模数 m_n 为 3,3.5,4,4.5,5,5.5,6,7,8,9,10,12,14,16,18,20 mm。

4.3 齿轮的基本齿形

4.3.1 圆锥齿轮为格里森弧线齿或克林根贝尔格延伸外摆线齿,齿形参数应符合表 9 的规定。

表 9 圆锥齿轮齿形参数

齿　　制	格里森齿形制	克林根贝尔格齿形制	奥里康齿形制
齿形	弧线圆锥齿轮	延伸外摆线齿轮	延伸处摆线齿轮
齿形角	$\alpha=20°$	$\alpha=20°$	$\alpha=20°$
齿顶高系数	$h_a=0.85$	$h_a=1.0$	$h_a=1.0$
顶隙系数	$C=0.188$	$C=0.25$	$C=0.15$
齿宽中心螺旋角	$\beta=35°$	$\beta_m=30°$	$\beta=30°$

4.3.2 圆柱齿轮基本齿廓应符合 GB 1356 的规定。

5 技术要求

5.1 基本要求

5.1.1 减速器应符合本标准的要求,并按照经规定程序批准的图样和文件制造。

5.1.2 减速器工作条件，应符合下列要求：

a) 输入轴的名义转速为 1 500 r/min；

b) 齿轮圆周速度不大于 20m/s；

c) 环境温度为－20～＋40℃，当环境温度低于 0℃时，减速器启动前润滑油应加热；

d) 能用于正、反方向运转。

5.1.3 减速器的运行工作条件必须满足《煤矿安全规程》有关规定。

5.1.4 减速器应满足刮板输送机满载起动要求。

5.2 结构要求

5.2.1 减速器应便于拆装和运输。

5.2.2 减速器上、下箱体应对称。

5.2.3 在规定使用条件下，减速器应保证所有轴承得到充分润滑。

5.2.4 减速器采用机械保护装置时，应便于安装、拆卸。

5.2.5 减速器箱体结合面、输入轴、输出轴应有可靠的密封结构，不得渗漏润滑油。

5.2.6 在保证外部连接尺寸不改变的情况下，减速器应能通过更换齿轮副，达到不同的传动比。

5.3 性能要求

5.3.1 减速器各项性能要求，应符合 MT/T 105 3.4.2 的规定。

5.3.2 减速器应进行超载试验。试验时，油温不得超过 100℃；试验后，不应出现齿轮断齿，及齿面剥落、拉毛、压痕、胶合和超出允许的范围的点蚀等缺陷。

5.4 主要元部件技术要求

5.4.1 上、下箱体铸件的机械性能应不低于 GB/T 9439 中的 HT 200。

5.4.2 上、下箱体应消除内应力。

5.4.3 齿轮、齿轮轴采用锻件，材料为 20 MnVB，允许采用机械性能相当或较高的锻造材料，不允许采用铸造齿轮。渗碳淬火齿轮面精加工后，有效硬化层深度为 0.15～0.25 m_n，模数较大取较小值，模数较小取较大值，齿面不应有裂纹、烧伤等缺陷。

5.4.4 渗碳、淬火齿轮齿面硬度：主动齿轮齿面为 HRC 58～62，从动齿轮齿面为 HRC 56～62。

5.4.5 圆柱齿轮的精度和齿厚公差应符合 GB/T 10095 的规定。传递功率 90 kW 以下的减速器，当分度圆直径小于等于 200 mm 时推荐选用 8FH；当分度圆直径大于 200～400 mm 时，推荐选用 8 GK。传递功率 90 kW 及 90 kW 以上的减速器，当分度圆直径小于等于 200 mm 时，应不低于 8—7—7GK；分度圆直径大于 200～500 mm 时，应不低于 8—7—7HL；分度圆直径大于 500 mm 时，应不低于 8—7—7JL。

5.4.6 圆柱齿轮精度为 8—7—7 的齿轮副接触斑点，按齿高不小于 45%，按齿长不小于 60%；齿轮精度为 8 级的齿轮副接触斑点，按齿高不小于 40%，按齿长不小于 50%。

5.4.7 圆弧锥齿轮的精度应符合 GB/T 11365 的规定，90 kW 以下减速器圆弧锥齿轮精度等级推荐选用 8 级，90 kW 及 90 kW 以上减速器圆弧锥齿轮精度等级应不低于 8 级。

5.4.8 圆弧锥齿轮的齿轮副接触斑点，按齿高和齿长均不小于 60%。

5.4.9 圆柱齿轮传动的最小法向侧隙，推荐采用表 10 的规定。

表 10 圆柱齿轮传动最小法向侧隙

中心距 mm	＞80～125	＞125～180	＞180～250	＞250～315	＞315～400	＞400～500
侧隙 μm	140	160	185	210	230	250

5.4.10 圆弧锥齿轮最小法向侧隙 Jn_{min} 应符合表 11 的规定。最大法向侧隙 Jn_{max} 按公式(1)进行计算。

表 11 圆弧锥齿轮最小法向侧隙

侧隙种类	小轮分锥角 (°)	代 号	中点锥距 mm					
			≤50	>50~100	>100~200	>200~400	>400~800	>800~1 600
b	≤15	Jn_{min}	58	84	100	120	160	210
	>15~25		84	100	140	185	230	320
	>25		100	120	160	210	280	420

$$Jn_{max}=(|E_{ss1}+E_{ss2}+T_{s1}+T_{s2}+T_{s\Delta1}+T_{s\Delta2})\cos\alpha \quad \cdots\cdots(1)$$

式中：E_{ss}——齿厚上偏差；

$E_{s\Delta}$——制造误差的补偿值(按 GB/T 11365 查取)；

$T_{\bar{s}}$——齿厚公差；

α——齿形角。

5.4.11 行星齿轮减速器的技术要求应符合 JB/T 6502 的规定。

5.5 减速器润滑

5.5.1 减速器一般采用油池润滑，自然冷却，当减速器工作平衡温度超过 100℃时可采用减速器内装冷却系统的油池润滑。

5.5.2 减速器齿轮啮合处采用飞溅润滑或强迫润滑，润滑油推荐选用 GB 5903 中的 N220、N320、N680 中负荷极压齿轮油。

5.6 减速器合箱用螺栓的性能等级

减速器合箱用螺栓的性能等级应符合 GB 3098.1 的规定。90 kW 以下减速器合箱用螺栓性能等级为 5.9 级，90 kW 及 90 kW 以上减速器合箱用螺栓性能等级为 8.8 级，拧紧力矩推荐选用表 12 的规定。

表 12 紧固螺栓拧紧力矩

螺栓直径 d,mm	M10	M12	M16	M20	M24	M30	M36
拧紧力矩,N·m	43	74	181	353	618	1 200	2 050

5.7 制造、装配要求

5.7.1 原材料、外购件、元部件应按各自的技术条件、要求进行检查，合格后方可装配、使用。

5.7.2 上、下箱体合箱后边缘应平齐，箱体总长小于 1 200 mm 时相互错位量每边应不大于 2 mm；总长大于等于 1 200 mm 时，相互错位量每边不大于 3 mm。

5.7.3 上、下箱体合箱后未紧螺栓时，用 0.05 mm 的塞尺不得塞入接合面宽度的 1/3。

5.7.4 减速器装配后，各轴组件的轴向间隙量应符合产品设计文件的规定。

5.7.5 互相啮合的齿轮应转动自如，无卡滞现象。

5.7.6 各连接件、紧固件不得松动。

5.7.7 减速器箱体内表面及其它零件非加工表面应涂防锈漆，外露加工表面涂防锈油脂，内部加工表面涂防锈油。

5.7.8 外购件须有生产厂的质量检验证明合格，方可入库组装、使用。

6 抽样

6.1 减速器的出厂检验为全检，型式检验为抽检。

6.2 减速器抽样检验按 GB/T 13264 规定的一次抽样方案，一次抽样方案的批量 $N=10$，样本大小 No=2，合格判定数 $A_c=0$，不合格判定数 $R_e=A_c+1=1$。

6.3 所有样本应从整批中随机抽取，抽取样本的时间，一般在组成批以后，也可在组成批的过程中进行。

6.4 批合格或不合格的判定规则：

减速器进行型式检验时，凡型式检验项目中有一项不符合检验要求时，则该样本不合格判定数为1，如果在样本中发现的不合格品的个数小于等于合格判定数 A_c 时，则该批产品为合格品，如果大于等于不合格判定数 R_e，则该批产品为不合格品。

6.5 不合格批的处理：

对不合格批可以进行筛选、修复等处理，再次组成检验批，提交检查、试验，再次提交批的试验项目按表14，判定规则按6.4。

7 试验方法

7.1 空载试验

减速器装配后，必须逐台在额定转速下进行空载试验，试验前按给定油位注入足够的润滑油。

7.1.1 减速器出厂检验的空载试验为正向、反向各运转30 min。

7.1.2 减速器型式检验的空载试验为正向、反向各运转2 h。

7.1.3 空载试验后，观察减速器是否符合MT/T 105中3.4.2.2的要求。

7.2 温升试验

7.2.1 减速器出厂检验的温升试验为在额定负荷下正向连续运转3 h。

7.2.2 减速器型式检验的温升试验为在额定负荷下正向、反向连续运转直至油池油温达到热平衡。

7.2.3 出厂检验的温升试验，要求减速器连续运转3 h的最高油温不得超过100℃，当减速器内装冷却系统时，油温应控制在75±5℃，通水量及入口水温应符合产品设计文件规定。

7.2.4 型式检验的温升试验，观察减速器是否符合MT/T 105的3.4.2.4中d的要求。

7.3 噪声试验

减速器进行额定负荷的效率试验时，同时做噪声试验。

7.3.1 出厂检验和型式检验的噪声试验，在减速器正向和反向运转时进行。在离被试减速器正面、侧面、上面1 m处三个方向测定噪声值，取其算术平均值。

7.3.2 考核减速器最大噪声值是否符合MT/T 105的3.4.2.4中C的要求。

7.4 效率试验

7.4.1 空载试验合格后的减速器在额定转速下按25%、50%、75%的额定负荷分三级进行试验，每级正向、反向各运转1 h，然后再按100%负荷进行正向、反向运转，达到热平衡为止。

7.4.2 在额定负荷下达到热平衡温度时或内部水冷却减速器油温在80℃时，考核减速器的机械效率是否符合MT/T 105的3.4.2.3和3.4.2.4中a、b的要求。

7.5 超载试验

7.5.1 减速器在额定转速下正向、反向按125%额定负荷各运转1/6 h。

7.5.2 试验时检查油温，试验后检查齿轮接触情况是否符合5.3.2的规定。

7.6 耐久试验

7.6.1 减速器在以上各项试验合格后，方可进行耐久试验。耐久试验时，减速器在额定负荷下正向运转1 000 h。

7.6.2 耐久试验时，减速器油池油温控制在80℃以下。

7.6.3 耐久试验中允许更换一次密封件和两次润滑油。

7.6.4 耐久试验的检验要求，应符合MT/T 101的12.6.2的要求。

8 检验规则

8.1 检验分类

减速器检验类型分为出厂检验和型式检验。

8.2 出厂检验

8.2.1 减速器零部件需经厂质量检验部门检验合格方可进行组装，减速器应由厂质量检验部门逐台检验，检验合格并签发合格证方可进行刮板输送机整机组装或出厂。

8.2.2 减速器出厂检验项目、检验数量、检验要求应符合表13的规定。

表 13 出厂检验项目、数量、方法与要求

序号	检验项目	检验数量	检验方法与要求
1	装配要求及连接尺寸	全部产品	按3.2、3.3、5.7.2、5.7.3、5.7.4、5.7.5、5.7.6、5.7.7规定极限偏差按图样
2	空载试验		按7.1规定
3	温升试验		按7.2规定
4	噪声试验		按7.3规定

8.3 型式检验

8.3.1 有下列情况之一者，应进行型式检验：

a) 新产品或老产品转厂生产的试制定型鉴定；

b) 正式生产后，如结构、材料、工艺有较大改变，可能影响产品性时；

c) 正常生产时，每隔5年进行一次检验；

d) 产品长期停产后，恢复生产时；

e) 出厂检验结果与上次型式检验有较大差异时；

f) 国家质量监督机构提出进行型式检验要求时。

8.3.2 型式检验项目、检验数量、检验方法与要求应符合表14的规定。

表 14 型式检验项目、数量、方法与要求

序号	检验项目	检验数量	检验方法与要求
1	装配要求及连接尺寸	按6.2	按3.2、3.3、5.7.2、5.7.3、5.7.4、5.7.5、5.7.6、5.6.7，极限偏差按图样
2	空载试验		按7.1规定
3	效率试验		按7.4规定
4	温升试验		按7.2规定
5	噪声试验		按7.3规定
6	超载试验		按7.5规定
7	耐久试验		按7.6规定

8.4 判定规则

8.4.1 减速器出厂检验项目中有一项不合格，允许调整或修复，调整或修复后的减速器符合检验要求时，该减速器仍判为合格。

8.4.2 减速器型式检验合格或不合格的判定规则按6.4。

9 标志、标签、包装

9.1 产品检验合格的减速器应在其侧面设置符合GB/T 13306规定的产品标牌，其标志的主要内容包括：

——制造厂名；

——产品名称和型号；

——制造日期及出厂编号。

9.2　减速器轴伸与键应涂防锈油脂，并用塑料布包严，齿轮、轴、轴承应涂润滑油脂。

9.3　减速器应垫稳，固定于有防水设施的包装箱内。包装质量应保证产品在运输、贮存过程中不受机械损伤，不致散失。包装箱外部应标明下列内容：

——产品名称和型号；

——制造厂名和地址；

——产品数量和包装箱净重、毛重；

——收货单位名称和地址；

——包装箱外形尺寸；

——包装日期。

9.4　产品在运输、贮存过程中应保持清洁，不得与酸、碱物质接触，不应受剧烈振动撞击。

中华人民共和国煤炭工业部部标准

MT/T 149—87

刮板输送机热轧矿用槽帮钢型式、尺寸

本标准适用于煤矿井下刮板输送机和转载机用热轧矿用槽帮钢(以下简称槽帮钢)。

1　产品品种规格

1.1　槽帮钢型式

槽帮钢型式分为E型、M型和D型三种,其型式、尺寸、理论重量应符合表1和图1、图2、图3、图4、图5和图6的规定。

表 1

型　号	截面面积 cm^2	理论重量 kg/m	平均腿厚 mm
D12.5	12.85	10.09	7.5
D15	24.28	19.06	9.24
E15	45.88	36	11
M15	27.74	22	9
E19	67.53	53	14
(M18)	36.63	28.80	10
E22	90.54	71.08	—
M22	77.01	60.45	—
注:新设计的刮板输送机、转载机不采用带括号的槽帮钢。			

中华人民共和国煤炭工业部 1987-09-11 批准　　　　1987-10-01 实施

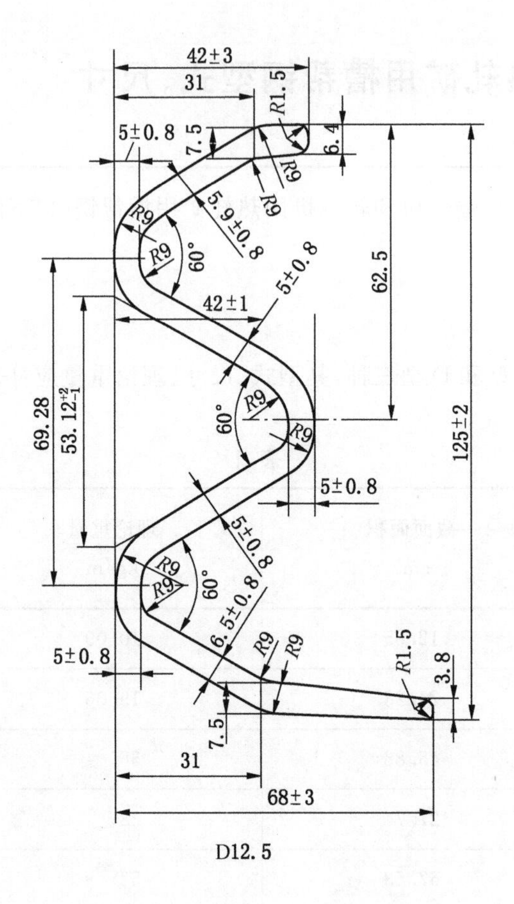
42±3
31
R1.5
5±0.8
7.5
6.4
R9
R9
5.9±0.8
R9
R9
60°
5±0.8
62.5
42±1
69.28
53.12+2-1
60°
R9
R9
125±2
5±0.8
5±0.8
R9
R9
60°
6.5±0.8
5±0.8
R9
R9
R1.5
3.8
7.5
31
68±3

D12.5

图 1

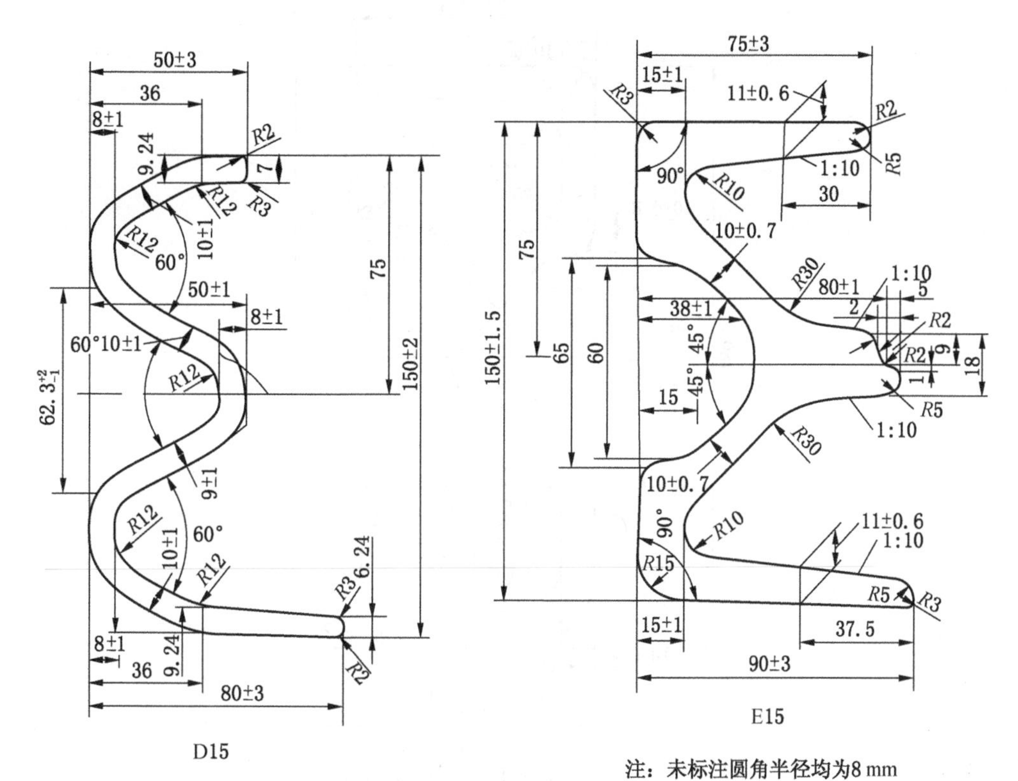

D15

注：未标注圆角半径均为10 mm

E15

注：未标注圆角半径均为8 mm

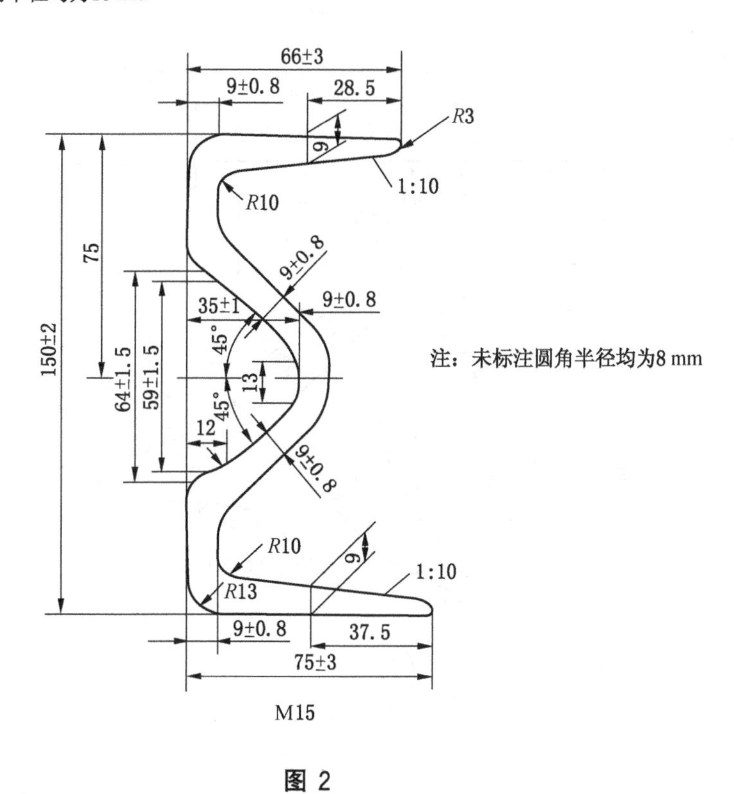

注：未标注圆角半径均为8 mm

M15

图 2

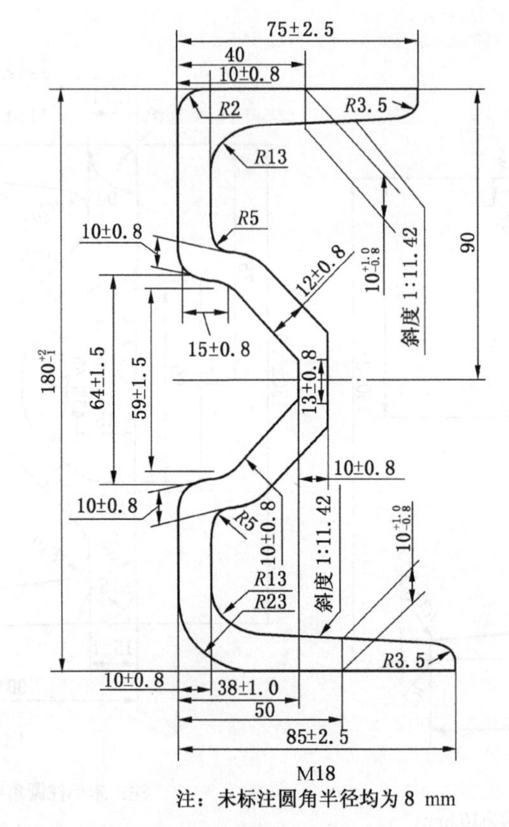

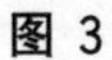

M18

注：未标注圆角半径均为 8 mm

图 3

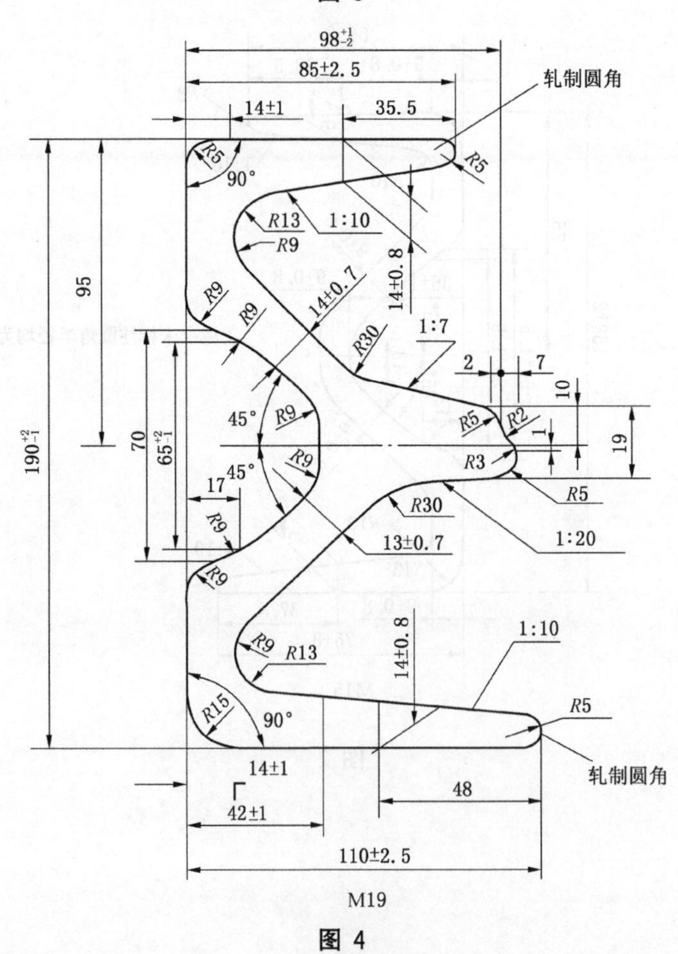

M19

图 4

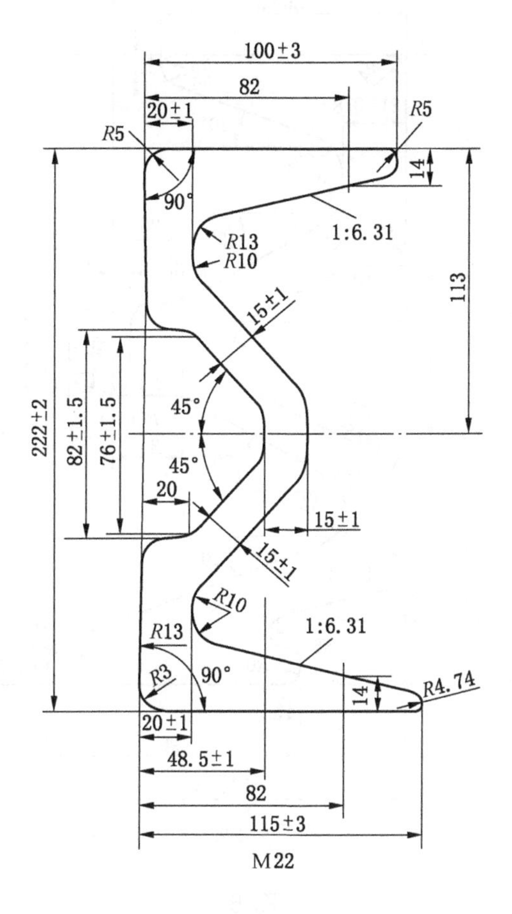
100±3
82
20±1
R5
R5
14
90°
R13
R10
1:6.31
113
15±1
222±2
82±1.5
76±1.5
45°
45°
20
15±1
15±1
R10
1:6.31
R13
R3
90°
14
R4.74
20±1
48.5±1
82
115±3
M22

图 5

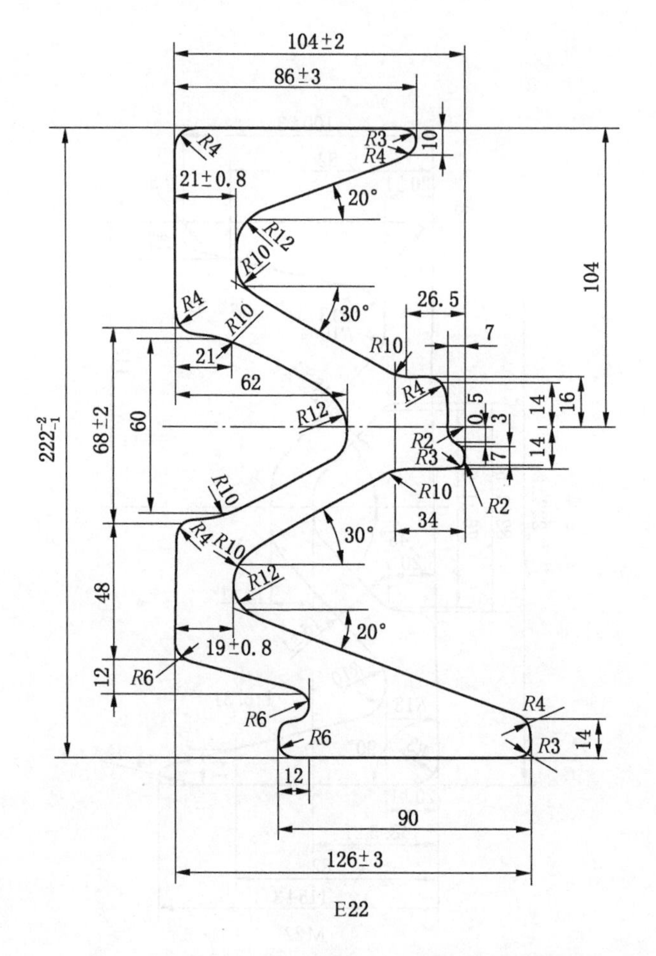

图 6

1.2 槽帮钢的平均腿厚允许偏差应为±0.06t，t 表示槽帮钢的平均腿厚。

1.3 槽帮钢的腿外缘斜度，单腿应不大于 2%，双腿不大于 3%。

1.4 钢材交货长度应符合表 2 的规定。

表 2

型　　号	交货长度，mm	长度允许偏差，mm
D12.5	n×1215 定倍尺	+100
D15	n×1215 定倍尺	+100
E15	1510 定倍尺	+100
M15	n×1210 定倍尺	+100
E19	1510 定倍尺	+100
(M18)	1510 定倍尺	+100
E22	1510 定倍尺	+100
M22	1339、1199 定倍尺	+100

注：(1) 表中 n 为正整数，$3\leqslant n\leqslant 7$。

(2) $n\leqslant 2$ 的数量不超过本批交货总量的 10%。

1.5 钢材的波浪弯及镰刀弯每米不得大于2 mm,总弯曲度不大于总长度的0.2%。

1.6 钢材以热轧状态交态。

附加说明:

本标准由煤炭工业部技术发展司提出。
本标准由煤炭科学研究院太原分院负责起草。
本标准主要起草人 钱观生。
本标准委托煤炭科学研究院太原分院负责解释。

ICS 73-010
D 08
备案号：920—1997

中华人民共和国煤炭行业标准

MT/T 150—1997
（2004年确认）

刮板输送机和转载机包装通用技术条件

General technical condition for packges of chain conveyors and stage loaders

1997-11-10 发布　　1998-04-01 实施

中华人民共和国煤炭工业部　发布

前　　言

本标准是对 MT 150—1987《刮板输送机和转载机包装通用技术条件》修订而成。

本标准将机头、带传动部的机尾、转载机机尾、推移装置由原标准规定的装箱改为敞装。

本标准表 1 装箱中增加了销轨。

在装箱要求中，规定了对重心偏离中心较明显的件应采取相应的平衡措施。

对发货标志做了适当的修改。

本标准从生效之日起，同时代替 MT 150—1987。

本标准由煤炭工业部科技教育司提出。

本标准由煤炭工业部煤矿专用设备标准化技术委员会归口。

本标准起草单位：张家口煤矿机械厂。

本标准主要起草人：敦富英。

本标准于 1987 年 9 月首次发布。

本标准委托煤炭工业部煤矿专用设备标准化技术委员会刮板输送机分会负责解释。

中华人民共和国煤炭行业标准

刮板输送机和转载机包装通用技术条件

MT/T 150—1997

代替 MT 150—1987

General technical condition for packges of chain conveyors and stage loaders

1 范围

本标准规定了刮板输送机和转载机的包装方式、技术要求、随机文件和标志。

本标准适用于矿用刮板输送机和转载机的包装。

2 引用标准

下列标准所包含的条文，通过在本标准中引用而构成为本标准的条文。本标准出版时，所示版本均为有效。所有标准都会被修订，使用本标准的各方应探讨使用下列标准最新版本的可能性。

GB 191—1990 包装储运图示标志

GB/T 6388—1986 运输包装收发货标志

3 包装方式

3.1 产品的零、部件按表1的规定进行包装。

表 1

品　种	装　箱	捆　扎	敞　装
刮板输送机	销轨 张紧装置 配套的电控设备 液压件 各种紧固件 密封件 其他可装箱的零部件	中部槽 挡板 电缆槽 圆环链 铲煤板 齿轨 刮板 刮板链 底挡板 易捆扎的特异件	机头 机尾 过渡槽 推移装置 不易捆扎的特异件
转载机	推移装置、拉移装置 配套的电控设备、各种紧固件、密封件及其他可装箱的零、部件	中部槽 圆环链 挡板 刮板 刮板链	机头 机尾 转载机小车、不能装箱及捆扎的特异件

3.2 表1中规定捆扎和敞装的零部件也可装箱。

中华人民共和国煤炭工业部 1997-11-10 批准　　1998-04-01 实施

4 技术要求

4.1 基本要求

4.1.1 产品的零、部件经检验合格后方可进行包装。

4.2 包装箱要求

4.2.1 包装箱应坚固耐用，符合长途运输，多次搬运的要求。

4.2.2 根据产品品种需要，可选用不同规格的专用包装箱，其外形尺寸和重量应考虑充分利用货车的容积和载重量。

4.2.3 包装箱一律采用平顶。

4.2.4 出口产品的包装箱应符合相应标准的规定。

4.3 捆扎件要求

4.3.1 进行捆扎的零、部件一定要捆扎整齐牢固，符合起吊、铲运及长途运输的要求。做到不散包、不掉件，每捆重量不得超过 4 t。

4.3.2 凡是捆扎同样产品的零、部件时，每捆数量应一致。

4.3.3 捆扎的零、部件应有明显牢固的标志。

4.4 包装前要求

4.4.1 同时发运多台产品时，必须按单台装箱及捆扎，不得混装。

4.4.2 对于精度较高或运输中易损的零、部件，包装时应采取保护措施。

4.4.3 零、部件的裸露精加工表面应采取保护措施。

4.4.4 数量较多的小件，如标准件、橡胶圈、销轴等应先装入内包装(如袋或盒)，并应有零件的名称和数量标志，再装入专用箱内。

4.5 装箱要求

4.5.1 零、部件应排摆整齐、垫稳、卡紧，固定于包装箱内，防止零、部件在运输过程中发生窜动。

4.5.2 装箱时重心位置应靠中、靠下。凡是重心较高的零、部件应尽量采用卧式包装。重心偏离中心较明显的件应采取相应的平衡措施。

4.5.3 备件及工具应装入专用箱内，专用箱放置于包装箱内。

4.5.4 随机文件应装入塑料袋，封好后装入包装箱内，箱外注明"技术文件在内"字样。

4.5.5 箱面标志必须正确、清晰、整齐、美观、牢固。

5 随机文件

5.1 随机文件应包括：

a) 产品发货明细；

b) 装箱单(应注明合同号)；

c) 分箱单；

d) 产品出厂合格证明书；

e) 产品使用维护说明书；

f) 箱号汇总单。

5.2 随机文件必须完整，字迹清楚、签章齐全。

6 标志

6.1 箱面标志

包装箱箱面标志应包括发货标志和储运图示标志。

6.1.1 发货标志应包括：

a) 商品分类图示标志；

b) 产品型号、名称；

c) 箱型代号；

d) 产品零、部件代号；

e) 箱型尺寸(长×宽×高)m；

f) 毛重 kg,净重 kg；

g) 收货地点和单位；

h) 发货地点和单位。

6.1.2 商品分类图示标志应符合 GB/T 6388 的规定。

6.1.3 产品分多箱包装时,箱号采用分数表示。分子为分箱号,分母为总数(即总箱数、总捆扎件数和总敞装件数之和)。

6.1.4 需防雨、防止倒置的包装箱应按 GB 191 的规定选用包装储运图示标志。

6.1.5 箱面标志应标在箱体四周。

6.2 捆扎件标志

捆扎件每捆应牢固地捆扎两个标签,其上应包括:产品型号、名称、零件号、零件名称、每捆数量、每捆重量、合计捆数。

6.3 敞装件标志

敞装时每件产品应在明显的位置标注产品型号、名称、零、部件代号、名称,共几件、第几件等字样。

中华人民共和国煤炭行业标准　　MT/T 151—1996

矿　用　液　压　推　溜　器

代替 MT 151—87

1　主题内容与适用范围

本标准规定了矿用液压推溜器(以下简称推溜器)的结构型式、基本参数、尺寸、技术要求、试验方法和检验规则、标志、包装、运输及贮存。

本标准适用于一般机械化采煤工作面推移刮板输送机或刨煤机用推溜器。

2　引用标准

GB 191　包装储运图示标志

GB/T 13306　标牌

MT 76　液压支架用乳化油

3　产品结构型式、基本参数、尺寸

3.1　结构型式、基本参数、尺寸应符合图1、图2和表1的规定。

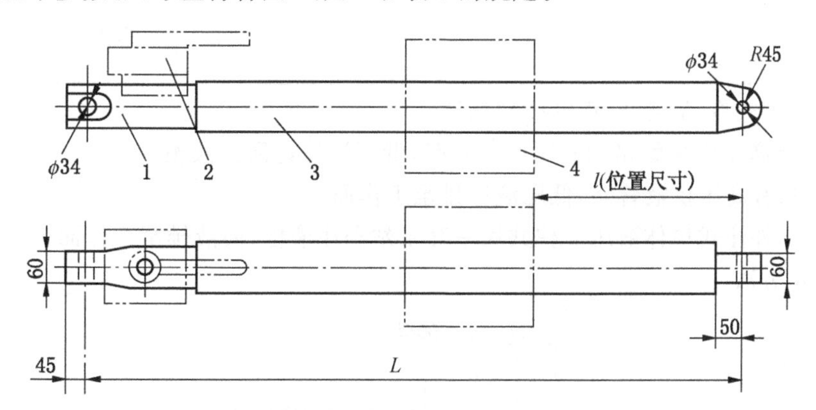

图 1　液压推溜器

1—活塞杆;2—控制阀;3—缸体;4—支撑座

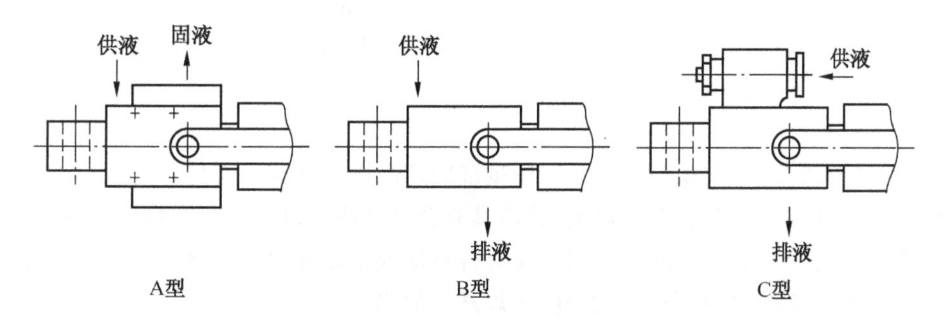

图 2　结构型式

表 1

型　　号	TY77A			TY77B			TY77C		
工作行程 cm	70	90	110	70	90	110	70	90	110
工作压力 MPa	9.8								
推　　力 kN	77								
活塞杆直径 mm	70								
缸体内径 mm	100								
推溜器长度 L mm	1 130～ 1 830	1 330～ 2 230	1 530～ 2 630	1 130～ 1 830	1 330～ 2 230	1 530～ 2 630	1 130～ 1 830	1 330～ 2 230	1 530～ 2 630
适于采煤机 截深,mm	600	800	1 000	600	800	1 000	600	800	1 000
支承座位置 l mm	220	320	420	—	—	—	220	320	420

3.2　推溜器的结构型式有 A 型、B 型和 C 型三种：

a.　A 型——有高压供液管路和底压回液管路,低压液体返回油液箱；

b.　B 型——只有高压供液管路,低压液体排至工作面；

c.　C 型——与外注式单体液压支柱共用一套泵站和注液枪,回液排至工作面。

3.3　产品型号表示方法

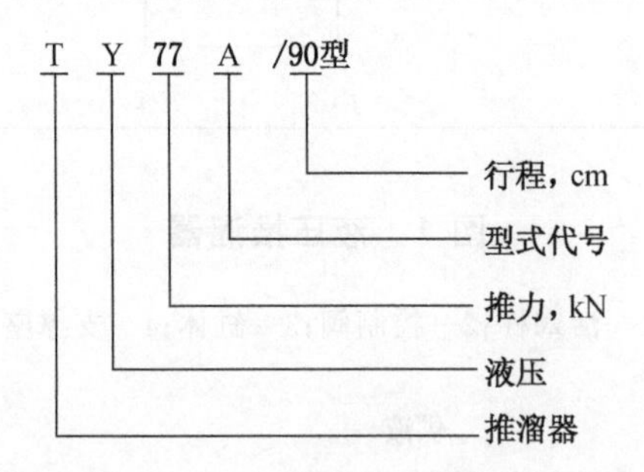

4　技术要求

4.1　产品应符合本标准规定,并按照经规定程序批准的产品图样和技术文件制造。

4.2　产品零、部件所用材料应符合图样规定,并应具有合格证或足以证明其合格的文件。

4.3　产品零、部件应经检验合格,外购、外制件应有合格证或足以证明其合格的文件,方可进行装配。

4.4　焊缝不应有咬边、弧坑、气孔、夹渣、裂缝、未焊透等缺陷。

4.5　承压的焊接件焊后,应在 22 MPa 压力作用下,稳压 3 min 不应有渗漏现象。

4.6　电镀零、部件镀层应均匀,不应有起皮、脱落、起泡、麻点及针孔等缺陷。

4.7　控制阀组装后,应分别在 9.8 MPa 和 22 MPa 试验压力作用下,分别稳压 5 min,控制阀应转动灵活、工作可靠、无渗漏现象。

4.8 推溜器组装前应将各零、部件清洗干净。装配后应保证各部件运动灵活，无卡阻现象，并符合下列要求：

a. 在 3 MPa 和 15 MPa 试验压力作用下，控制阀应能灵活、准确、平稳地控制活塞杆运动。在 15 MPa 压力试验时，全行程往复 5 次，不应有压力降。

b. 在 22 MPa 试验压力作用下，活塞分别停留在行程两端，稳压 1 min 不应有渗漏现象。

4.9 推溜器在工作压力为 9.8 MPa 和推力为 77 kN 作满载全行程连续运行，其推移次数应不少于15 000 次。

4.10 推溜器外露非加工表面涂(喷)防锈底漆和面漆，涂层应均匀，不应有脱落、起皮、划痕等缺陷。

4.11 推溜器的工作介质应符合 MT 76 的规定。

5 试验方法和检验规则

5.1 试验条件；

5.1.1 工作介质应符合 MT 76 的规定，其温度应控制在 10～50℃范围内，其过滤精度不应低于 0.125 mm。

5.1.2 试验用泵站的工作压力应符合表 1 的规定。

5.1.3 直读式压力计的精度应为 1.5 级，压力计量程应为试验压力的 140%～200%。

5.2 试验液压系统原理图见附录 A(补充件)所示。

5.3 试验项目、试验方法及其要求见表 2。

表 2

序号	试验项目	试　验　方　法	要　求
1	耐压试验	(1)试验压力为 22 MPa 时，稳压 3 min，试验焊接件承压性 (2)试验压力为 22 MPa 时，稳压 1 min，试验推溜器耐压性	符合本标准 4.6 条、4.9.2 条规定
2	控制阀密封性、灵活性	试验压力分别为 9.8 MPa 和 22 MPa 时，分别稳压 5 min，试验控制阀的密封性和灵活性	符合本标准 4.8 条规定
3	推移运行试验	(1)在 3 MPa 和 15 MPa 试验压力作用下，操纵控制阀观察活塞杆运行情况 (2)在 15 MPa 试验压力作用下，活塞杆全行程往复 5 次，观察压力表是否有压力降	符合本标准 4.9.1 条规定
4	全行程试验	在 9.8 MPa 压力试验时，使推溜器分别停在行程两端，测量行程长度	符合本标准表 1 规定
5	满载连续运行试验	使推溜器在工作压力为 9.8 MPa、负载为 77 kN 作用下，做全行程连续往复运动	符合本标准 4.10 条规定

5.4 产品检验分为出厂检验与型式检验，检验项目见表 3。

表 3

序　号	检　验　项　目	检　验　类　别	
		出　厂	型　式
1	外观质量、连接尺寸	√	√
2	电镀层质量	√	√
3	耐压试验	√	√
4	控制阀密封性、灵活性	√	√

表 3（续）

序　号	检　验　项　目	检　验　类　别	
		出　厂	型　式
5	推移运行试验	√	√
6	全行程试验	√	√
7	满载连续运行试验	×	√
注：表中“√”表示该项检验；“×”表示该项不检验。			

5.5　出厂检验应对液压推溜器逐件进行检验。出厂检验由制造厂质量检验部门进行检验，产品经检验合格后方可出厂，并应附有产品合格证。

5.6　产品外观质量检验应符合本标准第 4.5，4.7，4.11 条的规定。

5.7　有下列情况之一者，应进行型式检验：

a.　试制的新产品或老产品转产；

b.　产品在结构、材料、工艺方面有较大改变，可能影响产品性能时；

c.　停产三年后，产品再次生产时；

d.　用户和供方对产品质量有重大争议提出要求；

e.　国家质量监督机构提出要求时。

5.8　进行型式检验时，以每 100 件为一检查批，每批抽取 1 件，不足 100 件时仍为一检查批。经检验不合格时，应从该批中加倍抽取试件进行检验，经检验全部合格则为合格，否则判定该批产品不合格。

6　标志、包装、运输、贮存

6.1　每件产品应在明显部位固定产品标牌，标牌的型式、尺寸应符合 GB/T 13306 的规定。标牌应包括下列内容：

a.　制造厂名称；

b.　产品名称、型号；

c.　主要技术参数；

d.　制造日期、出厂编号。

6.2　产品包装前应将缸体内液体排除干净，各连接处用堵盖堵住。

6.3　产品发货时，应采用木箱或集装箱包装，包装箱外壁应有发货标志和储运图示标志。

6.3.1　产品发货标志包括下列内容：

a.　制造厂名称；

b.　产品名称、型号；

c.　产品净重、体积；

d.　发货地点；

e.　收货站名、收货单位。

6.3.2　产品包装储运图示标志应符合 GB 191 的规定。

6.4　随机应随带下列技术文件：

a.　装箱单；

b.　产品合格证；

c.　产品使用、维护说明书；

d.　易损件图。

6.5　产品应贮存在干燥、通风的库房内或有遮盖的场所，环境温度不应低于 0℃。

附 录 A
液压试验系统原理图
（补充件）

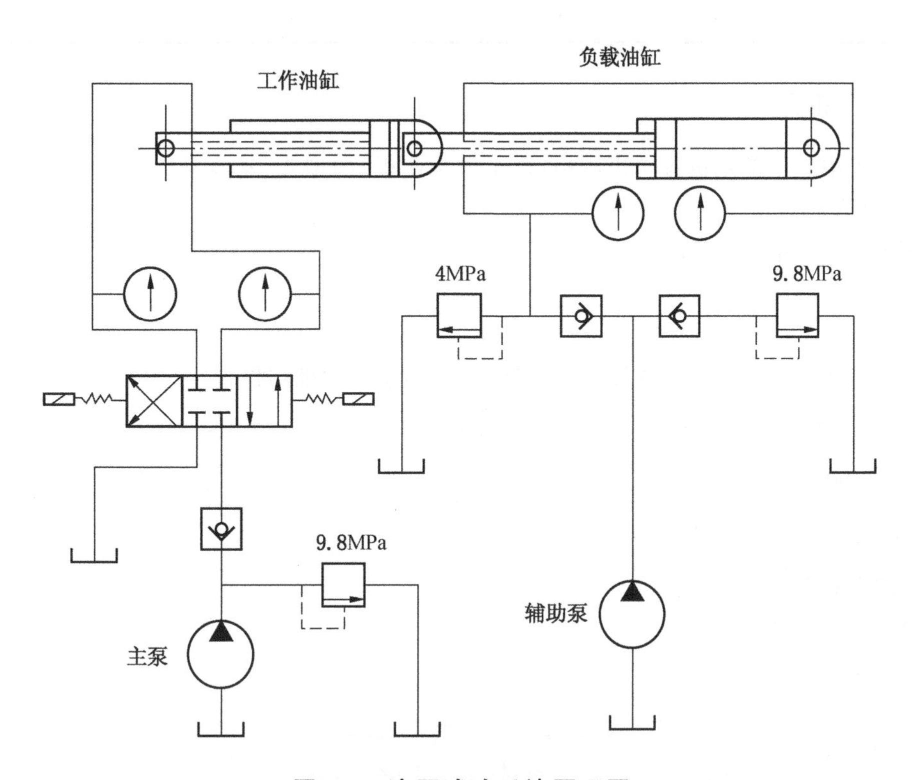

图 A1 液压试验系统原理图

附加说明：

本标准由煤矿专用设备标准化技术委员会提出。

本标准由煤矿专用设备标准化技术委员会刮板输送机分会归口。

本标准由张家口煤矿机械厂负责起草。

本标准主要起草人石荣。

本标准委托煤矿专用设备标准化技术委员会刮板输送机分会负责解释。

中华人民共和国煤炭行业标准

MT/T 152—1997

代替 MT 152—87

中心单链刮板输送机刮板

1 主题内容与适用范围

本标准规定了中心单链刮板输送机刮板(以下简称刮板)的型式、基本参数、技术要求、试验方法、检验规则、标志与包装。

本标准适用于中心单链刮板输送机刮板。

2 引用标准

GB/T 2828 逐批检查计数抽样程序及抽样表(适用于连续批的检查)

MT/T 150 刮板输送机和转载机包装通用技术条件

3 刮板品种型式规格

3.1 刮板型式

刮板的结构型式有两种:

a. U 型螺栓式,见图 1

b. 压链板式,见图 2

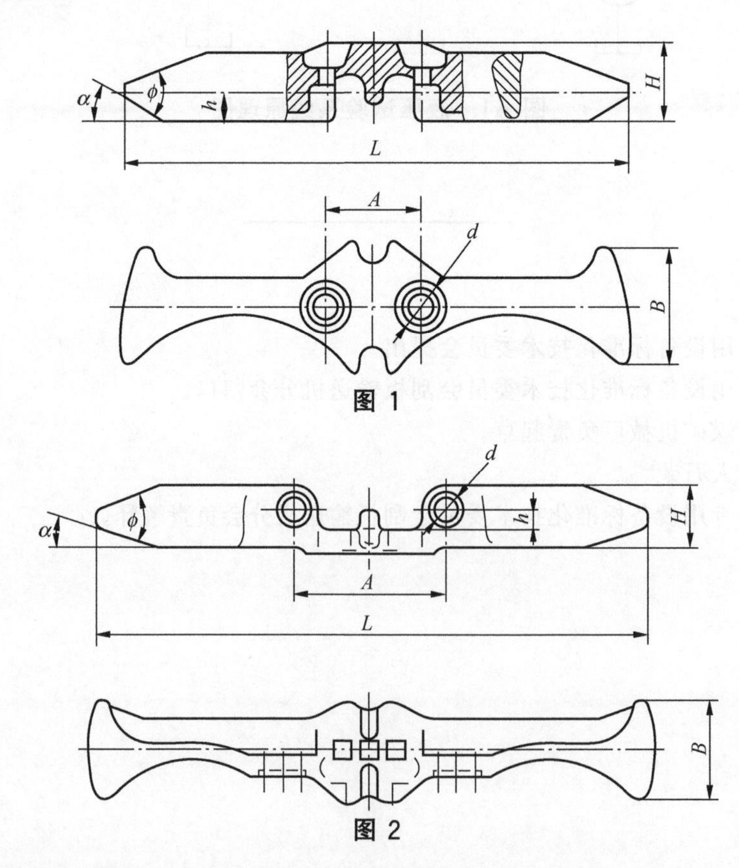

图 1

图 2

中华人民共和国煤炭工业部 1997-11-10 批准

1998-04-01 实施

3.2 刮板尺寸参数

3.2.1 U型螺栓式刮板尺寸应符合表1的规定

表 1

槽宽 mm	槽高 mm	圆环链直径 mm	L mm	B mm	H mm	A mm	d mm	h mm	ϕ (°)	α (°)
280	125	10	260 254	50 53	45 41	46±0.5	12	26 22	60	30
320	150	14	289	55	51	62±0.75	13.5	32	60	30
420	150	14	390	70	55	62±0.75	13.5	32	60	30
630	222	26	577	134	91	110±1	22 23	35	50 54	30
730	222	26	680 675	142 134	91	110±1	22 23	34 35	50 54	30
		30	675	145	98	130±1	26 27	34	50	30

3.2.2 压链板式刮板尺寸应符合表2的规定。

表 2

槽宽 mm	槽高 mm	圆环链直径 mm	L mm	B mm	H mm	A mm	d mm	h mm	ϕ (°)	α (°)
280	125	10	258	52	13	80±0.5	11	10	60	30
320	150	14	289	65	50	98±0.75	13.5	14	60	30
420	150	14	390	70	55	106±0.75	17.5	13	60	30

4 技术要求

4.1 刮板应符合本标准的要求,并按照经规定程序批准的图样和技术文件制造。

4.2 刮板抗弯性能试验应符合表3的规定,试验后的试件不得有目视裂纹。

表 3

槽宽 mm	槽高 mm	试验跨距(L) mm	载荷(P) kN	最大永久变形量(S_{max}) mm
280	125	240	30	≤10
320	150	280	50	
420	150	375	70	
630	222	560	170	
730	222	660	170	

4.3 在保证刮板抗弯性能符合表3规定的情况下,钢材牌号由制造厂选择并应符合国家标准或行业标准的规定。

4.4 锻造刮板不得过烧,表面不得有裂纹、折叠、结疤等缺陷。

4.5 铸造刮板应清砂、去除飞边毛刺,浇冒口的残留高度不大于0.5mm,错箱偏移不大于1.5mm,不允许有气孔、缩孔、夹渣、裂纹等缺陷。

4.6　不损害刮板正常使用的轻微表面缺陷，不应成为拒收的理由。

4.7　刮板表面应涂防锈保护层。

5　试验方法

5.1　试验设备

试验机加载范围应满足刮板抗弯试验所需加载的范围要求，其精度等级应符合一级精度标准，并应定期进行校验。

5.2　抗弯性能试验

5.2.1　刮板自由地放置在试验机的试验胎架上，两支承点之间的跨距 L 和施加载荷 P 应符合表 3 的规定。加载形式如图 3 所示。

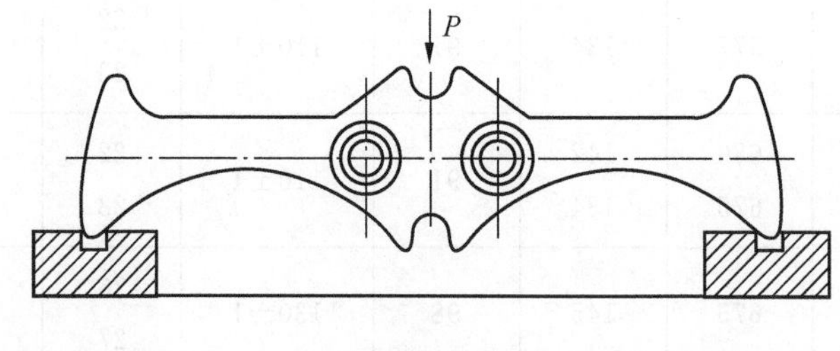

图 3

5.2.2　胎架孔直径尺寸应符合如下规定：槽宽小于 630 mm 配用的刮板之胎架孔为 30 mm；大于(等于)630 mm 的为 40 mm。

5.2.3　开动试验机，使压头接触到刮板，并加载到初始载荷 2 kN，同时记录下试验机标尺指示的高度 e_0。

5.2.4　载荷 P 以每秒 10 N/mm² 的加载速率(断面积按配用的圆环链总截面积计算)，增加到表 3 规定的值，然后卸载到初始载荷，再记录下变形后试验机标尺的高度 e_1。永久变形量 S 按下式计算：

$$S=e_1-e_0$$

6　检验规则

6.1　每批刮板须经制造厂检验部门检验合格后方可出厂。

6.2　试件应在成品刮板中任意抽取，试件不得有任何掩饰缺陷的涂层。

6.3　刮板缺陷分为 A 类不合格和 B 类不合格。三个 B 类不合格计为一个 A 类不合格。

6.4　表 1 和表 2 中，尺寸 A 不合格为 A 类不合格，其余为 B 类不合格。

6.5　4.4 条和 4.5 条中，裂纹为 A 类不合格，其余缺陷为 B 类不合格。

6.6　出厂检验

出厂检验包括尺寸，表面质量检验和抗弯性能试验。检查计数抽样程序按 GB/T 2828 标准二次抽样方案的有关规定执行。

6.6.1　尺寸及表面质量检验

成批生产的刮板以 281～500 件为一检查批，数量不足时，仍视为一个检查批。样本检查水平采用特殊检查水平 $S-3$。其检验项目，检验数量、检验要求等应符合表 4 序号 1 规定。

6.6.2　抗弯性能试验

尺寸及表面质量检验合格的刮板以 501～1 200 件为一检查批，数量不足时，仍视为一个检查批。检查水平采用特殊检查水平 $S-1$。其检验项目、检验数量、检验要求等应符合表 4 序号 2 的规定。

表 4

<table>
<tr><th rowspan="2">序　　号</th><th rowspan="2">检验项目</th><th colspan="4">检验数量</th><th rowspan="2">检验要求</th><th rowspan="2">合格质量水平AQL</th><th colspan="2">正常检查二次抽样方案判定值</th></tr>
<tr><th>样本大小字码</th><th>样本</th><th>样本大小</th><th>累积样本大小</th><th>A_c</th><th>R_e</th></tr>
<tr><td rowspan="2">1</td><td rowspan="2">尺寸及表面质量</td><td rowspan="2">D</td><td>第一</td><td>5</td><td>5</td><td rowspan="2">按表 1 或表 2 及 4.4 或 4.5、4.6 规定</td><td rowspan="2">10</td><td>0</td><td>3</td></tr>
<tr><td>第二</td><td>5</td><td>10</td><td>3</td><td>4</td></tr>
<tr><td rowspan="2">2</td><td rowspan="2">抗弯性能</td><td rowspan="2">C</td><td>第一</td><td>2</td><td>2</td><td rowspan="2">按表 3 规定</td><td rowspan="2">15</td><td>0</td><td>2</td></tr>
<tr><td>第二</td><td>2</td><td>4</td><td>1</td><td>2</td></tr>
</table>

6.7　型式检验

型式检验按 6.6 条出厂检验的规定执行。

7　标志、包装

7.1　各制造厂将本厂产品标志打印或锻、铸在刮板的明显部位上。

7.2　刮板作为单独产品出厂时应捆扎牢固或采用箱装，在运输过程中不应散落。并须附有产品质量合格证。合格证内容应包括规格、数量、制造厂、检验日期、检验人员代号。

7.3　刮板随主机出厂时，按 MT/T 150 执行。

附加说明：

本标准由煤炭工业部煤矿专用设备标准化技术委员会提出。

本标准由煤炭工业部煤矿专用设备标准化技术委员会刮板输送机分会归口。

本标准由西北煤矿机械一厂负责起草。

本标准主要起草人张纪平。

本标准委托煤炭科学研究总院太原分院负责解释。

ICS 73.010
D 04
备案号：

中华人民共和国煤炭行业标准

MT/T 154.1—2011
代替 MT 154.1—1992

煤矿机电产品型号编制方法 第1部分：导则

The model designation of electromechanical product for coal mine
—Part 1：Directive

2011-04-12 发布 2011-09-01 实施

国家安全生产监督管理总局 发布

前　言

MT/T 154《煤矿机电产品型号编制方法》按部分发布，拟分为17个部分：

——第1部分：导则；
——第2部分：电器产品型号编制方法；
——第3部分：刨煤机型号编制方法；
——第4部分：带式输送机型号编制方法；
——第5部分：液压支架型号编制方法；
——第6部分：矿灯型号编制方法；
——第7部分：煤用分选设备型号编制方法；
——第8部分：辅助运输设备型号编制方法；
——第9部分：煤用筛分设备型号编制方法；
——第10部分：安全仪器仪表产品型号编制方法；
——第11部分：滚筒采煤机型号编制方法；
——第12部分：通信、自动化产品型号编制方法；
——第13部分：煤矿机车型号编制方法；
——第14部分：矿灯充电架型号编制方法；
——第15部分：装煤机型号编制方法；
——第16部分：刮板输送机型号编制方法；
——第17部分：悬臂式掘进机型号编制方法。

本部分为MT/T 154的第1部分。

本部分按照GB/T 1.1—2009给出的规则起草。

本部分代替MT/T 154.1—1992《煤矿机电产品型号的编制导则和管理办法》。

MT/T 154是对煤炭行业各类煤矿机电产品型号编制方法的整合。整合后，除了MT/T 154原有的第1～10部分，其第11～15部分将分别代替MT/T 83—2006《滚筒采煤机　产品型号编制方法》、MT/T 286—1992《煤矿通信、自动化产品型号编制方法和管理办法》、MT/T 333—1993《煤矿机车产品型号编制方法和管理办法》、MT/T 455—1993《矿灯充电架产品型号编制方法和管理办法》和MT/T 473—1993《装煤机型号编制方法》，第16～17部分为新增加的。

本部分与MT/T 154.1—1992相比，主要技术变化如下：

——修改了范围(见第1章，1992年版的第1章)；
——增加了规范性引用文件(见第2章)；
——增加了“企业代号不应编入产品型号”规定(见3.5)；
——改“主参数用阿拉伯数字表示”为“主体部分中的主参数应用阿拉伯数字表示”“增加的主参数宜用阿拉伯数字表示。”(见5.1.2和5.2.3，1992年版的5.2)；
——删除了有关产品型号管理的内容(见1992年版的5.2、第6章、附录A和附录B)。

本部分由中国煤炭工业协会提出。

本部分由煤炭行业煤矿专用设备标准化技术委员会归口。

本部分由煤炭行业煤矿专用设备标准化技术委员会秘书处负责起草。

本部分主要起草人：乐卫良、杨轶、冯泾若、祁世原、吴明桂。

煤矿机电产品型号编制方法
第1部分：导则

1 范围

MT/T 154的本部分规定了煤矿机电产品型号(以下简称“产品型号”)的编制原则、组成和排列方式,以及编制方法。

本部分适用于MT/T 154标准预计结构中各部分标准的编写,其他煤矿机电产品型号编制方法标准的编写可参照使用。

2 规范性引用文件

下列文件对于本文件的应用是必不可少的。凡是注日期的引用文件,仅注日期的版本适用于本文件。凡是不注日期的引用文件,其最新版本(包括所有的修改单)适用于本文件。

GB/T 15663(所有部分) 煤矿科技术语

3 产品型号的编制原则

3.1 产品型号力求简明,易于识别。

3.2 产品型号由大写的汉语拼音字母、阿拉伯数字及其他符号组成。

3.3 同类型不同产品,不应出现相同的产品型号。

3.4 相同产品,不宜出现不同的产品型号。

3.5 企业代号不应编入产品型号。

4 产品型号的组成和排列方式

4.1 产品型号组成

4.1.1 产品型号由主体部分和补充部分组成。

4.1.2 产品型号中应有主体部分。产品型号的主体部分由该产品的产品类型代号和一个主参数表示。

4.1.3 当仅有主体部分难以区分时,则可增加补充部分。产品型号的补充部分包括:第一特征代号、第二特征代号、补充特征代号和设计修改序号;还可以适当增加主参数的数目。

4.2 产品型号的排列

产品型号的排列方式如下:

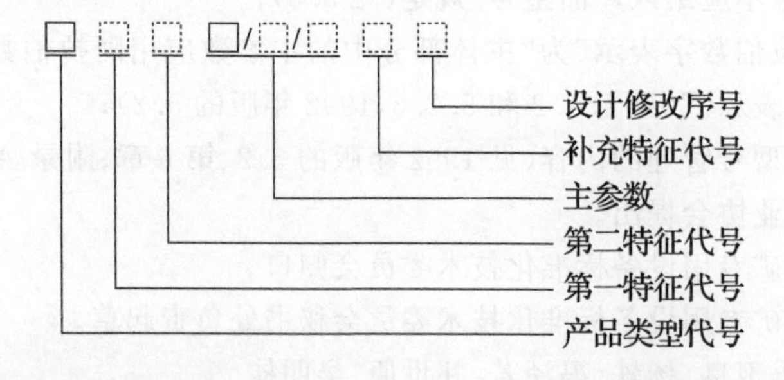

上图中,实线框为产品型号的主体部分,虚线框为产品型号的补充部分。

5 产品型号的编制方法

5.1 产品型号的主体部分

5.1.1 产品型号主体部分中的“产品类型代号”以产品的类别划分，可视产品发展的范围来确定，具体如何划定范围由各归口标准化分技术委员会决定。“产品类型代号”的具体表示方法由 MT/T 154 的其他部分予以规定。

5.1.2 产品型号主体部分中的“主参数”应用阿拉伯数字表示。当所用的主参数表示配用 n 个相同动力或器件时，应用“$n\times$”符号表示。主参数不应出现小数点(国家标准规定的除外)，其位数以达到最小为限。

5.2 产品型号的补充部分

5.2.1 产品型号补充部分中的“第一特征代号”和“第二特征代号”的作用是：当产品类型、主参数均相同，而产品的特征(使用场所、结构、性能)不同，需要区分时，作识别之用。

5.2.2 产品型号补充部分中的“补充特征代号”的作用是：当产品类型、主参数，第一、第二特征均相同，而需要区分时，作识别之用。“补充特征代号”根据需要可设若干个，但仍应简明，以能区分为限。

5.2.3 若需增加主参数以表示和区分时，则增加的主参数宜用阿拉伯数字表示。当用两个以上主参数时，参数与参数之间应用符号“/”隔开。

5.2.4 允许在“产品类型代号”之前(或后)增加“序号”，“序号”以阿拉伯数字表示。

5.2.5 允许在主参数之前(或后)加一横短线，以便于区分。

5.3 产品型号中的代号表示方法

5.3.1 产品型号中的类型代号及特征代号应用汉语拼音的大写字母表示；但不能用其中的 I、O 两个字母。

5.3.2 产品型号中“设计修改序号”应用加括号的大写汉语拼音字母(A)、(B)…依次表示。

5.3.3 产品型号中的数字、字母和产品名称的汉字字体的大小要相仿，不得用角标。

5.4 产品型号编制方法的参考示例

示例 1：酸性矿灯

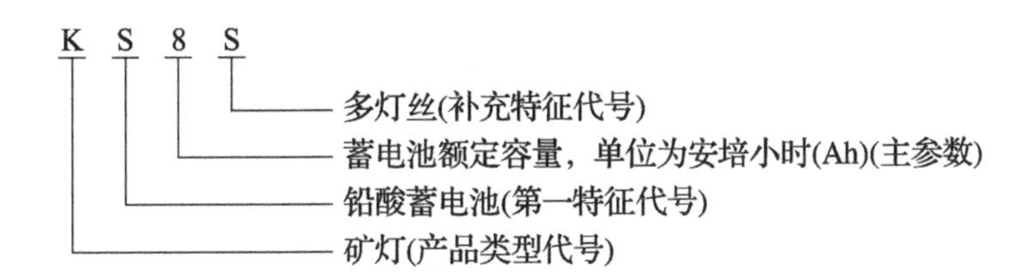

示例 2：真空电磁起动器

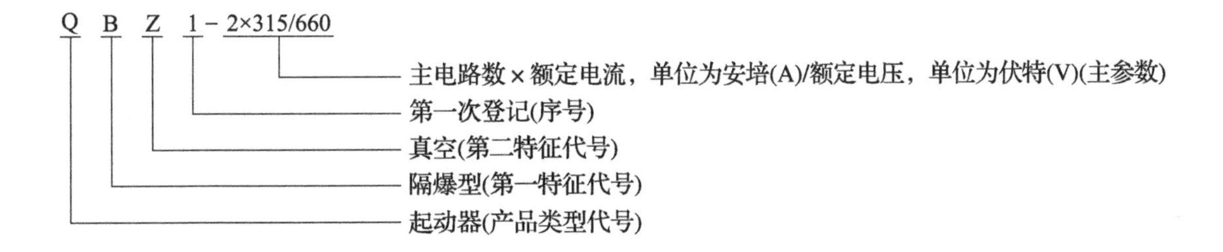

示例 3：滚筒采煤机

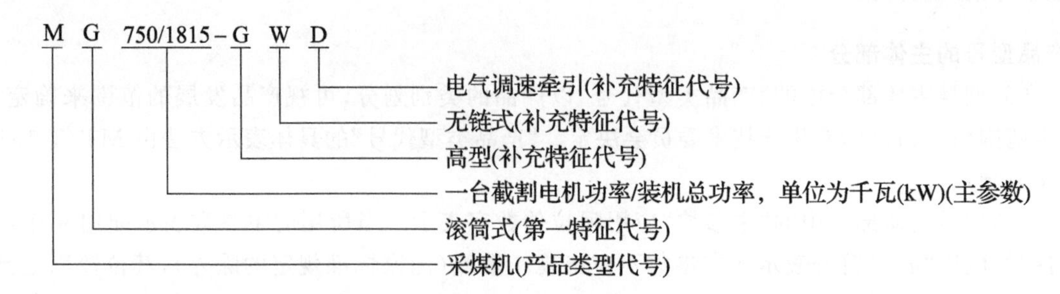

示例 4：煤矿用带式输送机

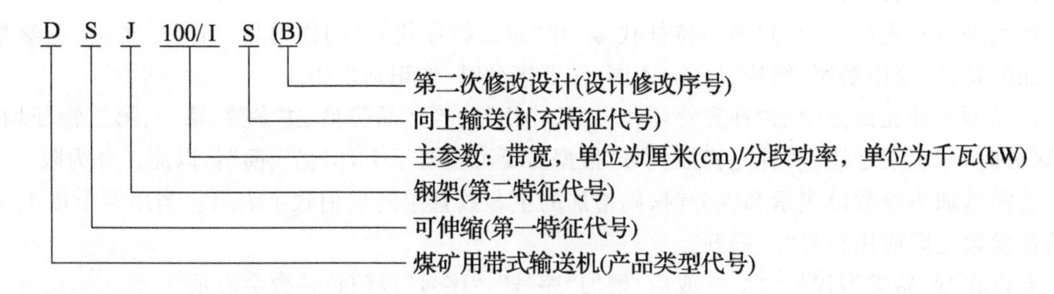

6 产品型号的应用

产品型号加上产品名称是产品的全称。产品名称应符合 GB/T 15663(所有部分)的规定。在正式文件第一次出现时，应写出产品全称。以后，在不致引起误解的前提下，可以仅用产品型号或产品名称，也可用产品名称的简称来代替产品的全称。

中华人民共和国煤炭行业标准

MT/T 154.2—1996

煤矿用电器设备 产品型号编制方法和管理办法

1 主题内容与适用范围

本标准规定了煤矿用电器设备产品(以下简称产品)型号编制原则、编制方法、型号的组成和排列方式、管理办法。

本标准适用于煤矿用的电器设备。

本标准不适用于矿灯、充电架、照明灯具。

2 引用标准

GB/T 1.1 标准化工作导则 第一单元:标准的起草与表述规则 第一部分:编写标准的基本规定

MT/T 154.1 煤矿机电产品型号的编制导则和管理办法

3 产品型号编制原则

3.1 产品型号的命名应力求简单明了。

3.2 产品型号一律由大写汉语拼音字母及阿拉伯数字组成。

3.3 一般采用产品名称中每个词组的有代表意义的一个汉字的汉语拼音第一个字母。

3.4 如按3.3条选字母造成型号重复或其他因素不能采用时,可采用词组中其他汉字的汉语拼音字母。

3.5 达不到3.1～3.4条要求时,方可选用其他字母,但必须取得标准归口单位同意。

3.6 产品型号只代表一种产品,不应与其他产品型号发生混淆与重复。

4 产品型号的组成与排列方式

4.1 产品型号主要由"产品类型代号"、"第一特征代号"、"顺序号"、主参数组成。如这样表示仍难以区分时,再逐一增加"第二特征代号"、"补充(派生)特征代号"和"修改序号"。

4.2 产品型号的排列方式如下:

中华人民共和国煤炭工业部 1996-04-01 批准 1996-09-01 实施

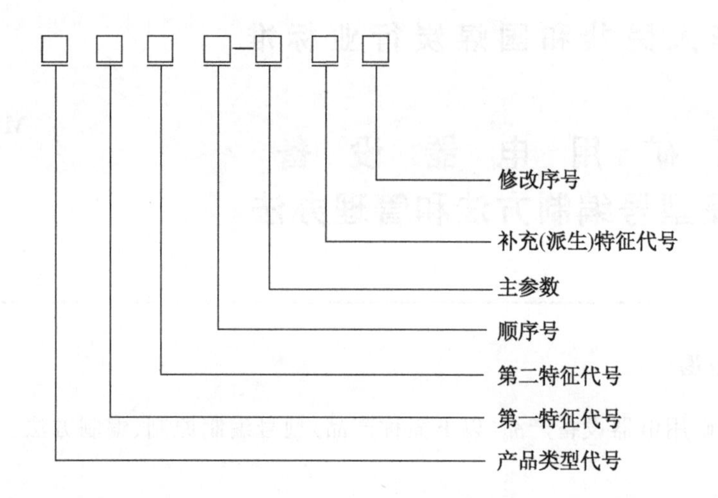

5 产品型号的编制方法

5.1 产品型号中的“产品类型代号”表明产品的分类类别，一般用汉语拼音单字母表示，凡是出现区分困难时，允许用双字母表示(见表1)。

表 1

产品类型代号	产品名称	产品类型代号	产品名称	产品类型代号	产品名称
A	按钮	H	换向开关	R	加热装置
B	保护 补偿	HX	互感器箱	RX	熔断器箱
C	插销	J	进线装置	S	—
CF	电磁换向阀	JX	继电器箱	T	操纵台
CG	传感器	JH	接线盒	U	—
DD	电笛	K	开关，馈电开关	V	—
DL	电铃	KF	控制用电磁阀	W	—
DX	电源箱	KX	控制箱	X	限位开关，配电箱
DT	电磁铁	L	—	XD	信号灯
DZ	电阻	M	—	Y	仪表
E	—	N	—	Z	组合装置，制动器 整流器
F	—	P	屏，配电装置		
G	柜	Q	起动器	ZX	整流器箱

5.2 产品型号中的“第一特征代号”表明产品的防爆结构型式，用汉语拼音字母表示(见表2)。

表 2

第一特征代号	防爆型式	第一特征代号	防爆型式	第一特征代号	防爆型式
B	隔爆型	A	隔爆兼增安型	K	矿用一般型
H	本质安全型	S	充砂型	Q	其他
J	隔爆兼本质安全型	Y	正压型	F	非防爆型
Z	增安型	C	充油型	E	浇封型

5.3 产品型号中的“顺序号”表明产品登记顺序，以阿拉伯数字表示。由标准归口单位统一安排。

5.4 产品型号中的“主参数”表明产品的主要技术参数，如电流、电压、功率、主电路数(电流/电压、功率/电压)，必要时可用配套机械的主参数。

5.5 产品型号中的“顺序号”与主参数中间应有一粗的横短线(占一格位置)以示区分。

5.6 产品型号中的“第二特征代号”是在“产品类型代号”、“第一特征代号”、“主参数”相同时，而结构、性能、原理等不同时需要区别之用，用汉语拼音字母表示，(见表3)。

5.7 产品型号中的补充(派生)特征代号是在“产品类型代号”“第一特征代号”、“第二特征代号”、“主参数”相同，而需要进一步区分其有关的特征或表明与其主机的配套时作识别之用，用汉语拼音字母表示(见表3与表4)。

表 3

第二特征代号	产品特征名称	第二特征代号	产品特征名称	第二特征代号	产品特征名称
A	—	J	交流	S	双速、手动、手车
B	—	K	空气、负荷	T	调速、通用
C	电磁	L	电流、漏电	U	—
D	低压、动力电子保护	M	照明	V	—
E	—	N	可逆	W	微机、温度、无功功率
F	分	P	—	X	相敏 选择
G	高压、固定	Q	—	Y	电压、液压
H	—	R	热保护	Z	真空、直流、自动 总开关、综合、组合

表 4

补充特征代号	配套机械名称	补充特征代号	配套机械名称	补充特征代号	配套机械名称
B	刨煤机	H	—	S	输送机、可伸缩皮带运输机、上山皮带运输机
C	采煤机	J	绞车设备	T	提升设备
D	多功能设备	L	车辆设备	X	下山皮带运输机、洗煤设备
E	掘进机、煤巷掘进机，联合掘进机	M	—	Z	装载机、转载机、抓岩机、煤电钻
C	刮板转载机 刮板运输机	P	耙斗装载机	—	

5.8 产品型号中的“修改序号”是当产品的设计有大的修改，作为区分识别之用，用带括号的汉语拼音字母依次表示，如(A)、(B)、(C)……

5.9 产品型号采用的汉语拼音中，不得使用“I”和“O”两个字母。

5.10 产品型号编制示例：

例1：矿用隔爆型真空电磁起动器、第一次登记、双回路、额定电压660 V、额定电流315 A。

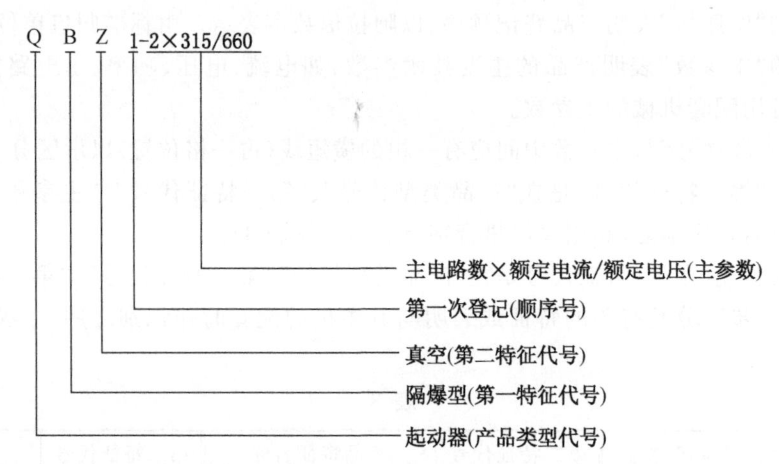

例 2：矿用隔爆型采煤机电气控制箱第 2 次登记，额定电压 1 140 V。

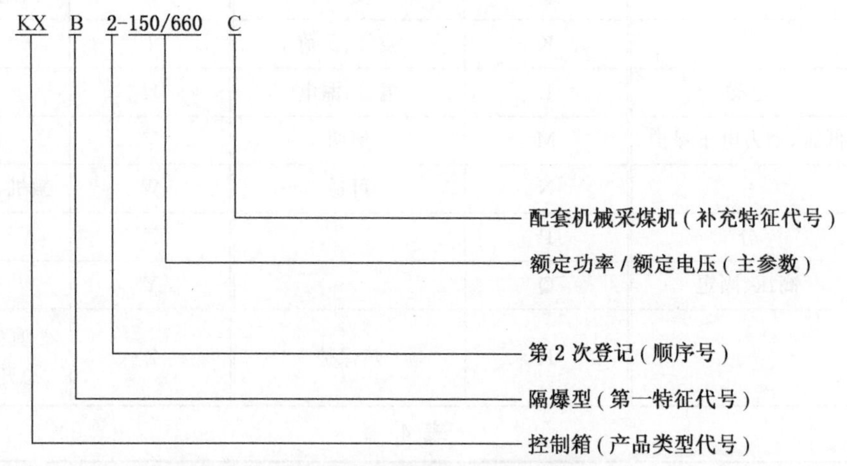

例 3：矿用一般型低压动力配电箱、第 2 次登记，额定电压 660 V，额定电流 315 A。

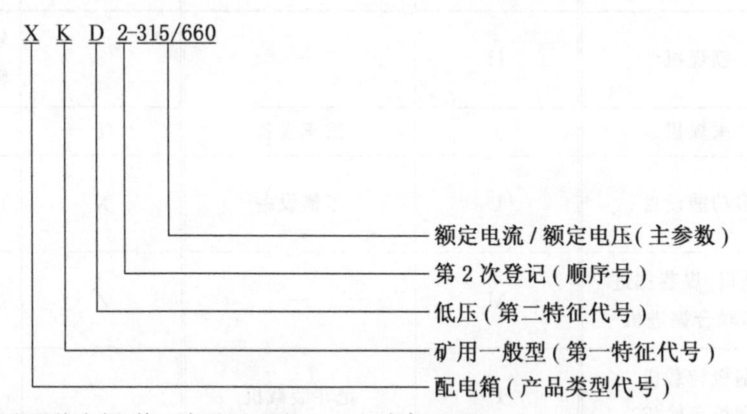

例 4：矿用隔爆型电磁换向阀，第 1 次登记 通径 6 mm，功率 30 W

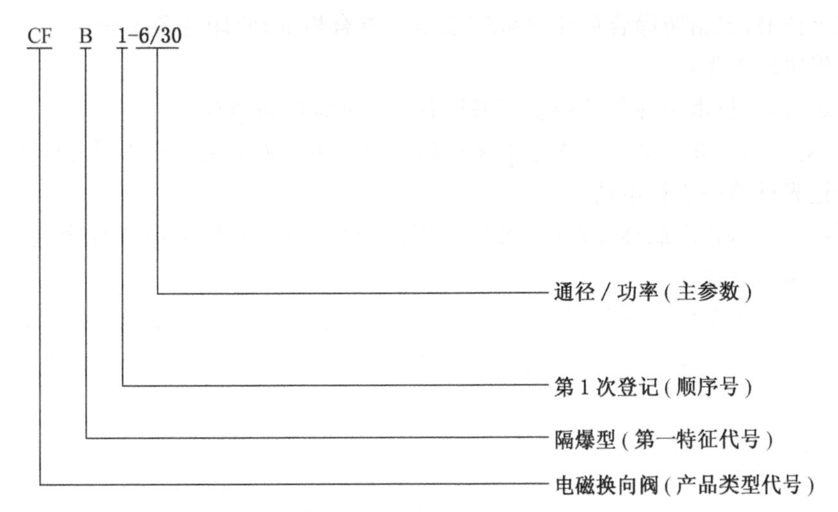

例5：矿用一般型手车式高压开关柜，第3次登记，额定电压10 kV

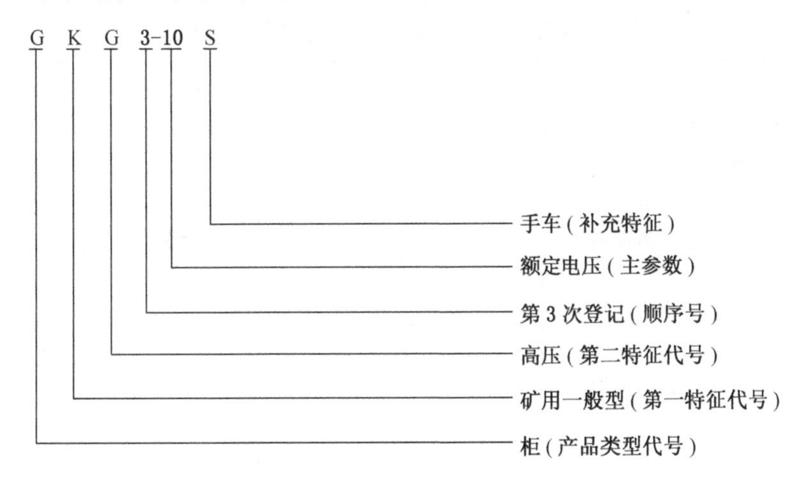

6 产品型号管理办法

6.1 产品型号加上产品名称是产品全称，在正式技术文件中第一次出现时必须是产品全称，以后可以用规定的简称来代替产品的全称。

6.2 产品型号管理由煤炭工业部煤矿专用设备标准化技术委员会电气设备分会(以下简称电气分会)承担。

6.3 产品型号申请办法：

6.3.1 本标准规定编制的产品型号，由制造厂或设计单位，在新产品图样送国家指定检验机关审查前，应备文与产品型号申请表(见表5)一起向电气分会申请产品型号，该产品鉴定通过后必须办理确认手续(如是派生或系列产品不再鉴定时，则应向电气分会确认登记)，确认后正式生效。若三年内未能鉴定，则应向电气分会提出申请继续保留该产品型号，否则该产品型号作废。

6.3.2 申请产品型号时应提供下列资料：

a. 煤矿电器设备产品型号申请登记表一式3份；

b. 产品企业标(草案)或技术条件1份；

c. 产品使用说明书1份；

d. 产品总图1份。

6.3.3 产品鉴定通过后一年内应向电气分会申请产品型号确认手续，并提供下列资料：

a. 煤矿电器设备产品型号确认申请登记表(见表6)一式3份；

b. 产品鉴定证书(包括防爆合格证,“MA”安全检查合格证)复印件各1份；

c. 产品全貌照片1张；

d. 产品鉴定后,若技术条件及使用说明书没有什么变动时可省略

6.3.4 电气分会对6.3.2和6.3.3条规定上述申请资料经审查同意后,2～3周内将型号申请登记表或型号确认申请登记表反馈一份给申请单位。

6.3.5 已有型号的产品,转厂照样生产时,可以沿用原型号,但顺序号由电气分会重新拨给,同时应向电气分会办理型号确认手续。

6.3.6 已有型号的产品在生产中作了较大改进,其基本规格已明显改变或设计修改(影响产品性能时),需更改其产品型号或加注派生代号。此时,应重新申请产品型号。申请手续仍按本标准规定程序办理。

6.3.7 当新产品正式投产后2年内,若制造厂不按本标准规定办法申请确认产品型号;电气分会有权撤销原发出的产品型号。

6.4 自本标准实施之日起,所有新设计的煤矿用电器产品均按本标准编制型号。

表5 煤矿电器设备产品型号申请登记表

<table>
<tr><td>申请单位</td><td colspan="2"></td><td>地址</td><td>邮编号</td></tr>
<tr><td rowspan="2">产品名称</td><td>申请单位建议名称</td><td colspan="3"></td></tr>
<tr><td>电气分会确定名称</td><td colspan="3">(由电气分会填写)</td></tr>
<tr><td rowspan="2">产品型号</td><td>申请单位建议型号</td><td colspan="3"></td></tr>
<tr><td>电气分会确定型号</td><td colspan="3">(由电气分会填写)</td></tr>
<tr><td>产品计划
鉴定日期</td><td></td><td>登记编号</td><td colspan="2"></td></tr>
<tr><td>产品基本
规　格</td><td></td><td>产品用途</td><td colspan="2"></td></tr>
<tr><td>若属系列产品说明
该系列产品型号、名
称和制造厂</td><td></td><td>若属派生产品说明
基型产品型号、名称
与制造厂</td><td colspan="2"></td></tr>
<tr><td>型号含义</td><td colspan="4"></td></tr>
<tr><td>申请单位
盖章</td><td>年　月　日</td><td>电气分会
盖章</td><td colspan="2">年　月　日</td></tr>
<tr><td>备　注</td><td colspan="4"></td></tr>
</table>

表 6　煤矿电器设备产品型号确认申请登记表

<table>
<tr><td>申请单位</td><td colspan="2"></td><td>地址</td><td>邮编号</td></tr>
<tr><td rowspan="2">产品名称</td><td>申请单位建议名称</td><td colspan="3"></td></tr>
<tr><td>电气分会确定名称</td><td colspan="3">（由电气分会填写）</td></tr>
<tr><td rowspan="2">产品型号</td><td>申请单位建议型号</td><td colspan="3"></td></tr>
<tr><td>电气分会确定型号</td><td colspan="3">（由电气分会填写）</td></tr>
<tr><td>鉴定主持
单位及日期</td><td></td><td>登记编号</td><td colspan="2"></td></tr>
<tr><td>鉴定证书号</td><td></td><td>确认编号</td><td colspan="2"></td></tr>
<tr><td>产品基本规格</td><td></td><td>产品用途</td><td colspan="2"></td></tr>
<tr><td>若属系列产品说明该系列产品型号、名称和制造厂</td><td></td><td>若属派生产品说明基型产品型号、名称与制造厂</td><td colspan="2"></td></tr>
<tr><td>型号含义</td><td></td><td></td><td colspan="2"></td></tr>
<tr><td>申请单位
盖章</td><td>年　月　日</td><td>电气分会
盖章</td><td colspan="2">年　月　日</td></tr>
<tr><td>备　注</td><td colspan="4"></td></tr>
</table>

附加说明：

本标准由煤炭工业部煤矿专用设备标准化技术委员会提出。

本标准由煤炭工业部煤矿专用设备标准化委员会电气设备分会归口。

本标准由煤炭科学研究总院上海分院负责起草、上海矿用电器厂参加起草。

本标准主要起草人陈荣中、黄永生。

ICS 73.100.10
D 98
备案号：15512—2005

中华人民共和国煤炭行业标准

MT/T 154.3—2005
代替 MT/T 154.3—1987

刨煤机产品型号编制方法

Model designation of plough

2005-02-14 发布　　2005-06-01 实施

国家发展和改革委员会　发布

前　言

本标准是对 MT/T 154.3—1987《刨煤机产品型号编制方法》的修订，本标准代替 MT/T 154.3—1987。

本标准与 MT/T 154.3—1987 相比主要技术变化如下：

——修改了“范围”的内容(1987 版首页的第 1 行；本版的第 1 章)；

——增加了“规范性引用文件”(见第 2 章)；

——修改了第二特征代号的含义及代号规定(1987 版的 1.1、1.2 和 2.3；本版的 4.3)；

——修改了“产品型号示例”(1987 版的 1.8；本版的第 5 章)；

——补充特征增加配综采工作面自动控制方式(1987 版的 2.4；本版的 4.5)。

本标准由中国煤炭工业协会科技发展部提出。

本标准由煤炭工业煤矿专用设备标准化技术委员会归口。

本标准起草单位：煤炭科学研究总院上海分院。

本标准主要起草人：张征宇、华元钦、冯泾若。

本标准于 1987 年 12 月 19 日首次发布。

刨煤机产品型号编制方法

1 范围

本标准规定了刨煤机产品型号的组成和排列、产品型号各组成代号的规定、产品型号示例和产品型号管理办法。

本标准适用于煤矿地下开采采煤工作面用刨煤机的产品型号编制。

2 规范性引用文件

下列文件中的条款通过本标准的引用而成为本标准的条款。凡是注日期的引用文件,其随后所有的修改单(不包括勘误的内容)或修订版均不适用于本标准,然而,鼓励根据本标准达成协议的各方研究是否可使用这些文件的最新版本。凡是不注日期的引用文件,其最新版本适用于本标准。

MT/T 154.1 煤矿机电产品型号的编制导则和管理办法

3 产品型号的组成和排列

按 MT/T 154.1 的规定,刨煤机产品型号由产品类型代号、第一特征代号、第二特征代号、主参数、补充特征代号和设计修改序号组成,其排列方式如下:

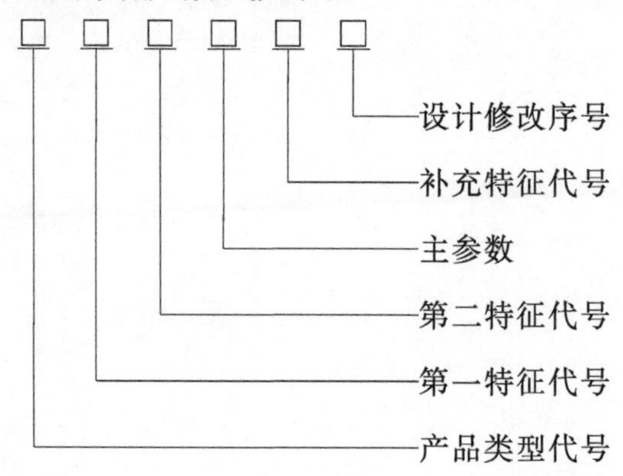

4 产品型号各组成代号的规定

4.1 产品类型为刨煤机,代号用 B 表示。

4.2 第一特征为刨头滑行方式,代号表示如下:

- 拖钩刨煤机 T;
- 滑行刨煤机 H;
- 其他方式刨煤机 Q。

4.3 第二特征为刨头驱动方式,代号表示如下:

- 单速电动机驱动 省略;
- 双速电动机驱动 S;
- 无级调速电动机驱动 W。

4.4 主参数采用刨链棒料直径/刨头电动机额定功率,刨链棒料直径的单位为毫米,刨头电动机额定功率的单位为千瓦,当 2 台电动机驱动时采用 2× 单台电动机额定功率表示。

4.5 补充特征为设备配套和推进控制方式,代号表示如下:

- 配普采或高档普采工作面 省略;

• 配综采工作面手动控制推进方式　　S；
• 配综采工作面自动控制推进方式　　Z。

4.6 设计修改序号是对已定型刨煤机作局部结构修改后，用带括号的大写汉语拼音字母（A）、（B）、…依次表示。

5 产品型号示例

示例 1：BT26/2×75

表示拖钩刨煤机、单速电动机驱动、刨链棒料直径 26 mm、2 台额定功率为 75 kW 的电动机驱动、配普采或高档普采。

示例 2：BHW34/2×200Z(A)

表示滑行刨煤机、无级调速电动机驱动、刨链棒料直径 34 mm、2 台额定功率为 200 kW 的电动机驱动、配综采工作面自动控制推进方式、经第一次结构修改。

6 产品型号管理办法

按 MT/T 154.1 的规定执行。

ICS 53.040.10;73.100.40
J 81
备案号:25314—2008

中华人民共和国煤炭行业标准

MT/T 154.4—2008
代替 MT/T 154.4—1995

煤矿用带式输送机型号编制方法

Method of type weaving for belt conveyor for coal mines

2008-11-19 发布 2009-01-01 实施

国家安全生产监督管理总局 发布

前　言

本标准是对 MT/T 154.4—1995《煤矿用带式输送机型号编制方法》的修订，本标准代替 MT/T 154.4—1995。本标准修订的指导文件是 MT/T 154.1—1992《煤矿机电产品的编制导则和管理办法》，指导思想是在全面正确地表示产品型号的基础上，力求简化，以便于生产管理。

本标准与 MT/T 154.4—1995 相比，其主要内容有如下的变化：

——增加了“规范性引用文件”(见第 2 章)；

——修改了第一特征代号、第二特征代号及补充特征代号的含义及代号规定(1995 年版的表 1，本版的表 1)；

——调整了主参数的项目数量(1995 年版的 3.4，本版的 4.2)。

本标准由中国煤炭工业协会科技发展部提出。

本标准由煤炭行业煤矿专用设备标准化技术委员会归口。

本标准起草单位：煤炭科学研究总院上海分院。

本标准主要起草人：吴明龙、王琴、潘志杰、李元元、吴伟。

本标准所代替标准的历次版本发布情况为：

——MT/T 154.4—1995。

煤矿用带式输送机型号编制方法

1 范围

本标准规定了煤矿用带式输送机(以下简称输送机)产品型号的组成和排列、产品型号各组成代号的规定、产品型号示例和产品型号的管理方法。

本标准适用于煤矿用带式输送机的型号编制和管理;也适用于选煤等工作场所用的带式输送机型号编制和管理。

2 规范性引用文件

下列文件中的条款通过本标准的引用而成为本标准的条款。凡是注日期的引用文件,其随后所有的修改单(不包括勘误的内容)或修订版均不适用于本标准,然而,鼓励根据本标准达成协议的各方研究是否可使用这些文件的最新版本。凡是不注日期的引用文件,其最新版本适用于本标准。

MT/T 154.1—1991 煤矿机电产品型号的编制导则和管理方法。

3 产品型号的组成和排列

按 MT/T 154.1 的规定,输送机产品型号由产品类型代号、第一特征代号、第二特征代号、主参数、补充特征代号和设计修改序号组成,其排列方式如下:

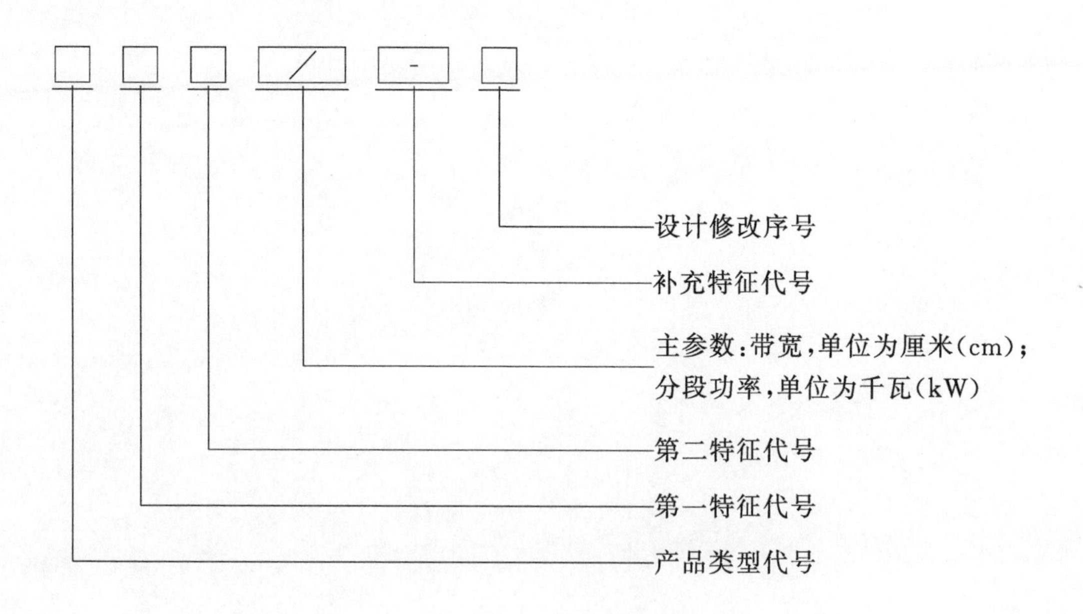

4 产品型号各组成代号的规定

4.1 产品类型代号、第一特征代号、第二特征代号和补充特征代号应符合表 1 的规定。

表 1　补充特征

<table>
<tr><th rowspan="3">产品类型代号</th><th colspan="2" rowspan="2">第一特征</th><th colspan="3" rowspan="2">第二特征</th><th rowspan="3">产品类型和特征代号</th><th colspan="2" rowspan="2">主参数</th><th colspan="5">补充特征</th></tr>
<tr><th colspan="3">物料单向输送</th><th rowspan="2">物料双向输送</th><th rowspan="2">乘人</th></tr>
<tr><th>类型</th><th>代号</th><th colspan="2">结构型式</th><th>代号</th><th>项目</th><th>单位</th><th>平运</th><th>上运</th><th>下运</th></tr>
<tr><td rowspan="10">煤矿用带式输送机D</td><td rowspan="2">固定</td><td rowspan="2">U</td><td colspan="2">绳架</td><td>S</td><td>DUS</td><td rowspan="10">带宽(管径)/分段功率</td><td rowspan="10">cm/kW</td><td rowspan="10">不标注</td><td rowspan="10">S</td><td rowspan="10">X</td><td rowspan="10">P</td><td rowspan="10">R</td></tr>
<tr><td colspan="2">钢架</td><td>J</td><td>DUJ</td></tr>
<tr><td rowspan="2">可伸缩</td><td rowspan="2">S</td><td colspan="2">绳架</td><td>S</td><td>DSS</td></tr>
<tr><td colspan="2">钢架</td><td>J</td><td>DSJ</td></tr>
<tr><td rowspan="3">转载</td><td rowspan="3">Z</td><td rowspan="3">牵拽型</td><td>桥式</td><td>Q</td><td>DZQ</td></tr>
<tr><td>摆动式</td><td>B</td><td>DZB</td></tr>
<tr><td>自移式</td><td>Y</td><td>DZY</td></tr>
<tr><td>斗子</td><td>D</td><td colspan="2"></td><td></td><td>DD</td></tr>
<tr><td>波纹挡边</td><td>W</td><td colspan="2"></td><td></td><td>DW</td></tr>
<tr><td>管状</td><td>G</td><td colspan="2"></td><td></td><td>DG</td></tr>
</table>

4.2　主参数以输送机的输送带宽度(管径)和分段功率两项参数表示,参数间应用符合"/"隔开。

4.2.1　输送带宽度(管径)以厘米数值来表示。

4.2.2　分段功率是指输送机的驱动总功率,用大写罗马数字Ⅰ、Ⅱ、Ⅲ…等表示,各字母代表的规格见表2。

表 2

字母代号	驱动总功率/kW
Ⅰ	Ⅰ≤500
Ⅱ	500<Ⅱ≤1 000
Ⅲ	1 000<Ⅲ≤2 000
Ⅳ	2 000<Ⅳ≤4 000
Ⅴ	4 000<Ⅴ≤7 000
Ⅵ	7 000<Ⅵ≤10 000
Ⅶ	Ⅶ>10 000

4.3　补充特征代号可由一个或两个字母组成。两个字母中间应用"—"隔开,代表"乘人"的字母放在后面,水平输送、不乘人不标注字母。

4.4　当输送机型式结构有重大修改时,应增注设计修改序号,设计修改序号用带括号的数字(A)、(B)…顺序表示。

4.5　输送机型号中的字母和数字,其字体大小要一致,不得使用角注和脚注。

5 产品型号编制示例

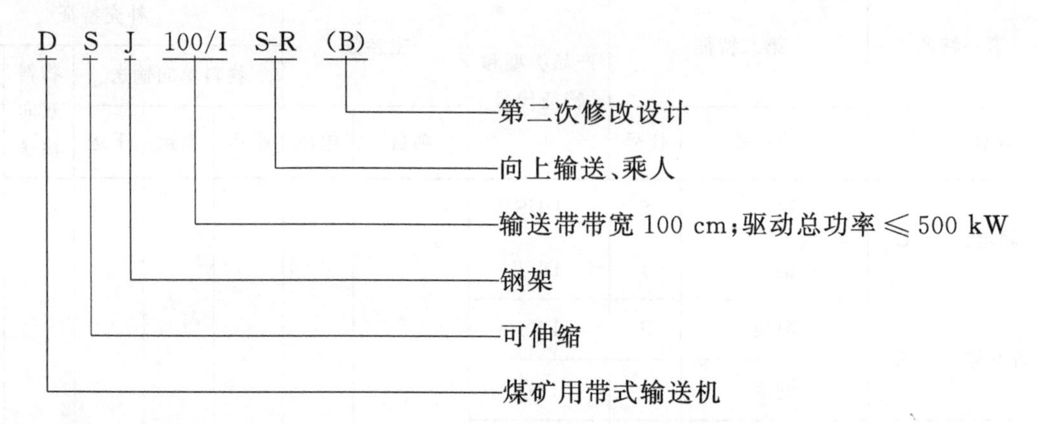

6 产品型号管理方法

产品型号管理方法按 MT/T 154.1—1991 中第 5 章的规定执行。

7 产品型号申报方法

产品型号申报方法按 MT/T 154.1—1991 中第 6 章的规定执行。

ICS 73.100.99
D 98
备案号：18432—2006

中华人民共和国煤炭行业标准

MT/T 154.6—2006
代替 MT/T 154.6—1995

矿灯型号编制方法

Method of type symbolization for cap lamp

2006-08-19 发布　　2006-12-01 实施

中华人民共和国国家发展和改革委员会　发布

前　言

本标准是对 MT/T 154.6—1995《矿用安全帽灯型号编制方法》的修订，本标准代替 MT/T 154.6—1995。

本标准与 MT/T 154.6—1995 相比，主要变化如下：

——修改了矿灯型号中的“第一特征代号”（1995 年版的表 1；本版的表 1）；

——修改了矿灯型号中的“第二特征代号”（1995 年版的表 2；本版的表 2）；

——修改了矿灯型号中的“第一补充特征代号”（1995 年版的表 3；本版的表 3）；

——增加了矿灯型号中“设计修改序号”的说明（见 5.7）；

——修改了矿灯型号编制示例（1995 年版的 5.6；本版的第 6 章）；

——修改了矿灯型号申报办法（1995 年版的第 6 章；本版的第 7 章）。

本标准由中国煤炭工业协会科技发展部提出。

本标准由煤炭行业煤矿专用设备标准化技术委员会归口。

本标准起草单位：煤炭科学研究总院上海分院、济宁高科股份有限公司、大同煤矿煤峪口实业公司。

本标准主要起草人：顾苑婷、徐学期、闵建中、臧才运、陆鸣、王涛、张建新。

本标准于 1995 年 8 月首次发布。

矿灯型号编制方法

1 范围

本标准规定了矿灯型号的编制原则、型号的组成和排列方式、编制方法和管理及申报办法。

本标准适用于矿灯型号的编制及管理。

2 规范性引用文件

下列文件中的条款通过本标准的引用而成为本标准的条款。凡是注日期的引用文件，其随后所有的修改单(不包括勘误的内容)或修订版均不适用于本标准，然而，鼓励根据本标准达成协议的各方研究是否可使用这些文件的最新版本。凡是不注日期的引用文件，其最新版本适用于本标准。

MT/T 154.1 煤矿机电产品型号的编制导则和管理办法

3 编制原则

3.1 矿灯型号的命名应力求简明。

3.2 矿灯型号一般由大写汉语拼音词组的第一个字母和阿拉伯数字组成。出现重复区分困难时，可用具有特征意义的大写汉语拼音字母表示。

3.3 同类型不同产品的型号不允许出现重号。

4 型号的组成和排列方式

4.1 矿灯型号主要由“产品类型代号”、“第一特征代号”、“主参数”和“第一补充特征代号”组成。如果以上表示还不能突出产品的有关特征或性能时，允许增加“第二特征代号”、“第二补充特征代号”和“设计修改序号”。

4.2 矿灯型号的组成和排列方式：

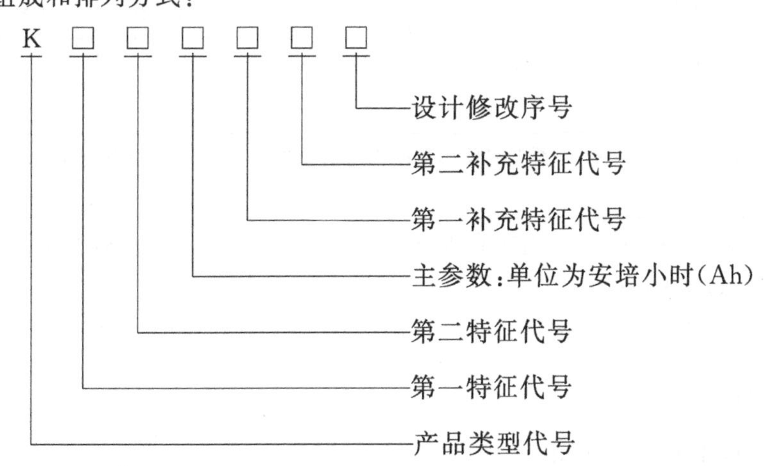

4.3 矿灯型号中“产品类型代号”、“第一特征代号”、“主参数”、“第一补充特征代号”不能省略，“第二特征代号”、“第二补充特征代号”和“设计修改序号”，产品有相应内容时应编上，无相应内容时可省略。

5 矿灯型号编制方法

5.1 矿灯型号中的“产品类型代号”表示产品的类型，用大写汉语拼音字母“K”表示。

5.2 矿灯型号中的“第一特征代号”表明蓄电池类型，用大写汉语拼音字母表示，见表1。

表 1

蓄电池类型	第一特征代号
铅酸蓄电池	S
碱性蓄电池	J
锂离子蓄电池	L

5.3　矿灯型号中的“第二特征代号”是在产品除照明外，允许增加其他功能需要区分时作为识别之用，用大写汉语拼音字母表示，见表 2。

表 2

产品功能	第二特征代号
甲烷报警	W
讯号发射、接收	X

5.4　矿灯型号中的“主参数”表明矿灯蓄电池的额定容量(Ah)，用阿拉伯数字表示。

5.5　矿灯型号中的“第一补充特征代号”表示光源结构型式，用大写汉语拼音字母表示，见表 3。

表 3

光源结构型式	第一补充特征代号
多灯丝	S
多灯泡	P
LED 光源	L

注 1：多灯丝是指光源为白炽灯泡，灯泡内有两根或两根以上灯丝。

注 2：多灯泡是指主光源为白炽灯泡，辅光源为白炽灯泡或一个或多个 LED 光源。

注 3：LED 光源是指主、辅光源为一个或多个 LED 光源。

5.6　矿灯型号中的“第二补充特征代号”表示蓄电池特征，用大写汉语拼音字母表示，见表 4。

表 4

蓄电池特征	第二补充特征代号
免维护	M
少维护	H

注：免维护是指在规定的运行条件下，蓄电池使用期间不需要维护；少维护是指蓄电池补水周期 2 个月以上并且有液面清晰可见的结构。

5.7　矿灯型号中的“设计修改序号”是当产品进行设计修改时作为区分、识别之用。用带括号的大写字母依次表示。如：(A)、(B)、……

5.8　当上述代号还不足以表示矿灯的特征时，需由生产厂与矿灯归口部门商定名称和代号。

6　矿灯型号编制示例

示例 1：KS8S 型多灯丝铅酸蓄电池矿灯

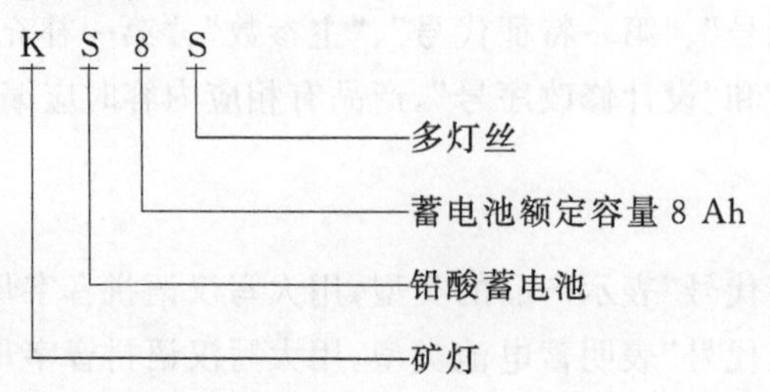

示例 2： KJ12P 型多灯泡碱性蓄电池矿灯

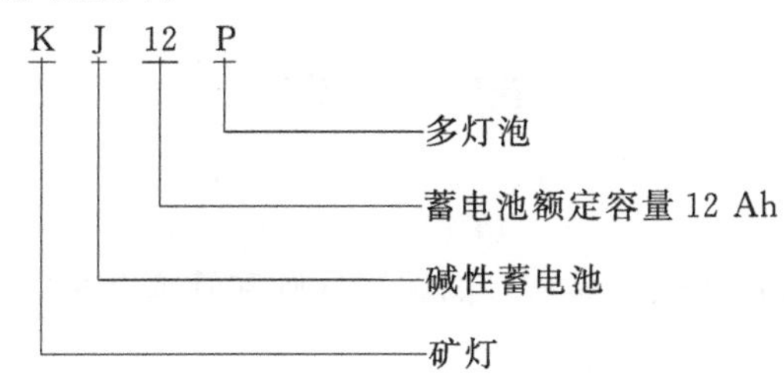

示例 3： KL7LM 型 LED 光源锂离子蓄电池矿灯

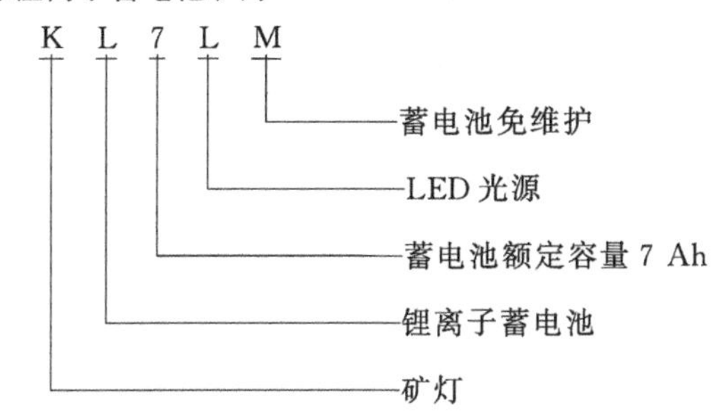

示例 4： KSW10SH(A)型少维护多灯丝甲烷报警矿灯

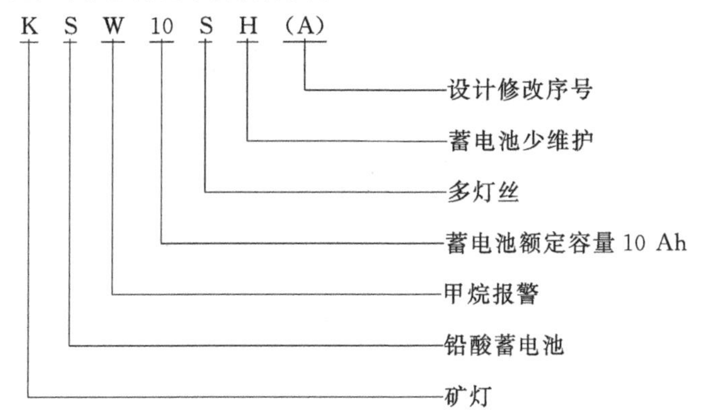

7 矿灯型号管理和申报办法

7.1 矿灯型号管理办法

矿灯型号管理办法按 MT/T 154.1 的有关规定进行。

7.2 矿灯型号申报办法

7.2.1 矿灯制造厂或设计单位，均应按本标准的规定编制矿灯型号，并应向矿灯归口部门申报产品型号，经确认后生效。

7.2.2 申报矿灯型号时应提供下列资料：

a) 产品标准 1 份；

b) 产品使用说明书 1 份；

c) 产品总图和分总图 各 1 份；

d) 煤矿电器设备产品型号申请登记表 3 份。

7.2.3 已有型号的矿灯产品，在生产中作了较大改进，其主参数或结构已明显改变，应重新申请产品型号。

7.2.4 已有型号的矿灯产品，转厂生产时，可以沿用原型号，同时应向矿灯归口部门办理型号确认备案手续。

前　言

本标准是MT/T 154.1《煤矿机电产品型号的编制导则和管理办法》为首的系列标准中的一个。
本标准由煤炭工业部科技教育司提出。
本标准由煤矿专用设备标准化技术委员会归口。
本标准由煤炭科学研究总院唐山分院负责起草。
本标准主要起草人:李学琨。
本标准委托煤炭科学研究总院唐山分院负责解释。

中华人民共和国煤炭行业标准

煤用分选设备型号编制方法

MT/T 154.7—1997

Model designation of separating equipment for coal

1 范围

本标准规定了重介质选煤设备、跳汰及其他重力选煤设备和浮游选煤设备的型号编制方法和管理办法。

本标准适用于上述三类工业规模的煤用分选设备的型号编制。

2 引用标准

下列标准所包含的条文，通过在本标准中引用而构成为本标准的条文。本标准出版时，所示版本均为有效。所有标准都会被修订，使用本标准的各方应探讨使用下列标准最新版本的可能性。

MT/T 154.1—92 煤矿机电产品型号的编制导则和管理办法

3 编制产品型号的基本原则

3.1 产品型号的命名力求简明。在不同类产品能够被明确区分的前题下，尽量减少特征代号的个数。

3.2 产品型号由大写的汉语拼音字母和阿拉伯数字组成。但 I、O、X 三个字母不得使用。

4 产品型号的组成和排列方式

4.1 产品型号的组成和排列方式按 MT/T 154.1 第 3 章之规定。

4.2 分选设备的产品型号主要由"产品类型代号"、"第一分类特征代号"和"主参数"组成。如果这样表示仍不能区分不同类产品，可再逐一增加"第二分类特征代号"、"补充特征代号"和"修改序号"。

4.3 产品型号的代号排列方式如下：

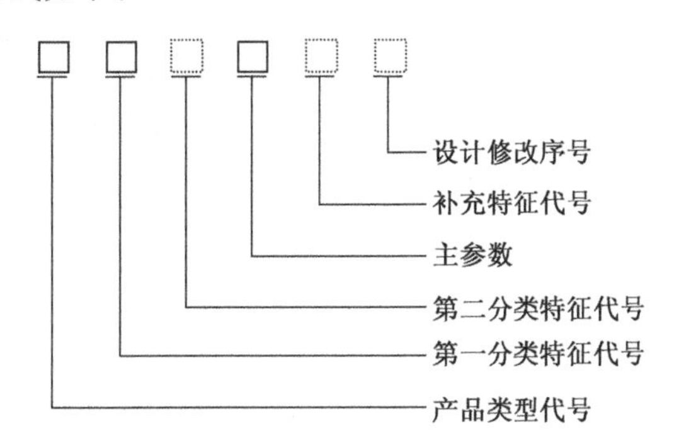

5 代号规定

5.1 本标准所涉及的三类选煤设备的产品类型的代号规定见表 1。

中华人民共和国煤炭工业部 1997-11-10 批准　　1998-04-01 实施

表 1 产品类型代号

重介质选煤设备	跳汰及其它重力选煤设备	浮游选煤设备
J	L	F

5.2 三种分选设备的第一分类特征代号和某些第二分类特征的代号规定见表 2。

表 2 三类选煤设备的分类特征代号

产品类型代号	第一分类特征代号		第二分类特征代号	
J	重介质旋流器	U	常压给料(不设代号)	
			低压给料	D
			无压给料	W
	立轮分选机	L		
	斜轮分选机	E		
	浅槽分选机	Q		
L	跳汰机	T	筛下空气室	A
			筛侧空气室	C
			动筛式	D
			隔膜式	M
	摇床	Y	平面座式(不设代号)	
			平面悬挂式	G
			离心式	L
	水介质旋流器	U		
	斜槽分选机	C		
	螺旋分选机	L		
	螺旋滚筒分选机	G		
	风力分选机	F		
F	机械搅拌式浮选机	J	伞形叶轮	S
			斜叶轮	E
			星形叶轮	N
			充气式	Q
	喷射式浮选机	P		
	浮选柱	Z	自溢式	Y
			刮板式	G

5.3 主参数用阿拉伯数字表示。产品型号中最好只包括一个主参数。若必须用两个或更多的参数才能区分，参数之间要用“/”符号隔开。

5.4 对于产品数需要区分的分选设备(如三产品旋流器)、双体结构(如双体跳汰机)或多体结构(如多层平面摇床)的情形，可在主参数之前用“2×”或“n×”表示。主参数的意义和单位要在产品标准中说明。

5.5 本标准对补充特征代号不作统一规定。补充特征代号的选用应遵照第 3 章规定的原则，并在型号申报时加以说明。第 6 章的例 4 是一个使用补充代号的示例。

5.6 修改序号是当产品的设计有重要修改时作为区分或识别之用的，用带括号的字母依次表示。如(A)，(B)，(C)……。

5.7 新产品开发中，如果出现了本标准表2中所列以外的分类特征，可由产品设计单位根据本标准规定的原则提出特征代号的建议，在申报型号时加以说明。

5.8 产品型号中不得以地域、单位或个人的缩略字母、代号或代码作为特征代号。当不同单位设计出特征代号完全相同的产品时，可采用不同的商标作为区分标记。

5.9 产品型号中的字母，数字与产品名称的汉字字体要相互协调。不得采用角标形式。

6 型号编制示例

例1：斜槽分选机

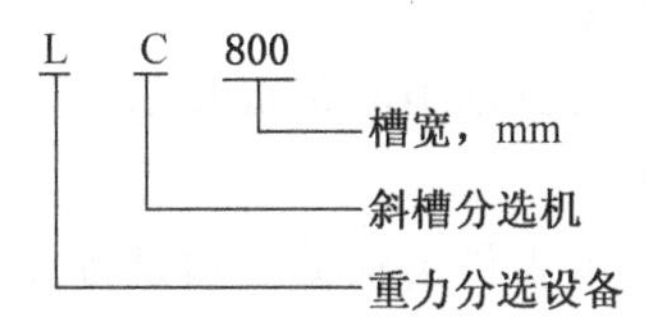

例2：筛下空气室跳汰机

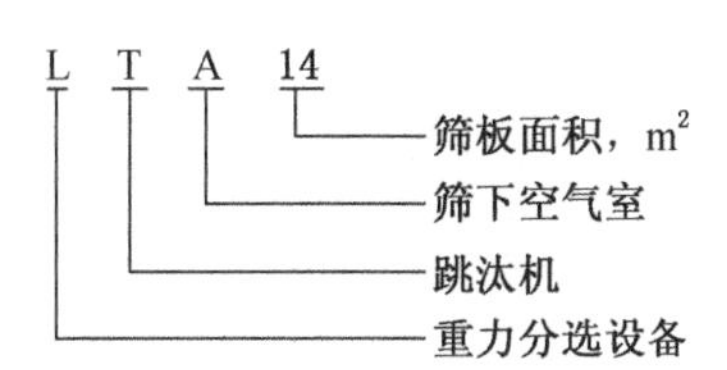

例3：无压给料三产品重介质旋流器

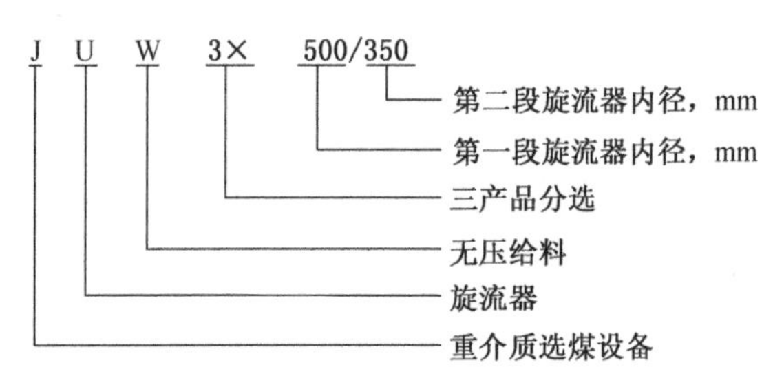

例4：筒式入料的斜叶轮浮选机

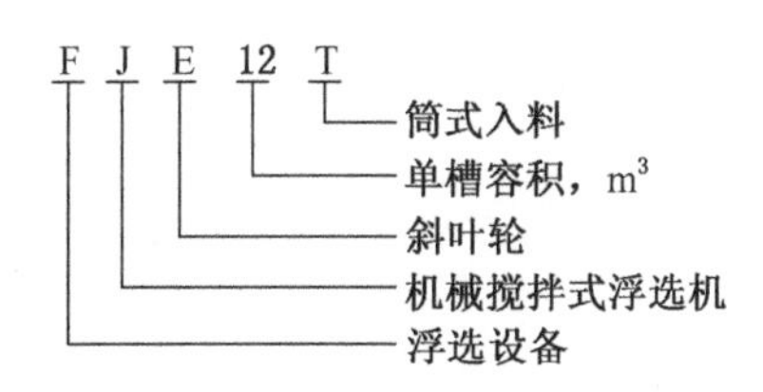

7 产品型号的管理和申报

煤用分选设备产品型号的管理和申报按MT/T 154.1的有关规定执行。

前　言

为满足国内煤矿井下辅助运输设备迅速发展的需要，避免设备型号混乱和进行统一管理，针对目前各设计、生产单位的型号编制方法不统一的情况，必须制定煤矿辅助运输设备型号的编制方法和管理办法。

本标准是根据MT/T 154.1—1992《煤矿机电产品型号的编制导则和管理办法》的要求而制定的。

本标准由煤炭工业部科技教育司提出。

本标准由煤矿专用设备标准化技术委员会归口。

本标准由煤炭科学研究总院常州科研试制中心负责起草。

本标准主要起草人：李亦娥、潘素梅。

本标准委托煤矿专用设备标准化技术委员会辅助运输设备分会负责解释。

中华人民共和国煤炭行业标准

MT/T 154.8—1996

煤矿辅助运输设备型号编制方法

1 范围

本标准规定了煤矿辅助运输设备及配套车辆、装置(统称产品)的型号编制方法和管理办法。

本标准适用于煤矿辅助运输设备及配套车辆、设施的型号编制和管理。

2 引用标准

下列标准包含的条文,通过在本标准中引用而构成为本标准的条文。在标准出版时,所示版本均为有效。所有标准都会被修订,使用本标准的各方应探讨使用下列标准最新版本的可能性。

MT/T 154.1—92 煤矿机电产品型号的编制导则和管理办法

3 产品型号编制原则

3.1 产品型号的命名应力求简明。

3.2 同类型的不同产品的型号不允许出现重号。

3.3 由成套设备组成的辅助运输系统,其主机和附属装置应分别编制产品型号。

3.4 产品型号由大写的汉语拼音字母和阿拉伯数字组成。

4 产品型号的组成和排列方式

4.1 产品型号主要由该产品的"产品类型代号"和"主参数"组成。如果这种表示仍难以区分时,再逐一增加"第一特征代号"、"第二特征代号"以致"补充特征代号"和"修改序号"。

4.2 产品型号的组成和排列方式如下:

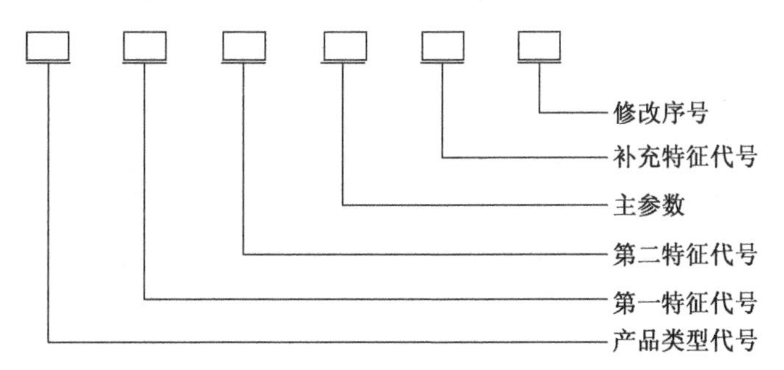

5 产品型号的编制方法

5.1 产品型号中的"产品类型代号",表明产品的类别,用大写汉语拼音字母表示,见表1。

表1 产品类型

代号	K	D	W	C	J	A	R	L	P	S	B	U	Z	T	G	Q
名称	卡轨车	单轨吊车	无轨运输车	机车	绞车	铲车	人车	材料车	平板车	梭车	爬车机	阻车器	制动装置	道岔	轨道	起吊架

中华人民共和国煤炭工业部 1996-12-03 批准　　1997-10-01 实施

5.2　产品型号中的“主参数”，表明产品的主要参数，用阿拉伯数字表示。当用两个以上主参数时，参数与参数之间应用“/”符号隔开，主参数最多不超过 3 个。若主参数的位数太长或量值较小时，可以增缩 100 倍。

5.3　当产品类型、主参数均相同时，可用“第一、第二特征代号”来区分；当产品类型、主参数及第一、第二特征均相同时，可用补充特征代号来区分，均用大写汉语拼音字母表示，见表 2，表 3，表 4。

表 2　产品第一特征

代号	C	S	X	T	D	H	W	F	A	L	B	Z	Y	K	M
名称	柴油机	绳牵引	蓄电池	提升	调度	回柱	无极绳	风动	单列缓冲	双列缓冲	抱轨式	插爪式	压轨式	单开式	渡线式

表 3　产品第二特征

代号	J	G	Z	Q	N	D	B	L	R
名称	胶套轮	钢轮	齿轮	胶套轮/齿轨	钢轮/齿轨	电机调速	变速器调速	左开	右开

表 4　补充特征

代号	Y	E	J	Q
传动方式	液压	液力	机械	气动

5.4　产品型号中的“修改序号”是在产品类型、主参数及特征代号均相同时，作为识别之用的，用加括号的大写汉语拼音字母(A)、(B)、(C)……依次表示。

5.5　产品型号中所用的汉语拼音字母必须是“I”、“O”以外的，以免与阿拉伯数字中的“1”和“0”相混淆。

5.6　产品型号中的数字、字母和产品名称的汉字字体的大小要相仿，不得用角标。

5.7　产品型号中不允许以地区或单位名称作为特征代号来区别不同的产品。

5.8　产品型号编制示例：

例 1　柴油机胶套轮/齿轮卡轨车

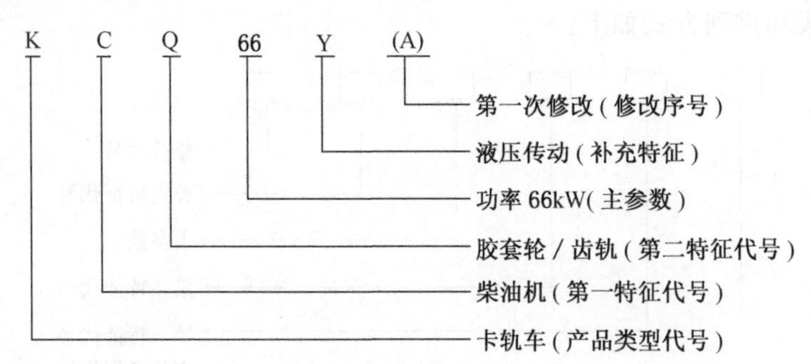

例 2　绳牵引单轨吊车

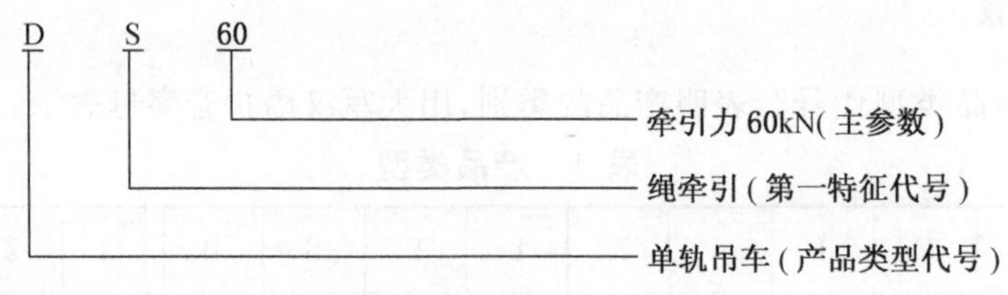

例 3　蓄电池胶套轮机车

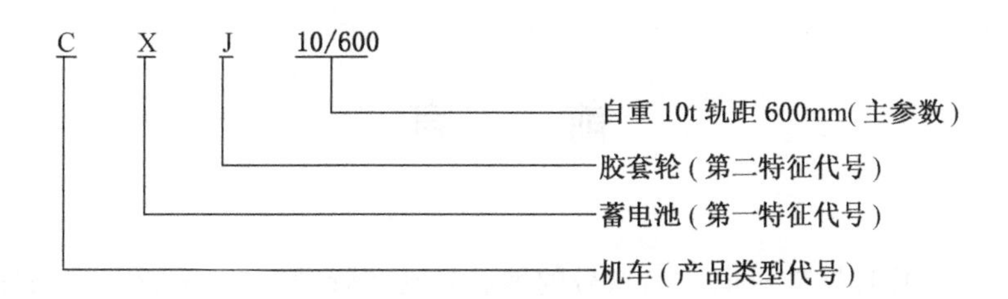

例4 调度绞车

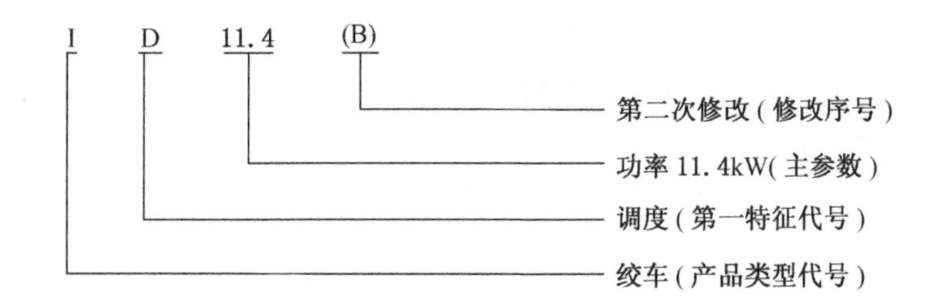

例5 平板车

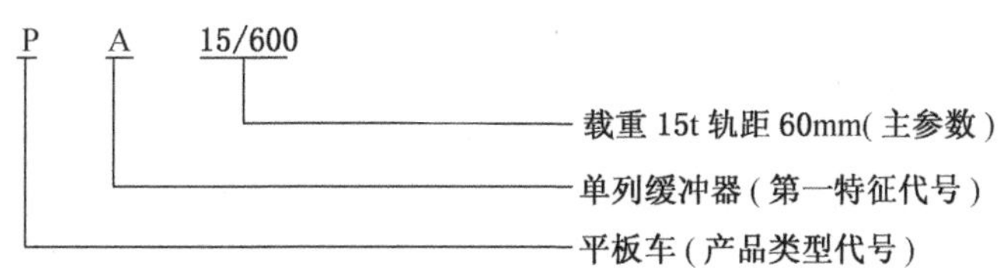

例6 液控抱轨式安全制动装置

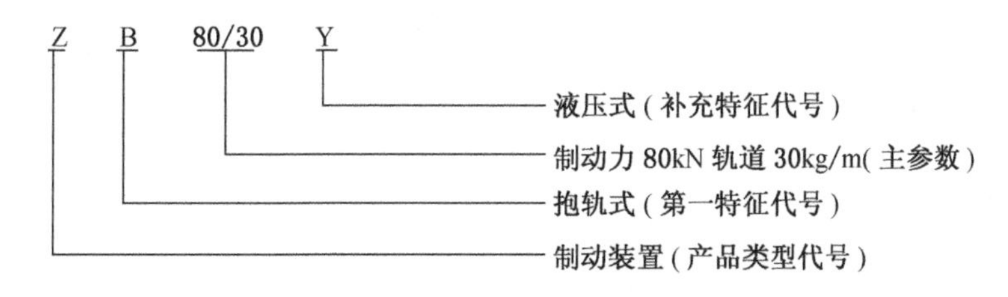

例7 道岔

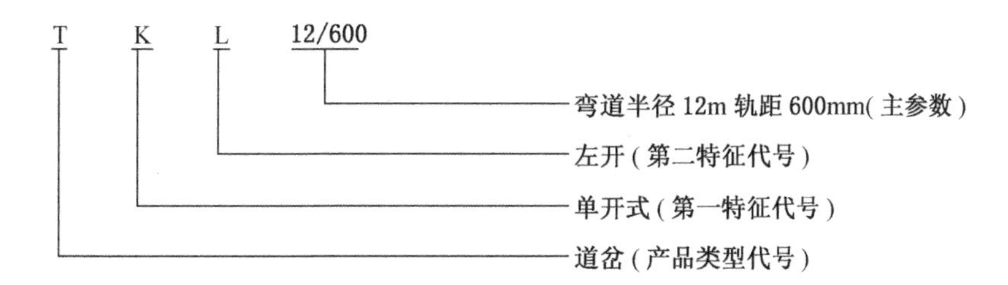

6 产品型号的管理和申报办法

按 MT/T 154.1 的规定执行。

前　言

本标准是 MT/T 154.1《煤矿机电产品型号的编制导则和管理办法》为首的系列标准中的一个。

本标准由煤炭工业部科技教育司提出。

本标准由煤矿专用设备标准化技术委员会归口。

本标准由煤炭科学研究总院唐山分院负责起草。

本标准主要起草人:李学琨。

本标准委托煤矿专用设备标准化技术委员会选煤机械分会负责解释。

中华人民共和国煤炭行业标准

MT/T 154.9—1996

煤用筛分设备型号编制方法

1 范围

本标准规定了煤用筛分设备的产品型号编制方法和管理办法。

本标准适用于除国家标准已有规定外的各种煤用工业筛分设备型号的编制。

2 引用标准

下列标准包含的条文,通过在本标准中被引用而构成为本标准的条文。本标准出版时,所示版本均为有效。所有标准都会被修订,使用本标准的各方应探讨使用下列标准最新版本的可能性。

MT/T 154.1—92 煤矿机电产品型号的编制导则和管理办法

3 编制产品型号的基本原则

3.1 产品型号的组成应力求简明,在不同产品能够被明确区分的前题下,尽量减少特征代号的个数。

3.2 产品型号由大写的汉语拼音字母和阿拉伯数字组成,但 I,O,X 三个字母不得使用。

4 产品型号的组成和排列方式

4.1 产品型号的组成和排列方式按 MT/T 154.1 第 3 章之规定处理。

4.2 筛分设备的产品型号主要由“产品类型代号”(S)、“第一特征代号”、“第二特征代号”和“主参数”组成。如果这样表示仍不能区分不同类产品,可再逐一增加“补充特征代号”和“修改序号”。

4.3 产品型号的代号排列方式如下:

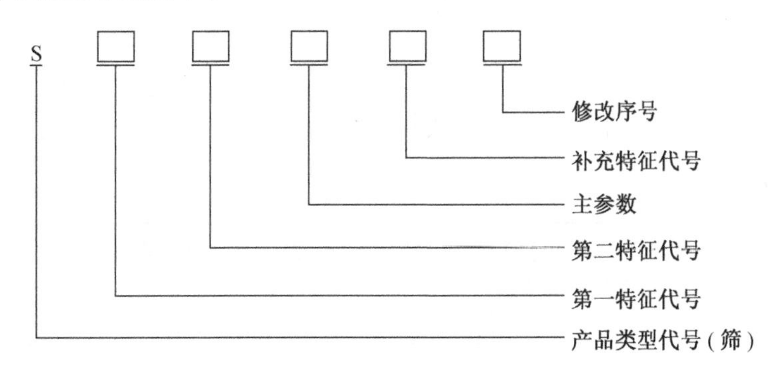

5 产品型号的编制方法

5.1 产品类型代号 S 代表筛分设备,表明它属于选煤机械中的一种类型。

5.2 第一特征代号表明筛分设备的基本分类特征,代号规定见表 1。

5.3 对于振动筛,第二特征代号表明激振方式,其代号规定见表 2。对于非振动筛,如果需要进一步区分结构特征,也可设置第二特征代号,某些结构特征的代号见表 3。

5.4 一般地,主参数是用阿拉伯数字表示的标称筛面面积或筛面长宽尺寸。对于弧形筛,主参数可以用筛面曲率半径和筛面宽度表示;对于旋转筛,主参数可以用筛面直径表示;对于滚筒筛,主参数可以用

中华人民共和国煤炭工业部 1996-12-03 批准 1997-10-01 实施

筒径和筒长表示。主参数的个数不宜超过两个，凡主参数包括两个或多个数字的，数字之间可用“/”符号隔开。对于双电机激振或多电机激振，双层筛面或多层筛面，双机体或多机体的情况，可在主参数之前用“2×”或“n×”表示。主参数所采用的单位在产品标准中说明。

5.5 在设置了第二特征代号的情况下，如果还需要做进一步的区分，可在主参数之后再设置一个字母作为补充特征代号。补充特征代号用以表示需要标记的有关筛分原理、筛面布置、筛面结构、安装方式或激振器等方面的特征(见表4)。

5.6 修改序号是当产品的设计有重要修改时作为区分或识别之用的，用带括号的字母依次表示。如(A)、(B)、(C)……。

5.7 产品型号中的字母，数字与产品名称的汉字字体要大小相仿，不得采用角标形式。

5.8 年代、地区或单位代码不得列入产品型号。当不同单位设计出特征代号完全相同的产品时，可采用不同的商标作为区分标记。

5.9 产品型号命名过程中，如果需要表达本标准表1至表4所列以外的技术特征，可由产品设计单位根据本标准规定的原则提出特征代号的建议，在申报型号时加以说明。

表1 第一特征代号(筛分设备基本分类)

直线振动筛	共振筛	摇动筛	振网筛	弛张筛
Z	N	D	W	C
圆振动筛	旋转筛	离心(旋流)筛	滚轴筛	滚筒筛
Y	U	A	G	T
复合振动筛	螺旋筛	弧形筛		
F	L	H		

表2 第二特征代号(振动筛的激振方式)

轴(轴块)偏心	电磁激振	曲柄连杆
S	C	L
块偏心	激振电机	
K	J	

表3 第二特征代号(非振动筛的某些结构特征)

异形盘滚轴筛	偏心盘滚轴筛	打击式	立式摇动筛
Y	P	D	L

表4 补充特征代号

概率筛分	等厚筛分	吊式安装
G	D	A
自同步激振	强迫同步激振	琴弦筛面
B	P	Q

6 型号编制示例

例 1：双层筛面的座式块偏心直线振动筛

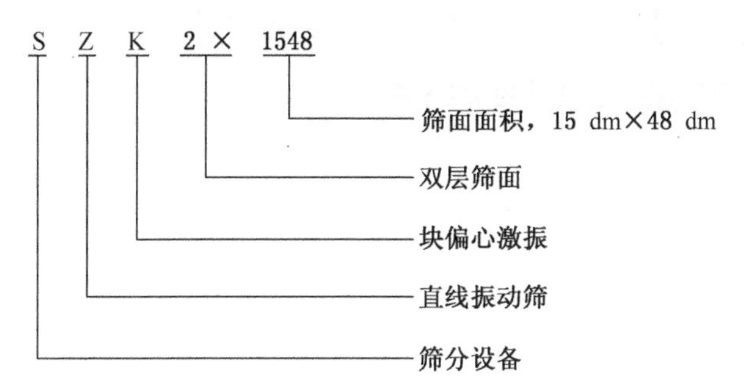

例 2：旋转概率筛

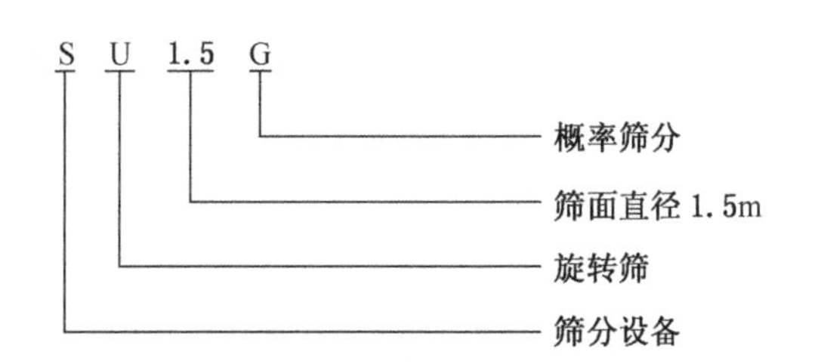

例 3：螺旋筛

例 4：打击式弧形筛

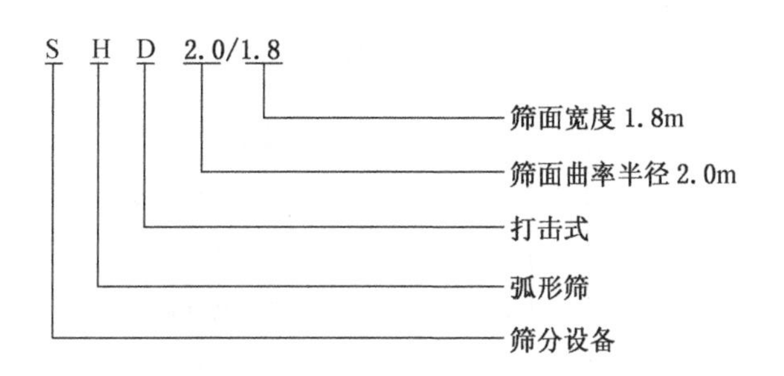

7 产品型号的管理和申报

7.1 根据 MT/T 154.1 第 5 章的规定，煤用筛分设备产品型号的管理工作，由煤矿专用设备标准化技术委员会选煤机械分会具体承担。

7.2 自本标准实施之日起，凡新设计的煤用筛分设备均按 MT/T 154.1 第 6 章的规定申报型号。

中华人民共和国煤炭行业标准

MT/T 154.10—1996

煤矿用安全仪器仪表产品型号编制方法和管理办法

1 范围

本标准规定了煤矿用安全仪器仪表产品型号的编制原则、组成和排列方式、编制方法、应用和管理、申报办法。

本标准适用于煤矿用各种安全仪器仪表产品型号(以下简称“产品型号”)的编制和管理,不适用于一次性生产或协议产品的型号编制。

2 产品型号的编制原则

2.1 产品型号的组成应力求简明。

2.2 同类型的产品不允许出现重号(用统一设计图样制造的产品除外)。

2.3 产品型号由大写的汉语拼音字母和阿拉伯数字组成。

3 产品型号的组成和排列方式

3.1 产品型号主要由“产品类型代号”、“第一特征代号”和“主参数”组成。如果这样表示仍难以区分时,可再逐一增加“第二特征代号”、“补充特征代号”和“设计修改序号”。

3.2 产品型号的组成和排列方式如下:

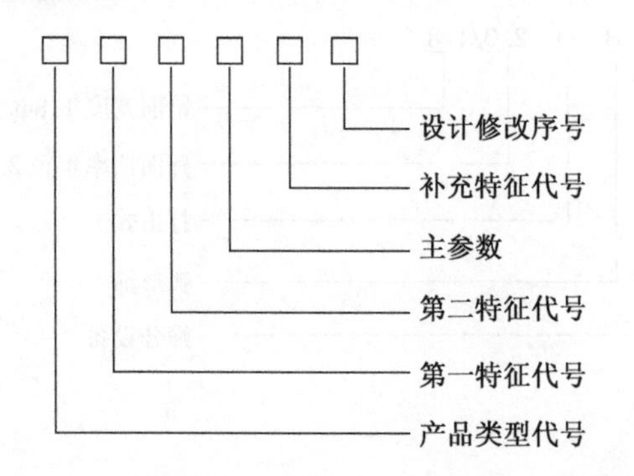

4 产品型号的编制方法

4.1 产品型号中的“产品类型代号”表明产品的类别,用汉语拼音字母表示,见表1。

表1 产品类型代号

产品类型	代号	产品类型	代号	产品类型	代号
测定器	C	传感器	G	苏生器、输氧器	S
断电控制器	D	呼吸器	H	自救器	Z
辅助、配套器械	F	气瓶	P	压缩机	Y

4.2 产品型号中的“第一特征代号”用汉语拼音字母表示,见表2。

中华人民共和国煤炭工业部 1996-12-30 批准　　1997-11-01 实施

表 2　产品第一特征代号

产品类型代号	产品第一特征	代号	产品第一特征	代号
H	空气	K	氧气	Y
Z	化学	H	过滤	L
S	自动	Z		
C	空气	K	煤尘	C
G	甲烷	J	风速	F
D	氢气	Q	温度	W
Y	一氧化碳	T	顶板压力	D
	硫化氢	L	综合参数	Z
	氧气	Y	二氧化碳	R
P	高强度钢	G	铝	L
	超高强度钢	C	复合材料	F
F	电源箱	D	呼救器	H
	报警箱	B	受话器	S
	充电器	C		
	转换器	Z		

4.3　产品型号中的“主参数”，用阿拉伯数字表示。如用一个主参数足以表示和区分时，就不用几个主参数，当用两个以上主参数表示时，参数与参数之间要用“/”符号隔开。主参数中不应有小数点。

4.4　产品型号中的“第二特征代号”是在“产品类型代号”、“第一特征代号”和“主参数”均相同，而产品的特征(指结构和性能等不同)，需要区分时作为识别之用。用汉语拼音字母表示，见表 3。

表 3　产品第二特征(或作补充特征)

产品第二特征	代号	产品第二特征	代号	产品第二特征	代号
光学	G	定置	Z	电流	L
电子	D	报警	B	频率	P
化学、电化学	H	数码	S		
小型、袖珍	X	电压	Y		

4.5　产品型号中的“补充特征代号”是在“产品类型代号”、“第一特征代号”、“主参数”和“第二特征代号”均相同，而需要进一步区分其有关特征时作为识别之用。用汉语拼音字母表示，见表 3。

4.6　产品型号中的“设计修改序号”是当产品的设计进行较大修改时为区分、识别之用。用带括号的汉语拼音字母依次表示，如(A)、(B)、(C)……。

4.7　产品型号中凡以汉语拼音字母表示者，一律采用大写字母。其中不允许用“I”和“O”两个字母。

4.8　产品型号中的汉语拼音字母以及阿拉伯数字的字体的大小要相仿，不得采用角标或脚注的办法。

4.9　在本标准给定的代号、字母不能表征产品的类别或特征时，允许采用其他汉语拼音字母。但不允许采用已纳入过的类别或特征的代号、字母。

4.10　产品型号编制示例：

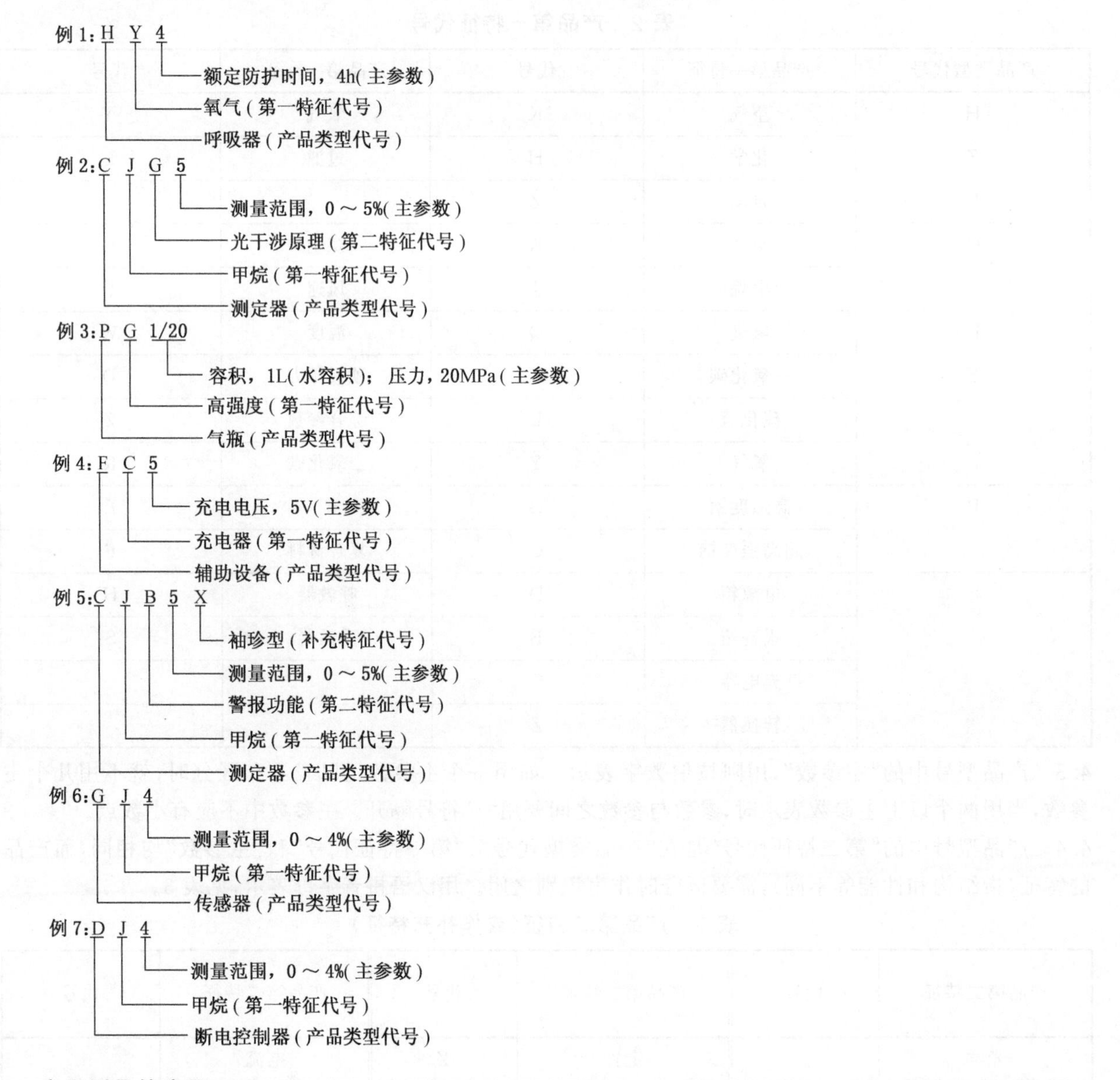

5 产品型号的应用

5.1 产品型号的后面加上产品名称就是产品的全称。在正式文件中第一次出现时，必须写出产品的全称。以后，在不致引起误解的前提下，可以仅用产品型号或产品名称，也可以用产品的简称来代替产品的全称。

5.2 书写或印刷产品全称时，产品型号和产品名称之间应空一个字的空间。

6 产品型号的申报和管理

6.1 产品从开始设计时就应申请产品型号。《安全仪器产品型号申请登记表》(附录A)一式三份给标准化技术归口部门。

6.2 已批复申报产品型号的产品，如在三年内仍未能定型鉴定，应向归口部门提出申请要求保留该型号，否则该产品型号失效作废。

6.3 产品鉴定后，应向标准化技术归口部门办理产品型号确认手续(如属不需鉴定的派生产品，则只办理确认手续)，正式确认后生效。

6.4 申请产品型号确认手续需报送下列材料：

a) 鉴定证书(复印件)一份；

b) 产品照片一张；

c) 产品型号确认登记表(附录 B)一式三份。

6.5 标准化技术归口部门在接到产品型号申请登记表后，应在一个月内批复，否则按同意产品型号申请处理。

6.6 已有型号的产品，转厂照样生产时，可以沿用原型号，不必重新申报型号。

6.7 已有型号的产品，在生产中如设计作了重大改进，其主参数已明显改变时，应重新申请产品型号，不得只改变修改序号而维持原型号中的主参数。

附　录　A
（标准的附录）
产品型号申请登记表

登记编号：

<table>
<tr><td colspan="2">申请单位</td><td colspan="2"></td></tr>
<tr><td colspan="2">地　　址</td><td colspan="2"></td></tr>
<tr><td rowspan="2" colspan="2">产品名称</td><td>申请单位建议名称</td><td></td></tr>
<tr><td>归口分会给定名称</td><td></td></tr>
<tr><td rowspan="2" colspan="2">产品型号</td><td>申请单位建议型号</td><td></td></tr>
<tr><td>归口分会给定型号</td><td></td></tr>
<tr><td colspan="4">产品计划鉴定日期：199　　年　　月</td></tr>
<tr><td colspan="4">产品主要规格特征及用途：</td></tr>
<tr><td colspan="4">所拟型号的含义：</td></tr>
<tr><td colspan="3">申请单位盖章：
年　　月　　日</td><td>归口分会盖章：
年　　月　　日</td></tr>
<tr><td>备注</td><td colspan="3"></td></tr>
</table>

附　录　B
（标准的附录）
产品型号确认登记表

确认编号：

<table>
<tr><td colspan="2">申请单位</td><td colspan="5"></td></tr>
<tr><td colspan="2">地　　址</td><td colspan="5"></td></tr>
<tr><td colspan="2" rowspan="2">产品名称</td><td colspan="2">申请单位建议名称</td><td colspan="3"></td></tr>
<tr><td colspan="2">归口分会给定名称</td><td colspan="3"></td></tr>
<tr><td colspan="2" rowspan="2">产品型号</td><td colspan="2">申请单位建议型号</td><td colspan="3"></td></tr>
<tr><td colspan="2">归口分会给定型号</td><td colspan="3"></td></tr>
<tr><td colspan="3">鉴定主持单位、日期</td><td colspan="2"></td><td colspan="2">199　　年　　月　　日</td></tr>
<tr><td colspan="3">鉴定证书号</td><td colspan="2"></td><td>登记编号</td><td></td></tr>
<tr><td colspan="7">产品主要规格特征及用途：</td></tr>
<tr><td colspan="7">所拟型号的含义：</td></tr>
<tr><td colspan="4">申请单位盖章：

年　　月　　日</td><td colspan="3">归口分会盖章：

年　　月　　日</td></tr>
<tr><td>备注</td><td colspan="6"></td></tr>
</table>

中华人民共和国煤炭行业标准

MT/T 157—1996

代替 MT 157—87

煤矿用隔爆水槽和隔爆水袋通用技术条件

1 主题内容与适用范围

本标准规定了煤矿用隔爆水槽和隔爆水袋的技术要求、试验方法、检验规则与标志、包装、运输和贮存。

本标准适用于煤矿用隔爆水槽和隔爆水袋。

2 引用标准

GB/T 10111 利用随机数骰子进行随机抽样的方法

MT 113 煤矿井下用非金属(聚合物)制品安全性能检验规范

3 术语

3.1 隔爆水槽 explosion-suppression water tub

阻止可燃气体、煤尘爆炸传播的盛水的倒梯形脆性塑料槽(以下简称水槽)。

3.2 隔爆水袋 explosion-suppression water bag

阻止可燃气体、煤尘爆炸传播的盛水的柔性塑料袋(以下简称水袋)。

4 技术要求

4.1 水槽、水袋应符合本标准的规定,并应按规定程序审批的图样和文件制造。外购材料应有合格证,经检验合格后才能使用。

4.2 水槽、水袋的规格尺寸应符合表1的要求。实际容水量不得小于公称容积。

表 1

名称	型号(项目)	公称容积 L	长　度 mm	宽　度 mm	高　度 mm	尺寸偏差 mm
水槽	GS40-4A	40	上平面 570 下平面 510	上平面 390 下平面 350	210	±10
	PGS-40		上平面 610 下平面 563	上平面 386 下平面 340		
	GS80-4A	80	上平面 760 下平面 690	上平面 470 下平面 410	260	

中华人民共和国煤炭工业部 1996-12-30 批准　　　　1997-11-01 实施

表 1（续）

名称	型号＼项目	公称容积 L	长　度 mm	宽　度 mm	高　度 mm	尺寸偏差 mm
水袋	GD30	30	450	400	250	±10
	GD40	40	600	400	250	
	GD60	60	900	400	250	
	GD80	80	800	500	300	

4.3　经套合堆码静载荷试验后，水槽应不变形，拆码应不困难。

4.4　经坠落试验后，水槽损坏率不得大于 1/6。

4.5　经超载荷试验后，水槽应不出现裂隙，并不得从安装架中滑落下来；水袋应无开口和撕裂。

4.6　经热稳定试验后，水槽、水袋变形后的溢流水量应小于设计容水量的 5%

4.7　经抗渗漏试验后，水槽、水袋不应出现渗漏。

4.8　阻燃性能：

4.8.1　水袋试件的燃烧性能应符合 MT 113，第 2.1、2.2 条的规定。

4.8.2　硬质塑料水槽试件，经本标准 5.7.2 试验后，其碳化长度不得大于 25 mm。

4.9　试件的表面电阻值不得大于 3×10^{8} Ω。

4.10　水分布特性应满足下列要求：

4.10.1　水槽破碎所需爆炸压力（以静压表示）不得大于 16 kPa；水袋动作所需爆炸压力（以静压表示）不得大于 12 kPa。

4.10.2　形成最佳水雾的动作时间不得大于 150 ms。

4.10.3　最佳水雾持续时间：对水槽不得小于 250 ms；对水袋不得小于 160 ms。

4.10.4　最佳水雾分散长度不得小于 5 m。

4.10.5　最佳水雾分散宽度不得小于 3.5 m。

4.10.6　最佳水雾分散高度不得小于 3 m。

4.11　隔爆性能应符合下列要求：

从爆源算起，爆炸火焰不得超过 140 m。

5　试验方法

5.1　规格尺寸检验

用测量范围 0～1 m，最小分度值 1 mm 的钢直尺，对试件的长、宽、高进行测量。用测量范围 0～50 kg，感量 50 g 的台称对试件的容水质量进行测量。

5.2　套合堆码静载荷试验

5.2.1　仪器和设备

a.　木板：宽度大于水槽上边缘宽度 20 mm，长度大于水槽上边缘长度 20 mm，厚度约 30 mm。

b.　台秤：同 5.1。

5.2.2　试验步骤

10 个水槽套合堆码，木板平放在水槽垛上，使木板四边都大于水槽外边缘约 10 mm。在木板上均匀堆放载荷，分别称量载荷和木板的质量，使载荷与木板质量之和为 50.0±0.5 kg。在载荷的作用下持续 1 h，然后去掉载荷和木板，拆垛逐个取下水槽。

注：水袋不进行套合堆码静载荷试验。

5.3　坠落试验

坠落高度 1 m，自由下落到平整的混凝土地面上。同 1 个水槽要分别作下列 2 种方式的试验：

水槽底部与地面平行，自由下落。见图 1a。

水槽底部与地面垂直，自由下落。见图 1b。

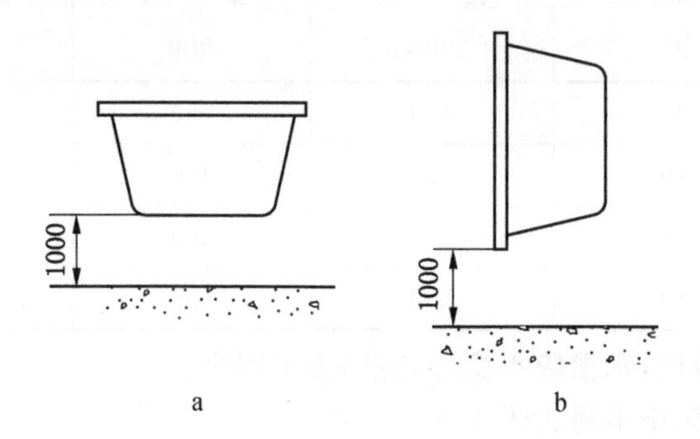

图 1

注：水袋不进行坠落试验。

5.4 超载荷试验

5.4.1 仪器和设备

a. 水槽框架：用 30 mm×30 mm 的角钢制作，框架内空尺寸比水槽上平面外壁尺寸大 3～5 mm，框架高度 1.2 m。

b. 水袋吊挂架：用 30 mm×30 mm 的角钢制作，两支承横梁上挂钩之间的距离比水袋的宽度大 20～30 mm，吊挂高度 1.2 m。

c. 台秤：同 5.1。

5.4.2 试验步骤

水槽嵌入安装在水槽框架中，水袋吊挂在水袋支承架上。在水槽、水袋底部铺设河砂，河砂的质量等于水槽、水袋设计容水质量，再把等于水槽、水袋设计容水量的 1/2 的水灌入水槽、水袋，放置 1 h。

5.5 热稳定性试验

5.5.1 设备

a. 恒温柜：柜的内空尺寸应大于试件四周 200 mm，可控制温度 45±5 ℃。

b. 水槽框架：嵌入安装水槽的框架同 5.4.1a。

c. 水袋安装架：同 5.4.1b。

5.5.2 试验步骤

对水槽取 2 个水槽试件嵌入安装在水槽架上(见图 2a)；对水袋取 2 个试件吊挂在水袋安装架上(见图 2b)。

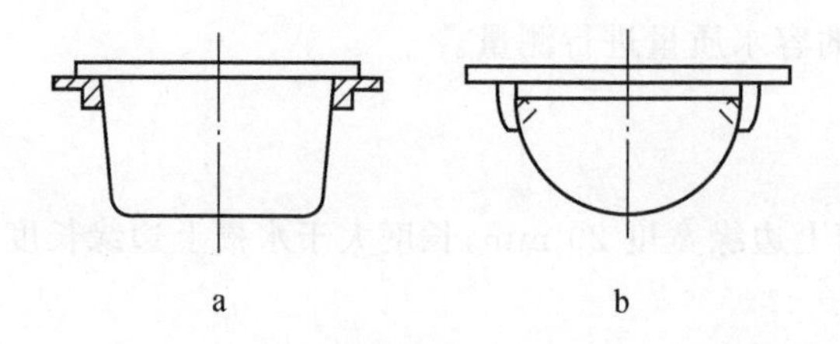

图 2

把安装好的水槽或水袋试件置入恒温柜中，将 45±5 ℃的水灌满水槽或水袋试件。然后在试件下方放置接水容器，关闭恒温柜门。当柜内温度上升到 45±5 ℃后，恒温 48 h。

5.6 抗渗漏试验

5.6.1 仪器和设备

a. 水槽框架:同 5.4.1a。

b. 水袋支承架:同 5.4.1b。

c. 台秤:同 5.1。

5.6.2 试验步骤

嵌入安装 4 个水槽试件或吊挂 4 个水袋试件。下方放置盛水容器,收集可能从试件渗漏出来的水。试验在常温下进行,观察 24 h。

5.7 阻燃性能试验

5.7.1 水袋试件的阻燃性能试验

按 MT 113 第二篇规定进行。

5.7.2 硬质塑料水槽试件的阻燃性能试验

5.7.2.1 仪器和设备

a. 秒表:最小分度值 0.2 s。

b. 三角板:测量范围 0~300 mm,最小分度值 1 mm。

c. 喷灯。

5.7.2.2 试验步骤

随机抽取 1 个水槽,用钢锯截取 10 个试件。试件尺寸为 125 mm×13 mm。在试件两端 25 mm 处用红笔划 1 标线。安装方式如图 3。

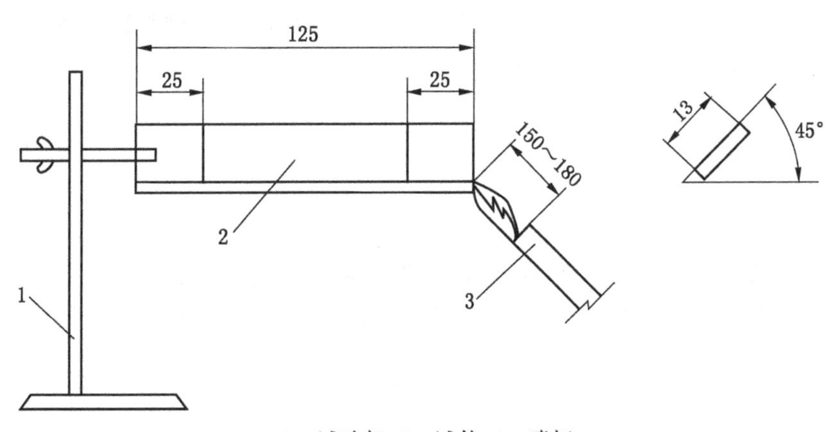

1—试验架;2—试件;3—喷灯

图 3

把试件固定在试验架上,试件的纵轴保持水平,横轴与水平面成 45°倾角。调节喷灯火焰呈蓝色,火焰长度 150~180 mm,使火焰外焰与试件的自由端接触 30 s,移开火焰观察试件自熄后的碳化长度。共进行 10 个试件的试验。

5.8 表面电阻值测定

按 MT 113 第四篇规定进行。

5.9 水分布试验

5.9.1 仪器和设备

a. 钢制爆炸管道 1 条:直径 2 m,长度 29 m。

b. 高速摄影机或高速录像机 1 台;拍摄速度不小于 250 B/s。

c. 压力传感器 4 个:测量范围 0~98 kPa,非线性±0.5%。

d. 火焰传感器 4 个,响应波长 1~25 μm。

5.9.2 试验步骤

水槽或水袋试件安装在管口内 0.3 m 处。水槽横向嵌入安装,水袋横向吊挂。安装高度为 1.5 m。在管口外 7 m、偏离管道中轴线 15 m 处架设高速摄影机或高速录像机,与爆炸同步拍摄水雾分布状态。

管道封闭端设容积为 18 m³ 或 10 m³ 甲烷爆炸室，甲烷浓度 7.4%～8.0%。用电桥丝药头引爆，使水槽或水袋试件安装处的爆炸压力(以静压表示)分别不超过 16 kPa 或 12 kPa。试件破碎或脱勾后，水被分散成水雾。观察、记录试件的破碎状况和水雾在管口外的分布范围，并对高速摄影或高速录像资料进行分析。

5.10 隔爆试验

5.10.1 仪器和设施

a. 爆炸试验巷道：主平巷长 398 m，净断面积 7.2 m²。巷道断面呈半圆拱形，圆拱半径 1.6 m。巷道两帮安装传感器的间距：0～40 m 内每隔 10 m 安装 1 个；>40～398 m 内每隔 20 m 安装 1 个。

b. 压力传感器：测量范围 0～98 kPa、0～196 kPa 和 0～392 kPa，非线性±0.5%，迟滞±0.5%。

c. 火焰传感器：同 5.9.1d。

d. 测试系统：频率响应 3 kHz。

5.10.2 试验步骤

在主平巷距隔爆门 7 m 处，用 0.14 mm 聚氯乙烯塑料薄膜封闭巷道，构成容积为 50 m³ 的甲烷爆炸室，充入甲烷含量为 8.0%～8.6%的空气混合气体。在巷道的 7～150 m 之间均匀布置试验煤尘，煤尘用量按巷道空间 150 g/m³ 计算。用 220 V 交流电源点燃距隔爆门 2 m、高度 1.9 m 处的电桥丝药头，引爆甲烷空气混合气体，使试验煤尘飞扬形成飞扬形成煤尘云参与爆炸。水槽(或水袋)棚采用集中式布置。首列棚距隔爆门(爆源)100 m，排间距 1.2～3 m，安装高度 1.9～1.95 m。水槽试件横向嵌入安装，水袋试件横向吊挂。试件在同 1 安装架上均匀放置。水槽(或水袋)棚每次用水量按巷道净断面积 100 L/m²计算。距爆源 80～100 m 之间的爆炸火焰的平均速度控制在 100～300 m/s 范围，作 3 次试验，观其隔爆效果。

6 检验规则

6.1 出厂检验

6.1.1 产品由制造厂质量检验部门检验，检验合格，并发给合格证后方可出厂。

6.1.2 按 GB/T 10111 在 100 个成品中随机抽取 10 个样品。按表 2 的规定进行检验。

表 2

技术要求	试验方法	试件数量	出厂检验	型式试验
4.2	5.1	4	√	√
4.3	5.2	10	—	√
4.4	5.3	6	√	√
4.5	5.4	2	√	√
4.6	5.5	2	—	√
4.7	5.6	4	√	√
4.8	5.7	2	—	√
4.9	5.8	2	—	√
4.10	5.9	6	—	√
4.11	5.10	见表 3	—	√

注：① √为试验项目，—为不试验项目。

② 水袋不作第 4.3、4.4 条检验。

6.2 型式检验

6.2.1 型式检验按本标准的技术要求全部项目进行(4.10条不合格的产品,不再作4.11条试验)检验。对同型号、同材质、同工艺、不同规格的系列产品,在抽样检验时,只抽取1种规格的产品作全项目检验。其余规格的产品应分别抽取6个样品作水分布试验。

6.2.2 产品在下列情况之一时,应进行型式试验:

a. 试制的新产品;

b. 连续批量生产的产品,每3年进行1次;

c. 在设计、工艺、材料及配方有重大改变,影响产品性能时;

d. 转产时;

e. 停产1年后再生产时;

f. 技术监督部门抽查时。

注:凡符合本标准规定尺寸的水槽、水袋,在作型式检验时免作4.11条检验。

6.2.3 抽样方法

从500个出厂合格产品中,按GB/T 10111进行随机抽样。

样品数量:见表3。

表3

容积,L	总样品数,个	隔爆性能试验样品数,个
80	52	27
60	61	36
40	79	54
30	97	72

6.2.4 检验顺序和质量判定原则

检验顺序:水槽或水袋按表2的顺序进行。

判定原则:出厂检验或型式试验时,尺寸检验、超载试验、抗渗漏试验、阻燃试验、表面电阻值测定、水分布试验和隔爆性能试验等主要指标中任何1个项目不合格时,判定该批产品为不合格品;套合堆码试验、隧坠落试验和热稳定试验等一般指标中有2个项目不合格时,判定该批产品为不合格品。

7 标志、包装、运输和贮存

7.1 标志

每个水槽或水袋上均应有字迹清晰的铭牌,铭牌包括下列内容:

a. 厂名或厂标;

b. 产品名称和规格型号;

c. "安全标志"和编号;

d. 生产日期。

7.2 包装

7.2.1 产品包装外壁应有明显的文字和符号标志,内容包括:

a. 厂名或厂标;

b. 产品名称和规格型号;

c. 轻放、防雨淋标记;

d. 出厂日期。

7.2.2 水槽采用纸箱包装,每箱水槽不超过10个,纸箱强度应能承受500 N静压力;水袋用纸箱或编织袋包装,每箱或每袋装50个。

7.2.3 包装箱或袋内应有下列文件：

a. 装箱清单；

b. 产品合格证；

c. 产品说明书。

7.3 运输和贮存

产品包装应符合铁路、公路运输的有关规定。存放产品的库房应通风良好。水槽的堆码高度不得超过3箱。

附加说明：

本标准由煤炭工业部科技教育司提出。

本标准由煤矿安全标准化委员会归口。

本标准由煤炭科学研究总院重庆分院负责起草。

本标准主要起草人周奠邦、陈荣德。

本标准委托煤炭科学研究总院重庆分院负责解释。

中华人民共和国煤炭工业部部标准

MT/T 158—87

煤矿井下用岩粉和浮尘成分 测定方法

本标准适用于煤矿井下用岩粉原料和浮尘的测定。除游离二氧化硅外，其他项目测定只适用于石灰岩。

1 游离二氧化硅的测定

方法要点：在 240±5 ℃温度下，焦磷酸能溶解硅酸盐及金属氧化物等，而对游离二氧化硅不溶。用焦磷酸处理岩样后，所得残渣的质量，即为游离二氧化硅的量。

1.1 仪器、设备

a. 分析天平：感量 0.1 mg；

b. 箱形电炉：带有热电偶高温计，能升温到 900 ℃，并可调节温度，通风良好；

c. 晃动加热装置：240±5 ℃；

d. 锥形瓶：50 mL；

e. 长颈漏斗：直径 75 mm；

f. 烧杯：250 mL，400 mL；

g. 干燥器：内装变色硅胶或无水氯化钙；

h. 瓷坩埚：20～25 mL。

1.2 试剂

a. 磷酸（GB 1282—77）：化学纯，浓度 85%以上；

b. 盐酸（GB 622—77）：分析纯；

c. 硝酸铵（GB 659—77）：分析纯；

d. 石蕊试纸（或广泛试纸）；

e. 水：蒸馏水。

1.3 测定步骤

1.3.1 准确称取通过 200 目筛的试样 0.1～0.2 g（称准到 0.000 2 g）（对煤尘或含煤尘的粉尘，应预先在 625±25 ℃温度条件下灰化，称取灰样），放入 50 mL 锥形瓶中，加入 15 mL 磷酸及约 5 mg 硝酸铵，再将锥形瓶置于晃动装置上加热（如果条件不具备，也可采用人工晃动。用 0～300 ℃分度值 2 ℃温度计。仲裁时，须采用晃动加热装置）至 240±5 ℃保持 10 min。

1.3.2 取下锥形瓶，冷至约 60 ℃，将内容物缓慢移入盛有 40 mL 约 80 ℃蒸馏水的 250 mL 烧杯中，不断搅拌，充分混匀，并用热水或 0.1 mol/L（原 0.1N）HCl 洗锥形瓶数次，使最后体积为 150～200 mL。

1.3.3 用慢速定量滤纸过滤，并用热水洗至滤液呈中性（以石蕊试纸或广泛试纸检验），并无氯离子为止。

1.3.4 将沉淀连同滤纸移入已知质量的瓷坩埚中，先在低温下灰化滤纸，然后在温度为 850±10 ℃箱形电炉中灼烧 40 min，取出坩埚，在空气中稍加冷却后，再放入干燥器中冷却到室温后称重。若沉淀灼烧后，沉淀颜色不白时，可用附录 A 的方法处理，以氢氟酸处理后的损失量作为游离二氧化硅的量。

1.3.5 对每批试剂，应按本标准 1.3 不加试样进行空白测定，平行测定二次，取其算术平均值作为空

中华人民共和国煤炭工业部 1987-09-30 发布　　　　1987-11-01 实施

白值。

1.4 结果计算

测定结果按式(1)计算：

$$SiO_2 = \frac{m_1 - m_2}{m} \times 100 \quad \cdots\cdots\cdots\cdots (1)$$

式中：SiO_2——游离二氧化硅百分含量，%；

m_1——灼烧后沉淀质量，g；

m_2——空白测定的游离二氧化硅质量，g；

m——试样质量，g。

计算结果取小数后一位，按数字修约规则修约到个位。

1.5 允许差

同一试验室平行测定的差值不得超过下表规定：

游离二氧化硅含量，%	允许差，%
≤5	0.5
5～10	1.0
10～20	1.5
>20	2.0

2 砷的定性测定

方法要点：试样用氯酸钾、盐酸加热分解后，将五价砷还原成三价，加入锌粒使砷以砷化氢的形式析出，吸收在碘溶液中，最后以砷钼蓝的形式显色，并与空白测定结果进行比较，以确定试样中砷的有无。

2.1 仪器、设备

a. 分析天平：感量 0.1 mg；

b. 分光光度计：波长范围 360～800 nm；

c. 比色管：25 mL；

d. 锥形瓶：150 mL；

e. 砷化氢发生装置：(如图)。

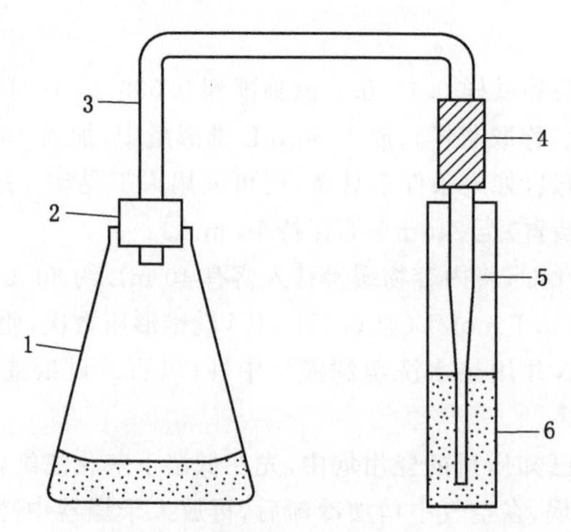

1—锥形瓶；2—橡皮塞；3—玻璃导管；4—乳胶管；

5—玻璃毛细管；6—比色管

砷化氢发生装置示意图

2.2 试剂

a. 盐酸(GB 622—77):分析纯,密度 1.19 g/mL;

b. 硫酸(GB 625—77):分析纯,浓度(H_2SO_4)2.5 mol/L(原 5N);

c. 氯酸钾(GB 645—77):分析纯;

d. 碘化钾(GB 1272—77):分析纯,15%水溶液;

e. 酒石酸(GB 1294—77):分析纯,15%水溶液;

f. 氯化亚锡(GB 638—78):分析纯,20%盐酸溶液;

称 20 g 氯化亚锡溶于 100 mL 盐酸中。

g. 碘(GB 675—77):分析纯;

h. 四硼酸钠(GB 632—78):分析纯;

i. 吸收溶液:5 g 碘和 10 g 碘化钾用少量水溶解后,加入 5.7 g 四硼酸钠和 12 mL 硫酸,再用水稀释至 2 L;

j. 无砷金属锌(HGB 3073—59):分析纯,颗粒状,粒径约 5 mm;

k. 酒石酸锑钾:化学纯,0.55%水溶液;

l. 钼酸铵(GB 657—79):分析纯,4%水溶液;

m. 抗坏血酸:分析纯,3%水溶液(现用现配);

n. 混合显色剂:50 mL 2.5 mol/L 硫酸溶液(见 2.2b),加入 30 mL 抗坏血酸溶液(见 2.2 m)、15 mL 钼酸铵溶液(见 2.21)、5 mL 酒石酸锑钾溶液(见 2.2k),混匀(现用现配)。

2.3 测定步骤

2.3.1 称取通过 160 目、在 105～110 ℃干燥 1 h 的试样 0.5 g(称准至 0.000 2 g)于 150 mL 锥形瓶中,加入 0.2 g 氯酸钾和 10 mL 盐酸,摇匀。置于电热板上加热 1～2 min,至瓶内无黄色气体、溶液冒大气泡时,立即取下。

2.3.2 冷却后补加盐酸 2 mL、硫酸 10 mL 和蒸馏水 25 mL,然后依次加入碘化钾溶液 2 mL、酒石酸溶液 2 mL、氯化亚锡溶液 1 mL(每加入一种试剂均须摇匀)。

2.3.3 放置 15 min 后加入 4 g 锌粒,按图迅速将锥形瓶与已盛有 10 mL 吸收溶液的比色管连接反应 1 h 后取下导管,以少量水冲洗玻璃导管,往比色管中加入 4 mL 混合显色剂,立即以水稀释至刻度,摇匀。

2.3.4 2 h 后在 700 nm 处与按上述同样测定步骤显色的空白溶液进行比色,以确定试样中砷的有无。

3 氧化钙的测定

方法要点:以三乙醇胺掩蔽铁、铝、钛、锰等离子,在 pH 大于 12.5 的条件下,用钙黄绿素-百里酚酞混合指示剂,以 EDTA 标准溶液滴定。

3.1 仪器、设备

a. 分析天平:感量 0.1 mg;

b. 滴定管:50 mL。

3.2 试剂

a. 盐酸(GB 622—77):分析纯,1∶1,1∶2 溶液;

b. 三乙醇胺:分析纯,1∶2 水溶液;

c. 氯化钾(GB 646—77):分析纯;

d. 碳酸钙(HG 3—1066—77):优级纯;

e. 乙二胺四乙酸二钠(GB 1401—78):分析纯;

f. 氢氧化钾(GB 2306—80):分析纯,30%水溶液,贮于聚乙烯瓶中;

g. 钙黄绿素-百里酚酞混合指示剂:称取钙黄绿素 0.20 g 和百里酚酞(HG 3—961—76)0.12 g,与

预先经 105～110 ℃干燥的氯化钾(见 3.2c)4 g 研磨混匀,贮于磨口瓶中,存放于干燥器内;

h. 氧化钙标准溶液:每毫升相当于 1 mg 氧化钙。准确称取预先经 130±5 ℃干燥 1 h 的优级纯碳酸钙(见 3.2d)1.784 8 g 于 400 mL 烧杯中,加水约 100 mL,盖上表皿,徐徐加入 1:1 盐酸 10 mL,待溶解完全后,煮沸驱尽二氧化碳,用水冲洗表面皿及杯壁,取下冷却,转入 1 000 mL 容量瓶中,加水稀释到刻度,摇匀。

i. EDTA 标准溶液:浓度($C_{10}H_{14}N_2O_3Na_2 \cdot 2H_2O$)0.008 mol/L(原 0.008 M)。称取分析纯EDTA(见 3.2e)3.0 g 于 250 mL 烧杯中,用水溶解并稀释到 1 000 mL,摇匀,标定方法如下:

准确吸取氧化钙标准溶液 10 mL 于 250 mL 烧杯中,加水稀释至约 100 mL,加入三乙醇胺水溶液 3 mL,用氢氧化钾溶液调至刚果红试纸变为红色再过量 3～5 mL,加入少许钙黄绿素-百里酚酞混合指示剂(每加入一种试剂后搅匀)。置于黑色底板上,用 EDTA 标准溶液滴定到绿色荧光消失呈现亮紫红色为止。同时做空白试验。EDTA 标准溶液对氧化钙的滴定度,按式(2)计算:

$$T=\frac{M \cdot V}{V_1-V_2} \qquad \cdots\cdots(2)$$

式中:T——EDTA 对氧化钙的滴定度,mg/mL;

M——钙标准溶液的浓度,mg/mL;

V——吸取钙标准溶液的体积,mL;

V_1——标定时消耗的 EDTA 标准溶液的体积,mL;

V_2——空白所消耗 EDTA 标准溶液的体积,mL。

3.3 测定步骤

3.3.1 称取通过 160 目,在 105～110 ℃干燥 1 h 的试样 0.5 g(称准至 0.000 2 g)于 150 mL 烧杯中,以少量水润湿,盖上表面皿,徐徐加入 1:2 盐酸 25 mL,待反应停止后,置于电热板上微沸 15～20 min,取下冷却后,将溶液及残渣转入 100 mL 容量瓶中,用水稀释至刻度,摇匀。

3.3.2 取上述制备的澄清或干过滤的分析溶液 20 mL 于 250 mL 烧杯中,加水稀释至约 100 mL,加入三乙醇胺 3 mL,用氢氧化钾溶液调至刚果红试纸变为红色,并过量 3～5 mL,加入少许钙黄绿素-百里酚酞混合指示剂(每加入一种试剂后均应搅匀)。在黑色底板上,用 EDTA 标准溶液滴定到绿色荧光完全消失呈现亮紫红色为终点。

3.4 结果计算和允许差

3.4.1 氧化钙含量按式(3)计算:

$$\mathrm{CaO}(\%)=\frac{T \cdot V}{2m} \qquad \cdots\cdots(3)$$

式中:V——滴定消耗 EDTA 标准溶液的体积,mL;

m——试样质量,g。

计算结果取小数后一位,按数字修约规则修约至个位。

3.4.2 同一试验室氧化钙平行测定结果的允许差为 0.4%。

4 五氧化二磷的测定

方法要点:用酸分解试样(或用 3.3.1 测定氧化钙的制备液),用酒石酸消除硅的干扰,试液中加入钼酸铵和抗坏血酸,生成磷钼蓝,进行比色测定。

4.1 仪器和试剂

a. 分析天平:感量 0.1 mg;

b. 分光光度计:波长范围 360～800 nm;

c. 酒石酸(GB 1294—77):分析纯,20%水溶液;

d. 硫酸(GB 625—77):分析纯,1:3 溶液;

e. 抗坏血酸:分析纯,2%水溶液(现用现配);

f. 钼酸铵(GB 657—79):分析纯;

g. 磷酸二氢钾(GB 1274—77):优级纯;

h. 硫酸-钼酸铵混合溶液:4 g钼酸铵溶于100 mL硫酸(见4.1d)中;

i. 磷标准贮备溶液:准确称取在105～110 ℃干燥1 h的磷酸二氢钾0.439 2 g,用水溶解后转入1000 mL容量瓶中,稀释至刻度,摇匀。此溶液每毫升含磷0.1 mg。

磷标准工作溶液:每毫升含磷0.01 mg。

4.2 标准曲线的绘制

分别吸取磷标准工作溶液0、1.0、2.0、3.0、4.0、5.0 mL于50 mL容量瓶中,加水约30 mL、酒石酸溶液2 mL、硫酸-钼酸铵混合溶液5 mL,用少量水冲洗瓶口,再加入抗坏血酸5 mL(每加入一种试剂均应摇匀)。将容量瓶置于沸水浴中加热5 min,取出冷却至室温,用水稀释至刻度,摇匀。以试剂空白溶液作参比于680 nm处测定吸光度,绘制标准曲线。

4.3 测定步骤

分取20 mL测定氧化钙的制备液(见3.3.1)于50 mL容量瓶中,加入酒石酸2 mL,以下步骤同标准曲线的绘制(见4.2),同时作试样空白的测定。显色后以试剂空白溶液作参比测定吸光度,再从标准曲线上查出磷含量。

4.4 结果计算和允许差

4.4.1 五氧化二磷含量按式(4)计算:

$$P_2O_5(\%)=\frac{10c}{m \cdot V}\times 2.29 \qquad \cdots\cdots(4)$$

式中:c——从标准曲线上查得所分取试液的磷含量,mg;

V——从试液总体积中所分取的试液体积,mL;

m——试样质量,g;

2.29——磷换算为五氧化二磷的系数。

计算结果取小数后三位,按数字修约规则修约至小数后二位。

4.4.2 同一试验室五氧化二磷平行测定结果的允许差为0.003%。

5 可燃物的测定

试样中的烧失量减去试样中碳酸盐二氧化碳的含量,即为试样可燃物的含量。

5.1 烧失量的测定

方法要点:称取一定量的试样于瓷坩埚中,在一定温度下灼烧,其失去的质量即为烧失量。

5.1.1 仪器、设备

a. 分析天平:感量0.1 mg;

b. 硅碳棒高温电炉:带有控温装置,能保持1 000±20 ℃,并附有铂铑-铂热电偶与相应的高温毫伏计。

5.1.2 测定步骤

5.1.2.1 称取通过160目、在105～110 ℃干燥1 h的试样1 g(称准至0.000 2 g)于已恒重的瓷坩埚中,放入高温电炉,从低温缓慢升温至1 000±20 ℃,并在此温度下灼烧1 h,取出稍冷,放入干燥器,冷至室温,迅速称量。

5.1.2.2 然后进行检查性灼烧30 min,直到质量变化小于0.001 g为止。采用灼烧后失去质量多的那一次质量计算烧失量。

5.1.3 结果计算和允许差

5.1.3.1 烧失量按式(5)计算:

$$Loss(\%)=\frac{m_1}{m_2}\times 100 \qquad \cdots\cdots(5)$$

式中：m_1——试样灼烧后失去的质量，g；

m_2——分析试样质量，g。

计算结果取小数后一位，按数字修约规则修约至个位。

5.1.3.2 同一试验室烧失量平行测定结果的允许差为0.2%。

5.2 二氧化碳的测定

本方法适用于较纯的石灰岩。若石灰岩中三氧化二铁、三氧化二铝总含量大于3%时，不宜用本方法，可采用GB 218—83《煤中碳酸盐的二氧化碳含量的测定方法》进行测定，测定时试样的质量改为0.3～0.5 g。

方法要点：试样用一定量的硫酸标准溶液溶解后，过量的酸，以甲基橙为指示剂，用氢氧化钠标准溶液滴定，计算出二氧化碳的含量。

5.2.1 仪器和试剂

a. 分析天平：感量0.1 mg；

b. 硫酸(GB 625—77)：分析纯，浓度(H_2SO_4)0.1 mol/L(原0.2 N)；

c. 苯二甲酸氢钾(GB 1257—77)：优级纯；

d. 酚酞(HGB 3039—59)：1%乙醇溶液；

e. 甲基橙(HGB 3089—59)：0.2%水溶液；

f. 氢氧化钠(GB 629—81)：分析纯，浓度(NaOH)0.15mol/L(原0.15N)水溶液；

g. 水：无二氧化碳的蒸馏水。

标定：准确称取在105～110 ℃干燥1 h的苯二甲酸氢钾0.5 g(称准至0.000 2 g)于250 mL锥形瓶中，以除去二氧化碳的冷蒸馏水稀释至100 mL，加入酚钛指示剂10滴，以氢氧化钠标准溶液滴定至淡红色约30 s不消失即为终点。

氢氧化钠标准溶液的浓度按式(6)计算：

$$c=\frac{m}{0.204\ 23\times V} \qquad \cdots\cdots(6)$$

式中：c——氢氧化钠标准溶液的浓度，mol/L；

V——滴定时所消耗氢氧化钠标准溶液的体积，mL；

m——苯二甲酸氢钾的质量，g；

0.204 23——苯二甲酸氢钾毫摩尔质量(原毫克当量)，g/m mol。

5.2.2 测定步骤

5.2.2.1 称取通过160目、在105～110 ℃干燥1 h的试样0.2 g(称准至0.000 2 g)于250 mL锥形瓶中，以少许水润湿，然后准确加入硫酸标准溶液25 mL，用瓷坩埚盖盖上锥形瓶。在70～80 ℃加热半小时，取下在冷水中冷却。用少许水冲洗瓷坩埚盖，加入2～3滴甲基橙指示剂，用氢氧化钠标准溶液滴定至黄色。

5.2.2.2 同时取硫酸标准溶液25 mL，按上述方法测定其空白值。

5.2.3 结果计算和允许差

5.2.3.1 二氧化碳含量按式(7)计算：

$$CO_2(\%)=\frac{c\times(V_2-V_1)\times 0.022\ 0}{m}\times 100 \qquad \cdots\cdots(7)$$

式中：c——氢氧化钠标准液的浓度，mol/L；

V_1——试样所消耗氢氧化钠标准溶液体积，mL；

V_2——25 mL硫酸标准溶液所消耗氢氧化钠标准溶液体积，mL；

0.044 0——二氧化碳的毫摩质量(原二氧化碳的毫克当量数值为0.022 0)，g/m mol；

m——试样质量,g。

计算结果取小数后一位,按数字修约规则修约至个位。

5.2.3.2 同一试验室二氧化碳平行测定结果的允许差为0.5%。

5.3 可燃物的计算

可燃物按式(8)计算:

$$KRW(\%)=Loss(\%)-CO_2(\%) \quad \cdots\cdots(8)$$

式中:$KRW(\%)$——可燃物含量,%;

$Loss(\%)$——烧失量,%;

$CO_2(\%)$——二氧化碳含量,%。

附 录 A
用氢氟酸处理沉淀测定游离二氧化硅的方法
（补充件）

方法要点：加氢氟酸处理不纯的二氧化硅沉淀后的损失量，即为纯游离二氧化硅的量。

A.1 器具

a. 带盖铂坩埚：25 mL；

b. 坩埚钳：铂尖；

c. 箱形硅碳棒高温炉：带有控温装置，能保持 1 000±20 ℃并附有铂铑-铂热电偶与相应的高温毫伏计。

A.2 试剂

a. 硫酸（GB 625—77）：分析纯，1：1 溶液，浓度（H_2SO_4）0.025 mol/L（原 0.05 N）；

b. 氢氟酸（GB 620—77）：分析纯，40％；

c. 乙酸钠（GB 693—77）：分析纯，浓度（$CH_3COONa \cdot 3H_2O$）0.025 mol/L（原 0.025 N）；

d. 冰乙酸（GB 676—78）：分析纯，浓度（CH_3COOH）0.1 mol/L（原 0.1 N）；

e. 乙酸盐缓冲液：pH＝4.1，用本标准 A.2c 乙酸钠溶液和 A.2d 冰乙酸等量混合；

f. 抗坏血酸：1％水溶液，现用现配；

g. 钼酸铵（GB 657—79）：分析纯；

h. 钼酸铵溶液：2.5 g 钼酸铵用 0.025 mol/L 硫酸溶解后，稀释到 100 mL（现用现配）；

i. 本标准 A.2f 和 A.2h 两溶液临用时，用本标准 A.2e 溶液分别稀释 10 倍，备用。

A.3 测定步骤

A.3.1 同本标准 1.3.1。

A.3.2 取下锥形瓶，冷至约 60 ℃，将内容物缓慢移入盛有 40 mL 约 80 ℃蒸馏水的 250 mL 烧杯中，不断搅拌，充分混匀，并用热蒸馏水或 0.1 mol/L HCl 洗锥形瓶数次。

A.3.3 用慢速定量滤纸过滤，并用热水洗至滤液无磷酸根离子为止（一般洗 6～10 次）。

注：检查滤液有无磷酸根离子的方法：取试液 1 mL，用本标准 A.2i 稀释 10 倍后的 A.2f、A.2h 两溶液各取 4.5 mL，混匀，微热。有磷酸根离子时呈蓝色。

A.3.4 将滤纸连同沉淀放入已恒重的铂坩埚中，在 80 ℃左右烘干，先低温炭化，放入箱形硅碳棒高温炉中，于 950±10 ℃灼烧 40 min，待炉温降至 400 ℃以下，取出铂坩埚在空气中稍加冷却，放入干燥器中冷至室温后，称重。

A.3.5 在铂坩埚中，加入数滴 1：1 硫酸润湿沉淀，加 5～10 mL 氢氟酸，稍加温使沉淀溶解后，加热（不使至沸），蒸发至不冒白烟为止，于 950±10 ℃灼烧 40 min 后，称重。

A.4 结果计算

测定结果按式（A1）计算：

$$SiO_{2Y}=\frac{m_3-m_4}{m}\times 100 \qquad \text{(A1)}$$

式中：SiO_{2Y}——游离二氧化硅百分含量，％；

m_3——灼烧后沉淀的质量，g；

m_4——残渣质量，g；

m——试样质量，g。

附加说明：

本标准由煤炭科学研究院重庆研究所和四川煤田地质研究所提出，由煤炭科学研究院重庆研究所归口。

本标准由煤炭科学研究院重庆研究所、四川煤田地质研究所负责起草。

本标准主要起草人高定令、陈绥泽。

本标准委托煤炭科学研究院重庆研究所和四川煤田地质研究所负责解释。

ICS 13.340.90
G 40
备案号：16784—2005

中华人民共和国煤炭行业标准

MT/T 159—2005
代替 MT 159—1995

矿用除尘器通用技术条件

Universal technical specification for dust collection enginery for mine

2005-09-23 发布　　2006-02-01 实施

国家发展和改革委员会　发布

前言

本标准按 GB/T 1.1—2000《标准化工作导则 第1部分：标准的结构和编写规则》和 GB/T 1.1—2002《标准化工作导则 第2部分：标准中规范性技术要素内容的确定方法》进行编写，是对 MT 159—1995《矿用除尘器》标准的修订。

本标准与 MT 159—1995 标准相比，主要变化如下：

a) 增加了除尘器产品型号的规定(本标准第3章)；

b) 增加了对除尘器配套风机隔流腔的规定(本标准第5.2.3条)；

c) 增加了液压和气动驱动方式除尘器的相关规定和计算公式(本标准第6.6.2和6.6.3条)；

d) 增加了对除尘器配套通风机振动速度、叶轮平衡品质的规定和试验方法(本标准第5.1.2和5.1.3条)；

e) 增加了检验项目"证件审查"(本标准表5)；

f) 增加了检验项目"振动速度"、"叶轮平衡品质"、"静压效率及偏差"，并将原标准中的检验项目"结构"改为"结构、加工质量和外观质量"(本标准表5)。

本标准由中国煤炭工业协会科技发展部提出。

本标准由煤炭行业煤矿安全标准化技术委员会归口。

本标准主要起草单位：煤炭科学研究总院重庆分院。

本标准主要起草人：巨广刚、金小汉、周植鹏、孔令刚、胥奎、邓鹏、李建国、李少辉。

本标准所代替标准历次版本发布情况为：MT 159—1995。

矿用除尘器通用技术条件

1 范围

本标准规定了矿用除尘器的分类、技术要求、试验方法、检验规则、标志、包装、运输和贮存。

本标准适用于矿用除尘器。

2 规范性引用文件

下列文件中的条款通过本标准的引用而成为本标准的条款。凡是注日期的引用文件，其随后所有的修改单(不包括勘误的内容)或修订版均不适用于本标准，然而，鼓励根据本标准达成协议的各方研究是否可使用这些文件的最新版本。凡是不注日期的引用文件，其最新版本适用于本标准。

GB 191 包装储运图示标志

GB/T 1236 工业通风机用标准化风道进行性能试验

GB 3836.1 爆炸性气体环境用电气设备 第1部分:通用要求

GB 3836.2 爆炸性气体环境用电气设备 第2部分:隔爆型“d”

GB/T 6388 运输包装收发货标志

GB/T 9969.1 工业产品使用说明书总则

GB 10111 利用随机数骰子进行随机抽样的方法

GB 11653 除尘机组技术性能及测试方法

GB/T 13813 煤矿用金属材料摩擦火花安全性试验方法和判定规则

GB/T 13306 标牌

JB/T 8689 通风机振动检测及其限值

JB/T 9101 通风机转子平衡

JB/T 10213 通风机焊接质量检验技术条件

JB/T 10214 通风机铆焊件技术

MT 113 煤矿井下用聚合物制品阻燃抗静电性能试验方法和判定规则

MT 222 煤矿用局部通风机

煤矿安全规程(2004版)

3 定义及术语

3.1

处理风量 air volume

标准状态下，单位时间内通过除尘器的含尘气体量，m^3/min。

3.2

工作阻力 working resistance

气体通过除尘器的压力损失，Pa。

3.3

总粉尘除尘效率 total dust collection efficiency

除尘器捕集的粉尘质量占捕集前粉尘质量的百分数，%。

3.4

呼吸性粉尘除尘效率 respirable dust collection efficiency

除尘器捕集的呼吸性粉尘质量占捕集前呼吸性粉尘质量的百分数，%。

3.5

粉尘浓度　dust concentration

单位体积空气中含有粉尘的质量，mg/m^3。

3.6

漏风率　leakage rate

漏入除尘器的空气量占处理风量的百分数，%。

3.7

液气比　liquid-air ratio

与除尘作用直接有关的洗涤液流量与进入除尘器内气体流量的比值。

4　型号及含义

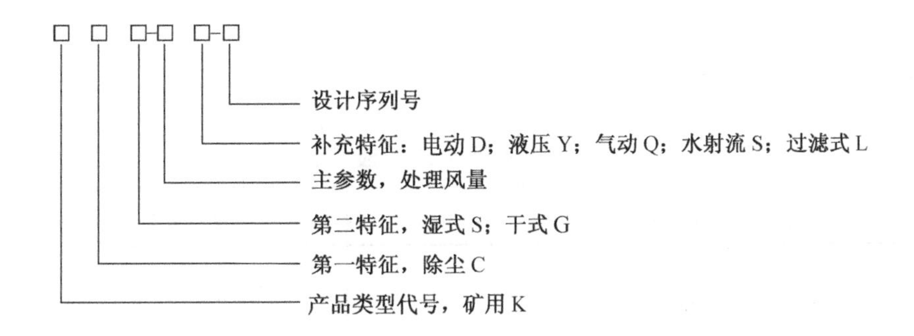

5　要求

5.1　一般要求

5.1.1　除尘器应符合煤矿安全规程和本标准规定，并应按规定程序审批的图样和技术文件进行制造。

5.1.2　除尘器配套通风机的叶轮应符合 JB/T 9101 规定，叶轮的平衡品质不应低于 G6.3 级。

5.1.3　除尘器配套通风机的振动速度应符合 JB/T 8689 规定，振动速度有效值不应大于 4.6 mm/s。

5.2　安全要求

5.2.1　除尘器的电气设备应符合 GB 3836.1 和 GB 3836.2 有关规定，其配套电动机应具有有效的防爆检验合格证、安全标志准用证和出厂检验合格证。

5.2.2　除尘器配套通风机叶轮与机壳（或保护圈）材料应符合 GB/T 13813 的规定，具有有效的摩擦火花安全性检验合格证。

5.2.3　除尘器配套通风机的电动机应安装在流道外或安装在隔流腔内。电动机安装在隔流腔内时，乏风不应进入隔流腔内，以保证电动机的安全运行。

5.2.4　除尘器的主要零部件为聚合物制品时，其阻燃和抗静电性能应符合 MT 113 的规定，具有有效的检验合格证。

5.2.5　除尘器配套通风机置于除尘器前方位置时，其入风口应有防护网。

5.2.6　除尘器应有接地装置和接地标志。

5.3　质量及性能要求

5.3.1　除尘器总粉尘除尘效率和呼吸性粉尘除尘效率应符合表 1 的规定。

表 1　除尘器总粉尘除尘效率和呼吸性粉尘除尘效率

除尘器种类	空气过滤除尘器	旋风除尘器	湿式旋流除尘器	袋式除尘器	冲击式除尘器	文丘里除尘器	湿式过滤除尘器	其他型式除尘器
总粉尘除尘效率 %	≥85	≥85	≥90	≥99.5	≥95	≥99	≥97	≥96
呼吸性粉尘除尘效率 %	≥60	≥60	≥65	≥90	≥70	≥90	≥80	≥80
注：复合式除尘器应以指标高的一种为准。								

5.3.2　除尘器的处理风量与额定处理风量的偏差不应超过 8%。

5.3.3　除尘器的漏风率不大于 5%。

5.3.4　除尘器的工作阻力与额定工作阻力的偏差不应超过 10%。

5.3.5　湿式除尘器的液气比，应符合表 2 规定。

表 2　湿式除尘器的液气比

除尘器种类	冲击式除尘器	湿式旋流除尘器	湿式过滤除尘器	文丘里除尘器
液气比 L/m^3	≤0.1	≤0.2	≤0.4	≤0.5
注：循环水的除尘器不受此限制。				

5.3.6　除尘器噪声应不大于 85 dB(A)。

5.3.7　除尘器配套通风机的静压效率应不小于 55%。

5.3.8　除尘器结构和加工质量要求应符合下列规定：

a)　湿式除尘器的供水系统应装有滤水器，喷嘴应便于检查和更换；

b)　干式除尘器排尘过程中不应引起二次扬尘；

c)　除尘器铆焊结构件的制造精度应符合 JB/T 10214 的规定，焊缝的焊接质量应符合 JB/T 10213 的规定。除尘器的箱体焊缝均为连续焊缝，并不得漏气；

d)　除尘器表面应平整、光洁，喷漆应均匀，不得有气泡、裂纹、脱漆等缺陷。

5.3.9　除尘器出口排出的气体中含水量不应大于 0.01 L/m^3。

6　试验方法

6.1　除尘效率的测定：

6.1.1　测定条件：

a)　测定管道：圆形，管径按不同风量选取。

b)　试验用粉尘：采用矿用标准粉尘。其空气动力学粒径应小于 74 μm，其中小于 10 μm 的占 12%～15%，小于 30 μm 的占 47%～50%（采用沉降法粒度分布测定仪测定）。

c)　粉尘浓度：400～600 mg/m^3。

6.1.2　粉尘浓度的测定：

a)　采样系统如图 1 所示，流量测量装置采用 GB/T 1236 中 C 型试验装置，以锥形进口集流器测量流量为准，气体转子流量计准确度为 2.5 级。

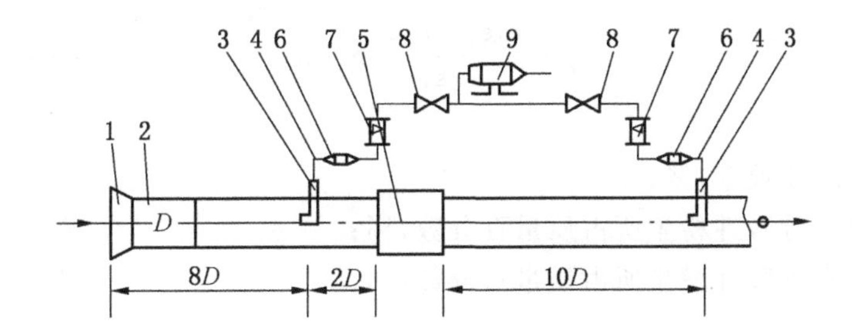

1——集流器；

2——管道；

3——采样管；

4——软管；

5——除尘器；

6——采样漏斗；

7——气体转子流量计；

8——调节阀；

9——抽气泵。

图 1 粉尘采样系统示意图

b) 调整调节阀，使采样管嘴的气体流速与管道气体流速相等，流量按公式(1)计算：

$$q = 2.827\, d^2 v \times 10^{-3}/60 \qquad (1)$$

式中：

q——等速采样流量，m^3/min；

d——采集管嘴内径，mm；

v——管道中采样点流速，m/s。

c) 采用滤膜测尘法，同时采集除尘器前后端管道中的粉尘各 8 次，并按公式(2)计算粉尘浓度：

$$c = \frac{m_2 - m_1}{q} \times \frac{3600}{t} \qquad (2)$$

式中：

c——管道中气体的含尘浓度，mg/m^3；

m_1——采集粉尘前滤膜的质量，mg；

m_2——采集粉尘后滤膜的质量，mg；

q——采样流量，m^3/h；

t——采样时间，s。

6.1.3 总粉尘除尘效率：

总粉尘除尘效率按式(3)计算：

$$\eta = \frac{c_1 - c_2}{c_1} \times 100 \qquad (3)$$

式中：

η——总粉尘除尘效率，%；

c_1——除尘器前端管道中的粉尘浓度，mg/m^3；

c_2——除尘器后端管道中的粉尘浓度，mg/m^3。

6.1.4 呼吸性粉尘除尘效率的测定：

a) 按 6.1.2 进行采样。

b) 用沉降法测定除尘器入口端管道和出口端道内粉尘中呼吸性粉尘所占百分数。

c) 按公式(4)计算呼吸性粉尘效率：

$$\eta' = \frac{c_1\varepsilon_1 - c_2\varepsilon_2}{c_1\varepsilon_1} \times 100 \qquad \cdots\cdots(4)$$

式中：

η'——呼吸性粉尘除尘效率，%；

ε_1——除尘器入口端呼吸性粉尘所占质量百分数，%；

ε_2——除尘器出口端呼吸性粉尘所占质量百分数，%。

6.2 处理风量的测定：

6.2.1 用空盒气压计，测定当地条件的大气压力值。

6.2.2 用分度值不大于 0.5 ℃的温度计测量管道中的温度。共测定 3 次，取算术平均值。

6.2.3 用准确度±5%的湿度计(或于湿球温度计)，测量管道内气体湿度(或湿球温度)。共测定 3 次，取算术平均值。

6.2.4 用最小分度值为 2 Pa 的倾斜式微压计或补偿式微压计按 GB/T 1236，测量管道入风口处的相对静压，并按公式(5)计算风量：

$$q_1' = 18.866\alpha\varepsilon d_1^2 \sqrt{\frac{\Delta p(273.15 + t_1)}{P_a}} \times 60 \qquad \cdots\cdots(5)$$

式中：

q_1'——除尘器入口风量，m^3/min；

d_1——流量测量截面的管道内径，m；

$\alpha\varepsilon$——复合系数，其中 α 为流量系数，ε 为膨胀系数，采用 90°弧进口喷嘴测量流量时，$\alpha\varepsilon = 0.99$，采用锥形进口集流器测量流量时，$\alpha\varepsilon = 0.96$；

Δp——风管进口 0.75 d 处的相对静压，Pa；

P_a——试验地点的大气压力，Pa；

t_1——进口处温度，℃。

6.3 漏风率的测定：

6.3.1 用皮托管、微压计按 GB 11653 中的 7.4.2 测定除尘器出口端风流动压，并按公式(6)计算出口风量：

$$q_{N2}' = 18.866 d_2 \sqrt{\frac{P_d(273.15 + t_2)}{P_a}} \times 60 \qquad \cdots\cdots(6)$$

式中：

q_{N2}'——标准状况下除尘器出口风量，m^3/min；

d_2——测量管道截的管道内径，m；

P_d——测量截面处的平均动压，Pa；

P_a——大气压力，Pa；

t_2——测定截面处的空气温度，℃。

6.3.2 漏风率按公式(7)计算：

$$\varepsilon = \frac{q_{N2}' - q_{N1}'}{q_{N1}'} \times 100 \qquad \cdots\cdots(7)$$

式中：

ε——漏风率，%；

q_{N1}'——标准状态下的风量，m^3/min；$q_{N1}' = q_1'$。

6.4 工作阻力的测定：

6.4.1 用皮托管和分度值不小于 10 Pa 的压力计，测定除尘器前、后端管道的全压，各测 3 次，取其算术平均值。

6.4.2　按公式(8)计算除尘器的工作阻力：

$$\Delta p = p_1 - p_2 \quad \cdots\cdots(8)$$

式中：

Δp——除尘器工作阻力，Pa；

p_1——除尘器前端管道测点的全压，Pa；

p_2——除尘器后端管道测点的全压，Pa。

在前、后端管道截面积相等且在同一水平管道上又无漏风的情况下，除尘器的工作阻力等于前、后端管道测点的静压差，按公式(9)计算：

$$\Delta p = p_{s1} - p_{s2} \quad \cdots\cdots(9)$$

式中：

p_{s1}——除尘器前端管道测点的静压，Pa；

p_{s2}——除尘器后端管道测点的静压，Pa。

6.5　除尘器液气比的测定：

采用分度值为 0.001 m^3/h 的水表(或液体转子流量计)，测定除尘器的耗水量，并按公式(10)计算液气比：

$$L = \frac{q_n}{q'} \quad \cdots\cdots(10)$$

式中：

L——除尘器的液气比，L/m^3；

q_n——除尘器的耗水量，L/s；

q'——除尘器的处理风量，m^3/s。

6.6　除尘器配套通风机静压效率的测定：

6.6.1　除尘器采用电动机驱动时，按 GB/T 1236 有关规定测定除尘器配套风机的输入功率，叶轮功率按公式(11)计算：

$$P_r = \frac{P_1 \eta_1 \eta_2}{1000} \quad \cdots\cdots(11)$$

式中：

P_r——风机叶轮功率，kW；

P_1——电动机输入功率，W；

η_1——电动机效率；

η_2——通风机传动效率，按表 3 选取。

表 3　通风机传动效率

传动方式	直联	联轴器	三角带
传动效率	1.00	0.98	0.85～0.95

6.6.2　除尘器采用压缩气体驱动叶轮时，叶轮功率按公式(12)计算：

$$P_r = W \times q \times \eta \quad \cdots\cdots(12)$$

式中：

q——压缩空气耗气量，m^3/min；

W——每 1 m^3 压缩空气所做的功，J；

η——效率。

6.6.3　除尘器采用液压泵站驱动液压马达时，叶轮功率按公式(13)计算：

$$P_r = P \times Q \times \eta_e \quad \cdots\cdots(13)$$

式中：

P——液压马达提供的全压力，Pa；

Q——液压马达的流量，m^3/s；

η_e——液压马达的总效率。

6.6.4　按 GB/T 1236 中有关规定，测定通风机风量和静压。

6.6.5　风机静压功率按式(14)计算：

$$P_{us}=\frac{P_s q_1'}{1\ 000} \quad \cdots\cdots(14)$$

式中：

P_{us}——通风机静压功率，kW；

P_s——通风机静压，Pa。

6.6.6　按公式(15)计算通风机静压效率：

$$\eta_s=\frac{p_{us}}{P_r}\times 100 \quad \cdots\cdots(15)$$

式中：

η_s——通风机静压效率，%。

6.7　除尘器配套通风机叶轮的平衡校正按 JB/T 9101 的规定进行。

6.8　除尘器配套通风机的振动速度有效值，在隔流腔或轴承箱的支撑板中部的机壳的水平和垂直方向上测量，以最大值为判定值。

6.9　按 5.2.1、5.2.2、5.2.4 的规定进行证件审查。

6.10　除尘器工作噪声测点在除尘器对角四点处，离地面 1.5 m，距除尘器 1 m、45°，取测量平均值为测量值。

6.11　按 5.2.3、5.2.5、5.2.6、5.3.8 的规定对除尘器外形结构、加工质量及外观质量、安全要求进行检查。

6.12　用称重法检查除尘器出口排出的气体中含水量。

7　检验规则

7.1　出厂检验

7.1.1　除尘器由制造企业质量检验部门检验，经检验合格，发给合格证后方可出厂。

7.1.2　每台除尘器应按表 4 中要求进行出厂检验。

7.2　型式检验

7.2.1　型式检验按表 4 全部项目进行检验。

7.2.2　型式检验由国家授权认可的检验机构进行。

表 4　检验项目

序号	检验项目	技术要术	出厂检验	型式检验	备注
1	证件审查	5.4	√[a]	√	主要项目
2	总除尘效率	5.3.1	—[b]	√	主要项目
3	呼吸性粉尘除尘效率	5.3.2	—[b]	√	主要项目
4	处理风量	5.3.3	√	√	主要项目
5	漏风率	5.3.4	—	√	主要项目
6	工作阻力	5.3.5	√	√	主要项目
7	工作噪声	5.3.7	√	√	一般项目
8	叶轮平衡品质	5.2	√	—	一般项目

表 4（续）

序号	检验项目	技术要术	出厂检验	型式检验	备注
9	振动速度	5.3	√	√	一般项目
10	静压效率	5.6	—b	√	一般项目
11	液气比	5.3.6	√	√	一般项目
12	结构、加工质量和外观质量	5.5	√	√	一般项目

a 为应检项目

b 为不检项目。

7.2.3 除尘器在下列情况之一时应进行型式检验：

a） 试制的新产品；

b） 连续批量生产的产品，每隔 2 年应进行 1 次；

c） 设计、工艺和材料有重大改变，可能影响产品性能时；

d） 老产品转厂生产时；

e） 停产 1 年后再次生产时。

7.2.4 抽样方法和判定：

型式检验的样品，一般按 GB/T 10111 的规定，从出厂检验合格的产品中每 20 台随机抽样 2 台，不足 20 台按 20 台计。一台检验，另一台为备样，也可按上级或有关部门的抽样方案抽取。若是样机型式检验，可以送样。

根据抽样检验结果，若主要检验项目有一项不合格，或一般检验项目有两项不合格，应检验备样，若主要检验项目仍不合格，或一般检验项目三项仍不合格，则判定样品所代表的该产品为不合格。

8 标志、包装、运输和贮存

8.1 标志

8.1.1 每台通风机应在外壳明显处固定产品标牌、风流方向、MA 标志、“ExdI”标志和接地标志。

8.1.2 除尘器标牌应符合 GB/T 13306 的规定，铭牌的字迹应清晰、耐久；标牌、各种标志不得采用铝合金材料制作，标牌上应标明以下内容：

a） 厂名或厂标；

b） 产品型号和名称；

c） 主要技术性能；

d） 安全标志证号、摩擦火花安全性检验合格证、防爆检验合格证号；

e） 出厂编号；

f） 制造日期。

8.2 包装

8.2.1 除尘器的包装贮运图示标志和运输包装收发货标志按 GB 191 和 GB/T 6388 有关规定执行。

8.2.2 除尘器可采用包装箱整体包装，也可采用分件包装或按供需双方的协议进行包装或不包装。采用木箱包装时，除尘器应用螺栓固定在包装箱内，拆卸工具及备用等零部件也应固定牢固，防止丢失。

8.2.3 除尘器包装箱外壁应有明显的文字和符号标志，内容包括：

a） 厂名或厂标；

b） 产品型号和名称；

c） 防雨防潮的标志；

d） 外形尺寸和毛重；

e） 出厂日期；

f) 发站(港)及发货单位；

g) 到站(港)及收货单位。

8.2.4 包装前应将产品各零部件中积存的油、水、粉尘等污物清除干净。

8.2.5 包装箱内应附有下列文件：

a) 装箱清单；

b) 产品合格证；

c) 产品说明书(按 GB/T 9969.1 规定编写)。

8.2.6 包装箱的外形尺寸和重量应符合运输部门的规定。

8.2.7 包装箱的结构应考虑便于起吊、搬运和长途运输以及多次装卸、气候条件等情况，并适合水路和陆路运输，不致因包装不善造成产品损坏、质量下降或零部件丢失。

8.3 运输和贮存

存放产品的地方，要有防雨淋、日晒和积水的防护措施。产品在运输过程中，要防止雨淋。

中华人民共和国煤炭工业部部标准

MT/T 160—87

滤尘送风式防尘安全帽
通用技术条件

本标准适用于粉尘环境中作业人员为预防尘肺病危害而佩戴的滤尘送风式防尘安全帽(以下简称防尘帽)。

1 技术要求

1.1 防尘帽应符合本标准的规定,并应按照规定程序审批的图样和文件制造。

1.2 在温度0～40 ℃、相对湿度不大于95%条件下能正常工作。

1.3 在煤矿和爆炸性环境使用时,应符合GB 3836.1—83《爆炸性环境用防爆电气设备 通用要求》和GB 3836.4—83《爆炸性环境用防爆电气设备 本质安全型电路和电气设备"i"》的有关规定。

1.4 表面应光滑,无飞边,无明显的划痕和凹陷,表面涂、镀层无剥离,零部件无松动。

1.5 阻尘率应大于99%。

1.6 送风量:

1.6.1 初始送风量由该产品标准具体规定。

1.6.2 连续工作时间6 h后,净化送风量不得低于120 L/min。

1.7 防尘帽的头盔和面罩的设计应以GB 2428—81《中国成年人头型系列》为依据,帽箍必须便于在510～640 mm范围内调节。

1.8 防尘帽加于头部的质量不得大于1.2 kg。

1.9 防尘帽的头部防护性能应符合GB 2811—81《安全帽》中第3章的规定。

1.10 防尘帽的面罩应能通过面部防护性能试验不破碎。

1.11 防尘帽的面罩透光率不得低于85%。

1.12 总视野不得小于75%,下方视野不得小于40°。

1.13 噪声不得大于70 dB(A)。

1.14 电池的连续使用时间不得少于6 h,若采用矿灯作电源,除防尘帽耗能外,应满足矿灯标准规定的技术性能。

1.15 经冲击试验后,应能正常工作。

1.16 按出厂要求包装好的防尘帽经运输试验后,应能正常工作。

2 试验方法

2.1 环境试验

2.1.1 一般要求

进行环境试验时,防尘帽不包装,处于非工作状态。

2.1.2 低温试验

低温试验按照GB 2423.1—81《电工电子产品基本环境试验规程 试验A:低温试验方法》的规定进行,其中:

a. 试验方法:试验Ab——温度渐变;

中华人民共和国煤炭工业部 1987-09-30 发布　　1987-11-01 实施

b. 试验温度：选定 0 ℃；

c. 试验时间：选定 2 h。

2.1.3 高温试验

高温试验按照 GB 2423.2—81《电工电子产品基本环境试验规程　试验 B：高温试验方法》的规定进行，其中：

a. 试验方法：试验 Bb——温度渐变；

b. 试验温度：选定 40 ℃；

c. 试验时间：选定 2 h。

2.1.4 湿热试验

湿热试验按照 GB 2423.4—81《电工电子产品基本环境试验规程　试验 Db：交变湿热试验方法》的规定进行，其中：

a. 高温温度：选定 40 ℃；

b. 试验周期：选定 6 天。

试验结束后在正常大气条件下恢复 2 h，按照 GB 998—82《低压电器　基本试验方法》的有关规定进行绝缘电阻测量和耐压试验。

2.2 外观

用目测法检查。

2.3 阻尘率和送风量的测定

2.3.1 试验条件

a. 粉尘风洞：试验段风速范围 0.5～4 m/s，风洞流场风速均匀性相对标准偏差不大于 5%，粉尘浓度 100 mg/m^3，风洞截面粉尘浓度均匀性相对标准偏差不大于 5%；

b. 标准头型：采用 GB 2428—81 规定中 1、4、7、10 和 13 号头型的任意一种；

c. 粉尘采样器：流量大于 20 L/min 的粉尘采样器；

d. 风速表：测量误差不大于 2%；

e. 粉尘：滑石粉，粒度小于 5 μm 的占 90%以上（其中小于 2 μm 的占 70%以上）。

2.3.2 阻尘率的测定步骤

将防尘帽戴在标准头型上，置于粉尘风洞试验段中，并使其工作，在防尘帽进风口处和标准头型口鼻通风管出口处分别用采样器同时采样，采样时间不少于 10 min，阻尘率按式(1)计算：

$$\eta=\frac{c_1-c_2}{c_1}\times 100 \quad \cdots\cdots\cdots\cdots(1)$$

式中：η——阻尘率，%；

c_1——防尘帽进风口处平均粉尘浓度，mg/m^3；

c_2——经过滤后，标准头型口鼻通风管出口处的平均粉尘浓度，mg/m^3。

2.3.3 初始送风量的测定

把防尘帽戴在标准头型上，使防尘帽正常工作，测量平均风速，并按式(2)计算初始送风量：

$$Q=6\overline{v}\cdot S \quad \cdots\cdots\cdots\cdots(2)$$

式中：Q——初始送风量，L/min；

$\overline{v}$——平均风速，m/s；

S——通风横截面积，cm^2。

2.3.4 连续工作时间 6 h 净化送风量的测定

在粉尘风洞试验段，使戴在标准头型上的防尘帽工作，并记录其工作时间。当达到 6 h 时，测量平均风速（注意：不得使过滤器上的粉尘脱落）。连续工作时间净化送风量的计算方法同 2.3.3。

2.4 头部防护性能的试验

头部防护性能的试验按照 GB 2812—81《安全帽试验方法》进行，但在进行浸水处理时，应取出风机和过滤器。

2.5 冲击试验

冲击试验按照 GB 2812—81 第 2 章的规定进行。

2.6 面部防护性能试验

将防尘帽戴在标准头型上，系紧头带，仰卧于木质基座上，保持稳定。将质量 50 g 的钢球由 1 m 高处自由落下，冲击面罩中部一次。

2.7 透光率的测定

防尘帽面罩的透光率按照 GB 2410—80《透明塑料透光率及雾度试验方法》的有关规定测定。

2.8 视野的测定

防尘帽的视野按照 GB 2891.4—82《过滤式防毒面具视野的试验方法》的规定进行。

2.9 噪声的测定

将防尘帽戴在标准头型上，使其正常工作，用Ⅰ型声级计的传声器距防尘帽发声源 25 cm 处测定噪声。

2.10 运输试验

把防尘帽固定在强化模拟汽车运输试验台（模拟解放牌卡车 v＝35 km/h、三级公路振动条件）上，按 200 km 里程的要求进行试验。

3 检验规则

3.1 防尘帽应进行出厂检验和型式试验。

3.2 出厂检验

3.2.1 防尘帽由制造厂质量检验部门检验，检验合格，发给合格证后方可出厂。

3.2.2 每套防尘帽按本标准 1.4、1.6.1 和 1.13 检查。

3.3 型式试验

3.3.1 型式试验按本标准技术要求的全部项目进行。

3.3.2 防尘帽在下列情况下必须进行型式试验：

a. 试制的新产品；

b. 连续批量生产的产品，每年进行一次；

c. 在设计、工艺和材料有重大改变，影响产品性能时；

d. 转产时；

e. 停产一年后再生产时。

3.3.3 抽样方法：防尘帽每 1 000～3 000 套为一批，随机抽样，数量为 8 套。

4 标志、包装、运输和贮存

4.1 标志

每套防尘帽均应有铭牌，固定在醒目位置。铭牌的字迹应清晰、耐久。铭牌上应标明下列内容：

a. 厂名或厂标；

b. 产品型号和名称；

c. 主要技术性能；

d. 安全标志和防爆合格证号；

e. 出厂编号；

f. 制成日期。

4.2 包装

4.2.1 产品包装箱外壁应有明显的文字和符号标志，内容包括：

a. 厂名或厂标；

b. 产品型号和名称；

c. 防止破碎、雨淋和倒置的标志；

d. 外形尺寸和毛重；

e. 出厂日期。

4.2.2 产品可以采用木箱、纸箱等进行包装。

4.2.3 包装箱内应附有下列文件：

a. 装箱清单；

b. 产品合格证；

c. 产品说明书。

4.3 运输和贮存

存放防尘帽的库房应保持干燥和良好的通风，产品应保持清洁、干燥和避免阳光直射。产品在运输和贮存过程中禁止与酸、碱及其他有毒、有害物品放在一起。

成品包装应符合铁路、公路运输的有关规定。

附加说明：

本标准由煤炭科学研究院重庆研究所提出和归口。

本标准由煤炭科学研究院重庆研究所负责起草。

本标准主要起草人虞天仲、姜仲儒。

本标准委托煤炭科学研究院重庆研究所负责解释。

中华人民共和国煤炭工业部部标准

MT/T 161—87

滤尘送风式防尘口罩
通用技术条件

本标准适用于粉尘环境中作业人员为预防尘肺病危害而佩戴的滤尘送风式防尘口罩(以下简称送风口罩)。

1 技术条件

1.1 送风口罩应符合本标准的规定,并应按照规定程序审批的图样和文件制造。

1.2 在温度 0～40 ℃、相对湿度不大于 95%条件下能正常工作。

1.3 在煤矿和爆炸性环境使用时,应符合 GB 3836.1—83《爆炸性环境用防爆电气设备 通用要求》和 GB 3836.4—83《爆炸性环境用防爆电气设备 本质安全型电路和电气设备"i"》的有关规定。

1.4 佩戴应方便、舒适、对颜面无压痛感。

1.5 表面应光滑,无飞边,无明显的划痕和凹陷,表面涂、镀层无剥离,零部件无松动。

1.6 阻尘率应大于 99%。

1.7 送风量:

1.7.1 初始送风量由该产品标准具体规定。

1.7.2 连续工作时间 6 h 后,净化送风量不得低于 70 L/min。

1.8 送风口罩加于头部的质量不得大于 250 g。

1.9 对送风口罩呼气阀气密性进行检验时,压力由负 1960 Pa 恢复到零的时间应大于 10 s。

1.10 呼气阻力不得大于 196 Pa。

1.11 下方视野不得小于 40°。

1.12 噪声不得大于 70 dB(A)。

1.13 送风口罩所用的金属、橡胶和塑料等主要材料的性能应符合 GB 2626—81《自吸过滤式防尘口罩》第 1 章中 2、3、4、5 条的规定。

1.14 电池连续使用时间不得少于 6 h。若采用矿灯电源,除送风口罩耗能外,还应满足矿灯标准规定的技术性能。

1.15 经冲击试验后,应能正常工作。

2 试验方法

2.1 环境试验

2.1.1 一般要求

进行环境试验时,送风口罩不包装,处于非工作状态。

2.1.2 低温试验

低温试验按照 GB 2423.1—81《电工电子产品基本环境试验规程 试验 A:低温试验方达》的规定进行,其中:

a. 试验方法:试验 Ab——温度渐变;

b. 试验温度:选定 0 ℃;

中华人民共和国煤炭工业部 1987-09-30 发布　　1987-11-01 实施

c. 试验时间:选定 2 h。

2.1.3 高温试验

高温试验按照 GB 2423.2—81《电工电子产品基本环境试验规程 试验 B:高温试验方法》的规定进行,其中:

a. 试验方法:试验 Bb——温度渐变;

b. 试验温度:选定 40 ℃;

c. 试验时间:选定 2 h。

2.1.4 湿热试验

湿热试验按照 GB 2423.4—81《电工电子产品基本环境试验规程 试验 Db:交变湿热试验方法》的规定进行,其中:

a. 高温温度:选定 40 ℃;

b. 试验周期:选定 6 天。

试验结束后在正常大气条件下恢复 2 h,按照 GB 998—82《低压电器基本试验方法》的有关规定进行绝缘电阻测量和耐压试验。

2.2 外观

用目测法检验。

2.3 阻尘率和送风量的测定

2.3.1 试验条件

a. 粉尘风洞:试验段风速范围 0.5~4 m/s,风洞流场风速均匀性相对标准偏差不大于 5%,粉尘浓度 100 mg/m³,风洞截面粉尘浓度均匀性相对标准偏差不大于 5%;

b. 标准头型:采用 GB 2428—81《中国成年人头型系列》规定中 1、4、7、10 和 13 号头型的任意一种;

c. 粉尘采样器:流量大于 20 L/min 的粉尘采样器;

d. 风速表:测量误差不大于 2%;

e. 粉尘:滑石粉,粒度小于 5 μm 的占 90%以上(其中小于 2 μm 的占 70%以上)。

2.3.2 阻尘率的测定步骤

将送风口罩戴在标准头型上,置于粉尘风洞试验段中并使其工作,在送风口罩进风口处和标准头型口鼻通风管出口处分别用采样器同时采样,采样时间不少于 10 min。阻尘率按式(1)计算:

$$\eta=\frac{c_1-c_2}{c_1}\times 100 \qquad \cdots\cdots(1)$$

式中:η——阻尘率,%;

c_1——送风口罩进风口处平均粉尘浓度,mg/m³;

c_2——经过滤后,标准头型口鼻通风管出口处的平均粉尘浓度,mg/m³。

2.3.3 初始送风量的测定

把送风口罩戴在标准头型上,使送风口罩正常工作,测定平均风速,并按式(2)计算初始送风量:

$$Q=6\bar{v}\cdot S \qquad \cdots\cdots(2)$$

式中:Q——初始送风量,L/min;

$\bar{v}$——平均风速,m/s;

S——通风横截面积,cm²。

2.3.4 连续工作时间 6 h 净化送风量的测定

在粉尘风洞试验段,使戴在标准头型上的送风口罩工作,并记录其工作时间。当达到 6 h 时,测量平均风速(注意:不得使过滤器上的粉尘脱落)。连续工作时间净化送风量的计算方法同 2.3.3。

2.4 呼气阀气密性的测定

按照 GB 2626—81 第 2 章中第 10 条规定进行。

2.5 呼气阻力的测定

将送风口罩戴在标准头型上，使其正常工作，往标准头型口鼻通风管内送进流量为 70 L/min 的空气，用精度为 1.5 级的压差计测量口罩内部正压力。

2.6 妨碍下方视野的测定

按照 GB 2626—81 第 2 章中第 9 条规定进行测定。

2.7 噪声的测定

在送风口罩正常工作状态下，用Ⅰ型声级计的传声器距送风口罩发声源 50 cm 处测定噪声。

2.8 金属、橡胶和塑料等主要材料性能的试验

按照 GB 2626—81 第 1 章中 2、3、5 条和第 2 章中 11 条的规定进行试验。

2.9 冲击试验

2.9.1 一般要求：产品不包装，非运行状态。

2.9.2 试验方法：按下表规定进行。

峰值加速度	脉冲持续时间	脉冲波形	冲击次数
15g	11 ms	半正弦波	3 个互相垂直的面各 3 次 （总共 9 次）

3 检验规则

3.1 送风口罩应进行出厂检验和型式试验。

3.2 出厂检验

3.2.1 送风口罩由制造厂质量检验部门检验，检验合格，发给合格证后方可出厂。

3.2.2 每套送风口罩按本标准 1.5、1.7.1 和 1.12 检查。

3.3 型式试验

3.3.1 型式试验按本标准技术要求的全部项目进行。

3.3.2 送风口罩在下列情况下必须进行型式试验：

a. 试制的新产品；

b. 连续批量生产的产品，每年应进行一次；

c. 在设计、工艺和材料有重大改变，影响产品性能时；

d. 转产时；

e. 停产一年后再进行生产时。

3.3.3 抽样方法：送风口罩每 1 000～3 000 套为一批，随机抽样，数量为 8 套。

4 标志、包装、运输和贮存

4.1 标志

每套送风口罩均应有铭牌，固定在醒目的位置。铭牌的字迹清晰、耐久。铭牌上应标明下列内容：

a. 厂名或厂标；

b. 产品型号和名称；

c. 主要技术性能；

d. 安全标志和防爆合格证号；

e. 出厂编号；

f. 制成日期。

4.2 包装

4.2.1 产品包装箱外壁应有明显的文字和符号标志，内容包括：

a. 厂名或厂标；

b. 产品型号和名称；

c. 防止破碎和雨淋的标志；

d. 外形尺寸和毛重；

e. 出厂日期。

4.2.2 产品可采用木箱、纸箱等进行包装。

4.2.3 包装箱内应附有下列文件：

a. 装箱清单；

b. 产品合格证；

c. 产品说明书。

4.3 运输和贮存

存放产品的库房应保持干燥和良好的通风，产品应保持清洁、干燥和避免阳光直射。产品在运输和贮存过程中禁止与酸、碱及其他有毒、有害物品放在一起。

成品包装应符合铁路、公路运输的有关规定。

附加说明：

本标准由煤炭科学研究院重庆研究所提出和归口。

本标准由煤炭科学研究院重庆研究所负责起草。

本标准主要起草人姜仲儒、虞天仲。

本标准委托煤炭科学研究院重庆研究所负责解释。

中华人民共和国煤炭行业标准

直读式粉尘浓度测量仪表
通用技术条件

MT/T 163—1997

代替 MT 163—87

General technical condition for direct reading instrument for dust concentration measurement

1 范围

本标准规定了直读式粉尘浓度测量仪表的技术要求、试验方法、检验规则、标志、包装、运输和贮存等。

本标准适用于直读式粉尘浓度测量仪表(以下简称测尘仪)。

2 引用标准

下列标准所包含的条文,通过在本标准中引用而构成为本标准的条文。本标准出版时,所示版本均为有效。所有标准都会被修订,使用本标准的各方应探讨使用下列标准最新版本的可能性。

GB/T 998—82 低压电器基本试验方法

GB/T 2423.1—89 电工电子产品基本环境试验规程 试验 A:低温试验方法

GB/T 2423.2—89 电工电子产品基本环境试验规程 试验 B:高温试验方法

GB/T 2423.3—89 电工电子产品基本环境试验规程 试验 Ca:恒定湿热试验方法

GB/T 2423.4—93 电工电子产品基本环境试验规程 试验 Db:交变湿热试验方法

GB/T 2423.5—89 电工电子产品基本环境试验规程 试验 Ea:冲击试验方法

GB/T 2423.8—89 电工电子产品基本环境试验规程 试验 Ed:自由跌落试验方法

GB/T 2423.10—89 电工电子产品基本环境试验规程 试验 Fc:振动(正弦)试验方法

GB 3836.1—83 爆炸性环境用防爆电气设备 通用要求

GB 3836.2—83 爆炸性环境用防爆电气设备 隔爆型电气设备“d”

GB 3836.4—83 爆炸性环境用防爆电气设备 本质安全型电路和电气设备“i”

GB 4792—84 放射卫生防护基本标准

GB 4942.2—93 低压电器 外壳防护等级

GB/T 10111—88 利用随机骰子进行随机抽样的方法

MT 394—95 呼吸性粉尘测量仪采样效能测定方法

3 定义

本标准采用下列定义。

3.1 粉尘浓度测量相对误差 relative error in measurment of dust concentration

在测尘仪表检验装置内测尘仪测量粉尘浓度值和粉尘采样装置测定值之差与粉尘采样装置测定值之比。

中华人民共和国煤炭工业部 1997-12-30 批准 1998-07-01 实施

3.2　测尘仪稳定性相对误差　relative error in stationary of dust meters

测尘仪对粉尘浓度校准块(板)三次测量的平均值和粉尘浓度校准块(板)的定值之差与粉尘浓度校准块(板)定值之比。

4　技术要求

4.1　测尘仪应符合本标准的规定,并应按照规定程序审批的图样和文件制造。

4.2　测尘仪应能适应下列环境条件:

a) 贮存温度:－40 ℃～55 ℃;

b) 工作温度:井下 0 ℃～40 ℃,地面－10 ℃～40 ℃;

c) 相对湿度:不大于 95%。

4.3　外观与结构:

4.3.1　测尘仪表面和粉尘分离装置不应有明显凹痕、划伤、裂隙、变形等缺陷;涂、镀层不应起泡、龟裂和脱落;金属零件不应有锈蚀和机械损伤。

4.3.2　开关、按键应灵活、可靠,零部件应紧固。

4.4　测尘仪粉尘浓度测量范围由测尘仪产品具体规定。

4.5　测尘仪粉尘浓度测量相对误差:由测尘仪产品具体规定为±10%或±25%。

4.6　测尘仪稳定性相对误差:±2.5%。

4.7　具有抽气装置的测尘仪还应符合以下规定。

4.7.1　采样流量

由测尘仪产品具体规定。

4.7.2　采样流量误差

4.7.2.1　总粉尘测尘仪

通过测尘仪采样口的实际流量与该仪器规定的采样流量误差不大于 5%。

4.7.2.2　呼吸性粉尘测尘仪

通过测尘仪采样口的实际流量与该仪器规定的采样流量误差不大于 2.5%。

4.7.3　采样流量稳定性

测尘仪在规定的采样时间范围内,采样流量变化不大于 5%。

4.7.4　采样时间误差

采样时间等于或小于 1 min 时,误差不大于 2 %;采样时间大于 1 min 时,误差不大于 3 s。

4.8　绝缘电阻与耐压:

4.8.1　测尘仪带电回路与外壳之间,绝缘电阻不得小于 20 MΩ;耐潮试验后不小于 1 MΩ,经耐压试验应无击穿、无闪烁现象。

4.8.2　测尘仪带电回路与外壳之间按其工作电压不同,应能承受表 1 规定的耐压试验电压。

表 1　测尘仪应能承受的耐压试验电压

测尘仪工作电压 V	耐压试验电压 V	测尘仪工作电压 V	耐压试验电压 V
≤60	500	＞500～750	2 500
＞60～125	1 000	＞750～1 000	3 000
＞125～250	1 500	＞1 000	2U＋1 000
＞250～500	2 000		(U 为额定工作电压值)

4.9　呼吸性粉尘测尘仪的采样效能应符合“BMRC”采样效能曲线,采样效能允许误差应符合表 2 的

规定。

表 2 呼吸性粉尘测尘仪采样效能及误差

粒径 μm	>7.1	5.9	5.0	3.9	2.2
采样效能 %	0	30	50	70	90
采样效能允许误差 %	±5				

4.10 具有放射源的测尘仪，还应符合 GB 4792.2 标准的有关规定。

4.11 测尘仪经工作温度、贮存温度、湿热、振动、冲击，跌落、运输试验后，均应符合 4.6 及 4.7.1 的规定，湿热试验后还应符合 4.8 的规定。

4.12 测尘仪外壳的防护性能应符合 GB 4942.2 中 IP 54 的规定。

4.13 在爆炸性环境中使用的测尘仪应符合 GB 3836.1、GB 3836.2、GB 3836.4 的有关规定。

5 试验方法

5.1 试验环境条件：

a) 温度：20℃±5℃；

b) 相对湿度：45%～75%；

c) 大气压力：86 kPa～106 kPa。

5.2 试验用仪器设备见表 3。

表 3

序号	主要仪器设备	测量范围	准确度
1	皂膜流量计组	100 mL、400 mL、1 L、5 L	1%
2	测尘仪表检测装置	粉尘浓度：0～1000 mg/m^3 风速：0.8～4 m/s	5%
3	采样效能测定装置	粒度：0.5～50 μm	2.5%
4	秒表	分度值：0.01 s～24 h	3 级
5	兆欧表	0～500 MΩ	
6	水银温度计	0～50 ℃	分度值：0.1 ℃
7	分析天平	最大称量：20 g	感量：0.01 mg
8	粉尘采样装置	流量：0～50 L/min	1%

5.3 外观与结构：

用感官法检查。

5.4 测尘仪粉尘浓度测量范围及测量相对误差。

5.4.1 测定装置如图 1 所示。

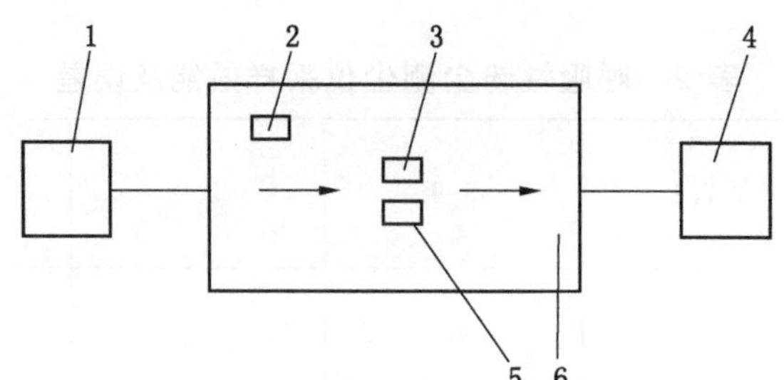

1—给尘装置；2—风速传感器；3—粉尘采样装置；4—风机；5—被检测尘仪；6—粉尘测试段

图 1 粉尘浓度试验装置

5.4.2 试验条件

a) 试验粉尘：采用测尘仪表试验粉尘；

b) 粉尘风洞测试段风速：0.8 m/s～4.0 m/s；

c) 粉尘浓度发生范围：0 mg/m³～1 000 mg/m³；

d) 风速流场均匀性相对标准偏差不大于5%；

e) 测试段截面粉尘浓度均匀性相对标准偏差不大于5%。

5.4.3 在粉尘风洞中将风速控制在1.5 m/s±0.2 m/s，按照测尘仪测量范围取5个均匀分布的测点由小到大进行测定。用粉尘采样装置与被检测尘仪并列同时采样测量，每个点测3次，取其算术平均值，用式(1)计算测尘仪测量相对误差：

$$\delta=\frac{C_2-C_1}{C_1}\times 100 \quad\cdots\cdots(1)$$

式中：δ——测尘仪测量相对误差，%；

C_1——粉尘采样装置测定的粉尘浓度值，mg/m³；

C_2——测尘仪测量的粉尘浓度值，mg/m³。

5.5 测尘仪稳定性相对误差：

用测尘仪配备的粉尘浓度校准块(板)进行测定，测定三次，取其平均值，用式(2)计算稳定性相对误差：

$$\delta_c=\frac{C_2-C_1}{C_1}\times 100 \quad\cdots\cdots(2)$$

式中：δ_c——测尘仪稳定性相对误差，%；

C_1——粉尘浓度校准块(板)的定值，mg/m³；

C_2——测尘仪的测量值，mg/m³。

5.6 采样流量和误差测定：

按图2所示，将测尘仪采样口连接在皂膜流量计上，启动测尘仪，测量两次采样流量，取其平均值为采样流量，采样流量误差用式(3)计算：

$$\delta_q=\frac{q_2-q_1}{q_1}\times 100 \quad\cdots\cdots(3)$$

式中：δ_q——采样流量误差，%；

q_1——皂膜流量计测量值，L/min；

q_2——测尘仪采样流量值，L/min。

5.7 采样流量稳定性测定：

按照图2所示，在测尘仪产品标准规定的测量时间内，测量开始采样时的流量为q_3，采样结束时的流量为q_4，用式(4)计算流量稳定性；

$$\delta_W=\frac{q_4-q_3}{q_3}\times 100 \quad\cdots\cdots(4)$$

式中：δ_W——采样流量稳定性，%；

q_3——开始采样时的流量，L/min；

q_4——结束采样时的流量，L/min。

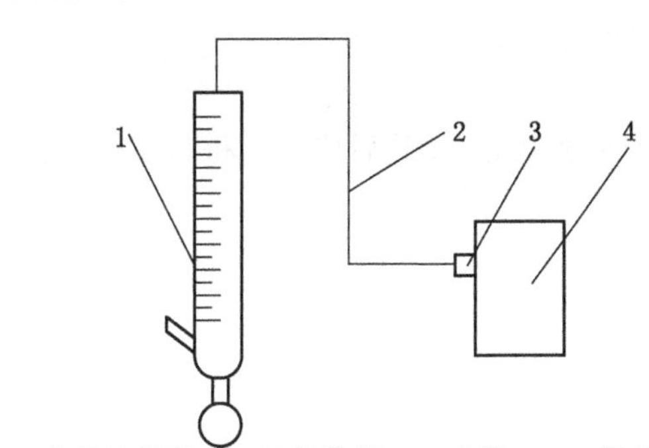

1—皂膜流量计；2—连接胶管；3—采样口；4—被检测尘仪

图 2 测尘仪采样流量及误差的测量方法

5.8 采样时间误差测定：

同时启动秒表和测尘仪，测定测尘仪的采样时间 2 次，并取平均值。用式(5)计算采样时间误差：

$$\delta_t=\frac{t_2-t_1}{t_1}\times 100 \quad\cdots\cdots(5)$$

式中：δ_t——采样时间误差，%；

t_1——秒表测量时间，s；

t_2——测尘仪采样时间，s。

5.9 绝缘电阻和耐压试验：

按 GB/T 998 规定进行。

5.10 采样效能测定：

按 MT 394 规定进行。

5.11 工作温度试验：

5.11.1 低温试验按照 GB/T 2423.1 试验 Ab 规定进行。

井下使用的测尘仪，严酷程度：温度 0 ℃，持续时间 2 h；

地面使用的测尘仪，严酷程度：温度－10 ℃，持续时间 2 h。

5.11.2 高温试验按照 GB/T 2423.2 试验 Bb 规定进行。

严酷程度：温度 40 ℃，持续时间 2 h。

5.11.3 高、低温试验后，立即按 5.5 和 5.6 规定进行。

5.12 贮存温度试验：

5.12.1 低温试验按照 GB/T 2423.1 试验 Ab 规定进行。

严酷程度：温度－40 ℃，持续时间 16 h。

5.12.2 高温试验按照 GB/T 2423.2 试验 Bb 规定进行。

严酷程度：温度 55 ℃，持续时间 16 h。

5.12.3 贮存温度试验后，均在正常环境中恢复 4 h，再按 5.5 和 5.6 规定进行。

5.13 湿热试验：

5.13.1 防爆型测尘仪交变湿热按 GB/T 2423.4 试验 Db 规定进行。

严酷程度：温度 40 ℃，周期 6 d。

5.13.2 非防爆型采样器恒定湿热试验按 GB/T 2423.3 试验 Ca 规定进行。

严酷程度：温度 40 ℃，周期 2 d。

5.13.3 湿热试验后，均在正常环境中恢复 2 h，再按 5.5、5.6 和 5.10 规定进行。

5.14　振动试验：

按 GB/T 2423.10 试验 Fc 规定进行。

严酷程度：

频率：10 Hz～150 Hz，加速度 20 m/s^2；

每轴线上扫频循环次数 10 次；

测尘仪振动试验时为非工作、非包装状态，试验后按 5.5 和 5.6 规定进行。

5.15　冲击试验：

按 GB/T 2423.5 试验 Ea 规定进行。

严酷程度：

峰值加速度 500 m/s^2；

脉冲持续时间 11 ms±1 ms；

脉冲波形为半正弦波，三个轴向×2 个方向共冲击 18 次，试验后按 5.5 和 5.6 规定进行。

5.16　跌落试验：

根据产品完整包装后的总质量按表 4 规定确定跌落高度。

表 4　测尘仪跌落试验高度

毛重，G kg	$G \leqslant 10$	$10 < G \leqslant 25$	$25 < G \leqslant 50$	$50 < G \leqslant 75$
跌落高度 mm	800	600	450	350

按表 4 规定的高度，依次将底、前、后、左、右面向平整的水泥地面各跌落一次。跌落试验时应保持初速度为零，包装试验面应与地面平行，试验后按 5.5 和 5.6 规定进行。

5.17　运输试验：

a) 将包装后的设备，置于模拟汽车运输试验台上，试验持续 2 h；

b) 将包装后的设备置于汽车中部加以固定，汽车的负载应不超过汽车额定载重量的 1/3，在三级公路面上行驶 100 km，行车速度为 20～40 km/h；

c) 试验后按 5.5 和 5.6 规定进行。

5.18　外壳防护性能试验：

按 GB 4942.2 规定进行。

5.19　安全性能试验：

防爆型测尘仪的防爆检验，按 GB 3836.1、GB3836.2、GB 3836.4 规定由国家指定的防爆检验单位进行。

6　检验规则

6.1　出厂检验

6.1.1　出厂检验应由制造厂质量检验部门逐台进行，检验合格并发给合格证书后方可出厂。

6.1.2　出厂检验项目如表 5。

表 5 测尘仪出厂检验和型式试验项目

序号	检验项目	技术要求	试验方法	出厂检验	型式试验
1	外观与结构	4.3	5.3	△	△
2	测量范围	4.4	5.4	*	△
3	测量误差	4.5	5.4	*	△
4	稳定性	4.6	5.5	△	△
5	采样流量	4.7.1	5.6	△	△
6	采样流量误差	4.7.2	5.6	△	△
7	流量稳定性	4.7.3	5.7	△	△
8	采样时间误差	4.7.4	5.8	△	△
9	绝缘电阻	4.8.1	5.9	△	△
10	耐压	4.8.2	5.9	—	△
11	采样效能	4.9	5.10	*	△
12	工作温度试验	4.11	5.11	—	△
13	贮存温度试验	4.11	5.12	—	△
14	湿热试验	4.11	5.13	—	△
15	振动试验	4.11	5.14	—	△
16	冲击试验	4.11	5.15	—	△
17	跌落试验	4.11	5.16	—	△
18	运输试验	4.11	5.17	—	△

注：表中“△”为应检验项目，“—”为不检验项目，“*”为抽查检验项目。

6.1.3 进行抽查检验项目时，应按 GB/T 10111 的规定在出厂检验合格的测尘仪每 50 台批次中抽取 2 台进行检验。

6.2 型式试验

6.2.1 有下列情况之一者，应进行型式检验：

a) 新产品或老产品转厂生产的试制定型鉴定；

b) 正式生产后，如结构、材料，工艺有较大改变可能影响产品的性能时；

c) 正常生产时，每 3 年一次；

d) 停产一年后的产品恢复生产时；

e) 出厂检验结果与上次型式检验有较大差异时；

f) 国家质量监督机构提出进行型式检验要求时。

6.2.2 型式检验项目如表 5。

6.2.3 按 GB/T 10111 的规定在出厂检验合格的测尘仪中进行抽样，至少抽取 3 台。

6.2.4 抽检样品中，只要有 1 台在表 5 测尘仪出厂检验和型式试验项目序号中 1、13、15、16、17、18 有 2 项不合格，或者其余有 1 项不合格，则判该批产品不合格。

7 标志、包装、运输、贮存

7.1 标志

应在产品适当、明显的位置上固定产品铭牌，内容包括：

a) 制造厂名；

b）产品型号和名称；

c）主要技术性能；

d）制造计量器具许可证标志和编号；

e）防爆型测尘仪应有防爆标志和合格证编号；

f）产品编号和制造日期；

g）煤矿用测尘仪应有安全标志和合格证编号。

7.2　包装

7.2.1　测尘仪用木箱包装，四周用减震材料塞紧。

7.2.2　包装箱内应附有下列文件：

a）装箱清单；

b）产品合格证；

c）产品使用说明书。

7.2.3　产品包装箱外壳壁标志应清晰、整齐，内容包括：

a）产品型号和名称；

b）制造厂名称和发货站名称；

c）收货单位名称和收货站名称；

d）“小心轻放”、“怕湿”、“向上”等标志；

e）出厂日期；

f）包装箱外形尺寸和毛重。

7.3　运输

包装好的产品，可以用任何运输工具运送。

7.4　贮存

存放产品的库房应保持通风良好，并防止产品与腐蚀性物质接触。

ICS 73.100.20
D 98
备案号：20439—2007

中华人民共和国煤炭行业标准

MT/T 164—2007
代替 MT 164—1995

煤矿用涂覆布正压风筒

Coated fabric positive pressure air duct for coal mining

2007-03-30 发布　　2007-07-01 实施

国家安全生产监督管理总局　发布

前　言

本标准是对 MT 164—1995《煤矿用正压风筒》的修订。

本标准自实施之日起，代替 MT 164—1995，与 MT 164—1995 相比主要变化如下：

——标准名称修改为煤矿用涂覆布正压风筒；

——对正压风筒的分类进行了细化（MT 164—1995 中 3.1，本标准 3.1）；

——增加了“型号规格及表示方法”（本标准 3.3）；

——增加了 ϕ700 mm、ϕ1 200 mm、ϕ1 400 mm、ϕ1 600 mm 四种直径规格；增加了长度为 30 m 的规格，删除了长度为 5 m 的规格（MT 164—1995 中 4.1，本标准 4.1）；

——增加了拉链接头（本标准 4.4.1），将端圈的弯曲变形量修改为 2.0%（MT 164—1995 中 4.4.2，本标准 4.4.3.2）；

——将 ϕ800 mm、ϕ1 000 mm 风筒的耐风压提高到 8 000 Pa（MT 164—1995 中 4.6.3，本标准 4.6.3），将 ϕ1 200 mm～ϕ1 600 mm 风筒的耐风压制定为 10 000 Pa（本标准 4.6.3）；

——将 ϕ1 000 mm 及 ϕ1 000 mm 以上直径的风筒的涂覆布强度提高到经、纬向扯断强力 2 000N/50 mm，经、纬向扯撕裂力 250 N（MT 164—1995 中 4.7.1、4.7.2，本标准 4.7.1、4.7.2）；

——增加了风筒接缝的搭接强度要求和试验方法（本标准 4.7.3、5.7.3）。

本标准由中国煤炭工业协会科技发展部提出。

本标准由煤炭行业煤矿安全标准化技术委员会归口。

本标准由煤炭科学研究总院重庆分院负责起草，四川远见实业有限公司、淮南亿万达集团有限责任公司橡塑厂、浙江省嵊州市塑料一厂参加起草。

本标准主要起草人：孔令刚、巨广刚、周植鹏、李少辉、卢宁、黄仲明。

本标准于 1995 年 1 月 25 日首次发布。

煤矿用涂覆布正压风筒

1 范围

本标准规定了煤矿用涂覆布正压风筒的分类、结构、型号规格、表示方法、要求、试验方法、检验规则、标志、包装、运输和贮存。

本标准适用于以橡胶、塑料或橡塑混合物为涂覆层的涂覆布制成的柔性风筒(以下简称风筒)。

2 规范性引用文件

下列文件中的条款通过本标准的引用而成为本标准的条款。凡是注日期的引用文件,其随后所有的修改单(不包括勘误的内容)或修订版均不适用于本标准,然而,鼓励根据本标准达成协议的各方研究是否可使用这些文件的最新版本。凡是不注日期的引用文件,其最新版本适用于本标准。

GB/T 10111 利用随机数骰子进行随机抽样的方法

GB/T 15335—2006 风筒漏风率和风阻的测定方法

GB/T 20105—2006 风筒涂覆布

3 分类、结构、型号规格及表示方法

3.1 风筒按涂覆布的材料分为玻璃纤维橡胶涂覆布正压风筒、玻璃纤维塑料涂覆布正压风筒、玻璃纤维橡塑涂覆布正压风筒、玻棉织物橡胶涂覆布正压风筒、玻棉织物塑料涂覆布正压风筒、玻棉织物橡塑涂覆布正压风筒、合成纤维橡胶涂覆布正压风筒、合成纤维塑料涂覆布正压风筒、合成纤维橡塑涂覆布正压风筒等。

3.2 风筒的结构如图1所示。

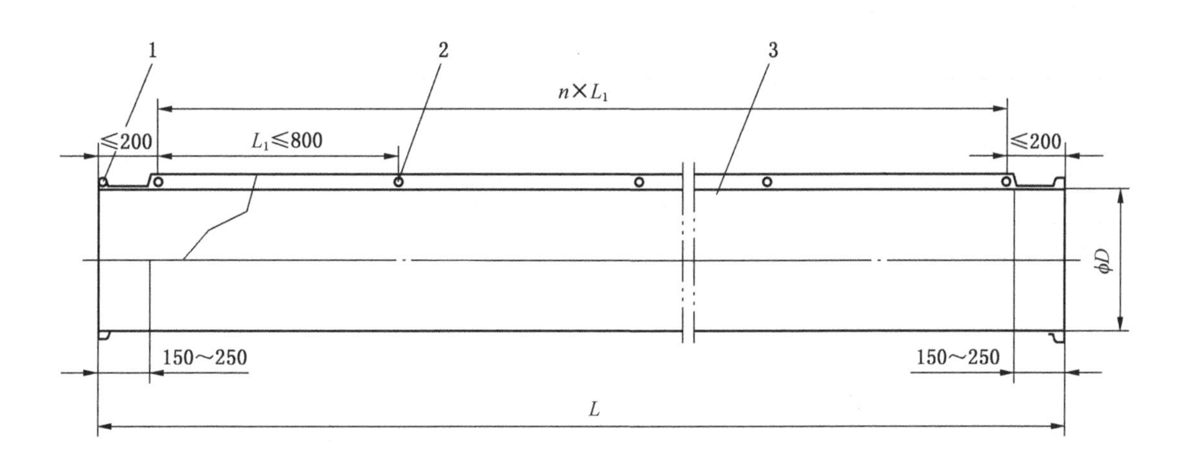

1—接头;2—吊环;3—筒体

图1 风筒结构示意图

3.3 型号规格及表示方法

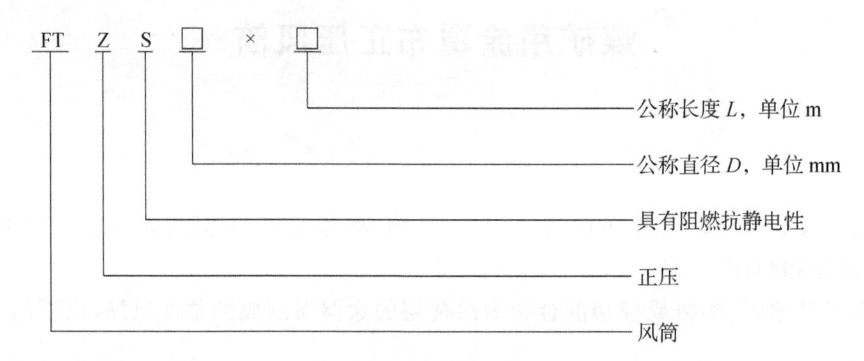

示例：公称直径为 800 mm、长度为 10 m 的玻璃纤维橡胶涂覆布正压风筒的型号规格表示为：

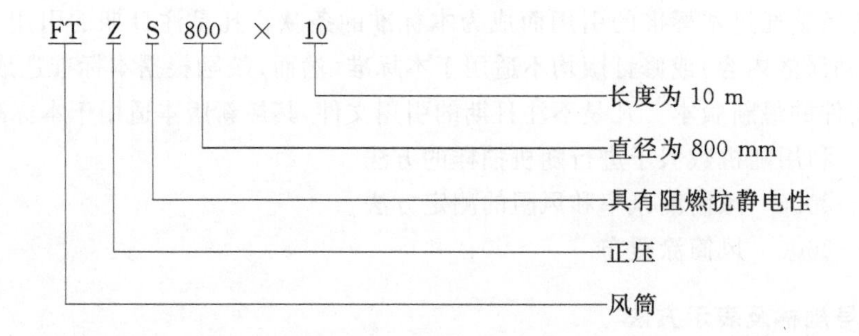

4 要求

4.1 规格尺寸

风筒的规格尺寸应符合表 1 的规定。

表 1 风筒的规格尺寸

<table>
<tr><th rowspan="2">风筒规格，mm</th><th colspan="2">直径及公差</th><th colspan="4">长度及公差</th></tr>
<tr><th>公称直径(D)
mm</th><th>公差
mm</th><th>公称长度(L)
m</th><th>公差
mm</th><th>公称长度(L)
m</th><th>公差
mm</th></tr>
<tr><td>300</td><td>300</td><td rowspan="7">+6
0</td><td rowspan="11">10，20</td><td rowspan="11">+100
0</td><td rowspan="11">30</td><td rowspan="11">+200
0</td></tr>
<tr><td>400</td><td>400</td></tr>
<tr><td>(450)</td><td>(450)</td></tr>
<tr><td>500</td><td>500</td></tr>
<tr><td>600</td><td>600</td></tr>
<tr><td>700</td><td>700</td></tr>
<tr><td>800</td><td>800</td></tr>
<tr><td>1 000</td><td>1 000</td><td rowspan="4">+10
0</td></tr>
<tr><td>1 200</td><td>1 200</td></tr>
<tr><td>1 400</td><td>1 400</td></tr>
<tr><td>1 600</td><td>1 600</td></tr>
<tr><td colspan="7">注 1：优先选用不带括弧的直径规格。
注 2：特殊形状的风筒、弯头、三通等，由生产厂家按需方要求制造。</td></tr>
</table>

4.2 接缝

4.2.1 长度为 10 m 时，纵向接缝不多于两处；长度为 20 m 时，纵向接缝不多于三处；长度为 30 m 时，纵向接缝不多于四处。

4.2.2 风筒直径为 300 mm、400 mm、450 mm、500 mm 时，圆周接缝不多于三处；风筒直径为 600 mm、700 mm、800 mm、1 000 mm 时，圆周接缝不多于四处；风筒直径大于 1 000 mm 时，圆周接缝不多于五处。

4.3 反边

每条风筒两端均应有反边，反边布长度 L_1 为 150 mm～250 mm。

4.4 接头

4.4.1 风筒的接头可采用端圈、拉链等形式，安装在风筒的两端头，其结构与关系尺寸应保证其在连接时具备很好的成套性和互换性。

4.4.2 风筒接头的端面与风筒轴线应垂直，其垂直度偏差不大于 5°。

4.4.3 端圈接头

4.4.3.1 风筒采用端圈接头时，端圈应采用碳素弹簧钢丝焊接或多股碳素弹簧钢丝编制而成，其规格尺寸应符合表 2 的规定。

表 2 接头的规格尺寸

单位为毫米

风筒规格	配套的接头			
	接头内径及公差		端圈钢丝直径及公差	
300	300	+6 0	5	±0.5
400	400		7	
450	450			
500	500		8	
600	600			
700	700		9	
800	800		10	
1 000	1 000	+10 0		
1 200	1 200		12	
1 400	1 400		15	
1 600	1 600		16	

4.4.3.2 端圈应具有弹性，进行弯曲试验时，其变形量不得大于原直径的 2.0%。

4.4.4 拉链接头的长度应满足表 2 规定的接头内径的要求。

4.5 吊挂装置

4.5.1 风筒的吊挂可采用吊环等装置，吊挂装置安装应牢固。

4.5.2 在吊环安装线上，以等距离安装吊环，两吊环间距应不大于 800 mm，两端头的吊环距离端圈应不大于 200 mm。

4.5.3 风筒吊环安装线的扭转量每 10 m 不得超过风筒圆周长的 1/16。

4.6 通风性能

4.6.1 风筒的百米风阻应符合表 3 的规定。

4.6.2 风筒的百米漏风率应符合表 3 的规定。

4.6.3　耐风压性

风筒经表3规定的风压、保持5 min试验后，不得产生风筒脱节、涂覆布撕裂、接缝开口等现象。

4.6.4　直径膨胀率

风筒直径膨胀率不得大于3.0%。

表3　风筒的通风性能

<table>
<tr><th>风筒规格
mm</th><th>百米风阻
N·s²/m⁸</th><th>百米漏风率
%</th><th>耐风压
Pa</th></tr>
<tr><td>300</td><td>≤811.0</td><td rowspan="11">≤4.0</td><td rowspan="5">≥5 000</td></tr>
<tr><td>400</td><td>≤196.0</td></tr>
<tr><td>450</td><td>≤122.0</td></tr>
<tr><td>500</td><td>≤54.0</td></tr>
<tr><td>600</td><td>≤24.0</td></tr>
<tr><td>700</td><td>≤12.0</td><td>≥7 000</td></tr>
<tr><td>800</td><td>≤6.0</td><td rowspan="2">≥8 000</td></tr>
<tr><td>1 000</td><td>≤2.0</td></tr>
<tr><td>1 200</td><td>—[a]</td><td rowspan="3">≥10 000</td></tr>
<tr><td>1 400</td><td>—</td></tr>
<tr><td>1 600</td><td>—</td></tr>
<tr><td colspan="4">注：a表示无该项要求。</td></tr>
</table>

4.7　**物理机械性能**

4.7.1　风筒涂覆布经、纬向扯断强力应符合表4的规定。

4.7.2　风筒涂覆布经、纬向撕裂力应符合表4的规定。

表4　物理机械性能

<table>
<tr><th>风筒规格
mm</th><th>经、纬向扯断强力
N/50 mm</th><th>经、纬向撕裂力
N</th><th>风筒接缝搭接强度
N/50 mm</th></tr>
<tr><td>300</td><td rowspan="7">≥1 300</td><td rowspan="7">≥150</td><td rowspan="7">≥1 000</td></tr>
<tr><td>400</td></tr>
<tr><td>450</td></tr>
<tr><td>500</td></tr>
<tr><td>600</td></tr>
<tr><td>700</td></tr>
<tr><td>800</td></tr>
<tr><td>1 000</td><td rowspan="4">≥2 000</td><td rowspan="4">≥250</td><td rowspan="4">≥1 600</td></tr>
<tr><td>1 200</td></tr>
<tr><td>1 400</td></tr>
<tr><td>1 600</td></tr>
</table>

4.7.3　风筒接缝搭接强度应符合表4的规定。

4.8　**阻燃性能**

风筒涂覆布的阻燃性应符合GB/T 20105—2006中4.4的规定。

4.9 **抗静电性能**

风筒涂覆布的抗静电性应符合 GB/T 20105—2006 中 4.5 的规定。

4.10 **耐热性能**

风筒涂覆布的耐热性应符合 GB/T 20105—2006 中 4.6 的规定。

4.11 **耐寒性能**

风筒涂覆布的耐寒性应符合 GB/T 20105—2006 中 4.7 的规定。

5 试验方法

5.1 风筒规格尺寸的测量

5.1.1 在风筒长度上均匀取三个测量断面，用最小分度值为 1 mm 的钢板尺或卷尺测量风筒的周长，然后计算出其直径，取三个断面直径的平均值。

5.1.2 风筒长度用卷尺测量。

5.2 风筒接缝用目测法检查。

5.3 反边布长度用最小分度值为 1 mm 的钢板尺或卷尺测量。

5.4 接头

5.4.1 用一对接头做连接试验，检查其成套性和互换性。

5.4.2 接头端面与风筒轴线的垂直度用角度尺或直尺测量。

5.4.3 接头内径用最小分度值为 1 mm 的钢板尺或卷尺分别在三个直径方向上测量，取测量值的平均值；端圈钢丝直径用最小分度值为 0.02 mm 的游标卡尺测量。

5.4.4 端圈弯曲变形量的测定

在风筒的端圈上施加径向压力，使端圈变成椭圆形，其短轴为原直径的 75%，随后撤除外力，用最小分度值为 1 mm 的直尺测量端圈的弯曲变形量。

5.5 吊挂装置

5.5.1 吊挂装置安装质量用目测法检查。

5.5.2 吊环间距用最小分度值为 1 mm 的钢板尺或卷尺测量。

5.5.3 吊环安装线扭转量的测定

如图 2 所示，将 A 端固定后，在 B 端拉伸风筒，使风筒无扭转现象后，确定 B 点的位置，使 AB 连线与风筒轴线平行，AC 为吊环安装线，测量 BC 的弧长即为吊环安装线的扭转量。

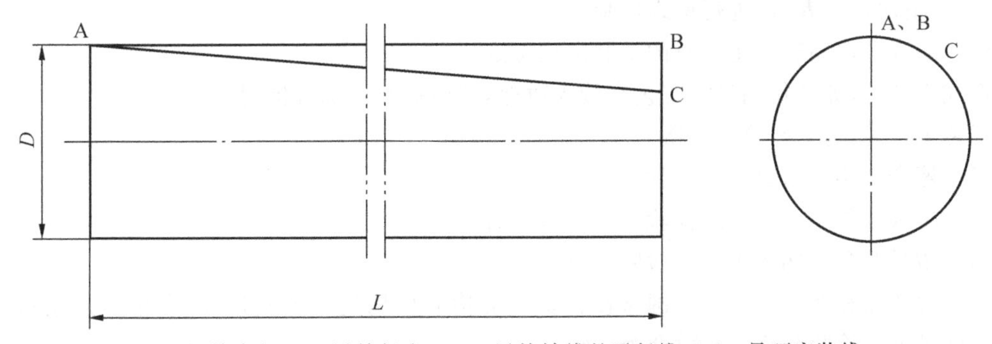

D—风筒内径；L—风筒长度；AB—风筒轴线的平行线；AC—吊环安装线

图 2 吊环安装线扭转量测定示意图

5.6 风筒通风性能的测定

5.6.1 风筒百米风阻的测定按照 GB/T 15335 的规定进行。

5.6.2 风筒百米漏风率的测定按照 GB/T 15335 的规定进行。

5.6.3 风筒耐风压性的测定

向连接良好的风筒内施加风压达到表 3 规定的压力值，并保持 5 min，观察风筒有无脱节、涂覆布撕裂、接缝开口等异常现象。

5.6.4 风筒直径膨胀率的测定

在风筒进行耐风压测定的同时，用卷尺分别测量耐风压前后风筒的周长，按下式计算风筒直径膨胀率。

$$\varepsilon = \frac{w - w_0}{w_0} \times 100$$

式中：

ε——风筒直径膨胀率，%；

w_0——耐风压前的周长，mm；

w——耐风压后的周长，mm。

5.7 物理机械性能

5.7.1 风筒涂覆布经、纬向扯断强力的测定按照 GB/T 20105—2006 中 5.4.1 的规定进行。

5.7.2 风筒涂覆布经、纬向撕裂力的测定按照 GB/T 20105—2006 中 5.4.2 的规定进行。

5.7.3 风筒接缝搭接强度的测定：

以接缝为中心，垂直于接缝取样，试样长度为 350 mm，宽 50 mm，试样数量 5 条。对缝纫接缝取样时，试样两边的缝线应适当留长，两边各打三道结。按照 GB/T 20105—2006 中 5.4.1 规定的步骤进行试验。

5.8 风筒涂覆布阻燃性的测定按照 GB/T 20105—2006 中 5.5 的规定进行。

5.9 风筒涂覆布抗静电性的测定按照 GB/T 20105—2006 中 5.6 的规定进行。

5.10 风筒涂覆布耐热性的测定按照 GB/T 20105—2006 中 5.7 的规定进行。

5.11 风筒涂覆布耐寒性的测定按照 GB/T 20105—2006 中 5.8 的规定进行。

6 检验规则

6.1 出厂检验

6.1.1 产品由制造厂的质量检验部门进行检验，检验合格并签发合格证后方可出厂。

6.1.2 按表 5 规定的项目进行检验。

6.2 型式检验

6.2.1 型式检验按照表 5 规定的项目进行。

6.2.2 有下列情况之一者，应进行型式检验：

a） 新产品或老产品转厂生产时的试制定型鉴定；

b） 正式生产后，如结构、材料、工艺有较大改变，可能影响产品性能时；

c） 正常生产时，每 2 年进行一次；

d） 产品停产 1 年以后，恢复生产时；

e） 出厂检验结果与上次型式检验有较大差异时；

f） 国家质量监督机构提出型式检验的要求时。

批量生产的产品和新产品必须由国家授权认可的检验机构进行型式检验，合格后发给检验合格证或井下试验许可证。检验合格证有效期为 2 年。

6.3 抽样方法

6.3.1 出厂检验的抽样方法

产品应按照表 5 的规定，逐条对“规格尺寸”、“接缝”、“反边”、“接头”、“吊挂装置”进行检验；逐批按照 GB/T 10111 的规定进行随机抽样，对“阻燃性”、“抗静电性”进行检验。

表 5　出厂检验与型式检验项目

序号	项目名称	本标准章条		出厂检验		型式检验	备　注
		技术要求	试验方法	全检	抽检		
1	规格尺寸	4.1	5.1	○[a]	—[b]	○	一般项目
2	接缝	4.2	5.2	○	—	○	一般项目
3	反边	4.3	5.3	○	—	○	一般项目
4	接头	4.4	5.4	○	—	○	一般项目
5	吊挂装置	4.5	5.5	○	—	○	一般项目
6	百米风阻	4.6.1	5.6.1	—	—	○	主要项目
7	百米漏风率	4.6.2	5.6.2	—	—	○	主要项目
8	耐风压	4.6.3	5.6.3	—	—	○	主要项目
9	膨胀率	4.6.4	5.6.4	—	—	○	一般项目
10	经、纬向扯断强力	4.7.1	5.7.1	—	—	○	一般项目
11	经、纬向撕裂力	4.7.2	5.7.2	—	—	○	一般项目
12	风筒接缝搭接强度	4.7.3	5.7.3	—	—	○	一般项目
13	阻燃性	4.8	5.8	—	○	○	主要项目
14	抗静电性	4.9	5.9	—	○	○	主要项目
15	耐热性	4.10	5.10	—	—	○	一般项目
16	耐寒性	4.11	5.11	—	—	○	一般项目

[a] 表示应进行检验的项目。

[b] 表示不进行检验的项目。

6.3.2　**型式检验的抽样方法**

型式检验的样品从出厂检验合格的产品中，按照 GB/T 10111 的规定进行随机抽取，样品数量为 100 m，抽样基数不少于 500 m。

6.4　**判定规则**

6.4.1　**出厂检验**

6.4.1.1　**合格判定**

检验项目全部合格时，判定该批产品为合格产品。

6.4.1.2　**不合格判定**

全检项目有 1 项及 1 项以上不合格时，判定该产品不合格；抽检项目有 1 项及 1 项以上不合格时，判定该批产品为不合格。

6.4.2　**型式检验**

6.4.2.1　**合格判定**

6.4.2.1.1　检验项目全部合格时，判定该批产品为合格产品。

6.4.2.1.2　主要检验项目全部合格而一般检验项目仅有 1 项不合格时，判定该批产品为合格产品。

6.4.2.1.3　主要检验项目中“阻燃性”、“抗静电性”有 1 项及 1 项以上不合格或一般检验项目中有 2 项及 2 项以上不合格，在同一批产品中加倍抽取样品对不合格项目进行复检，复检后主要检验项目合格、一般检验项目仅有 1 项不合格时，判定该批产品为合格产品。

6.4.2.2　**不合格判定**

符合以下任一条件的判定为不合格产品：

a） 主要检验项目中“百米风阻”、“百米漏风率”、“耐风压性”有1项及1项以上不合格；

b） 主要检验项目中“阻燃性”、“抗静电性”有1项及1项以上不合格，或一般检验项目有2项及2项以上不合格时，在同一批产品中加倍抽取样品对不合格项目进行复检，复检后主要检验项目仍有1项及1项以上不合格，或一般检验项目仍有2项及2项以上不合格时。

7 标志、包装、运输和贮存

7.1 标志

每节风筒上都应有标志。标志可采用涂刷、印烫等方法，其内容包括：

a） 产品名称；

b） 矿用产品安全标志标识及其编号；

c） 型号规格；

d） 检验合格证印章；

e） 制造厂名称；

f） 生产日期、编号或批号。

7.2 包装

风筒吊环应折叠在外侧，用编织袋等材料包装，在包装外表面应注明：

a） 产品名称；

b） 型号规格；

c） 产品数量；

d） 制造厂名称、厂址；

e） 生产日期。

7.3 运输

风筒在搬运过程中，不得与尖硬物撞击，不得在地上拖拉；运输过程中应避免日晒、雨淋。

7.4 贮存

7.4.1 风筒应贮存于通风良好的库房内，贮存温度－15 ℃～＋35 ℃、相对湿度不大于80%，禁止与有损于橡胶和塑料品质的物质接触，避免阳光直射，距热源1 m以外，堆放高度不超过1.5 m。

7.4.2 风筒在规定的运输、贮存条件下，制造厂应保证产品自生产之日起，贮存期1年内其阻燃性、抗静电性能符合本标准的规定。

ICS 73.100.20
D 98
备案号：20440—2007

中华人民共和国煤炭行业标准

MT/T 165—2007
代替 MT 165—1995

煤矿用涂覆布负压风筒

Coated fabric negative pressure air duct for coal mining

2007-03-30 发布　　2007-07-01 实施

国家安全生产监督管理总局　发布

前　言

本标准是对 MT 165—1995《煤矿用负压风筒》的修订。

本标准自实施之日起，代替 MT 165—1995，与 MT 165—1995 相比主要变化如下：

——标准名称修改为煤矿用涂覆布负压风筒；

——对负压风筒的分类进行了细化(MT 165—1995 中 3.1，本标准 3.1)；

——增加了“型号规格及表示方法”(本标准 3.3)；

——增加了 ϕ1 000mm 的规格(本标准 4.1)；

——将 MT 165—1995 中 4.6.2 端圈的弯曲变形量修改为 2.0%(本标准 4.4.3.2)；

——增加了连接软带的阻燃性和抗静电性要求(本标准 4.9、4.10)；

——增加了连接软带的阻燃性和抗静电性试验方法(本标准 5.9、5.10)。

本标准由中国煤炭工业协会科技发展部提出。

本标准由煤炭行业煤矿安全标准化技术委员会通风技术及设备分会归口。

本标准由煤炭科学研究总院重庆分院负责起草，四川远见实业有限公司、淮南亿万达集团有限责任公司橡塑厂、浙江省嵊州市塑料一厂参加起草。

本标准主要起草人：孔令刚、巨广刚、周植鹏、李少辉、卢宁、黄仲明。

本标准于 1995 年 1 月 25 日首次发布。

煤矿用涂覆布负压风筒

1 范围

本标准规定了煤矿用涂覆布负压风筒的分类、结构、型号规格、表示方法、要求、试验方法、检验规则、标志、包装、运输和贮存。

本标准适用于以橡胶、塑料或橡塑混合物为涂覆层的风筒涂覆布与螺旋弹簧钢丝(或钢圈)制成的负压风筒(以下简称风筒)。

2 规范性引用文件

下列文件中的条款通过本标准的引用而成为本标准的条款。凡是注日期的引用文件,其随后所有的修改单(不包括勘误的内容)或修订版均不适用于本标准,然而,鼓励根据本标准达成协议的各方研究是否可使用这些文件的最新版本。凡是不注日期的引用文件,其最新版本适用于本标准。

GB/T 10111 利用随机数骰子进行随机抽样的方法

GB/T 15335—2006 风筒漏风率和风阻的测定方法

GB/T 20105—2006 风筒涂覆布

HG/T 3052 橡胶或塑料涂覆织物涂覆层粘附强度的测定

3 分类、结构、型号规格及表示方法

3.1 风筒按涂覆布材料分为玻璃纤维橡胶涂覆布负压风筒、玻璃纤维塑料涂覆布负压风筒、玻璃纤维橡塑涂覆布负压风筒、玻棉织物橡胶涂覆布负压风筒、玻棉织物塑料涂覆布负压风筒、玻棉织物橡塑涂覆布负压风筒、合成纤维橡胶涂覆布负压风筒、合成纤维塑料涂覆布负压风筒、合成纤维橡塑涂覆布负压风筒等。

3.2 风筒的结构如图1所示。

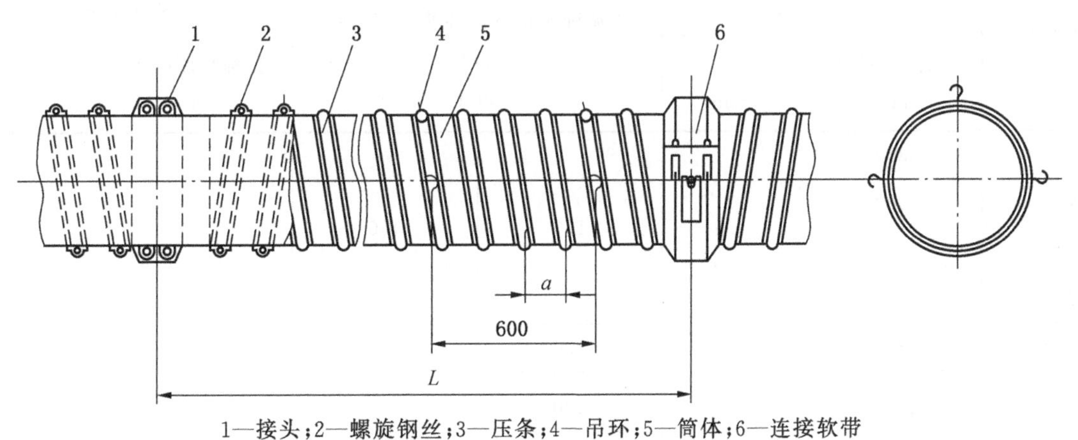

1—接头;2—螺旋钢丝;3—压条;4—吊环;5—筒体;6—连接软带

图1 风筒结构示意图

3.3　型号规格及表示方法

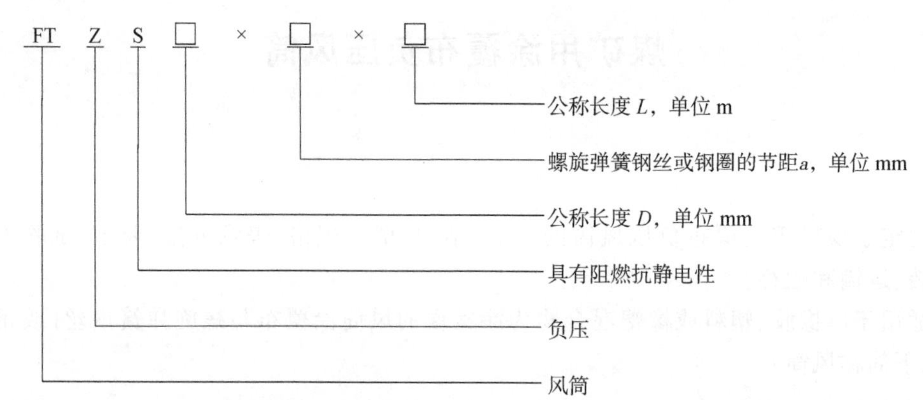

示例：公称直径为 800mm、螺旋弹簧钢丝或钢圈的节距为 100mm、长度为 10m 的玻璃纤维橡胶涂覆布负压风筒的型号规格表示为：

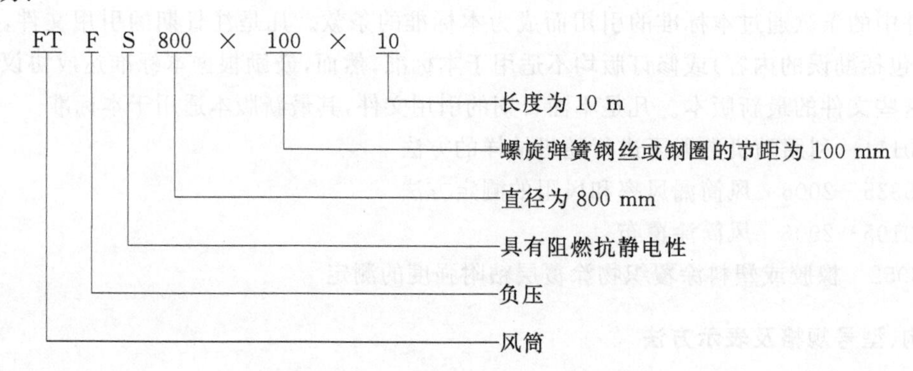

4　要求

4.1　规格尺寸

风筒的规格尺寸应符合表 1 的规定。

表 1　风筒的规格尺寸

风筒规格 mm	直径及公差		螺旋弹簧钢丝或弹簧钢圈节距 (*a*) mm		长度及公差	
	公称直径(*D*) mm	公差 mm			公称长度(*L*) m	公差 mm
300	300	$^{+6}_{0}$	100	150	3,5,10	$^{+150}_{0}$
400	400					
500	500					
600	600					
800	800		100	—[b]		
1 000	1 000	$^{+10}_{0}$	100	—		
注：特殊形状的风筒、弯头、三通等，由生产厂家按需方要求制造。						
[b] 表示无此种节距的风筒。						

4.2　接缝

4.2.1　风筒长度为 3 m、5 m 时，纵向接缝不多于二处；风筒长度为 10 m 时，纵向接缝不多于三处。

4.2.2　风筒直径为 300 mm、400 mm、500 mm 时，圆周接缝不多于三处；风筒直径为 600 mm、800 mm、1 000 mm 时，圆周接缝不多于四处。

4.3 反边

用软带连接时，每条风筒的一端应有反边布；用双反边连接时，每条风筒两端均应有反边布。反边布长度 L_1 为 150～250 mm。

4.4 接头

4.4.1 风筒的接头可采用端圈和端圈及软带等形式，安装在风筒的两端头，其结构与关系尺寸应保证其在连接时具备很好的成套性和互换性。

4.4.2 风筒接头的端面与风筒轴线应垂直，其垂直度偏差不大于 5°。

4.4.3 端圈接头

4.4.3.1 风筒采用端圈接头时，端圈应采用碳素弹簧钢丝焊接或多股碳素弹簧钢丝编制而成，其规格尺寸应符合表 2 的规定。端圈的弹簧钢丝可外包厚度不超过 3 mm 塑料封皮。

表 2 接头的规格尺寸

单位为毫米

<table>
<tr><th>风筒规格</th><th colspan="2">接头内径及公差</th><th colspan="2">端圈钢丝直径及公差</th></tr>
<tr><td>300</td><td>300</td><td rowspan="5">+6
0</td><td rowspan="2">8</td><td rowspan="6">±0.5</td></tr>
<tr><td>400</td><td>400</td></tr>
<tr><td>500</td><td>500</td><td rowspan="2">9</td></tr>
<tr><td>600</td><td>600</td></tr>
<tr><td>800</td><td>800</td><td>10</td></tr>
<tr><td>1 000</td><td>1 000</td><td>+10
0</td><td>10</td></tr>
</table>

4.4.3.2 端圈应具有弹性，进行弯曲试验时，其变形量不得大于原直径的 2.0％。

4.4.4 连接软带

当风筒采用软带连接时，软带的结构尺寸应与风筒端圈的尺寸一致，使其连接紧密可靠。

4.5 吊挂装置

4.5.1 风筒的吊挂可采用吊环等装置，吊挂装置安装应牢固。

4.5.2 在吊环安装线上，以等距离安装吊环，两吊环间距应不大于 600 mm，两端头的吊环距离端圈应不大于 200 mm。

4.5.3 风筒长度为 3 m、5 m 时，吊环安装线的扭转量不得超过风筒圆周长的 1/24，风筒长度为 10 m 时，吊环安装线的扭转量不得超过风筒圆周长的 1/16。

4.6 骨架

4.6.1 风筒的骨架材料采用螺旋弹簧钢丝或弹簧钢圈，可采用压条布与筒体布粘附或缝纫固定，其规格尺寸应符合表 3 的规定。

表 3 螺旋弹簧钢丝或弹簧钢圈的规格尺寸

单位为毫米

<table>
<tr><th>风筒规格</th><th colspan="2">内径及公差</th><th colspan="2">弹簧钢丝直径及公差</th></tr>
<tr><td>300</td><td>300</td><td rowspan="5">+6
0</td><td rowspan="2">5</td><td rowspan="6">±0.5</td></tr>
<tr><td>400</td><td>400</td></tr>
<tr><td>500</td><td>500</td><td rowspan="2">6</td></tr>
<tr><td>600</td><td>600</td></tr>
<tr><td>800</td><td>800</td><td>7</td></tr>
<tr><td>1 000</td><td>1 000</td><td>+10
0</td><td>8</td></tr>
</table>

4.6.2 当采用压条布与筒体布粘附来固定骨架材料时，压条布与筒体涂覆布的粘附强度应不小于

45 N/25 mm。

4.7 通风性能

4.7.1 风筒的百米风阻应符合表4的规定。

4.7.2 风筒的百米漏风率应符合表4的规定。

4.7.3 风筒耐负压性：

风筒按表4的规定进行耐负压试验，保持5 min试验后，不得产生风筒脱节、风筒吸瘪、涂覆布撕裂、接缝开口、钢丝压条离层等现象。

4.7.4 风筒直径的收缩率应符合表4的规定。

表4 风筒的通风性能

<table>
<tr><th rowspan="2">风筒规格
mm</th><th rowspan="2">百米风阻
$N \cdot s^2/m^8$</th><th rowspan="2">百米漏风率
%</th><th colspan="2">耐负压性
Pa</th><th colspan="2">风筒直径收缩率
%</th></tr>
<tr><th>a=100 mm</th><th>a=150 mm</th><th>a=100 mm</th><th>a=150 mm</th></tr>
<tr><td>300</td><td>≤1 728.0</td><td rowspan="6">≤5.0</td><td>≥5 000</td><td>≥4 500</td><td rowspan="6">≤3</td><td rowspan="4">≤5</td></tr>
<tr><td>400</td><td>≤410.0</td><td>≥5 000</td><td>≥4 500</td></tr>
<tr><td>500</td><td>≤134.0</td><td>≥5 000</td><td>≥4 500</td></tr>
<tr><td>600</td><td>≤54.0</td><td>≥4 000</td><td>≥3 500</td></tr>
<tr><td>800</td><td>≤13.0</td><td>≥4 000</td><td>—[b]</td><td>—</td></tr>
<tr><td>1 000</td><td>≤4.0</td><td>≥4 000</td><td>—</td><td>—</td></tr>
<tr><td colspan="7">[b] 表示无该项要求。</td></tr>
</table>

4.8 物理机械强度

4.8.1 风筒涂覆布经、纬向扯断强力应符合GB/T 20105—2006中4.3.1 Ⅰ级品的规定。

4.8.2 风筒涂覆布经、纬向撕裂力应符合GB/T 20105—2006中4.3.2 Ⅰ级品的规定。

4.9 阻燃性

风筒涂覆布、连接软带的阻燃性应符合GB/T 20105—2006中4.4的规定。

4.10 抗静电性

风筒涂覆布、连接软带的抗静电性应符合GB/T 20105—2006中4.5的规定。

4.11 耐热性

风筒涂覆布的耐热性应符合GB/T 20105—2006中4.6的规定。

4.12 耐寒性

风筒涂覆布的耐寒性应符合GB/T 20105—2006中4.7的规定。

5 试验方法

5.1 风筒规格尺寸的测量

5.1.1 在风筒长度上均匀取三个测量断面，用最小分度值为1 mm的钢板尺或卷尺测量风筒的周长，然后计算出其直径，取三个断面直径的平均值。

5.1.2 风筒长度用卷尺测量。

5.2 风筒接缝用目测法检查。

5.3 反边布长度用最小分度值为1 mm的钢板尺或卷尺测量。

5.4 接头

5.4.1 用一对接头做连接试验，检查其成套性和互换性。

5.4.2 接头端面与风筒轴线的垂直度用角度尺或直尺测量。

5.4.3 接头内径用最小分度值为 1 mm 的钢板尺或卷尺分别在三个直径方向上测量，取测量值的平均值；端圈钢丝直径用最小分度值为 0.02 mm 的游标卡尺测量。

5.4.4 端圈弯曲变形量的测定：

在风筒的端圈上施加径向压力，使端圈变成椭圆形，其短轴为原直径的 75%，随后撤除外力，用最小分度值为 1 mm 的直尺测量端圈的弯曲变形量。

5.5 吊挂装置的测量

5.5.1 吊挂装置安装质量用目测法检查。

5.5.2 吊环间距用最小分度值为 1 mm 的钢板尺或卷尺测量。

5.5.3 吊环安装线扭转量的测定

如图 2 所示，将 A 端固定后，在 B 端拉伸风筒，使风筒无扭转现象后，确定 B 点的位置，使 AB 连线与风筒轴线平行，AC 为吊环安装线，测量 BC 的弧长即为吊环安装线的扭转量。

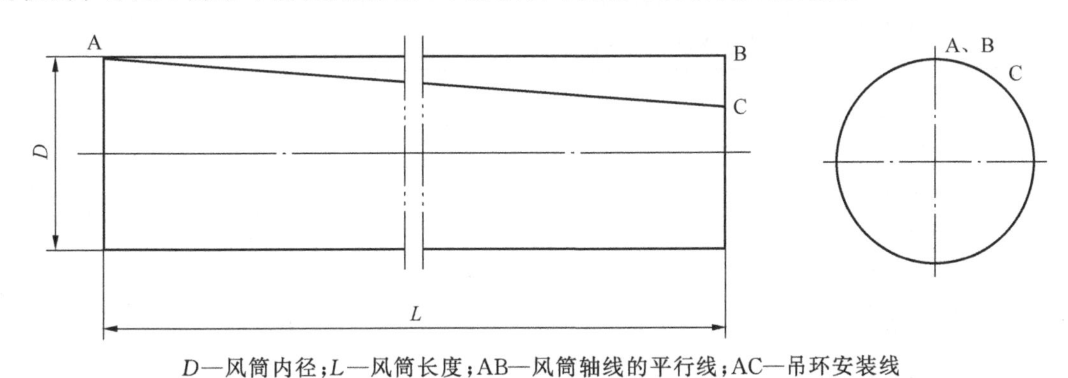

D—风筒内径；L—风筒长度；AB—风筒轴线的平行线；AC—吊环安装线

图 2 吊环安装线扭转量测定示意图

5.6 骨架的测量

5.6.1 螺旋弹簧钢丝或弹簧钢圈的内径用最小分度值为 1 mm 的钢板尺或卷尺分别在三个直径方向上测量，取测量值的平均值；弹簧钢丝的直径用最小分度值为 0.02 mm 的游标卡尺测量。

5.6.2 压条布与风筒涂覆布的粘附强度按照 HG/T 3052 的规定进行测量。

5.7 风筒通风性能的测定

5.7.1 风筒百米风阻的测定按照 GB/T 15335 的规定进行。

5.7.2 风筒百米漏风率的测定按照 GB/T 15335 的规定进行。

5.7.3 风筒耐负压性的测定

向连接良好的风筒内施加负压达到表 4 规定的压力值，并保持 5 min，观察风筒有无脱节、吸瘪、涂覆布撕裂、接缝开口、压条离层等异常现象。

5.7.4 风筒直径收缩率的测定

在风筒进行耐负压性测定的同时，用卷尺分别测量耐负压前后风筒的周长，按下式计算风筒直径的收缩率。

$$\varepsilon=\frac{w_0-w}{w_0}\times 100$$

式中：

ε——直径收缩率，%；

w_0——耐负压前的周长，mm；

w——耐负压后的周长，mm。

5.8 物理机械性能

5.8.1 风筒涂覆布经、纬向扯断强力的测定按照 GB/T 20105—2006 中 5.4.1 的规定进行。

5.8.2 风筒涂覆布经、纬向撕裂力的测定按照 GB/T 20105—2006 中 5.4.2 的规定进行。

5.9 风筒涂覆布、连接软带阻燃性的测定按照 GB/T 20105—2006 中 5.5 的规定进行。

5.10 风筒涂覆布、连接软带抗静电性的测定按照 GB/T 20105—2006 中 5.6 的规定进行。

5.11 风筒涂覆布耐热性的测定按照 GB/T 20105—2006 中 5.7 的规定进行。

5.12 风筒涂覆布耐寒性的测定按照 GB/T 20105—2006 中 5.8 的规定进行。

6 检验规则

6.1 出厂检验

6.1.1 产品由制造厂的质量检验部门进行检验，检验合格并签发合格证后方可出厂。

6.1.2 按表 5 规定的项目进行检验。

表 5 出厂检验与型式检验项目

序号	项目名称	本标准章条		出厂检验		型式检验	备注
		技术要求	试验方法	全检	抽检		
1	规格尺寸	4.1	5.1	○[a]	—[b]	○	一般项目
2	接缝	4.2	5.2	○	—	○	一般项目
3	反边	4.3	5.3	○	—	○	一般项目
4	接头	4.4	5.4	○	—	○	一般项目
5	吊挂装置	4.5	5.5	○	—	○	一般项目
6	骨架	4.6	5.6	—	—	○	一般项目
7	百米风阻	4.7.1	5.7.1	—	—	○	主要项目
8	百米漏风率	4.7.2	5.7.2	—	—	○	主要项目
9	耐负压性	4.7.3	5.7.3	—	—	○	主要项目
10	收缩率	4.7.4	5.7.4	—	—	○	一般项目
11	经、纬向扯断强力	4.8.1	5.8.1	—	—	○	一般项目
12	经、纬向撕裂力	4.8.2	5.8.2	—	—	○	一般项目
13	阻燃性	4.9	5.9	—	○	○	主要项目
14	抗静电性	4.10	5.10	—	○	○	主要项目
15	耐热性	4.11	5.11	—	—	○	一般项目
16	耐寒性	4.12	5.12	—	—	○	一般项目

注：a 表示应进行检验的项目。
　　b 表示不进行检验的项目。

6.2 型式检验

6.2.1 型式检验按照表 5 规定的项目进行。

6.2.2 有下列情况之一者，应进行型式检验：

a） 新产品或老产品转厂生产时的试制定型鉴定；

b） 正式生产后，如结构、材料、工艺有较大改变，可能影响产品性能时；

c） 正常生产时，每 2 年进行一次；

d） 产品停产 1 年以后，恢复生产时；

e） 出厂检验结果与上次型式检验有较大差异时；

f） 国家质量监督机构提出型式检验的要求时。

6.2.3 批量生产的产品和新产品必须由国家授权认可的检验机构进行型式检验，合格后发给检验合格证或井下试验许可证。检验合格证有效期为 2 年。

6.3 抽样方法

6.3.1 出厂检验的抽样方法

产品应按照表 5 的规定,逐条对“规格尺寸”、“接缝”、“反边”、“接头”、“吊挂装置”进行检验;逐批按照 GB/T 10111 的规定进行随机抽样,对“阻燃性”、“抗静电性”进行检验。

6.3.2 型式检验的抽样方法

型式检验的样品从出厂检验合格的产品中,按照 GB/T 10111 的规定进行随机抽取,样品数量为 100 m,抽样基数不少于 500 m。

6.4 判定规则

6.4.1 出厂检验

6.4.1.1 合格判定

检验项目全部合格时,判定该批产品为合格产品。

6.4.1.2 不合格判定

全检项目有 1 项及 1 项以上不合格时,判定该产品不合格;抽检项目有 1 项及 1 项以上不合格时,判定该批产品为不合格产品。

6.4.2 型式检验

6.4.2.1 合格判定

6.4.2.1.1 检验项目全部合格时,判定该批产品为合格产品。

6.4.2.1.2 主要检验项目全部合格而一般检验项目仅有 1 项不合格时,判定该批产品为合格产品。

6.4.2.1.3 主要检验项目中“阻燃性”、“抗静电性”有 1 项及 1 项以上不合格或一般检验项目中有 2 项及 2 项以上不合格,在同一批产品中加倍抽取样品对不合格项目进行复检,复检后主要检验项目合格、一般检验项目仅有 1 项不合格时,判定该批产品为合格产品。

6.4.2.2 不合格判定

符合以下任一条件的判定为不合格产品:

a) 主要检验项目中“百米风阻”、“百米漏风率”、“耐负压性”有 1 项及 1 项以上不合格;

b) 主要检验项目中“阻燃性”、“抗静电性”有 1 项及 1 项以上不合格,或一般检验项目有 2 项及 2 项以上不合格时,在同一批产品中加倍抽取样品对不合格项目进行复检,复检后主要检验项目仍有 1 项及 1 项以上不合格或一般检验项目仍有 2 项及 2 项以上不合格时。

7 标志、包装、运输和贮存

7.1 标志

每节风筒上都应有标志。标志可采用涂刷、印烫等方法,其内容包括:

a) 产品名称;

b) 矿用产品安全标志标识及其编号;

c) 型号规格;

d) 检验合格证印章;

e) 制造厂名称;

f) 生产日期、编号或批号。

7.2 包装

将风筒沿轴向压缩至小于 700 mm 长,并用绳子或布条固定 3 处～4 处,再用耐磨性较好的材料包装。在包装外表面应注明:

a) 产品名称;

b) 型号规格;

c） 质量；

d） 制造厂名称、厂址；

e） 生产日期。

7.3 运输

风筒在搬运过程中，不得与尖硬物撞击，不得在地上拖拉；运输过程中应避免日晒、雨淋。

7.4 贮存

7.4.1 风筒应贮存于通风良好的库房内，贮存温度－15～＋35 ℃、相对湿度不大于80％，禁止与有损于橡胶和塑料品质的物质接触，避免阳光直射，距热源1 m以外，堆放高度不超过1.5 m。

7.4.2 风筒在规定的运输、贮存条件下，制造厂应保证产品自生产之日起，贮存期1年内其阻燃性、抗静电性能符合本标准的规定。

中华人民共和国煤炭工业部部标准

MT/T 166—87

矿用本质安全型压接式电缆接、分线盒通用技术条件

本标准适用于煤矿井下用压接方式连接的本质安全型接线盒、分线盒(以下简称接线盒)。

1 技术要求

1.1 接线盒必须符合本标准及 GB 3836.4—83《爆炸性环境用防爆电气设备 本质安全型电路和电气设备“i”》的有关规定,并按照规定程序批准的图样及技术文件制造与检验,取得检验单位发放的防爆合格证。

1.2 环境条件

接线盒应能在环境温度为－20～＋40 ℃、月平均最大相对湿度为 95%(＋25 ℃时),有振动、冲击、淋水及有煤尘与瓦斯等爆炸性气体混合物的环境中工作。

1.3 主要电气性能

1.3.1 额定电压、额定电流应符合 GB 156—80《额定电压》及 GB 762—80《电气设备 额定电流》的规定,并可参考本标准附录 B。

1.3.2 接触电阻:常态时不大于 0.01 Ω;振动与冲击试验时不大于 0.05 Ω;寿命试验后应不大于 0.02 Ω。

1.3.3 相邻接触对间及任一接触对对地间的绝缘电阻应不低于 3 000 MΩ,潮湿试验后绝缘电阻不低于 100 MΩ。

1.3.4 相邻接触对及任一接触对与外壳间的绝缘应能承受 $2U$＋1 000 V(U 为二电路电压之和),但不低于 1 500 V 的耐压试验。

1.4 外观要求

1.4.1 接线盒外壳表面为蓝色,壳体不得有锈蚀、毛刺、裂纹、气泡、针孔等机械损伤,塑料件不得有影响产品性能的变形。

1.4.2 接线盒上的标志、铭牌及接触件对数编号应清晰、端正、设置牢固。

1.4.3 零部件应紧固无松动,表面应光滑无毛刺、不得有腐蚀痕迹。

1.4.4 插件镀层应结晶细致,光亮均匀,不应有烧焦、起泡,脱皮、暗斑、麻点及深色条纹等缺陷,不允许有缺镀现象。

1.5 结构要求

1.5.1 紧固用螺栓(钉),螺母应有防松装置。

1.5.2 应设有内外接地螺栓,并标志接地符号“⏚”,接地螺栓应进行电镀等防锈处理,内接地螺栓的直径应与接线螺栓直径相同;外接地螺栓的规格应不小于 M6。

1.5.3 接钱盒结构尺寸的设计须便于接线,并留有适合于导线弯曲半径的空间。插件之间及与外壳之间的电气间隙与爬电距离须不小于表 1 的规定。

中华人民共和国煤炭工业部 1987-11-18 发布　　1987-12-25 实施

表 1

序号	名　称	规　格				
1	额定电压峰值*,V	60	90	190	375	550
2	爬电距离,mm	3	4	8	10	15
3	电气间隙,mm	3	4	6	6	6

注：* 额定电压峰值指二电路最高峰值电压之和。

1.5.4　插座体上应有芯线顺序编号。

1.5.5　采用活页开盖式或类似的结构。

1.5.6　同一型号、规格、品种接线盒的零部件应能互换。

1.6　零部件要求

1.6.1　紧固件

紧固件应经电镀等防锈处理或采用不锈材料制造。

1.6.2　外壳

1.6.2.1　塑料外壳应用不燃性或难燃性材料制成,其表面绝缘电阻须不大于 1×10^9 Ω,其热稳定性应通过本标准 2.14.3 款规定的试验。

1.6.2.2　轻合金外壳须用抗拉强度不低于 $120N/mm^2$,含镁量不大于 0.5%(重量比)的轻合金制成。

1.6.2.3　铸铁、轻合金、塑料或用厚度小于 3 mm 的其他金属材料制成的外壳,应承受本标准 2.14.1 款规定的冲击试验,不得产生影响防护性能的变形或损坏。

1.6.2.4　应具有 GB 4942.2—85《低压电器　外壳防护等级》IP54 的防护能力。

1.6.3　插件

1.6.3.1　插件选用铜合金材料,表面应镀镍。

1.6.3.2　插件必须有足够的分离力,常态时单脚分离力应为 5～30 N,寿命试验后应不小于 3 N。

1.6.3.3　插片与导线连接应采用压接方式,插片压接导线后承受表 2 规定的张力值,且不得滑动或断裂。插片与导线压接应接触可靠,导线外皮不得有裂纹、破口等机械损伤。

表 2

接触件直径 mm	导线直径 mm	压接端张力,N		
		镀银锡铜导线	镀镍铜导线	高强度铜合金导线
1.5	1.5	204.1	167.8	
	1.0	81.6	86.2	
1.5 或 1.0	1.0	81.6	59.0	204.1
	0.6	31.8	27.2	81.6
1.5 或 0.8	0.8	45.4	36.3	77.1
	0.5	18.1	13.6	45.4
0.6	0.5	20.4	12.7	45.3
	0.3	6.8	6.8	
0.8 或 0.6	0.4	10.9	7.7	24.9

1.6.4　引入装置

1.6.4.1　接线盒应采用压紧螺母(图 1)或压盘式(图 2)引入装置,并须具有防松与防止电缆拔脱的措施。

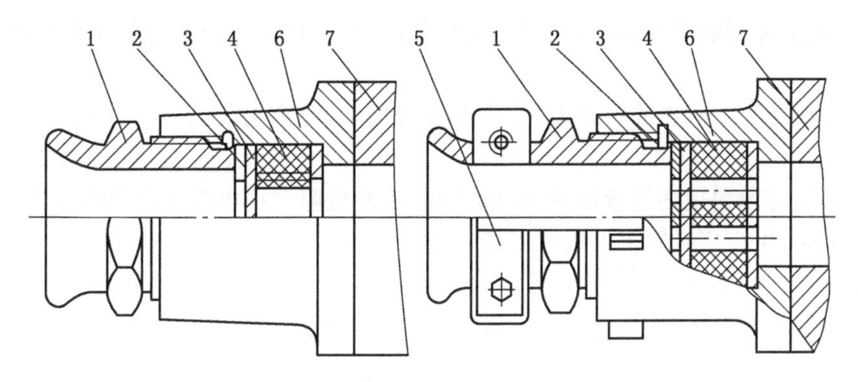

(a) 适用于公称外径不大于20 mm的电缆　　(b) 适用于公称外径不大于30 mm的电缆

1—压紧螺母；2—金属垫圈；3—钢质堵板；4—密封圈；5—电缆夹具；6—联通节；7—接线盒

图 1　压紧螺母式引入装置

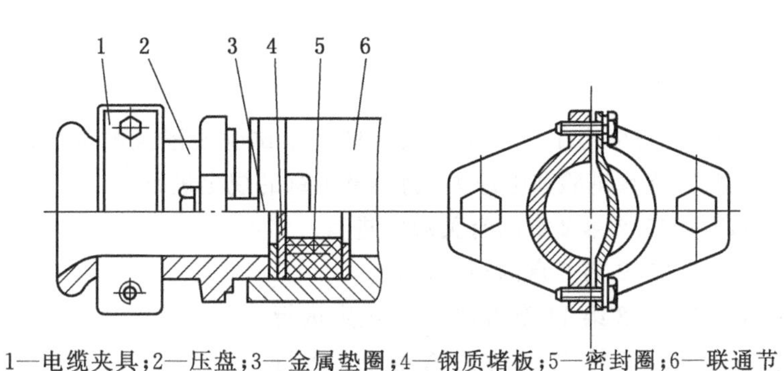

1—电缆夹具；2—压盘；3—金属垫圈；4—钢质堵板；5—密封圈；6—联通节

图 2　压盘式引入装置

1.6.4.2　引入装置的电缆入口处须制成喇叭口状，其内缘应平滑，不得有裂纹(口)，并须备有公称厚度不小于 1 mm 的钢质堵板。

1.6.4.3　压紧螺母式引入装置，须在螺母与密封圈之间加设金属垫圈；对多孔密封圈或接触面积小的单孔密封圈应在其两侧加金属垫圈(见图 1)。

1.6.4.4　密封圈应采用邵氏硬度 45～55 度的橡胶制成，橡胶材料须能承受本标准第 2.15 条规定的老化试验，密封圈须进行本标准 2.10.1 款规定的夹紧试验。为配合不同外径的电缆，允许在密封圈上切割同心槽。

1.6.4.5　装密封圈的孔径 D_0 与密封圈外径 D 配合的直径须不大于表 3 的规定。

表 3

mm

D	D_2-D
$D<20$	1.0
$20<D<60$	1.5
$D>60$	2.0

1.6.4.6　带有压线夹具的引入装置，须进行本项规定的电缆夹紧试验，试样电缆长度为 300 mm，应经受：

a.　在电缆根部 100 mm 处的四个方向上分别折弯 90°各一次的电缆夹强度试验；

b.　电缆转动一周的电缆夹抗电缆转动能力试验；

c.　电缆受 200 N 拉力的电缆夹抗电缆拉力能力试验；

d.　电缆自由端旋转 360°的电缆夹抗电缆扭转能力试验。

试验后，电缆夹与电缆均不应有损伤，电缆应无位移。

1.7　串联接线盒的全部接触对在通以125%额定电流时，其连接部分的稳定温升不超过30 ℃。

1.8　寿命要求

无电负荷时能承受500次连接和分离，并确保接触电阻，分离力符合本标准的要求，连接件镀层无明显剥落。

1.9　接线盒在70 ℃环境温度内连续放置16 h，外观、绝缘电阻与抗电强度应能符合本标准要求。

1.10　接线盒供货时，生产厂必须提供压接工具。

1.11　用户在遵守产品标准规定的保管和使用规则的条件下，从制造厂发货日起一年内，产品因质量问题而发生损坏或不能正常工作时，制造厂应无偿地为用户修理或更换。

2　试验方法

2.1　试验条件

在本标准中，除气候环境试验以外、其他试验均在下述大气条件下进行：

环境温度：15～35 ℃

环境相对湿度：45%～75%

大气压力：86～106 kPa

2.2　外观检查按GB 5095.2—86《电子设备用机电元件基本试验规程及测量方法　第二部分：一般检查、电连续性、接触电阻测试、绝缘试验和电应力试验》第1章的规定进行。

2.3　结构尺寸检查按GB 5095.2第2章的有关规定进行。

2.4　接触电阻测试按GB 5095.2第3章的规定进行。

2.5　绝缘电阻测量按GB 5095.2第11章方法A的规定进行。

2.6　抗电强度试验按GB 5095.2第12章方法A的规定进行。

2.7　单脚分离力检查按GB 5095.8—86《电子设备用机电元件基本试验规程及测量方法　第八部分：连接器接触件及接端的机械试验》第12章方法A的规定进行。

2.8　压接端抗张强度试验按GB 5095.8第11章规定进行。

2.9　温升试验按GB 5095.3—86《电子设备用机电元件基本试验规程及测量方法　第三部分：载流容量试验》第1章的规定进行。

2.10　电缆夹紧试验

2.10.1　密封圈式引入装置夹紧试验按GB 3836.1—83《爆炸性环境用防爆电气设备　通用要求》第27章的规定进行。

2.10.2　带有压线夹具引入装置的夹紧试验。

2.10.2.1　电缆夹强度试验按GB 5095.9—86《电子设备用机电元件基本试验规程及测量方法　第九部分：电缆夹紧试验、爆炸危险性试验、耐化学腐蚀试验、燃烧危险性试验、射频电阻试验、电容试验、屏蔽与滤波试验、磁干扰试验》第1章的规定进行。

2.10.2.2　电缆夹抗电缆转动能力试验按GB 5095.9第2章的规定进行。

2.10.2.3　电缆夹抗电缆拉力能力试验按GB 5095.9第3章的规定进行。

2.10.2.4　电缆夹抗电缆扭转能力试验按GB 5095.9第4章的规定进行。

2.11　防护能力试验按GB 4942.2中IP54的试验方法进行。

2.12　机械寿命试验按GB 5095.5—86《电子设备用机电元件基本试验规程及测量方法　第五部分：撞击试验(自由元件)、静负荷试验(固定元件)、寿命试验和过负荷试验》第6章的规定进行。

2.13　互换性试验用能相配连接的接插元件进行配合检查或用标准检验样件进行检查。

2.14　外壳试验

2.14.1　外壳冲击试验按GB 3836.1中第21.1条的规定进行。

2.14.2　塑料外壳表面绝缘电阻按GB 1410—78《固体电工绝缘材料绝缘电阻、体积电阻和表面电阻系数试验方法》对板状试件进行测量，测量电极的直径为50±0.1 mm。

2.14.3 塑料外壳的热稳定试验按 GB 3836.1 中第24.2条的规定进行。

2.15 密封圈老化试验按 GB 3836.1 中第29章的规定进行。

2.16 气候环境试验

2.16.1 高温试验按 GB 5095.6—86《电子设备用机电元件基本试验规程及测量方法　第六部分：气候试验和锡焊性试验》第9章的规定进行。高温为+70 ℃，插件在插接状态试验16 h。试验后在标准大气条件下恢复至室温，立即检查外观、绝缘电阻及抗电强度，应符合本标准第1.4条、1.3.3及1.3.4款的规定。

2.16.2 低温试验按 GB 5095.6 第10章的规定进行。温度为−40 ℃，插件在插接状态试验16 h。试验后取出，检查外观与绝缘电阻，应符合本标准第1.4条及1.3.3款的规定。

2.16.3 潮湿试验按 GB 2423.4—81《电工电子产品基本环境试验规程　试验 Db：交变湿热试验方法》的规定进行。高温为+40 ℃，插件在插接状态试验12个周期。在最后一周期的低温高湿阶段检查绝缘电阻和抗电强度，应符合本标准第1.3.3及1.3.4款的规定。试验后立即进行外观检查，应符合本标准第1.4条的规定。

2.16.4 振动试验按 GB 5095.4—86《电子设备用机电元件基本试验规程及测量方法　第四部分：动态应力试验》第4章的规定进行。试验频率为10～55 Hz，加速度10g，试样在三个互相垂直的轴线上依次振动45 min。振动期间按 GB 5095.2 第5章的规定测量接触电阻的变化应符合本标准1.3.2款的规定。试验后检查外观，应符合本标准第1.4条的规定。

2.16.5 冲击试验按 GB 5095.4 第3章的规定进行、峰值加速度为30g，脉冲持续时间为18 ms，试样在三个互相垂直轴线的每个方向连续冲击三次（共18次）。冲击期间按 GB 5095.2 第5章的规定测量接触电阻的变化应符合本标准第1.3.2款的规定。试验后检查外观，应符合本标准第1.4条的规定。

3 检验规则

3.1 产品在定型和生产过程中必须通过所规定的出厂试验与型式试验。

3.2 出厂试验

3.2.1 出厂试验由制造单位质检部门进行。

3.2.2 每台产品必须进行外观检查。

3.2.3 除外观检查外的其他试验，应从提交批产品中，按 GB 2828—87《逐批检查计数抽样程序及抽样表（适用于连续批的检查）》中的一般检查水平1的一次抽样方案随机抽取样品。试验项目按表4的规定进行。

表4

序号	试验项目	要求	试验方法	合格质量水平 AQL，%
1	结构尺寸	1.5.2 1.5.3	2.3	2.5
2	互换性	1.5.6	2.13	1.5
3	单脚分离力	1.6.3.2	2.7	
4	接触电阻	1.3.2	2.4	1
5	绝缘电阻（常态）	1.3.3	2.5	
6	抗电强度（常态）	1.3.4	2.6	

3.2.4 若不合格品数小于或等于合格判定数，则判断该批产品为合格。若不合格品数大于或等于不合

格判定数，则出厂试验不合格。对不合格批进行返修后再进行复验。复验时应进行加严检查，仍不合格，则判断该批产品不合格。

3.3 型式试验

3.3.1 凡属下列情况之一者，产品应进行型式试验。未经型式试验合格的产品不得投入批量生产。

a. 试制的新产品；

b. 产品在设计、工艺、材料有重大改变时；

c. 停产一年的产品再次生产时；

d. 成批生产的产品每年至少进行一次；

e. 检验单位认为必要时。

3.3.2 型式试验必须由国家指定的检验单位进行。

3.3.3 必须从当前生产的并经出厂试验合格的产品中根据 GB 2829—87《周期检查计数抽样程序及抽样表(适用于生产过程稳定性的检验)》中判别水平Ⅲ一次抽样方案，随机抽取 5 个样品。

3.3.4 全部样品应首先按出厂试验项目进行检查，若有不合格品，应以合格品换取才能进行型式试验。

3.3.5 型式试验按表 5 规定的项目进行。

表 5

序号	试验项目	要求	试验方法	不合格质量水平 RQL,%
1	温升	1.7	2.9	40
2	压接端抗张强度	1.6.3.3	2.8	
3	密封圈老化	1.6.4.4	2.15	
4	外壳冲击	1.6.2.3	2.14.1	
5	塑料外壳热稳定	1.6.2.1	2.14.3	
6	防护能力	1.6.2.4	2.11	
7	表面绝缘电阻	1.6.2.1	2.14.2	
8	寿命	1.8	2.12	
9	引入装置夹紧	1.6.4.4	2.10.1	
10	电缆夹强度	1.6.4.6a.	2.10.2.1	
11	电缆夹抗电缆转动能力	1.6.4.6b.	2.10.2.2	
12	电缆夹抗电缆拉力能力	1.6.4.6c.	2.10.2.3	
13	电缆夹抗电缆扭转能力	1.6.4.6d.	2.10.2.4	
14	高温	1.9	2.16.1	
15	低温	1.2,1.4,1.3.3	2.16.2	
16	潮湿	1.2,1.3.3,1.3.4,1.4	2.16.3	
17	振动	1.2,1.3.2,1.4	2.16.4	
18	冲击	1.2,1.3.2,1.4	2.16.5	

判定数值为[01]。

3.3.6 如有一个样品不合格，则型式试验不合格。该批产品应停止验收。同时应分析原因，采取措施，消除疵病，直至新的型式试验合格，才能恢复验收。

4 标志、包装、运输与贮存

4.1 标志

4.1.1 接线盒外壳明显处，须设置清晰的永久性标志“Ex”。

4.1.2 接线盒外壳明显处，须设置铭牌，并可靠固定。铭牌须用青铜、黄铜、不锈钢制成，其厚度应不小于0.5 mm。

铭牌须包括以下内容：

a. 产品型号、名称；

b. 右上方有明显的标志“Ex”；

c. 防爆型式，并顺次标明类别、级别、温度组别等标志；

d. 防爆合格证编号；

e. 额定电压、额定电流；

f. 制造厂名称、出厂日期及产品编号；

g. 产品标准编号。

4.2 包装

4.2.1 成品用塑料或防潮材料包好放在硬纸包装盒内，并附有合格证。

4.2.2 包装盒应装在干燥、防潮的木箱中，且用充填物塞紧，不得有晃动。箱内应附有装箱单及使用说明书。

4.2.3 装箱单、包装盒及包装箱外表应注明产品名称、型号、数量及制造厂名称（或商标），包装者（代号）、日期、检查印章等。产品包装标志应符合 GB 191—81《包装储运指示标志》的规定。

4.3 运输

包装成箱的接线盒，可在避免雨雪直接淋袭的条件下，用任何工具运送。

4.4 贮存

包装成箱的接线盒应贮存在温度为－20～＋40 ℃、相对湿度不大于 80％，周围无酸性、碱性及其他腐蚀性气体的库房内。从验收之日起，保管期为 1 年，在保管期内，产品应符合本标准的要求。

附　录　A
矿用本质安全型压接式电缆接、分线盒规格
（参考件）

接线容量 （对　　数）	引入装置（个数）		
	大	中	小
2	1		1
	1		2
5	1		3
	2		2
10	2		2
	1		3
20	2	2	2
30	2	2	2
50	2	2	2
80	2	2	2

附 录 B
矿用本质安全型压接式电缆接、分线盒额定电压、额定电流等级
（参考件）

额定电压，V		额定电流，A
交流	直流	
$U \leqslant 24$	$U \leqslant 60$	$I \leqslant 3.15$
$U \leqslant 42$		
$U \leqslant 100$	$U \leqslant 110$	
$U \leqslant 127$	$U \leqslant 220$	

附加说明：

本标准由中华人民共和国煤炭工业部技术发展司提出。

本标准由煤炭科学研究院常州自动化研究所起草，电子工业部855厂参加。

本标准主要起草人沈世庄、彭霞、袁胜华。

本标准委托煤炭科学研究院常州自动化研究所负责解释。

中华人民共和国煤炭工业部部标准

矿用聚乙烯绝缘聚氯乙烯护套通信电缆

MT/T 167—87

本标准适用于煤矿井下及其他有爆炸性气体环境中使用的聚乙烯绝缘聚氯乙烯护套通信电缆(以下简称电缆)。

1 型号与规格

1.1 电缆型号与适用范围如表1。

表 1

型　号	名　称	适 用 范 围
HUYV	矿用聚乙烯绝缘聚氯乙烯护套通信电缆	用于平巷、斜巷及机电硐室
HUJYV	矿用加强型线芯聚乙烯绝缘聚氯乙烯护套通信电缆	用于机械损伤较高的平巷和斜巷
HUYBV	矿用聚乙烯绝缘镀锌钢丝编织铠装聚氯乙烯护套通信电缆	用于机械冲击较高的平巷和斜巷
HUYAV	矿用聚乙烯绝缘铝-聚乙烯粘结护层聚氯乙烯护套通信电缆	用于较潮湿的斜井和平巷
HUYA32	矿用聚乙烯绝缘铝-聚乙烯粘结护层钢丝铠装聚氯乙烯护套通信电缆	用于竖井或斜井

1.2 电缆规格

电缆规格应符合表2的规定。

表 2

	HUYV	HUJYV	HUYBV	HUYAV	HUYA32
对数×芯数	1×2 2×2 1×4 5×2	1×2 2×2	5×2 10×2 20×2	20×2 30×2 50×2	30×2 50×2 80×2

1.3 电缆命名代号和表示方法

1.3.1 命名代号

矿用通信电缆 …… HU

铜质线芯 …… 省略

钢铜加强线芯 …… J

聚乙烯绝缘 …… Y

铝-聚乙烯粘结护层 …… A

聚乙烯内护套 …… 省略

中华人民共和国煤炭工业部 1987-11-18 发布　　1987-12-25 实施

编织铠装 …………………………………………………………………………………… B
聚氯乙烯护套……………………………………………………………………………… V
细圆钢丝铠装、聚氯乙烯外被层 ………………………………………………………… 32

1.3.2 表示方法

电缆用型号、规格及标准编号表示。如：

具有30个对绞线芯的矿用聚乙烯绝缘铝-聚乙烯粘结护层钢丝铠装聚氯乙烯护套通信电缆应表示为：

HUYA32　30×2　MT 167—87

具有一个星绞线芯的矿用聚乙烯绝缘聚氯乙烯护套通信电缆应表示为：

HUYV　1×4　MT 167—87

2 工作条件

2.1 电缆应能在下列环境中正常工作：

a. 温度：－40～＋50 ℃；

b. 月平均最大相对湿度：95％(＋25 ℃时)。

2.2 电缆应能适应下列敷设与安装条件：

a. 温度：不低于－10℃；

b. 安装时最小弯曲半径：HUYV 及 HUJYV 型应为电缆外径的10倍，其他型号为外径的15倍。

3 技术要求

3.1 元件

3.1.1 导体

3.1.1.1 HUYV 型采用镀锡软圆铜线绞合导体；HUJYV 型采用镀锡软圆铜线与镀锌钢线混绞导体；其他型号采用软圆铜线。

3.1.1.2 导体的结构应符合表3～表7的规定。

表 3

型号	规格	线芯结构 根数/单线标称直径，mm	绝缘标称厚度	外护套标称厚度	电缆最大外径
			mm		
HUYV	1×2	7/0.28	0.45	1.6	7.1
	2×2	7/0.28	0.45	1.6	8.6
	1×4	7/0.28	0.45	1.6	8.0
	5×2	7/0.28	0.45	1.6	11.5

表 4

型号	规格	线芯结构 根数/单线标称直径，mm	绝缘标称厚度	外护套标称厚度	电缆最大外径
			mm		
HUJYV	1×2	4/0.28 铜线＋3/0.28 钢线	0.45	1.6	7.1
	2×2	4/0.28 铜线＋3/0.28 钢线	0.45	1.6	8.6

表 5

型号	规格	线芯结构 根数/单线标称直径 mm	绝缘标称厚度	内护套标称厚度	编织镀锌钢丝直径	外护套标称厚度	电缆最大外径
			mm				
HUYBV	5×2	1/0.8	0.35	1.5	0.20～0.30	1.6	15.6
	10×2	1/0.8	0.35	1.5	0.20～0.30	1.6	18.4
	20×2	1/0.8	0.35	1.5	0.20～0.30	2.0	23.4

表 6

型号	规格	线芯结构 根数/单线标称直径 mm	绝缘标称厚度	铝-聚乙烯粘结护层重叠宽度	内护套标称厚度	外护套标称厚度	电缆最大外径
			mm				
HUYAV	20×2	1/0.8	0.35	不小于 6	1.5	2.0	23.4
	30×2	1/0.8	0.35	不小于 6	2.0	2.0	27.4
	50×2	1/0.8	0.35	不小于 6	2.0	2.0	32.6

表 7

型号	规格	线芯结构 根数/单线标称直径 mm	绝缘标称厚度	铝-聚乙烯粘结护层重叠宽度	内护套标称厚度	镀锌铠装钢丝直径	外护套标称厚度	电缆最大外径
			mm					
HUYA32	30×2	1/0.8	0.35	不小于 6	2.0	不小于 1.6	2.5	32.6
	50×2	1/0.8	0.35	不小于 6	2.0	不小于 1.6	2.5	37.3
	80×2	1/0.8	0.35	不小于 6	2.2	不小于 2.0	2.5	43.0

3.1.2 绝缘

3.1.2.1 绝缘采用低密度聚乙烯电缆料，标称厚度应符合表 3～表 7 的规定，绝缘厚度的平均值应不小于规定的标称值，其最薄点厚度不小于标称值减 0.05 mm。

3.1.2.2 绝缘应紧密挤包在导体上，且应容易剥落而不损伤导体或镀锡层。

绝缘表面应光滑，色泽均匀，不应有裂缝及其他损伤。

3.1.3 线组

3.1.3.1 绝缘线芯应绞合成线组。一对线芯应采用对绞，绞合节距不大于 120 mm；两对线芯可采用星绞或复对绞，其节距均不大于 150 mm。

3.1.3.2 成对的二根绝缘线芯应用不同的颜色，普通对为红、白二色，标志对为蓝、白二色，星绞组四根绝缘线芯的绝缘应为红、蓝、白、绿四色。

3.1.4 缆芯

一对线芯和两对线芯的电缆可直接用线组作为缆芯；二对以上的电缆应用对绞线组按同心式绞合成缆芯，最外层的绞合方向为右向，相邻两层之间的绞向必须相反，同一层中相邻两对线组应采用不同的绞合节距，每一层中应有一个标志对。

3.1.5 包带

HUYBV、HUYAV、HUYA32 型电缆的缆芯外面应绕包一层塑料带，绕包带应扎紧，其重叠部分应不小于带宽的 20%，最小不得低于 5 mm。

3.1.6 粘结护层

HUYAV、HUYA32 型电缆，在塑料绕包带外纵包一层铝-聚乙烯复合带。该护层必须连续、完整。纵包重叠量应大于表 6～表 7 的规定，重叠处采用热封。

3.1.7 内护套

3.1.7.1 HUYBV、HUYAV 及 HUYA32 型电缆的内护套应用低密度聚乙烯电缆料，标称厚度应符合表 5～表 7 的规定，并允许有 20%的负偏差。

3.1.7.2 内护套应紧密挤包在缆芯包带或铝-聚乙烯粘结护层上，且应容易剥离而不损伤绝缘或粘结护层。

内护套表面应平整，无裂缝及其他机械损伤。

3.1.8 铠装

3.1.8.1 HUYBV 型电缆内护套外应采用编织镀锌细钢丝铠装。镀锌钢丝直径应符合表 5 的规定，编织覆盖率应为 25%～35%，镀锌钢丝可用银钎焊焊接，但焊接处不允许有钢丝端头露出。

3.1.8.2 HUYA32 型电缆内护套外应用镀锌钢丝铠装，镀锌圆钢丝直径应符合表 7 的规定。

3.1.9 外护套

3.1.9.1 外护套为蓝色，采用具有不延燃性能的聚氯乙烯电缆料，标称厚度应符合表 3～表 7 的规定。外护套厚度的平均值应不小于规定的标称值。HUYBV 及 HUYA32 型电缆外护套最薄点的厚度应不小于标称值的 80%－0.2 mm，其他型应不小于标称值的 85%－0.1 mm。

3.1.9.2 外护套应紧密挤包在缆芯或钢丝铠装层上，且应容易剥离而不损伤绝缘、内护套或钢丝镀锌层。

外护套表面应平整，色泽均匀，无裂缝、气孔、夹杂或其他机械损伤。

3.1.10 电缆最大外径应符合表 3～表 7 的规定。

3.2 材料

3.2.1 软圆铜线应符合 GB 3953—83《电工圆铜线》的规定；镀锡软圆铜线应符合 GB 4910—85《镀锡圆铜线》的规定。

3.2.2 绝缘与内护套用低密度聚乙烯应符合 HG 2—1398—81《低密度聚乙烯树脂》中电缆料的规定。

3.2.3 粘结护层用铝-聚乙烯复合带应符合本标准附录 A 的规定。

3.2.4 混绞导体及编织铠装用镀锌细钢丝应符合本标准附录 B 的规定；铠装镀锌钢丝应符合 GB 3082—84《铠装电缆用镀锌低碳钢丝》的规定。

3.2.5 外护套用聚氯乙烯应符合 SG 22—73《电缆工业用软聚氯乙烯塑料》的规定。

3.3 电气性能要求

3.3.1 电缆导电线芯不得有断线、对间连电、混线现象。

3.3.2 电缆导电线芯在 20 ℃时的直流电阻值应符合表 8 的规定。

3.3.3 电缆绝缘线芯在 20 ℃时的绝缘电阻应符合表 8 的规定。

3.3.4 电缆任意对线组的工作电容应符合表 8 的规定。

3.3.5 电缆绝缘线芯间及绝缘线芯与屏蔽间应能经受表 8 规定的耐交流电压试验，历时 1 min，不允许有击穿和闪络现象。

3.3.6 电缆在 500 m 长度上任意两对线芯间的远端串音衰减应符合表 8 的规定。

3.3.7 电缆工作对直流电阻差应符合表 8 的规定。

3.3.8 电缆的固有衰减应符合表 8 的规定。

表 8

序号	型号	电气性能	电气性能要求	测试频率	换算公式
1	HUYV	导电线芯直流电阻	不大于 45 Ω/km	直流	$\frac{L}{1000}$ ①
	HUJYV		不大于 73 Ω/km		
	HUYBV		不大于 36.7 Ω/km		
	HUYAV				
	HUYA32				
2	所有型号	线芯绝缘电阻	不小于 3 000 MΩ·km	直流	$\frac{1000}{L}$
3		工作电容	不大于 0.06 μF/km	800 Hz	$\frac{L}{1000}$
4		耐交流电压	线芯之间 线芯屏蔽间 1 500 V	50 Hz	
5		串音衰减	不小于 70 dB	800 Hz	$A_L = A500 - 10\lg\frac{L}{500}$ ②
6	HUYV	直流电阻差	不大于环阻的 2%	直流	
	HUYBV				
	HUYAV				
	HUYA32				
7	HUYV	固有衰减	不大于 1.10 dB/km	800 Hz	
	HUJYV		不大于 1.30 dB/km		
	HUYBV		不大于 0.95 dB/km		
	HUYAV				
	HUYA32				

注：① L 为电缆长度，单位为 m。
② A_L 是电缆长度为 L(m)时的串音衰减。

3.4 矿用安全要求

3.4.1 电缆须经受燃烧试验，移去火源后应能自熄，延燃时间不大于 30 s，延燃长度不大于 100 mm。

3.4.2 电缆表面绝缘电阻值须不大于 1×10^9 Ω。

3.4.3 电缆在 1 km 长度上每根线芯的电感应不大于 800 μH。

3.5 环境适应性要求

3.5.1 电缆应经受低温静弯曲试验。试验后电缆表面不应有目力可见的裂纹与破口。

3.5.2 HUYV 和 HUJYV 型电缆应经受低温卷绕试验，试棒直径应保证电缆的弯曲半径符合本标准 2.2b. 条的要求。试验后电缆表面不应有目力可见的裂纹与破口。

3.5.3 HUYBV、HUYAV 及 HUYA32 型电缆应能经受低温拉伸试验。

3.5.4 电缆应经受高温试验。试验后电缆表面不应有目力可见的裂纹与破口。

3.5.5 电缆应经受湿热试验。试验后应立即检查，其绝缘电阻不小于 100 MΩ·km，线间耐工频电压 1 500 V 1 min 不击穿，且电缆表面无皱纹、气孔、裂纹。

3.5.6 电缆应能经受密封性试验。

3.5.7 电缆应经受低温冲击试验。试验后电缆表面应无损伤，线芯应无断路和短路。

3.6　绝缘和护套的机械性能和热老化性能指标应符合表 9 的规定。

表 9

类别	抗张强度 不小于 N/mm²	断裂伸长率 不小于 %	热老化		
			温度 ℃	时间 d	断裂伸长率 变化率不大于 %
聚乙烯绝缘	10	300	—	—	—
聚乙烯内护套	10	350	90±2	4	−35
聚氯乙烯外护套	12.5	150	80±2	7	±20

3.7　电缆交货长度要求

3.7.1　HUYA32 井筒电缆按用户要求的长度交货。

3.7.2　规格为 1×2、2×2、1×4 的电缆交货长度应不小于 200 m，其他规格的电缆交货长度不小于 100 m。短段不小于 50 m 的电缆不得超过交货量的 10%。长度计量误差应不大于±0.5%。用户对供货长度有特殊要求时，可根据协议交货。

4　试验方法

4.1　试验条件

本标准中除环境试验在有关条款中规定以外，其他试验均在下述大气条件下进行：

环境温度：15～35 ℃；

环境相对湿度：45%～75%；

大气压力：86～106 kPa。

4.2　电气性能试验

4.2.1　导电线芯通电试验采用电压为 36 V 及以下的指示器或指示灯检查。

4.2.2　电缆导电线芯的直流电阻的测量按 GB 3048.4—83《电线电缆　导电线芯直流电阻试验方法》的规定进行。

4.2.3　电缆线芯绝缘电阻的测量按 GB 3048.5—83《电线电缆　绝缘电阻试验方法　检流计比较法》的规定进行。

4.2.4　电缆工作电容的测量按 GB 5441.2—85《通信电缆试验方法　工作电容试验　电桥法》的规定进行。

4.2.5　线芯间、线芯与屏蔽间耐交流电压试验按 GB 3048.8—83《电线电缆　交流电压试验方法》进行。

4.2.6　串音衰减的测量按 GB 5441.6—85《通信电缆试验方法　串音衰减试验　比较法》的规定进行。

4.2.7　电缆固有衰减的测量按 GB 5441.7—85《通信电缆试验方法　衰减常数试验　开短路法》的规定进行。

4.3　结构尺寸和外观检查

4.3.1　绝缘厚度测量按 GB 2951.2—82《电线电缆　绝缘厚度测量方法》的规定进行。

4.3.2　护套厚度测量按 GB 2951.3—82《电线电缆　护套厚度测量方法》的规定进行。

4.3.3　电缆外径测量按 GB 2951.4—82《电线电缆　外径测量方法》的规定进行。

4.3.4　外观检查用目测法。

4.4　燃烧试验按 GB 2951.19—82《电线电缆　燃烧试验方法》的规定进行。

4.5　电缆表面绝缘电阻按 GB 1410—78《固体电工绝缘材料绝缘电阻、体积电阻和表面电阻系数试验方法》对板状试件进行测量，测量电极直径为 50±0.1 mm。

4.6　电缆的电感用误差不大于±2%的电感测试仪进行测量。测量时，将试样中任意对的一端连在一起，另一端分别接至测试仪。

4.7　电缆低温静弯曲试验

常温下将试样在木轴上绕成圈，HUYV 和 HUJYV 型电缆用木轴直径等于电缆外径的 10 倍，密绕 3 圈，其他型号电缆用木轴直径为电缆外径的 20 倍，绕 1 圈。然后放入 -40 ± 3 ℃的低温箱内试验 2 h，取出后立即检验，应符合本标准 3.5.1 款的规定。

4.8　电缆低温卷绕试验应按 GB 2951.12—82《电线电缆　低温卷绕试验方法》的规定进行，试验温度为 -10 ℃。

4.9　低温拉伸试验按 GB 2951.13—82《电线电缆　低温拉伸试验方法》的规定进行，试验温度为 -10℃。

4.10　高温试验

将试样平直地或卷成直径不小于电缆外径的 30 倍的圈放入 $+100\pm2$ ℃的恒温箱中，放置 168 h，取出后在常温下恢复 1 h，将试样在 10 倍电缆外径的圆柱上连续绕解 10 次。试验后立即检查护层表面，应符合本标准 3.5.4 款的规定。

4.11　湿热试验按 GB 2423.4—81《电工电子产品基本环境试验规程　试验 Db：交变湿热试验方法》的规定进行，高温温度为 $+40$ ℃，周期 6 天。

4.12　电缆低温冲击试验按 GB 2951.14—82《电线电缆　低温冲击试验方法》的规定进行，试验温度为 -15℃。

4.13　绝缘和护套的机械性能试验

绝缘的机械性能试验按 GB 2951.5—82《电线电缆　绝缘机械性能试验方法》的规定进行；护套的机械性能试验按 GB 2951.6—82《电线电缆　护套机械性能试验方法》的规定进行。

4.14　绝缘和护套的热老化性能试验按 GB 2951.7—82《电线电缆　空气箱热老化试验方法》的规定进行。

4.15　电缆护套密封性能试验

从电缆一端充入压力不小于 30 N/cm^2 的干燥空气或氮气，直到电缆另一端的气压表上读数不低于 10 N/cm^2 止。在停止往电缆里充气后的 2 h 内，气压表上的读数不应降低。

4.16　印刷标志耐擦试验

用一团浸水脱脂棉或一块棉布轻轻擦拭 10 次后，字迹仍应清晰可辨。

5　检验规则

5.1　电缆在定型时和生产过程中必须经受本标准所规定的例行试验、抽样试验和型式试验。

5.2　例行试验

5.2.1　例行试验由制造厂技术检验部门进行。产品合格后方能出厂，每批产品应附有产品检验合格证。

5.2.2　例行试验项目按表 10 的规定进行。

5.3　抽样试验

5.3.1　抽样方法：产品批量小于 5 km，抽样不得少于 3 段；批量大于 5 km 时，每增加 5 km，增加试样一段。

5.3.2　抽样试验项目按表 10 的规定进行。

5.3.3　抽样试验若有一项不合格，应从不同圈（盘）中另取双倍试样就不合格项目进行检验。如仍不合格，应对该批电缆就不合格项目进行 100％的检查，不合格者为不合格产品。

5.4　型式试验

5.4.1　在下列情况下应进行型式试验：

a.　电缆材料、结构和主要工艺变更而影响电缆性能时；

b.　停产一年再恢复生产时；

c. 成批生产时每 6 个月至少一次。

5.4.2 取样方法:在各种型号电缆中分别抽取 3 段。

5.4.3 型式试验项目按表 10 的规定进行。

5.4.4 型式试验若有一项不合格,则应从不同圈(盘)中另取双倍试样就不合格项目进行检验。如仍不合格,则该型号电缆型式试验不合格。

表 10

序号	试验项目	试验要求	试验方法	试验类型
1	外观	3.1	4.3.4	R,T
2	结构尺寸	3.1	4.3.1 4.3.2 4.3.3	S,T
3	导电线芯通电试验	3.3.1	4.2.1	R,T
4	导电线芯直流电阻	3.3.2	4.2.2	S,T
5	工作电容	3.3.4	4.2.4	S,T
6	串音衰减	3.3.6	4.2.6	S,T
7	绝缘电阻	3.3.3	4.2.3	S,T
8	交流电压试验	3.3.5	4.2.5	R,T
9	长度计量	3.7	计米器	R,T
10	直流电阻差	3.3.7	4.2.2 及计算	T
11	固有衰减	3.3.8	4.2.7	T
12	电感	3.4.3	4.6	T
13	表面绝缘电阻测定	3.4.2	4.5	T
14	印刷标志耐擦试验	6.1.1	4.16	S,T
15	低温静弯曲试验	3.5.1	4.7	T
16	低温冲击试验	3.5.7	4.12	T
17	低温卷绕试验	3.5.2	4.8	T
18	低温拉伸试验	3.5.3	4.9	T
19	高温试验	3.5.4	4.10	T
20	湿热试验	3.5.5	4.11	T
21	燃烧试验	3.4.1	4.4	T
22	护套密封性能试验	3.5.6	4.15	T
23	绝缘和护套机械性能试验和热老化试验	3.6	4.13 4.14	T

注:R—例行试验;
S—抽样试验;
T—型式试验。

6 标志、包装、运输及贮存

6.1 标志

6.1.1 成品电缆的护套表面应有制造厂名称、型号和生产年份的连续标志，标志应字迹清楚，容易辨认，耐擦。应能承受本标准4.16条规定的试验。

6.1.2 标志可以印刷或压印在护套上。一个完整标志的末端与下一个标志的始端之间距离应不超过500 mm。

6.2 包装

6.2.1 电缆应成圈或成盘交货，其弯曲半径不得小于本标准2.2b.条规定的数值。电缆两端必须密封，成圈（盘）电缆应妥善包装。

6.2.2 成圈包装的电缆重量不得超过50 kg。

6.2.3 成盘包装的电缆必须排列整齐地绕在电缆盘上。电缆盘应符合GB 4005.1—83《电线电缆交货盘型式尺寸》和GB 4005.2—83《电线电缆交货盘技术要求》的规定。电缆盘上应标明电缆盘正确的旋转方向。

6.2.4 每圈或每盘电缆上应附标签，标明如下内容：

a. 制造厂名；

b. 产品型号及规格；

c. 长度：m；

d. 重量：kg；

e. 制造年月；

f. 本标准编号。

6.3 运输与贮存

电缆应能适应水、陆、空一切交通运输工具。在运输与贮存过程中应注意：

a. 防止水分潮气侵入电缆。

b. 防止严重弯曲及其他机械损伤。

c. 防止高温及长期在阳光下曝晒。

附 录 A
铝-聚乙烯复合带技术性能
（补充件）

A.1 铝-聚乙烯复合带中选用的铝带应符合 GB 3198—82《工业用纯铝箔》的规定。

A.2 复合带表面应光滑，无皱纹和缺陷。

A.3 复合带性能应符合表 A1 的规定。

表 A1

序 号	项 目 名 称	性 能 指 标
1	厚度(mm)： ①铝 带 0.100 0.150 0.200 ②塑料薄膜 0.05	 ±0.008 ±0.010 ±0.015 ±0.005
2	粘结强度(N/cm)： 塑料薄膜/铝金属带 塑料薄膜/塑料薄膜	 不低于 6.0 不低于 18.0
3	老化之后粘结强度(N/cm)： 68 ℃热水中浸 7 天 68 ℃石油膏中浸 7 天	 粘结强度不变 不分层

附　录　B
混绞导体及编织铠装用细钢丝主要技术性能及试验方法
（补充件）

B.1　技术性能

B.1.1　钢丝的机械性能要求

B.1.1.1　钢丝的抗拉强度应不小于 1 800 N/mm²。

B.1.1.2　打结拉断力不小于拉断力的 50%。

B.1.1.3　扭转 360°的次数不小于 40 次。

B.1.2　镀层要求

B.1.2.1　钢丝镀锌层的均匀性及牢固性应经受表 B1 规定的试验。

表 B1

浸入硫酸铜溶液次数 不小于 （每次 30 s）	缠绕试验	
	芯轴直径为钢丝直径倍数	缠绕圈数
2	4	6

B.1.2.2　钢丝缠绕试验后，锌层不得有用裸手指能擦掉的开裂和起皮。

B.1.3　表面质量

B.1.3.1　钢丝表面应镀有均匀的锌层，不得有开裂、斑疤和镀不上锌的地方。

B.1.3.2　下列表面情况仍认为合格：

a.　锌层表面颜色不一致，存在局部白色斑点和闪点。

b.　个别的锌层堆积，但不得使钢丝直径增大值超过其公差的 2 倍。

c.　去掉白色薄膜后，仍能承受锌层质量试验者。

B.1.4　焊接

钢丝不得有镀锌后的焊接点。

B.2　试验方法

B.2.1　钢丝的试验方法应按表 B2 进行。

表 B2

试验项目	试验方法
拉力试验	GB 228—87
扭转试验	GB 239—84
硫酸铜试验	GB 2972—82
缠绕试验	GB 2976—82

B.2.2　抗拉强度按钢丝的公称直径计算。

B.2.3　硫酸铜溶液是将 36 g 结晶硫酸铜溶解在 100 mL 的蒸馏水中配制的。在 18 ℃时比重为 1.186。

B.2.4　钢丝表面用肉眼检查。

B.2.5 钢丝直径用精度为0.01 mm的量具进行测量。

附加说明：

本标准由中华人民共和国煤炭工业部技术发展司提出。

本标准由煤炭科学研究院常州自动化研究所起草，电子工业部608厂参加。

本标准主要起草人沈世庄、彭霞、袁胜华。

本标准委托煤炭科学研究院常州自动化研究所负责解释。

本标准参照采用苏联国家标准POCT 12100—73《矿用通信电缆》。

中华人民共和国煤炭行业标准

MT/T 175—88

矿用隔爆型电磁起动器用电子保护器

1988-04-18 发布 1988-07-01 实施

中华人民共和国煤炭工业部 发布

中华人民共和国煤炭工业部部标准

MT/T 175—1988

矿用隔爆型电磁起动器用电子保护器

1 主题内容与适用范围

本标准规定了矿用隔爆型电磁起动器用电子保护器的产品分类、技术要求、试验方法、检验规则等。

本标准适用于交流 50 Hz、电压至 1 140 V 的矿用隔爆型电磁起动器中主要由电子元作组成的具有一种或一种以上保护功能的电子保护器。

2 引用标准

GB 1497 低压电器基本标准

GB 3836.1～3836.4 爆炸性环境用防爆电气设备

JB 3115 电力系统保护、自动继电器及装置 通用技术条件

GB 2423.4 电工电子产品基本环境试验规程 试验 Db:交变湿热试验方法

GB 1498 电机、低压电器外壳防护等级

GB 6162 静态继电器及保护装置的电气干扰试验

GB 3797 电控设备第二部分 装有电子器件的电控设备

GB 998 低压电器 基本试验方法

3 术语、符号

3.1 热态

对电动机而言,是指长时间额定负载下运行的电动机各部分温升达到稳定后的状态;对电子保护器而言,是指一次侧通过整定电流或特别说明的某个电流使电子保护器电子线路各环节都达到稳定的状态。

3.2 冷态

对电动机而言,是指电动机没有运转各部分温升为零的状态;对电子保护器而言,是指一次侧不通电流使电子保护器电子线路各环节都达到稳定的状态。

3.3 热积累系数 c

电动机工作时,因各种损耗产生的热量在停止工作时不能立刻完全散走,称为电动机热积累效应。为了描述电子保护器模拟电动机的热积累效应的能力定义热积累系数 c,按式(1)计算:

$$c=\frac{t_3-t'_3}{t_3}\times 100\% \qquad (1)$$

式中:t_3——由冷态时测得的 3 倍过载动作时间,s;

t'_3——3 倍断续过载最后动作时间,s,测量方法见 6.3.6 条说明。

3.4 漏电闭锁保护

送电前用附加直流电源等方法,检测三相供电线路与电动机绕组对地绝缘电阻,当绝缘电阻值降低到规定值时,将使隔爆电磁起动器不能合闸送电。

3.5 自动复位

电子保护器发生保护性动作后,只要引起保护性动作的故障消失,立即或经一定时间的延时,电子

中华人民共和国煤炭工业部 1988-04-18 批准　　1988-07-01 实施

保护器就可以恢复到原来状态，称为自动复位。

3.6 断电复位

电子保护器不能自动复位，必须间断电子保护器电源一定时间后才能恢复到原来状态，称为断电复位。

3.7 手动复位

电子保护器不能自动复位，必须按压或拨动某个特定的专用于复位的按钮或开关后电子保护器才能恢复到原来状态，称为手动复位。

3.8 断线（相）过载保护

电动机发生供电线路断一线（或绕组断一相）故障时，若导致未断线（相）电流增加超过额定值，利用检测这一过载信号达到断线（相）保护，称为断线（相）过载保护。

3.9 断线（相）故障检测保护

电动机发生供电线路断一线（或绕组断一相）故障时，利用检测断线（相）电流为零这一故障信号达到断线（相）保护，称为断线（相）故障检测保护。

3.10 不平衡保护

电动机发生三相供电线路电流不平衡（或三相绕组电流不平衡）达到一定程度后实现保护，称为不平衡保护。

4 产品分类

4.1 电子保护器应具有下列一种或一种以上的保护功能：

a. 电动机过载保护；

b. 电动机及其供电线路短路保护；

c. 电动机断线（相）过载保护或断线（相）故障检测保护或不平衡保护；

d. 供电线路及其电动机的漏电闭锁保护；

e. 其他保护。

4.2 电子保护器规格应和其配套的隔爆型电磁起动器额定值相适应。

4.2.1 电子保护器最大整定电流值应等于或大于其配套的隔爆型电磁起动器额定电流值，其优选系列值为 400 A；315 A；200 A；100 A；40 A。

电子保护器整定电流分档优先推荐值见表 1。

表 1

A

保护器系列值	整定分档值									
400	400	376	352	328	304	280	256	232	208	184
	200	188	176	164	152	140	128	116	104	92
315	320	300	280	260	240	220	200	180	160	140
	160	150	140	130	120	110	100	90	80	70
200	200	188	176	164	152	140	128	116	104	92
	100	94	88	82	76	70	64	58	52	46
100	100	94	88	82	76	70	64	58	52	46
	50	47	44	41	38	35	32	29	26	23
40	40	38	36	34	32	30	28	26	24	22
	20	19	18	17	16	15	14	13	12	11
	10	9.5	9	8.5	8	7.5	7	6.5	6	5.5

整定电流连续可调的电子保护器，最大与最小整定电流值之比不小于4，整定电流分档断续调整的电子保护器分档总数应不小于20挡，各档与相邻低档电流整定值之比不大于1.15。

4.2.2 电子保护器允许使用的额定电压与其配套的隔爆型电磁起动器额定电压相等，其系列值为127 V；380 V；660 V；1 140 V。

电子保护器电源电压推荐系列值为交流24 V；36 V；42 V。直流±12 V；±15 V；±24 V。

4.3 电子保护器基本结构分两类：

a. 整体式：电子保护器主体部分为一件，包括电流互感器等传感器元件，完成各种保护功能的电子插件、电源等。

b. 组合式：电子保护器主体部分由二件或二件以上部件组成。

5 技术要求

5.1 工作条件与安装条件

5.1.1 工作条件

5.1.1.1 海拔高度不超过2 000 m。

5.1.1.2 周围空气温度：

a. 周围最高空气温度分二级，列于表2；

表 2

组　　别	t_a	t_b
温度 ℃	55	70

b. 周围最低空气温度－5℃。

5.1.1.3 周围空气相对湿度不大于95%（＋25℃）。

5.1.1.4 污染等级为GB 1497规定的3级。

5.1.1.5 工作场所应无显著摇动和冲击振动（有冲击与振动要求时，用户与制造厂协商）。

5.1.1.6 电子保护器电源电压波动不超过表3所列范围。

表 3

组　　别	U_a	U_b
最高电压	1.10 U_e	1.15 U_e
最低电压	0.85 U_e	0.75 U_e
表中：U_e为电子保护器电源电压额定值。		

5.1.2 安装条件

5.1.2.1 正常安装条件应根据制造厂说明书，对安装方位有要求或性能受安装条件显著影响的，应在说明书中明确规定。

5.1.2.2 安装类别（过电压类别）：整体式电子保护器取GB 1497规定的Ⅲ类；分开安装的组合式电子保护器其电子插件部分取Ⅰ类。

5.2 保护特性要求

电子保护器具有的保护功能应分别符合本条规定的技术要求，如具有本条规定以外的保护功能时应在产品技术条件中另行规定相应的技术要求和试验方法。

5.2.1 过载保护特性

5.2.1.1 作一般隔爆异步电动机绕组过载保护用的电子过载保护器，其保护特性如表4。

表 4

实际电流/整定电流	动作时间		起始状态	复位方式	复位时间 min
	L_a 组	L_b 组			
1.05	长期不动作	长期不动作			
1.2	$t_{1.2}<20$ min	5 min$<t_{1.2}<20$ min	热态	自动	$1<t_r<3$
1.5	$t_{1.5}<3$ min	1 min$<t_{1.5}<3$ min	热态	自动	$1<t_r<3$
6	$t_6\geqslant 5$ s	8 s$\leqslant t_6\leqslant 16$ s	冷态	自动	$1<t_r<3$

5.2.1.2 100 A 以下使用于恒定负载的电子过载保护特性可选用系列 L_a 组，100 A 及以上或使用于变动负载的电子过载保护器，过载保护特性优先选用系列 L_b 组。

5.2.1.3 电子过载保护器热积累系数 c 应大于 20%，小于 70%。

5.2.2 短路保护特性

5.2.2.1 隔爆型电磁起动器设置有短路保护功能的电子保护器时，要求电磁起动器主接触器允许分断电流值必须大于实际的三相最大短路电流值。

5.2.2.2 电子保护器短路保护特性如表 5。

表 5

组别	整定范围	动作时间[2]	初始状态	复位方式
S_a	(8～10)倍整定电流[1]	0.2 s$<t_{sa}<$0.4 s	冷态	断电或手动
S_b	(8～15)倍整定电流可调	20 ms$<t_{sb}<$100 ms 可调	冷态	手动

注：1)应在产品技术条件中具体明确短路保护的动作界限，如 9 倍。
2)动作时间指从短路开始到电子保护器出口状态改变的时间。

5.2.2.3 制造厂应以曲线族形式提供电子保护器的过电流保护（过载保护和短路保护）的时间/电流特性，并以适当方式绘出这些曲线的误差范围，但必须满足本标准表 4、表 5、表 8 的要求。关于时间/电流特性的统一表示方法见 GB 1497 第 5.8 条。

5.2.3 断相保护特性

5.2.3.1 电子保护器断相保护特性如表 6。

表 6

组别	动作界线	动作时间 min	初始状态	复位方式
P_a	一线(相)为零； 二线(相)为 1.15 倍整定电流	<20	0.66 倍整定电流 热态	自动或断电
P_b	一线(相)为零； 二线(相)为 1.05 倍整定电流	<3	0.6 倍整定电流 热态	自动或断电
P_c	一线(相)为 0.6 倍或 1.6 倍整定电流； 二线(相)为整定电流	<3	热态	自动或断电

5.2.3.2 电子保护器(包括组别 P_a、P_b、P_c)任意二相通以额定电流，另一相通以 0.9 倍额定电流，从冷

态开始试验，电子保护器应长期不动作。

5.2.3.3 组别 P_a 属断线(相)过载保护，供 100 A 以下电子断相保护器选用；组别 P_b 属断线(相)故障检测保护；组别 P_c 为不平衡保护，供 100 A 及以上电子断相保护器优先选用。

5.2.4 漏电闭锁保护特性

5.2.4.1 漏电闭锁电子保护器的检测信号在交流接触器分断电弧熄灭与电机剩磁感应电势消失后，要求在正常工作或规定的故障状态下产生的电火花与热效应都不能点燃规定的爆炸性混合物。

5.2.4.2 每种漏电闭锁电子保护器必须明确指出保证 5.2.4.1 条所要求的安全性的外电路分布电容与电感的最大值，并取得经国家认可的防爆检验机关检验的安全性证明。

5.2.4.3 在电子保护器允许使用的外电路最大分布电容的情况下，电容放电与检测电源产生通过 1 kΩ 电阻 1 s 时间的平均电流应不大于 15 mA。

5.2.4.4 应采取有效措施防止接触器分断时电弧引入的电网电压与电动机剩磁感应电势对漏电闭锁检测回路的冲击，可供选择的方法至少有二种：

a. 采用检测回路串联延时闭合接点；

b. 不采用串联延时闭合接点而采取措施使漏电闭锁电子保护器检测回路能经受一定的电压冲击。采用此法时要求漏电闭锁电子保护器检测端与地之间能承受被监视的供电系统额定线电压 3 s 时间无损坏，同时其电流值应不大于表 7。

表 7

电压等级 V	≤380	660	1 140
电流值 mA	64	42	7

5.2.4.5 漏电闭锁电子保护器的漏电闭锁电阻值整定可采用连续可调与固定不变二种方式，整定值取供电系统检漏继电器动作整定值的 2～3 倍。

5.2.4.6 漏电闭锁电子保护器解锁电阻值应不大于整定的漏电闭锁电阻值 150%。

5.2.4.7 对于不采用串联延时闭合接点的漏电闭锁保护器，其检测电压接地极性应与其所在供电系统的检漏继电器检测电压接地极性相同。

5.3 产品性能要求

5.3.1 出口性能

5.3.1.1 电子保护器出口继电器触点的性能与要求应符合 JB 3115 第 4.6 条的规定，具体选用哪一类由产品技术条件规定。

5.3.1.2 电子保护器电源电压由额定值下降到额定值的 60%时，在 16 s 内，电子保护器出口状态应不发生变化。

5.3.1.3 电子保护器应有一定的试验按钮或开关以对保护器的功能进行必要的检查，试验按钮或开关可以外接，具体项目由产品技术条件规定。

5.3.1.4 具有显示功能的电子保护器，优先采用以下色标：正常工作时为绿色，过载为黄色，短路为红色，漏电为蓝色，断相为白色。

5.3.1.5 电子保护器出口回路仅具有保护性动作功能时，其电寿命应不小于 3 000 次。

5.3.2 误差(或变差)

各类电子保护器的误差(或变差)包括刻度值误差、动作值误差与变差、电源电压波动附加误差、温度变化附加误差，其允许范围如表 8。

对于组合式电子保护器部件应具有互换性，互换后仍应满足表 8 要求。

表 8

<table>
<tr><td colspan="3">组　别</td><td>δ_{za}</td><td>δ_{zb}</td><td>δ_{zc}</td></tr>
<tr><td colspan="3">产　品　分　类</td><td>误差较大的
电子保护器</td><td>误差一般的
电子保护器</td><td>误差较小的
电子保护器</td></tr>
<tr><td rowspan="5">允许范围，%</td><td rowspan="5">小于</td><td>刻度值误差 ΔS_a</td><td>±10</td><td>±5</td><td>±2</td></tr>
<tr><td>动作值误差 ΔS_b</td><td>±20</td><td>±10</td><td>±5</td></tr>
<tr><td>动作值变差 ΔS_c</td><td>±20</td><td>±10</td><td>±5</td></tr>
<tr><td>电源电压波动附加误差 ΔS_d</td><td>±20</td><td>±15</td><td>±10</td></tr>
<tr><td>温度变化附加误差 ΔS_e</td><td>±20</td><td>±15</td><td>±10</td></tr>
</table>

5.3.3　抗干扰性能

电子保护器应能承受由于电力系统一次、二次或直流回路的操作和雷电、系统事故等所产生的干扰电压，而不致产生误动作或拒动作和元件损坏现象。

5.3.4　抗振性能

5.3.4.1　振动试验要求

电子保护器应能承受表 9 所示的三个方向的振动试验，试验后电子保护器应能符合产品常规试验要求，试验时电子保护器所处状态由产品技术条件给出。

表 9

<table>
<tr><td>组　别</td><td colspan="4">振　动　试　验　要　求</td></tr>
<tr><td rowspan="4">V_a</td><td>振频
Hz</td><td>30</td><td>60</td><td>90</td></tr>
<tr><td>单振幅
mm</td><td>0.15</td><td>—</td><td>—</td></tr>
<tr><td>加速度
g</td><td>—</td><td>2</td><td>2</td></tr>
<tr><td>时间
min</td><td>10</td><td>10</td><td>10</td></tr>
<tr><td>V_b</td><td colspan="4">振频：10～150 Hz；
振幅：10～57 Hz 为恒值位移单振幅 0.15 mm；58～150 Hz 为恒定加速度 2 g；
时间：10 min，往复扫描一次为 2～2.5 min</td></tr>
<tr><td rowspan="2">V_c</td><td>正弦振动</td><td colspan="3">振频：10～500 Hz；
振幅：10～57 Hz 为恒值位移单振幅 0.15 mm；58～500 Hz 为恒定加速度 2 g；
时间：40 min，往复扫描一次为 2～2.5 min；10 min 共振</td></tr>
<tr><td>随机振动</td><td colspan="3">振频：20～2 000 Hz；
频谱密度：0.01 g/Hz；
时间：90 min</td></tr>
</table>

5.3.4.2　安装前跌落冲击要求

电子保护器应能承受在制造、试验及装箱前的搬运过程中以及在现场安装过程中的跌落冲击，按 6.8.2 条试验后电子保护器仍应符合产品常规试验的要求。

5.3.4.3　安装后跌落冲击要求

电子保护器安装入电磁起动器后，应能承受起动器在运输、搬移过程中因翻倒、跌落而对电子保护器产生的冲击，按6.8.3条试验后电子保护器仍应符合产品常规试验的要求。

5.3.5　绝缘性能

5.3.5.1　电子保护器中直接与主回路接触的部件的电气间隙和爬电距离应符合GB 3836.3第5与第6章的规定。漏电闭锁电子保护器的检测信号回路与其他电路裸露导体之间的电气间隙与爬电距离应符合GB 3836.4第4.6条的规定，印刷电路板爬电距离应符合GB 3836.4第4.6.1条的规定。

5.3.5.2　电子保护器中直接与主回路接触的部件绝缘应保证表10所列交流50 Hz试验电压(有效值)历时1 min而无击穿或闪络现象。

表 10

主回路额定电压 V	127	220	380	660	1 140
试验电压 V	2 000		2 400	3 000	4 200

5.3.5.3　电子保护器中直接与主回路接触的部件绝缘应能通过按GB 1497第7.2.2.a条所规定的脉冲耐压试验。

5.3.5.4　电子保护器必须按GB 2423.4试验Db:交变湿热试验方法的规定进行12个周期的耐潮试验。直接与主回路接触的部件经试验后其绝缘电阻值应不小于表11所列数据，并能承受第5.3.5.2条规定的耐压值80%的试验，耐潮试验后，对电子保护器其余部分(含漏电闭锁检测端)不考核其绝缘电阻，但电子保护器仍应符合产品常规试验的要求。

表 11

主回路额定电压 V	127	220	380	660	1 140
绝缘电阻值 MΩ	1		1.5	2	2.5

5.3.5.5　在耐湿试验后所进行的产品常规试验之前是否要对被试品进行处理应由产品技术条件规定。

5.3.6　温升

5.3.6.1　电子保护器表面最高允许温升如表12所示。

表 12

组　　别	T_{sa}	T_{sb}
温升 K	95	80

5.3.6.2　电子保护器如采用电流互感器等电磁元件作为取样元件，其稳定温升应低于所选用绝缘材料的允许温升，但同时不得超过表12的数据。

5.4　元件与结构要求

5.4.1　电子保护器的零部件必须优先采用标准件，且应分别符合国家、行业或企业产品标准的要求。

5.4.2　电子保护器中使用的半导体元件必须经过老化筛选、优先采用表13所示方法，功率性元件应按序号1、2、3进行，非功率性元件按序号1、2进行。

表 13

序　号	名　称	方　法
1	高温贮存	将非工作状态元件置于高温箱内(硅元件 125℃,锗元件 70℃),恒温 24 h
2	高低温冲击	将非工作状态下的元件在低温(－30℃)及高温(硅元件 125℃,锗元件 70℃)各存贮 30 min,交替时间间隔应小于 1 min,往复循环 3 次
3	电老化	在室温(20±5℃)时,使元件在额定功率下工作 8 h

5.4.3　挑选合格的半导体元件的方法是：

a. 在老化后进行测试,有关参数应符合产品规定的技术标准或制造厂制订的标准；

b. 老化前进行初测,老化后进行复测,要求二次测得参数除均应符合产品规定的技术标准或制造厂制订的标准外,其参数变化应不超过 20%,参数测试的环境温度由制造厂具体规定。

5.4.4　由漏电闭锁电子保护器检测端到用于接入主电路的串联延时常闭接点或串联常闭接点的一端之间的导线用蓝色绝缘导线或加蓝色套管标记。

5.4.5　电子保护器中的印刷电路板不得使用纸质或布质绝缘板,印刷电路板表面应有绝缘涂层,涂层的涂覆不少于两次。

5.4.6　电子保护器采用插接件时,其接触部分应镀金,或至少应镀银以保证其可靠性,与外部电路连接时插头与插座之间应有定位装置,以保证在接插时各接插点具有唯一的对应关系,插件盒与底座应有紧固或锁紧装置,插头插座与插件盒、底座应做到密封以保证电子保护器整体的防护要求(见 5.4.9 条)。在一台隔爆电磁起动器中有多种插件盒时,各插件盒间必须互相区别,不能互换。

5.4.7　电子保护器采用螺钉与外部电路连接时螺钉和螺母应有防松措施。

5.4.8　电子保护器内部及其与外部电路连接的金属零、部件必须经过电镀或化学涂覆处理。

5.4.9　电子保护器防护要求

应保证金属粉末或煤尘等进入电子保护器内部后不足以影响产品正常运行,为此其外壳防护等级应达到 GB 1498 规定的防尘级(IP54)的要求,或者采取选用密封继电器、密封电位器印刷电路板整体涂覆等措施。

5.4.10　为了确保元件与结构的技术要求,保护器在出厂常规试验前必须进行整机老化,整机老化时电子保护器电源电压为表 3 规定的最高电压,一次侧不通电流,保护器处于室温和正常安装位置,老化时间不小于 24 h。

6　试验方法

6.1　一般试验条件

每项试验应在新的、清洁的电子保护器上进行。

试验使用的交流电源应在(50±1)Hz 频率范围内,波形为正弦波。

被试电子保护器试验位置应与其实际使用位置一致,有关试验位置应记载在试验报告中。

除非另有说明,试验时电子保护器处于常温(20±5℃)下,电子保护器电源电压为额定值。

6.2　通电检查试验

6.2.1　检查电子保护器电源通电前后出口回路状态是否符合产品技术说明书的要求,并应满足 5.3.1.2 条的要求。

6.2.2　根据产品技术条件的规定,分别利用电子保护器上具有的或外加的试验按钮或开关检查其保护功能是否正常,具有显示功能的其显示是否正确。

6.3　过载、短路、断相保护特性试验

6.3.1　在什么档测取保护特性(以及动作时间整定在什么档)由产品技术条件规定,但必须包括最大整定档和最小整定档。

6.3.2 试验电流的相数、电压由产品技术条件根据采用的取样原理确定，被提供的试验电流必须调整方便、平滑，并能较长时间稳定在某一数值，试验电流测量系统的相对误差对误差为δ_{zc}组别的应不大于1%，对误差为δ_{za}、δ_{zb}组别的应不大于2.5%。

6.3.3 测量保护动作时间应采用自动计时系统，其启动信号应取自试验电流的变化信号，其终止信号应取自出口回路(测量复位时间的启动与终止信号均取自出口回路)，计时误差应小于被测动作时间的2%。

6.3.4 保护特性试验的起始状态：如果无法确定电子线路各环节是否都达到稳定状态，无论冷态或热态均按保持30 min后开始试验。

从起始状态到试验状态的过渡时间应小于动作时间下限的5%，动作时间的起始点应从过渡时间的中点算起。

6.3.5 长期不动作，是指超过2 h以上不动作，除非有足够的理由证明测量其他值能说明电子保护器不再会动作，否则试验时间不能缩短。

6.3.6 热积累系数的测量方法是由冷态测得3倍过载动作时间t_3，随后仍从冷态开始以3倍的整定电流通电$\frac{1}{6}t_3$时间，停止通电$\frac{1}{6}t_3$，再通以3倍整定电流$\frac{1}{6}t_3$时间，停止通电$\frac{1}{6}t_3$时间，如此重复4次，第5次再通以3倍整定电流，直至保护器动作，测得第5次的3倍整定电流动作时间t'_3；则可按式(1)计算得热积累系数c。

6.3.7 对非自动复位方式试验时，保护动作后出口回路在30 min以上不能自动复位，才能认为已经自锁，除非有足够的理由证明测量其他值能说明电子保护器出口回路不再会改变状态，否则不能缩短试验时间。

6.3.8 断相保护动作特性试验时，对三相应轮流作断相或不平衡试验，三次动作时间均应符合保护特性的要求，除非有足够的理由证明做一相或二相断相试验即能代表其他二相或一相的断相保护特性。

6.4 漏电闭锁保护特性试验

6.4.1 测检信号除由国家认可的防爆检验机关根据本安电路要求进行检验且出具安全性证明外，还应根据5.2.4.3条作进一步试验。

试验推荐线路如下：

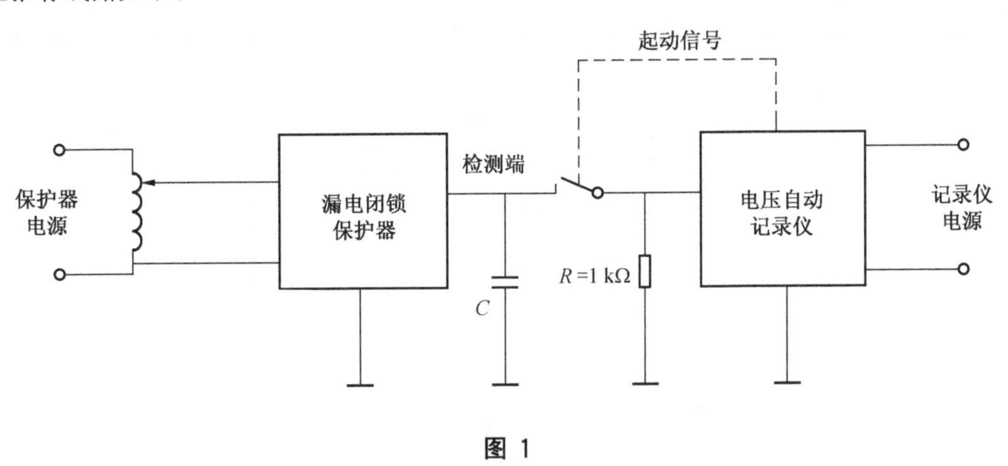

图 1

线路中C为保护器允许使用的外电路最大分布电容，在产品技术条件未加说明时可取1 μF。

再根据电压自动记录仪测得1 kΩ电阻R上的电压曲线(如图2)，用积分法求得第一秒钟平均电压U_{ca}(V)。

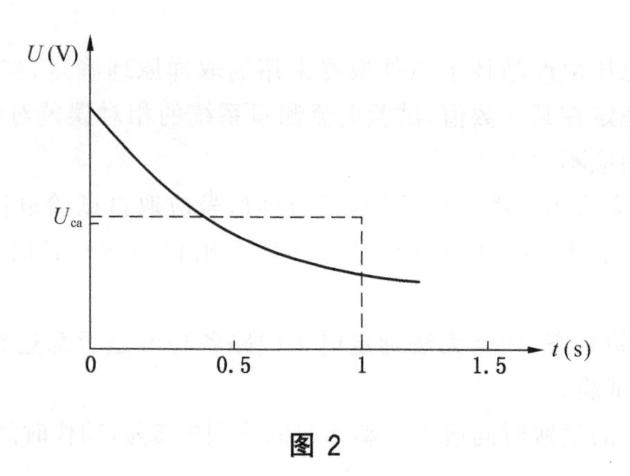

图 2

要求$\frac{U_{ca}}{R}<15\ mA$。

6.4.2 对于检测回路不串联延时常闭接点的漏电闭锁保护器，其检测端要进行电源电压冲击试验，试验推荐电路如下：

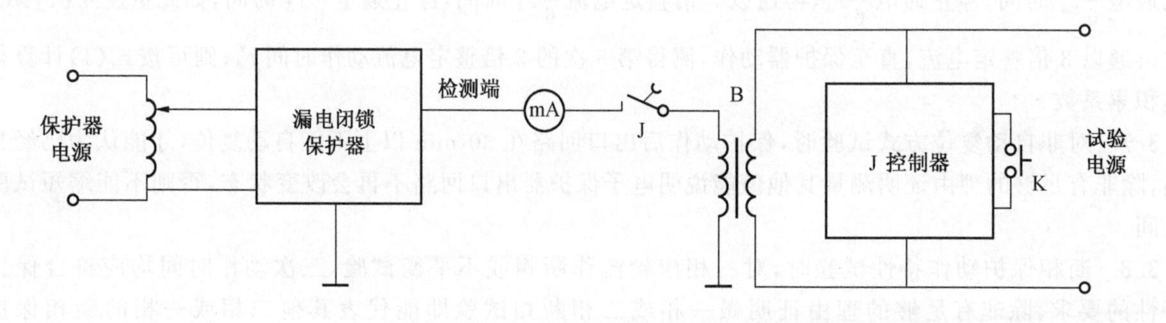

图 3

试验变压器 B 一次侧电压同试验电源电压，二次侧电压同漏电闭锁保护器被保护电网额定电压。

延时继电器 J 常开接点瞬时吸合，延时释放，释放延时时间整定在 3 s。

K 为试验按钮，试验时点动一次。

6.4.3 漏电闭锁电子保护器闭锁电阻值和解锁电阻值的测定推荐使用十进制可变电阻箱，按下图接线：

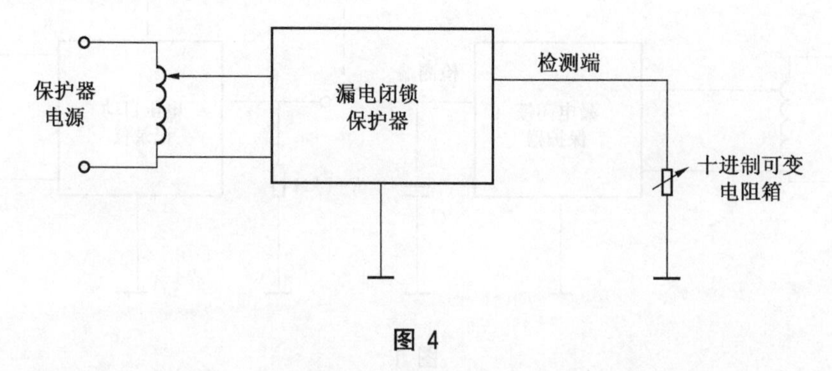

图 4

可变电阻箱精度不低于 1%，最小位阻值不大于 0.1 kΩ，测定闭锁电阻值时由大至小，一直到闭锁为止，测定解锁电阻值时由小至大，一直到解锁为止，在接近动作值时电阻变化要细。

要求测量三次取算术平均值。

对于整定值连续可调的漏电闭锁保护器，取何整定值进行试验由产品技术条件确定，但至少应包括最大、最小极限值。

6.5 出口性能试验

6.5.1 出口回路电寿命试验按5.3.1.1条要求带负载进行，试验操作频率由产品技术条件规定。

6.5.2 电子保护器出口回路执行元件选用已鉴定的通用元件，如能确切提供其在5.3.1.1条规定的负载条件下的寿命数据，那么5.3.1.5条要求的电子保护器出口回路的电寿命可以免做。

6.6 误差(或变差)试验

6.6.1 电子保护器误差具体考核项目与内容由产品技术条件给出。6.6.3～6.6.5条中Q_b、Q_c、Q_d、Q_e可以是过载、短路、断相的动作时间值、复位时间值、漏电闭锁电阻值、解锁电阻值等。

6.6.2 刻度值误差测量

电子保护器在所有档均分别通以整定电流值，测量其取样部分输出信号电压最大值或最小值U_m，并计算所有档信号电压的算术平均值U_a，于是测得的刻度值误差ΔS_a为：

$$\Delta S_a=\frac{U_m-U_a}{U_a}\times 100\% \qquad \cdots\cdots(2)$$

在整定电流连续可调时，可任意选取不少于十个档位进行同样的测量。

6.6.3 动作值误差测量

6.6.3.1 五次试验中测得某种物理量Q_b的实际动作值，求取其平均值Q_{ba}，于是测得的动作值误差ΔS_b为：

$$\Delta S_b=\frac{Q_{ba}-Q_{br}}{Q_{ba}}\times 100\% \qquad \cdots\cdots(3)$$

式中：Q_{br}——Q_b的标称动作值。

6.6.3.2 当Q_{br}为一区间时，若Q_{ba}超过上限，则Q_{br}用上限值；Q_{ba}小于下限，则Q_{br}用下限值；若Q_{ba}在上下限之间，则认为$\Delta S_b=0$。

6.6.3.3 组合式电子保护器应采用五套不同的部件，任意进行组合后任选其中一台作动作误差的试验，如仍符合表8的要求，则说明其具有互换性。

6.6.4 动作值变差的测量

五次试验中测得某物理量Q_c的实际动作值，其中最大与最小动作值为$Q_{c\max}$、$Q_{c\min}$，并求取五次算术平均值Q_{ca}，于是动作值变差ΔS_c为：

$$\Delta S_c=\frac{Q_{c\max}-Q_{c\min}}{Q_{ca}}\times 100\% \qquad \cdots\cdots(4)$$

6.6.5 电源电压波动附加误差的测量

在电源电压分别为表3规定的最高电压与最低电压时，测得五次试验中某种物理量Q_d的算术平均值Q_{dv}，并在电源电压为额定值时，同一物理量测量五次，取算术平均值Q_{da}，于是最高与最低电源电压附加误差ΔS_d为：

$$\Delta S_d=\frac{Q_v-Q_a}{Q_{da}}\times 100\% \qquad \cdots\cdots(5)$$

取最高与最低电压附加误差中较大值为电源电压波动附加误差ΔS_d。

6.6.6 温度变化附加误差的测量

6.6.6.1 在表2规定的最高空气温度时测得五次试验中某种物理量Q_e的算术平均值Q_{eT}，以及在常温(20±5℃)时同一物理量五次的算术平均值Q_{ea}，于是温度变化附加误差ΔS_e为：

$$\Delta S_e=\frac{Q_{eT}-Q_{ea}}{Q_{ea}}\times 100\% \qquad \cdots\cdots(6)$$

6.6.6.2 在试验时，必须首先保证整个电子保护器温度均匀且达到最高空气温度，然后开始试验。

6.6.6.3 组合式电子保护器试验时传感元件是否置于最高空气温度下由产品技术条件规定。

6.6.6.4 对最低空气温度时的温度变化附加误差是否要求测量由产品技术条件规定。

6.7 抗干扰性能试验

抗干扰性能试验按 GB 6162 进行。

6.8 抗振性能试验

6.8.1 振动试验根据 GB 3797 第 4.15 条有关方法进行。

6.8.2 安装前跌落冲击试验方法如下：

a. 跌落高度：50 mm（样品底面距地面的最短距离）；

b. 跌落冲击次数：3 次；

c. 试验用地面：应为平滑、坚固的水泥地面或钢质试验台面；

d. 样品底面与地面的夹角：不小于 3°。

6.8.3 安装后跌落冲击试验方法如下：

a. 样品固定在 5 kg 铁板上方，铁板底面的长与宽均大于样品底面的长与宽，固定方式与样品安装在电磁起动器的固定方式相同，允许在样品周围加装一定的防护物，以便防止铁板着地后弹跳损坏样品；

b. 跌落高度：1 000 mm（样品底面与地面的最短距离）；

c. 跌落冲击次数：2 次；

d. 试验用地面：应为平滑、坚固的水泥地面或钢质试验台面；

e. 自由跌落时应保证首先由铁板着地。

6.9 绝缘性能试验

6.9.1 工频耐压试验按 GB 998 规定的试验方法进行。

6.9.2 脉冲耐压试验按 GB 998 规定的试验方法进行。

6.9.3 耐潮试验按 GB 2423.4 的试验 D_b：交变湿热试验方法进行。

6.10 温升试验

6.10.1 电子保护器表面最高允许温升的测量采用点温度计测出若干个可能出现最高温度的点的温度，然后取其中最大值减去当时的室温即为表面最高温升。

6.10.2 电流互感器温升测量

用截面大于电流互感器一次侧导线截面 1.5 倍的联结线与电流互感器一次侧线圈或单匝穿心式导线排相连，联结应紧密且有足够的接触面积，使联结处温度不得比一次侧线圈温度高 10℃（均用点温度计测量），电流互感器二次侧按最大整定电流加取样电阻。一次侧通所配电磁起动器的额定电流，待温升稳定后用电阻法测量二次线圈的温升，作为电流互感器的温升。

6.11 凡本章试验中没有规定具体方法的可按照 GB 998 中有关的试验方法进行。

7 检验规则

7.1 检验分类

电子保护器的检验分以下二种：

a. 出厂检验；

b. 型式检验。

7.2 出厂检验

出厂检验是指电子保护器在出厂前必须逐台进行的试验，其目的是检验材料、工艺、装配上的缺陷。

出厂检验的项目应包括：

a. 按图样文件检查电子保护器的制造装配质量以及其成套性；

b. 按 5.3.1.2 条、5.3.1.3 条、5.3.1.4 条的要求用 6.2 条规定的方法进行通电检查试验；

c. 按 5.3.5.2 条的要求用 6.9.1 条规定的方法进行工频耐压试验；

d. 按 5.2 条的要求用 6.3 条规定的方法进行过载、短路、断相保护特性试验，漏电闭锁保护器用

6.4.3 条规定方法测定其闭锁电阻值和解锁电阻值；

e. 按 6.6 条的方法对刻度值误差进行测量，应满足表 8 的有关要求。

7.3 型式检验

7.3.1 型式检验的目的在于对产品质量进行全面考核，即检验是否达到本标准规定的全部技术要求。

在下列情况之一时，应进行型式检验：

a. 新产品或老产品转厂生产的试制定型鉴定时；

b. 正式生产后，结构、材料、工艺有较大改变，可能影响产品性能时；

c. 正常生产时，每隔二至三年进行一次检验；停产一年以上恢复生产时；

d. 有关质量监督机构提出进行型式检验的要求时。

7.3.2 型式检验项目应包括：

a. 全部出厂检验项目；

b. 按 5.3.5.1 条的要求对电气间隙和爬电距离进行测量；

c. 按 5.2.4.1～5.2.4.4 条要求，用 6.4.1～6.4.2 条的方法对漏电闭锁保护器进行安全性试验；

d. 按 5.3.1.5 条的要求，用 6.5 条的方法进行出口性能试验；

e. 按 5.3.2 条的要求，用 6.6 条的方法测量除刻度值误差外的其他各项误差(或变差)；

f. 按 5.3.3 条的要求，用 6.7 条方法进行抗干扰性能试验；

g. 按 5.3.4 条的要求，用 6.8 条方法进行抗振性能试验；

h. 按 5.3.5.3 条的要求用 6.9.2 条方法进行脉冲耐压试验；

i. 按 5.3.5.4 及 5.3.5.5 条要求，用 6.9.3 条方法进行耐潮试验；

j. 按 5.3.6 条要求，用 6.10 条方法进行温升试验。

7.4 复试规则

7.4.1 出厂检验复试规则

对于出厂检验的项目必须在每台产品上逐一进行，出厂检验不通过的产品必须逐台返修，直到完全通过为止，若无法修复，应予报废。

7.4.2 型式检验复试规则

在试制定型鉴定时，用作型式检验的电子保护器必须是正式试制的样品，样品的数量整体式不少于二台，组合式不少于五台。每个试验项目应不少于二台。

在产品正常生产后进行的型式检验时，用作型式检验的电子保护器必须从出厂检验合格产品中(不少于 20 台)任意抽取。每个试验项目，应不少于二台。

型式检验中对不构成威胁安全或严重降低性能指标的项目，如有失误，只要制造厂能够提出充分证据，说明该失误并不是设计上的固有缺陷，而是由于个别样品的缺陷所致，则允许按原样品数量加倍复试，复试合格仍认为型式检验合格。

型式检验中涉及安全和重大性能指标的以下项目必须全部合格：

a. 工频耐压试验(6.9.1 条)；

b. 漏电闭锁安全性试验(6.4.1～6.4.3 条)；

c. 温升试验(6.10 条)。

如上述三项型式检验判为不合格必须找出原因，采取措施予以改进，并经重新试验合格后方为有效。

8 标志、包装、运输、贮存

8.1 标志

标志应标在电子保护器本体上，或标在固定于保护器的一块或几块铭牌上，标志应包括以下内容：

a. 制造厂名称或商标；

b. 产品名称、规格和型号；

c. 额定参数；

d. 制造年月及出厂编号。

以下内容应在标志中或在产品说明书中给出：

a. 外部接线图；

b. 时间-电流特性曲线族；

c. 漏电闭锁检测电压接地极性。

8.2 包装

每台电子保护器在运送出厂时应予包装，以防止运输过程中遭受损坏，并达到防潮防尘的要求，包装箱上应标志“防潮”、“易碎”等字样或符号。随同产品供应的文件有产品说明书与盖有检验部门印鉴的产品合格证。

8.3 运输、贮存

包装箱在运输、贮存过程中均不得受雨水侵袭。产品应放置在没有雨雪侵入、空气流通和相对湿度不大于90％(20±5℃)、温度不高于＋40℃与不低于－25℃的仓库中。

附加说明：

本标准由中华人民共和国煤炭工业部技术发展司提出。

本标准由淮南矿业学院自动化研究室负责起草。

本标准主要起草人龚幼民、叶芃生、荣亦诚、姚磊。

中华人民共和国煤炭工业部部标准

MT/T 181—88

煤矿井下用塑料管安全性能检验规范

1988-04-14 发布　　　　1988-06-01 实施

中华人民共和国煤炭工业部 发布

中华人民共和国煤炭工业部部标准

MT/T 181—88

煤矿井下用塑料管安全性能检验规范

1 主题内容与适用范围

本规范规定了煤矿井下输送物料用塑料管的阻燃性能、导电性能要求及其试验方法、检验程序和标志。

本规范适用于煤矿井下输送物料用塑料管制品。

本规范未涉及的内容应符合有关标准内容。

2 技术要求

2.1 阻燃性能要求

2.1.1 试件按本规范第3章的方法作火焰燃烧试验时，当酒精喷灯燃烧器移走后，每组6条试件的火焰燃烧的算术平均值不得大于3 s，其中任何一条试件的火焰续燃时间不得大于10s。

2.1.2 试件按本规范第3章的方法作火焰燃烧试验时，当酒精喷灯燃烧器移走后，每组6条试件的火星燃烧时间的算术平均值不得大于20 s，其中任何一条试件的火星续燃时间不得大于60 s。

注：如果一组6条试件中仅有一条不符合阻燃性能要求，可再取一组12条试件进行复试，但第二组试件的燃烧试验应全部符合阻燃性能要求。

2.2 导电性能要求（表面电阻值规定）

试件按本规范第4章的方法作导电性能试验时，对于煤矿井下用各种不同用途的塑料管，其所测试试件内外壁表面电阻值必须满足：

a. 排水、给水用管：其管外壁表面电阻值不得大于1×10^9 Ω；

b. 正压风用管：其管外壁表面电阻值不得大于1×10^8 Ω；

c. 喷浆用管：其管内、壁表面电阻值不得大于1×10^8 Ω；

d. 负压风及抽放瓦斯用管：管内、外管表面电阻值不得大于1×10^6 Ω。

3 酒精喷灯火焰燃烧试验

3.1 试验原理

将试件置于酒精喷灯燃烧器的火焰之上，按规定时间燃烧后，测定被测试件的火焰或火星燃烧时间。在试验过程中应随时观察每一条试件的变化情况，直至试件上或滴落物上任何火焰或火星燃烧均熄灭为止。

3.2 试验装置

3.2.1 燃烧从酒精容器经过透明塑料软管进入酒精喷灯，并且应将试验装置在试验箱（如图1）内，以便保持在弱光下进行试验。试验装置如图2所示：

中华人民共和国煤炭工业部 1988-04-14 批准 1988-06-01 实施

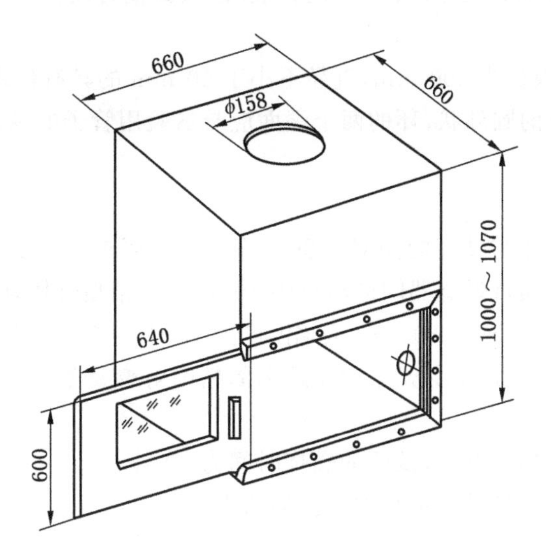
660
660
ϕ158
1000～1070
640
600

图 1

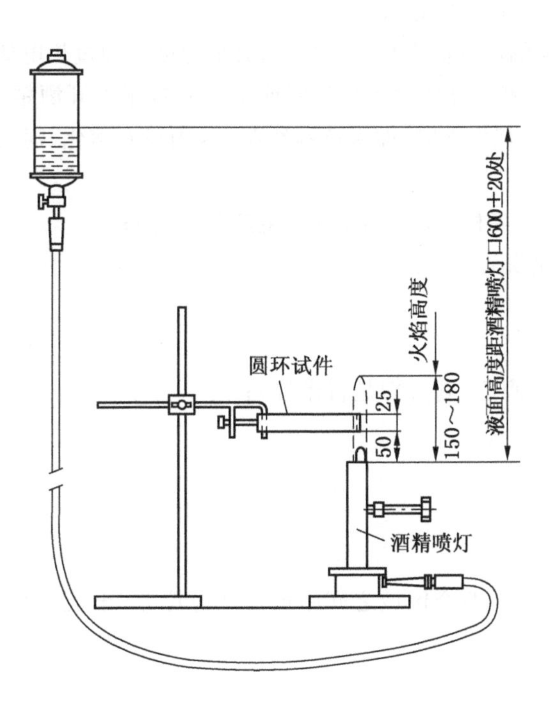
液面高度距酒精喷灯口600±20处
火焰高度
圆环试件
25
50
150～180
酒精喷灯

图 2

3.2.2 燃料应为容量比95%工业用乙醇和5%甲醇的混合物。

3.2.3 计时仪应具有刻度为0.2 s或更小刻度的秒表,以及其他自动计时装置。

3.3 试件装备

a. 试验时试件应在一根长为600 mm,直径不小于50 mm的具有代表性的塑料管上截取;

b. 试件宽应为25 mm的圆环状,环的两个端面应与试验用管子的纵向轴线相垂直;

c. 试件数量为6件。

3.4 试验方法

3.4.1 试验时酒精喷灯燃烧器与试件的相对位置应符合图2要求。即试件应符合图2要求。即试件应水平夹持,其下端面与酒精喷灯燃烧器间的距离为50 mm,酒精喷灯燃烧器应垂直放置(如图2)。

3.4.2 酒精喷灯的火焰长度为150～180 mm,火焰温度为960±60 ℃,燃料消耗为2.55±0.15 mL/min。

3.4.3 试验时燃料容器内的液面高度应保持在距离酒精喷灯燃烧器灯口600±20 mm的范围内(见图2)。

3.4.4 试验时将试件置于火焰中燃烧,试验的燃烧时间为30 s。

3.4.5 试验时试验箱内的空气流动应不影响试验的结果。

3.5 酒精喷灯燃烧器的操作

3.5.1 酒精喷灯燃烧器应垂直放置,关闭控制阀,检查有无渗漏,在预热盘中注入燃料,然后点燃预热盘中的燃料加热酒精喷灯燃烧器。当预热盘中的燃料消耗约占总量的50%时,打开酒精喷灯燃烧器的控制阀,并让火焰稳定燃烧5 min后再做试验。

3.5.2 火焰稳定后,测定火焰的温度应为960±60 ℃,火焰温度是通过热电偶或用一根直径为0.7 mm、长约为100 mm的黄铜丝来测定,测定温度时将热电偶或黄铜丝置于离开酒精喷灯燃烧器灯口50 mm的距离处(图2)。当用黄铜丝测定火焰温度时,如果黄铜丝在6 s内没有熔化,则火焰温度应重新调整。

3.6 试验报告内容

a. 材料的鉴别特征(包括名称、牌号、生产厂、生产日期等);

b. 试件的尺寸和制备情况;

c. 试验环境;

d. 试验结果;

e. 其他试验现象(熔融、滴落、滴落物是否燃烧);

f. 试验人员和日期。

4 导电性能试验

4.1 试验原理

将试件经过适当处理,然后在两个区域之间施加一个电位差(电流电压),测定沿试件表面的电流泄漏来确定其相应的电阻值。

4.2 试件和试件的制备

4.2.1 试件尺寸和数量

试件长应为1200 mm的塑料管,数量不少于3件。

4.2.2 试件的外观质量

试件表面应平滑,无机械损伤和杂质等缺陷。

4.2.3 试件的清洁处理

用蘸有蒸馏水的干净绸布或消毒纱布清洗试件以后,再用洁净的干布片将试件擦干,放置在干燥处。

4.2.4 试件的正常处理

试验前,将试件放置在温度为25±5 ℃和相对湿度为60%～70%的环境中至少2 h。

4.3 试验装备

4.3.1 电极材料及尺寸

采用厚度为不大于0.02mm退过火的铝箔或锡箔作接触电极，用极少量的导电胶作粘结剂，用厚度为0.06～0.1 mm的铜箔作为辅助电极，包在接触电极的外面，也可用铜箔作为软质试件的接触电极，这些电极的宽度为25 mm，辅助电极边缘应光滑。

4.3.2 试验仪器

采用高阻仪，量程为10^3～10^{10} Ω，在全量程内测试误差应不大于准确值的±5%，直流电源电压为50～500 V，在试件中的电功率消耗应小于1 w。

4.4 试验条件

4.4.1 试验电压：500±20 V，100±10 V，50±10 V。

4.4.2 试验环境：温度为25±5 ℃，相对湿度为60%～70%。

4.5 试验步骤

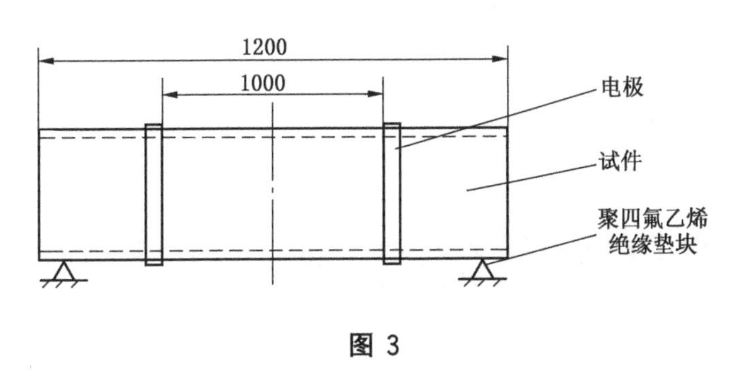

图 3

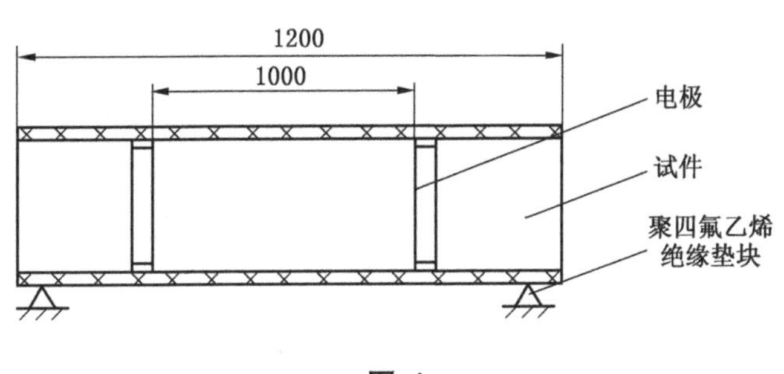

图 4

将两个电极紧紧地附着在试件地外壁表面，并遍及管子外壁一周，两电极间相距1000 mm(见图3)。如果测试塑料管内表面电阻，则将两个电极紧密地附着在试件内壁表面，并遍及内壁一周，两电极间相距1000 mm(见图4)，将两个电极分别用引线接入高阻仪，施加试验电压1 min后，读出电阻测定值，试验时不能对着试验区域呼吸，以免试件受潮影响试验结果，每件试件地内、外表面各做一次。

4.6 试验结果

每件试件各测一次，试验结果以欧姆(Ω)表示，记录每次测得的数值，以测得的3次数值的算术平均值表达。

5 检验程序和标志

检验程序和标志按MT 113—85《煤矿井下用非金属(聚合物)制品安全性能检验规范》要求执行。

中华人民共和国煤炭工业部部标准

MT/T 182—88

酒精喷灯燃烧器的结构与技术要求

1988-04-14 发布　　　　1988-06-01 实施

中华人民共和国煤炭工业部　发布

中华人民共和国煤炭工业部部标准

MT/T 182—88

酒精喷灯燃烧器的结构与技术要求

1 主题内容与适用范围

本标准规定了酒精喷灯的结构尺寸、技术和装配要求。

本标准适用于煤矿井下用非金属制品的实验室条件下作燃烧试验用的酒精喷灯燃烧器(以下简称燃烧器)。

2 引用标准

GB 5675 灰铸铁分级

GB 699 优质碳素结构钢钢号和一般技术条件

YB 146 黄铜加工产品化学成分

3 技术要求

3.1 尺寸

燃烧器的具体尺寸如图 1 所示。在某些环境条件下,特别是被燃烧物在燃烧过程中产生腐蚀气体的条件下,会使燃烧器进气孔上部的燃烧管受到腐蚀,使燃烧管的外壁形成锥形状外表面,如果燃烧器燃烧管的内径和总高度不发生变化,则认为这种锥形的外表面对燃烧器的正常工作不产生任何不利的影响。

燃烧器喷嘴的喷口直径(见图 2)应为 0.7±0.04 mm。

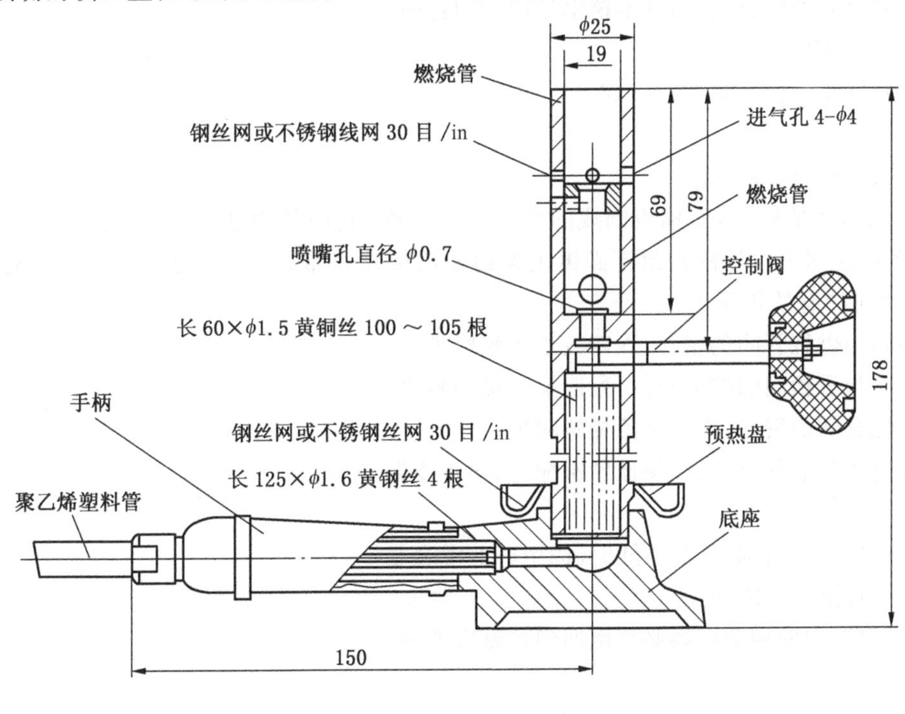

图 1

中华人民共和国煤炭工业部 1988-04-14 批准 1988-06-01 实施

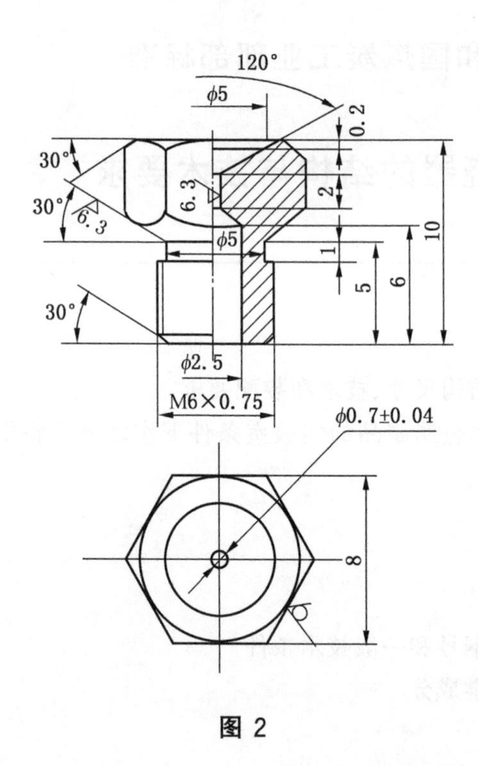

图 2

3.2 材料

燃烧器各零部件采用下列材料制造：

燃烧管：黄铜，H 62 或 H 68　YB 146。

底座：铸铁：HT 200　GB 5675。

发火圈丝网：铜丝网或不锈钢丝网 30 目/in。

燃烧管与底座间丝网：铜丝网或不锈钢丝网 30 目/in。

阀芯：钢，45　GB 699。

喷嘴：黄铜，H 62 或 H 68　YB 146。

3.3 接头密封

燃烧器接头的密封要求如下：

燃烧器与底座间的密封：石棉板制成的全封闭密封圈，其内径为 ϕ14 mm，外径为 ϕ22 mm，厚度为 3 mm（燃烧管底部螺纹处的密封不必再用聚四氟乙烯塑料带封密，因为该连接处的有效密封取决于钢/石棉垫圈间的有效正压力）。

控制阀阀芯与燃烧管间的密封：聚四氟乙烯塑料带。

燃烧器底座与手柄间螺纹的密封：聚四氟乙烯塑料带。

喷嘴与燃烧管间的密封：聚四氟乙烯塑料带。

燃烧器各连接处装配时，必须保证紧密配合，防止渗漏。

3.4 燃料

燃料为容量比 95%工业用乙醇和 5%的甲醇的混合物。

燃料必须经过滤后方能使用。

使用后，燃料瓶中的剩余燃料必须倒回到贮藏容器中。

3.5 燃料瓶

燃料瓶的容积应为 100 mL，燃料瓶的侧面应装有刻度臂，其最小刻度值为 0.1 mL，在燃料瓶的底部装有一只 6.35 mm（¼″）的墙式单叉旋塞开关，并用一根长约 1 000 mm 的透明聚乙烯塑料软管（其内径为 ϕ6 mm）连接于燃料瓶与燃烧器之间（见图 3）。

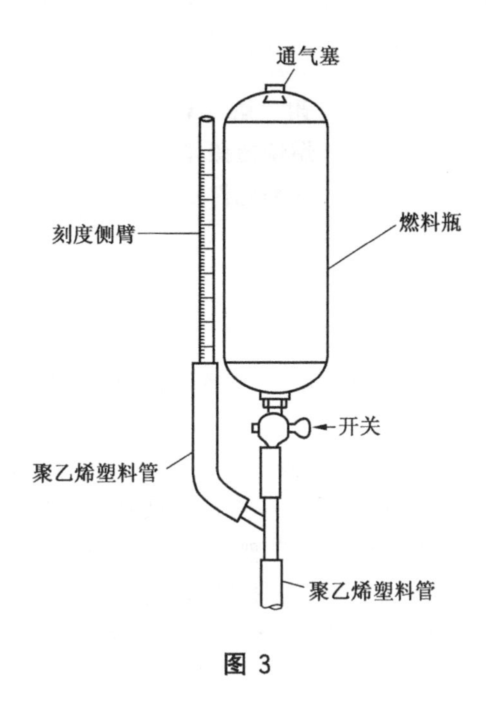

图 3

4 装配要求

4.1 装配

将燃料瓶与燃烧器用透明聚乙烯塑料软管连接起来，燃烧器的工作状态可以是倾斜水平 45°或垂直放置。为保证试验顺利进行，燃料的液面高度必须调整到距离燃烧器灯口中心以上 600±20 mm 处，燃烧器各连接处必须紧密配合。

4.2 装配后检查

燃烧器装配后，必须检查工作状况是否正常。在火焰稳定燃烧条件下，燃烧器应具备：

a. 火焰温度为 960±60 ℃；

b. 火焰高度为 150～180 mm；

c. 燃烧消耗量应为 2.55±0.15 mL/min。

在检查燃料消耗量时，关闭燃料瓶开关，使进入燃烧器的燃料只能来自标有刻度的侧臂，测定出燃烧器在 1 min 内燃料的消耗量。

附 录 A
燃烧器操作
（补充件）

A1 燃烧器操作

关闭燃烧器的控制阀，同时打开燃料瓶的开关，检查燃料的消耗情况，如果燃料的消耗量不为零，则系统中存在渗漏。

将燃烧器垂直放置在预热盘中注入燃料至四分之三处，然后点燃燃料。当预热盘中的燃料消耗至50%时，开启燃烧器的控制阀，火焰稳定燃烧 5 min 后再做试验。如燃烧不稳定，则应关闭控制阀，将燃烧器再预热一次后打开燃烧器的控制阀，使其稳定燃烧 5 min 后再做试验。

经过一段时间的稳定燃烧后，过多的热量进入蒸发部也会导致火焰燃烧的不稳定，这种燃烧的不稳定现象称为热振荡现象。短时间地关闭酒精喷灯燃烧器，降低蒸发部的温度，火焰即可恢复到原来的稳定状态。

A2 燃烧器故障

A2.1 渗漏

按 A1 的方法，如果燃料的消耗量大于零，则燃烧器系统中存在渗漏。这种渗漏可能在于燃烧器部分和燃料供应部分中的某一个连接处。

除了喷嘴螺纹连接处之外，任何连接处的渗漏都可以用点燃渗漏燃料的方法找出，喷嘴螺纹处的严重渗漏可以根据火焰燃烧时的不稳定现象发现，但要发现喷嘴螺纹处的微小渗漏是非常困难的，因此在装配时必须保证良好的密封性能。

A2.2 阻塞

如果燃烧器的控制阀完全打开，燃料的消耗量仍小于 2.55±0.15 mL/min，则燃料出口处存在着阻塞或不畅现象，产生这种阻塞和不畅现象的直接原因是固体颗粒状杂质堵住了燃烧器的喷嘴孔。

固体颗粒状杂质的主要来源包括：喷嘴钻孔时的切屑，燃料中的尘粒，酒精挥发后的残留物以及燃烧器铸铁底部的锈蚀物。

A2.3 故障排除

当燃烧器的工作状态不符合 4.2 中所规定的要求时，可以按下列步骤进行故障排除：

a. 拆开燃烧器；

b. 拆掉进液管和灯身处的黄铜丝，去除燃烧器中的固体颗粒状杂质，清理或更换黄铜丝；

c. 拆下喷嘴并清理，为防止喷嘴孔的直径扩大并产生不圆度，在清理喷嘴时，不能用钢针捅喷嘴孔；

d. 采用适当的密封材料重新装配（参照 3.3）；

e. 检查渗漏，并检查燃料的消耗量是否正确。

A2.4 清理方法

用一个喷嘴器，将清洗液注入喷嘴，如果采用这种方法效果仍不明显，可以用硬度低于黄铜的细丝（如用白纸做成的纸卷等），从喷嘴孔的底部向上插入，以免损伤喷嘴孔的出口端。

附加说明：

本标准由煤炭工业部技术发展司提出。
本标准由煤炭科学研究院上海研究所负责起草。
本标准主要起草人高宏、李国伟。
本标准委托煤炭科学研究院上海研究所负责解释。
本标准参照采用英国标准 BS 5865：1981《小型实验室火焰试验酒精喷灯的结构与操作规范》。

中华人民共和国煤炭工业部部标准

MT/T 183—88

刮板输送机中部槽

1 适用范围

本标准适用于煤矿井下刮板输送机和转载机的不封底中部槽(以下简称中部槽)。

2 引用标准

MT 102 刮板输送机中部槽试验规范
MT 105 工作面用刮板输送机通用技术条件
MT 106 顺槽用转载机通用技术条件
MT 149 刮板输送机热轧矿用槽帮钢型式、尺寸
MT 150 刮板输送机和转载机包装通用技术条件
Q/ZB 71 锻件通用技术条件
Q/ZB 74 焊接通用技术条件

3 产品分类

3.1 产品型式

中部槽的型式:中部槽分为Ⅰ型、Ⅱ型和Ⅲ型三种型式,见图 1、图 2 和图 3。

3.2 尺寸参数

三种中部槽的外形尺寸和连接尺寸应分别符合图 1 和表 1、图 2 和表 2、图 3 和表 3 的规定。

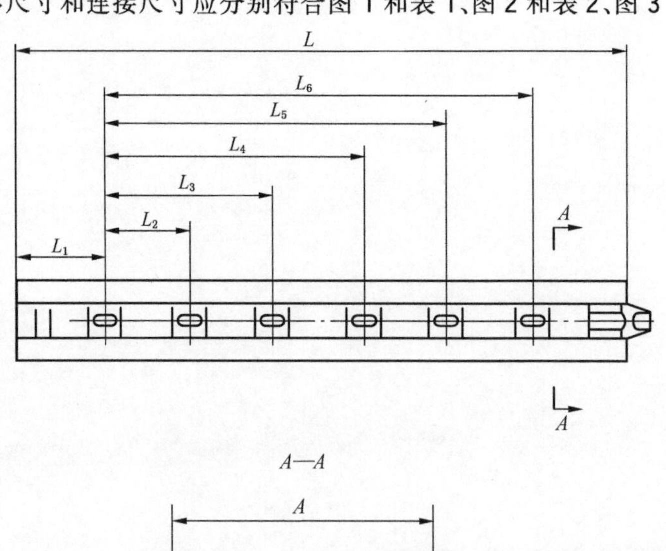

图 1 Ⅰ型中部槽

中华人民共和国煤炭工业部 1988-04-13 批准 1988-08-01 实施

表 1

mm

H	A	L	L_1	L_2	L_3	L_4	L_5	L_6	S
150	520	1200	—	—	—	—	—	—	≥6
150	520	1 500	150	230	485	715	970	1 200	≥10
150	630	1 500	150	230	485	715	970	1 200	≥12
(180)	(620)	1 500	—	—	—	—	—	—	≥10
(180)	(620)	1 500	230	208	416	624	832	1 040	≥10
190	630	1 500	230	208	416	624	832	1 040	≥14
190	730	1 500	230	208	416	624	832	1 040	≥14
222	764	1 500	230	208	416	624	832	1 040	≥20
222	830	1 500	230	208	416	624	832	1 040	>20
注：新设计的产品不采用带括号的数值。									

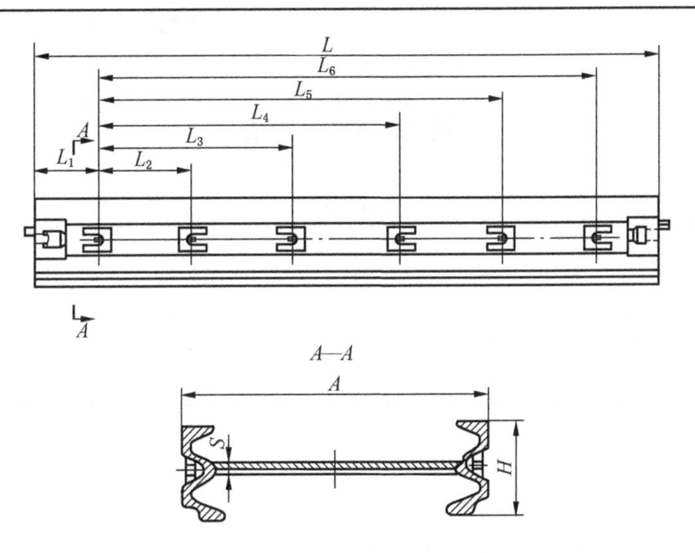

图 2　Ⅱ型中部槽

表 2

mm

H	A	L	L_1	L_2	L_3	L_4	L_5	L_6	S
222	630	1 500	150	230	485	715	970	1 200	≥16
(220)	630	1 500	(185)	(226)	(452)	(678)	(904)	(1 130)	≥16
222	730	1 500	150	230	485	715	970	1 200	≥16
(220)	730	1 500	(185)	(226)	(452)	(678)	(904)	(1 130)	≥16
222	730	1 500	150	230	485	715	970	1 200	≥20
(220)	730	1 500	(185)	(226)	(452)	(678)	(904)	(1 130)	≥20
222	830	1 500	150	230	485	715	970	1 200	>20
注：新设计的产品不采用带括号的数值。									

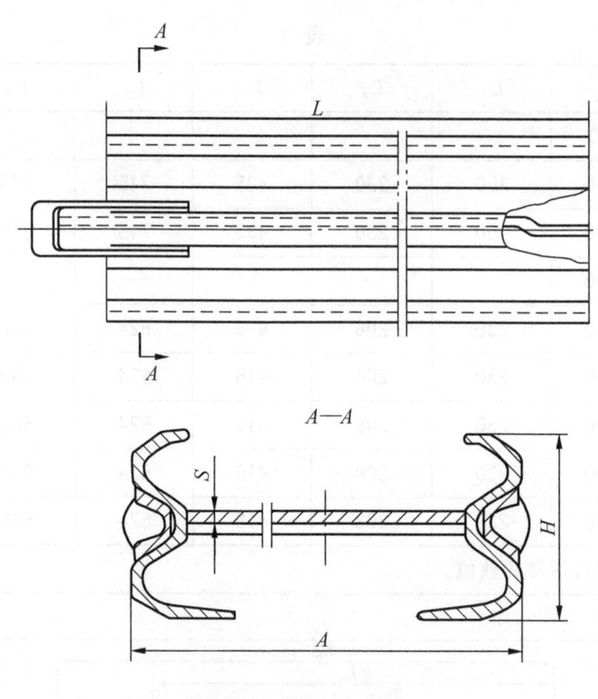

图 3 Ⅲ型中部槽

表 3

mm

H	A	L	S
125	280	1 200	≥4
150	320	1 200	≥6
150	420	1 200	≥6

4 技术要求

4.1 基本要求

4.1.1 中部槽应符合本标准的要求，并按照规定程序批准的图样和技术文件制造。

4.1.2 中单链型、边双链型及中双链型热轧槽帮钢应符合 MT 149 的规定。

4.2 结构要求

4.2.1 用于机械化采煤的中部槽槽帮钢和中板应满足其配套使用采煤机和液压支架推移千斤顶推移力的需要。

4.2.2 安装挡板或铲煤板的中部槽应在其两侧槽帮上焊接支座。

4.2.3 中部槽在中板采用压弯搭接或对接搭接等结构。

4.2.4 中部槽之间的连接装置应保证刮板输送机或转载机具有良好的弯曲性能和中部槽之间良好的对中性能。

4.3 性能要求

4.3.1 中部槽槽帮钢和中板及连接件选用的材料，应满足强度、耐磨性和焊接性能的要求。

4.3.2 中部槽应有足够的机械强度，各项强度指标应符合 MT 102 的规定。

4.3.3 中部槽的强度和耐磨性能应满足使用要求，中部槽的井下使用寿命应符合 MT 105 表 1 或 MT 106 表 1 的规定。

4.4 制造、组装要求

4.4.1 原材料、零件应按照各自的技术要求进行检查，证明其质量合乎技术要求后方可使用。

4.4.2 所有锻件应符合 Q/ZB 71 的规定。

4.4.3 中部槽热轧槽帮钢的制造应符合冶金工业部有关矿用热轧槽帮钢标准的规定。冷压槽帮钢应符合产品设计文件的规定。

4.4.4 每个支座应在其四角处焊接在槽帮钢上(见图1、图2),支座的焊接强度应符合MT 102的有关规定。

4.4.5 中部槽中板的上、下部采用连续焊接或间断焊接,其焊接强度应符合MT 102的有关规定和使用要求。

4.4.6 中部槽的焊接应符合Q/ZB 74的有关规定。

4.4.7 中部槽槽帮钢易磨损部位应采取强化处理。

4.4.8 中部槽组装后,中部槽与中部槽之间、中部槽与调节槽之间、中部槽与过渡槽之间接口处的上下错口量应不大于2 mm,左右错口量应不大于3 mm。

4.4.9 中部槽组装后,中部槽之间最大水平方向弯曲角度和垂直方向弯曲角度应符合产品设计文件的规定。

4.5 外观、油饰质量要求

中部槽经加工检验合格后,表面应涂漆,涂漆质量应符合产品设计文件的要求。

4.6 产品质量保证

在用户遵守保管、运输、安装、使用规定的情况下,自制造厂发货之日起一年内,凡因制造质量问题发生损坏或不能正常工作运行时,制造单位应免费为用户修理或更换产品(零部件)。

5 试验方法

中部槽试验项目和方法应符合MT 102中第4章和第5章的规定。

6 检验规则

6.1 总则

6.1.1 产品须经制造厂技术检验部门检验合格后方可出厂,出厂时,必须附有证明产品质量合格的文件。

6.1.2 试验应在成品中部槽中任意选取,试样不得有任何掩饰缺陷的涂层。

6.1.3 出厂检验一般在制造厂进行,型式检验应在国家授权的检测单位进行。

6.2 产品检验类别

产品检验分为出厂检验和型式检验两类。

6.3 中部槽出厂检验

6.3.1 中部槽出厂检验项目、检验数量与检验要求见表4。

表4

序号	产品(零件)名称	检验项目	检验数量	检验要求
1	中部槽	外观检验,包括几何尺寸检验,焊接质量检查等	每100节中部槽抽取1节	按产品设计文件及本标准3.2、4.4.4、4.4.5、4.4.6和4.4.7条的规定
		组合外形检验	每批产品每季度按设计文件规定抽取一整台刮板输送机所需中部槽	按4.4.8和4.4.9条规定
2	连接销	抗拉强度检验	每1 000节中部槽抽取2件,每批不足1 000节时抽取1件	按MT 102有关规定
3	连接耳子	抗拉强度检验		
4	挡板支座	抗拉强度检验		

6.3.2 全部被检测产品(零件)检验项目均符合检验要求时,则该批产品为合格品。

如被检测产品(零件)中有一项检验项目不符合检验要求时,则应对此件加倍抽取试件再进行检验,检验结果如果全部合格,则仅对不合格品予以更换或修复,该批产品仍属合格。如仍有不符合检验要求情况,则该批产品应逐件检查。

6.4 中部槽型式检验

6.4.1 有下列情况之一者应进行型式检验:

a. 试制新产品及产品转产生产时;

b. 停产二年后再次生产时;

c. 当改变产品的设计、工艺、材料影响产品性能时;

d. 出厂检验结果与上次型式检验有较大差异时;

e. 国家质量监督机构提出进行型式检验要求时。

6.4.2 中部槽型式检验项目、检验数量、检验要求见表5。

表 5

<table>
<tr><th>序号</th><th>产品(零件)名称</th><th>检验项目</th><th>检验数量</th><th>检验要求</th></tr>
<tr><td>1</td><td>中部槽连接机构</td><td>水平弯曲试验</td><td rowspan="2">2件(1组)</td><td rowspan="15">按MT 102有关规定</td></tr>
<tr><td>2</td><td>中部槽连接机构</td><td>垂直弯曲试验</td></tr>
<tr><td>3</td><td>中部槽连接销</td><td>抗拉强度试验</td><td rowspan="5">1件</td></tr>
<tr><td>4</td><td>中部槽连接销</td><td>垂直弯曲试验</td></tr>
<tr><td>5</td><td>中部槽连接销</td><td>水平弯曲试验</td></tr>
<tr><td>6</td><td>中部槽连接耳子</td><td>抗拉试验</td></tr>
<tr><td>7</td><td>中部槽挡板支座</td><td>抗拉试验</td></tr>
<tr><td>8</td><td>中部槽中板</td><td>弯曲试验</td><td rowspan="6">2件</td></tr>
<tr><td>9</td><td>中部槽中板</td><td>拱曲试验</td></tr>
<tr><td>10</td><td>中部槽中板</td><td>非轴向加载试验</td></tr>
<tr><td>11</td><td>中部槽槽帮</td><td>抗压强度试验</td></tr>
<tr><td>12</td><td>中部槽槽帮</td><td>非轴向加载试验</td></tr>
<tr><td>13</td><td>中部槽底板</td><td>抗压强度试验</td></tr>
<tr><td>14</td><td>中部槽</td><td>推拉寿命试验</td><td>3件(1组)</td></tr>
<tr><td>15</td><td>铲煤板或挡板</td><td>水平弯曲试验</td><td>2件(1组)</td></tr>
</table>

6.4.3 中部槽型式检验项目符合检验要求时,则该批产品型式检验为合格;如被检验项目有一件一项不符合检验要求时,则应对此件、此项加倍抽试,加倍的试件全部合格,则该型式检验为合格,否则为不合格。

7 标志、包装、运输、贮存

7.1 标志

在中部槽槽帮上应有本厂厂标或标记。

7.2 包装、运输、贮存

产品经检验合格后方可包装,包装质量必须保证产品(连接件)在运输、贮存过程中不致散失、不受机械损伤、附有产品质量合格证。合格证内容包括规格、数量、检验日期及检验人员代号,并应符合MT

150 的规定。

附加说明：

本标准由煤炭工业部技术发展司提出。
本标准由煤炭科学研究院太原分院负责起草。
本标准主要起草人钱观生。
本标准委托煤炭科学研究院太原分院负责解释。

中华人民共和国煤炭工业部部标准

MT/T 184—88

工作面用刮板输送机挡板型式、基本参数和尺寸

1 适用范围

本标准适用于煤矿井下机采工作面链牵引刮板输送机用挡板(以下简称挡板)。

2 产品分类

2.1 挡板型式:挡板分为Ⅰ型、Ⅱ型、Ⅲ型、Ⅳ型四种型式。

a. Ⅰ型见图1。

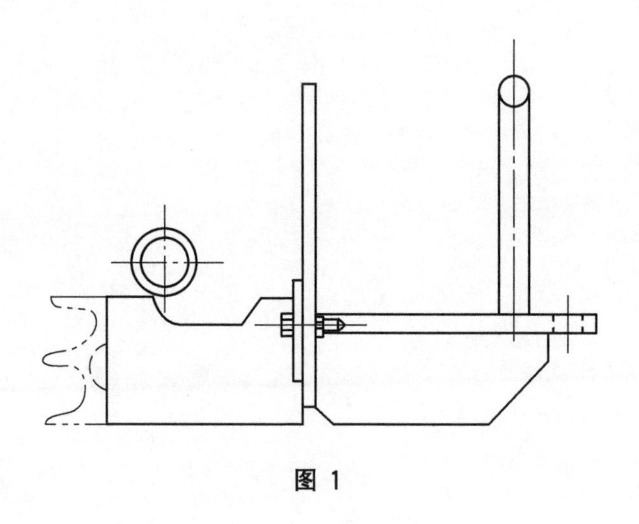

图 1

b. Ⅱ型见图2。

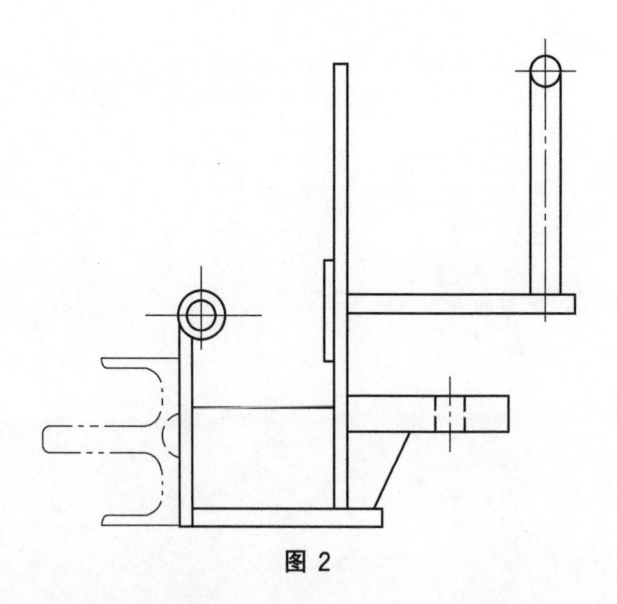

图 2

中华人民共和国煤炭工业部 1988-04-13 批准 1988-08-01 实施

c.　Ⅲ型见图 3。

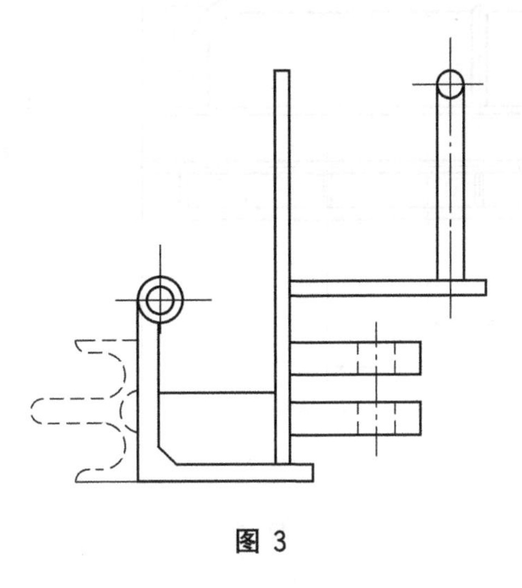

图 3

d.　Ⅳ型见图 4。

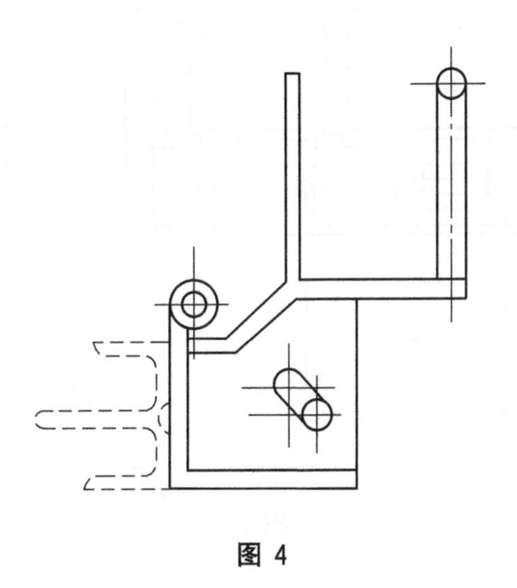

图 4

2.2　基本参数

2.2.1　挡板的总高度尺寸 H 应符合图 5、图 6、图 7、图 8 及表 1 的规定。

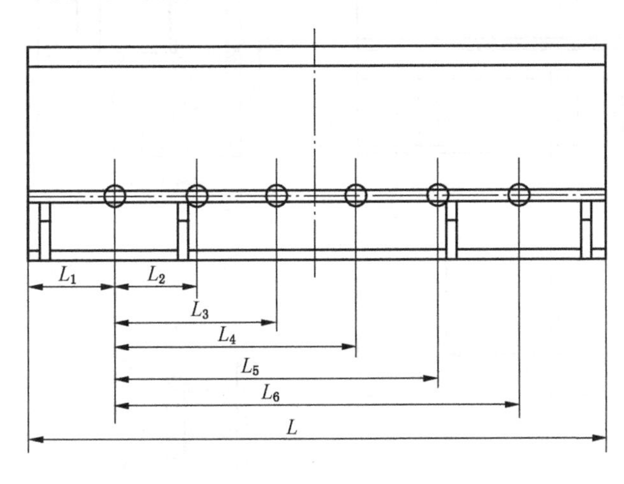

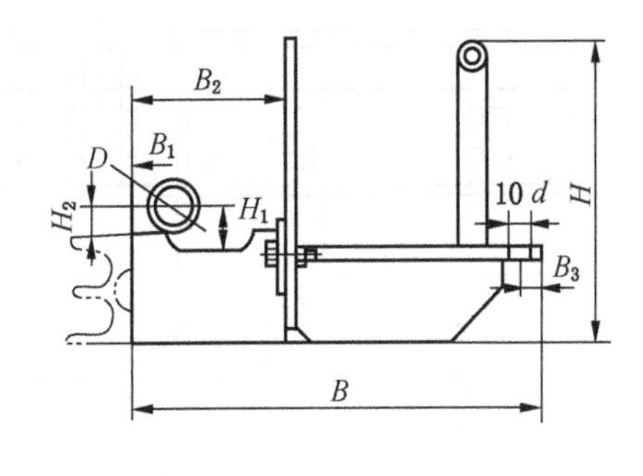

图 5

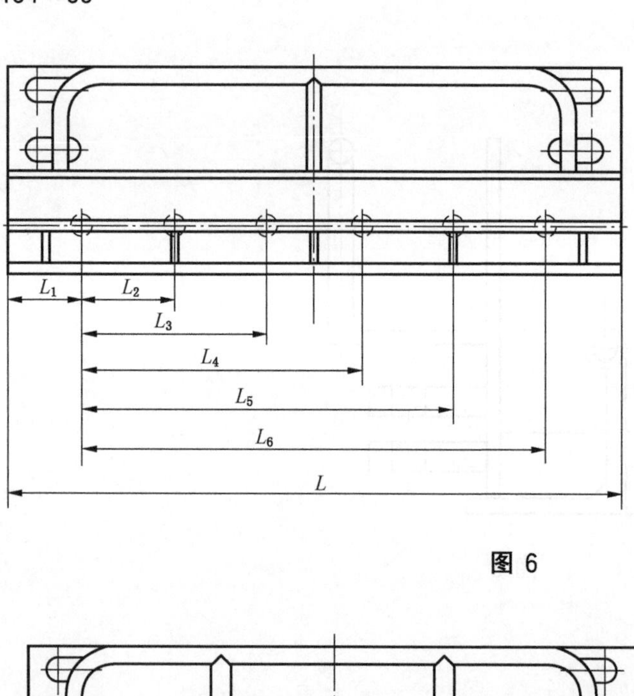
L_1
L_2
L_3
L_4
L_5
L_6
L

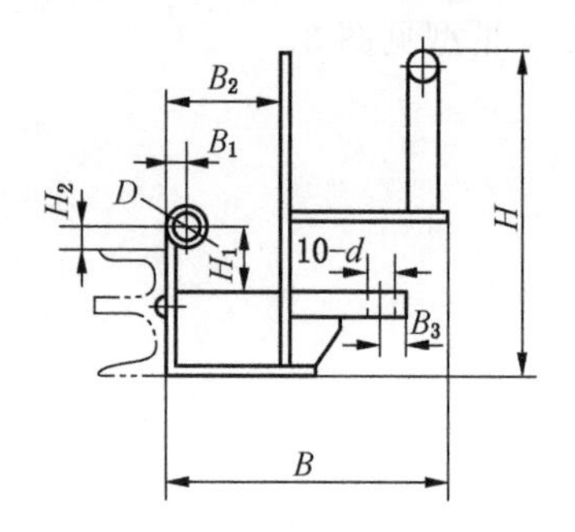
B_2
B_1
H_2
D
H_1
10-d
B_3
H
B

图 6

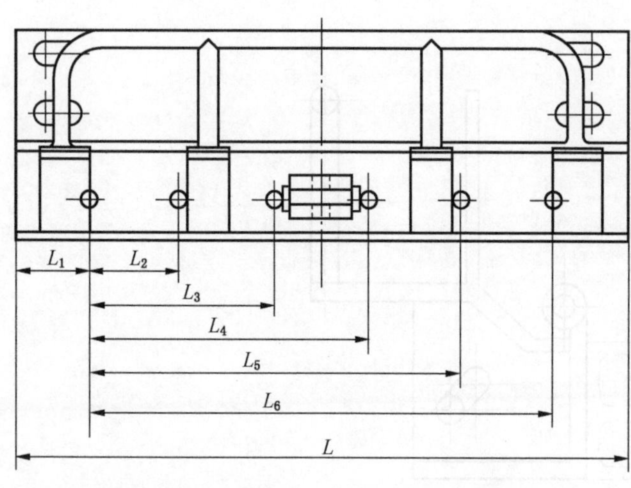
L_1
L_2
L_3
L_4
L_5
L_6
L

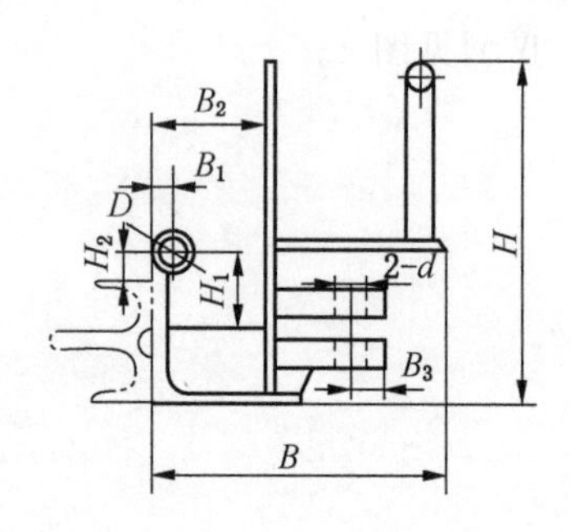
B_2
B_1
D
H_2
H_1
2-d
B_3
H
B

图 7

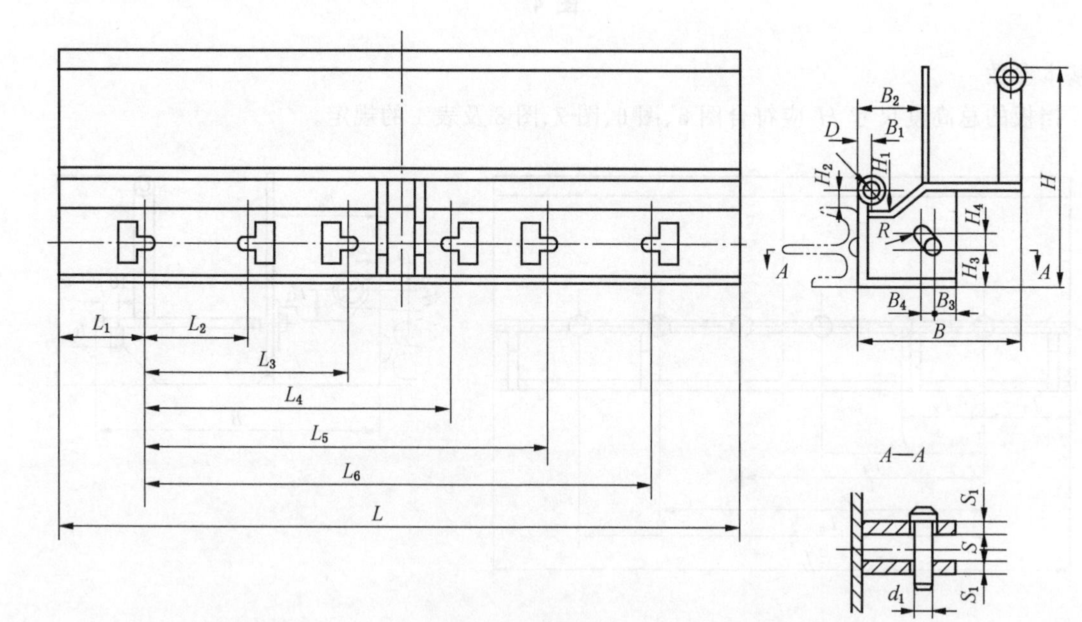
L_1
L_2
L_3
L_4
L_5
L_6
L
B_2
D
B_1
H_1
H_2
H
R
H_4
H_3
A
A
B_4
B_3
B
A—A
S_1
S
S_1
d_1

图 8

表 1

mm

<table>
<tr><td rowspan="2">H</td><td>第一系列</td><td>290,310,330,350,390,430,470,530,590,650,750,850,950,1 100,1 250,1 400,1 500</td></tr>
<tr><td>第二系列</td><td>320,500,560,675,780,810,930,1 000,1 200</td></tr>
<tr><td colspan="3">注：新设计的挡板不采用第二系列参数。</td></tr>
</table>

2.2.2 挡板的总宽度尺寸 B 应符合图 5、图 6、图 7、图 8 及表 2 的规定。

表 2

mm

B	275,285,315,350,420,440,455,465,475,485,500,510,540,555,575,600,640,660,700

2.3 相关尺寸

2.3.1 导向管有关尺寸应符合图 5、图 6、图 7、图 8 及表 3 的规定。

表 3

mm

导向管的外径 D	70
导向管轴心线离中部槽外侧面的水平距离 B_1	−10,−20,35,47,110
导向管轴心线至中部槽顶面的垂直距离 H_2	30,35,50,90
导向管轴心线至底挡板的距离 H_1	58,70,80,85,90,93

2.3.2 挡板至中部槽侧面的水平距离 B_2 应符合图 5、图 6、图 7、图 8 及表 4 的规定。

表 4

mm

B_2	145,165,185,195,200,220,230,245,280,290

2.3.3 Ⅰ型、Ⅱ型、Ⅲ型挡板连接耳尺寸应符合图 5、图 6、图 7、及表 5 的规定。

表 5

mm

挡板连接耳尺寸 B_1	35,45,50,55
挡板连接耳孔径 d	33

2.3.4 连接销轴的直径与输送机Ⅳ型挡板连接耳间的相关尺寸应符合图 8 及表 6 的规定。

表 6

mm

B_3	B_4	H_3	H_4	d_1	S_1	S	R
60	25	110	25	ϕ 40	30	65	21
60	25	110	25	ϕ 48	40	86	25
70	25	110	25	ϕ 60	40	86	32

2.3.5 挡板与中部槽的连接尺寸应符合图 5、图 6、图 7、图 8 及表 7 的规定。

表 7

mm

<table>
<tr><td>L</td><td>L_1</td><td>L_2</td><td>L_3</td><td>L_4</td><td>L_5</td><td>L_6</td></tr>
<tr><td>≥1 460</td><td rowspan="3">$\frac{L-L_6}{2}$</td><td>230</td><td>485</td><td>715</td><td>970</td><td>1 200</td></tr>
<tr><td>≥1 460</td><td>(226)</td><td>(452)</td><td>(678)</td><td>(904)</td><td>(1 130)</td></tr>
<tr><td>≥1 460</td><td>208</td><td>416</td><td>624</td><td>832</td><td>1 040</td></tr>
<tr><td colspan="7">注：新设计的挡板不采用带括号的数值。</td></tr>
</table>

附加说明：

本标准由煤炭工业部技术发展司提出。

本标准由煤炭科学研究院太原分院负责起草。

本标准主要起草人汪茹。

本标准委托煤炭科学研究院太原分院负责解释。

中华人民共和国煤炭工业部部标准

MT/T 185—88

工作面用刮板输送机铲煤板型式、基本参数和尺寸

1 适用范围

本标准适用于煤矿井下工作面刮板输送机用 1.5 m 长中部槽不带齿轨的铲煤板(以下简称铲煤板)。

2 产品分类

2.1 铲煤板型式

铲煤板分为两种型式:三角形铲煤板和"L"形铲煤板,其断面形状见图 1 和图 2。

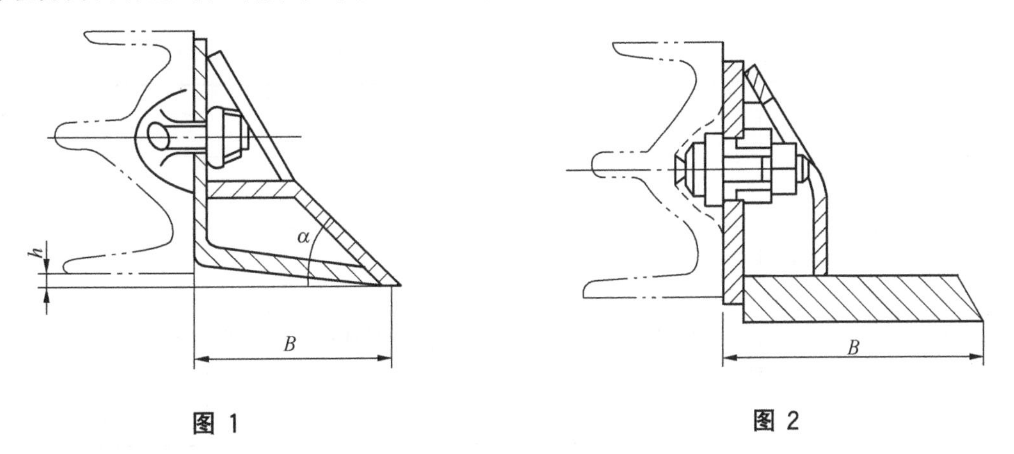

图 1　　　　图 2

2.2 铲煤板的基本参数

2.2.1 三角形铲煤板

a. 底宽参数 B 应符合表 1 的规定;

表 1

mm

底宽 B	130	140	150	200	250

b. 下伸量 h 应为 0～15mm;

c. 铲角 α 应为 37°～45°。

2.2.2 "L"形铲煤板

底宽参数 B 应符合表 2 的规定。

表 2

mm

底宽 B	(110)	240	270	300
注:新设计的产品不得采用带括号数值。				

中华人民共和国煤炭工业部 1988-04-13 批准　　1988-08-01 实施

2.3 铲煤板的连接尺寸和外形尺寸

2.3.1 三角形铲煤板的连接尺寸和外形尺寸应符合图 3 和表 3 的规定。

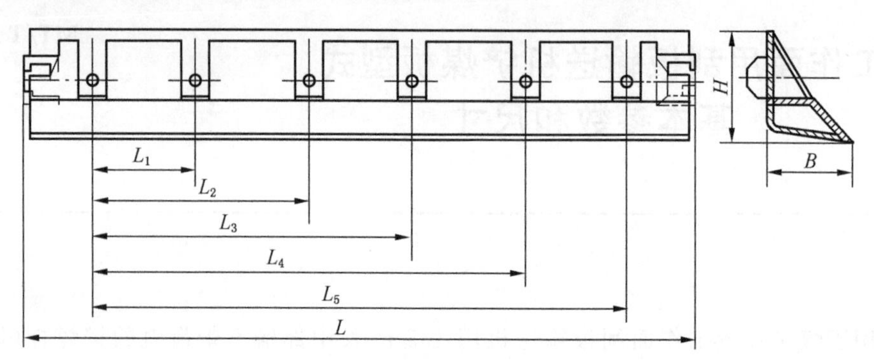

图 3

表 3

mm

外形尺寸			连接尺寸				
H	B	L	L_1	L_2	L_3	L_4	L_5
≤165	130	≥1 460	230	485	715	970	1 200
≤215	150		208	416	624	832	1 040
	200		208	416	624	832	1 040
	140		230(226)	485(452)	715(678)	970(904)	1 200(1 130)
	250		230(226)	485(452)	715(678)	970(904)	1 200(1 130)

注：① 新设计的产品不采用带括号的数值。

② 连接孔不得少于 4 个。

2.3.2 "L"形铲煤板

"L"形铲煤板的外形尺寸和连接尺寸应符合图 4 和表 4 的规定。

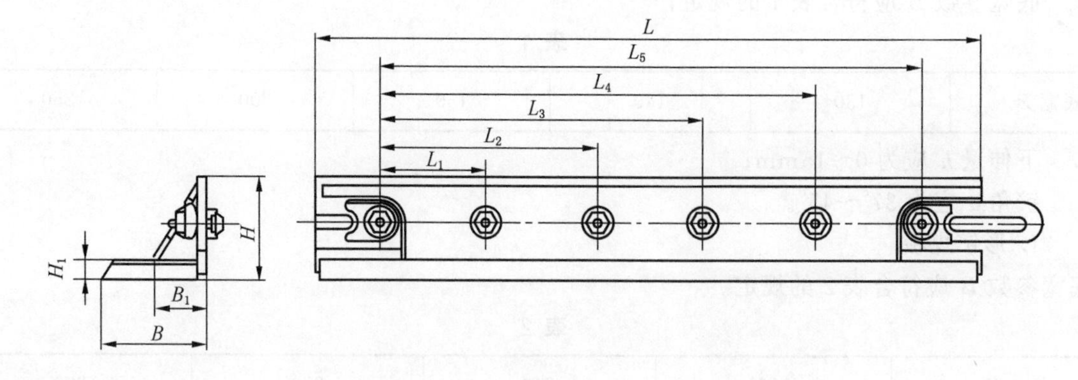

图 4

表 4

mm

外形尺寸			连接尺寸						
H	B	L	L_1	L_2	L_3	L_4	L_5	H_1^*	B_1
≥180	110	≥1 480	(226)	(452)	(678)	(904)	(1 130)	18	≤100
≤220	240	≥1 490	208,230	416,485	624,715	832,970	1 040,1 200	66	
	240		230	485	715	970	1 200	46	
	300		230	485	715	970	1 200	86	

注：① 带 * 号尺寸为参考尺寸。

② 新设计的产品不采用带括号的尺寸。

附加说明：

本标准由煤炭工业部技术发展司提出。

本标准由煤炭科学研究院太原分院负责起草。

本标准主要起草人钱观生。

本标准委托煤炭科学研究院太原分院负责解释。

中华人民共和国煤炭工业部部标准

MT/T 186—88

工作面用刮板输送机电缆槽 基本参数

1 适用范围

本标准适用于煤矿井下工作面刮板输送机用电缆槽（以下简称电缆槽）。

2 引用标准

MT 117 电缆夹板基本尺寸

3 基本参数

3.1 电缆槽的宽度应符合下图和表1的规定。

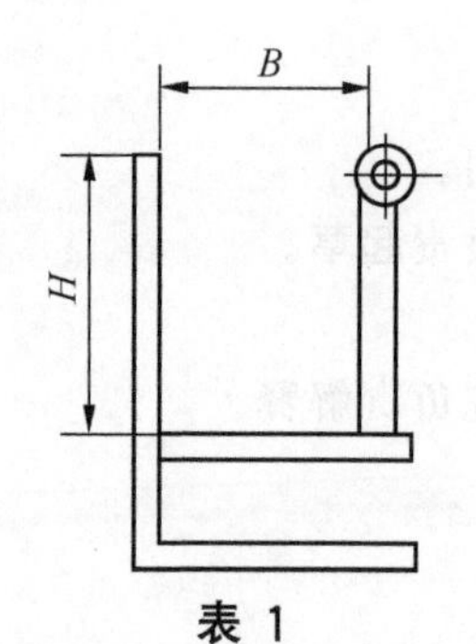

表 1

mm

B	80	125	160	170	180	200	220
注：*B* 为有效宽度。							

3.2 电缆槽的深度应符合上图和表2的规定。

表 2

mm

H	180	220	280	350	430	520	600
	(270)	(310)	(330)	(365)	(375)		
注：新设计的产品不得采用带括号的数值。							

3.3 电缆夹板基本尺寸应符合 MT 117 的规定。

中华人民共和国煤炭工业部 1988-04-13 批准　　1988-08-01 实施

附加说明：

本标准由煤炭工业部技术发展司提出。

本标准由煤炭科学研究院太原分院归口。

本标准由煤炭科学研究院太原分院负责起草。

本标准主要起草人程新中。

本标准委托煤炭科学研究院太原分院负责解释。

中华人民共和国煤炭工业部部标准

MT/T 187.1—88

刮板输送机紧固件 螺栓技术条件

1 适用范围

本标准适用于煤矿井下刮板输送机和刮板转载机采用的螺栓。

2 引用标准

GB 196 普通螺纹 基本尺寸(直径1～600 mm)

GB 197 普通螺纹 公差与配合(直径1～355 mm)

GB 3098.1 紧固件机械性能 螺栓、螺钉和螺柱

GB 3103.1 紧固件公差 螺栓、螺钉和螺母

GB 90 紧固件验收检查、标志与包装

3 技术要求

3.1 螺栓应符合本标准的要求,并按经规定程序批准的图样及技术文件制造。

3.2 螺栓性能等级的标记制度应按 GB 3098.1 的规定执行。

3.3 螺栓材料采用中碳钢或低碳合金钢,化学成分和热处理要求按 GB 3098.1 的规定执行。

3.4 螺栓的螺纹部分应符合下列要求:

a. 螺纹基本尺寸按 GB 196 的规定;

b. 螺纹公差按 GB 197 的规定,螺纹直径公差为 8 g;

c. 螺纹表面粗糙度 R_a 的最大允许值为 12.5 μm;

d. 螺纹表面不允许有裂纹、毛刺和断扣。

3.5 螺杆表面不得有褶皱、裂纹、缺肉、过烧等质量缺陷。

3.6 螺栓应进行表面钝化处理。

3.7 螺栓公差按 GB 3103.1 的规定,产品等级为 A 级($d \leqslant$M16)和 B 级($d >$M16)。

3.8 当产品的材料、工艺改变时应做型式试验,型式试验按本标准第 4 章进行。

4 试验方法

4.1 螺栓的机械性能试验项目包括拉力试验、硬度试验、保证载荷试验和脱碳试验。

4.1.1 为简化程序,可采用最低硬度试验代替拉力试验。如有争议,拉力试验作为仲裁方法。

4.1.2 脱碳试验只在用户有要求时做,一般不做。

4.2 螺栓的机械性能试验方法应按 GB 3098.1 中 8.8 级 B 类项目规定的试验方法进行。

5 验收检查、标志与包装

5.1 产品应由制造厂的技术检查部门进行检验,制造厂应保证每批出厂产品符合本标准要求,并附有产品质量的合格证。

中华人民共和国煤炭工业部 1988-04-13 批准 1988-08-01 实施

5.2 产品的验收检查、标志与包装应符合 GB 90 的规定。

5.3 每个产品的表面允许制出制造厂标记。

附加说明：

本标准由中华人民共和国煤炭工业部技术发展司提出。

本标准由煤炭科学研究院太原分院归口。

本标准由哈尔滨煤矿机械研究所负责起草。

本标准主要起草人丛培建。

本标准委托煤炭科学研究院太原分院负责解释。

中华人民共和国煤炭工业部部标准

MT/T 187.2—88

刮板输送机紧固件
U 型螺栓

1　适用范围

本标准适用于煤矿井下单链刮板输送机和单链刮板转载机采用的U型螺栓(以下简称螺栓)。

2　引用标准

MT 187.1　刮板输送机紧固件　螺栓技术条件

3　产品分类

3.1　产品有M20和M24两种规格。

3.2　型式、尺寸见下图及表1。

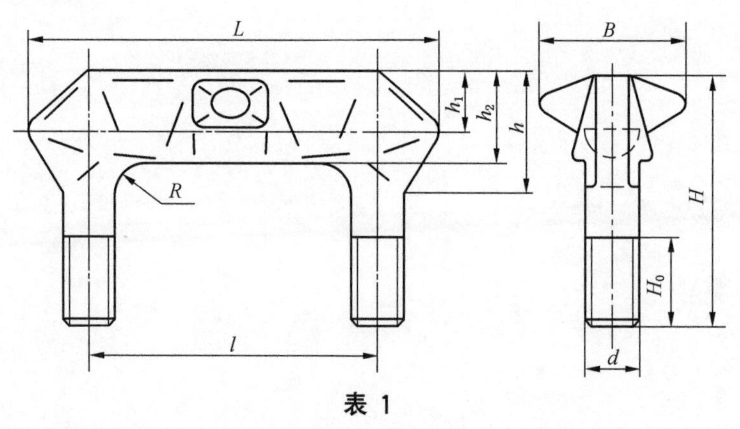

表 1

mm

d	L	l	H	H_0	h	h_1	h_2	B	R	每件钢螺栓的重量 kg≈
M 20	154	110±0.5	94	35	42_{-1}^{0}	20	30	52	10	1.09
M 24	172	130±0.5	100	40	42_{-1}^{0}	20	32	52	10	2.10

3.3　标记示例：

粗牙普通螺纹,大径 d 为20 mm,杆长 H 为94 mm,机械性能8.8级的U型螺栓：

螺栓 M20×94－8.8 MT 187.2—88

3.4　标记说明：

中华人民共和国煤炭工业部 1988-04-13 批准　　　　1988-08-01 实施

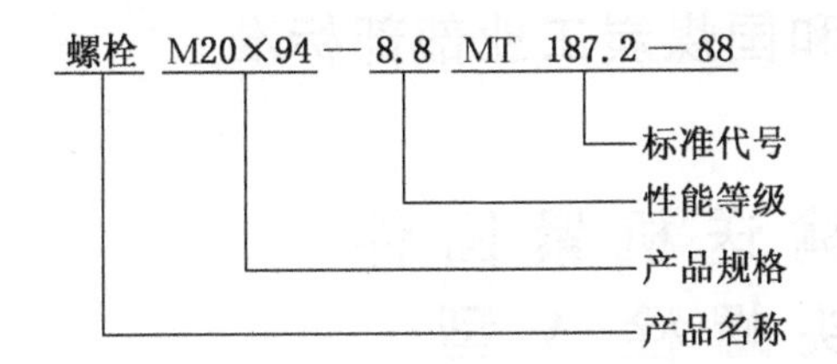

4 技术要求

4.1 螺栓的机械性能为8.8级。

4.2 螺栓的技术条件按MT 187.1的规定。

附加说明：

本标准由中华人民共和国煤炭工业部技术发展司提出。

本标准由煤炭科学研究院太原分院归口。

本标准由哈尔滨煤矿机械研究所、淮南市红旗矿山机器厂负责起草。

本标准主要起草人丛培建、张美光、王长林。

本标准委托煤炭科学研究院太原分院负责解释。

中华人民共和国煤炭工业部部标准

刮板输送机紧固件 棱头螺栓 A 型

MT/T 187.3—88

1 适用范围

本标准适用于煤矿井下刮板输送机采用的棱头螺栓 A 型(以下简称螺栓)。

2 引用标准

MT 187.1 刮板输送机紧固件 螺栓技术条件

3 产品分类

3.1 产品有 M20、M22、M24 和 M27 四种规格。

3.2 型式、尺寸见下图及表 1 和表 2。

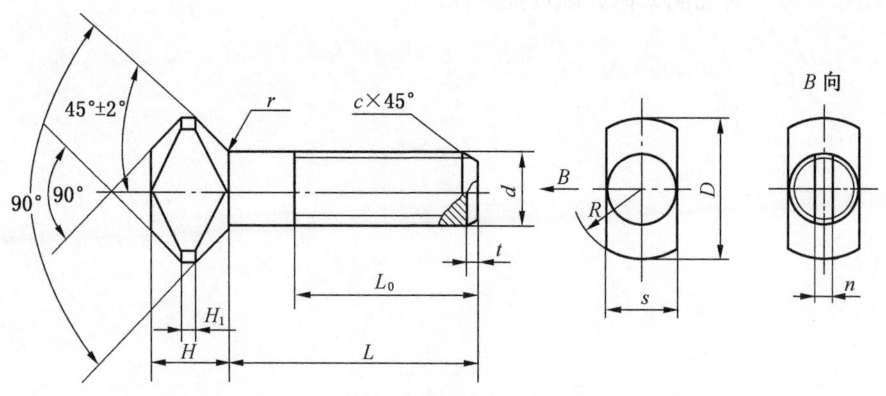

表 1

mm

d		20	22	24	27
S	基本尺寸	20	22	24	27
	极限偏差	+1 0	+1 0	+1 0	+1 0
H		18_{-1}^{0}	20_{-1}^{0}	22_{-1}^{0}	24_{-1}^{0}
H_1		2		3	
D		36_{0}^{+1}	40_{0}^{+1}	46_{0}^{+1}	50_{0}^{+1}
R		18	20	23	25
r		2.5		3.0	3.5
c		2.5		3	4

中华人民共和国煤炭工业部 1988-04-13 批准　　　　1988-08-01 实施

表 1（续）

mm

d	20	22	24	27
β	0.6		0.7	
t	2		2.5	
n	2		2.5	
l	4		4.5	
a	3.5		4	

注：β ——螺头与螺杆中心线的允许偏移；
　　l ——螺纹收尾；
　　a ——螺纹空白。

表 2

mm

L		d							
		20		22		24		27	
		L_0(包括螺尾)及每 1 000 件钢螺栓的重量							
基本尺寸	极限偏差	L_0	重量 kg≈	L_0	重量 kg≈	L_0	重量 kg≈	L_0	重量 kg≈
35	±1.25	°	151.9						
40		°	162.3	°	209.4				
45		°	172.1	°	222.2	°	279.2		
50		°	183.1	°	234.9	°	294.1	°	389.2
55	±1.5	°	193.5	°	247.5	°	309.1	°	408.5
60		50	205.8	°	260.5	°	324.0	°	427.8
65		50	218.2	55	275.4	°	338.9	°	447.2
70		50	230.5	55	290.4	60	356.8	°	466.5
75		50	242.8	55	305.3	60	374.4	65	489
80		50	255.1	55	320.2	60	392.1	65	511.4
85	±1.75	50	266.5	55	335.1	60	409.9	65	533.9
90		50	279.8	55	350.1	60	427.6	65	556.4
100		50	304.4	55	379.8	60	463.1	65	601.3
110		50	320.1	55	409.7	60	498.6	65	646.2
120		50	353.7	55	439.5	60	534.1	65	691.1
130	±2.0	50	378.4	55	469.3	60	569.6	65	736.0
140		50	403.0	55	499.1	60	605.1	65	781.0
150		50	427.7	55	529.0	60	640.6	65	825.0
160		50	452.3	55	558.8	60	676.1	65	870.8
170		50	477.0	55	588.6	60	706	65	915.1
180		50	501.6	55	618.4	60	747.1	65	960.7

表 2（续） mm

<table>
<tr><td colspan="2" rowspan="2">L</td><td colspan="8">d</td></tr>
<tr><td colspan="2">20</td><td colspan="2">22</td><td colspan="2">24</td><td colspan="2">27</td></tr>
<tr><td colspan="2"></td><td colspan="8">L_0（包括螺尾）及每 1 000 件钢螺栓的重量</td></tr>
<tr><td>190</td><td rowspan="4">±2.5</td><td>50</td><td>526.3</td><td>55</td><td>648.3</td><td>60</td><td>782.6</td><td>65</td><td>1 006.0</td></tr>
<tr><td>200</td><td>50</td><td>550.0</td><td>55</td><td>678</td><td>60</td><td>818.1</td><td>65</td><td>1 031.0</td></tr>
<tr><td>220</td><td>50</td><td>600.2</td><td>55</td><td>737.7</td><td>60</td><td>889.0</td><td>65</td><td>1 140.0</td></tr>
<tr><td>240</td><td>50</td><td>649.0</td><td>55</td><td>797.4</td><td>60</td><td>960.1</td><td>65</td><td>1 230.0</td></tr>
<tr><td colspan="2">L_0 的极限偏差</td><td colspan="4">$^{+5}_{0}$</td><td colspan="4">$^{+6}_{0}$</td></tr>
<tr><td colspan="10">注：表中带“0”可全部制出螺纹。</td></tr>
</table>

3.3 标记示例：

粗牙普通螺纹，大径 20 mm，长 70 mm，机械性能 8.8 级的棱头螺栓 A 型：

螺栓 M20×70—8.8 MT 187.3—88

3.4 标记说明：

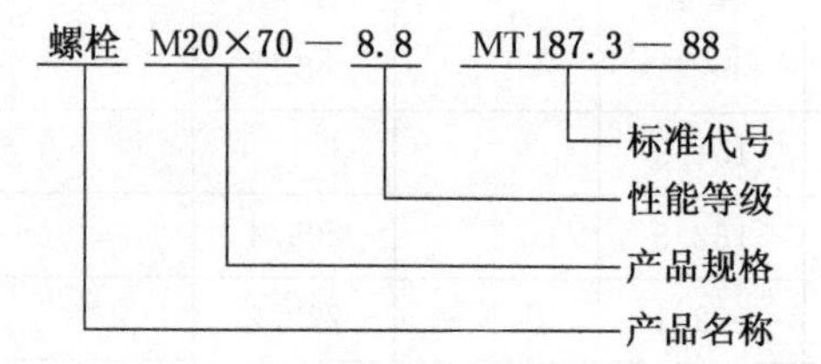

4 技术要求

4.1 螺栓的机械性能为不低于 8.8 级。

4.2 螺栓的技术条件按 MT 187.1 的规定。

附加说明：

本标准由中华人民共和国煤炭工业部技术发展司提出。

本标准由煤炭科学研究院太原分院归口。

本标准由哈尔滨煤矿机械研究所负责起草。

本标准主要起草人丛培建、贾德林。

本标准委托煤炭科学研究院太原分院负责解释。

中华人民共和国煤炭工业部部标准

MT/T 187.4—88

刮板输送机紧固件
棱头螺栓 B 型

1 适用范围

本标准适用于煤矿井下刮板输送机采用的棱头螺栓 B 型(以下简称螺栓)。

2 引用标准

MT 187.1　刮板输送机紧固件　螺栓技术条件

3 产品分类

3.1 产品有 M20、M22、M24 和 M27 四种规格。

3.2 型式、尺寸见下图及表 1 和表 2。

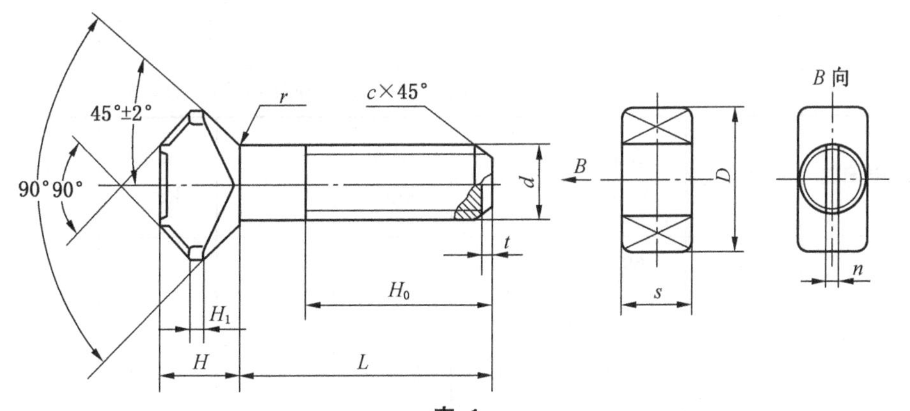

表 1

mm

d		20	22	24	27
S	基本尺寸	20	22	24	27
	极限偏差	$^{+1}_{0}$	$^{+1}_{0}$	$^{+1}_{0}$	$^{+1}_{0}$
H		20_{-1}^{0}	22_{-1}^{0}	24_{-1}^{0}	27_{-1}^{0}
H_1		4		5	
D		36^{+1}_{0}	40^{+1}_{0}	46^{+1}_{0}	50^{+1}_{0}
r		2.5		3.0	3.5
c		2.5		3	4
β		0.6		0.7	

中华人民共和国煤炭工业部 1988-04-13 批准　　1988-08-01 实施

表 1（续）　　mm

d		20	22	24	27
S	基本尺寸	20	22	24	27
	极限偏差	+1 0	+1 0	+1 0	+1 0
t		2		2.5	
n		2		2.5	
l		4		4.5	
a		3.5		4	

注：β ——螺头与螺杆中心线的允许偏移；
l ——螺纹收尾；
a ——螺纹空白。

表 2　　mm

L		d							
		20		22		24		27	
		L_0（包括螺尾）及每 1 000 件钢螺栓的重量							
基本尺寸	极限偏差	L_0	重量 kg≈	L_0	重量 kg≈	L_0	重量 kg≈	L_0	重量 kg≈
35	±1.25	35	169.7						
40		35	181.6	40	223.5				
45		35	193.9	40	236.3	45	302.9		
50		35	206.3	40	251.2	45	314.8	50	425.1
55	±1.5	35	218.6	40	266.1	45	322.6	50	444.4
60		35	230.9	40	281.1	45	350.3	50	469.1
65		35	243.2	40	296.0	45	368.1	50	491.6
70		35	255.6	40	310.9	45	385.8	50	514.1
75		35	267.9	40	325.8	45	403.6	50	536.5
80		35	280.2	40	340.7	45	421.4	50	559.0
85	±1.75	35	292.6	40	355.7	45	439.6	50	581.5
90		35	304.9	40	370.6	45	456.9	50	604.0
100		35	329.6	40	400.4	45	492.4	50	648.9
110		35	354.2	40	430.8	45	527.9	50	693.9
120		35	378.9	40	460.1	45	563.4	50	738.8

表 2(续) mm

L		d							
		20		22		24		27	
		L_0(包括螺尾)及每 1 000 件钢螺栓的重量							
130	±2.0	35	403.5	40	489.9	45	598.9	50	783.7
140		35	428.2	40	519.8	45	634.4	50	828.7
150		35	452.9	40	549.6	45	669.9	50	873.6
160		35	477.5	40	579.5	45	705.5	50	918.6
170		35	502.2	40	609.3	45	741.0	50	963.5
180		35	526.8	40	639.1	45	776.5	50	1 008.5
190	±2.5	35	551.5	40	669.0	45	812.0	50	1 053.4
200		35	576.2	40	698.8	45	847.5	50	1 098.4
220		35	625.5	40	758.5	45	918.5	50	1 188.3
240		35	674.7	40	818.2	45	989.6	50	1 278.2
L_0 的极限偏差		$^{+5}_{0}$				$^{+6}_{0}$			

3.3 标记示例:

粗牙普通螺纹,大径 20 mm,长 70 mm,机械性能 8.8 级的棱头螺栓 B 型:

螺栓 M20×70—8.8 MT 187.4—88

3.4 标记说明:

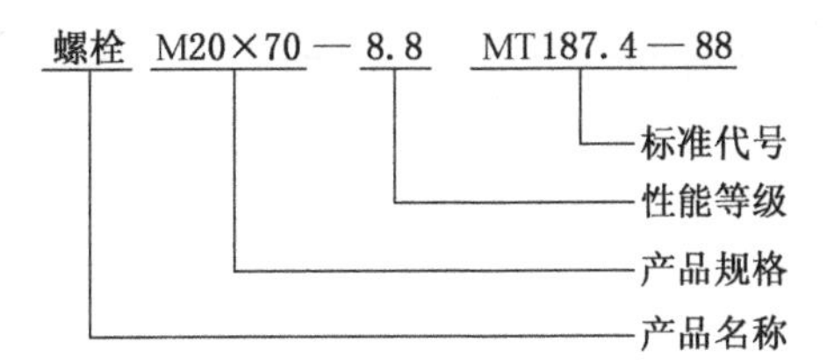

4 技术要求

4.1 螺栓的机械性能为不低于 8.8 级。

4.2 螺栓的技术条件按 MT 187.1 的规定。

附加说明:

本标准由中华人民共和国煤炭工业部技术发展司提出。

本标准由煤炭科学研究院太原分院归口。

本标准由哈尔滨煤矿机械研究所负责起草。

本标准主要起草人丛培建、贾德林。

本标准委托煤炭科学研究院太原分院负责解释。

中华人民共和国煤炭工业部部标准

MT/T 187.5—88

刮板输送机紧固件 长方头螺栓

1 适用范围

本标准适用于煤矿井下刮板输送机采用的长方头螺栓(以下简称螺栓)。

2 引用标准

MT 187.1 刮板输送机紧固件 螺栓技术条件

3 产品分类

3.1 产品有 M20、M22、M24 和 M27 四种规格。

3.2 型式、尺寸见下图及表 1 和表 2。

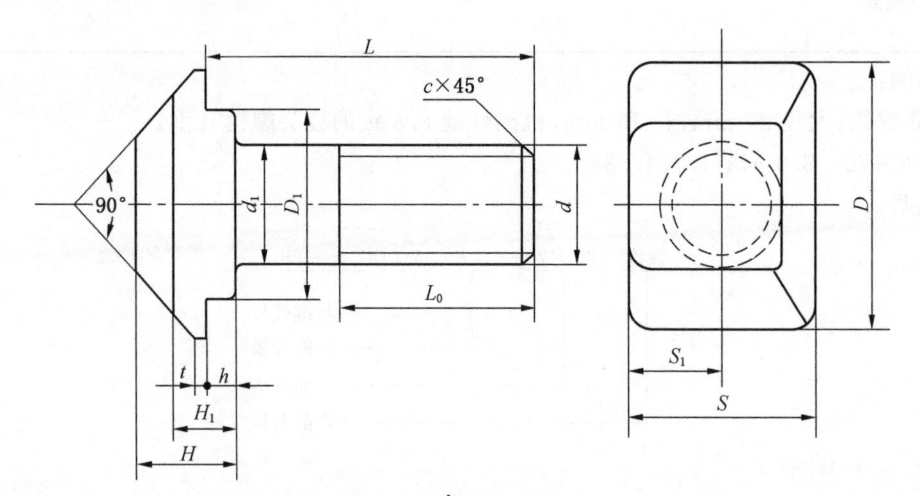

表 1

mm

d		20	22	24	27
S	基本尺寸	28	32	36	40
	极限偏差	±1	±1	±1	±1
d_1		$18_{-0.5}^{0}$	$20_{-0.5}^{0}$	$22_{-0.5}^{0}$	$25_{-0.5}^{0}$
H		14±1	16±1	18±1	20±1
H_1		9	10	11	12
S_1		14	16	18	20
D		40±1	44±1	48±1	54±1

中华人民共和国煤炭工业部 1988-04-13 批准 1988-08-01 实施

表 1（续）

mm

d		20	22	24	27
S	基本尺寸	28	32	36	40
	极限偏差	±1	±1	±1	±1
D_1		28_{-1}^{0}	30_{-1}^{0}	32_{-1}^{0}	36_{-1}^{0}
h		4.5±0.5	5±0.5	5.5±0.5	6±0.5
t		1.5	1.5	2	2
r		2			
c		2.5			

表 2

mm

L		*d*							
		20		22		24		27	
		L_0(包括螺尾)及每 1 000 件钢螺栓的重量							
基本尺寸	极限偏差	L_0	重量 kg≈	L_0	重量 kg≈	L_0	重量 kg≈	L_0	重量 kg≈
45	±1.25	30	169.7						
50		30	182.0	35	232.7				
55	±1.5	30	194.3	35	247.7	40	318.5		
60		30	206.6	35	262.6	40	336.2	45	441.9
65		30	219.0	35	277.5	40	354.0	45	464.4
70		30	231.3	35	292.4	40	371.7	45	486.8
75		30	243.6	35	307.3	40	389.5	45	509.3
80		30	256.0	35	322.2	40	407.2	45	531.8
85	±1.75			35	337.1	40	425.0	45	554.2
90				35	366.9	40	442.7	45	576.7
100				35	396.8	40	478.3	45	621.6
110						40	513.8	45	666.5
120						40	549.3	45	711.5
130	±2.0					40	584.8	45	756.4
140						40	620.3	45	801.3
150								45	846.2
160								45	891.1
170								45	936.1
180								45	981.0
L_0 的极限偏差		$^{+5}_{0}$				$^{+6}_{0}$			

3.3 标记示例：

粗牙普通螺纹，大径 24 mm，长 90 mm，机械性能 8.8 级的长方头螺栓：

螺栓 M24×90—8.8 MT 187.5—88

3.4 标记说明：

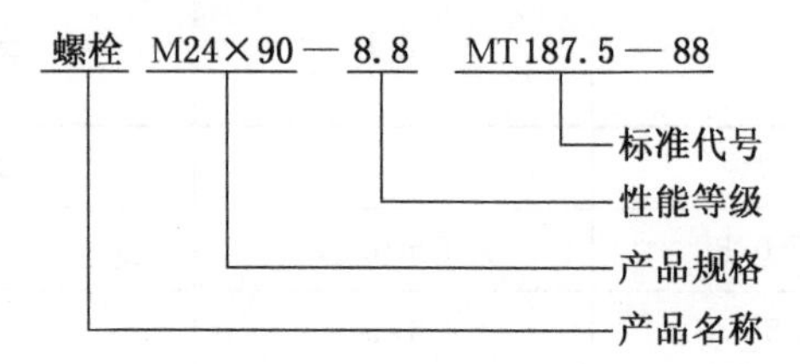

4 技术要求

4.1 螺栓的机械性能为不低于 8.8 级。

4.2 螺栓的技术条件按 MT 187.1 的规定。

附加说明：

本标准由中华人民共和国煤炭工业部技术发展司提出。

本标准由煤炭科学研究院太原分院归口。

本标准由哈尔滨煤矿机械研究所起草。

本标准主要起草人丛培建、贾德林。

本标准委托煤炭科学研究院太原分院负责解释。

中华人民共和国煤炭工业部部标准

刮 板 输 送 机 紧 固 件
梯 形 头 螺 栓

MT/T 187.6—1988

(2004 年确认)

1 适用范围

本标准适用于煤矿井下刮板输送机或转载机采用的梯形头螺栓(以下简称螺栓)。

2 引用标准

MT 187.1 刮板输送机紧固件 螺栓技术条件

3 产品分类

3.1 产品有 M20、M24 和 M30 三种规格。

3.2 型式、尺寸见下图及表 1 和表 2。

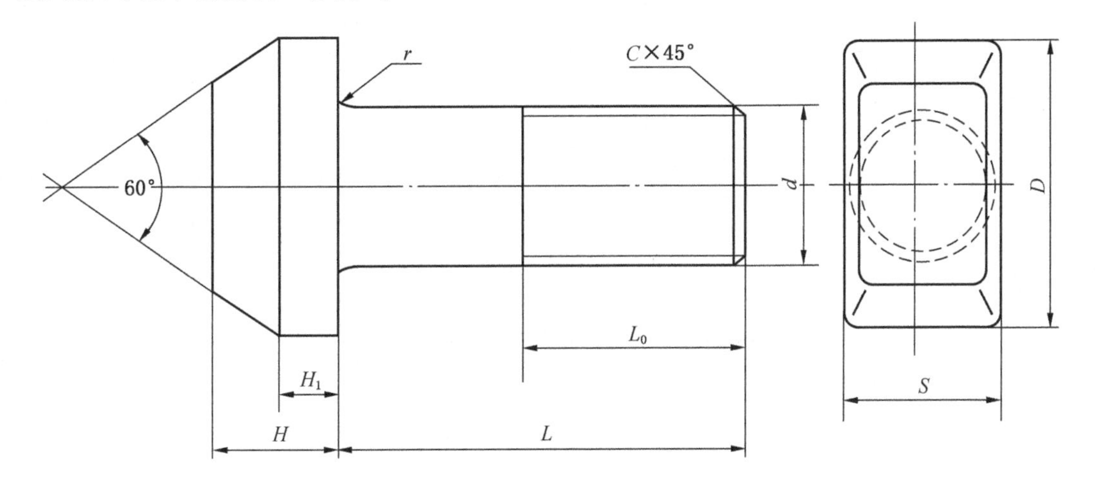

表 1

mm

d		20	24	30
S	基本尺寸	22	26	32
	极限偏差	±1	±1	±1
H		17_{-1}^{0}	20_{-1}^{0}	25_{-1}^{0}
H_1		7±0.5	8±0.5	10±0.5
D		38_{-1}^{0}	45_{-1}^{0}	65_{-1}^{0}
r		2		2.5
c		2	2.5	3

中华人民共和国煤炭工业部 1988-04-13 批准　　1988-08-01 实施

表 2

mm

L		d					
		M20		M24		M30	
		L_0(包括螺尾)及每 1 000 个钢螺栓的重量					
基本尺寸	极限偏差	L_0	重量 kg≈	L_0	重量 kg≈	L_0	重量 kg≈
80	±1.5	50	360.3				
85	±1.75	50	374.4				
90		50	384.5				
95		50	396.6				
100		50	408.7	55	516.7		
110		50	432.9	55	551.7		
120		50	457.1	55	586.7		
130	±2.0	50	481.3	55	621.7		
140		50	505.5	55	656.7	60	922.7
150		50	529.7	55	691.7	60	976.7
160		50	553.9	55	726.7	60	1 030.7
180				55	761.7	60	1 034.7
190	±2.5			55	796.7	60	1 138.7
200				55	831.7	60	1 192.7
220				55	866.7	60	1 246.7
240				55	901.7	60	1 300.7
260						60	1 408.7
280						60	1 462.7
300						60	1 516.7
L_0 的极限偏差		$^{+5}_{0}$		$^{+6}_{0}$		$^{+7}_{0}$	

3.3 标记示例：

粗牙普通螺纹，大径 24 mm，长 110 mm，机械性能 8.8 级的梯形头螺栓：

螺栓 M20×110—8.8 MT 187.6—88

3.4 标记说明：

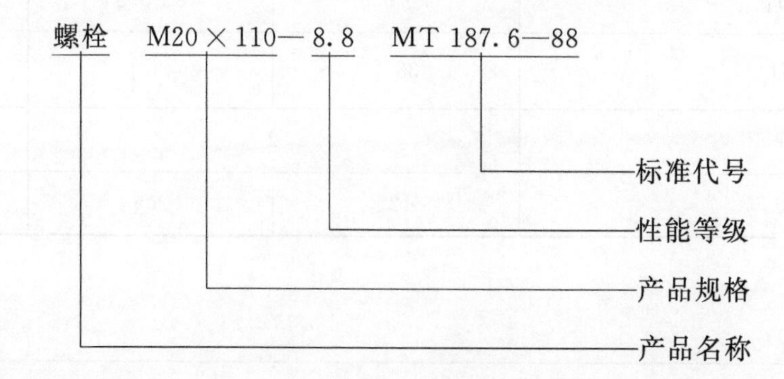

4 技术要求

4.1 螺栓的机械性能为不低于 8.8 级。

4.2 螺栓的技术条件按 MT 187.1 的规定。

附加说明：

本标准由中华人民共和国煤炭工业部技术发展司提出。

本标准由煤炭科学研究院太原分院归口。

本标准由哈尔滨煤矿机械研究所负责起草。

本标准主要起草人都基安、丛培建。

本标准委托煤炭科学研究院太原分院负责解释。

中华人民共和国煤炭工业部部标准

刮板输送机紧固件 半圆头方颈螺栓

MT/T 187.7—88

1 适用范围

本标准适用于煤矿井下刮板输送机或转载机采用的半圆头方颈螺栓(以下简称螺栓)。

2 引用标准

MT 187.1 刮板输送机紧固件 螺栓技术条件

3 产品分类

3.1 产品有 M12 和 M16 两种规格。

3.2 型式、尺寸见下图及表 1 和表 2。

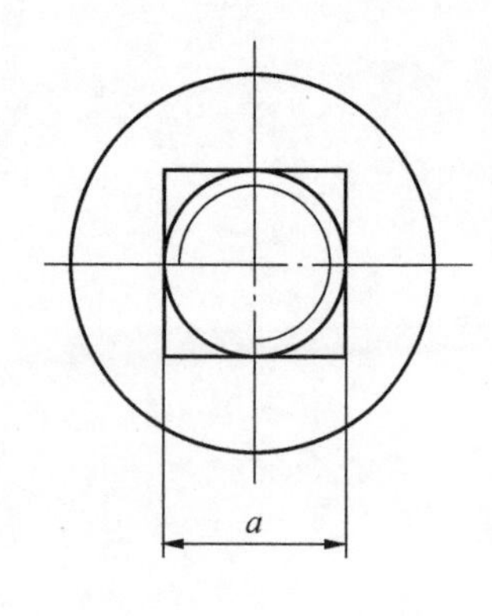

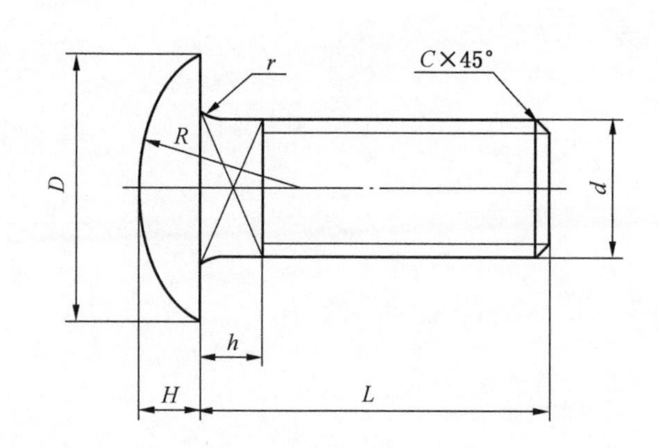

表 1

mm

d	D		H		a		h		r	R	c
	基本尺寸	极限偏差	基本尺寸	极限偏差	基本尺寸	极限偏差	基本尺寸	极限偏差			
M12	28	+1.30 −0.84	6	+0.48 −0.40	12	+0.43 −0.24	8	±0.45	0.8	22	2
M16	35	+1.60 −1.00	8	+0.90 −0.45	16	+0.43 −0.24	8	±0.45	1	26	2

中华人民共和国煤炭工业部 1988-04-13 批准　　1988-08-01 实施

表 2

mm

d		L						L的极限偏差
		25	28	30	32	34	38	
M12	每1 000个钢螺栓的重量 kg≈	38.13	40.19	41.58	42.96			±1.5
M16				82.95	85.61	88.27	93.59	

3.3 标记示例：

粗牙普通螺纹，大径16 mm，长34 mm，机械性能按4.6级的半圆头方颈螺栓：

螺栓 M16×34—4.6 MT 187.7—88

3.4 标记说明：

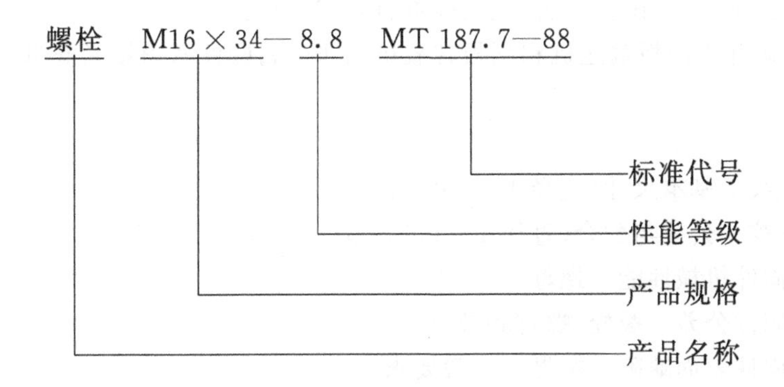

4 技术要求

4.1 螺栓的机械性能为不低于4.6级。

4.2 螺栓的技术条件按MT 187.1的规定。

附加说明：

本标准由中华人民共和国煤炭工业部技术发展司提出。

本标准由煤炭科学研究院太原分院归口。

本标准由哈尔滨煤矿机械研究所负责起草。

本标准主要起草人都基安、丛培建。

本标准委托煤炭科学研究院太原分院负责解释。

中华人民共和国煤炭行业标准

MT/T 187.8—91

刮板输送机紧固件 非金属嵌件六角锁紧螺母

1 主题内容与适用范围

本标准规定了螺纹规格为M27,性能等级为8和10级,B级非金属嵌件六角锁紧螺母(以下简称锁紧螺母)的产品分类、技术要求、试验方法、验收检查、标志与包装。

本标准适用于煤矿井下刮板输送机和刮板转载机用非金属嵌件六角锁紧螺母。

2 引用标准

GB 196 普通螺纹 基本尺寸(直径1～600 mm)

GB 197 普通螺纹 公差与配合(直径1～355 mm)

GB 3098.2 紧固件机械性能 螺母

GB 3103.1 紧固件公差 螺栓、螺钉和螺母

GB 5779.2 紧固件表面缺陷 螺母 一般要求

GB 90 紧固件验收检查、标志与包装

3 产品分类

3.1 产品的型式、尺寸见图1和表1,制造用图参照附录A。

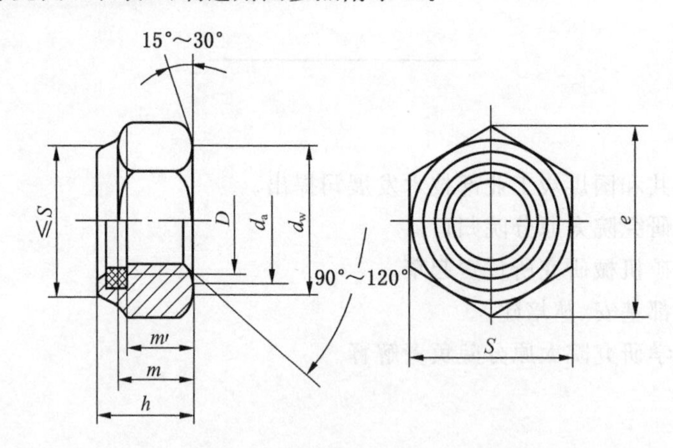

图 1

表 1

mm

螺纹规格 D	d_a		d_w	e	h	m	m'	S	
	max	min	min	min	max	min	min	max	min
M27	29.1	27	38	45.2	30.1	22.5	14.85	41	40

3.2 标记示例:

中华人民共和国能源部 1991-09-20 批准 1992-01-01 实施

粗牙普通螺纹，螺纹规格 D=27 mm，性能等级为 8 级，B 级非金属嵌件六角锁紧螺母。

螺母：MT 27—8

3.3 标记说明

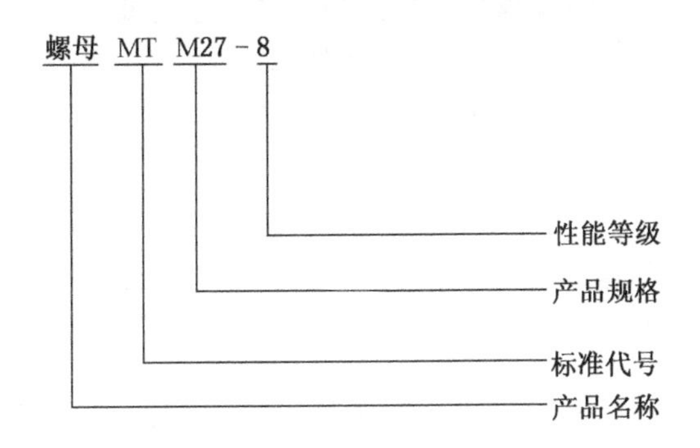

4 技术要求

4.1 锁紧螺母应符合本标准规定，并按经规定程序批准的图样和技术文件制造。

4.2 锁紧螺母性能等级为 8 和 10 级，应符合 GB 3098.2 中规定的机械性能要求。

4.3 锁紧螺母应进行表面镀锌钝化处理。

4.4 锁紧螺母锁紧部分的非金属嵌件材料为尼龙，推荐用尼龙 66 或尼龙 1010 制造，当螺栓拧入螺母时，尼龙嵌件不允许出现尼龙切削，但允许有多余的尼龙材料挤压出螺孔。

4.5 锁紧螺母的锁紧力矩参照附录 A 由供需双方协议。

4.6 锁紧螺母的螺纹部分应符合下列要求：

a. 螺纹基本尺寸按 GB 196 的规定；

b. 螺纹公差按 GB 197 的规定，螺纹公差为 6 H；

c. 螺纹表面粗糙度 Ra 的最大允许值为 6.3 μm。

4.7 锁紧螺母的性能等级的标记制度应按 GB 3098.2 的规定执行。

4.8 锁紧螺母的表面缺陷应符合 GB 5779.2 的规定。

4.9 锁紧螺母公差按 GB 3103.1 的规定，产品等级为 B 级。

5 试验方法

5.1 产品的机械性能试验项目和试验方法应符合 GB 3098.2 的规定。

5.2 产品的锁紧性能试验方法可采用扭矩搬手测试或由供需双方协议。

6 验收检查、标志与包装

6.1 产品应由制造厂的质量检查部门进行检验，制造厂应保证每批出厂产品符合本标准要求，并附有产品合格证。

6.2 产品的验收检查、标志与包装按 GB 90 的规定。

附 录 A
锁紧螺母的制造用图和锁紧力矩
（参考件）

A1 锁紧螺母的制造用图见图 A1。

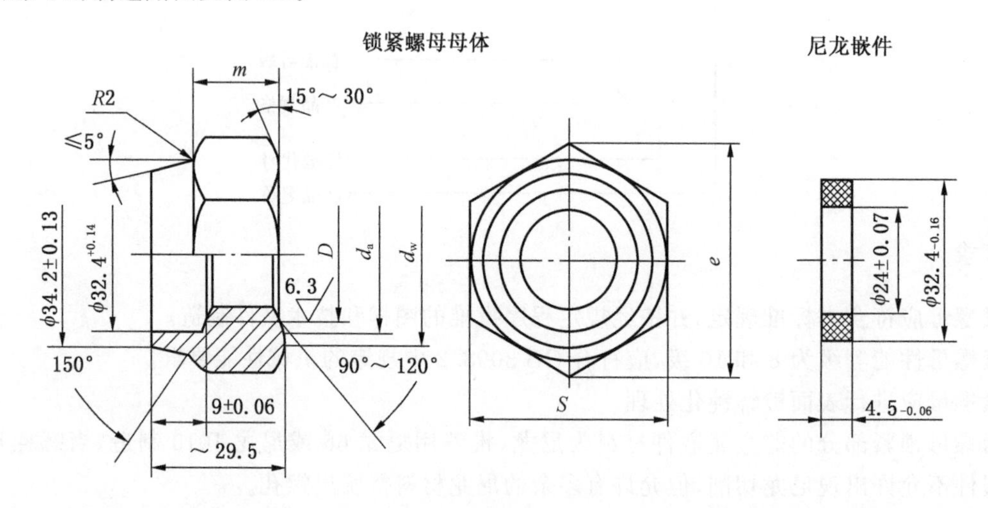

图 A1

A2 锁紧螺母的锁紧力矩见表 A1。

表 A1

螺纹规格 D	锁紧力矩,N·m					
	性能等级 8 级			性能等级 10 级		
	第一次拧入 max	第一次拧出 min	第五次拧出 min	第一次拧入 max	第一次拧出 min	第五次拧出 min
M27	94	13.5	10	123	17	12

附加说明：

本标准由煤炭科学研究总院提出。

本标准由煤炭科学研究院太原分院归口。

本标准由哈尔滨煤矿机械研究所负责起草。

本标准主要起草人丛培建。

中华人民共和国煤炭行业标准

MT/T 187.10—1996

刮板输送机紧固件　E 型螺栓

1　主题内容与适用范围

本标准规定了 E 型螺栓的型式、参数和技术要求。

本标准适用于煤矿井下中心双链刮板输送机和中心双链刮板转载机采用的 E 型螺栓(以下简称螺栓)。

2　引用标准

MT 187.1　刮板输送机紧固件　螺栓技术条件

3　产品分类

3.1　产品有 M24;M24×2;M30×2 三种规格。

3.2　型号、尺寸见图和表。

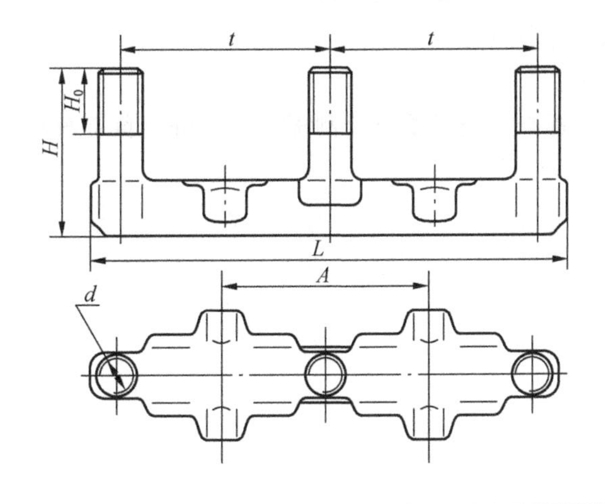

mm

d	A	l	H	H_c	L	配用圆环链规格
M24	120	120	96	40	278	26×92
M24×2	120	120	93	37	264	
M24×2	130	130	105	45	284	30×108
M24	140	137.5	102	40	315	
M24×2	180	174	108	35	372	
M30×2	180	174	108	50	390	34×126
M30×2	160	160	114	50	380	

3.3　标记示例:

螺纹规格 d=M24×2,杆长 H 为 105,机械性能 8.8 级的 E 型螺栓:

螺栓 M24×2×105－8.8　MT 187.10—1996

中华人民共和国煤炭工业部 1996-12-03 批准　　　　1997-10-01 实施

3.4　标记说明：

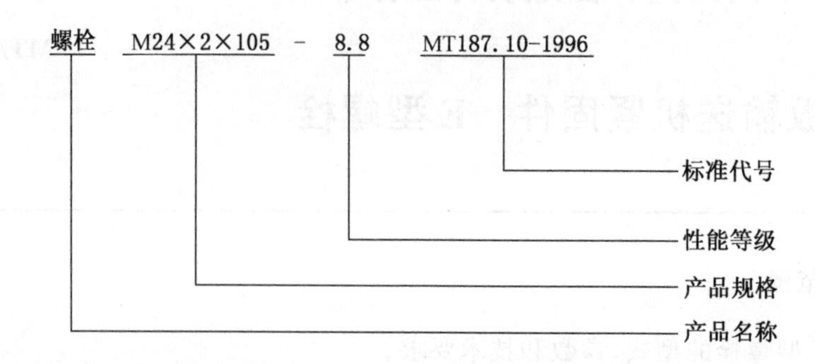

4　技术要求

4.1　螺栓的机械性能不低于8.8级。

4.2　螺栓的技术条件按MT 187.1的规定。

附加说明：

本标准由煤炭工业部科技教育司提出。

本标准由煤矿专用设备标准化技术委员会归口。

本标准由西北煤矿机械一厂负责起草。

本标准主要起草人张纪平。

本标准委托煤矿专用设备标准化技术委员会刮板输送机分会负责解释。

ICS 73.100.10
D 97
备案号：18428—2006

中华人民共和国煤炭行业标准

MT/T 188.1—2006
代替 MT 188—1988

煤矿用乳化液泵站
第1部分：泵站

Emulsion pump station for coal mine—
Part 1：Pump station

2006-08-19 发布　　2006-12-01 实施

中华人民共和国国家发展和改革委员会　发布

前　言

MT/T 188《煤矿用乳化液泵站》分为五个部分：

——第1部分：泵站；

——第2部分：乳化液泵；

——第3部分：卸载阀技术条件；

——第4部分：过滤器技术条件；

——第5部分：安全阀技术条件。

本部分为MT/T 188的第1部分。

本部分是对MT 188—1988的修订，本部分代替MT 188—1988中乳化液箱和泵站系统部分，废止MT 188—1988。

本部分与MT 188—1988相比主要变化如下：

——修改了公称流量和公称容量等技术指标(1988年版的5.3.2和9.3；本版的4.3.2和4.3.3)；

——修改了试验方法(1988年版的第11章；本版的第6章)；

——修改了检验规则(1988年版的第12章；本版的第7章)。

本部分由中国煤炭工业协会科技发展部提出。

本部分由煤炭行业煤矿专用设备标准化技术委员会归口。

本部分由煤炭科学研究总院太原分院负责起草，无锡煤矿机械厂有限公司、无锡威顺煤矿机械有限公司、南京六合煤矿机械有限责任公司、温州江南矿业有限公司、浙江中煤矿业有限公司参加起草。

本部分主要起草人：余建华、张志珍、曾凡卓、顾克均、郑企、华法兴、杨勇、李武。

本部分所代替标准的历次版本发布情况为：

——MT 188—1988。

煤矿用乳化液泵站
第1部分:泵站

1 范围

MT/T 188的本部分规定了煤矿用乳化液泵站(以下简称泵站)的术语和定义、产品分类、要求、试验方法、检验规则、标志、包装和贮存。

本部分适用于煤矿井下以高含水液压液(含乳化液)为工作介质的乳化液泵站,也适用于煤矿井下以清水为工作介质的喷雾灭尘泵站和注水泵站。

2 规范性引用文件

下列文件中的条款通过MT/T 188的本部分的引用而成为本部分的条款。凡是注日期的引用文件,其随后所有的修改单(不包括勘误的内容)或修订版均不适用于本部分,然而,鼓励根据本部分达成协议的各方研究是否可使用这些文件的最新版本。凡是不注日期的引用文件,其最新版本适用于本部分。

GB/T 191 包装储运图示标志

GB/T 2829—2002 周期检验计数抽样程序及表(适用于对过程稳定性的检验)

GB 3836.1 爆炸性气体环境用电气设备 第1部分:通用要求(eqv IEC 60079-0:1998)

GB 9969.1 工业产品使用说明书 总则

GB/T 13306 标牌

GB/T 14436 工业产品保证文件 总则

MT 76 液压支架(柱)用乳化油、浓缩物及其高含水液压液

MT/T 98 液压支架用软管及软管总成检验规范

MT/T 188.2 煤矿用乳化液泵站 乳化液泵

MT/T 188.3 煤矿用乳化液泵站 卸载阀技术条件

MT/T 188.4 煤矿用乳化液泵站 过滤器技术条件

MT/T 188.5 煤矿用乳化液泵站 安全阀技术条件

3 术语和定义

下列术语和定义适用于MT/T 188的本部分。

3.1

乳化液泵站 emulsion pump station

通常由两台乳化液泵组、一台乳化液箱组及连接软管组成。

3.2

乳化液泵组(以下简称泵组) emulsion pump

由乳化液泵、驱动电机、基架及装在同一基架上的其他元部件组成。

3.3

乳化液箱组(以下简称箱组) emulsion box

由乳化液箱及装在液箱上的元件组成。

4 产品分类

4.1 分类

泵站按其公称压力等级分为三类，见表1。

表1 泵站分类

单位为兆帕

类别	低压乳化液泵站	中压乳化液泵站	高压乳化液泵站
公称压力	≤12.5	>12.5～25.0	>25.0

4.2 型号

4.2.1 型号编制

乳化液泵与乳化液箱应各自设立型号。

4.2.2 型号说明

4.2.2.1 乳化液泵的型号编制按MT/T 188.2的规定。

4.2.2.2 乳化液箱的型号组成和排列方式如下：

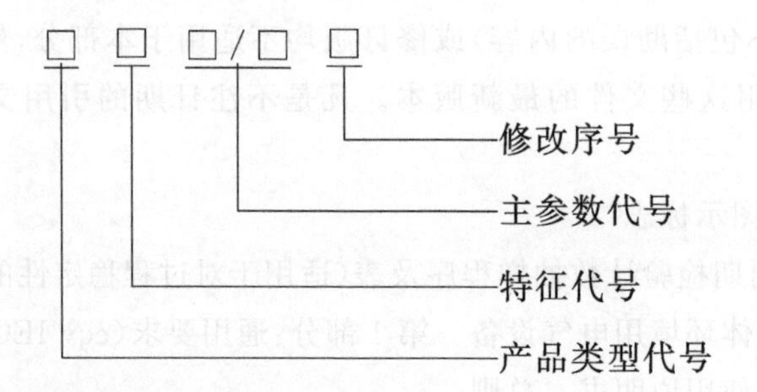

4.2.2.3 乳化液箱的型号组成和排列方式说明：

a) “产品类型代号”表明产品类别，乳化液箱用汉语拼音大写字母X表示；

b) “特征代号”表明产品特征，R表示乳化液泵用，P表示喷雾泵用；

c) “主参数代号”用配套泵公称流量、公称容量两个参数表明，两个参数均用阿拉伯数字表示，参数之间分别用“/”符号隔开，公称流量的单位为升/分(L/min)，公称容量用公称容量的百分之一表示；

d) “修改序号”表明产品结构有重大修改时作识别之用，用带括号的大写英文字母(A)、(B)、(C)……依次表示。

型号示例：XR 400/25型乳化液箱，表示公称流量为400 L/min、公称容量为2 500 L的乳化液箱。

4.2.2.4 泵站的型号说明：

泵站型号由泵组型号与液箱型号组成，中间用“—”连接。

型号示例：BRW 200/31.5—XR 200/16型泵站(也可简写为BRW 200/31.5型泵站)，表示由两台BRW 200/31.5型乳化液泵组与一台XR 200/16型乳化液箱组组成的泵站。

4.3 泵站的基本参数

4.3.1 泵站的公称压力应符合表2的规定。

表2 泵站公称压力

单位为兆帕

4.0	(5.5)	6.3	8.0	10.0	12.5	16.0	20.0
25.0	31.5	40.0	50.0	63.0	80.0	100.0	

注：括号中数为非优选数，新设计不采用。

4.3.2 泵站的公称流量应符合表3的规定。

表 3　泵站公称流量

单位为升每分

25	31.5	40	50	63	80	100	125
160	200	250	315	400	500	630	

4.3.3　液箱的公称容量应符合表 4 的规定。

表 4　液箱公称容量

单位为升

400	500	630	800	1 000	1 250	1 600
2 000	2 500	3 150	4 000	5 000		

5　要求

5.1　泵站的基本要求

5.1.1　泵站应按规定程序批准的图样及技术文件制造。

5.1.2　组成泵站的乳化液泵应符合 MT/T 188.2 的规定；卸载阀应符合 MT/T 188.3 的规定；过滤器应符合 MT/T 188.4 的规定；安全阀应符合 MT/T 188.5 的规定。

5.1.3　液压系统及其元件应能满足配套设备的要求。

5.1.4　泵站在正常工作条件下，应有一台备用泵。

5.1.5　泵站应有二级压力保护装置，固定泵站应有失压保护。

5.1.6　泵站应设有压力指示装置，公称压力为压力表全量程的 1/2～2/3。

5.1.7　泵站应设有油位及液位指示装置。

5.1.8　泵站应设有过滤装置及磁性过滤器。

5.1.9　系统中应设有蓄能器。

5.1.10　软管及软管总成应符合 MT/T 98 的规定。

5.1.11　可按用户要求增设声光报警及自动控制装置。

5.2　箱组的基本要求

5.2.1　在正常工作条件下，箱组的容量应使工作液温度不超过 40℃，并不小于配用泵的公称流量的 6 倍，必要时可设辅助液箱。

5.2.2　工作液的循环速度应能析出混入的空气和沉淀较重的杂质。

5.2.3　回液口与泵的供液口应尽量远离。

5.2.4　在液箱的最低处应设有排污装置，液箱底部的形状应能将工作液排净。

5.2.5　在易观察的明显处，应配置液位显示装置，液标应能长期清晰地显示液面位置。

5.2.6　液箱顶部应设有空气滤清器。

5.2.7　液箱活动盖板的结构应能阻止杂质进入液箱，并便于清洗液箱内部。

5.3　装配要求

5.3.1　所有零部件应经检验合格后方可用于装配。

5.3.2　装配前，所有零件应清除毛刺并清洗干净，管路及通道(包括铸造型砂腔或孔、钻孔等)需仔细清洗；液箱内表面应清洗干净，不应有灰尘、焊渣、纤维和其他杂质。

5.3.3　同一型号的零部件应能互换。

5.3.4　装配时零件的接缝应平整，不应有明显的错边错位。

5.3.5　各零部件应装配齐全、安装位置正确、连接牢固可靠。

5.3.6　各种活动阀门及旋转件应可靠、灵活、无别卡现象。

5.4　外观要求

5.4.1　受压焊接件的焊缝应光滑，无裂纹，无气孔和焊渣等。

5.4.2 外露加工表面应有电镀防护层，非加工表面(除内表面)应涂漆。

5.4.3 电镀件镀层应均匀、美观，无锈蚀、起皮和脱落现象。

5.4.4 外表漆层应光亮、平坦，色泽均匀一致，无裂纹、剥落和流痕，无机械杂质，无修整痕迹。

5.4.5 油漆的颜色应目感舒适、醒目，便于井下观察。

5.4.6 各种指示标牌应安装正确、牢固可靠、位置适当。

5.5 安全卫生要求

5.5.1 配用的电动机及电器元件应符合 GB 3836.1 的规定。

5.5.2 敞露在外的旋转部分应有可靠的防护罩，对旋向有要求的应在明显的部位设有旋向箭头。

5.5.3 泵组、箱组及其他较重的零部件应预先设有便于组装、安装、检查和运输固定的起吊位置或装置。

5.5.4 应有防尘措施，防止煤尘、污物进入液压系统。

5.6 性能要求

5.6.1 空载运转

泵站安装后应进行空载起动运转试验，液力部分各连接处应无渗漏，无异常振动和噪声，紧固螺栓无松动。

5.6.2 负载运转

在公称压力下，泵站的流量应不低于公称流量。泵站应运转平稳，振动、泄漏、声响、油温及保护装置等无异常。

5.6.3 超载运转

在 1.25 倍公称压力下运转 2 min，泵站应运转平稳，振动、声响、油温及保护装置等无异常；各元部件应无损坏，所有焊缝和元部件的各连接密封部位应无渗漏。

5.6.4 密封性能

5.6.4.1 低压供液部分：在液箱加满水时，供液管、液箱储液室及各连接部位、液箱焊缝应无渗漏。

5.6.4.2 高压供液部分：在公称压力下，泵、液箱及各零部件之间的连接处应无渗漏。

5.6.5 卸载性能

在公称压力下，卸载阀应能准确卸载，卸载压力偏差应在±1.0 MPa 内，恢复压力应在设计要求范围内。

5.6.6 安全阀开启压力

安全阀在公称压力的 110%～115%范围内应能开启，开启压力偏差应在公称压力的±8%范围内。

5.6.7 配液性能

供水压力在 0.2 MPa～1.0 MPa 范围内变化时，应能将乳化油或浓缩物与中性软水按质量比在 0%～6%的范围内进行调节。

5.6.8 蓄能器充气压力

蓄能器充气压力应在卸载阀恢复压力的 80%～90%范围内，允差为±0.5 MPa。

5.7 泵站的成套性

如无特殊约定，完整的泵站由两台乳化液泵组、一台乳化液箱组及连接软管、随机备件和专用工具组成。

6 试验方法

6.1 一般要求

6.1.1 工作液

6.1.1.1 乳化液泵站工作液采用 MT 76 所规定的乳化油或浓缩物与中性软水按 5：95 质量比配制的高含水液压液。

6.1.1.2 喷雾灭尘泵站与注水泵站采用清水。

6.1.1.3 试验全过程中,工作液的温度应控制在10℃～40℃范围内。

6.1.2 测量要求

6.1.2.1 测量时应同时记录所有相关仪表的指示值,每个被测参数的测最次数应不少于三次,取其算术平均值为测量值。

6.1.2.2 各被测参数指示值的有效位数,按计量仪器的最小分度值读取,最小应保留一位小数。当仪表指针摆动时,指针的摆动不应超过分度盘的三个最小分度值,取其中间值的读数为指示值。

6.1.2.3 各被测参数的测量值,判定的有效位数与标准规定值相同。

6.1.3 试验系统及装置

试验系统及装置应能可靠地进行加载、计量,应具有液温控制手段。

6.2 试验方法

6.2.1 空载运转

在空载条件下运转时间不小于30 min,检查液力部分各连接处、紧固螺栓及振动和噪声情况。

6.2.2 负载运转

在公称流量下,压力从空载开始按公称压力的25%、50%、75%、100%逐级进行加载,前三级运转时间不少于5 min;在满载条件下,连续运转的时间不少于30 min,检查泵站运转、振动、泄漏、声响、油温及保护装置等。

6.2.3 超载运转

在1.25倍的公称压力下连续运转2 min,检查泵站运转、振动、声响、油温、保护装置,及焊缝和元部件的各连接密封部位。

6.2.4 密封性能

6.2.4.1 在液箱加满水时用手锤在焊缝处轻敲,检查供液管、液箱储液室及各连接部位、液箱焊缝。

6.2.4.2 在公称压力下,检查泵、液箱及各零部件之间的连接处。

6.2.5 卸载性能

调节节流加载阀使卸载阀在公称压力下卸载,并使卸载动作的频率调定在每分钟5～10次之间,运转3～5 min,取连续的3～5次卸载压力的算术平均值为测量值,并计算出卸载压力偏差。

6.2.6 安全阀开启压力

将卸载阀的卸载压力调至安全阀的开启压力以上,再调节节流加载阀,使试验压力升至安全阀开启;然后再调节节流加载阀,使试验压力降低至安全阀关闭;反复三次,取连续的三次开启压力的算术平均值为测量值,并计算出开启压力偏差。

6.2.7 配液性能

6.2.7.1 分别在0.2 MPa、0.5 MPa、1.0 MPa供水压力时调节配液阀,检测乳化油或浓缩物与中性软水的质量比。

6.2.7.2 工作液浓度的测量可用体积法、重量法或专用仪器。

6.2.8 蓄能器充气压力

用充气工具检测蓄能器的充气压力(也允许用其他方法检测)。

7 检验规则

7.1 检验分类

7.1.1 泵站的检验分为出厂检验和型式检验。

7.1.2 每台泵站应经制造厂质量检验部门检验,并附有产品合格证方可出厂。

7.1.3 型式检验由国家授权的监督检验部门进行。

7.1.4 凡属下列情况之一,应进行型式检验:

a） 新产品鉴定定型时或老产品转厂试制时；

b） 正式生产后，如产品设计、结构、材料或工艺有较大改变，可能影响产品性能时；

c） 产品停产3年以上再次生产时；

d） 连续生产的产品至少每5年应进行一次；

e） 国家质量监督部门和国家煤矿安全监察部门提出要求时。

7.2 检验项目

出厂检验和型式检验项目和要求见表5。

表5 检验项目和要求

序号	检验项目	要求	试验方法	出厂检验	型式检验
1	外观要求	5.4	目测	√	√
2	空载运转	5.6.1	6.2.1	√	√
3	负载运转	5.6.2	6.2.2	√	√
4	超载运转	5.6.3	6.2.3	×	√
5	密封性能	5.6.4	6.2.4	√	√
6	卸载性能	5.6.5	6.2.5	√	√
7	安全阀开启压力	5.6.6	6.2.6	√	√
8	配液性能	5.6.7	6.2.7	×	√
9	蓄能器充气压力	5.6.8	6.2.8	×	√
10	泵站的成套性	5.7	目测	√	√

注1：“√”表示检验；“×”表示不检验。

注2：出厂检验为全检；型式检验抽一套，可以用一泵一箱代替。

注3：出厂检验项目允许以泵组、箱组的检验代替。

7.3 抽样方案

7.3.1 出厂检验为全检。

7.3.2 型式检验采用GB/T 2829—2002中的一次抽样方案；判别水平DL=Ⅰ；样本量$n=1$；合格判定数为$Ac=0$；不合格判定数为$Re=1$；不合格质量水平$RQL=50$。

7.3.3 在试制定型鉴定时，样品为样本。

7.3.4 在批量生产时，应从出厂检验合格的产品中随机抽取样本。

7.4 判定规则

7.4.1 出厂检验项目全部检验合格，判出厂检验合格，否则判出厂检验不合格。允许对不合格项进行修复，重新送交检验。

7.4.2 型式检验项目全部检验合格，判型式检验合格，否则判型式检验不合格。

7.4.3 受检样本按检验顺序进行检验，检验中若某项判为不合格时，则其他项目不再进行检验。

8 标志、包装和贮存

8.1 标志

8.1.1 每台泵与液箱的对外连接处及操作位置应有指示标牌。

8.1.2 每台泵与液箱都应分别装有产品标牌，各标牌应符合GB/T 13306的规定。

8.1.3 标牌应安装牢固、位置适当、文字图样清晰醒目。产品标牌至少应包括表6内容。

表 6 标牌内容

序号	泵 标 牌	液箱标牌
1	产品名称、型号	产品名称、型号
2	制造厂名称	制造厂名称
3	公称压力,MPa	公称压力,MPa
4	公称流量,L/min	公称流量,L/min
5	配用电机功率,kW	公称容量,L
6	配用电机转速,r/min	液压系统原理图(注)
7	外形尺寸(长×宽×高),(mm×mm×mm)	外形尺寸(长×宽×高),(mm×mm×mm)
8	质量,kg	质量,kg
9	出厂编号	出厂编号
10	出厂日期:　　年　　月	出厂日期:　　年　　月
注:液压系统原理图可单独安排。		

8.2 包装

8.2.1 经检验合格后的产品,应放尽润滑油及工作液并有可靠的防锈措施,外露液口用防尘塞或防尘帽等盲盖堵住,外露螺纹部分应有保护帽。

8.2.2 每台泵和液箱应分别用塑料薄膜防护罩盖好后包装,产品在包装箱内应固定可靠,不应因起吊时倾斜或运输时振动等而移位。

8.2.3 随机备件、专用工具经防锈处理后装入备件箱内;泵的备件箱和液箱的备件箱应分别装入各自包装箱内。

8.2.4 包装箱内应有下列文件并封装在防潮袋内:

a) 装箱单;

b) 产品使用说明书,使用说明书应符合 GB 9969.1 的规定;

c) 产品合格证,产品合格证应符合 GB/T 14436 的规定。

8.2.5 包装箱上的储运图示标志应符合 GB/T 191 的规定。

8.2.6 包装箱外壁上的文字,应书写清晰、整齐,内容包括:

a) 产品名称、型号和规格;

b) 包装箱的尺寸(长×宽×高),(mm×mm×mm);

c) 毛重,kg;

d) 生产日期;

e) 包装储运图示标志。

8.3 贮存

8.3.1 泵站应贮存在空气流通、干燥的场所,应防止太阳曝晒、高温环境和低温冷冻,防止受潮、锈蚀和其他损坏。

8.3.2 贮存期最长为 6 个月,逾期应重新检查。

ICS 73.100.10
D 97
备案号：6135—2000

中华人民共和国煤炭行业标准

MT/T 188.2—2000

煤矿用乳化液泵站 乳化液泵

Mine emulsion pump station emulsion pump

2000-01-18 发布 2000-05-01 实施

国家煤炭工业局 发布

前　言

本标准是在MT 188—1988《煤矿用乳化液泵站》中的乳化液泵部分的基础上制订的独立标准。增加了技术要求的内容，并对个别章条以及对泵的型号、容积效率、总效率、噪声等，进行了修改与调整；同时为了适应煤炭科技的发展需要，扩充了功率范围，并将试验方法补充完善；对检验规则部分进行了重新编写。

修订后的MT/T 188包括以下几部分：

MT/T 188.1 煤矿用乳化液泵站；

MT/T 188.2 煤矿用乳化液泵站　乳化液泵；

MT/T 188.3 煤矿用乳化液泵站　卸载阀；

MT/T 188.4 煤矿用乳化液泵站　过滤器；

MT/T 188.5 煤矿用乳化液泵站　安全阀。

本标准从生效之日起代替MT 188—1988中的乳化液泵部分，废除MT 87—1984和MT 93—1984。

本标准的附录A、附录B都是标准的附录。

本标准的附录C、附录D都是提示的附录。

本标准由国家煤炭工业局行业管理司提出。

本标准由煤炭工业煤矿专用设备标准化技术委员会归口。

本标准起草单位：煤炭科学研究总院太原分院。

本标准主要起草人：曾凡卓。

本标准委托煤炭科学研究总院太原分院负责解释。

中华人民共和国煤炭行业标准

MT/T 188.2—2000

煤矿用乳化液泵站 乳化液泵

Mine emulsion pump station emulsion pump

1 范围

本标准规定了煤矿用乳化液泵的型号、参数系列、技术要求、试验方法、检验规则、标志、包装和贮存。

本标准适用于煤矿井下以乳化液为工作介质的乳化液泵,也适用于煤矿井下以清水为工作介质的喷雾灭尘泵和注水泵。

2 引用标准

下列标准所包含的条文,通过在本标准中引用而构成为本标准的条文。本标准出版时,所示版本均为有效。所有标准都会被修订,使用本标准的各方应探讨使用下列标准最新版本的可能性。

GB 191—1990 包装储运图示标志

GB 197—1981 普通螺纹 公差与配合(直径 1～355mm)

GB/T 1184—1996 形状和位置公差 未注公差的规定

GB 1239.2—1989 冷卷圆柱螺旋压缩弹簧 技术条件

GB/T 1804—1992 一般公差 线性尺寸的未注公差

GB 2829—1987 周期检查计数抽样程序及抽样表(适用于生产过程稳定性检查)

GB 9969.1—1988 工业产品使用说明书 总则

GB 10095—1988 渐开线圆柱齿轮 精度

GB 10111—1988 利用随机数骰子进行随机抽样的方法

GB/T 13306—1991 标牌

GB/T 14436—1993 工业产品保证文件 总则

MT 76—1983 液压支架用乳化油

MT/T 154.1—1992 煤矿机电产品型号的编制和管理办法

3 产品分类

乳化液泵按其公称压力等级分为三类,如表 1 所示。

表 1

类别	低压乳化液泵	中压乳化液泵	高压乳化液泵
公称压力,MPa	≤12.5	>12.5～25.0	>25.0

4 乳化液泵的型式、基本参数

型号的编制应符合 MT/T 154.1 的规定。

4.1 型式:乳化液泵(以下简称泵)的基本型式为卧式柱塞往复泵。

国家煤炭工业局 2000-01-18 批准 2000-05-01 实施

4.2 型号说明：

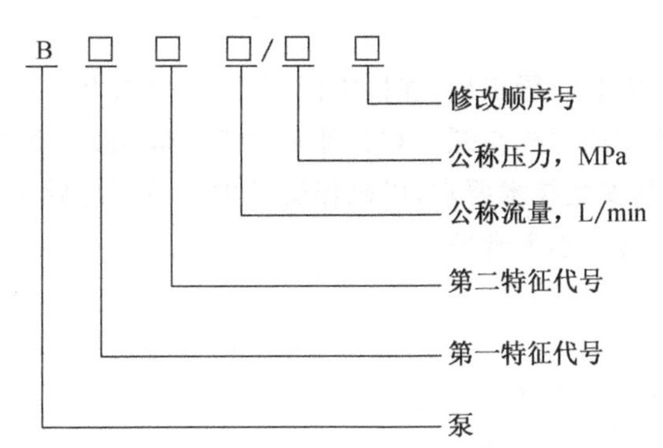

4.2.1 特征代号为汉语大写拼音字母，其中I与O不得采用。第一特征代号为用途特征：R表示"乳"，P表示"喷"，Z表示"注"。第二特征代号一般为结构特征代号。

4.2.2 产品型号中不允许以地区或单位名称作为"特征代号"来区别不同产品。

4.2.3 型号示例：BRW 200/31.5 型乳化液泵，表示卧式乳化液泵，公称流量为200L/min，公称压力为31.5MPa。

4.3 泵的基本参数：

4.3.1 泵的公称压力系列应符合表2规定。

表 2 MPa

4.0	6.3	8.0	10.0	12.5	16.0	20.0	25.0	31.5	40.0	50.0

4.3.2 泵的公称流量系列应符合表3的规定。

表 3 L/min

25	31.5	40	50	63	80	100	125	160	200	250	315	400	500

5 技术要求

5.1 一般技术要求

5.1.1 图样中未注明公差的机加工尺寸，应符合GB/T 1804—1990中m级(中等级)。

5.1.2 图样中机械加工未注形位公差，按GB/T 1184—1996中的H级。

5.1.3 普通螺纹配合精度应不低于GB 197—1981中的6H/6g、7H/6h、7H/6g。需要电镀的螺纹应符合GB 197—1981中第8章规定。

5.1.4 液压件圆柱螺旋压缩弹簧，应不低于GB 1239.2—1989规定的二级精度。

5.2 主要零件的要求

5.2.1 主要零件的材料，应与设计规定的材料相符。在不降低使用性能和寿命时，制造厂应按代料制度的规定，允许临时代用。

5.2.2 曲轴、泵头、高压缸套、吸排液阀等重要受力零件，应进行无损伤探测。

5.2.3 当箱体吸液腔承受液体压力>0.1MPa时，应作耐压试验。试验压力等于或大于承受液体压力的1.5倍，试验时间不少于3min，不得有渗漏。

5.2.4 渐开线圆柱齿轮的精度等级，应不低于GB 10095—1988规定的7级精度。

5.3 装配要求

5.3.1 所有零件必须经过检验合格后方可用于装配，不得将因保管或运输等原因造成变形、锈蚀、碰伤的零件用于装配。

5.3.2 装配前零件应去除毛刺并清洗干净，特别是铸造型砂腔和钻孔，更应仔细清洗，不得残留铸砂、切屑、纤维等杂质。与水接触的非加工面应有防锈措施，与油接触的非加工面应涂上防护漆。

5.3.3 阀芯与阀座应进行研磨，研磨后进行密封试验不得渗漏。

5.3.4 连杆轴瓦与曲轴的曲拐轴颈的径向间隙、连杆的小头衬套孔与十字头销的径向间隙应严格保证设计要求。

5.3.5 各零部件应装配齐全，安装位置正确，连接牢固可靠，并具有互换性。

5.3.6 连杆螺栓与螺母、泵体高压螺栓与螺母和其他重要螺纹联结处，应规定装配扭矩。

5.3.7 联轴节的安装应符合其安装技术要求，以确保运转中不致产生异常振动和噪声。

5.3.8 装配后用手盘车检查，应无别卡现象。

5.4 外观要求

5.4.1 铸件不加工表面应平整，无飞边，无氧化铁皮，无浇口、冒口、铸砂等。

5.4.2 外露加工表面应有防护镀(涂)层，外露非加工表面应涂漆。

5.4.3 电镀件镀层应均匀、美观，没有锈蚀和起皮现象。

5.4.4 外表漆层应光亮，平坦，色泽均匀一致，无裂纹剥落和流痕，无机械杂质，无修整痕迹。

5.4.5 油漆的颜色应目感舒适、醒目，适应于井下观察。

5.4.6 各种指示标牌应安装正确、位置适当、牢固可靠。

5.5 安全卫生要求

5.5.1 配用的电动机必须附有国家指定的防爆检验机构出具的防爆合格证。

5.5.2 敞露在外的旋转部分应有可靠的防护罩。

5.5.3 可能自动松脱的零件，应有可靠的防松装置。

5.5.4 固定旋向的泵，应在明显部位标出旋转方向箭头。

5.5.5 泵组、泵和其他较重的零、部件，应预先设有便于组装、安装、检查之用的起吊位置或装置。

5.5.6 隔离腔柱塞密封处漏损的工作介质及油液，应集中并用管路引出，不得自由流失。

5.6 性能要求

5.6.1 空载运转要求：

泵安装后应进行空载跑合运转，液力部分各联接处应无渗漏，无异常振动和噪声，紧固螺栓无松动。

5.6.2 负载运转要求：

泵应运转平稳，振动、泄漏、声响、油温及保护装置等无异常现象，并应符合以下要求：

a) 泵在满载运行时的稳定油温：不得超过85℃；

b) 泵满载容积效率应不低于表4要求。

表 4

公称压力，MPa	≤12.5	>12.5～20	>20～25	>25～31.5	>31.5～40	>40
容积效率，%	94	93	92	91	90	88

c) 泵满载总效率应不低于表5的要求。

表 5

压力，MPa	≤20	>20～31.5	>31.5～50
总效率，%	84	83	81

5.6.3 噪声要求：

满载运行时，泵组的综合噪声应不高于表6规定。

表 6

配用电机功率，kW	11～22	30～45	55	75	90	110	125～132	160～250
综合噪声 dB(A)	86	88	90	92	94	96	99	—

5.6.4 耐久运转要求：

a) 满载运转的时间为500h；

b) 主要零件不得损坏；

c) 工作液的外漏损量每小时不超过0.5kg；隔离腔滑块密封处润滑油漏损量每小时不超过0.05kg。

5.6.5 超载运转要求：

在公称压力的1.25倍下，运转15min，再转入空载运转5min反复三次，泵应运转平稳；振动、声响、泄漏、油温及保护装置等无异常现象。

5.6.6 耐冲击性能要求：

泵由公称压力变至零压，然后又从零压变至公称压力，变换频率为每分钟15～25次，累计4000次，泵应运转平稳；振动、声响、泄漏、油温及保护装置等无异常现象。

5.6.7 大修寿命：

平均大修寿命不少于15000h。

5.6.8 磨损极限：

泵在型式试验完成后，各主要运动副零件的工作表面磨损极限偏差：孔的磨损极限偏差为孔的下偏差与二倍公差之和；轴的磨损极限偏差为轴的上偏差与二倍公差之差。主要零件按附录A(标准的附录)的规定。

5.7 泵的润滑要求

5.7.1 泵的润滑方式可以是强迫润滑，也可以是飞溅润滑。

5.7.2 润滑油的种类与牌号应与设计要求的规定相符。

5.7.3 泵应设有油标，无色透明的油位显示板，应有最高、最低油位指示标志，油位显示应清晰并便于观察。

5.8 泵的防锈要求：

泵经试验合格后，应放尽残存工作液，并作防锈处理。

5.9 泵组的成套供应范围

5.9.1 完整的泵组；

5.9.2 专用工具；

5.9.3 备件。

注：若有增减，按与用户签订的合同供货。

6 试验方法

6.1 一般要求

6.1.1 试验用工作介质

a) 乳化液泵采用MT 76所规定的乳化油与中性水按5∶95的重量比配制而成的乳化液(喷雾灭尘泵与注水泵用阀采用清水)。

b) 试验全过程中，工作介质的温度应保持在10～40℃之间，并在液箱内的工作介质中测量。

c) 工作介质应经0.125mm精度的过滤器过滤，并须设有磁性过滤器。

6.1.2 试验系统及装置

参见附录B(标准的附录)，应能可靠地进行加载、计量和具有液温控制手段。

6.1.3 测量要求

a) 测量时应同时读出所有相关仪表的指示值，并做记录。每个被测参数的测量次数应不少于三次，取其算术平均值为测量值。性能试验按附录C(提示的附录)，其中耐久试验按附录D(提示的附录)。

b) 各被测参数指示值的有效位数，按计量仪器的最小分度值读取，最小应保留一位小数。当仪表指针摆动时，指示针的摆动不应超过分度盘的三个最小分度值，取其中间的读数为指示值。

c) 公称压力应在压力表的全量程的1/2～2/3之间。

d) 各被测参数的测量值，判定的有效位数与标准规定值位数相同。

6.1.4 测量精度

测量系统允许的系统误差,应满足表7的要求。

表7

名　　称	型　式　试　验	出　厂　试　验
流　　量	±1.5%	±2.5%
压　　力	±1.5%	±2.5%
转　　速	±0.5%	±1%
转　　矩	±1.5%	±2%
温　　度	±1.0℃	±2.0℃

注:表中的百分数为测量仪表允许的系统误差δ(又称相对误差),其表述式为:

$$\delta=\frac{X_n}{X}S\%$$

式中　X_n——仪表的满刻度值;

S——仪表的精度等级;

X——测量点的指示值。

6.2 试验程序

试验程序按以下顺序进行。

6.2.1 空载运转试验

在空载条件下,运转时间不少于0.5h,应符合5.6.1的要求。

6.2.2 负载运转试验

在公称流量下,压力从空载开始,按公称压力的25%、50%、75%、100%逐级进行加载,前三级中每级的运转时间不少于15min,在满载条件下,连续运转3h以上。

a) 每30min测定一次油温、液温及室温,达到最后二次油温一致,应符合5.6.2a的要求。

b) 在每一个压力等级下,同时测量并记录:电机转速、流量、泵输入轴的转矩、排出压力等。

c) 整理试验数据:满载时的油温、容积效率、总效率等应满足5.6.2的要求。并绘出性能曲线:压力—流量曲线、压力—容积效率曲线、压力—总效率曲线、压力—温度曲线。

注:1. 出厂试验b、c项不进行。

2. 试验后允许更换润滑油和清洗曲轴箱。

3. 试验中允许调整。

6.2.3 噪声试验

在满载条件下,按附录C(提示的附录)规定的噪声测量点位置,分别测定P_1、P_2、P_3、M四点的噪声,取其算术平均值为测量值,应符合5.6.3的要求。

6.2.4 超载试验

在1.25倍的公称压力下,连续运转三次,每次15min,间隔5min,并应满足5.6.5的要求。

6.2.5 耐久试验

a) 在满载条件下,运转500h。

b) 试验过程中,设计需要调整的部位允许调整。

c) 试验开始每30min记录一次油温、液温和室温,待油温达到稳定后,则要求每小时记录一次油温、液温和室温。油温及液温应符合5.6.2a和6.1.1c等要求。

d) 耐久试验的时间为连续运转时间,在运转中因故停泵的时间应扣除,停泵前后的运转时间可以累计作为连续运转时间。

e) 运转150h允许停泵换油一次,允许在250h后停泵检查。

f) 在累计运转(150±10)h、(300±10)h、(450±10)h后各测量一次工作液和油的漏损,在测量时若出现测量值超过规定值,允许对柱塞密封进行一次调整,并再进行测量,取其中的最小值为测量值,并应符合5.6.4c项的要求。

g)记录试验全过程,试验记录按附录D(提示的附录)。

6.2.6 冲击试验

a)调整与泵配套的卸载阀,使其在公称压力下卸载;

b)调整节流加载阀,使卸载阀的卸载动作频率控制在每分钟15～40次范围内,累计动作次数应达到5.6.6的要求。

注:允许对设计规定的调整件进行调整。

6.2.7 磨损检查

试验完成后,按附录A(标准的附录)的规定,对泵进行解体拆检。

6.3 参数测量和计算

6.3.1 流量

a)实测流量:

允许用不同方法测量:容积法按(1)式计算;质量法按(2)式计算。

$$Q=V/t \tag{1}$$

$$Q=m/\rho t \tag{2}$$

式中 Q ——实测流量,L/min;

t ——测量流量的时间,min;

V ——在测量时间内工作介质的体积,L;

m ——在测量时间内工作介质的质量,kg;

ρ ——在测试温度下的工作介质的密度,kg/L。

流量测量时间要求在20s以上。用量筒测量时要求测量液面差≥200mm。

b)理论流量:

按(3)式计算:

$$Q_T=\pi \cdot D^2 \cdot S \cdot n \cdot Z/4000 \tag{3}$$

式中 D ——柱塞直径,mm;

n ——实测往复次数,min^{-1},

S ——柱塞行程,mm;

Z ——柱塞个数;

Q_T——理论流量。

6.3.2 压力

a)排出压力可视为工作压力;

b)允许装设阻尼装置,取值应符合6.1.3中的a、b项的规定;

c)压力测量点距离泵排液口应在输液管径的10倍以上,距节流加载阀的距离,亦应在输液管径的10倍以上,但不应小于300mm。

6.3.3 温度

润滑油的温度,直接在曲轴箱内的油池中测量。

6.3.4 往复次数

实测往复次数按(4)式计算。

$$n=n_d \cdot Z_1/Z_2 \tag{4}$$

式中 n ——实测往复次数,min^{-1};

n_d——电动机的实测转速,r/min;

Z_1——小齿轮的齿数;

Z_2——大齿轮的齿数。

6.3.5 输入功率

将转矩测量仪放置在电动机与泵的输入轴之间，即电动机通过转矩仪带动泵的输入轴旋转。测量出泵的输入轴的转矩和转速，再用扭转力矩法，按(5)式计算出泵的输入功率。

$$N=\pi \cdot M \cdot n_d/30000 \quad \cdots\cdots(5)$$

式中 N——泵的输入功率，kW；

M——转矩，N·m。

6.3.6 输出功率

输出功率按(6)式计算。

$$N_e=P \cdot Q/60 \quad \cdots\cdots(6)$$

式中 N_e——泵的输出功率，kW；

P——工作压力，MPa。

6.3.7 泵的总效率

泵的总效率按(7)式计算。

$$\eta=(N_e/N) \cdot 100\% \quad \cdots\cdots(7)$$

式中 η——泵的总效率。

6.3.8 容积效率

容积效率按(8)式计算。

$$\eta_V=(Q/Q_T) \cdot 100\% \quad \cdots\cdots(8)$$

式中 η_V——容积效率；

Q——实测流量，L/min；

Q_T——理论流量，L/min。

6.3.9 泵组的综合噪声

a) 节流加载阀应装设在离泵5m外，并应尽量减少来自其他设备的噪声影响。

b) 噪声的测量应在额定工况下进行，公称值的变化应在±3%以内。

c) 在测量泵的噪声前，应先测量测点的背景噪声，背景噪声应比泵的噪声低10dB(A)以上；不能满足时，在泵的噪声与背景噪声的差值为6～10dB(A)时，按表8进行修正；若差值小于6dB(A)时，应停止测量。

表8 对背景噪声声压级的修正

dB(A)

泵的噪声与背景噪声的声压级之差	<6	6	7	8	9	10	>10
修正值	测量无效	1.3	1.0	0.8	0.6	0.4	0

d) 测量前后，应对声压计及其他测量仪器进行校核。

e) 测量方法：频率计权A计权网络，时间计权选"慢"档；传声器对准声源的方向；噪声级读数值取最接近声级计指示的整数值，指示值波动时取指针摆动的平均值，读数值精确到0.5dB(A)。

f) 噪声的测量位置：按附录B(提示的附录)规定的测量点进行。声级计的传声器应指向泵并位于几何中心的直线上，测点距离泵或电机表面的水平距离为1m，距离地面的高度为1.5m。

g) 计算平均噪声值：按测量点的位置，每个点测三次，取算术平均值为该点的噪声测量值，再取P_1、P_2、P_3、M共四点测量值的算术平均值为泵组的综合噪声值[dB(A)]。

7 检验规则

7.1 检验与验收

7.1.1 每台泵须经制造厂质量检验部门进行检验，并保证产品质量符合本标准要求。

7.1.2　当用户提出要对产品进行验收时，制造厂应将验收日期通知用户或用户代表。

7.2　检验分类：

泵的检验分为出厂检验与型式检验两类。

7.3　检验项目

7.3.1　泵的各类检验，按表9规定的项目进行。

表 9

项目名称	技术要求章条号	试验方法章条号	型式检验	出厂检验
空载运转试验	5.6.1	6.2.1	√	√
负载运转试验	5.6.2	6.2.2	√	√
噪声试验	5.6.3	6.2.3	√	√
超载试验	5.6.5	6.2.4	√	×
耐久试验	5.6.4	6.2.5	√	×
冲击试验	5.6.6	6.2.6	√	×
注：“√”表示该项试验应进行；“×”表示该项试验不进行。				

7.3.2　凡属下列情况之一者，应做型式检验：

a) 新产品鉴定定型时或老产品转厂试制时；

b) 产品结构、材料、工艺有较大改进，可能影响产品性能时；

c) 产品停产3年以上再次生产时；

d) 连续生产的产品至少每5年应进行一次；

e) 国家质量监督机构提出进行型式检验要求时。

7.4　组批规则与抽样方案

7.4.1　泵应成批提交验收，每批泵由同一生产批的产品组成。

7.4.2　出厂检验为全检。

7.4.3　型式检验采用GB 2829规定的一次抽样方案：判别水平 $DL=I$；样本 $n=1$；合格判定数 $A_c=0$；不合格判定数 $R_e=1$；不合格质量水平RQL=50。

7.5　抽样方法

型式检验按如下两种情况进行：

a) 在为新产品时，样机为样本；

b) 在为批量生产的产品时，按照GB 10111规定的方法，从提交的检验批中随机抽取样本。

7.6　判定规则与复检规则

7.6.1　出厂检验的泵组各项检验均合格，判出厂检验合格；有一项不合格者则该泵组判为不合格；允许对不合格的泵组进行修复和调整，重新送交检验。

7.6.2　型式检验的受检样本，各项检验均合格，判该批产品型式检验合格；否则判该批产品型式检验不合格。

7.6.3　受检样本按检验项目顺序进行型式检验时，若某项被判为不合格时，则其他项目的检验不再继续进行。

7.6.4　派生系列产品，允许只对系列基型产品进行型式检验，基型产品必须是该系列中功率、流量、压力最大的产品，其检验结果应能代表该系列中全部产品的考核。

7.7　检验报告

7.7.1　型式检验报告内容：

a) 检验装置系统图；

b) 检验用的仪表、仪器的精度等级及满量程；

c) 按表 9 规定的项目的全部内容；

d)检验结论。

7.7.2 出厂检验报告内容：

a) 按表 9 规定的项目检验记录；

b) 检验结论。

7.7.3 检验资料应有检验负责人签字。

8 标志、包装

8.1 标志

8.1.1 每台泵的对外连接处及操作位置应有指示标牌。

8.1.2 每台泵都应装有产品标牌。各种标牌应符合 GB/T 13306 的规定。

8.1.3 标牌应安装牢固、位置适当、文字图样清晰醒目。产品标牌至少应包括：产品名称、型号、制造厂名称、公称流量、公称压力、配用电机功率、配用电机转速、外形尺寸(长×宽×高)、重量、出厂编号、制造日期。

8.1.4 获得质量奖的产品，在标牌上应有质量标志，如省优、部优、国优等，设有商标的应符合商标法的规定。

8.2 包装

8.2.1 经检验合格的产品，应放尽润滑油和工作液，并有可靠的防锈措施，外露液口需用防尘塞或防尘帽等盲盖堵住；外露螺纹部分应有保护帽。

8.2.2 每台泵应进行包装，产品在包装箱内应固定、可靠，不得因起吊时倾斜或运输时振动等影响而移位。包装箱的体积、强度，应符合铁路、公路等运输部门的要求。

8.2.3 随机备件、专用工具经防锈处理后装入备件箱内；泵的备件箱应装入泵的包装箱内。

8.2.4 在包装箱内应有下列文件，并封装在防潮袋内：

a) 装箱单；

b) 产品使用说明书。使用说明书的起草与表述应符合 GB/T 1.1、GB 9969.1 的规定；

c) 产品合格证。产品合格证的编写应符合 GB/T 14436 的规定。

8.2.5 在包装箱内的产品，应再用塑料薄膜防护罩盖好后方可钉箱。

8.2.6 包装箱上的储运图示标志应符合 GB 191 的规定。

8.2.7 包装箱外壁上的文字，应书写清晰、整齐。内容包括：

a) 到货站及收货单位名称；

b) 产品名称、型号和规格；

c) 箱号(运单号)及件数；

d) 包装箱的体积(长×宽×高)，cm^3；

e) 毛重，kg；

f) 包装储运图示标志；

g) 发货站及发货单位名称；

h) 发货日期。

9 运输方式及贮存

9.1 贮存地点应空气流通、干燥，能防止受潮、锈蚀及其他损坏。

9.2 贮存期最长为 9 个月，贮存的方法应保证不拆卸便可投入使用；逾期需要重新检查，重新油封。

附 录 A
（标准的附录）
泵主要零件拆检记录表

零件名称	测 量 部 位		图纸尺寸	磨损极限值	试验后检测尺寸	检测结果	备 注
小齿轮	公法线长度						
	齿面硬度						
大齿轮	公法线长度						
	齿面硬度						
箱体	滑块孔	1					
		2					
		3					
滑块	滑块外径	1					
		2					
		3					
连杆	大头孔径	1					
		2					
		3					
	轴瓦内径（大头）	1					
		2					
		3					
	小头衬套孔（球头外径）	1					
		2					
		3					
曲轴	曲轴颈	1					
		2					
		3					
滑块销	外径	1					
		2					
		3					
柱塞	外径	1					
		2					
		3					

泵头体	承压部位	图纸要求	检测结果	备注
		不允许渗漏		

注：

1. 齿面硬度：可由工厂检验部门提供试块硬度数据代替。
2. 磨损极限值：见 5.6.8。
3. 试验后检测尺寸，为三次实测尺寸值的算术平均值。
4. 当为五柱塞泵时，1，2，3 应为 1，2，3，4，5。

附 录 B
（标准的附录）
试验系统液压原理图

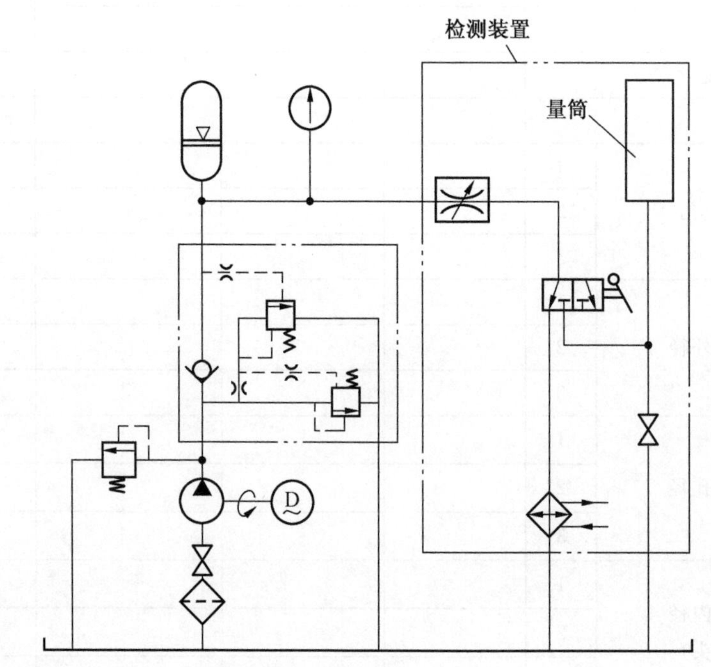

注:根据试验需要,允许增减元件

图 B1

附 录 C
（提示的附录）
泵性能试验记录表

送试单位：	制造厂名：	出厂编号：	型号：
公称流量： L/min	公称压力： MPa	往复次数： 次/min	柱塞数目：
减速比：$Z_1/Z_2=$	柱塞直径： mm	柱塞行程： mm	工作介质：
配用电机转速： r/min	配用电机功率： kW	润滑油牌号：	试验时间： 年 月 日
试验负责人：	参加试验人员：		

测量项目	第一次				第二次				试验用电动机：
	1	2	3	平均值	1	2	3	平均值	型号：
排出压力： MPa									功率： kW
流量测量值： L/min									转速： r/min
流量测量时间： S									额定电压： V
工作液体积测量值 L									额定电流： A
实测电机转速： r/mim									极数：
实测往复次数： 次/min									频率： Hz
理论流量： L/min									制造厂名称：
满载容积效率： %									出厂编号：
实测输入转矩 N・m									出厂日期： 年 月
实测输入功率： kW									流量测量方法：
实测输出功率： kW									转速测量方法：
满载总效率 %									噪声测量方法：

超载试验压力与次数： MPa： 次	温度	
冲击试验次数： 次	试验用工作介质温度 ℃	室温 ℃
试验用工作介质：	曲轴箱润滑油温度 ℃	
隔离腔工作介质的漏损量： kg/h	隔离腔润滑油的漏损量： kg/h	

泵组综合噪声测量值 dB(A)				
	1	2	3	平均值
P_1				
P_2				
P_3				
M				
$(P_1+P_2+P_3+M)/4=$				

P_3 1 m 泵 电机 1 m M 1 m P_3 1 m P_1

噪声测量点位置

附 录 D
（提示的附录）
泵耐久试验记录表

被试泵型号：　　　　　　　　　　　　　　　　　试验日期：　　　年　　月　　日　　　　第　　页

月　日	开(停)泵时间	测量时间	累计运转时间,h	试验压力 MPa	油 温 ℃	液 温 ℃	室 温 ℃	备 注

注：备注栏填写：1. 更换润滑油，清洗传动箱检查情况；2. 停泵原因，处理情况及结果；3. 更换调整情况及结果；4. 试验人员签名等。

ICS 73.100.10
D 97
备案号：6136—2000

中华人民共和国煤炭行业标准

MT/T 188.3—2000

煤矿用乳化液泵站卸载阀技术条件

Mine emulsion pump station-technical condition of unloading valve

2000-01-18 发布　　　　2000-05-01 实施

国家煤炭工业局　　发 布

前　言

本标准是将MT 188—1988《煤矿用乳化液泵站》的卸载阀部分与MT 90—1984《煤矿乳化液泵站用自动卸载阀试验规范》合并制订成一个独立的标准，增加了技术要求的内容，并对其性能要求作了适当的调整与修改，另外还增加了超压性能要求与强度要求，取消了最低卸载压力、最低恢复压力与相应的偏移值，完善了试验方法、检验规则等内容。

修订后的MT/T 188包括以下几部分：

MT/T 188.1 煤矿用乳化液泵站；

MT/T 188.2 煤矿用乳化液泵站　乳化液泵；

MT/T 188.3 煤矿用乳化液泵站　卸载阀；

MT/T 188.4 煤矿用乳化液泵站　过滤器；

MT/T 188.5 煤矿用乳化液泵站　安全阀。

本标准从生效之日起代替MT 188—1988中的卸载阀部分，废除MT 90—1984。

本标准的附录A是标准的附录。

本标准的附录B是提示的附录。

本标准由国家煤炭工业局行业管理司提出。

本标准由煤炭工业煤矿专用设备标准化技术委员会归口。

本标准起草单位：煤炭科学研究总院太原分院。

本标准主要起草人：曾凡卓、王清元、曹春玲、马丽。

本标准委托煤炭科学研究总院太原分院负责解释。

中华人民共和国煤炭行业标准

MT/T 188.3—2000

煤矿用乳化液泵站卸载阀技术条件

Mine emulsion pump station-technical condition of unloading valve

1 范围

本标准规定了煤矿用乳化液泵站卸载阀的技术要求、试验方法、检验规则、标志、包装和贮存。

本标准适用于煤矿用乳化液泵站的卸载阀(以下简称阀)。也适用于煤矿井下以清水为工作介质的喷雾灭尘泵站和注水泵站的阀。

2 引用标准

下列标准所包含的条文,通过在本标准中引用而构成为本标准的条文。本标准出版时,所示版本均为有效。所有标准都会被修订,使用本标准的各方应探讨使用下列标准最新版本的可能性。

GB 191—1990 包装储运图示标志

CB 197—1981 普通螺纹 公差与配合(直径1～355mm)

GB/T 1184—1996 形状和位置公差 未注公差的规定

GB 1239.2—1989 冷卷圆柱螺旋压缩弹簧 技术条件

GB/T 1804—1992 一般公差 线性尺寸的未注公差

GB 2829—1987 周期检查计数抽样程序及抽样表(适用于生产过程稳定性检查)

GB 9969.1—1988 工业产品使用说明书 总则

GB 10111—1988 利用随机数骰子进行随机抽样的方法

GB/T 13306—1991 标牌

GB/T 14436—1993 工业产品保证文件 总则

MT 76—1983 液压支架用乳化油

3 定义

本标准采用下列定义

3.1 调定压力 setting pressure

为卸载阀的卸载压力,此时卸载阀停止向系统供液。

3.2 恢复压力 reinstating pressure

为卸载阀恢复向系统供液时的压力。

3.3 公称压力 nominal pressure

为卸载压力的设计值。

3.4 公称恢复压力 nominal reinstating pressure

为恢复向系统供液时的设计压力值。

3.5 内渗漏 inside leakage

为阀在未卸载时,其内部的高压腔液体向低压腔的渗漏。

国家煤炭工业局 2000-01-18 批准　　2000-05-01 实施

4 技术要求

4.1 一般技术要求

4.1.1 图样中未注明公差等级的机加工尺寸，应符合 GB/T 1804—1992 中 m 级(中等级)。

4.1.2 图样中机械加工未注形位公差，按 GB/T 1184—1996 中的 H 级。

4.1.3 普通螺纹配合精度应不低于 GB 197—1981 中的 6H/6g、7H/6h、7H/6g。需要电镀的螺纹应符合 GB 197—1981 中的第 8 章规定。

4.1.4 圆柱螺旋压缩弹簧，应不低于 GB 1239.2—1989 规定的二级精度。

4.2 主要零件的要求

4.2.1 主要零件的材料，应与设计规定的材料相符。在不降低使用寿命和性能时，制造厂应按代料制度的规定，允许临时代用。

4.2.2 阀体、阀芯、阀座等应进行无损伤探测。

4.2.3 各种零件应有防腐蚀措施。

4.3 装配要求

4.3.1 所有零件必须经过检验合格后方可用于装配，不得将因保管或运输等原因造成变形、锈蚀、碰伤的零件用于装配。

4.3.2 装配前零件应去除毛刺，并清洗干净，特别是铸造型砂孔和钻孔，更应仔细清洗，不得残留铸砂、切屑、纤维等杂质。

4.3.3 阀芯和阀座应进行研磨，研磨后应进行密封试验不得渗漏。

4.3.4 各零部件应装配齐全，安装位置正确，连接牢固可靠，并应具有互换性。

4.3.5 各运动零件在装配时，应运动灵活，无别卡现象。

4.4 外观要求

4.4.1 外露不加工表面应平整，无飞边，无氧化铁皮等。

4.4.2 外露加工表面应有防护镀层，外露非加工表面应涂漆。

4.4.3 电镀件镀层应均匀、美观，没有锈蚀和起皮脱落现象。

4.5 性能要求

4.5.1 阀的公称流量与公称压力，应满足配套泵站的要求。

4.5.2 阀在公称压力的 80%～90%状态下，保压 5min，应无外渗漏。

4.5.3 阀在公称压力的 80%状态下，其内渗漏量应≤5mL/min。

4.5.4 阀的压力调压范围、调定压力偏差、恢复压力偏差、压力损失等应满足表 1 的要求。

表 1 MPa

公称压力	压力调压范围	调定压力偏差	公称恢复压力	恢复压力偏差	压力损失
6.3	6.3～4.0	±0.7	按设计要求	±0.7	≤0.5
10	10～6	±0.7		±0.7	≤0.5
16	16～10	±0.8		±0.8	≤0.6
25	25～16	±0.8		±0.9	≤0.6
31.5	31.5～20	±1.0		±1.0	≤0.7
40	40～25	±1.0		±1.0	≤0.7

4.5.5 耐久试验卸载动作次数为 120 000 次；阀体，主阀、单向阀、先导阀等的阀芯，阀座、阀杆等主要零件不得损坏。

4.5.6 阀在 1.25 倍的公称压力下卸载和在相应的恢复压力下恢复，卸载动作次数≥200 次，阀应能正常工作。

4.5.7 阀在1.5倍的公称压力下，作不卸载的耐压试验，保压5min，不得出现渗漏和损坏。

4.5.8 阀在型式试验完成后，各主要运动副零件的工作表面的磨损极限偏差：孔的磨损极限偏差等于孔的下偏差与二倍公差之和；轴的磨损极限偏差等于轴的上偏差与二倍公差之差。阀芯、阀座的密封带不得点蚀。

4.6 阀的防锈要求

阀经试验合格后，应放尽残存的工作液，并做防锈处理。

4.7 阀的成套供应范围

4.7.1 完整的阀。

4.7.2 专用工具。

4.7.3 备件。

注：若有增减，按与用户签订的合同供货。

5 试验方法

5.1 一般要求

5.1.1 试验用工作介质

a) 乳化液泵用阀，采用MT 76所规定的乳化油与中性水，按5：95的重量比配制而成的乳化液；

b) 喷雾灭尘泵与注水泵用阀，采用清水；

c) 试验全过程中，工作介质的温度应保持在10～40℃之间；

d) 工作介质应经0.125mm精度的过滤器过滤，并须设有磁性过滤器。

5.1.2 试验系统及装置

参见附录A(标准的附录)，应能可靠地进行加载、计量和具有液温控制手段。

5.1.3 测量精度

测量系统允许的系统误差应满足表2的要求。

表2

名　　称	型 式 试 验	出 厂 试 验
流　　量	±1.5%	±2.5%
压　　力	±1.5%	±2.5%
温　　度	±1.0℃	±2.0℃

注：表中的百分数为测量仪表允许的系统误差δ(又称相对误差)，其表述式为：

$$\delta=\frac{X_n}{X}S\%$$

式中 X_n——仪表的满刻度值；

S——仪表的精度等级；

X——测量点的指示值。

5.1.4 流量要求

通过被试件的流量不得低于设计规定的公称值。

5.1.5 测量要求

a) 测量时应同时读出所有相关仪表的指示值，并作记录。每个被测参数的测量次数应不少于三次，取其算术平均值为测量值。

b) 各被测参数指示值的有效位数，按计量仪器的最小分度值读取，最少应保留一位小数；当仪表指示针摆动时，指示针的摆动不应超过分度盘的三个最小分度值，取其中间的读数值为指示值。

c) 公称压力应在压力表全量程的1/2～2/3之间。

d) 各被测参数的测量值，判定的有效位数与标准规定值位数相同。

5.2　试验项目与试验程序

试验项目与试验程序按以下顺序进行。

5.2.1　外渗漏试验

调定节流加载阀，使表压维持在阀的公称压力的 80%～90%之间，保压 5min，应符合 4.5.2 的要求。

5.2.2　内渗漏试验

用节流加载阀调定试验压力，使之与被试阀的公称压力的 80%相等，然后在卸载回液口处测量渗漏，其漏损量应符合 4.5.3 的要求。

5.2.3　公称压力卸载试验

调定阀的调压螺堵使阀在公称压力下卸载，然后再放松调压螺堵，反复三次，阀都应在公称压力下卸载。再调整节流加载阀，使卸载动作的频率调定在每分钟 5～10 次之间，运转 3～5min，取连续的 3～5 次卸载压力的算术平均值为测量值，并计算出调定压力偏差。公称压力值与调定压力偏差应符合 4.5.4 的要求。

公称压力 P_g 的测量值按(1)式计算：

$$P_g=(P_{g1}+P_{g2}+\cdots\cdots+P_{gn})/n \qquad (1)$$

式中　$P_{g1},P_{g2},\cdots\cdots P_{gn}$——测量时的卸载压力的指示值；

n——指示值的个数。

调定压力偏差 ΔP_g 按(2)式计算：

$$\Delta P_g=P_{gi}-P_g \qquad (2)$$

式中　$i=1,2,\cdots\cdots,n$。

5.2.4　公称恢复压力试验

按 5.2.3 的试验方法并同时进行，即阀在公称压力卸载时，取连续的 3～5 次恢复压力的指示值的算术平均值为测量值。

公称恢复压力 P_h 按(3)式计算，其值应符合设计要求：

$$P_h=(P_{h1}+P_{h2}+\cdots+P_{hn})/n \qquad (3)$$

式中　$P_{h1},P_{h2},\cdots\cdots P_{hn}$——测量时恢复压力的指示值。

n——指示值的个数。

恢复压力偏差 ΔP_h 按(4)式计算，其值应符合 4.5.4 中表 3 的要求：

$$\Delta P_h=P_{hi}-P_h \qquad (4)$$

式中　$i=1,2,\cdots\cdots,n$。

5.2.5　压力调压范围试验

将阀的卸载压力调低，使其卸载压力低于 4.5.4 中表 3 的压力调压范围中的下限值，此值即为 $P_{g\min}$。阀的实测压力调压范围 $P_g \sim P_{g\min}$应不低于 4.5.4 中表 3 的范围。

5.2.6　压力损失试验

阀在通过公称流量时，阀的压力损失 ΔP_v 按(5)式计算，其值应符合 4.5.4 中表 3 的要求：

$$\Delta P_v=P_j-P_c \qquad (5)$$

式中　P_j——进口处的压力；

P_c——出口处的压力。

5.2.7　超压卸载试验

将阀调定在 1.25 倍公称压力下卸载，卸载动作频率调定在每分钟 10～20 次之间，卸载动作次数与工作情况，应符合 4.5.6 的要求。

5.2.8　强度试验

将阀调定在 1.5 倍的公称压力下不卸载并稳压 5min，应符合 4.5.7 的要求。

5.2.9 动特性试验

将阀调定在公称压力下卸载,和相应的恢复压力下恢复,卸载动作频率调定在每分钟5～10次之间,用装在阀的出口处的压力传感器及相应的二次仪表,画出3～6个卸载动作循环时的压力—时间曲线。公称压力、调定压力偏差:公称恢复压力、恢复压力偏差等应符合4.5.4的要求。

5.2.10 耐久试验

将阀调定在公称压力下卸载,调定节流加载阀,使卸载动作频率保持在每分钟15～25次之间,卸载动作累计次数与主要零件应符合4.5.5的要求。

5.2.11 解体检测

在上述试验项目全部完成后进行解体拆检,对各主要运动副零件的工作面处尺寸,进行测量;对阀芯与阀座的密封带进行目测。主要零件工作表面的磨损与阀芯、阀座的密封带,应符合4.5.8的要求。并将检测结果及全部试验结果记入附录B(提示的附录)。

6 检验规则

6.1 检验与验收

6.1.1 每个阀须经制造厂质量检验部门进行检验,并保证产品质量符合本标准的要求。

6.1.2 用户对收到的产品可进行复验,如复验结果与本标准不符时,应在收到产品之日起6个月内向厂方提出,由供需双方协商解决。

6.2 检验分类:

阀的检验分为出厂检验与型式检验两类。

6.3 检验项目

6.3.1 阀的各类检验按表3规定的项目进行。

表3

序号	项目名称	标准要求章条号	试验方法章条号	出厂检验	型式检验
1	外渗漏试验	4.5.2	5.2.1	√	√
2	内渗漏试验	4.5.3	5.2.2	√	√
3	公称压力卸载试验	4.5.4	5.2.3	√	√
4	公称恢复压力试验	4.5.4	5.2.4	√	√
5	压力调压范围试验	4.5.4	5.2.5	×	√
6	压力损失试验	4.5.4	5.2.6	×	√
7	超压卸载试验	4.5.6	5.2.7	×	√
8	强度试验	4.5.7	5.2.8	×	√
9	动特性试验	4.5.4	5.2.9	×	√
10	耐久试验	4.5.5	5.2.10	×	√
注:“√”表示该项目应进行;“×”表示该项目不进行。					

6.3.2 凡属下列情况之一者,应做型式检验:

a) 新产品鉴定定型时,或者产品转厂试制时:

b) 产品的结构、材料、工艺有较大改进,可能影响产品性能时;

c) 产品停产3年以上再次生产时;

d) 连续生产的产品至少每5年应进行一次;

e) 国家质量监督机构提出进行型式检验要求时。

6.4 组批规则与抽样方案

6.4.1 阀应成批提交验收，每批阀由同一生产批的产品组成。

6.4.2 出厂检验为全检。

6.4.3 型式检验中表5的第1～9项采用GB 2829的二次抽样方案，(见表4)。耐久性能抽取1个产品进行检验，若不合格，则加倍抽检(2个)。加倍抽检后均合格，则判该项合格，若仍有一个以上(含一个)不合格，则判该项不合格。

表4

序号	检验项目	检验数量			不合格质量水平 RQL	判别水平 DL	二次抽样方案判定数值 A_cR_e
		样本	样本大小	累计样本大小			
1	表5中的第1～9项	第一 第二	2 2	2 4	50	I	0 2 1 2

6.5 抽样方法

型式检验按如下两种情况进行：

a) 新产品时，样机为样本；

b) 批量生产的产品，样本按照GB 10111规定的方法，从提交的检验批中随机抽取，但批量不应少于10个。

6.6 判定规则与复检规则

6.6.1 出厂检验的阀各项检验均合格，判出厂检验合格。有一项不合格者，则该阀判为不合格。允许对不合格阀进行修复和调整，重新送交检验。

6.6.2 型式检验的受检样本，各项检验均合格，判该产品型式检验合格；否则判该产品型式检验不合格。型式检验中允许对表5中的1与5项进行调整，可更换一次密封圈。

6.6.3 受检样本按检验项目顺序进行型式检验时，若某项被判为不合格时，则其他项目的检验不再继续进行。

6.6.4 派生系列产品，允许只对系列产品基型进行型式检验，基型产品应是该系列中流量、压力最大的产品，其检验结果应能代表该系列中全部产品的考核。

6.7 检验报告

6.7.1 型式检验报告内容：

a) 检验装置系统图；

b) 检验用的仪表、仪器的精度等级及满量程；

c) 参见附录B(提示的附录)的内容；

d) 检验结论。

6.7.2 出厂检验报告内容：

a) 按表5规定项目的检验记录；

b) 检验结论。

6.7.3 检验资料应有检验负责人签字。

7 标志、包装

7.1 标志

7.1.1 阀的对外连接处应有指示标牌。

7.1.2 阀应有产品标牌。各种标牌应符合GB/T 13306的规定。

7.1.3 标牌应安装牢固，位置适当，文字图样清晰醒目。产品标牌至少应包括：产品名称、型号、制造厂名称、公称压力、公称流量、出厂编号、制造日期。

7.1.4 装在主机上的自制阀，可不设产品标牌。

7.2 包装

7.2.1 经检验合格的产品,应有可靠的防锈措施,外露液口需用防尘塞或防尘帽等盲盖堵住;外露螺纹部分应有保护帽。

7.2.2 阀应在包装箱内,应固定可靠,包装箱的体积、强度应符合铁路、公路等运输部门的要求。

7.2.3 随机备件、专用工具需经防锈处理后,也应装入包装箱内。

7.2.4 在包装箱内应有下列文件,并封装在防潮袋内:

a) 装箱单;

b) 产品使用说明书,使用说明书的起草与表述应符合 GB/T 1.1、GB 9969.1 的规定:

c) 产品合格证,产品合格证的编写应符合 GB/T 14436 的规定。

7.2.5 包装箱上的储运图示标志应符合 GB 191 的规定。

7.2.6 包装箱外壁上的文字,应书写清晰、整齐。内容包括:

a) 到货站及收货单位名称;

b) 产品名称、型号和规格;

c) 箱号(运单号)及件数;

d) 包装箱的体积(长×宽×高)cm^3;

e) 毛重 kg;

f) 包装储运图示标志;

g) 发货站及发货单位名称;

h) 发货日期。

8 贮存

8.1 贮存地点应空气流通、干,能防止受潮、锈蚀及其他损坏。

8.2 贮存期最长为 9 个月,贮存的方法应保证不拆卸便可投入使用。逾期需要重新检查、重新油封。

附　录　A
（标准的附录）
试验系统液压原理图

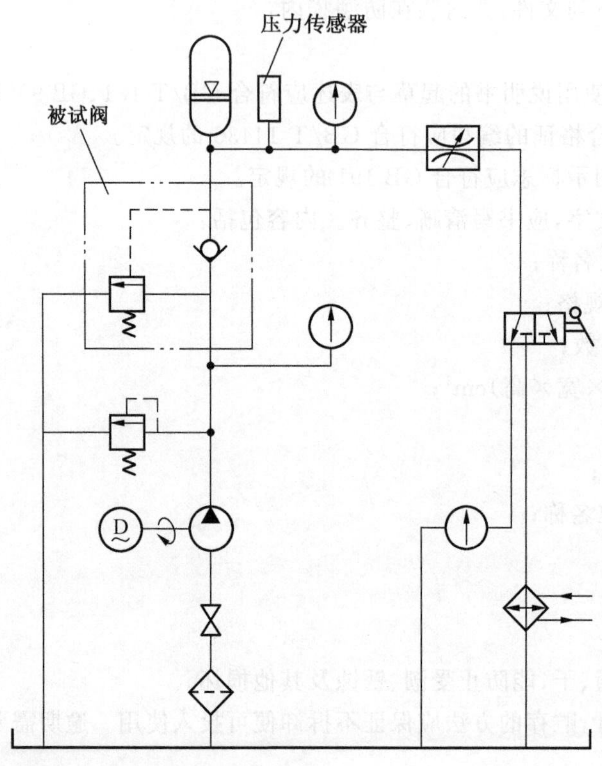

注：根据试验需要，允许增减液压元件

图 A1

附　录　B
（提示的附录）
卸载阀试验记录表

送试单位	阀型号	制造编号	试验时间
公称压力　　MPa	公称流量　　L/min	试验工作液	试验用泵
试验主持人	参加试验工作人员		

试 验 项 目	测量内容或测量值计算公式	测量值	标准要求	检验结果
外渗漏试验	渗漏量　　mL/min			
内渗漏试验	渗漏量　　mL/min			
公称压力卸载试验	$P_g=(P_{g1}+P_{g2}+\cdots\cdots+P_{gn})/n$　　MPa			
调定压力偏差	$\Delta P_g=P_{gi}-P_g$　　MPa			
公称恢复压力试验	$P_h=(P_{h1}+P_{h2}+\cdots\cdots+P_{hn})/n$　　MPa			
恢复压力偏差	$\Delta P_h=P_{hi}-P_h$　　MPa			
调定压力的调压范围	$P_g\sim P_{g\min}$　　MPa			
压力损失试验	$P_v=P_i-P_c$　　MPa			
超压卸载试验	$P=1.25P_g$　　MPa			
强度试验	$P=1.5P_g$　　MPa			
耐久试验	卸载动作次数			
动特性试验	在公称压力下进行卸载～恢复循环	画 $P-t$ 图		

主要零件拆检记录表(表格不够用时可另附表)

零件名称	测量部位	图纸尺寸	磨损极限值	试验后检验尺寸	检验结果	备注

注：

1. 磨损极限值：见 4.5.8；
2. 试验后检测尺寸，为三次实测尺寸的算术平均值。

ICS 73.100.10
D 97
备案号：6137—2000

中华人民共和国煤炭行业标准

MT/T 188.4—2000

煤矿用乳化液泵站过滤器技术条件

Mine emulsion pump station-technical condition of filter

2000-01-18 发布　　2000-05-01 实施

国家煤炭工业局　发布

前言

本标准是将MT 188—1988《煤矿用乳化液泵站》的过滤器部分与MT 91—1984《煤矿乳化液泵站用高压过滤器试验规范》合并制订成一个独立的标准。增加了技术要求的内容,并对原有的性能要求作了适当的调整与修改;完善了试验方法、检验规则等内容。

修订后的MT/T 188包括以下几部分:

MT/T 188.1　煤矿用乳化液泵站;

MT/T 188.2　煤矿用乳化液泵站　乳化液泵;

MT/T 188.3　煤矿用乳化液泵站　卸载阀;

MT/T 188.4　煤矿用乳化液泵站　过滤器;

MT/T 188.5　煤矿用乳化液泵站　安全阀。

本标准从生效之日起代替MT 188中的过滤器部分。废除MT 91—1984。

本标准的附录A是标准的附录。

本标准的附录B是提示的附录。

本标准由国家煤炭工业局行业管理司提出。

本标准由煤炭工业煤矿专用设备标准化技术委员会归口。

本标准起草单位:煤炭科学研究总院太原分院。

本标准主要起草人:曾凡卓、王清元、马涛、王步康。

本标准委托煤炭科学研究总院太原分院负责解释。

中华人民共和国煤炭行业标准

MT/T 188.4—2000

煤矿用乳化液泵站过滤器技术条件

Mine emulsion pump station-technical condition of filter

1 范围

本标准规定了煤矿用乳化液泵站过滤器(包括高压过滤器、回液过滤器、吸液过滤器)的技术要求、试验方法、检验规则、标志、包装和贮存。

本标准适用于煤矿用乳化液泵站的过滤器,也适用于煤矿井下以清水为工作介质的喷雾灭尘泵站和注水泵站的过滤器。

2 引用标准

下列标准所包含的条文,通过在本标准中引用而构成为本标准的条文。本标准出版时,所示版本均为有效。所有标准都会被修订,使用本标准的各方应探讨使用下列标准最新版本的可能性。

GB 191—1990 包装储运图示标志

GB 197—1981 普通螺纹 公差与配合(直径 1～355mm)

GB/T 1184—1996 形状和位置公差 未注公差的规定

GB 1239.2—1989 冷卷圆柱螺旋压缩弹簧 技术条件

GB/T 1804—1992 一般公差 线性尺寸的未注公差

GB 2829—1987 周期检查计数抽样程序及抽样表(适用于生产过程稳定性检查)

GB 9969.1—1988 工业产品使用说明书 总则

GB 10111—1988 利用随机数骰子进行随机抽样的方法

GB/T 13306—1991 标牌

GB/T 14436—1993 工业产品保证文件 总则

MT 76—1983 液压支架用乳化油

3 技术要求

3.1 一般技术要求

3.1.1 图样中未注明公差等级的机加工尺寸,应符合 GB/T 1804—1992 中 m 级(中等级)。

3.1.2 图样中机械加工未注形位公差,按 GB/T 1184—1996 中的 H 级。

3.1.3 普通螺纹配合精度应不低于 GB 197—1981 中的 6H/6g,7H/6h,7H/6g。需要电镀的螺纹应符合 GB 197—1981 中的第 8 章规定。

3.1.4 圆柱螺旋压缩弹簧,应不低于 GB 1239.2—1989 规定的二级精度。

3.2 主要零件的要求

3.2.1 主要零件的材料,应与设计规定的材料相符,在不降低使用寿命和性能时,制造厂应按代料制度的规定允许临时代用。

3.2.2 各种零件应有防腐蚀措施。

国家煤炭工业局 2000-01-18 批准 2000-05-01 实施

3.3 装配要求

3.3.1 所有零件必须经过检验合格后方可用于装配；不得将因保管或运输等原因造成变形、锈蚀、碰伤的零件用于装配。

3.3.2 装配前零件应去除毛刺，并清洗干净，特别是铸造型砂孔和钻孔更应仔细清洗，不得残留铸砂、切屑、纤维等杂质。

3.3.3 各种零、部件应装配齐全、安装位置正确、连接牢固可靠，并具有互换性。

3.3.4 各种运动零件，应运动灵活，无别卡现象。

3.3.5 各种过滤器的滤芯，应便于清洗和更换。

3.4 外观要求

3.4.1 外露非加工表面应平整，无飞边，无氧化铁皮等。

3.4.2 外露加工表面应有防护镀层，外露非加工表面应涂漆。

3.4.3 电镀件镀层应均匀、美观，没有锈蚀和起皮脱落现象。

3.4.4 应在明显位置，标明液流方向箭头。

3.5 性能要求

3.5.1 过滤器的公称压力和公称流量，应满足配套泵站的要求。

3.5.2 在公称压力下，稳压 5min，过滤器应无外渗漏。

3.5.3 过滤器的过滤精度与压力损失，应满足表 1 的要求

表 1

公称流量 L/min	高压过滤器		吸液过滤器		回液过滤器	
	过滤精度	压力损失，MPa	过滤精度	压力损失，MPa	过滤精度	压力损失，MPa
≤80		≤0.10				≤0.05
>80～160	按设计要求	≤0.15	按设计要求	≤0.02	按设计要求	≤0.05
>160		≤0.20				≤0.10

3.5.4 高压过滤器应设有污染指示或安装测试装置；当采用电发讯装置时必须防爆，其发讯压差应不大于 0.35MPa。

3.5.5 回液过滤器必须设有旁路装置。旁路阀的开启压力应不大于 0.35MPa。全流量通过旁路阀的压力损失应不大于 0.5MPa。

3.5.6 过滤器在 1.5 倍的公称压力下稳压 5min，不得出现渗漏和损坏。

3.5.7 在滤芯被堵住 1/2 的过滤面积时，通过公称流量的时间为 5min，滤芯不得损坏。

3.6 防锈要求

过滤器试验合格后，应放净残存的工作液，并作防锈处理。

3.7 过滤器的成套供应范围

3.7.1 完整的过滤器。

3.7.2 专用工具。

3.7.3 备件。

注：若有增减，按与用户签订的合同供货。

4 试验方法

4.1 一般要求

4.1.1 试验用工作介质

a) 乳化液泵站用过滤器，采用 MT 76 所规定的乳化油与中性水，按 5：95 的重量比配制而成的乳化液。

b) 喷雾灭尘泵站与注水泵站用的过滤器，采用清水。

c) 试验全过程中，工作介质的温度应保持在10～40℃之间。

d) 工作介质应经0.125mm精度的过滤器过滤，并须设有磁性过滤器。

4.1.2 试验系统及装置

参见附录A(标准的附录)，应能可靠地进行加载、计量和具有液温控制手段。

4.1.3 测量精度

测量系统允许的系统误差，应满足表2的要求。

表 2

名　称	型 式 试 验	出 厂 试 验
流　量	±1.5%	±2.5%
压　力	±1.5%	±2.5%
温　度	±1.0℃	±2.0℃

注：表中的百分数为测量仪表允许的系统误差δ(又称相对误差)，其表述式为：

$$\delta=\frac{X_n}{X}S\%$$

式中 X_n——仪表的满刻度值；

S——仪表的精度等级；

X——测量点的指示值。

4.1.4 流量要求

通过被试件的流量，不得低于过滤器设计规定的公称值。

4.1.5 测量要求

a) 测量时应同时读出所有相关仪表的指示值，并作记录。每个被测参数的测量次数，应不少于三次，取其算术平均值为测量值。

b) 各被测参数指示值的有效位数，按计量仪器的最小分度值读取，最小应保留一位小数；当仪表指示针摆动时，指示针的摆动不应超过分度盘的三个最小分度值，取其中间的读数值为指示值。

c) 公称压力应在压力表的全量程的1/2～2/3之间。

d) 各测试参数的测量值，判定的有效位数与标准规定值位数相同。

4.2 试验项目与试验程序

试验项目的试验程序按以下顺序进行。

4.2.1 密封性能试验

测试系统按附录A(标准的附录)图A1。调定节流加载阀，使表压维持在过滤器的公称压力，保压5min，应符合3.5.2的要求。

4.2.2 压力损失试验

试验系统同4.2.1。在公称流量下，测定过滤器的进口处压力与出口处的压力差，其值应符合3.5.3的要求。

4.2.3 旁路阀的开启压力试验与全流量时的阻力试验

试验系统见附录A(标准的附录)图A2。将滤芯取下，用一堵头替换滤芯，并将过滤器置于旁路上；然后从过滤器进口处的表压为"0"开始试验，使压力以每分钟0.05～0.1MPa速度缓慢地升压，当过滤器的出口处有液体流出时，此时过滤器进口处的表压即为旁路阀的开启压力。反复三次，取其算术平均值为测量值。然后缓慢关闭节流加载阀，使流量都从旁路阀通过，取过滤器进口处的压力指示值为测量值，其值应符合3.5.5的要求。

4.2.4 污染指示装置的测试

测试系统见 4.2.3,并可同时进行。从表压为“0”开始试验,使压力以每分钟 0.05～0.1MPa 速度缓慢地升压,观察污染指示装置是否动作,当压力升至表 1 规定的压力损失值时,污染指示装置应给出相应的指示。若污染指示装置为电发讯装置,记录其发讯时的压力指示值。反复三次,取其算术平均值为测量值,其值应符合 3.5.4 的要求。

4.2.5 超压试验

试验系统按附录 A(标准的附录)图 A1。调定节流加载阀与卸载阀,使过滤器在 1.5 倍的公称压力下稳压 5min,应符合 3.5.6 的要求。

4.2.6 滤芯强度试验

将滤芯取出,堵住 1/2 的过滤面积后再复装,试验系统按附录 A(标准的附录)图 A1,并应符合 3.5.7 的要求。

4.2.7 过滤精度的检验

将滤网置于带有标有长度尺寸的放大镜下,直接数出在 1 单位长度上的网孔数,应符合设计要求。

5 检验规则

5.1 检验与验收

5.1.1 每个过滤器须经制造厂质量检验部门进行检验,并保证产品质量符合本标准的要求。

5.1.2 用户对收到的产品可进行复验,如复验结果与本标准不符时,应在收到产品之日起 6 个月内向厂方提出,由供需双方协商解决。

5.2 检验分类:

过滤器的检验分为出厂检验与型式检验两类。

5.3 检验项目

5.3.1 过滤器的各类检验按表 3 规定的项目进行。

表 3

序号	项目名称	标准要求章条号	试验方法章条号	出厂检验	型式检验
1	密封试验	3.5.2	4.2.1	√	√
2	压力损失试验	3.5.3	4.2.2	√	√
3	旁路阀开启压力试验	3.5.5	4.2.3	×	√
4	旁路阀全流量压力损失试验	3.5.5	4.2.3	×	√
5	污染指示(或发讯装置)测试	3.5.4	4.2.4	×	√
6	滤芯强度试验	3.5.7	4.2.6	×	√
7	超压试验	3.5.6	4.2.5	×	√
8	过滤精度检验	3.5.3	4.2.7	×	√
注:“√”表示该项目应进行;“×”表示该项目不进行。					

5.3.2 凡属下列情况之一者,应做型式检验:

a) 新产品鉴定定型时,或者产品转厂试制时;

b) 产品的结构、材料、工艺有较大改进,可能影响产品性能时;

c) 产品停产 3 年以上再次生产时;

d) 连续生产的产品至少每 5 年应进行一次;

e) 国家质量监督机构提出进行型式检验要求时。

5.4 组批规则与抽样方案

5.4.1 过滤器应成批提交验收,每批过滤器由同一生产批的产品组成。

5.4.2 出厂检验为全检。

5.4.3 型式检验采用 GB 2829 的二次抽样方案，见表 4。

表 4

检验项目	检 验 数 量			不合格质量水平 RQL	判别水平 DL	二次抽样方案判定数值 A_cR_e
	样本	样本大小	累计样本大小			
表 3 中的第 1～8 项	第一	2	2	50	1	0　2
	第二	2	4			1　2

5.5 抽样方法

型式检验按如下两种情况进行：

a）新产品时，样机为样本；

b）批量生产的产品，样本按照 GB 10111 规定的方法，从提交的检验批中随机抽取，但批量不应少于 10 个。

5.6 判定规则与复检规则

5.6.1 出厂检验的过滤器各项检验均合格，判出厂检验合格。有一项不合格者，则该过滤器判为不合格。允许对不合格过滤器进行修复和调整，重新送交检验。

5.6.2 型式检验的受检样本，各项检验均合格，判该产品型式检验合格；否则判该产品型式检验不合格。型式检验中允许对表 3 中的 1 与 5 项进行调整，可更换一次密封圈。

5.6.3 受检样本按检验项目顺序进行型式检验时，若某项被判为不合格时，则其他项目的检验不再继续进行。

5.6.4 派生系列产品，允许只对系列产品基型进行型式检验，基型产品应是该系列中流量、压力最大的产品，其检验结果应能代表该系列中全部产品的考核。

5.7 检验报告

5.7.1 型式检验报告内容：

a）检验装置系统图；

b）检验用的仪表、仪器的精度等级及满量程；

c）参见附录 B(提示的附录)的内容；

d）检验结论。

5.7.2 出厂检验报告内容：

a）按表 5 规定项目的检验记录；

b）检验结论。

5.7.3 检验资料应有检验负责人签字。

6 标志、包装

6.1 标志

6.1.1 过滤器的对外连接处及液流方向，应有指示标牌。

6.1.2 过滤器应有产品标牌，标牌应符合 GB/T 13306 的规定。

6.1.3 标牌应安装牢固、位置适当、文字图样清晰醒目。产品标牌至少包括：产品名称、型号、制造厂名称、公称流量、公称压力、出厂编号、制造日期。

6.1.4 主机厂自制的过滤器，可不设产品标牌。

6.2 包装

6.2.1 经检验合格的产品，应有可靠的防锈措施。外露液口需用防尘塞或防尘帽等盲盖堵住，外露螺纹部分应有保护帽。

6.2.2 过滤器在包装箱内应固定可靠，包装箱的体积、强度应符合铁路、公路等运输部门的要求。

6.2.3 随机备件、专用工具经防锈处理后，也应装入包装箱内。

6.2.4 在包装箱内应有下列文件，并封装在防潮袋内。

a）装箱单；

b）使用说明书。使用说明书的起草与表述应符合 CB/T 1.1、GB 9969.1 的规定；

c）产品合格证。产品合格证的编写应符合 GB/T 14436 的规定。

6.2.5 包装箱上的储运图示标志，应符合 GB 191 的规定。

6.2.6 包装箱外壁上文字，应书写清晰、整齐。内容包括：

a）到货站及收货单位名称；

b）产品名称、型号和规格；

c）箱号（运单号）及件数；

d）包装箱的体积（长×宽×高）cm^3；

e）毛重 kg；

f）包装储运图示标志；

g）发货站及发货单位名称；

h）发货日期。

7 贮存

7.1 贮存地点应空气流通、干燥，能防止受潮、锈蚀及其他损坏。

7.2 贮存期最长为 9 个月，贮存的方法应保证不拆卸，便可投入使用。逾期需要重新检查、重新油封。

附　录　A
（标准的附录）
试验系统液压原理图

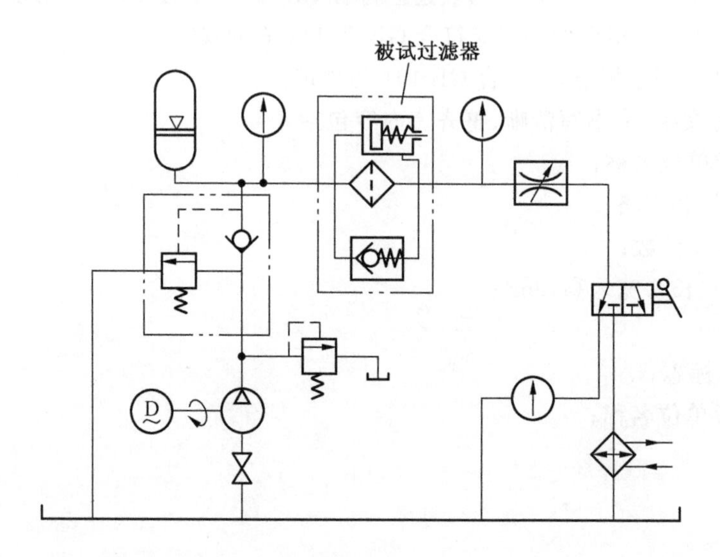

图 A1

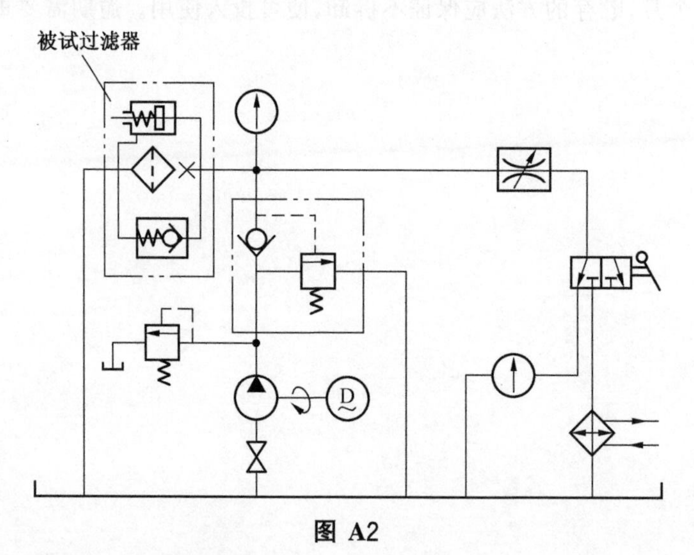

图 A2

注：根据试验需要，允许增减液压元件。

附 录 B
（提示的附录）
过滤器试验记录表

<table>
<tr><td>送试单位</td><td>型号</td><td colspan="2">制造编号</td><td colspan="3">试验日期</td></tr>
<tr><td>泵公称压力 MPa</td><td>泵公称流量 L/min</td><td colspan="2">试验工作介质</td><td colspan="3">试验用泵</td></tr>
<tr><td>试验主持人</td><td colspan="6">参加试验人员</td></tr>
<tr><td>试 验 项 目</td><td colspan="2">测量内容或计算公式</td><td colspan="2">测 量 值</td><td>标准要求</td><td>检验结果</td></tr>
<tr><td>密封性能试验</td><td colspan="2">渗漏量 mL/min</td><td colspan="2"></td><td></td><td></td></tr>
<tr><td>压力损失试验</td><td colspan="2">$P_{进}-P_{出}$ MPa</td><td colspan="2"></td><td></td><td></td></tr>
<tr><td>过滤精度检验</td><td colspan="2">网孔数 目/单位长度</td><td colspan="2"></td><td></td><td></td></tr>
<tr><td>旁路阀开启压力试验</td><td colspan="2">开启压力 MPa</td><td colspan="2"></td><td></td><td></td></tr>
<tr><td>旁路阀全流量压力损失</td><td colspan="2">压力损失 MPa</td><td colspan="2"></td><td></td><td></td></tr>
<tr><td>污染指示或发讯试验</td><td colspan="2">动作压力 MPa</td><td colspan="2"></td><td></td><td></td></tr>
<tr><td>滤芯强度试验</td><td colspan="2">堵住 1/2 的过滤面积</td><td colspan="2">全流量通过 5min</td><td>滤芯不损坏</td><td></td></tr>
<tr><td>超压试验</td><td colspan="2">$P=1.5P_g$ MPa</td><td colspan="2"></td><td></td><td></td></tr>
<tr><td colspan="7">其他情况记录：</td></tr>
</table>

ICS 73.100
D 97
备案号：8074—2001

中华人民共和国煤炭行业标准

MT/T 188.5—2000

煤矿用乳化液泵站安全阀技术条件

Specification of safety valve for mine emulsion pump station

2000-12-08 发布 2001-05-01 实施

国家煤炭工业局 发布

前　言

本标准是将MT 188—1988《煤矿用乳化液泵站》的安全阀部分与MT 88—1984《煤矿用乳化液泵用安全阀试验规范》合并制订成一个独立的标准，增加了技术要求的内容，对其性能要求作了适当的调整与修改，并完善了试验方法与检验规则等内容。

修订后的MT/T 188　包括以下几个部分：

MT/T 188.1　煤矿用乳化液泵站；

MT/T 188.2　煤矿用乳化液泵站　乳化液泵；

MT/T 188.3　煤矿用乳化液泵站　卸载阀技术条件；

MT/T 188.4　煤矿用乳化液泵站　过滤器技术条件；

MT/T 188.5　煤矿用乳化液泵站　安全阀技术条件。

本标准从生效之日起代替MT 188—1988中的安全阀部分，废止MT 88—1984。

本标准由国家煤炭工业局规划发展司（国家煤矿安全监察局安全技术装备保障司）提出。

本标准由煤炭工业煤矿专用设备标准化技术委员会归口。

本标准起草单位：煤炭科学研究总院太原分院。

本标准主要起草人：曾凡卓、王清元。

本标准由国家煤炭工业局规划发展司（国家煤矿安全监察局安全技术装备保障司）负责解释。

中华人民共和国煤炭行业标准

MT/T 188.5—2000

代替 MT 188.5—198

煤矿用乳化液泵站安全阀技术条件

Specification of safety valve for mine emulsion pump station

1 范围

本标准规定了煤矿用乳化液泵站安全阀的技术要求、试验方法、检验规则、标志、包装、运输和贮存。

本标准适用于煤矿用乳化液泵站(以下简称泵站)配套的安全阀(以下简称阀)。煤矿井下以清水为工作介质的喷雾灭尘泵站的阀也可参照采用。

2 引用标准

下列标准所包含的条文,通过在本标准中引用而构成为本标准的条文。本标准出版时,所示版本均为有效。所有标准都会被修订,使用本标准的各方应探讨使用下列标准最新版本的可能性。

GB 197—1981 普通螺纹 公差与配合(直径 1～355)

GB/T 1184—1996 形状和位置公差 未注公差值

GB 1239.2—1989 冷卷圆柱螺旋压缩弹簧 技术条件

GB/T 1804—1992 一般公差 线性尺寸的未注公差

GB/T 1972—1992 碟形弹簧

GB 2829—1987 周期检查计数抽样程序及抽样表(适用于生产过程稳定性的检查)

GB 10111—1988 利用随机数骰子进行随机抽样的方法

GB/T 13306—1991 标牌

GB/T 14436—1993 工业产品保证文件 总则

MT 76—1983 液压支柱用乳化油

3 定义

本标准采用下列定义。

3.1 开启压力 cracking pressure

阀开始溢流时的压力。

4 技术要求

4.1 一般技术要求

4.1.1 金属切削加工件未注公差尺寸的极限偏差,应符合 GB/T 1804—1992 中 m 级。

4.1.2 图样中机械加工未注形位公差,应符合 GB/T 1184—1996 中 H 级。

4.1.3 普通螺纹配合精度应不低于 GB 197—1981 中的 7H/6h,7H/6g。需要电镀的螺纹应符合 GB 197 1981 中 8 的规定。

4.1.4 圆柱螺旋压缩弹簧的精度,应不低于 GB 1239.2—1989 规定的二级精度;碟形弹簧的精度应不低于 GB/T 1972—1992 规定的二级精度。

国家煤炭工业局 2000-12-08 批准　　2001-05-01 实施

4.2 主要零件的要求

主要零件的材料，应与设计规定的材料相符，在不降低使用寿命和性能时，制造厂应按代料制度的规定，允许临时代用。

4.3 装配要求

4.3.1 所有零件必须经过检验合格后方可用于装配，不得将变形、锈蚀、碰伤的零件用于装配。

4.3.2 阀芯与阀座应进行密封试验不得渗漏。

4.3.3 各零、部件应装配齐全，安装位置正确，连接牢固可靠；型号相同的零、部件应能互换。

4.3.4 各种运动零件在装配后，应运动灵活，无别卡现象。

4.4 外观要求

外表应无毛刺、飞边等缺陷；镀层(或漆层)应均匀、美观，没有锈蚀起皮和脱落现象。

4.5 性能要求

4.5.1 配套

阀的开启压力、公称流量，应能满足配套泵站的要求。

4.5.2 密封性能

阀在配用泵站的公称压力(以下简称公称压力)下，稳压 5min 应无渗漏。

4.5.3 开启压力

阀的开启压力应符合表 1 的要求。

表 1

调定压力 MPa	开启压力 MPa	开启压力偏差 MPa
≤12.5	调定压力的 110%～120%	调定压力的±8%
>12.5～25	调定压力的 110%～115%	调定压力的±6%
>25～40	调定压力的 110%～115%	调定压力的±4%

4.5.4 调压范围

阀的最小调定压力应能达到公称压力的 0.7 倍，阀的最大调定压力应能达到公称压力的 1.2 倍。

4.5.5 强度性能

阀在 1.5 倍开启压力的静压下，稳压 5min，不得损坏。

4.5.6 耐久性能

阀在开启压力下的动作次数应不少于 300 次；阀芯、阀座、弹簧等主要零件不得损坏。

5 试验方法

5.1 一般要求

5.1.1 试验用工作介质

a) 乳化液泵用阀，采用 MT 76 所规定的乳化油与中性水，按 5∶95 的重量比配制而成的乳化液(喷雾灭尘泵与注水泵用阀采用清水)；

b) 试验全过程中，工作介质的温度应保持在 10～40℃之间；

c) 工作介质应经 0.125mm 精度的过滤器过滤，并须设有磁过滤器。

5.1.2 试验系统及装置

试验系统(参见图 1)，应能可靠地进行加载、计量并具有液温控制手段。

注：根据试验需要，允许增减液压元件。

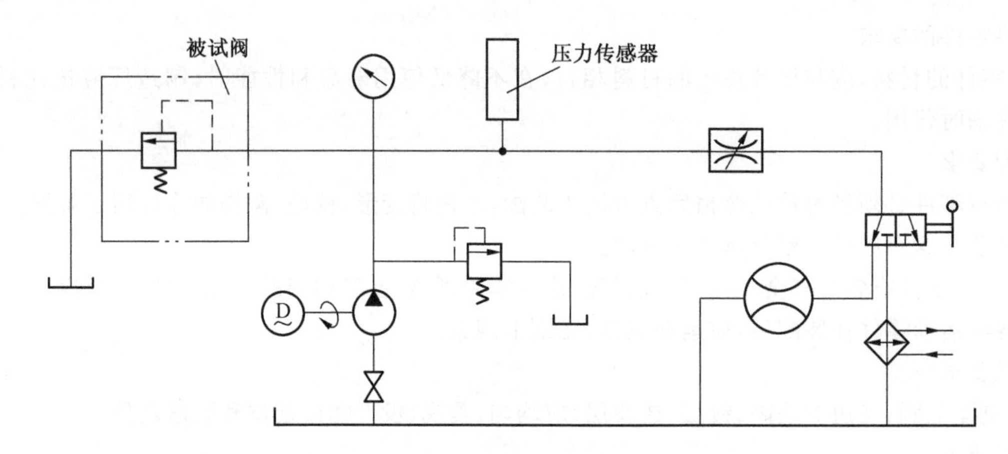

图 1 阀试验系统图

5.1.3 测量精度

测量系统允许的系统误差应满足表 2 的要求。

表 2

名　　称	型 式 检 验	出 厂 检 验
流量	±1.5%	±2.5%
压力	±1.5%	±2.5%
温度	±1.0℃	±2.0℃

注：表中的百分数为测量仪表允许的系统误差 δ(又称相对误差)，其表述式为：

$$\delta=\frac{X_n}{X}S\%$$

式中：X_n——仪表的满刻度值；

S——仪表的精度等级；

X——测量点的指示值。

5.1.4 流量要求

通过被试件的流量，不得低于设计规定的公称值。

5.1.5 测量要求

a) 测量时应同时读出所有相关仪表的指示值，并做记录；每个被测参数的测量次数应不少于 3 次，取其算术平均值为测量值；

b) 各被测参数指示值的有效位数，按计量仪器的最小分度值读取，最少应保留一位小数；当仪表指针摆动时，指示针的摆动不应超过分度盘的 3 个最小分度值，取其中向的读数值为指示值；

c) 公称压力应在压力表全量程的 1/2～2/3 之间；

d) 各被测参数的测量值，判定的有效位数，应与标准规定值位数相同。

5.2 试验项目与试验程序

试验项目与试验程序按以下顺序进行；

5.2.1 密封性能试验

阀在公称压力下稳压 5 min，应符合 4.5.2 的要求。

5.2.2 开启压力试验

用节流加载阀调节试验压力，使阀开启，然后再调节节流加载阀，使试验压力降低至阀关闭；反复 3 次，取连续的 3 次开启压力的算术平均值为测量值，并计算开启压力的偏差。开启压力及开启压力偏差应符合 4.5.3 的要求。型式试验时,需画出动态曲线。

开启压力 P_k 按(1)式计算:

$$P_k=\left(\sum_{i=1}^{n}P_i\right)/n \quad \cdots\cdots(1)$$

式中:P_i——测量时开启压力的指示值;

n——指示值的个数。

开启压力偏差 ΔP_k 按(2)式计算:

$$\Delta P_k=P_i-P_k \quad \cdots\cdots(2)$$

式中:$i=1,2,\cdots\cdots,n$。

5.2.3 调压范围试验

将阀的弹簧力调小,使阀的开启压力降至 4.5.4 中规定的下限值。然后将阀的弹簧力调大,使阀的开启压力升至 4.5.4 中规定的上限值。阀的调压范围应符合 4.5.4 的规定。

5.2.4 强度试验

调定阀在 1.5 倍的开启压力下不开启,稳压 5 min,试验结果应符合 4.5.5 的要求。

5.2.5 耐久试验

试验方法同 5.2.2,反复调节节流加载阀,使阀重复开启、关闭、开启动作,反复循环的累计次数应不小于 300 次,结果应符合 4.5.6 的要求。

6 检验规则

6.1 检验与验收

6.1.1 每个阀须经制造厂质量检验部门进行检验,并保证产品质量符合本标准的要求。

6.1.2 用户对收到的产品可进行复验,如复验结果与标准不符时,由供需双方协商解决。

6.2 检验分类

阀的检验分为出厂检验与型式检验。

6.3 检验项目

6.3.1 阀的各类检验按表 3 规定的项目进行。

表 3

序号	项目名称	性能要求	试验方法	出厂检验	型式检验
1	密封性能	4.5.2	5.2.1	√	√
2	开启压力	4.5.3	5.2.2	√	√
3	调压范围	4.5.4	5.2.3	×	√
4	强度性能	4.5.5	5.2.4	×	√
5	耐久性能	4.5.6	5.2.5	×	√
注:"√"表示该项检验进行;"×"表示该项检验不进行。					

6.3.2 凡属下列情况之一者,应做型式检验

a) 新产品鉴定定型时,或者产品转厂试制时;

b) 产品的结构、材料、工艺有较大改进,可能影响产品性能时;

c) 产品停产 3 年以上再次生产时;

d) 连续生产的产品至少每 5 年应进行一次;

e) 国家质量监督部门和国家煤矿安全监察部门提出要求时。

6.4 组批规则与抽样方案

6.4.1 阀应成批提交检验,每批阀由同一生产批的产品组成。

6.4.2 出厂检验为全检。

6.4.3 型式检验中表3的第1～4项采用GB 2829—1987的二次抽样方案,见表4。耐久性能抽取1个产品进行检验,若不合格,则加倍抽检2个。加倍抽检后均合格,则判该项合格,若仍有1个以上(含1个)不合格,则判该项不合格。

表4

序号	检验项目	检验数量			不合格质量水平 RQL	判别水平 DL	二次抽样方案判定数值	
		样本	样本大小	累计样本大小			A_r	R_e
1	密封性能	第一	2	2	50	I	0	2
2	开启压力							
3	调压范围	第二	2	4			1	2
4	强度性能							

6.5 抽样方法

型式检验按如下两种情况进行:

a) 新产品时,样机为样本;

b) 批量生产的产品,样本按照GB 10111规定的方法,从提交的检验批中随机抽取,但批量不应少于10个。

6.6 判定规则与复检规则

6.6.1 出厂检验的阀各项检验均合格,判出厂检验合格;有一项检验不合格者则该阀判为不合格。允许对不合格阀进行修复和调整,重新送交检验。

6.6.2 型式检验的受检样本,各项检验均合格,判该产品型式检验合格;否则判该产品型式检验不合格。

7 标志、包装

7.1 标志

7.1.1 阀应有产品标牌,各种标牌应符合GB/T 13306的规定。

7.1.2 标牌应安装牢固、位置适当、文字图样清晰醒目。产品标牌至少应包括:产品名称、型号、制造厂名称、公称压力、公称流量、出厂编号、制造日期。

7.1.3 装在主机上的自制阀,可不设产品标牌。

7.2 包装

7.2.1 经检验合格的产品,应放尽残存的工件液,并有可靠的防锈措施,外露液口需用防尘塞或防尘帽等盲盖堵住,外露螺纹部分应有保护帽。

7.2.2 阀应在包装箱内固定可靠;包装箱的体积、强度,应符合铁路、公路等运输部门的要求。

7.2.3 随机备件、专用工具需经防锈处理后,也应装入包装箱内。

7.2.4 在包装箱内应有下列文件,并封装在防潮袋内:

a) 装箱单;

b) 产品使用说明书;

c) 产品合格证;产品合格证的编写应符合GB/T 14436的规定。

7.2.5 包装箱外壁上的文字应书写清晰、整齐。

8 贮存

8.1 贮存地点应空气流通、干燥,能防止受潮、锈蚀及其它损坏。

8.2 贮存期最长为9个月,贮存的方法应保证不拆卸便可投入使用。逾期需要重新检查、重新油封。

中华人民共和国煤炭工业部部标准

MT/T 189—88

矿用隔爆型检漏继电器

1 主题内容与适用范围

本标准规定了矿用隔爆型检漏继电器(以下简称继电器)的术语、产品分类、型号编制、基本参数、技术要求、试验方法、检验规则、标志、包装、运输及贮存。

本标准适用于继电器。继电器用于有爆炸性混合物的矿井,在交流 50 Hz,额定电压 1 140 V 及以下,三相中性点不直接接地的绝缘供电网路中,配合低压馈电开关作漏电保护与漏电闭锁之用,以防止对人体触电及网路电气设备因绝缘破坏引起触电危险与防止向绝缘过低的网路送电。

2 引用标准

GB 3836.1 爆炸性环境用防爆电气设备 通用要求
GB 3836.2 爆炸性环境用防爆电气设备 隔爆型电气设备“d”
GB 3836.3 爆炸性环境用防爆电气设备 增安型电气设备“e”
GB 3836.4 爆炸性环境用防爆电气设备 本质安全型电路和电气设备“i”
GB 1497 低压电器基本标准
GB 998 低压电器基本试验方法
GB 2900.1 电工名词术语 基本名词术语
GB 2900.18 电工名词术语 低压电器
GB 2900.35 电工名词术语 爆炸性环境用防爆电气设备
GB 4942.2 低压电器 外壳防护等级
GB 2829 周期检查计数抽样程序及抽样表(适用于生产过程稳定性的检查)
MT 154.1 煤矿机电产品型号的编制导则和管理办法
MT 154.2 煤矿采掘工作面用电气控制设备型号编制方法
JB 4002 矿用隔爆型低压电器用接线端子
JB 4262 隔爆型低压电器用橡套电缆引入装置

3 术语

3.1 除本标准规定的名词术语外,其余均应符合 GB 2900.1、GB 2900.18、GB 2900.35 和GB 3836.1～3836.4 的要求。

3.2 本标准规定的术语

3.2.1 继电器:检测网路中漏电电阻值达到或小于整定值时,能自动断开网路的开关电器。

3.2.2 继电器的动作时间:网路在送电运行情况下,单相经 1 kΩ 电阻接地至继电器动作的全部时间。

3.2.3 漏电动作电阻:在规定电网条件下,使继电器动作的漏电电阻。

3.2.4 漏电闭锁:经过对分断状态的馈电开关或电磁起动器负荷侧绝缘电阻进行检测时使其不能合闸送电的功能。

中华人民共和国煤炭工业部 1988-04-03 批准　　1988-07-01 实施

3.2.5 漏电闭锁电阻值：在电网发生漏电动作后，网路绝缘电阻降低到整定值，对馈电开关或电磁起动器负荷侧进行检测，并进行电气闭锁使被保护电气设备不能合闸送电，达到漏电闭锁状态的网路对地的绝缘电阻值。

3.2.6 整定值：按规定条件，跟定某一特定范围内的漏电动作电阻值或漏电闭锁电阻值。

3.2.7 直流检测电压值：用附加直流电源法，检测网路时漏电或闭锁对地绝缘电阻的直流电压值。

3.2.8 直流检测电流：用附加直流电源法，检测网路对地绝缘的漏电或闭锁电阻时，当电网任一相对地电阻为零时通过检测回路的最大检测直流电流。

3.2.9 辅助接地：为防止继电器在主接地点接地不良，而增加的一种辅助装置。

3.2.10 自检功能：继电器因自身故障，而不能正常运行时，而能自动切断供电电源的一种功能。

3.2.11 人工复位：供电网路或被保护电气设备漏电，跳闸机构动作后为防止重复合闸，造成事故扩大，必须经专职人员人工复位后，才能合闸送电。

3.2.12 补偿率：在分布电容为某一规定值时，1 kΩ 电阻接地的电容电流，经最佳状态的补偿，使其减少的部分，与无补偿时电流值的百分比：即

$$\eta=\frac{I_1-I_2}{I_1}\times 100\%$$

式中：I_1——无补偿时电流，mA；

I_2——最佳补偿时电流，mA。

4 产品分类、型号编制和基本参数

4.1 产品分类

4.1.1 按保护作用分

4.1.1.1 具有漏电跳闸及漏电闭锁功能的无选择性跳闸的继电器。

4.1.1.2 具有漏电跳闸及漏电闭锁功能的有选择性跳闸的继电器。

4.1.1.3 具有选择性漏电跳闸功能的继电器。

4.1.1.4 具有漏电跳闸功能无选择性能跳闸继电器。

4.1.2 按电压等级分

继电器可制成额定电压为 660/380 V，1 140/660 V。

4.1.3 按补偿型式分

有补偿与无补偿二种。

4.2 型号编制

4.2.1 产品型号按 MT 154.1 和 MT 154.2 进行编制。

4.2.2 产品型号编制举例：

隔爆型有补偿检漏继电器

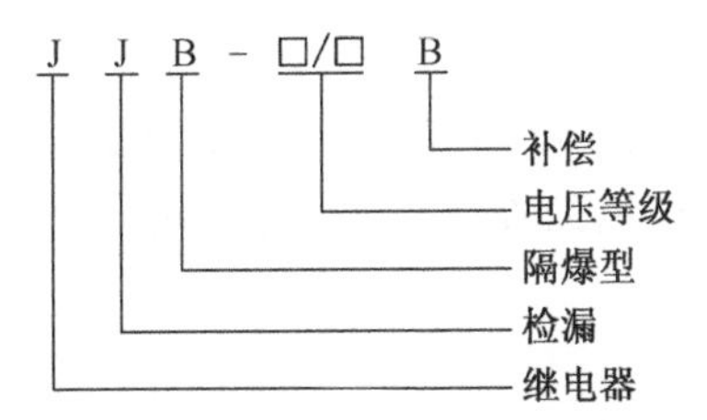

4.3 基本参数

继电器的基本参数应符合表 1 的规定。

表 1

<table>
<tr><th colspan="2">型　式</th><th rowspan="2">单相漏电动作
电阻整定值
kΩ</th><th rowspan="2">单相漏电闭锁
电阻整定值
kΩ</th><th rowspan="2">1 kΩ 动作电阻
时动作时间
ms</th><th rowspan="2">电容 0.22～1.0 μF/
相补偿率
%</th></tr>
<tr><th>补偿</th><th>额定电压
V</th></tr>
<tr><td rowspan="5">有</td><td>1 140</td><td>20</td><td>40</td><td>≤50</td><td rowspan="5">≥60</td></tr>
<tr><td>660</td><td>11</td><td>22</td><td rowspan="4">≤80</td></tr>
<tr><td>380</td><td>3.5</td><td>7.0</td></tr>
<tr><td>660</td><td>11</td><td rowspan="2"></td></tr>
<tr><td>380</td><td>3.5</td></tr>
<tr><td rowspan="3">无</td><td>1 140</td><td>20</td><td>40</td><td rowspan="3">≤30</td><td rowspan="3">—</td></tr>
<tr><td>660</td><td>11</td><td>22</td></tr>
<tr><td>380</td><td>3.5</td><td>7.0</td></tr>
<tr><td colspan="6">注：矿用一般型，漏电保护单元参照此表参数。</td></tr>
</table>

4.4　电源额定频率 50 Hz。

4.5　继电器为长期工作制。

5　技术要求

5.1　继电器应符合本标准要求，并按照经规定程序批准的图样及文件制造。

5.2　继电器应符合 GB 3836.1～3836.4 的有关规定，必须送国家劳动安全部门指定的检验单位，按相应标准的规定进行检验，并取得该指定检验单位的"防爆合格证"方可生产使用。

5.3　继电器正常工作条件和安装条件：

a.　海拔高度不超过 2 000 m；

b.　周围环境温度不高于＋40 ℃，不低于－5 ℃，若环境温度不同时，须在铭牌上标明，并以最高环境温度为基准计算温升；

c.　空气相对湿度不大于 95％（相当于＋25 ℃时）；

d.　在有沼气爆炸性混合物的矿井中；

e.　在无显著摇动和冲击振动的地方；

f.　与水平面的安装倾斜度不超过 15°的地方；

g.　在无破坏绝缘的气体和蒸汽的环境中；

h.　在无滴水及其他液体浸入的地方；

i.　安装类别Ⅲ类；

j.　污染等级为 3 级。

5.4　继电器的介电性能必须能承受交流 50 Hz 工频耐压试验历时 1 min 而无击穿或闪络现象。

5.4.1　对于主电路以及规定接至主电路的控制电路和辅助电路其工频耐压试验电压值应符合表 2 的规定。

表 2　　V

额定绝缘电压 U_i	工频耐压试验电压交流有效值
$U_i \leqslant 60$	1 000
$60 < U_i \leqslant 300$	2 000
$300 < U_i \leqslant 660$	2 500

表 2（续） V

额定绝缘电压 U_i	工频耐压试验电压交流有效值
$660<U_i\leqslant 800$	3 000
$800<U_i\leqslant 1\ 000$	3 500
$1\ 000<U_i\leqslant 1\ 200$	4 200
注：电子插件不作此项考核。	

5.4.2 对于规定不接至主电路的控制电路和辅助电路其工频耐压试验电压值应符合表 3 的规定。

表 3 V

不接至主电路的控制电路、辅助电路的额定绝缘电压 U_i	工频耐压试验电压交流有效值
≤60	1 000
>60	$2U_1+1\ 000$(但不小于 1 500)
注：电子插件不作此项考核。	

5.5 继电器的耐湿热性能要求应符合 GB 3836.1 第 28 章的规定，试验后：

a. 不同额定绝缘电压下绝缘电阻值应符合表 4 的规定；

表 4

额定绝缘电压 U_i V	$U_i\leqslant 60$	$60<U_i\leqslant 660$	$660<U_i\leqslant 800$	$800<U_i\leqslant 1\ 500$
绝缘电阻最小值 MΩ	1	1.5	2.0	2.5

b. 工频耐压试验电压值为表 2、表 3 的规定值，施压时间为 1 min 应无击穿或闪络现象；

c. 检查动作参数应符合表 1 的规定。

5.6 在下列条件下测得的继电器各部位的温升极限值应不超过表 5、表 6 的规定；

a. 控制电源电压为额定值；

b. 与发热有关的元件应选择在最大发热值；

c. 内部其他部件（如触头、导线终接处等）以不损害本部件及相连或相邻部件正常工作为限；

d. 线圈为额定频率下的额定电压值。

表 5 与外部导线连接的接线端子温升极限

序 号	接线端子材料	端子温升 K
1	裸铜	60
2	裸黄铜	65
3	铜（或黄铜）镀锡	65
4	铜（或黄铜）镀银或镀镍	70
5	其他金属	≤65

注：① 表中序号 4 接线端子温升极限 70 K 主要是受外接聚氯乙烯（PVC）导线或电缆所决定，实际使用中的外部连接导线或电缆不应显著地小于试验连接导线或电缆，否则会导致较高的温升，对电缆是不利的。

② 表中序号 5 接线端子温升极限应根据运行经验或寿命试验来决定，但不超过 65 K。

表 6　绝缘线圈在空气中的温升极限

绝缘材料等级	用电阻法测得的温升极限 K
A	65
E	80
B	90
F	115
H	140

注：表中的温升极限是环境温度为 40℃为基础规定的。对于在低于 40℃的环境温度下的使用条件，表中温升极限，可相应调整，但以最高温度不超过所用绝缘允许工作温度为限。

5.7　继电器在电源额定电压的 75%～110%时，应能可靠工作。

5.8　继电器在额定电流电压的 75%～110%的其漏电动作电阻值，漏电闭锁电阻值可按网络电容为 0.22 μF/相，绝缘电阻为无限大，按表 1 的数值进行整定。当电网绝缘电阻降低到漏电动作电阻整定值时，继电器应能可靠地动作。当电网绝缘电阻恢复到闭锁电阻整定值时，继电器应能可靠地解除闭锁，其漏电动作电阻与闭锁电阻值误差不大于±20%(在电网对地电容为 0.1～1.0 μF/相的范围内)。

5.9　继电器的动作时间应符合表 1 的规定。

5.10　具有漏电补偿功能的继电器在网路对地绝缘电阻为无限大，对地分布电容为 0.22～1.0 μF/相，单相经 1 kΩ 电阻接地，其补偿率不低于 60%。

5.11　按 4.1.1.1 制造的具有漏电闭锁功能要求的继电器在网路供电前，当漏电闭锁电阻小于整定值时，须对馈电开关进行漏电闭锁，使其不能合闸。当网路绝缘电阻大于表 1 漏电闭锁整定值时，必须通过人工复位，方能解除馈电开关的漏电闭锁。

5.12　继电器漏电闭锁回路应达到本质安全型要求，优先用相同的正极性接地，其直流测量电压不超过 40 V 附加直流电源，直流检测电流不大于 5 mA。并要取得国家劳动安全部门指定的检验单位的安全检验合格证或安全性证明。

5.13　继电器在额定电压下，每小时操作循环次数为 600 次，机械寿命不小于 3 万次。

5.14　继电器在额定电压、电源额定频率 50 Hz 下，电寿命不低于 2 万次，试验后应仍然能继续工作。

5.15　继电器应具有一定自检功能。

5.16　继电器的结构设计

5.16.1　继电器外壳表面的适当位置应有以下装置：

a.　显示电网绝缘电阻的千欧表；

b.　电容补偿调节装置及毫安表；

c.　设有工作状态及故障状态的颜色信号显示：红色——漏电，绿色——正常工作，黄色——闭锁；

d.　漏电动作模拟漏电检查试验装置；

e.　设有辅助接地引入端子装置。

5.16.2　用于电路中的电子、电器元件除符合各自标准外，还需符合本标准要求。

5.16.3　继电器的接线端子应符合 JB 4002 的规定。

5.16.4　继电器的电缆引入装置应符合 JB 4262 的规定。

5.16.5　继电器外壳防护等级应符合 GB 4942.2 中 IP 44 的规定。

5.16.6　继电器的外形、连接，安装尺寸应符含现行有关标准规定。

5.16.7　继电器的外壳材料、动态强度、静态强度、隔爆性能应符合 GB 3836.1～3836.2 的要求外，还应符合下列规定：

5.16.7.1　隔爆外壳应由隔爆主腔和接线盒(隔爆型或增安型)组成。为方便使用中移动,应考虑固定与安装。

5.16.7.2　接线盒内应有足够空间,以便将外部电缆经外壳引入装置引入接线盒内接线端子上,经端子引入主腔内。

5.16.7.3　继电器应选用性能稳定的适用材料,制作精细,操作灵活,连接可靠,接线方便,电气接触良好。

5.16.7.4　继电器的外壳必须设有可靠的联锁装置。当电源接通时,壳盖不能打开;壳盖打开后电源不能接通,用螺栓紧固的外壳允许用警告牌代替,警告牌须标有“断电源后开盖”的字样。

5.16.7.5　继电器外壳上须按 GB 3836.1 第 15 章规定设置内外接地螺栓。

5.16.7.6　继电器外壳上的观察窗透明件须能承受 GB 3836.1 第 21.2 条规定的冲击试验。

5.16.7.7　继电器的输出端断电后,如外壳内仍有带电部件,需设防护性绝缘盖板,并标注“带电”字样的警告标志。

5.16.7.8　所有由黑色金属制成的零部件(磁系统零件除外)均须有防蚀保护增施。隔爆面应进行磷化处理,并涂 204-1 防锈油。

5.16.7.9　所有螺纹连接处及保护插件安装处均有防止自行松脱的措施。

5.16.7.10　继电器的隔爆接合面配合间隙、长度、粗糙度应符合 GB 3836.2 的规定。

5.17　继电器按污染等级 3、安装类别Ⅲ时,主腔内各导电部件的电气间隙和爬电距离。

5.17.1　继电器主腔内电气间隙须小于表 7 的规定。

表 7

系统额定电压得出的相对相(相对地) 电压 U(交流有效值) V	电　气　间　隙 mm
$U<50$	0.8
$50<U\leqslant100$	0.8
$100<U\leqslant150$	1.5
$150<U\leqslant300$	3.0
$300<U\leqslant600$	5.5
$600<U\leqslant1\,000$	8.0
$1\,000<U\leqslant1\,200$	14.0

5.17.2　继电器按污染等级 3、额定绝缘电压或额定工作电压及材料组别确定主腔内各导电部件的爬电距离不小于表 8 的规定。

绝缘材料可按它们的相比漏电起痕指数(CTI)划分为以下四个组别：

绝缘材料组别Ⅰ:CTI≥600

绝缘材料组别Ⅱ:600>CTI≥400

绝缘材料组别$Ⅲ_a$:400>CTI≥175

绝缘材料组别$Ⅲ_b$:175>CTI≥100

表 8

额定绝缘电压或工作电压 （交流有效值或直流值） V	电器长期承受电压的爬电距离 mm			
	材 将 组 别			
	Ⅰ	Ⅱ	$Ⅲ_a$	$Ⅲ_b$
10	1.0	1.0	1.0	1.0
20	1.2	1.2	1.2	1.2
36	1.4	1.6	1.8	1.8
63	1.6	1.8	2.0	2.0
127	1.9	2.1	2.4	2.4
220	3.2	3.6	4.0	4.0
380	5.0	5.6	6.3	6.3
660	8.0	9.0	10.0	
1 140	16.0	18.0	20.0	

5.18 继电器接线盒内电气间隙和爬电距离应符合 GB 3836.3 第 5 章、第 6 章的规定。

6 试验方法

6.1 隔爆性能、动态强度试验(5.2、5.16.7 条)按 GB 3836.2 第 19 章、第 20 章的规定进行。

6.2 工频耐压试验(5.4 条)按 GB 998 第 6 章和 GB 1497 第 8.2.2.3.2 条的规定进行。试验时应将人为中心点与控制回路和交流旁路电容的连线断开。

6.3 湿热性能试验(5.5 条)按 GB 3836.1 第 28 章的规定进行,试验后绝缘电阻应符合表 4 规定,工频耐压应符合表 2、表 3 的规定,电气性能符合表 1 的规定。

6.4 温升试验(5.6 条)按 GB 998 第 5 章的规定进行。

6.5 电压波动试验(第 5.7 条):将电网电压调整到额定电压,分别测漏电动作电阻值和漏电闭锁电阻鉴定值。再将电网电压升至额定电压的 110%和降至额定电压的 75%,分别测漏电动作电阻整定值和漏电闭锁电阻整定值,应符合表 1 的规定。

6.6 漏电动作电阻和漏电闭锁电阻整定试验(5.8 条)

6.6.1 漏电动作电阻整定在网路电容为 0.22 μF/相且处于最佳补偿整定,接图 1 所示方法,电阻箱由大到小。逐级试看,直至电路状态翻转,即为漏电动作电阻整定值,1 140 V 等级允许按 3 倍单相漏电动作电阻进行三相整定。试验线路按图 2 规定,方法同前,但在试验时各相电阻应保持一致。

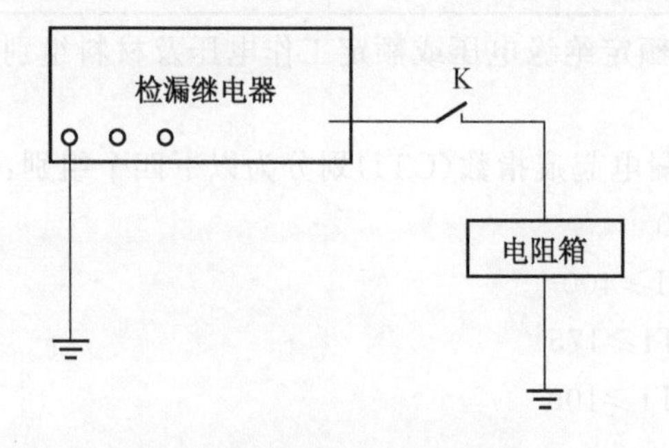

图 1 380/660 V 试验方法

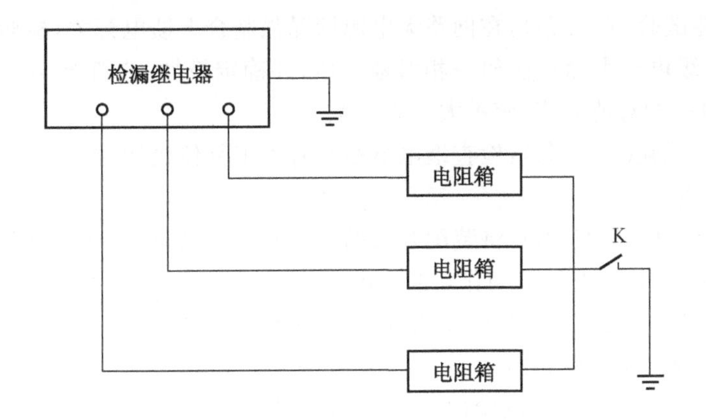

图 2　1 140 V 试验方法

6.6.2　漏电闭锁电阻整定，按图 1 和图 2 所规定线路，逐级增加电阻值，直至电路状态翻转，即为漏电闭锁电阻整定值。1 140 V 电压等级允许按 3 倍单相漏电闭锁电阻进行三相整定，且保持三相电阻一致。

6.7　动作时间试验(第 5.9 条)按图 3 试验线路，且继电器每相绝缘电阻为无穷大，分布电容为 0.22、0.47、0.69、1.0 μF/相，并调至最佳补偿，按 SA 按钮，此时取毫秒表中读数各 10 次的平均值即为动作时间。

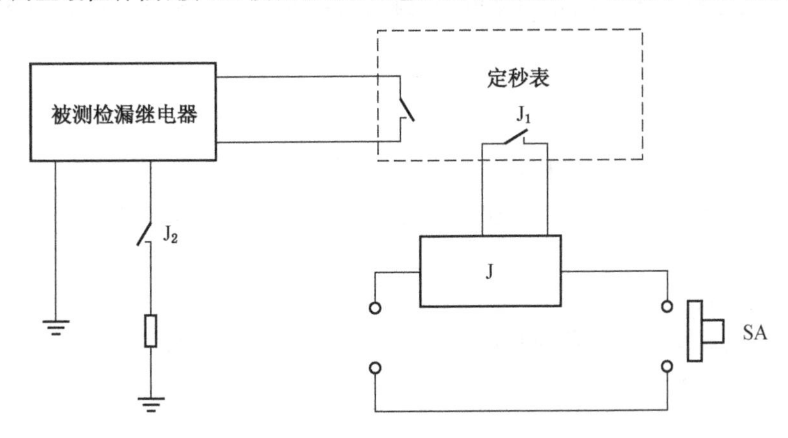

图 3　1 140、660、380 V 试验方法

J 为试验用继电器，J_1 和 J_2 应严格同步，其误差不得大于 2 ms。

6.8　补偿率试验(第 5.10 条)必须先测无补偿电流(即在不接检漏继电器时，分布电容分别为 0.22、0.69、1.0 μF/相时，1 kΩ 电阻对地时电流)，然后接上继电器分布电容分别为 0.22、0.69、1.0 μF/相时进行整定，并调至最佳补偿时，通过 1 kΩ 电阻的电流，并按 3.2.12 条计算补偿率。

6.9　继电器的机械寿命(5.13 条)、电寿命试验(5.14 条)按 GB 998 第 11 章规定的方法进行，在寿命试验时规定每相网路电容为 0.22～1.0 μF/相，单相 1 kΩ 接地，使漏电动作，然后 1 kΩ 撤销，再复位，馈电开关合闸为 1 周期，每周期为 4 s，见图 4。

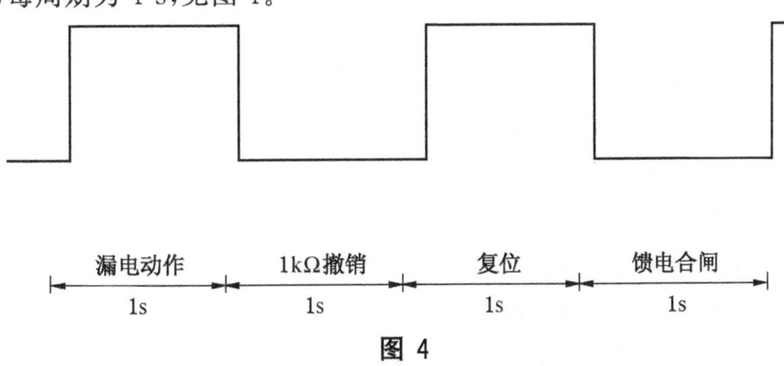

图 4

6.10　测量电压和极性试验(5.12条):在网路无电源情况强制合上馈电开关,检漏继电器工作电源用专用电源,用不低于0.5级电压表测量任何一相对地电压,并确定极性,应符合40 V要求,然后用不低于0.5级电流表测量任何一相对地电流,应不大于5 mA。

6.11　继电器人工复位试验(5.11条):检查继电器是否有人工复位机构,投入正常使用前必须先手动复位,对馈电开关解除闭锁。

6.12　继电器自检功能试验(5.15条):将装配合格的继电器动作试验后,切断电源或内装执行继电器元件或印刷线路元件板断开时,继电器应动作切断主电源。

6.13　继电器的引入装置、接线端子(5.16.3、5.16.4条)的试验按GB 3836.1第23章、第27章、第29章,GB 3836.2第21章规定的方法进行。

6.14　继电器的观察窗透明件的冲击试验(5.16.7.6条)按GB 3836.1第21.1条规定的方法进行。

6.15　继电器的隔爆外壳静态强度(5.16.7条)试验,按GB 3836.2第19章规定的方法进行。对外壳或外壳部件按GB 3836.2附录A要求逐件进行出厂前的水压试验。

6.16　继电器外壳防护等级试验(第5.16.5条)按GB 4942.2规定的方法进行。

6.17　继电器的结构设计要求(5.16.1～5.16.2、5.16.6、5.16.7.1～5.16.7.5、5.16.7.7～5.16.7.10条)按GB 998第3章规定的方法进行。

6.18　继电器的主腔与接线盒电气间隙和爬电距离检查(第5.17、5.18条)按GB 998第3章规定的方法进行。

7　检验规则

7.1　继电器的检验分出厂检验和型式检验。

7.2　出厂检验是指继电器出厂前制造厂对继电器逐台进行检验和试验,其目的是检验继电器外观和主要性能上的质量。

出厂检验项目应包括:

a.　按图样、技术文件检查继电器的制造、装配质量、外观和成套性;
b.　外壳静态强度试验(6.15);
c.　工频耐压试验(6.2);
d.　电压波动试验(6.5);
e.　漏电动作电阻和漏电闭锁电阻整定试验(6.6);
f.　测量电压和极性试验(6.10);
g.　继电器人工复位试验(6.11);
h.　动作时间试验(6.7);
i.　补偿率试验(6.8);
j.　继电器自检功能试验(6.12);
k.　继电器的结构设计要求检验(6.17);
m.　继电器的主腔与接线盒电气间隙与爬电距离检验(6.18)。

7.3　型式检验是指对继电器质量进行全面考核,即对本标准中规定的技术要求全部进行检验。有下列情况之一时,一般应进行型式检验:

a.　新产品或老产品转厂生产的试制定型鉴定;
b.　正式生产后,如结构、材料、工艺有较大改变,可能影响产品性能时;
c.　正常生产时每隔五年进行一次检验;
d.　产品长期停产后(即超过型式检验报告有效期),恢复生产时;
e.　出厂检验结果与上次型式检验有较大差异时;
f.　国家质量监督机构或国家劳动安全部门指定的检验单位提出型式检验的要求时。

型式检验的项目包括：

a. 外壳动态强度、隔爆性能试验(6.1)；

b. 外壳静态强度试验(6.15)；

c. 观察窗冲击试验(6.14)；

d. 接线端子与引入装置有关试验(6.13)；

e. 外壳防护等级试验(6.16)；

f. 温升试验(6.4)；

g. 工频耐压试验(6.2)；

h. 湿热性能试验(6.3)；

i. 电压波动试验(6.5)；

j. 漏电动作电阻和漏电闭锁电阻整定试验(6.6)；

k. 测量电压和极性试验(6.10)；

l. 继电器人工复位试验(6.11)；

m. 动作时间试验(6.7)；

n. 补偿率试验(6.8)；

o. 机械寿命、电寿命试验(6.9)；

p. 继电器的结构设计要求检验(6.17)；

q. 继电器自检功能试验(6.12)；

r. 继电器的主腔与接线盒电气间隙和爬电距离检验(6.18)。

7.4 复试规则分出厂检验复试规则、型式检验复试规则二种。

7.4.1 出厂检验复试规则：对于出厂检验的项目在每台产品上逐一进行。出厂检验不通过的产品必须逐台逐项返修，直到完全通过为止。若无法修复应予报废。

7.4.2 型式检验复试规则：必须从出厂检验合格的产品中按照 GB 2829 抽取样品进行复试，其中试验项目、判别水平、二次抽样方案 $n_1=n_2$、不合格质量水平 RQL、判定数组按表 9 规定。

表 9

序号	试验项目	试验条	判别水平	RQL %	$n_1=n_2$	判定数组 A_cR_c
1	外壳动态强度隔爆性能试验	6.1	Ⅲ	100	2	$\begin{bmatrix}0 & 2\\1 & 2\end{bmatrix}$
2	湿热性能试验	6.3				
3	寿命试验	6.9				
4	温升试验	6.4				
5	观察窗冲击试验	6.14				
6	外壳防护等级试验	6.16				
7	接线端子与引入装置有关试验	6.13				

8 标志、包装、运输和贮存

8.1 在每台继电器外壳明显处，须设置清晰的永久性的凸纹隔爆标志“Ex”；“Ex”涂红漆。

8.2 每台继电器外壳的明显处，须设置铭牌，并可靠固定，铭牌的内容规定如下：

a. 产品型号及名称；

b. 在上右方有“Ex”标志；

c. 防爆标志“dI”；

d. 防爆合格证号；产品生产许可证号；

e. 额定电压，V；

f. 重量，kg；

g. 产品编号；

h. 制造日期；

i. 制造厂厂名或商标。

8.3 继电器的各类电磁线圈，应有线圈标牌，内容包括：

a. 额定电压，V；

b. 导线的牌号及规格；

c. 线圈匝数。

8.4 继电器应予包装的方能出厂，包装应满足水路及陆路运输的要求，以防止在运输中遭受损坏，并达到防潮、防尘的要求。

8.5 包装箱外标志应清晰整齐，并保证不因运输或保管期较久而模糊不清，内容应包括：

a. 收货单位及地址；

b. 产品型号及名称；

c. 包装箱外形尺寸及毛重；

d. 标志符号如“小心轻放”，“勿受潮湿”，“向上”等应符合现行有关国家标准规定；

e. 出厂编号与日期；

f. 制造厂厂名及地址。

8.6 随同产品供应的技术文件有：

a. 装箱单；

b. 产品合格证；

c. 产品使用说明书。

8.7 随同产品供应的备件或附件，具体内容由各自产品标准另行规定，并在装箱单上注明。

8.8 经包装的产品在运输和贮存过程中，不得受到强烈颠簸、震动和摔撞，并应防止雨雪的侵袭。产品应放置于没有雨水侵入、空气流通、干燥的仓库中。

8.9 在用户遵守运输、贮存、安装、使用规则的条件下，自安装日起 12 个月内，但不得超过制造厂发货给用户起 18 个月内，产品因制造质量不良而发生损坏或不正常工作时，制造厂应负责为用户修理或更换零部件产品。

附加说明：

本标准由煤炭工业部技术发展司提出，由煤炭科学研究院抚顺研究所归口。

本标准由上海矿用电器厂负责起草。

本标准主要起草人刘汉庭、黄永生。

中华人民共和国能源部部标准

MT/T 191—89

煤矿井下用橡胶管安全性能检验规范

1989-03-31 发布　　　　1989-04-01 实施

中华人民共和国能源部　发布

中华人民共和国能源部部标准

MT/T 191—89

煤矿井下用橡胶管安全性能检验规范

1 主题内容与适用范围

本标准规定了煤矿井下用橡胶管的阻燃性能，导电性能要求及其试验方法、检验程序和标志。

本标准适用于煤矿井下输送液体、气体、物料用橡胶管制品。

本标准未涉及的内容应符合有关标准要求。

本标准参照采用国际标准 ISO/DIS8030《地下采矿用橡胶和塑料管燃烧试验方法》。

2 引用标准

MT 181 煤矿井下用塑料管安全性能检验规范

MT 182 酒精喷灯燃烧器的结构与技术要求

3 技术要求

3.1 阻燃性能要求

试件按本规范作火焰燃烧试验时，当酒精喷灯燃烧器移走后，每组 6 条试件的火焰和火星燃烧时间的算术平均值不得大于 30 s。

3.2 导电性能要求(表面电阻值规定)

试件按本规范作导电性能试验时，对于煤矿井下用各种不同用途的橡胶管，其测试试件内外壁表面电阻值必须满足：

a. 排水、给水用管：其管外壁表面电阻值不得大于 $1\times10^{9}\Omega$ 。

b. 正压风管：其管外壁表面电阻值不得大于 $1\times10^{8}\Omega$。

c. 喷浆用管：其管内、外壁表面电阻值不得大于 $1\times10^{8}\Omega$。

d. 井下液压用管 ：其管内、外壁表面电阻值不得大于 $1\times10^{8}\Omega$。

e. 负压风管及抽放瓦斯管：其管内、外壁表面电阻值不得大于 $1\times10^{6}\Omega$。

4 酒精喷灯火焰燃烧试验

4.1 试验原理

将试件置于酒精喷灯燃烧器的火焰之上，按规定时间燃烧后，移开酒精喷灯燃烧器，测定被测试件的火焰和火星燃烧时间，在试验过程中应随时观察每一条试件的变化情况，直至试件上或滴落物上任何火焰或火星燃烧熄灭为止。

4.2 试验装置

4.2.1 燃料从酒精容器经过透明塑料软管进入酒精喷灯，并且应将试验装置放置在试验箱(如图 1)内，以便保持在弱光下进行试验，试验装置如图 2 所示。

4.2.2 燃料应符合 MT 181 中 3. 2. 2 条的规定。

4.2.3 计时仪应符合 MT 181 中 3. 2. 3 条的规定。

4.3 试件制备

中华人民共和国能源部 1989-03-31 批准　　1989-04-01 实施

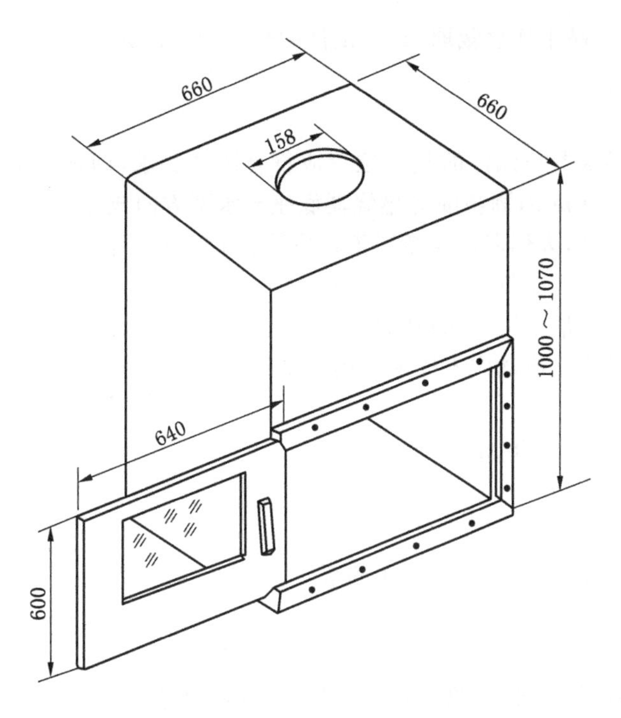

图 1

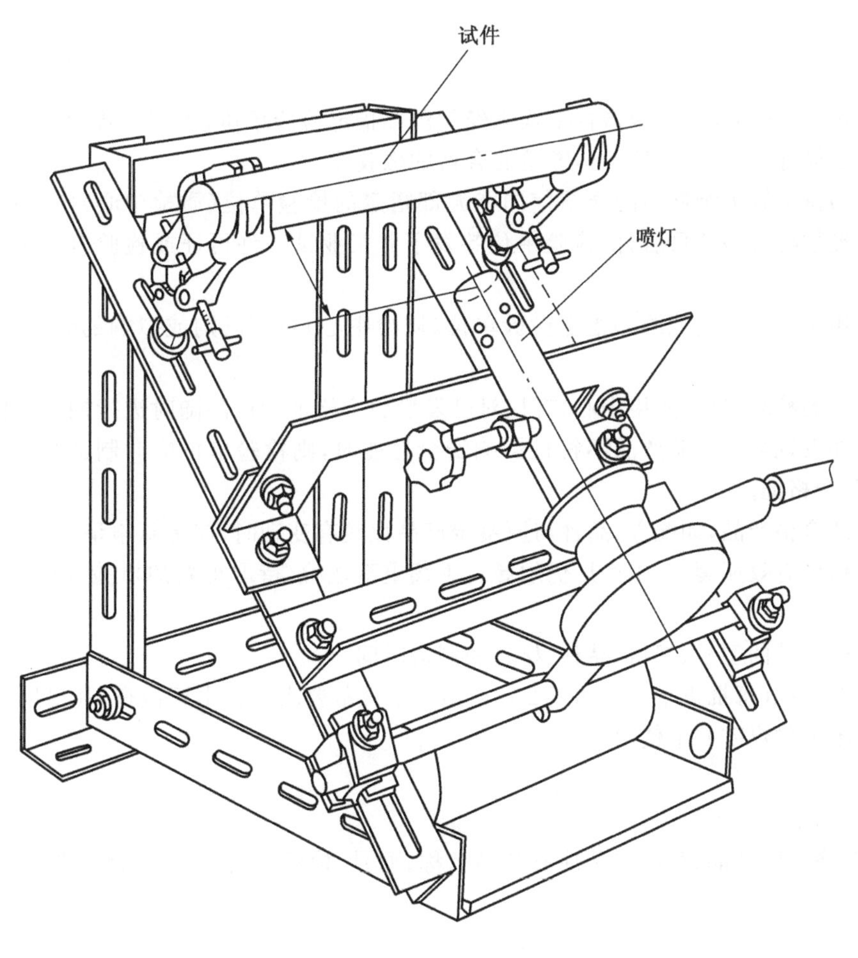

图 2

a. 试验用试件应从产品中任意裁取，每一试件的长为 305 mm；

b. 试件数量为 6 件。

4.4 试验方法

4.4.1 试验时酒精喷灯燃烧器与试件的相对位置应符合图 2 要求，即试件应水平夹持，试件外缘与酒精喷灯燃烧器间的距离为 50 mm，酒精喷灯燃烧器底座与水平方向成 45°。

4.4.2 酒精喷灯的火焰长度，火焰温度及燃料消耗应符合 MT 181 中 3.4.2 条的规定。

4.4.3 燃料容器内的液面高度应符合 MT 181 中 3.4.3 条的规定。

4.4.4 试验时将试件置于火焰中燃烧，燃烧时间为 60 s。

4.4.5 试验时试验箱内的空气流动应不影响试验的结果。

4.5 酒精喷灯燃烧器的操作

酒精喷灯燃烧器的操作应符合 MT 182 中的规定。

5 导电性能试验

导电性能试验应符合 MT 181 中第 4 章中的规定。

6 试验报告内容

a. 材料鉴别应包括产品品种、规格、材料、型号、制造日期等；

b. 试验环境；

c. 试验结果。

7 检验程序

7.1 各煤炭公司、矿务局煤矿不得擅自采购未经能源部指定检验单位(国家采煤机、带式输送机质量监督检测中心(以下简称质检中心)按本标准检验合格的橡胶管。

7.2 各制造厂须持主管上级部门的介绍信向能源部指定的检验单位(质检中心)申请检验煤矿井下用橡胶管，橡胶管经抽检合格认可后，由检验单位签发下井工业试验许可证或检验合格证，检验合格证有效期为 2 年。

7.3 各煤矿使用单位可委托能源部指定检验单位(质检中心)对其已购或拟购的煤矿井下用橡胶管进行复核。

7.4 能源部指定的检验单位(质检中心)有权对已发检验合格证的产品随时进行抽查复核。

7.5 在抽检中如发现与原检验产品不符且影响安全性能时，则检验单位应向制造单位提出，必要时可撤销原发的检验合格证。

7.6 经批准后的合格产品，如配方、品种与原鉴定产品比较有变动时，应重新申请送检。

7.7 原检验合格证有效期满后，生产厂仍须履行手续重新送检，待取得新的检验合格证后，方可进行产品的正常生产。

7.8 送检时说明产品的型号、规格、品种、材料和制造时间。

7.9 生产厂须对每批(每批重量不得超过 2 t)产品按本规范要求进行出厂检查，凡出厂检验不符合本规范要求的产品，不准供煤矿井下使用。

8 标志

获得检验合格证的产品，每一包装应有产品名称、型号、检验合格证编号、制造年和月、制造厂名称，商标等标志。

附加说明：
本标准由中国统配煤矿总公司技术发展都提出。
本标准由煤炭科学研究总院上海分院负责起草。
本标准主要起草人高宏、王文召、李国伟。
本标准委托煤炭科学研究总院上海分院归口，并负责解释。
本标准自批准之日起立即生效。

中华人民共和国能源部部标准

MT/T 193—89

矿用液压切顶支柱

1 主题内容与适用范围

本标准规定了矿用液压切顶支柱的分类、参数、技术要求、试验方法、检验规则、标志、包装、运输、贮存。

本标准适用于供煤矿回采工作面切顶用的、由额定工作阻力 600 kN 以上的单根立柱和单根推拉千斤顶组成的切顶支柱。

2 引用标准

GB 197 普通螺纹 公差与配合(直径 1～355 mm)
GB 979 碳素钢铸件 分类及技术条件
GB 1184 形状和位置公差 未注公差的规定
GB 1804 公差与配合 未注公差尺寸的极限偏差
GB 2649 焊接接头机械性能试验取样方法
GB 2650 焊接接头冲击试验法
GB 2651 焊接接头拉伸试验法
GB 2652 焊接(及堆焊)金属拉伸试验法
GB 2653 焊接接头弯曲及压扁试验法
JB 8 产品标牌
JB 3338 液压件圆柱螺旋弹簧技术条件
Q/ZB 74 焊接件通用技术条件
MT 76 液压支架用乳化油
MT 94 矿用液压支架、立柱、千斤顶的缸径系列
MT 96 矿用液压支架双伸缩立柱型式试验规范
MT 97 矿用液压支架千斤顶型式试验规范
MT 98 液压支架胶管总成及中间接头组件型式试验规范
MT 112 矿用单体液压支柱
MT 119 矿用液压支架阀类型式试验规范
MT 177 矿用液压支架阀类压力、流量系列
MT 178 矿用液压支架阀类连接型式、尺寸系列
MT 179 矿用液压支架阀类通用技术条件

3 术语

3.1 矿用液压切顶支柱(以下简称“支柱”):由单根立柱和单根推拉千斤顶(以下简称“千斤顶”)组成整台支柱。它靠液压传动原理完成支撑顶板、推移输送机和立柱的前移。

3.2 立柱:由顶盖、底座、油缸、活柱(包括加长杆)及装在其上的元部件组成。

中华人民共和国能源部 1989-03-31 批准 1989-04-01 实施

3.3 千斤顶：由油缸、活塞杆、连接零部件及装在其上的元部件组成。

4 产品分类、基本参数

4.1 本标准按产品的结构特点及应用范围分为3类：

a. 单伸缩立柱组成的支柱；

b. 双伸缩立柱组成的支柱；

c. 具有防倒、防滑机构的支柱。

4.2 单向阀、安全阀、操纵阀等元部件可分设在立柱或千斤顶上。

4.3 立柱和千斤顶应各自设立参数、系列。

4.4 型号编制方法：

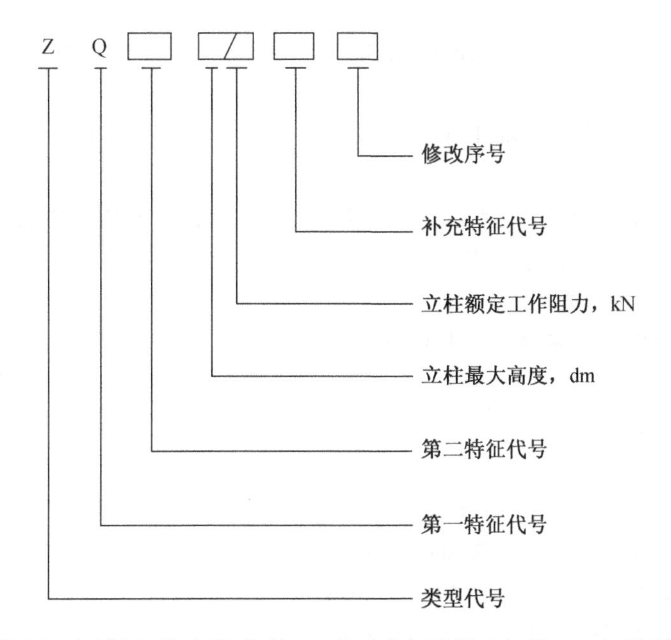

4.4.1 类型及特征代号用汉语拼音的大写字母：Z表示“支护类”产品；Q表示“切顶支柱”；第二特征单伸缩立柱不标代号，“双伸缩”用S；防倒、防滑类切顶支柱，补充特征用F；立柱的主参数用阿拉伯数字表示；修改序号用加括号的大写汉语拼音字母(A)、(B)、(C)…表示，用来区分类型、主参数，特征代号均相同的不同产品。

4.4.2 产品型号中不允许以地区或单位名称作为特征代号来区别不同的产品。

4.4.3 型号示例：

ZQ 14/1 000型切顶支柱，表示矿用液压切顶支柱是由高1.4 m、额定工作阻力1 000 kN的单伸缩立柱和相应的千斤顶组成。

4.5 基本参数：

4.5.1 立柱和千斤顶的油缸内径应符合MT 94的规定。

4.5.2 立柱的最大高度应符合表1的规定。

表 1　mm

630	800	1 000	1 200	1 400	1 600	1 800	2 000	2 240	2 500	2 800

4.5.3 立柱的额定工作阻力应符合表2的规定。

表 2　kN

600	800	1 000	1 200	1 600	2 000

4.5.4 千斤顶活塞杆行程应符合表3的规定。

表 3

mm

700	900	1 100	(1 300)

注：表中括号里的数字不推荐采用。

5 技术要求

5.1 产品应符合本标准的要求，并按照经规定程序审批的图样及有关技术文件制造。

5.2 原材类、标准件、密封件、外购件、外协件，由支柱制造厂质检部门验收合格方可使用。

5.3 一般技术要求：

5.3.1 主要零部件的材料应与设计规定的材料相符。在不降低产品性能和寿命的条件下，经设计单位同意允许代用。

5.3.2 支柱的基本参数应符合本标准4.5条的规定。立柱的最大高度和千斤顶活塞杆的行程允许偏差20 mm。

5.3.3 铸钢件质量应符合GB 979的规定。立柱的顶盖和底座的材料成分中磷、硫含量不大于0.05%。

5.3.4 锻件不应有夹层、裂纹、褶迭、结巴等缺陷，非加工表面允许有因清除氧化皮而造成的局部缺陷，但其外形几何尺寸应符合设计要求。

5.3.5 焊接件应符合Q/ZB 74的规定。焊缝质量应满足下列要求：

a. 焊缝机械性能：

抗拉强度：$\sigma_b \geqslant 500$ MPa；

延伸率：$\delta_5 \geqslant 12\%$。

b. 承受液体压力的焊缝应进行耐压试验：立柱油缸焊缝试验压力不低于立柱额定工作液压的2倍；其余焊缝试验压力不低于该焊缝承受额定工作液压的1.5倍。

5.3.6 高压胶管总成及中间接头应符合MT 98的规定。

5.3.7 液压件圆柱螺旋弹簧应符合JB 3338的规定。

5.3.8 普通螺纹配合采用GB 197中的6 H/6 g。

5.3.9 图样中未注明公差的机加工尺寸，凡属包容和被包容关系者，应符合GB 1804中IT14级；非包容关系者符合上述标准IT15级。

5.3.10 图样中机加工未注形位公差者，应符合GB 1184中C级规定的公差。

5.3.11 零部件电镀层质量应符合设计要求。由于基本金属的缺陷、砂眼以及电镀工艺过程所导致的麻点或针孔，其直径应小于0.2 mm，数量应不多于15点/dm^2。

5.4 装配技术要求：

5.4.1 所有零件必须经过检查合格，方可进行装配。不得将因保管或运输等原因造成变形、锈蚀、碰伤的零部件用于装配。

5.4.2 装配前应除去零件的毛刺、飞边、铁屑。液压元部件内部必须严格清洗，产品腔内清洁度应满足下列要求：

a. 单伸缩立柱每根残留物平均不大于40 mg，其中最高一根小于50 mg；双伸缩立柱每根残留物平均不大于60 mg，其中最高一根小于70 mg；

b. 千斤顶每根残留物不大于30 mg；

c. 安全阀、单向阀、操纵阀及其他阀件残留物，每个不大于10 mg。

5.4.3 凡是螺纹连接及图纸中注明需加以保护的精加工表面，均应涂矿用防锈丝扣脂。

5.4.4 零部件应装配齐全，安装正确，连接牢固。

5.4.5 所有外露油孔，装配后均应用塑料帽或塑料堵封严。

5.4.6　装配后立柱顶盖防脱装置应可靠，且调整灵活，调整角度应符合设计要求；千斤顶对立柱的上、下、左、右摆动角度应符合设计要求。

5.5　整台支柱外观要求：

5.5.1　铸件非加工表面应平整、无飞边、无氧化皮、无浇口、冒口、铸砂等。

5.5.2　外露表面，除已进行表面处理者外，均应涂防锈漆（立柱底座下表面除外）。防锈漆应粘附牢固。

5.5.3　外表漆层应光亮、平坦、色泽均匀一致，无裂纹剥落和流痕，无机械杂质，无修整痕迹。

5.5.4　防锈漆的颜色应目感舒适、醒目，适应于井下观察。

5.5.5　电镀层应均匀、美观。不应有起泡、起皮、脱落、锈蚀及树枝状结晶现象。

5.5.6　焊缝外表应平整，无焊渣及焊接飞溅物。不允许有夹渣、间断、裂纹等缺陷。

5.5.7　各种指示标牌应安装正确，位置适当，牢固可靠。

5.6　性能要求：

5.6.1　整台支柱性能要求

5.6.1.1　操作性能：操作方便，各项动作准确、灵活，无涩滞、别卡和外漏工作液现象。

5.6.1.2　在无背压的状况下，立柱的活塞腔和千斤顶的最低启动压力不大于 3.5 MPa，立柱的活柱腔最低启动压力不大于 7.5 MPa。

5.6.1.3　立柱的升降速度和千斤顶的伸缩速度应符合设计要求。立柱的初撑力不小于设计值的 95%。

5.6.1.4　推拉连接机构调整灵活、到位，活动量符合设计要求。当千斤顶处于 110%额定供液压力时，各零部件不得产生永久变形或破坏。

5.6.1.5　具有防倒、防滑机构的支柱，在不大于设计给定的角度下，防倒、防滑机构应能保证立柱的支设位置和正常工作。

5.6.1.6　密封性能：立柱的活柱腔、活塞腔和千斤顶的活塞杆腔、活塞腔，分别处于低压和高压密封状况下，5 min 内同温度下其压力不得下降，4 h 内不得渗漏。

5.6.1.7　耐久性能

a.　使立柱的顶盖处于附录 A 1（见附录 A）状况，底座处于附录 A 3 状况，以立柱的额定工作阻力循环加载，活柱有效行程不少于 100 m，循环次数不少于 2 000 次，每隔 50 m 活塞腔复试 5.6.1.6 应符合要求；

b.　千斤顶的油缸在垂面上处于和立柱连接的极限状况，以额定供液压力推、拉循环次数不少于 3 000 次。零部件不得损坏，接头、销子等连接件累计残余变形量小于各自受载长度的 0.5%。

5.6.2　立柱性能要求

5.6.2.1　单伸缩立柱的工作特性：在流量为 0.04 L/min 条件下，其工作阻力应不大于额定工作阻力的 110%，且不低于额定工作阻力的 90%。

5.6.2.2　立柱的耐久性能：除应满足 5.6.1.7a 要求外，在活塞腔有背压的情况下，对活柱腔施以额定供液压力进行降柱，然后空载升柱，往复次数不少于 2 000 次，复试 5.6.1.6 应符合要求。

5.6.2.3　单伸缩立柱的强度应满足以下要求：

a.　活柱全部外伸，活塞腔给以 125%的额定供液压力，限位机构不得产生永久变形和破坏；

b.　在最大高度时，轴向承受 150%的额定工作阻力，零部件不得产生永久变形和破坏；

c.　活柱外伸 2/3 时，轴向承受 200%的额定工作阻力，活塞、缸体永久变形不大于 0.5 mm，顶盖和底座不得破坏，活柱能自由升降（型式检验只做一根）；

d.　立柱处于最大高度，顶盖和底座分别处于附录 A（补充件）所示各种受力状态，当外加载荷为 110%的额定工作阻力时，各零部件不得产生永久变形或破坏，危险断面处应力不超过材料的屈服限；

e.　立柱处于最大高度且承受初撑载荷时，轴向承受 15 kN・m 的冲击功，冲击二次零部件不得产生永久变形和破坏（出厂检验可免做）。

5.6.2.4 立柱油缸在超载工况下，不得碎裂成块。（一种结构对一种材料只做一根试验）。

5.6.2.5 双伸缩立柱应符合 MT 96 的规定。其中偏心受载方式按本标准附录 A(补充件)执行。

5.6.3 千斤顶除应满足本标准 5.6.1.7b 之要求外，还应符合 MT 97 的要求。

5.6.4 阀类应符合 MT 119、MT 177～179 的要求。其中安全阀溢流量小于 3 L/min 者，按 MT 112 执行。

5.7 整台支柱试验合格后，应放尽残存工作液，并作防冻处理。

5.8 成套供应范围：

a. 完整的支柱；

b. 专用工具；

c. 备件。

5.9 自发货之日起三个月后，用户进行到货验收时，安全阀开启压力允许重新调定后再进行试验。

5.10 自制造厂最后一台支柱发货日起，一年内产品确因制造质量不良而发生损坏或不能正常工作时，制造厂应负责无偿为用户进行修理或退换产品(或零部件)。

6 试验方法

6.1 一般要求

6.1.1 试验用的工作液，采用 MT 76 规定的乳化油与中性软水按 5：95 重量比配制而成的乳化液。(井下使用时的工作液，乳化油与中性水的重量比为 2：98)。

6.1.2 试验全过程中，工作液的温度应保持在 10～50 ℃。

6.1.3 工作液应采用 0.125 mm 精度的过滤器过滤，并设有磁性过滤装置。

6.1.4 试验所用的供液系统及试验设备应符合被试样品的设计要求。

6.1.5 测量精度

6.1.5.1 测量精度等级：C 级

6.1.5.2 误差：凡按有关标准校验或比较过的任何测量系统，若它们的系统误差不超过表 4 所列极限方可用于试验。

表 4 测量系统允许的系统误差

测 量 等 级	C
压力等于或超过 2×10^5 Pa，表压％	±2.5
温度，K	±2.0

注：给出的百分数极限范围是属于被测值的，而不是试验的最大或测量系统的最大读数值。

6.1.5.3 直读式压力计精度为 1.5 级，压力计量程应为试验压力的 140％～200％。

6.1.5.4 用于试验的仪器、仪表及其他测量工具，必须定期进行检查校对，其性能与误差应符合有关标准的规定。

6.1.5.5 试验时，应将试验结果及时进行记录。

6.2 外观质量检验

用目测法按本标准 5.5.1～5.5.7 条检验。

锻件应符合 5.3.4 条要求。

6.3 装配质量检验

用目测法按本标准 5.4.1～5.4.6 条检验。其中顶盖调整角度、千斤顶摆动角度用角度尺和直尺量测。

6.4 焊缝质量检验

6.4.1 目测检查全部焊缝。其外部缺陷不得超过 Q/ZB 74 规定的允许范围，必要时可用 10 倍放大镜。

6.4.2 按 GB 2649～2653 的规定，作焊接工艺评定试验，试验结果应符合本标准 5.3.5a 的规定。

6.4.3 按本标准 5.3.5b 的规定对承受液体压力的焊缝进行耐压试验，当压力增至规定值时保压 5 min，然后降至额定压力，并用手锤在焊缝附近轻敲检查，不得有渗漏。

6.5 清洁度检验

将被检零部件用油或乳化液清洗 2 次，再用相当于 0.125 mm 精度的滤网过滤清洗液，然后将网上残留物烘干并称取重量，应符合本标准 5.4.2 条规定。

6.6 镀层质量检验

6.6.1 外观质量检验应在天然散射光线或无反射光的白色透射光线下，其光照度不低于 300 lx(即相当于被检表面放在 40 W 日光灯下 500 mm 处的光照度)，距被检表面 300 mm，以 45°方向目测进行。如对所观测的基点发生争议时，可用 3～5 倍放大镜鉴别。

6.6.2 孔隙率检验用滤纸蘸上化学试剂，再将滤纸贴到被检镀层的表面上，然后取下滤纸计算出单位面积上的孔数。

6.7 整台支柱性能检验项目及方法(如表 5)

6.8 单伸缩立柱性能检验项目及方法(如表 6)

表 5 整台支柱性能检验项目及方法

序号	试验项目	试验方法	技术要求
1	操作性能	立柱处于空载工况，使立柱升降和千斤顶推拉立柱，重复操作不少于 3 次 用直尺测取立柱高度，千斤顶活塞杆行程	5.6.1.1 5.3.2
2	最低启动压力	立柱、千斤顶均处于空载工况下逐渐升压，分别测定立柱升降时活塞腔和活柱腔千斤顶伸缩时活塞腔和活塞杆腔的最低起动压力(均在无背压状况下)	5.6.1.2
3	支护速度及初撑力测定	在额定供液压力、流量下，按工作面操作顺序操作，测定并记录各动作的位移时间(立柱升降不少于 100 cm)，测定次数不少于 3 次。测定立柱的初撑压力	5.6.1.3
4	推拉连接机构灵活性及可靠性测定	按设计要求把千斤顶连接在立柱和中部槽上，测出千斤顶自由端的活动量；千斤顶和立柱在垂面处于极限高差的工况下，千斤顶用 110%额定供液压力推、拉立柱，反复操作 3 次	5.6.1.4
5	防倒、防滑性能测定	将支柱置于能调整倾斜角度的试验台上，立柱需升至最大高度，由 5°开始，逐渐加大角度，直到设计给定的角度，其间每隔 5°应推、拉 3 次	5.6.1.5

表 5（续）

序 号	试 验 项 目	试 验 方 法	技 术 要 求
6	密封性能	1）立柱的活柱腔及千斤顶的活塞腔、活塞杆腔，分别在 1 MPa 和 110％额定泵压下稳压 5 min 2）立柱的活柱升至 2/3 液压行程，进行轴向加载，活塞腔分别在 1 MPa 和 110％额定工作载荷下稳压 5 min 3）立柱和千斤顶的各腔分别在上述压力下稳压 4 h	5.6.1.6
7	耐久性试验	1）活柱升至 2/3 液压行程，顶盖和底座分别处于附录 A1 和 A3 受力状态，以额定工作载荷进行连续循环加载。加载压力由 0 至额定工作压力，然后卸载，加载速度 20～25 mm/min 2）在千斤顶油缸下加垫块，使千斤顶和立柱的底座在垂面上处于极限高差，立柱撑紧，以额定压力对千斤顶的活塞杆腔和活塞腔分别进行循环加载。每 500 次检查一次外部连接零部件及短时密封 3）立柱活塞腔给以背压，活柱腔加以额定供液压力进行降柱，再空载升柱，全行程往复试验 4）上述三项试验合格后，再进行操作性能、密封性能检验（4 h 密封可免试）	5.6.1.7a 5.6.1.7b 5.6.2.2 5.6.1.1 5.6.1.6

表 6 单伸缩立柱性能检验项目及方法

序 号	试 验 项 目	试 验 方 法	技 术 要 求
1	工作特性	加载速度和溢流量根据安全阀的通过能力确定。在公称流量范围内，以慢、中、快速度绘出压力－流量特性曲线，每次溢流量大于 1 L，全曲线上的最大压力值和最小压力值应符合规定	5.6.2.1（慢速） 5.6.4
2	强度试验	1）活柱全部外伸，活塞腔内加压至额定供液压力的 125％，持续 5 min 2）立柱升至最大高度，以额定工作载荷的 150％轴向外加载，持续 5 min 3）活柱外伸 2/3 液压行程，以额定工作载荷的 200％轴向外加载，持续 5 min 4）立柱升至最大高度，按附录 A（补充件）所示，分别在顶盖、底座的不同部位放置不同尺寸的垫块，各种位置均以 110％额定工作载荷轴向外加载。持续 5 min 5）立柱升至最大高度，轴向预加额定初撑载荷，以 15 kN·m 能量冲击立柱两次 6）上述试验完成后，重复操作性能	5.6.2.3a 5.6.2.3b 5.6.2.3c 5.6.2.3d 5.6.2.3e 5.6.1.1
3	缸体爆破试验	缸体两端封闭，用加压泵逐渐增压，直至破坏，记录破坏压力	5.6.2.4

注：① 缸体爆破试验允许用减薄油缸壁厚来降低破坏压力，但破坏压力最低不得小于 250％额定工作压力。
② 条件不具备时，冲击试验暂缓作。
③ 凡试制产品或改变设计材料者，均应进行缸体爆破试验。

7 检验规则

7.1 支柱的检验分出厂检验与型式检验两种。分别按表7检验项目所规定的内容进行。

7.2 出厂检验：

7.2.1 每台支柱及其元部件需经制造厂质量检验部门检查合格后方可出厂，并附有产品合格证。

7.2.2 出厂检验的抽检项目的样品，从交检合格品中抽取。每次为批量的2%，但不少于2件。

7.2.3 产品性能检验结果应合格。如其中某一项不合格时，按抽检数量加倍抽检该项。经加倍抽检仍不合格，或某1件出现2项不合格及2件以上(含2件)出现同一项不合格，则该批受检母样产品为不合格品。用户有权拒收。

7.3 型式检验：

7.3.1 凡属下列情况之一者，应进行型式检验：

a. 新产品鉴定定型或老产品转厂试制；

b. 正式生产后改变产品设计，工艺或材料而影响产品性能；

c. 产品停产三年以上再次生产；

d. 国家质量监督机构提出要求；

e. 用户对产品质量有重大异议时。

7.3.2 型式检验样品的数量为3台。

7.3.3 凡属本标准7.3.1条规定的型式检验，由国家授权的有关质量检验测试中心负责进行。

7.3.4 型式检验中发现不合格项目时，允许对该项目进行复测。如仍不合格时则对该项目加倍抽测，再不合格时则型式检验判为不合格。

表7 检验项目

序号	检验项目	检验类别	
		型式	出厂
1	外观质量	√	√
2	焊缝承压能力检验	√	○
3	装配质量检验	√	○
4	清洁度检验	√	○
5	镀层质量检验	√	○
6	操作性能检验	√	√
7	最低启动压力试验	√	○
8	支护速度及初撑力检验	√	○
9	推拉连接机构灵活性及可靠性	√	○
10	防倒、防滑性能	√	×
11	密封性能	√	○
12	耐久性能	○	×
13	立柱工作特性	√	○
14	立柱强度试验	√	○
15	立柱缸体爆破试验	○	×
16	千斤顶试验	√	○
17	安全阀性能试验	○	○

表 7（续）

序号	检验项目	检验类别	
		型式	出厂
18	液控单向阀性能试验	○	○
19	换向阀性能试验	○	○
20	截止阀性能试验	○	○
21	断路阀性能试验	○	○

注：① 表中“√”表示该项目为全检。

② 表中“○”表示该项目为抽检。

③ 表中“×”表示该项目为不检。

7.3.5　系列派生产品允许用基型产品型式检验结果取代。基型产品必须是该系列中高度、额定工作阻力最大的产品，且其型式检验结果应能代表该系列中全部产品的考核。

7.3.6　单独提供的千斤顶及阀类，按各标准规定的型式检验内容进行检验。

8　标志、包装、运输与贮存

8.1　立柱上应标明起吊位置，严禁直接起吊顶盖。

8.2　每台合格的支柱应在立柱和千斤顶上分别装有统一的产品标牌。标牌应符合 JB 8 的规定。

8.3　标牌内容至少包括制造厂名称、产品名称、型号、重量、制造日期（年、月）等。

8.4　获得质量奖的产品，在标牌上应有质量奖等级标志。

8.5　立柱和千斤顶应缩至最短，再用 8 号铅丝捆牢后分开包装。其他零部件用木箱包装。

8.6　随同产品发运的技术文件（包括装箱单、合格证、产品使用维护说明书）和备用塑料、橡胶密封件，应用防潮袋包装，并置入包装箱内。

8.7　在搬运、装卸车或运输中均应防止零部件脱离丢失，尽可能保持立柱的直立状态。运输方式不限。

8.8　产品应存放在通风良好、防潮、防晒、防腐蚀的仓库内，库房内温度应保持在 0 ℃以上。

附 录 A
各种加载方式的垫块位置和尺寸
（补充件）

序号	加载方式	垫 块 位 置	垫块尺寸	备 注
A1	项盖边缘集中加载	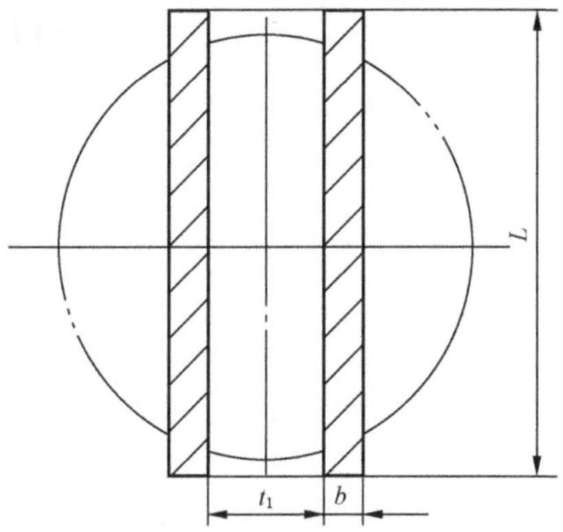 L t_1 b	b=60 mm t_1=柱头直径 L≥500 mm	垫块厚度 δ≥40 mm 材料：A3
A2	顶盖偏心加载	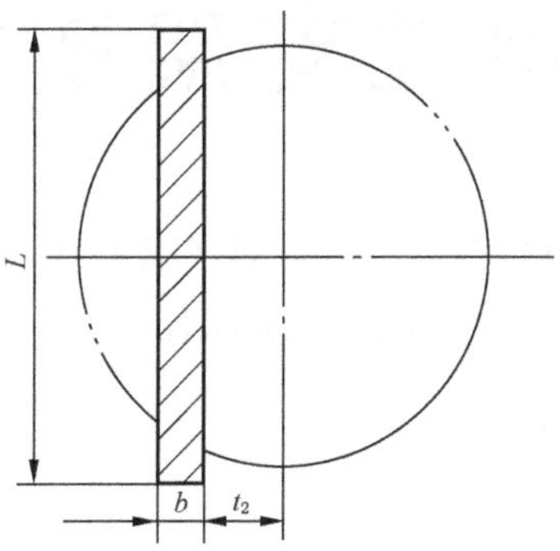 L b t_2	b=60 mm t_2=1/4 柱头直径但不小于 30 mm L≥500 mm	垫块厚度 δ≥15 mm 垫块厚度应保证顶盖偏斜角 7° 材料：A3
A3	底座两端集中加载	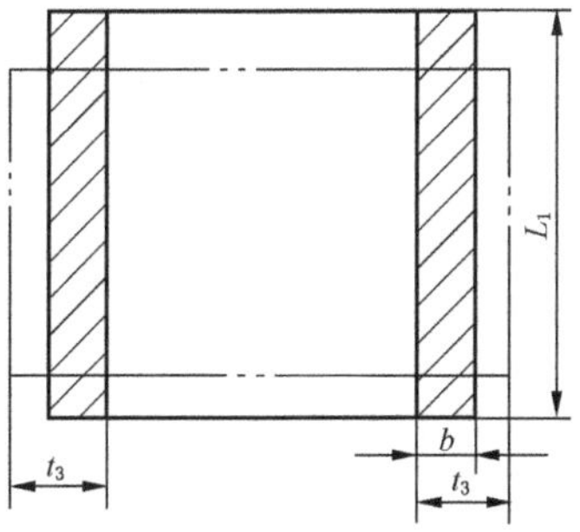 L_1 b t_3 t_3	b=60 mm t_3≤100mm L_1≥底座宽度	垫块厚度 δ≥40 mm 材料：A3

附加说明：

本标准由中国统配煤矿总公司技术发展部提出。

本标准由煤炭科学研究总院北京开采所负责起草。

本标准主要起草人李从新、叶道一。

本标准委托煤炭科学研究总院北京开采研究所负责解释。

ICS 73.100
D 97
备案号：6121—2000

中华人民共和国煤炭行业标准

MT/T 194—2000

矿用工字钢梯形刚性支架技术条件

Technical condition of H-section steel rigid suport in ladder-shape used in coal mine

2000-01-18 发布　　　　2000-05-01 实施

国家煤炭工业局　发布

前　　言

本标准以国家标准和冶金行业标准中规定的矿用工字钢力学参数和钢材力学性能作为主要编写依据，充分考虑了矿用工字钢支架的井下实际受力情况，并参考了相关的煤炭行业标准、课题鉴定技术资料和试验检测数据。

本标准自生效之日起，代替 MT 194—1989 中有关矿用工字钢梯形刚性支架的技术内容。

本标准由国家煤炭工业局行业管理司提出。

本标准由煤炭工业煤矿专用设备标准化技术委员会归口。

本标准由煤炭科学研究总院北京开采所负责起草。

本标准主要起草人：寇玉昌、姚社军、杨景贺、王晓东。

本标准委托煤炭科学研究总院北京开采所负责解释。

中华人民共和国煤炭行业标准

矿用工字钢梯形刚性支架技术条件

MT/T 194—2000

Technical condition of H-section steel rigid suport in ladder-shape used in coal mine

---

1 范围

本标准规定了矿用工字钢梯形刚性支架的技术要求、试验方法和检验规则。

本标准适用于支护煤矿井下巷道的矿用工字钢梯形刚性支架(以下简称支架)。

2 引用标准

下列标准所包含的条文,通过在本标准中引用而构成为本标准的条文。在标准出版时,所示版本均为有效。所有标准都会被修订,使用本标准的各方应探讨使用下列标准最新版本的可能性。

GB 2829—1987 周期检查计数抽样程序及抽样表(适用于生产过程稳定性的检查)

GB/T 15239—1994 孤立批计数抽样检验程序及抽样表

3 定义和符号

本标准采用下列定义和符号。

3.1 支架接口 support joint:

支架顶梁和柱腿搭接或连接处的结构件。

3.2 支点跨距 span of bearing point:

对支架顶梁、柱腿进行简支梁抗弯试验时,根据顶梁、柱腿的长度所规定的简支梁两支点间的距离,用 L 表示。

3.3 承载能力 bearing capacity:

支架顶梁、柱腿在规定的支点跨距和加载方式下所能承受的最大弯曲载荷,用 P 表示。

3.4 接口抗剪能力 shear capacity of support joint:

支架接口在规定的加载方式下所能承受的剪切载荷,用 Q 表示。

3.5 顶梁长度用 L_1 表示,mm。

3.6 柱腿长度用 L_2 表示,mm。

4 技术要求

4.1 一般技术要求

4.1.1 支架组装后,总高度允许偏差±15 mm,总宽度允许偏差±20 mm。

4.1.2 支架组装后,接口部分各构件应相互吻合,不得出现点接触和线接触。

4.1.3 支架柱腿必须焊接底垫板。底垫板的尺寸可根据型钢的规格及巷道的底板条件确定,但不得小于150 mm×150 mm×8 mm。

4.2 承载能力

国家煤炭工业局 2000-01-18 批准　　2000-05-01 实施

4.2.1 支架顶梁和柱腿的承载能力 P 应不小于表1中的规定值。

表1 承载能力

kN

型钢型号	型钢牌号	顶梁(柱腿)长度 $L_1(L_2)$			
		$2100 \leqslant L_1(L_2) < 2400$	$2400 \leqslant L_1(L_2) < 2700$	$2700 \leqslant L_1(L_2) < 3000$	$L_1(L_2) \geqslant 3000$
9#	Q345	132.0	96.0	75.4	62.1
	20MnK	144.2	104.9	82.4	67.9
	Q275	107.7	78.3	61.5	50.7
11#	Q345	239.6	174.2	136.9	112.7
	20MnK	261.7	190.3	149.5	123.1
	Q275	195.3	142.0	111.6	91.9
12#	Q345	305.2	222.0	174.4	143.6
	20MnK	333.4	242.5	190.5	156.9
	Q275	248.9	181.0	142.2	117.1
24H	Q345	240.2	174.7	137.2	113.0
	20MnK	262.4	190.8	149.9	123.5
	Q275	195.8	142.4	111.9	92.2
28H	Q345	307.2	223.4	175.5	144.5
	20MnK	335.5	244.0	191.7	157.9
	Q275	250.4	182.1	143.1	117.9

4.2.2 支架顶梁和柱腿在承载能力试验过程中不允许出现脆断。

4.3 接口抗剪能力

接口抗剪能力 Q 应不小于表2中的规定值。

表2 接口抗剪能力

kN

型钢型号 / 型钢牌号	9#	11#	12#	25H	28H
Q345	47.0	85.4	108.8	85.6	109.5
20MnK	48.4	87.8	111.9	88.1	112.6
Q275	37.5	68.0	86.7	68.2	87.2

5 试验方法

5.1 一般技术要求

5.1.1 将支架放置在平板上组装好，然后用钢直尺测量其总高度和总宽度。结果应符合4.1.1的规定。

5.1.2 支架柱腿的底垫板用卡尺测量。结果应符合4.1.3的规定。

5.1.3 接口部分各构件的接触和吻合情况用目视检查。结果应符合4.1.2的规定。

5.2 承载能力

5.2.1 支架顶染、柱腿的承载能力采用简支梁抗弯试验的方法进行检验，如图1所示。

5.2.2 支点跨距应符合表3中的规定。

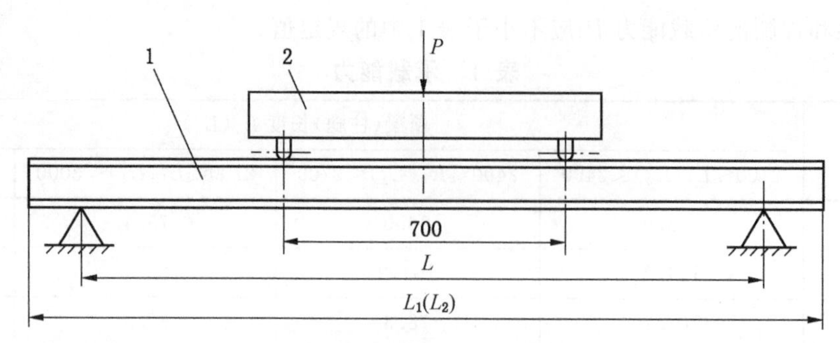

1—支架顶梁(柱腿);2—载荷分配梁

图 1　承载能力试验示意图

表 3

mm

顶梁(柱腿)长度 $L_1(L_2)$	支点跨距 L
$2100 \leqslant L_1(L_2) < 2400$	1500
$2400 \leqslant L_1(L_2) < 2700$	1800
$2700 \leqslant L_1(L_2) < 3000$	2100
$L_1(L_2) \geqslant 3000$	2400

5.2.3　试验过程中,要求连续均匀加载,加载速度应控制在 500±50 N/s 的范围内。当载荷不能上升时停止试验。记录下压力机测量系统所显示的最大载荷值。试验结果应符合 4.2.1 和 4.2.2 的规定。

5.3　接口抗剪能力试验

5.3.1　接口抗剪能力试验装置及加载方式如图 2 所示。

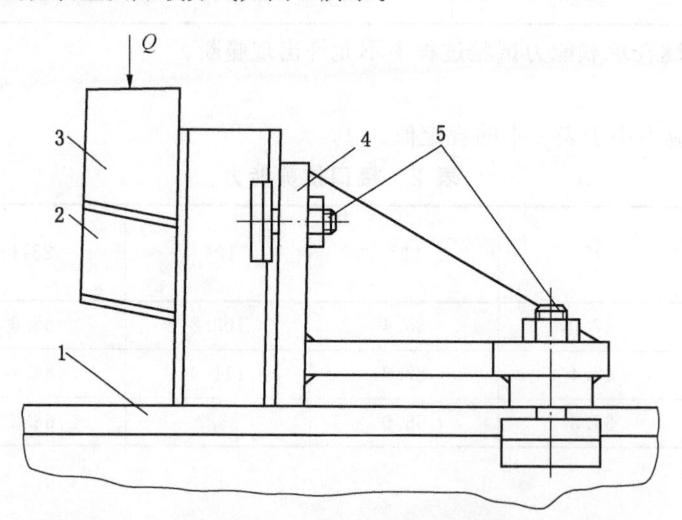

1—支载平台;2—支架接口;3—传力块;4—固定装置;5—紧固螺栓

图 2　抗剪能力试验示意图

注:当支架接口的结构不同于图 2 所示的支架接口结构时,接口抗剪能力试验装置及加载方式由标准起草单位和负责型式检验的单位共同协商确定。

5.3.2　试验过程中,要求连续均匀加载,加载速度应控制在(500±50)N/s 的范围内。当载荷达到表 2 中的规定值时停止试验。试验结果应符合 4.3 的规定。

6　检验规则

6.1　产品出厂时,应进行出厂检验。

6.2　凡属下列情况之一者,应进行型式检验:

a） 新支架或老支架转厂生产的试制定型鉴定；

b） 正式生产后，如支架结构、原材料、生产工艺有较大改变，可能影响产品性能时；

c） 正式生产时，每 2 年进行一次；

d） 支架停产 1 年以上，恢复生产时；

e） 用户对支架质量持有重大异议而要求进行仲裁性检验时；

f） 国家质量监督机构提出型式检验要求时。

6.3 检验项目：

支架的出厂检验和型式检验项目见表 4。

表 4

序号	检验项目	技术要求	试验方法	出厂检验	型式检验
1	一般技术要求	4.1	5.1	√	√
2	顶梁承载能力	4.2	5.2	×	√
3	柱腿承载能力	4.2	5.2	×	√
4	接口抗剪能力	4.3	5.3	×	√
注： 1. 表中“√”表示该项目为检验项目； 2. 表中“×”表示该项目为不检验项目。					

6.4 型式试验由国家或行业授权的产品质量监督检验机构负责。

6.5 组批规则和抽样方案：

6.5.1 组批规则：

出厂检验时，每 150 架支架划为 1 批，余数多于 80 架时，单独划为 1 批。

6.5.2 抽样方案：

出厂检验时方案根据 GB/T 15239 确定。抽样方案及有关数据见表 5。

型式检验时的抽样方案根据 GB 2829 确定。抽样方案及有关数据见表 6。

表 5 出厂检验抽样方案及有关数据

检验项目	LQ	检验水平	抽样方案类型	样本量	判定数组[A_c,R_e]
一般技术要求	32	Ⅱ	一次抽样	20	[3,4]

表 6 型式检验抽样方案及有关数据

检验项目	不合格分类	RQL	判别水平	抽样方案类型	样本量	判定数组[A_c,R_e]
一般技术要求	C	40	Ⅰ	一次抽样	5	[1,2]
顶梁承载能力	B	30	Ⅱ	一次抽样	5	[0,1]
柱腿承载能力	B	30	Ⅱ	一次抽样	5	[0,1]
接口抗剪能力	A	20	Ⅱ	一次抽样	8	[0,1]

6.6 抽样方式：

出厂检验和型式检验均采用简单随机抽样方式。

6.7 判定规则：

型式检验时，各检验项目全部合格，则判定型式检验合格。若有 1 项以上(含 1 项)不合格，则判定型式检验不合格。

中华人民共和国能源部部标准

MT/T 195—89

煤矿用U型钢可缩性支架制造技术条件

1 主题内容与适用范围

本标准规定了U型钢可缩性支架(以下简称“支架”)的制造技术要求、试验方法、检验规则。

本标准适用于拱形、马蹄形、圆形、方环形、长环形等U型钢可缩性支架。

2 引用标准

GB 2101 型钢验收、包装、标志及质量证明书的一般规定

GB 3414 矿用钢技术条件

GB 4697 矿山巷道支护用热轧U型钢尺寸、外形、重量及允许偏差

MT 143 巷道金属支架系列

YB(T)46 矿山巷道支护用热轧25U型钢

YB 2006 热轧矿用型钢品种

3 技术要求

3.1 新设计的支架应按照规定程序批准的图纸及技术文件制造。

3.2 型钢化学成分及机械性能应符合GB 3414。

3.3 型钢尺寸、外形、重量及允许偏差按GB 4697、YB(T)46、MT 143中的有关规定执行。

3.4 下料要求:

3.4.1 型钢下料后,端面应和纵向中心线相垂直,端面的垂直度偏差不得大于2 mm。

3.4.2 型钢下料后,应清除因下料而产生的缺陷,如飞边、氧化物、溶渣等。

3.4.3 型钢剪切下料后,其剪口处不准有撕裂现象,如出现撕裂应补焊、磨平。

3.4.4 型钢下料后,其长度允许偏差±5 mm。

3.5 压制要求:

3.5.1 梁、腿压制成型后,弧线段应当光滑,腿的直线段与弧线段相交处应相切过渡,避免硬过渡现象存在。

3.5.2 梁压制成型后,当梁与样板两端相吻合时,梁顶处与样板误差不得大于6 mm;当梁顶与样板相吻合时,两端与样板的误差,均不得大于4 mm。

3.5.3 腿压制成型后,当直腿段与样板相吻合时,弧线端头与样板的误差不得大于5 mm。

3.5.4 梁压制成型后,梁的两端不允许有横向裂纹。纵向裂纹的长度不得大于80 mm,裂纹应补焊、磨平。

3.5.5 腿压制成型后,腿的弧线端部不允许有横向裂纹。纵向裂纹的长度不得大于80 mm,裂纹应补焊、磨平。

3.5.6 梁、腿成型后,梁的两端及腿的弧线端头直线段长度,对于18、25U型钢支架不得大于120 mm,29、36U型钢支架不得大于80 mm。

中华人民共和国能源部 1989-03-31 批准 1989-04-01 实施

3.5.7 18、25U 型钢支架梁腿成型后，全长最大扭曲不得大于 3 mm。

3.5.8 29、36U 型钢支架梁腿成型后，全长最大扭曲不得大于 5 mm。

3.5.9 梁、腿成型后，型钢槽口张开量不得大于 4 mm。

3.6 卡缆要求：

3.6.1 卡缆应按照设计图纸要求加工。

3.6.2 卡缆各零件必须具有良好的互换性，螺栓应能直接插入安装状态的两卡缆板之间。

3.6.3 需要调质处理的零件，必须达到硬度指标。

3.7 焊接要求：

3.7.1 底板与柱腿的焊接应保持垂直，其垂直度偏差不得大于 2 mm。

3.7.2 腿可以用短料焊接，焊缝位置应在腿的弧线段以下，大于 100 mm 的直线部分，焊缝应做抗弯、抗拉强度试验，其强度不得低于原材料强度。

3.8 组装要求：

3.8.1 支架组装后，总高度和总宽度均应符合设计要求，总高度误差为支架尺寸的±1%，总宽度误差为支架尺寸的±2%。

3.8.2 支架组装后，接头搭接长度应符合设计要求，搭接长度误差为±5%。

3.8.3 支架组装后，整架平面度不得大于 20 mm。

4 检验方法

4.1 尺寸公差的检验用钢直尺、钢卷尺或卡尺。

4.2 梁、腿弧线段用样板检查，样板与设计尺寸误差不得大于 0.5 mm。

4.3 支架组装后放在平板（或平地）上，用钢尺测量两侧面的平面度。

4.4 柱腿与基面的夹角，用角尺或样板检查。

4.5 硬度指标用硬度仪检查。

4.6 裂纹用目测检查。

5 检验规则

5.1 支架正常生产时，应定期进行下表所列项目检验。

检验项目

序 号	检 验 项 目	检 验 内 容
1	原材料	(1)型钢化学成分、机械性能 (2)型钢外形尺寸
2	型钢下料	(1)型钢端面和纵向中心线的垂直度 (2)剪口处撕裂情况
3	压制要求	(1)梁与样板的误差 (2)腿与样板的误差 (3)梁端部裂纹情况 (4)腿端部裂纹情况 (5)梁两端直线段长度 (6)腿弧线端头直线段长度 (7)梁槽口张开量 (8)腿槽口张开量

续表

序　号	检　验　项　目	检　验　内　容
4	焊接	(1)底板与腿的焊接垂直度 (2)短料焊接位置及强度
5	卡缆	(1)各零件的互换性 (2)零件调质硬度
6	支架组装 (成品)	(1)支架组装后的总高度 (2)支架组装后的总宽度 (3)支架组装后平面度 (4)支架组装后接头长度

5.2　零件检查不合格的应处理合格。

5.3　成品检验采取随机抽样方法进行,每批100架以下抽检一架,101～500架抽检二架,501架以上抽检三架。判定支架合格不合格,若有不合格者加倍抽检,加倍抽检后,仍有不合格者,则判定该批支架不合格。

附加说明:

本标准由中国统配煤矿总公司技术开发部、物资供应局提出。

本标准由煤炭科学研究总院北京开采研究所负责起草。

本标准起草人刘崇悦、姚社军。

本标准委托煤炭科学研究总院北京开采研究所负责解释。

中华人民共和国能源部部标准

MT/T 196—89

煤　水　泵

1989-03-31 发布　　1989-04-01 实施

中华人民共和国能源部 发布

中华人民共和国能源部部标准

MT/T 196—89

煤　水　泵

1　主题内容与适用范围

本标准规定了煤水泵的型式、基本参数和技术条件。

本标准适用于煤矿中输送煤水混合物的煤水泵。该泵也可用于输送灰渣、精矿、尾矿、盐、砂砾、泥土等。被输送的固体颗粒粒径不大于 50 mm；固液混合物的体积浓度不大于 30％；温度不应超过 80℃。

2　引用标准

GB 275　滚动轴承与轴和外壳的配合

GB 699　优质碳素结构钢钢号和一般技术条件

GB 700　普通碳素结构钢技术条件

GB 976　灰铸铁件　分类及技术条件

GB 977　灰铸铁件机械性能试验方法

GB 979　碳素钢铸件　分类及技术条件

GB 1299　合金工具钢　分类及技术条件

GB 3214　水泵流量测定方法

GB 3216　离心泵、混流泵、轴流泵和旋涡泵试验方法

GB 7021　离心泵名词术语

YB 13　农具耐磨零件用钢

JB/TQ 380　泵的振动测量与评价方法

JB 2759　机电产品包装通用技术条件

3　型式与基本参数

3.1　型式

煤水泵系两级水平中开蜗壳式离心泵。

3.2　型号意义示例说明：

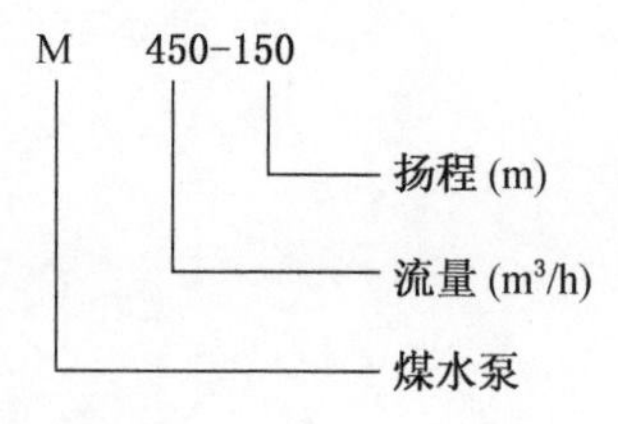

3.3　基木参数

泵排送清水时的基本性能参数按表 1 的规定。

中华人民共和国能源部 1989-03-31 批准　　1989-04-01 实施

表 1

泵型号	流量 Q m^3/h	扬程 H m	转速 n r/min	效率 η %	必需汽蚀余量 (NPSH)r m
M 450-150	450	150	1 480	68	4.5
M 450-200	450	200		68	4.5
M 750-250	750	250		70	5.0
M 750-300	750	300		70	5.0

注：表 1 中所列流量、扬程数值为设计点的清水性能；效率为设计点的清水效率；必需汽蚀余量是指清水温度为 20℃、大气压力为 760 mmHg 时，设计点的必需汽蚀余量。

4 技术要求

4.1 基本要求：

4.1.1 煤水泵应符合本标准要求，并按照经规定程序批准的图样及技术文件制造。

4.1.2 凡本标准未作规定的一般技术要求，应符合国家标准中机械行业有关标准的要求。

4.2 确定原动机功率时，应按所输固液混合物的重度计算额定轴功率，选配的原动机功率应大于计算额定轴功率的 110%。

4.3 泵应允许两台就地串联使用。

4.4 参照性运行条件及使用寿命。

4.4.1 在煤浆体积浓度低于 10%；煤质硬度普氏系数 f 不大于 1；煤中含矸率不超过 20% 的条件下，运行 1 800 h 无大修。

4.4.2 在煤浆体积浓度为 10%～20%；煤质硬度普氏系数 f 为 1～1.5；煤中含矸率不超过 20% 的条件下，运行 1 300 h 无大修。

4.4.3 在煤浆体积浓度大于 20%～30%；煤质硬度普氏系数 f 大于 1.5～2；煤中含矸率不超过 20% 的条件下，运行 800 h 无大修。

4.5 轴承的运转温升不得比环境温度超出 35℃，极限温度不得超过 75 ℃。

4.6 主要零件的材料选择：

a. 泵壳、连通管的材料为 ZG35 或优于 ZG35 的优质碳素钢。

b. 叶轮、口环、壳体密封环(叶轮密封环)、中间密封套、中间轴套、蜗室衬套、奇形套的材料为高铬系列合金白口铁，如 Cr15Mo3 或其他耐磨蚀材料。

c. 中间隔板的材料为 65SiMnCu 或其他耐磨蚀材料。

d. 轴材料为 45 优质碳素钢，并经调质处理。

e. 填料轴套材料为 45 优质碳素钢喷焊镍基耐磨蚀涂层或其他耐磨蚀材料。

4.7 材料成分、质量、技术要求和试验方法应符合下列标准 GB 979、GB 976、GB 977、GB 1 299、GB 699、GB 700、YB 13 的规定。

4.8 与滚动轴承配合的部位应符合 GB 275 的规定。

4.9 零件主要配合部位的加工表面粗糙度不大于下列规定：

4.9.1 与叶轮、中间轴套、奇形套、填料轴套、轴承内套及联轴器相配合的泵轴表面：R_a1.6 μm。

4.9.2 叶轮、中间轴套、奇形套、填料轴套、轴承内套、联轴器与泵轴配合的内孔表面：R_a3.2 μm。

4.9.3 零件过渡配合表面：R_a3.2 μm。

4.9.4 上、下泵壳密封平面：R_a3.2 μm。

4.10　轴两端应保留中心孔。

4.11　叶轮应做静平衡试验，其不平衡重量应符合 JB/TQ 380 的附录 B 中 G16 级平衡精度的要求。切除不平衡重量时，可从外圆处平滑地切割叶片间的盖板；或在后盖板的外表面上平滑地切去产生偏重的金属，但切去的厚度不得超过后盖板名义厚度的四分之一。

4.12　泵壳应使用常温清水作密封性试验和水压强度试验，试验压力应按各承压区实际工作压力的 1.5 倍同时进行，达到试验压力后的持续时间不得少于 5 min，试验过程中不得有渗漏现象。

4.13　泵在装配前，零件过流部位均应涂以防锈漆。

4.14　泵的所有零件必须经过检验合格后方可进行装配。

4.15　转子部件对轴承外圆表面的径向跳动允差不得超过表 2 的规定。

表 2

mm

公称直径	允　差	
	叶轮密封环外圆	轴套外圆
＞100～270	0.06	0.05
＞270～500	0.08	0.07

4.16　叶轮安装位置应在蜗室衬套中心，偏差不应超过 1.5 mm。

4.17　泵装配完后，在未装填料时，转子转动应灵活、均匀。

4.18　零、部件的各配合部位应保证零、部件能互换。泵的安装尺寸应与图样一致。

4.19　泵经性能试验合格后，应除净泵内积水，重新作防锈处理和更换新填料。外部表面应打磨平滑，仔细清除铁锈和油污，涂上底漆和面漆。需要时可打腻子。涂漆应均匀，不许有裂纹、脱皮、气泡、淤积等缺陷。外露加工表面应涂以硬化防锈油。

4.20　泵成套供应范围包括：

a.　装配完整的泵；

b.　电动机；

c.　底座；

d.　联轴器；

e.　泵入口、出口用闸阀；

f.　易损备件；

g.　装拆泵所必需的专用工具。

用户可根据需要，订购成套供应范围内的全部或一部分，并在订货单中注明。

4.21　在用户选用产品恰当和遵守泵的运输、保管、安装、使用规则条件下，从制造厂发货日起 12 个月内，产品因制造质量不良而发生损坏或不能正常工作时，制造厂应负责免费为用户更换、修理产品或零件，但不包括全部易损零、部件的正常损坏。

5　试验方法与验收规则

5.1　每台泵须经制造厂技术检验部门检查合格，并附有产品质量合格证方可出厂。

5.2　按下列规定进行试验：

a.　新产品试制全部进行型式试验。

b.　由于设计或工艺的变更，引起某些特性变化时，全部进行型式试验。

c.　批量生产的产品按表 3 规定的数量进行型式试验，型式试验以外的其余产品，一般均应进行出厂试验，但质量稳定的产品可按表 3 规定的比例进行出厂试验。试验发现不合格时，则按问题的性质决定加倍抽试或全部进行试验。

表 3

产品批量 台	型式试验 台	出厂试验 %
少于 10	1	30
11～20	2	25
21～30	3	20
注：型式试验台数包括在出厂试验台数之内。		

5.3 试验方法应符合 GB 3216 和 GB 3214 的规定。性能试验精度和验收一般按 GB 3216 的 C 级。

5.4 进行性能试验期间应同时检查：轴承温度、密封泄漏、振动和噪声情况。

5.5 制造厂由于设备条件限制不能试验时，可到用户处试验。具体试验方法由制造厂和用户共同商定。

6 标志、包装、运输和保管

6.1 标志

6.1.1 每台泵应在适当的明显位置牢固地钉上产品标牌。标牌应包括下列内容：

a. 制造厂名称；

b. 泵的名称及型号；

c. 泵的技术规范：流量(m^3/h)、扬程(m)、允许排送最大粒径(mm)、效率(%)、转速(r/min)、配带功率(kW)、必需汽蚀余量(m)和泵重量(kg)；

d. 泵的制造编号和出厂日期。

6.1.2 泵的旋转方向应在适当的明显位置用红色箭头标牌表示。

6.2 包装和运输

6.2.1 产品包装应符合 JB 2759 的规定。应能防止在运输过程中遭受锈蚀、损伤或遗失附件、备件及文件等情况。

6.2.2 在防锈处理和表面涂漆后，泵的进口和出口应用盖板盖住，其他与泵内相通的孔也应堵塞。

6.2.3 每台泵出厂时，应附带出厂合格证明书、装箱清单、随机技术文件和图纸(包括：安装使用说明书、安装尺寸图、总装配图、易损零件图)，并封存在防水、防潮的文件袋内。

6.2.4 包装箱外部需标明下列内容：

a. 泵型号名称；

b. 泵出厂编号和装箱日期；

c. 泵净重、包装重量及外形尺寸(长×宽×高)；

d. 到站及收货单位；

e. 发站及发货单位。

6.3 泵在存放中应防止锈蚀和损坏。

附加说明：

本标准由中国统配煤矿总公司技术发展部提出。

本标准由煤炭科学研究院唐山分院、北京矿务局机电厂负责起草。

本标准委托煤炭科学研究院唐山分院、北京矿务局机电厂负责解释。

本标准主要起草人李忠庶、王文烈、黄家谦、赵家骏。

中华人民共和国能源部部标准

MT/T 197—89

多级节段离心式泥浆泵

1989-03-31 发布　　　　1989-04-01 实施

中华人民共和国能源部　发 布

中华人民共和国能源部部标准

MT/T 197—89

多级节段离心式泥浆泵

1 主题内容与适用范围

本标准规定了多级节段离心式泥浆泵的型式、基本参数和技术条件。

本标准适用于输送液体中含有粒径小于 6 mm 的固体颗粒(如:煤泥、灰渣、精矿、尾矿、水泥、泥土、砂等)的多级节段离心式泥浆泵。被输送的固液混合物的体积浓度不大于 30%;温度不超过 80 ℃。

2 引用标准

GB 275 滚动轴承与轴和外壳的配合

GB 699 优质碳素结构钢钢号和一般技术要求

GB 700 普通碳素结构技术条件

GB 976 灰铸铁件 分类及技术条件

GB 977 灰铸铁件机械性能试验方法

GB 979 碳素钢铸件 分类及技术条件

GB 1299 合金工具钢 分类及技术条件

GB 3214 水泵流量测定方法

GB 3216 离心泵、混流泵、轴流泵和旋涡泵试验方法

GB 7021 离心泵名词术语

YB 13 农具耐磨零件用钢

JB/TQ 380 泵的振动测量与评价方法

JB 2121 铜合金铸件技术要求

JB 2759 机电产品包装通用技术条件

3 型式与基本参数

3.1 型式

多级径向剖分节段离心式泥浆泵。

3.2 型号意义示例说明:

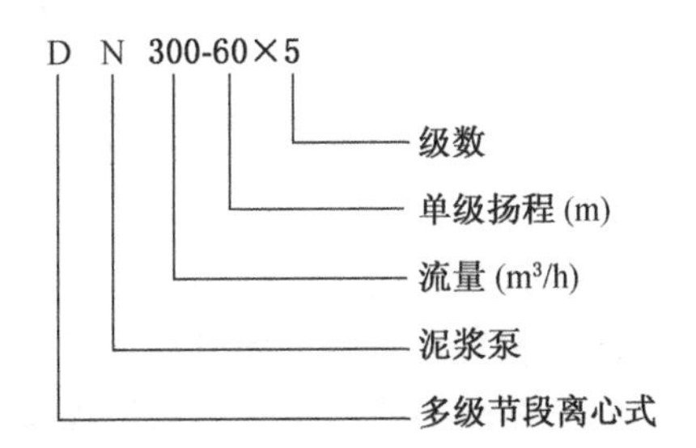

3.3 基本参数

泵排送清水时的基本性能参数按表 1 规定。

中华人民共和国能源部 1989-03-31 批准　　1989-04-01 实施

表 1

泵型号	流量 Q m^3/h	单级扬程 H m	泵级数 i	转速 n r/min	效率 η %	必需汽蚀余量 (NPSH)r m
DN 100-30	100	30	2～12	1 480	66	3.5
DN 155-45	155	45			68	3.7
DN 300-60	300	60			72	4.0
DN 360-75	360	75			71	4.3
DN 100-20	100	20		980	67	3.5
DN 200-26	200	26			71	3.7
DN 240-32	240	32			70	4.0

注：表 1 中所列流量、扬程数值为设计点的清水性能；效率为设计点的清水效率；必需汽蚀余量是指清水温度为 20 ℃，大气压力为 760 mmHg 时，设计点的必需汽蚀余量。

4 技术要求

4.1 基本要求：

4.1.1 多级节段离心式泥浆泵应符合本标准要求，并按照经规定程序批准的图样及技术文件制造。

4.1.2 凡本标准未作规定的一般技术要求，应符合国家标准中机械行业有关标准的要求。

4.2 确定原动机功率时，应按所输固液混合物的重度计算额定轴功率，选配的原动机功率应大于计算额定轴功率的 110%。

4.3 参照性运行条件及使用寿命：

4.3.1 在煤浆体积浓度低于 10%；煤质硬度普氏系数 f 不大于 1；煤中含矸率不超过 10% 的条件下，运行 2 500 h 无大修。

4.3.2 在煤浆体积浓度为 10%～20%；煤质硬度普氏系数 f 为 1～1.5；煤中含矸率不超过 10% 的条件下，运行 1 800 h 无大修。

4.3.3 在煤浆体积浓度大于 20%～30%；煤质硬度普氏系数 f 大于 1.5～2；煤中含矸率不超过 10% 的条件下，运行 1 200 h 无大修。

4.4 轴承的运转温升不得比环境温度超出 35 ℃，极限温度不得超过 75 ℃。

4.5 重要零件的材料选择：

a. 吸入段（前段）、中段、吐出段（后段）、平衡室盖（尾盖）材料为 ZG35 或优于 ZG35 的优质碳素钢。

b. 叶轮、壳体密封环（密封环）、中间衬套（导叶套）、档套的材料为高铬系列合金白口铁，如 Cr15Mo3 或其他耐磨蚀材料。

c. 导叶、隔板的材料为 65SiMnCu 或其他耐磨蚀材料。

d. 平衡鼓（平衡活塞）、平衡衬套（平衡套）、平衡盘体材料为优质中碳钢或中碳合金钢。

e. 平衡盘的抗磨环（平衡活塞）的摩擦端面喷焊镍基耐磨蚀涂层。

f. 平衡板材料为铝铁青铜或基体为优质中碳钢，摩擦端面喷焊铁基耐磨涂层。

g. 轴、穿杠材料为 45 优质碳素钢，并经调质处理。

4.6 材料成分、质量、技术要求和试验方法应符合下列标准 GB 979、GB 976、GB 977、GB 1299、GB 699、GB 700、YB 13、JB 2121 的规定。

4.7 与滚动轴承配合的部位应符合 GB 275 的规定。

4.8 零件主要配合部位的加工表面粗糙度不大于下列规定：

4.8.1 与叶轮、挡套、平衡盘、平衡鼓(平衡活塞)、填料轴套(前轴套、后轴套)、轴承内套及联轴器相配合的泵轴表面：R_a 1.6 μm。

4.8.2 叶轮、挡套、平衡盘、平衡鼓(平衡活塞)、填料轴套(前轴套、后轴套)、轴承内套、联轴器与泵轴配合的内孔表面：R_a 3.2 μm。

4.8.3 零件过渡配合表面：R_a 3.2 μm。

4.8.4 吸入段(前段)、中段、吐出段(后段)的密封表面：R_a 3.2 μm。

4.9 轴两端应保留中心孔。

4.10 叶轮应做静平衡试验，其不平衡重量应符合 JB/TQ 380 的附录 B 中 G6.3 级平衡精度的要求。切除不平衡重量时，可从外圆处平滑地切割叶片间的盖板；或在后盖板的外表面上平滑地切去产生偏重的金属，但切去的厚度不得超过后盖板名义厚度的四分之一。

4.11 承受液压的零件，应按下列规定进行密封性试验和水压强度试验，水压试验持续时间不得少于 5 min，零件不得有渗漏现象。

a. 用常温清水作水压试验；

b. 吸入段(前段)试验压力为 0.98 MPa；

c. 中段、吐出段(后段)试验压力为最高工作压力的 1.5 倍。

4.12 泵在装配前，零件过流部位均应涂以防锈漆。

4.13 泵的所有零件必须经过检验合格后方可进行装配。

4.14 转子部件应进行预先装配。以轴承外圆表面为基准，叶轮密封环、轴套和挡套外圆及平衡盘、平衡鼓(平衡活塞)端面的跳动允差不得超过表 2 的规定。

表 2

mm

公称直径	允差		
	叶轮密封环外圆	轴套、挡套外圆	平衡盘、平衡鼓(平衡活塞)端面
>50～120	—	0.06	—
>120～250	0.08	0.07	0.05
>250～400	0.1	—	0.06

4.15 泵装配时，在平衡盘或平衡鼓(平衡活塞)与平衡板靠紧的情况下，叶轮出口宽度应在导叶进口宽度范围内。

4.16 泵装配完后，在未装填料时，转子转动应灵活、均匀。

4.17 零、部件的各配合部位应保证零、部件能互换。泵的安装尺寸应与图样一致。

4.18 泵经性能试验合格后，应除净泵内积水，重新作防锈处理和更换新填料。外部表面应打磨平滑，仔细清除铁锈和油污，涂上底漆和面漆。需要时可打腻子。涂漆应均匀，不许有裂纹、脱皮、气泡、淤积等缺陷。外露加工表面应涂以硬化防锈油。

4.19 泵成套供应范围包括：

a. 装配完整的泵；

b. 电动机；

c. 泵座；

d. 联轴器；

e. 闸阀、止回阀、限径清除器；

f. 易损备件；

g. 装拆泵所必需的专用工具。

用户可根据需要，订购成套供应范围内的全部或一部分，并在订货单中注明。

4.20 在用户选用产品恰当和遵守泵的运输、保管、安装、使用规则条件下，从制造厂发货日起 12 个月内，产品因制造质量不良而发生损坏或不能正常工作时，制造厂应负责免费为用户更换、修理产品或零件。但不包括全部易损零、部件的正常损坏。

5 试验方法与验收规则

5.1 每台泵须经制造厂技术检验部门检查合格，并附有产品质量合格证方可出厂。

5.2 按下列规定进行试验：

a. 新产品试制全部进行型式试验。

b. 由于设计或工艺的变更，引起某些特性变化时，全部进行型式试验。

c. 批量生产的产品按表 3 规定的数量进行型式试验，型式试验以外的其余产品，一般均应进行出厂试验，但质量稳定的产品可按表 3 规定的比例进行出厂试验。试验发现不合格时，则按问题的性质决定加倍抽试或全部进行试验。

表 3

产品批量 台	型式试验 台	出厂试验 %
少于 10	1	30
11～20	2	25
21～30	3	20
注：型式试验台数包括在出厂试验台数之内。		

5.3 试验方法应符合 GB 3216 和 GB 3214 的规定。性能试验精度和验收一般按 GB 3216 的 C 级。

5.4 进行性能试验期间应同时检查：轴承温度、密封泄漏、振动和噪声情况。

5.5 制造厂由于设备条件限制不能试验时，可到用户处试验。具体试验方法由制造厂和用户共同商定。

6 标志、包装、运输和保管

6.1 标志

6.1.1 每台泵应在适当的明显位置牢固地钉上产品标牌。标牌应包括下列内容：

a. 制造厂名称；

b. 泵的名称及型号；

c. 泵的技术规范：流量(m^3/h)、扬程(m)、允许排送最大粒径(mm)、效率(%)、转速(r/min)、配带功率(kW)、必需汽蚀余量(m)和泵重量(kg)；

d. 泵的制造编号和出厂日期。

6.1.2 泵的旋转方向应在适当的明显位置用红色箭头标牌表示。

6.2 包装和运输

6.2.1 产品包装应符合 JB 2759 的规定。应能防止在运输过程中遭受锈蚀、损伤或遗失附件、备件及文件等情况。

6.2.2 在防锈处理和表面涂漆后，泵的进口和出口应用盖板盖住，其他与泵内相通的孔也应堵塞。

6.2.3 每台泵出厂时，应附带出厂合格证明书、装箱清单、随机技术文件和图纸(包括：安装使用说明书、安装尺寸图、总装配图、易损零件图)，并封存在防水、防潮的文件袋内。

6.2.4 包装箱外部需标明下列内容：

a. 泵型号名称；

b. 泵出厂编号和装箱日期；

c. 泵净重、包装重量及外形尺寸(长×宽×高)；

d. 到站及收货单位；

e. 发站及发货单位。

6.3 泵在存放中应防止锈蚀和损坏。

附加说明：

本标准由中国统配煤矿总公司技术发展部提出。

本标准由煤炭科学研究院唐山分院、北京矿务局机电厂负责起草。

本标准委托煤炭科学研究院唐山分院、北京矿务局机电厂负责解释。

本标准主要起草人李忠庶、顾天源、黄家谦、赵家骏。

中华人民共和国煤炭行业标准

MT/T 198—1996

代替 MT 198—89

煤矿用液压凿岩机通用技术条件

1 主题内容与适用范围

本标准规定了煤矿用液压凿岩机(以下统一简称“凿岩机”)的技术要求、试验方法、检验规则、标志、包装、运输和贮存。

本标准适用于导轨式与支腿式液压凿岩机,也适用于煤矿用钻炮孔和锚杆孔用的液压回转钻机(以下简称“回转钻”)、破碎岩石用的液压破碎冲击器(以下简称“冲击器”)。

2 引用标准

GB 3836.1 爆炸性环境用防爆电气设备 通用要求

GB 5621 凿岩机械与气动工具性能试验方法

GB 5898 凿岩机械与气动工具噪声测量方法 工程法

GB 7935 液压元件通用技术条件

GB/T 13306 标牌

GB 13813 煤矿用金属材料摩擦火花安全性试验方法和判定规则

JB/T 7302 凿岩机械与气动工具产品包装通用技术条件

ZB 4014 凿岩机械与气动工具涂漆通用技术条件

3 基本性能参数项目

凿岩机、回转钻与冲击器的基本性能参数项目见表1。

表1

序号	参数项目	单位	凿岩机	回转钻	冲击器
1	冲击能	J	√	—	√
2	冲击频率	Hz	√	—	√
3	冲击功率	kW	√	—	√
4	冲击工作压力	MPa	√	—	√
5	冲击工作流量	L/min	√	—	√
6	回转扭矩	N·m	√	√	—
7	回转数	r/min	√	√	—
8	回转功率	kW	√	√	—
9	回转工作压力	MPa	√	√	—
10	回转工作流量	L/min	√	√	—
11	机重	kg	√	√	√

中华人民共和国煤炭工业部 1996-04-18 批准　　1996-10-01 实施

表 1（续）

序号	参数项目	单位	凿岩机	回转钻	冲击器
12	外形尺寸（长、宽、高）	mm	√	√	√
13	边心距	mm	√	√	√
14	凿（钻）孔直径	mm	√	√	—
15	噪声（声功率级）	dBA	√	√	√

4 技术要求

4.1 凿岩机、回转钻与冲击器应按照规定程序批准的图样及技术文件制造，相同零件应能互换。

4.2 所有磨擦与碰击的零件材料，应符合 GB 3836.1 和 GB 13813 的规定。

4.3 对于承受压力的缸体、壳体、机体、蓄能器壳体等，应进行耐压试验。试验压力为最高工作压力的 1.5 倍，保压 3 min，不得有渗漏、破损等现象。

4.4 凿岩机、回转钻和冲击器的装配工作应在清洁的专用装配间进行。所有零件须清洗干净，经绸布擦拭或自然干燥后方能装配。

4.5 凿岩机与回转钻的回转液压马达，应具有符合 GB 7935 标准的检验合格证。

4.6 凿岩机、回转钻与冲击器的表面涂（喷）漆应符合 JB 3066 的要求。

4.7 凿岩机冲击机构与冲击器应能在不大于产品规定的启动压力下平稳启动。

4.8 凿岩机回转机构与回转钻在额定工作流量和 4 MPa 压力以下运转 1 h，壳体温度不得高于 70 ℃。

4.9 凿岩机、回转钻与冲击器性能应符合产品规定值。

4.9.1 凿岩机冲击机构、冲击器须在试验压力下做耐压试验，冲击机构不应有卡滞、泄漏、破损等异常现象。

4.9.2 凿岩机冲击机构、冲击器在额定工作压力下，工作流量不得超过规定范围，冲击能与冲击频率应不低于产品规定值的 90％。

4.9.3 凿岩机回转机构和回转钻在额定工作压力、额定转数下，回转扭矩应不低于规定值的 90％。

4.9.4 凿岩机、回转钻和冲击器的机重不得大于设计值的 105％。

4.9.5 凿岩机、回转钻的边心距应不大于 100 mm。

4.9.6 凿岩机冲击器的噪声 A 声功率级应不高于 120 dB；回转钻的噪声 A 声功率级应不高于 90 dB。

4.9.7 凿岩机、回转钻在岩石钻进试验台架上，测定的凿孔速度，在抗压强度 80～120 MPa 岩石上，导轨式凿岩机凿孔速度应不低于 0.6 m/min（孔径 41～44 mm）；支腿式与手持式凿岩机凿孔速度应不低于 0.4 m/min（孔径 38～41 mm）；在抗压强度 50～80 MPa 岩石上，回转钻的钻孔速度应不低于 0.3 m/min（孔径 38～41 mm）。

4.10 在煤矿岩石条件下，凿岩机、回转钻与冲击器的可靠性应符合要求。

4.10.1 导轨式凿岩机与回转钻首次故障前平均工作时间（附录 A）应不低于 3 000 钻米；支腿式与手持式凿岩机首次故障前平均工作时间应不低于 2 000 钻米；冲击器首次障碍前平均工作时间应不低于 50 冲击小时。

4.10.2 批量生产时，凿岩机、回转钻与冲击器不拆机工作时间（附录 A）应分别符合以下要求：

a. 被考核导轨式凿岩机和回转钻总台数中，80％产品的不拆机工作时间应不低于 25 000 钻米，其余应不低于 10 000 钻米。

b. 支腿式与手持式凿岩机不拆机工作时间应不低于 5 000 钻米。

c. 冲击器不拆机工作时间应不低于 400 冲击小时。

凿岩机、回转钻与冲击器在不拆机工作时间内，额定工作压力下的工作流量不得超过产品规定值的 110％，冲击频率应不低于产品规定值的 95％，回转数应不低于产品规定值的 95％，回转扭矩应不低于产品规定值的85%。

4.10.3　批量生产时，凿岩机、回转钻和冲击器在额定参数下的主要零件寿命，应符合以下要求：

a.　被考核导轨式凿岩机冲击活塞与换向阀零件中，80%零件的寿命应不低于25 000钻米，其余应不低于10 000钻米；所考核的支腿式凿岩机冲击活塞与换向阀的零件寿命应不低于5 000m；冲击器活塞与换向阀的零件寿命应不低于400冲击小时。

凿岩机与冲击器的冲击活塞在规定的寿命期限内，其撞击端面凹进或剥落值不得大于2.0 mm。

b.　凿岩机、冲击器蓄能器隔膜的零件寿命应不低于100 h。

4.10.4　导轨式凿岩机的回转机构与各种回转钻在额定参数工况下的工作寿命应不低于1 000h；支腿式与手持式凿岩机的独立回转机构在额定参数工况下的工作寿命应不低于300 h。

4.11　导轨式凿岩机新产品可靠性考核，应有2台样机在煤矿岩石上钻凿岩孔，其中一台应连续钻凿25 000钻米以上的岩孔，另一台应连续钻凿3 000钻米以上的岩孔；支腿式与手持式凿岩机、回转钻新产品可靠性考核，应有2台样机在煤矿岩石上钻凿岩孔，其中一台应连续钻凿5 000钻米以上的岩孔，另一台应连续钻凿2 000钻米以上的岩孔。

4.12　凿岩机、回转钻与冲击器采用难燃液为工作介质时，各项性能指标应进行试验，各项指标应不低于以矿物油为工作介质的50%。

5　检验方法

5.1　凿岩机、回转钻与冲击器产品外观质量用目测检验。

5.2　本标准4.2～4.5各项要求，由制造厂予以保证，并应有出厂检验报告、合格证或检验记录。

5.3　凿岩机与冲击器启动平稳性(4.7)和耐压(4.9.1)检验在试验台架上进行。启动平稳性检验时调整工作压力由小到大(至最大工作压力)，以凿岩机与冲击器运行时的工作流量与冲击频率波动情况以及运转的声响规律性来判断。

冲击机构的耐压试验，其试验压力为额定工作压力的125%或最高工作压力的110%(二者取最大值)，连续运转5 min，观察有无异常现象。

5.3.1　液体工作压力的测量，应在凿岩机、回转钻或冲击器的压力液体入口处进行，也可在距离入口处6 m以内的位置测点进行。当在距离入口6 m以外测压时，必须标定测点与入口处的压力差值，若差值大于0.3 MPa，应按测量值减去差值计入，压力测量仪表精度应不低于±1%。

5.3.2　流量测量仪表精度应不低于±2%，流量测点应置于各被测机构的高压侧；对出厂检验的流量测量，也可以将测点置于低压侧，但必须与置于高压侧的测点测量值进行标定。

5.4　凿岩机和回转钻空负荷壳体温度检验(4.8)在试验台架上进行。壳体温度用半导体点温计测量。温度测点选择温度最高的部位，数据取三次测量值的算数平均值。

5.5　凿岩机、回转钻与冲击器的机重用称重法测量。

5.6　凿岩机、回转钻的边心距采用钢尺进行测量。

5.7　凿岩机、回转钻与冲击器的性能检验在试验台架上进行。

5.7.1　液体工作压力与流量测量应按本标准5.3.1和5.3.2的规定进行。

5.7.2　凿岩机与冲击器的冲击性能可采用应力波法、光电位移微分速度法或线速度传感器法测定，但以速度法为准。冲击能测量精度应不低于±10%(详见附录B)。

5.7.3　凿岩机与冲击器冲击频率的测量，由冲击机构工作液压力变化频率采样，或由推进力测定传感器测定的峰值变换周期采样，或由反映冲击脉冲数的钎杆应力波峰值变化频率、机体振动变化频率采样。冲击频率的测量值以凿岩机凿岩、冲击器破岩状态下的测量值为准，冲击频率的测量精度应不低于±2%。

5.7.4　用凿岩机和冲击器的冲击能与冲击频率测试结果，由式(1)计算冲击功率。必要时，可用式(2)计算能量利用率(冲击机构效率)。

$$P_i = 10^{-3}Ef \quad \cdots\cdots(1)$$

式中：P_i——冲击功率，kW；

E——冲击功能，J；

f——冲击频率，Hz。

$$\eta(\%) = \frac{60P_i}{\Delta p Q} \times 100 \quad \cdots\cdots(2)$$

式中：P_i——冲击功率，kW；

Δp——冲击进油压力与回油压力的压力差，MPa；

Q——冲击进油流量，L/min。

5.7.5 凿岩机回转机构与回转钻的扭矩测量，可通过扭矩传感器或在测试轴上贴应变片的传感系统，在保持转数一定的前提下进行测量，扭矩测量精度应不低于±3%。出厂检验时，也可采用间接动态测试法测量扭矩。例如，测量回转机构带动液压泵所施加载荷的大小（背压大小）；但是，应对间接测试法的测试系统进行定期标定。

5.7.6 凿岩机回转机构与回转钻的转数测量仪表精度应不低于±2%。

5.7.7 用凿岩机回转机构或回转钻的扭矩和转数的测量结果，由式(3)计算回转功率。

$$P_r = 10^{-3}M\omega \quad \cdots\cdots(3)$$

式中：P_r——回转功率，kW；

M——主轴回转扭矩，N·m；

ω——主轴回转角速度，rad/s；

$\omega = \pi n/30$

n——主轴转数，r/min。

5.8 凿岩机、回转钻与冲击器的噪声特性，在额定工作参数条件下，按 GB 5898 进行。

噪声测试时，被测产品在额定工作参数下进行运转，如果凿岩机、冲击器在结构上有若干冲击频率档次，应测定每个频率档次下的噪声特性。如果回转钻有若干个回转数档次，应测定每个转数档次下的噪声特性。

5.9 凿岩机、回转钻的凿（钻）孔速度测试，应在规定范围内调整凿岩机、回转钻的推进力、转数、冲击压力、回转压力等参数（详见附录 C），采用一定型式、一定直径（直径允差±1 mm）的钎头，当冲洗水压力不低于 0.6 MPa 时，凿岩机在抗压强度为 80～120 MPa 的岩石上进行凿孔试验。回转钻在抗压强度为 50～80 MPa 岩样上进行钻孔试验。测量值取 5 个凿（钻）孔区段的凿（钻）孔速度（m/min）的算术平均值。

凿（钻）孔速度测试时，可采用孔深速度测试仪器或钢尺测量孔深，用秒表测定凿（钻）孔时间，然后，由式(4)计算凿（钻）孔速度。

$$v_d = 60\,L/t \quad \cdots\cdots(4)$$

式中：v_d——凿（钻）孔速度，m/min；

L——凿（钻）孔深度，m；

t——凿（钻）孔时间，s。

凿（钻）孔速度测试时，推进力的测定应采用能直接反映凿岩机、回转钻轴线推进力大小的测试系统。否则，应将测定值与凿岩机、回转钻轴线方向实际推进力值进行标定。推进力测量精度应不低于±5%。

5.10 凿岩机、回转钻与冲击器的可靠性试验，可在试验台上进行，也可在煤矿井下岩石单轴抗压强度为 50～120 MPa 的条件下连续实际凿岩。

5.10.1 在试验台上进行凿岩机、回转钻与冲击器的可靠性试验时，以额定工作压力或在超载工作条件下进行试验，所选工作压力波动范围不超过±10%，工作液温度应控制在 50 ℃以下。

5.10.2 在煤矿井下或现场进行凿岩机、回转钻与冲击器的可靠性试验时，应测试3台以上产品连续作业的累计工作量，以其算术平均值为测试结果。

5.11 凿岩机、回转钻与冲击器可靠性考核结合煤矿现场实际生产进行时，累计工作量应以井下正常作业的现场记录为依据，它应能正确考核产品实际使用性能与首次无故障工作时间、不拆机工作时间、冲击活塞寿命、换向阀寿命、蓄能器隔膜寿命等可靠性指标。

6 检验规则

6.1 凿岩机、回转钻和冲击器的产品检验，分出厂检验和型式检验。出厂检验由制造厂质量检验部门进行，型式检验必须由产品质量监督检验机构进行。

6.2 每台凿岩机、回转钻与冲击器都应进行出厂检验，所有的出厂检验项目合格，并附有产品质量检验合格证方可出厂。

6.3 属下列情况之一时，应进行产品型式检验：

a. 新产品或老产品转厂生产的试制产品；

b. 正式生产的产品在结构、材料、工艺有较大改变，可能影响产品性能时；

c. 产品因故停产两年以上，重新恢复生产时；

d. 出厂检验结果与上次型式检验有较大差异时；

e. 正式生产的产品每三年应周期性检验；

f. 用户在订货合同中要求做型式检验，并作为产品验收依据时；

g. 产品质量监督机构提出要求时。

6.4 产品出厂检验与型式检验项目表见表2。

表 2

序号	检验项目	技术要求	检验方法	检验类别	
				出厂	型式
1	制造质量	4.1～4.5	5.2	√	√
2	外观	4.6	5.1	√	√
3	机重	4.9.4	5.5	—	√
4	边心距	4.9.5	5.6	—	√
5	冲击启动平稳性与耐压	4.7,4.9.1	5.3	√	√
6	空负载回转壳体温度	4.8	5.4	√	√
7	冲击能	4.9.2	5.7.2	—	√
8	冲击频率	4.9.2	5.7.3	√	√
9	冲击工作流量	4.9.2	5.3.2	√	√
10	回转扭矩	4.9.3	5.7.5	√	√
11	回转数	4.9.3	5.7.6	√	√
12	噪声	4.9.6	5.8	—	√
13	凿(钻)孔速度	4.9.7	5.9	—	√
14	首次无故障工作时间	4.10.1	5.10,5.11	—	必要时
15	不拆机工作时间	4.10.2	5.10,5.11	—	必要时

表 2（续）

序号	检验项目	技术要求	检验方法	检验类别	
				出厂	型式
16	冲击活塞寿命	4.10.3	5.10,5.11	—	必要时
17	换向阀寿命	4.10.3	5.10,5.11	—	必要时
18	蓄能器隔膜寿命	4.10.3	5.10,5.11	—	必要时
19	回转机构寿命	4.10.4	5.10,5.11	—	必要时
20	新产品可靠性	4.11	5.10,5.11	—	新产品

6.5 型式检验的样机不得少于三台，凿岩机与回转钻新产品可靠性考核的样品应不少于两台。

6.6 表 2 型式检验项目中，第 5～18 条有任意一项性能不合格，即判定该产品不合格；第 1～4 条中，有 2 项不合格，即判定该产品不合格。

6.7 产品出厂检验结果应记录归档备查，产品型式检验应有检验报告，其内容包括试验对象、试验条件、测试设备与仪器、试验结果以及试验记事等。

7 标志、包装、运输、贮存

7.1 每台凿岩机、回转钻与冲击器应在明显部位牢固地装有产品标牌，标牌设计应符合 GB/T 13306 的要求，其内容包括：

a. 制造厂名称；

b. 产品名称；

c. 型号；

d. 产品主要技术参数：

凿岩机：工作压力、流量、冲击频率、扭矩、转数、机重。

回转钻：工作压力、流量、扭矩、转数、机重。

冲击器：工作压力、流量、冲击频率、机重。

e. 出厂日期和编号。

7.2 产品各接口应有明显标记。

7.3 产品包装前，各工作液接口应当用塑料或钢制的密封塞、堵封严，不许用棉纱、塑料布、纸等材料封堵。

7.4 产品包装应符合 JB/T 7302 的要求。

7.5 在运输和贮存过程中，不得受到剧烈冲击、摔、碰，不得在露天存放，贮存温度不得低于零下 20 ℃。

附 录 A
液压凿岩机、液压回转钻、液压冲击器可靠性指标基本术语
（补充件）

本附录规定的液压凿岩机、液压回转钻与液压冲击器的若干可靠性指标的基本含义如下：

A1 首次故障前平均工作时间

该指标是考核液压凿岩机、液压回转钻与液压冲击器进入正常运行状态以前的工作时间，这一时间是产品“磨合期”，所发生严重故障多为因材质、热处理工艺等不符合要求造成的早期故障。一台产品的工作时间超过了首次故障前平均工作时间，它的运行即应进入正常状态。

液压凿岩机、液压回转钻的首次故障前平均工作时间，也可称为首次故障前平均钻米或首次故障前平均延米，用累计凿（钻）孔深度“钻米”表示；液压冲击器的首次故障前平均工作时间用“冲击小时”（即累计冲击小时数）表示。

A2 不拆机工作时间

该指标是考核液压凿岩机、液压回转钻与液压冲击器连续正常作业的工作时间，它指产品在现场正常凿岩作业并保证按规定维修的条件下，不对内部主要零件解体维修，但可以在井下将有故障的蓄能器、回转机构、注水机构等整体更换，而不影响产品正常作业累计工作时间。不拆机工作时间也是产品进行大修的平均使用时间，因此，也可称为大修寿命或维修周期。

液压凿岩机、液压回转钻的不拆机工作时间用累计凿（钻）孔深度“钻米”表示；液压冲击器的不拆机工作时间用“冲击小时”表示。

A3 主要易损件寿命

主要易损件寿命指冲击活塞、换向阀、蓄能器隔膜、回转机构、油马达等零部件在额定参数下连续正常工作的时间，按不同情况用“钻米”或“冲击小时”表示。

附 录 B
液压凿岩机、液压冲击器冲击能试验方法
（补充件）

本标准规定的三种同等效力的冲击能试验方法，具体规定按以下原则：

B1 应力波法测冲击能的测定方法遵循 GB 5621 之规定，其测试原理参见图 B1。凿岩机、冲击器的液压参数按 4.3.1 与 4.3.2 进行测量。

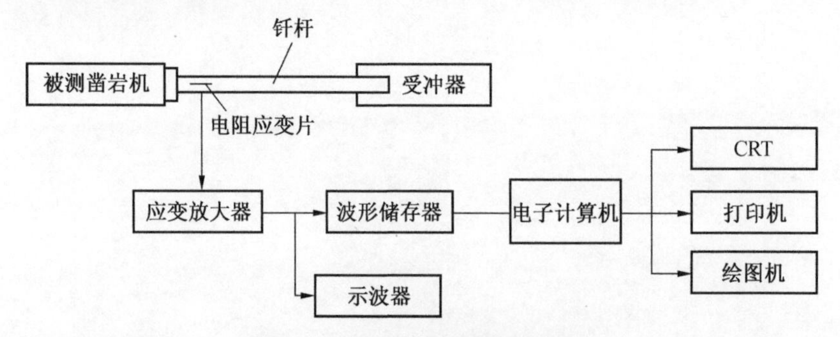

图 B1 应力波法测试原理图

B2 光电位移微分法利用光电位移测试仪表测定冲击活塞位移，并进行微分，测定冲击活塞处于打击钎尾的运动速度，然后由式(B1)计算冲击能。

$$E=Mv^2/2 \quad \cdots\cdots(B1)$$

式中：E——冲击能，J；

M——活塞质量，kg；

v——活塞冲击速度，m/s。

采用测试杆采集活塞位移信号时，测试杆质量不得大于被测活塞质量的5%。

光电位移微分法的原理参见图B2。

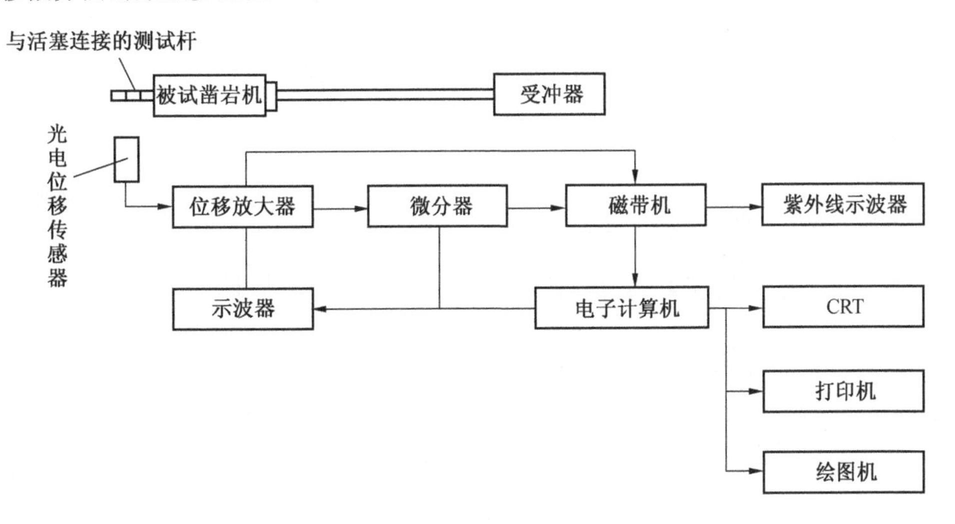

图 B2 光电位移微分法原理图

B3 线速度传感器法是用线速度传感器测定冲击活塞处于打击钎尾时的运动速度，然后，用公式(B1)计算冲击能。它的测试系统原理参见图B3。磁棒的质量不得大于冲击活塞质量的5%。本方法是用测定线圈感应电势的办法来衡量冲击活塞运动速度的大小。

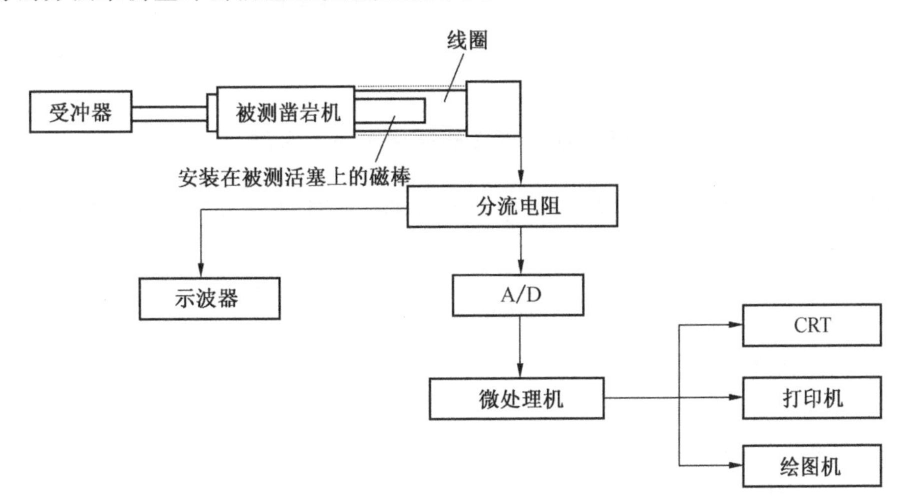

图 B3 线速度传感器法原理图

在测试前，应在标准速度发生机构上标定出该传感器速度值与输出电压之间的关系(图B4)，在测试时根据实测电压值大小求出对应的速度值。

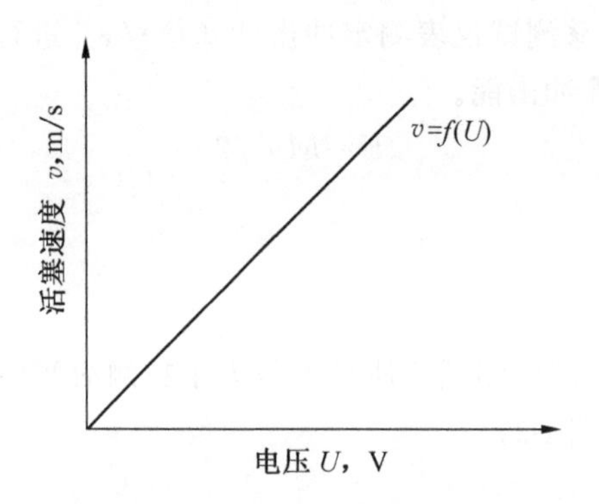

图 B4 速度－电压关系曲线

标准速度发生机构参见图 B5。

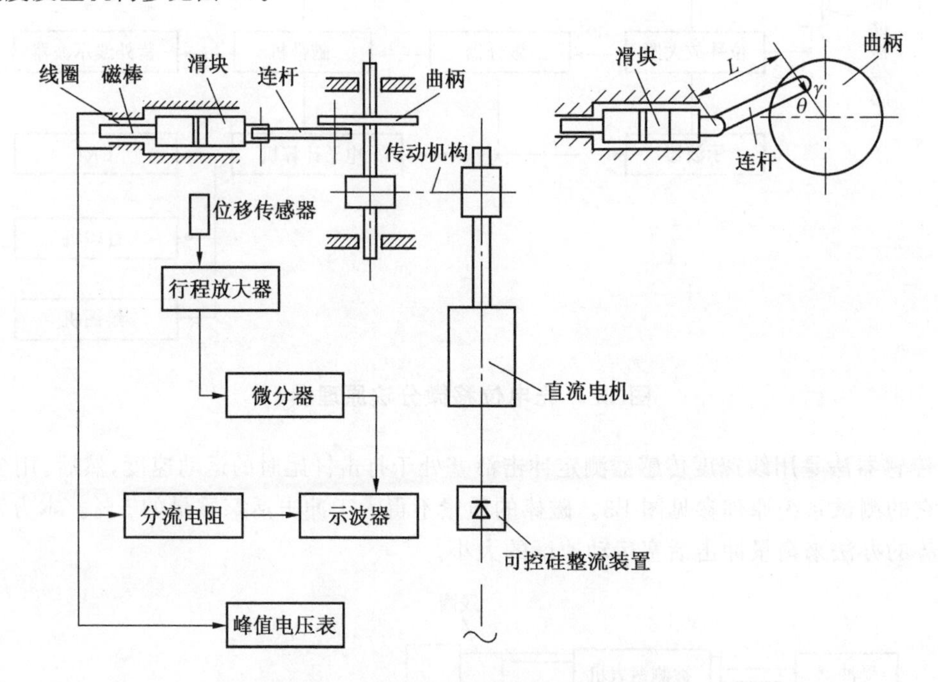

图 B5 线速度传感器标定系统原理

若无条件用电子测试系统直接测定图 B5 中滑块 6 的运动速度，也可以用测定曲柄 4 的主轴转速，用式(B2)计算速度标定值。

$$v=r\omega(\sin\theta+\frac{\lambda}{2}\sin2\theta) \qquad \cdots\cdots(B2)$$

式中：v——滑块运动速度，m/s；

ω——曲柄 4 的转角速度，rad/s；

θ——曲柄转角，rad；

λ——比值，$\lambda=r/L$；

r——曲柄旋转半径，mm；

L——连杆长度，mm。

测试前，必须用精度大于 1% 的速度测试系统标定，并计算标定误差，以确保冲击能测试精度。

附　录　C
液压凿岩机、液压回转钻凿(钻)孔速度测试参数调整方法
(补充件)

本标准规定的凿岩机与回转钻凿(钻)孔速度测试的参数调整,应以最佳参数进行,若需要在检验前测定凿岩机与回转钻的最佳钻进参数,应按以下试验程序调整参数。

C1　确定某种型式、规格的钎头若干个,其直径相对偏差不大于 1 mm。在凿(钻)孔速度测试时,每更换一种工况,每凿钻 1.5 m 深的岩孔,都须更换新钎头或修磨过的钎头。

C2　将冲洗水压调至 0.6 MPa,使回转流量、转钎数、回转工作压力、冲击供油流量、冲击工作压力调至产品设计的额定值,调整凿(钻)孔推进力,测定凿(钻)孔速度与推进力之间的关系。

$$v_d = f(F) \quad \cdots\cdots\cdots\cdots\cdots\cdots\cdots\cdots\cdots\cdots(C1)$$

式中:v_d——凿(钻)孔速度,m/min;

　　F——推进力,N。

当凿岩机冲击频率可以调整时,应测定不同档次下的凿孔速度与推进力的关系;回转钻转钎数可按不同速比配换齿轮调整时,应测定不同额定转钎数档次下钻孔速度与推进力的关系。

由凿(钻)孔速度测试的结果,找出在同等工况条件下最高凿(钻)孔速度对应的推进力就是最佳推进力值。

C3　将冲洗水压调至 0.6 MPa,回转工作压力、冲击工作压力与流量调至公称值,推进力调至最佳值,调整回转工作流量与转钎数(按空载转数调节),测定凿(钻)孔速度与转钎数之间的关系。

$$v_d = f(n) \quad \cdots\cdots\cdots\cdots\cdots\cdots\cdots\cdots\cdots\cdots(C2)$$

式中:v_d——凿(钻)孔速度,m/min;

　　n——转钎数,r/min。

当凿岩机冲击频率可以调整时,应测定不同档次下的凿孔与转钎数之间的关系。

由凿(钻)孔速度测试结果,找出同等工况条件下最佳凿(钻)孔速度对应的转钎数就是转钎数最佳值。

C4　将冲洗水压力调至 0.6 MPa,回转工作压力、冲击机构工作流量调至公称值,推进力、转钎数分别调至最佳值,调整冲击机构工作压力,测定凿岩机凿孔速度与冲击工作压力之间的关系。

$$v_d = f(p_c) \quad \cdots\cdots\cdots\cdots\cdots\cdots\cdots\cdots\cdots\cdots(C3)$$

式中:v_d——凿(钻)孔速度,m/min;

　　p_c——冲击工作压力,MPa。

当凿岩机冲击频率可以调整时,应测定不同档次下的凿孔速度与冲击压力之间的关系。

由凿孔速度测试结果,找出同等工况条件下最佳凿孔速度对应的冲击压力值,这就是最佳冲击工作压力。

C5　由 C2～C4 测试得到的最佳推进力、最佳转钎数和最佳冲击工作压力,就是所测定凿岩机或回转钻的最佳钻进参数。

C6　若测定凿岩机在公称冲击工作压力下的凿孔速度时,应以 C2 和 C3 项测试结果和额定冲击工作压力值为钻进参数进行测试。

C7　若进行调整冲洗水压力的试验,应首先确定水压调整档次,对应每个档次进行 C2～C4 项测试。

附加说明：

本标准由煤炭工业部煤矿专用设备标准化技术委员会提出。

本标准由煤炭工业部煤矿设备标准化技术委员会井巷设备分会归口。

本标准由煤炭科学研究总院北京建井研究所负责起草、修改。

本标准主要起草人郭孝先、王维华、李耀武、黄园月、狄志勇。

本标准委托煤炭科学研究总院北京建井研究所负责解释。

中华人民共和国煤炭行业标准

MT/T 199—1996

代替 MT 199—89

煤矿用液压钻车通用技术条件

1 主题内容与适用范围

本标准规定了煤矿用液压钻车(包括掘进钻车、锚杆钻车和钻装机,以下统一简称"钻车")的技术要求、试验方法、检验规则、标志、包装、运输和贮存。

本标准适用于煤矿用液压钻车。煤矿用半液压钻车及其台架、钻臂、推进器部件等亦可参照使用。

2 引用标准

GB 3766 液压系统通用技术条件

GB 3836.1 爆炸性环境用防爆电气设备 通用要求

GB 3836.2 爆炸性环境用防爆电气设备 隔爆型电气设备"d"

GB 3836.4 爆炸性环境用防爆电气设备 本质安全型电路和电气设备"i"

GB 5898 凿岩机械与气动工具噪声测量方法 工程法

GB 7935 液压元件通用技术条件

GB/T 13306 产品标牌

GB 13813 煤矿用金属材料摩擦火花安全性试验方法和判定规则

JB 2299 矿山、工程、起重运输机械产品涂漆颜色和安全标志。

JB/T 7302 凿岩机械与气动工具产品包装通用技术条件

MT 198 煤矿用液压凿岩机通用技术条件

3 技术要求

3.1 基本要求

3.1.1 钻车的基本性能参数应符合本标准的规定,并应按照规定程序批准的图样和技术文件制造,同一型号产品相应的零、部、元件应能互换。

3.1.2 钻车适用于岩石巷(隧)道掘进、开凿工程中钻进孔径为 ϕ27～55mm、孔深小于5m的各种爆破孔或锚杆孔。

3.1.3 钻车应具有防爆性能,配套的所有电气设备均应符合GB 3836.1、GB 3836.2和GB 3836.4的规定,防爆电器设备须附有防爆检验合格证。

3.1.4 钻车用原材料、标准件和外购件均应合格。钻车部件为铝合金制品时,应符合GB 13813的规定。

3.1.5 钻车液压系统应符合GB 3766的规定。钻车配套液压元件应符合GB 7935的规定。

3.1.6 自制及外购的空气压缩机、水泵、冷却器等部件均应为合格产品,钻车上配套空气压缩机应符合煤矿安全规程的有关规定。

3.1.7 钻车配用的液压凿岩机(以下简称"凿岩机")、液压回转钻(以下简称"回转钻")应符合MT/T 198的规定。

3.1.8 各操作手柄、按钮应操作轻便灵活、准确可靠、无卡滞现象,并复位准确。

中华人民共和国煤炭工业部 1996-04-18 批准　　1996-10-01 实施

3.1.9　钻车外表面应平整、光洁，无飞边、无毛刺、无裂缝、无气孔等缺陷，并按 ZB 4014 规定进行涂漆，涂漆颜色和安全标志应符合 JB 2299 的规定。

3.1.10　各种管路、电缆应布置合理、整齐。

3.1.11　钻车外形尺寸(包括运输状态轮廓尺寸和工作状态尺寸)、机重应符合设计要求。

3.2　装配要求

3.2.1　装配前，所有零件特别是内外沟槽、孔道、盲孔等处须彻底清洗，除去污染物。

3.2.2　对关键元部件连接处的紧固件应加防松粘结剂，并按设计扭矩拧紧。

3.3　液压系统工作液及过滤精度要求

3.3.1　按井下具体情况确定采用的工作液为矿物油或难燃液。当选用矿物油时，其钻车的主要性能指标应不低于使用 N46 抗磨液压油指标。当采用难燃液时，应对钻车进行性能及可靠性试验。

3.3.2　液压系统回油过滤精度不低于 30μm，凿岩机冲击机构等关键部位的过滤精度不低于 10μm。

3.3.3　工作液须经过滤精度不低于 25μm 的过滤器注入油箱。

3.3.4　油箱内工作液温度不得高于 65℃。

3.4　电气性能

3.4.1　电机的启动电流不得大于规定值。

3.4.2　电气元件动作灵活、可靠，控制、动力、照明等电气接线牢固，并应符合 GB 3836.1 的规定。

3.5　耐压性能及密封性能

3.5.1　液压系统应进行耐压试验，在试验压力下，承压壳体、液压元件的接合面、管路接头等密封处，不允许有渗漏、破损等异常现象。

3.5.2　装有液压锁的液压缸当锁紧后，在其额定负载作用下，活塞杆的移动量在 6h 内不应超过 4.0mm。

3.6　行走性能及稳定性能

3.6.1　钻车最大行走速度偏差不得大于设计值的±10%。

3.6.2　钻车起动、制动、转弯、爬坡及直线行走时应运行灵活、平稳，刹车后不得产生自动下滑、异常声响及卡滞现象。

3.6.3　钻车处于各种工作位置均应保持稳定，在各推进器以最大推力同时顶紧岩面或其他固定物时，整机不得有后移、抬起和转向等异常现象。

3.6.4　制动器与张紧机构应调节自如、动作准确、灵活可靠。

3.7　钻臂及推进器性能

3.7.1　钻臂的各种运动应准确、灵活、平稳，其变幅范围应满足产品设计的要求，并保证有足够的刚性、强度及稳定性。

3.7.2　推进器在额定工作参数下，推进力应不低于设计值的 95%，推进器的最大空载推进压力不得大于 3.5MPa，空载推进与返回速度应不小于产品规定值。

3.7.3　凿岩机、回转钻的钎尾与各托钎器孔中心线的同轴度偏差应不大于 $\phi 2.0$mm。

3.8　凿(钻)岩性能

3.8.1　在额定工况下，凿岩机、回转钻应具备正常凿(钻)岩性能。凿岩机在额定流量下，工作压力不应低于额定压力的 95%，凿岩速度不低于规定值。

3.8.2　凿岩机、回转钻外壳表面温度不得高于 70℃。

3.9　钻车的噪声及供水、供气系统

3.9.1　钻车的供水、供气系统压力应不低于额定工作压力的 90%，流量应不低于设计值。

3.9.2　钻车凿岩作业时的噪声 A 声功率级应不高于 125dB。

3.10　可靠性

3.10.1　在煤矿岩巷(断面 12～22m²、岩石抗压强度 60～100MPa)掘进条件下，钻车的技术特性应具有月进 120m，年进 1 000m 的能力。

3.10.2 钻车经井下 4 000 钻米调试运行后，应能投入正常运转；并具有在井下连续掘进 1 000m 巷道的不拆机的可靠性能。

3.10.3 新产品须进行可靠性考核。钻车连续正常累计掘进量应不少于 300m 巷道，考核期间，钻车的有效度(正常工作循环与总循环之比)应不低于 70%。

3.11 成套性供应范围

a. 随机备件；

b. 易损备件；

c. 专用工具；

d. 产品使用维护说明书、合格证。

4 试验方法

4.1 产品外观质量用目测检验。

4.2 本标准 3.1.1～3.1.8，3.2，3.3 各项要求，由制造厂予以保证，并应有出厂检验报告、合格证或检验记录。

4.3 钻车机重用称重法测量。

4.4 用精度为±2%的钳形电流表测量电机的启动电流。

4.5 液压系统各回路的耐压和密封试验，应在其额定压力的 125%或最高工作压力的 110%(二者之中取最大者)压力下，保压 3min，观测其耐压及密封性能。

4.6 活塞杆的位移量用百分表测量。

4.7 对于无轨式钻车应具有长 50m、宽 5m 的平直试验场地，以及坡长 15m、倾斜角符合钻车设计要求的试验场地；对于轨轮式钻车则应具有与无轨式钻车相同长度、宽度，且轨道坡度不大于 7‰的试验场地。

4.8 在试验场地上测定钻车行走速度时，行走距离应不小于 30m，用秒表记录时间，用钢卷尺测量距离，然后计算出三个循环平均行走速度。

4.9 在试验场地上，钻车的钻臂、推进器、凿岩机均收拢至与机器纵向中心线平行的最后位置，观测其起动、制动、转弯、前进、后退及爬坡的行走稳定性；放下稳车支腿撑牢地面后，各钻臂、推进器、凿岩机伸至最前端并向同一侧摆至极限位置，观测钻车的静态稳定性；在最大推进压力下，各推进器顶紧岩面或其他固定物，并同时开动凿岩机，观测钻车的动态稳定性。

4.10 操作钻臂运动，用钢卷尺测量其变幅范围。

4.11 在额定参数下，用精度为±1.5%的压力表测量推进缸压力，然后按与拉压力传感器测试系统标定的结果确定推进力。

4.12 钎尾与托钎器的同轴度偏差，采用试棒定心后，用百分表检测。

4.13 用抗压强度为 80～120MPa 的天然岩石做凿岩试验，测量其凿岩速度，同时测量冲击工作压力、工作流量。

4.14 环境温度不大于 35℃，钻车运转 30min，凿岩机工作 15min，用温度计、半导体点温计分别测量油箱工作液、凿岩机外壳温度。

4.15 按液压系统及供水、供气系统的设计要求调定各调压点的工作压力，用精度为±1.5%的压力表检查液压系统各回路压力；用精度为±2%的压力表检查供水、供气系统各回路的压力。

4.16 用精度为±2%的流量计串入各回路系统中，测量系统流量。

4.17 在地面各凿岩机同时凿岩，按 GB 5898 的规定测定噪声。

4.18 新产品的可靠性考核，应在井下或试验平洞中进行。

5 检验规则

5.1 产品检验分为出厂检验和型式检验。出厂检验由制造厂的质量检验部门进行，型式检验由产品质量监督检验机构进行。

5.2 每台产品都必须进行出厂检验。下表中的出厂检验项目全部合格后方可出厂，并必须附有产品质量检验合格证。

序号	检验项目	技术要求	检验方法	检验类别	
				出厂	型式
1	制造质量	3.1.1～3.1.8,3.2,3.3	4.2	√	√
2	外观	3.1.9、3.1.10	4.1	√	√
3	机重及外形尺寸	3.1.11	4.3	—	√
4	电气性能	3.4	4.4	√	√
5	耐压及密封性能	3.5	4.5、4.6	√	√
6	行走性能	3.6.1	4.7、4.8	√	√
7	整机稳定性能	3.2～3.6.4	4.9	√	√
8	钻臂及推进器性能	3.7	4.10～4.12	√	√
9	凿岩性能	3.8	4.13	√	√
10	温度	3.3.4、3.8.2	4.14	√	√
11	液压系统压力及流量	3.7.2、3.8.1	4.15、4.16	√	√
12	供水及供气性能	3.9.1	4.15、4.16	√	√
13	噪声	3.9.2	4.17	—	√
14	可靠性	3.10	4.18	—	新产品
15	成套性供应范围	3.11	—	√	√

5.3 有下列情况之一时，一般应进行型式检验：

a. 新产品或老产品转厂生产的试制产品；

b. 正式生产的产品，在结构、材料、工艺有较大改变，可能影响产品性能时；

c. 正式生产的产品每五年，应周期性进行检验；

d. 产品停产两年以上，重新恢复生产时；

e. 出厂检验结果与上次型式检验有较大差异时；

f. 用户在订货合同中要求做型式检验，并作为产品验收依据时；

g. 国家质量监督机构提出要求时。

5.4 产品出厂检验与型式检验项目见表。

5.5 产品型式检验的样品随机抽取一台，通过可靠性考核的样品的试验数据经产品质量监督检验机构确认后，可不另行做寿命试验。

5.6 表1型式检验项目中，第4～14条有任意一项性能不合格，或第1～3、15条中有两项不合格，即判定该台产品不合格。

5.7 产品出厂检验结果应记录归档备查，产品型式检验应有检验报告。

6 标志、包装、运输、贮存

6.1 标志

6.1.1 每台产品应在明显的部位固定产品标牌，标牌应符合 GB/T 13306 的规定，其内容包括：

a. 制造厂名称；

b. 产品名称；

c. 产品型号；

d. 产品主要技术参数；

e. 制造日期与编号。

6.2 包装

6.2.1 钻车裸装出厂时，所有外露金属表面涂防锈油脂，并用无腐蚀性塑料罩包扎，大的备件同整机一起固定在底盘上，其他随机备件与专用工具按品种分类单独包装。

6.2.2 钻车装箱出厂时，包装应符合 ZB/T 7302 的规定。

6.2.3 随机技术文件应采用塑料袋包装，包括：

a. 产品合格证；

b. 电气设备防爆合格证（副本）；

c. 产品使用、维护说明书；

d. 装箱单。

6.3 运输

6.3.1 钻车包装后应满足运输部门的要求。

6.3.2 运输中必须把冷却器的水放净，避免受冻损伤；装、卸时不得受到猛烈碰撞，避免损伤机器。

6.4 贮存

6.4.1 钻车必须放置在遮篷或仓库中。

6.4.2 贮存时必须把冷却器中的水放净，贮存温度不得低于零下 20℃；轮胎式产品应架起使轮胎悬空存放。

附加说明：

本标准由煤炭工业部煤矿专用设备标准化技术委员会提出。

本标准由煤炭工业部煤矿设备标准化技术委员会井巷设备分会归口。

本标准由煤炭科学研究总院北京建井研究所负责起草。

本标准主要起草人李耀武、郭孝先、王维华。

本标准委托煤炭科学研究总院北京建井研究所负责解释。

ICS 73.040
D 21
备案号：25335—2008

中华人民共和国煤炭行业标准

MT/T 201—2008
代替 MT/T 201—1995

煤矿水中氯离子的测定

Determination of chlorine ion in coal mine water

2008-11-19 发布　　2009-01-01 实施

中华人民共和国国家安全生产监督管理总局　发布

前　言

本标准根据 GB/T 1.1—2000《标准化工作导则》和 GB/T 20001.4—2001《标准编写规则　第 4 部分:化学分析方法》的规定,对 MT/T 201—1995《煤矿水中氯离子的测定方法》进行修订。

本标准从生效之日起代替 MT/T 201—1995《煤矿水中氯离子的测定方法》。

本标准由中国煤炭工业协会科技发展部提出。

本标准由全国煤炭标准化技术委员会归口。

本标准起草单位:重庆地质矿产研究院。

本标准主要起草人:朱振忠、许玲。

本标准所代替标准历次版本的发布情况为:

——MT/T 201—1995。

煤矿水中氯离子的测定

1 范围

本标准规定了用硝酸银容量法测定煤矿水中氯离子的含量。

本标准适用于煤矿水中氯离子的测定，本标准测定氯离子的浓度范围为 5 mg/L～400 mg/L。

2 原理

调节水样 pH 值为 7.0～8.3。在铬酸钾指示剂存在下，用硝酸银溶液滴定，此时水中氯离子与银离子定量生成白色氯化银沉淀，过量的银离子与铬酸根离子生成橘黄色铬酸银沉淀，以示滴定等当点的到达，根据硝酸银标准溶液的用量计算出煤矿水中氯离子的含量。

3 试剂

3.1 除非另有说明，在分析中仅使用确认为分析纯的试剂和蒸馏水或去离子水或相当纯度的水。

3.2 过氧化氢(GB/T 6648)：30%。

3.3 硫酸标准溶液：$c\left(\frac{1}{2}H_2SO_4\right)=0.1$ mol/L，将 3.5 mL 硫酸($\rho=1.84$)(GB 625)缓慢加入到 1 000 mL水中。

3.4 氢氧化钠溶液：10 g/L。称取 5 g 氢氧化钠(GB/T 629)溶于水中，稀释至 500 mL。

3.5 氯化钠标准溶液：$c(NaCl)=0.025\ 0$ mol/L。称取已在约 200 ℃干燥 2 h 的优级纯氯化钠(GB/T 1266)(1.461 1±0.000 2)g 溶于少量水中，转入 1 000 mL 容量瓶，用水稀释至刻度，摇匀。

3.6 硝酸银标准溶液：$c(AgNO_3)=0.025$ mol/L。称取 4.25 g 硝酸银(GB/T 670)溶于水中，稀释至 1 000 mL，贮于棕色玻璃瓶内。定期(每月)标定其浓度。

硝酸银标准溶液的标定方法：吸取(20±0.05)mL 氯化钠标准溶液(见 3.5)于 250 mL 锥形瓶中，用水(见 3.1)稀释至约 50 mL，加入 0.5 mL 铬酸钾指示剂。在不断摇动下，用硝酸银标准溶液滴定溶液颜色由黄绿色变为橘黄色即为终点。记录用量。同时用 50 mL 水作空白试验。

硝酸银标准溶液的浓度按式(1)计算：

$$c_1=\frac{c_2V_2}{V_1-V_3} \qquad \cdots\cdots(1)$$

式中：

c_1——硝酸银标准溶液浓度的数值，单位为摩尔每升(mol/L)；

c_2——氯化钠标准溶液浓度的数值，单位为摩尔每升(mol/L)；

V_1——硝酸银标准溶液消耗的体积的数值，单位为毫升(mL)；

V_2——氯化钠标准溶液取用体积的数值，单位为毫升(mL)；

V_3——空白溶液消耗硝酸银标准溶液的体积的数值，单位为毫升(mL)。

3.7 铬酸钾指示剂：50 g/L。称取 25 g 铬酸钾(HG/T 3—918)溶于 100 mL 水中，滴加硝酸银溶液(见 3.6)至产生红色沉淀不再溶解，再补加数滴，避光放置约 24 h 后，过滤除去沉淀物，然后加水稀释至 500 mL。

3.8 酚酞指示剂：5 g/L。称取 0.5 g 酚酞(GB/T 10729)溶于 50 mL 乙醇(95%)(GB/T 679)中，再加 50 mL 水，混匀。

4 仪器

分析天平:感量 0.1 mg。

5 测定步骤

5.1 作两份试验水样的重复测定。

5.2 量取(50±0.1)mL 试验水样于 250 mL 锥形瓶中。

5.3 加入 0.5 mL 铬酸钾指示剂(见 3.7),在不断摇动下用硝酸银标准溶液(见 3.6)滴定溶液颜色由黄绿色至出现稳定的橘黄色即为终点。记录用量。

5.4 若水样中有悬浮物,应用玻璃纤维滤器除去后,再按照 5.2、5.3 操作。

5.5 若水样 pH 值不在 7.0~8.3 范围内,应加入 2~5 滴酚酞指示剂(见 3.8)用硫酸(见 3.3)或氢氧化钠(见 3.4)将 pH 值调整至此范围后,再按照 5.3 操作。

5.6 若水样中含有亚硫酸盐、硫化物或硫代硫酸盐,则应在水样中加入 0.5 mL 过氧化氢(见 3.2),搅拌 1 min 后调整 pH 值,再按 5.3 操作。

6 结果计算

煤矿水中氯离子的含量按式(2)计算:

$$m(\mathrm{Cl}^-)=\frac{c_1V_1M}{V_4}\times 1\,000 \qquad \cdots\cdots(2)$$

式中:

$m(\mathrm{Cl}^-)$——煤矿水中氯离子含量的数值,单位为毫克每升(mg/L);

V_1——滴定消耗硝酸银标准溶液(见 3.6)体积的数值,单位为毫升(mL);

V_4——取用试验水样体积的数值,单位为毫升(mL);

c_1——硝酸银标准溶液浓度的数值,单位为摩尔每升(mol/L);

M——Cl^- 摩尔质量的数值,单位为克每摩尔(g/mol),M=35.453。

计算结果表示到小数点后两位。

7 精密度

煤矿水中氯离子测定结果的重复性限应符合表 1 规定。

表 1

氯离子含量范围/(mg·L⁻¹)	重复性限/(mg·L⁻¹)	重复性限/%
≤150	3	
>150		2

ICS 73.040
D 21
备案号：25336—2008

中华人民共和国煤炭行业标准

MT/T 202—2008
代替MT/T 202—1995
MT/T 203—1995

煤矿水中钙离子和镁离子的测定

Determination of calcium ion and magnesium ion in coal mine water

2008-11-19 发布　　2009-01-01 实施

中华人民共和国国家安全生产监督管理总局　发布

前　言

本标准根据 GB/T 1.1—2000《标准化工作导则　第1部分：标准的结构和编写规则》和 GB/T 20001.4—2001《标准编写规则　第4部分：化学分析方法》的规定，对 MT/T 202—1995《煤矿水中钙离子的测定方法》和 MT/T 203—1995《煤矿水中钙离子和镁离子的测定方法》两个标准部分条目的内容作了修订和补充，并将两个标准合并在一个标准中。

本标准从生效之日起代替 MT/T 202—1995《煤矿水中钙离子的测定方法》和 MT/T 203—1995《煤矿水中钙离子和镁离子的测定方法》。

本标准由中国煤炭工业协会科技发展部提出。

本标准由全国煤炭标准化技术委员会归口。

本标准起草单位：重庆地质矿产研究院。

本标准主要起草人：李大华、李玉芳。

本标准所代替标准历次版本的发布情况为：

——MT/T 202—1989；

——MT/T 202—1995；

——MT/T 203—1989；

——MT/T 203—1995。

煤矿水中钙离子和镁离子的测定

1 范围

本标准规定了乙二胺四乙酸二钠(EDTA)络合滴定法和原子吸收分光光度法测定煤矿水中钙离子和镁离子。

本标准适用于煤矿水中钙离子、镁离子的测定。

2 络合滴定法测定钙离子

2.1 原理

在 pH 值为 12～13 的碱性溶液中,用钙指示剂作指示剂,用 EDTA 标准溶液络合滴定钙离子。

2.2 试剂

2.2.1 除非另有说明,在分析中仅使用确认为分析纯的试剂和蒸馏水或去离子水或相当纯度的水。

2.2.2 盐酸溶液:用盐酸(GB/T 622)配制成 6 mol/L 盐酸溶液。

2.2.3 氨水溶液:将 1 份体积的氨水(GB/T 631)加入到 4 份体积的水中,摇匀。

2.2.4 氢氧化钠溶液:$c(NaOH)=2$ mol/L。称取 40 g 氢氧化钠(GB/T 629)溶于 250 mL 水中,冷却后用水稀释至 500 mL,摇匀,贮于聚乙烯瓶中。

2.2.5 EDTA 标准溶液:$c\left(\frac{1}{2}\mathrm{EDTA}\right)=0.020\ 0$ mol/L。称取 3.725 g 二水乙二胺四乙酸二钠(GB/T 1401)溶于水中,稀释至 1 000 mL 容量瓶中,混匀,贮于聚乙烯瓶中。

EDTA 标准溶液的标定方法:用移液管吸取(20±0.04)mL 钙标准溶液(见 2.2.6)于 250 mL 锥形瓶中,加入(2±0.05)mL 镁标准溶液(见 2.2.7),用水稀释至 50 mL,按 2.4.3 的步骤标定 3 份。取其用量的算术平均值,并用 50 mL 水作空白试验,记录用量。

EDTA 标准溶液浓度按式(1)计算:

$$c_1=\frac{20M_1}{\overline{V}-V_1} \qquad \cdots\cdots(1)$$

式中:

c_1——EDTA 标准溶液的准确数值,单位为摩尔每升(mol/L);

$\overline{V}$——EDTA 标准溶液用量的体积算术平均数值,单位为毫升(mL);

V_1——空白试验消耗 EDTA 标准溶液用量数值,单位为毫升(mL);

M_1——钙标准溶液的浓度准确数值,单位为摩尔每升(mol/L),$M_1=0.020\ 0$。

2.2.6 钙标准溶液:$c\left(\frac{1}{2}CaCO_3\right)=0.020\ 0$ mol/L。称取已在 105 ℃～110 ℃干燥至恒重,并在干燥器中冷却至室温的优级纯碳酸钙(1.001 0±0.000 2)g,置于 500 mL 锥形瓶中,用少量水润湿。滴加盐酸溶液(见 2.2.2)至碳酸钙完全溶解(切勿加入过量的酸)。加入 200 mL 水,煮沸 3 min～5 min 驱尽二氧化碳。冷却至室温后加 3～5 滴甲基红指示剂溶液(见 2.2.8),用氨水溶液(见 2.2.3)中和至橙色,转移溶液到 1 000 mL 容量瓶中,用水稀释至刻度,摇匀。

2.2.7 镁标准溶液:$c\left(\frac{1}{2}MgO\right)=0.020\ 0$ mol/L。称取已在约 800 ℃灼烧至恒重,并在干燥器中冷却至室温的光谱纯氧化镁(0.403 2±0.000 2)g,置于 250 mL 锥形瓶中,用少量水润湿。滴加盐酸溶液(见 2.2.2)至氧化镁完全溶解(切勿加入过量的酸)。加入 50 mL 水,然后转移到 1 000 mL 容量瓶中,用水稀释至刻度，摇匀。

2.2.8 甲基红指示剂溶液：称取 0.1 g 甲基红（HG/T 3449），溶于 60 mL 乙醇（GB/T 679）中，加入 40 mL水，混匀。

2.2.9 钙-羧酸指示剂（又称钙指示剂）：称取 0.2 g 钙-羧酸和 25 g 氯化钾（GB/T 646）混合研细，贮存于棕色磨口瓶中。

2.2.10 刚果红试纸。

2.3 仪器

2.3.1 分析天平：感量 0.1 mg。

2.4 测定步骤

2.4.1 作两份试验水样的重复测定。

2.4.2 用移液管吸取（50±0.08）mL 已用玻璃纤维滤器过滤除去大颗粒悬浮物的试验水样，移入 250 mL锥形瓶中，放入一小块刚果红试纸，滴加盐酸溶液（见 2.2.2）至刚果红试纸刚变成蓝紫色，对于碱度大于 300 mg($CaCO_3$)/L 的试验水样，应煮沸 1 min～2 min ，并冷却至室温。

2.4.3 加入 2 mL 氢氧化钠溶液（见 2.2.4）和 0.05 g 钙-羧酸指示剂（见 2.2.9），用 EDTA 标准溶液（见 2.2.5）滴定至红色变为蓝色即为终点。记下用量。

2.4.4 当滴定液用量少于 4.5 mL 时，应改用较多试验水样滴定，并按比例增加氢氧化钠溶液（见 2.2.4）的体积；当滴定液用量大于 20 mL，应改用较少试验水样滴定，并加水使初始滴定体积为 50 mL。

2.5 结果计算

煤矿水中络合滴定法测定钙离子的含量按式(2)计算：

$$m(Ca^{2+})=\frac{1\,000c_1V_1M_2}{V_2} \qquad \cdots\cdots(2)$$

式中：

$m(Ca^{2+})$——试验水样钙离子含量的数值，单位为毫克每升(mg/L)；

c_1——EDTA 标准溶液的准确数值，单位为摩尔每升(mol/L)；

V_1——滴定试验水样消耗的 EDTA 标准溶液体积的数值，单位为毫升(mL)；

V_2——试验水样体积的数值，单位为毫升(mL)；

M_2——$\left(\frac{1}{2}Ca^{2+}\right)$的摩尔质量的数值，单位为克每摩尔(g/mol)，$M_2$=20.04。

计算结果表示到小数点后两位。

2.6 精密度

煤矿水络合滴定法测定钙离子的重复性限应符合表 1 规定。

表 1　络合滴定法测定煤矿水中钙离子的重复性限

钙离子含量/(mg·L^{-1})	重复性限/(mg·L^{-1})	重复性限/%
≤100	2	
>100		2

3 原子吸收分光光度法测定钙离子、镁离子

3.1 原理

在盐酸酸化的试验水样中，加入氯化镧以减少干扰。使用空气—乙炔火焰，用原子吸收分光光度计在 422.7 nm 处测定钙元素的吸光度，在 285.2 nm 处测定镁元素的吸光度。

3.2 试剂

3.2.1 除非另有说明，在分析中仅使用确认为分析纯的试剂和蒸馏水，或去离子水，或相当纯度的水。

3.2.2 盐酸(GB/T 622)。

3.2.3 盐酸溶液：$c(HCl)=0.1$ mol/L。吸取盐酸(见3.2.2)9 mL稀释至1 000 mL容量瓶中，混均。

3.2.4 氯化镧溶液：称取24 g氧化镧于1 000 mL容量瓶中，缓慢小心地加入50 mL盐酸(见3.2.2)至氧化镧溶解，用水稀释至刻度，摇匀。

3.2.5 钙离子标准贮备溶液：$c(Ca^{2+})=1.0$ mg/mL。称取已在105 ℃～110 ℃干燥至恒重，并在干燥器中冷却至室温的优级纯碳酸钙(2.497 3±0.000 2)g于剩有100 mL水的锥形瓶中。缓慢加入少量盐酸溶液(见3.2.3)直至碳酸钙完全溶解。稍加煮沸驱尽二氧化碳，冷却后，将溶液定量转移至1 000 mL容量瓶中，再用盐酸溶液(见3.2.3)稀释至刻度，摇匀，贮存于聚乙烯瓶中。

3.2.6 镁离子标准贮备溶液：$c(Mg^{2+})=1.0$ mg/mL。称取已在约800 ℃灼烧至恒重，并在干燥器中冷却至室温的光谱纯氧化镁(1.658 3±0.000 2)g，溶于盐酸溶液(见3.2.3)中，然后将溶液转移至1 000 mL容量瓶中，用同样的盐酸溶液(见3.2.3)稀释至刻度，摇匀，贮存于聚乙烯瓶中。

3.2.7 钙、镁离子混合标准溶液：$c(Ca^{2+})=0.02$ mg/mL和$c(Mg^{2+})=0.002$ mg/mL。用移液管吸取(20±0.04)mL钙离子标准贮备溶液(见3.2.5)和(2±0.05)mL镁离子标准贮备溶液(见3.2.6)至1 000 mL容量瓶中，再用盐酸溶液(见3.2.3)稀释至刻度，摇匀。

3.3 仪器

3.3.1 原子吸收分光光度计。

3.3.2 钙、镁元素空心阴极灯。

3.3.3 分析天平：感量0.1 mg。

3.4 测定步骤

3.4.1 仪器工作条件的调定：钙元素的分析线为422.7 nm、镁元素的分析线为285.2 nm。使用空气—乙炔。按照仪器说明书，将仪器的有关参数（灯电流、通带宽度、燃烧器高度及转角、助燃比等）调至该仪器的最佳值。

3.4.2 工作曲线的绘制。

3.4.2.1 钙、镁离子混合标准系列溶液：取7个100 mL容量瓶，分别加入10 mL氯化镧溶液(见3.2.4)，再分别加入0 mL、2.5 mL、5.0 mL、10.0 mL、15.0 mL、20.0 mL、25.0 mL钙、镁离子混合标准溶液(见3.2.7)，然后用盐酸溶液(见3.2.3)稀释至刻度，摇匀。

3.4.2.2 用水(见3.2.1)调零后，分别测定钙、镁离子混合标准系列溶液(见3.4.2.1)中钙、镁元素吸光度。以钙、镁离子混合标准系列溶液中钙、镁离子的质量为横坐标，对应的吸光度减去相应的空白吸光度为纵坐标，分别绘制钙、镁离子的工作曲线。

3.4.3 试验水样的测定：作两份试验水样的重复测定。

3.4.3.1 为了防止碳酸钙沉淀，水样开瓶后，应尽快用移液管吸取100 mL水样移入带磨口塞的250 mL锥形瓶中，用刻度吸管加入0.8 mL盐酸(见3.2.2)混匀。酸化后，过滤，除去水样中的颗粒物，以防堵塞雾化器和燃烧器系统。

3.4.3.2 用移液管吸取(10±0.04)mL经酸化过滤后的试验水样移入预先已加入10 mL氯化镧溶液(见3.2.4)的100 mL容量瓶中，然后用盐酸溶液(见3.2.3)稀释至刻度，摇匀。同时，以水代替试验水样进行空白试验。

3.4.3.3 按3.4.1操作，以水(见3.2.1)调零，测定待测试验水样中各待测元素的吸光度和空白试验的吸光度，根据试验水样吸光度减去相应的空白吸光度，再在各自工作曲线上查得各元素的质量。

3.5 结果计算

煤矿水中原子吸收分光光度法测定钙离子、镁离子的含量按式(3)计算：

$$m(Ca^{2+})=\frac{fm_1}{V} \qquad (3)$$

$$m(Mg^{2+})=\frac{fm_2}{V} \qquad (4)$$

式中：

$m(Ca^{2+})$——煤矿水中钙离子的含量的数值，单位为毫克每升(mg/L)；

$m(Mg^{2+})$——煤矿水中镁离子的含量的数值，单位为毫克每升(mg/L)；

m_1——从工作曲线上查得的酸化的试验水样中钙离子的质量的数值，单位为微克(μg)；

m_2——从工作曲线上查得的酸化的试验水样中镁离子的质量的数值，单位为微克(μg)；

V——取用试验水样体积的数值，单位为毫升(mL)；

f——试验水样加入盐酸(见3.2.2)后的稀释因子(本标准为1.008)。

计算结果表示到小数点后两位。

3.6 精密度

煤矿水中原子吸收分光光度法测定钙离子、镁离子重复性限应符合表2规定。

表2 原子吸收分光光度法测定煤矿水中钙离子、镁离子的重复性限

离子 \ 参数	含量/($mg \cdot L^{-1}$)	重复性限/($mg \cdot L^{-1}$)	重复性限/%
钙离子	≤100	1	
	>100		1
镁离子	≤20	0.5	
	>20		2.5

ICS 13.060.30
Z 23
备案号：34132—2012

中华人民共和国煤炭行业标准

MT/T 204—2011
代替 MT/T 204—1995

煤矿水碱度的测定方法

Determination of alkalinity of coal mine water

2011-11-16 发布　　2012-05-31 实施

国家安全生产监督管理总局　发布

前　言

本标准根据 GB/T 1.1—2009《标准化工作导则　第 1 部分：标准的结构和编写》和 GB/T 20001.4—2001《标准编写规则　第 4 部分：化学分析方法》的规定，对 MT/T 204—1995《煤矿水碱度的测定方法》进行修订。

本标准代替 MT/T 204—1995《煤矿水碱度的测定方法》。

本标准由中国煤炭工业协会提出。

本标准由全国煤炭标准化技术委员会归口。

本标准起草单位：重庆地质矿产研究院。

本标准主要起草人：朱振忠、许玲、李玉芳、杨洁。

本标准所代替标准的历次版本发布情况为：

——MT/T 204—1995。

煤矿水碱度的测定方法

1 范围

本标准规定了用酸滴定法测定煤矿水碱度。

本标准适用于煤矿水碱度的测定。

2 原理

水中各种碱度的组分与标准酸溶液反应，其反应终点（pH＝8.3 和 pH＝4.5）用 pH 指示剂或 pH 计确定。

3 试剂

3.1 除非另有说明，在分析中仅使用确认为分析纯的试剂和蒸馏水或去离子水或相当纯度的水。

3.2 无二氧化碳蒸馏水：将水（3.1）经煮沸约 5 min，冷却。

3.3 碳酸钠标准溶液：$C\left(\frac{1}{2}Na_2CO_3\right)=0.040\ 0$ mol/L，称取已在 150 ℃～180 ℃干燥约 2 h 的优级纯无水碳酸钠（GB/T 1255）2.119 8 g±0.000 2 g，溶于 100 mL 水（3.2）中，转入 1 000 mL 容量瓶内，用水（3.2）稀释至刻度，摇匀，贮于聚乙烯瓶中。

3.4 盐酸标准溶液：$C(HCl)=0.04$ mol/L，吸取 3.4 mL 盐酸（$\delta=1.19$）（GB/T 622）于磨口玻璃瓶中，用水（3.2）稀释至 1 000 mL，混匀。定期（每月）标定其浓度。

标定方法：量取 20 mL±0.05 mL 碳酸钠标准溶液（3.3）于 250 mL 锥形瓶中，用水（3.2）稀释至约 80 mL，加入 2 滴甲基橙指示剂（3.6），用盐酸标准溶液，滴定至接近终点时煮沸，排除二氧化碳，冷却后继续滴定，至溶液颜色由黄色变为橙红色。记录用量。

盐酸标准溶液浓度按下列公式计算：

$$c_1=\frac{c_2\cdot v_2}{v_1} \qquad \cdots\cdots(1)$$

式中：

c_1——盐酸标准溶液浓度的数值，单位为摩尔每升（mol/L）；

c_2——碳酸钠标准溶液（3.3）浓度的数值，单位为摩尔每升（mol/L）；

v_2——取用碳酸钠标准溶液体积的数值，单位为毫升（mL）；

v_1——滴定消耗盐酸溶液体积的数值，单位为毫升（mL）。

3.5 溴甲酚绿-甲基红混合指示剂溶液，称取 0.04 g 甲基红（HG/T 3449）和 0.2 g 溴甲酚绿（HG/T 4017）溶于 100 mL 乙醇（95％）（GB/T 679）中。

3.6 甲基橙指示剂溶液：1 g/L，称取 0.1 g 甲基橙（HG/T 3089）溶于 100 mL 水中，混匀。

3.7 酚酞指示剂溶液：5 g/L，称取 0.5 g 酚酞（HG/T 4101）溶于 50 mL 乙醇（95％）（GB/T 679）中，再加入 50 mL 水，混匀。

4 仪器

4.1 分析天平：感量 0.1 mg。

4.2　pH 计：测量范围 0～14，最小分度值 0.01 pH 单位。

5　测定步骤

5.1　做两份试验水样的重复测定。

5.2　酚酞碱度的滴定，移取 50 mL±0.05 mL 水样于 250 mL 锥形瓶中，加入 5 滴酚酞指示剂(3.7)此时溶液呈粉红色，用盐酸标准溶液(3.4)滴定至红色消失即为终点。记录用量为 V_p。

5.3　总碱度的滴定，量取 50 mL±0.05 mL 水样于 250 mL 锥形瓶中，加入 5～7 滴混合指示剂(3.5)或 2 滴甲基橙指示剂(3.6)。用盐酸标准溶液(3.4)滴定，混合指示剂由绿色变成红色，甲基橙指示剂由黄色变为橙红色即为终点，记录用量为 V_t。

5.4　如果水样存在酚酞碱度，则可在滴定酚酞碱度后的水样中加入 2 滴甲基橙指示剂(3.6)，再用盐酸标准溶液(3.4)滴定至橙红色，这部分盐酸标准溶液用量记录为 V_m。V_m 加上 V_p 即为 V_t。

5.5　当水样总碱度度超过 5 mol/L 时，应滴定至溶液呈玫瑰红时，将溶液煮沸 2 min～3 min，驱尽二氧化碳，冷却至室温后再滴定。

5.6　当水样带色、浑浊或含有使指示剂脱色的氧化剂时，水样应在 250 mL 烧杯中滴定，滴定终点(pH=8.3、pH=4.5)，必须用 pH 计确定。

6　结果计算

煤矿水总碱度按下列公式计算：

$$T_A=\frac{v_t \cdot c_1 \cdot M}{v_3}\times 1\,000 \qquad \cdots\cdots(2)$$

式中：

T_A ——总碱度含量的数值(以 $CaCO_3$ 计)，单位为毫克每升(mg/L)；

v_t ——滴定总碱度消耗盐酸标准溶液(3.4)体积的数值，单位为毫升(mL)；

c_1 ——盐酸标准溶液浓度的数值，单位为摩尔每升(mol/L)；

v_3 ——取用试验水样体积的数值，单位为毫升(mL)；

M ——$\frac{1}{2}CaCO_3$ 的摩尔质量，单位为克每摩尔(M=50.04)。

如果水样碱度的基本组分为重碳酸根、碳酸根和氢氧根离子，其含量可根据滴定结果 V_p 和 V_t 由表 1 查到某组分消耗标准酸的体积，代入下列相应的公式计算。

表 1　OH^-、CO_3^{2-} 和 HCO_3^- 在水中的关系

滴定结果	OH^- 消耗标准酸体积 mL	CO_3^{2-} 消耗标准酸体积 mL	HCO_3^- 消耗标准酸体积 mL
$V_p=0$	0	0	V_t
$V_p<\frac{1}{2}V_t$	0	$2V_p$	V_t-2V_p
$V_p=\frac{1}{2}V_t$	0	$2V_p$	0
$V_p>\frac{1}{2}V_t$	$2V_p-V_t$	$2(V_t-V_p)$	0
$V_p=V_t$	V_t	0	0

$$HCO_3^- = \frac{V_4 \cdot C_1 \cdot M_1}{V_3} \times 1\,000 \qquad \cdots\cdots(3)$$

$$CO_3^{2-} = \frac{V_5 \cdot C_1 \cdot M_2}{V_3} \times 1\,000 \qquad \cdots\cdots(4)$$

$$OH^- = \frac{V_6 \cdot C_1 \cdot M_3}{V_3} \times 1\,000 \qquad \cdots\cdots(5)$$

式中：

HCO_3^- ——煤矿水中重碳酸根离子含量的数值，单位为毫克每升(mg/L)；

CO_3^{2-} ——煤矿水中碳酸根离子含量的数值，单位为毫克每升(mg/L)；

OH^- ——煤矿水中氢氧根离子含量的数值，单位为毫克每升(mg/L)；

V_4,V_5,V_6——由表1查得相应碱度组分消耗标准酸(3.4)体积的数值，单位为毫升(mL)；

V_3 ——取用水样体积的数值，单位为毫升(mL)；

M_1 ——重碳酸根离子摩尔质量的数值，单位为克每摩尔(M_1=61.02)；

M_2 ——$\frac{1}{2}$碳酸根离子摩尔质量的数值，单位为克每摩尔(M_2=30.01)；

M_3 ——氢氧根离子的摩尔质量的数值，单位为克每摩尔(M_3=17.01)。

计算结果修约到小数点后两位。

7 精密度

煤矿水碱度测定结果的重复性限见表2。

表2 煤矿水碱度测定结果的重复性限

总碱度范围	重复性限 mg/L	重复性限 %
总碱度范围，mg$_{(CaCO_3)}$/L≤200	6	
>200		3
重碳酸根离子含量范围，mg/L≤200	6	
>200		3
碳酸根离子含量范围，mg/L≤50	2	
>50		4
氢氧根离子含量范围，mg/L≤30	1.5	
>30		5

ICS 13.060.30
Z 23
备案号：34133—2012

中华人民共和国煤炭行业标准

MT/T 205—2011
代替 MT/T 205—1995

煤矿水中硫酸根离子的测定方法

Determination of sulphate radical hydronium in coal mine water

2011-11-16 发布　　2012-05-31 实施

国家安全生产监督管理总局　发布

前　言

本标准根据 GB/T 1.1—2009《标准化工作导则　第 1 部分：标准的结构和编写》和 GB/T 20001.4—2001《标准编写规则　第 4 部分：化学分析方法》的规定，对 MT/T 205—1995《煤矿水中硫酸根离子的测定方法》进行修订。

本标准从生效之日起代替 MT/T 205—1995《煤矿水中硫酸根离子的测定方法》。

本标准由中国煤炭工业协会提出。

本标准由全国煤炭标准化技术委员会归口。

本标准起草单位：重庆地质矿产研究院。

本标准主要起草人：朱振忠、许玲、李玉芳、杨洁。

本标准所代替标准的历次版本发布情况为：

——MT/T 205—1995。

煤矿水中硫酸根离子的测定方法

1 范围

本标准规定了用硫酸钡重量法测定煤矿水中硫酸根离子的含量。

本标准适用于煤矿水中硫酸根离子的测定。

2 原理

在酸性溶液中硫酸根离子与氯化钡生成硫酸钡沉淀。由硫酸钡的重量换算出水中硫酸根离子的含量。

3 试剂

3.1 除非另有说明,在分析中仅使用确认为分析纯的试剂和蒸馏水或去离子水或相当纯度的水。

3.2 盐酸溶液:6 mol/L。量取 500 mL 盐酸(GB/T 622)于容器中,用水稀释至 1 000 mL,混匀。

3.3 氯化钡溶液:100 g/L。称取 100 g 氯化钡($BaCl_2 \cdot 2H_2O$)(GB/T 652)溶于水中,并稀释至 1 000 mL,混匀。

3.4 硝酸银溶液:0.10 mol/L。称取 8.5 g 硝酸银(GB/T 670)溶于 100 mL 水中,加入 0.5 mL 硝酸(GB/T 626),用水稀释至 500 mL,混匀,贮于棕色瓶中。

3.5 甲基橙指示剂溶液:1 g/L。称取 0.1 g 甲基橙(HG/T 3089)溶于 100 mL 水中,混匀。

4 仪器

分析天平:感量 0.1 mg。

5 测定步骤

5.1 做两份试验水样的重复测定。

5.2 量取 100 mL±0.1 mL 澄清水样于 400 mL 烧杯中,用水稀释至约 200 mL(如果硫酸根浓度小于 200 mg/L 可取 200 mL 水样),加 2 滴甲基橙溶液(3.5),滴加盐酸溶液(3.2)至水样溶液变为红色,过量 2 mL。

5.3 将溶液加热至沸,在不断搅拌下滴加氯化钡溶液 5 mL(3.3),盖上表面皿,于电热板上在 80 ℃～90 ℃保温静止 2 h 以上,用中速致密定量滤纸过滤,并用热水小心冲洗滤纸和沉淀至无氯离子为止[用硝酸银溶液(3.4)检查],将滤纸与沉淀移入已在 800 ℃～900 ℃灼烧并称至恒重的坩埚内,在低温下小心灰化,然后在 800 ℃～850 ℃灼烧 40 min,取出坩埚,稍冷,放入干燥器中,冷却至常温、称重。

5.4 如果水样中可溶性二氧化硅大于 25 mg/L,应采用盐酸蒸干脱水法除去。取 200 mL 或 100 mL 水样于 250 mL 烧瓶中,使其中二氧化硅不少于 5 mg,用盐酸(GB/T 622)调 pH 值至甲基橙指示剂显橙红色,再加 5 mL 浓盐酸,在通风橱内于水浴上蒸干,分 3 次加入 6 mL 浓盐酸,第 3 次蒸干后,在干燥箱内于 110 ℃±2 ℃干燥 1 h,然后加入 2 mL 盐酸溶液(3.2),再加 50 mL 热水至干渣中,加热使盐类溶解,用中速定量滤纸过滤于 400 mL 烧杯中,用小体积的热水冲洗滤纸和二氧化硅沉淀约 12 次,用水调整滤液体积到约 200 mL,以下按 5.2、5.3 操作。

6 结果计算

煤矿水中硫酸根离子的含量按下列公式计算:

$$SO_4^{2-}=\frac{(m_2-m_1)M}{v}\times 1\,000$$

式中：

SO_4^{2-}——煤矿水中硫酸根离子含量的数值，单位为毫克每升(mg/L)；

m_2 ——坩埚加硫酸钡质量的数值，单位为毫克(mg)；

m_1 ——坩埚质量的数值，单位为毫克(mg)；

v ——取用试验水样的数值，单位为毫升(mL)；

M ——$SO_4^{2-}/BaSO_4$ 转换系数($M=0.411\,6$)。

7 精密度

煤矿水中硫酸根离子测定方法结果的重复性限应符合如下表1规定：

表1 煤矿水中硫酸根离子测定方法结果的重复性限

硫酸根含量范围 mg/L	重复性限 mg/L	重复性限 %
≤200	4	
>200		2

ICS 13.060
Z 23
备案号：34134—2012

中华人民共和国煤炭行业标准

MT/T 206—2011
代替 MT/T 206—1995

煤矿水硬度的测定方法

Determination of hardness of coal mine water

2011-11-16 发布　　2012-05-31 实施

国家安全生产监督管理总局　发布

前　言

本标准根据 GB/T 1.1—2009《标准化工作导则　第 1 部分：标准的结构和编写规则》和 GB/T 20001.4—2001《标准编写规则　第 4 部分：化学分析方法》的规定，对 MT/T 206—1995《煤矿水硬度的测定方法》标准部分条目的内容作了修订和补充。

本标准从生效之日起代替 MT/T 206—1995《煤矿水硬度的测定方法》。

本标准附录 A 为资料性附录。

本标准由中国煤炭工业协会提出。

本标准由全国煤炭标准化技术委员会归口。

本标准起草单位：重庆地质矿产研究院。

本标准主要起草人：朱振忠、李玉芳、许玲、杨洁。

本标准所代替标准的历次版本发布情况为：

——MT/T 206—2011。

煤矿水硬度的测定方法

1 范围

本标准规定了乙二胺四乙酸二钠(EDTA)络合滴定法测定煤矿水中钙、镁总硬度。

本标准适用于煤矿水中钙、镁总硬度的测定。

2 原理

在 pH 值为 10 的碱性溶液中,用铬黑 T 作指示剂,用 EDTA 标准溶液络合滴定钙、镁离子合量,计算钙、镁离子所构成的总硬度。

3 试剂

3.1 除非另有说明,在分析中仅使用确认为分析纯的试剂和蒸馏水或去离子水或相当纯度的水。

3.2 盐酸溶液:用盐酸(GB/T 622)配制成 6 mol/L 的盐酸溶液。

3.3 氨水溶液:将 1 份体积的氨水(GB/T 631)加入到 4 份体积的水中,摇匀,备用。

3.4 硫化钠溶液:称取 5 g 硫化钠($Na_2S \cdot 9H_2O$)溶于 100 mL 水中,摇匀,贮于有严密橡皮塞的玻璃瓶中与空气隔绝。

3.5 氨性缓冲溶液:称取 67.50 g 氯化铵(GB/T 658)溶于 570 mL 氨水(GB/T 631)中,再加入 5.0 g EDTA 二钠镁盐($C_{10}H_{12}N_2O_8Na_2Mg$),用水稀释至 1 000 mL,混匀,贮于聚乙烯瓶中。

3.6 EDTA 标准溶液:$c\left(\frac{1}{2}\text{EDTA}\right)=0.020\ 0$ mol/L,称取 3.725 g EDTA(GB/T 1401)溶于水中,稀释至 1 000 mL,混匀,贮于聚乙烯瓶中。

EDTA 标准溶液的标定:用移液管吸取 20 mL±0.04 mL 钙标准溶液(3.7),移入 250 mL 锥形瓶中,用水稀释至约 50 mL,按 5.3 的步骤标定 3 份,取其用量的算术平均值。并用 50 mL 水作空白试验,记录用量。按式(1)计算 EDTA 标准溶液浓度:

$$c_1=\frac{20M_1}{\overline{V}-V_1} \qquad \cdots\cdots(1)$$

式中:

c_1 ——EDTA 标准溶液浓度的准确数值,单位为摩尔每升(mol/L);

$\overline{V}$ ——EDTA 标准溶液用量的算术平均值数值,单位为毫升(mL);

V_1 ——空白试验消耗 EDTA 标准溶液用量,单位为毫升(mL);

M_1——钙标准溶液的浓度准确数值,单位为摩尔每升(mol/L)($M_1=0.020\ 0$)。

3.7 钙标准溶液:$c\left(\frac{1}{2}CaCO_3\right)=0.020\ 0$ mol/L,称取已在 105 ℃~110 ℃干燥至恒重,并在干燥器中冷却至室温的优级纯碳酸钙 1.001 0 g±0.000 2 g,置于 500 mL 锥形瓶中,用少量水润湿。滴加盐酸溶液(3.2)至碳酸钙完全溶解(切勿加入过量酸),加入 200 mL 水,煮沸 3 min~5 min 驱尽二氧化碳。冷却至室温后加 3 滴~5 滴甲基红指示剂溶液(3.9),用氨水溶液(3.3)中和至橙色,并转移溶液到 1 000 mL 容量瓶中,用水稀释至刻度,摇匀。

3.8 镁标准溶液:$c\left(\frac{1}{2}MgO\right)=0.020\ 0$ mol/L,称取已在约 800 ℃灼烧至恒重,并在干燥器中冷却至室温的光谱纯氧化镁 0.403 2 g±0.000 2 g,置于 250 mL 锥形瓶中,用少量水润湿,滴加盐酸溶液(3.2)至氧化镁完全溶解(切勿加入过量酸),加入 50 mL 水,然后定量转移溶液到 1 000 mL 容量瓶中,用水稀释至刻度,摇匀。

3.9 甲基红指示剂溶液:称取 0.1 g 甲基红(HG/T 3449),溶于 60 mL 乙醇(GB/T 679)中,加入 40 mL 水,混匀。

3.10 铬黑 T 指示剂:称取 0.5 g 铬黑 T(HGB—3086)和 25 g 氯化钾(GB/T 646)混合研细,贮于有磨口塞的玻璃瓶中。

3.11 刚果红试纸。

4 仪器

分析天平:感量 0.1 mg。

5 测定步骤

5.1 做两份试验水样的重复测定。

5.2 用移液管吸取 50 mL±0.08 mL 已用玻璃纤维器过滤、除去悬浮物的水样,移入 250 mL 锥形瓶中,放入 1 小块刚果红试纸,滴加盐酸溶液(3.2)至试纸刚变成蓝紫色,对于碱度大于 300 mg($CaCO_3$)/L 的水样,应煮沸 1 min~2 min,并冷却至室温。

5.3 加入 4 mL 缓冲溶液(3.5)和约 0.05 g 铬黑 T 指示剂(3.10),用 EDTA 标准溶液(3.6)滴定至溶液由紫红色变为蓝色即为终点,记下用量。

如果缓冲溶液中未配入 EDTA 二钠镁盐,则标定 EDTA 标准溶液(见 3.6 条)和滴定不含镁离子的水样时终点不明显,应加入 2 mL±0.05 mL 镁标准溶液(3.8)至被滴定溶液中,并用已加入 2 mL±0.05 mL 镁标准溶液的 50 mL 水作为空白。被滴定溶液消耗的滴定液用量扣除空白后,再进行计算。

5.4 若水中含有干扰离子,使滴定终点不明显,则应加入 1.0 mL 硫化钠溶液(3.4)。

5.5 当滴定液用量少于 4.5 mL 时,应改用较多试验水样滴定,并按比例增加缓冲溶液(3.5)的体积;当滴定液用量大于 20 mL 时,应改用较少试验水样滴定,并加水使初始滴定体积为 50 mL。

6 测定结果

煤矿水的钙、镁总硬度按式(2)计算:

$$TH=\frac{1\ 000c_1V_1M_2}{V_2} \qquad \cdots\cdots(2)$$

式中:

TH ——煤矿水中钙、镁总硬度的数值($CaCO_3$ 计),单位为毫克每升(mg/L);

c_1 ——EDTA 标准溶液浓度的准确数值,单位为摩尔每升(mol/L);

V_1 ——滴定试验水样消耗的 EDTA 标准溶液体积的数值,单位为毫升(mL);

V_2 ——试验水样的体积的数值,单位为毫升(mL);

M_2 ——碳酸钙$\left(\frac{1}{2}CaCO_3\right)$的摩尔质量数值,单位为克每摩尔(g/mol)($M_2$=50.04)。

如果已测得煤矿水中钙离子含量,则镁离子的含量可按式(3)计算:

$$Mg^{2+}=\frac{1\ 000c_1V_1M_3}{V_2}-0.606\ 4Ca^{2+} \qquad \cdots\cdots(3)$$

式中:

Mg^{2+} ——煤矿水中镁离子的含量的数值,单位为毫克每升(mg/L);

M_3 ——镁离子$\left(\frac{1}{2}Mg^{2+}\right)$的摩尔质量的数值,单位为克每摩尔(g/mol)($M_3$=12.152);

Ca^{2+} ——煤矿水中钙离子的含量的数值,单位为毫克每升(mg/L);

0.606 4——钙离子换算成镁离子的转换系数。

计算结果表示到小数点后两位。

7 精密度

煤矿水硬度测定方法结果的重复性限应符合表1规定。

表1 煤矿水中硬度测定方法结果的重复性限

总硬度 mg($CaCO_3$)/L	绝对重复性限 mg/L	相对重复性限 %
≤200	4	
>200		2
镁离子含量 mg/L	绝对重复性限 mg/L	相对重复性限 %
≤25	1	
>25		4

附 录 A
(资料性附录)
水硬度的概念

A.1 概念和定义

A.1.1 总硬度:在一般水中,水的硬度主要决定于钙、镁离子的含量。总硬度被定义为钙和镁的总浓度。

A.1.2 有些水中除含钙、镁离子外还含有相当数量的铁、铝等多价金属离子,计算总硬度时也应包括在内:1 mmol/L 的二价金属离子换算为 1 mmol/L 的碳酸钙;1 mmol/L 的三价金属离子换算为 1.5 mmol/L 的碳酸钙,并在分析报告上注明。

A.1.3 碳酸盐硬度和非碳酸盐硬度:当总硬度在数值上大于碳酸盐和重碳酸盐碱度的总和时,相当于碱度的那部分硬度称为"碳酸盐硬度";剩余的那部分硬度称为"非碳酸盐硬度"。当总硬度在数值上等于或小于碳酸盐和重碳酸盐碱度的总和时,全部硬度都是碳酸盐硬度,而不存在非碳酸盐硬度。

A.2 硬度标度

A.2.1 德国硬度标度:1 德国硬度标度(1°DH)表示水中含 10 mg/L 的氧化钙或 $c(CaO)=0.178$ mmol/L 时水的硬度。

A.2.2 英国硬度标度:1 英国硬度标度(1°Clark)表示水中含 1 格令/英国加仑,即 14.3 mg/L 的碳酸钙或 $c(CaCO_3)=0.143$ mmol/L 时水的硬度。

A.2.3 法国硬度标度:1 法国硬度标度表示水中含 10 mg/L 的碳酸钙或 $c(CaCO_3)=0.1$ mmol/L 时水的硬度。

A.2.4 美国硬度标度:在美国,硬度以碳酸钙在水中含量的百万分率(ppm)或每升水中含碳酸钙的毫克数表示。1 mg/L 的碳酸钙相当于 $c(CaCO_3)=0.01$ mmol/L 时水的硬度。

A.3 换算表

各种硬度单位可用表 A.1 互相换算。

表 A.1 各种硬度单位换算表

		mmol/L	德国	英国	法国	美国
			°DH	°Clark	法国度	ppm
mmol/L		1	5.61	7.02	10	100
德国	°DH	0.178	1	1.25	1.78	17.8
英国	°Clark	0.143	0.80	1	1.43	14.3
法国	法国度	0.1	0.56	0.70	1	10
美国	ppm	0.01	0.056	0.070	0.1	1

中华人民共和国煤炭行业标准

MT/T 207—1995

工作面用无链牵引齿轨

1 主题内容与适用范围

本标准规定了采煤工作面的无链牵引采煤机用刮板输送机齿轨(以下简称齿轨)的型式和尺寸、技术要求、试验方法与检验规则、标志、包装、运输与贮存。

本标准适用于采煤工作面的无链牵引采煤机用刮板输送机齿轨。

2 引用标准

GB 2828 逐批检查计数抽样程序及抽样表(适用于连续批的检查)

MT 150 刮板输送机和转载机包装通用技术条件

3 术语、符号

3.1 齿条式齿轨(简称齿条)

无链牵引采煤机销轮齿条式啮合传动机构中,安装在刮板输送机上的牵引导轨。

3.2 齿板式齿轨(简称齿板)

无链牵引采煤机齿轮齿轨式啮合传动机构中,安装在刮板输送机上的牵引导轨。

3.3 平销排式齿轨(简称销轨)

无链牵引采煤机齿轮销排式啮合传动机构中,水平安装在刮板输送机上的牵引导轨。

3.4 立销排式齿轨(简称立销轨)

无链牵引采煤机齿轮销排式啮合传动机构中,垂直安装在刮板输送机上的牵引导轨。

3.5 符号

Z:齿数或轨销数

P:齿轨节距

4 型式和尺寸

4.1 按结构分:

a. 齿条;

b. 齿板;

c. 销轨;

d. 立销轨。

4.2 按安装部位分:

a. 标准齿轨;

b. 连接齿轨;

c. 过渡调节齿轨。

4.3 齿轨的型式与尺寸应分别符合表 1 及图 3、图 4、图 5、图 6、图 7、图 8 的规定。

中华人民共和国煤炭工业部 1995-12-18 批准　　1996-05-01 实施

表 1

mm

结构型式	种类（基本尺寸）	Z	P	b_1	h	b_2	d	b
齿条式齿轨	标准齿轨	6	191.5±1.5	43	128	40	—	—
	过渡调节齿轨	3～8						
	连接齿轨	2						
齿板式齿轨	标准齿轨	12	126±1.0	62.8	61	—	—	—
	过渡调节齿轨	4～10						
平销排式齿轨	标准齿轨	6	125	—	45	—	55	70
	过渡调节齿轨	3～8						
立销排式齿轨	标准齿轨	6	187.5	—	—	—	78	104
	过渡调节齿轨	3～8						
	连接齿轨	2						
注：过渡调节齿轨齿数与结构按设计要求确定。								

5 技术要求

5.1 齿轨应符合本标准，并按经规定程序批准的图样及技术文件制造。

5.2 齿轨啮合面的表面粗糙度：

a. 齿条齿面和齿板齿面 Ra 的最大允许值为 50μm。

b. 销轨轨销表面 Ra 的最大允许值为 12.5μm。

5.3 齿轨啮合面硬度：

a. 齿条齿面淬火硬度不得小于 HRC45，淬硬层深度不得小于 5mm。

b. 齿板齿面淬火硬度不得小于 HRC30。

c. 销轨轨销表面淬火硬度不得小于 HRC38，淬硬层深度不得小于 2.5mm。

5.4 齿条的导向块铆接应牢固可靠，铆钉在孔内不得弯曲，铆钉头不得产生裂纹。每个铆钉的抗剪切承载能力不得小于 25kN。

5.5 销轨的轨销应同两侧板焊接牢固，每个轨销与两侧板焊接焊缝的抗拉承载能力不得小于 245kN。

5.6 销轨允许铸造。

5.7 齿轨与齿轨的连接处，当刮板输送机在设计规定的弯曲角度范围内弯曲时，应保证齿轨与采煤机轨轮的正常啮合，并应符合下列规定。

5.7.1 齿条连接处，应保证齿槽顶宽 B 值满足下列变化条件（见图 1a）：

134mm≤B<153mm

5.7.2 销轨连接处，应保证其节距 P 值满足下列变化条件（见图 1b）：

120mm≤P<134mm

5.7.3 立销轨连接处，应保证其节距 P 值满足下列变化条件（见图 1c）：

183mm≤P<200mm

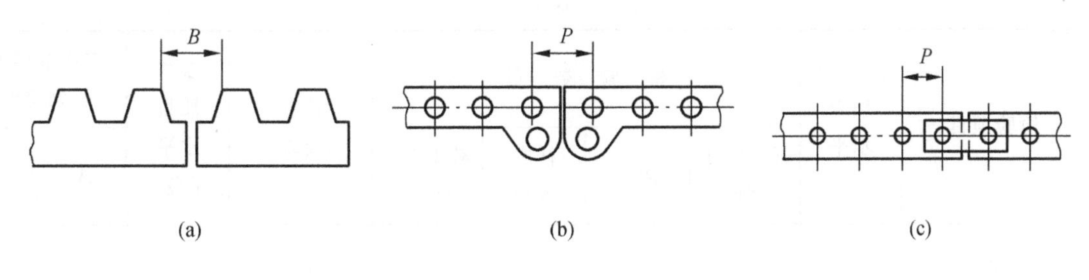

(a) (b) (c)

图 1

5.8 每个齿轨应在明显而不易磨损的部位打印上生产厂家标记。

5.9 齿轨外露表面应涂防锈保护层。

6 试验方法与检验规则

6.1 对试验设备的要求：

6.1.1 焊接强度试验用设备精度应每年标定一次，其精度等级应不低于1级。

6.1.2 试验用设备的加载范围应满足本标准第5.4、5.5条规定负荷要求。

6.2 对试验样本的要求：

6.2.1 试验样本选取应采用随机抽样的形式，每个交检批样本的生产条件和材质应相同。

6.2.2 焊缝强度试验用样本单位应在成品齿轨上截取，试验样本应是含有一个铆钉或轨销的连接试块（见图2）。

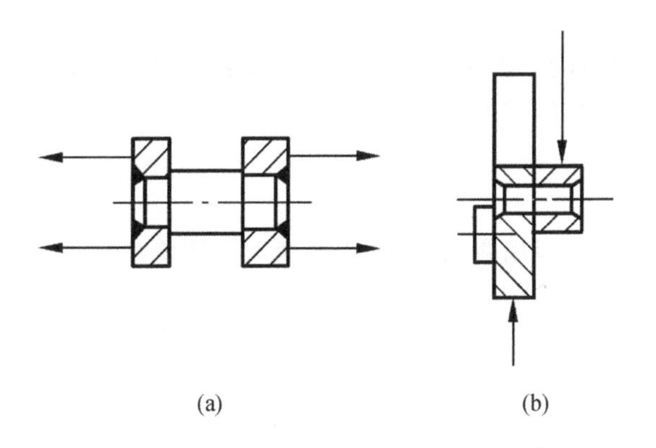

(a) (b)

图 2

6.2.3 试验时，试验样本应按图2的受力方向加载。

6.3 产品须经制造厂质量检验部门检验合格后方可出厂。

6.4 产品检验分出厂检验和型式检验。

6.5 齿轨出厂检验的项目、检验数量及检验要求，应符合表2中前四项的规定。

6.6 齿轨的型式检验：

6.6.1 凡属下列情况之一者，应进行型式检验：

a. 试制的新产品（包括老产品转厂）；

b. 当改变产品的材料、工艺而影响产品性能时；

c. 用户对产品质量提出异议时，应由供需双方协商确定；

d. 国家质量监督机构提出要求时。

6.6.2 型式检验项目、检验数量及检验要求，应符合表2规定。

表 2

<table>
<tr><th rowspan="2">序号</th><th rowspan="2">检验项目</th><th rowspan="2">检查
水平</th><th colspan="4">检 验 数 量</th><th rowspan="2">检验
要求</th><th rowspan="2">合格
质量
水平
AQL</th><th colspan="2">二次抽样方案
判定值</th></tr>
<tr><th>样本大小
字码</th><th>样本</th><th>样本
大小</th><th>累计样本
大小</th><th>A_c</th><th>R_e</th></tr>
<tr><td>1</td><td>尺寸及外形</td><td rowspan="3">S—2</td><td rowspan="3">B</td><td>第一</td><td>2</td><td>2</td><td>表 1</td><td>40</td><td>1
4</td><td>3
5</td></tr>
<tr><td>2</td><td>表面加工质量</td><td rowspan="2">第二</td><td rowspan="2">2</td><td rowspan="2">4</td><td>5.2 条</td><td rowspan="2">25</td><td>0</td><td>3</td></tr>
<tr><td>3</td><td>表面处理质量</td><td>5.3 条</td><td>3</td><td>4</td></tr>
<tr><td>4</td><td>配套性能</td><td colspan="5">抽取 2 对样本单位</td><td>5.7 条</td><td>—</td><td>—</td><td>—</td></tr>
<tr><td>5</td><td>焊接强度</td><td colspan="5">抽取 2 个样本单位</td><td>5.4,5.5 条</td><td>—</td><td>—</td><td>—</td></tr>
<tr><td colspan="11">注：① 前四个检验项目的样本单位均为成品齿轨，第 5 个检验项目的样本单位见 6.2.2 条。
② 每个交检批、各检验项目均按表中所列项目的样本大小抽样。
③ 交检批按每台刮板输送机出厂长度为 150m 时所需齿轨数量确定。</td></tr>
</table>

6.7 出厂检验及型式检验的各检验项目均符合检验要求时，则为合格。表中第 4、5 项，每项只允许有一个样本单位不合格，此时应对不合格的项目再抽取相同数量的样本单位进行同一试验，都合格时该项检验项目为合格，否则为不合格。

7 标志、包装、运输与贮存

7.1 齿轨作为产品出厂可使用捆扎、裸装或箱装。捆扎或装箱的包装要求，应符合 MT 150 的规定。

7.2 齿轨作为产品出厂时应附带的文件：

a. 合格证；

b. 装箱单。

7.3 齿轨在运输和保管过程中不得磕碰，并应在干燥通风的环境贮存。

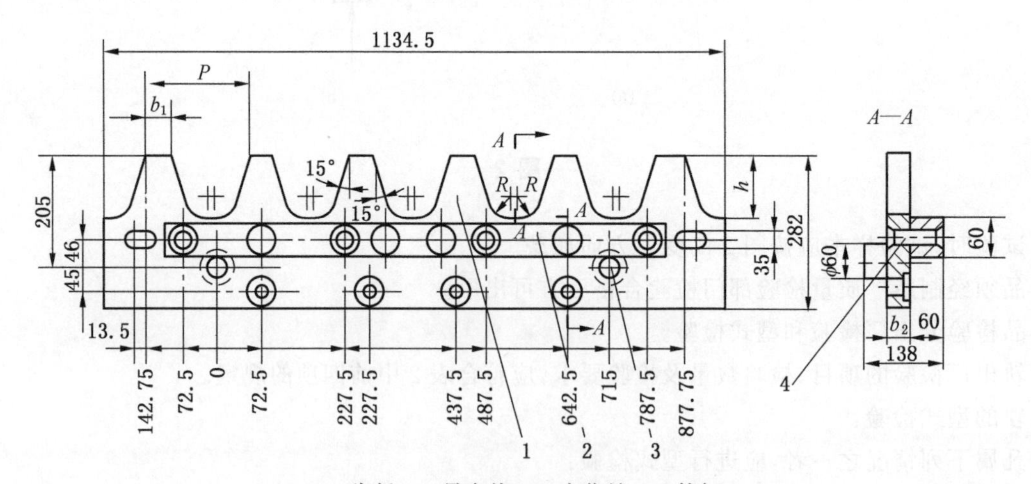

1—齿板；2—导向块；3—定位销；4—铆钉

图 3 齿条式齿轨

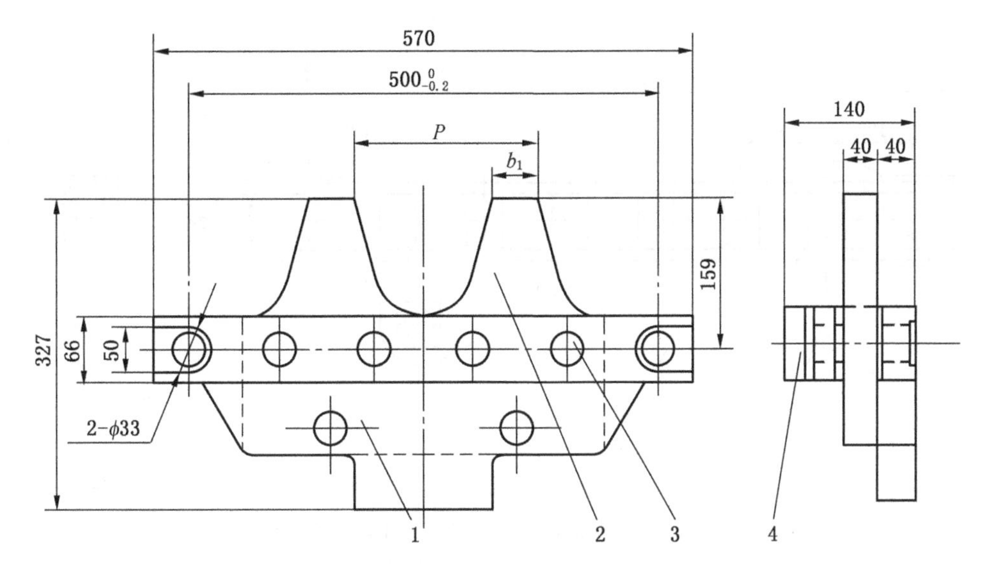

1—连接板；2—齿板；3—铆钉；4—导向块

图 4 齿条式连接齿轨

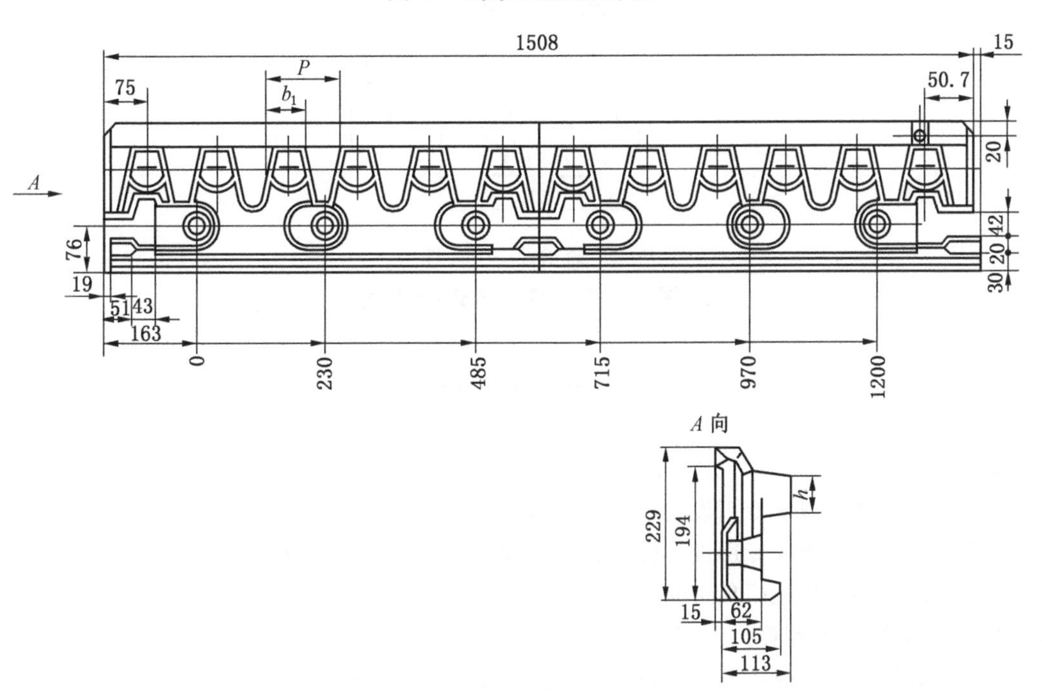

图 5 齿板式齿轨

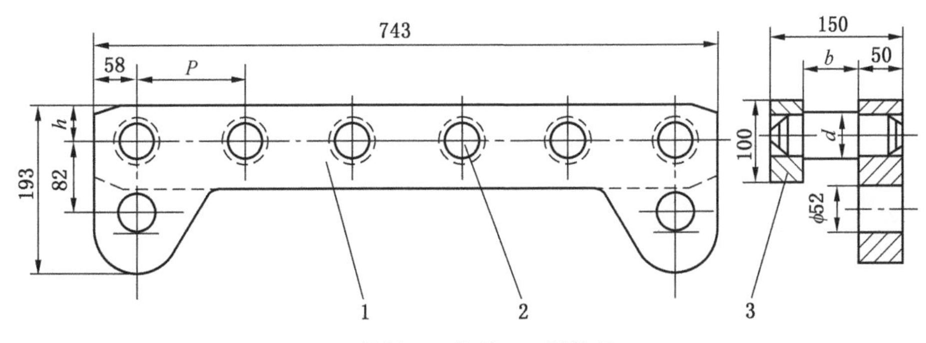

1—轨板；2—轨销；3—副轨板

图 6 平销排式齿轨

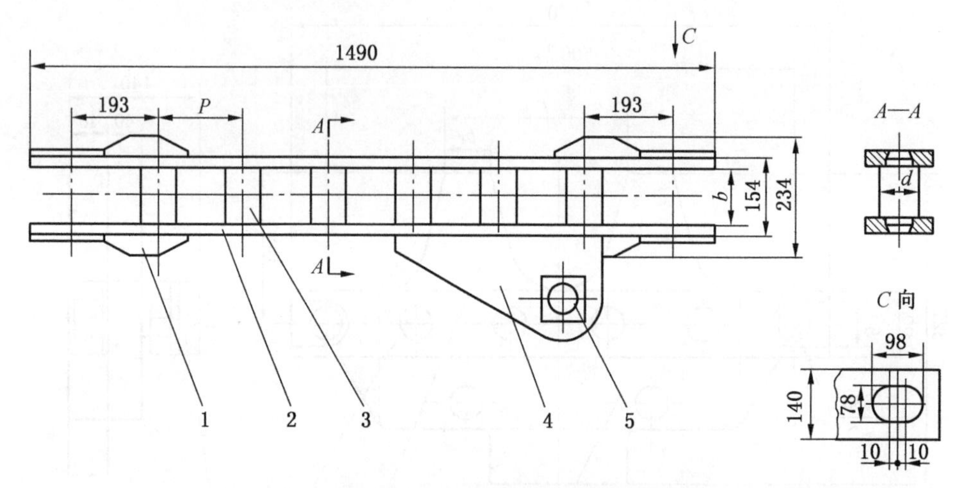

1—筋板;2—夹板;3—轨销;4—耳环;5—插座板

图 7 立销排式齿轨

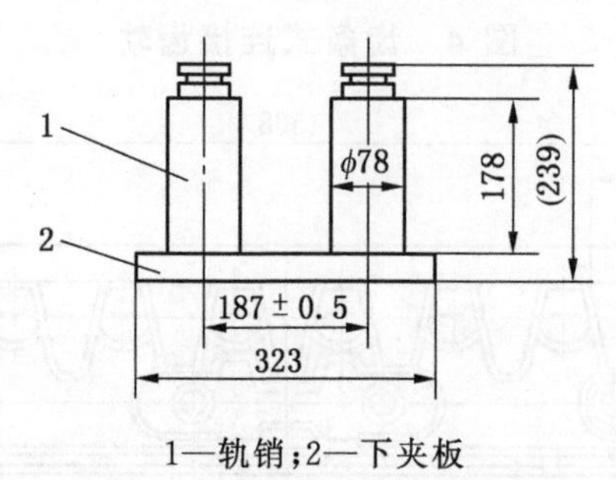

1—轨销;2—下夹板

图 8 垂直销排式连接齿轨

附加说明:

本标准由煤炭工业部煤矿专用设备标准化技术委员会提出。

本标准由煤炭工业部煤矿专用设备标准化技术委员会刮板输送机分会归口。

本标准由张家口煤矿机械厂负责起草。

本标准主要起草人:郭富英。

本标准委托煤炭工业部煤矿专用设备标准化技术委员会刮板输送机分会负责解释。

中华人民共和国煤炭行业标准

MT/T 208—1995

刮板输送机用液力偶合器

代替 MT 208—89

1 主题内容与适用范围

本标准规定了刮板输送机用限矩型液力偶合器的型式、尺寸、技术要求、试验、检验、标志、包装、运输和贮存。

本标准适用于刮板输送机和刮板转载机用限矩型液力偶合器(以下简称液力偶合器)。

2 引用标准

GB 191 包装储运图示标志

JB 2759 机电产品包装通用技术条件

MT 100 刮板输送机用液力偶合器试验规范

3 液力偶合器型式和符号

3.1 液力偶合器型式

液力偶合器从结构形式上分为静压泄液式、动压泄液式和阀控延充式三种形式。

3.2 液力偶合器图形符号

液力偶合器图形符号规定见表1。

表 1

图形符号	液力偶合器型式
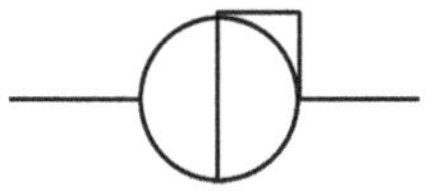	静压泄液式 液力偶合器
	动压泄液式 液力偶合器
	阀控延充式 液力偶合器

3.3 叶轮名称代号

B——泵轮;

T——涡轮(透平轮)。

3.4 参数符号及关系式

D——叶轮有效直径,m;

M_1——输入力矩,N·m;

中华人民共和国煤炭工业部 1995-12-05 批准　　1996-03-01 实施

M_2——输出力矩，N·m；

M_B——泵轮力矩（$M_B \approx M_1$），N·m；

M_T——涡轮力矩（$M_T \approx M_2$），N·m；

$$M_{dn}=9552\frac{P_{dn}}{n_{dn}} \quad \cdots\cdots(1)$$

式中：M_{dn}——匹配电机标定力矩，N·m；

P_{dn}——匹配电机标定功率，kW；

n_{dn}——匹配电机标定转速，r/min。

$$\lambda_B=\frac{M_B}{\rho \cdot g \cdot n_B^2 \cdot D^5} \quad \cdots\cdots(2)$$

式中：λ_B——泵轮力矩系数，min^2/m 或 s^2/m；

ρ——工作液密度，kg/m^3；

g——重力加速度，m/s^2；

n_B——泵轮转速，r/min 或 s^{-1}；

n_T——涡轮转速，r/min 或 s^{-1}。

$$i=\frac{n_T}{n_B} \quad \cdots\cdots(3)$$

式中：i——传动比。

$$\eta=\frac{n_T \cdot M_T}{n_B \cdot M_B} \quad \cdots\cdots(4)$$

式中：η——效率。

$$\lambda_Z=\frac{M_d}{\rho \cdot g \cdot n_d^2 \cdot D^5} \quad \cdots\cdots(5)$$

式中：λ_Z——折算力矩系数（从取得合理的特性出发，根据匹配电机的最大力矩，最大力矩处电机对应的转速所确定的液力偶合器力矩系数），min^2/m 或 s^2/m；

M_d——匹配电机的最大力矩，N·m；

n_d——匹配电机最大力矩处对应的电机转速，r/min 或 s^{-1}；

λ_{BO}——起动工况泵轮力矩系数，min^2/m 或 s^2/m；

λ_{Pmax}——$0<i\leqslant 0.75$ 区间内泵轮最大力矩系数，min^2/m 或 s^2/m；

λ_{Bn}——标定工况泵轮力矩系数，min^2/m 或 s^2/m；

i_n——标定工况传动比；

q——充液量，L；

q_c——充入液力偶合器的工作液体容量与腔体总容量之比，以百分率表示；

〔p〕——工作腔内压力，MPa；

〔p_s〕——设计给定的工作腔指定部位的最高压力，即压力保护装置动作压力，MPa；

t——工作腔内的液体温度，℃；

t_s——设计给定的温度保护装置作用温度，℃；

m_s——设计重量，kg。

4 液力偶合器系列及型号

4.1 型号及代号的表示方法：

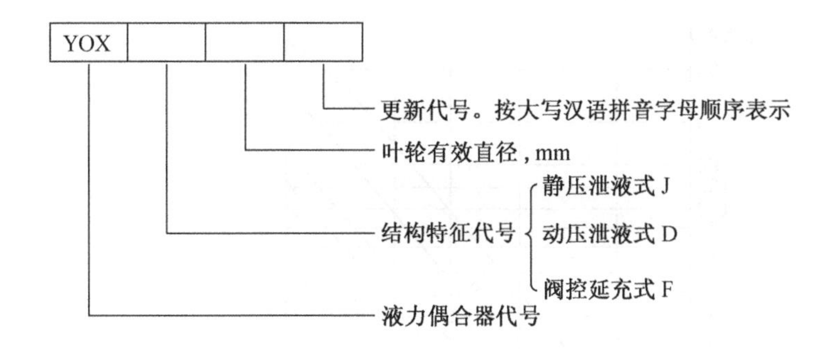

标记示例：

叶轮有效直径 400mm，经过第一次改进结构的限矩型动压泄液式液力偶合器，表示为：YOXD 400 A MT 208—1995。

4.2 尺寸系列：

液力偶合器规格按叶轮有效直径划分，其规格尺寸应符合表 2 的规定。

表 2

mm

360	400	450	487*	500	560	650
注：新设计的产品优先选用不带 * 号的规格。						

4.3 液力偶合器联接尺寸和外形尺寸见附录 A。

4.4 推荐用工作腔模型(YOXD)(见图 1)。

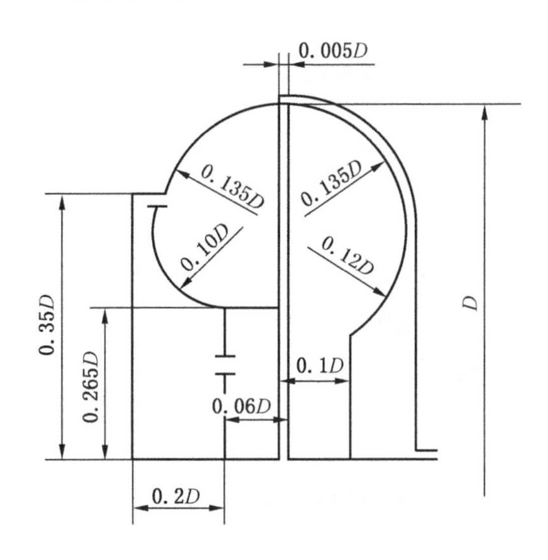

图 1 YOXD 工作腔模型

4.5 功率图谱(见图 2)。

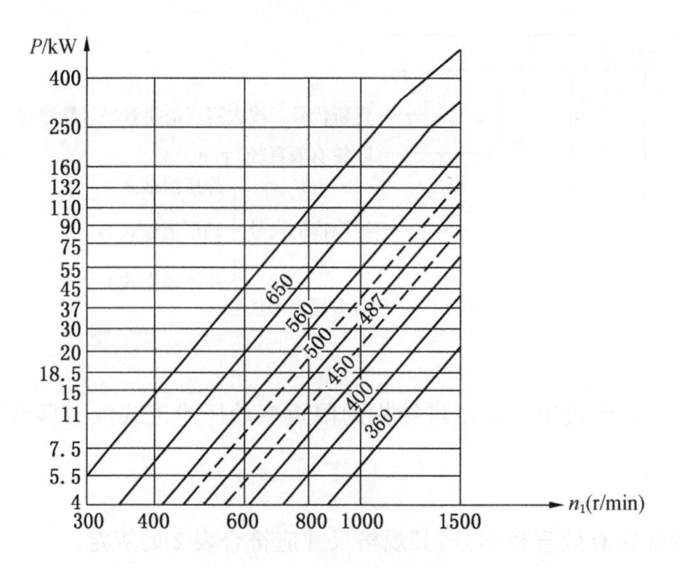

图 2　功率图谱

5　技术要求

5.1　液力偶合器的工作介质

液力偶合器一律采用难燃液或水为工作介质。

5.2　液力偶合器的原始特性

液力偶合器与给定电机匹配时，其原始特性应符合下列要求：

a.　$\lambda_{BO}=(0.85\sim1)\lambda_Z$

b.　$\lambda_{Bmax}\leqslant\lambda_Z$

c.　$\lambda_{Bmin}\geqslant0.6\lambda_Z$

d.　$\lambda_{Bn}>0.8\times10^{-6}\,min^2/m$ 或 $\lambda_{Bn}>2.88\times10^{-3}\,s^2/m$

e.　$i_n\geqslant\begin{cases}0.94 & 当\ P_{dn}<40kW\ 时\\0.96 & 当\ P_{dn}=(40\sim55)kW\ 时\\0.965 & 当\ P_{dn}=(75\sim132)kW\ 时\\0.97 & 当\ P_{dn}>132kW\ 时\end{cases}$

5.3　液力偶合器的静平衡

液力偶合器重心对其旋转轴线的偏移不得超过 0.04mm。

5.4　液力偶合器的可靠性指标

5.4.1　液力偶合器在井下运转中的平均无故障工作时间(因过热、过压保护装置动作喷液、更换过热、过压保护装置不属于故障)不得少于 2000h。

5.4.2　液力偶合器的使用寿命(以叶轮组件或外壳损坏无法修理需更换为准)不低于 10 000h。

5.4.3　液力偶合器密封应可靠，日泄漏量不得大于 0.01L。

5.4.4　根据能源部、能源技〔1990〕690 号文件规定液力偶合器为第一批执行安全标志的产品，液力偶合器所有规格产品必须经部(1988)能源技字第 13 号文指定的相应单位检验测试合格，取得安全标志后，方可成批生产。

5.5　液力偶合器的保护装置

液力偶合器必须安装过热和过压保护装置。

5.5.1　过热及过压保护装置的易熔塞、易爆塞用于叶轮有效直径 500mm 以下时(含 500mm)，安装数量各不少于 1 个，安装一个易熔塞及一个易爆塞的液力偶合器，在其安装的对称位置上要留有安装凸台;用于叶轮有效直径 500mm 以上时,易熔塞及易爆塞要各安装 2 个,对称布置在液力偶合器内腔最大直径上,易熔塞及易爆塞都不允许安装在注液孔上。

5.5.2 易熔塞要求:

5.5.2.1 易熔塞的易熔合金熔化温度为 115±5℃。

5.5.2.2 易熔塞外表面应打有熔化温度及生产厂标记。

5.5.2.3 易熔塞的安装尺寸及重量;

a. 安装尺寸及外形尺寸应符合图 3 规定;

b. 易熔塞重量不得超过设计重量 m_s±0.000 5kg。

5.5.3 易爆塞要求:

5.5.3.1 易爆塞爆破压力值(P_s)应为 1.4±0.2MPa。

5.5.3.2 易爆塞重量不得超过设计重量 m_s±0.000 5kg。

5.6 液力偶合器承压壳体的强度要求

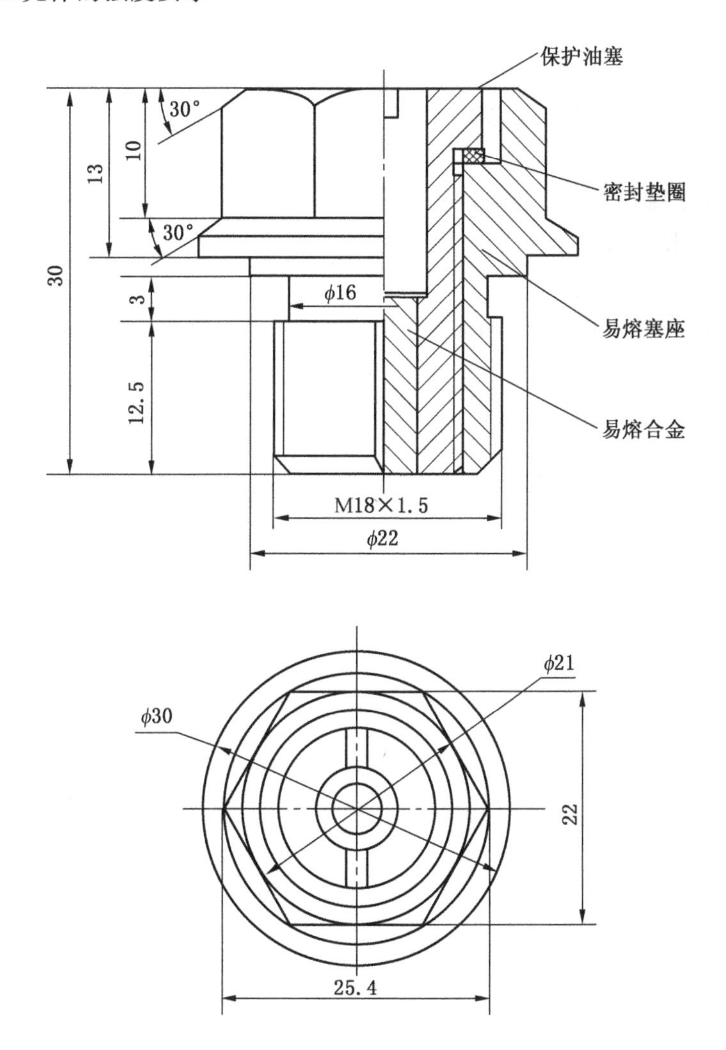

图 3 易熔塞安装尺寸

5.6.1 液力偶合器承压壳体的承压强度应大于 4.4MPa。

5.6.2 液力偶合器外壳等的轻合金材料含镁量不得大于 0.5%,延伸率 $\delta_5 \geq 1.5\%$。

5.6.3 液力偶合器承压壳体(外壳、泵轮、辅助室外壳)要逐件经过打压试验,试验压力为 2.0MPa,试压后轴向的永久变形量不得大于 2‰。

5.7 预卸压功能

易熔塞、易爆塞、注油塞更换时要有预卸压功能。

6 试验方法和检验规则

6.1 液力偶合器的试验方法见 MT 100。

6.2 液力偶合器的检验分为出厂检验和型式检验。见 MT 100。

6.3 液力偶合器每台产品必须经制造厂技术检验部门检验合格后方可出厂,产品出厂必须附有产品合格证及使用说明书。

6.4 液力偶合器出厂检验由制造厂进行;液力偶合器型式检验由国家授权的检测归口单位进行。技术归口单位核准生效。

7 标志、包装、运输及贮存

7.1 标志

包括产品代号、规格、制造厂代号及出厂年月,采用永久性标记。

7.2 包装

液力偶合器包装应符合 JB 2759 及 GB 191 的要求。随同装箱的应有产品说明书及产品合格证。

7.3 运输

液力偶合器运输以带篷车为宜。运输过程中应保持清洁,不得日晒、不得与酸、碱及其它腐蚀性物质接触,不应受剧烈振动和撞击。

7.4 贮存

液力偶合器应贮存在仓库内,可以堆放。但不允许开箱后堆放,要求库内通风、干燥、无腐蚀性物质。

附 录 A
液力偶合器联接尺寸和外形尺寸
（补充件）

A1 外形尺寸及联接尺寸见表 A1

A2 花键联接方式图 A1

A3 平键联接方式图 A2

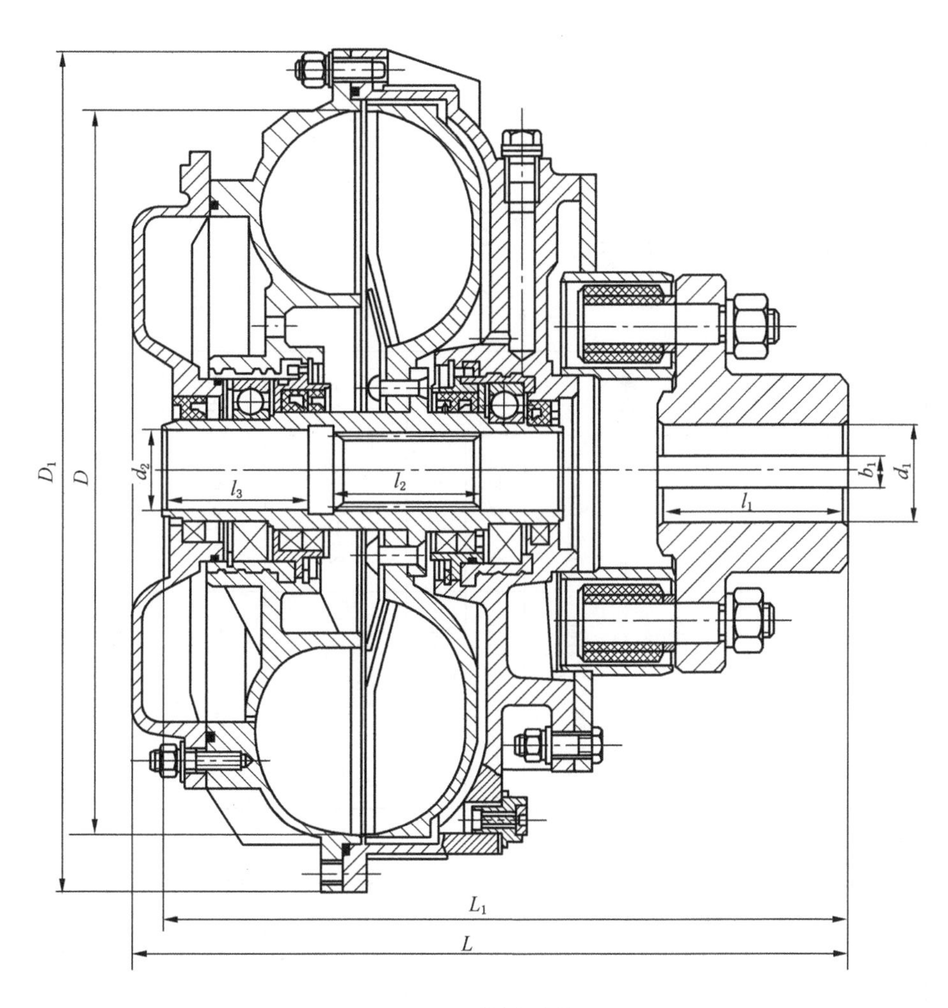

图 A1 花键联接

表 A1

mm

液力偶合器型号	外形尺寸			电机功率 kW	电机端联接尺寸			联接方式	减速器端联接尺寸				
	D_1	L	L_1		$d_1(H_7)$	l_1	$b_1(JS_9)$		花键代号	d_2	l_2	b_2	l_3
YOX 360	≤430	≤365	≤350	18.5	$48^{+0.028}_{0}$	110	14±0.02	平键		40	80	12	—
				22	$55^{+0.030}_{0}$	110	16±0.021	花键	INT 16z×2.5m×30P×6H GB 3478.1—83	45	80	—	
YOX 400	≤465	≤395	≤376	30	$55^{+0.030}_{0}$	110	16±0.021	花键	INT 16z×2.5m×30P×6H GB 3478.1—83	45	80	—	96
				40 55	$60^{+0.030}_{0}$	140	18±0.021						
YOX 450	≤520	≤453	≤430	55	$60^{+0.030}_{0}$	140	18±0.021	花键	INT 16z×3.5m×30P×6H GB 3478.1—83	65	110	—	96
				75	$75^{+0.030}_{0}$	140	20±0.026						
YOX F 487	≤557	≤420	≤365	90 110 132	$75^{+0.030}_{0}$	140	20±0.026	平键		65	128	18	—
YOX 500	≤570	≤480	≤458	110 132	$80^{+0.030}_{0}$	170	22±0.026	花键	INT 16z×3.5m×30P×6H GB 3478.1—83	65	110	—	120
YOX 560	≤635	≤475	≤335	160	$90^{+0.030}_{0}$	170	25±0.026	平键	—	90	155	25	—
				200 250	$100^{+0.035}_{0}$	210	28±0.026						
YOX 650	≤740	≤550	≤400	250～400	待定	待定	待定	待定	待定	待定	待定	待定	待定

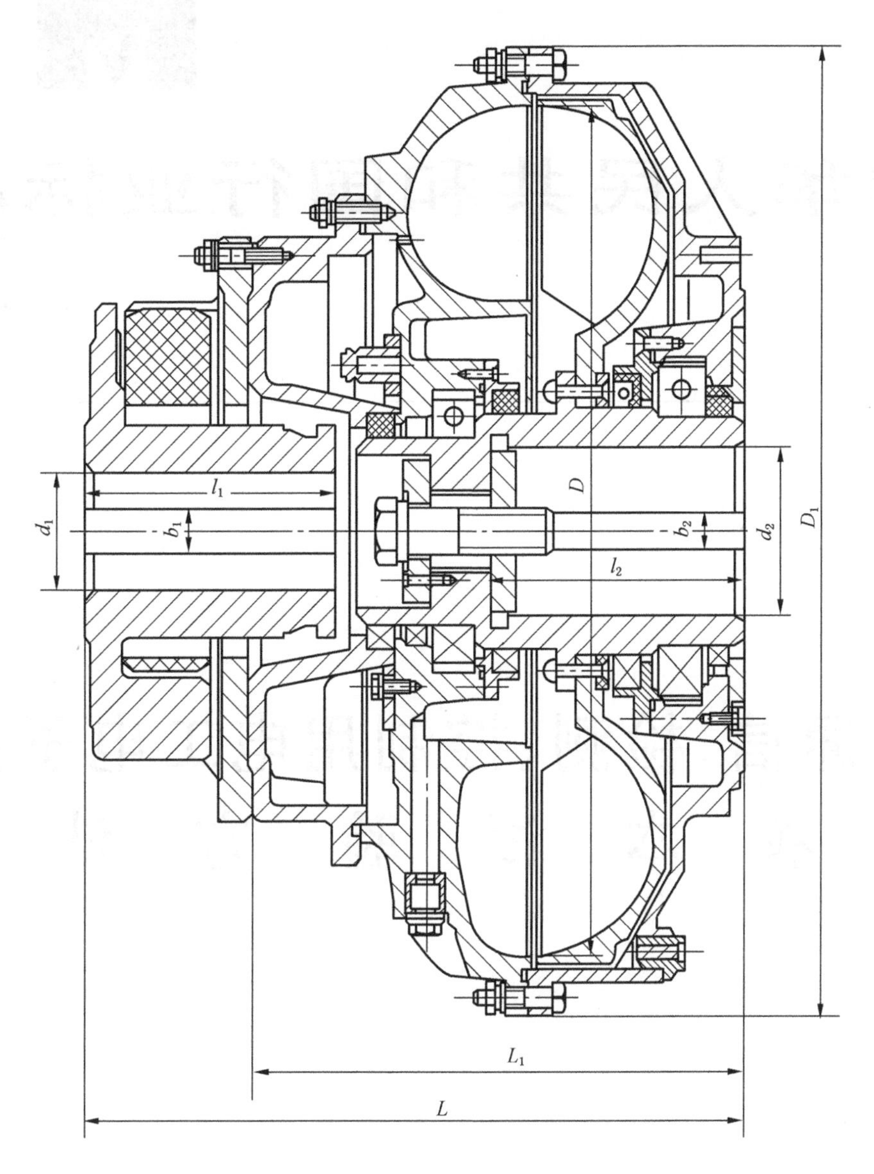

图 A2　平键联接

附加说明：

本标准由煤炭科学研究总院提出。

本标准由煤矿专用设备标准化技术委员会刮板输送机分会归口。

本标准由煤炭科学研究总院太原分院负责起草。

本标准主要起草人贾增亭。

本标准委托煤炭科学研究总院太原分院负责解释。

中华人民共和国行业标准

MT/T 210—90

煤矿通信、检测、控制用电工电子产品基本试验方法

1990-04-04 发布　　　　1990-12-01 实施

中华人民共和国能源部　发布

中华人民共和国行业标准

MT/T 210—90

煤矿通信、检测、控制用电工电子产品基本试验方法

本标准与 MT 209《煤矿通信、检测、控制用电工电子产品通用技术要求》及 MT 211《煤矿通信、检测、控制用电工电子产品质量检验规则》配套使用。

1 主题内容与适用范围

1.1 本标准规定了煤矿通信、检测、控制用电工电子产品基本试验方法。

1.2 本标准适用于：

a. 煤矿通信、信号系统及设备；

b. 煤矿基建、生产过程及环境的监测、控制、调节系统、设备及仪表；

c. 煤矿机电设备的测量、控制设备及仪表。

2 引用标准

GB 531 橡胶邵尔 A 型硬度试验方法

GB 998 低压电器 基本试验方法

GB 1410 固体电工绝缘材料绝缘电阻、体积电阻系数和表面电阻系数试验方法

GB 2423.1 电工电子产品基本环境试验规程 试验 A：低温试验方法

GB 2423.2 电工电子产品基本环境试验规程 试验 B：高温试验方法

GB 2423.3 电工电子产品基本环境试验规程 试验 Ca：恒定湿热试验方法

GB 2423.4 电工电子产品基本环境试验规程 试验 Db：交变湿热试验方法

GB 2423.5 电工电子产品基本环境试验规程 试验 Ea：冲击试验方法

GB 2423.8 电工电子产品基本环境试验规程 试验 Ed：自由跌落试验方法

GB 2423.10 电工电子产品基本环境试验规程 试验 Fc：振动（正弦）试验方法

GB 3836.2 爆炸性环境用防爆电气设备 隔爆型电气设备“d”

GB 3836.4 爆炸性环境用防爆电气设备 本质安全型电路和电气设备“i”

GB 4942.2 低压电器 外壳防护等级

GB 5080.1～5080.7 设备可靠性试验

GB 6379 测试方法的精密度 通过实验室间试验确定标准测试方法的重复性和再现性

MT 209 煤矿通信、检测、控制用电工电子产品通用技术要求

3 一般规定

3.1 煤矿通信、检测、控制用电工电子产品的鉴定检验，出厂检验与型式检验中所规定的考核项目其试验方法应遵照本标准的有关规定。

3.2 有关标准应根据产品型式及使用环境条件，对采用的试验方法、严酷等级以及试验顺序（如果有关的话）作出规定。

3.3 有关标准应按 MT 209 规定试验过程中或试验后对试品性能指标及其他有关方面的要求。

中华人民共和国能源部 1990-04-04 批准　　1990-12-01 实施

3.4　对大型产品进行整机试验其条件不可行时，有关标准应规定对哪些关键部件进行试验。

4　试验条件

4.1　试验环境条件

除环境试验或有关标准中另有规定外试验应在下列环境条件中进行：

温度：15～35 ℃

相对湿度：45％～75％

气压：86～106 kPa

4.2　电源

4.2.1　除电源波动适应性试验及有关标准中另有规定外，电源应符合本条规定。

4.2.2　交流供电电压应为：

a.　额定电压允差：±2％；

b.　额定频率允差：50 Hz±1％。

4.2.3　直流供电电压应为：

a.　额定电压允差：±1％；

b.　电压纹波允差：ΔU[1)]/U_0[2)]≤0.1％。

注：1)ΔU 为纹波电压的峰值。

2)U_0 为直流供电电压的额定值。

4.3　其他试验条件

除有关标准另有规定外，试验条件还应符合：

a.　避免外电磁场干扰；

b.　避免阳光直接照射，通风良好。

5　一般性检查

5.1　检查要求

一般性检查应包括外观检查、结构检查、尺寸检查、重量检查及有关标准规定的其他有关检查项目。

外观检查是检查试品的标志、表面质量、腐蚀痕迹、颜色、显示清晰度、活动部件灵活可靠性及其他外观方面的要求是否符合有关标准的规定。

结构检查是检查零部件结构、电气装配、机械装配及其他结构方面的要求是否符合有关标准的规定。

尺寸检查是检查产品的外形尺寸、安装尺寸、零部件尺寸、电气间隙、爬电距离、隔爆面尺寸、隔爆间隙及其他尺寸方面的要求是否符合有关标准的规定。

重量检查是称量产品及有重量要求的零部件是否符合有关标准的规定。

5.2　检查方法

5.2.1　外观检查及结构检查

一般采用目力检查法。在最有利的观察距离和适当照度条件下，用正常视力和颜色分辨力的肉眼检查。对特殊严格要求的可用放大镜或其他计量器具检查。

5.2.2　尺寸检查和重量检查

用经计量合格的量具进行检查。

5.3　需规定的细节

有关标准应对下列项目作出规定：

a.　检查的部位及项目的细节；

b.　缺陷的判据；

c. 检查器具的细节(如果需要的话)。

6 性能指标试验

6.1 试验要求

6.1.1 试验方法必须能全面考核有关标准技术要求中所提及的产品性能及指标。

6.1.2 试验中使用的测试仪器、工具、设备、标准物质等均应规定精度等级。其精度等级应符合国家、行业技术标准的规定。

6.1.3 对于精密度试验方法的编写应符合 GB 6379 的规定。

6.2 试验方法

产品标准须根据国家、行业标准规定试验方法。其内容应包括试验仪器、设备、试验线路、试验步骤、试验结果的评定或计算等。

7 绝缘电阻检测

7.1 试验要求

7.1.1 应在按正常工作位置安装的产品上进行。如果被试产品装在绝缘外壳内,则绝缘外壳应以金属箔覆盖,试验时把金属箔当作外壳。当外壳过大时,可采用在认为有危险的部位作局部包复。对操作钮(柄)及紧固件,若是金属的,则应连接至外壳,若是绝缘材料的,则应覆盖与外壳相连接的金属箔。

不带外壳但准备在外壳内使用的产品,应在制造厂规定的最小外壳中进行试验。当产品的绝缘性能与引线、抽头的特殊绝缘结构有关时,应在试验中使用这种抽头或绝缘材料。

7.1.2 测量绝缘电阻的兆欧表应按表 1 所列等级选择。

表 1 V

测量部位的额定绝缘电压 U	兆欧表的电压等级
$U \leqslant 660$	500
$660 < U \leqslant 1\ 200$ (直流 1 500)	1 000

7.1.3 对于不能承受所规定兆欧表电压的元件(如半导体元件、电容等)试验时应将其短路或拆除。

7.2 试验方法

将兆欧表接到被测部位的两端,待显示稳定时读取绝缘电阻数值。测量时应保证兆欧表测笔与被测部位接触可靠,测试引线间的绝缘电阻足够大,以保证读数精确。

7.3 需规定的细节

有关标准应对下列项目作出规定:

a. 测量部位;

b. 绝缘电阻最小值(包括正常条件下与潮湿试验后);

c. 兆欧表电压等级。

8 工频耐压试验

8.1 试验要求

8.1.1 应符合本标准 7.1.1 条的规定。

8.1.2 试验用电源变压器容量至少为 500 VA,试验电源的电压应当是额定频率(45～65 Hz 内)的交流正弦有效值;当其高压输出端短路时电流应不小于 0.5 A。

8.1.3 对于不能承受所规定电压的元件(如半导体元件,电容等)试验时应将其短路或拆除。

8.2 试验方法

8.2.1 可采用试验变压器与自耦调压器相串联的低压端调压的电路方案。

8.2.2 试验电压应从不超过全值的一半开始，逐步地升至规定值，其上升时间应不小于 10 s，然后维持 1 min。试验后应将电压逐渐下降至零。

8.2.3 在试验过程中如果没有发生绝缘击穿、表面闪络、漏泄电流明显增大或电压突然下降等现象，则认为合格。表面闪络和漏泄电流增大的判别方法应符合本标准附录 A 规定。

8.3 需规定的细节

有关标准应对下列项目作出规定：

a. 试验电压数值；

b. 允许的最大漏泄电流(如需规定的话)；

c. 试验部位。

9 水压试验

9.1 试验要求

9.1.1 水压试验须在零件精加工后进行，零件尽可能模拟实际装配状态固定。

9.1.2 下列零件可不作水压试验：

a. 外壳内的隔爆绝缘套管；

b. 容积小于 0.01 L 的塑料、陶瓷外壳(壳壁压铸有其他零件者除外)；

c. 由钢或有色金属轧制材料制成的没有焊缝的零件，如外壳、盖、环、衬套等。

9.2 试验方法

9.2.1 水压试验应逐件进行。

9.2.2 在不小于 GB 3836.2 第 19.2 条规定的试验压力下，保持 1 min，若不连续滴水(每间隔大于 10 s 滴水 1 滴，即视为不连续滴水)，则为合格。

9.3 需规定的细节

有关标准应对下列项目作出规定：

a. 试验压力；

b. 试验零部件。

10 电源波动适应能力试验

10.1 试验要求

对用交流或直流供电的产品应作电源波动适应能力试验。

10.2 试验方法

将试验样品的电源线连接到电压可调的电源上，然后按表 2 中所列的组合调节电压，并在每一种组合状态下待温度稳定，但至少保持 15 min 后，分别测试样品的性能和指标。

表 2

试 验 电 压	试 验 频 率
额定电压	额定频率
允许波动的额定电压上限值	额定频率
允许波动的额定电压下限值	额定频率

10.3 需规定的细节

有关标准应对下列项目作出规定：

a. 允许电源电压波动的范围；

b. 应测试的性能和指标。

11 表面温度测量

11.1 试验要求

11.1.1 试验电压应为产品额定工作电压允许波动范围中的最高值。

11.1.2 试验应在室内进行，并排除大气对流对试验的影响，同时测温元件及其导线的配置应尽量避免影响设备的发热特性。

11.1.3 被试样品应处于各种位置分别测定各处的表面温度，如产品的使用位置已规定时，只需按该规定位置测量。对灯具须在向上、向上倾斜45°、水平、向下倾斜45°、向下五种位置进行测量。

11.2 试验方法

11.2.1 在(有关标准)规定的正常工作和故障状态下，待被试样品温度稳定时，通过温度计、半导体点温计或热电偶测量各处的表面温度，以确定最高表面温度。

11.2.2 在设备升温速度不超过每小时2 ℃时，认为温度稳定。

11.2.3 测得的温度须按有关标准规定的最高环境温度进行修正：

$$T_1 = T_2 - T_3 + T_4$$

式中：T_1——最高表面温度值，℃；

T_2——实测最高表面温度值，℃；

T_3——实测时环境温度，℃；

T_4——规定的最高环境温度，℃。

11.3 需规定的细节

有关标准应对下列项目作出规定：

a. 试验时的工作状态；

b. 表面温度值；

c. 最高环境温度；

d. 试验电压；

e. 试验样品的各种位置(如需要规定的话)。

12 热稳定性试验

12.1 试验要求

12.1.1 塑料外壳或外壳部件(绝缘套管除外)、塑料衬垫、胶封件等须进行该热稳定性试验。

12.1.2 与高低温试验及爆炸试验的样品取同一台设备。

12.2 试验方法

将试品置入相对湿度(90±3)%温度高于设备最高表面温度20 ℃，但至少为+80 ℃的环境中28 d，然后置入-30 ℃的环境中24 h。试验后，不得影响样品的防爆性能。

12.3 需规定的细节

有关标准应对下列项目作出规定：

a. 设备的最高表面温度；

b. 试验样品的安装位置。

13 热剧变试验

13.1 试验要求

13.1.1 灯具的透明件须进行热剧变试验。

13.1.2 每个透明件仅作1次，共试5个，以均不损坏为合格。

13.1.3 试验用电泵可采用机床冷却液泵，工作压力为40～100 kPa。

13.1.4 专用喷嘴结构见图1。

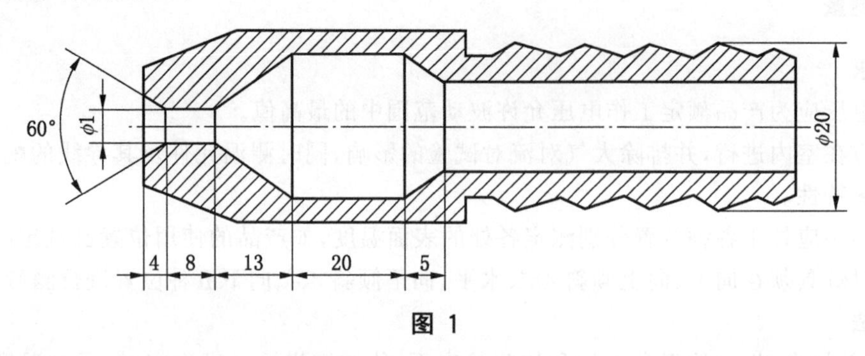

图1

13.2 试验方法

将灯具置于最高环境温度中，以测得最高表面温度的位置点燃，待灯具温升稳定后，用一直径为1 mm的专用喷嘴和电泵，将温度为+10±5 ℃的水喷射到透明件的表面最高温度处。试验后应无裂纹及损坏。

13.3 需规定的细节

有关标准应规定最高环境温度。

14 外壳冲击试验

14.1 试验要求

14.1.1 冲击试验应采用有导向的试验装置，见图2。

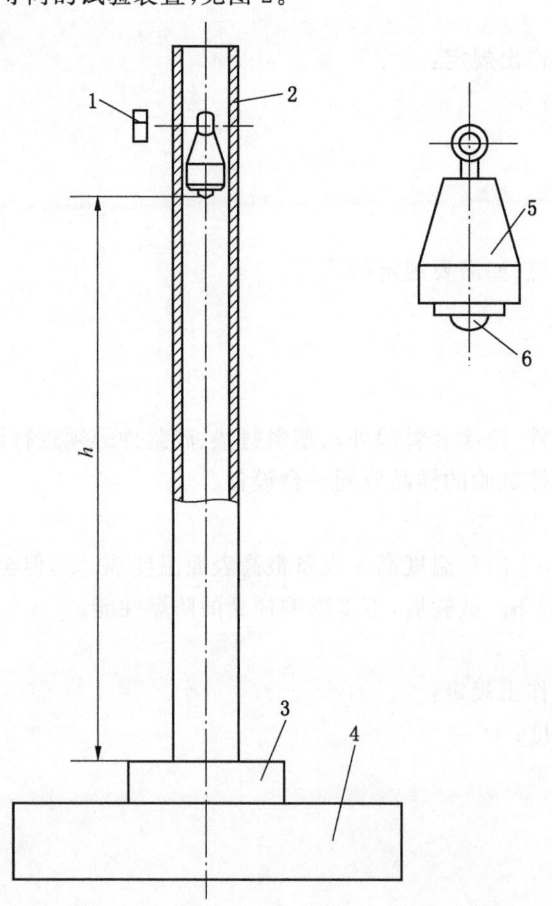

1—调整高度用螺栓；2—塑料导管；3—试品；4—钢座（质量≥20 kg）；

5—1 kg重钢质锤体；6—φ25 mm锤头；h—坠落高度

图2

14.1.2 锤头应符合如下要求：

a. 端部为直径 25 mm 的半球形；

b. 被试品是透明件时，锤头应用聚酰胺（尼龙）材料制成，且至多使用 100 次就须更换。这种材料在温度为 +25±2 ℃和相对湿度为（50±5）%时其洛氏硬度须不小于 R100。当被试样品为其他材料时，应选用淬火钢质锤头。

14.1.3 玻璃等透明件须试验 3 个，每个试验 1 次。其他试品均试验 2 个，每个试验 2 次。

14.1.4 试品应在装配完整的状态下进行试验。对有保护网的透明件可以拆掉保护网。当整体冲击有困难时，允许将透明件装在类似试品底座的部件上进行。

14.1.5 冲击能量应符合表 3 的要求。

表 3

J

<table>
<tr><th rowspan="2">类别 / 机械危险程度 / 样品种类</th><th colspan="2">Ⅰ</th><th colspan="2">Ⅱ</th></tr>
<tr><th>高</th><th>低</th><th>高</th><th>低</th></tr>
<tr><td>塑料外壳或外壳部件</td><td rowspan="4">20</td><td colspan="2" rowspan="4">7</td><td rowspan="4">4</td></tr>
<tr><td>轻合金、铸铁外壳</td></tr>
<tr><td>其他金属外壳</td></tr>
<tr><td>保护罩或保护网</td></tr>
<tr><td>无保护的透明件</td><td>10</td><td colspan="2">4</td><td>2</td></tr>
<tr><td>有保护的透明件</td><td>4</td><td colspan="2">2</td><td>1</td></tr>
<tr><td colspan="5">注：当采用低冲击能量试验时，须在防爆合格证号之后加标志“X”。</td></tr>
</table>

14.1.6 塑料试品应进行高低温下的冲击试验。高温温度应高于工作上限温度 +10 ℃，但至少为 50 ℃；低温温度为 −25±3 ℃，而对在铭牌上标明“户内”字样的户内用及煤矿井下用设备，温度可为 −5±2 ℃，但不得高于工作下限温度。

14.2 试验方法

14.2.1 试验前应检查锤头端部的表面，不得有任何损伤。试验时，将重锤从按冲击能量导出的高度沿法线方向自由落至被试件的最薄弱处。试验后不得产生影响防爆性能的变形，相对运动部件之间不得产生摩擦。

14.2.2 对塑料试品，应将两台分别置入高于规定高温 10 ℃，低于规定低温 5 ℃的温度调节箱中，使其温度达到稳定，然后取出，当样品温度分别达到规定的高温、低温值时，按 14.2.1 条进行试验。

14.3 需规定的细节

有关标准应对下列项目作出规定：

a. 试验部位；

b. 冲击能量；

c. 高温、低温冲击试验温度值（如需要的话）。

15 跌落试验

15.1 试验要求

15.1.1 携带式产品与传感器须进行跌落试验。对井下使用的应进行第 15.2.1 条及 15.2.2 条规定的试验，对地面使用的只须进行第 15.2.1 条规定的试验。

15.1.2 灯具下落前透明件应朝下，其他试品跌落前的位置由检验单位确定。

15.2 试验方法

15.2.1 按 GB 2423.8 的规定进行。试验后应检查外观及性能。

15.2.2 将装配完整的试品按规定的位置状态，从 1 m 高度自由跌落至水泥平台上。试验 4 次，试验后不得产生影响防爆性能的变形或损坏，相对运动部件之间不得产生摩擦。

15.3 需规定的细节

有关标准应对下列项目作出规定：

a. 下落前的位置(如有需要的话)；

b. 严酷等级；

c. 测试的性能指标与外观结构要求。

16 外壳防护性能试验

16.1 试验要求

应符合 GB 4942.2 第 5 章的规定。

16.2 试验方法

试验方法及合格的评定应按 GB 4942.2 第 6 章与第 7 章的规定进行。

16.3 需规定的细节

有关标准应对下列项目作出规定：

a. 防护等级；

b. 试品试验时的工作状态(如需要规定的话)。

17 橡胶材料老化试验

17.1 试验要求

17.1.1 密封圈、密封衬垫的材料须进行老化试验。

17.1.2 制造厂提供的试品应符合如下规定：

a. 试品的厚度不小于 6 mm，宽度不小于 15 mm，长度不小于 35 mm。当试品达不到要求时，可用同样胶片重叠起来测定，但不准超过 4 层，并要上下两面平行；

b. 试品表面光滑、平整，不应有缺胶、机械损伤及杂质等；

c. 试品不少于 3 件。

17.1.3 橡胶试品老化试验前的贮放时间不应超过 2 个月。

17.2 试验方法

试品老化试验前按 GB 531 的规定测定硬度，然后按下列顺序进行老化处理：

烘箱中加温	+100±5 ℃	168 h
暴露于室内	室温	24 h
放入低温箱内	−10±2 ℃	48 h
暴露于室内	室温	24 h

试品经上述处理后，在室温下再按 GB 531 的规定测定硬度，其硬度变化不得超过处理前的 20%。

17.3 需规定的细节

有关标准应对需试验的零部件作出规定。

18 引人装置夹紧试验

18.1 试验要求

引入装置中各种规定尺寸的密封圈(包括各种切割同心槽的密封圈)均须进行此项试验。试验各作 1 次。

18.2 试验方法

18.2.1 非铠装电缆和导线引入装置

18.2.1.1 将密封圈套在清洁、干燥的抛光钢柱芯棒上，组装成引入装置。芯棒的直径须对应密封圈允许的电缆或导线最小外径。

18.2.1.2 将引入装置固定在拉力试验装置上，逐渐拧紧压盘的螺栓或压紧螺母，并施拉力于芯棒（护套）上，其拉力为芯棒（护套）直径（以毫米为单位）的 20 倍牛顿，测定该芯棒（护套）不发生位移时，施加于螺栓或压紧螺母的力矩值。芯棒（护套）上的拉力不变，用所测力矩值的 1.1 倍力矩，继续拧紧螺栓或压紧螺母，维持 6 h，如芯棒（护套）的位移不大于 6 mm，则为合格。

18.2.1.3 经夹紧试验后的引入装置，从拉力试验装置上取下，用所测力矩值的 2.2 倍力矩，继续拧紧螺栓或压紧螺母，然后拆开检查，如引入装置的各零件均未损坏（密封圈的变形除外），则为合格。

18.2.2 铠装电缆和屏蔽导线引入装置

18.2.2.1 将规定最小外径的铠装电缆或屏蔽导线穿入引入装置，并用压盘或压紧螺母将铠装层紧固。然后将组装的引入装置固定在拉力试验装置上，逐渐拧紧压盘的螺栓或压紧螺母，并施拉力于电缆或导线的铠装层上，其拉力为键装层外径（以毫米为单位）的 80 倍牛顿，维持 2 min，铠装层无位移则为合格。同时应测定出无位移时施于螺栓或压紧螺母的力矩值。

18.2.2.2 经夹紧试验后的引入装置，从拉力试验装置上取下，用所测得力矩值的 2 倍继续拧紧螺栓或螺母，然后拆开检查，如引入装置的各零件均未损坏，则为合格。

18.3 需规定的细节

有关标准应对下列项目作出规定：

a. 密封圈内径尺寸及允许引入电缆的最小外径；

b. 引入电缆导线的型式。

19 引入装置密封性能试验及机械强度试验

19.1 试验要求

隔爆型产品上的每一个引入装置和引入装置中各种规定尺寸的密封圈均进行本试验，试验只作 1 次。

19.2 试验方法

19.2.1 密封性能试验

19.2.1.1 将密封圈套在清洁、干燥的抛光钢柱芯棒上，组成引入装置。芯棒的直径须对应密封圈允许的电缆或导线最小外径。

19.2.1.2 引入装置设置在液压试验装置上，将液压流体接触的电缆或导线终端的间隙处严格密封处理，使用着色水作为液压流体进行试验（如图 3）。试验时应将液压回路中的空气排净。

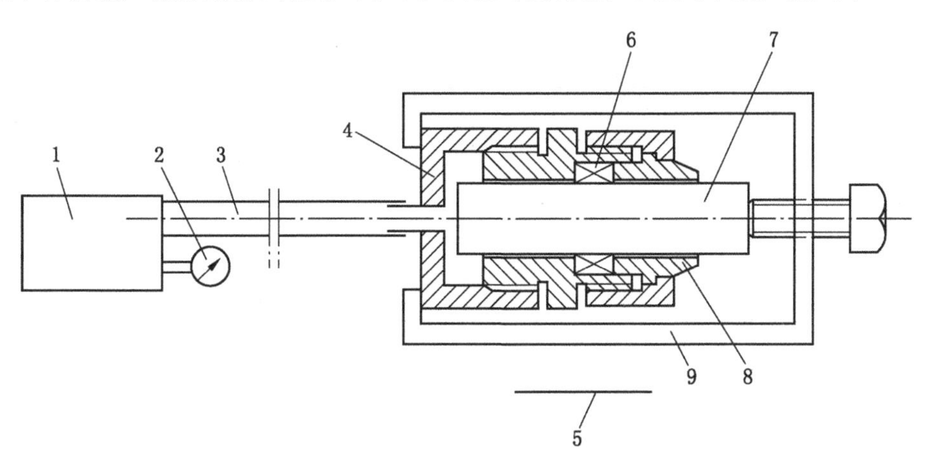

1—液压泵；2—压力表；3—软管；4—转接管；5—吸墨水纸；6—密封圈；
7—芯棒（或金属护套电缆或导线）；8—夹持环；9—支架

图 3

19.2.1.3 逐渐升高液压，同时拧紧压盘的螺栓或压紧螺母，使液压达到 1 MPa，并记录其力矩值。液压在 2 min 内恒定，且吸水纸上未显示任何水滴痕迹时，则为合格。

19.2.2 机械强度试验

19.2.2.1 对压紧螺母式引入装置，施加下列力矩值，取其大者拧紧螺母：

a. 按 19.2.1.3 条测得力矩值的 2 倍；

b. 芯棒（护套）直径以毫米为单位的 3 倍牛顿米的力矩值。

19.2.2.2 压盘式或其他用螺栓紧固的引入装置，对每个螺栓施以 19.2.1.3 条测得力矩值的 2 倍力矩，但不小于下列数值：

a. *M*6 12 N·m；

b. *M*8 20 N·m；

c. *M*10 40 N·m；

d. *M*12 60 N·m；

e. *M*14 100 N·m；

f. *M*16 150 N·m。

19.2.2.3 试验后，分解引入装置，目测检查各部件，如果没有任何损伤（密封圈除外），则为合格。

19.3 需规定的细节

有关标准应对下列项目作出规定：

a. 密封圈内径尺寸及允许引入电缆的最小外径；

b. 引入装置上紧固螺栓的直径（如需要的话）。

20 连接件扭转试验

20.1 试验要求

当绝缘套管与连接件接线过程中承受力矩作用时，应进行本项试验。

20.2 试验方法

在连接件上施加表 4 所规定的力矩并拧紧。试验后，连接件和绝缘套管不得转动和损坏，则为合格。

表 4

与绝缘套管配合的螺栓规格	力 矩 N·m
*M*4	2
*M*5	3
*M*6	5
*M*8	10
*M*10	16
*M*12	25
*M*16	50
*M*20	85
*M*24	130

20.3 需规定的细节

有关标准应对连接螺栓规格作出规定。

21 电缆拔脱试验

21.1 试验要求

21.1.1 矿用一般型产品的电缆引入装置应进行该项试验。

21.1.2 每一种引入装置应对允许引入的最大和最小电缆进行试验。

21.2 试验方法

以 19.6 倍电缆护套直径(以毫米为单位)的牛顿力加于电缆,持续 1 min。如果密封不损坏、不脱落,电缆护套位移不超过 2 mm,则为合格。

21.3 需规定的细节

有关标准应对允许引入电缆的最大和最小外径作出规定。

22 表面绝缘电阻的测定

22.1 试验要求

22.1.1 试品采用板状,并应平整、均匀、无裂纹和机械杂质等缺陷。

22.1.2 测量电极的直径为 50±0.1 mm。

22.1.3 如果尺寸允许,也可对塑料外壳本身测定表面电阻。

22.2 试验方法

按 GB 1410 中的有关试验方法进行。

22.3 需规定的细节

有关标准应对塑料表面的绝缘电阻值作出规定。

23 工作环境温度试验

23.1 试验要求

23.1.1 若试品温度达稳定后,其最热点温度与环境温度之差小于 5 ℃,应采用非散热试验样品的温度试验。若试品温度达稳定后,其最热点温度与环境温度之差高于 5 ℃,应采用散热试验样品的温度试验。

23.1.2 当温度的突变对试品会产生有害影响时,则应采用温度渐变试验方法。当温度的突变对试品不产生有害影响时可采用温度突变的试验方法。

23.1.3 在试品温度稳定后,试验持续时间应符合 GB 2423.1 第 5.1 条及 GB 2423.2 第 5.1 条规定。

23.1.4 试验的温度至少应等于有关标准规定的工作环境温度。

23.2 试验方法

23.2.1 工作环境低温试验

试品在通电状态下,按 GB 2423.1 中有关的试验方法进行。当试验样品达到温度稳定后,至少持续 2 h。在试验末尾测试性能指标,并检查外观。

23.2.2 工作环境高温试验

试品在通电状态下,按 GB 2423.2 中有关的试验方法进行。当试验样品达到温度稳定后,至少持续 2 h。在试验末尾测试性能指标,并检查外观。

23.3 需规定的细节

有关标准应对下列项目作出规定:

a. 采用散热样品还是非散热样品、突变还是渐变的试验方法;

b. 试验温度等级;

c. 试验持续时间;

d. 试验时的工作状态(如需要的话);

e. 测试的性能指标与外观要求。

24 贮存环境温度试验

24.1 试验要求

24.1.1 当温度的突变对试品产生有害影响时,应采用温度渐变试验方法。当温度的突变对试品不产生有害影响时,可采用温度突变的试验方法。

24.1.2 在试品温度稳定后,试验持续时间应符合 GB 2423.1 第 5.1 条及 GB 2423.2 第 5.1 条规定,但至少为 16 h。

24.1.3 试验的温度至少应等于有关标准规定的贮存、运输中最高、最低温度。

24.1.4 试验后的恢复时间不得小于 1 h。

24.2 试验方法

24.2.1 贮存环境低温试验

试品在不通电状态下,按 GB 2423.1 中非散热试验样品的有关试验方法进行。在试验样品温度达到稳定后(试品所有部分的温度与规定的温度之差在 3 ℃以内),至少持续 16 h。然后在本标准 4.1 条所规定的环境条件下恢复,其恢复时间要足以达到温度稳定,但不得小于 1 h。最后测试性能指标,并检查外观。

24.2.2 贮存环境高温试验

试品在不通电状态下,按 GB 2423.2 中非散热试验样品的有关试验方法进行。在试验样品温度达到稳定后(试品所有部分的温度与规定的温度之差在 3 ℃以内),至少持续 16 h. 然后在本标准 4.1 条所规定的环境条件下恢复,其恢复时间要足以达到温度稳定,但不得小于 1 h。最后测试性能指标,并检查外观。

24.3 需规定的细节

有关标准应对下列项目作出规定:

a. 试验温度等级;

b. 采用突变还是渐变的试验方法;

c. 试验持续时间及恢复时间(如需要的话);

d. 测试的性能指标与外观要求。

25 振动试验

25.1 试验要求

25.1.1 一般应在三个互相垂直的轴线上依次振动,对结构和性能完全对称的试品允许省去一个对称方向的试验,即只进行二个方向的试验。

25.1.2 如果受振动设备的限制,对允许改变正常放置位置的试品,可借助于改变位置的方法,实现三个(或二个)轴向振动的试验。

25.1.3 对带减震器使用的试品通常应连同减震器一起进行试验,当带减震器使用的试验样品需要去除减震器进行试验时,有关标准必须规定特殊的安装和试验要求。

25.1.4 振动试验如需在工作状态下进行的话,应使试品处于一种能够很容易确认其正常工作的方式,有关标准应对此作出规定。

25.2 试验方法

将试品按(或模拟)正常工作时的位置紧固在振动台上(受试样品的重心应位于振动台面的中心区域),然后按有关标准规定的严酷等级,用 GB 2423.10 规定的试验方法在三个(或二个)互相垂直的轴线上依次进行振动试验。试验后测试性能指标,并检查外观结构。

25.3 需规定的细节

有关标准应对下列项目作出规定：

a. 工作状态；

b. 试品的安装方式(如果需要的话)；

c. 振动方向；

d. 试验严酷等级(频率范围、加速度幅值或位移幅值、持续时间)；

e. 测试的性能指标与外观结构要求。

26 冲击试验

26.1 试验要求

26.1.1 一般应在三个互相垂直轴线的每个方向连续冲击三次(总共18次)。对结构和性能完全对称的试品,如果有关标准有规定,允许减少试验的方向数及相应的冲击次数。

26.1.2 对带减震器使用的试品,通常应连同减震器一起进行试验。

26.2 试验方法

将试品按其正常的安装方法紧固在冲击试验台上,然后按有关标准规定的严酷等级用GB 2423.5规定的试验方法在试样三个互相垂直轴线的每个方向冲击三次。试验后测试性能指标,并检查外观结构。

26.3 需规定的细节

有关标准应对下列项目作出规定：

a. 工作状态；

b. 试品的安装方法；

c. 试验严酷等级(峰值加速度、脉冲持续时间、波形)；

d. 测试的性能指标与外观结构要求。

27 运输试验

27.1 试验要求

受试样品必须是按有关规定完整包装状态下的产品。

27.2 试验方法

27.2.1 在以下两种方法中选取：

a. 将包装后的设备,置于模拟汽车运输试验台上,试验持续2 h；

b. 将包装后的设备置于汽车中部并加以固定,汽车的负载应不超过汽车额定载重量的1/3,在三级公路的路面上行驶100 km,行车速度为20～40 km/h。

27.2.2 试验后检查：

a. 包装箱不应有较大的变形和损伤；

b. 设备(包括附件)外观结构及性能应符合产品标准的规定。

27.3 需规定的细节

有关标准应对下列项目作出规定：

a. 试验方法(27.2.1条中任取一种)；

b. 测试的性能指标与外观结构要求。

28 湿热试验

28.1 试验要求

28.1.1 试验有交变湿热试验和恒定湿热试验二种,采用何种试验方法应由有关标准明确规定。

28.1.2. 交变湿热试验可以较好地模拟矿井井下潮湿环境,为此用于煤矿井下的产品应采用高温40 ℃

的交变湿热试验方法。

28.1.3 产品进行湿热试验前应进行预处理,并使试品温度稳定在湿热试验的起始温度。

注:预处理包括擦去隔爆结合面的油脂等工作。

28.2 试验方法

28.2.1 井下产品的交变湿热试验

按 GB 2423.4 规定进行。先使试品温度稳定在 25±3 ℃,然后进行高温 40 ℃的交变湿热循环试验。试验到最后一个周期的低温高湿阶段的最后 2 h 进行绝缘电阻的测量及耐压试验,然后检查性能指标及外观。

28.2.2 地面产品最大工作湿度试验

采用恒定湿热试验方法,按 GB 2423.3 进行。在规定的试验温度下预热,使样品达稳定温度后,再加湿至规定的试验湿度。试验结束时立即进行绝缘电阻的测量及耐压试验,然后检查性能指标及外观。

28.2.3 贮存运输条件湿热试验

根据有关标准的规定,试验按 GB 2423.3 或 GB 2423.4 的规定进行,使样品温度稳定在开始加湿时所需的温度,然后按规定加湿进行试验。试验后应在正常大气条件下恢复不小于 1 h,但不超过 2 h。恢复后立即进行绝缘电阻的测量及耐压试验,然后检查性能指标及外观。

28.3 需规定的细节

有关标准应对下列项目作出规定:

a. 工作状态;

b. 试验方法;

c. 试验的严酷等级;

d. 恢复时间;

e. 绝缘电阻、绝缘强度要求;

f. 需检查的性能指标及外观要求(包括隔爆面)。

29 抗干扰试验

按 GB 998 第 12 章的规定进行。

30 可靠性试验

可靠性试验应符合 GB 5080.1～5080.7 的规定,以及有关国家行业产品技术标准的规定。

31 强度试验及隔爆性能试验

按 GB 3836.2 第 18 章、19 章及 20 章的规定进行。

32 本质安全火花试验

按 GB 3836.4 第 8 章的有关规定进行。

附 录 A
耐压试验表面闪络和漏泄电流增大的检测方法
（补充件）

A1 允许采用的方法

在耐压试验过程中，可以用电流继电器法检测表面闪络和漏泄电流增大等现象的发生。也可以采用示波器法进行更精密的检测。

A2 电流继电器法的整定电流

用电流继电器法检测时，电流继电器应接在试验变压器的输入端（即低电压侧），其动作值建议按式（A1）整定：

$$I_Z=K_P\left(\frac{U}{R}\times K_T+I_0\right) \quad \cdots\cdots(A1)$$

式中：I_Z——电流继电器的整定值，A；

U——试验电压，V；

R——允许的最小绝缘电阻值，Ω；

K_T——试验变压器的变比；

I_0——变压器输出电压为 U 时的激磁电流，A；

K_P——动作系数，一般取 1.2～1.5。

对有多个并联回路或电容电流较大的产品及成套设备进行耐压试验时，应对上述公式进行必要修正。

A3 电流继电器的使用

电流继电器应选用精度较高，用于继电保护系统的电流继电器，其整定值应经过专门校正（不是以继电器上的刻度为准），使用至规定的寿命次数后应立即更换。

A4 补充判别方法

按照上述方法对试品进行试验时，如有疑问，应在试后对被试部件进行外观检查，如肉眼未发现可见的绝缘缺陷：如烧灼痕迹、焦黑点、气泡、变形等，则认为合格。如果绝缘表面无法观察，则可重复进行一次试验，电流继电器或示波器图像未发生异常，则可以认为合格。

附加说明：

本标准由煤炭科学研究总院提出。

本标准由煤炭科学院常州自动化研究所负责起草。

本标准主要起草人沈世庄、彭霞、徐瑛。

本标准委托煤炭科学研究总院常州自动化研究所负责解释。

中华人民共和国行业标准

MT/T 211—1990

煤矿通信、检测、控制用电工电子产品质量检验规则

本标准与MT 209《煤矿通信、检测、控制用电工电子产品通用技术要求》及MT 210《煤矿通信、检测、控制用电工电子产品基本试验方法》配套使用。

1 主题内容与适用范围

1.1 本标准规定了煤矿通信、检测、控制用电工电子产品(以下简称产品)的质量检验规则。

1.2 本标准适用于：

a. 煤矿通信、信号系统及设备；

b. 煤矿基建、生产过程及环境的监测、控制调节系统、设备及仪表；

c. 煤矿机电设备的测量、控制设备及仪表。

2 引用标准

GB 998 低压电器 基本试验方法

GB 2828 逐批检查计数抽样程序及抽样表(适用于连续批的检查)

GB 2829 周期检查计数抽样程序及抽样表(适用于生产过程稳定性的检查)

GB 3836.1 爆炸性环境用防爆电气设备 通用要求

GB 3836.2 爆炸性环境用防爆电气设备 隔爆型电气设备“d”

GB 3836.3 爆炸性环境用防爆电气设备 增安型电气设备“e”

GB 3836.4 爆炸性环境用防爆电气设备 本质安全型电路和电气设备“i”

GB 5080.1～5080.7 设备可靠性试验

MT 210 煤矿通信、检测、控制用电工电子产品基本试验方法

3 检验分类

3.1 本规则所规定的检验规则分为鉴定检验、出厂检验和型式检验。

3.2 鉴定检验分技术(或设计定型)鉴定检验和生产定型鉴定检验。

4 检验设备与试验设备

应具备满足要求的试验与检验设备，并必须在计量周期内。

5 检验条件

检验应在规定的条件下进行，在不产生疑义时，可在相应近似条件下进行。

6 检验项目

检验项目按表1的规定选取。

中华人民共和国能源部 1990-04-04 批准　　　　1990-12-01 实施

表 1

项目序号	检验项目	鉴定检验		出厂检验	型式检验	检验方法	说　明
		技术	生产				
1	外观	○	○	○	○	MT 210 第 5 章	
2	结构	○	○	○	○	MT 210 第 5 章	
3	电气间隙和爬电距离	○	○	○	○	MT 210 第 5 章	
4	水压	○	○	○	○	MT 210 第 9 章	对隔爆型及兼隔爆型产品
5	技术性能及指标	○	○	○	○	按产品标准	
6	绝缘电阻	○	○	△	○	MT 210 第 7 章	
7	工频耐压	○	○	○	○	MT 210 第 8 章	
8	电源波动适应能力	○	○	△	○	MT 210 第 10 章	
9	表面温度及温升	○	○	△	○	MT 210 第 11 章	
10	工作稳定性	△	△	△	△	按产品标准	
11	外壳防护性能	△	△		△	MT 210 第 16 章	视防爆型式及防护要求选定
12	工作环境温度	○	△		○	MT 210 第 23 章	包括高温与低温
13	贮存环境温度	○	△		○	MT 210 第 24 章	包括高温与低温
14	湿热	○	△		○	MT 210 第 28 章	
15	振动	○	△		○	MT 210 第 25 章	
16	冲击	○	△		○	MT 210 第 26 章	
17	跌落	○	△		○	MT 210 第 15 章	
18	运输	○	△		○	MT 210 第 27 章	
19	抗干扰	○	△		△	GB 998 第 12 章	
20	可靠性	○	△		△	GB 5080	
21	本质安全火花	○	△		○	GB 3836.4 第 8 章	对本质安全型产品
22	强度及隔爆性能	○	△		○	GB 3836.2 第 19、20 章	对隔爆型及兼隔爆型产品
23	影响防爆性能及煤矿使用性能的其他试验	○	△		○	MT 210 GB 3836 及矿用一般型产品的有关规定	对防爆产品及矿用一般型产品

注：① ○表示必须进行检验的项目。
② △表示根据具体情况选择确定的项目。

7 鉴定检验

7.1 检验实施

由国家指定的质检部门及制造厂质检部门进行。

7.2 检验项目

按表 1 规定的项目和要求进行。

7.3 检验规则

7.3.1 试样数量应符合以下要求：

a. 表1中出厂检验的项目,每台均需进行;

b. 表1中19~20项,由出厂检验项目合格的产品中抽取1台进行;

c. 表1中21~23项,按GB 3836.1及其他有关规定进行;

d. 表1中的其他项目,在出厂检验项目合格的产品中抽取2台。对大型及量少的产品,可适当减少试样数量,但至少为1台,对小型及量大的产品,应适当增加试样数量,具体由产品标准规定。

7.3.2 符合以下要求,即为鉴定检验合格:

a. 表1中1~20项的检验结果应符合产品标准规定的要求,不允许出现不合格;

b. 表1中项目21~23项的检验结果应符合GB 3836及其他有关规定。

7.3.3 鉴定检验中只要有一项不合格,必须查明原因,消除弊病,对产品进行修改,并重新进行鉴定检验。

8 出厂检验

8.1 检验实施

出厂检验一般由制造厂质量检验部门负责进行,订货方可派代表参加。

8.2 检验项目

按表1规定的项目和要求进行。

8.3 检验规则

8.3.1 对于易受工艺或生产技能影响的性能和危及人身安全、影响产品实用性的主要技术性能的项目必须逐台进行检验,且不允许出现不合格。

8.3.2 对于不易受工艺或生产技能影响的性能和非主要技术性能,可进行抽检,抽样方案应引用GB 2828,除非产品标准另有规定,一般可选用检查水平Ⅱ,合格质量水平AQL不大于6.5。抽样方案由产品标准确定,并由此来确定样本大小及判定数组。

对照检验项目的要求检验样本,并累计不合格数或不合格品数,按抽样方案判断产品为合格或不合格。判为合格的批,剔除批中发现的不合格品,修复成为合格品,整批验收。判为不合格的批则整批退回查明原因,全部返工,重新开始检验。

9 型式检验

9.1 检验周期

在下列情况下进行型式检验:

a. 正式生产后,如结构、材料、工艺有较大改变,可能影响产品性能时;

b. 正常生产时,定期或积累一定产量后,应周期性进行一次检验;

c. 产品长期停产后,恢复生产时;

d. 出厂检验结果与上次型式检验有较大差异时;

e. 产品转厂时;

f. 国家质量监督机构提出检验要求时。

9.2 检验实施

由国家指定的质检部门及制造厂的质检部门进行。

9.3 检验项目

按表1规定的项目和要求进行。

9.4 检验规则

9.4.1 批量小的产品

9.4.1.1 应从出厂检验合格的产品中抽取1~2台进行试验。

9.4.1.2 试验中若有某项不合格,则应取加倍数量对该项目进行复试,若仍有一台不合格,则型式检验不合格。必须对产品或个别零部件停止生产，在消除缺陷并经检验合格后才能继续生产。

9.4.2 批量大的产品

9.4.2.1 除非国家、行业标准另有规定，抽样方案应引用GB 2829，判别水平、不合格质量水平及抽样方案由产品标准确定。

9.4.2.2 对照检验项目的要求检验样本，并累计不合格数及不合格品数，按抽样方案判定产品为合格或不合格。若不合格应按GB 2829第4.12.3条规定处理。

9.4.2.3 在不超过规定不合格数或不合格品数的情况下，允许对试验过程中出现的故障进行修复，修复后重新做该项试验。

9.5 型式检验样机处理

经过型式检验的产品不作正品出厂。

10 实施保证

产品技术文件及图样应由煤矿产品专业标准化技术归口单位审查，并提出报告。

附加说明：

本标准由煤炭科学研究总院提出。

本标准由煤炭科学研究总院常州自动化研究所负责起草。

本标准主要起草人沈世庄、彭霞、徐瑛。

本标准委托煤炭科学研究总院常州自动化研究所负责解释。

ICS 73.100.30
D 91
备案号：

中华人民共和国煤炭行业标准

MT/T 213—2011
代替 MT 213—1991

煤矿用反井钻机通用技术条件

General specification for raise-boring machine in coal mine

2011-04-12 发布　　2011-09-01 实施

国家安全生产监督管理总局　发布

前　言

本标准按照 GB/T 1.1—2009 给出的规则起草。

本标准是对 MT 213—1991《煤矿用反井钻机通用技术条件》的修订，本标准代替 MT 213—1991。

本标准与 MT 213—1991 相比主要变化如下：

——增加了“推力油缸”等术语、定义和英文对应词，去掉了“稳定钻杆”等其他标准已经定义的术语（见 3.6，1991 年版的 3.6）；

——修改了型号表示方法，增加了对“电驱动”、“电控”方式反井钻机的识别，增加了扭矩作为主参数，相应修改了标注示例（见 4.1，1991 年版的 4.1）；

——修改了基本参数项目及参数系列，分“主机”、“泵站”、“操作台”三部分增加并完善了反井钻机基本参数项目，增加了主参数系列（见 4.2 和表 1，1991 年版的 4.2 和表 1）；

——增加了反井钻机的型号编制（见 4.3）；

——对基本技术要求进行了结构调整与更新，单独列示安全要求，增加对专用平板车、铝合金材料、聚合物、高压胶管、电缆、轮轨式底盘等方面的安全、技术要求（见 5.1 和 5.2，1991 年版的 5.1）；

——修改“密封性能要求”为“耐压及密封性能”，将原要求细化（见 5.4，1991 年版的 5.3）；

——删除“工业性试验”相关条款（1991 年版的 5.7、6.7 和表 2 序号 7 内容）；

——删除“反井钻机成套供应范围”相关条款（1991 年版的 5.8）；

——修改检验规则内容，匹配本版条目（见表 3，1991 年版的表 2）；

——修改并细化标志要求，对反井钻机铭牌、标志牌、指示牌等进行了具体规定（见 8.1，1991 年版的 8.1）；

——增加“使用说明书”条目，将说明书编制要求标准化，提出若干重点警示内容（见 8.2）；

——删除“包装”条目中对标志牌、仪表表面的要求（1991 年版的 8.2.4），对外露活塞杆、螺纹等包装要求进行了修改（见 8.3，1991 年版的 8.2）；

——增加包装箱含的技术文件“矿用安全标志产品管理对反井钻机提供的文件、资料”（见 8.3.6e）），删除“合同中规定的其他文件”（1991 年版的 8.2.7h）；

——删除贮存条目中有关商务方面的要求（1991 年版的 8.4.3）。

本标准由中国煤炭工业协会提出。

本标准由煤炭行业煤矿专用设备标准化技术委员会归口。

本标准起草单位：中煤科工集团上海研究院、北京中煤矿山工程有限公司、国家安全生产北京矿山井巷设备与矿用油品检测检验中心、沧州海岳矿山机电设备有限公司。

本标准主要起草人：刘志强、李耀武、王强、王新、杨红。

本标准的历次版本发布情况为：

——MT 213—1991。

煤矿用反井钻机通用技术条件

1 范围

本标准规定了煤矿用反井钻机(以下简称“反井钻机”)的术语和定义、型号与基本参数、技术要求、试验方法、检验规则、标志、使用说明书、包装、运输和贮存。

本标准适用于在含有爆炸性介质的煤矿井下或其他矿山作业中的反井钻机。

2 规范性引用文件

下列文件对于本文件的应用是必不可少的。凡是注日期的引用文件,仅注日期的版本适用于本文件。凡是不注日期的引用文件,其最新版本(包括所有的修改单)适用于本文件。

GB/T 3766 液压系统通用技术条件
GB/T 3768 声学 声压法测定噪声源 声功率级 反射面上方采用包络测量表面的简易法
GB 3836.1 爆炸性气体环境用电气设备 第1部分:通用要求
GB 3836.2 爆炸性气体环境用电气设备 第2部分:隔爆型“d”
GB 3836.4 爆炸性气体环境用电气设备 第4部分:本质安全型“i”
GB/T 9969 工业产品使用说明书 总则
GB/T 10111 随机数的产生及其在产品质量抽样检验中的应用程序
GB/T 13306 标牌
GB/T 13813 煤矿用金属材料摩擦火花安全性试验方法和判定规则
GB/T 22512.2 石油天然气工业 旋转钻井设备 第2部分:旋转台肩式螺纹连接的加工与测量
AQ 1043 矿用产品安全标志标识
JB/T 8296.1 矿山窄轨车辆 开式轮对
MT/T 98 液压支架用软管及软管总成检验规范
MT 113 煤矿井下用聚合物制品阻燃抗静电性 通用试验方法和判定规则
MT/T 154.1 煤矿机电产品型号编制方法 第1部分:导则
MT 244.1 煤矿用窄轨车辆连接件 连接链
MT 244.2 煤矿用窄轨车辆连接件 连接插销
MT 387 煤矿窄轨矿车安全性测定方法和判定规则
MT 684 矿用提升容器重要承载件无损探伤方法与验收规范
MT 818.11 煤矿用电缆 第11部分:额定电压10 kV及以下固定敷设电力电缆一般规定
MT/T 900 采掘机械用液压缸技术条件

3 术语和定义

下列术语和定义适用于本文件。

3.1

导孔 pilot hole

下放反井钻机钻杆所钻的孔。

3.2

导孔钻头 pilot bit

用于导孔钻进的钻头。

3.3

扩孔　reaming

将导孔反向钻扩到所需直径的过程。

3.4

扩孔钻头　reamer bit

扩孔器(许用)

用于扩孔钻进的钻头。

3.5

动力水龙头　power swivel

反井钻机中输出动力和输送洗井液的综合装置。

3.6

推力油缸　thrust cylinder

反井钻机中向钻具提供推、拉力的油缸。

4　型号与基本参数

4.1　型号

反井钻机的型号编制依据 MT/T 154.1

反井钻机的型号表示方法如下：

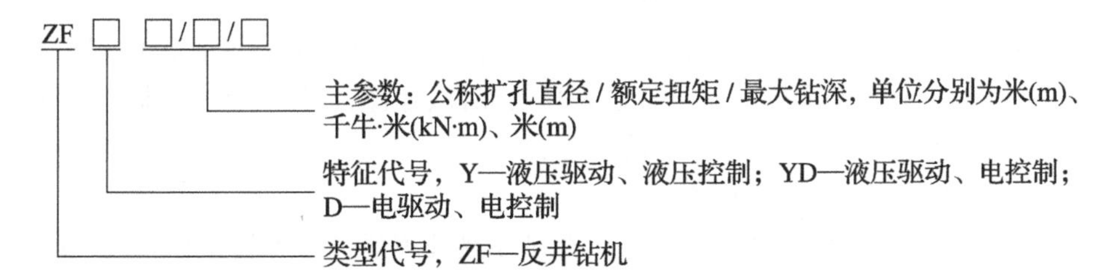

示例：ZFYD 1.4/30/200 型反井钻机，表示公称扩孔直径为 1.4 m、额定扭矩为 30 kN·m、最大钻深为 200 m 的液压驱动、电控式反井钻机。

4.2　基本参数

反井钻机的基本性能参数项目见表 1。

表 1　反井钻机基本性能参数项目及参数系列

序号	基本参数项目		单位	参　数　系　列
1	主机	导孔直径	mm	—
2		公称扩孔直径	m	1.0、1.2、1.4、1.5、2.0、2.5、3.0、3.5、4.0、5.0、6.0、7.0
3		最大钻深	m	100、150、200、250、300、350、400、500、600、800、1 000、1 200
4		钻进推力	kN	—
5		扩孔拉力	kN	—
6		额定扭矩	kN·m	20、30、40、50、60、80、100、120、150、200、250、300、400
7		额定转速	r/min	—
8		最小倾角	(°)	55、60、75、90
9		钻杆外径	mm	176、182、203、228、254、286、327
10		空载噪声(声功率级)	dB(A)	—
11		工作状态外形尺寸	mm	—
12		运输状态外形尺寸	mm	—

表 1 反井钻机基本性能参数项目及参数系列（续）

序号	基本参数项目		单位	参 数 系 列
13		重量	kg	—
14	泵站	轨距	mm	—
15		额定压力	MPa	—
16		额定流量	L/min	—
17		电动机额定功率	kW	—
18		额定电压	V	—
19		油箱有效容积	L	—
20		外形尺寸	mm	—
21		重量	kg	—
22	操作台	外形尺寸	mm	—
23		重量	kg	—

5 技术要求

5.1 基本要求

5.1.1 反井钻机基本性能参数应符合本标准的规定，并应按照规定程序批准的图样和技术文件制造，同一型号产品相应的元件、零件、部件应能互换。

5.1.2 反井钻机所用原材料、标准件和外购件均应符合有关国家标准和行业标准的规定。外购件应有合格证书，原材料应有材质证明，属煤矿安全标志管理的元件、零件、部件应有安全标志准用证。

5.1.3 钻具接头螺纹应符合 GB/T 22512.2 的规定。

5.1.4 扩孔钻头有效直径应不小于设计值。

5.1.5 反井钻机中的主轴、承载件等零件、部件应在最终热处理后进行无损探伤，无损探伤应符合 MT 684 的规定。

5.1.6 推力油缸应符合 MT/T 900 的规定。

5.1.7 液压元件应符合 GB/T 3766 的规定。

5.2 安全要求

5.2.1 反井钻机操作台应设置紧急停车按钮，可实现停止所有电动机的运转。

5.2.2 反井钻机的专用平板车安全性能检验应符合 MT 387 的规定，连接插销应符合 MT 244.2 的规定，开式轮对应符合 JB/T 8296.1 的规定。

5.2.3 轮轨式底盘应符合 MT 387 的规定，连接链与连接插销应符合 MT 244.1、MT 244.2 的规定。

5.2.4 装有蓄能器的液压系统，应符合 GB/T 3766 的规定。

5.2.5 反井钻机配套电气的元件、零件、部件应符合 GB 3836.1 的规定，隔爆型电气设备还应符合 GB 3836.2 的规定，本质安全型电气设备还应符合 GB 3836.4 的规定。

5.2.6 外壳使用铝合金材料时，应符合 GB/T 13813 中摩擦火花安全性能要求，并保证其基本力学性能。

5.2.7 外壳使用聚合物材料时，应符合 MT 113 中阻燃抗静电安全性能要求。

5.2.8 软管及软管总成应符合 MT/T 98 中阻燃、抗静电、耐压等安全性能要求。

5.2.9 动力及控制用电缆应符合 MT 818.11 的要求。

5.3 运转性能

5.3.1 反井钻机各种操作机构应方便、灵活、安全、可靠。操作动作方向应与被控制机构的运动方向相对应。

5.3.2 动力水龙头运转应灵活、平稳、无异常振动现象，在机架上移动时应无卡滞、无爬行现象。

5.4 耐压及密封性能

5.4.1 液压系统应进行耐压试验，应在其额定压力的125%或最高工作压力的110%(二者之中取最大者)压力下，所有密封部位应不出现渗漏、破损等异常现象，所有承压部件应不出现变形、破损等异常现象。

5.4.2 装有液压锁的液压缸锁止后，在其额定负载作用下，活塞杆的移动量在2 h内应不超过4.0 mm。

5.4.3 反井钻机的供水系统应通畅，在1.5倍额定水压下，密封处应不出现渗漏，所有承压部件应不出现变形、破损等异常现象。

5.5 噪声要求

根据配套电动机功率值不同，反井钻机的空载噪声A声功率级应符合表2规定的限值。

表2 噪声限值

电动机功率 kW	≤55	55～100(含)	100～132(含)	>132
噪声限值 dB(A)	88	92	97	105

5.6 传动性能

5.6.1 反井钻机的钻进推力和扩孔拉力均应不低于产品技术文件中的给定值。

5.6.2 反井钻机的输出转速和输出扭矩均应不低于产品技术文件中的给定值。

5.7 一般性能要求

5.7.1 反井钻机的外形尺寸应符合产品技术文件中的给定值，误差应不大于±1%。

5.7.2 反井钻机机重应符合产品技术文件中的给定值，误差应不大于±1%。

5.7.3 反井钻机外表面应平整、光洁、无飞边、无毛刺、无裂缝、无气孔等缺陷。

5.7.4 反井钻机倾角及各油缸的极限位置应符合产品技术文件的规定。

6 试验方法

6.1 基本要求试验

由生产企业在产品的生产过程中进行，所有的记录均应保留备查。

6.2 安全性能试验

6.2.1 紧急停车试验在反井钻机处于空运转条件下试验两次。

6.2.2 其他安全性能试验采用查验检验合格证明的方式。

6.3 运转性能试验

6.3.1 操控各运动件，按其设计规定动作各进行3次，再将动力水龙头调至最大设计转速，正、反向各运转10 min，观察其运转的平稳性。

6.3.2 将推力油缸调至极限位置，用卷尺测量最大行程；将钻架调至其极限位置，用角规测量最小钻孔倾角。

6.4 耐压及密封性能试验

6.4.1 液压系统各回路的耐压和密封试验，在规定试验压力下，保压3 min，观测其是否渗漏或异常。

6.4.2 利用活动重物或固定机构作负载，动作液压缸，达到额定压力时，测量活塞杆在规定时间内的位移量。

6.4.3 供水系统通畅试验采用目测，密封及承压试验在规定试验压力下，保压3 min，观测其是否渗漏或异常。

6.5 噪声测定

反井钻机噪声的测定应按GB/T 3768中规定的方法进行。

6.6　**传动性能试验**

6.6.1　推力和拉力试验采用标准测力计测量，测力计满量程示值误差应不大于±2%，当因力值较大，测量用连接夹具不满足要求时，可采用测量油缸活塞受力面积和测量油压计算输出的推力和拉力的方法，测量不少于3次，计算其算术平均值。

6.6.2　输出转速采用转速表测量，转速表满量程示值误差应不大于±2%，当转速较低时，可采用测量转角、时间的方法计算，测量不少于3次，计算其算术平均值。

6.6.3　输出扭矩采用扭力法测量，测力计满量程示值误差应不大于±1%，力臂长度采用最小分度值1 mm的钢直尺测量。当因扭矩较大时，测量连接夹具不满足要求时，可测量低扭矩段的扭矩与油压的比率，计算出高段输出扭矩，但测量点应均匀分布在测量范围内，测量点应不少于5点。

6.7　**一般性能试验**

6.7.1　外形尺寸采用钢卷尺测量。

6.7.2　机重采用称重法测量。

6.7.3　外观采用目测。

6.7.4　倾角采用角度尺测量。

7　检验规则

7.1　反井钻机的检验分出厂检验与型式检验两种。出厂检验由制造企业进行，每台反井钻机出厂检验合格后方可出厂，并附有产品合格证。型式检验应由产品质量监督检验机构进行。

7.2　检验项目见表3。

表3　检验项目表

序号	检 验 项 目	技术要求	试验方法	检 验 类 别	
				出厂检验	型式检验
1	基本要求	5.1	6.1	√	√
2	安全性能	5.2	6.2	—	√
3	运转性能	5.3	6.3	√	√
4	耐压及密封性能	5.4	6.4	√	√
5	噪声性能	5.5	6.5	√	√
6	传动性能	5.6	6.6	√	√
7	一般性能	5.7	6.7	√	√

注：出厂检验中机重不要求。

7.3　有下列情况之一时，一般应进行型式检验：

a)　新产品或老产品转厂生产的试制产品；

b)　正式生产的产品，在结构、材料、工艺有较大改变，可能影响产品性能时；

c)　产品因故停产两年以上，又重新恢复生产时；

d)　国家质量监督机构提出要求时。

7.4　型式检验样品应从出厂检验合格的产品中，按GB/T 10111的规定进行随机抽样。同一型号批量生产10台(含)以下时检验数量为1台，10台以上50台(含)以下为2台。

7.5　判定规则：出厂检验和型式检验规定的检验项目(表3)中，任何一项不合格时，如属单台产品，即判定为不合格；如系批量产品，则应加倍抽样进行复检。复检样本中有一项不合格者，则判定该批产品为不合格。

8　标志、使用说明书、包装、运输和贮存

8.1　**标志**

8.1.1　反井钻机应在明显的部位设置产品铭牌、矿用产品安全标志标识及其他标示牌。标牌技术参数

应符合 GB/T 13306 的规定。

8.1.2 反井钻机铭牌应标明以下内容：

a) 产品名称和型号；

b) 主要技术参数(包括导孔直径、公称扩孔直径、最大钻深、额定扭矩、额定转速、额定功率，外形尺寸、总重量等)；

c) 生产日期和出厂编号；

d) 制造厂名称、地址。

8.1.3 矿用产品安全标志标识应符合 AQ 1043 的规定。

8.1.4 反井钻机应设置电机旋向、管路接口等指示牌。

8.2 使用说明书

8.2.1 反井钻机的使用说明书应符合 GB/T 9969 的规定。

8.2.2 在反井钻机的使用说明书中，应按 GB/T 9969 的规定给出安全使用、维护反井钻机的警示或说明，并着重在以下方面给以“警示”：

a) 对防爆电气元件的使用、维修给出避免造成事故的“警示”；

b) 在系统维护中，避免液压元件带压力拆装时造成人身伤害的“警示”；

c) 在钻具接、卸过程中可能由于推进过度造成压伤钻具丝扣的“警示”；

d) 在导孔过程中可能由于洗井液漏失致使岩碴堆积，可能造成卡钻的“警示”；

e) 在钻进过程中可能由于误操作使主轴反转，引起掉钻的“警示”；

f) 在扩孔完成后设立安全隔离，避免人员、器物掉入井筒的“警示”。

8.3 包装

8.3.1 经出厂检验合格的反井钻机应排净油箱中的工作液和散热器中的冷却水，在做好防护和内包装后方可进行外包装。

8.3.2 反井钻机液压系统各接口和管接头应采用密封塞(套)封堵。

8.3.3 液压缸的活塞杆等非涂漆外露表面应采取防锈、防撞击措施。

8.3.4 体积小的备件和专用工具应分类装入包装袋(箱)。

8.3.5 钻具等有螺纹结构的零、部件应采取有效防撞击保护措施。

8.3.6 包装箱中应含下列技术文件：

a) 装箱清单；

b) 产品检验合格证；

c) 使用说明书；

d) 电气设备防爆试验合格证；

e) 矿用安全标志产品管理对反井钻机提供的文件、资料；

f) 随机备件和专用工具清单；

g) 安装图和基础图；

h) 非标准易损件图。

8.4 运输

反井钻机的包装箱和捆装部件应满足陆地和水路运输的要求。

8.5 贮存

8.5.1 反井钻机贮存在干燥通风的库房或有遮盖的其他场所中，应把冷却器中的水放净，采取防尘、防锈、防腐蚀措施。当贮存温度低于零下 20 ℃时，应采取防冻措施。

8.5.2 贮存期间每半年应更换防锈脂。

中华人民共和国行业标准

MT/T 215—90

电 动 翻 车 机

1 主题内容与适用范围

本标准规定电动翻车机(以下简称翻车机)的产品分类、技术要求、试验方法、检验规则和标志、包装、运输、贮存。

本标准适用于电动翻车机。翻车机是翻卸固定车箱式矿车内煤炭或矸石的一种专用设备。

2 引用标准

GB 1804 公差与配合 未注公差尺寸的极限偏差

GB 1184 形状和位置公差 未注公差的规定

GB 1239 普通圆柱螺旋弹簧

GB 3322.1 煤矿矿车 基本参数及尺寸——固定车箱式

MT 17 煤矿用矿车品种、系列与基本参数

MT 154.1 煤矿机电产品型号的编制导则和管理办法

3 产品分类

3.1 品种和型式

3.1.1 本标准规定翻车机制成铸钢滚圈型钢桁架滚筒,采用行星齿轮减速器,翻卸及空重车更换期间电动机连续运转,直到整列车卸完为止。

3.1.2 本标准规定翻车机按一次翻卸矿车数量、矿车所用连接链和滚筒回转方向分为下列六个品种:

a. 单车摘钩左侧式,如图 1、图 4;

b. 单车摘钩右侧式,如图 1、图 5;

c. 单车不摘钩左侧式,如图 2、图 4;

d. 单车不摘钩右侧式,如图 2、图 5;

e. 双车不摘钩左侧式,如图 3、图 4;

f. 双车不摘钩右侧式,如图 3、图 5。

从进车方向看,滚筒逆时针方向回转的为左侧式,顺时针方向回转的为右侧式。

3.2 规格、基本参数与尺寸

翻车机每个品种按矿车名义载煤量为 1,1.5 和 3 t 三种吨位共分为 20 种规格。

翻车机的基本参数和主要尺寸应符合表 1 和图 1～图 5 的规定。各种翻车机所适用的矿车规格应符合 GB 3322.1 的规定,表中 1.5 t 900 mm 轨距翻车机所用矿车应符合 MT 17 的规定。

3.3 产品型号

产品型号标记按 MT 154.1 的规定。

中华人民共和国能源部 1990-10-26 批准 1990-11-01 实施

型号标记说明：

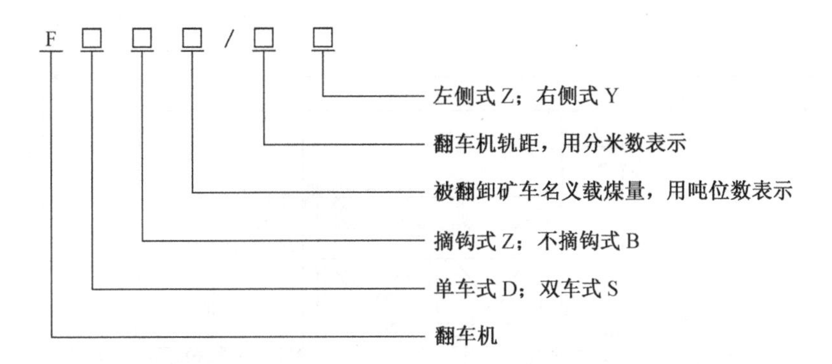

型号标记示例：

被翻卸矿车名义载煤量为 1.5 t，轨距为 600 mm，单车、摘钩，左侧式翻车机型号为：FDZ1.5/6 Z。

注：本标准规定的产品型号与原已形成的产品型号标记方法对照如下：

原产品型号标记为　　F 1 2 3 - 4 / 5

本标准产品型号标记为　F 1 2 4 / 5 3

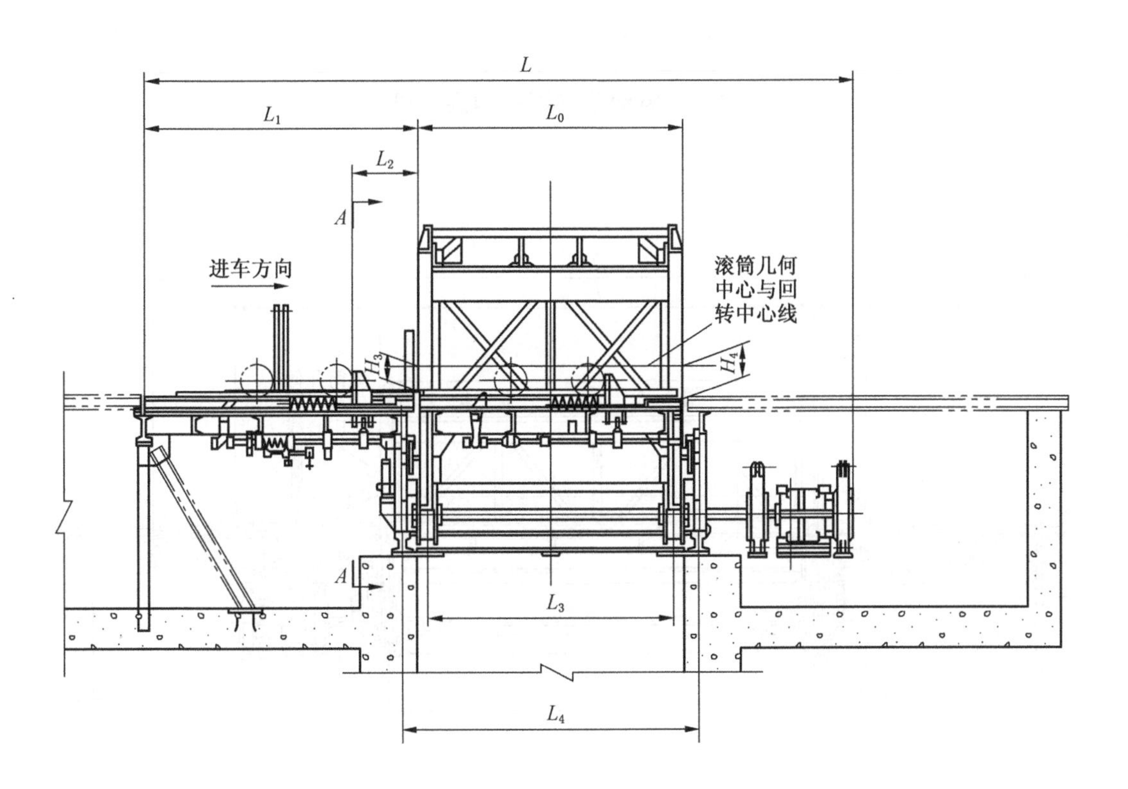

图 1　电动单车摘钩翻车机

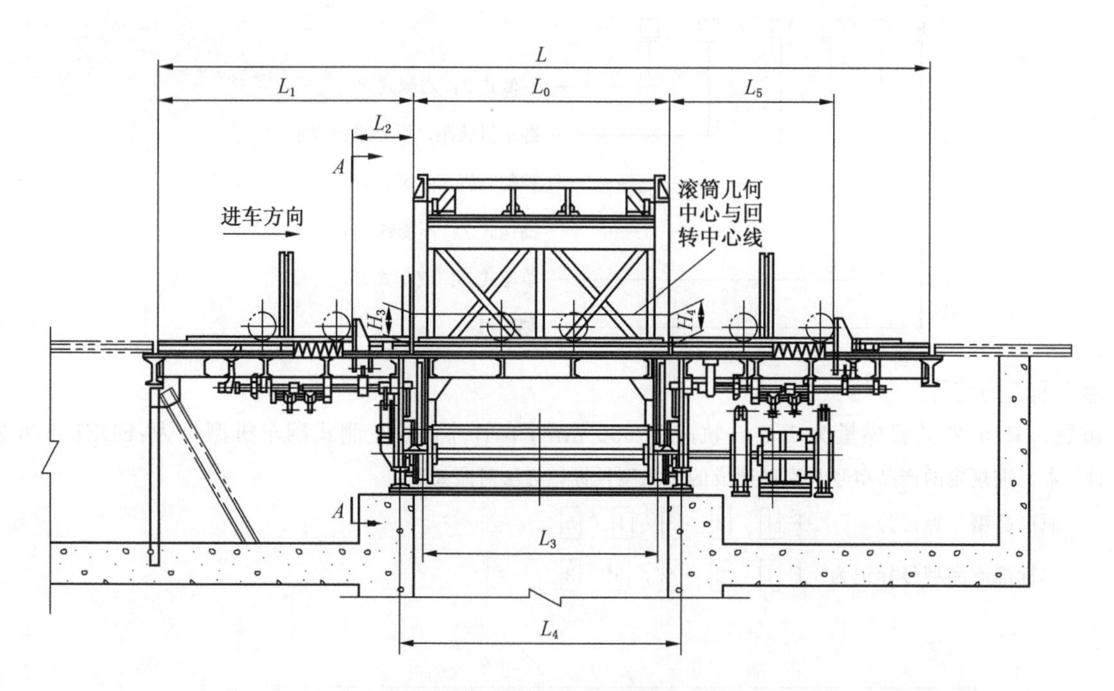

图 2　电动单车不摘钩翻车机

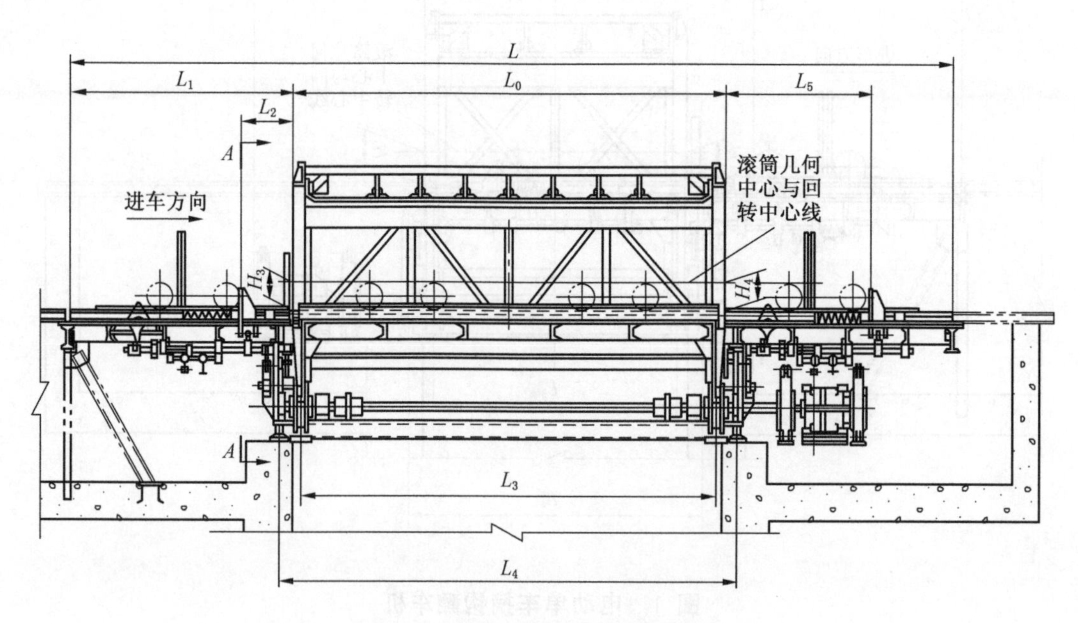

图 3　电动双车不摘钩翻车机

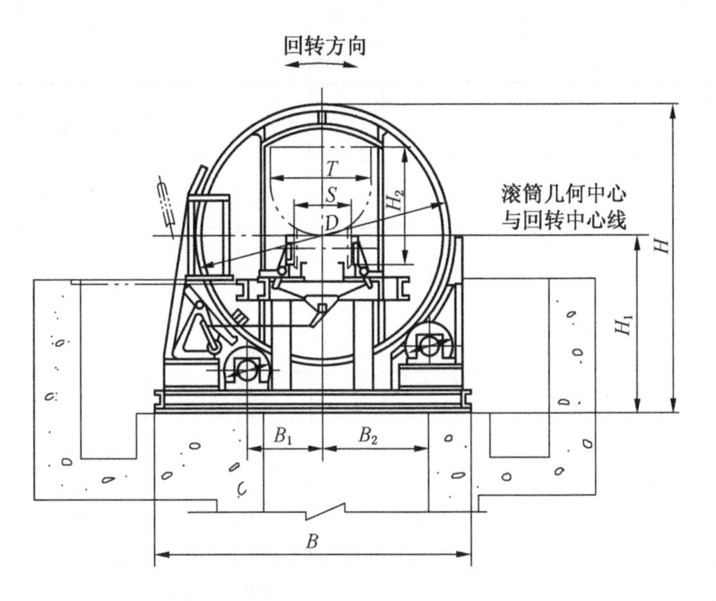

图 4　左侧式电动翻车机 A—A 剖视图

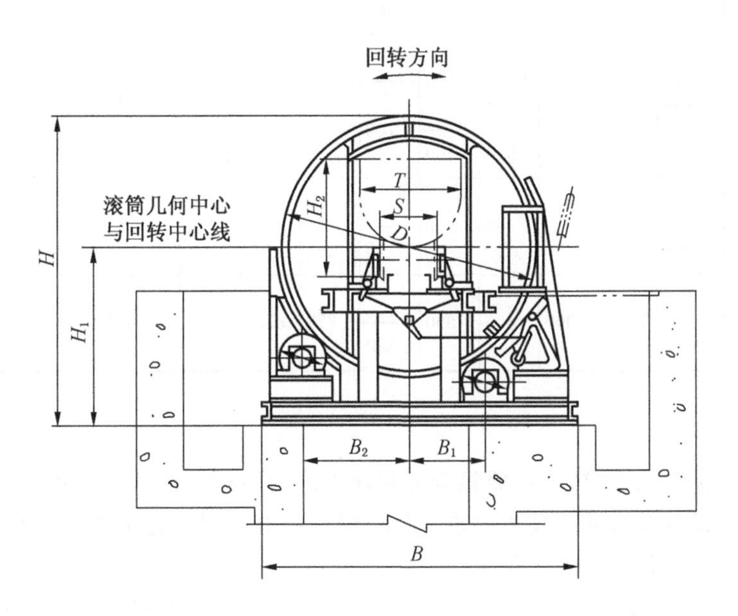

图 5　右侧式电动翻车机 A—A 剖视图

表 1　翻车机的基本参数和主要尺寸

品种、规格		轨距 mm	矿车吨位与 每次翻车数	翻车次数 次/min	生产率 t/h	滚筒尺寸		滚轮直径 D_1/mm	电动机		行星齿轮 减速器 型号	总速比
左侧式	右侧式					直径 D/mm	长度 L_0/mm		型号	功率,kW		
FDZ1/6Z	FDZ1/6Y	600	1×1	3.5	210	2 500	2 200	400	YB132 M_2-6	5.5	XCJ-15	98.2
FDB1/6Z	FDB1/6Y											
FSB1/6Z	FSB1/6Y		1×2	2.5	300		4 300		YB160L-6	11		
FDZ1.5/6Z	FDZ1.5/6Y		1.5×1	3	270	2 700	2 600	500	YB160L-8	7.5		84.8
FDB1.5/6Z	FDB1.5/6Y											
FSB1.5/6Z	FSB1.5/6Y		1.5×2	2.5	450		5 100		YB180L-8	11		
FDZ1.5/9Z	FDZ1.5/9Y	900	1.5×1	3	270		2 600		YB160L-8	7.5		
FDB1.5/9Z	FDB1.5/9Y											
FDZ3/9Z	FDZ3/9Y		3×1		540	3 000	3 600		YB180L-8	11		94.3
FDB3/9Z	FDB3/9Y											

品种、规格		主要尺寸,mm															
左侧式	右侧式	L	L_1	L_2	L_3	L_4	L_5	B	B_1	B_2	H	H_1	H_2	H_3	H_4	S	T
FDZ1/6Z	FDZ1/6Y	6 670	2 420	555	2 100	2 500	1 405	3 100	725	1 025	2 865	1 615	1 150	280	310	600	880
FDB1/6Z	FDB1/6Y	7 180												310			
FSB1/6Z	FSB1.5/6Y	9 140		535	4 200	4 620	1 385										
FDZ1.5/6Z	FDZ1.5/6Y	6 960	2 650	650	2 400	2 900		3 300	800	1 130	3 136	1 786	1 200	271			1 050
FDB1.5/6Z	FDB1.5/6Y	7 900					1 700							310			
FSB1.5/6Z	FSB1.5/6Y	10 400			4 900	5 400											
FDZ1.5/9Z	FDZ1.5/9Y	6 960		625	2 400	2 900							1 150	271		900	1 150
FDB1.5/9Z	FDB1.5/9Y	7 900					1 725							310			
FDZ3/9Z	FDZ3/9Y	8 909	3 240	1 000	3 400	3 900		3 778	875	1 237	3 420	1 920	1 300	256			1 320
FDB3/9Z	FDB3/9Y	10 200					2 380							310			

4　技术要求

4.1　翻车机应符合本标准的要求,并按照经规定程序批准的图样和技术文件制造。

4.2　本标准未包括的设备制造通用技术要求,可按《煤矿机电修配厂通用技术标准》的规定执行。

4.3　本标准规定翻车机应保证下列工作条件:

a.　矿车装载的物料粒度不大于 300 mm,高度不应超过滚筒入口的高度;

b.　矿车装载的物料含水率不大于 30%;

c.　矿车内不应混装钢轨、坑木等杂物;

d.　推车机的推车速度不大于 0.525 m/s;

e.　采用推车机推车时,翻车机进车端的上坡线路坡度为 0～0.003;

f.　采用自动滑行进车时,矿车碰撞阻车器的最大速度不应超过表 2 的规定;

表 2

矿车名义载煤量 t	矿车数量	允许最大速度,m/s	
		装载煤炭	装载矸石
1.0	单	1.2	1
	双	0.8	0.6
1.5	单	1	0.8
	双	0.7	0.5

g. 3 t 矿车必须采用推车机推车；

h. 环境温度−30～40 ℃。

4.4 翻车机的电动机、电磁铁、电力液压推动器、制动器和行星齿轮减速器等部件产品必须有制造厂的出厂合格证明，防爆电器还必须有防爆合格证明。

4.5 翻车机所有零部件的材料必须有供应厂的合格证明，否则必须进行鉴别和化验，合格后方可使用。允许以性能不低于规定的材料代替，但代用于主要零件时，必须经生产厂技术负责人批准。

4.6 机械加工零件图样上未注公差尺寸的极限偏差应符合 GB 1804 中 IT 14 级的规定。当未注公差尺寸的一端为非加工面时，极限偏差按 JS 16(js 16)。

4.7 产品图样上未注形位公差的机械加工零件的公差值应符合 GB 1184 中下列公差值：

a. 直线度、平面度未注公差按 D 级公差值；

b. 同轴度、对称度未注公差按 D 级公差值；

c. 圆度公差值应不大于尺寸公差值；

d. 平行度、垂直度未注公差按其附表 3 中 12 级公差值。

4.8 滚筒的两滚圈平行度公差值不大于 4 mm，同轴度公差值不大于 5 mm，两滚圈应垂直于滚筒回转中心线，垂直度公差值不大于 3 mm。

4.9 滚筒长度 L_0 的尺寸偏差：单车翻车机不得超过±3 mm；双车翻车机不得超过±4 mm。

4.10 滚筒两侧桁架之间及其上部支承矿车的角钢与钢轨底座轨面之间应相互平行，平行度公差值：单车时不大于 3 mm；双车时不大于 5 mm。支承矿车的两角钢间净空尺寸偏差值和两角钢距轨面高度尺寸偏差值不得超过±4 mm。

4.11 滚筒轨距 S 的尺寸公差值不得超过 2 mm。

4.12 底座成型后，其长度 L_4 的尺寸偏差值不得超过±3 mm，对角线长度偏差值每 1 000 mm 不得超过±1mm。

4.13 底座上安装传动轮组各轴承的支承面应在同一水平面上；安装支持轮组各轴承的支承面应在同一水平面上。安装定位装置两支架的支承面应在同一水平面上，平面度公差值不大于 4 mm。

4.14 定位装置的支持轮应与水平面成 45°角，角度偏差值不得超过±1°。

4.15 常开制动器在电磁铁吸合后，连杆上方的弹簧所受的压力不得超过 785～843 N。

4.16 常开制动器连杆上方的托管与轴套间必须有最大不超过 6 mm 的间隙。

4.17 常开制动器中为增加合闸力而设的配重应调整到靠电磁铁衔铁自重能够正常松闸为止。

4.18 常闭制动器在电磁铁吸合松闸时弹簧所受的压力不得超过 2 942 N。

4.19 常开制动器中直径为 7 mm 的弹簧和常闭制动器中直径为 14 mm 的弹簧应符合 GB 1239 中 2 级精度的规定，其余弹簧应符合 3 级精度的规定。

4.20 装配后的传动轮组各轴承的同轴度和支持轮组各轴承的同轴度公差值为 2 mm。

4.21 传动轮组中心线和支持轮组中心线(短轴时，为两个支持轮组中心线)平行度公差值为 2 mm，水平度公差值：当 $L_4 \leqslant 2\,900$ mm 时，不大于 2 mm；当 $L_4 \geqslant 3\,900$ mm 时，不大于 3 mm。传动轮组中心线和支持轮组中心线的水平间距偏差不大于±2 mm。

4.22　两滚轮间距 L_3 的尺寸偏差不得超过±3 mm。

4.23　进出车端阻车器轨距尺寸偏差不得超过 2 mm。

4.24　所有的零件必须经检验合格，外购件和外协件必须有合格的证明书方可进行装配。

4.25　传动装置应运转正常，电动机、减速器无异常噪声，空运转时噪声声压级在距电动机、减速器周围 1 m 处不大于 85 dB，减速器不得有漏油现象，常开与常闭制动器动作灵活可靠。

4.26　定位装置与阻车器联动灵活，动作无误。两个定位闸起落应达到正常位置，并同时钩住滚筒两端的挡块，定位及时准确。

4.27　阻车器中轴的转动与轴向移动灵活，无卡蹩现象存在，阻车器左右轮挡开闭灵活可靠，不得有关不上、打不开或半关半开现象存在。

4.28　翻车机滚筒构架和底座的型钢在焊接前应进行酸洗、钝化处理或喷砂处理，然后涂一道环氧富锌底漆，组装后再涂二三道环氧沥青防锈漆；其他部件外表面应涂一道防锈底漆、一道面漆，最后全部涂一层黑色或灰色面漆。油漆的其他技术要求按《煤矿机电修配厂通用技术标准》装配分册中涂漆的规定。

4.29　在用户遵守产品贮存、使用、安装、运输规则的条件下，从制造厂发货日期起在两年内，其中正式投入使用期不超过六个月，产品确因制造质量问题而发生损坏或不能正常工作时，制造厂应负责修理和免费更换零件或产品。

5　试验方法

5.1　外观检查。观察或放大镜检查铸锻件非切削表面和型材的切割面的平整，焊缝的缺陷以及油漆的质量。

5.2　外形尺寸及偏差的检查。应检查下列项目：

a.　滚筒长度、直径、轨距及进出口净空尺寸；

b.　底座长宽尺寸；

c.　传动轮组和支持轮组中心线距翻车机中心线的垂直距离；

d.　进出车端阻车器轨距。

5.3　传动装置空运转试验。将电动机、减速器、常开与常闭制动器组装后，安装在试验台上，闸轮联轴器可用三个螺栓连为一体装于减速器的输出轴上。

试验时，先使电动机起动（点动几次，无异常情况时再起动），而后使常闭制动器通电松闸。同时使常开制动器通电合闸，延续 8 秒钟后，使常开制动器断电松闸，继而使常闭制动器断电合闸，这时电动机仍带电运转。接着按上述程序控制常开与常闭制动器连续进行不少于 2 小时的空运转试验。

试验中应检查下列内容：

a.　常开制动器在电磁铁吸合后，连杆上方弹簧所受的压力，可用常规量具测量弹簧的压缩距离；

b.　常开制动器连杆上方的托管与轴套间的间隙；

c.　常闭制动器松闸时，其弹簧所受的压力，可用常规量具测量弹簧的压缩距离；

d.　电动机、减速器的噪音；

e.　常开与常闭制动器的制动，松闸情况；

f.　减速器的漏油现象。

5.4　翻车机整机试验。将传动轮组、支持轮组、滚筒、定位装置、传动装置、内外阻车器等部件组装一起固定于试验台上，使内外阻车器处于关闭状态，定位装置处于打开状态。然后按本标准第 5.3 条规定的动作程序连续进行不少于 1 小时的空运转试验。

整机试验应检查下列内容：

a.　5.3 条所规定的检查内容；

b.　定位装置与阻车器联动的情况，两个定位闸起落位置；

c.　阻车器中轴的转动与轴向移动，左右轮挡的开闭情况。

6 检验规则

6.1 每台翻车机须经生产厂质量检验部门检验合格后方可出厂，并出具产品合格证。

产品检验分为出厂检验和型式检验。

6.2 出厂检验包括下列项目：

a. 外观；

b. 外形尺寸；

c. 传动装置空运转试验：常开、常闭制动器检验；电动机和减速器检验。

6.3 型式检验包括下列项目：

a. 出厂检验的全部项目；

b. 翻车机整机空运转试验：定位装置与阻车器联动灵活性检验、阻车器动作灵活性检验。

6.4 有下列情况之一时，应进行型式检验：

a. 新产品或老产品转厂生产的试制定型鉴定；

b. 正式生产后，如结构、材料、工艺有较大改变，影响产品的性能时；

c. 停产三年以上，再次生产时；

d. 出厂检验结果与上次型式检验有较大差异时；

e. 质量监督机构提出要求时；

f. 在正常生产情况下，每四年应进行一次周期性检验。

6.5 型式检验采取抽样方法。三台以上视为一批，每批抽一台样机进行检验。

7 标志、包装、运输、贮存

7.1 每台产品在滚筒的明显部位固定产品铭牌，产品铭牌应标明以下内容：

a. 制造厂名称；

b. 产品名称；

c. 产品型号；

d. 每分钟翻车次数、生产率；

e. 设备总重量；

f. 出厂日期与编号。

7.2 每台产品的电动机、减速器、胶带联轴器、电磁铁、电力液压推动器、常开与常闭制动器、零散零件及备用件集中装箱，其他部件可用铁丝、绳索包扎牢靠，并应符合水陆运输要求。

7.3 所有外露加工表面应用塑料布包扎好。

7.4 每台产品出厂时，应随带的文件包括：

a. 装箱清单；

b. 产品出厂合格证；

c. 产品说明书；

d. 产品安装图（总图）。

随带文件应用塑料袋装，置于包装箱内。

7.5 产品应存放于库内，存放场地应平整。

附加说明：

本标准由中国统配煤矿总公司基建局提出。

本标准由沈阳煤矿设计院负责起草。

本标准主要起草人刘玉华。

本标准委托沈阳煤矿设计院负责解释。

中华人民共和国行业标准

MT/T 216—90

装 罐 推 车 机

1 主题内容与适用范围

本标准规定了装罐推车机的产品分类、技术要求、试验方法、检验规则和标志、包装、运输、贮存。

本标准适用于装罐推车机。装罐推车机是煤矿立井井口或井底，将矿车推入罐笼的一种操车设备。

2 引用标准

GB 1184 形状和位置公差 未注公差的规定

GB 1804 公差与配合 未注公差尺寸的极限偏差

MT 36 矿用高强度圆环链

MT 99 矿用高强度圆环链接链环

MT/Z 8 矿用圆环链链轮的齿形和基本尺寸计算

MT/Z 9 矿用圆环链链轮技术条件

3 产品分类

3.1 品种和型式

3.1.1 本标准规定的装罐推车机应制成以防爆电动机驱动，矿用高强度圆环链牵引，推车器为活节滑块式的结构，如图。

3.1.2 推车机按配用的摇台进车侧摇臂长度和电动机功率，分为 4 种规格，其基本参数和主要尺寸应符合表 1 和附图的规定。

表 1 基本参数和主要尺寸表

品种	额定推力 N	推车速度 m/s	配用摇台 进车侧摇臂长度 mm	一次推车数	头尾轮中心距离 L mm	最大推车距离 L mm
TZL 7.5/0.8	4 900	0.77	800	1,1.5 t	7 000	5 215
TZL 7.5/2.3			2 300	矿车 1 辆	7 900	6 705
TZL 15/0.8	7 840	0.99	800	1,1.5 t 矿车 2 辆或 3 t 矿车 1 辆	9 450	7 615
TZL 15/2.3			2 300		10 350	9 105

品种	主要尺寸					
	L_2,mm	L_3,mm	L_4,mm	L_5,mm	L_6,mm	h,m
TZL 7.5/0.8	1 600	400	475	560	344	−0.320
TZL 7.5/2.3	2 000					−0.320
TZL 15/0.8	1 700	500	440	860	364	−0.310
TZL 15/2.3	2 600					−0.300

中华人民共和国能源部 1990-10-26 批准　　　　1990-11-01 实施

表 1(续)

品种	传动装置			推车机重量 kg
	电动机		减速器	
	型号	功率,kW	型号	
TZL 7.5/0.8	YB 132 M-4	7.5	JZQ-400-Ⅱ-5Z	2 220
TZL 7.5/2.3				2 540
TZL 15/0.8	YB 160 L-4	15	JZQ-500-Ⅲ-5Z	2 880
TZL 15/2.3				3 320

3.2　型号标记

型号标记说明：

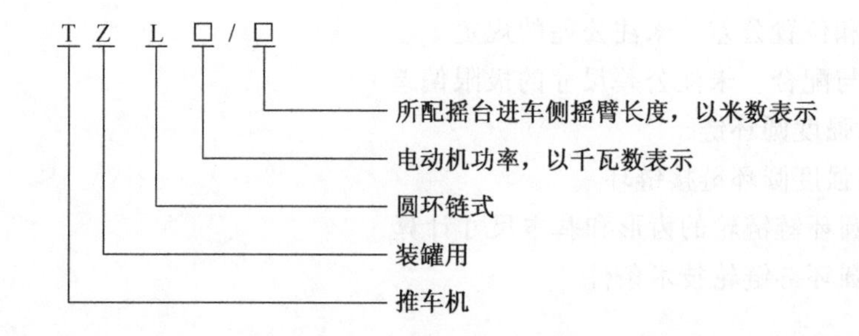

型号标记示例：

电动机功率为 15 kW,所配摇台进车侧摇臂长度为 800 mm,装罐推车机型号为 TZL 15/0.8。

4　技术要求

4.1　装罐推车机应符合本标准的要求,并按照经规定程序批准的图样和技术文件制造。

4.2　本标准未包括的设备制造通用技术要求,可按《煤矿机电修配厂通用技术标准》的规定。

4.3　机械加工零件制造图样上未注公差尺寸的极限偏差,应符合 GB 1804 中 IT 14 级规定;当未注尺寸的另一表面为非加工面时,极限偏差按 JS16(js 16)。

4.4　产品制造图样上未注形位公差的机械加工零件的公差值,应符合 GB 1184 中下列公差值:

a.　直线度、平面度未注公差按 D 级公差值;

b.　同轴度、对称度未注公差按 D 级公差值;

c.　圆度公差值应不大于尺寸公差值;

d.　平行度、垂直度未注公差应按其附表 3 中 12 级公差值。

4.5　本标准规定推车机在推进时,应保证下列条件:

a.　应有与罐笼的正确停位,推车机前方阻车器和井口安全门处于打开位置,以及摇台处于工作位置时的联锁装置;

b.　矿车行驶的轨面上,不得有防碍矿车通行的杂物。

4.6　头尾链轮与圆环链啮合应良好,运转时无较大的冲击。

4.7　连接环的破断负荷不得小于 250 kN,在 175 kN 的试验负荷下永久伸长率不得大于 3%。

4.8　推车器前进和后退时,推爪抬起或落下,动作应灵活可靠;推车器在滑道内滑行应灵活,井下推车器通过前段滑道喇叭口时,不得有脱出和卡阻现象。

4.9　推车器阻力大于额定推力时,安全联轴器应能自动脱开。

4.10　行程限位装置应灵活可靠,推车器停位应准确无误。

4.11　机架、推车器链板,传动轴等部件焊接后允许校正。校正后应符合下列要求:

4.11.1 头、尾链轮架两轴承座的平面度公差不大于±1 mm。

4.11.2 传动架的电动机底座与减速器底座平面的平行度公差不得大于 1.5 mm。

4.11.3 推车器链板两端轴孔的平行度公差不得大于 0.3 mm。

4.11.4 万向联轴节与传动轴安装后，不应有卡阻和扭劲现象。

4.12 链轮的技术要求应符合 MT/Z 9 的规定。链轮齿部不允许补焊。

4.13 圆环链技术要求应符合 MT 36 的规定。

4.14 所有零部件均应检验合格后进行装配。防爆电器、外购件、外协件应有防爆检验合格证书和产品合格证明书。

4.15 电动机与减速器安装时，两轴同轴度公差不大于 0.5 mm。

4.16 推车机在现场安装时，头尾链轮的中心线与推车机滑道中心线的平行度公差不大于 3 mm。

4.17 型钢结构件在焊接前应先进行喷砂（丸）或酸洗、钝化处理，然后涂一道富锌底漆，部件组装后再涂刷二三道环氧沥青或氯化（氯丁）橡胶防腐涂料，最后全部外露表面均涂一层浅色油漆，其涂层总厚度不低于 200 μm。涂漆的其他技术要求按《煤矿机电修配厂通用技术标准》装配分册中涂漆的规定。

4.18 在用户遵守产品的保管、使用、安装、运输规则的条件下，从制造厂发货之日起两年内，其中正式投入运行期不超过半年，产品确因制造质量问题而发现损坏或不能正常工作时，制造厂应负责修理和免费更换零件。

5 试验方法

5.1 外观检查

在无阳光直射的明亮场所，对产品外表面的油漆，焊接质量，铸、锻件的裸露部分的外表面质量、锈蚀程度进行观察检查。

5.2 外形尺寸和形位公差检验

5.2.1 外形尺寸检验：

用普通量具对产品以下主要外形尺寸进行检验：

a. 推车机总长度；

b. 圆环链头尾链轮中心距，链轮轴中心线至轨面高度；

c. 减速器中心线至推车器轨道中心线的距离。

5.2.2 传动机架平面度检验

将传动机架放在平台上，用专用测量工具测量其平面度是否达到本标准中规定的要求。

5.2.3 传动轴两端同轴度的检验

传动轴按设计要求安装好后，推车机反复进行正反转运行，其传动轴与万向联轴节不应有卡阻和扭劲等不正常现象。

5.2.4 滑道的平直度检验

将滑道放在专用的平台上，用测量工具测量其是否有弯曲或歪扭现象。其扭转和变形量应符合表 2 的规定：

表 2 非加工面允许变形量 mm

被检查面的最大尺寸	≤250	＞250～500	＞500～800	＞800～1 250	＞1 250
变形量	2	3	4	5	6

5.3 空负荷试验

推车机应进行不少于 1 h 的空运转试验，检验传动链轮与圆环链的啮合质量，推车器在滑道内滑行的灵活性，推爪前进后退时起落动作的可靠性，以及行程限位的准确性等。

5.4 满负荷试验

5.4.1 额定推力试验

将额定推力换算成矿车最大载重量时的运行阻力，测试在该推力试验下，检验推车机运行是否正常。

5.4.2 推车速度测试

推车机在按规定值推车时，第 2 s～5 s 的时间内，在滑道上分别记下推爪运行的位置，测量所运行的距离，经五次试验后，求其平均值，测算实际速度。

5.4.3 安全联轴器的可靠性试验

将弹簧测力计的两端分别固定在滑道和推车器上，再调整安全联轴节螺母，使联轴器在弹簧测力计的压力达到推车机额定推力的 1.2 倍时能打滑，如不打滑，继续调整调节螺母直到打滑为止。

5.5 连接环、圆环链与链轮性能试验

批量生产时，应进行抽样检验，或每年至少抽出 3 件以上进行试验。试验方法按 MT 36、MT/Z 9 和 MT 99 中 4.1.2、4.2.2 规定。

6 检验规则

6.1 装罐推车机须经生产厂质量检验部门检验合格后，方可出厂，并出具产品合格证。

6.2 产品检验分出厂检验和型式检验，检验项目如表 3。

表 3 检验项目表

检验项目	型式检验	出厂检验
外观检验	△	△
外形尺寸和形位公差检验	△	△
空负荷试验	△	△
满负荷试验		
额定推力试验	△	
推车速度测试	△	
安全联轴器的可靠性试验	△	△
连接环，圆环链和链轮性能试验	△	

6.3 凡产品有下列情况时应进行型式检验：

a. 新产品或老产品转厂生产的试制定型鉴定；

b. 正式生产后，如结构、材料、工艺有较大改变，可能影响产品时；

c. 正常生产时，每一年或积累十台时；

d. 停产两年后，恢复生产时。

型式检验每次应不少于两台。

7 标志、包装、运输、贮存

7.1 经检查合格的产品应在机架明显位置固定产品铭牌，铭牌应标明下列内容：

a. 制造厂名称；

b. 产品名称；

c. 产品型号；

d. 重量；

e. 额定推力；

f. 额定推车速度；

g. 电动机功率；

h. 出厂日期。

7.2 推车机应按部件分类包装。滑道、托轨槽钢等应捆扎牢固，头轮、尾轮、传动架、行程限位装置和推车器等，分别装箱；其余零部件，如安全联轴器，方向联轴节、圆环链、链接头及备件等集中装箱、包装应牢固可靠，并符合水、陆运输要求。

7.3 与产品同时发送的随带文件如下：

a. 装箱清单；

b. 产品使用说明书；

c. 产品出厂合格证；

d. 随机备件清单；

e. 产品安装图。

所有随带文件用塑料袋装好后放入箱内。

7.4 无包装箱的零部件，在运输装卸和堆放时应注意防止变形。必要时应采取相应措施。

7.5 所有加工件均应在库内或防雨篷中存放。堆放时，不得有影响零部件加工表面质量的现象。

附加说明：

本标准由中国统配煤矿总公司基建局提出。

本标准由沈阳煤矿设计院负责起草。

本标准主要起草人李春茹。

本标准委托沈阳煤矿设计院负责解释。

中华人民共和国行业标准

MT/T 217—1990

立井罐笼用摇台

1 主题内容与适用范围

本标准规定了立井罐笼用摇台(以下简称“摇台”)的产品分类、技术要求、试验方法、检验规则和标志、包装、运输、贮存。

本标准适用于立井罐笼用摇台。摇台为承接罐笼和进出车场地的一种活动平台,便于罐笼内外空重车顺利替换。

2 引用标准

GB 699 优质碳素结构钢钢号和一般技术条件

GB 1804 公差与配合 未注公差尺寸的极限偏差

GB 1184 形状和位置公差 未注公差的规定

MT 154.1 煤矿机电产品型号的编制导则和管理办法

3 产品分类

3.1 品种和型式

3.1.1 本标准规定摇台的动力方式为气动式。当动力缸发生故障时,可用临时手把操作。不装车时,摇臂以外动力强制抬起,工作位置时摇臂靠自重浮动于罐笼底板上,进行承接工作。

3.1.2 本标准规定的摇台按轨距和调节高度分为四种规格,其基本参数和主要尺寸应符合表1和图的规定。

3.2 产品型号

产品型号标记按MT 154.1的规定。

型号标记说明:

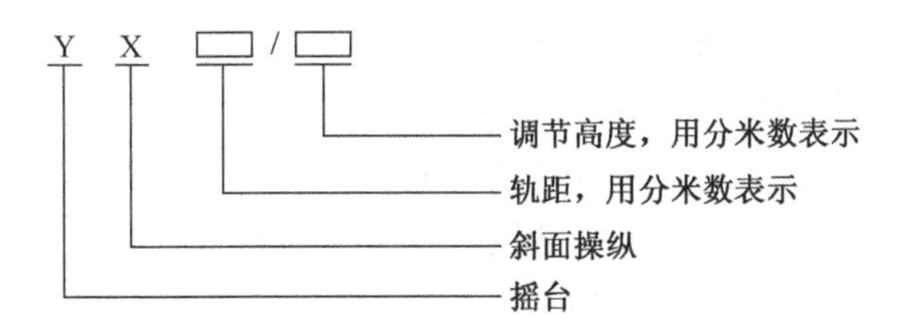

型号标记示例:

轨距为600 mm,调节高度为500 mm,斜面操纵的摇台型号为YX 6/5。

注:本标准规定的产品型号标记与原已形成的产品型号标记方法对照如下:

原产品型号标记为CY—[1]/[2],本标准产品型号标记为YX [1]/[2]。

4 技术要求

4.1 摇台产品应符合本标准的要求,并按照经规定程序批准的图样和技术文件制造。

4.2 本标准未包括的设备制造通用技术要求,可按《煤矿机电修配厂通用技术标准》的规定。

中华人民共和国能源部 1990-10-26 批准 1990-11-01 实施

4.3　机械加工制造图样上未注公差尺寸的极限偏差应符合 GB 1804 中 IT 14 级的规定，当未注公差尺寸的另一表面为非加工面时，极限偏差按 JS 16(js 16)。

4.4　产品制造图样上未注形位公差的机械加工零件的公差值，应符合 GB 1184 中下列公差值：

a.　直线度、平面度未注公差按 D 级公差值；

b.　同轴度、对称度未注公差按 D 级公差值；

c.　圆度公差值应不大于尺寸公差值；

d.　平行度、垂直度未注公差则按其附表 3 中 12 级公差值。

4.5　本标准规定摇台应保证下列工作条件：

a.　罐笼在井口和井底车场停位不得超出摇台规定的调节范围。

b.　通过罐笼下大设备时，需将罐笼停在摇台调节高度最低位，使摇臂搭在摇臂前端限位梁上，并在摇臂中部下面加金属支撑。

4.6　摇尖本体、摇台轴、摇尖与摇臂连接的销轴材质为 45 号钢，其化学成分及机械性能应符合 GB 699 的规定。

4.7　摇尖本体坯料应锻造加工，锻造后正火处理。

4.8　摇臂钢轨必须平直，不允许有扭曲，裂纹，损伤和锈蚀痕迹。

4.9　进出车侧摇台组装后应符合如下要求：

a.　摇臂长度允许偏差为±2.5 mm；

b.　摇臂轨距允许偏差为 $^{+4}_{+1}$ mm；

c.　摇臂钢轨侧面直线度在全长内不得大于 1.5 mm；

d.　摇臂两钢轨面高低差：短摇台不得大于 2 mm；长摇台不得大于 4 mm。

4.10　摇尖转动应灵活，在任何工作状态下均应能自动恢复到初始位置。

4.11　在额定工作压力下，气动操作系统的各部件，工作应灵活、准确、平稳、可靠。工作气缸推动滑车前后移动时，摇臂起落应自如，不得有剧烈冲击。摇台在运行时，气动控制系统应使进出车两侧摇臂起落同步。

4.12　对气缸性能的要求：

a.　气缸试运转时动作应灵活，无滞阻现象；

b.　气缸启动压力应不高于 0.05 MPa；

c.　气缸内泄漏试验时，要求在工作气压为额定压力下，活塞杆下沉量不得大于 1 mm/min；

d.　气缸耐压试验时，气缸各部联接处不得有外渗漏现象；

e.　气缸缓冲试验时，活塞到行程末端处，不得有明显的冲击；

f.　气缸在全行程检验时，要求行程符合设计要求。

4.13　所有零部件必须经检验合格，外购件和外协件必须有合格证明书，方可进行装配。

4.14　摇臂型钢组装前进行酸洗、钝化或喷砂处理，然后涂一道环氧富锌底漆，组装后再涂二三道环氧沥青防锈漆，其他外表面应涂一道防锈底漆，一道面漆，最后全部涂一层浅色油漆，油漆的其他技术要求按《煤矿机电修配厂通用技术标准》装配分册中涂漆的规定。

4.15　在用户遵守产品的保管、使用、安装、运输规则的条件下，从制造厂发货日起两年内，其中正式投入使用期不超过六个月，产品因制造质量问题而发生损坏或不能正常工作时，制造厂应免费为用户修理，更换零件。

5　试验方法

5.1　外观检验

对产品外观表面的油漆、铆、焊质量，铸、锻件裸露部分的表面质量，锈蚀程度和摇台的结构造型等进行测评。

5.2　外形尺寸及偏差的检验

5.2.1　外型尺寸检验

用尺测量摇臂长度和轨距尺寸。

5.2.2　摇臂钢轨侧面直线度检验

用直尺和塞尺沿钢轨长度方向测量钢轨直线度。

5.2.3　摇臂两轨面高低差检验

用测量工具测量摇臂两轨面高低差。

5.3　空载试验

5.3.1　摇台起落灵活性检验

将装配完毕的进车侧或出车侧摇台安装在试验台上，然后向驱动气缸送气，气缸推动滑车往复运动，使摇臂作起落动作。进出车摇台各做起落动作10次以上，检查动作是否灵活。

5.3.2　摇臂下落冲击检验

试验中的气缸作反向供气，滑车后退，使摇臂下落，摇臂下落至最低位置与限位梁接触时，检查有无剧烈冲击。如试验中发现摇臂下落速度过快，冲击剧烈时，可采用加配重块方法调整摇臂端与配重端的力矩关系，使摇臂端力矩稍大于配重端。

5.3.3　摇尖转动灵活性检验

用手搬动摇尖，当手轻轻放开后，检查摇尖能否自动复位。

5.4　气缸性能试验

5.4.1　气缸运转试验

将气缸固定在试验台上，气缸处于空载状态，正反向供气，使气缸作全行程往复动作数次。

5.4.2　最低启动压力试验

被试气缸处于空载状态，缓缓打开气路中调压阀，并向气缸供气，测量气缸活塞刚启动时压力。

5.4.3　内泄漏试验

在活塞两侧分别通入额定压力的压缩空气，保压5 min，检查活塞杆下沉量。

5.4.4　耐压试验

活塞两端分别进行耐压试验，试验压力为1.5倍额定压力，保压1 min，检查渗漏现象。

5.4.5　缓冲试验

在工作压力为0.7 MPa的空载状态下，平均速度为500 mm/s时，要求活塞在行程末端无明显冲击现象。

5.4.6　满载连续运转试验

满载时，气缸在额定压力下作全行程往复动作数次，检验密封处有无渗漏。

5.4.7　全行程试验

气缸活塞分别停于两端位置，测量全行程长度。

6　检验规则

6.1　摇台须经生产厂质量检验部门检验合格后方可出厂，并出具产品合格证。

6.2　产品检验分为出厂检验和型式检验，检验项目见表2。

6.3　凡摇台有下列情况之一时，应进行型式检验：

a.　新产品或老产品转厂生产的试制定型鉴定；

b.　正式生产后，如结构、材料、工艺有较大改变，可能影响产品性能时；

c.　正常生产情况下，每两年或积累20台产品时进行一次检验；

d.　停产三年以上，再次生产时。

每次型式检验应不低于2台。

7 标志、包装、运输、贮存

7.1 每台产品应在摇臂侧面明显位置固定产品铭牌。产品铭牌应标明的内容如下：

a. 创造厂名称；

b. 产品名称；

c. 产品型号；

d. 主要技术参数：轨距、摇臂长度、调节高度、设备总重量；

e. 出厂日期与编号。

7.2 摇台气缸用箱装应牢固可靠，其他部件包扎应符合水、陆运输要求。

7.3 每台产品出厂时应随带的文件包括：

a. 装箱单；

b. 产品出厂合格证；

c. 产品说明书；

d. 产品总图及基础资料图；

e. 备件清单。

随带文件应用塑料袋装。

7.4 摇台应在库房或防雨篷贮存，并要求场地干燥、避免锈蚀和破坏。

表 1 摇台的基本参数和主要尺寸表

mm

型 号	轨 距	调节高度 $2a$	允许通过车辆的名义载重量 t	摇臂长度 l_1	摇臂长度 l_2	进出车两端轴高差 h	摇台升起时摇尖与罐笼的间隙 X_1	摇台升起时摇尖与罐笼的间隙 X_2	摇尖与罐笼搭接的距离 Y_1	摇尖与罐笼搭接的距离 Y_2
YX 6/1.5	600	150	1,1.5	800	800	75	115	80	41	40
YX 6/5		500		2 300	2 800	250	182	170	50	50
YX 9/1.5	900	150	1.5,3	800	800	75	115	80	41	40
YX 9/4		400		2 300	2 800	200	196	197	50	50

表 2

检 验 项 目	型 式 检 验	出 厂 检 验
外观检验	△	△
外型尺寸与公差的检验		
外型尺寸检验	△	△
摇臂钢轨侧面直线度检验	△	
摇臂两轨面高低差检验	△	
空载试验		
摇台起落灵活性检验	△	△
摇臂下落冲击检验	△	△
摇尖转动灵活性检验	△	△
气缸性能试验		
气缸运转试验	△	△
最低启动压力试验	△	△

表 2(续)

检 验 项 目	型 式 检 验	出 厂 检 验
内泄漏试验	△	
耐压试验	△	△
缓冲试验	△	△
满载连续运转试验	△	
全行程试验	△	

附加说明：

本标准由中国统配煤矿总公司基建局提出。
本标准由沈阳煤矿设计院负责起草。
本标准主要起草人杨玉芳。
本标准委托沈阳煤矿设计院负责解释。

ICS 73.100.10
D 97
备案号：10301—2002

中华人民共和国煤炭行业标准

MT/T 218—2002

水泥锚杆杆体

Cement anchor bolts—Bars

2002-04-08 发布　　　　2002-09-01 实施

国家经济贸易委员会　发布

前　　言

本标准的全部技术内容为强制性。

本标准是对 MT 218—1990《水泥锚杆杆体》的修订。

本标准与 MT 218—1990 的主要技术差异在于：

在杆体规格类别中，取消了用量不多的杆体，调整了杆体规格，增补了产品型号。调整了检验规则，改百分比抽样为计数抽样。

本标准与 MT 219—2002《水泥锚杆　卷式锚固剂》配套。

本标准于 2002 年 9 月 1 日实施；本标准从生效之日起代替 MT 218—1990。

本标准由中国煤炭工业协会提出。

本标准由煤炭工业煤矿专用设备标准化技术委员会归口。

本标准起草单位：煤炭科学研究总院北京建井研究所。

本标准主要起草人：屠丽南、郭爱民、张来德、郭建明、黄爱悦。

本标准于 1990 年 10 月首次发布，于 2002 年 4 月第 1 次修订。

本标准委托煤炭工业煤矿专用设备标准化技术委员会井巷设备分会负责解释。

中华人民共和国煤炭行业标准

MT/T 218—2002

代替 MT 218—1990

水泥锚杆杆体

Cement anchor bolts—Bars

1 范围

本标准规定了水泥锚杆用杆体的产品分类、技术要求、试验方法、检验规则和产品标志、包装、运输、贮存。

本标准适用于矿山及其他工程用水泥锚杆杆体。

2 引用标准

下列标准所包含的条文,通过在本标准中引用而构成为本标准的条文。本标准出版时,所示版本均为有效。所有标准都会被修订,使用本标准的各方应探讨使用下列标准最新版本的可能性。

GB/T 196—1981 普通螺纹 基本尺寸(直径 1~600 mm)

GB/T 197—1981 普通螺纹 公差与配合(直径 1~355 mm)

GB/T 228—1987 金属拉伸试验方法

GB/T 3098.2—1982 紧固件机械性能 螺母

GB/T 6170—1986 Ⅰ型六角螺母—A 和 B 级

GB/T 10111—1988 利用随机数骰子进行随机抽样的方法

GB/T 15239—1994 孤立批计数抽样检验程序及抽样表

GB/T 15780—1995 竹材物理力学性质试验方法

MT 146.1—2002 树脂锚杆 锚固剂

MY146.2—2002 树脂锚杆 金属杆体及其附件

MT 219—2002 水泥锚杆 卷式锚固剂

3 定义

本标准采用下列定义。

3.1 弯曲式杆体 curved end bar

端部加工成一定规格弯曲形状,并焊有挡圈,尾部加工成螺纹的圆钢杆体。

3.2 小麻花式杆体 double twist end bar

端部热加工成一定规格的左旋 360°的窄形双拧麻花式,并焊有挡圈,尾部加工成螺纹的圆钢杆体。

3.3 普通麻花式杆体 twist end bar

端部热加工成一定规格的左旋 180°的单拧麻花式,并焊有挡圈,尾部加工成螺纹的圆钢杆体。

3.4 端盘式杆体 end disk bar

端部热加工或加焊成一圆盘形盖,并有一活动挡圈,尾部加工成螺纹的圆钢杆体。

3.5 螺纹钢式杆体 thread deformed bar, deformed bar

端部斜切成锐角,尾部加工成螺纹或全长为可贯通螺纹的螺纹钢杆体。

国家经济贸易委员会 2002-04-08 批准　　2002-09-01 实施

3.6 端尖式杆体 pointed end bamboo bar

端部按一定规格加工成尖状，由两片毛竹板钉合的竹质杆体。

3.7 锯齿式杆体 end tooth bamboo bar

端部按一定规格加工成锯齿状，由两片毛竹板钉合的竹质杆体。

4 产品分类

4.1 与水泥锚杆卷式锚固剂配套使用的杆体，其产品分类及代号见表1。

表1 产品分类及代号

材质	类别	代号	适合安装方法
钢	弯曲式	GW	直接打入
	小麻花式	GX	直接打入
	普通麻花式	GP	旋转搅入
	端盘式	GD	钢管冲压
	螺纹钢式	GL	直接打入
竹	端尖式	ZHD	直接打入
	锯齿式	ZHJ	直接打入

4.2 各类杆体规格应符合表2的规定。

表2 各类杆体规格

mm

材质	杆体直径	适宜杆体长度	锚固端头长度	尾部螺纹长度
钢	14	1000～1700	250～280	100
	16、18	1500～2200		
	18(螺纹钢)	2000～2400	根据锚长需要确定	
	20(螺纹钢)	＞2000		
竹	断面8×30两片对合	1000～1500	300～400	尾部楔缝长＞200
注：其他特殊要求规格的杆体根据用户要求确定				

4.3 产品型号为水泥锚杆杆体汉语拼音字头与产品类型代号及主要参数组成。

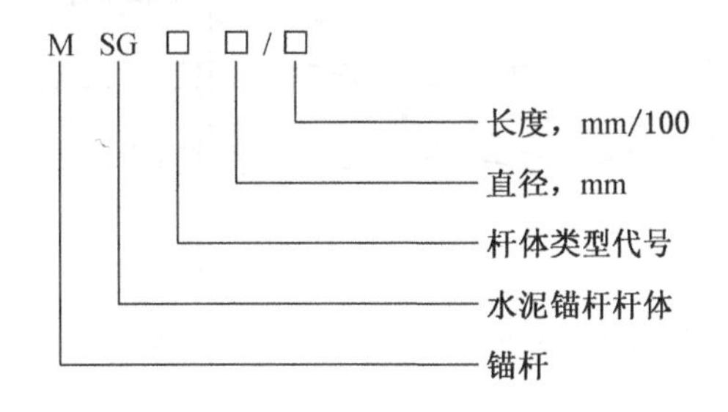

型号示例：

杆体直径为16 mm，杆长1700 mm的弯曲式钢杆体标记为：M SG GW 16/17

5 技术要求

5.1 钢杆体

5.1.1 杆体主要性能

杆体采用屈服强度大于235 MPa的圆钢，在必要时，也可采用屈服强度大于335 MPa的螺纹钢，或其他品种高强度钢。杆体伸长率δ_5应不小于16%。杆体尾部螺纹应优先选用滚压加工，螺纹段强度应不小于杆体屈服强度。

5.1.2 尺寸及公差

5.1.2.1 杆体

杆体长度偏差：±10 mm；

杆体直径偏差：±0.2 mm；

杆体直线度偏差：3.0 mm/m；

杆体尾部螺纹尺寸及偏差：应符合 GB/T 196、GB/T 197 的规定。

5.1.2.2 螺母

螺母规格应与杆体尾部螺纹匹配，其技术条件应符合 GB/T 3098.2 的规定，其尺寸、偏差应符合 GB/T 6170 的有关规定。

5.1.2.3 杆体端部

杆体端部经加工部分的尺寸偏差应符合表 3～表 6、图 1～图 4 的规定。

螺纹段长度为 80～120 mm。

表 3 弯曲式杆体端部尺寸及偏差

mm

a	*b*	*c*	*d*	*e*	*f*	*g*	*h*
(钻孔直径－5)±1	*a*－2	0.25 *L*±5	0.5 *L*±5	0.2 *L*±5	杆体直径＋5	3～5	＞2.5

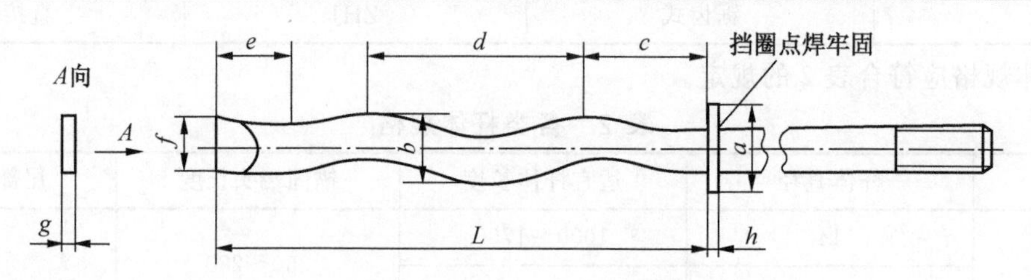

图 1 弯曲式杆体示意图

表 4 小麻花式杆体端部尺寸及偏差

mm

a	*b*	*c*	*d*	*e*	*f*
(钻孔直径－5)±1	*a*－8	0.2 *L*±5	0.5 *b*±2	＞10	＞2.5

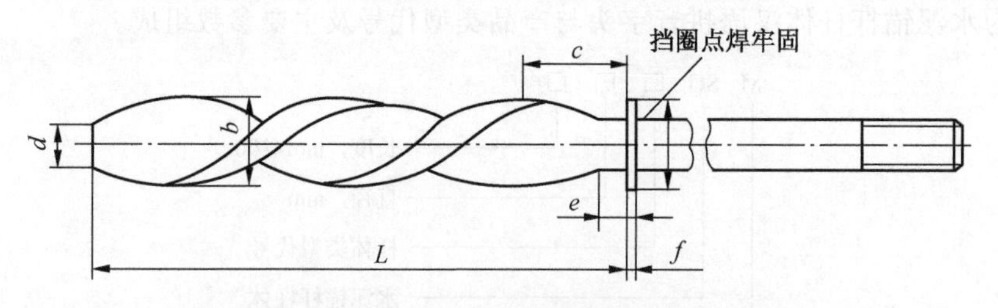

麻花段截面积不得小于杆体截面积的80%，麻花左旋360°±10°

图 2 小麻花式杆体示意图

表 5 普通麻花杆体端部尺寸及偏差

mm

a	*b*	*c*	*d*	*e*	*f*
(钻孔直径－5)±1	*a*－2	0.2 *L*±5	0.7 *b*±2	＞10	＞2.5

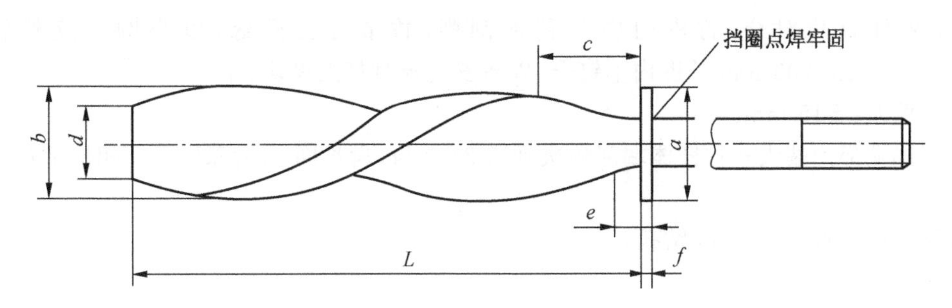

图 3 普通麻花式杆体示意图

表 6 端盘式杆体端部尺寸及偏差

mm

a	*b*	*c*	*d*
(钻孔直径－5)±1	*a*＋2 或同 a	＞3	＞2.5

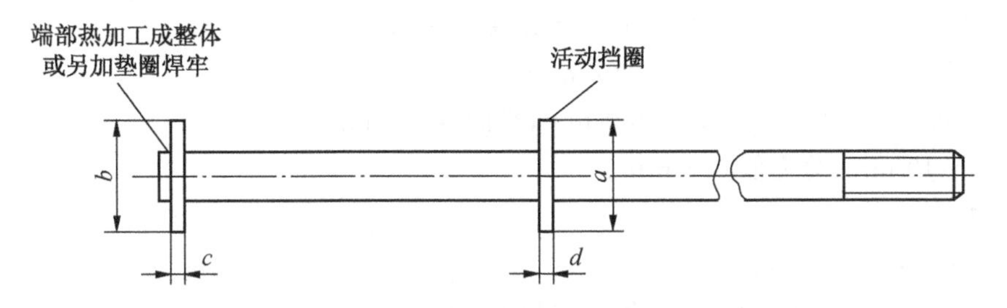

图 4 端盘式杆体示意图

5.1.2.4 螺纹钢式杆体端部

螺纹钢式杆体端部一般不加工，仅在下料时一端为斜切，端头斜角应不大于 45°。尾部螺纹段长度及强度要求同 5.1.2.3。在强度有充分保证时，允许采用其他螺纹形式。

5.2 竹杆体

5.2.1 杆体主要性能

杆体应选用材龄为 5～6 年的当年砍伐毛竹，竹肉厚度不小于 8 mm，其含水率宜在 10%～14%范围内，其抗拉强度应不小于 120 MPa，并不得有蛀孔及霉变。当使用地点相对湿度大于 90%时，杆体端部应作防腐处理。

5.2.2 尺寸及偏差

杆体端部尺寸及偏差应符合表 7、图 5 的规定。

表 7 端尖式竹杆体端部尺寸及偏差

mm

a	*b*	*c*	*d*	*e*	*f*
30±3	60±5	30±20	3±0.5	16～20	10±2

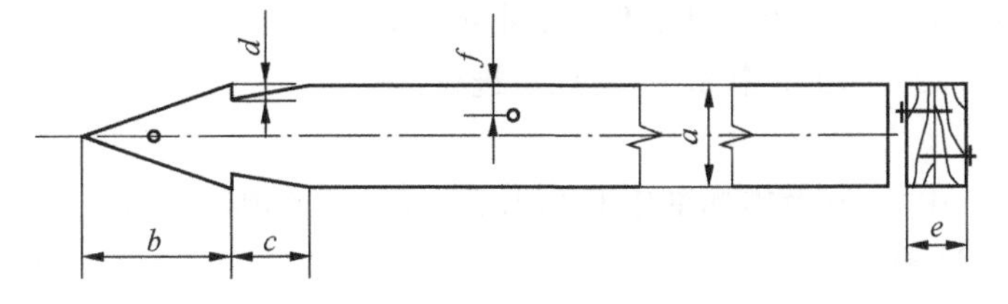

图 5 端尖式竹杆体示意图

杆体由2件竹片对合，竹皮向内并稍加刮削，竹节处去凸缘，以小圆钉交错钉合，钉距(200～250)mm。尾部200 mm长度内不钉合，以备安托板时打入楔块。

杆体长度偏差：±15 mm。

锯齿式杆体端部为端尖式竹杆体端部顺次延增2～3齿，齿长同 c，齿深同 d。相应部位公差与端尖式相同。

竹杆体仅适用于直径42 mm钻孔。

5.3 锚杆托盘

优先选用蝶形托盘，其承载力应不小于杆体屈服载荷，规格尺寸不小于100 mm×100 mm或 ϕ100 mm。选用脆性材料做托盘时，其极限载荷应为杆体屈服载荷1.5倍以上。

6 试验方法

6.1 尺寸及外观质量

6.1.1 量具

钢板直尺：量程0～500 mm，分度值1 mm；

钢卷尺：量程0～2000 mm、0～3000 mm，分度值1 mm；

游标卡尺：量程0～150 mm，分度值0.02 mm；

测量平台：台面长度2500 mm，宽度300 mm，平面度1 mm/m；

塞尺：量程0～10 mm，分度值0.5 mm。

6.1.2 测量方法

6.1.2.1 杆体长度、直径及直线度

a) 将杆体置于测量平台，用钢卷尺测量杆体长度，精确至1 mm。

b) 用游标卡尺测量杆体直径，在杆中部及两端共测三个值，取三次测值的算术平均值，精确至0.02 mm。

c) 将杆体的直杆部分置于测量平台，用钢卷尺测量直杆部分的长度，将杆体沿轴向转动，以塞尺测量各方向的最大弯曲量，取测量值中的最大者，换算得直杆部分的直线度，精确至0.5 mm/m。

6.1.2.2 端部加工部位外观及尺寸

a) 用游标卡尺及钢板直尺分别测量端部各加工部位的尺寸。

b) 其他外观质量通过目视判断。

6.2 力学性能

6.2.1 钢杆体力学性能试验

6.2.1.1 试验仪器

a) 试验机：应符合GB/T 228—1987中6.1的规定。

b) 引伸计：应符合GB/T 228—1987中6.2的规定。

6.2.1.2 试验步骤

a) 试件制备：在杆体上切取两段，长度不小于(10倍杆体直径+200 mm)；

b) 试验负荷增加速度：按GB/T 228—1987中7.1的规定进行；

c) 屈服点测定：按GB/T 228—1987中8.5的规定进行；

d) 抗拉强度：按GB/T 228—1987中8.8的规定进行；

e) 伸长率：按GB/T 228—1987中8.10的规定进行。

6.2.1.3 结果计算

按GB/T 228—1987中9.10及本标准中6.2.1.2c)、d)、e)的规定进行。

6.2.2 竹杆体力学性能试验

6.2.2.1 试验仪器

同本标准6.2.1.1a)。

6.2.2.2 试验步骤

a) 试件制备：分别截取两件竹杆体的中部各一段，取单片竹板为试件，试件长 400 mm，将其两端 100 mm 长度范围内的竹皮表面，刻以深约 0.5 mm 的交叉刻痕，并将试件编号。

b) 拉伸试验：按 GB/T 15780—1995 中 5.8.3 的规定进行。

c) 结果计算：抗拉强度按式(1)计算，精确至 0.1 MPa。

$$\sigma_{zh}=\frac{P_1}{a_1\times b_1} \quad \cdots\cdots(1)$$

式中：σ_{zh}——竹杆体(顺纹)抗拉强度，MPa；

P_1——最大荷载，N；

a_1——试件有效断面长，mm；

b_1——试件有效断面宽，mm。

取两试件试验结果的算术平均值。

6.3 杆体尾部螺纹、螺母和托盘承载力

6.3.1 用万能材料试验机配以特制拉力架(见 MT 146.1—2002 中图 1 及本标准图 6)。

6.3.2 试验时，万能材料试验机上钳口夹住拉力架一端，试验机下钳口夹紧锚杆尾部杆体(见图 6)。

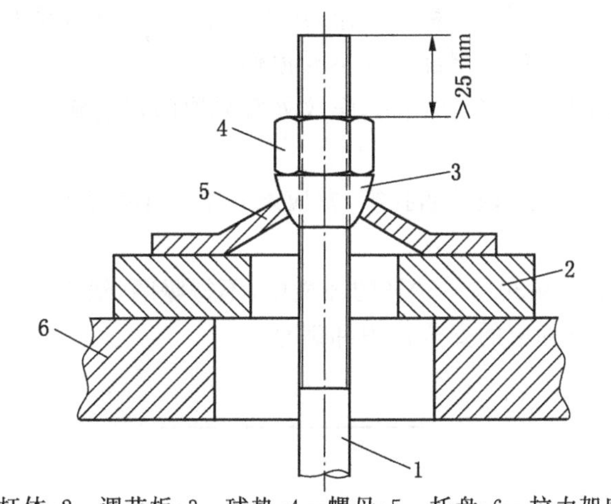

1—杆体；2—调节板；3—球垫；4—螺母；5—托盘；6—拉力架底垫

图 6 锚杆尾部、螺母和托盘试验装置

6.3.3 加载时，以 10～20 kN/min 速度，逐步加载直至杆体屈服、破断，或尾部螺纹、螺母破坏，或托盘压缩量达到其高度 30%时的试验载荷。

7 检验规则

7.1 产品检验分出厂检验和型式检验。出厂检验由制造厂质量检验部门进行。型式检验由产品质量监督检验机构进行。

7.2 检验项目：

产品出厂检验和型式检验项目见表 8。

表 8 检验项目

序号	检验项目	不合格分类	技术要求	试验方法	检验类别	
					出厂	型式
1	尺寸及外观	C	5.1.2,5.2.2	6.1	√	√
2	杆体力学性能	A	5.1.1,5.2.1	6.2	—	√
3	托板承载力	B	5.3	6.3	—	√

7.3 出厂检验：

7.3.1 出厂检验样品应按 GB/T 10111 的规定，从提交的检验批中随机抽取。

7.3.2 抽样方案：

采用 GB/T 15239—1994 中的一次抽样方案模式 B，极限质量 $LQ=32$，采用特殊检验水平 S—3，批量 $N=1000$。由 GB/T 15239 的相关表中查得抽样方案为：

样本大小 $n=13$

合格判定数 $A_c=1$

不合格判定数 $R_e=2$

7.3.3 判定规则：

批合格或不合格的判定规则按 GB/T 15239 中 5.11.1 的规定执行。

7.4 型式检验：

型式检验的抽样、判定规则，应符合 MT 219 中 7.4 的规定。

8 标志、包装、运输、贮存

8.1 钢杆体

8.1.1 每根杆体配一个螺母，一般每 10 根为一组，用铁丝捆扎牢，并应系有一木质小标志牌，标明杆体直径及长度，贮运过程应注意保护杆体尾部螺纹不受损伤。

8.1.2 杆体应放在干燥处，锚固段严禁沾油污，螺纹处宜采取防锈措施。

8.2 竹杆体

8.2.1 杆体每 10 根捆扎成一组，以铁丝捆扎牢，并应系有木质小标志牌，标明杆体规格，贮运过程应注意保护杆端不受损伤。

8.2.2 杆体宜存放在相对湿度为 30%～50%的环境中，不得曝晒，锚固段不得沾油污。

实行安全标志的产品，应有相应的安全标识和编号。

ICS 73.100.10
D 97
备案号：10302—2002

中华人民共和国煤炭行业标准

MT/T 219—2002

水泥锚杆卷式锚固剂

Cement anchor bolts—Cementitious anchoring capsule

2002-04-08 发布　　2002-09-01 实施

国家经济贸易委员会　发布

前　　言

本标准的全部技术内容为强制性。

本标准是对MT 219—1990《水泥锚杆卷式锚固剂》的修订。

本标准与MT 219—1990的主要差异在于：

根据现实情况调整了产品分类及规格；在技术要求方面，调整了凝结时间、膨胀率及抗压强度的具体指标，并根据工程实际需要，增加了龄期为24 h的抗压强度及锚固力指标；充实完善了试验方法；以及改检验规则之百分比抽样为计数抽样。

本标准与MT 218—2002《水泥锚杆　杆体》配套。

本标准于1990年10月首次发布，于2002年4月第一次修订。

本标准于2002年9月1日实施；本标准从生效之日起代替MT 219—1990。

本标准由中国煤炭工业协会提出。

本标准由煤炭工业煤矿专用设备标准化技术委员会归口。

本标准起草单位：煤炭科学研究总院北京建井研究所。

本标准主要起草人：屠丽南、郭爱民、张来德、郭建明、黄爱悦。

本标准委托煤炭工业煤矿专用设备标准化技术委员会井卷设备分会负责解释。

中华人民共和国煤炭行业标准

MT/T 219—2002

代替 MT 219—1990

水泥锚杆卷式锚固剂

Cement anchor bolts—Cementitious anchoring capsule

1 范围

本标准规定了水泥锚杆用卷式锚固剂(简称锚固卷)的产品分类、技术要求、试验方法、检验规则和标志、包装、运输、贮存。

本标准适用于矿山及其他工程用水泥锚杆卷式锚固剂。

2 引用标准

下列标准所包含的条文,通过在本标准中引用而构成为本标准的条文。本标准出版时,所示版本均为有效。所有标准都会被修订,使用本标准的各方应探讨使用下列标准最新版本的可能性。

GB/T 177—1985 水泥胶砂强度检验方法

GB/T 1346—1989 水泥标准稠度用水量、凝结时间、安定性试验方法

GB/T 2829—1987 周期检查计数抽样程序及抽样表(适用于生产过程稳定性的检查)

GB/T 10111—1988 利用随机数骰子进行随机抽样的方法

GB/T 15239—1994 孤立批计数抽样检验程序及抽样表

MT 218—2002 水泥锚杆 杆体

3 定义

本标准采用下列定义。

3.1 水泥锚杆 cement anchor bolt

以卷式水泥锚固剂配以各种材质、形式的杆体及托板、螺母等附件组成的粘结式锚杆。

3.2 水泥卷式锚固剂(水泥锚固卷) cementitious anchoring capsule

以普通硅酸盐水泥等为基材掺以外加剂的混合物,或单一特种水泥,按一定规格包上特种透水纸而呈卷状,浸水后经水化作用能迅速产生强力锚固作用的水硬性胶凝材料。

3.3 浸水式 soaking type

水泥卷式锚固剂水化所需水分的摄取是通过浸水方式。

3.4 端锚 part anchor, point anchor

锚杆与围岩(或煤层)的锚固仅局限于锚杆端部较短长度范围内,一般该长度不大于 400 mm。

3.5 全锚 full column anchor, full-length grouting

锚杆与围岩(或煤层)的锚固沿锚杆的全长范围。

3.6 凝结时间 setting time

在标准条件下,水泥锚固剂自加水起至凝结时间测定仪测针下沉入圆模混合浆体中规定深度的时间。

3.7 抗压强度 compressive strength

国家经济贸易委员会 2002-04-08 批准 2002-09-01 实施

在标准条件下，水泥锚固剂加水调制的标准试件，养护至规定时间所测定的试件单位面积所能承受的压力。

4 产品分类

4.1 与水泥锚杆用杆体配套使用的卷式锚固剂其产品分类及代号见表1。

表1 产品分类及代号

锚固剂类型	锚固卷结构形式	代　　号	使用时吸水方式
混合型	实　　心	HS	浸水式
	空　　心	HK	
单一型	实　　心	DS	
	空　　心	DK	

4.2 卷式锚固剂产品规格应符合表2的规定。

表2 卷式锚固剂产品规格

<table>
<tr><th>锚固卷结构形式</th><th colspan="2">直径/mm</th><th>长度/mm</th><th>锚固剂表观密度/(kg·m³)</th><th>适于钻孔直径/mm</th></tr>
<tr><td rowspan="4">实心式</td><td colspan="2">37</td><td rowspan="4">225</td><td rowspan="4">1470</td><td>42</td></tr>
<tr><td colspan="2">33</td><td>38</td></tr>
<tr><td colspan="2">27</td><td>32</td></tr>
<tr><td colspan="2">22</td><td>27</td></tr>
<tr><td rowspan="2">空心式</td><td>外径</td><td>内径</td><td>225</td><td rowspan="2">1800
(含骨料)</td><td rowspan="2">42</td></tr>
<tr><td>37</td><td>配套杆体直径+2</td><td>280</td></tr>
</table>

4.3 产品型号由水泥锚杆卷式锚固剂汉语拼音字头与产品类别代号及主要参数组成。

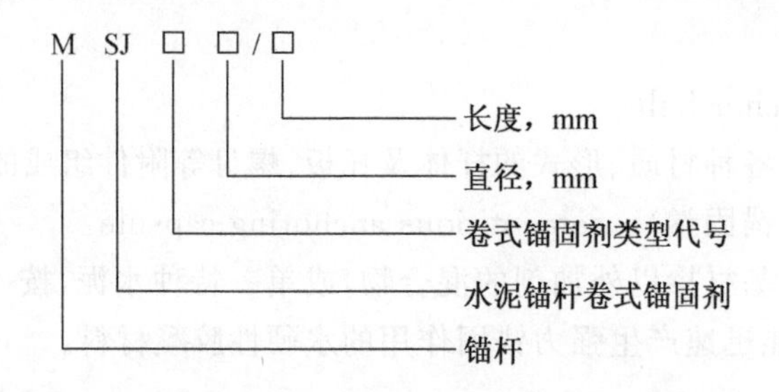

型号示例：

直径为37 mm、卷长为225 mm的混合型实心卷式水泥锚固剂标记为：MSJHS37/225

直径为37 mm(内径14 mm)、卷长为280 mm的单一型空心卷式水泥锚固剂标记为：MSJDK37(14)/280

5 技术要求

5.1 锚固剂所用原材料均应符合相应国家标准和行业标准的要求。

5.2 外观质量、尺寸及表观密度偏差应符合表3的规定。

表 3　外观质量、尺寸偏差

<table>
<tr><td>外观质量</td><td colspan="3">锚固卷扎口必须严实，不得有破损</td></tr>
<tr><td rowspan="3">尺寸及表观密度偏差允许值</td><td>直径/mm</td><td>长度/mm</td><td>表观密度/(kg·m³)</td></tr>
<tr><td rowspan="2">±1</td><td rowspan="2">±5</td><td>实心式　+30
−20</td></tr>
<tr><td>空心式　+50
−30</td></tr>
</table>

5.3　锚固剂的凝结时间应符合表 4 的规定。

表 4　锚固剂凝结时间

<table>
<tr><td rowspan="2">锚固方式</td><td colspan="2">凝结时间/min</td><td rowspan="2">试验环境、相关条件</td></tr>
<tr><td>初　凝</td><td>终　凝</td></tr>
<tr><td>端　锚</td><td>1～4</td><td><7</td><td rowspan="2">温　度：(20±2)℃
相对湿度：60%～70%
水 灰 比：0.3
拌和水温：(20±1)℃</td></tr>
<tr><td>全　锚</td><td>4～7</td><td><10</td></tr>
</table>

5.4　锚固剂的抗压强度应不小于表 5 的规定值。

表 5　锚固剂抗压强度

<table>
<tr><td rowspan="2">锚固方式</td><td colspan="3">抗压强度/MPa</td><td rowspan="2">试验环境、相关条件</td></tr>
<tr><td>0.5 h</td><td>1 h</td><td>24 h</td></tr>
<tr><td>端　锚</td><td>12</td><td>18</td><td>25</td><td rowspan="2">养护温度：(20±2)℃
相对湿度：80%～90%
水 灰 比：0.3
拌和水温：(20±1)℃</td></tr>
<tr><td>全　锚</td><td>9</td><td>15</td><td>25</td></tr>
</table>

5.5　卷式锚固剂安装后锚固力应符合以下规定：

与杆体配套安装后 0.5 h 所测定的锚固力应不小于 50 kN，24 h 的锚固力应不小于 70 kN。

5.6　锚固剂的膨胀性应符合以下规定：

锚固剂试件 0.5 h 内最大膨胀率应不小于 0.1%，28 d 膨胀率测定应大于 0。

5.7　锚固卷用锚杆纸技术性能应符合下列要求：

a) 定量规定：28 g/m²，偏差±3 g/m²；

b) 纵向抗张强度不小于 1.8 kN/m；

c) 纵向湿抗张强度不小于 0.6 kN/m；

d) 过滤速度不大于 30 s。

6　试验方法

6.1　外观质量、尺寸及表观密度偏差

6.1.1　量具及衡具：

游标卡尺：量程 150 mm，分度值 0.02 mm；

钢板直尺：量程 300 mm，分度值 1 mm；

架盘天平：最大称重 1000 g，感量 0.5 g。

6.1.2　测量方法：

6.1.2.1　外观质量检查用目视。

6.1.2.2　锚固卷直径用游标卡尺测量，两端及中部各测一次，取三次测值的算术平均值。测量时应注意先将锚固卷轻轻搓揉圆，卡尺卡口刚接触卷外壳为宜，不得使劲切入。精确至 0.1 mm，并测量中心孔两端直径。

6.1.2.3　锚固卷长度用钢板尺测量，实心式由卷底量至扎口线，空心式测量两端扎口间长度。由卷的相对两侧各测一次，取两次测值的算术平均值，准确至 1 mm。

6.1.2.4　表观密度测定为用架盘天平称得锚固卷的质量，由 6.1.2.2 及 6.1.2.3 测定的直径及长度，求得锚固卷的体积，按式(1)计算得表观密度：

$$\gamma=\frac{G}{V}\times 10^{6} \qquad \cdots\cdots(1)$$

式中：γ——表观密度，kg/m³；

G——锚固卷质量，g；

V——锚固卷体积，mm³。

对于空心式锚固卷，则应将称得的锚固卷质量扣除中心孔铁纱网的质量，体积计算时亦应扣除中心孔部分体积。

6.2　凝结时间

6.2.1　仪器：

a) 采用 GB/T 1346—1989 中 3.2 所规定的净浆标准稠度与凝结时间测定仪和有关配套用具；

b) 架盘天平：最大称量 1000 g，感量 0.5 g。

6.2.2　试验环境条件：

应符合本标准 5.3 表 4 的有关规定。

6.2.3　试验步骤：

6.2.3.1　称取在试验室存放 24 h 以上的锚固剂 300 g 倒入拌和锅内，用拌和小铲在锚固剂上划一小坑槽。

6.2.3.2　将 90 mL 洁净水倒入坑槽，在 1 min 内迅速拌匀，立即放入圆模，手持模底玻璃垫板振动数次，刮去模上表面多余浆体，抹平后迅速放至测定仪试针下。

6.2.3.3　使试针针端与浆面接触，拧紧仪器滑杆侧旁的紧定螺丝后，突然放松，试针自由沉入浆体，观察试针停止下沉时指针读数。当试针沉至距底板 2～3 mm 时，即为锚固剂达到初凝状态；当试针下沉不超过 1～0.5 mm 时为锚固剂达到终凝状态。

6.2.3.4　由开始加水至初凝、终凝状态的时间即为锚固剂的初凝时间和终凝时间，以 h(小时)和 min(分)来表示。

6.2.3.5　在测试过程中，注意在最初操作时，应轻扶仪器滑杆，使其徐徐下降以防试针撞弯，但临近初凝时，应保持自由下落；在测试过程中，初凝测定间隔 5～10 s，试针贯入的位置至少要距圆模内壁 10 mm。每次测定试针不得贯入原针孔。

6.2.3.6　空心式锚固卷含骨料，在试验时应筛除骨料后进行。

6.3　抗压强度

6.3.1　仪器：

a) 采用 GB/T 177—1985 中 1.2 规定的胶砂振动台，1.5 规定的抗压试验机和抗压夹具；

b) 架盘天平：最大 1000 g，感量 0.5 g。

6.3.2　模具及工具：

a) 模具：31.6 mm×31.6 mm×50 mm 三联式钢模；

b) 工具：拌和锅、铲。

6.3.3　试验环境条件：

应符合本标准 5.4 和表 5 的有关规定。

6.3.4 试验步骤：

按本标准6.2.3.1的步骤，将锚固剂倒入拌和锅。

6.3.4.1 将90 mL洁净水倒入锚固剂坑槽内，1 min内迅速拌匀，立即放入三联式钢模内，夯棒夯实后即置于振动台振动60±5 s，以刮刀抹平表面。

6.3.4.2 从加水时间起计时，8 min时拆模，将试件编号后按表5的规定条件养护。

6.3.4.3 按以上步骤制作三组试件(每组3个试件)，一组试件在0.5 h进行抗压试验，一组在1 h进行试验，另一组在24 h进行试验；抗压强度试验需用抗压夹具进行，应使试体的模侧面作为受压面，承压面积为31.6 mm×50 mm，试件应置于夹具承压板的中部，抗压夹具应置于压力机承压板中心。加荷速度应控制在5±0.5 kN/s范围。

6.3.4.4 抗压强度按式(2)计算：

$$R_M=\frac{P}{S} \qquad \cdots\cdots(2)$$

式中：R_M——锚固剂抗压强度，MPa；

P——破坏荷载，N；

S——试件承压面积，mm^2。

6.4 锚固力

6.4.1 仪器：

采用量程大于100 kN的万能材料试验机或功能相当的测力装置，并配以拉力架。

6.4.2 试验环境条件：

环境温度(20±2)℃、锚固卷浸泡水温(20±1)℃。

6.4.3 试验步骤：

6.4.3.1 锚杆安装在模拟孔中，模拟孔采用相应孔径，壁厚不小于2 mm的钢管(或对合式复用模)，管段长450 mm。

6.4.3.2 用杆长570 mm，实际配套使用的杆体(对于仅生产锚固卷的单位，则使用直径为16 mm弯曲式杆体)，杆端尺寸规格应符合MT 218—2002中5.1.2.3的规定；实心式锚固卷用直接打入式安装，端锚用2卷；空心式锚固卷用钢套管冲压式安装，端锚用1卷。

6.4.3.3 将锚固卷浸入洁净水中，浸泡时间实心式为45±5 s，空心式为5±1 s(当产品使用说明书中有特殊要求时，可按产品说明书中的规定时间浸泡)，水温按6.4.2的规定。

6.4.3.4 取出浸水锚固卷放入模拟孔中，按6.4.3.2的规定方法安装。

6.4.3.5 安装完毕的锚固力试件放在按6.4.2规定温度环境中养护。

6.4.3.6 每种锚杆锚固力试验应做3个试件，2个试件于养护0.5 h时进行试验，另一个试件于养护24 h±3 h进行试验。

6.4.3.7 锚固力试验应在检定合格的万能材料试验机上进行，锚杆杆端应穿过拉力架端板中心孔，再夹紧于试验机下钳口中，拉力架的另一端活动拉杆应夹紧于试验机的对应上钳口中，加载速度5±0.5 MPa/s，由试验机示值盘直接读得锚固力试验结果。

6.5 膨胀率

6.5.1 仪器：

a) 光学万能测长仪：分度值0.0001 mm；出厂检验可用分度值0.001 mm的比长仪。

b) 架盘天平：最大称量1000 g，感量0.5 g。

6.5.2 模具及附件、工具：

模具：规格为25 mm×25 mm×280 mm端头带孔钢模；

附件：端部直径为5 mm的铜测量头；

工具：拌和锅铲、钗形头专用夯棒。

6.5.3 试验环境条件同5.3和表4的相应规定。

6.5.4 试验步骤：

6.5.4.1 将模具清理干净，模内表面抹以少许机油，在模端部孔中插入铜测量头。

6.5.4.2 称取锚固剂350 g，倒入拌和锅，在料堆上部划一坑槽，再倒入105 mL洁净水，在1 min内迅速搅拌完毕，立即将浆料放入模具，夯实，刮去表面多余浆料，抹平表面。

6.5.4.3 从加水时间起计时，15 min时，将已拆掉的试件立即放入测长仪测读初读数 L_0，每5 min测读一次读数，直至0.5 h，测读得读数6个，取下试件待28 d时再行测读一次，膨胀率按式(3)计算：

$$\rho_M=\frac{L_n-L_0}{L}\times 100\% \qquad \cdots\cdots(3)$$

式中：ρ_M——锚固剂膨胀率，%；

L——试件基长，250 mm；

L_0——试件测长初读数，mm；

L_n——0.5 h内读数最大值，或28 d读数，mm。

7 检验规则

7.1 产品检验分出厂检检和型式检验。出厂检验由制造厂质量检验部门进行。型式检检由产品质量监督检验机构进行。

7.2 检验项目：

产品出厂检验和型式检验项目见表6。

表6 检验项目

序 号	检验项目	不合格分类	技术要求	检验方法	检验类别	
					出厂	型式
1	外观	C	5.2	6.1	√	√
2	尺寸	C	5.2	6.1	√	√
3	表观密度	C	5.2	6.1	√	√
4	凝结时间	B	5.3	6.2	√	√
5	抗压强度	A	5.4	6.3	—	√
6	锚固力	A	5.5	6.4	√	√
7	膨胀率	B	5.6	6.5	√	√

7.3 出厂检验：

7.3.1 出厂检验样品应按GB/T 10111的规定，从提交的检验批中随机抽取。

7.3.2 抽样方案：

采用GB/T 15239—1994的一次抽样方案模式B，极限质量 $LQ=32$，采用特殊检验水平S—3，批量 $N=2000$。

由GB/T 15239的相关表中查得抽样方案为：

样本大小：$n=13$；

合格判定数：$A_c=1$；

不合格判定数：$R_e=2$。

7.3.3 判定规则：

批合格或不合格的判定规则按GB/T 15239—1994中5.11的规定执行。

7.4 型式检验：

7.4.1 有下列情况之一者，产品应进行型式检验：

a) 试制的新产品进行投产鉴定时；

b) 正式生产时，年产或累计产量达 20 万件时；

c) 产品的材料或工艺有重大改变，可能影响产品性能时；

d) 出厂检验结果与上次型式检验结果有较大差异时；

e) 产品停产半年以上再恢复生产时；

f) 国家产品质量监督机构提出进行型式检验要求时。

7.4.2 型式检验的样品应从经出厂检验合格的产品中，按 GB/T 10111 的规定随机抽取，抽样标准符合 GB/T 2829 的规定，抽样方案及有关数据见表 7。

表 7 型式检验抽样方案及有关数据

试验组别	不合格分类	*RQL*	*DL*	抽样方案类型	判定数组 [A_c,R_e]	样本量
1	A	30	Ⅰ	一次	[0,1]	3
2	B	40	Ⅱ	二次	[0,1]	4
3	C	50	Ⅲ	三次	[0,1]	3

7.4.3 判定规则对照检验项目要求检验，并累计合格数或不合格品数，按抽样方案判定检验合格或不合格。检验后的样本按 GB/T 2829—1987 中 4.12.4 的规定处置。

8 标志、包装、运输、贮存

8.1 锚固卷应用厚度大于 0.03 mm 的塑料薄膜包装并封口，一般每 4～10 个为一袋，每 4～6 袋装入一纸箱，每箱总重不超过 15 kg 为宜，箱体尺寸应能保证箱内锚固卷整齐挨紧排放。

8.2 包装箱上应标明：

a) 生产厂名称；

b) 产品名称；

c) 型号规格及数量；

d) 出厂日期及有效期；

e) 防潮标志。

箱内并应附有使用说明书。

实行安全标志的产品，应有相应的安全标识和编号。

8.3 装卸运输时不得抛掷，产品应存放于干燥、通风、不漏雨的仓库内，堆放于货架上，均忌受潮。

8.4 产品应按出厂日期先后，分批存放，依次发放使用，库内贮存期不得超过 1 个月，使用前贮存期不得超过 2 个月，雨季贮存期应相应缩短。

中华人民共和国行业标准

MT/T 220—90

煤矿用防爆柴油机械排气中一氧化碳、氮氧化物检验规范

1 主题内容与适用范围

本标准规定了煤矿用防爆柴油机和柴油机车排气中 CO 和 NO_x，排放浓度的技术要求、检验规定和检测方法。

本标准适用于煤矿用防爆柴油机和煤矿用防爆柴油机为动力的机车。

2 引用标准

GB 1883 往复活塞式内燃机名词术语

GB 8188 柴油机排放名词术语

GB 1147 内燃机通用技术条件

GB 252 轻柴油

GB 1105.1～1105.3 内燃机台架性能试验方法

GB 8189 柴油机排放试验方法 第二部分：地下矿、机车、船舶及其他工农业机械用

GB 8190 柴油机排气分析系统技术条件

GB 6457 柴油机排气中氮氧化物的测定 湿化学分析法

GB 3836.1～3836.4 爆炸性环境用防爆电气设备

GB 7230 气体检测管装置

MT 142 煤矿井下空气采样方法

3 术语

3.1 矿用柴油机：满足煤矿井下防爆低污染要求的柴油机。

3.2 矿用柴油机车：以矿用柴油机为动力，具有自身行驶和承载或牵引功能的机车。

3.3 矿用柴油机和矿用柴油机车在排气检验中所用计量单位和符号按《中华人民共和国法定计量单位》的规定。

3.4 柴油机名词、术语按 GB 1883 的规定。

3.5 柴油机排放的专用术语、符号按 GB 8188 的规定。

4 技术要求

4.1 提交排气检验的矿用柴油机和矿用柴油机车产品，应是经规定程序审批的产品图样和技术文件制造的煤矿用防爆低污染柴油机。性能指标必须达到制造厂技术文件和有关合同所规定的技术要求。

4.2 提交排气检验的柴油机，除符合 4.1 条的规定外，其他技术要求应符合 GB 1147 的规定。

4.3 矿用柴油机和矿用柴油机车做排气检验时，必须使用 GB 252 中规定的 0 号柴油。

4.4 矿用柴油机做排气检验时，其他条件应符合 GB 1105.1～1105.3 和 GB 8189 中的有关规定。

4.5 排气检验时，用于计量器具的校正气、量距气和零气的精度，应符合 GB 8190 中的有关规定。

中华人民共和国能源部 1990-10-26 批准 1990-11-01 实施

4.6 新装配的矿用柴油机和矿用柴油机车，在正常运行条件下，在标定输出功率的范围内，吸入空气成分中 CH_4 含量为零时，未经稀释排气中 CO、NO_x 的排放浓度不得超过下列允许限值：

CO：1000 ppm

NO_x：800 ppm

4.7 矿用柴油机车在煤矿井下正常运行时，排气中 CO、NO_x 的排放浓度被巷道中风流稀释后，井下空气中的 CO、NO_x 不得超过下列规定：

CO：0.0024%(24 ppm)

NO_x(换算成 NO_2)：0.000 25%(2.5 ppm)

4.8 用于矿用柴油机和矿用柴油机车排气检验的计量器具，必须经法定计量检定机构进行检定，取得计量检定合格证书后，在规定的检定周期内使用。

5 检验规定

5.1 在下列情况之一时，对各种类型的矿用柴油机和矿用柴油机车(包括国内产品和国外进口产品)，必须经过国家指定的“矿用防爆柴油机械质量监督检验测试中心”的排气检验，取得排气检验合格证书后方准在煤矿井下使用。

a. 新设计定型的矿用柴油机和矿用柴油机车。

b. 产品的结构、材料、工艺有较大改变，可能影响产品性能时。

c. 转厂生产的矿用柴油机和矿用柴油机车。

d. 国家指定的质量监督机构提出检验要求时。

5.2 矿用柴油机和矿用柴油机车经大修后的排气检验由国家指定的检验单位检测或监督检测，合格后方能投入使用。

5.3 矿用柴油机和矿用柴油机车的排气检验应遵照本规范的规定，其他方面的检验应按有关国家或行业标准的规定执行。

6 检测方法

6.1 矿用柴油机排气检测

6.1.1 检测条件

6.1.1.1 矿用柴油机的排气检测应在发动机试验台架上进行。

6.1.1.2 提交排气检测的矿用柴油机，必须带有维持本身正常运转所需要的附件(如风扇、散热水箱、清洗箱等)。

6.1.1.3 检测前，制造厂需向国家指定的检验单位提供下列技术资料：

a. 矿用柴油机使用说明书；

b. 矿用柴油机技术条件；

c. 矿用柴油机性能试验报告(包括试验数据表格和特性曲线图)、排气试验报告和磨合试验报告。

6.1.1.4 矿用柴油机排气检测时，除检测条件和项目要求需要调整外，不得对柴油机进行随意调整。检测时的其他要求应符合本规范第4章的有关规定。

6.1.2 检测仪器、装置及要求

6.1.2.1 用于矿用柴油机排气检测的仪器和装置必须能在下列条件中正常工作。

环境温度：5～35 ℃；

相对湿度：30%～90%；

电源电压：220 V±10%。

6.1.2.2 采用不分光红外线分析仪(NDIR)检测矿用柴油机排气中 CO 的排放浓度。

6.1.2.3 采用化学发光分析仪(CLD)检测矿用柴油机排气中 NO_x 的排放浓度。化学发光法 NO_x 分

析仪必须具备 NO_2→NO 转换性能，NO_2 通过转换器转换成 NO 的转换效率不得低于 90%(转换效率检查法见附录 A)。若无这种仪器，允许采用 GB 6457 规定的方法测定 NO_x 的排放浓度。

6.1.2.4 用于矿用柴油机排气检测的 CO、NO_x 分析仪，其主要技术指标应满足下列要求。

a. 精密度：不确定度不大于使用量程的±1%；

b. 零点漂移：8 h 内分析仪对零气响应的漂移应小于使用量程的±1%；

c. 量距漂移：8 h 内分析仪对量距气响应的漂移应小于使用量程的±1%；

d. 线性误差：分析仪使用量程的线性误差应小于示值范围的±2%。NDIR 分析仪可采用线性电路；

e. 响应时间：分析仪在使用量程上，从仪器进气口引入量距气，示值达到最终数值的 90%时，其时间应小于 15 s。

6.1.2.5 用于矿用柴油机排气检测的分析仪，推荐的示值范围见表 1。

表 1

分 析 仪	示 值 范 围	单 位
CO	0～500,0～1 000,0～2 000,0～3 000	ppm
NO_x	0～100,0～500,0～1 000,0～2 500	ppm

6.1.2.6 采用直接连续取样法采集矿用柴油机的排气气样。取样系统的技术要求应符合 GB 8190 中的有关规定。

6.1.2.7 所有接触气样或标准气的零部件应采用不锈钢或聚四氟乙烯材料制成。

6.1.3 检测程序

6.1.3.1 在矿用柴油机排气总管专用取气口上(此取气口应设置在清洗箱之前排气总管的适当位置)安装取样探头，并接通取样系统和 CO、NO_x 分析仪(推荐的取样探头结构与尺寸见附录 B)。

6.1.3.2 按仪器使用说明书中的要求分别对 CO 和 NO_x 分析仪进行预热、零点调节和量程刻度标定，如果试验中需用多种量程检测 CO 和 NO_x 的排放浓度，则必须对所用的每种量程进行零点和量程刻度定标。

6.1.3.3 按产品使用说明书的规定起动矿用柴油机，并进行暖机运转，使冷却水温度、机油温度和机油压力等运转参数达到使用说明书中的要求后，方可进行 CO、NO_x 排放浓度的检测。

6.1.3.4 按表 2 规定的工况和顺序进行矿用柴油机排气检测。一次排气检测过程中，应连续进行，中间不得停机。

表 2 矿用柴油机排气检测工况

工况序号	转速，r/min	负荷百分数，%
1	最低空载稳定转速(怠速)	0
2	最低工作稳定转速	0
3	最低工作稳定转速	50
4	最低工作稳定转速	100
5	最大扭矩转速	0
6	最大扭矩转速	75
7	最大扭矩转速	100
8	标定转速	100

表 2（续）

工况序号	转速，r/min	负荷百分数，%
9	标定转速	75
10	标定转速	50
11	标定转速	0
注：表 2 中负荷百分数是指矿用柴油机在标定功率的速度特性曲线上相应转速下全负荷的百分数。		

6.1.3.5　每一工况的负荷调整偏差应不大于全负荷的±2%。

6.1.3.6　每一工况的转速调整偏差应不大于 50 r/min。

6.1.3.7　排气检测时，每一工况运转 10 min，前 5 min 用于改变矿用柴油机的转速和负荷以稳定水温、油温等运转参数，后 5 min 为矿用柴油机的稳定运转时间。

6.1.3.8　在矿用柴油机的一次排气检测过程中，矿用柴油机或检测仪器设备如出现故障，应终止检测，已做的排气检测结果无效，待故障排除后再重新进行检测。

6.1.3.9　完成 6.1.3.4 条所规定的一次排气检测的最后一个工况后，应立即复核 6.1.3.2 条确定的 CO、NO_x 分析仪的零点和量程刻度标定，如各分析仪出现下列情况之一时，已做的排气检测结果无效，应重新进行检测。

a.　零点漂移超过分析仪使用量程刻度的±2%；

b.　零点与量程刻度定标点的间距偏差超过分析仪使用量程刻度的±2%。

6.1.4　检测数据记录与结果计算

6.1.4.1　将每一工况的 CO、NO_x 分析仪的输出信号连续地记录在长图记录仪上，记录仪的技术要求应符合 GB 8189 中的有关规定。取每一工况最后 1 min 测量记录曲线读数的算术平均值为该工况的 CO、NO_x 实测值。

6.1.4.2　在每一工况后 5 min 稳定运转时间内测量和记录下列各项参数：

a.　柴油机转速　　r/min；

b.　柴油机功率　　kW；

c.　柴油机燃油消耗量　　kg/h；

d.　柴油机空气消耗量　　kg/h；

e.　大气压力　　kPa；

f.　进气温度　　℃；

g.　进气空气相对湿度　　%；

h.　CO、NO_x 实测值　　ppm。

6.1.4.3　按(1)、(2)式确定出每个工况的 CO 和 NO_x 湿基排放浓度。

$$V_{CO(湿)}=V_{CO(实测)}\times K_W \quad \cdots\cdots(1)$$

$$V_{NO_x(湿)}=V_{NO_x(实测)}\times K_W \quad \cdots\cdots(2)$$

式中：$V_{CO(湿)}$——每一工况的 CO 湿基排放浓度，ppm；

$V_{NO_x(湿)}$——每一工况的 NO_x 湿基排放浓度，ppm；

$V_{CO(实测)}$——每一工况 CO 的实测值，ppm；

$V_{NO_x(实测)}$——每一工况 NO_x 的实测值，ppm；

K_W——干、湿基换算系数。

6.1.4.4　干、湿基浓度换算系数 K_W 的计算参见附录 C。

6.2　矿用柴油机车排气检测

6.2.1　检测条件

6.2.1.1　属于本规范 5.1 条规定的矿用柴油机车排气检测，规定在国家指定的检验单位进行。

6.2.1.2 矿用柴油机车排气检测前，制造或使用单位应向检验单位提供下列技术资料：

a. 机车使用维护说明书；

b. 机车技术条件；

c. 机车出厂性能试验报告。

6.2.1.3 矿用柴油机车排气检测前，按制造厂使用维护说明书中有关规定对机车进行运行检查，在机车各项性能正常情况下，方能进行机车排气检测。

6.2.1.4 矿用柴油机车排气检测时的其他要求应符合本规范第4章的有关规定。

6.2.1.5 矿用柴油机车在煤矿井下正常运行时，排气的日常检测工作，按本规范有关规定进行。

6.2.2 检测仪表、装置及要求

6.2.2.1 采用便携式气体检测仪表或比长式气体检测管检测矿用柴油机车排气中CO、NO_x 的排放浓度。

6.2.2.2 便携式气体检测仪表或比长式气体检测管及装置，应在煤矿矿井下列条件中正常工作：

环境温度：0～40 ℃；

相对湿度：30％～95％。

6.2.2.3 便携式气体检测仪表或比长式气体检测管装置中的安全防爆性能应符合GB 3836.1～3836.4中有关规定。

6.2.2.4 便携式气体检测仪或比长式气体检测管装置的精度不得低于10％。

6.2.2.5 便携式气体检测仪或比长式气体检测管的示值范围应满足本规范4.6条规定限值的测量。

6.2.2.6 用比长式气体检测管装置检测矿用柴油机车排气中CO排放浓度时，CO气体检测管应同过滤管串联使用，过滤管应能滤掉1％以上的饱和烃或不饱和烃类的气体。

6.2.2.7 用比长式气体检测管装置检测矿用柴油机车排气中 NO_x 排放浓度时，NO_x 气体检测管应同 $NO \rightarrow NO_2$ 氧化管串联使用，$NO \rightarrow NO_2$ 氧化管的转化效率应在90％以上（氧化管的转化效率检查参见附录D）。

6.2.2.8 与比长式气体检测管配套使用的采样器，推荐使用以下两种，可根据情况选用，但采样器采样体积的误差应不大于标定体积的±5％。

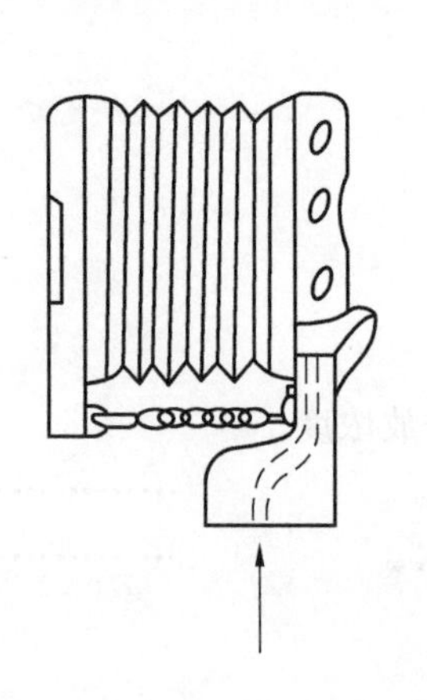

图1 负压吸入式采样器

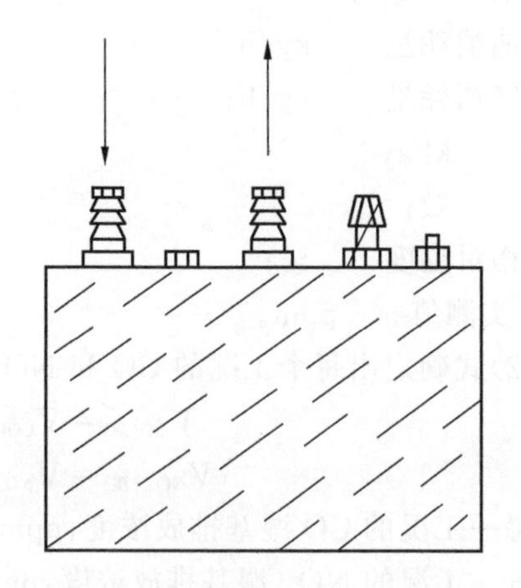

图2 电子气体自动采样器

6.2.2.9 气体检测管装置的其他要求应符合GB 7230中的有关规定。

6.2.3 检测程序

6.2.3.1 对便携式气体检测仪或比长式气体检测管装置按各自使用说明书中的要求，用标准气进行标定和操作。

6.2.3.2 起动矿用柴油机车，使各处的工作温度、压力均达到制造厂规定的稳定状态。

6.2.3.3 在矿用柴油机车排气总管专用取气口上安装取样探头，并按附录E的要求完成取样管与便携式气体检测仪或比长式气体检测管装置的连接。

6.2.3.4 对矿用柴油机车排气中CO、NO_x排放浓度的检测按下列规定的运转状况和顺序进行：

a. 机车不运行，柴油机在最低空载稳定转速(简称怠速)时；

b. 机车不运行，柴油机在最高空载转速时；

c. 机车空载在水平直道以最大运行速度时；

d. 在大于或等于50%的机车标定牵引力或载荷，以相应的牵引速度时。

6.2.3.5 矿用柴油机车在煤矿井下正常运行时，机车排气日常检测工作，矿井通风部门应指定专职人员负责。

6.2.3.6 矿用柴油机车在煤矿井下正常运行时，专职人员应按6.2.3.4条的规定，每月对机车的运转状况进行一次排气中CO、NO_x排放浓度的全面检测。在机车运行的巷道内，按下列规定的检测点，专职人员每周至少一次对巷道空气中CO、NO_x的含量进行检测。

a. 机车驾驶室司机面前呼吸位置；

b. 机车排气口顺风5 m距底板高1.5 m位置；

c. 井底车场工人候车室；

d. 机车运行巷道末端；

e. 其他必要检测点(由矿井通风部门根据生产情况和机车运行路线选定)。

6.2.3.7 对矿用柴油机车运行巷道内空气中CO、NO_x含量的检测，采样方法按MT 142的有关规定进行。

6.2.3.8 在6.2.3.4和6.2.3.6条检测过程中，如机车或检测仪表及装置出现故障，所做检测结果无效。待故障排除后，应按6.2.3条规定的检测程序重新检测。

6.2.4 数据记录与结果处理

6.2.4.1 按6.2.3.4及6.2.3.6条的规定，对机车某一运转状况或巷道空气中某一位置连续检测两次，取两次检测结果的算术平均值作为检测结果，如两次检测结果相对误差超过平均值的±15%，应进行第三次检测，取其允许差值范围内的两个算术平均值为检测结果。

6.2.4.2 用比长式气体检测管装置检测时，如超出厂家规定的使用温度范围，检测结果应按产品使用说明书中有关规定进行修正。

6.2.4.3 对机车某一运转状况CO、NO_x排放浓度的检测或对巷道空气中某一位置CO、NO_x含量的检测时，应记录下列各项参数(记录格式见附录F)。

a. 机车运转状况或巷道中检测位置；

b. 检测时环境温度；

c. 检测时环境大气压；

d. 检测时环境空气相对湿度；

e. 检测时环境空气中CH_4的含量；

f. 井下矿用柴油机车正常运行数量；

g. 井下检测位置通风量。

6.2.4.4 记录测量数据时，只保留一位不确定数字。

6.2.4.5 检测结果按数字修约规则进行修约处理。

附 录 A
化学发光 NO_x 分析仪 $NO_2 \rightarrow NO$ 转换器转换效率检查方法
（补充件）

A1 方法原理

在 NO_x 分析过程中，气样中的 NO_2 进入仪器后，首先经 $NO_2 \rightarrow NO$ 转换器转换为 NO，然后再进行测量。将已知浓度的 NO_2 标准气做为理论值，通入已标定好的化学发光 NO_x 分析仪，得出实际测量值。实际测量值与理论值之比即为 $NO_2 \rightarrow NO$ 转换器转换效率。

A2 气体

用于检查转换效率的 NO 和 NO_2 标准气的标称浓度应接近化学发光 NO_x 分析仪测量范围的上限值，其精度应在标称浓度的±1%以内。

A3 检查程序

A3.1 按仪器使用说明书的规定对仪器进行预热，零点调节，使仪器处于正常稳定工作状态。

A3.2 通入 NO 标准气，对 NO_x 分析仪进行标定。

A3.3 将 NO_2 标准气通入已标定好的 NO_x 分析仪进行测量，待数值稳定后，记录实际测量值。

A4 转换效率计算

完成 A3.3 条的测量后，按式 A1 计算 $NO_2 \rightarrow NO$ 转换器的转换效率。

$$R(\%)=\frac{c_{NO_x}}{c_{NO_2}}\times 100 \qquad \text{(A1)}$$

式中：R——转换效率，%；

c_{NO_x}——实测 NO_x 浓度，ppm；

c_{NO_2}——NO_2 标准气标称浓度，ppm。

计算示例：

NO_2 标准气标称浓度 c_{NO_2} 为 2 475 ppm，经转换器转换后实测值 c_{NO_x} 为 2 400 ppm，将 c_{NO_x} 和 c_{NO_2} 代入(A1)式，则转换器的转换效率为 96.97%。

附 录 B
推荐取样探头的结构与尺寸
（补充件）

B1 取样探头为不锈钢直管，一端封闭，壁厚不大于 1 mm，内径与取样导管相同。

B2 取样探头上的孔数不得少于 3 个，孔的位置在管壁径向和轴向应均匀分布。仅用 3 个孔时，不得布置在同一截面。同一截面上两孔中心线夹角不应成 180°±20°。

B3 取样探头内径推荐以 6 mm 为宜，探头垂直插入排气管取气口，并通过排气管中心，伸入长度为排气管直径的 80%。推荐的取样探头结构与尺寸见图 B1。

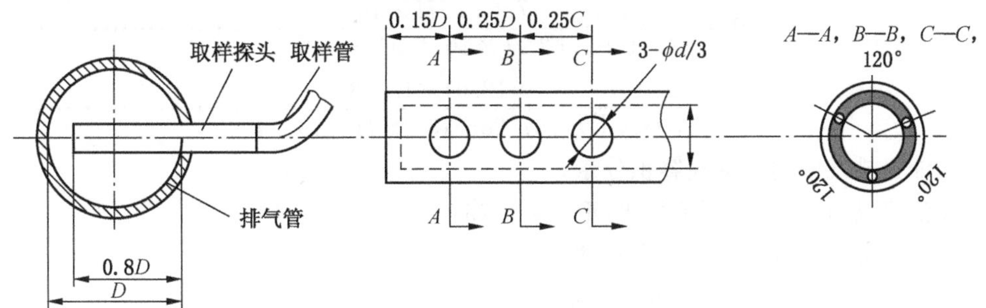

图 B1 推荐的取样探头示意图

注：D 为排气管内径，d 为取样探头内径。

附 录 C
干、湿基浓度换算系数 K_W 值的计算
（补充件）

C1 矿用柴油机排气检测结果数据记录表格见表 C1。

表 C1 矿用柴油机排气检测结果数据记录表

发动机型号：______	测功器型号：______	大 气 压：______kPa
发动机编号：______	CO 分析仪型号：______	检测日期：____年__月__日
制造厂名称：______	NO_x 分析仪型号：______	检测人员：______

工况序号	转速 r/min	功率 kW	进气温度 ℃	大气压力 kPa	进气空气相对湿度 %	空气含湿量 g(水)/kg(干空气)	干空气消耗量 kg/h	燃油消耗量 kg/h	CO		NO_x	
									$V_{CO(实测)}$ ppm	$V_{CO(湿)}$ ppm	$V_{NO_x(实测)}$ ppm	$V_{NO_x(湿)}$ ppm

C2 K_W 值的计算：

$$K_W = 1 - W \qquad \text{(C1)}$$

$$W=\frac{0.5\,y+7.63\,MH\times10^{-3}}{(4.76+7.63\,H\times10^{-3})M+0.25\,y} \qquad \cdots\cdots(C2)$$

$$M=\frac{1}{G_f/G_a(干)}\left(\frac{12.01+1.008\,y}{137.28+13.75\,H\times10^{-2}}\right) \qquad \cdots\cdots(C3)$$

式中：W——柴油机排气中的水蒸气容积分量；

y——柴油机燃油的氢/碳原子数比，取 $y=1.75$；

M——吸入柴油机的空气中氧的摩尔数；

H——试验时环境空气含湿量，g(水)/kg(干空气)；

G_f——柴油机燃油消耗量，kg/h；

G_a(干)——换算到标准环境状况下的柴油机干空气消耗量，kg/h。

C3 柴油机排气台架试验时的环境空气含湿量计算：

$$H=\frac{622\phi P_s}{P-\phi P_s} \qquad \cdots\cdots(C4)$$

式中：H——同式(C2)；

ϕ——进气空气的相对湿度，%；

P_s——干球温度(进气温度)下的饱和水蒸气压，kPa；

P——大气压，kPa。

附　录　D
$NO \rightarrow NO_2$ 氧化管的转化效率检查
（补充件）

D1 $NO \rightarrow NO_2$ 氧化管转化效率检查时，$NO \rightarrow NO_2$ 氧化管与 NO_2 比长式气体检测管的连接参见图 D1。

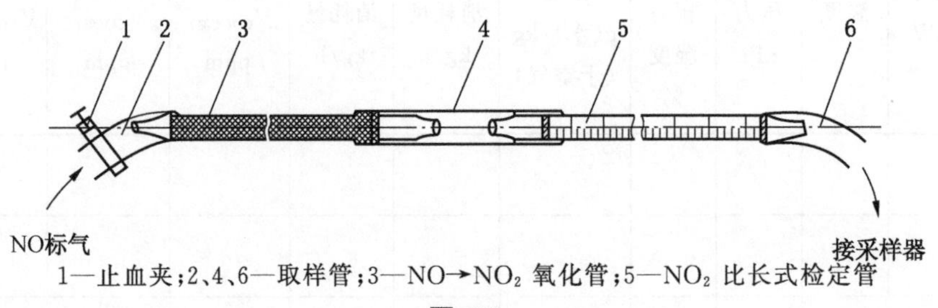

1—止血夹；2、4、6—取样管；3—$NO \rightarrow NO_2$ 氧化管；5—NO_2 比长式检定管

图 D1

D2 按使用说明书中有关规定对检测管装置进行操作。

D3 准备工作完成后，打开 NO 标准气，让其先经过 $NO \rightarrow NO_2$ 氧化管再经过 NO_2 检测管，记录 NO_2 检测管示值。

D4 按式 D1 计算出 $NO \rightarrow NO_2$ 氧化管的转换效率：

$$R'(\%)=\frac{c_{NO_2}}{c_{NO}}\times100 \qquad \cdots\cdots(D1)$$

式中：R'——$NO \rightarrow NO_2$ 氧化管的转换效率，%；

c_{NO_2}——NO_2 检测管指示出的测量值，ppm；

c_{NO}——NO 标准气标称浓度，ppm。

附 录 E
机车排气检测装置与连接
（补充件）

E1 用便携式气体检测仪对矿用柴油机车排气中 CO、NO_x 排放浓度进行检测时，检测装置的连接参见图 E1。

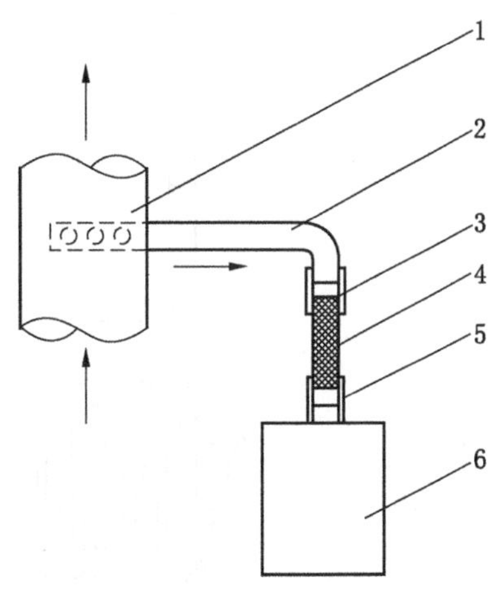

1—柴油机排气管；2—取样探头；3、5—取样管；4—过滤管；
6—便携式 CO、NO_x 气体检测仪

图 E1

E1.1 在煤矿井下或随机车检测时，取样管允许使用硅橡胶或乳胶管，但禁用聚氯乙烯塑料管。取样管与各部件连接处，不得有漏气现象。

E1.2 过滤管是由内径 6 mm，长为 100～150 mm 内装无碱玻璃棉的不锈钢管或玻璃管构成。管内无碱玻璃棉的装填要松弛堆积。如果便携式气体检测仪本身具有过滤装置，该过滤管在检测装置中可以不用。

E2 用比长式气体检测管装置对矿用柴油机车排气中或巷道某一位置空气中 CO、NO_x 的浓度进行检测时，检测装置的连接参见图 E2 和图 E3。

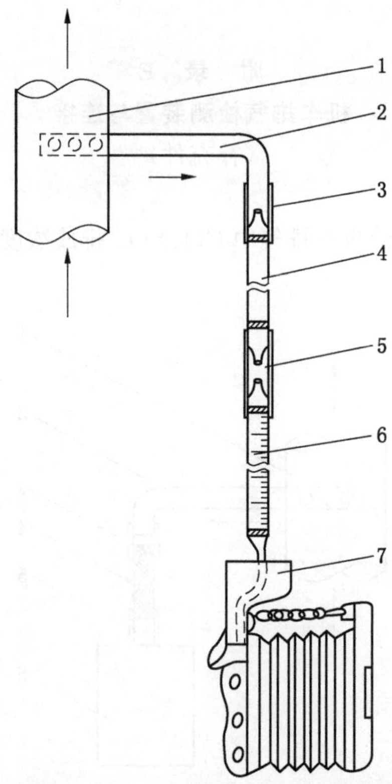

1—柴油机排气管；2—取样探头；3、5—取样管；4—CO 除干扰管或 NO→NO_2 氧化管；
6—CO 或 NO_2 检测管；7—负压吸入式采样器

图 E2

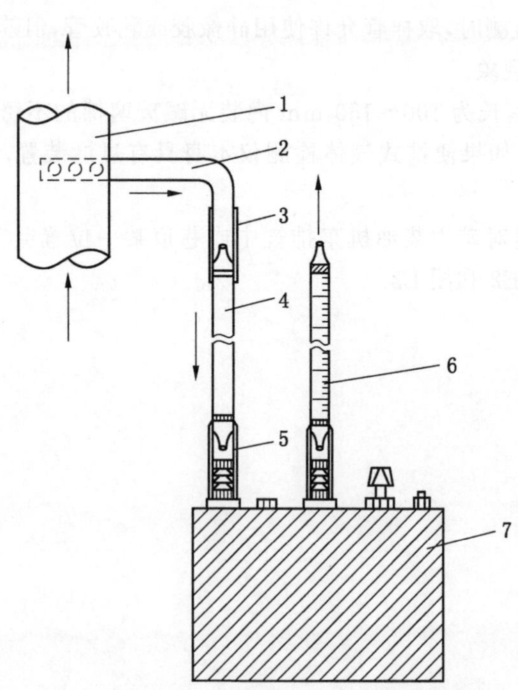

1—柴油机排气管；2—取样探头；3、5—取样管；4—CO 除干扰管或 NO→NO_2 氧化管；
6—CO 或 NO_2 检测管；7—电子气体自动采样器

图 E3

附 录 F
机车排气及巷道空气检测结果记录表
（补充件）

F1 矿用柴油机车排气检测结果数据记录表格见表 F1。

表 F1 矿用柴油机车排气检测数据记录表

机车型号：______ CO 分析仪型号：______ 检测人员：______

机车功率：______ kW NO_x 分析仪型号：______

制造单位：______ 检测日期：______ 年 月 日

机车运转状况	环境条件			CO，ppm			NO_x，ppm			备注
	温度 ℃	压力 kPa	湿度 %	n_1	n_2	$\overline{n}$	n_1	n_2	$\overline{n}$	

F2 机车运行巷道空气中 CO、NO_x 检测结果记录表格见表 F2。

表 F2　机车运行巷道空气中 CO、NO_x 检测数据记录表

机车正常运行数量：________________（辆）　　NO_x 仪器仪表型号：________________

机车正常运行标定总功率：____________kW　　检测日期：________年　月　日

CO 仪器仪表型号：________________　　检测人员：________________

检测地点	环境条件					CO,ppm			NO_x,ppm			备注
	通风量 m^3/min	CH_4 含量 %	温度 ℃	压力 kPa	湿度 %	n_1	n_2	$\overline{n}$	n_1	n_2	$\overline{n}$	

F3　表 F1、表 F2 中 n_1、n_2 和 $\overline{n}$ 分别代表：

n_1：机车某一运转状况或巷道某一位置空气中第一次检测结果，ppm；

n_2：机车某一运转状况或巷道某一位置空气中第二次检测结果，ppm；

$\overline{n}$：第一次和第二次检测结果的算术平均值，ppm。

附加说明：

本规范由中国统配煤矿总公司技术发展局提出。

本规范由河北煤炭科学研究所、矿用防爆柴油机械质量监督检验测试中心负责起草。

本规范主要起草人管呈国、郭燕婵、刘素娥。

本规范委托矿用防爆柴油机械质量监督检验测试中心负责解释。

ICS 73.100.20
D 98
备案号：15509—2005

中华人民共和国煤炭行业标准

MT/T 221—2005
代替 MT 221—1991

煤 矿 用 防 爆 灯 具

Explosion proof lamp for coal mine

2005-02-14 发布 2005-06-01 实施

国家发展和改革委员会 发布

前　言

本标准的第 4 章、7.1 为强制性的，其余为推荐性的。

本标准是对 MT 221—1991《煤矿用防爆灯具》的修订，本标准代替 MT 221—1991《煤矿用防爆灯具》。

本标准与 MT 221—1991 相比，主要变化如下：

——增加了灯具本质安全性能的要求和试验方法(见 4.3、4.12 和 5.11)；

——增加了塑料外壳的要求和试验方法(见 4.17 和 5.16)；

——增加了铝合金外壳的要求和试验方法(见 4.18 和 5.17)；

——增加了增安型灯具极限温度的要求和试验方法(见 4.24 和 5.23)；

——修改了灯具产品型式及产品型号的要求(1991 版的 3.1 和 3.2；本版的 3.1 和 3.2)；

——修改了振动性能的要求和试验方法(1991 版的 4.9 和 5.7；本版的 4.8 和 5.7)；

——修改了冲击性能的要求和试验方法(1991 版的 4.10 和 5.8；本版的 4.9 和 5.8)；

——修改了防爆性能的要求和试验方法(1991 版的 4.13 和 5.11；本版的 4.12 和 5.11)；

——修改了增安型灯具外壳防护性能的要求和试验方法(1991 版的 4.14 和 5.12；本版的 4.13 和 5.12)；

——修改了透明件抗冲击性能的要求和试验方法(1991 版的 4.20 和 5.18；本版的 4.20 和 5.19)；

——修改了绝缘电阻的要求(1991 版的 4.5；本版的 4.4)；

——修改了外壳静压试验的要求(1991 版的 4.11；本版的 4.10)。

本标准由中国煤炭工业协会科技发展部提出。

本标准由煤炭工业煤矿专用设备标准化技术委员会归口。

本标准由煤炭科学研究总院上海分院负责起草，沈阳市第三防爆灯厂、浙江华夏防爆电气有限公司参加起草。

本标准主要起草人：曹广辉、顾苑婷、王彩燕、李龙江、薛正根。

本标准于 1991 年 1 月 15 日首次发布。于 2005 年 6 月第一次修订。

煤 矿 用 防 爆 灯 具

1 范围

本标准规定了煤矿用防爆灯具(以下简称灯具)的产品分类、要求,试验方法、检验规则、标志、包装、运输和贮存。

本标准适用于具有甲烷或煤尘爆炸危险的煤矿井下工作面、巷道、硐室以及移动式设备上作照明用的灯具,不适用于矿用安全帽灯。

2 规范性引用文件

下列文件中的条款通过本标准的引用而成为本标准的条款。凡是注日期的引用文件,其随后所有的修改单(不包括勘误的内容)或修订版均不适用于本标准,然而,鼓励根据本标准达成协议的各方研究是否可使用这些文件的最新版本。凡是不注日期的引用文件,其最新版本适用于本标准。

GB 1444—1987 防爆灯具专用螺口式灯座

GB/T 2423.4—1993 电工电子产品基本环境试验规程 试验 Db:交变湿热试验方法(eqv IEC 60068-2-30:1980)

GB/T 2423.5—1995 电工电子产品环境试验 第 2 部分:试验方法 试验 Ea 和导则:冲击(idt IEC 68-2-27:1987)

GB/T 2423.10—1995 电工电子产品环境试验 第 2 部分:试验方法 试验 Fc 和导则:振动(正弦)(idt IEC 68-2-6:1982)

GB 3836.1—2000 爆炸性气体环境用电气设备 第 1 部分:通用要求(eqv IEC 60079-0:1998)

GB 3836.2—2000 爆炸性气体环境用电气设备 第 2 部分:隔爆型“d”(eqv IEC 60079-1:1990)

GB 3836.3—2000 爆炸性气体环境用电气设备 第 3 部分:增安型“e”(eqv IEC 60079-7:1990)

GB 3836.4—2000 爆炸性气体环境用电气设备 第 4 部分:本质安全型“i”(eqv IEC 60079-11:1999)

GB 4208—1993 外壳防护等级(IP 代码)(eqv IEC 529:1989)

GB/T 13813—2001 煤矿用金属材料摩擦火花安全性试验方法和判定规则

MT/T 154.1—1992 煤矿机电产品型号的编制导则和管理办法

3 产品分类

3.1 产品型式

灯具按其防爆型式分为:

a) 矿用隔爆型 ExdI;

b) 矿用增安型 ExeI;

c) 矿用隔爆兼本质安全型 Exd〔ib〕I;

d) 矿用隔爆兼增安型 Exd〔e〕I。

3.2 产品基本参数

额定电压:12,24,36,48,127 V。

3.3 产品型号

产品型号编制按 MT/T 154.1—1992 的规定进行,组成和排列方式如下:

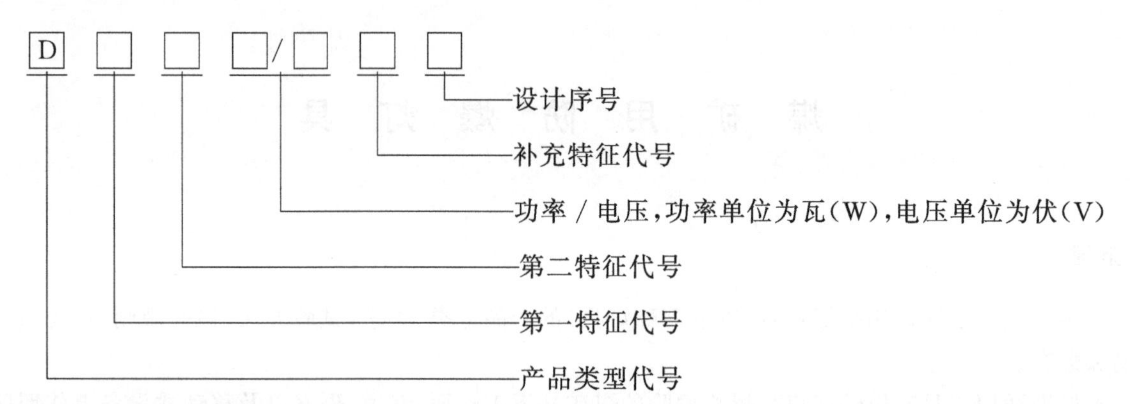

第一特征代号：隔爆型灯具代号用“G”，增安型灯具代号用“Z”，隔爆兼本质安全型灯具用“J”，隔爆兼增安型灯具用“A”。

第二特征代号：运输机械用灯具代号用“Y”，钻车、掘进机械用灯具代号用“E”，巷道、硐室照明用灯具代号用“S”，采掘工作面用灯具代号用“C”。

补充特征代号：荧光灯具代号用“Y”，白炽灯具代号用“B”，钠灯具代号用“N”，汞灯具代号用“G”，二极管灯具代号用“L”。

设计序号：用括号的大写汉语拼音字母(A)(B)(C)……依次表示。

示例：DGS20/1.27Y(A)表示 127 V、20 W 第一次设计的巷道、硐室用隔爆型荧光灯。

4 要求

4.1 一般要求

4.1.1 灯具应符合本标准的要求，并按照经规定程序批准的图样及技术文件制造。

4.1.2 本标准未涉及的内容，应符合国家颁发的现行标准或有关规程、规范的规定。

4.2 结构与制造

灯具结构与制造应符合 GB 3836.1—2000、GB 3836.2—2000、GB 3836.3—2000、GB 3836.4—2000 等有关标准的规定。

4.3 介电强度

灯具导电部分之间，导电部分与外壳之间的介电强度用频率为 50 Hz，按表 1 规定的试验电压值(有效值)历经 1 min 应无击穿或闪络现象。本质安全电路和非本质安全电路之间的绝缘应能承受 $2U+1\,000$ V交流有效值试验电压值，但不小于 1 500 V，U 指本质安全电路和非本质安全电路的电压有效值之和。

表 1

额定绝缘电压 U_i V	工频耐压试验电压值 kV
$U_i \leqslant 60$	1.0
$60 < U_i \leqslant 127$	2.0

4.4 绝缘电阻

不同极性的带电部件之间及带电部件和壳体之间最小绝缘电阻应符合表 2 的规定。

表 2

额定绝缘电压 U_i V	绝缘电阻值 MΩ
$U_i \leqslant 60$	2
$60 < U_i \leqslant 127$	20

4.5 电压波动

电源电压在额定电压的75%～110%(气体放电灯为85%～110%)范围内波动时,灯具应能点亮。

4.6 表面温度

灯具在环境温度为－20℃～＋40℃工作时,如表面可能堆积粉尘时,表面温度不得超过150℃。

4.7 照度

灯具所产生的照度应符合表3的规定。

表3

序　　号	名　　称	照射距离 m	灯具照度 lx
1	运输机械用灯具	40	≥2
2	钻车、掘进机械用灯具	10	≥10
3	巷道、硐室照明用灯具	3	≥10
4	采掘工作面用灯具	2	≥5

4.8 耐振性能

4.8.1 固定式灯具的振动性能应符合表4的规定,经5.7.1试验,试验后,灯具通电后仍应正常工作,零部件不得损坏,紧固件应无松动脱落。

4.8.2 移动式灯具的振动性能应符合表4的规定,经5.7.2试验,试验后,灯具仍应正常工作,零部件不得损坏,紧固件应无松动脱落。

表4

产品分类	振动频率 Hz	加速度幅值[a] m/s^2	位移幅值[b] mm	每轴线的扫频循环次数	样品状态
固定式灯具	10～150	50	0.35	5	不通电
移动式灯具	10～150	50	0.35	5	通电

[a] 指交越频率以上的定加速度幅值;

[b] 指交越频率以下的定位移幅值。

4.9 冲击性能

4.9.1 固定式灯具的冲击性能应符合表5的规定,经5.8.1试验,试验后,灯具通电后仍应正常工作,零部件不得损坏,紧固件应无松动脱落。

4.9.2 移动式灯具的冲击性能应符合表5的规定,经5.8.2试验,试验后,灯具仍应正常工作,零部件不得损坏,紧固件应无松动脱落。

表5

产品分类	峰值加速度 m/s^2	脉冲持续时间 ms	样品状态	每轴线冲击次数
固定式灯具	500	11	不通电	3
移动式灯具	500	11	通电	3

4.10 外壳静压性能

铸件、焊接件的外壳在精加工后按5.9进行静压试验,应无影响防爆性能的明显变形。

4.11 耐湿热性能

灯具应能承受严酷等级为高温＋40℃、试验周期为12 d的交变湿热试验,试验结束后30 min内进行介电强度试验,1 min应无击穿或闪络现象。试验电压有效值应符合表1的规定,绝缘电阻值应符合表6的规定。

表 6

额定绝缘电压 U_i V	绝缘电阻值 MΩ
$U_i \leqslant 60$	1.0
$60 < U_i \leqslant 127$	1.5

4.12 防爆性能

4.12.1 具有隔爆结构的灯具应能承受 5.11.1 规定的外壳耐压试验和内部点燃的不传爆试验。

4.12.2 具有本质安全电路的灯具应能承受 5.11.2 规定的火花点燃试验。

4.13 增安型灯具外壳防护性能

外壳防护性能应符合 GB 4208—1993 的规定，其防护等级不低于 IP 54。

4.14 电缆引入装置的夹紧及密封性能

电缆引入装置应符合 GB 3836.1—2000 附录 D2 及 GB 3836.2—2000 附录 D1 的规定，应能承受 5.13 规定的电缆引入装置的夹紧及密封性能试验。

4.15 连接件的扭转性能

灯具的连接件应能承受 5.14 规定的扭转试验，试验后连接件与绝缘套管不得转动和损坏。

4.16 外壳抗冲击性能

塑料外壳、轻金属合金或铸造金属外壳及其他壁厚小于 3 mm 的金属外壳应能承受冲击能量为 20 J 的冲击试验。

4.17 塑料外壳

灯具的塑料外壳应符合 GB 3836.1—2000 第 7 章及 GB 3836.2—2000 附录 A 的规定。

4.18 铝合金外壳

灯具的铝合金外壳应符合 GB 3836.1—2000 第 8 章的规定。

4.19 透明件耐热剧变性能

透明件应能承受 5.18 规定的热剧变试验，试验后不得损坏。

4.20 透明件抗冲击性能

有保护网罩的灯具透明件应能承受冲击能量为 4 J 的冲击试验；无保护网罩的灯具透明件应能承受冲击能量为 7 J 的冲击试验。

4.21 保护网罩及抗冲击性能

保护网罩的网孔应小于 50 mm×50 mm 并能承受冲击能量为 20 J 的冲击试验。

4.22 密封圈

密封圈由单一材料或复合材料制造，其形状适合所用电缆，材料应能承受 5.21 规定的老化试验。

4.23 增安型灯具的螺口式灯座

灯座应符合 GB 1444—1987 的有关规定。

4.24 增安型灯具的极限温度

极限温度应符合 GB 3836.3—2000 中 4.7 的规定。

4.25 零部件外观质量

4.25.1 橡胶塑料制品零件：表面平整、无飞边、裂纹、起泡、缺料和未经塑化的夹杂物。

4.25.2 冷冲制品零件，表面光滑，无裂纹、皱折及毛刺等缺陷。

4.25.3 表面电镀部件：表面光泽均匀，无斑点、起泡、脱皮等缺陷。

4.25.4 所有由黑色金属制成的外壳，精加工后非隔爆面进行喷漆或表面处理后，漆膜应平整、光泽不得有皱裂、超泡等缺陷。

5 试验方法

5.1 防爆结构检查

灯具防爆结构参数按 GB 3836.1—2000，GB 3836.2—2000，GB 3836.3—2000，GB 3836.4—2000 等有关规定逐项检查。

5.2 介电强度试验

灯具装配完整后按 4.3 的规定进行试验，耐压试验台容量不小于 1 kVA。

5.3 绝缘电阻试验(热态)

绝缘电阻测试应在灯具装配完整后进行，用 500 V 兆欧表测量。

5.4 电压波动试验

调整电源电压在额定电压的 75%～110%(气体放电灯为 85%～110%)范围内波动时，观察灯具能否点亮。

5.5 表面温度试验

按 GB 3836.1—2000 中 23.4.6 规定进行测定。

5.6 照度试验

灯具在没有任何光源干扰的暗室里，接入额定电压、额定频率的电源，待灯具工作稳定后按 4.7 规定，用照度计测量。

5.7 振动试验

5.7.1 固定式灯具应装配完整后，按 GB/T 2423.10—1995 的规定进行。

5.7.2 移动式灯具应装配完整通电后，按 GB/T 2423.10—1995 的规定进行。

5.8 冲击试验

5.8.1 固定式灯具应装配完整后，按 GB/T 2423.5—1995 的规定进行。

5.8.2 移动式灯具应装配完整通电后，按 GB/T 2423.5—1995 的规定进行。

5.9 外壳静压试验

按 GB 3836.2—2000 中 15.1.2.1 的规定进行。

5.10 耐湿热试验

按 GB/T 2423.4—1993 的规定进行，严酷等级应符合 4.11 的规定。

5.11 防爆性能试验

5.11.1 灯具的隔爆性能按 GB 3836.2—2000 第 15 章的规定进行。

5.11.2 灯具的本质安全电路按 GB 3836.4—2000 第 10 章的规定进行。

5.12 外壳防护试验

增安型灯具按 GB 4208—1993 的规定进行。

5.13 电缆引入装置夹紧及密封性能试验

按 GB 3836.1—2000 附录 D 和 GB 3836.2—2000 附录 D 规定进行。

5.14 连接件扭转试验

按 GB 3836.1—2000 中 23.4.5 的规定进行。

5.15 外壳抗冲击试验

按 GB 3836.1—2000 中 23.4.3.1 的规定进行。

5.16 塑料外壳性能试验

按 GB 3836.1—2000 中 23.4.7、附录 F 及 GB 3836.2—2000 附录 A 的规定进行。

5.17 铝合金外壳性能试验

按 GB/T 13813—2001 的规定进行。

5.18 透明件热剧变试验

按 GB 3836.1—2000 中 23.4.6.2 的规定进行。

5.19 透明件抗冲击试验

按 GB 3836.1—2000 中 23.4.3.1 的规定进行。

5.20 保护网罩抗冲击试验

按 GB 3836.1—2000 中 23.4.3.1 的规定进行。

5.21 橡胶密封圈老化试验

按 GB 3836.1—2000 附录 D3.3 的规定进行。

5.22 螺口式灯座试验

按 GB 1444—1987 的规定进行。

5.23 增安型灯具的极限温度试验

按 GB 3836.3—2000 中 5.2.4 和 5.2.6 的规定进行。

5.24 外观检查

用目测法检查。

6 检验规则

6.1 检验分类

产品检验分出厂检验和型式检验。

6.2 检验内容

出厂检验和型式检验内容应符合表 7 的规定。

表 7

序号	检验项目	要求	检验方法	出厂检验	型式检验
1	外观检查	4.25	5.24	√	√
2	整机防爆结构检查	4.2	5.1	√	√
3	透明件抗冲击试验	4.20	5.19	—	√
4	保护网罩抗冲击试验	4.21	5.20	—	√
5	外壳抗冲击试验	4.16	5.15	—	√
6	橡胶密封圈老化试验	4.22	5.21	—	√
7	连接件扭转试验	4.15	5.14	—	√
8	电缆引入装置夹紧及密封性能试验	4.14	5.13	—	√
9	透明件热剧变试验	4.19	5.18	—	√
10	外壳防护试验	4.13	5.12	—	√
11	塑料外壳性能试验	4.17	5.16	—	√
12	铝合金性能试验	4.18	5.17	—	√
13	外壳静压试验	4.10	5.9	√	√
14	防爆性能试验	4.12	5.11	—	√
15	照度试验	4.7	5.6	—	√
16	振动试验	4.8	5.7	—	√
17	冲击试验	4.9	5.8	—	√
18	螺口式灯座试验	4.23	5.22	—	√

表 7（续）

序号	检验项目	要求	检验方法	出厂检验	型式检验
19	表面温度测量	4.6	5.5	—	√
20	介电强度试验	4.3	5.2	√	√
21	绝缘电阻试验	4.4	5.3	√	√
22	电压波动试验	4.5	5.4	√	√
23	耐湿热试验	4.11	5.10	—	√
24	极限温度试验	4.24	5.23	—	√
注：√为应进行检验，—为无需检验。					

6.3 出厂检验

6.3.1 出厂检验由制造单位的质量检验部门逐台进行。全部出厂检验项目都通过检验后，则判定该灯具出厂检验合格。若任何一个检验项目不符合规定时，应停止检验，对不合格项目进行分析，找出不合格原因并采取纠正后，可继续进行检验。若重新检验合格，则仍判定出厂检验合格；若重新检验仍不符合规定，则判定出厂检验不合格。

6.3.2 灯具应按本标准经出厂检验合格，并附有产品质量合格证方可出厂。

6.4 型式检验

6.4.1 有下列情况之一时应进行型式检验：

a) 新产品试制或老产品转厂生产时；

b) 正式生产后，如结构、材料、工艺有较大改变，可能影响产品性能时；

c) 正常生产时，应每隔 5 年进行 1 次型式检验；

d) 产品停产超过 1 年恢复生产时；

e) 出厂检验结果与型式检验有较大差异时；

f) 国家安全监督机构、国家质量监督机构提出要求时。

6.4.2 用作型式检验的产品应从出厂检验合格的产品中随机抽取，每次抽取 2 台，如 2 台样品型式检验中均有一项检验项目不合格，则判该型式检验不合格；如 2 台样品中有 1 台一项检验项目不合格，则可加倍抽取样品，对不合格的项目复试，仍有不合格者，则判该型式检验不合格。

7 标志、包装、运输和贮存

7.1 标志

7.1.1 应在产品的明显位置牢固地设置铭牌、警告牌（带有自动联锁装置的灯具除外）、MA 标志牌和永久性凸纹防爆标志，在接地螺栓附近应设有接地符号。

7.1.2 铭牌、MA 标志牌与警告牌应采用耐化学腐蚀的材料（如青铜、黄铜或不锈钢）制成。

7.1.3 铭牌内容：

a) 产品名称和型号；

b) 额定电压；

c) 额定功率；

d) 防爆合格证号；

e) 符号 Ex；

f) 防爆型式；

g) 出厂年月或编号；

h) 制造厂名；

i) 安全标志准用证号。

7.1.4 警告牌内容为“严禁带电打开”。

7.2 包装

7.2.1 经检验合格的产品应连同技术文件和附件一起装入塑料薄膜袋中，然后装入合适的包装箱中，打包紧固。

7.2.2 随同产品提供的技术文件和附件：

a) 产品合格证；

b) 产品使用说明书；

c) 装箱单；

d) 附件袋或附件盒。

7.2.3 产品的包装应满足运输及装卸的要求，应保证产品在正常运输过程中不遭受损坏。

7.2.4 产品包装箱外表面的字样与标志内容：

a) 产品名称及型号；

b) 产品主要技术特征；

c) 装箱数量；

d) 净重与毛重(kg)；

e) “灯具”、“小心轻放”、“切勿受潮”、“向上”等发货作业字样或标志；

f) 出厂年月；

g) 生产厂名及厂址、邮政编码；

h) 安全标志准用证号。

7.3 运输

运输过程中包装箱不得倒置、倒放、不得遭受强烈的颠簸、震动、碰撞及雪、雨的侵袭。

7.4 贮存

7.4.1 产品应贮存于没有雨雪侵入、良好的通风条件、空气中不含有酸、碱等腐蚀性气体或粉尘的场所。

7.4.2 存放期超过3年的产品出厂或使用前应逐台检修，更换锈蚀的元器件并重新进行出厂检验。

ICS 73.100.20
D 98
备案号：20443—2007

中华人民共和国煤炭行业标准

MT/T 222—2007
代替 MT 222—1996，MT 755—1997

煤矿用局部通风机技术条件

Technical specification for auxiliary Fans used for mine

2007-03-30 发布　　2007-07-01 实施

国家安全生产监督管理总局　发布

前　言

本标准是对 MT 222—1996《煤矿用局部通风机》和 MT 755—1997《对旋式局部通风机技术条件》的修订，将两个标准合并为一个标准。

本标准与 MT 222—1996、MT 755—1997 相比，主要变化如下：

——MT 222—1996 中规定压入式通风机机号＜№5.0，最高全压效率≥75％，≥№5.0 时，最高全压效率≥80％，本标准参照 MT 755—1997，统一规定：压入式通风机机号＞№5.0，最高全压效率≥80％，≤№5.0 时，最高全压效率≥75％（原标准的 5.3.3.3，本标准的 6.3.12）；

——MT 222—1996 中没有规定"电动机最大输出功率"，本标准参照 MT 755—1997，对"电动机最大输出功率"进行了重新规定（本标准的 6.2.10）；

——本标准对电动机冷态绝缘电阻值进行了重新规定，修改了 MT 222—1996、MT 755—1997 中的规定，统一规定为：不小于 50 MΩ（MT 222—1996 中 5.2.5，MT 755—1997 中 4.2.6，本标准的 6.2.4）；

——本标准参照 MT 222—1996、MT 755—1997 对部分项目进行了合并，增加了"安全结构与措施检查"检验项目（本标准的表 7）；

——本标准取消了原标准中的一些不合理或不必要的规定（MT 222—1996 的 4.2.4，4.2.5）；

——本标准增加了对结构一体化风机的防爆性能和电气性能的规定（本标准的 6.2.12、7.13 和 7.14）；

——本标准增加了对抽出式局部通风机的保护圈材料厚度、铆钉材料的规定（本标准的 6.1.17）；

——本标准增加了对离心通风机的相关规定（本标准的 6.1.18）；

——本标准增加了"正常适用环境"内容（本标准的 5）。

本标准为强制性标准。

本标准由中国煤炭工业协会科技发展部提出。

本标准由煤炭行业煤矿安全标准化技术委员会归口。

本标准主要起草单位：煤炭科学研究总院重庆分院，参加起草单位：湘潭平安电气集团有限公司、运城市安运风机有限公司、山西省运城安瑞节能风机有限公司。

本标准主要起草人：巨广刚、孔令刚、周植鹏、刁文庆、王晓林、陈重新、李文洲、郭建民。

本标准所代替标准历次版本发布情况为：MT 222—1990、MT 222—1996；MT 755—1997。

煤矿用局部通风机技术条件

1 范围

本标准规定了煤矿用局部通风机(以下简称通风机)设计制造的技术要求、试验方法、检验规则、标志、包装、运输与贮存。

本标准适用于三相异步电动机驱动的通风机。

2 引用标准

下列文件的条款通过本标准的引用而成为本标准的条款。凡是注日期的引用文件,其随后所有的修改单(不包括勘误的内容) 或修订版均不适用于本标准,然而,鼓励根据本标准达成协议的各方研究是否可使用这些文件的最新版本。凡是不注日期的引用文件,其最新版本适用于本标准。

GB 191 包装储运图示标志

GB 755 旋转电机 定额和性能

GB/T 1236—2000 工业通风机用标准化风道进行性能试验

GB/T 2888 风机和罗茨鼓风机噪声测量方法

GB/T 3235 通风机基本型式、尺寸参数及性能曲线

GB 3836.1 爆炸性气体环境用电气设备 第1部分:通用要求

GB 3836.2 爆炸性气体环境用电气设备 第2部分:隔爆型“d”

GB/T 6388 运输包装收发货标志

GB 9438 铸铝件技术条件

GB 9969.1 工业产品使用说明书 总则

GB/T 10111 利用随机数骰子进行随机抽样的方法

GB/T 13306 标牌

GB/T 13813 煤矿用金属材料摩擦火花安全性试验方法和判定规则

GB/T 17774 工业通风机 尺寸

JB/T 6444 风机包装 通用技术条件

JB/T 6445 工业通风机叶轮超速试验

JB/T 6886 通风机涂装技术条件

JB/T 6887 风机用铸铁件 技术条件

JB/T 6888 风机用铸钢件 技术条件

JB/T 7565.5—2004 隔爆型三相异步电动机技术条件 第5部分:YBF2系列风机用隔爆型三相异步电动机(机座号63～355)

JB/T 8689 通风机振动检测及其限值

JB/T 8690 工业通风机 噪声限值

JB/T 9101 通风机转子平衡

JB/T 10213 通风机 焊接质量检验技术条件

JB/T 10214 通风机 铆焊件技术条件

JB/T 13275 一般用途离心通风机技术条件

MT 113 煤矿井下用聚合物制品阻燃抗静电性通用试验方法和判定规则

MT/T 154.1 煤矿机电产品型号编写规则

3 定义

本标准采用下列定义。

3.1

压入式局部通风机 forced auxiliary fan

使新鲜风流在正压下通过风筒送入局部通风地点而使用的通风设备。

3.2

抽出式局部通风机 extractable auxiliary fan

使局部通风地点的乏风在负压下通过风筒抽出排放到指定地点而使用的通风设备。

3.3

经济工作区域 range of economy operation

不小于通风机最高全压效率90%的运行范围。

3.4

隔流腔 cavity for isolating airflow

设置在通风机流道内，供安装隔爆型电动机，使电动机的冷却气流与通风机流道内气流隔离并与大气有孔道相通的腔室。

3.5

对旋式局部通风机 contrarotating auxiliary fan

具有旋转方向相反的两个或两个以上叶轮的轴流局部通风机。

3.4

比A声级 L_{SA} specific A noise

通风机单位流量、单位全压的A声级。其数学表达式见公式(1)：

$$L_{SA}=L_A-10\lg(Q\cdot P^2)+19.8 \qquad (1)$$

式中：

L_{SA}——通风机进气口(或出气口)的比A声级，dB；

L_A——通风机进气口(或出气口)的A声级，dB(A)；

Q——通风机测试工况点流量，m^3/min；

P——通风机测试工况点压力，Pa。

4 通风机分类

4.1 型式

通风机根据气流进入叶轮后的流动方向分为：轴流式通风机、离心式通风机、斜流式通风机和混流式通风机。通风机按用途分为：压入式局部通风机(以下简称压入式通风机)和抽出式局部通风机(以下简称抽出式通风机)。按隔爆型电动机的位置分为：隔爆型电动机置于流道外和隔爆型电动机置于流道内。

4.2 结构与机号

4.2.1 通风机主要由集流器、叶轮、导流器、机壳和电动机等部分组成。

4.2.2 通风机叶轮可采用轴流、斜流、离心等形式。叶片分为机翼型和圆弧板形等。

4.2.3 通风机的机号以叶轮直径的分米数冠以符号“№”表示。

4.2.4 通风机的机号与叶轮直径应符合表1的规定。

表 1 通风机机号与叶轮直径

机号 №	叶轮直径 mm	机号 №	叶轮直径 mm
△3.15	315	△6.3	630
3.55	355	6.7	670
△4	400	7.1	710
4.25	425	7.5	750
4.5	450	△8.0	800
4.75	475	8.5	850
△5.0	500	9.0	900
5.3	530	9.5	950
5.6	560	△10.0	1 000
6.0	600	11.2	1 120
注：带“△”为优先选用机号。			

5 正常适用环境

a) 环境空气温度－15 ℃～＋40 ℃；

b) 环境空气的相对湿度不超过90％(＋25 ℃时)；

c) 海拔不超过1 000 m；

d) 无强烈振动和腐蚀性气体等；

e) 安装在有瓦斯气体爆炸性危险的煤矿井的进风巷道中。

注：若在海拔超过1 000 m或最高环境温度高于＋40 ℃的条件下使用时，应按GB 755的规定或供需双方协商解决。

6 要求

6.1 设计制造要求

6.1.1 通风机应符合本标准的要求，并按规定程序批准的图样和技术文件，或按供需双方协议或合同的要求设计制造。

6.1.2 通风机所用的材料、配套件应符合相应标准的规定。自制件、外协件应检验合格后，才可用于装配。外购件应具有合格证和相关资格证件，并经验收合格后方可使用。

6.1.3 通风机一般按水平安装设计，设计使用寿命不应少于5a，第一次大修前的安全运转时间应按不小于13 000 h设计。

6.1.4 通风机的结构型式、规格尺寸及性能参数应符合GB/T 3235的规定。

6.1.5 通风机的法兰连接结构和尺寸应符合GB/T 17774的规定。

6.1.6 压入式通风机出口和抽出式通风机进口的结构和尺寸应考虑与正压风筒和负压风筒的合理连接。

6.1.7 通风机应在机壳上适当位置设置起吊用的吊耳，在机壳的底部设置安装用的底脚，联接螺栓孔不少于4个。

6.1.8 通风机的结构必须适用于井下运输，或在没有运输条件的情况下，便于人工搬运。

6.1.9 通风机机壳应有足够的刚度，使机壳产生的变形和振动达到最小。

6.1.10 通风机叶轮的叶片一般为固定式，也可为可调式。离心式通风机叶片进、出气安装角偏差为0°～1°；通风机的叶片和导叶安装角偏差为±1°。

6.1.11 通风机焊接质量应符合 JB/T 10213 的规定。转动件焊接后必须对焊缝进行外观检验,不得有裂纹,焊缝的内部检验应在图样中规定。应按零件的材质选取焊条,其力学性能不得低于母材的性能。

6.1.12 通风机铆焊件质量应符合 JB/T 10214 的规定。

6.1.13 通风机用铸铁件的质量应符合 JB/T 6887 的规定。

6.1.14 通风机用铸钢件的质量应符合 JB/T 6888 的规定。

6.1.15 铝合金铸件应符合 GB 9438 的规定。

6.1.16 有轴承箱的通风机,其轴承温升不得超过 40 ℃,最高温度不应超过 95 ℃。

6.1.17 抽出式通风机叶片保护圈材料厚度不应小于 2 mm,且保护圈铆钉材料与保护圈材料应一致。

6.1.18 离心式通风机结构应符合 JB/T 13275 的规定。

6.2 安全要求

6.2.1 通风机配套电动机和结构一体化通风机的电气防爆性能应符合 GB 3836.1 和 GB 3836.2 的规定,取得防爆电气设备检验合格证和矿用安全标志准用证,并在有效期内。

6.2.2 叶片为轻合金材料制成的压入式通风机叶片与机壳(有保护圈时为保护圈)的配对金属材料,抽出式通风机叶片与机壳(有保护圈时为保护圈)的配对金属材料,应符合 GB/T 13813 的规定,取得摩擦火花安全性检验合格证,并在有效期内。

6.2.3 若通风机的集流器、机壳、隔流腔、叶轮、扩散器等主要零部件为非金属聚合物制品时,其抗静电和阻燃性能应符合 MT 113 的规定,并取得检验合格证。

6.2.4 通风机配套电动机定子绕组的冷态绝缘电阻应不小于 50 MΩ。

6.2.5 通风机的进气口应加设固定的防护网,网眼不大于 30 mm。

6.2.6 通风机的旋转部件应安装牢固,并具有防止松动措施。

6.2.7 通风机应有接地装置,并具有永久性的接地标志。

6.2.8 抽出式轴流通风机叶轮的叶片与机壳(或保护圈)之间的单侧径向间隙;抽出式离心通风机叶轮轮盖与进气口(或保护圈)之间的单侧径向间隙;抽出式混流通风机叶轮的叶片顶端与壳体(或保护圈)之间的单侧法向间隙,应不小于 2.5 mm。

6.2.9 通风机叶片安装角可调时,应设置叶片最大安装角限位机构。

6.2.10 通风机在额定转速下运行,其电动机的最大输出功率不应超过电动机的额定功率。

6.2.11 电动机安装在流道内的抽出式通风机,在额定转速,自由进、出气工况下运行时,电动机隔流腔内静压与隔流腔处流道内的静压差值不应小于 100 Pa。

6.2.12 结构一体化通风机的电气性能应符合 JB/T 7565.5—2004 的规定。

6.3 质量要求

6.3.1 铸件的内、外表面应光滑,不得有气孔、裂纹、缩孔及厚度显著不均的缺陷。

6.3.2 通风机结构除要考虑设计制造的合理性、可靠性、实用性和工艺性外,还应要求其内、外各部位的整洁和美观。

6.3.3 通风机总装前,各零部件必须检验合格,不得有损伤、毛边和不平整等现象。

6.3.4 通风机焊缝应整齐,无焊瘤、弧坑、飞溅物等。机壳外表面应清洁、平整,不应有油污、铁锈,无明显磕碰、划伤等缺陷。

6.3.5 装于转子上的零部件应保持整洁,不允许生锈和存在锈痕。叶轮内、外表面不允许碰伤。

6.3.6 紧固件应齐全,无损伤,并作防锈处理,螺栓露出长度应整齐。

6.3.7 通风机涂装应符合 JB/T 6886 的规定。

6.3.8 通风机应进行机械运转试验,试验中,通风机应运转平稳,无异常声响。

6.3.9 压入式轴流通风机叶轮的叶片与机壳(或保护圈)之间的径向间隙应为叶轮公称直径的 1.5‰~3.5‰;压入式离心通风机叶轮轮盖与进气口(或保护圈)之间的径向间隙或轴向间隙应为叶轮公称直径的 1.5‰~4.0‰;它们之间的重叠长度应为叶轮公称直径的 8‰~12‰;压入式混流通风机叶

轮的叶片顶端与壳体(或保护圈)之间的顶端间隙,应为叶轮公称直径的1.5‰~3.5‰。最小间隙均不应小于1 mm。

6.3.10 通风机应进行空气动力性能试验,并具有稳定的空气动力性能。其性能曲线在工作区域内应平滑,无断裂和突变。

6.3.11 压入式通风机的最高全压效率应符合表2的规定。

表2 压入式通风机最高全压效率

机号	全压效率,%
≤№5.0	≥75
>№5.0	≥80

6.3.12 抽出式通风机的最高静压效率应符合表3的规定。

表3 抽出式通风机最高静压效率

机号	静压效率,%
≤№5.0	≥60
>№5.0	≥65

6.3.13 批量生产的通风机,在额定转速下,在经济工作区域内,实测空气动力性能曲线与产品说明书或企业标准给定的性能曲线之间,应满足下列规定:

a) 通风机实测全压或静压值,与给定性能曲线在相同流量下所给定全压或静压值相比,偏差不超过±8%。或通风机实测的流量值,与给定性能曲线在相同的全压或静压下所给定的流量相比,其偏差应不小于±8%。

b) 压入式通风机实测全压效率值,与给定性能曲线在相同流量或全压下所给定的全压效率值相比,偏差不小于-5%;抽出式通风机实测静压效率值,与给定性能曲线在相同流量或静压下所给定的静压效率值相比,偏差不小于-3%。

6.3.14 通风机应进行噪声测量,并绘制出气口(进气试验)或进气口(出气试验)A声级噪声特性曲线,并在产品说明书和企业标准中标出在最高效率工况点时出气口(进气试验)或进气口(出气试验)部位的比A声级L_{SA},其在最高效率工况点的比A声级L_{SA}应符合JB/T 8690标准和表4的规定。

表4 通风机比A声级L_{SA}

通风机类型	比A声级L_{SA}(dB)		测量部位
	≤№5.0	>№5.0	
轴流式通风机	≤30	≤25	按GB/T 2888规定
离心式通风机	≤25	≤20	
混流式通风机	≤25	≤20	

6.3.15 通风机振动精度用振动速度有效值表示,通风机在自由进、出气工况运转时,振动速度有效值应符合JB/T 8689的规定。

6.3.16 通风机叶轮动平衡精度应符合JB/T 9101的规定。精度等级应不小于G6.3。

6.3.17 通风机叶轮超速试验结果应符合JB/T 6445的规定。

7 试验方法

7.1 按6.2.1、6.2.2、6.2.3的规定审查相应的证件。

7.2 安全结构和措施采用目测法进行,防护网的间距用长度量具测量。

7.3 通风机的外观质量用目测法检查。

7.4 在通电试验前，用准确度不低于10级的兆欧表对通风机配套电动机定子绕组的冷态绝缘电阻进行测量，以最小值为测量结果值。

7.5 通风机机械运转试验在气动性能试验前进行，连续运行时间不应少于30 min。带有轴承箱的通风机的轴承温升应在轴承温度稳定20 min后，用分度值不大于0.5 ℃的温度计在轴承座或轴承附近的机壳上测量。

7.6 用分度值不大于0.05 mm的量具测量通风机间隙。在圆周上布置的测点不少于4个。

7.7 通风机空气动力学性能试验按照GB/T 1236—2000的试验方法进行，进、出气端横截面积按GB/T 1236—2000表1中的规定进行计算。

7.8 通风机噪声按GB/T 2888的规定进行测量。

7.9 将通风机的转速由零加速至额定转速，待运转平稳后，按JB/T 8689的规定进行振动速度的测量，以最大值为最终测量值。

7.10 电动机安装在流道内的抽出式通风机的隔流腔压差用皮托管和压力计进行测量。

7.11 通风机叶轮平衡校正按照JB/T 9101的规定进行。

7.12 通风机叶轮超速试验按照JB/T 6445的规定进行。

7.13 结构一体化通风机的防爆性能应按GB 3836.1和GB 3836.2的规定进行。

7.14 结构一体化通风机的电气性能应按JB/T 7565.5—2004的规定进行。

8 检验规则

8.1 检验分类

8.1.1 通风机应进行出厂检验和型式检验。

8.1.2 出厂检验和型式检验应按表5规定的项目进行。

8.1.3 新研制的通风机样机型式试验，必须经国家授权的质检机构检验合格后，方可投产。

8.2 出厂检验

8.2.1 批量生产的通风机由制造厂质量检验部门逐台进行检验，检验合格后发给合格证，方可出厂销售。

8.2.2 每台通风机应按本标准中表5所列的出厂检验项目进行检验。

8.2.3 在出厂检验合格的产品中，按本标准表5所列的抽检项目进行抽样检验，每批按照GB/T 10111规定的抽样方法抽取不少于产品数量10%的样品(至少2台)。

8.2.4 在抽查的产品中，若有1台不合格，则加倍抽检同一批产品，若仍有1台不合格，则应对该批产品逐台进行上述检验。

8.3 型式检验

8.3.1 当有下列情况之一时，应进行型式检验：

a) 新产品或老产品转厂生产时的试制、定型鉴定；
b) 设计、结构、材料和工艺有重大修改，并可能影响产品性能时；
c) 出厂检验结果与上次型式检验有较大差异时；
d) 批量生产的产品，每2年进行一次型式检验；
e) 停产2年后，恢复生产时；
f) 质量监督或安全监察部门提出要求时。

8.3.2 通风机应按表5所列的型式检验项目进行检验。

表 5　通风机检验项目

序号	检验项目	要求	试验方法	出厂检验	型式检验
1	安全证件审查	6.2.1,6.2.2,6.2.3	7.1	0[a]	*[d]
2	安全结构和措施检查	6.1.17，6.2.5，6.2.6，6.2.7，6.2.9	7.2	○	*
3	外观质量	6.1.5,6.1.7,6.1.11,6.1.12,6.1.18,6.3.1～6.3.7	7.3	○	○
4	电动机绕组冷态绝缘电阻	6.2.4	7.4	○	*
5	机械运转试验	6.3.8	7.5	○	○
6	压入式通风机叶轮间隙	6.3.10	7.6	○	○
	抽出式通风机叶轮间隙	6.2.8	7.6	0	*
7	通风机流量	6.3.14	7.7	△[b]	○
8	全压或静压偏差	6.3.14	7.7	△	*
9	最高全压效率或静压效率偏差	6.3.12,6.3.13	7.7	△	*
10	电动机最大输出功率	6.2.10	7.7	△	*
11	噪声	6.3.15	7.8	△	*
12	振动速度有效值	6.3.16	7.9	○	*
13	抽出式通风机的隔流腔压差	6.2.11	7.10	△	*
14	叶轮平衡品质	6.3.17	7.11	○	/
15	叶轮超速试验	6.3.18	7.12	/[c]	0
16	结构一体化通风机防爆性能[e]	6.2.1	7.13	0	*
17	结构一体化通风机电气性能[f]	6.2.12	7.14	0	*

[a] 出厂检验项目中应逐台进行检验的项目，型式检验项目中的一般检验项目。

[b] 出厂检验应进行抽检的项目。

[c] 不检的项目。

[d] 型式检验的主要检验项目。

[e] 该项目出厂检验内容为静压试验、防爆参数测量，且为过程检验。

[f] 该项目出厂检验内容为 JB/T 7565.5—2004 第 5.3 中除噪声和振动的测定以外的全部内容。

8.3.3　抽样

型式检验的样品，一般按 GB 10111 的规定，从出厂检验合格的产品中抽取 1 台样品，也可按上级或有关部门的抽样方案抽取。若是样机型式检验，可以送样。

8.3.4　判定原则

根据抽样检验结果，若主要检验项目有 1 项不合格，或一般检验项目有 2 项不合格，则应另抽取 1 台样品对不合格项目进行复检，如仍不合格，则判定样品所代表的批产品为不合格。

9　标志、包装、运输与贮存

9.1　标志

9.1.1　每台通风机应在外壳明显处固定产品铭牌，并有叶轮旋转方向、风流方向、接地符号、ExdI 和 MA 标志。其材质应为铜或不锈钢。

9.1.2 产品铭牌应符合 GB/T 13306 的规定，并标明以下内容：

a) 产品名称、型号；

b) 基本技术参数：流量范围、压力范围、电动机型号、额定功率、额定频率、额定电压、额定电流、额定转速、重量等；

c) 制造厂名称和商标；

d) 制造日期和出厂编号；

e) “ExdI”标志；

f) 防爆合格证、安全标志准用证和抽出式通风机的摩擦火花安全性检验合格证编号；

g) 电动机接线方式、绝缘等级。

9.1.3 标志的字迹应清晰、耐久；安装应牢固、可靠。

9.2 包装、运输与贮存

产品的包装储运图示标志和运输包装收发货标志按 GB 191 和 GB/T 6388 的有关规定执行。产品的包装应符合 JB/T 6444 的有关规定。

9.2.1 通风机可采用包装箱整体包装，也可采用分件包装或按供需双方的协议进行包装或不包装。

9.2.2 通风机应用螺栓固定在包装箱内。必须的工具及零部件应固定适当位置，防止在运输中发生移动。

9.2.3 包装箱内应附有装入防潮口袋内的下列文件：

a) 装箱清单；

b) 产品合格证；

c) 产品使用说明书(按 GB 9969.1 要求编写)。

9.2.4 产品包装箱外壁应有明显文字和符号标志，内容包括：

a) 产品名称、型号和数量；

b) 制造厂名称或厂标；

c) 外形尺寸和毛重；

d) 出厂日期；

e) 发站(港)及发货单位；

f) 到站(港)及收货单位；

g) 防雨、防潮的标志。

9.2.5 包装箱的外形尺寸和重量应符合运输部门的规定。

9.2.6 包装箱的结构应考虑便于起吊、搬运和长途运输以及多次装卸、气候条件等情况，并适合水路和陆路运输。不致因包装不妥而致使通风机产品损坏、质量下降或零部件丢失。

9.2.7 运输方式不限，在运输过程中应防止雨淋和受潮。

9.2.8 产品应贮存在防雨淋、通风良好、无腐蚀性气体的地方。

10 保证期

在需方遵守通风机的保管、使用、安装、运输规定的条件下，保证期为从发货之日起 1 年，在保证期内，通风机因制造质量问题发生损坏或不能正常工作时，供方应免费为需方修理或更换零部件。

附 录 A
（资料的附录）
通风机规格型号及表示方法

参照 MT/T 154.1 的规定，通风机的规格型号及表示方法可参照如下规定：

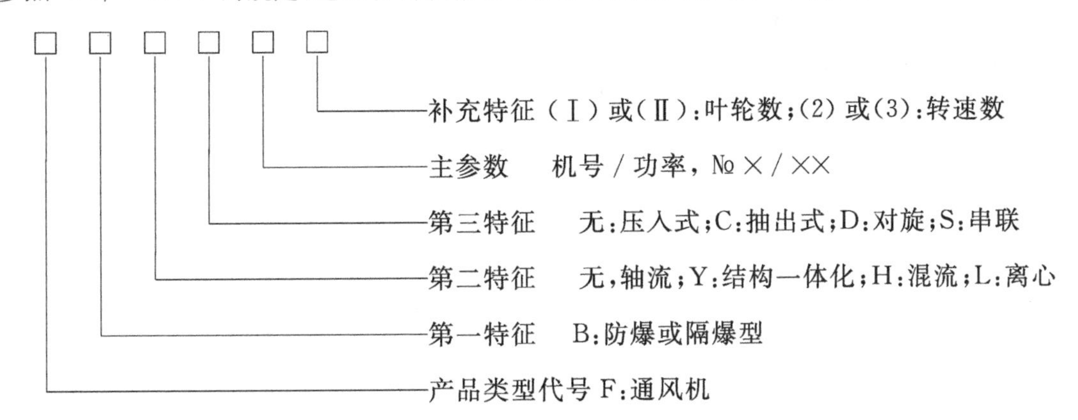

例：FB№5.0/7.5（Ⅰ）矿用隔爆型压入式轴流局部通风机；

FB№5.0/7.5（Ⅱ）矿用隔爆型压入式轴流局部通风机；

FBC№5.0/7.5（Ⅰ）矿用防爆抽出式轴流局部通风机；

FBC№5.0/7.5（Ⅱ）矿用防爆抽出式轴流局部通风机；

FBD№5.0/2×7.5 矿用隔爆型压入式对旋轴流局部通风机；

FBDC№5.0/2×7.5 矿用防爆抽出式对旋轴流局部通风机；

FBS№5.0/2×7.5 矿用隔爆型压入式双级串联轴流局部通风机；

FBD№5.0/2×7.5(2)矿用隔爆型压入式双速对旋轴流局部通风机；

FBD№5.0/2×7.5(3)矿用隔爆型压入式三速对旋轴流局部通风机；

FBD№5.0/3×7.5 矿用隔爆型压入式三级对旋轴流局部通风机；

FBD№5.0/4×7.5 矿用隔爆型压入式四级对旋轴流局部通风机；

FBY№5.0/7.5（Ⅰ）矿用隔爆型压入式轴流局部通风机；

FBY№5.0/7.5（Ⅱ）矿用隔爆型压入式轴流局部通风机；

FBDY№5.0/2×7.5 矿用隔爆型压入式对旋轴流局部通风机；

FBH№5.0/7.5 矿用隔爆型压入式混流局部通风机；

FBL№5.0/7.5 矿用隔爆型压入式离心局部通风机。

其中：

F——通风机；

B——隔爆型（压入式）或防爆（抽出式）；

D——对旋；

C——抽出式；

（Ⅰ）——单叶轮；

（Ⅱ）——双叶轮；

(2)——双速；

(3)——三速；

S——双级串联；

Y——结构一体化；

H——混流；

L——离心；

№5——机号，叶轮直径的分米数；

2——两台电动机；

3——三台电动机；

4——四台电动机；

7.5——电动机额定功率，kW。

注：通风机名称中使用“矿用”或“煤矿用”均可。

中华人民共和国行业标准

MT/T 223—90

煤和岩石渗透率测定方法

1 主题内容与适用范围

本标准规定了测定煤和岩石渗透率采用的仪器、设备、试件、测定步骤和结果计算。

本标准适用于室内条件下煤和岩石试件渗透率的测定。

2 术语

煤和岩石的渗透率　表示空气在压力差作用下通过煤和岩石的难易程度。

3 仪器、设备

a. 钻石机或车床，锯石机、磨石机或磨床。

b. 空气压缩机(排气压力不低于 0.8 MPa，排气量不低于 0.01 m^3/min)或贮气瓶。

c. 渗透率测定装置。

d. U 型压差计；有效长度 1 m。

e. 皂膜流量计：最小分度值 0.01 mL、0.02 mL 各一支。

f. 直角尺、百分表及百分表架。

4 试件

4.1 规格

标准试件采用圆柱体，直径 $25_{-1.0}^{\ 0}$ mm，高径比 1∶2。其轴线与层理方向垂直或平行(用记号⊥或∥表示)。

4.2 加工精度

试件两端面不平行度不得大于 0.10 mm，上、下端直径偏差不得大于 0.20 mm。无明显轴向偏差，即：将试件立放在水平检测台上，用直角尺紧贴试件表面，要求两者之间无明显缝隙。

4.3 数量

每组试件不得少于 3 个。

4.4 含水状态

采用干燥状态的试件进行测定。

测定前将试件放在 105～110 ℃的干燥箱内干燥 24 h，然后放入干燥器内冷却至室温。

5 测定步骤

5.1 试件描述

试件干燥前，核对岩石名称和岩样编号，对试件颜色、颗粒、层理、节理、裂隙、风化程度、含水状态以及加工过程中出现的问题等进行描述，并填入附录 B。

5.2 测量试件尺寸

对试件描述后，应核对编号，并测量尺寸。在其高度方向的中部两个相互垂直的方向上测量直径，

中华人民共和国能源部 1990-10-30 批准　　　　1990-12-01 实施

在过端面中心的两个相互垂直的方向上测量高度，将其平均值以及试件编号和试件轴线与层理方向的关系（⊥，∥），填入附录 B。

5.3　**压力选择**

5.3.1　入口端渗透气体压力

视试件致密程度进行调节，一般为 0.06～0.09 MPa。

5.3.2　围压

一般为 0.4～0.5 MPa。

5.4　**皂膜流量计选择**

视试件渗透率的大小选用不同直径的皂膜流量计。预计渗透率大的可选较大直径的皂膜流量计。

5.5　**测定系统检验**

每次测定前用直径 25 mm、高径比 1：1 的实心钢柱代替试件，按图 1 装入试件夹持器，检验测定系统，测定系统如图 2。开动空气压缩机，顺序加围压和渗透压力至选定值，保持 5 min 不漏气，确认系统完好。

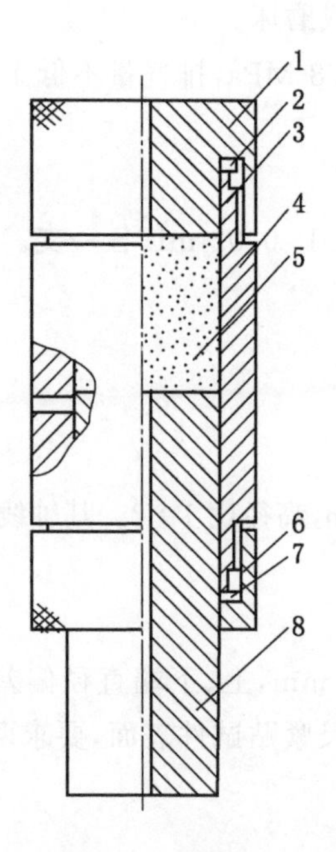

1—上端盖；2、7—压片；3—橡胶套；4—夹持器外壳；
5—试件（或钢柱）；6—下端盖；8—钢柱

图 1　试件夹持器示意图

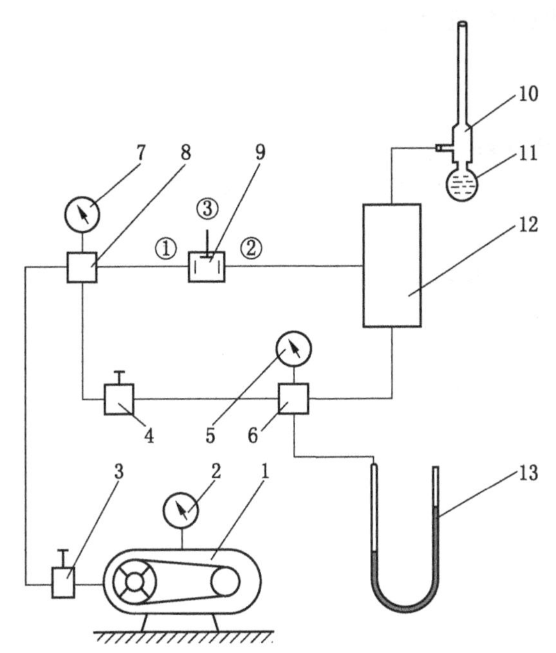

1—空气压缩机；2、5、7—气压表；3—调压阀；4—气动定值器；
6、8—四通；9—三通阀；10—皂膜流量计；11—胶囊(内装发泡液)；
12—试件夹持器；13—U 型压差计

图 2 渗透率测定系统示意图

5.6 参数测定

5.6.1 关闭三通阀 9 的入气口①及大气连通口③的阀门，关闭气动定值器 4，调节调压阀 3，观察气压表 7 的压力值到选定围压值。

5.6.2 装入试件后，打开三通阀 9 的入气口①的阀门，围压到选定值后调节气动定值器 4，加渗透压力，观察气压表 5 或 U 型压差计 13 的压力到选定的渗透压力值。

测定时围压不应低于检验时的围压值，渗透压力不应高于检验时的渗透压力值。

5.6.3 加压后挤压胶囊 11，使肥皂液(也可用能产生稳定气泡的其他发泡液)超过皂膜流量计 10 与试件夹持器 12 的连通口后放开胶囊 11，即在连通口处形成皂膜。皂膜在渗透气体推动下沿皂膜流量计上升，待上升一段距离(渗透稳定)后，从一个刻度开始计时，到另一刻度止，记录时间 T 和皂膜移过管段体积 V，并记录压力表 5 或 U 型压差计 13 的读数 ΔP 及测定时的室温 t，填入附录 B。

5.6.4 每个试件测定结束后，先关闭气动定值器 4，使渗透压力回零(压差计 13 无压力差)。关闭三通阀 9 的入气口①的阀门，打开大气连通口③卸围压。

5.6.5 取出测定后的试件，重新关闭三通阀 9 的大气连通口③的阀门，重复 5.6.2～5.6.4 条的操作，测定下一个试件。

5.6.6 测定结束时，先按 5.6.4 条依次卸压，关闭空气压缩机，然后关闭三通阀 9 与试件夹持器 12 的连通口②的阀门，打开三通阀 9 的入气口①及大气连通口③的阀门，对管路内部气体卸压。

6 测定结果计算

6.1 每个试件的渗透率按式(1)计算：

$$K=\frac{2\cdot P\cdot Q\cdot H\cdot \mu}{(2P\cdot \Delta P+\Delta P^{2})A}\times 10 \qquad \cdots\cdots(1)$$

其中：$Q=V/T$

式中：K——渗透率，cm^2；

P——出口端气体压力(大气压力),Pa;

Q——渗流量,mL/s;

H——试件高度,mm;

μ——空气动力粘度,Pa·s;

ΔP——渗透压力,Pa;

A——试件横截面积,mm^2;

V——皂膜在皂膜流量计内移经管段体积,mL;

T——渗透时间,即皂膜移过管段体积 V 所用的时间,s。

6.2 每组试件的平均渗透率

$$K_p = \frac{\sum_{j=1}^{n} K}{n} \qquad \cdots\cdots(2)$$

式中:K_p——平均渗透率,cm^2;

n——每组试件个数。

计算结果 K、K_p 取两位有效数字。

附 录 A
不同温度下空气的动力粘度
（参考件）

温度 t（℃）	空气动力粘度 μ（×10⁻⁶Pa·s）	温度 t（℃）	空气动力粘度 μ（×10⁻⁶Pa·s）	温度 t（℃）	空气动力粘度 μ（×10⁻⁶Pa·s）
5	17.34	15	17.84	25	18.34
5.5	17.365	15.5	17.865	25.5	18.365
6	17.39	16	17.89	26	18.39
6.5	17.415	16.5	17.915	26.5	18.42
7	17.44	17	17.94	27	18.45
7.5	17.465	17.5	17.965	27.5	18.47
8	17.49	18	17.99	28	18.49
8.5	17.515	18.5	18.015	28.5	18.515
9	17.54	19	18.04	29	18.54
9.5	17.565	19.5	18.065	29.5	18.565
10	17.59	20	18.09	30	18.59
10.5	17.615	20.5	18.115	30.5	18.615
11	17.64	21	18.14	31	18.64
11.5	17.665	21.5	18.165	31.5	18.665
12	17.69	22	18.19	32	18.69
12.5	17.715	22.5	18.215	32.5	18.715
13	17.74	23	18.24	33	18.74
13.5	17.765	23.5	18.265	33.5	18.765
14	17.79	24	18.29	34	18.79
14.5	17.815	24.5	18.318	34.5	18.815

附 录 B
煤和岩石渗透率测定记录表
（参考件）

送样单位：　　　　　　　　　　　　　　采样地点：　　　　　　　　　　　　　　测定日期：

岩样编号	岩石名称		采样深度（距地表…m至…m）	试件编号	试件描述		试件含水状态	试件轴线与层理的关系	试件尺寸 mm		室内温度（t） ℃	渗透压力（ΔP） Pa	渗出气体体积（V） mL	渗透时间（T） s	渗流量（Q） mL/s	渗透率 cm^2		备注
	原定名	试验室定名			测定前	测定后			高度（H）	直径（D）						K	K_p	

测定：　　　　　　　　　　　　　　　　计算：　　　　　　　　　　　　　　校核：

附加说明：

本标准由煤炭科学研究总院提出。

本标准由煤炭科学研究总院北京开采研究所归口和起草。

本标准主要起草人杨景贺。

本标准委托煤炭科学研究总院北京开采研究所负责解释。

中华人民共和国行业标准

MT/T 224—90

煤和岩石渗透系数测定方法

1 主题内容与适用范围

本标准规定了测定煤和岩石渗透系数采用的仪器、设备、试件、测定步骤和结果计算。

本标准适用于在室内条件下遇水不崩解的煤和岩石试件的渗透系数的测定。

2 术语

煤和岩石的渗透系数　表示煤和岩石在水的压力差作用下允许水流通过它的难易程度。渗透系数大小根据达西定律来测定。

3 仪器、设备

a. 钻石机或车床，锯石机、磨石机或磨床。

b. 无级调速高压水泵。

c. 渗透系数测定装置。

d. 游标卡尺：最小分度值 0.02 mm。

e. 量筒：容积 25 mL，最小分度值 0.5 mL。

f. 直角尺、百分表及百分表架。

g. 材料试验机：精度不低于 2 级。

h. 真空抽气装置：抽气的真空度不低于 0.098 MPa(约 740 mmHg)负压。

4 试件

4.1 规格

标准试件采用圆柱体，直径 $50^{+1.0}_{-2.0}$ mm，高径比 1∶1。其轴线与层理方向垂直或平行(用记号⊥或//表示)。

4.2 加工精度

试件两端面不平行度不得大于 0.10 mm，上、下端直径偏差不得大于 0.20 mm，无明显轴向偏差，即：将试件立放在水平检测台上，用直角尺紧贴试件表面，要求两者之间无明显缝隙。

4.3 数量

每种含水状态下，每组试件不得少于 3 个。

4.4 含水状态

一般采用自然含水状态的试件进行测定。根据需要也可采用干燥状态、水饱和状态或其他状态的试件进行测定。

4.4.1 自然含水状态：试件制备后，放在底部有水的干燥器内 1～2d，以保持一定湿度，但试件不得接触水面。

4.4.2 干燥状态：将试件放在 105～110 ℃的干燥箱内干燥 24 h，然后放入干燥器内冷却至室温。

中华人民共和国能源部 1990-10-30 批准　　　　1990-12-01 实施

4.4.3　水饱和状态：将试件放在真空抽气罐内带孔的板上（如图1），间距不得小于20 mm。接上抽气系统，所有连接处均不得漏气。开动真空泵，抽气20～30 min，抽气的真空度应不低于0.098 MPa（约740 mmHg）负压，然后打开三通阀，慢慢将水注入真空抽气罐内，至水面高出试件20～30 mm，继续抽气直至试件表面不再有气泡冒出。关闭真空泵，扭转三通阀，使真空抽气罐与大气相通，在水中静置4 h以上。

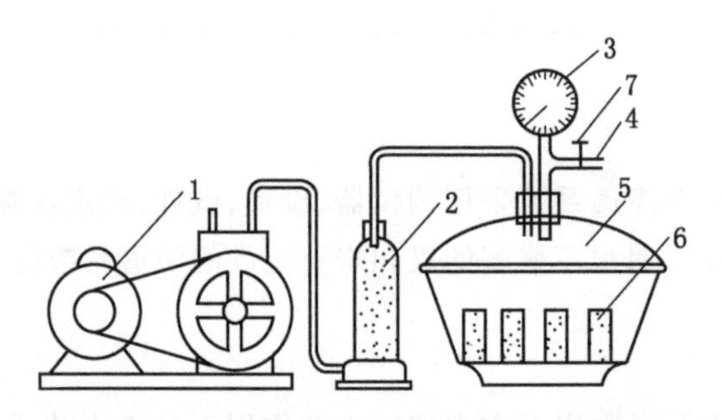

1—真空泵；2—干燥塔；3—真空压力表；4—进水口；
5—真空抽气罐；6—试件；7—三通阀

图1　真空抽气装置

5　测定步骤

5.1　试件描述

测定前核对岩石名称和岩样编号，对试件的颜色、颗粒、层理、节理、裂隙、风化程度、含水状态以及加工过程中出现的问题等进行描述，并填入附录A。

5.2　测量试件尺寸

对试件描述后，应核对试件编号并测量尺寸。在其高度方向的中部两个相互垂直的方向上测量直径，在过其端面中心的两个相互垂直的方向上测高度，将其平均值以及试件编号和试件轴线与层理方向的关系（⊥，//），填入附录A。

5.3　载荷和压力选择

5.3.1　轴向载荷

采用材料试验机加载，一般约15 kN。

5.3.2　围压

采用无级调速高压水泵加压，一般约12 MPa。

5.3.3　渗水压力

采用无级调速高压水泵加压，一般约10 MPa。

5.4　测定系统检验

每次测定前，应对测定系统进行检验。用直径50 mm、高径比1：1的实心钢柱代替试件装入试件夹持器内（如图2），再接入渗透系数测定系统（如图3）。先用材料试验机加轴向载荷至约15 kN，关闭二通阀1，打开二通阀2，开动无级调速高压水泵，待压力达到围压规定值（约12 MPa）关闭二通阀2，打开二通阀1，待压力达到渗水压力规定值（约10 MPa）时停泵（此时轴向载荷将随围压和渗水压力增加到约20 kN），稳定30 min，当系统无漏水现象（各压力值不降）时，确认系统完好。

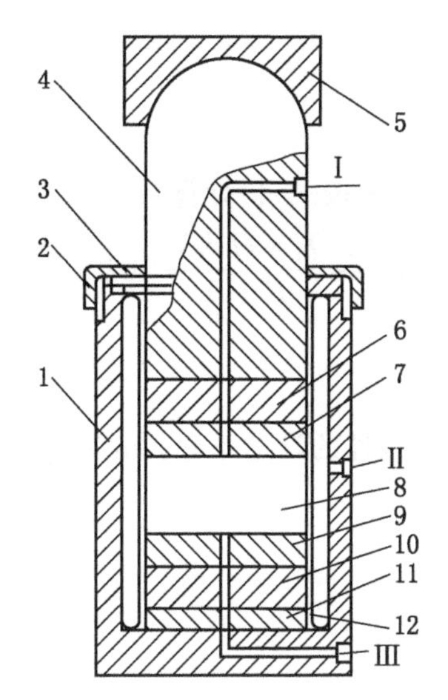

1—试件夹持器;2—端盖螺母;3—压片;4—承压头;
5—调节垫块;6、10—高度调节垫片;7、9—疏水垫片;
8—试件(或钢柱);11—垫片;12—橡胶套
Ⅰ—轴向渗水口;Ⅱ—围压水入口;Ⅲ—渗水出口

图 2 试件安装示意图

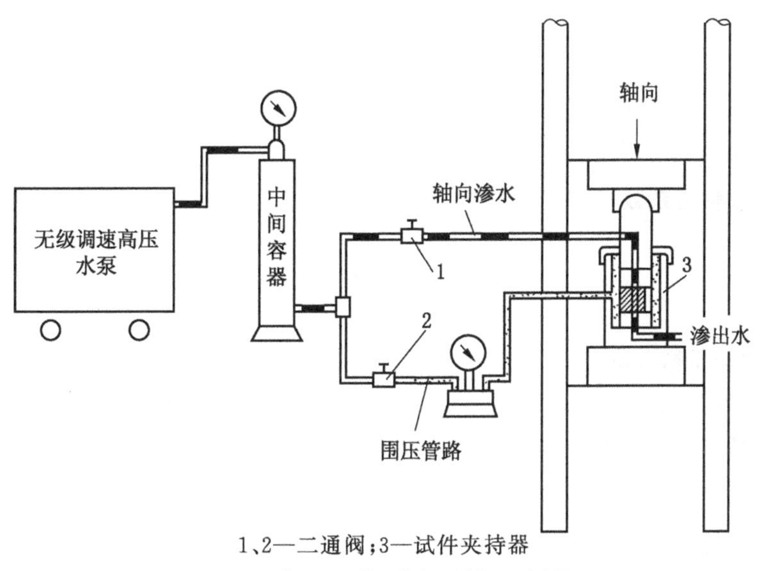

1、2—二通阀;3—试件夹持器

图 3 渗透系数测定系统示意图

5.5 参数测定

取出钢柱,装入试件,再按 5.4 条的步骤依次加轴向载荷、围压和渗水压力,渗水压力 P 达到规定值后,调节泵的排水量,控制渗水压力保持稳定,待渗水出口Ⅲ有稳定的出水量后,用量筒测量出水体积 V,并记录相应的时间 T。在不改变轴向载荷、围压和渗水压力的条件下,连续测量三次将 P 和三次测得的 T、V 填入附录 A。

5.6 卸荷

一个试件测定结束,先停泵并打开泵上的御荷阀,卸去渗水压力。关闭二通阀 2,打开二通阀 1,卸去围压,最后卸去材料试验机施加的轴向载荷。

卸荷后拆下试件夹持器 3,取出测定后的试件。装入下一块试件,按 5.5 条的步骤进行测定。

6 测定结果计算

6.1 每个试件的渗透系数

6.1.1 每个试件三次测定的渗透系数分别按式(1)计算：

$$K_i=\frac{Q_i \cdot H \cdot V_a}{P \cdot A}\times 10^{-1} \qquad \cdots\cdots(1)$$

其中：$Q_i=V_i/T_i$

$V_a=d_a \cdot g$

式中：K_i——第 i 次($i=1,2,3$)测定的试件的渗透系数，cm/s；

Q_i——第 i 次测定的渗流量，mL/s；

H——试件高度，mm；

V_a——水的重度，N/m^3；

P——渗水压力，Pa；

A——试件横截面积，mm^2；

V_i——第 i 次测定的渗出水体积，mL；

T_i——渗水时间，即渗出水体积为 V_i 时所用的时间，s；

d_a——水的密度，kg/m^3；

g——重力加速度，m/s^2。

6.1.2 每个试件的渗透系数

$$K=\frac{\sum_{i=1}^{3}K_i}{3} \qquad \cdots\cdots(2)$$

式中：K——试件渗透系数，cm/s。

6.2 每组试件的平均渗透系数

$$K_p=\frac{\sum_{j=1}^{n}K}{n} \qquad \cdots\cdots(3)$$

式中：K_p——平均渗透系数，cm/s；

n——每组试件个数。

K_i、K、K_p 计算结果取两位有效数字。

附　录　A
煤和岩石渗透系数测定记录表
（参考件）

送样单位：　　　　　　　　　　　　　　　　采样地点：　　　　　　　　　　　　　　　　测定日期：

岩样编号	岩石名称		采样深度（距地表…m至…m）	试件编号	试件描述		试件含水状态	试件轴线与层理的关系	试件尺寸 mm		轴向载荷 (F) kN	围压 MPa	渗水压力 (P) MPa	渗出水体积 (V) mL	渗水时间 (T) s	渗流量 (Q) mL/s	渗透系数 cm/s			备注
	原定名	试验室定名			测定前	测定后			高度 (H)	直径 (D)							K_i	K	K_p	

测定：　　　　　　　　　　　　　　　　　　计算：　　　　　　　　　　　　　　　　　　校核：

附加说明：

本标准由煤炭科学研究总院提出。

本标准由煤炭科学研究总院北京开采研究所归口和起草。

本标准主要起草人杨景贺。

本标准委托煤炭科学研究总院北京开采研究所负责解释。

中华人民共和国行业标准

MT/T 225—90

单向压缩条件下煤和岩石蠕变性测定方法

1 主题内容与适用范围

本标准规定了测定煤和岩石蠕变性所需的仪器设备、试件、测定步骤和结果计算等。

本标准适用于在单向压缩条件下煤和岩石蠕变性的测定。

2 术语

蠕变:指物体在应力不变或应力增加很小的条件下,其变形随时间的延长而增大的性质。

3 仪器、设备

a. 蠕变试验机:一种可保持试件受恒压的加载装置。有液压加载氮气稳压式、杠杆砝码式和螺旋加载弹簧稳压式三种型式。

b. 补压装置:手动泵或螺母扳手。

c. 变形或应变测试装置:千分表、位移传感器及其固定装置或应变仪。

d. 温度计、湿度计。

4 试件

4.1 规格:标准试件采用圆柱体,直径 50 mm,高 100 mm。高径比为 2.0～2.5。

4.2 加工精度:试件两端面不平行度不得大于 0.01 mm,试件上、下端直径偏差不得大于 0.2 mm。

4.3 数量:每种含水状态下同一层岩石(或煤)的试件数量不得少于 3 个。

4.4 含水状态:尽量采用自然含水状态的试件进行测定。试件制备后,放在底部有水的干燥器内 1～2 d,以保持一定的湿度,但试件不得接触水面。

5 测定时的环境温度和湿度

5.1 温度:15～25 ℃(亦可根据特殊的试验目的另行确定)。测定过程中,试件所处环境的温度差不得超过±3 ℃。

5.2 湿度:试件所处环境的相对湿度为 40%～60%(亦可根据特殊的试验目的另行确定)。测定过程中,试件所处环境的相对湿度差不得超过±5%。

6 测定步骤

6.1 恒荷载作用下长期蠕变性的测定

6.1.1 测定前核对岩石(煤)的名称和试件编号,对试件的颜色、颗粒、层理、裂隙,风化程度、含水状态以及加工过程中出现的问题等进行描述,并填入附录 A 表内。

6.1.2 检查试件的加工精度,测量试件尺寸(应在试件高度中部两个互相垂直的方向测量其直径,取其算术平均值),填入附录 A 表内。

中华人民共和国能源部 1990-10-30 批准　　1990-12-01 实施

6.1.3 将球形座转动部分涂上润滑油，放在蠕变试验机的下压头上。再将试件和压力传感器（如果需要的话）放在球形座和试验机的上压头之间，并使球形座、试件、传感器和试验机压头的中心线在一条直线上。连接好变形（或应变）测试装置。

6.1.4 给试件预加荷载约 100 N，使试件与加载压头充分接触，然后记录变形（或应变）测试装置的初始读数，并填入附录 A 表中。

6.1.5 给试件加载至所需荷载，一般为试件单向抗压强度的 60%，亦可根据需要确定。记录荷载（N）和变形值（mm）或应变值，并填入附录 A 表中。

6.1.6 在测定的初始蠕变阶段（见图 1），每隔 10～60 min 记录一次时间和变形。在第二蠕变阶段，每隔 1～3 h 记录一次时间和变形。在第三蠕变阶段（如果出现的话），应适当增加记录时间和变形的次数，直至试件破坏。记录试件破坏的时间和最大变形值（或应变值），填入附录 A 表中。

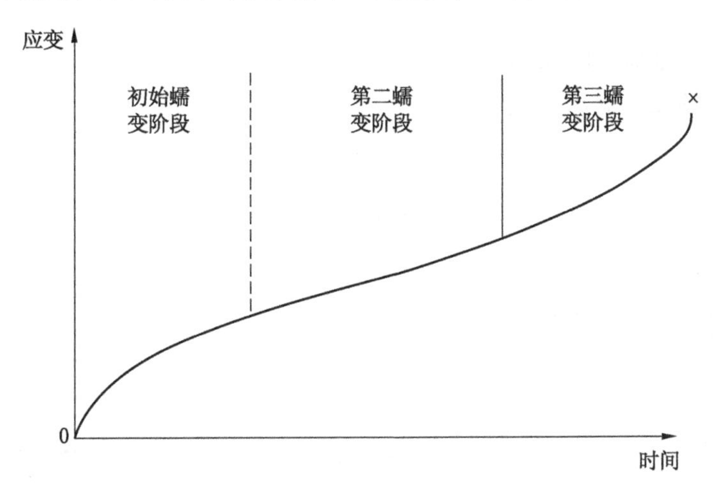

图 1 恒荷载作用下长期蠕变性测定的应变时间示意图

6.1.7 在每次记录变形和时间时，都应记录其荷载。荷载的波动范围不得大于±2%，否则应立即调整至所需的恒荷载。

6.2 阶梯式加载蠕变性的测定

6.2.1 按照本标准 6.1.1～6.1.4 条的规定进行。

6.2.2 给试件加载至所需荷载。一般初载的应力 σ_1 约为试件单向抗压强度的 20%。记录荷载（N）和变形值（mm）或应变值，填入附录 A 表中。

6.2.3 每隔 10～60 min 记录一次时间、变形及荷载，填入附录 A 表中。要求荷载的波动范围不得超过±2%，否则应立即调整到所需的荷载。当连续 2 h 内其变形差不大于 0.001 mm 或应变差不大于 10^{-5} 时，即可进行下一阶梯的加载（见图 2）。

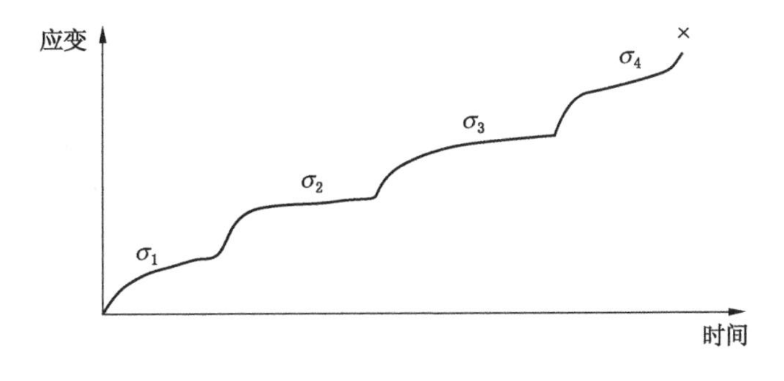

图 2 阶梯式加载蠕变性测定的应变时间示意图

6.2.4 重复本标准6.2.3条规定的测定步骤，直至试件破坏。各阶梯的应力值$\sigma_1,\sigma_2,\sigma_3,\cdots,\sigma_n$可根据试验需要确定。但要求$\sigma_1<\sigma_2<\sigma_3<\cdots<\sigma_n$（见图2）。测定过程中，若在某一阶梯中出现了如图1所示的第三蠕变阶段，此时应适当缩短测取变形或应变的间隔时间。

7 计算

7.1 轴向应变值和径向应变值的计算

轴向应变值和径向应变值可直接从应变仪读取，或通过变形值计算。

7.1.1 轴向应变计算

$$\varepsilon_t=\frac{\Delta L}{L} \qquad \cdots\cdots(1)$$

式中：ε_t——轴向应变；

L——试件的原始轴向长度，mm；

ΔL——轴向长度的变化量，mm。

7.1.2 径向应变计算

$$\varepsilon_d=\frac{\Delta D}{D} \qquad \cdots\cdots(2)$$

式中：ε_d——径向应变；

D——试件的原始直径，mm；

ΔD——直径的变化量，mm。

7.2 应力计算

$$\sigma=\frac{P}{A} \qquad \cdots\cdots(3)$$

式中：σ——作用在试件上的应力，MPa；

P——荷载，N；

A——试件的横截面积，mm^2。

7.3 计算结果

计算结果取小数点后三位，修约至两位。

附　录　A
煤和岩石蠕变性测定记录表
（参考件）

送样单位：　　　　　　　　　　　　　　采样地点：　　　　　　　　　　　　　　测定日期：

<table>
<tr><td>试件编号</td><td>岩石(煤)
名称</td><td colspan="2">试件直径
(D)
mm</td><td colspan="2">试件长度
(L)
mm</td><td>试件横截面积(A)
mm²</td></tr>
<tr><td></td><td></td><td colspan="2"></td><td colspan="2"></td><td></td></tr>
<tr><td>试件描述</td><td>环境温度
℃</td><td colspan="2">环境湿度
%</td><td colspan="2">单向抗压强度
MPa</td><td>试件含水率
%</td></tr>
<tr><td></td><td></td><td colspan="2"></td><td colspan="2"></td><td></td></tr>
<tr><td rowspan="2">荷载
(P)
N</td><td rowspan="2">应　力
(σ)
MPa</td><td colspan="2">变　形
mm</td><td colspan="2">应　变</td><td rowspan="2">时　间
h</td></tr>
<tr><td>ΔD</td><td>ΔL</td><td>ε_t</td><td>ε_d</td></tr>
<tr><td></td><td></td><td></td><td></td><td></td><td></td><td></td></tr>
<tr><td></td><td></td><td></td><td></td><td></td><td></td><td></td></tr>
<tr><td></td><td></td><td></td><td></td><td></td><td></td><td></td></tr>
<tr><td></td><td></td><td></td><td></td><td></td><td></td><td></td></tr>
</table>

测定：　　　　　　　　　　　　　　　　　计算：　　　　　　　　　　　　　　　　校核：

附加说明：

本标准由煤炭科学研究总院提出。

本标准由煤炭科学研究总院北京开采研究所归口和起草。

本标准主要起草人傅学敏。

本标准委托煤炭科学研究总院北京开采研究所负责解释。

ICS 73.040
D 21
备案号：15500—2005

中华人民共和国煤炭行业标准

MT/T 226—2005
代替 MT/T 226—1990

烟煤粘结指数测定仪通用技术条件

General specifications for determinator of caking index

2005-02-14 发布　　　　2005-06-01 实施

国家发展和改革委员会　发布

前 言

本标准参照国家标准 GB/T 5447—1997《烟煤粘结指数测定方法》而制定。

烟煤粘结指数测定仪广泛用于煤炭实验室，烟煤粘结指数试验规范性很强，对测定仪各项技术指标必须有统一规定。

本标准与 MT/T 226—1990 相比，主要差异如下：

——根据 GB/T 1.1—2000 的规定，本标准增加了目次和前言部分，将引用标准改为规范性引用文件；

——列出了转鼓具体尺寸和图示（90 版 3.2，本版 3.3.1）；

——列出了压力器重锤质量和图示（90 版 3.7，本版 3.5）；

——抽样和判定规则有所改变（90 版 5.2.2 和 5.2.3；本版 5.2.2 和 5.2.3）。

本标准由中国煤炭工业协会科技发展部提出。

本标准由全国煤炭标准化技术委员会归口。

本标准起草单位：煤炭科学研究总院煤炭分析实验室。

本标准主要起草人：邓秀敏、陈爱莉。

本标准所代替标准的历次版本发布情况为：

——MT/T 226—1990。

烟煤粘结指数测定仪通用技术条件

1 范围

本标准规定了烟煤粘结指数测定仪的基本结构技术要求、试验方法、检验规则和标志、包装、运输、贮存。

本标准适用于烟煤粘结指数测定仪(以下简称测定仪)。

2 规范性引用文件

下列文件中的条款通过本标准的引用而成为本标准的条款。凡是注日期的引用文件,其随后所有的修改单(不包括勘误的内容)或修订版均不适用于本标准,然而,鼓励根据本标准达成协议的各方研究是否可使用这些文件的最新版本。凡是不注日期的引用文件,其最新版本适用于本标准。

GB/T 191 包装储运图示标志

GB/T 2828 逐批检查计数抽样程序及抽样表(适用于连续批的检查)

GB/T 3768 声学声压法测定 噪声源
声功率级反射面上方采用包络测量表面的简易法

GB/T 5447 烟煤粘结指数测定方法

GB/T 15464 仪器仪表包装通用技术条件

GB/T 15479 工业自动化仪表绝缘电阻、绝缘强度技术要求和试验方法

3 技术要求

3.1 工作环境条件:

温度:5～40℃;

相对湿度:≤85%;

电源电压:AC(220+22)V,(50±1)Hz。

3.2 外购件、外协件应有产品合格证。零件、部件应经检验合格后方能组装。

3.3 测定仪转鼓:

3.3.1 转鼓尺寸:转鼓内径 200 mm、深 70 mm,壁上焊有两块相距 180°、厚为 3 mm、长 70 mm 和宽 30 mm的挡板(如图 1 所示)。

3.3.2 测定仪转鼓应运转平稳,鼓的端面跳动应小于 0.30 mm。

3.3.3 转鼓与鼓盖间密封良好,不漏焦粉,开启灵活。

3.3.4 转鼓内壁不应有砂眼、气孔等缺陷:挡板连接处应光滑、无缝隙,转鼓内表面不得有涂层。

3.3.5 测定仪的转鼓转速应为(50±2)r/min。

3.4 钢块质量:110～115 g。

3.5 压力器重锤质量:(6 000±5)g(如图 2 所示)。

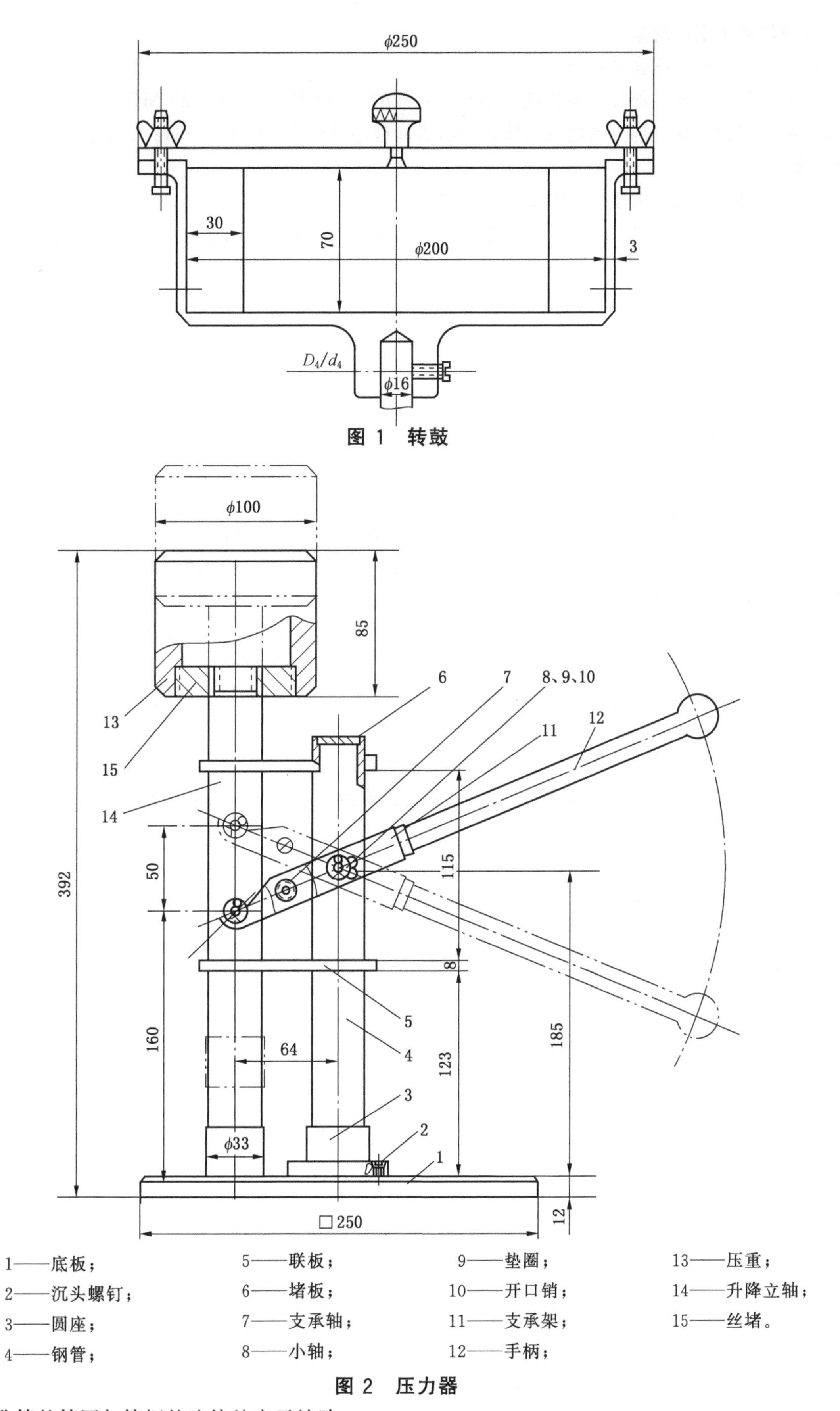

图 1 转鼓

1——底板；
2——沉头螺钉；
3——圆座；
4——钢管；
5——联板；
6——堵板；
7——支承轴；
8——小轴；
9——垫圈；
10——开口销；
11——支承架；
12——手柄；
13——压重；
14——升降立轴；
15——丝堵。

图 2 压力器

3.6 圆孔筛的筛网与筛框的连接处应无缝隙。

3.7 减速箱应无漏油现象。

3.8 绝缘电阻和耐电压强度：

3.8.1 测定仪独立供电部分的电源接线端与机壳间的绝缘电阻应不小于20 MΩ。

3.8.2 测定仪独立供电部分的电源接线端与机壳间应能承受1 500 V、50 Hz交流电压，历时1 min无击穿现象。

3.9 测定仪的噪声应不大于65 dB(A)。

3.10 预置、记数、自停动作正确可靠，转数值显示清晰，蜂鸣器的声、光信号正常。

3.11 外观要求：

结构合理，金属镀层及化学处理表面应色泽均匀，不得有露底、起皮、起泡、斑痕或有擦伤和划痕，具有较好的防腐、防锈性能。

4 试验方法

4.1 转鼓尺寸测量：用分度值为0.02 mm，测量范围0～250 mm的游标卡尺测量，应符合3.3.1条规定。

4.2 当鼓转动时，转鼓端面跳动测定：用百分表测定，应符合3.3.2条规定。

4.3 转鼓与鼓盖间密封性能检查：在转鼓内放入分析煤样，运转5 min后用目视法观察有无煤粉漏出。

4.4 转鼓转数检查：预置转鼓转数为250转，启动转鼓，用秒表计时，直至转鼓停止转动为止，观察转动转数与预置转数是否相同，并计算转速，连续5次重复试验。应符合3.3.5条规定。

4.5 钢块质量测量：用感量0.1 g、最大称量200 g的天平称量，应符合3.7条规定。

4.6 压力器重锤质量测量：用感量1 g的天平称量，应符合3.5条规定。

4.7 减速箱漏油检查：在减速箱中放入润滑油，连续运转8 h，用目视法观察有无漏油现象。

4.8 绝缘电阻和绝缘强度的测定：按GB/T 15479进行，应符合3.8条规定。

4.9 测定仪噪声测量：按GB/T 3768进行，应符合3.9条规定。

4.10 用3.3.4、3.6、3.10和3.11条用目视和感官触摸检查。应符合相关条款规定。

5 检验规则

测定仪应进行出厂检验和型式检验，检验项目见表1。

表 1

序号	检验项目	技术要求条款号	出厂检验	型式检验
1	转鼓尺寸	3.3.1	△	△
2	转鼓	3.3.2	△	△
3	转鼓密封性	3.3.3	△	△
4	转鼓内壁	3.3.4		△
5	转鼓转速	3.3.5	△	△
6	钢块	3.4	△	△
7	压力器重锤质量	3.5	△	△
8	绝缘电阻	3.8.1	△	△
9	耐电压强度	3.8.2		△
10	噪声	3.9	△	△
11	控制功能	3.10	△	△
12	外观要求	3.11	△	△
注：表中“△”表示应检验。				

5.1 出厂检验

每台测定仪必须经制造厂质量检验部门按出厂检验项目逐台检验，检验合格并发给合格证方准出厂。

5.2.1 产品有下列情况之一时，应进行型式检验：

a) 新产品投产或老产品转厂生产的定型鉴定；

b) 正式生产后，如结构、材料、工艺有较大改变，可能影响产品性能时；

c) 停产 2 年以上，再次恢复生产时；

d) 批量生产时，每 2 年进行 1 次；

e) 出厂检验结果与上次型式检验有较大差异时；

f) 国家质量监督机构提出型式检验的要求时。

5.2.2 抽样规则：

抽样按 GB/T 2828 进行。

批量不超过 25 台时，抽样 2 台；

批量在 26～90 台之间时，抽样 3 台。

5.2.3 判定规则：

a) 当批量不超过 25 台时：

根据抽检的样品(第一样本)检查的结果，若品数(检验项目)全部合格，则该批产品判为合格；若不合格品数大于等于 2，则该批产品判为不合格。

如果第一样本不合格品数等于 1，应再按 5.2.2 随机抽取 2 台作为第二样本，进行重复检查。两次样本中不合格品数总和等于 1，则判为合格，否则判为不合格。

b) 当批量在 26～90 台之间时：

根据抽检的样品(第一样本)检查的结果，若品数(检验项目)全部合格，则该批产品判为合格：若不合格品数大于等于 3，则该批产品判为不合格。

如果第一样本不合格品数大于 0 小于 3，应再按 5.2.2 随机抽取 3 台作为第二样本，进行重复检查。两次样本中不合格品数总和小于等于 3，则判为合格，否则判为不合格。

6 标志、包装、运输和贮存

6.1 标志

应在产品适当、明显的位置上固定产品铭牌，并标明下列内容：

a) 制造单位名称；

b) 产品名称、商标和型号；

c) 制造日期及编号；

d) 产品主要参数。

6.2 包装

6.2.1 产品包装应符合 GB/T 15464 规定。易碎品应有专用小包装，并用纸条、泡沫塑料等物填实。

6.2.2 包装箱内应附有下列文件：

a) 产品合格证；

b) 产品使用说明书；

c) 产品维修服务卡；

d) 装箱单。

6.2.3 包装箱外表面的标志应清晰、整齐，并包括：

a) 产品名称、商标和型号；

b) 制造单位名称和发货站名称；

c) 收货单位名称和收(或到)站名称;

d) 包装箱外形尺寸、毛重,装箱日期;

e) “小心轻放”、“向上”、“怕湿”等图示标志应符合 GB/T 191 的规定。

6.3 运输

包装好的产品在能够避免雨雪直接影响的条件下,可用任何运输工具运送。运输过程中应小心轻放,不准倒置,严禁摔压,防止损坏。

6.4 贮存

产品应贮存在通风、干燥、周围无酸性或碱性等有害气体的库房中。

ICS 73.040
D 21
备案号：15501—2005

中华人民共和国煤炭行业标准

MT/T 227—2005
代替 MT/T 227—1990

高温燃烧中和法测硫仪通用技术条件

General specifications for determinator of sulfur by high temperature combustion neutralization method

2005-02-14 发布　　2005-06-01 实施

国家发展和改革委员会　发布

前　言

本标准是对MT/T 227—1990《煤中全硫高温燃烧测定仪技术条件》的修订。

本标准与MT/T 227—1990相比，主要变化为：

——标准名称改为高温燃烧中和法测硫仪技术条件；

——燃烧管气密性检查，1990版按GB/T 214第3.3.3进行，本标准直接在4.1中列出；

——恒温带的测定，1990版按GB/T 214第3.3.2进行，本标准直接在4.5中列出；

——判定规则作相应变化(1990版5.2.3，本标准5.2.3)。

本标准由中国煤炭工业协会科技发展部提出。

本标准由全国煤炭标准化技术委员会归口。

本标准起草单位：煤炭科学研究总院煤炭分析实验室。

本标准主要起草人：施玉英、陈爱莉。

本标准所代替标准的历次版本发布情况为：

——MT/T 227—1990。

高温燃烧中和法测硫仪通用技术条件

1 范围

本标准规定了高温燃烧法测硫仪的技术要求、试验方法、检验规则和标志、包装、运输、贮存。

本标准适用于高温燃烧中和法测硫仪(以下简称测定仪)。

2 规范性引用文件

下列文件中的条款通过本标准的引用而成为本标准的条款。凡是注日期的引用文件,其随后的修改单(不包括勘误的内容)或修订版均不适用于本标准,然而,鼓励根据本标准达成协议的各方研究是否可使用这些文件的最新版本。凡是不注日期的引用文件,其最新版本适用于本标准。

GB/T 191　包装储运图示标志

GB/T 214　煤中全硫的测定方法

GB/T 2828　逐批检查计数抽样程序及抽样表(适用于连续批的检查)

GB/T 15464　仪器仪表包装运输技术条件

GB/T 15479　工业自动化仪表绝缘电阻、绝缘强度技术要求和试验方法

GB/T 18153　机械安全可接触表面温度确定热表面温度限值的工效学数据

3 技术要求

3.1 仪器基本结构:如图1。

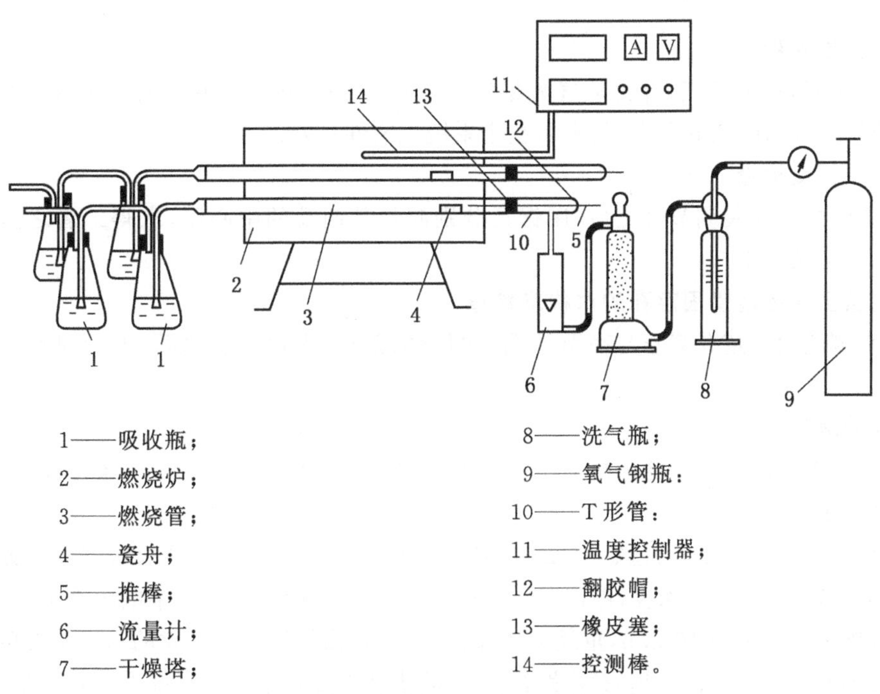

1——吸收瓶;
2——燃烧炉;
3——燃烧管;
4——瓷舟;
5——推棒;
6——流量计;
7——干燥塔;
8——洗气瓶;
9——氧气钢瓶;
10——T形管;
11——温度控制器;
12——翻胶帽;
13——橡皮塞;
14——控测棒。

图1　高温燃烧中和法测硫仪装置

3.2 工作环境条件:

温度:5～40℃;

相对湿度:≤85%;

电源：AC(220±22)V，(50±1)Hz。

3.3 外购、外协件：应有合格证，所有零、部件经检验合格后方能组装。

3.4 高温炉：

3.4.1 燃烧管：采用刚玉或石英等材料制造，应能耐温1 300℃以上，气密性良好。

3.4.2 高温炉两燃烧管平行度：应保持平行，在全长范围内平行度误差应不大于5 mm。

3.4.3 高温炉端盖上两燃烧管固定孔对称度：两孔以端盖为中心对称配置，其对称度误差应不大于2 mm。

3.4.4 升温速度：1 h内炉膛温度应达到1 200℃。

3.4.5 控温精度：(1 200±5)℃。

3.4.6 恒温带：

工作温度下恒温带长度不少于80 mm。

3.4.7 高温炉外壳温度：在工作温度1 200℃时，≤80℃，并有高温警示标志。

3.5 外观要求：结构合理，金属镀层及化学处理表面应色泽均匀，不得有露底、起皮、起泡、斑痕或有擦伤和划痕，具有较好的防腐、防锈性能。

3.6 绝缘电阻和绝缘强度：测定仪独立供电部分的电源接线端与机壳间的绝缘电阻不小于20 MΩ。应能承受1 500 V，50 Hz交流电，历时1 min无飞弧和击穿。

3.7 精密度和准确度：

3.7.1 精密度：精密度应符合以下两条要求。

a) 同一样品两次重复测定之差应符合GB/T 214中重复性的规定；

b) 同一样品10次重复测定的方差应不显著大于GB/T 214中规定的重复性方差。

3.7.2 准确度：同一标准煤样的重复测定值的平均值落在标准值的不确定度范围内。

4 试验方法

4.1 燃烧管气密性检查

先将仪器连接好，接通氧气，保持氧气流量约350 mL/min，然后堵塞最后一个吸收瓶的出口端，此时若氧气流量降至20 mL/min以下，则表示整个系统气密性良好。

4.2 两燃烧管平行度检查

燃烧管在高温炉上安装调节好之后，用钢尺分别测量其两端的中心距，求得二者之差，即为平行度误差，应符合3.4.2条要求。

4.3 高温炉端盖上两燃烧管固定孔的对称度检查

用钢尺分别测量两固定孔圆心与高温炉端盖圆心的距离，求得二者之差，即为对称度误差，应符合3.4.3条要求。

4.4 升温速度的测定

接通高温炉电源，升温，观察并记录炉温达到1 200℃的时间，应符合3.4.4条要求。

4.5 恒温带的测定

将炉温升至设定工作温度后，稳定15 min，将一标准测温热电偶的测量端从进样口处插入，至距炉膛中央约100 mm处，记录插入深度，停留5～10 min，每隔10 s读取一次数字电压表上的电势值，共读4次取其平均值，将热电偶推进10 mm，重复上述操作，直至将测量端推到炉膛的另一端温度为(工作温度－5)℃处后，把热电偶慢慢往回拉出，拉出距离和间隔时间及读数等操作同推进测量。取推进和拉出共2次值的平均值，找出温度在(工作温度±5)℃的区间即为高温炉的恒温带，其长度应符合3.4.6条要求。

4.6 高温炉外壳温升的测定

将炉温升至1 200℃，按GB/T 18153测定，应符合3.4.7条的要求。

4.7 精密度和准确度检验

4.7.1 精密度检验

a) 取 6 个不同硫含量的煤样,各进行 2 次重复测定,如 2 次测定值之差都应落在 GB/T 214 规定的重复性限内;

b) 对同一煤样进行 10 次重复测定,重复测定值(x)的方差与由 GB/T 214 规定的重复性限计算的方差应无显著性差异。比较方法如下:

按公式(1)计算 10 次重复测定的方差:

$$S^2 = \frac{\sum x^2 - (\sum x)^2/n}{n-1} \quad \cdots\cdots(1)$$

按公式(2)计算 GB/T 214 中的重复性限(r):

$$S_r^2 = \frac{r^2}{8} \quad \cdots\cdots(2)$$

若 $S^2 \leqslant S_r^2$,则方差判定合格;

如 $S^2 > S_r^2$,则按公式(3)计算统计量 F:

$$F = \frac{S^2}{S_r^2} \quad \cdots\cdots(3)$$

查表得临界值 $F_{0.05,9,\infty} = 2.41$,若 $F \leqslant 2.41$,则 S^2 与 S_r^2 无显著性差异;否则 S^2 显著大于 S_r^2。

4.7.2 准确度检验

对 6 个不同含硫量的标准煤样(含硫量分别为高、中、低)进行重复测定,计算每个煤样的重复测定平均值,各平均值都应落在标准值的不确定度范围内。

4.8 外观质量检查

采用目视法,符合 3.5 条要求。

4.9 绝缘电阻与绝缘强度测定

按 GB/T 15479 有关规定进行,符合 3.6 条要求。

5 检验规则

测定仪应进行出厂检验和型式检验,检验项目见表 1。

表 1 检验项目

序号	检验项目	技术要求条文号	出厂检验	型式检验
1	燃烧管	3.4.1	△	△
2	两燃烧管平行度	3.4.2		△
3	燃烧管固定孔对称度	3.4.3		△
4	升温速度	3.4.4	△	△
5	控温精度	3.4.5	△	△
6	恒温带	3.4.6		△
7	外壳温度	3.4.7		△
8	外观	3.5	△	△
9	绝缘电阻	3.6		△
10	绝缘强度	3.6	△	△
11	精密度	4.7.1		△
12	准确度	4.7.2		△
注:表中“△”表示应检项目。				

5.1 出厂检验

测定仪应由制造厂质量检验部门按出厂检验项目逐台检验,检验合格并发给合格证后方准出厂。

5.2 型式检验

5.2.1 产品有下列情况之一时,应进行型式检验:

a) 新产品投产或老产品转厂生产的定型鉴定;

b) 正式生产后,如结构、材料、工艺有较大改变,可能影响产品性能时;

c) 停产 2 年以上,再恢复生产时;

d) 批量生产时,每 2 年进行 1 次;

e) 出厂检验结果与上次型式检验有较大差异时;

f) 国家质量监督机构提出进行型式检验的要求时。

5.2.2 抽样规则:

抽样按 GB/T 2828 进行。

a) 批量不超过 25 台时,抽样 2 台;

b) 批量在 26～90 台之间时,抽样 3 台。

5.2.3 判定规则:

a) 当批量不超过 25 台时:

根据抽检的样品(第一样本)检查的结果,若品数(检验项目)全部合格,则该批产品判为合格。

若不合格品数大于等于 2,则该批产品判为不合格。

如果第一样本不合格样品数等于 1,则再按 5.2.2 随机抽取 2 台作为第二样本,进行重复检查。

两次样本中不合格品数总和等于 1,则判为合格,否则为不合格。

b) 当批量在 26～90 台之间时:

根据抽检的样品(第一样本)检查的结果,若品数(检验项目)全部合格,则该批产品判为合格。

若不合格品数大于等于 3,则该批产品判为不合格。

如果第一样本不合格数大于 0 小于 3,则按 5.2.2 随机抽取 3 台作为第二样本,进行重复检查。

两次样本中不合格品数总和小于等于 3,则判该批产品为合格,否则为不合格。

6 标志、包装、运输和贮存

6.1 标志

应在产品适当、明显的位置上固定产品铭牌,并标明下列内容:

a) 制造单位名称;

b) 产品名称、商标和型号;

c) 制造日期及编号;

d) 产品主要参数。

6.2 包装

6.2.1 产品包装应符合 GB/T 15464 规定。易碎品应有专用小包装,并用纸条、泡沫塑料等物填实。

6.2.2 包装箱内应附有下列文件;

a) 产品合格证;

b) 产品使用说明书;

c) 产品维修服务卡;

d) 装箱单。

6.2.3 包装箱外表面的标志应清晰、整齐,并包括:

a) 产品名称、商标和型号;

b) 制造单位名称和发货站名称;

c) 收货单位名称和收(或到)站名称;

d) 包装箱外形尺寸,毛重,出厂日期;

e) "小心轻放"、"向上"、"怕湿"等图示标志应符合 GB/T 191 的规定。

6.3 运输

包装好的产品在能够避免雨雪直接影响的条件下,可用任何运输工具运送。运输过程中应小心轻放,不准倒置,严禁摔压,防止损坏。

6.4 贮存

产品应贮存在通风、干燥、周围无酸性或碱性等有害气体的库房中。

ICS 73.040
D 21
备案号：15496—2005

中华人民共和国煤炭行业标准

MT/T 228—2005
代替 MT/T 228—1990

重量法煤中碳氢测定仪通用技术条件

General specification for carbon and hydrogen analyzer—Gravimetric method

2005-02-14 发布　　2005-06-01 实施

国家发展和改革委员会　发布

前　言

本标准是参照GB/T 476《煤的元素分析方法》,对MT/T 228—1990的修订。

本标准自实施之日起,代替MT/T 228—1990《煤中碳氢测定仪技术条件》。

本标准与MT/T 228—1990相比主要变化如下:

——炉膛工作温度作了技术改变(1990版的3.3.2;本版的3.3.2);

——燃烧管和U形吸收管气密性检查方法作了技术改变(1990版的4.1和4.6;本版的4.1);

——增加了对测定仪精密度、准确度的要求,并相应给出了测定仪精密度、准确度的试验方法(见3.5,4.6);

——抽样和判定规则有所改变(1990版的5.2.2和5.2.3;本版的5.2.2和5.2.3)。

本标准由中国煤炭工业协会科技发展部提出。

本标准由全国煤炭标准化技术委员会归口。

本标准起草单位:煤炭科学研究总院煤炭分析实验室。

本标准主要起草人:秘洁芳、陈爱莉。

本标准所代替标准的历次版本发布情况为:

——MT/T 228—1990。

重量法煤中碳氢测定仪通用技术条件

1 范围

本标准规定了重量法煤中碳氢测定仪的技术要求、试验方法、检验规则和标志、包装、运输、贮存等。

本标准适用于重量法煤中碳氢测定仪。

2 规范性引用文件

下列文件中的条款通过本标准的引用而成为本标准的条款。凡是注日期的引用文件，其随后所有的修改单(不包括勘误的内容)或修订版均不适用于本标准，然而，鼓励根据本标准达成协议的各方研究是否可使用这些文件的最新版本。凡是不注日期的引用文件，其最新版本适用于本标准。

GB/T 191 包装储运图示标志

GB/T 476 煤的元素分析方法

GB/T 2828 逐批检查计数抽样程序及抽样表(适用于连续批的检查)

GB/T 15464 仪器仪表包装通用技术条件

GB/T 15479 工业自动化仪表绝缘电阻、绝缘强度技术要求和试验方法

GB/T 18153 机械安全可接触表面温度确定热表面温度限值的工效学数据

3 技术要求

重量法煤中碳氢测定仪(以下简称测定仪)性能应符合 GB/T 476 的有关规定。测定仪结构如图 1 所示。

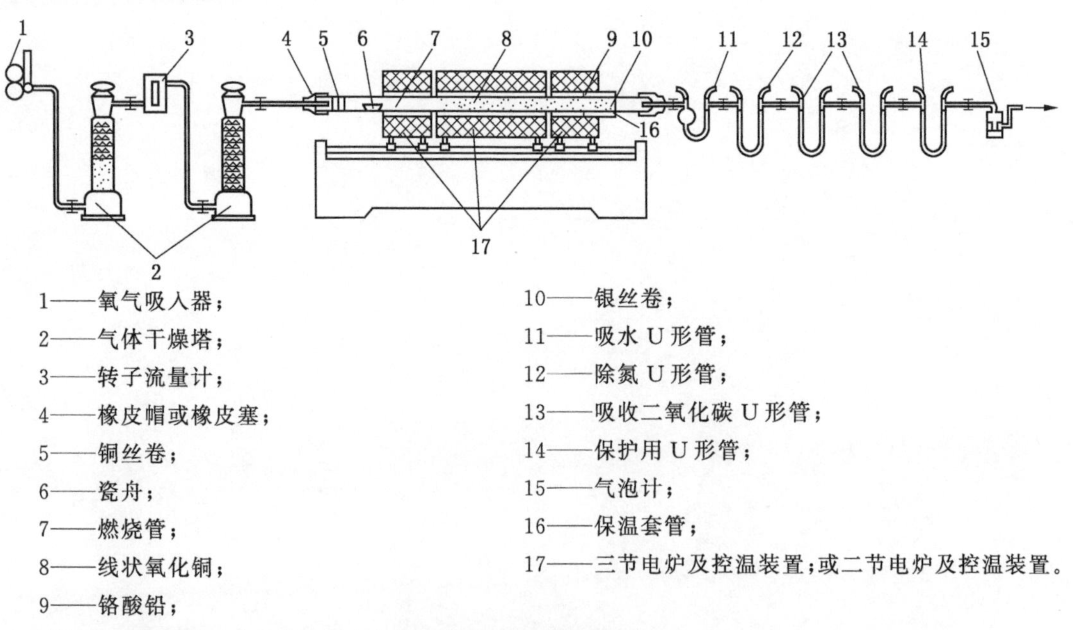

1——氧气吸入器；
2——气体干燥塔；
3——转子流量计；
4——橡皮帽或橡皮塞；
5——铜丝卷；
6——瓷舟；
7——燃烧管；
8——线状氧化铜；
9——铬酸铅；
10——银丝卷；
11——吸水 U 形管；
12——除氮 U 形管；
13——吸收二氧化碳 U 形管；
14——保护用 U 形管；
15——气泡计；
16——保温套管；
17——三节电炉及控温装置；或二节电炉及控温装置。

注：二节炉测定仪中第二节炉燃烧管中充填物为高锰酸银热解产物。

图 1 重量法煤中碳氢测定仪示意图

3.1 工作环境条件：

温度：5～40℃；

相对湿度：＜85％；

电源:AC (220±22)V,(50±1)Hz;

其他:无明显振动和强电磁场,无强腐蚀性气体存在。

3.2 外购件、外协件应有生产厂家合格证,所有零、部件经检验合格后方能组装。

3.3 高温炉:

3.3.1 燃烧管采用素瓷、石英、刚玉或耐热不锈钢等材料制造,应耐温1 000℃以上,气密性良好。

3.3.2 炉膛工作温度:

测定仪分两节炉和三节炉两种型式,各节炉炉膛工作温度见表1。

表1

炉　别	炉温,℃	
	两节炉	三节炉
第一节	850±10	850±10
第二节	500±10	800±10
第三节		600±10

3.3.3 升温速度:

每节炉达到工作温度的时间不超过1 h,各节炉达到工作温度的时间前后相差应不超过20 min。

3.3.4 各节炉中心部位两平行炉管的温差(平行温差)应不大于20℃。

3.3.5 在工作温度下炉子外壳温度应不大于120℃,应有高温警示标志。

3.4 带有支管和磨口塞的U形吸收管气密性良好。

3.5 测定仪的精密度和准确度:

3.5.1 精密度,应同时满足以下要求:

a) 同一样品2次重复测定值之差应符合GB/T 476中重复性限的规定;

b) 同一样品多次重复测定的方差与由GB/T 476中规定的重复性限计算的方差无显著差异。

3.5.2 准确度:

一次分析6个不同碳氢含量范围的标准煤样,每个煤样的重复测定值的平均值应落在其标准值的不确定度范围内。

3.6 安装技术要求:

3.6.1 炉体上半部应开启灵活。

3.6.2 两燃烧管应保持平行,在全长范围内平行度误差不大于5 mm。

3.6.3 炉体在轨道上放置应平稳,四轮受力均匀,在常温和工作温度下都应移动轻便灵活。

3.7 外观要求:

结构合理,金属镀层及化学处理表面应色泽均匀,不得有露底、起皮、起泡、斑痕或有擦伤和划痕,具有较好的防腐、防锈性能。

3.8 绝缘电阻和绝缘强度:

3.8.1 测定仪独立供电部分的电源接线端与炉壳之间的绝缘电阻应不小于20 MΩ。

3.8.2 测定仪独立供电部分的电源接线端与机壳间应能承受1 500 V,50 Hz交流电压,历时1 min无飞弧和击穿现象。

4 试验方法

4.1 燃烧管和U形吸收管气密性检查

将燃烧管一端用橡皮塞、玻璃管和乳胶管依次与气体流量计、氧气钢瓶[配有可调节流量的带减压阀的压力表(可使用医用氧气吸入器)]相连接,燃烧管另一端用橡皮塞、玻璃管和硅橡胶管依次与U形吸收管、气泡计连接,确保严密、可靠。将所有U形管旋塞打开,接通氧气,保持氧气流量约为120

mL/min，然后关闭靠近气泡计处U形管旋塞，此时若氧气流量降至20 mL/min以下，则表示燃烧管和U形吸收管气密性良好。

4.2 炉膛工作温度的测定

按GB/T 476规定的方法进行测定。接通测定仪电源，使炉膛升温，当达到工作温度后恒温20 min。然后沿燃烧管轴向将标准热电偶依次插到空燃烧管中对应于第一、第二、第三节炉（或第一、第二节炉）的中心处（注意勿使热电偶和燃烧管管壁接触），每节炉测量5 min，记下标准热电偶所测温度，即为炉膛工作温度。测量结果应符合本标准3.3.2条的要求。

4.3 升温速度的测定

接通电源，使测定仪逐渐升温。通过温度控制器上的各温度指示仪表观察并记录各节炉达到工作温度的时间，计算最早和最晚达到工作温度的时间差。测量结果应符合本标准3.3.3条的要求。

4.4 平行温差的测定

接通测定仪电源，使炉膛升温。当达到工作温度后恒温20 min，参照GB/T 476规定的方法，用标准热电偶配合精度为1.0级的毫伏计分别测量各节炉炉管位于炉膛中心部位的温度，并计算平行温差。测量结果应符合本标准3.3.4条的要求。

4.5 炉子外壳温度测定

将炉温升至工作温度，恒温30 min后按GB/T 18153规定的方法测量炉子外壳中部温度。测量结果应符合本标准3.3.5条的要求。

4.6 测定仪精密度和准确度试验

4.6.1 按GB/T 476规定的方法对6个不同碳氢含量范围的标准煤样进行碳氢测定，计算每个煤样的两次重复测定值之差和平均值。测量结果应符合本标准3.5.1和3.5.2条的要求。

4.6.2 按GB/T 476规定的方法对同一分析煤样进行10次碳氢重复测定，按式(1)计算10次重复测定标准差：

$$S=\sqrt{\frac{\sum x_i^2-\frac{1}{n}(\sum x_i)^2}{n-1}} \qquad \cdots\cdots(1)$$

按式(2)将GB/T 476中的重复性限r换算为标准差S_r：

$$S_r=\frac{r}{2\sqrt{2}} \qquad \cdots\cdots(2)$$

若$S\leqslant S_r$，碳氢测定仪精密度符合GB/T 476的要求；

若$S>S_r$，则按式(3)计算统计量F：

$$F=\frac{S^2}{S_r^2} \qquad \cdots\cdots(3)$$

查表得临界值$F_{0.05,9,\infty}=2.41$，若$F\leqslant 2.41$，S^2与S_r^2无显著性差异；否则S^2显著比S_r^2大。

检验结果应符合本标准3.5.1条的要求。

4.7 安装技术要求检查

用感官检查；炉体在轨道上移动情况分别在常温和各节炉的工作温度下检查；燃烧管的平行度误差用钢尺检查，当燃烧管安装调节好后，用钢尺分别测量其两端的中心距，求得二者之差，即为平行度误差。检查结果应符合本标准3.6条的要求。

4.8 外观质量检查

采用目测和感官触摸检查。检查结果应符合本标准3.7条的要求。

4.9 绝缘电阻和绝缘强度测定

按GB/T 15479规定的方法测定仪器的绝缘电阻和绝缘强度。测量结果应符合本标准3.8条的要求。

5 检验规则

测定仪应进行出厂检验和型式检验。检验项目见表2。

表2

序号	检验项目	技术要求条文号	出厂检验	型式检验
1	燃烧管和吸收管气密性	3.3.1,3.4	△	△
2	炉膛工作温度	3.3.2	△	△
3	升温速度	3.3.3	△	△
4	平行炉膛温差	3.3.4	△	△
5	炉壳温度	3.3.5		△
6	精密度和准确度	3.5		△
7	安装	3.6	△	△
8	外观	3.7	△	△
9	绝缘电阻	3.8.1	△	△
10	绝缘强度	3.8.2		△
注:表中"△"表示应检验。				

5.1 出厂检验

测定仪应由制造单位质量检验部门按出厂检验项目逐台检验,检验合格,并发给合格证后方准出厂。

5.2 型式检验

5.2.1 产品有下列情况之一时,应进行型式检验:

a) 新产品投产或老产品转厂生产的定型鉴定;

b) 正式生产后,如结构、材料、工艺有较大改变,可能影响产品性能时;

c) 正常生产后每2年进行1次(或产量达500台时);

d) 停产2年以上,再次恢复生产时;

e) 出厂检验结果与上次型式检验有较大差异时;

f) 国家质量监督检验机构提出进行型式检验的要求时。

5.2.2 抽样

按GB/T 2828规定进行抽样,抽样数量如下:

a) 批量不超过25台时,抽样2台;

b) 批量为26～90台时,抽样3台。

5.2.3 判定规则

a) 当批量不超过25台时:

根据抽检的样品(第一样本)检查的结果,若品数(检验项目)全部合格,则该批产品判为合格。若不合格品数大于等于2,则该批产品判为不合格。

如果第一样本不合格品数等于1,应再按5.2.2随机抽取2台作为第二样本,进行重复检查。两次样本中不合格品数总和等于1,则判为合格,否则为不合格。

b) 当批量在26～90台之间时:

根据抽检的样品(第一样本)检查的结果,若品数(检验项目)全部合格,则该批产品判为合格。若不合格品数大于等于3,则该批产品判为不合格。

如果第一样本不合格数大于0小于3,则按5.2.2随机抽取3台作为第二样本,进行重复检查。两次样本中不合格品数总和小于等于3,则判该批产品合格,否则判为不合格。

6 标志、包装、运输和贮存

6.1 标志

应在产品适当、明显的位置上固定产品铭牌，并标明下列内容：

a） 制造单位名称；

b） 产品名称、商标和型号；

c） 制造日期及编号；

d） 产品主要参数。

6.2 包装

6.2.1 产品包装应符合 GB/T 15464 规定。易碎品应有专用小包装，并用纸条、泡沫塑料等物填实。

6.2.2 包装箱内应附有下列文件：

a） 产品合格证；

b） 产品使用说明书；

c） 产品维修服务卡；

d） 装箱单。

6.2.3 包装箱外表面的标志应清晰、整齐，并包括：

a） 产品名称、商标和型号；

b） 制造单位名称和发货站名称；

c） 收货单位名称和收（或到）站名称；

d） 包装箱外形尺寸，毛重，出厂日期；

e） “小心轻放”、“向上”、“怕湿”等图示标志应符合 GB/T 191 的规定。

6.3 运输

包装好的产品在能够避免雨雪直接影响的条件下，可用任何运输工具运送。运输过程中应小心轻放，不准倒置，严禁摔压，防止损坏。

6.4 贮存

产品应贮存在通风、干燥、周围无酸性或碱性等有害气体的库房内。

ICS 73.040
D 21
备案号：15498—2005

中华人民共和国煤炭行业标准

MT/T 229—2005
代替 MT/T 229—1990

烟煤坩埚膨胀序数仪—电加热法通用技术条件

General specifications of instrument for the determination of the crucible swelling number of bituminous coal—electrical heating

2005-02-14 发布　　2005-06-01 实施

国家发展和改革委员会　发布

前　言

烟煤坩埚膨胀序数测定是一项规范性很强的试验，试验所使用的坩埚膨胀序数测定仪的各项性能指标直接影响测定结果，因而有必要对其技术条件作出统一规定。

本标准参照 GB/T 5448—1997《烟煤坩埚膨胀序数的测定—电加热法》制定，是对 MT/T 229—1990 的修订。本标准与 MT/T 229—1990 相比，主要作了以下修订：

1） 对标准格式和文字表述作了修改；

2） 增加了前言部分；

3） 删除了原标准中的 3.4 条；

4） 增加了耐压强度的技术要求。

本标准由中国煤炭工业协会科技发展部提出。

本标准由全国煤炭标准化技术委员会归口。

本标准起草单位：煤炭科学研究总院煤炭分析实验室。

本标准主要起草人：李宏图、陈爱莉、凌佩玉。

本标准所替代标准的历次版本发布情况：

——MT/T 229—1990。

烟煤坩埚膨胀序数仪—电加热法
通用技术条件

1 范围

本标准规定了烟煤坩埚膨胀序数仪的技术要求、检验方法、检验规则和标志、包装、运输、贮存。

本标准适用于烟煤的坩埚膨胀序数仪。

2 规范性引用文件

GB/T 191 包装储运图示标志

GB/T 2828 逐批检查抽样程序及抽样表(适用于连续批的检查)

GB/T 5448 烟煤坩埚膨胀序数的测定 电加热法

GB/T 15464 仪器仪表包装通用技术条件

GB/T 15479 工业自动化仪表绝缘电阻、绝缘强度技术要求和试验方法

GB/T 18153 机械安全:可接触表面温度确定热表面温度限值的工效数据

3 技术要求

3.1 工作环境条件

温度:5～40℃;

相对湿度:<85%;

电源:AC(220±22)V,(50±1)Hz。

3.2 外购件和外协件

应有合格证,所有零部件经检验合格后方能组装。

3.3 电加热炉

3.3.1 电炉结构(见图 1)

电加热炉的结构如下:在一个直径为 100 mm、厚 13 mm 的带槽耐火板 3 上绕一盘缠好了的镍铬丝线圈,线圈率为 1 000 W。耐火板放在一个规格相同的板 4 上。板 3 上扣着一个厚 1 mm、高 10 mm、外径约 85 mm 的石英皿 7,用来放置坩埚 8。把上述加热部分用一个直径约 140 mm 的耐火砖 2 围起来,砖上有一个深 60 mm、直径 105 mm 的孔。在圆筒上方用一块厚度为 20 mm 的耐火板 9 盖上,板的中心有一个 50 mm 的孔,以便放入坩埚。整个耐火圆筒放在厚 3～5 mm 的石棉片 6 上,然后连同石棉片一起放在铁盒 1 中。在砖与盒之间,用硅酸铝纤维或石棉纤维和轻质氧化铝充填。炉的顶部有耐火土盖 12。在炉的底部穿一个孔,供放置测定温度的热电偶 5 用。插入热电偶的热接点应当正好与石英皿底部的内表面接触。

3.3.2 升温控温要求

电加热炉应配有控温仪表,能够在试验开始后 1.5 min 内将试验坩埚内壁底部的温度加热到(800±10)℃,2.5 min 内达到(820±5)℃。

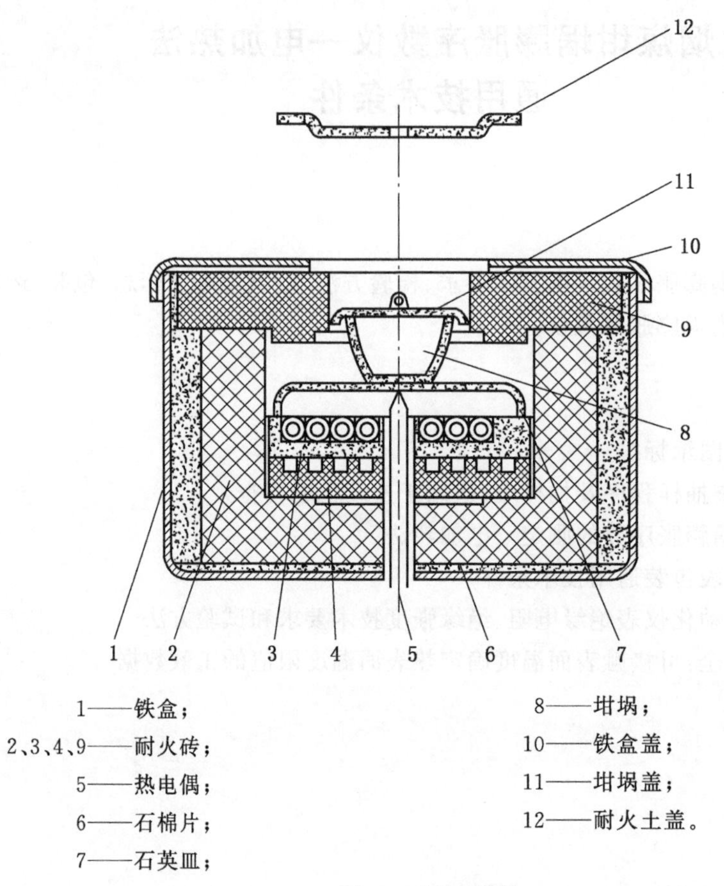

1——铁盒；
2、3、4、9——耐火砖；
5——热电偶；
6——石棉片；
7——石英皿；
8——坩埚；
10——铁盒盖；
11——坩埚盖；
12——耐火土盖。

图 1 电加热炉

3.4 坩埚和坩埚盖(见图2)

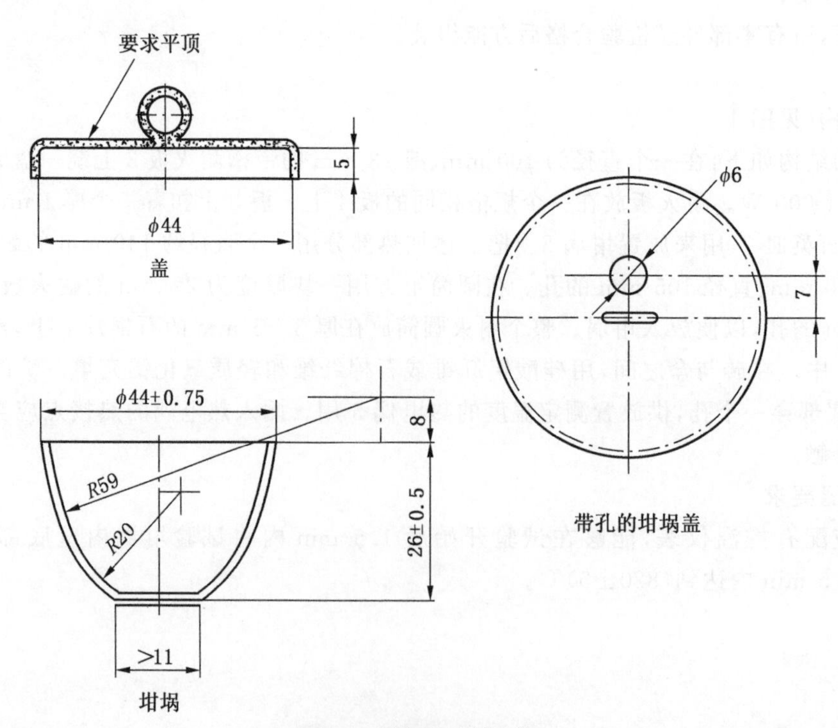

图 2 坩埚和坩埚盖

坩埚和坩埚盖均由耐高温(大于 1 000℃)的瓷或石英制成，规格如下：

a) 坩埚：

顶部外径：(41±0.75)mm；

底部外径：不小于 11 mm；

外高：(26±0.5)mm；

容积：16～17 mL；

重量：11～12.75 g。

b) 坩埚盖：

内径：44 mm；

高：5mm。

c) 带孔的坩埚盖：尺寸同上，有一个直径为 6 mm 的圆孔，供热电偶使用。

3.5 外观要求

结构合理，金属镀层及化学处理表面应光泽均匀，不得有露底、起皮、起泡、斑痕或有擦伤和划痕，并具有较好的防腐、防锈性能。

3.6 绝缘电阻和绝缘强度

3.6.1 测定仪独立供电部分的电源接线端与机壳间的绝缘电阻不小于 20 MΩ。

3.6.2 测定仪独立供电部分的电源接线端与机壳间应能承受 1 500 V，50 Hz 交流电压，历时 1 min 无飞弧和击穿。

3.7 电加热炉表面温度

电加热炉炉壳盖距中心 2/3 部位炉壳低部的表面温升不应超过 130℃，加热炉炉体高度的 1/2 部位表面温升不应超过 100℃，并有高温警示标志。

3.8 热电偶要求

所使用的热电偶，特别是上偶，应为铠装镍铬-镍硅热电偶，长期使用最高温度为 1 000℃，且能保证适应在实验过程中的频繁插拔。

4 检验方法

4.1 外观要求

测定仪的外观要求用目视法。其结果符合 3.5 的要求。

4.2 电加热炉

4.2.1 电炉结构

电炉结构用目测和常规量具检验，其结果符合 3.3.1 的要求。

4.2.2 升温控温要求

电加热炉升温控温仪表的检验按照 GB/T 5448 中的 5.2 条进行，其结果符合 3.3.2 的要求。

4.3 坩埚和坩埚盖

坩埚和坩埚盖的外形尺寸用常规量具进行检验。用感量为 0.1 g，最大称量为 200 g 的天平称其质量。将冷坩埚和坩埚盖放入约 1 000℃的高温炉内，经 5 min 后取出，观察坩埚和坩埚盖，应不破裂。其结果符合 3.4 的要求。

4.4 绝缘电阻和绝缘强度

按 GB/T 15479 方法测定，其结果符合 3.6.1 和 3.6.2 的要求。

4.5 加热炉表面温度的测定

将炉温升到 850℃，稳定 10 min 后，按照 GB/T 18153 要求进行测量，其结果符合 3.7 的要求。

5 检验规则

坩埚膨胀序数仪应进行出厂检验和型式检验。检验的项目见表 1。

表 1

序号	检验项目	技术要求条文号	出厂检验	型式检验
1	电加热炉结构	3.3.1	△	△
2	电加热炉升温控温	3.3.2		△
3	坩埚和坩埚盖	3.4	△	△
4	外观要求	3.5	△	△
5	绝缘电阻和绝缘强度	3.6.1	△	△
		3.6.2		△
6	加热炉表面温度	3.7	△	△
注：表中“△”表示应检验。				

5.1 出厂检验

每台坩埚膨胀序数仪应由制造单位质量检验部门按出厂检验项目逐台检验，检验合格并发给合格证后方准出厂。

5.2 型式检验

5.2.1 产品有下列情况之一时，应进行型式检验：

a) 新产品投产或老产品转厂的定型鉴定；

b) 正式生产后，如结构、材料、工艺有较大改变，可能影响产品性能时；

c) 停产 2 年以上，再次恢复生产时；

d) 批量生产时，每 2 年进行 1 次；

e) 出厂检验结果与上次型式检验结果有较大差异时；

f) 国家质量监督机构提出进行型式检验的要求时。

5.2.2 抽样规定

按 GB/T 2828 规定进行抽样，抽样数量如下：

a) 批量不超过 25 台时，抽样 2 台；

d) 批量在 26～90 台时，抽样 3 台。

5.2.3 判定规则

a) 当批量不超过 25 台时：

根据抽检的样品(第一样本)检查的结果，若品数(检验项目)全部合格，则该批产品判为合格。若不合格品数大于等于 2，则该批产品判为不合格。

如果第一样本不合格样品数等于 1，则再按 5.2.2 随机抽取 2 台作为第二样本，进行重复检查。两次样本中不合格品数总和等于 1，则判为合格，否则为不合格。

b) 当批量在 26～90 台之间时：

根据抽检的样品(第一样本)检查的结果，若品数(检验项目)全部合格，则该批产品判为合格。若不合格品数大于等于 3，则该批产品判为不合格。

如果第一样本不合格数大于 0 小于 3，则按 5.2.2 随机抽取 3 台作为第二样本，进行重复检查。两次样本中不合格品数总和小于等于 3，则判该批产品为合格，否则为不合格。

6 标志、包装、运输和贮存

6.1 标志

应在产品适当、明显的位置上固定产品的铭牌，并标明下列内容：

a) 制造单位名称；

b) 产品名称、商标和型号；

c) 制造日期及编号；

d) 产品主要参数。

6.2 包装

6.2.1 产品包装应符合 GB/T 15464 的规定。易碎品应有专用小包装，并有纸条、泡沫塑料等物填实。

6.2.2 包装箱内应附有下列文件：

a) 产品合格证；

b) 产品使用说明书；

c) 产品维修服务卡；

d) 装箱单。

6.2.3 包装箱外壁的标志应清晰、整齐，并包括：

a) 产品名称、商标和型号；

b) 制造单位名称和发货站名称；

c) 收货单位名称和到货站名称；

d) 包装箱外形尺寸，毛重，装箱日期；

e) “小心轻放”、“向上”、“怕湿”等图示标志应符合 GB/T 191 的规定。

6.3 运输

包装好的产品在能够避免雨雪直接影响的条件下。可用任何运输工具运送。运输过程中应小心轻放，不准倒置，严禁摔压，防止损坏。

6.4 贮存

产品应贮存在通风、干燥、周围无酸性或碱性等有害气体的库房中。

ICS 73.040
D 21
备案号：15497—2005

中华人民共和国煤炭行业标准

MT/T 230—2005
代替 MT/T 230—1990

哈氏可磨性指数测定仪通用技术条件

General specifications of Hardgrove grindability machine

2005-02-14 发布　　2005-06-01 实施

国家发展和改革委员会　发布

前言

哈氏可磨性指数测定仪及其相关测定器具在煤炭试验室广泛使用。其质量直接决定着所测定煤样的哈氏可磨性指数值，因而有必要对其技术条件作出统一规定。

本标准参照国家标准 GB/T 2565—1998《煤的可磨性指数测定方法》(哈德格罗夫法)而制定，是对 MT/T 230—1990 的修订。

本标准与 MT/T 230—1990 相比，主要变化如下：

——增加了“前言”和“目次”；

——增加了对工作环境条件的要求；

——增加了绝缘电阻和耐压强度的要求；

——增加了其他与哈氏可磨性测定相关器具的技术条件的规定；

——增加了对校准图相关系数的规定；

——精密度试验方法进行了修改，使其更加完善；

——根据 GB/T 2828 对检验规则进行了修订。

本标准由中国煤炭工业协会科技发展部提出。

本标准由全国煤炭标准化技术委员会归口。

本标准起草单位：煤炭科学研究总院煤炭分析实验室，镇江市科瑞制样设备有限公司。

本标准主要起草人：孙刚、张宝青、陈爱莉、徐玉山。

哈氏可磨性指数测定仪通用技术条件

1 范围

本标准规定了哈德格罗夫可磨性指数测定仪(简称测定仪)及其相关测定器具的技术要求,试验方法、检验规则和标志、包装、运输、贮存。

本标准适用于测定烟煤和无烟煤哈德格罗夫可磨性指数的测定仪及其相关测定器具。

2 规范性引用文件

下列文件中的条款通过本标准的引用而成为本标准的条款。凡是注日期的引用文件,其随后所有的修改单(不包括勘误的内容)或修订版均不适用于本标准,然而,鼓励根据本标准达成协议的各方研究是否可使用这些文件的最新版本。凡是不注日期的引用文件,其最新版本适用于本标准。

GB/T 191 包装储运图示标志

GB/T 2565—1998 煤的可磨性指数试验方法(哈德格罗夫法)

GB/T 2828 逐批检查计数抽样程序及抽样表(适用于连续批的检查)

GB/T 3768 声学 声压法测定噪声源 声功率级 反射面上方采用包络测量表面的简易法

GB/T 6003 试验筛

GB/T 10089 圆柱蜗杆、蜗轮精度

GB/T 10095 渐开线圆柱齿轮 精度

GB/T 15464 仪器仪表包装通用技术条件

GB/T 15479 工业自动化仪表绝缘电阻、绝缘强度技术要求和试验方法

3 技术要求

3.1 工作环境条件:

温度:5～40℃;

相对湿度:<85%;

电源:AC(220+22)V,(50±1)Hz。

3.2 测定仪:

3.2.1 测定仪主要性能(结构如图1所示):

3.2.1.1 主轴转速:(20±1)r/min。

3.2.1.2 工作转数:(604±0.25)r。

3.2.2 测定仪研磨件(如图2所示):

3.2.2.1 几何尺寸精度和表面粗糙度:

a) 水平轨道圆弧半径:(19.05±0.13)mm。

b) 水平轨道中心直径:76.20 mm。

c) 水平轨道弧弦高(研磨环):(3.50±0.05)mm。

d) 水平轨道弧面表面粗糙度:0.05。

3.2.2.2 研磨环、研磨碗弧面硬度:HRC(45～50)。

3.2.2.3 钢球:

a) 直径:(25.40±0.13)mm。

b) 硬度：HRC(45～50)。

c) 粗糙度：0.05。

3.2.3 钢球受力：(284±2)N。

3.2.4 圆柱齿轮精度应符合 GB/T 10095 中的规定。

3.2.5 蜗轮蜗杆精度应符合 GB/T 10089 中的规定。

3.2.6 测定仪的计数控制器动作应灵敏、准确，并保证测定仪在(60±0.25)r 时自动停止运转。

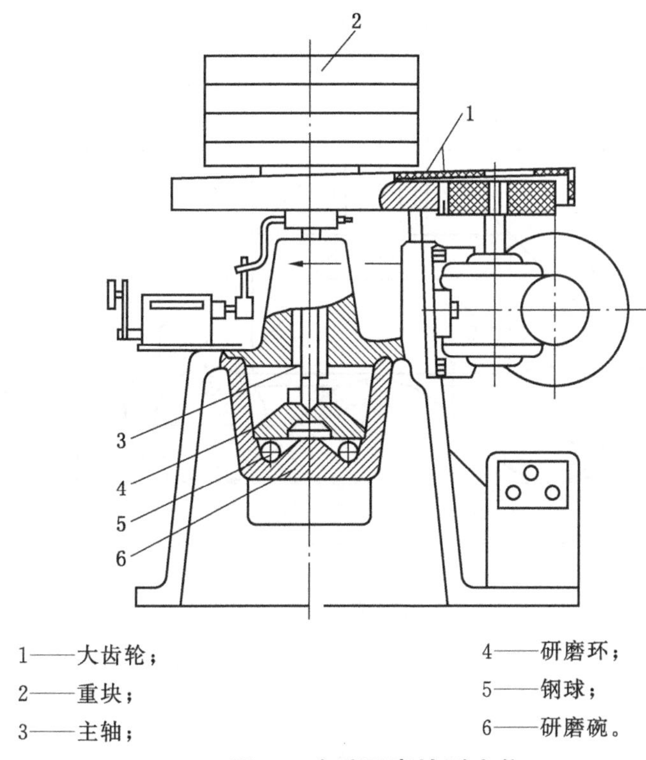

1——大齿轮；
2——重块；
3——主轴；
4——研磨环；
5——钢球；
6——研磨碗。

图 1 哈氏可磨性测定仪

3.2.7 测定仪装配要求：

3.2.7.1 外购件、外协件应有产品合格证，所有零、部件应经检验合格方能组装。

3.2.7.2 零、部件的连接应无松动现象。传动部件应转动平稳、灵活、无异常声响。轴承的密封不能渗油。

3.2.7.3 测定仪的研磨件与机座组装后，应能顶起主轴。主轴中间档圈与机座端面的间隙应不小于 3 mm。

3.2.7.4 在测定仪的每个重块应有钢字码打的编号和质量。第四块重块的质量在装配前调整。四块重块、主轴、大齿轮和研磨环作用在钢球上的总垂直力应为(284±2)N。总垂直力用最大称量 30 kg、感量 10 g 的天平进行校准。

3.2.8 测定仪运转时的噪声不大于 65 dB。

3.2.9 绝缘电阻和绝缘强度：

测定仪独立供电部分的电源接线端与机壳间的绝缘电阻不小于 20 MΩ。应能承受 1 500 V、50 Hz 交流电，历时 1 min 无飞弧和击穿。

3.2.10 测定仪外观要求：

结构合理，金属镀层及化学处理表面应色泽均匀，不得有露底、起皮、起泡、斑痕或有擦伤和划痕，具有较好的防腐、防锈性能。

3.3 振筛机：可以容纳外径为 200 mm 的一组垂直套叠并加盖和筛底盘的筛子。

3.3.1 垂直振击频率：149 min^{-1}。

3.3.2 水平回转频率：221 min^{-1}。

3.3.3 回转半径：12.5 mm。

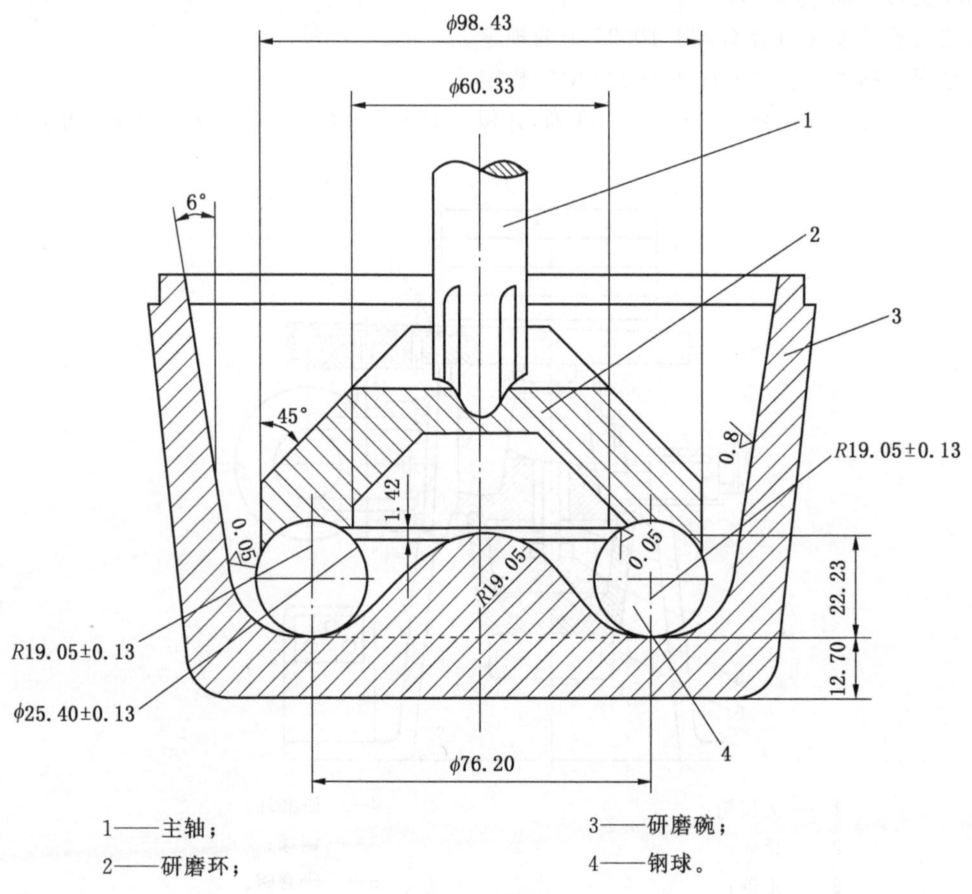

1——主轴；
2——研磨环；
3——研磨碗；
4——钢球。

图2 研磨件

3.4 试验筛：符合 GB/T 6003 的要求，孔径为 0.071 mm、0.63 mm、1.25 mm，直径为 200 mm，并配有筛盖和筛底盘。

3.5 保护筛：能套在试验筛上的圆孔筛或方孔筛，孔径范围 13～19 mm，孔径均匀，孔数不少于 30。

3.6 二分器：格槽宽度为 5 mm，两边格槽数相等且各不少于 10。

3.7 测定仪校准图的相关系数：不小于 0.98。

3.8 测量精密度应同时满足以下两个要求：

a) 多个试样的 2 次重复测定值的差值落在 GB/T 2565 规定的重复性限内；

b) 一个试样的多次重复测定值的方差与由 GB/T 2565 规定的重复性限计算的方差无显著性差异。

4 试验方法

4.1 测定仪的主要性能试验：

4.1.1 主轴转速用不低于 1.0 级，量程不小于 75 r/min 的转速表测量。

4.1.2 工作转数用计数控制器测量。每台重复测量次数不应少于 10 次，每次测量的工作转速均应符合要求，测量前应将计数控制器调整到零位。

4.2 测定仪研磨件试验：

4.2.1 研磨件的几何尺寸用专用成形量规测量；表面粗糙度采用比较法，用粗糙度标准样块与被测表面对比评定级别。

4.2.2 研磨环和研磨碗弧面硬度用洛氏硬度计测定。

4.2.3 钢球用精度为 0.01 mm、测量范围为 25～50 mm 的外径百分尺测量；钢球硬度和表面粗糙度的测量同 4.2.1。

4.3 测定仪圆柱齿轮试验：

用万能测齿仪测量，测齿仪的最小分度值为 0.001 mm，测量直径不大于 360 mm，模数 1～10。

4.4 测定仪蜗杆、蜗轮试验：

用万能测齿仪测量，测齿仪的最小分度值为 0.001 mm，测量直径不大于 360 mm，模数 1～10。

4.5 总装完成的测定仪进行不小于 0.5 h 运转后，依次进行以下各项试验：

4.5.1 检查各紧固件是否牢靠，徒手盘动电机轴端应轻快、灵活、无异常声响。

4.5.2 用洁净的吸油纸擦拭各轴承外部，查看有无油迹污染。

4.5.3 用厚度 3 mm 的标准块规检查主轴中间档圈与机座端面面隙。

4.6 测定仪的噪声测量：按 GB/T 3768 进行。

4.7 绝缘电阻与绝缘强度：按照 GB/T 15479 测量。

4.8 金属镀层、抛光件、油漆层和发黑处理面用目视法检查。

4.9 振筛机的试验：

4.9.1 垂直振击频率在空载中用计数器来测定；

4.9.2 水平回转频率的测定同 4.9.1。

4.9.3 回转半径用块规及百分表来测量。

4.10 试验筛的试验：按照 GB/T 6003 的规定进行。

4.11 保护筛的孔径测量：用常规量具来测量。

4.12 二分器的格槽宽度的试验：同 4.11。

4.13 测定仪校准图的相关系数测定：按 GB/T 2565 附录 A 规定进行 1 组 4 个标准煤样测定，然后按以下公式计算：

$$R=\frac{L_{xy}}{\sqrt{L_{xx}L_{yy}}}$$

$$L_{xx}=\sum_{i=1}^{4}(x_i-\overline{x})^2$$

$$L_{yy}=\sum_{i=1}^{4}(x_i-\overline{x})(y_i-\overline{y})$$

$$L_{yy}=\sum_{i=1}^{4}(y_i-\overline{y})^2$$

$$\overline{x}=\frac{x_1+x_2+x_3+x_4}{4}$$

$$\overline{y}=\frac{y_1+y_2+y_3+y_4}{4}$$

式中：

R——测定仪校准图的相关系数；

x_i——可磨性标准煤样测定后筛下煤样质量的平均值；

y_i——哈氏可磨性标准物质的标准值。

4.14 精密度试验：

a） 取 3 个可磨指数值为高、中、低（在校准图测值范围内）的煤样，各进行 2 次重复测定，2 次测定值之差都应落在 GB/T 2565 规定的重复性限内；

b） 对同一煤样进行 10 次重复测定，重复测定值（x）的方差与由 GB/T 2565 规定的重复性限计算的方差应无显著性差异。比较方法如下：

按(1)式计算10次重复测定的方差：

$$S^2 = \frac{\sum x^2 - (\sum x)^2/n}{n-1} \quad \cdots\cdots(1)$$

按(2)式计算GB/T 2565的重复性限(r)相应的方差：

$$S_r^2 = \frac{r^2}{8} \quad \cdots\cdots(2)$$

如$S^2 \leqslant S_r^2$，则方差判定合格；

如$S^2 > S_r^2$，则按(3)式计算统计量F：

$$F = \frac{S^2}{S_r^2} \quad \cdots\cdots(3)$$

如$F \leqslant F_{0.05,9,\infty}(2.41)$，则$S^2$与$S_r^2$无显著性差异；否则$S^2$显著大于$S_r^2$。

注：精密度试验也可和校准图相关系数确定试验同时进行。若4个标准煤样4次重复测定的极差落在GB/T 2565规定的重复性限内，则精密度检验合格。

5 检验规则

测定仪应进行出厂检验和型式检验，检验项目如表1。

5.1 每台测定仪必须经制造厂质量检验部门按表1规定的出厂检验项目逐台检验，检验合格并发给合格证方可出厂。

表1 出厂检验和型式检验项目表

序号	项目	技术要求条文号	出厂检验	型式检验
1	主轴转速	3.2.1.1	△	△
2	工作转数	3.2.1.2	△	△
3	研磨件	3.2.2		△
4	圆柱齿轮精度	3.2.4		△
5	蜗轮蜗杆精度	3.2.5		△
6	装配要求	3.2.7	△	△
7	噪声	3.2.8		△
8	绝缘电阻	3.2.9	△	△
9	绝缘强度	3.2.9		△
10	外观	3.2.10	△	△
11	振筛机	3.3		△
12	试验筛	3.4		△
13	保护筛	3.5	△	△
14	二分器	3.6	△	△
15	相关系数	3.7		△
16	精密度	3.8		△
注：表中"△"表示需要检验。				

5.2 型式检验：

5.2.1 产品凡遇有下列情况之一时，应进行型式检验：

a) 新产品投产或老产品转厂生产的定型鉴定；

b) 正式投产后，如结构、材料、工艺有较大变更，可能影响产品性能时；

c) 停产2年以上，再次恢复生产时；

d） 批量生产时，每2年进行1次；

e） 出厂检验结果与上次型式检验有较大差异时；

f） 国家质量监督机构提出型式检验的要求时。

5.2.2 抽样规则：

a） 批量不超过25台时，抽样2台；

b） 批量在26～90台之间时，抽样3台。

5.2.3 判定规则：

a） 当批量不超过25台时：

根据抽检的样品（第一样本）检查的结果，若品数（检验项目）全部合格，则该批产品判为合格；若不合格品数大于等于2，则该批产品判为不合格。

如果第一样本不合格品数等于1，应再按5.2.2随机抽取2台作为第二样本，进行重复检查。两次样本中不合格品数总和等于1，则判为合格，否则判为不合格。

b） 当批量在26～90台之间时：

根据抽检的样品（第一样本）检查的结果，若品数（检验项目）全部合格，则该批产品判为合格；若不合格品数大于等于3，则该批产品判为不合格。

如果第一样本不合格品数大于0小于3，应再按5.2.2随机抽取3台作为第二样本，进行重复检查。两次样本中不合格品数总和小于等于3，则判为合格，否则判为不合格。

6 标志、包装、运输和贮存

6.1 标志

应在产品适当、明显的位置上固定产品铭牌，并标明下列内容：

a） 制造单位名称；

b） 产品名称、商标、型号；

c） 制造日期和编号；

d） 产品主要参数。

6.2 包装

6.2.1 产品的包装木箱应牢固可靠，符合GB/T 15464有关规定。包装时应将测定仪上的重块取下，放在包装箱底部，防止运输过程中脱落，砸坏仪器。

6.2.2 包装箱内应附有下列文件：

a） 产品合格证；

b） 产品维修服务卡；

c） 产品使用说明书；

d） 装箱单。

6.2.3 包装箱外表面的标志应清晰、整齐，内容包括：

a） 产品名称和型号；

b） 制造单位名称和发货站名称；

c） 收货单位名称和到货站名称；

d） 包装箱外形尺寸，毛重，装箱日期；

e） “小心轻放”、“向上”、“怕湿”、“由此起吊”等图示标志应符合GB/T 191的规定。

6.3 包装好的产品在能够避免雨雪直接影响的条件下，可用任何运输工具运送。

6.4 产品应贮存在通风、干燥、周围无酸性或碱性等有害气体的库房中。

中华人民共和国煤炭行业标准

MT/T 231—91

矿用刮板输送机驱动链轮

代替 MT/Z 8～9—80

本标准参照采用国际标准ISO 5613—1984《矿用刮板输送机　驱动链轮组件》。

1　主题内容与适用范围

1.1　本标准规定了矿用刮板输送机驱动链轮(以下简称链轮)的型式尺寸、技术要求、检验规则、标志、包装、运输和贮存。

1.2　本标准适用于煤矿井下刮板输送机、刨煤机、滚筒采煤机的驱动链轮。

2　引用标准

GB/T 12718　矿用高强度圆环链

3　链轮型式和尺寸

3.1　链轮型式和尺寸应符合图1及表1的规定。

3.2　表1中未包括的链轮规格尺寸，按表2的公式计算，计算示例和图，见附录A。

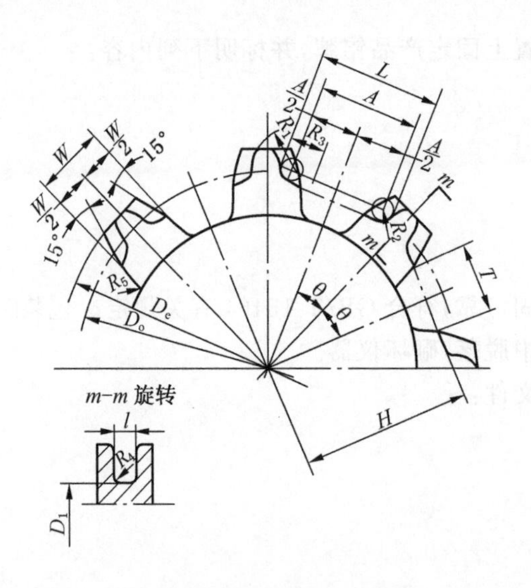

图1　链轮型式和尺寸

表 1 链轮尺寸

mm

链条公称尺寸和节距	链轮齿数 N	链轮节圆直径 D_o	链轮外径 D_e	链轮立环立槽直径 D_1	链轮立环立槽宽度 l	齿形圆弧半径 R_1	齿根圆弧半径 R_2		链窝平面圆弧半径 R_3	立环槽圆弧半径 R_4	短齿根部圆弧半径 R_5	链轮中心至链窝底平面的距离 H		链窝长度 L		短齿厚度 W	链窝中心距 A
			参考值	最大	最大	参考	公称	公差带	最大	参考	参考	公称	公差带	公称	公差带	最大	参考
14×50	5	162	190	100	20	29	7	$^{+0.5}_{0}$	25	7	7	67.5	$^{0}_{-1.5}$	82	$^{+2}_{0}$	46	68
	6	193	221	132								84.5					
	7	225	253	164								101					
	8	256	284	195								117.5					
	9	288	316	227								133.5					
	10	320	348	259								149.5					
18×64	5	208	244	129	25	37	9	$^{+0.5}_{0}$	30	9	9	86.5	$^{0}_{-1.5}$	105	$^{+2}_{0}$	60	87
	6	248	284	170								108					
	7	288	324	210								129					
	8	328	364	250								150					
	9	369	405	292								171					
22×86	5	279	323	179	30	53	11	$^{+0.5}_{0}$	38	11	11	118	$^{0}_{-1.5}$	136	$^{+2}_{0}$	81	114
	6	333	377	234								146.5					
	7	387	431	289								175					
	8	441	485	344								203					
	9	495	539	398								231					
24×86	5	279	327	178	32	50	12	$^{+0.5}_{0}$	40	12	12	116.5	$^{0}_{-1.5}$	140	$^{+2}_{0}$	81	116
	6	333	381	233								145.5					
	7	387	435	288								173.5					
	8	441	489	342								202					
	9	495	543	397								229.5					

表 1（续）

mm

链条公称尺寸和节距	链轮齿数 N	链轮节圆直径 D_o	链轮外径 D_e	链轮立环立槽直径 D_1	链轮立环立槽宽度 l	齿形圆弧半径 R_1	齿根圆弧半径 R_2		链窝平面圆弧半径 R_3	立环槽圆弧半径 R_4	短齿根部圆弧半径 R_5	链轮中心至链窝底平面的距离 H		链窝长度 L		短齿厚度 W	链窝中心距 A
			参考值	最大	最大	参考	公称	公差带	最大	参考	参考	公称	公差带	公称	公差带	最大	参考
26×92	5	299	350	183	35	53	13	+0.5 0	45	13	13	124.5	0 −1.5	151	+2 0	86	125
	6	356	408	242								155					
	7	414	466	300								185.5					
	8	472	524	359								215.5					
	9	530	582	418								245.5					
30×108	5	351	411	218	40	63	15	+0.5 0	50	15	15	146	0 −1.5	176	+2 0	101	146
	6	418	478	287								182.5					
	7	486	546	356								218					
	8	554	614	425								253.5					
	9	623	683	494								288.5					
34×126	5	409	477	263	44	75	17	+0.5 0	55	17	17	171	0 −1.5	204	+2 0	117	170
	6	488	556	343								213.5					
	7	567	635	423								255					
	8	647	715	504								296					
	9	726	794	584								337					

表 2

mm

名　　称	符号	计　算　公　式
圆环链公称直径	d	按 GB/T 12718 规定取用
圆环链公称节距	p	
圆环链最大外宽	b	
链轮齿数	N	
链轮节距角	θ	$\theta=\frac{360^\circ}{2N}$
链轮节圆直径	D_e	$D_e=\sqrt{\left(\frac{p}{\sin\frac{90^\circ}{N}}\right)^2+\left(\frac{d}{\cos\frac{90^\circ}{N}}\right)^2}$
链轮外径(参考值)	D_e	$D_e=D_o+2d$
链轮立环立槽直径	D_1	$D_1=\frac{p}{\mathrm{tg}\frac{90^\circ}{N}}+d\cdot\mathrm{tg}\frac{90^\circ}{N}-b-\Delta$ 表 1 中 D_1 值系按下列 Δ 之值求得 Δ 值 a) 14×50　圆环链　10 b) 18×64　圆环链　14 c) 22×86　圆环链　19 d) 24×86　圆环链　15 e) 26×92　圆环链　22 f) 30×108　圆环链　26 g) 34×126　圆环链　27
链轮立环立槽宽度	l	$l=d+\delta$ 表 1 中 l 值系按下列 δ 值求得 δ 值 a) 14×50　圆环链　6 b) 18×64　圆环链　7 c) 22×86　圆环链　8 d) 24×86　圆环链　8 e) 26×92　圆环链　10 f) 30×108　圆环链　10 g) 34×126　圆环链　10
齿根圆弧半径	R_2	$R_2=0.5d$
链窝长度	L	$L=1.075p+2d$
链窝平面圆弧半径	R_3	R_3 值等于扁平接链环圆弧部分的最大外圆半径 圆心在扁平接链环中心线上,此中心线平行链窝平面,距链轮中心的距离为 $H+0.5d$

表 2（续）

mm

名　　称	符号	计　算　公　式
链轮中心至链窝底平面的距离	H	$H=0.5\left(\frac{p}{\operatorname{tg}\frac{90^{\circ}}{N}}-d\cdot\operatorname{tg}\frac{90^{\circ}}{N}\right)-0.51$ 求得的 H 值，精确到 0.5 mm
短齿厚度（尺寸仅作参考）	W	$W=(2H+d)\sin\frac{180^{\circ}}{N}-A\cos\frac{180^{\circ}}{N}+d$ A 为链窝中心距离
链窝中心距离	A	$A=1.075p+d$　　A 值为参考值
齿形圆弧半径	R_1	$R_1=p-1.5d$　　R_1 值为参考值圆弧半径的中心在离链轮中心 $H+0.5d$ 的直线上
立环槽圆弧半径	R_4	$R_4=0.5d$
短齿根部圆弧半径	R_5	$R_5=0.5d$
链窝间隙	T	限制 W 的最大值，能保证圆环链在链窝中得到足够的支承，也能保证开口式连接环和刮板在链窝中有足够的间隙，但在某些重载情况下，平链环的支承面积，有必要增加时，用户和厂方商定，可以规定 T 尺寸，而调整 W 之值

4　技术要求

4.1　链轮的制造应符合本标准的要求，并按照规定程序批准的图样和文件制造。

4.2　链轮材料。

4.2.1　中重型刮板输送机链轮材料

抗拉强度　　$\sigma_b \geqslant 1\,000\ N/mm^2$

延伸率　　$\delta_5 \geqslant 9\%$

冲击值　　$a_k \geqslant 60\ N\cdot m/cm^2$

链轮材料通常推荐按表 3 选取。

表 3

钢　　号	调质状态下标准试样的机械性能		
	σ_b, N/mm²	δ_5, %	σ_k, N·m/cm²
30 CrMnTi	≥1 500	≥9	≥60
30 CrMnSiNi	≥1 600	≥9	≥60
40 CrNiMO	≥1 000	≥12	≥100

4.2.2　轻型刮板输送机链轮材料

抗拉强度　　$\sigma_b \geqslant 610\ N/mm^2$

延伸率　　$\delta_5 \geqslant 9\%$

冲击值　　$a_k \geqslant 50\ N\cdot m/cm^2$

链轮材料通常推荐按表 4 选取。

表 4

钢　　号	调质状态下标准试样的机械性能		
	σ_b,N/mm²	δ_5,%	σ_k,N・m/cm²
40 Cr	≥1 000	≥9	≥60
40 MnVB	≥1 050	≥10	≥70
ZG45 MnVTi	≥750	≥15	≥40
ZG35 CrMnSi	≥700	≥14	≥40
45	≥610	≥16	≥50

4.3　链轮须进行调质处理,调质硬度应达到 HB 260～320,链窝和齿形表面须进行淬火处理,淬火硬度应达到 HRC 45～55,淬火硬度层深度不低于 3 mm。

4.4　链轮如按垂直轴线平分成两半制造,然后焊接合成时,整体链轮不得有影响啮合运转的偏移。所有焊缝必须平整,不应出现裂缝刻痕或其他缺陷。

4.5　链窝平环底面不平度不大于 1 mm。

4.6　相邻两链窝槽的中心线的角度偏差不大于±30。

4.7　链轮齿面及链窝表面粗糙度不低于 $\overset{25}{\vee}$

4.8　边双链、准边双链、中双链刮板输送机两链轮的中心距的偏差不应超过±1 mm,边双链、准边双链、中双链和单链刮板输送机的滚筒直径与刮板应有 5 mm 的间隙。

5　检验规则

5.1　每个链轮须经制造厂技术检验部门检验合格后方可出厂,出厂时必须附有证明产品质量合格的文件。

5.2　检验链轮尺寸的方法见附录 B。

5.3　链轮齿面及链窝表面粗糙度按 4.7 条的要求进行检验。

5.4　链轮齿面及链窝表面硬度按 4.3 条的要求进行检验。

5.5　焊缝质量按 4.4 条的要求进行检验。

5.6　边双链、中双链刮板输送机两链轮的中心距偏差应符合 4.8 条的规定。

6　标志、包装、运输、贮存

6.1　每一链轮必须有下列明显的永久性标志:

a.　制造厂厂标;

b.　圆环链直径乘节距,例如,18×64。

6.2　链轮单独出厂应采用箱装,箱外壁须有明显的包装标志,其内容如下:

a.　制造厂名称及地址;

b.　收货单位名称及地址;

c.　产品名称;

d.　净重、毛重及数量;

e.　包装箱外形尺寸。

6.3　随产品包装箱附带的文件:

a.　装箱单;

b.　合格证。

6.4　产品在运输、贮存过程中应保持清洁,不得与酸、碱物质接触,不应受剧烈振动、撞击。

附 录 A
计 算 示 例

链环 18×64,链轮齿数 $N=7$。其基本几何尺寸计算如下：

(1) 节圆直径 D_o：

$$D_o=\sqrt{\left(\frac{p}{\sin\theta/2}\right)^2+\left(\frac{d}{\cos\theta/2}\right)^2}$$

$$=\sqrt{\left(\frac{p}{\sin\frac{90^\circ}{N}}\right)^2+\left(\frac{d}{\cos\frac{90^\circ}{N}}\right)^2}$$

$$=\sqrt{\left(\frac{64}{\sin\frac{90^\circ}{7}}\right)^2+\left(\frac{18}{\cos\frac{90^\circ}{7}}\right)^2}$$

$$=288.36(\text{mm}) \qquad 取\ D_o=288\ \text{mm}$$

(2) 顶圆直径 D_e：

$$D_e=D_o+2d$$

$$=288+2\times18=324(\text{mm})$$

(3) 链轮立环的立槽直径 D_1：

$$D_1=\frac{p}{\text{tg}\frac{90^\circ}{N}}+d\cdot\text{tg}\frac{90^\circ}{N}-b-\Delta$$

$$=\frac{64}{\text{tg}\frac{90^\circ}{7}}+18\times\text{tg}\frac{90^\circ}{7}-60-14$$

$$=280.40+4.11-60-14$$

$$=210.5(\text{mm})$$

取 $D_1=210$ mm

式中 Δ 值对 18×64 链条为 14 mm。

(4) 链轮立环立槽宽度 l：

$$l=d+\delta=18+7=25(\text{mm})$$

对 18×64 链条：δ 为 7 mm

(5) 齿根圆弧半径 R_2：

$$R_2=0.5d=0.5\times18=9(\text{mm})$$

(6) 链窝平面圆弧半径 R_3 为接链环圆弧部分最大外半径对 18×64 时 $R_3=30$ mm

(7) 链轮中心至链窝底平面的距离 H：

$$H=0.5\left(\frac{p}{\text{tg}\frac{\theta}{2}}-d\cdot\text{tg}\frac{\theta}{2}\right)-0.5d$$

$$=0.5\left(\frac{64}{\text{tg}\frac{90^\circ}{7}}-18\times\text{tg}\frac{90^\circ}{7}\right)-0.5\times18=129(\text{mm})$$

(8) 链窝长度 L：

$$L=1.075p+2d=1.075\times64+2\times18$$

$$=104.8(\text{mm}) \qquad 取\ L=1\ 054\ \text{mm}$$

(9) 链窝中心距 A：

$$\begin{aligned} A &= 1.075p + d \\ &= 1.075 \times 64 + 18 \\ &= 86.8(\text{mm}) \qquad \text{取 } A = 87\ \text{mm} \end{aligned}$$

(10) 短齿厚度 W：

$$\begin{aligned} W &= (2H + d)\sin\frac{180^\circ}{N} - A\cos\frac{180^\circ}{N} + d \\ &= (2\times 129 + 18)\sin\frac{180^\circ}{7} - 87\cos\frac{180^\circ}{7} + 18 \\ &= 60(\text{mm}) \end{aligned}$$

(11) 齿形圆弧半径 R_1：

$$\begin{aligned} R_1 &= p - 1.5d \\ &= 64 - 1.5\times 18 \\ &= 37(\text{mm}) \end{aligned}$$

(12) 立环槽圆弧半径 R_4：

$$R_4 = 0.5d = 0.5\times 18 = 9(\text{mm})$$

(13) 短齿根部圆弧半径 R_5：

$$R_5 = 0.5d = 0.5\times 18 = 9(\text{mm})$$

链轮的齿形及基本尺寸标注见图 A1。

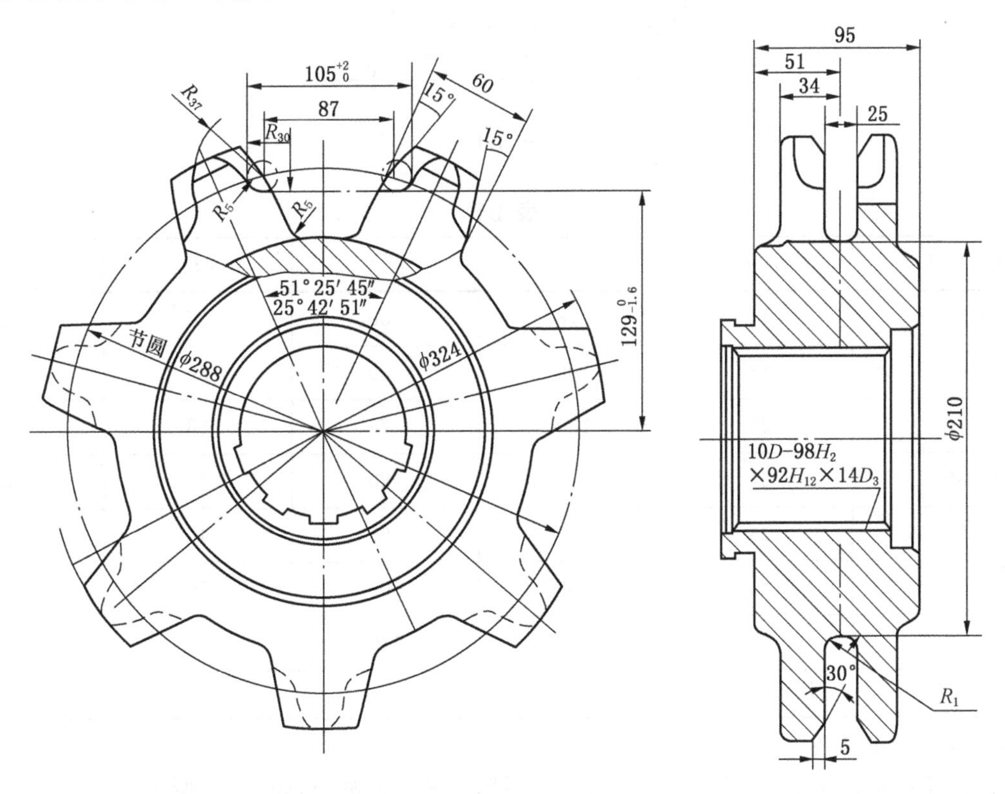

图 A1

附 录 B
链轮尺寸的检查
（参考件）

B1 链窝的检查

B1.1 链窝量规

链窝量规如图 B1 所示，量规的长度是可调的，从 l 长度调至最大长度 $l+10$ mm，链窝量规的尺寸规定见图 B1 及表 B1。

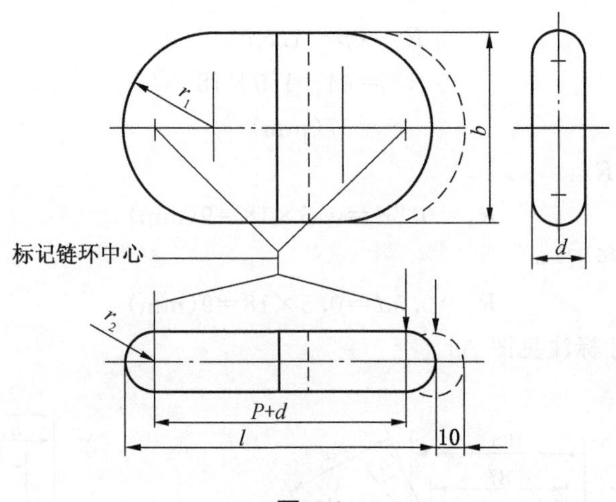

图 B1

表 B1

mm

圆环链尺寸	$d^{1)}$	$l^{1)}$	$b^{1)}$	$r_1^{1)}$	$r_2^{1)}$
14×50	14	78	50	25	7
18×64	18	100	60	30	9
22×86	22	130	76	38	11
24×86	24	134	80	40	12
26×92	26	144	90	45	13
30×108	30	169	100	50	15
34×126	34	197	110	55	17
注：1) d,l,b,r_1,r_2 的偏差均为 $_{-0.1}^{\ 0}$。					

B1.2 试件及试验的准备

将被试链轮链窝转至水平位置，链窝量规伸长后紧紧嵌入链窝中，如图 B2 所示。

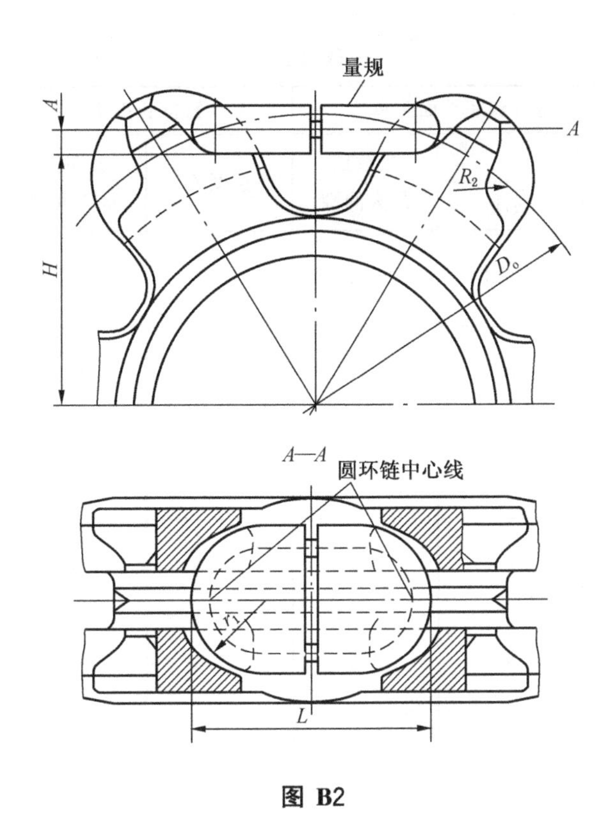

图 B2

B1.3　链窝量规置于链窝底平面

当链窝量规的长度仅仅为 l 时置于链窝中，此时量规与一端的链窝圆弧面积接触，然后观察下列各项：

B1.3.1　尺寸 H（链轮中心至链窝底平面的距离）

在链窝量规与链窝底平面接触的四点，测量该四点与链轮中心的距离，测得的 H 值，应符合本标准表 1 中的 H 值。

B1.3.2　接触点的最大间隙

链窝量规尽可能与链窝底平面全面接触，如果只有三点接触，则第四点的间隙不应超过 1 mm，链窝量规与链窝底平面的接触，不应限于点接触，而应尽可能是大面积接触。

B1.4　链窝长度 L

B1.4.1　链窝量规在链窝内伸长与另一端链窝圆弧接触，测出的链窝长度必须符合本标准表 1 中 L 的尺寸与公差。

B1.4.2　接触点的最大间隙

链窝量规 r_2 半径的球面应尽可能与四个链齿接触，如果只有三点接触，则第四点的间隙，不超过 1 mm，链窝量规与链窝的表面应尽可能全部接触。

B1.5　齿根圆弧半径 R_2

齿根圆弧半径 R_2 的检测用半径量规检测（“通过”与“不通过”半径量规）。

B1.6　链窝中心的偏差

链窝量规伸长后，量规上标记的中心线与链轮中心线的偏差不应超过 1.5 mm。

B2　检测结果的评价

链轮全部链窝检测的方法是相同的，其检测结果应记入产品合格证内，举例如表 B2 所示。

表 B2

mm

8齿链轮齿号码之间的链窝	链轮中心至链窝底平面距离			链窝长度 L		齿根半径 R_2 合格不合格	链窝中心的偏差
	H		接触点最大间隙	长度 L	接触点最大间隙		
	最大	最小					
1～2	149.8	149.1	0.9	105.5	0.2	合格	+0.20 +0.10
2～3	149.5	148.8	0.4	105.9	0.5	合格	+0.20 +0.10
3～4	149.4	148.6	0.7	105.8	0.2	合格	+0.21 −0.20
4～5	149.8	149.5	0.1	105.3	0.3	合格	+0.50 +0.30
5～6	149.2	148.9	0.1	105.1	0.6	合格	+0.21 +0.10
6～7	149.6	149.0	0.5	106.0	0.1	合格	+0.41 −0.20
7～8	150.0	149.6	0.3	106.1	0.1	合格	−0.41 −0.20
8～1	149.8	149.3	0.1	105.4	0.3	合格	+0.71 −0.10
—	—	—	—	—	—	—	—
标准值	150	0 −1.5	0^{+1}_{0}	105^{+2}_{0}	0^{+1}_{0}	$9^{+0.5}_{0}$	$0^{+1.5}_{-1.5}$
与标准值对比最大偏差	−0.8	−1.4	+0.7	+1.1	+0.6	—	+0.71 −0.10

附加说明：

本标准由煤炭科学研究总院提出。

本标准由煤炭科学研究总院太原分院负责起草。

本标准主要起草人郑会持、程新中。

本标准委托煤炭科学研究总院太原分院负责解释。

ICS 73.100.40
D 93
备案号：31819—2011

中华人民共和国煤炭行业标准

MT/T 236—2011
代替 MT 236—1991

矩形钢罐道滚轮罐耳

Cage roller for rectangular steel cage guide

2011-04-12 发布　　2011-09-01 实施

国家安全生产监督管理总局　　发布

前　言

本标准第4.5.2、4.5.3条为强制性的，其余为推荐性的。

本标准是对MT 236—1991组合钢罐道滚轮罐耳的修订，本标准代替MT 236—1991。

本标准与MT 236—1991相比主要变化如下：

——增加了单排轮滚轮罐耳 ϕ200 mm、ϕ425 mm(见3.2、3.4)；

——增加了双排轮滚轮罐耳 ϕ425 mm(见3.2、3.4)。

本标准的附录A为资料性附录。

本标准由中国煤炭工业协会提出。

本标准由煤炭行业煤矿专用设备标准化技术委员会归口。

本标准起草单位：中煤科工集团南京设计研究院、山东泰安煤矿机械有限公司。

本标准主要起草人：史爱民、韩延伟、吴志弘、逯鸿飞、郑利本、王春奇。

本标准于1991年2月首次发布，本次为第一次修订。

矩形钢罐道滚轮罐耳

1 范围

本标准规定了矩形钢罐道滚轮罐耳(以下简称滚轮罐耳)的产品分类、技术要求、试验方法、检验规则、标志、包装、运输和贮存。

本标准适用于立井提升容器(箕斗、罐笼、平衡锤)沿矩形钢罐道导向的滚轮罐耳。

2 规范性引用文件

下列文件中的条款通过本标准的引用而成为本标准的条款。凡是注日期的引用文件,其随后所有的修改单(不包括勘误的内容)或修订版均不适用于本标准,然而,鼓励根据本标准达成协议的各方研究是否可使用这些文件的最新版本。凡是不注日期的引用文件,其最新版本适用于本标准。

GB/T 700 碳素结构钢(GB/T 700—2006,ISO 630:1995,NEQ)

GB/T 985.1 气焊、焊条电弧焊、气体保护焊和高能束焊的推荐坡口(GB/T 985.1—2008,ISO 9692—1:2003,NOD)

GB/T 1184—1996 形状和位置公差 未注公差值(eqv ISO 2768—2:1989)

GB/T 1804—2000 一般公差 未注公差的线性和角度尺寸的公差(eqv ISO 2768—1:1989)

GB/T 9286 色漆和清漆 漆膜的划格试验(GB/T 9286—1998,eqv ISO 2409—1992)

GB/T 10111 随机数的产生及其在产品质量抽样检验中的应用程序

JB/T 5000.3—2007 重型机械通用技术条件 第3部分:焊接件

JB/T 5000.10 重型机械通用技术条件 第10部分:装配

JB/T 5000.12—2007 重型机械通用技术条件 第12部分:涂装

MT/T 154.1 煤矿机电产品型号编制方法 第1部分:导则

《煤矿安全规程》(国家安全生产监督管理总局、国家煤矿监察局)

3 产品分类

3.1 型式

3.1.1 滚轮罐耳由单排轮或双排轮滚轮、缓冲装置和底架组成。

3.1.2 滚轮罐耳的缓冲装置采用蝶型弹簧或橡胶弹簧为缓冲元件,或采用弹簧和液压-气压缓冲减振器组合装置。

3.1.3 滚轮的内圈安装滚动轴承。滚轮的外轮材料采用聚氨酯橡胶或橡胶。

3.1.4 滚轮罐耳沿矩形钢罐道导向,通常采用一组3个,在矩形钢罐道的正面使用单排轮或双排轮滚轮罐耳,两侧面使用单排轮滚轮罐耳。

3.2 分类

滚轮罐耳按滚轮直径和列数分为8个品种:

a) 单排轮滚轮罐耳 ϕ200 mm,见图1;

b) 单排轮滚轮罐耳 ϕ250 mm,见图1;

c) 单排轮滚轮罐耳 ϕ300 mm,见图1;

d) 单排轮滚轮罐耳 ϕ350 mm,见图1;

e) 单排轮滚轮罐耳 ϕ425 mm,见图1;

f) 双排轮滚轮罐耳 ϕ300 mm,见图1;

g) 双排轮滚轮罐耳 ϕ350 mm，见图 1；

h) 双排轮滚轮罐耳 ϕ425 mm，见图 1。

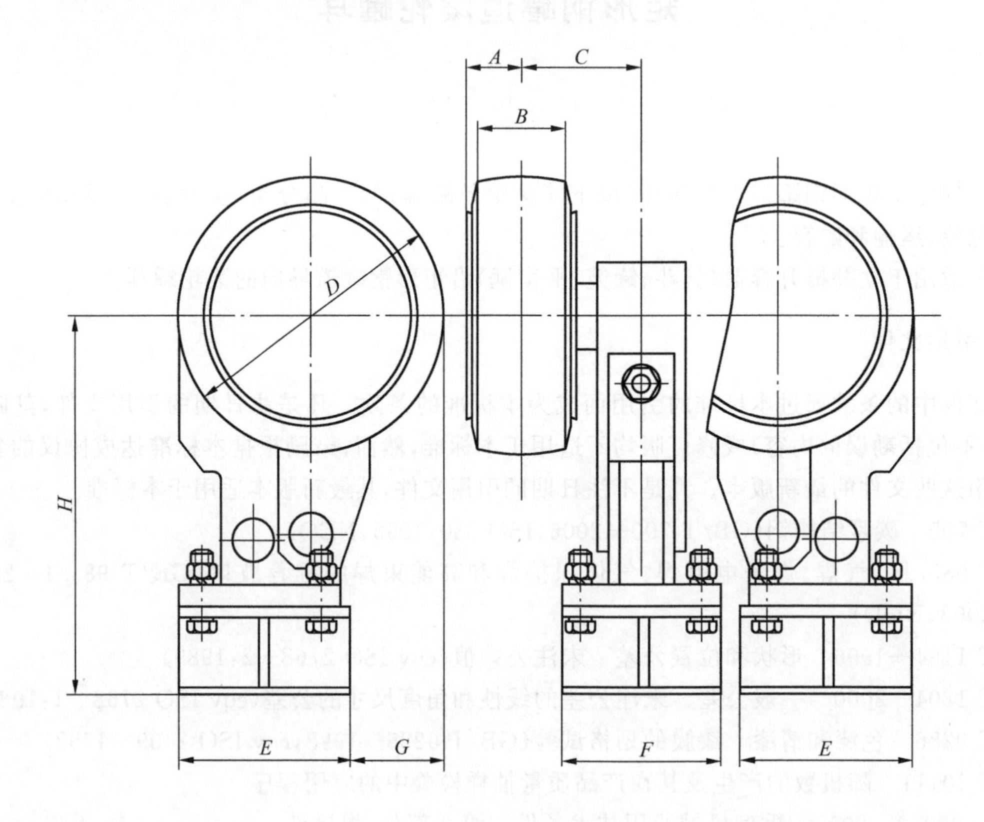

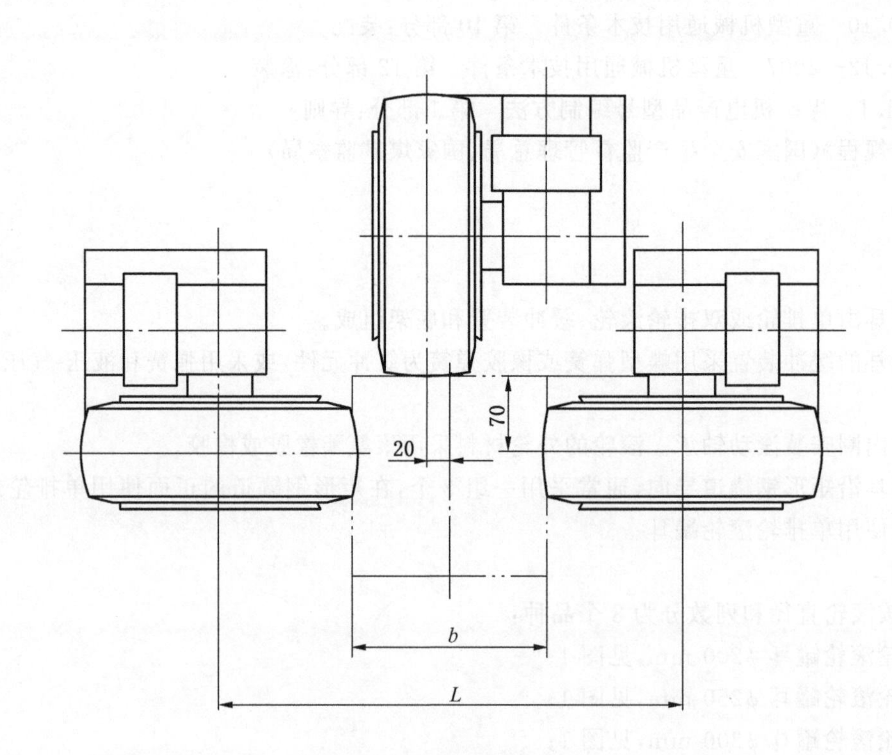

图 1 单排轮滚轮罐耳

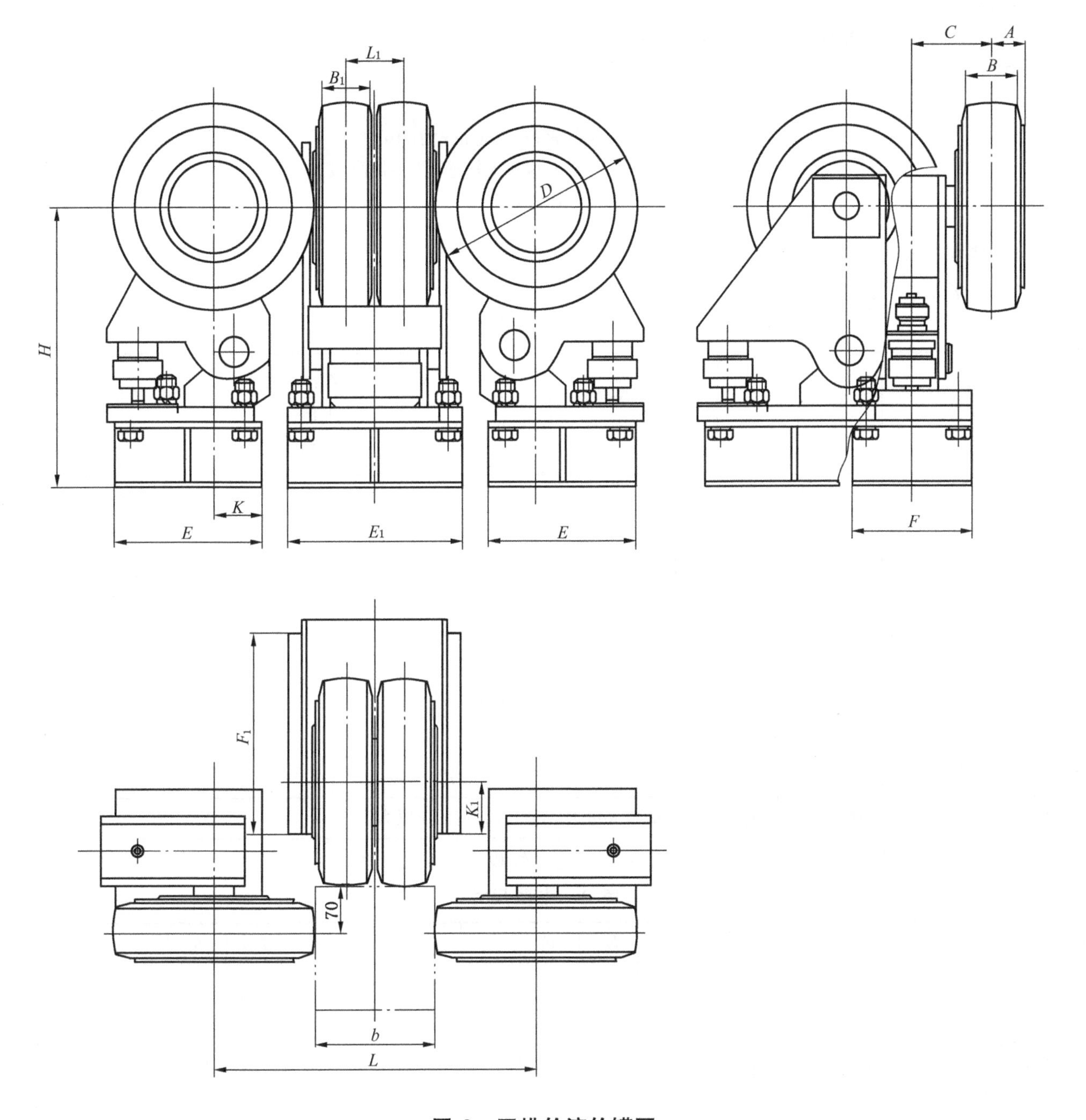

图 2　双排轮滚轮罐耳

3.3　**产品型号**

3.3.1　滚轮罐耳的型号编制方法应符合 MT/T 154.1 的规定。

3.3.2　产品型号的组成和排列方式如下：

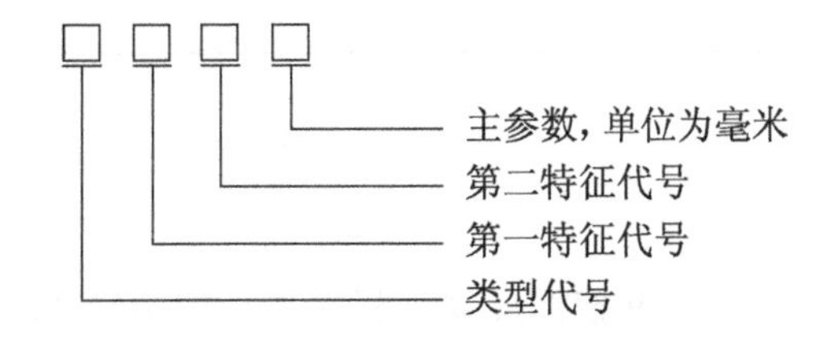

示例：

直径 ϕ350 mm，双排轮的滚轮罐耳，其型号为：

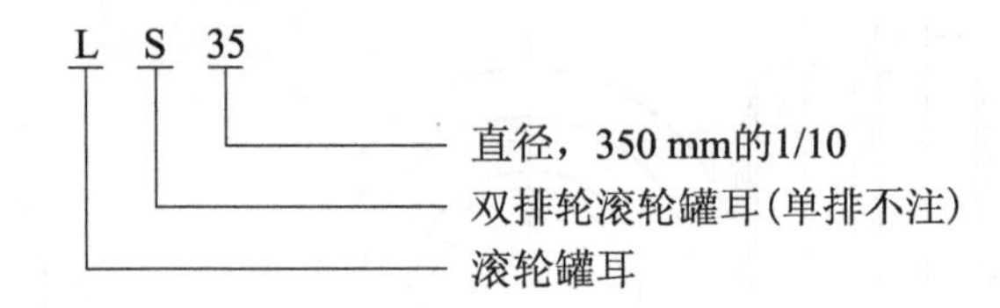

3.4 基本参数与主要尺寸

3.4.1 滚轮灌耳的基本参数应符合表1的规定。

表1 基本参数

型号	允许水平力 kN	缓冲装置刚度 kN/mm	初始张力 kN	缓冲装置工作行程 mm	质量 kg
L20	8	0.29～0.32	2.9～3.2	15～18	～85
L25	12	0.43～0.48	4.3～4.8		～115
L30	16	0.57～0.64	5.7～6.4		～178
L35	24	0.86～0.96	8.6～9.6		～243
L42.5	28	1.0～1.12	10～11.2		～365
LS30	20	0.71～0.8	7.1～8.0		～195
LS35	28	1.0～1.12	10～11.2		～265
LS42.5	32	1.14～1.28	11.4～12.8		～425
注：初始张力为缓冲装置从自由状态压缩10 mm时，滚轮对罐道的压紧力。					

3.4.2 滚轮灌耳的主要尺寸应符合图1、图2和表2的规定。

表2 主要尺寸

单位为毫米

型号	A	B	B_1	C	D	E	E_1	F	F_1	G	H	K	K_1	b	L	L_1
L20	35	60	—	110	200	160	—	146	—	90	320	—	—	160或180或200	$D+b$	—
L25	50	80		110	250	160		146		100	340					
L30	50	80		120	300	200		170		110	400					
L35	55	90		130	350	220		180		130	400					
L42.5	60	90		130	425	230		190		160	430					
LS30	50	80	70	120	300	220	260	180	290	—	405	70	80			86
LS35	55	90		130	350	250		180	300		435	95	80			86
LS42.5	60	95		143	425	280		180	335		455	110	80			86
注：b 为组合钢罐道的宽度。																

4 技术要求

4.1 一般要求

4.1.1 滚轮罐耳应符合本标准的要求，并按照经规定程序批准的图样和技术文件制造。

4.1.2 本标准未规定的设备制造通用技术要求，应按国家标准和行业标准有关规定执行。

4.2 制造要求

4.2.1 滚轮罐耳所用钢材应符合 GB/T 700 的有关规定,并应具有供应厂的合格证,否则应进行试验,合格者方可使用。允许以性能不低于标准规定的材料代替。重要零件的材料代用,应征得设计同意。材料代用后,制造厂应向用户提供代用材料的型号规格等参数,并应根据材料代用使滚轮罐耳质量增加或减少值,测出滚轮罐耳的实际质量,记入铭牌。

4.2.2 滚轮罐耳的外形尺寸应符合表 2 的规定。

4.2.3 滚轮罐耳的滚轮材料应符合国家标准和行业标准的有关规定。

4.2.4 机加工件未注尺寸公差应符合 GB/T 1804—2000 中 m 级,未注形位公差应符合 GB/T 1184—1996 中直线度、平面度、同轴度、对称度、垂直度未注公差值为 K 级的规定。

4.2.5 焊接件未注尺寸公差与形位公差应符合 JB/T 5000.3—2007 中尺寸公差、角度公差为 B 级,形位公差为 F 级的规定。

4.2.6 应选用满足焊接机械性能且化学成分符合或接近母材的焊条进行焊接。

4.2.7 焊缝坡口的基本形式与尺寸应符合 GB/T 985.1 的规定。

4.2.8 焊缝应严密、均匀,不应出现烧穿、裂纹、弧坑、未焊透、未熔合、气孔等缺陷。

4.2.9 型钢构件在焊接前应先进行喷砂表面处理。

4.2.10 重要承载焊接件焊后应进行消除应力处理。

4.2.11 滚轮罐耳承受的允许水平力、缓冲装置刚度、缓冲装置行程和初始张力应符合表 1 的规定。

4.3 装配

4.3.1 滚轮罐耳的所有零部件应检验合格,外购件和外协件应有合格证方可进行装配,应符合 JB/T 5000.10 的有关规定。

4.3.2 滚轮罐耳所有紧固件应拧紧;滚轮旋转应灵活、无卡阻现象。

4.3.3 滚轮罐耳轴承间应充满滚动轴承润滑油脂。

4.4 表面质量及涂装

4.4.1 各部件的表面及构件的切割面不应有铁屑、毛刺。

4.4.2 滚轮罐耳表面不应有明显的划伤,划伤深度应不大于 0.5 mm。

4.4.3 零、部件涂装前应先进行表面处理,除锈等级应符合 JB/T 5000.12—2007 中 Sa2 1/2 级规定。

4.4.4 整机检验合格后,外露表面进行防腐涂装,涂装应符合 JB/T 5000.12—2007 的规定,滚轮罐耳使用环境类别为 C4,表面涂层总厚度不低于 200 μm。

4.4.5 漆膜附着力按 GB/T 9286 的规定进行评定,应不低于 JB/T 5000.12—2007 附录 C 中的 2 级要求。

4.5 基本使用条件

4.5.1 滚轮罐耳所承受的允许水平力计算方法参见附录 A。

4.5.2 在井筒内滚轮罐耳与罐笼、滚轮罐耳与平衡锤,以及滚轮罐耳与井壁、罐道梁之间的间隙应符合《煤矿安全规程》的规定。

4.5.3 滚轮罐耳的滚轮外径因运行磨损小于理论值 40 mm 时应予更换。

5 试验方法

5.1 材料及代用材料检查

滚轮罐耳代用材料按 4.2.1 的要求进行检查。

5.2 焊缝质量检查

焊接件的焊缝检查,应在校正前进行。用目测或低于 10 倍的放大镜观察是否有裂纹、夹渣及低于焊缝高度的弧坑等缺陷,对重要的部件用小锤敲击检查。

5.3 几何尺寸检查

检查滚轮罐耳尺寸是否符合 4.2.2 的要求。

5.4 紧固件运动件检查

检查滚轮罐耳的紧固件、旋转部件，是否符合4.3.2的要求。

5.5 允许水平力、缓冲装置刚度、缓冲装置行程和初始张力检查

在专用试验台上进行检查。滚轮的行程通过设置的顶丝来控制，滚轮罐耳承受的初始张力和允许水平力由顶丝与滚轮之间设置测力计测量，同时测量并记录滚轮的行程 。检查允许水平力、缓冲装置刚度、缓冲装置行程和初始张力是否符合4.2.11的规定。

5.6 表面质量及涂装检查

5.6.1 观察滚轮罐耳整体表面质量是否符合4.4.1、4.4.2、4.4.3的要求。

5.6.2 涂层厚度采用电磁式膜厚仪检测，滚轮罐耳表面涂层厚度是否符合4.4.4的要求。

5.6.3 漆膜附着力采用划格法检查，罐耳表面漆膜附着力是否符合4.4.5的要求。

5.7 现场安装调试

5.7.1 现场安装时，调整好滚轮罐耳与罐道的压力，测量滑动罐耳与罐道的间隙，应符合《煤矿安全规程》的规定。保证轴心线水平或径向中心线垂直于罐道面。

5.7.2 运转中由于滚轮罐耳的胶轮的磨损应及时调整，使滚轮前倾靠紧罐道，保证滚轮罐耳与罐道的压力。

5.8 滚轮实际磨耗量检查

5.8.1 滚轮罐耳试运行6个月期内，使用方分3次随机测试，做好记录填入表3中。

表3 滚轮罐耳的滚轮磨损量测量

测试日期	项目		
	整体变形情况	滚轮外径实测值	滚轮外径理论值
年　月　日			
年　月　日			
年　月　日			

5.8.2 测量滚轮罐耳的滚轮磨损量是否满足4.5.3的要求。

6 检验规则

6.1 检验分类

滚轮罐耳检验分出厂检验和型式检验两种。检验项目见表4。

6.2 出厂检验

6.2.1 每个滚轮罐耳应经制造厂质量检验部门检验合格，并附有产品合格证及相关质量合格文件方可出厂。

6.2.2 滚轮罐耳出厂检验分逐台检验和组批抽样检验。

6.3 型式检验

6.3.1 滚轮罐耳型式检验项目见表4。

6.3.2 滚轮罐耳遇有下列情况之一时，应进行型式检验：

a） 新产品试制或老产品转厂生产时；

b） 改变设计文件或材料、结构、工艺等有重大变化影响产品性能时；

c） 停产6个月以上恢复生产时或正常生产满2年时；

d） 出厂检验结果与上次型式检验有较大差异时；

e） 国家质量监督部门提出要求时。

6.3.3 型式检验由国家授权的检验部门进行，并出具型式检验报告和型式检验证书。型式检验的样品应从出厂检验合格的产品中随机抽取，抽取数量1台。抽取方法应符合GB/T 10111的规定。

6.4 判定规则

6.4.1 出厂检验、型式检验项目按表4规定进行检验，若有一项不合格即判定该产品不合格。

表4 检验项目

序号	检验项目	要求	试验方法	检验种类	
				出厂检验	型式检验
1	焊缝质量检查	4.2.5～4.2.10	5.2	√	√
2	几何尺寸检查	4.2.2、4.2.4、4.2.5	5.3	√	√
3	紧固件、旋转件检查	4.3.2	5.4	√	√
4	材料、代用材料检查	4.2.1	5.1	√	√
5	允许水平力检查	4.2.11	5.5	√	√
6	表面质量及涂装质量检查	4.4	5.6	√	√
7	现场调试检查	4.5.2	5.7	—	√
8	滚轮罐耳运转中对胶轮磨耗量的检查	4.5.3	5.8	—	√
注：表中"√"表示检验项目；"—"表示不进行检验项目。					

6.4.2 组批抽样检验项目经复检和逐台检验仍有不合格项时，则应对组批和当日产量的全部产品和零部件停止生产，在消除不合格因素并检验合格后才能继续生产。

7 标志、包装、运输和贮存

7.1 标志

在滚轮罐耳支架的外露面固定产品铭牌，铭牌应标明以下内容：

a) 制造厂名和商标；

b) 产品名称；

c) 产品型号；

d) 矿用产品安全标志证书编号；

e) 滚轮罐耳外形尺寸(长×宽×高)(mm×mm×mm)；

f) 滚轮罐耳质量(kg)；

g) 出厂日期及编号。

7.2 包装

7.2.1 包装前应将滚轮罐耳的加工件的外露表面，涂一层防锈油，用塑料薄膜整体包裹放入箱内，每箱只装相同品种，四周用松软材料填实。

7.2.2 箱外用包扎钢条捆牢，在箱外正面印有与箱内品种相同的滚轮罐耳的名称、规格、数量以及箱体的外形尺寸和重量。

7.2.3 与滚轮罐耳同时发送的随机文件：

a) 产品合格证；

b) 产品说明书；

c) 矿用产品安全标志证书复印件；

d) 装箱清单；

e) 滚轮灌耳总图。

以上文件均用防潮袋包装放入包装箱内。

7.3 运输

7.3.1 滚轮罐耳可随同罐笼或箕斗设备一起运输。

7.3.2　滚轮罐耳允许单独订货和托运。

7.4　贮存

7.4.1　滚轮罐耳应在井口房、库房或遮棚内贮存。

7.4.2　有采暖及其他热源者,滚轮罐耳应保持 2 m 以上的距离存放。

7.4.3　滚轮罐耳存放半年以上者,应拆洗检修后方可使用。

附 录 A
（资料性附录）
滚轮罐耳承受最大水平力的选型计算方法

本标准按提升容器总重（容器自重加载重）的1/24计算选取滚轮罐耳承受的最大水平力。

ICS 73.100.10
D 92
备案号：25343—2008

中华人民共和国煤炭行业标准

MT/T 238.2—2008
代替 MT 138—1995

悬臂式掘进机　第2部分：型式与参数

Boom-type roadheader—Part 2：Types and parameters

2008-11-19 发布　　2009-01-01 实施

国家安全生产监督管理总局　发布

前　言

MT/T 238《悬臂式掘进机》分为4个部分：
——第1部分：设计导则；
——第2部分：型式与参数；
——第3部分：通用技术条件；
——第4部分：工业性试验规范。
本部分是对MT/T 138—1995《悬臂式掘进机　型式与参数》的修订，本部分代替MT 138—1995。
本部分与MT 138—1995相比主要变化如下：
——修改了产品基本参数(1995年版2.2.1的表1；本版2.2的表1)；
——删除了研磨系数和计算公式(1995年版的2.2.1)；
——修改了切割机构功率表(1995年版3.1.1的表2；本版3.1的表2)；
——修改了行走机构、装运机构、除尘喷雾、液压系统功率(1995年版3.1.1的表3；本版3.1的表3)；
——增加了电压等级3 300 V(1995年版的3.1.6；本版的3.6)；
——修改了照明电压(1995年版的3.1.6；本版的3.6)；
——修改了采掘工作面照明灯要求(1995年版的3.1.6；本版的3.6)；
——修改了产品型号编制方法表(1995年版的第4章；本版的第4章)。
本部分由中国煤炭工业协会科技发展部提出。
本部分由煤炭行业煤矿专用设备标准化技术委员会归口。
本部分起草单位：煤炭科学研究总院太原分院、煤炭科学研究总院上海分院。
本部分主要起草人：刘建平、魏勇刚、陶峥。
本部分所代替标准的历次版本发布情况为：
——MT 138—1986；
——MT 138—1995。

悬臂式掘进机　第2部分:型式与参数

1　范围

本标准规定了悬臂式掘进机(以下简称掘进机)的型式与参数。

本标准适用于含有瓦斯、煤尘或其他爆炸性气体混合物矿井中作业的掘进机;也适合于其他工程使用的同类型掘进机。

2　产品型式和基本参数

2.1　产品型式

掘进机按切割头布置方式分为两种:

a)　横轴式;

b)　纵轴式。

2.2　产品基本参数

产品基本参数应符合表1的规定。

表1　产品基本参数

技术参数		单位	机型				
			特轻	轻	中	重	特重
切割煤岩最大单向抗压强度		MPa	≤40	≤50	≤60	≤80	≤100
生产能力		煤,m^3/min	0.6	0.8	—	—	—
		半-煤,m^3/min	0.35	0.4	0.5	0.6	0.6
切割机构功率		kW	≤55	≤75	90~132	>150	>200
适应工作最大坡度(绝对值)	不小于	(°)	±16	±16	±16	±16	±16
可掘巷道断面		m^2	5~12	6~16	7~20	8~28	10~32
机重(不包括转载机)		t	≤20	≤25	≤50	≤80	>80

3　掘进机基本参数系列

3.1　机构传动系统单电机功率容量应选用表2和表3的规定值。

表2　切割机构功率

单位为千瓦

30	45	(50)	55	(65)	75	90	(100)	110	(120)	132	150	160	200	220	250	300
注:新设计的掘进机尽量不采用括号内数值。																

表3　行走、装运、除尘喷雾、液压系统功率

单位为千瓦

(4)	5.5	7.5	11	15	18.5	22	30	37	45	55	75	90	110	132	150	160	200
注:新设计的掘进机尽量不采用括号内数值。																	

3.2　行走机构履带板宽度系列应符合表4的规定。

表4　履带板宽度

单位为毫米

250	300	370	(380)	400	450	480	500	(520)	550	600	650	700

3.3　履带接地长度按式(1)确定:

$$L \leqslant (1.6 \sim 2.2)B \qquad \cdots\cdots(1)$$

式中：

L——履带接地长度，单位为毫米(mm)；

B——两条履带中心距，单位为毫米(mm)。

3.4 装运机构链条基本参数如下：

a) 输送机链条型式为圆环链，其规格应选用表5的规定值；

b) 输送机链条型式为传动及输送用双节距精密滚子链，其节距应选用表6的规定值。

表5 圆环链规格

单位为毫米

10×40 B级、C级	14×50 C级	18×64 C级、D级	22×86 C级	26×92 C级

表6 传动及输送用双节距精密滚子链节距

单位为毫米

25.40	38.10	44.45	50.80	63.50	76.20	88.90

3.5 液压系统基本参数应符合表7和表8的规定。

表7 液压系统基本参数

单位为兆帕

系统额定压力	6.3	10	12.5	14	16	(18)	21	25	31.5
注：新设计的掘进机尽量不采用括号内数值。									

表8 液压缸内径

单位为毫米

液压缸内径	50	63	80	100	110	125	140	160	180	200	250

3.6 电气系统基本参数

三相交流频率为50 Hz，供电电压等级为380 V、660 V、1 140 V、3 300 V，照明电压小于等于220 V，掘进机灯具照度不低于10 lx(照射距离10 m)。

3.7 除尘喷雾系统

掘进机内喷雾额定压力大于等于3 MPa，外喷雾额定压力大于等于1.5 MPa。

4 产品型号编制办法

掘进机型号以切割头布置方式、切割机构功率表示，其编制方法规定如下：

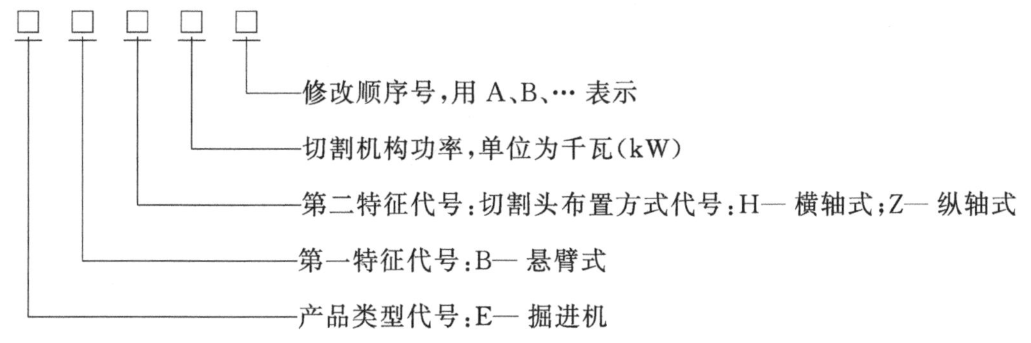

型号示例：

悬臂式掘进机、纵轴式、切割机构功率为55 kW，其产品型号为EBZ55。

注1：如该产品即可装设纵轴式切割机构，又可装设横轴式切割机构，则表示为EBZ/H55。

注2：修改顺序号用大写汉语拼音字母表示。

ICS 73.100.10
D 92
备案号：18426—2006

中华人民共和国煤炭行业标准

MT/T 238.3—2006
代替 MT/T 238—1991

悬臂式掘进机 第3部分：通用技术条件

Boom-type roadheader—
Part 3：General technical condition

2006-08-19 发布　　2006-12-01 实施

中华人民共和国国家发展和改革委员会　发布

前　言

MT/T 238《悬臂式掘进机》分为四个部分：

——第一部分：设计导则；

——第二部分：型式与参数；

——第三部分：通用技术条件；

——第四部分：工业性试验规范。

本部分为 MT/T 238 的第三部分，本部分是对标准 MT/T 238—1991《悬臂式掘进机通用技术条件》的修订，本部分代替 MT/T 238—1991。

本部分与 MT/T 238—1991 相比主要变化如下：

——修改了"名词术语"中"切割头"和"地隙"的定义。去掉原标准"岩石研磨系数"内容(1991 版的 3.5 和 3.10；本版的 3.5 和 3.10)；

——修改了"技术要求"中基本参数数值，增加了超特重机型；"基本结构"中增加了星轮式；"设计、试验"中增加了等效试验；修改测试空气粉尘浓度(1991 版的 4.1.1、4.2.2、4.3.2 和 4.5.13；本版的 4.1.1、4.2.2、4.3.2 和 4.5.13)；

——修改了液压系统空载试验的内容(1991 版 5.2 表 3 中序号 10；本版 5.2 表 3 中序号 10)。

本部分由中国煤炭工业协会科技发展部提出。

本部分由煤炭行业煤矿专用设备标准化技术委员会归口。

本部分由煤炭科学研究总院太原分院负责起草。

本部分主要起草人：刘建平、魏勇刚、余建华。

本部分所代替标准的历次版本发布情况为：

——MT/T 238—1991。

悬臂式掘进机
第3部分:通用技术条件

1 范围

本标准规定了悬臂式掘进机的术语和定义、要求、试验方法、检验规则以及标志、包装、运输及贮存。

本标准适用于含有瓦斯、煤尘或其他爆炸性混合气体中作业的悬臂式掘进机(以下简称掘进机),也适用于其他工程巷道中作业的同类掘进机。

2 规范性引用文件

下列文件中的条款通过本标准的引用而成为本标准的条款。凡是注日期的引用文件,其随后所有的修改单(不包括勘误的内容)或修订版均不适用于本标准,然而,鼓励根据本标准达成协议的各方研究是否可使用这些文件的最新版本。凡是不注日期的引用文件,其最新版本适用于本标准。

GB 3836.1 爆炸性气体环境用电气设备 第1部分:通用要求(GB 3836.1—2000,eqv IEC 60079-0:1998)

GB 3836.2 爆炸性气体环境用电气设备 第2部分:隔爆型“d”(GB 3836.2—2000,eqv IEC 60079-1:1990)

GB 3836.3 爆炸性气体环境用电气设备 第3部分:增安型“e”(GB 3836.3—2000,eqv IEC 60079-7:1990)

GB 3836.4 爆炸性气体环境用电气设备 第4部分:本质安全型“i”(GB 3836.4—2000,eqv,IEC 60079-11:1999)

GB/T 12718—2001 矿用高强度圆环链

《煤矿安全规程》

MT/T 291.1—1998 悬臂式掘进机 传动齿轮箱检验规范

3 术语和定义

下列术语和定义适用于本标准。

3.1

悬臂式掘进机 boom-type roadheader

装有悬臂和切割头的掘进机。

3.2

横轴式掘进机 transverse cutter-type roadheader

切割头旋转轴线垂直于悬臂轴线的悬臂式掘进机。

3.3

纵轴式掘进机 longitudinal cutter-type roadheader

切割头旋转轴线与悬臂轴线重合的悬臂式掘进机。

3.4

切割机构 cutting unit

由切割头、齿轮箱、电动机、回转台等组成,具有破碎煤岩等物料功能的机构。

3.5

切割头 cutting head

装有截齿,用于破碎煤岩等物料的部件。

3.6

回转台 turret

实现切割机构水平摆动的支承装置。

3.7

装运机构 loading & conveying mechanism

装载和中间输送机的总称。

3.8

托梁装置 bearing bar unit

托起支护顶梁的装置。

3.9

龙门高 gantry height

中间输送机中槽板上表面与机架之间的最小垂直距离。

3.10

地隙 ground clearance of machine

机器最低部位距履带接地平面的距离。

3.11

卧底深度 undercut

切割头可切割出低于履带接地平面的最大深度。

3.12

最小通过转弯半径 minimum curve radius

掘进机在适应最大宽度巷道中转弯时,可通过巷道中心线最小半径。

3.13

截齿损耗率 consumption rate of picks

切割每立方米实体煤岩等物料,截齿损耗的数量,单位为把/立方米(实体)。

3.14

单向抗压强度 uniaxial compressure strength

煤或岩体试块在垂直层理单方向上承受的压强,单位为 MPa。

4 要求

4.1 基本参数

4.1.1 基本参数应符合表 1 的规定。

表 1

技术参数	单 位	机 型				
		特轻	轻	中	重	超特重
切割煤岩最大单向抗压强度	MPa	≤40	≤50	≤60	≤80	≤100
生产能力	煤,m^3/min	0.6	0.8	—	—	—
	半—煤,m^3/min	0.35	0.4	0.5	0.6	0.6
切割机构功率	kW	≤55	≤75	90～132	>150	>200

表 1（续）

技术参数	单　位	机　型				
		特轻	轻	中	重	超特重
适应工作最大坡度(绝对值)不小于	(°)	±16	±16	±16	±16	±16
可掘巷道断面	m^2	5～12	6～16	7～20	8～28	10～32
机重(不包括转载机)	t	≤20	≤25	≤50	≤80	>80

4.1.2　外形尺寸的制造偏差，应符合图1中标注的公差要求。

单位为毫米

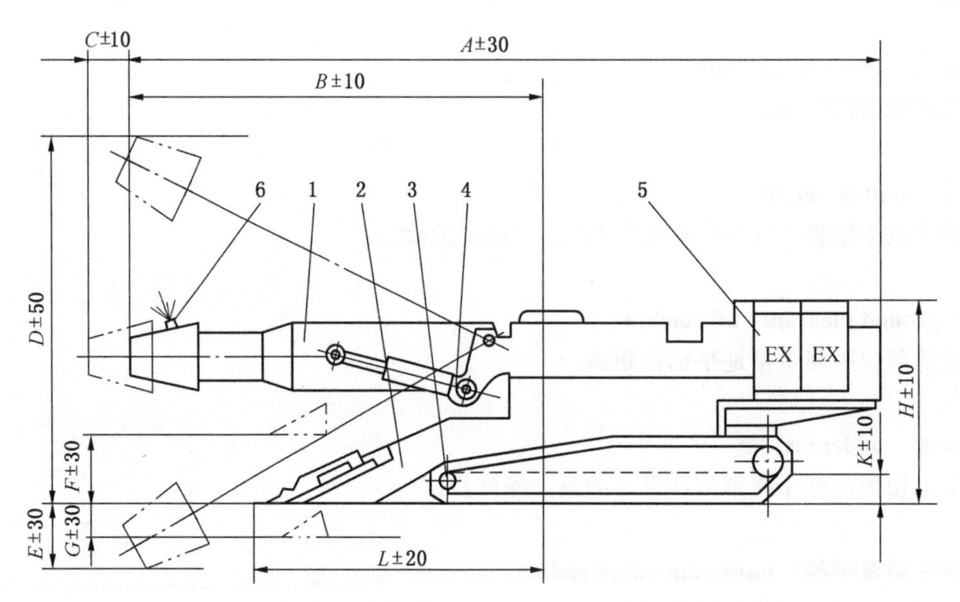

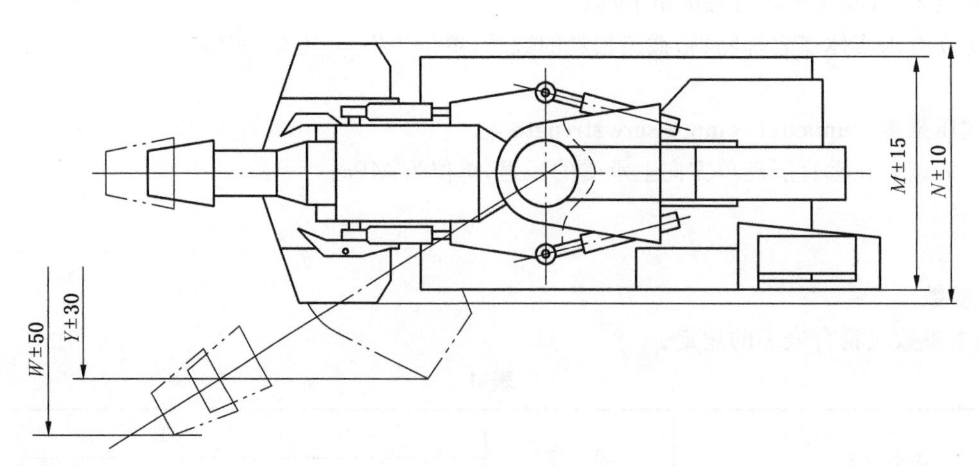

1——切割机构；

2——装运机构；

3——行走机构；

4——液压系统；

5——电气系统；

6——除尘喷雾系统。

图 1

4.1.3 质量误差不大于设计质量的5%。

4.1.4 掘进机实测重心与设计重心在纵、横两方向上的误差均不大于25 mm。

4.1.5 电气系统的供电电压根据设计要求可选择380 V,660 V,1 140 V,3 300 V的电压等级,频率为50 Hz。

4.2 基本结构

4.2.1 掘进机基本组成部分包括:切割机构、装运机构、行走机构、液压系统、电气系统、除尘喷雾系统等。

4.2.2 基本结构形式为:切割机构为纵轴式或横轴式;行走机构为履带式;装运机构为耙爪式或星轮式接中间刮板输送机。

4.2.3 掘进机应设有支护用的托梁装置。

4.2.4 掘进机应便于在井下拆装运输。

4.2.5 行走机构和装运机构,均应能正、反向转动。

4.2.6 液压系统和除尘喷雾系统的管件、阀类等应布置合理,采用可靠的防护措施。

4.3 设计、试验

4.3.1 切割机构、装运机构、行走机构齿轮箱的传动机械强度安全系数应不小于2.5。刮板链的静强度安全系数的选择不应小于4.0,若为圆环链,应符合GB/T 12718—2001的规定。

4.3.2 齿轮箱的耐久性试验,在额定的载荷和转速下连续运转,切割机构、装运机构不得低于1 000 h;行走机构齿轮箱正、反向分别不得低于400 h。齿轮箱的耐久性试验符合MT/T 291.1—1998的规定;或通过由国家授权的质检中心检验认可的等效试验。等效试验方法另行规定。

4.3.3 受动载和震动较强的元、部件重要联接螺栓,应有可靠的防松装置,锁紧扭矩值应有安全裕度,符合设计要求。

4.3.4 履带接地长度和其中心距之比一般推荐不大于1.6。

4.3.5 履带公称接地比压一般应不大于0.14 MPa,对软底板应有适当的相应措施。

4.3.6 履带每个支重轮应能承受不小于掘进机50%重力的强度。

4.3.7 内喷雾系统额定压力不应低于3 MPa,外喷雾系统的额定压力不应低于1.5 MPa。

4.4 安全保护

4.4.1 掘进机电气设备的设计、制造和使用,应符合下面标准和现行文件的规定。

a) GB 3836.1;

b) GB 3836.2;

c) GB 3836.3;

d) GB 3836.4;

e) 《煤矿安全规程》。

4.4.2 所有电气设备应通过国家指定的检验单位的防爆检验和煤矿矿用产品安全标志检验,并取得防爆合格证和煤矿矿用产品安全标志。

4.4.3 掘进机应设有起动报警装置,起动前应发出起动警报。

4.4.4 掘进机应装有前照明灯和尾灯。

4.4.5 掘进机行走机构应设有制动系统及必要的防滑保护装置。

4.4.6 切割机构和装运机构的传动系统应设有过载保护装置。在铲板处于正常工作位置时,在它们之间不应干涉。

4.4.7 油泵和切割机构之间、转载机和装运机构之间的启、停顺序,在电控系统中应设有闭锁装置。

4.4.8 液压系统应设有过滤装置,还应设压力、油温、油位显示和保护装置。

4.4.9 电控系统应设有紧急断电和闭锁装置。在非司机座位另一侧,应装有能紧急停止运转的按钮。所用电缆应有防护措施。

4.4.10 掘进机应设有内、外降尘喷雾系统，并装有过滤装置。内喷雾装置的使用水压不得小于3 MPa，外喷雾装置的使用水压不得小于 1.5 MPa。如果内喷雾装置的使用水压小于 3 MPa 或无内喷雾装置则应使用外喷雾装置和除尘器。

4.4.11 掘进机应设置机载式甲烷断电仪或便携式甲烷检测报警仪。

4.5 使用性能

4.5.1 掘进机应运转平稳，悬臂摆动灵活。

4.5.2 切割头截齿应排列合理，更换方便，同一种截齿应具有互换性。

4.5.3 装运机构及履带机构的传动部件、齿轮箱应有可靠性高、寿命长的防水密封。

4.5.4 履带的牵引力应能牵引转载机、爬越设计的规定斜坡和在其坡道上转向的能力。

4.5.5 中间刮板输送机链条应具有可伸缩的调整装置。

4.5.6 中间输送机运转平稳，不得出现跳链、掉链、刮板别卡现象。刮板链应能与链轮正常啮合。

4.5.7 装运机构耙爪(或星轮)下平面与铲板之间应有间隙，彼此之间不允许有摩擦。

4.5.8 液压系统及内、外喷雾系统应进行耐压试验。

4.5.9 操作手柄、按钮、旋钮，应动作灵活、可靠、操作方便。

4.5.10 齿轮箱在运转中各密封端盖、密封、箱体结合面等处均不得有渗漏现象。

4.5.11 各齿轮箱、液压系统和轴承等，应按设计要求注入规定牌号的油脂和油量，一般不得掺合使用。

4.5.12 掘进机作业时，各齿轮箱的最高温度不得超过 95℃，液压油箱中的油温一般不应超过 70℃。

4.5.13 掘进机作业时，司机座位处空气中的粉尘浓度，应符合表 2 的规定。

表 2

粉尘中游离 SiO_2 %	最高允许浓度 mg/m^3	
	总粉尘	呼吸性粉尘
<10	10	3.5
10～<50	2	1
50～<80	2	0.5
≥80	2	0.3

4.5.14 掘进机作业时，司机座位处的综合噪声值应不大于 90 dB(A)。空载试验综合噪声值应不大于 95 dB(A)

4.5.15 掘进机应有明显的操作指示标牌。

5 试验方法

5.1 测量项目、方法及精度

5.1.1 尺寸：用钢直尺、钢卷尺测量，测量精度控制在被测对象的 0.2%以内。

5.1.2 质量：用拉力传感器或弹簧拉力计，用称重方式悬挂测量或用磅秤直接测量，测量精度控制在被测对象的 1%以内。

5.1.3 时间：用秒表进行测量，测量精度控制在 0.1 s 以内。

5.1.4 牵引力：用拉力传感器进行测量，测量精度控制在被测对象的 2%以内。

5.1.5 角度：用角度尺进行测量，测量精度控制在 1°以内。

5.1.6 油压和水压：用压力表或油压传感器进行测量，测量精度控制在 0.1 MPa 以内。

5.1.7 温度：用一般温度计或温度传感器测量，测量精度控制在 2℃以内。

5.1.8 功率：用功率仪测量，测量精度控制在被测对象的 2%以内。

5.1.9　噪声:用声级计的 A 档测量。

5.1.10　振动:用振动测试传感器测量。

5.1.11　重心:掘进机重心测量,参照图 2、图 3、图 4 按公式(1)、公式(2)和公式(3)计算。

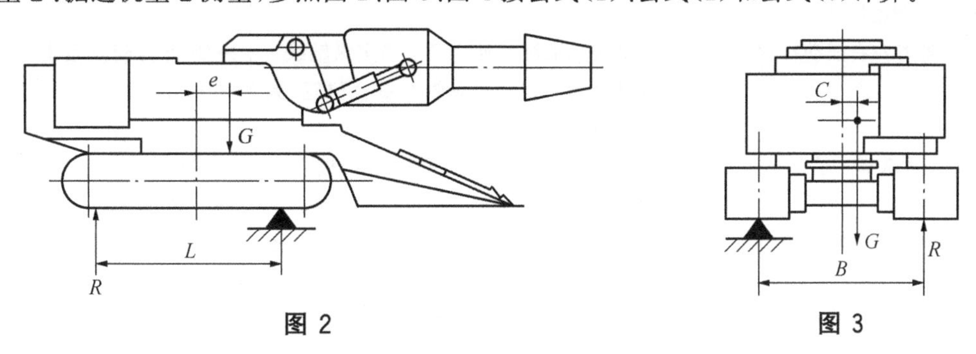

图 2　　　　图 3

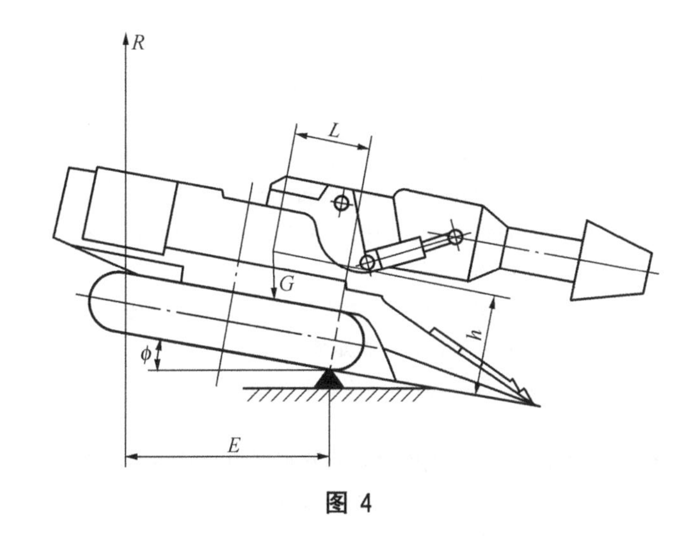

图 4

$$\text{纵向}:e=(L/2-R\cdot L/G) \tag{1}$$

$$\text{横向}:c=B(2R-G)/2G \tag{2}$$

$$\text{高度}:h=(G\cdot\cos\phi\cdot L-R\cdot E)/G\cdot\sin\phi \tag{3}$$

式中:

e、L、B、E、c、h——长度,单位为毫米(mm);

G——掘进机质量,单位为千克(kg);

R——秤重所需之力,单位为千牛(kN);

ϕ——称重倾角(不应小于 15°)。

5.2　试验项目、内容、方法及要求

掘进机整机试验项目、内容、方法及要求见表 3。

表 3

序号	试　验　项　目	内容和方法	要　　求
1	掘进机外形尺寸	按图 1 要求的尺寸进行测量	符合图 1 中偏差的要求
2	掘进机质量	用称重法进行整机称重或分部件称重累计	误差不大于 5%
3	掘进机重心	测量重心方法按 5.1.11 进行 设计重心由掘进机技术文件给出	纵向和横向误差不大于 25 mm

表3 （续）

序号	试验项目	内容和方法	要求
4	掘进机调整尺寸		
	a) 悬臂左右摆动行程	测量液压油缸的伸出尺寸确定纵轴线 将悬臂置于掘进机纵轴线重合位置，测量左右摆动行程	左侧和右侧摆动行程差不大于30 mm
	b) 耙爪臂（星轮）和铲板间隙	测调耙爪臂（星轮）下平面与铲板表面的间隙	间隙应为2.0～5.5 mm，且不允许有局部摩擦
	c) 中间刮板输送机链条	使用机尾调整装置调节刮板链条的张紧度	应保证铲板摆动时，链轮仍能正确啮合和平稳运转
	d) 履带链悬垂度	将掘进机架起，转动链轮，张紧履带上链，测量下链的悬垂度	一般应为50～70 mm
5	掘进机装配质量		
	a) 检测悬臂滑道配合情况	检测滑道配合间隙，目测接合面接触情况	应符合设计要求
	b) 检查截齿和齿座的配合	用任意三个截齿在任意三个齿座中装拆，检查配合松紧度和互换性	松紧适度，有互换性，拆装方便，转动灵活
	c) 检查管道电缆的敷设质量	目查油管、水管、电缆敷设质量和防护措施	应符合设计要求。排列整齐，无干涉，拆装方便
	d) 检查重要螺栓扭矩	用扭力扳手检测受动载或振动较大的重要紧固螺栓扭矩值	应符合设计要求
	e) 检查标志、标牌	目检标志、标牌的制造、安装质量	指示明确、清晰、正确，质量符合设计要求
	f) 检查各保护装置标志、标牌	目检甲烷断电仪和瓦斯断电仪或甲烷风电闭锁装置、急停按钮	符合设计要求
	g) 检查油漆质量	目检漆表面的均匀性、皱皮、污浊度、擦伤等状况	漆表面应均匀，无明显的皱皮、擦伤、露底、污浊等现象
6	空载试验前检查		
	a) 检查油位	观察油标或用探尺检查各齿轮箱和液压系统油箱的油位	应符合设计要求
	b) 检查操纵手柄及按钮	检查各电气、机械、液压操纵手柄及按钮动作是否灵活可靠，所在位置是否正确	应符合设计要求，各手柄居于中位或起动前应居于的位置
	c) 调定液压系统溢流阀	起动油泵，操纵液压系统和各回路操纵阀，使回路中某油缸至极限位置（液压马达应使其制动）观察系统和各回路的溢流阀开启时的压力值	应符合设计要求，并做记录
	d) 调定除尘喷雾系统压力	起动除尘喷雾泵，分别关闭内、外喷雾系统的出水管阀门，观察各安全阀开启时的压力值	应符合设计要求，并做记录，并测试井下喷雾效果
	e) 检查掘进机前照明灯和尾灯	通电或按下照明按钮	前后尾灯亮
	f) 检查掘进机起动报警装置	按下掘进机起动按钮 按下报警警铃	掘进机切割电机起动时伴有8～10 s预警铃声直至切割电机起动 警铃响

表 3 （续）

序号	试验项目	内容和方法	要求
7	切割机构空载试验 a) 空运转试验	开动切割机构电动机，将悬臂置于水平位置、上下极限位置，各运转不少于30 min；如可变速，各档均按此方法试验，在水平位置再反向运转10 min	测录各个位置功率变化情况，最大空载功率不大于额定功率的15%，电动机、齿轮箱等运转平稳，无异常声响及过热现象
	b) 悬臂摆动时间试验	将悬臂分别置于水平位置上、下极限位置，从一侧极端到另一侧极端摆动全行程分别不少于3次	测录各行程所需时间，计算平均值，应符合设计要求，误差±1 s
8	装运机构空载试验 a) 空运转试验	刮板链张紧适度，将铲板置于正中位置，左极限位置，右极限位置，以上三种情况又分上中下三个位置。在九个位置上每次正向运转5 min，正向运转共45 min在正中位置上，每次再反向运转5 min，反向共运转15 min 铲板无左右摆动功能时，只作上、中、下三个位置试验	在各工况下运转正常，无卡阻现象和撞击声，运转灵活，工作平稳、并测录各位置空载功率（液压马达应记录压力值）
	b) 铲板灵活性试验	在空运转试验中，铲板作上下、左右动作，全行程各不少于5次	动作灵活无卡阻现象及撞击声
	c) 悬臂与装运机构安全试验	铲板置于正常工作位置，悬臂置于卧底位置，开动装运机构，横向摆动悬臂	两者不发生干涉现象。有防干涉安全装置时，动作准确、灵敏、可靠
	d) 耙爪堵转试验	用卡住耙爪（或星轮），开动耙爪（或星轮），使离合器打滑，试验5次（液压驱动除外）	测录功率（液压驱动除外）变化曲线，打滑时间及平稳性，应符合设计要求
9	行走机构空载试验 a) 空运转试验	履带链张紧适度，将掘进机架起来，正、反向各运转30 min	测录左、右驱动装置的空载功率，主从动链轮应传动平稳，不得有振动、冲击现象（液压马达测压力值）
	b) 行驶试验	在水泥、煤矸石混合制作的路面上（以下试验按此路面）前进、后退各行驶25 m，并记录时间	测录平均速度和跑偏量，其偏差值均不大于5%
	c) 转向试验	原地转向90°，左右各转3次	转向灵活，无脱链、卡链及异常声响
	d) 功率测定	分别在行驶试验和转向试验中测定	分别测录前进、后退、左转、右转四种工况下的功率
	e) 通过转弯半径测定	用标杆标出巷道宽度，测定掘进机转向90°时的通过转弯半径	应符合设计要求
	f) 最大牵引力试验	将掘进机与牵引杆相连接，使牵引杆作用线与地面平行，并通过掘进机重心，向前开动直至履带打滑	测录全过程驱动装置功率，其值应符合设计要求；测录牵引力不小于设计值
	g) 爬坡试验	在设计的最大坡度上开动掘进机前进后退各3次	测录全过程驱动装置功率，应符合设计要求
	h) 制动试验	在设计规定的最大坡度上制动，然后用牵引杆施加外力，向下牵引，使掘进机下滑	测录打滑时外力的临界值，应符合设计要求

表3 （续）

序号	试 验 项 目	内容和方法	要 求
10	液压系统空载试验		
	a) 空运转试验	换向阀手柄置于中间位置，系统空运转48 min，然后操纵各手柄（或按钮），分别动作均不少于10次；总运转时间不少于60 min	运转正常油泵外壳温升不大于20℃；若有传动箱，油池温度不大于45℃，测录液比系统空载功率，其值不大于额定功率的15%，若采用电磁阀、先导阀等，空载功率应符合设计要求
	b) 耐压试验	在液压系统运转中，油箱油温达50℃时做耐压试验，当系统额定压力小于或等于16 MPa时，试验压力为额定压力的1.5倍；当系统额定压力大于16 MPa时，试验压力为额定压力的1.25倍，保压均为3 min；各油缸回路耐压试验时，在油缸两极限位置进行；液压马达回路耐压试验应将液压马达回油管堵塞	液压系统中不得有渗漏及损坏现象
	c) 油缸空载试验	开动油泵，操纵液压操作阀，各油缸全行程往复动作均不少于3次	测录各油缸动作过程中的空载压力，应符合设计要求
	d) 密封性能试验	(1) 将悬臂置于水平位置，铲板居正中的上极限位置，分别测量油缸活塞杆收缩或伸长量； (2) 将起重油缸行程全部伸出，顶起机器，分别测量其收缩量	在同一温度下，12 h油缸活塞杆收缩或伸长量不大于5 mm
11	电气系统空载试验	在以上各机构空载试验过程中，观察电气系统的操作功能，动作的灵敏性、可靠性、准确性、电动机的性能和工作平稳性等	各控制手柄、按钮灵活可靠，标牌指示内容应与实际功能和动作一致，各电动机工作正常，绝缘温升、空载电流等应符合设计要求
12	除尘喷雾系统耐压及喷雾效果试验	接通除尘喷雾系统，用节流装置调节系统至额定压力的1.5倍，保压3 min，随后接通喷嘴再将压力调至额定值。旋转切割头，试验喷雾效果	不得有渗漏和损坏现象，喷嘴无堵塞，喷雾均匀。符合设计要求
13	密封性能检查	(1) 在运转中检查各齿轮箱轴密封盖出轴密封，箱体结合面等； (2) 检查放油堵、放水堵等； (3) 检查液压系统，除尘喷雾系统各元件及管路	不得有渗漏和松动现象
14	空载噪声测定	分别开动切割机构、装运机构、行走机构，在司机座位处分别进行测定； 全部开动，在司机座位处，高度为800 mm，半径为500 mm范围处测量噪声	噪声值不超过：切割机构85 dB(A)；装运机构93 dB(A)；行走机构75 dB(A)；综合噪声值95 dB(A)

表3 （续）

序号	试验项目	内容和方法	要求
15	空载振动测定	开动各机构，在掘进机重心、司机座位、电气箱正上方的机体上，分别测定X、Y、Z三个方向的振幅及频率	测录各位置处的振幅及频率
16	开切试验	假煤(岩)壁的性能应与被试掘进机适应的切割性能相符合； 开动掘进机，履带推进或切割机构伸缩，切入假煤(岩)壁至设计的深度(如为轴向切割式，使悬臂左右摆动切入)	测录切割机构驱动装置功率、行走机构驱动装置功率或推进油缸压力
17	切割试验	横扫切割，切深分别按等量增加，可分3级～5级，每级切厚也等分3级～5级，直至电动机满载； 在满载时的切深和切厚状况下，横扫切割3个～5个循环； 适当加大切深或切厚，使电动机按设计要求超载	测录切割功率在全过程变化情况，悬臂在水平位置时的牵引力及牵引速度；电动机保护元件动作的灵敏度；计算切割能力和切割比能耗
18	切割性能试验	(1) 按电动机满载时的切割参数，连续切割煤(岩)壁，完成全断面掘进的2个～3个循环； (2) 在设计的最大坡度上进行切割试验，完成全断面掘进的一个循环	分别测录(1)、(2)两过程的切割功率、牵引速度、压力的变化情况、电耗、实际生产量和时间
19	装运能力试验	利用切割煤(岩)碴，堆成足够的料堆开动装运机构和行走机构，其中用耙爪时要保持耙爪腰形曲线在料堆内进行装运，计算煤(岩)量和所需时间	测录装运驱动装置功率，计算装运能力
20	负载噪声测定	当切割机构、装运机构同时进行负载试验时，测定司机座位处的噪声值，同14项	综合噪声值应不大于90 dB(A)
21	负载振动测定	当切割机构、装运机构同时进行负载试验时，在掘进机重心司机座位处，电气箱正上方，分别在X、Y、Z三个方向上测定	测录各位置处的振幅及频率
22	温升测定	在切割性能试验项目中，每个循环始末各测一次液压油箱油温、冷却水进出口处水温、各齿轮箱油池油温、电动机(或液压马达)外壳、轴承处外壳的温度	记录各部位测定的温度；各齿轮处最高油温不得超过95℃；液压油温升不大于50℃，最高温度不超过70℃，电动机(或液压马达)外壳、轴承处外壳温度应正常
23	截齿损耗测定	全部切割试验结束后，计算所切割的煤(岩)实体体积，统计截齿损耗量、损坏类型，并目测磨损状况	测定截齿损耗率，评定损坏型式，磨损状况，并进行必要的照相和分析

表3（续）

序号	试验项目	内容和方法	要求
24	试验观察及综合性评述	在切割试验的全过程中，对掘进机的工作状况、稳定性及供电、供水状况、除尘喷雾效果、各连接件有无松动情况等，进行仔细的观察，并详细描述各保护设施状况	记录各种现象、故障和问题；摄影或录像；对掘进机工作状况、稳定性、除尘喷雾效果提出明确的综合评述意见
25	综合试验结果	在上述试验完毕后，整理以下曲线图： (1) 各机构空载、负载功率； (2) 切割机构牵引力（包括升降及左右摆动过程）； (3) 掘进机负载时的振动振幅； (4) 掘进机负载时的振动频率	符合设计要求

6 检验规则

6.1 检验条件及抽样

掘进机整机检验分出厂检验和型式检验。

6.1.1 每一台出厂的掘进机都必须进行出厂检验。

6.1.2 下列情况之一时，应进行型式检验：

a) 新研制的样机或老产品转厂生产需定型鉴定时；

b) 正式生产后，如结构、材料、工艺或采用了新结构的减速器等有较大改变可能影响产品性能时；

c) 当用户对产品质量有重大异议时；

d) 产品长期停产后，恢复生产时；

e) 国家质量监督机构提出要求时。

6.2 试验项目

6.2.1 出厂检验的试验项目，只进行本标准表3中的序号1及序号4至13各项；其中序号8项及序号9项均只进行a、b、c的内容。

6.2.2 型式检验的试验项目，按本标准表3规定的全部项目进行试验。

6.3 检验结果判定

6.3.1 只有出厂检验的每项试验均合格，并由生产单位质量检验部门发给检验合格证，该产品才可出厂。

6.3.2 只有型式检验的每项试验均合格，才判定为该产品型式检验合格，并由国家授权的检测单位发给验检合格证。

7 标志、包装、运输及贮存

7.1 检验合格的掘进机，应在明显的适当位置固定产品标牌，标牌应标明下列内容：

a) 型号及名称；

b) 外形尺寸；

c) 重量；

d) 切割机构功率；

e) 总功率；

f) 供电电压；

g） 制造厂名称；

h） 制造编号；

i） 出厂日期；

j） 煤矿安全标志号。

7.2 除尘喷雾系统的管路、阀、水冷电动机等，在包装前应把水放净。

7.3 掘进机检验合格后方可包装。包装质量应保证掘进机在运输储存中不受机械损伤，不丢失，传动部件及电气部件的包装应防潮、防尘。

7.4 包装箱外壁应清晰地标明下列内容：

a） 型号及名称；

b） 质量，单位为千克(kg)；

c） 包装箱外形尺寸；

d） 起吊位置；

e） 制造厂名称；

f） 收货单位名称、地址及到站站名；

g） 运输注意事项及必要的标志；

h） 装箱日期。

7.5 产品可根据用户要求，采取整机包装或解体包装。

7.6 制造厂随同产品应提供下列附件及技术文件：

a） 产品合格证及检验结果；

b） 外购件应附合格证；

c） 备件及工具明细表；

d） 使用维护说明书、零部件图册或必要的图样资料；

e） 产品装箱单；

f） 掘进安全标志准用证。

7.7 掘进机下列部件应有安全标志准用证：

a） 电动机；

b） 矿用高强度圆环链、接链环、开口环；

c） 防爆开关、电气控制箱；

d） 防爆照明设备，包括蜂鸣器、前后照明灯；

e） 胶管及胶管总成及金属聚合物制品；

f） 甲烷断电仪、安全生产监控系统；

g） 电缆；

h） 通信信号装置。

备件贮存时，对易生锈的备件应采取防锈措施。工业橡胶、塑料制品应在温度5℃～35℃的室内储存。

7.8 电控元件和液压元件应在相对湿度不大于70%和温度5℃～35℃的室内储存。

7.9 产品在运输、储存过程中应保持清洁，不得与酸、碱物质接触。传动零部件、电控元件不应受剧烈振动撞击。

ICS 73.040
D 20
备案号：18843—2006

中华人民共和国煤炭行业标准

MT/T 239—2006
代替 MT 239—1991

褐煤蜡技术条件

Specifications of montan wax

2006-11-02 发布　　2006-12-01 实施

国家安全生产监督管理总局　发 布

前　言

本标准与 MT 239—1991 相比，主要变化如下：

——将原强制性标准(MT 239—1991)经修订后为推荐性标准(MT/T 239—2006)；

——按 GB/T 1.1 对原标准的书写格式进行了修改；

——增加了前言；

——删除了引用标准中已废止的标准。

本标准由中国煤炭工业协会科技发展部提出。

本标准由全国煤炭标准化技术委员会归口。

本标准起草单位：煤炭科学研究总院北京煤化工研究分院。

本标准主要起草人：刘淑云。

本标准所代替标准的历次版本发布情况为：

——MT 239—1991。

褐煤蜡技术条件

1 范围

本标准规定了褐煤蜡产品的技术要求、试验方法、检验规则和标志、包装、运输及贮存等要求。

本标准适用于用有机溶剂萃取褐煤而制得的褐煤蜡。

2 规范性引用文件

下列文件中的条款通过本标准的引用而成为本标准的条款。凡是注日期的引用文件,其随后所有的修改单(不包括勘误的内容)或修订版均不适用于本标准,然而,鼓励根据本标准达成协议的各方研究是否可使用这些文件的最新版本。凡是不注日期的引用文件,其最新版本适用于本标准。

GB/T 2559—2005 褐煤蜡测定方法

3 技术要求和试验方法

产品的技术要求和试验方法应符合表1的规定。

表1 技术要求和试验方法

项目	级别		试验方法
	一级	二级	
外观	黑褐色固体	黑褐色固体	目测
熔点,℃	83～87	81～85	GB/T 2559—2005
酸值,mgKOH/g	50～70	30～50	
皂化值,mgKOH/g	100～130	90～120	
树脂物质,%	≤20	≤27	
地沥青,%	≤8	≤12	
苯不溶物,%	≤0.5	≤1.0	
灰分,%	≤0.5	≤0.6	

4 检验规则

4.1 褐煤蜡样品按GB/T 2559—2005采取和制备。

4.2 产品应由质量检验部门检验,在检验合格并出具合格证后,方可出厂。

4.3 检验后,如有一项指标不符合表1的规定,则整批产品为不合格。

5 标志、包装、运输和贮存

5.1 产品采用编织袋(内衬塑料袋)包装。每件包装物上应有下列标志:生产厂名称、产品名称、批号、级别和净重。

5.2 包装好的每批产品均应附质量合格证。

5.3 产品在运输和贮存过程中应防止雨淋和粉尘污染,远离热源。

中华人民共和国煤炭行业标准

MT/T 240—1997

煤矿降尘用喷嘴通用技术条件

代替 MT 240—91

General specification for the water nozzle to control dusts in coal mine

1 范围

本标准规定了煤矿降尘用喷嘴(以下简称喷嘴)的要求、试验方法、检验规则、标志、包装,运输和贮存。

本标准适用于煤矿喷雾降尘用喷嘴。

2 引用标准

下列标准包含的条文,通过在本标准中引用而构成为本标准的条文。本标准出版时,所示版本均为有效。所有标准都会被修订,使用本标准的各方应探讨使用下列标准最新版本的可能性。

GB/T 192—81 普通螺纹 基本牙型

GB/T 193—81 普通螺纹 直径与螺距系列(直径 1～600 mm)

GB/T 196—81 普通螺纹 基本尺寸(直径 1～600 mm)

GB/T 197—81 普通螺纹 公差与配合(直径 1～355 mm)

GB/T 2516—81 普通螺纹偏差表(直径 1～355 mm)

GB/T 7306—87 用螺纹密封的管螺纹

GB/T 7307—87 非螺纹密封的管螺纹

GB/T 14437—93 产品质量计数一次监督抽样检验程序(适合于总体量较大的情形)

GB/T 15239—94 孤立批计数抽样检验程序及抽样表

GB/T 15482—1995 产品质量监督小总体计数一次抽样检验程序及抽样表

3 定义

本标准采用下列定义。

3.1 有效射程 effective jet distance

喷嘴水平喷雾时,沿雾流轴线方向,累积沉降水量占总沉降水量为 50%的地点到喷口的水平距离。

3.2 水量分布规则度 water distribution regularity

雾流横截面上水量分布的规则程度,以水量分布均匀系数、平均水量对称度喷雾宽度对称度表示。

3.3 水量分布均匀系数 uniformity coefficient of water distribution

通过喷口中心垂直投影在雾流特定横截面上的点,在该截面上任一直线(二直线)的水量分布均匀程度。

3.4 平均水量对称度 symmetry degree

通过喷口中心垂直投影在雾流特定横截面上的点,在该截面上任一直线所划分的两部分的平均水量均匀程度。

3.5 喷雾宽度对称度 symmetry degree of spraying width

中华人民共和国煤炭工业部 1997-12-30 批准　　1998-06-01 实施

通过喷口中心垂直投影在雾流特定横截面上的点，在该截面上任一直线与雾流边界相交的两点对投影点的距离的对称程度。

3.6　雾流边界　apraying border

在雾流横截面上，离喷口中心在该截面上的垂直投影点距离最远、水柱高度为最大水柱高度5%的各点的连线。

3.7　雾化粒度　size of atomized water droplet

水流雾化的程度，以面积平均直径表示。

3.8　条件雾化角　conditional atomized angle

离喷嘴500 mm处作水雾中心线的垂线，此线与雾流边界的两交点与喷口中心相连所成的夹角(如图1中的θ)。

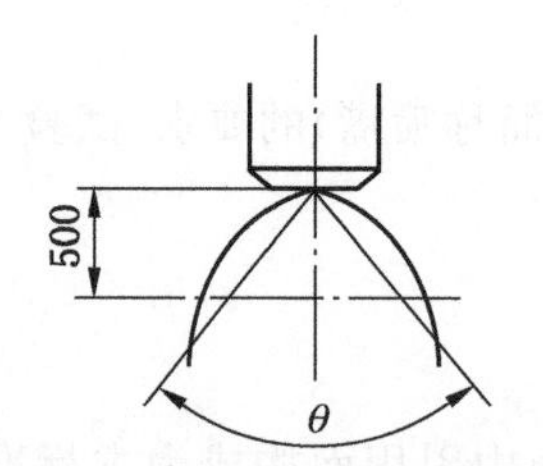

图1　条件雾化角示意图

4　喷嘴分类

喷嘴分类及适用压力范围如表1。

表1　喷嘴分类及适用压力表　MPa

喷嘴类别	压力范围	
	水	空气
压气喷嘴	0.1～0.6	0.1～0.6
声波喷嘴	0.1～0.6	0.1～0.6
高压喷嘴	8.0～15.0	
普通喷嘴	0.2～8.0	
磁化喷嘴	0.2～2.5	
荷电喷嘴	0.2～2.5	

5　技术要求

5.1　喷嘴应符合本标准的规定，并应按照经规定程序审批的图样和技术文件制造。

5.2　喷嘴应选用耐腐蚀、抗压强度不小于设计使用最高压力的1.5倍的材料制造。

5.3　喷嘴各零件应经检验合格后，方可装配。

5.4　产品表面不得有毛刺、内部不得有残留物。

5.5　喷嘴连接部位应不妨碍检验用接头(该接头若为普通螺纹，其基本牙型、直径和螺距、基本尺寸、公差与配合、偏差应分别符合GB/T 192、GB/T 193、GB/T 196、GB/T 197和GB/T 2516的规定，其中，内、外螺纹公差带分别选用6 H和6g；若为非螺纹密封的管螺纹，其外螺纹公差等级应按GB/T 7307选用A级，内螺纹应符合GB 7307的规定，若为用螺纹、密封的管螺纹，其螺纹应符合GB/T 7306的规定；若为快速接头，其尺寸应符合本标准附录A的规定)旋入或装入，且采取防漏水措施后，在设计使用最高压力的1.5倍时应无漏水现象。

5.6　高压喷嘴、普通喷嘴、磁化喷嘴和荷电喷嘴的水流量，对相同压力下的标称水流量的允许偏差应符合表 2 的规定。其中，扇形喷嘴的喷口直径为与其喷口面积相等的、按投影计算的当量圆的直径。

表 2　流量偏差表

<table>
<tr><th>喷嘴类别</th><th>喷口直径
mm</th><th>允许偏差
%</th></tr>
<tr><td>高压喷嘴</td><td>0.6～1.2</td><td>±8</td></tr>
<tr><td rowspan="4">普通喷嘴
磁化喷嘴
荷电喷嘴</td><td>1.0～1.6</td><td>±20</td></tr>
<tr><td>1.7～2.0</td><td>±15</td></tr>
<tr><td>2.1～3.0</td><td>±10</td></tr>
<tr><td>≥3.0</td><td>±6</td></tr>
</table>

5.7　压气喷嘴、声波喷嘴的水流量和标准状态下的气体流量，对相同压力下的标称水流量和标称气体流量的允许偏差应符合表 3 的规定。

表 3　流量偏差表

<table>
<tr><th rowspan="2">喷嘴类别</th><th colspan="2">水流量</th><th colspan="2">气体流量</th></tr>
<tr><th>标称值
L/min</th><th>允许偏差
%</th><th>标称值
m³/h</th><th>允许偏差
%</th></tr>
<tr><td rowspan="2">压气喷嘴</td><td>≤6.5</td><td>±10</td><td>≤6.0</td><td>±10</td></tr>
<tr><td>>6.5</td><td>±5</td><td>>6.0</td><td>±5</td></tr>
<tr><td rowspan="2">声波喷嘴</td><td rowspan="2">≤3.0</td><td rowspan="2">±10</td><td>≤6.0</td><td>±10</td></tr>
<tr><td>>6.0</td><td>±10</td></tr>
</table>

5.8　喷嘴的有效射程应符合表 4 的规定。

表 4　有效射程表

喷嘴类别	试验水压力 MPa	气体压力 MPa	有效射程 m
压气喷嘴	0.2	0.3	≥2.0
声波喷嘴	0.1	0.3	≥2.0
高压喷嘴	12.5		≥6.0
普通喷嘴	0.7		≥1.5
磁化喷嘴	0.7		≥1.5
荷电喷嘴	1.2		≥1.5

5.9　喷嘴的水量分布规则度在表 4 所规定的试验压力下应符合表 5 的规定。

表 5　水量分布规则度表

项目	指标
水量分布均匀系数	≥0.60
平均水量对称度 %	≥70
喷雾宽度对称度 %	≥80

5.10　喷嘴的雾化粒度在表 4 所规定的试验压力下应符合表 6 的规定。

表 6　雾化粒度表

喷嘴类别	面积平均直径 μm
压气喷嘴	≤60
声波喷嘴	≤50
高压喷嘴	≤100
普通喷嘴	≤150
磁化喷嘴	≤150
荷电喷嘴	≤100

5.11　喷嘴的条件雾化角对该喷嘴的标称条件雾化角的允许偏差在表 4 所规定的试验压力下应为±8°。

6　试验方法

6.1　试验仪器和设备

a) 压力表：对低压喷嘴，选用量程为 0～4 MPa，对压气喷嘴，选用量程为 0～1 MPa；对高压喷嘴，选用量程为 0～25 MPa。精度均为 1.5 级。

b) 称量容器：选用防腐材料制造，容器应不渗漏。

c) 秤：最大量程不小于喷嘴水流量的 4 倍和称量容器的质量之和，精度为 2.5 级。

d) 秒表：最小分度值为 0.1 s。

e) 气体转子流量计：精度为 2.5 级。

f) 一字计量仪：由带刻度的玻璃试管(最小分度值为 1 mm)和自制的一字架组成(如图 2 所示)，其长度应大于雾流横截面的最大直径。

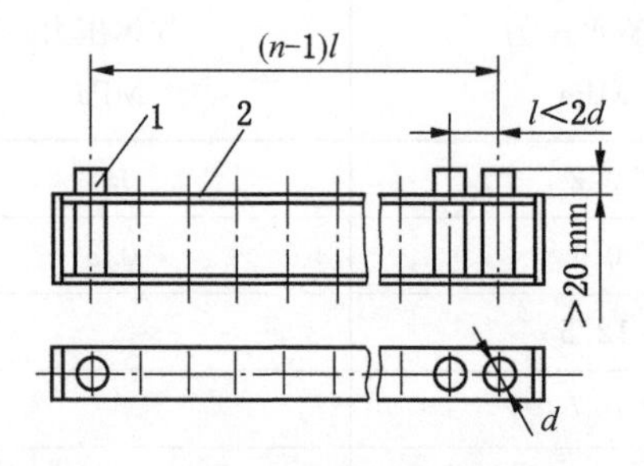

1—玻璃试管；2——字架；n—试管数；d—试管横截面直径；

l—相邻试管中心距

图 2　一字计量仪

g) 十字计量仪：由带刻度的玻璃试管(最小分度值为 1 mm)和自制的十字架组成(如图 3 所示)。十字计量仪的两排试管分布的长度相等，均应大于雾流横截面的最大直径。

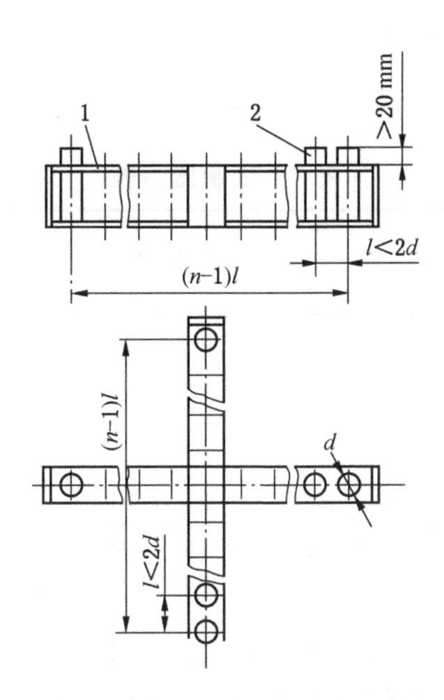

1—玻璃试管；2—十字架；n—试管数；d—试管横截面直径；l—相邻试管中心距

图 3　十字计量仪

h) 激光雾粒测定装置：如图 4 所示，该装置主要由喷嘴、激光雾粒测定仪、雾流控制装置等组成。激光雾流控制装置用于调节测试区域内的雾粒密度，使雾粒的遮光率保持在 0.1～0.3 的范围内。

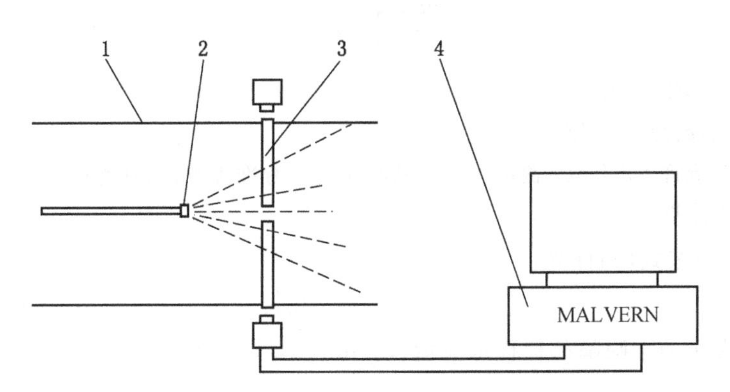

1—喷嘴；2—激光雾流控制装置；3—激光雾粒测定仪

图 4　激光雾粒测定装置示意图

i) 空盒气压计：最小分度值为 0.14 kPa。

j) 温度计：最小分度值为 0.5 ℃。

k) 直尺：最小分度值为 1 mm。

l) 皮尺：最小分度值为 1 cm。

m) 高压水泵：压力 15 MPa，流量≥50 L/min。

n) 风机：全压 200 Pa，风量 1 910 m^3/h。

o) 低压水泵：压力 2 MPa，流量≥50 L/min。

p) 空气压缩机：压力 7 MPa，风量 0.9 m^3/min。

6.2　试验条件

6.2.1　试验用水为生活用水，水温为 4 ℃～40 ℃。

6.2.2　试验地点应选择在不受风流影响的平地。

6.2.3　压力表应安装在离喷嘴入口≤2 000 mm 处。

6.2.4　在进行有效射程测定时，除喷射方向外，喷嘴周围 1 m 范围内应无挡风障碍物，且喷射方向的空间长度应大于喷射水雾到达的最大距离。

6.3 水流量偏差的测定

6.3.1 试验压力应按表7的规定。

表7 试验压力表

喷嘴类别	压气喷嘴	声波喷嘴	高压喷嘴	普通、磁化、荷电喷嘴
试验压力 MPa	0.1 0.1;0.1 0.2;0.1 0.3 0.2 0.2;0.2 0.3;0.2 0.4 0.3 0.3;0.3 0.1;0.3 0.6 0.4 0.4;0.1 0.6;0.6 0.6	0.05 0.2;0.05 0.1 0.05 0.6;0.07 0.2 0.07 0.1;0.07 0.6 0.1 0.1;0.1 0.6	8.9;9.0 10.0; 12.5; 15.0	0.2;0.3;0.5 0.7;1.0;1.5 2.0;2.5
注：压气喷嘴和声波喷嘴的试验压力档，分子和分母的数值分别代表水压力和气体压力。				

6.3.2 水流量的测定步骤：

6.3.2.1 将喷嘴从称量容器移开，用秤称出称量容器的质量(m,kg)，调节喷雾压力(压气喷嘴指水压力和气体压力，其余喷嘴指水压力(以下同)，使其稳定到试验压力后，将喷嘴垂直向称量容器喷雾(所有水都应进入称量容器内)，同时，用秒表计时(t,s)。当t大于或等于3 min时，将喷嘴快速从称量容器移开。同时，秒表停止计时，用秤称出此时称量容器和水的质量(m,kg)

6.3.2.2 在每个压力下测定三次称量容器和水的质量，然后按式(1)计算喷嘴水流量(q_L,L/min)：

$$q_L=\frac{20}{\rho t}\sum_{i=1}^{3}(m_i-m_0) \quad\cdots\cdots(1)$$

式中：ρ——水的密度(ρ取1),kg/L。

计算结果修约到小数点后一位。

注：在等效的原则下，允许采用其他的测定方法，仲裁时，应以本标准所规定方法为准。

6.3.3 水流量偏差的计算：

水流量偏差δ_L(%)按式(2)计算：

$$\delta_L=(q_L-q'_L)q'_L \quad\cdots\cdots(2)$$

式中：q'_L——相同喷雾压力下喷嘴的标称水流量，L/min。

计算结果修约到个位。

6.4 气体流量偏差的测定

6.4.1 试验压力按表7规定。

6.4.2 气体流量的测定步骤：

6.4.2.1 用温度计测定气体流量计处的大气温度。共测定三次，取算术平均值)。

6.4.2.2 用空盒气压计测定大气压力。共测定三次，取算术平均值。

6.4.2.3 采用经校正的气体转子流量计测定压气喷嘴的气体流量，在每个压力下测定三次，取其算术平均值(q_a,m²/h)。然后按式(3)计算标准状态下的气体流量(q_a,m²/h)：

$$q_a=53.77\overline{q}_a\sqrt{\frac{p_0+p}{273-t}} \quad\cdots\cdots(3)$$

式中：p_0——大气压力，MPa；

p——喷雾气体压力，MPa；

t——大气温度，℃。

6.4.3 气体流量偏差的计算：

气体流量偏差δ_a(%)按式(4)计算：

$$\delta_a=\frac{q_a-q_a'}{q_a'}\times 100 \qquad \cdots\cdots(4)$$

式中：q_a'——相同喷雾压力下的标称气体流量，m^3/h。

计算结果修约到个位。

6.5 有效射程的测定

6.5.1 试验压力按表4规定。

6.5.2 沉降水量的测定步骤：

6.5.2.1 将喷嘴固定在一个测试架上水平向前喷雾。喷嘴中心与一字计量仪试管管口的高差 H 按表8规定。其中，扇形喷嘴的雾流扇形面应和地面平行。

表8 试验高差表 m

喷嘴类型	压气喷嘴、声波喷嘴	高压喷嘴	普通喷嘴、磁化喷嘴、荷电喷嘴
H	2.0	2.5	1.5

6.5.2.2 沿雾流轴线在地面的垂直投影线上的沉降水量段水平方置一字计量仪（该仪的长度应大于沉降水量分布的长度，否则可将几个一字计量仪沿其长度方向相接以保证有足够的长度）。

6.5.2.3 调节喷雾压力到试验压力，当试管内的最大水柱高度上升到试管最大量程的90%时，关闭水泵（空气压缩机）。

6.5.2.4 用插值法找出一字计量仪两边水柱高度为最大水柱高度5%的位置。在由该两点所组成的闭区间内，按喷雾方向，依次测定并累积各试管中的水柱高度。

6.5.3 有效射程的测定计算：

6.5.3.1 用皮尺测定累计沉降水柱高度为总沉降水柱高度50%的点（该点由插值法确定）到喷嘴出口的水平距离，即为有效射程。

6.5.3.2 在每个压力下测定三次有效射程（m），取算术平均值（修约到小数点后两位）。

6.6 水量分布规则度的测定

6.6.1 扇形喷嘴采用一字计量仪测定，其余喷嘴（除束形喷嘴外）采用十字计量仪测定。

6.6.2 试验压力按表4规定。

6.6.3 水量分布的测定步骤：

6.6.3.1 将喷嘴固定在一个测试架上，出口垂直向下。喷嘴与一字计量仪（十字计量化）试管管口的高差 H 按表9规定。

表9 试验高度表 m

喷嘴类型	压气喷嘴、声波喷嘴	高压喷嘴	普通喷嘴、磁化喷嘴、荷电喷嘴
H	1.5	1.5	0.5

6.6.3.2 调节喷嘴压力到试验压力，然后在喷嘴正下方的地面上放置一字计量仪（或十字计量仪），一字计量仪（十字计量仪）的中心应和喷口中心在地面的垂直投影点重合。其中，扇形喷嘴的雾流扇形面应和一字计量仪的试管中心连线在同一竖直平面内。

6.6.3.3 当试管内的最大水柱高度上升到试管最大量程的90%时，快速移出一字计量仪（或十字计量仪）。

6.6.3.4 依次测定各试管内的水柱高度 h_1（读到0.1 mm）。

6.6.4 水量分布规则度的计算：

6.6.4.1 水量分布均匀系数 K_0 按式(5)计算：

$$K_0=\frac{\bar{h}}{\bar{h}-\Delta h} \qquad \cdots\cdots(5)$$

式中：$\overline{h}$——所测定的雾流边界内各试管的水柱高度的算术平均值（取值 0.1 mm），mm；

Δh——雾流边界内各试管的水柱高度的平均偏差绝对值，mm，按式(6)计算：

$$\Delta h = \frac{\sum_{i=1}^{n} |h_i - \overline{h}|}{n} \quad \cdots\cdots(6)$$

式中：n——雾流边界内的试管数量。

计算结果修约到小数点后两位。

6.6.4.2 平均水量对称度 K_1(%)按式(7)计算：

$$K_1 = \left(1 - \frac{|\overline{h}_1 - \overline{h}_r|}{\overline{h}}\right) \times 100 \quad \cdots\cdots(7)$$

式中：$\overline{h}_1$——雾流边界内，一字计量仪（十字计量仪）中心左边各试管的水柱高度算术平均值（读到 0.1 mm），mm；

$\overline{h}_r$——雾流边界内，一字计量仪（十字计量仪）中心右边各试管的水柱高度算术平均值（读到 0.1 mm），mm；

计算结果修约到个位。

6.6.4.3 喷雾宽度对称度 K_2(%)按式(8)计算：

$$K_2 = \left(1 - \frac{|R_1 - R_r|}{R_1 + R_r}\right) \times 100 \quad \cdots\cdots(8)$$

式中：R_1——一字计量仪（十字计量仪）中心左边与雾流边界的交点到该仪中心的距离（读到 0.1 mm），mm；

R_r——一字计量仪（十字计量仪）中心右边与雾流边界的交点到该仪中心的距离（读到 0.1 mm），mm；

计算结果修约到个位。

6.7 雾化粒度的测定

6.7.1 试验压力按本标准规定。

6.7.2 采样：

6.7.2.1 采样点位置的确定：

在射流轴线方向上，从离喷嘴出口一定距离 L 处（按表 10 选取）取 1 个射流横截面，根据射流形状的不同，在该截面上按图 5～图 7 所示布置采样点。

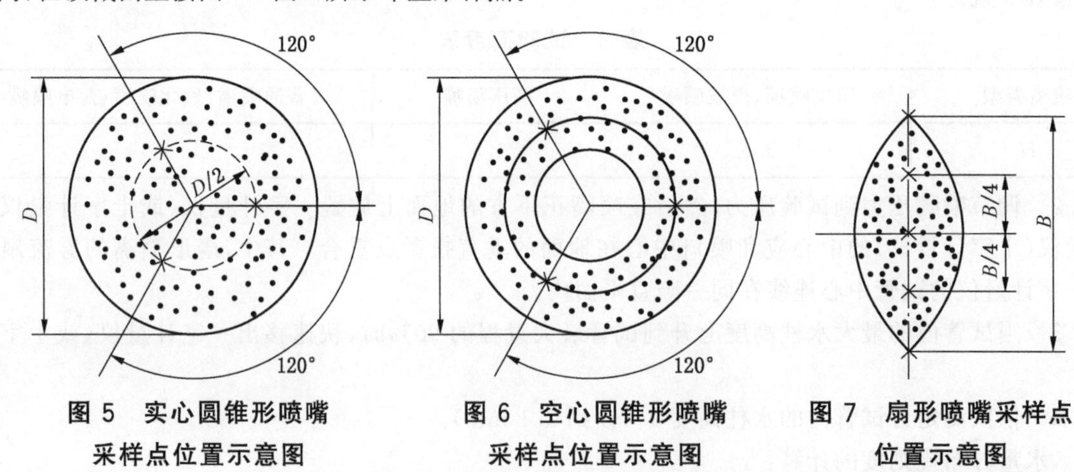

图 5 实心圆锥形喷嘴采样点位置示意图　　图 6 空心圆锥形喷嘴采样点位置示意图　　图 7 扇形喷嘴采样点位置示意图

表 10 测试距离表

mm

喷嘴类别	压气喷嘴 声波喷嘴	高压喷嘴	普通喷嘴、磁化喷嘴、荷电喷嘴 （实心圆锥形射流）	普通喷嘴、磁化喷嘴、荷电喷嘴 （实心圆锥形射流）
L	700	700	250	180

注：

1 实心圆锥形喷嘴：指喷嘴喷出的水雾形状为实心圆锥形。

2 空心圆锥形喷嘴：指喷嘴喷出的水雾形状为空心圆锥形。

3 扇形喷嘴：指喷嘴喷出的水雾成扇形。

6.7.2.2 采样方法：

a) 调节激光发生器和接收器，使激光束对中，符合测试要求。

b) 开启水泵并将水压力调到试验水压力喷雾，再调节雾流控制装置，使测试区的水雾粒对激光的遮光率在 0.1～0.3 范围内。

c) 停止水泵运行，并开启抽风机，待抽去测试区的残余水雾后，再测定背景，测试完毕回到测试状态。

d) 开启水泵并将水压调节到试验水压喷雾，并测定雾粒面积平均直径。

e) 每个采样点测定 7 次。

6.7.2.3 面积平均直径的计算：

面积平均直径按式(9)计算：

$$D_{32}=\sum_{i=1}^{n} D_{32i}/n \qquad (9)$$

式中：D_{32}——平均面积平均直径，μm；

n——测定次数；

D_{32i}——每次测得的雾粒面积平均直径，μm。

6.8 条件雾化角偏差的测定

6.8.1 扇形喷嘴采用一字计量仪测定，其余喷嘴采用十字计量仪测定。

6.8.2 试验压力按表 4 规定。

6.8.3 水量分布按 6.6.3 条(除 6.6.3.4 条外)的规定测定。

6.8.4 条件雾化角的测定：

6.8.4.1 对于压气喷嘴、声波喷嘴和高压喷嘴，在十字计量仪未移出前，用照相机分别正对十字计量仪的两排试管拍摄出喷雾的照片，并在两照片上用直尺分别量出试管口与喷嘴出口的高差(h_1、h_2，读到 0.1 mm)及离喷嘴出口 $h_1/3$ 和 $h_2/3$ 处的雾流横截面上水量分别的宽度(Φ_1、Φ_2 读到 0.1 mm)，然后按式(11)计算条件雾化角(θ,°)：

$$\theta=2\arctan\frac{3(\Phi_1 h_2+\Phi_2 h_1)}{4h_1 h_2} \qquad (10)$$

6.8.4.2 对于扇形喷嘴，用直尺量出水量分布宽度 B(即在雾流特定横截面的长度方向上两雾流边界点的距离，读到 0.1 mm)。然后按式(12)计算条件雾化角：

$$\theta=2\arctan\frac{B}{1\,000} \qquad (11)$$

6.8.4.3 对于低压喷嘴、磁化喷嘴、荷电喷嘴(除扇形喷嘴外)，用直尺分别量出十字计量仪的两排试管上的水量分布宽度(Φ_3，Φ_4，mm 读到个位)，然后按式(13)计算条件雾化角：

$$\theta=2\arctan\frac{\Phi_3+\Phi_4}{2\,000} \qquad (12)$$

6.8.5 条件雾化角偏差的测定：

条件雾化角偏差 $\Delta\theta$(°)，按式(14)计算：

$$\Delta\theta=\theta-\theta \quad \cdots\cdots(13)$$

式中：θ——相同喷雾压力下的标称条件雾化角，(°)。

计算结果修约到个位。

7 检验规则

7.1 出厂检验

7.1.1 喷嘴应经制造厂质量检验部门逐个进行，检验合格并发给合格证后方可出厂。

7.1.2 喷嘴应按表11的规定进行。

表 11 出厂检验及型式检验项目

序号	检验项目	技术要求	检验类别		备注
			型式检验	出厂检验	
1	加工质量	5.3	✓	✓	一般项目
2	加工质量	5.4	✓	✓	一般项目
3	加工质量	5.5	✓	✓	主要项目
4	流量偏差	5.6、5.7	—	✓	一般项目
5	有效射程	5.8	—	✓	主要项目
6	水量分布规则度	5.9	—	✓	主要项目
7	雾化粒度	5.10	—	√	主要项目
8	条件雾化角	5.11	—	✓	主要项目

注：“✓”为应检项目；“—”为不检项目。

7.2 型式检验

7.2.1 型式检验按表11规定进行。

7.2.2 型式检验必须由煤炭工业部指定的质量监督检验部门进行。

7.2.3 如有下列情况之一时，应进行型式试验：

a) 试制的新喷嘴转产生产时；

b) 连续批量生产的喷嘴，每2年应进行一次；

c) 正式生产后，在结构、工艺和材料有重大改变，可能影响喷嘴性能时；

d) 停产1年后恢复生产时；

e) 国家质量监督机构提出进行型式检验的要求时。

7.2.4 抽样方法及判定原则：

当监督总体量 N 为10～250时，其抽样方法及判定原则应符合GB/T 15482的规定；当监督总体积量 N 大于250时，其抽样方法及判定原则应符合GB/T 14437的规定。

8 标志、包装和贮存

8.1 标志

8.1.1 每个喷嘴应在醒目的位置打印型号或代号，字迹应清晰。打印时，不得将喷嘴连接部位损伤，也不得使喷嘴变形。

8.1.2 包装箱外壁上的标志内容应包括：

a) 厂名；

b) 产品名称及数量；

c）外形尺寸和毛重；

d）出厂日期。

8.2 包装

8.2.1 以软质材料填充包装箱内空隙。

8.2.2 包装箱内应附有下列文件：

a）装箱单；

b）产品合格证；

c）产品使用说明书。

8.3 贮存

8.3.1 喷嘴应贮存在通风良好、无腐蚀性气体和液体的库房内。

附　录　A
（标准的附录）
快速接头的尺寸

A1　快速接头的型号标记方法

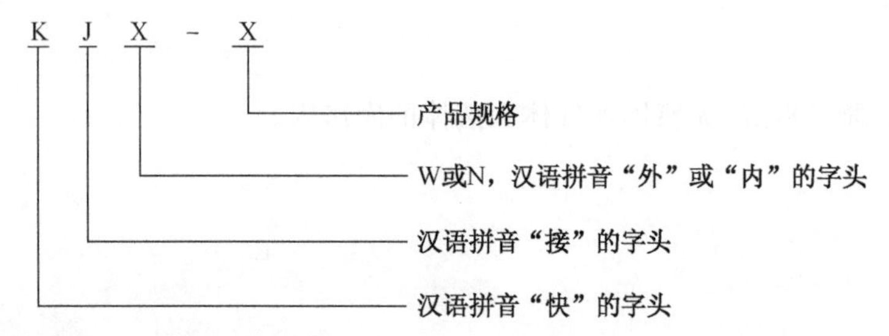

A2　KJW 快速接头(见图 A1)的型号与尺寸

应符合表 A1 的规定。

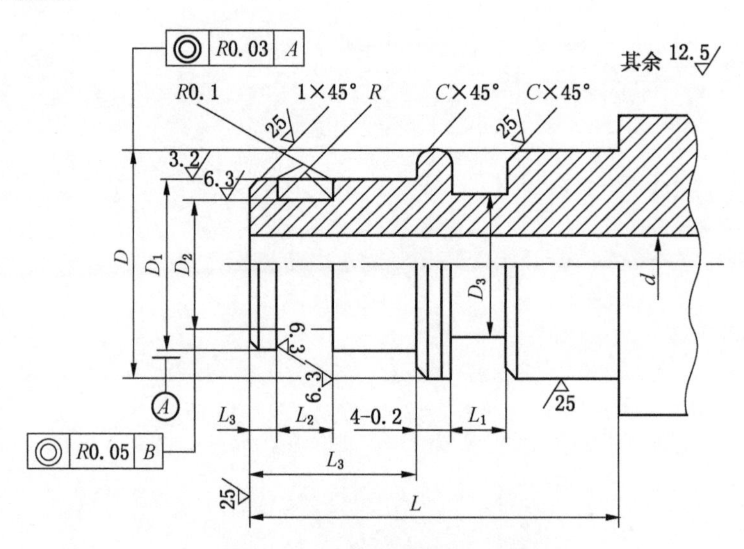

图 A1　KJW 快速接头示意图

表 A1　接头尺寸表

代号 型号	D (d11)	D_1 (f9)	D_2 (h8)	D_3 (−0.2)	d	L (+0.5)	L_1	L_2	L_3 (+0.5)	L_4	R	C
KJW—6	15	11	8	9	4	26	2	3.8 +0.1	12	4.5	0.2	0.5
KJW—8	18	13	10	12	6	26	2	3.8 +0.1	12	4.5	0.2	0.5
KJW—10	18	15	11	12	7	26	2	4.6 +0.15	12	4.5	0.2	0.5
KJW—13	22	18	14	16	9	26	2	4.6 +0.15	12	4.5	0.2	0.5

表 A1（完）

代号 型号	D (d11)	D_1 (f9)	D_2 (h8)	D_3 (－0.2)	d	L (＋0.5)	L_1	L_2	L_3 (＋0.5)	L_4	R	C
KJW－16	25	20	16	17	12	30	2.5	4.6 ＋0.15	14	5.5	0.2	0.5
KJW－19	28	24	20	20	15	31	2.5	4.6 ＋0.15	15	5.5	0.2	1
KJW－25	35	30	25	27	20	31	2.5	5.6 ＋0.15	15	5.5	0.3	1
KJW－32	42	38	32	34	26	31	2.5	6.2 ＋0.15	15	5.5	0.3	1

A3　KJN 快速接头（见图 A2）的型号与尺寸

应符合表 A2 的规定。

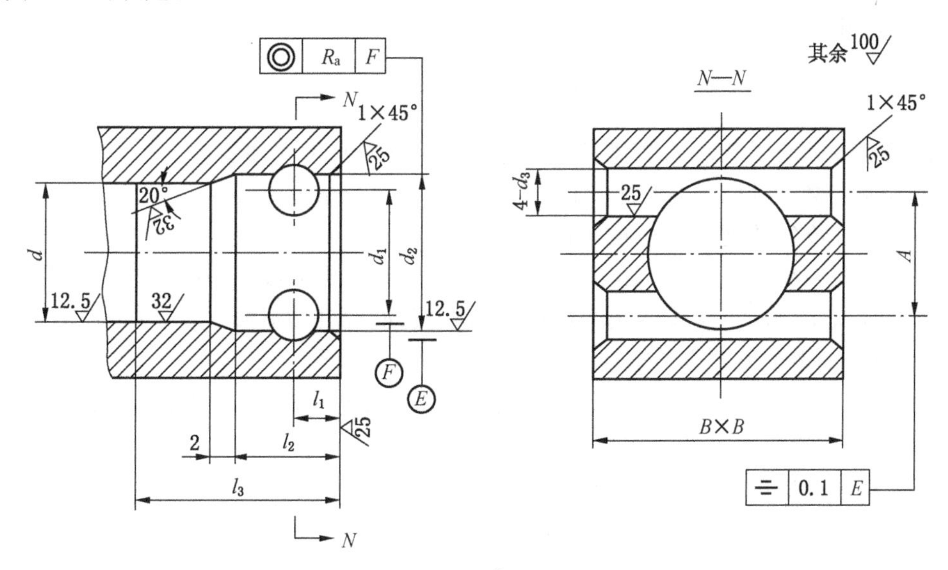

图 A2　KJN 快速接头示意图

表 A2　接头尺寸表

代号 型号	d	d_1 (H8)	d_2 (H11)	d_3 (＋0.1)	L_1 (－0.2)	L_2 (＋0.2)	L	n	B	A
KJN－6	11	11	15	5.5	6.7	13	28	0.03	26	13
KJN－8	13	13	18	5.5	6.7	13	28	0.03	30	16
KJN－10	15	15	18	5.5	6.7	13	28	0.03	32	16
KJN－13	18	18	22	5.5	6.7	13	28	0.03	38	20
KJN－16	20	20	25	6.8	8.2	15	33	0.03	40	22
KJN－19	24	24	28	6.8	8.2	15	33	0.03	44	26
KJN－25	30	30	35	6.8	8.2	15	33	0.05	54	32
XJN－32	38	38	42	—	8.2	15	33	0.05	60	29

中华人民共和国行业标准

MT/T 241—91

煤层注水泵技术条件

1 主题内容与适用范围

本标准规定了煤层注水泵(以下简称注水泵)的技术要求、试验方法、检验规则和标志、包装、贮存。

本标准适用于以斜盘驱动轴向柱塞、锥阀配流的电动往复式注水泵,该泵输送清水或物理性质类似于水的液体。

本标准不适用于曲柄连杆机构传动的往复泵。

2 引用标准

GB 7784 机动往复泵试验方法

GB 10111 利用随机数骰子进行随机抽样的方法

3 技术要求

3.1 注水泵应符合本标准要求,并按经规定程序批准的图样及技术文件制造。

3.2 自制件经检验合格,外协件、外购件具有合格证或经试验合格方可装配。

3.3 材料应有合格证或经试验合格方可使用。

3.4 产品外露表面应涂漆,涂层光洁、附着牢固、色泽一致,不应有皱纹、脱落、气泡等缺陷。

3.5 产品装配后应试运转,要求运转平稳,无异常声响、震动、温升和泄漏。

3.6 产品在运转时,润滑油温升应不超过40℃。

3.7 产品在运转时,水密封处的泄漏量应不超过1.0 L/h,其余各密封处不应有外泄漏。

3.8 产品在运转时,噪声应不超过85 dB(A)。

3.9 产品的安全阀应灵敏可靠。

3.10 在额定工况下,注水泵的容积系数应符合表1的规定。

表 1

项目	额定排出压力,MPa			
	<8		≥8~16	
	泵速,r/min			
	735	960	735	960
容积系数,%	≥92	≥91	≥91	≥90

3.11 在额定工况下,注水泵的效率应符合表2的规定。

表 2

项目	柱塞数目	
	5	7
泵效率,%	≥77	≥75

3.12 在额定工况下,电动机的输入电流值应低于其额定电流值的95%。

中华人民共和国能源部 1991-03-23 批准　　　　1991-08-01 实施

3.13　产品在额定工况下连续运转 500 h 期间，性能指标皆应符合本标准 3.6、3.7、3.10、3.11 条的规定。

注：连续运转试验时，允许更换一次水密封件和一次阀组弹簧。

3.14　产品超载试验时，不应有零、部件损坏现象。

3.15　在用户遵守注水泵说明书规定的条件下，从制造厂发运之日起 18 个月内，产品确因制造不良而不能正常使用或零、部件损坏，制造厂应无偿为用户修理产品或更换零、部件（不包括产品使用说明书中列出的易损件）。

4　试验方法

4.1　一般规定：

4.1.1　试验所用介质为 0～50℃的清水。

4.1.2　试验装置原理图应符合 GB 7784 的附录 A。

4.1.3　仪表指示的被测参数值的允许波动范围，总误差值应符合 GB 7784 表 2、表 3、表 4 的规定。

4.1.4　参数测量和测量仪表

4.1.4.1　流量、压力、温度、泵速、功率等参数测量和测量仪表的精度应符合 GB 7784 的 3.1～3.5 条的规定。

4.1.4.2　试验时，所有仪表的读数应同时读取或记录。每个被测参数的测量次数应不少于 3 次（泄漏量测量只进行 1 次），取其算术平均值作为测量值。

4.1.5　数据处理应符合 GB 7784 的第 4 章的规定。

4.2　外观质量检验：

用目测法按本标准 3.4 条的规定检验。

4.3　试运转：

试运转应按 GB 7784 的 2.3.1 条的规定进行。

4.4　润滑油温升试验：

试验应按 GB 7784 的 3.3.3 条的规定进行。

4.5　用最小分度值不小于 10 mL，额定容积不小于 250 mL 的量筒测定水密封的泄漏量，测量时间应不少于 10 min。

4.6　噪声测定应按 GB 7784 附录 C 的 C2、C3、C4 条的规定进行。

4.7　安全阀试验：

4.7.1　安全阀应在注水泵运转的情况下进行试验。

4.7.2　试验时，逐渐关闭排出管路阀门，提高排出压力，检查安全阀，其开启压力应为额定排出压力的 1.0～1.3 倍。

4.8　额定工况试验点：

4.8.1　按 GB 7784 的 3.1、3.4 条的规定同时测定注水泵的流量和泵速，并计算出容积系数。

4.8.2　用额定量值为注水泵所配电动机额定电流值的 1.5～2.0 倍、最小分度值不小于 1A、精度不低于 1.5 级的电流表，测定电动机输入电流值。

4.9　连续运转试验：

4.9.1　试运转、安全阀试验、额定工况点试验合格的注水泵可以进行本试验。

4.9.2　试验应符合 GB 7784 的 2.3.2 条的规定。

4.10　超载试验：

4.10.1　试运转、安全阀试验、额定工况点试验合格的注水泵可以进行本试验。

4.10.2　超载试验压力为 1.25 倍额定排出压力，持续时间为 15 min。

4.10.3　按本标准 3.14 条的规定进行超载试验并检查产品。

5　检验规则

5.1　注水泵应进行出厂检验和型式检验。

5.2　出厂检验：

5.2.1　每台注水泵应经制造厂质量检验部门检验，检验合格并发给合格证后方可出厂。

5.2.2　每台注水泵应按本标准3.4、3.9、3.10、3.12条的规定进行出厂检验。

注：每台注水泵经出厂检验后，应除尽泵壳内润滑油和阀体内余水，进行相应的防锈处理，外露通口加盖。

5.3　型式检验：

5.3.1　型式检验应按本标准3.4～3.14条的规定进行。

5.3.2　注水泵在下列情况下应进行型式检验：

a.　新产品或老产品转厂生产的试制定型鉴定；

b.　正常生产后，如结构、材料、工艺有较大改变而可能影响产品性能时；

c.　正常生产时，每2年应进行1次（不进行本标准3.13条规定的试验）；

d.　停产超过1年再恢复生产时（不进行本标准3.13条规定的试验）；

e.　出厂检验结果与上次型式检验结果有较大出入时；

f.　国家质量监督机构提出进行型式检验的要求时。

5.3.3　抽样方法和判定规则：

从出厂检验合格品中按照GB 10111的规定抽取1～2台进行型式检验（抽样基数应不少于10台）。在型式检验中，当其中有1项不合格时（本标准3.4条的规定除外），应加倍重新检验；当仍有1项不合格时（本标准3.4条的规定除外），则认为该产品不合格。

6　标志、包装、贮存

6.1　标志

每台注水泵应在泵壳的明显位置设置铭牌。铭牌应固定牢固，字迹清晰、耐久。铭牌上应包括下列内容：

a.　制造厂名称；

b.　产品名称、型号和商标；

c.　出厂日期和出厂批号；

d.　产品的主要参数。

6.2　包装

6.2.1　注水泵采用的包装箱应能使产品固定在箱底滑木上。包装箱应能防止箱内物品损坏、遗失、日晒和雨淋。

6.2.2　每台注水泵应附有下列文件，并封存在防水口袋中：

a.　产品合格证；

b.　产品使用说明书；

c.　装箱单。

6.2.3　产品的随机易损件、拆装工具和文件袋应装入小箱，并固定在包装箱内。

6.2.4　包装箱上的文字、图示和符号应整齐、清晰、耐久、耐雨淋。

6.2.5　包装箱上应标明：

a.　制造厂名称和地址；

b.　产品名称和型号；

c.　出厂日期；

d.　包装箱外形尺寸和毛质量；

e. “切勿倒置”、“轻放”等标志；

f. 收货单位名称和地址(到站)。

6.3 贮存

产品应贮存在通风良好、无腐蚀性气体的仓库内。

附加说明：

本标准由煤炭科学研究总院提出。

本标准由煤炭科学研究总院重庆分院归口和负责起草。

本标准主要起草人曹道鑫、曾慎才、彭惟超。

本标准委托煤炭科学研究总院重庆分院负责解释。

ICS 73.100.40
D 18
备案号：15491—2005

中华人民共和国煤炭行业标准

MT/T 244.1—2005
代替 MT 244.1—1997

煤矿窄轨车辆连接件　连接链

Car coupler of decauville for mine connecting chain

2005-03-19 发布　　2005-06-01 实施

国家发展和改革委员会　发布

前　言

煤矿窄轨车辆连接件是煤矿提升运输系统中涉及安全生产的重要部件，用量大且涉及面广。随着煤炭生产的发展，MT 244.1—1997 中规定的品种、规格已满足不了煤炭行业安全生产的需要，其检验规则也不够完善。因此，对 MT 244.1—1997 进行修订。

本标准从实施之日起，代替 MT 244.1—1997。

本标准由中国煤炭工业协会科技发展部提出。

本标准由煤炭工业煤矿安全标准化技术委员会归口。

本标准起草单位：国家煤矿防爆安全产品质量监督检验中心。

本标准主要起草人：贾明惠、瞿慧、孙终。

本标准所代替标准的历次版本发布情况：MT 244—1991 制定；MT 244.1—1997 修订。

煤矿窄轨车辆连接件　连接链

1　范围

本标准规定了煤矿窄轨车辆连接件　连接链(以下简称连接链)的基本参数、技术要求、试验方法、检验规则、标志和包装。

本标准适用于煤矿窄轨车辆使用的各种锻造链和焊接链。

2　规范性引用文件

下列文件中的条款通过本标准的引用而成为本标准的条款。凡是注日期的引用文件,其随后所有的修改单(不包括勘误的内容)或修订版均不适用于本标准,然而,鼓励根据本标准达成协议的各方研究是否可使用这些文件的最新版本。凡是不注日期的引用文件,其最新版本适用于本标准。

GB/T 224　钢的脱碳层深度测定法

GB/T 229　金属夏比缺口冲击试验方法

GB/T 233　金属材料　顶锻试验方法

GB/T 699　优质碳素结构钢

GB/T 4159　金属低温夏比冲击试验方法

GB/T 6394　金属平均晶粒度测定法

3　型号标注、品种和基本参数

3.1　型号标注

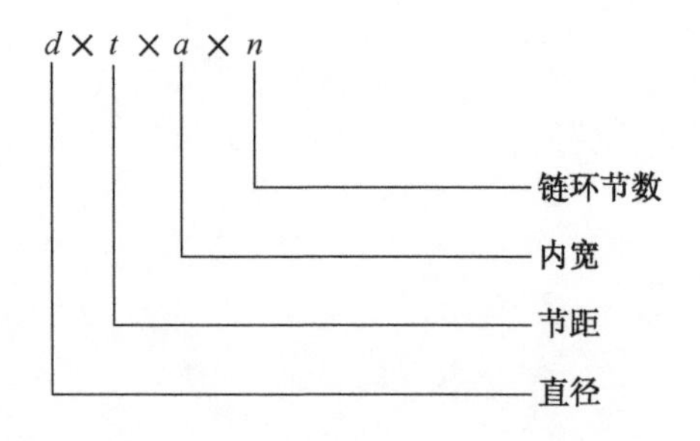

型号标记示例:

直径 32 mm,节距 140 mm,内宽 60 mm,节数为 3 的连接链。

标注示例:32×140×60×3 三环链,简写为 ϕ32 三环链。

3.2　品种

a）　单环链(见图 1):

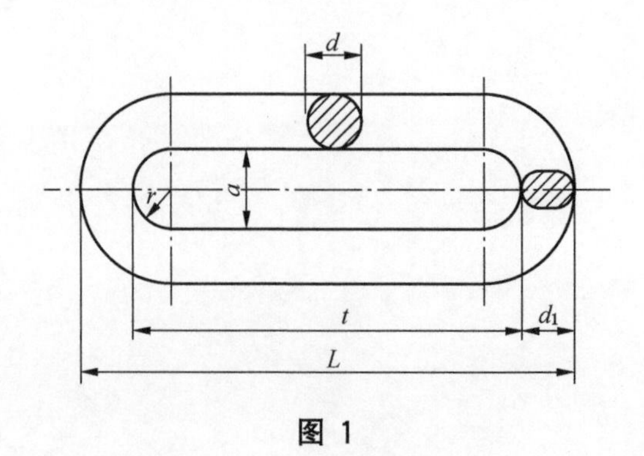

图 1

b） 双环链(见图 2)：

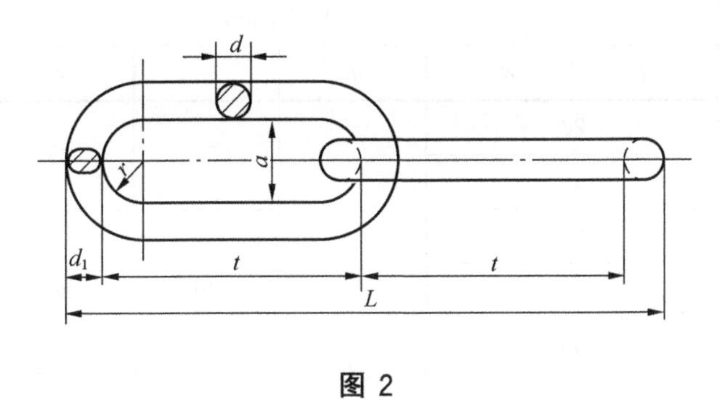

图 2

c） 三环链(见图 3)：

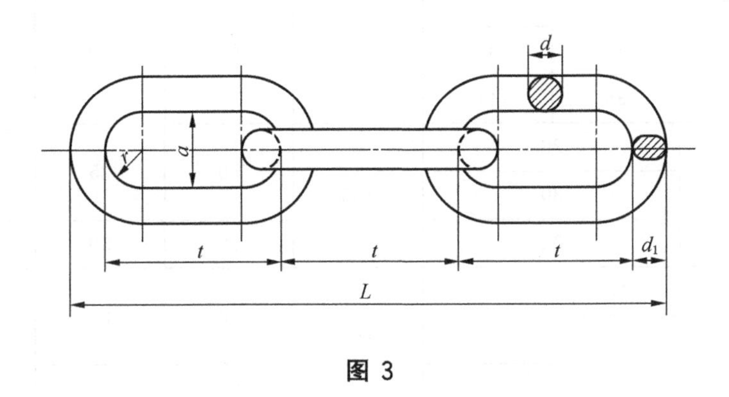

图 3

d） 万能链(见图 4)：

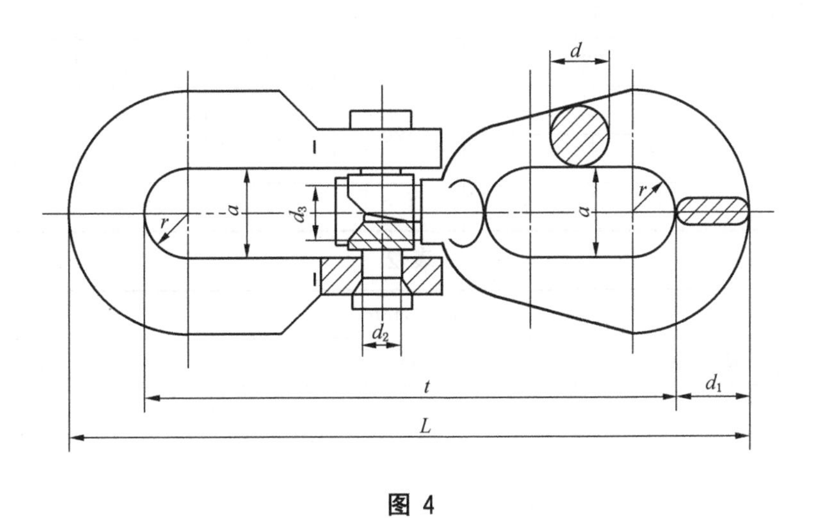

图 4

3.3 基本参数

基本参数如表 1 和表 2：

表 1

品种	截面形状	尺寸,mm						质量,kg
		d	d_1	t	a	r	L	
单环链	圆形	28		280	50	25	336	≤4.0
		30					340	≤4.6
		32			60	30	344	≤5.4
		36					352	≤6.2
		38					356	≤7.2
	椭圆	28	31		50	25	342	≤4.2
		30	33				346	≤4.8
		32	35		60	30	350	≤5.6
		36	39				358	≤7.0
		38	41				362	≤7.8
双环链	圆形	28		165	50	25	386	≤5.5
		30					390	≤6.3
		32			60	30	394	≤7.4
	椭圆	28	31	165	50	25	392	≤5.8
		30	33				396	≤6.7
		32	35		60	30	400	≤7.8
三环链	圆形	28		120	50	25	416	≤6.7
		30					420	≤7.8
		32		140	60	30	484	≤9.9
	椭圆	28	31	120	50	25	422	≤7.2
		30	33				426	≤8.2
		32	35	140	60	30	490	≤10.5

表 2

品种	尺寸,mm									质量,kg
	d	d_1	t	a	A_1	r	L	d_2	d_3	
万能链	28	32	290	50	64	26	354	32	34	≤6.0
	30	34					358		35	≤6.5
	32	36		64		32	362		36	≤8.5

4 技术要求

4.1 连接链应符合本标准的要求,并按经规定程序批准的图样和技术文件制造。

4.2 连接链的材料应为优质碳素结构钢或低碳合结构金钢,钢材应为全镇静钢,其化学成分应符合GB/T 699的规定。锻造链选用的钢材应进行热顶锻试验,试验方法及试验结果应符合GB/T 233的规定;焊接链应选用热轧棒材。

4.3 连接链的拉伸试验应符合表3及4.4的规定。

表 3

品　　种	直径,mm	试验负荷,kN	破断负荷,kN
单环链 双环链 三环链 万能链	28	100	≥440
	30	110	≥510
	32	120	≥590
单环链	36	150	≥730
	38	170	≥820

4.4　连接链在试验负荷下的伸长率应不大于2%;破断负荷下的伸长率应不小于15%。

4.5　连接链的弯曲试验结果应符合表4或表5的规定,弯曲试验后应无裂纹。万能链不进行此项试验。

表 4

直径,mm	28	30	32	36	38
弯曲挠度,mm	≥45	≥50		≥55	

表 5

直径,mm	28	30	32	36	38
承受力,kN	≥320	≥360		≥440	

4.6　连接链的冲击功应符合表6的规定。

表 6

试验项目	冲击功,J
常温冲击	≥80
焊口处冲击	≥64
低温冲击((−40±5)℃)	≥32

4.7　连接链的疲劳试验应符合表7的规定,试验中不允许出现明显裂纹。当疲劳试验达到规定次数时,连接链如出现裂纹,则应对该连接链进行破断拉力试验,其破断负荷应不低于360 kN。

表 7

品　　种	直径 d,mm	疲劳负荷		疲劳次数,次
		下限,kN	上限,kN	
双环链 三环链 万能链	28	50	180	50 000
单环链 双环链 三环链 万能链	30		200	
单环链 双环链 三环链 万能链	32	55	220	
单环链	36	60	240	
	38			

4.8 连接链热处理后，晶粒度应符合 GB/T 6394 中 5 级或更细的均匀组织。锻造链全脱碳层应不大于 0.5 mm，焊接链全脱碳层不大于 0.1 mm。

4.9 连接链尺寸偏差应符合表 8 的规定。

表 8

单位为毫米

类别	直径	偏差		
		直径 d 和 d_1	节距 t	内宽 a 和 a_1
锻造	28	$^{+2}_{0}$	±5	±2
	30			
	32			
	36			
	38			
焊接	28	$^{+1}_{-0.5}$		
	30			
	32			
	36			
	38			

4.10 锻造链表面应光洁，不允许过烧，无裂纹，毛边高度应不大于 1 mm，重皮及伤痕磨平后的凹下深度应不大于 1 mm，错模量应不大于 1 mm。

4.11 焊接链焊接处的直径应不小于棒料的直径，也应不大于实际棒料直径的 115%。焊缝应在链环的直线部分。

4.12 焊接链表面应光洁，焊口处不允许有气孔、夹渣、裂纹等缺陷。

4.13 连接链出厂前表面应涂漆。

4.14 所用材料应有生产厂的合格证明书，并进行化验。

5 试验方法

5.1 一般规定

5.1.1 测量尺寸用下列计量器具：

a） 分度值为 1 mm 的钢直尺；

b） 分度值为 0.02 mm 的游标卡尺。

5.1.2 试验用各种试验机的准确度应不低于±1%。

5.2 拉伸试验

5.2.1 试验负荷下的伸长量：

对整挂连接链施加表 3 规定的试验负荷值的一半，然后降到表 9 规定的初始负荷 F_0，测量标定长度，再继续以不大于 9.8 N/mm²·s 的加载速率连续加载至表 3 规定的试验负荷值，测出伸长量。试验负荷下伸长率：

$$\delta_s=\frac{\Delta L_s}{L_0}\times 100 \qquad \cdots\cdots(1)$$

式中：

δ_s——试验负荷下的伸长率，%；

L_0——标定长度，mm；

ΔL_s——试验负荷下的伸长量，mm。

表 9

直径 d,mm	28	30	32	36	38
初始负荷,F_0,kN	22	26	30	35	40
标定长度 L_0,mm	单环链、万能链 t,双环链 $2t$,三环链 $3t$				
注:表中 t——实测到的链环节距,mm。					

5.2.2 破断负荷和破断负荷下伸张率:

经试验负荷试验后,用上述加载速率加载至破断负荷时,测出标定长度的伸长量,破断负荷下伸长率:

$$\delta_p=\frac{\Delta L_p}{L_0}\times 100 \qquad \cdots\cdots(2)$$

式中:

δ_p——破断负荷下的伸长率,%;

ΔL_p——破断负荷下的伸长量,mm;

L_0——标定长度,mm。

注:破断负荷指试验时的最大负荷。

5.3 弯曲试验

双环链可取其中任一环,三环链则必须有中环和边环。将试样按图 5 所示放在夹具上,在无冲击条件下,连续缓慢加载至表 4 规定的弯曲挠度或表 5 规定的承受力。

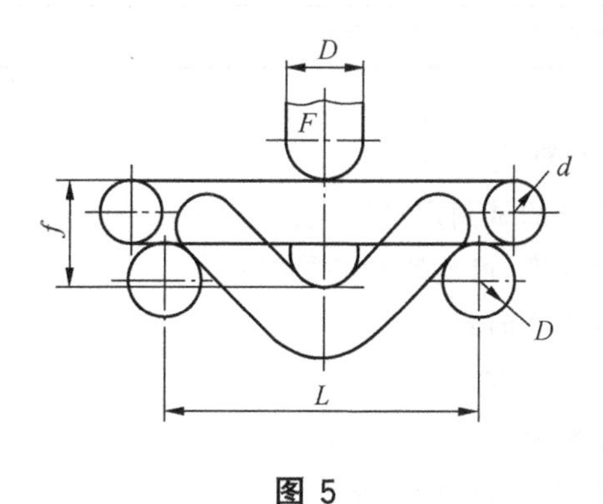

图 5

5.4 冲击试验

冲击试样按图 6 选取。应在两挂连接链中各取一个试样,锻造三环链必须从中环的弯部取一个试样。焊接链分别在焊口和弯曲处取样,试样开口方向为环的外侧,试样应符合 GB/T 229 的规定。常温冲击试验按 GB/T 229 的规定进行;低温冲击试验按 GB/T 4159 的规定进行。

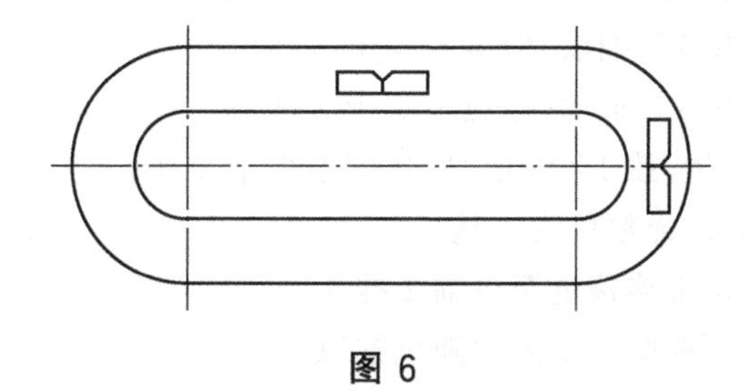

图 6

5.5 疲劳试验

对整挂连接链,按表 7 规定的疲劳负荷,以 400～600 次/min 的频率进行试验。试验中用目测观察是否出现明显裂纹,如有裂纹应停止试验。

5.6 **连接链热处理后的晶粒度测定**

按 GB/T 6394 规定进行，全脱碳层测定按 GB/T 224 规定进行。

6 检验规则

6.1 出厂检验

6.1.1 连接链应经过制造厂质量检验部门检验合格后，方可出厂。

6.1.2 出厂检验项目按表 10 的规定进行。

表 10

序号	检验项目	检验类别		备　注
		出厂检验	型式检验	
1	尺寸偏差、外观质量	√	√	"√"系进行此项检验；"×"系不进行此项检验
2	拉伸试验	√	√	
3	弯曲性能	√	√	
4	疲劳试验	×	√	
5	常温冲击试验	√	√	
6	低温冲击试验	×	√1)	
7	金相组织和全脱碳层	√	√	
1)在高于－20℃的地区使用的连接链不进行此项检验。				

6.2 型式检验

6.2.1 有下列情况之一时，应进行型式检验：

a） 新产品或老产品转厂生产的试制定型鉴定；

b） 钢材或生产工艺有较大改变，可能影响性能时；

c） 停产 2 年以上再次恢复生产时；

d） 正常生产时每隔 2 年进行一次；

e） 出厂检验与上次型式检验有较大差异时；

f） 国家质量监督机构提出型式检验的要求时。

6.2.2 型式检验项目按表 10 的规定进行。

6.2.3 型式检验由国家授权的质量监督机构负责进行。连接链经检验合格，取得产品合格证后方可销售和使用。

6.3 抽样规定

6.3.1 尺寸偏差和表面质量试样数量，每批连接链至少抽 4 挂。

6.3.2 拉伸试验的试样数量，按 1％抽取，但应不少于 2 挂。

6.3.3 弯曲试验的试样数量，按 1％抽取，但应不少于 2 挂。

6.3.4 常温及低温冲击试样数量，按 1％抽取，但各应不少于 2 挂；

6.3.5 晶粒度和全脱碳检验的试样数量为 1 挂。

6.3.6 疲劳试验的试样数量，每批连接链至少抽 2 挂。

6.3.7 型式检验抽样，应从出厂检验合格品中随机抽取。

6.4 复检和判定规则

6.4.1 表 10 中的 2～5 项，其中每项如有 1 挂(件)不合格，表 10 中的第 1 项如有 2 挂不合格，则判该项为不合格。

6.4.2 表 10 中的序号 2、3、4 和 5 项为主要项目，主要项目的允许复检项目数为 1 项，经加倍数量复检仍有一挂(件)不合格,则判该批连接链为不合格。

6.4.3 表10中序号1、6和7为一般项目。一般项目的允许复检项目数为2项,经加倍数量复检,2项均不合格(单项判定同6.4.1),则判该批连接链为不合格。

7 标志和包装

7.1 连接链出厂前应在链环的直部中间(三环链在中环、万能链在O型环)注有能长期保留的标志。

7.2 标志内容:

制造厂对连接链进行的标记、制造年份。

7.3 产品标记可用汉字、字母表示。

7.4 连接链出厂应包装牢固。

[illegible]合格，则判该批[illegible]为不合格。

6.4.3 [illegible]

[illegible]不合格。

7 [illegible]

[illegible]